2015版

农作物种子标准汇编

第一卷

农业部种子管理局
全国农业技术推广服务中心◎编
农业部科技发展中心

中国农业出版社

编委会名单

前　言

农作物种子标准是促进现代种业健康发展的重要基础，也是管理部门依法监督执纪的技术支撑。当前，我国种业发展已进入改革创新、加快发展、质量提升、产业升级的关键时期。做好农作物种子标准化工作，实现《全国现代农作物种业发展规划（2012—2020年）》中提出“完善覆盖生产、加工、流通全过程的种子标准体系”的目标，对创新种质资源利用、培育突破性优异新品种、强化种子质量监管、保障用种安全、提升种子市场竞争力，推进现代种业发展具有重要意义。

新中国成立以来，农作物种子标准经历了起步探索、恢复发展、依法推进三个阶段。尤其是进入2000年以来，我国种子标准体系建设速度不断加快，内容不断丰富，体系不断完善。据统计，截至2015年底，我国现行的农作物种子国家、行业标准涉及5个方面，共计481项。一是农作物种子、种苗、苗木质量与检验检测相关标准120项；二是品种选育、区域试验及抗性鉴定评价相关标准42项；三是种子生产、加工、包装、贮藏及产地环境相关标准75项；四是种质资源描述、鉴定评价及保存相关标准75项；五是植物新品种特异性、一致性、稳定性测试相关标准169项。

为便于各级种子管理、生产、经营等部门了解、查询和利用农作物种子标准，农业部种子管理局、全国农业技术推广服务中心和农业部科技发展中心联合组织编撰了《农作物种子标准汇编　2015版》丛书，将现行的481项农作物种子国家、行业标准收录其中。

本书为《农作物种子标准汇编　2015版》丛书的第一卷，收录了农作物种子、种苗、苗木质量与检验检测相关标准120项。本书共分为两个部分，第一部分为种子、种苗、苗木质量标准；第二部分为检验检测标准。在编排顺序上，每个方面的标准先按作物或者检测方法分类后，再按国家标准、行业标准的先后顺序排列，以便查阅。希望本书的出版对推动我国种业技术进步和现代种业发展有所裨益。

特别声明：本着尊重原著的原则，除明显差错外，对标准中所涉及的有关量、符号、单位和编写体例均未做统一改动。

由于编写人员的水平有限，书中疏漏之处在所难免，敬请批评指正。

编　者

2016年4月

目　　录

第1部分　种子、种苗、苗木质量标准

第2部分 检验检测标准

第 1 部分

种子、种苗、苗木质量标准

中华人民共和国国家标准

GB 20464—2006

农作物种子标签通则

General directive for labelling of agricultural seeds

1 范围

本标准规定了农作物商品种子标签的标注内容、制作要求，还确立了其使用监督的检查范围、内容以及质量判定规则。

本标准适用于中华人民共和国境内经营的农作物商品种子。

2 规范性引用文件

下列文件中的条款通过本标准的引用而成为本标准的条款。凡是注日期的引用文件，其随后所有的修改单(不包括勘误的内容)或修订版均不适用于本标准，然而，鼓励根据本标准达成协议的各方研究是否可使用这些文件的最新版本。凡是不注日期的引用文件，其最新版本适用于本标准。

GB/T 2930(所有部分) 牧草种子检验规程

GB/T 3543(所有部分) 农作物种子检验规程

GB/T 7408—2005 数据元和交换格式 信息交换 日期和时间表示法

3 术语和定义

下列术语和定义适用于本标准。

3.1

种子标签 seed labelling

标注内容的文字说明及特定图案。

注1：文字说明是指对标注内容的具体描述，特定图案是指警示标志认证标志等。

注2：对于应当包装销售的农作物种子，标签为固定在种子包装物表面及内外的文字说明及特定图案；对于可以不经包装销售的农作物种子，标签为在经营时所提供印刷品的文字说明及特定图案。

3.2

商品种子 commercial seed

用于营销目的而进行交易的种子。

3.3

主要农作物种子 main crop seed

《中华人民共和国种子法》第七十四条第一款第三项所规定农作物的种子。

注：也见《主要农作物范围规定》(2001年2月26日农业部令第51号发布)的第二条。

3.4

非主要农作物种子 non-main crop seed

中华人民共和国国家质量监督检验检疫总局
中国国家标准化管理委员会 2006-07-12发布 2006-11-01实施

除主要农作物种子外的其他农作物的种子。

3.5

混合种子　mixture seed

不同作物种类或者同一作物不同品种或者同一品种不同生产方式、不同加工处理方式的种子混合物。

3.6

药剂处理种子　treated seed

经过杀虫剂、杀菌剂或其他添加剂处理的种子。

3.7

认证种子　certified seed

由种子认证机构依据种子认证方案通过对种子生产全过程的质量监控，确认符合规定质量要求并准许使用认证标志的种子。

3.8

转基因种子　genetically modified seed

利用基因工程技术改变基因组构成并用于农业生产的种子。

注1：基因工程技术系指利用载体系统的重组 DNA 技术以及利用物理、化学和生物学等方法把重组 DNA 分子导入品种的技术。

注2：基因组系指作物的染色体和染色体外所有遗传物质的总和。

3.9

育种家种子　breeder seed

育种家育成的遗传性状稳定、特征特性一致的品种或亲本组合的最初一批种子。

3.10

原种　basic seed

用育种家种子繁殖的第一代至第三代，经确认达到规定质量要求的种子。

3.11

大田用种　qualified seed

用原种繁殖的第一代至第三代或杂交种，经确认达到规定质量要求的种子。

3.12

应当包装销售的农作物种子　pack-marketing crop seed

《农作物商品种子加工包装规定》(2001 年 2 月 26 日农业部令第 50 号发布)第二条所规定的农作物种子。

3.12.1

包装物　packaging material

符合标准规定的、将种子包装以作为交货单元的任何包装材料。

3.12.2

销售包装　marketing package

通过销售与内装物一起交付给种子使用者的不再分割的包装。

3.12.3

内装物　inner mass

包装物内的产品。

3.12.4

净含量　net content

除去包装物后的内装物的实际质量或数量。

3.13

可以不经包装销售的农作物种子 bulk-marketing crop seed

《农作物商品种子加工包装规定》(2001 年 2 月 26 日农业部令第 50 号发布)第三条所规定的农作物种子。

3.14

生产商 seed packager

商品种子的最初供应商。

3.15

进口商 importer

直接从境外购入商品种子的经营者。

3.16

产地 origin

种子生产所在地隶属的行政区域。

3.17

估测值 estimated value

检测商品种子代表性样品所获得的某一质量指标的测定值。

注:质量指标也称质量特性,在本标准中,由标注项目(如发芽率、纯度、净度等)和标注值组成。

3.18

规定值 specified value

技术规范或标准中规定的商品种子某一质量指标所能容许的最低值(如发芽率、纯度、净度等指标)或最高值(如水分指标)。

3.19

标注值 stated value

商品种子标签上所标注的种子某一质量指标的最低值(如发芽率、纯度、净度等指标)或最高值(如水分指标)。

4 总则

4.1 真实

种子标签标注内容应真实、有效,与销售的农作物商品种子相符。

4.2 合法

种子标签标注内容应符合国家法律、法规的规定,满足相应技术规范的强制性要求。

4.3 规范

种子标签标注内容表述应准确、科学、规范,规定标注内容应在标签上描述完整。

标注所用文字应为中文,除注册商标外,使用国家语言文字工作委员会公布的规范汉字。可以同时使用有严密对应关系的汉语拼音或其他文字,但字体应小于相应的中文。除进口种子的生产商名称和地址外,不应标注与中文无对应关系的外文。

种子标签制作形式符合规定的要求,印刷清晰易辨,警示标志醒目。

5 标注内容

5.1 应标注内容

5.1.1 作物种类与种子类别

5.1.1.1 作物种类名称标注，应符合下列规定：

——按植物分类学上所确定的种或亚种或变种进行标注，宜采用GB/T 3543.2和GB/T 2930.1以及其他国家标准或行业标准所确定的作物种类名称；

——在不引起误解或混淆的情况下，个别作物种类可采用常用名称或俗名，例如："结球白菜"可标注为"大白菜"；

——需要特别说明用途或其他情况的，应在作物种类名称前附加相应的词，例如："饲用甜菜"和"糖用甜菜"。

5.1.1.2 种子类别的标注，应同时符合下列规定：

——按常规种和杂交种进行标注，其中常规种可以不具体标注；

——常规种按育种家种子、原种、大田用种进行标注，其中大田用种可以不具体标注；

——杂交亲本种子应标注杂交亲本种子的类型，例如："三系"籼型杂交水稻的亲本种子，应明确至不育系或保持系或恢复系；或直接标明杂交亲本种子，例如：西瓜亲本原种。

5.1.1.3 作物种类与种子类别可以联合标注，例如：水稻原种、水稻杂交种、水稻不育系原种、水稻不育系；玉米杂交种、玉米自交系。

5.1.2 品种名称

属于授权品种或审定通过的品种，应标注批准的品种名称；不属于授权品种或无需进行审定的品种，宜标注品种持有者（或育种者）确定的品种名称。

标注的品种名称应适宜，不应含有下列情形之一：

——仅以数字组成的，如88-8-8；

——违反国家法规或者社会公德或者带有民族歧视性的；

——以国家名称命名的，如中国1号；

——以县级以上行政区划的地名或公众知晓的外国地名命名的，如湖南水稻、北海道小麦；

——同政府间国际组织或其他国际国内知名组织及标志名称相同或者近似的，如FAO、UPOV、国徽、红十字；

——对植物新品种的特征、特性或者育种者的身份或来源等容易引起误解的，如铁秆小麦、超大穗水稻、李氏玉米、美棉王；

——属于相同或相近植物属或者种的已知名称的；

——夸大宣传并带有欺骗性的。

5.1.3 生产商、进口商名称及地址

5.1.3.1 国内生产的种子

国内生产的种子应标注：生产商名称、生产商地址以及联系方式。

生产商名称、地址，按农作物种子经营许可证（见5.1.7）注明的进行标注；联系方式，标注生产商的电话号码或传真号码。

有下列情形之一的，按照下列规定相应予以标注：

a) 集团公司生产的种子，标集团公司的名称和地址；集团公司子公司生产的种子，标子公司（也可同时标集团公司）的名称和地址；

b) 集团公司的分公司或其生产基地，对其生产的种子，标集团公司（也可同时标分公司或生产基地）的名称和地址；

c) 代制种或代加工且不负责外销的种子，标委托者的名称和地址。

5.1.3.2 进口种子

进口种子应标注：进口商名称、进口商地址以及联系方式、生产商名称。

进口商名称、地址，按农作物种子经营许可证（见5.1.7）注明的进行标注；联系方式，标注进口商的电话号码或传真号码。

生产商名称，标注种子原产国或地区（见 5.1.5）能承担种子质量责任的种子供应商的名称。

5.1.4 质量指标

5.1.4.1 已制定技术规范强制性要求的农作物种子

已发布种子质量国家或行业技术规范强制性要求的农作物种子，其质量指标的标注项目应按规定进行标注（现行强制性标准参见附录 A）。如果已发布种子质量地方性技术规范强制性要求的农作物种子，并在该地方辖区内进行种子经营的，可按该技术规范的规定进行标注。

质量指标的标注值按生产商或进口商或分装单位承诺的进行标注，但不应低于技术规范强制性要求已明确的规定值。

5.1.4.2 未制定技术规范强制性要求的农作物种子

质量指标的标注项目应执行下列规定：

a) 粮食作物种子、经济作物种子、瓜菜种子、饲料和绿肥种子的质量指标的标注项目应标注品种纯度、净度、发芽率和水分。

b) 无性繁殖材料（苗木）、热带作物种子和种苗、草种、花卉种子和种苗的质量指标宜参照推荐性国家标准或行业标准或地方标准（适用于该地方辖区的经营种子）已规定的质量指标的标注项目进行标注（参见附录 B）；未制定推荐性国家标准或行业标准或地方标准的，按备案的企业标准规定或企业承诺的质量指标的标注项目进行标注。

c) 脱毒繁殖材料的质量指标宜参照推荐性国家标准或行业标准或地方标准（适用于该地方辖区的经营种子）已规定的质量指标的标注项目进行标注（参见附录 B）；未制定推荐性国家标准或行业标准或地方标准的，按备案的企业标准规定或企业承诺的质量指标的标注项目进行标注，但至少应标注品种纯度、病毒状况和脱毒扩繁代数。

质量指标的标注值按生产商或进口商或分装单位承诺的进行标注，品种纯度、净度（净种子）、水分百分率保留一位小数，发芽率、其他植物种子数目保留整数。

5.1.5 产地

国内生产种子的产地，应标注种子繁育或生产的所在地，按照行政区域最大标注至省级。

进口种子的原产地，按照“完全获得”和“实质性改变”规则进行认定，标注种子原产地的国家或地区（指香港、澳门、台湾）名称。

注：《中华人民共和国海关关于进口货物原产地的暂行规定》（1986 年 12 月 6 日海关总署发布）对“完全获得”和“实质性改变”规则作了详细的界定。

5.1.6 生产年月

生产年月标注种子收获或种苗出圃的日期，采用 GB/T 7408—2005 中 5.2.1.2a）规定的基本格式：YYYY-MM。例如：种子于 2001 年 9 月收获的，生产年月标注为：2001-09。

5.1.7 种子经营许可证编号和检疫证明编号

标注生产商或进口商或分装单位的农作物种子经营许可证编号。

注：《农作物种子生产经营许可证管理办法》（2001 年 2 月 26 日农业部令第 48 号发布）规定了农作物种子经营许可证编号的表示格式：（×）农种经许字（××××）第×号，其中第一个括号内的×表示发证机关简称；第二个括号内的××××为年号；第×号中的×为证书序号。

应采用下列方式之一，标注检疫证明编号：

——产地检疫合格证编号（适用于国内生产种子）；

——植物检疫证书编号（适用于国内生产种子）；

——引进种子、苗木检疫审批单编号（适用于进口种子）。

5.2 根据种子特点和使用要求应加注内容

5.2.1 主要农作物种子

a) 国内生产的主要农作物种子应加注：

——主要农作物种子生产许可证编号；

——主要农作物品种审定编号。

b) 进口的主要农作物种子应加注在中国境内审定通过的主要农作物品种审定编号。

注1：《农作物种子生产经营许可证管理办法》（2001年2月26日农业部令第48号发布）规定了主要农作物种子生产许可证编号的表示格式：（×）农种生许字（××××）第×号，其中第一个括号内的×表示发证机关简称；第二个括号内的××××为年号；第×号中的×为证书序号。

注2：《主要农作物品种审定办法》（2001年2月26日农业部令第44号发布）规定了主要农作物品种审定编号的表示格式：审定委员会简称、作物种类简称、年号（四位数）、序号（三位数）。

5.2.2 进口种子

进口种子应加注：

——进出口企业资格证书或对外贸易经营者备案登记表编号；

——进口种子审批文号。

5.2.3 转基因种子

转基因种子应加注：

——标明“转基因”或“转基因种子”；

——农业转基因生物安全证书编号；

——转基因农作物种子生产许可证编号；

——转基因品种审定编号；

——有特殊销售范围要求的需标注销售范围，可表示为“仅限于××销售（生产、使用）”；

——转基因品种安全控制措施，按农业转基因生物安全证书上所载明的进行标注。

5.2.4 药剂处理种子

药剂处理种子应加注：

a) 药剂名称、有效成分及含量；

b) 依据药剂毒性大小（以大鼠经口半数致死量表示，缩写为 LD_{50}）进行标注：

——若 LD_{50} ＜50 mg/kg，标明“高毒”，并附骷髅警示标志；

——若 LD_{50} ＝50 mg/kg～500 mg/kg，标明“中等毒”，并附十字骨警示标志；

——若 LD_{50} ＞500 mg/kg，标明“低毒”；

c) 药剂中毒所引起的症状、可使用的解毒药剂的建议等注意事项。

5.2.5 分装种子

分装种子应加注：

——分装单位名称和地址，按农作物种子经营许可证（见5.1.7）注明的进行标注；

——分装日期，日期表示法同5.1.6。

5.2.6 混合种子

混合种子应加注：

——标明“混合种子”；

——每一类种子的名称（包括作物种类、种子类别和品种名称）及质量分数；

——产地、检疫证明编号、农作物种子经营许可证编号、生产年月、质量指标等（只要存在着差异，就应标注至每一类）；

——如果属于同一品种不同生产方式、不同加工处理方式的种子混合物，应予注明。

5.2.7 净含量

应当包装销售的农作物种子应加注净含量。

净含量的标注由“净含量”（中文）、数字、法定计量单位（kg 或 g）或数量单位（粒或株）三个部分组

A.4 瓜菜作物种子

A.4.1 瓜类

GB 4862—1984 中国哈密瓜种子

A.4.2 白菜类

GB 16715.2—1999 瓜菜作物种子 白菜类

A.4.3 茄果类

GB 16715.3—1999 瓜菜作物种子 茄果类

A.4.4 甘蓝类

GB 16715.4—1999 瓜菜作物种子 甘蓝类

A.4.5 绿叶类

GB 16715.5—1999 瓜菜作物种子 叶菜类

A.5 牧草种子

GB 6141—1985 豆科主要栽培牧草种子质量分级
GB 6142—1985 禾本科主要栽培牧草种子质量分级

A.6 果树苗木

GB 9847—2003 苹果苗木
GB 19173—2003 桑树种子和苗木
GB 19174—2003 猕猴桃苗木
GB 19175—2003 桃苗木
NY 329—2006 苹果无病毒母本树和苗木
NY 469—2001 葡萄苗木
NY 475—2002 梨苗木
NY 590—2002 芒果 嫁接苗

附　录　B
（资料性附录）
有关农作物种子质量的推荐性国家标准和行业标准

本附录给出了我国已发布有效的农作物种子质量推荐性国家标准和行业标准，种子生产商、进口商、分装单位明示承诺质量指标时，宜参照下列相应标准的规定。

GB/T 8080—1987　绿肥种子

GB/T 9659—1988　柑橘嫁接苗分级及检验

GB/T 16715.1—1996　瓜菜作物种子　瓜类

GB/T 17822.1—1999　橡胶树种子

GB/T 17822.2—1999　橡胶树苗木

GB/T 18247.4—2000　主要花卉产品等级　第4部分：花卉种子

GB/T 18247.5—2000　主要花卉产品等级　第5部分：花卉种苗

GB/T 18247.6—2000　主要花卉产品等级　第6部分：花卉种球

GB/T 18247.7—2000　主要花卉产品等级　第7部分：草坪

NY/T 351—1999　热带牧草　种子

NY/T 352—1999　热带牧草　种苗

NY/T 353—1999　椰子　种果和种苗

NY/T 354—1999　龙眼　种苗

NY/T 355—1999　荔枝　种苗

NY/T 356—2006　木薯　种茎

NY/T 357—1999　香蕉　组培苗

NY/T 358—1999　咖啡　种子

NY/T 359—1999　咖啡　种苗

NY/T 360—1999　胡椒　插条苗

NY/T 361—1999　腰果　种子

NY/T 362—1999　香荚兰　种苗

NY/T 451—2001　菠萝　种苗

NY/T 452—2001　杨桃　嫁接苗

NY/T 454—2001　澳洲坚果　种苗

NY 474—2002　甜瓜种子

NY/T 877—2004　非洲菊　种苗

NY/T 947—2006　牡丹苗木

NY/T 1074—2006　可可　种苗

YC/T 141—1998　烟草包衣丸化种子

附 录 C
（资料性附录）
标签标注项目索引

C.1 应当包装销售的农作物种子

C.1.1 国内生产种子

C.1.1.1 非主要农作物种子

作物种类、种子类别、品种名称、产地、农作物种子经营许可证编号、质量指标、检疫证明编号、净含量、生产年月、生产商名称、生产商地址(包括联系方式)。

C.1.1.2 主要农作物种子

作物种类、种子类别、品种名称、产地、主要农作物种子生产许可证编号、主要农作物品种审定编号、农作物种子经营许可证编号、质量指标、检疫证明编号、净含量、生产年月、生产商名称、生产商地址(包括联系方式)。

C.1.1.3 认证种子

认证机构制作的认证标签标注：作物种类、种子类别、品种名称、种子批号、质量指标、认证机构名称、认证标志、标签的唯一性编号等。

种子经营者制作的标签标注：依据 C.1.1.1 或 C.1.1.2 的要求，另行标注除认证机构认证标签已标注之外的内容。

C.1.2 进口种子

C.1.2.1 非主要农作物种子

作物种类、种子类别、品种名称、原产地、农作物种子经营许可证编号、质量指标、引进种子(苗木)检疫审批单编号、对外贸易经营者备案登记表编号、进口种子审批文号、净含量、生产年月、进口商名称、进口商地址(包括联系方式)、生产商名称。

C.1.2.2 主要农作物种子

作物种类、种子类别、品种名称、原产地、中国境内审定的主要农作物品种审定编号、农作物种子经营许可证编号、质量指标、引进种子(苗木)检疫审批单编号、净含量、生产年月、对外贸易经营者备案登记表编号、进口种子审批文号、进口商名称、进口商地址(包括联系方式)、生产商名称。

C.1.3 其他类型种子

C.1.3.1 转基因种子

转基因种子在 C.1.1.2 或 C.1.2.2(如符合 C.1.3.2 或 C.1.3.3 的，还要加注)的基础上加注：“转基因”、农业转基因生物安全证书编号、特殊销售范围、转基因品种安全控制措施。

C.1.3.2 药剂处理种子

药剂处理种子在 C.1.1 或 C.1.2(如符合 C.1.3.1 或 C.1.3.3 的，还要加注)的基础上加注：药剂名称、有效成分及含量、标注毒性状况和警示标志、注意事项。

C.1.3.3 分装种子

分装种子应在 C.1.1 或 C.1.2(如符合 C.1.3.1 或 C.1.3.2 的，还要加注)的基础上加注：分装单位名称和地址、分装日期。

C.2 可以不经加工包装进行销售的农作物种子

C.2.1 非主要农作物种子

作物种类、种子类别(适用时)、品种名称、产地、农作物种子经营许可证编号、质量指标、检疫证明编号、生产年月、生产商名称、生产商地址(包括联系方式)。

C.2.2 主要农作物种子

作物种类、种子类别(适用时)、品种名称、产地、主要农作物种子生产许可证编号、主要农作物品种审定编号、农作物种子经营许可证编号、质量指标、检疫证明编号、生产年月、生产商名称、生产商地址(包括联系方式)。

C.3 混合种子

C.3.1 非主要农作物种子

"混合种子"、生产商名称、生产商地址(包括联系方式)、净含量。

每一类种子的名称(包括作物种类、种子类别和品种名称)及质量分数、产地、农作物种子经营许可证编号、质量指标、检疫证明编号、生产年月(只要存在着差异,就应标注至每一类)。

如果属于同一品种不同生产方式、不同加工处理方式的种子混合物,应予注明。

C.3.2 主要农作物种子

"混合种子"、生产商名称、生产商地址(包括联系方式)、净含量。

每一类种子的名称(包括作物种类、种子类别和品种名称)及质量分数、产地、农作物种子经营许可证编号、质量指标、检疫证明编号、生产年月、主要农作物种子生产许可证编号、主要农作物品种审定编号(只要存在着差异,就应标注至每一类)。

如果属于同一品种不同生产方式、不同加工处理方式的种子混合物,应予注明。

参 考 文 献

[1]中华人民共和国主席令第34号．中华人民共和国种子法．2000年7月8日发布．
[2]国务院令第304号．农业转基因生物安全管理条例．2001年5月23日发布．
[3]国务院令第98号．植物检疫条例．1992年5月13日修订发布．
[4]农业部令第13号．中华人民共和国植物新品种保护条例实施细则(农业部分)．1999年6月16日发布．
[5]农业部令第44号．主要农作物品种审定办法．2001年2月26日发布．
[6]农业部令第48号．农作物种子生产经营许可证管理办法．2001年2月26日发布．
[7]农业部令第49号．农作物种子标签管理办法．2001年2月26日发布．
[8]农业部令第50号．农作物商品种子加工包装规定．2001年2月26日发布．
[9]农业部令第51号．主要农作物范围规定．2001年2月26日发布．
[10]农业部令第8号．农业转基因生物安全评价管理办法．2002年1月5日发布．
[11]农业部令第10号．农业转基因生物标识管理办法．2002年1月5日发布．
[12]农业部令第50号．农作物种子质量监督抽查管理办法．2005年3月10日发布．
[13]农业部令第56号．草种管理办法．2006年1月12日发布．
[14]农业部公告第617号．全国农业植物检疫性有害生物名单和应施的植物及植物产品名单．2006年3月2日发布．
[15]农业部〔1993〕农(农)字第18号．国外引种检疫审批管理办法．1993年11月10日发布．
[16]商务部令第14号．对外贸易经营者备案登记办法．2004年6月25日发布．
[17]国家质量监督检验检疫总局令第75号．定量包装商品计量监督管理办法．2005年5月30日发布．
[18]海关总署〔86〕署税字第1218号．中华人民共和国海关关于进口货物原产地的暂行规定．1986年12月6日发布．

本标准由全国农业技术推广服务中心负责起草，河北省种子总站、安徽省种子管理站、湖南省种子管理站、浙江省种子总站、四川省种子站、河南省种子管理站、江苏省种子站、山西省农业种子总站、辽宁省种子管理局、中种集团承德长城种子有限公司等参加起草。

本标准主要起草人：梁志杰、支巨振、张保起、孔令传、李稳香、周祥胜、柏长青、吴毓谦、张进生、卜连生、苏菊萍、李洪建、刘瑞苍。

中华人民共和国国家标准

GB 4404.1—2008

粮食作物种子　第1部分:禾谷类

Seed of food crops—Part 1:Cereals

1　范围

GB 4404的本部分规定了稻(*Oryza sativa*)、玉米(*Zea mays*)、小麦(*Triticum aestivum*)、大麦(*Hordeum vulgare*)、高粱(*Sorghum bicolor*)、粟(*Setaris italica*)和黍(*Panicum miliaceum*)种子的质量要求、检验方法和检验规则。

本部分适用于中华人民共和国境内生产、销售的上述禾谷类作物种子,种子涵盖包衣种子和非包衣种子。

2　规范性引用文件

下列文件中的条款通过GB 4404的本部分的引用而成为本部分的条款。凡是注日期的引用文件,其随后所有的修改单(不包括勘误的内容)或修订版均不适用于本部分,然而,鼓励根据本部分达成协议的各方研究是否可使用这些文件的最新版本。凡是不注日期的引用文件,其最新版本适用于本部分。

GB/T 3543(所有部分)　农作物种子检验规程

GB 20464　农作物种子标签通则

3　术语和定义

下列术语和定义适用于GB 4404的本部分。

3.1

原种　basic seed

用育种家种子繁殖的第一代至第三代,经确认达到规定质量要求的种子。

3.2

大田用种　qualified seed

用原种繁殖的第一代至第三代或杂交种,经确认达到规定质量要求的种子。

3.3

单交种　single cross

两个自交系的杂交一代种子。

3.4

双交种　double cross

两个单交种的杂交一代种子。

中华人民共和国国家质量监督检验检疫总局
中国国家标准化管理委员会　2008-04-14 发布　　2008-09-01 实施

3.5

三交种　three-way cross

一个自交系和一个单交种的杂交一代种子。

4　质量要求

4.1　总则

种子质量要求由质量指标和质量标注值组成。质量指标包括品种纯度、净度、发芽率、水分；质量标注值应真实，并符合本部分质量要求规定(见 4.2)。

4.2　质量标准

4.2.1　稻

稻种子质量应符合表 1 的要求。

表 1

%

<table>
<tr><th>作物名称</th><th colspan="2">种子类别</th><th>纯度
不低于</th><th>净度
不低于</th><th>发芽率
不低于</th><th>水分[a]
不高于</th></tr>
<tr><td rowspan="6">稻</td><td rowspan="2">常规种</td><td>原种</td><td>99.9</td><td rowspan="2">98.0</td><td rowspan="2">85</td><td>13.0(籼)</td></tr>
<tr><td>大田用种</td><td>99.0</td><td>14.5(粳)</td></tr>
<tr><td rowspan="2">不育系、恢复系、保持系</td><td>原种</td><td>99.9</td><td rowspan="2">98.0</td><td rowspan="2">80</td><td rowspan="2">13.0</td></tr>
<tr><td>大田用种</td><td>99.5</td></tr>
<tr><td rowspan="2">杂交种[b]</td><td rowspan="2">大田用种</td><td rowspan="2">96.0</td><td rowspan="2">98.0</td><td rowspan="2">80</td><td>13.0(籼)</td></tr>
<tr><td>14.5(粳)</td></tr>
<tr><td colspan="7">[a] 长城以北和高寒地区的种子水分允许高于 13.0%，但不能高于 16.0%，若在长城以南(高寒地区除外)销售，水分不能高于 13.0%。
[b] 稻杂交种质量指标适用于三系和两系稻杂交种子。</td></tr>
</table>

4.2.2　玉米

玉米种子质量应符合表 2 的要求。

表 2

%

<table>
<tr><th>作物名称</th><th colspan="2">种子类别</th><th>纯度
不低于</th><th>净度
不低于</th><th>发芽率
不低于</th><th>水分[a]
不高于</th></tr>
<tr><td rowspan="7">玉米</td><td rowspan="2">常规种</td><td>原种</td><td>99.9</td><td rowspan="2">99.0</td><td rowspan="2">85</td><td rowspan="2">13.0</td></tr>
<tr><td>大田用种</td><td>97.0</td></tr>
<tr><td rowspan="2">自交系</td><td>原种</td><td>99.9</td><td rowspan="2">99.0</td><td rowspan="2">80</td><td rowspan="2">13.0</td></tr>
<tr><td>大田用种</td><td>99.0</td></tr>
<tr><td>单交种</td><td>大田用种</td><td>96.0</td><td rowspan="3">99.0</td><td rowspan="3">85</td><td rowspan="3">13.0</td></tr>
<tr><td>双交种</td><td>大田用种</td><td>95.0</td></tr>
<tr><td>三交种</td><td>大田用种</td><td>95.0</td></tr>
<tr><td colspan="7">[a] 长城以北和高寒地区的种子水分允许高于 13.0%，但不能高于 16.0%，若在长城以南(高寒地区除外)销售，水分不能高于 13.0%。</td></tr>
</table>

4.2.3　小麦和大麦

小麦和大麦种子质量应符合表 3 的要求。

表3

%

<table>
<tr><th>作物名称</th><th colspan="2">种子类别</th><th>纯度
不低于</th><th>净度
不低于</th><th>发芽率
不低于</th><th>水分
不高于</th></tr>
<tr><td rowspan="2">小麦</td><td rowspan="2">常规种</td><td>原种</td><td>99.9</td><td rowspan="2">99.0</td><td rowspan="2">85</td><td rowspan="2">13.0</td></tr>
<tr><td>大田用种</td><td>99.0</td></tr>
<tr><td rowspan="2">大麦</td><td rowspan="2">常规种</td><td>原种</td><td>99.9</td><td rowspan="2">99.0</td><td rowspan="2">85</td><td rowspan="2">13.0</td></tr>
<tr><td>大田用种</td><td>99.0</td></tr>
</table>

4.2.4 高粱

高粱种子质量应符合表4的要求。

表4

%

<table>
<tr><th>作物名称</th><th colspan="2">种子类别</th><th>纯度
不低于</th><th>净度
不低于</th><th>发芽率
不低于</th><th>水分[a]
不高于</th></tr>
<tr><td rowspan="5">高粱</td><td rowspan="2">常规种</td><td>原种</td><td>99.9</td><td rowspan="2">98.0</td><td rowspan="2">75</td><td rowspan="2">13.0</td></tr>
<tr><td>大田用种</td><td>98.0</td></tr>
<tr><td rowspan="2">不育系、保持系、恢复系</td><td>原种</td><td>99.9</td><td rowspan="2">98.0</td><td rowspan="2">75</td><td rowspan="2">13.0</td></tr>
<tr><td>大田用种</td><td>99.0</td></tr>
<tr><td>杂交种</td><td>大田用种</td><td>93.0</td><td>98.0</td><td>80</td><td>13.0</td></tr>
<tr><td colspan="7">[a] 长城以北和高寒地区的种子水分允许高于13.0%，但不能高于16.0%，若在长城以南（高寒地区除外）销售，水分不能高于13.0%。</td></tr>
</table>

4.2.5 粟和黍

粟和黍种子质量应符合表5的要求。

表5

%

<table>
<tr><th>作物名称</th><th colspan="2">种子类别</th><th>纯度
不低于</th><th>净度
不低于</th><th>发芽率
不低于</th><th>水分
不高于</th></tr>
<tr><td rowspan="2">粟、黍</td><td rowspan="2">常规种</td><td>原种</td><td>99.8</td><td>98.0</td><td>85</td><td>13.0</td></tr>
<tr><td>大田用种</td><td>98.0</td><td>98.0</td><td>85</td><td>13.0</td></tr>
<tr><td colspan="7">注：在农业生产中，粟俗称谷子，黍俗称糜子。</td></tr>
</table>

5 检验方法

净度分析、发芽试验、水分测定、真实性和品种纯度检测应执行GB/T 3543的规定。

6 检验规则

6.1 扦样

扦样方法和种子批的确定应执行GB/T 3543的规定。

6.2 质量判定规则

质量判定规则应执行GB 20464的规定。

本部分起草单位：全国农业技术推广服务中心、四川省种子站、辽宁省种子管理局、山西省农业种子总站、江苏省种子站、山东省种子管理总站、吉林省种子总站等。

本部分主要起草人：辛景树、柏长青、赵建宗、吴毓谦、李洪建、苏菊萍、李稳香、王秀荣、卜连生、聂练兵、班秀丽、詹根印、胡昌、孙喜瑞、朱志华、金石桥、傅友兰。

中华人民共和国国家标准

GB 4404.2—2010

粮食作物种子 第2部分:豆类

Seed of food crops—Part 2:Legume

1 范围

GB 4404的本部分规定了大豆[*Glycine max*(L.)Merr]、蚕豆[*Vicia faba* L.]、赤豆[*Vigna angularis*(Willd)Ohwi&Ohashi]和绿豆[*Vigna radiata*(L.)Wilczek]种子的质量要求、检验方法和检验规则。

本部分适用于中华人民共和国境内生产、销售的上述豆类种子,涵盖包衣种子和非包衣种子。

2 规范性引用文件

下列文件中的条款通过GB 4404的本部分的引用而成为本部分的条款。凡是注日期的引用文件,其随后所有的修改单(不包括勘误的内容)或修订版均不适用于本部分,然而,鼓励根据本部分达成协议的各方研究是否可使用这些文件的最新版本。凡是不注日期的引用文件,其最新版本适用于本部分。

GB/T 3543(所有部分) 农作物种子检验规程

GB 20464 农作物种子标签通则

3 术语和定义

下列术语和定义适用于GB 4404的本部分。

3.1

原种 basic seed

用育种家种子繁殖的第一代至第三代,经确认达到规定质量要求的种子。

3.2

大田用种 qualified seed

用原种繁殖的第一代至第三代或杂交种,经确认达到规定质量要求的种子。

4 质量要求

4.1 总则

种子质量要求由质量指标和质量标注值组成。质量指标包括品种纯度、净度、发芽率、水分;质量标注值应真实,并符合4.2的规定。

4.2 质量标准

4.2.1 大豆

大豆种子质量应符合表1的最低要求。

中华人民共和国国家质量监督检验检疫总局
中国国家标准化管理委员会 2011-01-14发布 2012-01-01实施

表 1

%

作物种类	种子类别	品种纯度 不低于	净度(净种子) 不低于	发芽率 不低于	水　分 不高于
大豆	原种	99.9	99.0	85	12.0
	大田用种	98.0			
注:长城以北和高寒地区的大豆种子水分允许高于 12.0%,但不能高于 13.5%。长城以南的大豆种子(高寒地区除外)水分不得高于 12.0%。					

4.2.2　**蚕豆**

蚕豆种子质量应符合表 2 的最低要求。

表 2

%

作物种类	种子类别	品种纯度 不低于	净度(净种子) 不低于	发芽率 不低于	水　分 不高于
蚕豆	原种	99.9	99.0	90	12.0
	大田用种	97.0			

4.2.3　**赤豆**

赤豆种子质量应符合表 3 的最低要求。

表 3

%

作物种类	种子类别	品种纯度 不低于	净度(净种子) 不低于	发芽率 不低于	水　分 不高于
赤豆 (红小豆)	原种	99.9	99.0	85	13.0
	大田用种	96.0			

4.2.4　**绿豆**

绿豆种子质量应符合表 4 的最低要求。

表 4

%

作物种类	种子类别	品种纯度 不低于	净度(净种子) 不低于	发芽率 不低于	水　分 不高于
绿豆	原种	99.0	99.0	85	13.0
	大田用种	96.0			

5　检验方法

净度分析、发芽试验、水分测定、真实性和品种纯度检测应执行 GB/T 3543 的规定。

6　检验规则

6.1　扦样

扦样方法和种子批的确定应执行 GB/T 3543 的规定。

6.2　质量判定规则

质量判定规则执行 GB 20464 的规定。

本部分起草单位：全国农业技术推广服务中心、农业部农作物种子质量监督检验测试中心（沈阳）、农业部大豆种子质量监督检验测试中心（哈尔滨）、农业部小麦玉米种子质量监督检验测试中心、农业部农作物种子质量监督检验测试中心（合肥）、河北省种子管理总站、吉林省种子管理总站、四川省种子站、云南省种子管理站、甘肃省种子管理总站。

本部分主要起草人：赵建宗、王汝宝、滕开琼、孔令传、孙波、傅友兰、王万双、班秀丽、苏秀、黄正仙、常宏。

中华人民共和国国家标准

GB 4404.3—2010

粮食作物种子 第3部分:荞麦

Seed of food crops—Part 3:Buckwheat

1 范围

GB 4404的本部分规定了苦荞麦[*Fagopyrum tataricum*(L.)Gaertn]和甜荞麦[*Fagopyrum esculentum* Moench]种子的质量要求、检验方法和检验规则。

本部分适用于中华人民共和国境内生产、销售的上述荞麦种子,涵盖包衣种子和非包衣种子。

2 规范性引用文件

下列文件中的条款通过GB 4404的本部分的引用而成为本部分的条款。凡是注日期的引用文件,其随后所有的修改单(不包括勘误的内容)或修订版均不适用于本部分,然而,鼓励根据本部分达成协议的各方研究是否可使用这些文件的最新版本。凡是不注日期的引用文件,其最新版本适用于本部分。

GB/T 3543(所有部分) 农作物种子检验规程

GB 20464 农作物种子标签通则

3 术语和定义

下列术语和定义适用于GB 4404的本部分:

3.1

原种 basic seed

用育种家种子繁殖的第一代至第三代,经确认达到规定质量要求的种子。

3.2

大田用种 qualified seed

用原种繁殖的第一代至第三代或杂交种,经确认达到规定质量要求的种子。

4 质量要求

4.1 总则

种子质量要求由质量指标和质量标注值组成。质量指标包括品种纯度、净度、发芽率、水分;质量标注值应真实,并符合4.2的规定。

4.2 质量标准

荞麦种子质量应符合表1的最低要求。

中华人民共和国国家质量监督检验检疫总局
中国国家标准化管理委员会 发布

2011-01-14发布 2012-01-01实施

表 1

%

作物种类	种子类别	品种纯度 不低于	净度（净种子） 不低于	发芽率 不低于	水　分 不高于
苦荞麦	原种	99.0	98.0	85	13.5
	大田用种	96.0			
甜荞麦	原种	95.0	98.0	85	13.5
	大田用种	90.0			

5　检验方法

净度分析、发芽试验、水分测定、真实性和品种纯度检测应执行 GB/T 3543 的规定。

6　检验规则

6.1　扦样

扦样方法和种子批的确定应执行 GB/T 3543 的规定。

6.2　质量判定规则

质量判定规则应执行 GB 20464 的规定。

本部分起草单位：全国农业技术推广服务中心、农业部谷物品质监督检验测试中心、农业部农作物种子质量监督检验测试中心（太原）、农业部农作物种子质量监督检验测试中心（西安）、河北省种子管理总站、内蒙古自治区种子管理站。

本部分主要起草人：金石桥、胡学旭、梁志杰、王圆荣、张英、刘志芳、邓澍。

中华人民共和国国家标准

GB 4404.4—2010

粮食作物种子 第4部分:燕麦

Seed of food crops—Part 4:Oats

1 范围

GB 4404的本部分规定了燕麦(*Avena sativa* L.)种子的质量要求、检验方法和检验规则。

本部分适用于中华人民共和国境内生产、销售的上述燕麦种子,涵盖包衣种子和非包衣种子。

2 规范性引用文件

下列文件中的条款通过GB 4404的本部分的引用而成为本部分的条款。凡是注日期的引用文件,其随后所有的修改单(不包括勘误的内容)或修订版均不适用于本部分,然而,鼓励根据本部分达成协议的各方研究是否可使用这些文件的最新版本。凡是不注日期的引用文件,其最新版本适用于本部分。

GB/T 3543(所有部分) 农作物种子检验规程

GB 20464 农作物种子标签通则

3 术语和定义

下列术语和定义适用于GB 4404的本部分。

3.1

原种 basic seed

用育种家种子繁殖的第一代至第三代,经确认达到规定质量要求的种子。

3.2

大田用种 qualified seed

用常规原种繁殖的第一代至第三代或杂交种,经确认达到规定质量要求的种子。

4 质量要求

4.1 总则

种子质量要求由质量指标和质量标注值组成。质量指标包括品种纯度、净度、发芽率、水分;质量标注值应真实,并符合4.2的规定。

4.2 质量标准

燕麦种子最低质量要求见表1。

中华人民共和国国家质量监督检验检疫总局
中国国家标准化管理委员会 2011-01-14发布 2012-01-01实施

表 1

%

作物种类	种子类别	品种纯度 不低于	净度(净种子) 不低于	发芽率 不低于	水 分 不高于
燕麦	原种	99.0	98.0	85	13.0
	大田用种	97.0			

5 检验方法

净度分析、发芽试验、水分测定、真实性和品种纯度检测应执行 GB/T 3543 的规定。

6 检验规则

6.1 扦样

扦样方法和种子批的确定应执行 GB/T 3543 的规定。

6.2 质量判定规则

质量判定规则应执行 GB 20464 的规定。

本部分起草单位：全国农业技术推广服务中心、农业部谷物品质监督检验测试中心、农业部农作物种子质量监督检验测试中心(太原)、农业部农作物种子质量监督检验测试中心(西安)、河北省种子管理总站、内蒙古自治区种子管理站。

本部分主要起草人：赵建宗、胡学旭、刘青、冯铸、史桂琴、谢华峰、刘占平。

中华人民共和国国家标准

GB 4407.1—2008

经济作物种子　第 1 部分：纤维类

Seed of economic crops—Part 1：Fibre species

1　范围

GB 4407 的本部分规定了陆地棉（*Gossypium hirsutum*）、海岛棉（*Gossypium barbadense*）、圆果黄麻（*Corchorus capsularis*）、长果黄麻（*Corchorus olitorius*）、红麻（*Hibiscus cannabinus*）和亚麻（*Linum usitatissimum*）种子的质量要求、检验方法和检验规则。

本部分适用于中华人民共和国境内生产、销售的上述纤维类种子。

2　规范性引用文件

下列文件中的条款通过 GB 4407 的本部分的引用而成为本部分的条款。凡是注日期的引用文件，其随后所有的修改单（不包括勘误的内容）或修订版均不适用于本部分，然而，鼓励根据本部分达成协议的各方研究是否可使用这些文件的最新版本。凡是不注日期的引用文件，其最新版本适用于本部分。

GB/T 3543（所有部分）　农作物种子检验规程

GB 20464　农作物种子标签通则

3　术语和定义

下列术语和定义适用于 GB 4407 的本部分。

3.1

原种　basic seed

用育种家种子繁殖的第一代至第三代，经确认达到规定质量要求的种子。

3.2

大田用种　qualified seed

用常规原种繁殖的第一代至第三代或杂交种，经确认达到规定质量要求的种子。

3.3

毛籽　undelinted seed

籽棉经轧花或剥绒，其表面附着短绒的棉籽。

3.4

光籽　delinted seed

脱绒后的棉籽。

3.5

薄膜包衣籽　encrusted seed

中华人民共和国国家质量监督检验检疫总局
中国国家标准化管理委员会　2008-04-14 发布　　2008-09-01 实施

形状类似于原来的种子单位，可能含有杀虫剂、杀菌剂、染料或其他添加剂的种子。

4 质量要求

4.1 总则

种子质量要求由质量指标和质量标注值组成。质量指标包括品种纯度、净度、发芽率、水分；质量标注值应真实，并符合本部分质量要求（见 4.2）。

4.2 质量标准

4.2.1 棉花

棉花种子（包括转基因种子）质量应符合表 1 的最低要求。

表 1

%

作物种类	种子类型	种子类别	品种纯度 不低于	净度（净种子） 不低于	发芽率 不低于	水 分 不高于
棉花常规种	棉花毛籽	原种	99.0	97.0	70	12.0
		大田用种	95.0			
	棉花光籽	原种	99.0	99.0	80	12.0
		大田用种	95.0			
	棉花薄膜包衣籽	原种	99.0	99.0	80	12.0
		大田用种	95.0			
棉花杂交种亲本	棉花毛籽		99.0	97.0	70	12.0
	棉花光籽		99.0	99.0	80	12.0
	棉花薄膜包衣籽		99.0	99.0	80	12.0
棉花杂交一代种	棉花毛籽		95.0	97.0	70	12.0
	棉花光籽		95.0	99.0	80	12.0
	棉花薄膜包衣籽		95.0	99.0	80	12.0

4.2.2 黄麻、红麻和亚麻

黄麻、红麻和亚麻种子质量应符合表 2 的最低要求。

表 2

%

作物种类	种子类别	品种纯度 不低于	净度（净种子） 不低于	发芽率 不低于	水 分 不高于
圆果黄麻	原种	99.0	98.0	80	12.0
	大田用种	96.0			
长果黄麻	原种	99.0	98.0	85	12.0
	大田用种	96.0			
红麻	原种	99.0	98.0	75	12.0
	大田用种	97.0			
亚麻	原种	99.0	98.0	85	9.0
	大田用种	97.0			

5 检验方法

净度分析、发芽试验、水分测定、真实性和品种纯度检测应执行 GB/T 3543 的规定。

6 检验规则

6.1 扦样

扦样方法和种子批的确定应执行 GB/T 3543 的规定。

6.2 质量判定规则

质量判定规则应执行 GB 20464 的规定。

本部分起草单位：全国农业技术推广服务中心、农业部棉花品质质量监督检验测试中心、农业部麻类产品质量监督检验测试中心。

本部分主要起草人：支巨振、杨伟华、金石桥、许红霞、杨瑞林、赵建宗、傅友兰。

中华人民共和国国家标准

GB 4407.2—2008

经济作物种子 第2部分:油料类

Seed of economic crops—Part 2:Oil species

1 范围

GB 4407 的本部分规定了油菜(*Brassica napus* L.)、向日葵(*Helianthus annuus* L.)、花生(*Arachis hypogaea* L.)和芝麻(*Sesamum indicum* L.)种子的质量要求、检验方法和检验规则。

本部分适用于中华人民共和国境内生产和销售的上述所提及的油料类种子。

2 规范性引用文件

下列文件中的条款通过 GB 4407 的本部分的引用而成为本部分的条款。凡是注日期的引用文件,其随后所有的修改单(不包括勘误的内容)或修订版均不适用于本部分,然而,鼓励根据本部分达成协议的各方研究是否可使用这些文件的最新版本。凡是不注日期的引用文件,其最新版本适用于本部分。

GB/T 3543(所有部分) 农作物种子检验规程

3 术语和定义

下列术语和定义适用于 GB 4407 的本部分。

3.1

原种 basic seed

用育种家种子繁殖的第一代至第三代,经确认达到规定质量要求的种子。

3.2

大田用种 qualified seed

用常规原种繁殖的第一代至第三代或杂交种,经确认达到规定质量要求的种子。

4 质量要求

4.1 总则

种子质量要求由质量指标和质量标注值组成。质量指标包括品种纯度、净度、发芽率、水分;质量标注值应真实,并符合本部分质量要求(见 4.2)。

4.2 质量标准

4.2.1 油菜

油菜种子质量要求见表 1。

中华人民共和国国家质量监督检验检疫总局
中国国家标准化管理委员会 2008-06-28 发布 2008-12-01 实施

表 1

%

作物名称	种子类别	品种纯度 不低于	净度 不低于	发芽率 不低于	水分 不高于
油菜常规种	原种	99.0	98.0	85	9.0
	大田用种	95.0			
油菜亲本	原种	99.0	98.0	80	9.0
	大田用种	98.0			
油菜杂交种	大田用种	85.0	98.0	80	9.0

4.2.2 向日葵

向日葵种子质量要求见表 2。

表 2

%

作物名称	种子类别	品种纯度 不低于	净度 不低于	发芽率 不低于	水分 不高于
向日葵常规种	原种	99.0	98.0	85	9.0
	大田用种	96.0			
向日葵亲本	原种	99.0	98.0	90	9.0
	大田用种	98.0			
向日葵杂交种	大田用种	96.0	98.0	90	9.0

4.2.3 花生、芝麻

花生、芝麻种子质量要求见表 3。

表 3

%

作物名称	种子类别	品种纯度 不低于	净度 不低于	发芽率 不低于	水分 不高于
花生	原种	99.0	99.0	80	10.0
	大田用种	96.0			
芝麻	原种	99.0	97.0	85	9.0
	大田用种	97.0			

5 检验方法

净度分析、发芽试验、水分测定、真实性和品种纯度检测应执行 GB/T 3543 的规定。

6 检验规则

6.1 扦样

扦样方法和种子批的确定应执行 GB/T 3543 的规定。

6.2 判定规则

对种子质量进行判定时，应同时符合下列规则：

a) 作物种类、品种名称、产地与种子标签标注内容不符的，判为假种子；

b) 品种纯度、净度、发芽率和水分检测值任一项达不到标注值的，判为劣种子；

c) 种子标签的质量标注值任一项不符合本部分规定值的(见 4.2)，判为劣种子；

d) 带有国家规定检疫性有害生物的，判为劣种子。

对于质量符合性检验，使用 6.2b)规则进行判定时，检测值与标注值允许执行 GB/T 3543 规定的容许差距。

本部分负责起草单位：全国农业技术推广服务中心、湖北省种子管理站、四川省种子站、安徽省种子管理总站、江苏省种子站、内蒙古自治区种子管理站、辽宁省种子管理局、河南省种子管理站、河北省种子总站、陕西省种子管理站、山东省种子管理总站、山西省农业种子总站、湖北省种子集团公司、陕西省秦丰杂交油菜种子有限公司。

本部分主要起草人：梁志杰、聂练兵、肖国锋、詹根印、金石桥、季广德、柏长青、张英、毛从亚、刘华开、何芳、张梅英、刘玉欣、赵建宗、傅友兰、朱迎春、张志刚、余有海、杨军。

中华人民共和国国家标准

GB 16715.1—2010

瓜菜作物种子　第1部分：瓜类

Seed of gourd and vegetable crops—Part 1:Gourd

1　范围

GB 16715的本部分规定了西瓜[*Citrullus lanatus*(Thunb.)Matsum. et Nakai]、甜瓜[*Cucumis melo* L.]、冬瓜[*Benincasa hispida*(Thunb.)Cogn.]、黄瓜[*Cucumis sativus* L.]种子的质量要求、检验方法和检验规则。

本部分适用于中华人民共和国境内生产、销售的上述瓜类种子，涵盖包衣种子和非包衣种子。

2　规范性引用文件

下列文件中的条款通过GB 16715的本部分的引用而成为本部分的条款。凡是注日期的引用文件，其随后所有的修改单(不包括勘误的内容)或修订版均不适用于本部分，然而，鼓励根据本部分达成协议的各方研究是否可使用这些文件的最新版本。凡是不注日期的引用文件，其最新版本适用于本部分。

GB/T 3543(所有部分)　农作物种子检验规程

GB 20464　农作物种子标签通则

3　术语和定义

下列术语和定义适用于GB 16715的本部分。

3.1

原种　basic seed

用育种家种子繁殖的第一代至第三代，经确认达到规定质量要求的种子。

3.2

大田用种　qualified seed

用原种繁殖的第一代至第三代或杂交种，经确认达到规定质量要求的种子。

3.3

三倍体种　triploid seed

用四倍体作母本和二倍体作父本进行杂交所生产的种子。

4　质量要求

4.1　总则

种子质量要求由质量指标和质量标注值组成。质量指标包括品种纯度、净度、发芽率、水分；质量标注值应真实，并符合4.2的规定。

中华人民共和国国家质量监督检验检疫总局
中国国家标准化管理委员会　2011-01-14发布　2012-01-01实施

4.2 质量标准

4.2.1 西瓜

西瓜种子质量应符合表 1 的最低要求。

表 1

%

作物种类	种子类别		品种纯度 不低于	净度(净种子) 不低于	发芽率 不低于	水分 不高于
西瓜	亲本	原种	99.7	99.0	90	8.0
		大田用种	99.0			
	二倍体杂交种	大田用种	95.0	99.0	90	8.0
	三倍体杂交种	大田用种	95.0	99.0	75	8.0

注 1:三倍体西瓜杂交种发芽试验通常需要进行预先处理。

注 2:二倍体西瓜杂交种销售可以不具体标注二倍体,三倍体西瓜杂交种销售则需具体标注。

4.2.2 甜瓜

甜瓜种子质量应符合表 2 的最低要求,其中哈密瓜种子质量应符合表 3 的最低要求。

表 2

%

作物种类	种子类别		品种纯度 不低于	净度(净种子) 不低于	发芽率 不低于	水分 不高于
甜瓜	常规种	原种	98.0	99.0	90	8.0
		大田用种	95.0		85	
	亲本	原种	99.7	99.0	90	8.0
		大田用种	99.0		90	
	杂交种	大田用种	95.0	99.0	85	8.0

表 3

%

作物种类	种子类别		品种纯度 不低于	净度(净种子) 不低于	发芽率 不低于	水分 不高于
哈密瓜	常规种	原种	98.0	99.0	90	7.0
		大田用种	90.0	99.0	85	
	亲本	大田用种	99.0	99.0	90	7.0
	杂交种	大田用种	95.0	99.0	90	7.0
注:哈密瓜是厚皮甜瓜的一种。本表所指的是产于我国西北地区、作物种类标注为哈密瓜的种子。						

4.2.3 冬瓜

每瓜种子质量应符合表 4 的最低要求。

表 4

%

作物种类	种子类别	品种纯度 不低于	净度(净种子) 不低于	发芽率 不低于	水分 不高于
冬瓜	原种	98.0	99.0	70	9.0
	大田用种	96.0		60	

4.2.4 黄瓜

黄瓜种子质量应符合表 5 的最低要求。

表 5

%

<table>
<tr><th>作物种类</th><th colspan="2">种子类别</th><th>品种纯度
不低于</th><th>净度(净种子)
不低于</th><th>发芽率
不低于</th><th>水分
不高于</th></tr>
<tr><td rowspan="5">黄瓜</td><td rowspan="2">常规种</td><td>原种</td><td>98.0</td><td rowspan="2">99.0</td><td rowspan="2">90</td><td rowspan="2">8.0</td></tr>
<tr><td>大田用种</td><td>95.0</td></tr>
<tr><td rowspan="2">亲本</td><td>原种</td><td>99.9</td><td rowspan="2">99.0</td><td>90</td><td rowspan="2">8.0</td></tr>
<tr><td>大田用种</td><td>99.0</td><td>85</td></tr>
<tr><td>杂交种</td><td>大田用种</td><td>95.0</td><td>99.0</td><td>90</td><td>8.0</td></tr>
</table>

5 检验方法

净度分析、发芽试验、水分测定、真实性和品种纯度检测应执行 GB/T 3543 的规定。

6 检验规则

6.1 扦样

扦样方法和种子批的确定应执行 GB/T 3543 的规定。

6.2 质量判定规则

质量判定规则应执行 GB 20464 的规定。

本部分起草单位:全国农业技术推广服务中心、安徽省种子管理总站、中国农业科学院郑州果树研究所、新疆生产建设兵团种子管理总站、天津市种子管理站、合肥丰乐种业股份有限公司、南京红太阳种业有限公司。

本部分主要起草人:支巨振、盛海平、马跃、赵莉、李文琴、刘学堂、王兆贤。

中华人民共和国国家标准

GB 16715.2—2010

瓜菜作物种子　第2部分:白菜类

Seed of gourd and vegetable crops—Part 2:Chinese cabbage

1　范围

GB 16715的本部分规定了结球白菜[*Brassica campestris* L. ssp. *pekinensis*(Lour).Olsson]、不结球白菜[*Brassica campestris* L. ssp. *Chinensis*(L.)Makino.]种子的质量要求、检验方法和检验规则。

本部分适用于中华人民共和国境内生产、销售的上述白菜类种子,涵盖包衣种子和非包衣种子。

2　规范性引用文件

下列文件中的条款通过GB 16715的本部分的引用而成为本部分的条款。凡是注日期的引用文件,其随后所有的修改单(不包括勘误的内容)或修订版均不适用于本部分,然而,鼓励根据本部分达成协议的各方研究是否可使用这些文件的最新版本。凡是不注日期的引用文件,其最新版本适用于本部分。

GB/T 3543(所有部分)　农作物种子检验规程

GB 20464　农作物种子标签通则

3　术语和定义

下列术语和定义适用于GB 16715的本部分。

3.1

原种　basic seed

用育种家种子繁殖的第一代至第三代,经确认达到规定质量要求的种子。

3.2

大田用种　qualified seed

用原种繁殖的第一代至第三代或杂交种,经确认达到规定质量要求的种子。

4　质量要求

4.1　总则

种子质量要求由质量指标和质量标注值组成。质量指标包括品种纯度、净度、发芽率、水分;质量标注值应真实,并符合4.2的规定。

4.2　质量标准

白菜类种子质量应符合表1的最低要求。

中华人民共和国国家质量监督检验检疫总局
中国国家标准化管理委员会　2011-01-14发布　2012-01-01实施

表 1

%

<table>
<tr><th>作物种类</th><th colspan="2">种子类别</th><th>品种纯度
不低于</th><th>净度(净种子)
不低于</th><th>发芽率
不低于</th><th>水分
不高于</th></tr>
<tr><td rowspan="5">结球白菜</td><td rowspan="2">常规种</td><td>原种</td><td>99.0</td><td rowspan="2">98.0</td><td rowspan="2">85</td><td rowspan="2">7.0</td></tr>
<tr><td>大田用种</td><td>96.0</td></tr>
<tr><td rowspan="2">亲本</td><td>原种</td><td>99.9</td><td rowspan="2">98.0</td><td rowspan="2">85</td><td rowspan="2">7.0</td></tr>
<tr><td>大田用种</td><td>99.0</td></tr>
<tr><td>杂交种</td><td>大田用种</td><td>96.0</td><td>98.0</td><td>85</td><td>7.0</td></tr>
<tr><td rowspan="2">不结球白菜</td><td rowspan="2">常规种</td><td>原种</td><td>99.0</td><td rowspan="2">98.0</td><td rowspan="2">85</td><td rowspan="2">7.0</td></tr>
<tr><td>大田用种</td><td>96.0</td></tr>
</table>

5 检验方法

净度分析、发芽试验、水分测定、真实性和品种纯度检测应执行 GB/T 3543 的规定。

6 检验规则

6.1 扦样

扦样方法和种子批的确定应执行 GB/T 3543 的规定。

6.2 质量判定规则

质量判定规则应执行 GB 20464 的规定。

本部分起草单位:全国农业技术推广服务中心、农业部农作物种子质量监督检验测试中心(济南)、北京市种子管理站、北京市农林科学院蔬菜研究中心、河南省种子管理站、辽宁省种子管理局、四川省种子站。

本部分主要起草人:梁志杰、王桂娥、贾希海、金石桥、詹根印、李秀清、肖国峰、高宏。

中华人民共和国国家标准

GB 16715.3—2010

瓜菜作物种子　第3部分:茄果类

Seed of gourd and vegetable crops—Part 3:Solanaceous fruits

1　范围

GB 16715的本部分规定了茄子(*Solanum melongena* L.)、辣椒(甜椒)(*Capsicum frutescens* L.)、番茄(*Lycopersicon esculentum* Mill.)种子的质量要求、检验方法和检验规则。

本部分适用于中华人民共和国境内生产、销售的上述茄果类种子,涵盖包衣种子和非包衣种子。

2　规范性引用文件

下列文件中的条款通过GB 16715的本部分的引用而成为本部分的条款。凡是注日期的引用文件,其随后所有的修改单(不包括勘误的内容)或修订版均不适用于本部分,然而,鼓励根据本部分达成协议的各方研究是否可使用这些文件的最新版本。凡是不注日期的引用文件,其最新版本适用于本部分。

GB/T 3543(所有部分)　农作物种子检验规程

GB 20464　农作物种子标签通则

3　术语和定义

下列术语和定义适用于GB 16715的本部分。

3.1

原种　basic seed

用育种家种子繁殖的第一代至第三代,经确认达到规定质量要求的种子。

3.2

大田用种　qualified seed

用原种繁殖的第一代至第三代或杂交种,经确认达到规定质量要求的种子。

4　质量要求

4.1　总则

种子质量要求由质量指标和质量标注值组成。质量指标包括品种纯度、净度、发芽率、水分;质量标注值应真实,并符合4.2的规定。

4.2　质量标准

4.2.1　茄子

茄子种子质量应符合表1的最低要求。

中华人民共和国国家质量监督检验检疫总局
中国国家标准化管理委员会　2011-01-14发布　　2012-01-01实施

表 1

%

作物种类	种子类别		品种纯度 不低于	净度(净种子) 不低于	发芽率 不低于	水分 不高于
茄子	常规种	原种	99.0	98.0	75	8.0
		大田用种	96.0			
	亲本	原种	99.9	98.0	75	8.0
		大田用种	99.0			
	杂交种	大田用种	96.0	98.0	85	8.0

4.2.2 **辣椒(甜椒)**

辣椒(甜椒)种子质量应符合表 2 的最低要求。

表 2

%

作物种类	种子类别		品种纯度 不低于	净度(净种子) 不低于	发芽率 不低于	水分 不高于
辣椒 (甜椒)	常规种	原种	99.0	98.0	80	7.0
		大田用种	95.0			
	亲本	原种	99.9	98.0	75	7.0
		大田用种	99.0			
	杂交种	大田用种	95.0	98.0	85	7.0

4.2.3 **番茄**

番茄种子质量应符合表 3 的最低要求。

表 3

%

作物种类	种子类别		品种纯度 不低于	净度(净种子) 不低于	发芽率 不低于	水分 不高于
番茄	常规种	原种	99.0	98.0	85	7.0
		大田用种	95.0			
	亲本	原种	99.9	98.0	85	7.0
		大田用种	99.0			
	杂交种	大田用种	96.0	98.0	85	7.0

5 检验方法

净度分析、发芽试验、水分测定、真实性和品种纯度检测应执行 GB/T 3543 的规定。

6 检验规则

6.1 扦样

扦样方法和种子批的确定应执行 GB/T 3543 的规定。

6.2 质量判定规则

质量判定规则应执行 GB 20464 的规定。

本部分起草单位:全国农业技术推广服务中心、北京市农林科学院蔬菜研究中心、农业部农作物种

子质量监督检验测试中心(沈阳)、农业部农作物种子质量监督检验测试中心(武汉)、农业部农作物种子质量监督检验测试中心(济南)、广西壮族自治区种子管理总站、浙江省种子总站。

本部分主要起草人:林展、郑晓鹰、李洪建、谢建平、傅友兰、孙淑珍、黄祖纹、严见方、马连平。

中华人民共和国国家标准

GB 16715.4—2010

瓜菜作物种子　第4部分:甘蓝类

Seed of gourd and vegetable crops—Part 4:Cole

1　范围

GB 16715的本部分规定了结球甘蓝(*Brassica oleracea* L. var. *capitata* L.)、球茎甘蓝(*Brassica deracea* L. var. *capitata* DC.)、花椰菜(*Brassica oleracea* L. var. *botrytis* L.)种子的质量要求、检验方法和检验规则。

本部分适用于中华人民共和国境内生产、销售的上述甘蓝类种子,涵盖包衣种子和非包衣种子。

2　规范性引用文件

下列文件中的条款通过GB 16715的本部分的引用而成为本部分的条款。凡是注日期的引用文件,其随后所有的修改单(不包括勘误的内容)或修订版均不适用于本部分,然而,鼓励根据本部分达成协议的各方研究是否可使用这些文件的最新版本。凡是不注日期的引用文件,其最新版本适用于本部分。

GB/T 3543(所有部分)　农作物种子检验规程

GB 20464　农作物种子标签通则

3　术语和定义

下列术语和定义适用于GB 16715的本部分。

3.1

原种　basic seed

用育种家种子繁殖的第一代至第三代,经确认达到规定质量要求的种子。

3.2

大田用种　qualified seed

用原种繁殖的第一代至第三代或杂交种,经确认达到规定质量要求的种子。

4　质量要求

4.1　总则

种子质量要求由质量指标和质量标注值组成。质量指标包括品种纯度、净度、发芽率、水分;质量标注值应真实,并符合4.2的规定。

4.2　质量标准

甘蓝类作物种子质量应符合表1的最低要求。

中华人民共和国国家质量监督检验检疫总局
中国国家标准化管理委员会　2011-01-14发布　2012-01-01实施

表 1

%

作物种类	种子类别		品种纯度 不低于	净度(净种子) 不低于	发芽率 不低于	水分 不高于
结球甘蓝	常规种	原种	99.0	99.0	85	7.0
		大田用种	96.0			
	亲本	原种	99.9	99.0	80	7.0
		大田用种	99.0			
	杂交种	大田用种	96.0	99.0	80	7.0
球茎甘蓝	原种		98.0	99.0	85	7.0
	大田用种		96.0			
花椰菜	原种		99.0	98.0	85	7.0
	大田用种		96.0			

5 检验方法

净度分析、发芽试验、水分测定、真实性和品种纯度鉴定应执行 GB/T 3543 的规定。

6 检验规则

6.1 扦样

扦样方法和种子批的确定应执行 GB/T 3543 的规定。

6.2 质量判定规则

质量判定规则应执行 GB 20464 的规定。

本部分起草单位:全国农业技术推广服务中心、河北省种子管理总站、江苏省种子管理站、天津市种子管理站、黑龙江省种子管理局、农业部农作物种子质量监督检验测试中心(太原)。

本部分主要起草人:支巨振、刘玉欣、毛从亚、李琦、刘青、杨军、孟令辉。

中华人民共和国国家标准

GB 16715.5—2010

瓜菜作物种子 第5部分:绿叶菜类

Seed of gourd and vegetablecrops—Part 5:Leaf vegetables

1 范围

GB 16715的本部分规定了芹菜(*Apium Graveolens* L.)、菠菜(*Spinacia oleracea* L.)、莴苣(*Lactuca sativa* L.)种子的质量要求、检验方法和检验规则。

本部分适用于中华人民共和国境内生产、销售的上述绿叶菜类种子,涵盖包衣种子和非包衣种子。

2 规范性引用文件

下列文件中的条款通过GB 16715的本部分的引用而成为本部分的条款。凡是注日期的引用文件,其随后所有的修改单(不包括勘误的内容)或修订版均不适用于本部分,然而,鼓励根据本部分达成协议的各方研究是否可使用这些文件的最新版本。凡是不注日期的引用文件,其最新版本适用于本部分。

GB/T 3543(所有部分) 农作物种子检验规程

GB 20464 农作物种子标签通则

3 术语和定义

下列术语和定义适用于GB 16715的本部分。

3.1

原种 basic seed

用育种家种子繁殖的第一代至第三代,经确认达到规定质量要求的种子。

3.2

大田用种 qualified seed

用原种繁殖的第一代至第三代或杂交种,经确认达到规定质量要求的种子。

4 质量要求

4.1 总则

种子质量要求由质量指标和质量标注值组成。质量指标包括品种纯度、净度、发芽率、水分;质量标注值应真实,并符合4.2的规定。

4.2 质量标准

4.2.1 芹菜

芹菜种子质量应符合表1的最低要求。

中华人民共和国国家质量监督检验检疫总局
中国国家标准化管理委员会 2011-01-14发布 2012-01-01实施

表 1

%

作物名称	种子类别	品种纯度 不低于	净度(净种子) 不低于	发芽率 不低于	水　分 不高于
芹菜	原种	99.0	95.0	70	8.0
	大田用种	93.0			

4.2.2 **菠菜**

菠菜种子质量应符合表 2 的最低要求。

表 2

%

作物名称	种子类别	品种纯度 不低于	净度(净种子) 不低于	发芽率 不低于	水　分 不高于
菠菜	原种	99.0	97.0	70	10.0
	大田用种	95.0			

4.2.3 **莴苣**

莴苣种子质量应符合表 3 的最低要求。

表 3

%

作物名称	种子类别	品种纯度 不低于	净度(净种子) 不低于	发芽率 不低于	水　分 不高于
莴苣	原种	99.0	98.0	80	7.0
	大田用种	95.0			

5 检验方法

净度分析、发芽试验、水分测定、真实性和品种纯度检测应执行 GB/T 3543 的规定。

6 检验规则

6.1 扦样

扦样方法和种子批的确定应执行 GB/T 3543 的规定。

6.2 质量判定规则

质量判定规则应执行 GB 20464 的规定。

本部分起草单位：全国农业技术推广服务中心、农业部农作物种子质量监督检验测试中心(太原)、农业部农作物种子质量监督检验测试中心(西安)、四川省种子站、江苏省种子管理站。

本部分主要起草人：林展、王圆荣、赵建宗、余有海、吴毓谦、方明奎。

中华人民共和国农业行业标准

NY 2619—2014

瓜菜作物种子　豆类(菜豆、长豇豆、豌豆)

Seed of gourd and vegetable crops—Peas and beans(Kidney bean, asparagus bean and pea)

1　范围

本标准规定了菜豆(*Phaseolus vulgaris* L.)、长豇豆[*Vigna unguiculata* W. ssp. *Sesquipedalis* (L.)Verd.]、豌豆种子(*Pisum sativum* L.)的质量要求、检验方法和检验规则。

本标准适用于中华人民共和国境内生产、销售上述豆类种子,涵盖包衣种子和非包衣种子。

2　规范性引用文件

下列文件对于本文件的应用是必不可少的。凡是注日期的引用文件,仅注日期的版本适用于本文件。凡是不注日期的引用文件,其最新版本(包括所有的修改单)适用于本文件。

GB/T 3543　(所有部分)　农作物种子检验规程

GB 20464　农作物种子标签通则

3　术语和定义

下列术语和定义适用于本文件。

3.1

原种　basic seed

用育种家种子繁殖的第一代至第三代,经确认达到规定质量要求的种子。

3.2

大田用种　qualified seed

用原种繁殖的第一代至第三代或杂交种,经确认达到规定质量要求的种子。

4　质量要求

4.1　总则

种子质量要求由质量指标和质量标注值组成。质量指标包括品种纯度、净度、发芽率、水分;质量标注值应真实,并符合 4.2 的规定。

4.2　质量标准

4.2.1　菜豆

菜豆种子质量应符合表 1 的最低要求。

中华人民共和国农业部 2014 - 10 - 17 发布　　　　2015 - 01 - 01 实施

表 1　菜豆种子质量要求

单位为百分率

作物种类	种子类别	品种纯度 不低于	净度(净种子) 不低于	发芽率 不低于	水　分 不高于
菜豆	原种	98.0	98.0	85	12.0
	大田用种	94.0			

4.2.2　**长豇豆**

长豇豆种子质量应符合表 2 的最低要求。

表 2　长豇豆种子质量要求

单位为百分率

作物种类	种子类别	品种纯度 不低于	净度(净种子) 不低于	发芽率 不低于	水　分 不高于
长豇豆	原种	98.0	98.0	85	12.0
	大田用种	94.0			

4.2.3　**豌豆**

豌豆种子质量应符合表 3 的最低要求。

表 3　豌豆种子质量要求

单位为百分率

作物种类	种子类别	品种纯度 不低于	净度(净种子) 不低于	发芽率 不低于	水　分 不高于
豌豆	原种	98.0	98.0	80	12.0
	大田用种	94.0			

5　检验方法

净度分析、发芽试验、水分测定、真实性和品种纯度检测应执行 GB/T 3543 的规定。

6　检验规则

6.1　扦样

扦样方法和种子批的确定应执行 GB/T 3543 的规定。

6.2　判定规则

质量判定应执行 GB 20464 的规定。

本标准起草单位:全国农业技术推广服务中心、河南省种子管理站、河北省种子管理总站、山东省种子管理总站、四川省种子站。

本标准主要起草人:张力科、刘青、陈晓、李承宗、孙淑珍、周会、晋芳。

中华人民共和国农业行业标准

NY 2620—2014

瓜菜作物种子　萝卜和胡萝卜

Seed of gourd and vegetable crops—Radish and daucus carota

1　范围

本标准规定了萝卜(*Raphanus sativus* L.)和胡萝卜(*Daucus carota* L.)种子的质量要求、检验方法和检验规则。

本标准适用于中华人民共和国境内生产、销售的上述萝卜类作物种子,涵盖包衣种子和非包衣种子。

2　规范性引用文件

下列文件对于本文件的应用是必不可少的。凡是注日期的引用文件,仅注日期的版本适用于本文件。凡是不注日期的引用文件,其最新版本(包括所有的修改单)适用于本文件。

GB/T 3543(所有部分)　农作物种子检验规程

GB 20464　农作物种子标签通则

3　术语和定义

下列术语和定义适用于本文件。

3.1

原种　basic seed

用育种家种子繁殖的第一代至第三代,经确认达到规定质量要求的种子。

3.2

大田用种　qualified seed

用原种繁殖的第一代至第三代或杂交种,经确认达到规定质量要求的种子。

4　质量要求

4.1　总则

种子质量要求由质量指标和质量标注值组成。质量指标包括品种纯度、净度、发芽率、水分;质量标注值应真实,并符合 4.2 的规定。

4.2　质量标准

4.2.1　萝卜

萝卜种子质量应符合表 1 的最低要求。

中华人民共和国农业部 2014-10-17 发布　　　　2015-01-01 实施

表 1　萝卜种子质量要求

单位为百分率

作物种类	种子类别		品种纯度 不低于	净　度 不低于	发芽率 不低于	水　分 不高于
萝卜	常规种	原　种	98.0	98.0	85	8.0
		大田用种	94.0			
	亲本	原　种	99.0			
		大田用种	98.0			
	杂交种	大田用种	94.0			

4.2.2　胡萝卜

胡萝卜种子质量应符合表 2 的最低要求。

表 2　胡萝卜种子质量要求

单位为百分率

作物种类	种子类别		品种纯度 不低于	净　度 不低于	发芽率 不低于	水　分 不高于
胡萝卜	常规种	原　种	98.0	98.0	70	8.0
		大田用种	95.0			
	亲本	原　种	99.0			
		大田用种	98.0			
	杂交种	大田用种	95.0			

5　检验方法

净度分析、发芽试验、水分测定、真实性和品种纯度检测应执行 GB/T 3543 的规定。

6　检验规则

6.1　扦样

扦样方法和种子批的确定应执行 GB/T 3543 的规定。

6.2　判定规则

质量判定应执行 GB 20464 的规定。

本标准起草单位：全国农业技术推广服务中心、山东省种子管理总站、河北省种子管理总站、河南省种子管理站、四川省种子站。

本标准主要起草人：赵建宗、林展、王桂娥、刘志芳、张文玲、高宏、傅友兰。

中华人民共和国国家标准

GB/T 29885—2013

棉 籽 质 量 等 级

Cotton seed quality grade

1 范围

本标准规定了棉籽的术语和定义、质量分级要求、检验方法以及包装、储存和运输的要求。

本标准适用于经加工脱绒后，供生产食用、饲用棉籽油和棉籽蛋白的商品棉籽。

2 规范性引用文件

下列文件对于本文件的应用是必不可少的。凡是注日期的引用文件，仅注日期的版本适用于本文件。凡是不注日期的引用文件，其最新版本(包括所有的修改单)适用于本文件。

GB 5491 粮食、油料检验 扦样、分样法

GB/T 5492 粮油检验 粮食、油料的色泽、气味、口味鉴定

GB/T 5494 粮油检验 粮食、油料的杂质、不完善粒检验

GB/T 5512 粮油检验 粮食中粗脂肪含量测定

GB 13078 饲料卫生标准

GB/T 14489.1 油料 水分及挥发物含量测定

GB/T 14489.2 粮油检验 植物油料粗蛋白质的测定

GB 19641 植物油料卫生标准

3 术语和定义

下列术语和定义适用本文件。

3.1

杂质 foreign material

除棉籽以外的其他物质，包括筛下物、无机杂质和有机杂质。

[GB/T 11763—2008，定义 3.2]

3.2

筛下物 screen underflow

通过直径 3.0 mm 圆孔筛的物质。

[GB/T 11763—2008，定义 3.2.1]

3.3

无机杂质 inorganic impurities

砂石、煤渣、砖瓦块、泥土等矿物质及其他无机类物质。

[GB/T 11763—2008，定义 3.2.2]

中华人民共和国国家质量监督检验检疫总局
中国国家标准化管理委员会 2013-11-12 发布 2014-04-11 实施

3.4

有机杂质　organic impurities

无使用价值的棉籽、异种粮粒、油籽及其他有机类物质。

[GB/T 11763—2008,定义 3.2.3]

4　质量分级要求

4.1　基本要求

4.1.1　感官特征

正常。具有棉籽固有的色泽和气味。

4.1.2　杂质

杂质含量应不大于 2.0%。

4.1.3　水分

水分含量应不大于 12.0%。

4.2　等级质量指标

依据棉籽的粗脂肪和粗蛋白质含量将其分为五个等级,五级以下为级外,三级为标准级。

棉籽等级质量指标见表 1。

表 1　等级质量指标

等级	粗脂肪/%	粗蛋白质/%
一级	≥18	≥20
	≥17	≥23
二级	≥17	≥20
	≥16	≥23
三级	≥16	≥20
	≥15	≥23
四级	≥15	≥20
	≥14	≥23
五级	≥14	≥20
	≥13	≥23
级外	<13	—

4.3　卫生指标

供加工食用产品的棉籽应符合 GB 19641 的要求,供加工饲用产品的棉籽应符合 GB 13078 的要求。

5　检验方法

5.1　检验流程

检验流程见图 1。

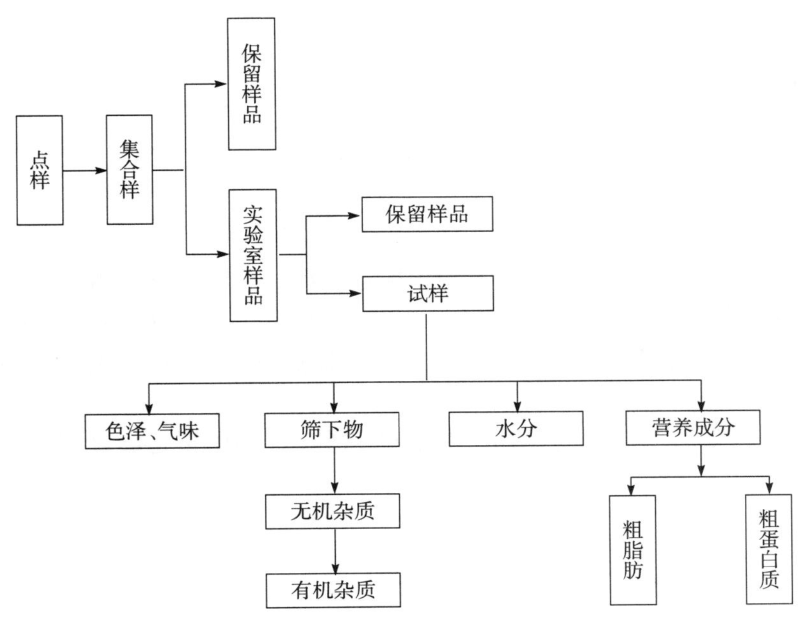

图 1　检验流程图

5.2　扦取、分样

按 GB 5491 规定的方法执行。

5.3　色泽、气味的检验

按 GB/T 5492 规定的方法测定。

5.4　杂质的检验

按 GB/T 5494 规定的方法测定。

5.5　水分的检验

按 GB/T 14489.1 规定的方法测定。

5.6　粗脂肪的检验

按 GB/T 5512 规定的方法测定。

5.7　粗蛋白质的检验

按 GB/T 14489.2 规定的方法测定。

5.8　卫生指标的检验

供加工食用产品的棉籽按 GB 19641 规定的方法测定，供加工饲用产品的棉籽按 GB 13078 规定的方法测定。

6　包装、储存和运输

6.1　包装

散装或按用户要求包装。

6.2　储存

应储存在干燥、通风的地方，防潮、防霉变、防虫蛀、防污染，不应与有毒有害物质混放。

6.3　运输

应避免曝晒、雨淋，不应与有毒有害物质或其他易造成产品污染的物品混合运输。

参 考 文 献

[1]GB/T 11763—2008 棉籽

本标准起草单位：中棉工业有限责任公司、中国棉花协会棉花加工分会、中华全国供销合作总社郑州棉麻工程技术设计研究所、衡水中棉工业棉花产业化有限公司、北京中棉工程技术有限公司、新疆农业科学院经济作物研究所、新疆伊犁哈萨克自治州伊欣棉业有限公司、晨光生物科技集团股份有限公司。

本标准主要起草人：张郁、胡春雷、尹青云、王瑞霞、洪帅、刘忠山、陈运霞、杨省孝。

中华人民共和国农业行业标准

NY/T 1439—2007

剑麻　种苗

Sisal Shoots

1　范围

本标准规定了剑麻种苗的术语和定义、生产基本条件、质量要求、检验方法、检验规则，以及包装、标志和运输。

本标准适用于剑麻中 H.11648 麻的珠芽苗、吸芽苗、腋芽苗和组培苗的质量鉴定，其他品种剑麻种苗质量鉴定可参照执行。

2　规范性引用文件

下列文件中的条款通过本标准的引用而成为本标准的条款。凡是注日期的引用文件，其随后所有的修改单（不包括勘误的内容）或修订版均不适用于本标准，然而，鼓励根据本标准达成协议的各方研究是否可使用这些文件的最新版本。凡是不注日期的引用文件，其最新版本适用于本标准。

GB 8370　苹果苗木产地检疫规程

GB 9847—2003　苹果苗木

NY/T 222—2004　剑麻栽培技术规程

NY/T 451—2001　菠萝　种苗

3　术语和定义

下列术语和定义适用于本标准。

3.1

珠芽　bubil

剑麻植株生命周期行将结束时，抽生花轴，开花、结果后，由位于花柄离层下方的芽点逐渐发育而形成的小植株。

3.2

吸芽　sucker

剑麻植株地下走茎顶芽长出地面而形成的小植株。

3.3

腋芽　axillary bud

存在于麻株叶腋中的潜伏小芽。

3.4

母株苗　maternal planting shoots

指麻株经培育后，通过破坏植株的顶端生长点，促进叶腋芽点的萌发而形成的小苗。

中华人民共和国农业部 2007-09-14 发布　　2007-12-01 实施

3.5

密植苗　compact planting shoots

大田开花麻株采集的珠芽苗和组培苗、种子苗等，由于植株小，经过渡性苗圃进行集中培育高度达25 cm以上才能进一步疏植培育，这类苗称为密植苗。

3.6

疏植苗　thin planting shoots

又称上山苗，指对达25 cm高的母株苗、珠芽苗、组培苗等进行疏植，培育至出圃标准的剑麻苗。

4　生产基本条件

4.1　繁殖材料

4.1.1　除有性杂交选育种用种子繁殖外，生产上应用具有稳定优良性状的无性系植株的珠芽、吸芽、腋芽作为繁殖材料。

4.1.2　繁殖材料应严格选自具有优良特性的品种，茎部粗壮，展叶片数多，无病虫害。

4.1.3　繁殖材料应从优选择，材料优劣依次为：腋芽苗→珠芽苗→吸芽苗。

4.2　繁殖方法

4.2.1　珠芽繁殖

4.2.1.1　用作种苗的珠芽应来自高产无病麻田开花植株，在达产期年均鲜叶产量达82.5 t/hm^{2}以上的麻田，周期展叶片数达600片以上的植株开花后长出的珠芽为采苗的对象。

4.2.1.2　对采苗的麻株，当珠芽长出前，把花轴顶端1/3砍掉，促使剩下花轴长出健壮的珠芽。凡叶片数达3片、高度10 cm、重量20 g以上自然脱落或人工摇动植株后脱落的珠芽，作为成熟和合格的珠芽。

4.2.1.3　珠芽经密植培育和疏植培育两个环节后成为生产用合格种苗。

4.2.2　母株繁殖

4.2.2.1　用作母株的种苗应按照4.2.1.1的要求进行选苗后，用优良珠芽繁殖出的第一批腋芽苗作为母株，母株繁殖出的第一批腋芽苗作为下一代的母株，依照类推。不应采集大田走茎苗作母株。

4.2.2.2　应用母株繁殖圃繁殖的1～6批嫩壮腋芽苗和吸芽苗作生产种苗用种苗，并经过疏植培育达到标准后才可向生产者提供。

4.2.3　组织培养

采用优良剑麻品种，选择高产、无病的优质单株，采其花轴中、下部位的优良珠芽或母株繁殖的腋芽作组培材料，以腋芽组培诱导出丛生芽，使丛生芽正常继代增殖，将丛生芽分割出单芽进行生根培养，形成完整小植株，经假植移栽育成种苗，实现剑麻苗工厂化生产。

5　质量要求

5.1　基本要求

5.1.1　种苗应来源清楚，品种纯正、可靠，无变异。

5.1.2　植株完整，根茎粗壮。

5.1.3　无剑麻斑马纹病、剑麻茎腐病和剑麻蚧壳虫，无检疫性病虫害。

5.1.4　种苗出圃前种苗生产单位或法定检验单位均应对拟出圃种苗进行检验，并进行种苗消毒。

5.2　分级要求

在符合5.1的前提下，各级别的剑麻苗应符合NY/T 222—2004中附录B的规定，低于四级的剑麻种苗不应作为商品苗。

6 检验方法

6.1 纯度检验

按附录A规定的方法进行。

6.2 外观检验

6.2.1 检验工具：游标卡尺、秤、钢卷尺等。

6.2.2 方法：苗重用限量为1 kg～20 kg的杆秤、电子秤或台秤，对已削去须根、干枯叶片的麻苗进行称重。苗高用钢卷尺自基部量至苗最高处。茎粗用游标卡尺测量麻苗基部最粗直径。人工清点除干叶以外的麻株叶片数量。检验结果记入附录B规定的记录表中。

6.3 疫情检验

按附录C规定的方法进行。凡有检疫对象和应控制的病虫害苗，应严格封锁外运。

7 检验规则

7.1 种苗质量的检验应于种苗出圃时在苗圃中检验。

7.2 组批

同一批种苗作为一检验组批。

7.3 抽样

按GB 9847—2003中5.1.2规定的方法进行。

7.4 定级规则

7.4.1 剑麻苗的级别判定以苗重、叶片数、苗高为重要指标，无病虫害和苗龄为一般指标。

7.4.2 特级苗判定：五项指标均为特级则定为特级；三项重要指标为特级，另两项为特级和一级，可定为特级苗，重要指标中一项为一级则降为一级苗。

7.4.3 一级苗判定：五项指标均为一级定为一级；苗重为特级，另两项重要指标为一级和二级，可定为一级苗；三项重要指标中一项为三级则降为二级苗。

7.4.4 二级苗判定：五项指标均为二级定为二级；苗重为一级，另两项重要指标为一级和三级或均为二级，则定为二级；苗重为二级另两项重要指标为一级和二级则定为二级，苗重为二级另两项重要指标为二级和三级则降为三级。

7.4.5 三级苗判定：五项指标均为三级的定为三级苗；苗重为三级另两项重要指标为一级和二级的苗定为三级苗。

7.4.6 四级苗不应做商品苗出圃，小于三级苗可在苗圃中再育，大于24个月的老苗则当废苗处理。

8 包装、标志和运输

8.1 包装

建立疏植苗圃可就近剑麻种植基地育苗，以便于上山种植，剑麻种苗如需调运，应用有孔的木箱或竹箱进行包装，规格为：100 cm×80 cm×60 cm(长×宽×高，外径)。也可根据种苗类型和大小分捆包装。

8.2 标志

种苗出圃时应附有种苗质量检验证书和种苗标签，质量检验证书和标签的要求见附录D和NY/T 451—2001的附录C。种苗检疫证书按GB 8370签发。

8.3 运输

剑麻种苗在运输途中严防雨淋，防止长时间暴晒。途中临时停车，应停在阴凉处。当运到目的地后即卸苗，并置于荫棚或阴凉处，种苗应散开摆放，不应堆放，应尽早定植。

附 录 A
(规范性附录)
剑麻种苗品种识别

剑麻的生产品种主要是H.11648麻,云南省有较多的野生种植品种番麻,龙舌兰杂种76416主要作为目前病区的补植推广品种。

H.11648麻(又称东1号麻):叶片刚直、密生、叶缘无刺,叶面上有白色蜡粉,叶色蓝绿,生长周期8年～13年;生长周期平均叶片长118 cm,宽10.6 cm,最长的叶片150.4 cm,最宽的叶13.1 cm;定植后平均每株年长叶片45片～70片;纤维率4.5%～5%;纤维较细,白洁有光泽,拉力较强;耐寒、速生,易感斑马纹病和茎腐病。纤维产量高,丰产性能好,是我国目前生产的主要品种。

番麻(又称世纪麻、宽叶龙舌兰):叶大肥厚,一般叶缘有锯刺;叶片疏生;叶面被一层灰色蜡粉,叶片在叶轴时就印有边刺叶痕的花纹,叶色灰绿。生产周期平均叶片长138 cm,宽15.4 cm,最长的叶片159 cm,最宽的叶17 cm;定植后平均每株年长叶片20片～25片;纤维率2.5%～3%;纤维拉力较差;粗生、适应性广,抗寒、抗病和抗盐碱力强,特别能抗斑马纹病。纤维产量低,是种植用来提取海柯吉宁的品种。

龙舌兰杂种76416:叶大较肥厚,一般幼苗期叶缘有稀疏边刺;叶片疏生;叶面有灰色蜡粉,叶色灰绿。生产周期平均叶片长145 cm,宽13.4 cm,最长的叶片155 cm,最宽的叶14 cm;定植后平均每株年长叶片35片～40片;周期平均纤维率3.8%;纤维拉力较差;粗生快长、适应性强;具有较强的抗斑马纹病能力,也富含海柯吉宁,是剑麻斑马纹病区的补植推荐材料,也可作为提取海柯吉宁开发医药产品的推荐种植品种。

附 录 B
(规范性附录)
剑麻种苗质量检测记录表

No：________　　　　　　　　　　品　　种：________

育苗单位：________　　　　　　　购苗单位：________

出圃株数：________　　　　　　　抽检株数：________

样品号	苗重 kg	苗高 cm	茎粗 cm	叶片数 （片）	苗龄 （月）	病虫害	级别

校核人(签字)：　　　　　　检测人(签字)：　　　　　　检测日期：　年　月　日

附　录　C
（规范性附录）
田间目测鉴定剑麻主要病害的症状

C.1　剑麻斑马纹病

叶斑：叶片感染初期出现绿豆大小的褪色斑点，病斑扩展后形成紫色和灰绿色相间的同心环，边缘淡绿色至黄绿色，呈水渍状，病斑中心逐渐变黑，有时溢出黑色黏液；病斑老化及组织坏死时，形成深褐和淡黄色相间的同心轮纹，呈现典型的斑马纹病斑。

茎腐：病株叶片最初呈失水状、褪色发黄、纵卷，而后萎蔫、下垂。重病株叶片失水全部下垂至地面，只剩下一根孤立的叶轴。纵剖茎部呈褐色，在病健交界处有一条粉红色的分界线，病组织逐渐变黑，腐烂组织发出难闻的臭味，病株摇动易倒。

轴腐：叶斑和茎腐病变向叶轴扩展而成，初期病株叶片为褐色、卷起，严重时用手轻拉叶轴尖端，长锥形的叶轴易从茎基部抽起或折断，未展开的嫩叶在叶轴中腐烂，有恶臭味，剥开叶轴在嫩叶上有不规则的轮纹病斑，有时呈灰白色和黄白相间的螺旋形轮纹。

C.2　剑麻茎腐病

剑麻茎腐病主要是由黑曲霉病原菌通过开割麻株的割叶伤口侵入发病的。病组织初期有发酵酒味，后期组织腐烂并产生大量白色的菌丝体和黑色霉点状的分生孢子子实体；纵剖茎可见病健交界处有明显的红褐色分界线。

慢性型病斑的被侵入伤口处呈黑褐色或红褐色水渍状，病菌扩展较慢，不易造成植株死亡。

急性型病斑的被侵入伤口处呈浅红色然后变为浅黄色水渍状；病组织腐烂，并有大量浑浊液溢出；病原菌侵入茎部后至组织腐烂和叶片失水，整株凋萎，最后死亡。

C.3　剑麻紫色尖端卷叶病

该病属生理性病害，发病初期植株基部叶片顶刺附近褪绿变黄，后变紫红色，叶缘向内卷曲；中期紫红色部分向下蔓延，叶片卷曲加剧，使上部呈卷筒状；后期叶片从尖端逐渐向下失水，凋萎以致枯死。

C.4　剑麻生理叶斑病

分白斑型和黄斑型两种。

白斑型：发病初期，受害叶部呈水渍状、发白、半透明；中期受害叶完全褪绿，病斑下陷失水呈灰白色或黄白色；后期病斑干枯皱褶，变成褐色或紫褐色，纤维变脆，受害叶下垂。

黄斑型：受害叶主要在成熟叶和新展叶的上部。发病初期，受害叶部浮肿，褪绿呈黄色或黄绿色；中期病斑逐渐失水下陷，由黄色变为褐色或紫褐色，后期病斑干枯皱褶。

附　录　D
（规范性附录）
剑麻种苗质量检验证书

检验单位(公章)：　　　　　　　　　　　　　　　　　　　　　　　　　　№：__________

育苗单位：　　　　　　　　　　　　　　　　　　　　　　　　　　购苗单位： 出圃株数：　　　　　　　　　　　　　　　　　　　　　　　　　　苗木品种： 检验株数： 其中：特级：　一级：　二级：　三级：　四级： 检验结果： 检验意见： 证书签发期：　年　月　日　证书有效期：　至　年　月　日 注：本证一式三份，育苗单位、购苗单位、检验单位各一份。

批准人(签字)：　　　　　　　　校核人(签字)：　　　　　　　　检测人(签字)：

本标准起草单位：广东省湛江农垦局。

本标准主要起草人：陈叶海、文尚华、傅清华。

中华人民共和国国家标准

GB 18133—2012

马铃薯种薯

Seed potatoes

1 范围

本标准规定了马铃薯种薯分级的质量指标、检验方法和标签的最低要求。

本标准适用于中华人民共和国境内马铃薯种薯的生产、检验、销售以及产品认证和质量监督。

2 规范性引用文件

下列文件对于本文件的应用是必不可少的。凡是注日期的引用文件，仅注日期的版本适用于本文件。凡是不注日期的引用文件，其最新版本(包括所有的修改单)适用于本文件。

GB 20464 农作物种子标签通则

3 术语和定义

下列术语和定义适用于本文件。

3.1

马铃薯种薯　seed potatoes

符合本标准规定的相应质量要求的原原种、原种、一级种和二级种。

3.2

原原种(G1)　pre-elite

用育种家种子、脱毒组培苗或试管薯在防虫网、温室等隔离条件下生产，经质量检测达到5.2要求的，用于原种生产的种薯。

3.3

原种(G2)　elite

用原原种作种薯，在良好隔离环境中生产的，经质量检测达到5.2要求的，用于生产一级种的种薯。

3.4

一级种(G3)　qualified Ⅰ

在相对隔离环境中，用原种作种薯生产的，经质量检测后达到5.2要求的，用于生产二级种的种薯。

3.5

二级种(G4)　qualified Ⅱ

在相对隔离环境中，由一级种作种薯生产，经质量检测后达到5.2要求的，用于生产商品薯的种薯。

3.6

种薯批　seed potato lot

中华人民共和国国家质量监督检验检疫总局
中国国家标准化管理委员会　2012-12-31发布　2013-12-19实施

来源相同、同一地块、同一品种、同一级别以及同一时期收获、质量基本一致的马铃薯植株或块茎作为一批。

4 有害生物

4.1 非检疫性限定有害生物

4.1.1 病毒

马铃薯X病毒(Potato virus X,PVX)。

马铃薯Y病毒(Potato virus Y,PVY)。

马铃薯S病毒(Potato virus S,PVS)。

马铃薯M病毒(Potato virus M,PVM)。

马铃薯卷叶病毒(Potato leafroll virus,PLRV)。

4.1.2 细菌

马铃薯青枯病菌(*Ralstonia solanacearum*)。

马铃薯黑胫病和软腐病菌(*Erwinia carotovora* subspecies *atroseptica*,*Erwinia carotovora* subspecies *carotovora*,*Erwinia chrysanthemi*)。

马铃薯普通疮痂病菌(*Streptomyces scabies*)。

4.1.3 真菌

马铃薯晚疫病菌(*Phytophthora infestans*)。

马铃薯干腐病菌(*Fusarium*)。

马铃薯湿腐病菌(*Pythium ultimum*)。

马铃薯黑痣病菌(*Rhizoctonia solani*)。

4.1.4 昆虫

马铃薯块茎蛾(*Phthorimaea operculella*)。

4.2 检疫性有害生物

4.2.1 病毒和类病毒

马铃薯A病毒(Potato virus A,PVA)。

马铃薯纺锤块茎类病毒(Potato spindle tuber viroid,PSTVd)。

4.2.2 真菌

马铃薯癌肿病菌(*Synchytrium endobioticum*)。

4.2.3 细菌

马铃薯环腐病菌(*Clavibacter michiganensis subspecies sepedonicus*)。

4.2.4 植原体

马铃薯丛枝植原体(Potato witches'broom phytoplasma)。

4.2.5 昆虫

马铃薯甲虫(*Leptin otarsa decemlineata*)。

5 质量要求

5.1 种薯分级

种薯级别分为原原种、原种、一级种和二级种。

5.2 各级种薯的质量要求

5.2.1 检疫性病虫害允许率

所有4.2列出的检疫性有害生物在种薯生产中的允许率为"0",一旦发现此类病虫害,应立即报给检疫部门，由检疫部门根据病虫害种类采取相应措施，同时该地块所有马铃薯不能用作种薯。

5.2.2 非检疫性有害生物和其他项目允许率

各级别种薯非检疫性限定有害生物和其他检测项目应符合最低要求（见表1、表2和表3）。

表1 各级别种薯田间检查植株质量要求

项目		允许率[a]/%			
		原原种	原种	一级种	二级种
混杂		0	1.0	5.0	5.0
病毒	重花叶	0	0.5	2.0	5.0
	卷叶	0	0.2	2.0	5.0
	总病毒病[b]	0	1.0	5.0	10.0
青枯病		0	0	0.5	1.0
黑胫病		0	0.1	0.5	1.0

[a] 表示所检测项目阳性样品占检测样品总数的百分比。

[b] 表示所有有病毒症状的植株。

表2 各级别种薯收获后检测质量要求

项目	允许率/%			
	原原种	原种	一级种	二级种
总病毒病（PVY和PLRV）	0	1.0	5.0	10.0
青枯病	0	0	0.5	1.0

表3 各级别种薯库房检查块茎质量要求

项目	允许率/（个/100个）	允许率/（个/50 kg）		
	原原种	原种	一级种	二级种
混杂	0	3	10	10
湿腐病	0	2	4	4
软腐病	0	1	2	2
晚疫病	0	2	3	3
干腐病	0	3	5	5
普通疮痂病[a]	2	10	20	25
黑痣病[a]	0	10	20	25
马铃薯块茎蛾	0	0	0	0
外部缺陷	1	5	10	15
冻伤	0	1	2	2
土壤和杂质[b]	0	1%	2%	2%

[a] 病斑面积不超过块茎表面积的1/5。

[b] 允许率按重量百分比计算。

6 检验方法

6.1 田间检查

6.1.1 原原种生产过程检查

温室或网棚中，组培苗扦插结束或试管薯出苗后30天～40天，同一生产环境条件下，全部植株目测检查一次，目测不能确诊的非正常植株或器官组织应马上采集样本进行实验室检验。

6.1.2 原种、一级种和二级种田间检查

采用目测检查，种薯每批次至少随机抽检 5 点～10 点，每点 100 株（见表 4），目测不能确诊的非正常植株或器官组织应马上采集样本进行实验室检验。

表 4 每种薯批抽检点数

检测面积/hm^2	检测点数/个	检查总数/株
≤1	5	500
>1，≤40	6～10（每增加 10 hm^2 增加 1 个检测点）	600～1 000
>40	10（每增加 40 hm^2 增加 2 个检测点）	>1 000

整个田间检验过程要求于 40 天内完成。第一次检查在现蕾期至盛花期。第二次检查在收获前 30 天左右进行。

当第一次检查指标中任何一项超过允许率的 5 倍，则停止检查，该地块马铃薯不能作种薯销售。

第一次检查任何一项指标超过允许率在 5 倍以内，可通过种植者拔除病株和混杂株降低比率，第二次检查为最终田间检查结果。

6.2 块茎检验

6.2.1 收获后检测

种薯收获和入库期，根据种薯检验面积在收获田间随机取样，或者在库房随机抽取一定数量的块茎用于实验室检测。原原种每个品种每 100 万粒检测 200 粒（每增加 100 万粒增加 40 粒，不足 100 万粒的按 100 万粒计算）。大田每批种薯根据生产面积确定检测样品数量（见表 5）。

块茎处理：块茎打破休眠栽植，苗高 15 cm 左右开始检测，病毒检测采用酶联免疫（ELISA）或逆转录聚合酶链式反应（RT - PCR）方法，类病毒采用往返电泳（R - PAGE）、RT - PCR 或核酸斑点杂交（NASH）方法，细菌采用 ELISA 或聚合酶链式反应（PCR）方法。以上各病害检测也可以采用灵敏度高于推荐方法的检测技术。

表 5 收获后实验室检测样品数量

种薯级别	≤40 hm^2 [a] 取样量（个）
原种	200（每增加 10 hm^2～40 hm^2 增加 40 个块茎）
一级种	100（每增加 10 hm^2～40 hm^2 增加 20 个块茎）
二级种	100（每增加 10 hm^2～40 hm^2 增加 10 个块茎）
[a] 种薯面积单位（hm^2）。	

6.2.2 库房检查

种薯出库前应进行库房检查。

原原种根据每批次数量确定扦样点数（见表 6），随机扦样，每点取块茎 500 粒。

大田各级种薯根据每批次总产量确定扦样点数（见表 7），每点扦样 25 kg，随机扦取样品应具有代表性，样品的检验结果代表被抽检批次。同批次大田种薯存放不同库房，按不同批次处理，并注明质量溯源的衔接。

表 6 原原种块茎扦样量

每批次总产量/万粒	块茎取样点数/个	检验样品量/粒
≤50	5	2 500
>50，≤500	5～20（每增加 30 万粒增加 1 个检测点）	2 500～10 000
>500	20（每增加 100 万粒增加 2 个检测点）	>10 000

表7 大田各级种薯块茎扦样量

每批次总产量/t	块茎取样点数/个	检验样品量/kg
≤40	4	100
>40,≤1 000	5～10(每增加 200 t 增加 1 个检测点)	125～250
>1 000	10(每增加 1 000 t 增加 2 个检测点)	>250

采用目测检验,目测不能确诊的病害也可采用实验室检测技术,目测检验包括同时进行块茎表皮和必要情况下一定数量内部症状检验。

7 判定规则

7.1 定级

种薯级别以种薯繁殖的代数,并同时满足田间检查和收获后检测达到的最低质量要求为定级标准。

7.2 降级

检验参数任何一项达不到拟生产级别种薯质量要求的,降到与检测结果相对应的质量指标的种薯级别,达不到最低一级别种薯质量指标的不能用作种薯。

第二次田间检查超过最低级别种薯允许率的,该地块马铃薯不能用作种薯。

7.3 出库标准

任何级别的种薯出库前应达到库房检查块茎质量要求,重新挑选或降到与库房检查结果相对应的质量指标的种薯级别,达不到最低一级别种薯质量指标的,应重新挑选至合格后方可发货。

8 标签

应符合 GB 20464 的相关规定。

本标准起草单位:黑龙江省农科院植物脱毒苗木研究所(农业部脱毒马铃薯种薯质量监督检验测试中心-哈尔滨)、中国农业科学院蔬菜花卉研究所、黑龙江省农科院克山分院、东北农业大学农学系、农业部薯类品质监督检验测试中心(张家口)、湖南农业大学园艺学院、华中农业大学、云南师范大学薯类作物所、中国检验检疫研究院、北大荒马铃薯种薯研发中心。

本标准主要起草人:白艳菊、卞春松、李学湛、金黎平、谢开云、盛万民、陈伊里、王凤义、尹江、熊兴耀、谢从华、李灿辉、李明福、乔勇军、于滨。

中华人民共和国农业行业标准

NY/T 1200—2006

甘薯脱毒种薯

Certified virus-free seed sweet potatoes

1 范围

本标准规定了甘薯脱毒种薯(苗)的要求、试验方法、判定规则、收获、包装、标签、运输、贮藏。

本标准适用于甘薯脱毒试管苗及脱毒种薯(苗)繁育、生产、销售过程中的质量鉴定。

2 规范性引用文件

下列文件中的条款通过本标准的引用而成为本标准的条款。凡是注日期的引用文件,其随后所有的修改单(不包括勘误的内容)或修订版均不适用于本标准,然而,鼓励根据本标准达成协议的各方研究是否可使用这些文件的最新版本。凡是不注日期的引用文件,其最新版本适用于本标准。

GB 4406 种薯

GB 7413 甘薯种苗产地检疫规程

NY/T 402 脱毒甘薯种薯(苗)病毒检测技术规程

3 术语和定义

下列术语和定义适用于本标准。

3.1

脱毒试管苗 virus-free tube seedling

应用茎尖分生组织培养技术获得,经检测确认不带甘薯羽状斑驳病毒(SPFMV)、甘薯潜隐病毒(SPLV)、甘薯褪绿斑病毒(SPCFV)的试管苗。

3.2

脱毒种薯(苗) virus-free seed (seedling)

从育种家种子繁殖脱毒试管苗开始,经逐代繁殖增加种薯(苗)数量的种薯生产体系生产出来的种薯(苗)。

注:分为育种家种子、原原种、原种、生产用种四个级别。

3.2.1

育种家种子 breeder's seed

由育种者直接生产和掌握的原始种子,具有该品种的典型性和遗传稳定性,纯度 100 %,不带病毒和其他病虫害,产量及其他主要性状符合推广时的原有水平。

3.2.2

原原种 pre -elite

用育种家种子或典型品种的脱毒试管苗在防虫网室、温室条件下生产的符合质量标准的种薯(苗)。

3.2.3

中华人民共和国农业部 2006-12-06 发布 2007-02-01 实施

原种　elite

用原原种作种薯，在良好隔离条件下生产的符合质量标准的种薯(苗)。

3.2.4

生产用种　certified seed

用原种作种薯，在良好隔离条件下生产的符合质量标准的种薯(苗)。

3.3

病毒病株允许率

脱毒种薯(苗)繁殖田中病毒病株的比率。

3.4

真菌、细菌病株允许率

脱毒种薯(苗)繁殖田中真菌、细菌病株的比率。

3.5

虫害株允许率

脱毒种薯(苗)繁殖田中虫害株的比率。

3.6

混杂植株允许率

脱毒种薯(苗)繁殖田中混杂的其他甘薯品种植株的比率。

3.7

脱毒种薯块根整齐度

单块质量在100 g～500 g的甘薯种薯块根质量占块根总质量的比率。

3.8

有缺陷薯

机械损伤、虫鼠伤、畸形块根质量占块根总质量的比率。

3.9

杂质

一批块根中除具有种用价值的块根外，其他物质称为杂质。包含浮土、块根上所沾的泥土、无种用价值的块根，以及其他有机、无机物质质量。

3.10

腐烂

本标准中指因根腐病、软腐病、镰刀菌干腐病造成的腐烂外，其他原因造成的腐烂。

4　控制和汰除的病害

4.1　控制的病害

可以通过控制病害的发生程度以达到脱毒种薯(苗)质量要求的病害。

4.1.1　甘薯病毒病

甘薯羽状斑驳病毒(sweet potato feathery mottle virus，SPFMV)。

甘薯潜隐病毒(sweet potato latent virus ，SPLV)。

甘薯褪绿斑病毒(sweet potato chlorotic flecks virus，SPCFV)。

4.1.2　黑斑病(Black rot，病原 *Ceratocystis fimbriata* Ell. & Halst .)。

4.1.3　疮痂病(Scab，病原 *Sphaceloma batatas* Sawada)。

4.1.4　蔓割病〔Stem rot，Fusarium wilt；病原 *Fusarium oxysporum* f. sp. *batatas* (Wollenweber) Snyderet Hansen〕。

4.1.5 茎线虫病(Stem nematode, Brown ring;病原 *Ditylenchus destructor* Thorne)。

4.2 汰除病虫害

不能在达到质量要求的脱毒种薯(苗)上发生的病虫害。

4.2.1 根结线虫病[Root-knot nematode,病原 *Meloidogyne incognita* (Kofoid & White) Chitwood]。

4.2.2 细菌性萎蔫病(甘薯瘟)(Bacterial wilt,病原 *Pseudomonas solanacearum* E. F. Sm.)。

4.2.3 根腐病〔Root rot,病原 *Fusarium solani* (Mart.)Sacc. f. sp. *batatas* Mc Clure〕。

4.2.4 甘薯蚁象〔Weevil, *Cylas. formicarius*(Fabricius)〕。

5 要求

5.1 各级别脱毒种薯(苗)繁殖田中带病植株允许率应符合表1要求。

表1 各级别脱毒种薯(苗)繁殖田中带病植株的允许率

检验时期	种薯级别	病害及混杂株(%)									
		病毒病	甘薯瘟	根腐病	根结线虫病	茎线虫病	甘薯蚁象	蔓割病	黑斑病	疮痂病	混杂植株
分枝期检验	育种家种子	0	0	0	0	0	0	0	0	0	0
	原原种	0	0	0	0	0	0	0	0	0	0
	原种	≤5.0	0	0	0	0	0	≤1.0	≤5.0	0	≤1.0
	生产用种	≤10.0	0	0	0	≤1.0	0	≤2.0	≤8.0	≤5.0	≤4.0
封垄前检验	育种家种子	0	0	0	0	0	0	0	0	0	0
	原原种	0	0	0	0	0	0	0	0	0	0
	原种	≤3.0	0	0	0	0	0	≤1.0	≤3.0	0	≤0.5
	生产用种	≤10.0	0	0	0	≤1.0	0	≤2.0	≤5.0	≤3.0	≤2.0
收获前2周检验	育种家种子	0	0	0	0	0	0	0	0	0	0
	原原种	0	0	0	0	0	0	0	0	0	0
	原种	≤2.0	0	0	0	0	0	≤1.0	≤1.0	0	≤0.5
	生产用种	≤10.0	0	0	0	≤1.0	0	≤2.0	≤2.0	≤1.0	≤2.0
注:种苗质量应符合第一次检验质量指标。											

5.2 各级别脱毒种薯块根质量指标应符合表2要求。

表2 各级别脱毒种薯(苗)块根质量指标

项目	允许率(%)			
	育种家种子	原原种	原种	生产用种
纯度	100.0	100.0	>99.5	>98.0
薯块整齐度	≥90.0	≥90.0	≥85.0	≥85.0
有缺陷薯	≤1.0	≤1.0	≤3.0	≤5.0
杂质	≤1.0	<2.0	<2.0	<2.0
软腐病	0	0	0	<1.0
镰刀菌干腐病和腐烂	0	0	0	<1.0

表 2（续）

项　目	允许率(%)			
	育种家种子	原原种	原　种	生产用种
茎线虫病	0	0	0	≤1.0
根结线虫病	0	0	0	0
甘薯蚁象	0	0	0	0
根腐病	0	0	0	0
黑斑病	0	0	≤1.0	≤2.0

6　试验方法

6.1　脱毒试管苗的检验

6.1.1　酶联免疫检测法

目测淘汰弱苗和显症苗。当单株的试管苗展开叶达 6 片以上时进行检测，按株取其上、中、下部叶片用于酶联免疫检测，剩余植株部分继代培养。用酶联免疫检测法初检后，淘汰显阳性反应的单株。检测方法见附录 A。

6.1.2　指示植物检测确认

通过酶联免疫检测法检测的健康株继续扩繁，经指示植物检测，指示植物不显症的才能确认为脱毒试管苗。检测方法见附录 B。经检测确认健康脱毒试管苗继续扩繁。

6.1.3　脱毒试管苗的种性鉴定

将脱毒试管苗种植于防虫网室内，每株系 3 株，对照原品种的特征特性，剔除变异株系和混杂株系，收获时检验块根质量，与原品种性状一致的株系进行扩大繁殖。

6.1.4　扩繁苗的检验

随机抽取 1 %～2 %脱毒试管苗再次检测，经酶联免疫检测法检测淘汰阳性反应株后，再经指示植物检测确无症状后，方可用于扩大繁殖。检测方法应符合附录 A 和附录 B 的要求。

6.2　脱毒种薯(苗)的检验

6.2.1　脱毒种薯(苗)植株的检验

6.2.1.1　真细菌病害和线虫病害、甘薯蚁象的检测　在种植脱毒种薯(苗)的田间进行质量检验。检测方法应符合附录 C 的要求。

6.2.1.2　病毒病的检测　经过真细菌病害和线虫病害、甘薯蚁象检测后的田块，采用酶联免疫检测法或指示植物检测法进行病毒检测。检测方法应符合附录 A 和附录 B 的要求。

6.2.2　田间抽样方法

6.2.2.1　育种家种子、原原种和原种抽样　于分枝期、封垄前、收获前 2 周，在目测全田基础上，采用随机取样法，抽样数量为：0.1 hm^2 以下检验 2 点，每点 100 株；0.11 hm^2～1 hm^2 检验 5 点，每点 100 株；超过 1 hm^2 面积，划出另一检验区，按本标准规定面积取样。病毒检测每株取茎蔓上、中、下部叶片各 1 片，24 h 内检测。

6.2.2.2　生产用种抽样　于封垄前、收获前 2 周，在目测全田的基础上，采用随机取样法，0.1 hm^2 以下检验 2 点，每点 100 株；0.11 hm^2～1 hm^2 检验 5 点，每点 100 株；1.1 hm^2～5 hm^2 检验 10 点，每点 100 株；超出 5 hm^2 面积，划出另一检验区，按本标准规定面积取样，取样方法同原种。

6.2.2.3　病毒检测　进行病毒检测时，原原种每 5 株混样；原种或生产用种混合后二次抽样，随机抽取 10 %～50 %的混合样品检测，抽取样品最低数量为 100 株。

6.2.3 脱毒种薯(苗)的块根质量检验

6.2.3.1 经过植株检验的种薯(苗)必须进行块根质量检验。检测方法应符合附录D的要求。

6.2.3.2 块根质量检验抽样方法

根据脱毒种薯块根的不同存放方式,采用分层设点取样或随机取样,抽样数量见表3。

表3 脱毒种薯块根抽样数量标准表

种　类	总　量	抽样百分率(%)	抽样最低数量
种　薯	≤10 000 kg	6～10	100 kg
	>10 000 kg	3～5	
注:不足抽样最低数量的全部作为混合样品。			

将第一次抽取的样品混合后进行二次抽样,随机抽取10%的混合样品检测。

7 判定规则

7.1 脱毒种薯(苗)分级以繁殖田播种的种薯级别、带病植株比率、混杂植株比率为定级标准。

7.2 病毒病、蔓割病、黑斑病、茎线虫病、疮痂病以及混杂植株比率六项质量指标,任何一项不符合原来级别质量标准但又高于下一级别质量标准者,判定结果均按降低一级定级别。只要检出根腐病、根结线虫病、甘薯瘟、甘薯蚁象,即不能作为种薯。

7.3 经田间植株质量检验合格后,其块根质量还应符合各级别脱毒种薯块根质量指标。

8 收获

当地温稳定在15 ℃左右时,适时收获。剔除病、烂和无种用价值的块根。不同品种单收单放,严禁混杂。

9 包装、标签

9.1 包装

9.1.1 用清洁的、通气性好的、装卸和运输中不易破损的材料包装。

9.1.2 每包装的质量以适宜装卸和运输为宜。

9.2 甘薯脱毒种薯标签

9.2.1 标签用材为具韧性、不易破损的材料制造,不同级别种薯标签可用不同颜色区分。

9.2.2 标签要印刷有品种、级别、质量、生产单位、联系方式等信息。

9.2.3 将标签正面朝外固定于包装上。

10 运输

10.1 不同品种、不同级别的种薯一同运输时严防混杂,包装外无法确认的种薯一律作杂薯处理。

10.2 防止机械碰伤,防雨,防10 ℃以下冷害。

11 贮藏

11.1 贮藏前剔除病、烂薯。

11.2 标准质量包装以品种单独存放,堆放高度以能通风透气和不致压坏种薯为宜,单窖贮藏量较大时,可在薯堆中留出巷道或放置风筒。

11.3 入窖20 d内要通风排湿、降温,温度降至13 ℃～15 ℃,相对湿度95 %以下。可以在刚入窖时实行高温愈合处理,防治软腐病和黑斑病。

11.4　入窖 20 d 后,保持窖温 12 ℃～14 ℃,不低于 10 ℃,相对湿度保持 85%～90%。可以在薯堆上盖草帘等吸湿物。

11.5　贮藏期间防治鼠害

附　录　A
（规范性附录）
斑点酶联免疫检测法（DOT—EL ISA）

A1　试剂

所用化学试剂为分析纯级规格，用水为蒸馏水。

A1.1　三羟甲基氨基甲烷（TBS）（pH7.5）

Tris Base	4.84 g
氯化钠（NaCl）	58.44 g
叠氮钠（NaN_3）	0.40 g

溶于 1 990 mL 蒸馏水中，用盐酸（37%）调 pH 至 7.5，定容至 2 000 mL。

A1.2　洗涤缓冲液（T-TBS）

1.0 mL 吐温-20（Tween-20）溶于 2 000 mL TBS 中。

A1.3　抽提缓冲液

亚硫酸钠（Na_2SO_3）0.2 g 溶于 TBS 中，定容至 100 mL。

A1.4　封闭缓冲液（现用现配）

脱脂奶粉	0.50 g
粹通 X-100（Triton X-100）	0.5 mL
TBS	25 mL

先将脱脂奶粉溶于少量 TBS 中，再用 TBS 定容至 25 mL。加入 Triton X-100 混合均匀。

A1.5　抗体稀释缓冲液

脱脂奶粉	1.00 g
TBS	50 mL

先将脱脂奶粉溶于少量 TBS 中，再用 TBS 定容至 50 mL。

A1.6　底物缓冲液（pH9.5）

Tris Base	6.05 g
氯化钠（NaCl）	2.92 g
氯化镁（$MgCl_2 \cdot 6H_2O$）	0.51 g
叠氮钠（NaN_3）	0.05 g

溶于 450 mL 蒸馏水中，用浓盐酸调 pH 至 9.5，定容至 500 mL。

A1.7　硝基蓝四唑盐（NBT）和 5-溴-4-氯-3-吲哚磷酸酯（BCIP）储备液

NBT 储备液：

NBT	0.04 g
70 %N,N-二甲基甲酰胺	1.2 mL

混合均匀，4 ℃避光保存。

BCIP 储备液：

BCIP	0.02 g
70 %N,N-二甲基甲酰胺	1.2 mL

混合均匀，4 ℃避光保存。

A1.8 底物溶液(现用现配)

底物缓冲液	25 mL
NBT 储备液	75 μL
BCIP 储备液	75 μL

先将 NBT 储备液溶于 25 mL 底物缓冲液中，再逐滴加入 BCIP 储备液，边加边振摇混匀。

A2 样品制备

将待测叶片用清水清洗干净，从每一样品叶片上各取一直径约 1 cm 圆片，放入样品袋中，加入 3 mL抽提缓冲液充分研磨，4 ℃静置 30 min～40 min，取澄清汁液点样。样品为块根时，催芽处理后取幼芽、叶制样。

A3 操作步骤

A3.1 点样

将打好方格的硝化纤维素膜用 TBS 缓冲液处理后放在洁净的滤纸上，每个样品各吸取 17 μL 上清液滴在膜上方格的正中，干燥 15 min～30 min。同时设阳性、阴性和空白对照，可根据需要设置重复。

A3.2 封闭

将干燥后的膜浸泡在封闭缓冲液中，室温下摇床振荡(50 r/min)1 h。

A3.3 孵育第一抗体

将膜置于用抗体缓冲液稀释至工作浓度的抗血清中，室温下摇床振荡(50 r/min)过夜。

A3.4 洗涤

用洗涤缓冲液洗膜 3 次，每次摇床振荡(100 r/min)3 min。

A3.5 孵育第二抗体

将膜置于用抗体缓冲液稀释至工作浓度的酶标抗体中，室温下摇床振荡(50 r/min)1 h。

A3.6 洗涤

洗涤 4 次，方法同 A3.4。

A3.7 显色

将膜置于 NBT/BCIP 底物溶液中，室温下摇床振荡(50 r/min)孵育 30 min。

A3.8 终止反应

弃去底物溶液并用蒸馏水洗膜 3 次，每次摇床振荡(100 r/min)3 min。

A3.9 阳性判断

晾干后观察颜色反应，出现蓝紫色颜色反应的样品为阳性。

附 录 B
（资料性附录）
指标植物检测法

B1 材料准备

B1.1 将待检脱毒苗或种苗盆栽于防虫措施良好的温室中。

B1.2 盆播指示植物——巴西牵牛（*Ipomoea setosa*），花盆直径不小于 10 cm，每待检样品及阳性对照各需生长健壮巴西牵牛 5 株。

B2 嫁接

B2.1 巴西牵牛生长出 1 片～2 片真叶时嫁接，以待检样品茎蔓为接穗，巴西牵牛为砧木。将待检样品茎蔓中下部茎段切成 3 段～5 段，每个接穗带一个单芽及叶片，去叶后将底端削成楔形，插入巴西牵牛砧木切口内，封口膜扎紧。嫁接后白天保持气温 26℃～32℃，相对湿度 80%～90%，适当遮阴，嫁接成活后，给予充足光照。

B2.2 阳性判断

嫁接后 2 周～3 周显症，在所有嫁接指示植物中只要有一株表现典型症状即为阳性。症状为：

SPFMV　　羽状斑驳

SPLV　　叶脉变黄

SPCF　　叶片褪绿斑

附 录 C
（规范性附录）

表 C.1 甘薯种薯(苗)田间带病植株症状

病害名称	植 株	块 根
细菌性萎蔫病（甘薯瘟）	从育苗到结薯均能发病。晴天中午，病苗顶部叶片萎垂，茎基呈现黑褐色水烂状，维管束从下而上黄褐色条纹状，严重时，茎内全部腐烂，仅残留纤维。成株发病，叶色暗淡，无光泽，蔓出现水渍状斑点，呈黑褐色，剖视维管束，褐色条纹用手拉易脱皮，留下纤维	轻病薯块乳汁明显减少，有苦臭味，煮后不烂，外表症状常不明显，仅薯蒂附近呈黑褐色或尾根呈不同程度病变，剖开横切面为分散的褐色小斑点或黄褐至深褐色斑块，纵切面从藤头或自尾根始，维管束呈黄褐色条纹状，可挤出乳状菌脓。重症薯块，整块呈黑褐色腐烂或一端腐烂，有脓液状或淡黄色菌液，臭味很甚
甘薯黑斑病	茎基部形成黑褐色梭形或椭圆形病斑，稍凹陷，病斑初期有灰色霉层，后变为黑色粉状物，病斑逐渐扩大，重者基部全部变黑，枯死。	薯块上形成黑色近圆形病斑，病部稍凹陷，轮廓清晰，组织坚实，如用刀横割病斑部，可见薯皮下的薯肉呈青褐色或黑褐色，深 0.5 cm～2 cm，有苦味和强烈的臭味。病部木栓化，坚硬，干腐，在适当条件下，病斑中央会长出黑色刺毛状物——子囊壳
甘薯疮痂病	叶片卷皱呈木耳形；嫩芽僵缩；茎蔓和叶柄生出无数凸凹粗糙的病斑，病蔓先端硬化僵直不再伏地蜿蜒；顶芽受害病斑初为透明深红色，扩大后逐渐变黑褐色而枯死；新梢和幼叶不能长大，整个顶梢收缩僵硬而直立，表现粗糙成麻脸状	不表现症状
甘薯蔓割病	幼苗、叶脉间叶肉变黄，茎内维管束变褐色。潮湿时，病部产生白色至淡红色的霉层。轻者分枝增生和节间缩短，茎基膨大，出现青晕，表皮似裂呈丝状。罹病植株发生全株性枯萎、死亡，地上部叶片自下而上变黄脱落，茎最后开裂	维管束变褐，横切薯块蒂部，可见褐色圆环形斑点，严重时，上部茎蔓枯死，而薯块并不腐烂，且在土表抽出很多幼蔓
根腐病	根系腐烂，多从不定根的尖端或中部开始变黑，逐渐向上蔓延至根茎部位 1 个～2 个叶节，形成黑褐色病斑。病斑表皮纵裂，重病株地下根茎大部分变黑，地上部茎蔓缩短，分枝少或无分枝，形成独杆苗，叶片发黄、反卷、叶变小，组织硬化，并且发脆，叶片自下而上干枯脱落，植株大量现蕾开花，常造成大片死苗，重者全部死亡	一般不结薯，轻病株结薯畸形，呈大肠状或葫芦状，表皮松软，表面小病斑，用手一拉就下来，未向薯肉深入
根结线虫病	根系形成绳结状，使地下部多牛蒡状，毛根纵生，细根上有米粒大小的根结，有的成串，剥开根结，可见一至数个雌虫	龟裂型：块根畸形，褐色纵裂口 棒根型：粗 1 cm～2 cm，棒状块根 线根型：只有线状牛蒡根，不膨大成薯块
茎线虫病	苗期：发病重的出苗稀、矮小、发黄，剖视茎基部，内有褐色空隙，剪断后不流或很少流白浆。后期侵入部位表皮裂成小口，髓部呈褐色干腐状，剪断后无白浆。茎蔓症状：主蔓基部髓部先白色干腐，后渐变褐色，严重时基部蔓短、叶黄，甚至主蔓枯死。根部症状：根部表皮坏裂	糠心型：薯苗、种薯带病，先块根纵剖面内部呈稀絮状白色糠道，后期由于伴随其他杂菌形成褐色相间的褐色糠道。有时内部虽毁坏，但外表接近健者 裂皮型：轻病肉眼不易看出，开始外皮褪色，不久变青，有的稍凹陷，有的有小裂口，皮下组织变褐，最后皮色呈暗紫色，并多龟裂，内呈褐白相间的干腐

表 C.1 （续）

病害名称	植　　株	块　　根
软腐病		开始时仅薯块变软，水渍状，发黏，以后薯块表现长出茂盛的菌丝和孢子囊，用手指一触，即流出草黄色汁液，具芳香酒味，如被次生寄生物入侵则变成霉酸或臭味，以后干缩成硬块。病菌侵入时由一点或多点横向发展
镰刀菌干腐病		薯块上先产生黑褐色凹陷小斑点，后扩展成圆形凹陷斑，表面有粉红色或白色霉状物，最后薯块干腐成褐色僵块
甘薯蚁象	外露的块根和茎叶被啃食，常使植株变黄，重者死亡，造成田间缺苗	块根变褐、黑褐色，木质化，钻成伤口和孔道，伴有臭味

附 录 D
（规范性附录）
块根质量检测方法

D1 杂质

D1.1 挑选出无种用价值的块根，以及其他有机、无机物质，去掉块根上的泥土，并用毛刷刷去块根上的浮土，对这些杂质进行称重(m_0)。

D1.2 称重所有的块根(m_1)。

D1.3

$$n_1=\frac{m_0}{m_0+m_1}\times 100\%$$

式中：n_1为杂质。

D2 薯块整齐度

D2.1 称重 100 g～500 g 块根(m_2)。

D2.2

$$n_2=\frac{m_2}{m_1}\times 100\%$$

式中：n_2为薯块整齐度。

D3 有缺陷薯

D3.1 目测块根，挑选出有机械损伤、虫鼠伤、畸形薯块称重(m_3)。

D3.2

$$n_3=\frac{m_3}{m_1}\times 100\%$$

式中：n_3为有缺陷薯。

D4 软腐病

D4.1 根据附录 C 中软腐病症状对块根进行判断，挑选出软腐病薯称重(m_4)。

D4.2

$$n_4=\frac{m_4}{m_1}\times 100\%$$

式中：n_4为软腐病。

D5 镰刀菌干腐病和腐烂

D5.1 根据附录 C 中镰刀菌干腐病症状对块根进行判断，挑选出镰刀菌干腐病薯称重(m_5)。

D5.2 挑选出除因软腐病、根腐病和镰刀菌干腐造成的腐烂外，其他原因造成的腐烂薯称重(m_6)。

D5.3

$$n_5=\frac{(m_5+m_6)}{m_1}\times 100\%$$

式中：n_5为镰刀菌干腐病和腐烂。

D6 茎线虫病

D6.1 根据附录 C 中茎线虫病症状对块根进行判断，挑选出茎线虫病病薯称重(m_7)。

D6.2

$$n_6=\frac{m_7}{m_1}\times 100\%$$

式中：n_6为茎线虫病。

D7 根结线虫病

D7.1 根据附录C中根结线虫病症状对块根进行判断，挑选出根结线虫病病薯称重(m_8)。

D7.2

$$n_7=\frac{m_8}{m_1}\times 100\%$$

式中：n_7为根结线虫病。

D8 甘薯蚁象

D8.1 根据附录C中甘薯蚁象症状对块根进行判断，挑选出甘薯蚁象病薯称重(m_9)。

D8.2

$$n_8=\frac{m_9}{m_1}\times 100\%$$

式中：n_8为甘薯蚁象。

D9 黑斑病

D9.1 根据附录C中黑斑病症状对块根进行判断，挑选出黑斑病薯称重(m_{10})。

D9.2

$$n_9=\frac{m_{10}}{m_1}\times 100\%$$

式中：n_9为黑斑病。

D10 根腐病

D10.1 根据附录C中根腐病症状对块根进行判断，挑选出根腐病薯称重(m_{11})。

D10.2

$$n_{10}=\frac{m_{11}}{m_1}\times 100\%$$

式中：n_{10}为根腐病。

D11 纯度

D11.1 根据品种特性对块根进行判断，挑选出混杂薯称重(m_{12})。

D11.2

$$n_{11}=\frac{(m_1-m_{12})}{m_1}\times 100\%$$

式中：n_{11}为纯度 。

附　录　E
（资料性附录）
甘薯瘟病室内检验方法

E1　细菌溢检验法

在检验可疑病苗时，选发病未腐烂的部位，将表皮剥开，用刀片纵切一小块（大约长5 mm、宽3 mm、厚1 mm）黄褐色维管束组织放在载玻片上，滴一滴清水，如果1 min后有乳白色的细菌溢在切口处出现，十几分钟后病组织四周布满细菌液（肉眼或放大镜可看到）就证明有薯瘟病细菌。

在检验可疑薯块时，选发病未腐烂的部位，取一小块变色的维管束组织，制成玻片，在显微镜下检查，若有细菌液出现，即为薯瘟病菌。

E2　番茄苗接种测定法

选感病品种的番茄（如沈阳番茄）为接种材料，先把番茄种在小钵中，每钵4株，等长出2片～3片真叶时备用。可疑病株按上述方法制成1 mL的病菌组织液，随即把组织液装入4号针头的注射器中，从番茄叶背叶脉把病菌组织液注入叶脉渗到叶肉组织，使叶片呈水渍状，每次接种5株10片，然后置于调温调湿箱中，保持28 ℃～30 ℃和90%左右的湿度（没有调温调湿箱，可用尼龙袋保湿）。如果接种用的薯苗液带有薯瘟病细菌，经过24 h～36 h，接种的番茄叶片呈暗灰色水渍状，后病部扩大，叶片萎垂。湿度大时接种部位有白色的细菌脓溢出，检查接种叶片的叶脉和叶柄，有细菌溢出。

E3　水育薯苗白根测定法

第一步：育根。按常规剪取无病薯苗20株～30株，每株分别插入无菌的大号试管中，每管灌满无菌清水（自来水），装上试管架，在甘薯生长季节室温下，经7 d～10 d，水下各节萌发苗根，需常补足试管水，使苗根雪白幼嫩。

第二步：剪根。用无菌剪刀取第一步培育的白根20段（每段3 cm～4 cm）。

第三步：接种测定。①备灭菌培养皿4副，内垫无菌吸水纸加灭菌水滋润保湿。②将待测定的薯苗或薯块等可疑病部组织浸出液（或直接取菌脓），用上备白根10段浸渍接种后，移入保湿灭菌皿中各5段，另二皿10段用无菌清水接种为对照。③所有培养皿均放30 ℃恒温下，经12 h～24 h，即可诱致白根段呈淡黄而腐烂，对照白根则雪白无病。

E4　红四氮唑（TTC）平板检验法

选维管束变黄褐色未腐烂的病苗一段，先用肥皂水洗净，再用70 %酒精擦洗表皮和手指，然后用灭菌的小刀将表皮剥开，置于灭菌的培养皿中，用灭菌的手术剪将病组织剪碎，加10倍无菌水浸渍，使病组织中的细菌泳入水中，30 min后用灭菌的移植环抽取菌液，在预先备好的红四氮唑琼脂平板上划线分离，划线后将培养皿翻转置于30 ℃温箱中培养24 h～48 h，如果出现白色中央带血红色的菌落，就证明是薯瘟病的细菌菌落。

红四氮唑培养基的制备方法为：称取葡萄糖10 g（或甘油5 mL），蛋白胨10 g，水解物酪素（酪蛋白的水解物）1 g，琼脂18 g，量取蒸馏水100 mL。大约用四分之三的水加热琼脂，其他溶于剩下的水中。当琼脂溶解时，加入其他配料的水溶液，搅拌均匀，调节pH＝7左右，经纱布过滤后每个三角瓶装100 mL，高压消毒20 min，分离前每100 mL培养基加1 %红四氮唑溶液0.5 mL。

E5 间接血凝抑制方法

第一步:取可疑病组织的维管束切片若干克于生理盐水(NaCl 含量 0.85%)的试管中,静置 30 min,制成浓缩的浸出液。

第二步:取抗血清以 1∶2 为基数进行倍比稀释,稀释到 1∶5120(第 11 支试管 1∶5 稀释),在 8×12V 型血凝板上依次排列,第十二列安排生理盐水做对照。用标准滴管每种浓度滴一列,每穴一滴(每滴 0.025 mL)。

第三步:每行安排一个样本,设生理盐水对照一个,待检材料六个,纯菌对照一个。每穴一滴,然后用微型混合器振摇 2 min。盖玻璃板,置 37 ℃温箱 40 min。

第四步:每穴滴加抗原致敏血球一滴,再振荡 2 min,盖玻璃板,置 37 ℃温箱 90 min。

第五步,结果判定。血球凝集程度的分级按常规标准记载,在血凝抑制试验中+ +以上的抑制凝集即记载为阳性。发生抑制作用的孔数比生理盐水对照行多 2 孔以上的为明显阳性反应,定为有病。比对照行多 1 孔的为可疑阳性反应,怀疑有病;与对照孔相同的无病。

注:室内检验必备仪器设备:

显微镜	一台	恒温箱	一台
高压灭菌锅	一台	调温调湿箱	一台
注射器	一只	4 号针头	一只
培养皿	4 个	8×12V 型血凝板	一个

制备抗血清必备仪器,材料。

抗血清凝集效价必备仪器。

致敏血球制备必备仪器、材料。

本标准起草单位:农业部薯类产品质量监督检验测试中心(张家口)、中国农业大学。

本标准主要起草人:尹江、主庆昌、王晓明、姚瑞、马恢。

中华人民共和国农业行业标准

NY/T 1288—2007

甘蓝型黄籽油菜种子颜色的鉴定

Seed Colour Identification Method of Yellow－Seeded Rapeseed(*Brassica napus* L.)
Exposal Time Coefficient (ETC) Method

1 范围

本标准规定了采用曝光时间指数法测定甘蓝型黄籽油菜种子粒色的方法。

本标准适用于甘蓝型黄籽油菜种子粒色的测定。

2 规范性引用文件

下列文件中的条款通过本标准的引用而成为本标准的条款。凡是注日期的引用文件，其随后所有的修改单(不包括勘误的内容)或修订版均不适用于本标准，然而，鼓励根据本标准达成协议的各方研究是否可使用这些文件的最新版本。凡是不注日期的引用文件，其最新版本适用于本标准。

GB/T 3543.2　农作物种子检验规程　扦样

3 术语和定义

下列术语和定义适用于本标准。

3.1

曝光时间指数　exposal time coefficient, ETC

在体式显微镜下通过自动曝光器测定种子样品的曝光时间。

3.2

种子粒色等级　seed colour grade

种子粒颜色的等级。

注：种子粒色等级以体式显微镜下自动曝光器测试的曝光时间指数表示。

4 原理

油菜种子的亮度与其色调有关，种子色调越浅淡亮度越大，自动曝光器测得的曝光时间越少；种子色调越深暗亮度越小，自动曝光器测得的曝光时间越多。通过曝光时间可以鉴定种子的颜色。

5 仪器设备

5.1　体式显微镜。

5.2　自动曝光器。

5.3　补充光源(20 W)，2个。

5.4　补充光源变压器(0 V～6 V)，输入220 V，输出5 V。

5.5　稳压器：输出220 V。

中华人民共和国农业部 2007-04-17 发布　　2007-07-01 实施

5.6　培养皿：直径 6 cm。

5.7　量筒：10 mL。

6　测定步骤

6.1　抽样

按 GB/T 3543.2 规定执行。

6.2　测定

将显微镜、稳压器、自动曝光器、补充光源及变压器连接安装调试好，在显微镜座上垫一白色 A4 纸，用显微镜片夹固定好，标记出放置培养皿位置，要使被测对象与显微镜镜头光路合轴。测定在暗室内进行，不需要其他光源，包括自然光。

用量筒取 10 mL 成熟、饱满、无杂质种子，倒入培养皿中，摇平，放在标记位置处，调焦，目镜观察为最清晰时，通过自动曝光器读取曝光时间。将曝光时间换算为曝光时间指数。

7　仪器测定参考条件

7.1　体式显微镜：物镜放大倍数 10×；虹彩光圈，最大；摄影目镜 3.3×；透射光源电压，0 V。

7.2　自动曝光器：Format，35；ASA，100；补偿系数，4；矫正系数，1；曝光方式，Auto；输入电压，220 V。

7.3　补充光源：灯架对称固定在显微镜升降臂上，灯架（可折旋）与竖直方向垂直，将补充光源灯（去灯罩）固定在灯架上，调整灯架，使光源灯座内侧紧切显微镜筒，调节灯体与竖直方向成约 45°/135°角。

8　测定结果的判定

8.1　曝光时间指数的计算

曝光时间指数按照公式(1)进行计算：

$$ETC=(1-A/B)\times 10 \qquad (1)$$

式中：

ETC——曝光时间指数；

A——被测种子曝光时间；

B——中油 821 种子曝光时间。

8.2　判定

8.2.1　曝光时间指数＞3.50 为黄籽，曝光时间指数≤3.50 为非黄籽。

8.2.2　种子粒色等级分为 6 级，0～2 为非黄籽（含黑籽），3～5 为黄籽。

表 1　粒色等级与曝光时间指数表

粒色等级	曝光时间指数	粒　色
5	＞4.80	全黄或纯黄
4	4.80～3.81	黄褐，以黄为主
3	3.80～3.51	褐黄，较暗
2	3.50～2.91	褐色
1	2.90～1.20	红褐色或红黑色
0	小于 1.20	黑籽

本标准负责起草单位：重庆市种子管理站、西南农业大学。

本标准主要起草人：鲜红、黄诗铨、董清泉、李加纳、殷家明、谌利。

中华人民共和国国家标准

NY/T 1990—2011

高芥酸油菜籽

High erucic acid rapeseed

1 范围

本标准规定了高芥酸油菜籽的术语和定义、质量要求、试验方法、判定规则、标识、包装、贮存和运输。

本标准适用于工业用高芥酸油菜籽。

2 规范性引用文件

下列文件对于本文件的应用是必不可少的。凡是注日期的引用文件，仅注日期的版本适用于本文件。凡是不注日期的引用文件，其最新版本(包括所有的修改单)适用于本文件。

GB 5491 粮食、油料检验 扦样、分样法

GB/T 5492 粮油检验 粮食、油料的色泽、气味、口味鉴定

GB/T 5494 粮油检验 粮食、油料的杂质、不完善粒检验

GB/T 8946 塑料编织袋

GB/T 11762—2006 油菜籽

GB/T 14489.1 油料水分及挥发物含量测定法

NY/T 91 油菜籽中油的芥酸的测定 气相色谱法

NY/T 1285 油料种籽含油量的测定 残余法

3 术语和定义

下列术语和定义适用于本文件。

3.1

高芥酸油菜籽 high erucic acid rapeseed

油菜籽油的脂肪酸中芥酸含量不小于43.0%的油菜籽。

4 质量要求

4.1 等级

按芥酸含量分为五等级。

4.2 理化指标

高芥酸油菜籽理化指标见表1。

中华人民共和国农业部 2011-09-01 发布 2011-12-01 实施

表 1 高芥酸油菜籽理化指标

等级	芥酸，%	含油量(以干基计)，%	生芽粒，%	生霉粒，%	杂质，%	水分，%	色泽气味
1	≥48.0	≥43.0	≤2.0	≤2.0	≤3.0	≤10.0	正常
2	≥47.0	≥41.0	—	—	—	—	—
3	≥46.0						
4	≥45.0	≥37.0	—	—	—	—	—
5	≥43.0						

4.3 卫生指标

按国家有关标准、规定执行。

5 试验方法

5.1 扦样、分样

按 GB 5491 的规定执行。

5.2 色泽、气味

按 GB/T 5492 的规定执行。

5.3 杂质、生霉粒、生芽粒

按 GB/T 5494 的规定执行。

5.4 水分

按 GB/T 14489.1 的规定执行。

5.5 芥酸

按 NY/T 91 的规定执行。

5.6 含油量

按 NY/T 1285 的规定执行。

5.7 热损伤粒、未熟粒

按 GB/T 11762—2006 中附录 A 的规定执行。

6 判定规则

6.1 生芽粒、生霉粒、杂质、水分、色泽气味为应达到的基本要求。

6.2 以芥酸和含油量分等，芥酸含量低于 43.0%的为等外油菜籽。

7 标识

应在包装或货位登记卡、贸易随行文件中标明产品名称、质量等级、收获年度、产地等内容。转基因产品的标识按国家有关规定执行。

8 包装、贮存和运输

包装或散装高芥酸油菜籽的包装、贮藏、运输应符合国家的有关技术标准和规范。

8.1 包装

包装物应密实牢固，不应产生撒漏，不应对高芥酸油菜籽造成污染。使用塑料编织袋时，应符合 GB/T 8946 的规定。

8.2 贮存

应分类、分级贮存于阴凉干燥处，不应与有毒、有害物品混存，堆放的高度应适宜。

8.3 运输

运输中应注意安全，防止日晒、雨淋、渗漏、污染。运输所用车、船和其他装具不应对高芥酸油菜籽造成污染。

本标准起草单位：农业部油料及制品质量监督检验测试中心、中国农业科学院油料作物研究所。
本标准主要起草人：李培武、丁小霞、张文、李光明、周海燕、印南日。

NY/T 1989—2011

油棕 种苗

Oil palm—Seedling

1 范围

本标准规定了油棕种苗的术语和定义、要求、试验方法、检验规则、包装、标签、运输和贮存。

本标准适用于由成熟油棕种子培育的袋装种苗。

2 术语和定义

下列术语和定义适用本文件。

2.1

油棕种苗 oil palm seedling

由成熟油棕种子培育的袋装种苗。

2.2

叶片数 number of leaves

种苗除中心枪叶外的成活的叶片总数(含船形叶和羽状叶)。

2.3

小叶数 number of leaflets

油棕幼苗最长叶片的小叶对数。

2.4

种苗高度 seedling height

自种果发芽处到顶端叶片最高点的自然高度。

2.5

病虫危害率 disease and insect incidence

发生病虫危害的种苗数量占调查总株数的百分率。

3 要求

3.1 基本要求

育苗袋规格应为:长×宽=40 cm×19 cm,厚度为 0.2 mm,底部打 2 排孔,每排 8 个,孔径 0.6 cm;出圃种苗应是同一品种,外观整齐、均匀,叶片完好,根系完整,无检疫对象和严重病虫害,苗龄宜在 12 个月～15 个月。

3.2 分级

出圃种苗按表 1 的要求分级。

中华人民共和国农业部 2011-09-01 发布　　2011-12-01 实施

表 1 种苗等级质量要求

项 目	指 标		
	一级	二级	三级
叶片数,片	14～19	12～13	10～11
小叶数,对	≥23	20～22	17～19
种苗高度,cm	120～150	100～119	80～99
病虫危害率,%	≤2	≤3	≤5

4 试验方法

4.1 育苗袋

用直尺测量育苗袋的长度和宽度,用游标卡尺测量厚度。

4.2 品种

查阅油棕苗圃育苗记录,同一批种苗其种子来源应一致。

4.3 外观

以感官进行鉴别,统计种苗的外观整齐度、均匀性及叶片完好度和根系损伤程度。

4.4 苗龄

查阅油棕苗圃育苗记录,以种子抽出第一片叶到检测或出圃时的生长时间为苗龄。

4.5 叶片数、小叶数

采用随机抽取样本调查法,调查记录叶片数、小叶数。

4.6 种苗高度

用钢卷尺测量。

4.7 病虫害

在苗圃随机抽样,目测有无检疫对象和严重病虫害并记录;存在病虫斑小叶数超过整株总小叶数5%的视为病虫株,依此计算病虫危害率。

5 检验规则

5.1 组批和抽样

以同一批出圃的种苗作为一个检验批次,按表 2 的规定随机抽样。

表 2 种苗检验抽样表

种苗总数,株	检验种苗数,株
<1 000	25
1 000～4 999	50～100
5 000～10 000	101～200
>10 000	201～300

5.2 出圃要求

种苗检验应在种苗出圃时进行,并将检验结果记入表格中(参见附录 A)。种苗出圃时,应附有质量检验证书(参见附录 B)。无证书的种苗不能出圃。

5.3 判定和复验规则

5.3.1 一级种苗:同一批检验种苗中,允许有 10%的种苗低于一级种苗要求,但应达到二级种苗要求。

5.3.2 二级种苗:同一批检验种苗中,允许有 10%的种苗低于二级种苗要求,但应达到三级种苗要求。

5.3.3 三级种苗:同一批检验种苗中,允许有 10%的种苗低于三级种苗要求。

5.3.4 达不到三级种苗要求的种苗判定为不合格种苗。

5.3.5 如有关各方对检验结果持有异议,可加倍抽样复检一次,以复检结果为最终结果。

6 包装、标签、运输和贮存

6.1 包装

出圃油棕种苗为单株袋装。

6.2 标签

每一株种苗应附有一个标签,标明品种、批次、等级、育苗单位、出圃时间等信息,标签模型参见附录C。

6.3 运输

运输时袋装种苗直立摆放,运输途中需用帆布盖住种苗,长距离运输需在途中淋水。

6.4 贮存

油棕种苗出圃后可保存1个月,但应及时定植,不能及时定植的应贮存在阴凉处,避免阳光直接照射。

附　录　A
（资料性附录）
种苗出圃检验结果登记表

出圃批次	出圃数量	抽样数量	一级种苗数量	二级种苗数量	三级种苗数量
1					
2					
3					
……					

附　录　B
（资料性附录）
油棕种苗检验证书

No：________________

<table>
<tr><td>育苗单位</td><td colspan="2"></td><td colspan="2">购苗单位</td><td></td></tr>
<tr><td>出圃株数</td><td colspan="2"></td><td colspan="2">种苗品种</td><td></td></tr>
<tr><td>种子或母株来源</td><td></td><td>母本名称</td><td></td><td>父本名称</td><td></td></tr>
<tr><td>检验结果</td><td colspan="5">其中：一级：　　　　二级：　　　　三级：</td></tr>
<tr><td>检验意见</td><td colspan="5"></td></tr>
<tr><td>证书签发期</td><td colspan="2"></td><td colspan="2">证书有效期</td><td></td></tr>
<tr><td colspan="6">审核人（签字）：　　　　校核人（签字）：　　　　检测人（签字）：</td></tr>
<tr><td colspan="6">注：本证一式三份，育苗单位、购苗单位、检验单位各一份。</td></tr>
</table>

附　录　C
（资料性附录）
油棕种苗标签

C.1　油棕种苗标签正面见图 C.1。

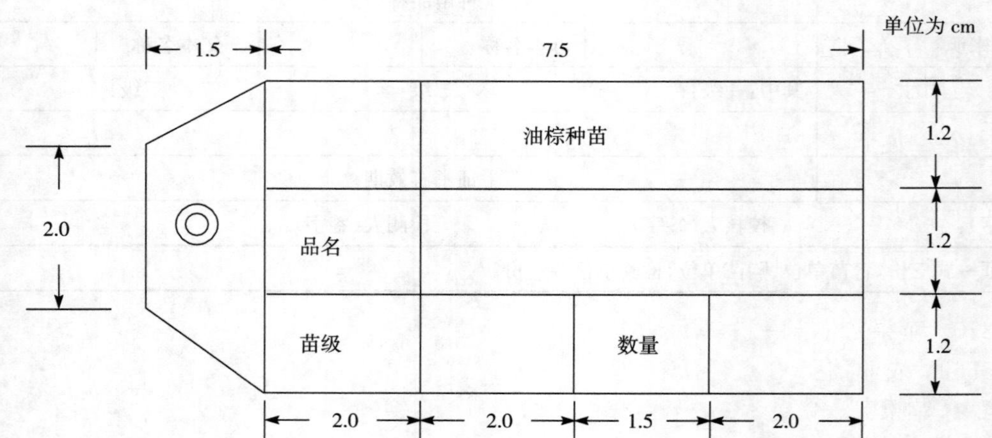

图 C.1　油棕种苗标签正面

C.2　油棕种苗标签反面见图 C.2。

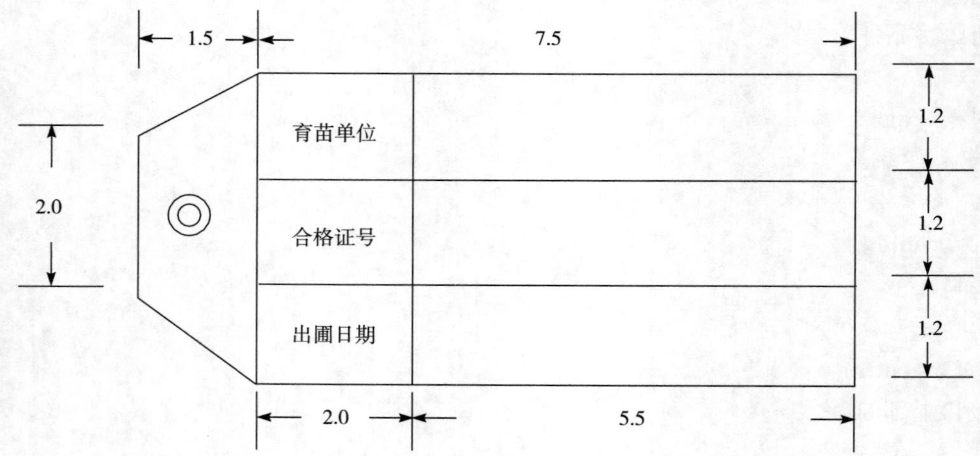

图 C.2　油棕种苗标签反面

注：标签用 150 g 的牛皮纸。标签孔用金属包边。

本标准起草单位：中国热带农业科学院椰子研究所。

本标准主要起草人：雷新涛、范海阔、马子龙、李杰、秦海棠、黄丽云、吴翼。

中华人民共和国国家标准

GB 9847—2003

苹 果 苗 木

Apple nursery plants

1 范围

本标准规定了苹果苗木的质量要求、检验、包装、标签、保管及运输。

本标准适用于一年生苹果苗的繁育和销售。

2 规范性引用文件

下列文件中的条款通过本标准的引用而成为本标准的条款。凡是注日期的引用文件，其随后所有的修改单(不包括勘误的内容)或修订版均不适用于本标准，然而，鼓励根据本标准达成协议的各方研究是否可使用这些文件的最新版本。凡是不注日期的引用文件，其最新版本适用于本标准。

GB 8370 苹果苗木产地检疫规程

GB 15569 农业植物调运检疫规程

NY 329 苹果无病毒苗木

3 术语和定义

下列术语和定义适用于本标准。

3.1

一年生苹果苗 yearling of apple

砧木苗嫁接品种后，经过一个生长季的生长发育，然后出圃的苹果苗。

3.2

检疫对象 quarantine target

苹果绵蚜、苹果蠹蛾和美国白蛾。

3.3

接合部 conjunction part

各嫁接口。

3.4

砧桩剪口 cutting wound of stock

各嫁接口上部的砧段剪除后留下的伤口。

3.5

侧根 lateral root

从实生砧主根和矮化自根砧地下茎段上直接长出的根。

3.6

侧根粗度 diameter of lateral root

中华人民共和国国家质量监督检验检疫总局 2003-06-02 发布 2003-11-01 实施

侧根基部 2 cm 处的直径。

3.7

侧根长度　length of lateral root

侧根基部至先端的长度。

3.8

根砧长度　length of rootstock

根砧的根茎部位至基部嫁接口的距离。

3.9

乔化砧苹果苗　apple nursery plant with vigorous stock

乔化砧苗嫁接苹果品种后培育而成的苹果苗。

3.10

矮化中间砧苹果苗　apple nursery plant with dwarf interstock

矮化中间砧苗嫁接苹果品种后培育而成的苹果苗。

3.11

矮化自根砧苹果苗　apple nursery plant with self-rooting dwarf stock

矮化自根砧苗嫁接苹果品种后培育而成的苹果苗。

3.12

中间砧长度　length of interstock

矮化中间砧苹果苗从中间砧嫁接口至品种嫁接口的距离。

3.13

苗木高度　height of apple nursery plant

根茎部位至嫁接品种茎先端芽基部的距离。

3.14

苗木粗度　diameter of apple nursery plant

品种嫁接口以上 10 cm 处的直径。

3.15

倾斜度　gradient

嫁接口上下茎段之间的倾斜角度。

3.16

整形带　shaping strip

根茎部位以上 60 cm～100 cm 的范围。

3.17

饱满芽　plump bud

发育良好的健康芽。若整形带内发生副梢,则每个木质化副梢也计一个饱满芽。

3.18

苹果无病毒苗木　virus-free nursery plant of apple

用无病毒接穗和无病毒砧木繁育的苹果嫁接苗或用无病毒材料通过组织培养方法繁殖的苹果自根苗。

4　质量要求

4.1　苹果苗木共分 3 级,等级规格指标见表 1。

4.2　苹果无病毒苗木不得带有苹果绿皱果病毒、苹果锈果类病毒、苹果花叶病毒、苹果褪绿叶斑病毒、苹果茎痘病毒和苹果茎沟病毒。

表 1 苹果苗木等级规格指标

项目		1级	2级	3级
基本要求		品种和砧木类型纯正，无检疫对象和严重病虫害，无冻害和明显的机械损伤，侧根分布均匀舒展、须根多，接合部和砧桩剪口愈合良好，根和茎无干缩皱皮		
D≥0.3 cm、L≥20 cm 的侧根[a]/条		≥5	≥4	≥3
D≥0.2 cm、L≥20 cm 的侧根[b]/条		≥10		
根砧长度/cm	乔化砧苹果苗	≤5		
	矮化中间砧苹果苗	≤5		
	矮化自根砧苹果苗	15～20，但同一批苹果苗木变幅不得超过 5		
中间砧长度/cm		20～30，但同一批苹果苗木变幅不得超过 5		
苗木高度/cm		>120	>100～120	>80～100
苗木粗度/cm	乔化砧苹果苗	≥1.2	≥1.0	≥0.8
	矮化中间砧苹果苗	≥1.2	≥1.0	≥0.8
	矮化自根砧苹果苗	≥1.0	≥0.8	≥0.6
倾斜度/(°)		≤15		
整形带内饱满芽数/个		≥10	≥8	≥6

注：D 指粗度；L 指长度。

[a] 包括乔化砧苹果苗和矮化中间砧苹果苗。

[b] 指矮化自根砧苹果苗。

5 检验

5.1 检验规则

5.1.1 凡品种和砧木相同、一次出售的苹果苗作为一个检验批次。

5.1.2 等级规格检验以一个检验批次为一个抽样批次。采用随机抽样方法。苗木数量超过 100 株时，抽样率按表 2 执行，否则，11～100 株检验 10 株，低于 11 株者全部检验。每一个检验批次中不合格苗木不得超过 5%，否则即认定该批苹果苗木不符合本等级规格要求，为不合格苗木。

表 2 苹果苗木等级规格检验的抽样率

苹果苗木数量/株	抽样率/(%)
>10 000	4
>5 000～10 000	6
>1 000～5 000	8
>100～1 000	10

5.1.3 苹果无病毒苗木的病毒检测，其抽样数按 NY 329 执行。

5.2 检验方法

5.2.1 根据植物学特性检验品种和砧木，用游标卡尺测定苗木粗度和侧根粗度，用尺子测定侧根长度、根砧长度、中间砧长度、苗木高度，用量角器测定苗木倾斜度。

5.2.2 检疫对象的检验：

5.2.2.1 产地检验按 GB 8370 执行。

5.2.2.2 调运过程中的检验按 GB 15569 执行。

5.2.3 苹果无病毒苗木的病毒检测按 NY 329 执行。

6 包装

分品种、种类(乔化砧苹果苗、矮化自根砧苹果苗、矮化中间砧苹果苗)和等级,定量包装。注意苗木的保湿。包装内外附有苗木标签。普通苹果苗和无病毒苹果苗不得混装。

7 标签

苹果苗木标签应包括品名(即“苹果苗木”或“苹果无病毒苗木”)、品种、砧木、等级、株数和生产单位及其地址等内容。对于矮化中间砧苹果苗,标签中“砧木”一栏应按中间砧、根砧的顺序填写。苹果无病毒苗木还应执行 NY 329 关于标志的规定。

8 保管

如起苗后不立即运送或苗木运到后不立即栽植,则应进行假植。

9 运输

运输过程中要防止重压、暴晒、风干、雨淋、冻害等,并持有苗木质量合格证和苗木检疫合格证。

本标准起草单位:农业部果品及苗木质量监督检验测试中心、中国农业科学院果树研究所。
本标准主要起草人:聂继云、陆致成、丛佩华、窦连登、李静、刘凤之、马智勇、张红军、段小娜。

中华人民共和国国家标准

GB 19174—2010

猕 猴 桃 苗 木

Kiwifruit nursery plants

1 范围

本标准规定了猕猴桃(*Actinidia* Lindl.)苗木的质量要求、检验方法、检验规则以及保管、包装和运输要求。

本标准适用于1年生~2年生的猕猴桃实生苗、自根营养系苗和嫁接苗。

2 规范性引用文件

下列文件中的条款通过本标准的引用而成为本标准的条款。凡是注日期的引用文件,其随后所有的修改单(不包括勘误的内容)或修订版均不适用于本标准,然而,鼓励根据本标准达成协议的各方研究是否可使用这些文件的最新版本。凡是不注日期的引用文件,其最新版本适用于本标准。

GB 20464 农作物种子标签通则

3 术语和定义

下列术语和定义适用于本标准。

3.1

实生苗 seedling

用种子繁育的苗木。

3.2

自根营养系苗 self-root nursery plant

用扦插、分株、压条或组织培养等方法繁育的苗木。

3.3

嫁接苗 grafted nursery plant

在实生苗或自根营养系苗上嫁接了栽培品种的苗木。

3.4

侧根数量 number of side roots

实生苗主根或自根营养系苗地下茎段直接长出的侧根数。

3.5

侧根粗度 diameter of side roots

侧根距主根或茎基部2 cm处的直径大小。

中华人民共和国国家质量监督检验检疫总局
中国国家标准化管理委员会 2011-01-14发布 2012-01-01实施

3.6

侧根长度　length of side roots

侧根基部至先端的距离大小。

3.7

苗干高度　height of nursery plant

实生苗和自根营养系苗指根茎部以上木质化苗干部分的长度，嫁接苗指根茎部至嫁接品种茎干木质化顶端芽基部的距离大小。

3.8

苗干直曲度　property of strait or bendy of nursery plant

苗干垂直向上生长的直立程度，以最弯处测算。

3.9

苗干粗度　diameter of nursery plant

苗干指定部位的直径大小。当年生实生苗和自根营养系苗指根茎部以上 5 cm 处芽节间苗干直径大小；二年生实生苗和自根营养系苗指根茎部以上 160 cm 处芽节间苗干直径大小；嫁接苗指嫁接部位以上 5 cm 处芽节间苗干直径大小。

3.10

嫁接部位　graft sit

砧木与接穗接合的部位。低位嫁接在根茎部以上 5 cm～10 cm 处，高位嫁接在根茎部以上 150 cm～160 cm 处。

3.11

根皮与茎皮损伤　bark damage of stems and roots

因自然、人为、机械或病虫引起的损伤。无愈伤组织的为新损伤处，有环状愈伤组织的为老损伤处。

3.12

饱满芽　full developed bud

苗干上生长发育良好的健康芽。

3.13

接合部愈合程度　property of healing of graft union

砧穗嫁接口的愈合程度。

3.14

苗干木质化程度　maturity of nursery plant

苗干木质部的木质化程度。

4　质量要求

猕猴桃苗木质量应符合表 1 的最低要求，不允许使用三年生及以上的苗木。

表 1

项　目		级别 一级	二级	三级
品种与砧木		品种与砧木纯正。与雌株品种配套的雄株品种花期应与雌株品种基本同步，最好是同步。实生苗和嫁接苗砧木应是美味猕猴桃		
根	侧根形态	侧根没有缺失和劈裂伤		
根	侧根分布	均匀、舒展而不卷曲		
根	侧根数量/条	≥4		
根	侧根长度/cm	当年生苗≥20.0，二年生苗≥30.0		
根	侧根粗度/cm	≥0.5	≥0.4	≥0.3

表 1(续)

项　目			级　别		
			一级	二级	三级
苗干	苗干直曲度/(°)		≤15.0		
	高度	当年生实生苗/cm	≥100.0	≥80.0	≥60.0
		当年生嫁接苗/cm	≥90.0	≥70.0	≥50.0
		当年生自根营养系苗/cm	≥100.0	≥80.0	≥60.0
		二年生实生苗/cm	≥200.0	≥185.0	≥170.0
		二年生嫁接苗/cm	≥190.0	≥180.0	≥170.0
		二年生自根营养系苗/cm	≥200.0	≥185.0	≥170.0
	苗干粗度/cm		≥0.8	≥0.7	≥0.6
根皮与茎皮			无干缩皱皮,无新损伤,老损伤处总面积不超过 1.0 cm^2		
嫁接苗品种部饱满芽数/个			≥5	≥4	≥3
接合部愈合情况			愈合良好。枝接要求接口部位砧穗粗细一致,没有大脚(砧木粗、接穗细)、小脚(砧木细、接穗粗)或嫁接部位凸起臃肿现象;芽接要求接口愈合完整,没有空、翘现象		
木质化程度			完全木质化		
病虫害			除国家规定的检疫对象外,还不应携带以下病虫害:根结线虫、介壳虫、根腐病、溃疡病、飞虱、螨类		
注:苗木质量不符合标准规定或苗数不足时,生产单位应按用苗单位购买的同级苗总数补足株数,计算方法如下:差数(%)=(苗木质量不符合标准的株数+苗木数量不足数)/抽样苗数×100,补足株数=购买的同级苗总数×同级苗差数百分数(%)。					

5 检验方法

5.1 品种与砧木

根据品种与砧木的植物学特征,检验品种与砧木。

5.2 根

检验侧根形态、分布和数量采用目测法,测量侧根长度用钢卷尺,测量侧根粗度用游标卡尺。

5.3 苗干

测量苗干直曲度用量角器,测量苗干高度用钢卷尺,测量苗干粗度用游标卡尺。

5.4 根皮与茎皮

测量老损伤处,用透明薄膜覆盖伤口绘出面积,再复印到坐标纸上计算总面积。

5.5 嫁接苗品种部饱满芽数

采用目测法。

5.6 接合部愈合情况

采用目测法。

5.7 木质化程度

采用目测法。

5.8 病虫害

5.8.1 根结线虫

采用目测法和室内镜检法。根部有不规则膨大结节,数量和大小不一,颜色同健康根。在解剖镜下解剖结节可看到半透明状线虫体。

5.8.2 介壳虫

采用目测法。在苗干上附着有被白色蜡粉的褐色或黑色介壳虫体。

5.8.3 根腐病

采用目测法。根茎部或整个根系呈水浸状病斑，褐色，腐烂后有酒糟味。

5.8.4 溃疡病

采用目测法。苗干部有溃烂，伴有白色至铁锈色汁液流出；或溃烂后留下的干疤，有纵裂痕，纵裂两侧韧皮部木栓化并加厚。

5.8.5 飞虱和螨类

采用目测法。在根部或苗干上存在飞虱和螨类的卵、幼虫、成虫或蛹等。

6 检验规则

6.1 抽样方法

采用随机抽样法。999 株以下抽样 10%；千株以上，在 999 株以下抽样 10%的基础上，对其余株数再抽样 2%。

a) 999 株以下抽样数＝具体株数 10%；

b) 千株以上抽样数＝999 株以下抽样数＋[(具体株数－999 株)×2%]。

计算到小数点后两位数，四舍五入取整数。

6.2 质量判定规则

质量判定规则应执行 GB 20464 的规定。

7 保管、包装和运输

7.1 保管

冬天落叶后起苗，起苗后应对苗木进行修剪，剪去过长或受伤的根。应做好苗木越冬保管工作，通常保管在保持一定湿度的假植沟中。假植沟应选在背风、向阳、高燥处，沟宽 50 cm～100 cm，沟深和沟长分别视苗高、气象条件和苗量确定。挖两条以上假植沟时，沟间距离应在 150 cm 以上。沟底铺湿沙或湿润细土 10 cm 厚，苗梢朝南，按砧木类型、品种和苗级清点数量，做好明显的标志，斜埋于假植沟内，填入湿沙或湿润细土，使苗的根、茎与沙土密接。苗木无越冬冻害或无春季“抽条”现象的地区，苗梢露出土堆外 10 cm 左右；苗木有越冬冻害或有春季“抽条”现象的地区，苗梢应埋入土堆以下 10 cm。冬季多雨雪的地区，应在假植沟四周挖排水沟。

7.2 包装

苗木运输前，应用稻草、草帘、蒲包、麻袋和草绳等包裹捆牢。每包 50 株，或根据用苗单位要求的数量包装，包内苗干和根部应填充保湿材料，以达到不霉、不烂、不干、不冻、不受损伤。长途运输时，包装前应在根部蘸上泥浆。包内外应附有苗木标签，标签应符合 GB 20464 的规定。雌株株数∶雄株株数应为 6∶1～8∶1，雄株苗单独包装。

7.3 运输

苗木运输应注意适时，运输途中应有帆布篷覆盖，做好防雨、防冻、防干、防火等工作。到达目的地后，应及时接收，并尽快定植或假植。

本标准起草单位：中国农业科学院郑州果树研究所、陕西省西安市园艺技术推广中心。

本标准主要起草人：韩礼星、李明、严潇、雷玉山、齐秀娟。

中华人民共和国国家标准

GB 19175—2010

桃　苗　木

Peach nursery plants

1　范围

本标准规定了李属(*Prunus* L.)桃亚属(*Amygdalus* L.)植物实生砧、营养砧嫁接的桃一年生苗、二年生苗和芽苗的质量要求、检验方法、检验规则及起苗、包装要求。

本标准适用于中华人民共和国境内生产、销售的桃苗木。

2　规范性引用文件

下列文件中的条款通过本标准的引用而成为本标准的条款。凡是注日期的引用文件,其随后所有的修改单(不包括勘误的内容)或修订版均不适用于本标准,然而,鼓励根据本标准达成协议的各方研究是否可使用这些文件的最新版本。凡是不注日期的引用文件,其最新版本适用于本标准。

GB 9847　苹果苗木

GB 20464　农作物种子标签通则

3　术语和定义

下列术语和定义适用于本标准。

3.1

实生砧　seedling rootstock

用种子繁育的砧木。

注:实生砧包括普通桃[*Prunus persica*(L.)Batsch]、山桃[*Prunus davidiana*(Carr.)Franch]、甘肃桃(*Prunus kansuensis* Rehd.)、新疆桃(*Prunus ferganensis* Kost. et Riab.)和光核桃(*Prunus mira* Koehne)砧木,其中普通桃砧木为野生类型或品种化砧木。

3.2

营养砧　clone rootstock

通过营养繁殖的方法生产的砧木。

3.3

侧根　lateral root

从实生砧和营养砧主根上直接长出的根。

3.4

侧根粗度　diameter of lateral root

侧根基部 2 cm 处的直径大小。

中华人民共和国国家质量监督检验检疫总局
中国国家标准化管理委员会　2011-01-14 发布　　2012-01-01 实施

3.5

侧根长度　length of lateral root

侧根基部至顶端的长度大小。

3.6

侧根数量　number of lateral root

符合侧根粗度和长度要求的侧根数量。

3.7

砧段长度　length of rootstock

根砧的根茎部位至嫁接口基部的距离大小。

3.8

砧段粗度　diameter of rootstock

距离地表 3 cm 处的砧段直径大小。

3.9

苗木粗度　diameter of nursery plant

嫁接口以上 5 cm 处茎的直径大小。

3.10

苗木高度　height of nursery plant

根茎处至茎顶端的距离大小。

3.11

茎倾斜度　gradient

嫁接口上下砧段与茎段之间的倾斜角度。

3.12

整形带　shaping strip

一年生苗、二年生苗地上部分 30 cm～60 cm 之间或定干处以下 20 cm 范围内的茎段。

3.13

饱满芽　plump bud

整形带内生长发育良好的健康叶芽。

3.14

一年生苗　June-budded nursery plant

当年播种、嫁接，并在当年接芽萌发、生长成苗、出圃的苗木，又称速生苗。

3.15

二年生苗　August-budded nursery plant

当年播种、嫁接，接芽不萌发或第二年春天嫁接，接芽经过一个生长季节，于秋季落叶后出圃的苗木。

3.16

芽苗　August-budded nursery plant without sprouting

当年播种、嫁接成活，且接芽当年不萌发的苗木，又称半成品苗。

4　质量要求

4.1　单株质量要求

4.1.1　一年生苗

一年生苗的质量要求见表 1。

表 1

项　目				级　别	
				一级	二级
品种与砧木纯度/%				≥95.0	
根	侧根数量/条	实生砧	普通桃、新疆桃、光核桃	≥5	≥4
			山桃、甘肃桃	≥4	≥3
		营养砧		≥4	≥3
	侧根粗度/cm			≥0.5	≥0.4
	侧根长度/cm			≥15.0	
	侧根分布			均匀，舒展而不卷曲	
	病虫害			无根癌病、根结线虫病和根腐病	
砧段长度/cm				10.0～15.0	
苗木高度/cm				≥90.0	≥80.0
苗木粗度/cm				≥1.0	≥0.8
茎倾斜度/(°)				≤15.0	
根皮与茎皮				无干缩皱皮和新损伤处，老损伤处总面积≤1.0 cm^2	
枝干病虫害				无介壳虫和流胶病	
芽	整形带内饱满叶芽数/个			≥8	≥6
	接合部愈合程度			愈合良好	
	砧桩处理与愈合程度			砧桩剪除，剪口环状愈合或完全愈合	

4.1.2　二年生苗

二年生苗的质量要求见表 2。

表 2

项　目				级　别	
				一级	二级
品种与砧木纯度/%				≥95.0	
根	侧根数量/条	实生砧	普通桃、新疆桃、光核桃	≥5	≥4
			山桃、甘肃桃	≥1	≥3
		营养砧		≥1	≥3
	侧根粗度/cm			≥0.5	≥0.4
	侧根长度/cm			≥20.0	
	侧根分布			均匀，舒展而不卷曲	
	病虫害			无根癌病、根结线虫病和根腐病	
砧段长度/cm				10.0～15.0	
苗木高度/cm				≥100.0	≥90.0
苗木粗度/cm				≥1.5	≥1.0
茎倾斜度/(°)				≤15.0	
根皮与茎皮				无干缩皱皮和新损伤处，老损伤处总面积≤1.0 cm^2	
枝干病虫害				无介壳虫和流胶病	
芽	整形带内饱满叶芽数/个			≥10	≥8
	接合部愈合程度			愈合良好	
	砧桩处理与愈合程度			砧桩剪除，剪口环状愈合或完全愈合	

4.1.3　芽苗

芽苗的质量要求见表 3。

表 3

项目				要求
品种与砧木纯度/%				≥95.0
根	侧根数量/条	实生砧	普通桃、新疆桃、光核桃	≥5
			山桃、甘肃桃	≥4
		营养砧		≥4
	侧根粗度/cm			≥0.5
	侧根长度/cm			≥20.0
	侧根分布			均匀，舒展而不卷曲
	病虫害			无根癌病、根结线虫病和根腐病
茎	砧段长度/cm			10.0～15.0
	砧段粗度/cm			≥1.2
	病虫害			无介壳虫和流胶病
芽	饱满，不萌发，接芽愈合良好，芽眼露出			

4.2 批次质量要求

每批次的合格苗木比例不应低于 95.0%。一级苗木批次允许包含的不合格苗木应符合二级苗木的标准；二级苗木批次允许包含的不合格苗木的苗木粗度、苗木高度、芽眼数不能低于二级苗木标准的 20%，其他质量指标的要求同二级苗木标准。芽苗批次所允许包含的不合格苗木的砧段长度不能低于或高于标准的 20%。

5 检验方法

5.1 病虫害

采用目测法、室内镜检或接种培养法。

5.2 品种纯度

依据品种的植物学特征、生物学特性进行纯度检验。

5.3 侧根数量

采用目测法计数。

5.4 侧根粗度与苗木粗度

用游标卡尺测量直径。

5.5 侧根长度、苗木高度、砧段长度

用钢卷尺测量。

5.6 接口部愈合程度

采用目测法或对接合部纵剖观测。

5.7 倾斜度

用量角器测量。

5.8 接芽饱满程度

采用目测法。

5.9 芽眼数

采用目测法计数。

5.10 机械损伤

采用目测法。

5.11 合格率

对每批苗木进行抽样检验时，记录不合格苗木的各项质量指标，如果一株苗木的任一项规定质量指

标不合格,均按不合格苗木计算。合格率以合格苗木占被检苗木总数的百分率表示。

6 检验规则

6.1 抽样

抽样应执行 GB 9847 的规定。

6.2 质量判定规则

质量判定规则应执行 GB 20464 的规定。

7 起苗、包装

7.1 起苗

秋末(以全树 80%以上自然落叶为准)至春季萌芽前起苗。

7.2 包装

每捆 50 株,或根据用户要求的数量进行包装。每包装单位应附有苗木标签,标签应符合 GB 20464 的规定。

本标准起草单位:中国农业科学院郑州果树研究所、江苏省农业科学院园艺研究所、北京市农林科学院林业果树研究所。

本标准主要起草人:王力荣、朱更瑞、俞明亮、马瑞娟、姜全、方伟超、郭继英。

中华人民共和国国家标准

GB/T 9659—2008

柑 橘 嫁 接 苗

Citrus budling

1 范围

本标准规定了柑橘嫁接苗的定义、砧穗组合方式、砧木与接穗要求、出圃苗木质量指标、检验及包装、标志、运输等要求。

本标准适用于甜橙类、宽皮柑橘类、柚类、柠檬类、金柑、杂柑等一年生嫁接苗(含大田苗和容器苗)。

2 规范性引用文件

下列文件中的条款通过本标准的引用而成为本标准的条款。凡是注日期的引用文件,其随后所有的修改单(不包括勘误的内容)或修订版均不适用于本标准,然而,鼓励根据本标准达成协议的各方研究是否可使用这些文件的最新版本。凡是不注日期的引用文件,其最新版本适用于本标准。

GB 5040 柑橘苗木产地检疫规程

3 术语和定义

下列术语和定义适用于本标准。

3.1

接穗 scion

嫁接时接在砧木上的被繁殖品种的枝或芽。

3.2

砧木 rootstock

嫁接时用以承受接穗的植株。

3.3

嫁接苗 budling

特定的接穗与砧木嫁接后培育而成的苗木。

3.4

砧穗组合 combination of the scion and rootstock

嫁接苗砧木和接穗的品种组配方式。

3.5

嫁接口愈合正常 normal graft-union

接穗与砧木接合部的新生维管束组织输导正常,无残缺或腐烂伤痕,无捆缚物及其缢痕。

3.6

中华人民共和国国家质量监督检验检疫总局
中国国家标准化管理委员会 2008-06-18发布 2008-12-01实施

砧穗接合部曲折度　bending degree of graft-union

在砧木与接穗的接合处，主干中轴线与砧木垂直延长线之间的夹角。

4　砧穗组合方式

4.1　甜橙类：可选用枳（*Poncirus trifoliata* Raf.）、枳橙（*P. trifoliate* Raf. ×*Citrus sinensis* Osbeck）、枳柚（*P. trifoliate* Raf. ×*C. paradis* Macf.）、酸橘（*C. reticulata*）、香橙（*C. junos* Tanaka）、红橘（*C. reticulata*）、朱橘（*C. reticulata*）、枸头橙（*C. aurantium*×C. sp）等作砧木。

4.2　宽皮柑橘类：可选用枳、枳橙、枳柚、酸橘、香橙、红橘、枸头橙等作砧木。

4.3　柚类：用酸柚（*C. grandis* Osbeck）作砧木，部分品种也可用枳、枳橙或枳柚作砧木。

4.4　柠檬：可选用红橘、土橘（*C. reticulata*）、香橙等作砧木，除尤力克以外的其他无裂皮病毒品系也可选用枳、枳橙作砧木。

4.5　金柑：用枳等作砧木。

4.6　杂柑：可选用枳、枳橙、香橙等作砧木。

4.7　各产区可根据具体情况，拟定不同品种的砧穗组合。如果采用其他形式的组合时，宜有10年以上的生产考核资料。

5　砧木与接穗要求

5.1　砧木

适应当地生态条件，抗逆性和抗病性强，无检疫性病虫害，品种纯正，提倡使用单系种子。严禁从疫区调运砧木种子和砧木苗进入非疫区和保护区。

砧木苗应是经过移栽的二年生内的实生壮苗，根系直而完整。

5.2　接穗

5.2.1　应从经过鉴定的优良单株（系）无病毒母树上及其无性系繁殖的采穗圃采集。

5.2.2　接穗以木质化的健壮春梢、秋梢、早夏梢为宜，每枝接穗应有3个以上有效芽。要求无病虫、生长充实、芽眼饱满。

5.2.3　从外地引入接穗，除严格要求品种纯正外，还需经植物检疫部门检验，取得植物检疫证书后方可引入。严禁疫区的接穗进入非疫区和保护区。

6　出圃苗木质量指标

6.1　苗木生产过程应执行GB 5040。

6.2　出圃前的检疫

6.2.1　苗木出圃前应由产地植物检疫部门根据购苗方的检疫申请函和国家有关规定，对苗木是否带有检疫性病虫害进行检疫。无检疫对象的苗木可签发产地检疫合格证。

6.2.2　凡有检疫对象的苗木，应就地封锁或销毁。

6.3　出圃嫁接苗基本要求

6.3.1　嫁接部位在砧木离地面10 cm以上，嫁接口愈合正常，已解除捆缚物，砧木残桩不外露，断面已愈合或在愈合过程中。

6.3.2　主干粗直、光洁，高25 cm以上（金柑15 cm以上）。具有至少2个且长15 cm以上、非丛生状的分枝。枝叶健全，叶色浓绿，富有光泽。无潜叶蛾等病虫严重为害。砧穗接合部曲折度不大于15°。

6.3.3　根系完整，主根不弯曲，长15 cm以上，侧根、须根发达，根颈部不扭曲。

6.4　苗木分级

6.4.1 在符合6.1、6.2和6.3各项规定的前提下，以苗木径粗、分枝数量、苗木高度作为分级依据。不同品种和砧木的嫁接苗，按其生长势分为1级和2级，其标准见表1。

6.4.2 以苗木径粗、分枝数量、苗木高度三项中最低一项的级别判定为该苗级别。低于2级标准的苗木即为不合格苗木。

表1 柑橘嫁接苗分级标准

种类	砧木	级别	苗木径粗/cm ≥	苗木高度/cm ≥	分枝数量/条 ≥
甜橙	枳	1	0.9	55	3
		2	0.6	45	2
	枳橙、红橘、酸橘、香橙、朱橘、枸头橙	1	1.0	60	3
		2	0.7	45	2
宽皮柑橘杂柑	枳	1	0.8	50	3
		2	0.6	45	2
	枳橙、红橘、酸橘、香橙、枸头橙	1	0.9	55	3
		2	0.7	45	2
柚	枳	1	1.0	60	3
		2	0.8	50	2
	酸柚	1	1.2	80	3
		2	0.9	60	2
柠檬	枳橙、红橘、香橙 土橘	1	1.1	65	3
		2	0.8	55	2
金柑	枳	1	0.7	40	3
		2	0.5	35	2

7 检验

7.1 检验方法

7.1.1 苗木径粗：用游标卡尺测量嫁接口上方2 cm处的主干直径最大值。

7.1.2 分枝数量：以嫁接口上方15 cm以上主干抽生的、长度在15 cm以上的1级枝计。

7.1.3 苗木高度：自土面量至苗木顶芽。

7.1.4 嫁接口高度：自土面量至嫁接口中央。

7.1.5 干高：自土面量至第一个有效分枝处。

7.1.6 砧穗接合部曲折度：用量角器测量接穗主干中轴线与砧木垂直延长线之间的夹角。

7.2 检验规则

7.2.1 苗木包装集合后采用随机抽样法，田间苗木采用对角交叉抽样法、十字交叉抽样法和多点交叉抽样法等，抽取有代表性的植株进行检验。

7.2.2 对于1万株以下（含1万株）的批次，抽样60株；检验批数量超过1万株时，在1万株抽样60株的基础上，对超过1万株的部分再按0.2%抽样，抽样数计算见式（1）：

万株以上抽样数＝60＋[（检验批苗木数量－10 000）×0.2%] ………………（1）

7.2.3 一批次苗木的抽样总数中合格单株所占比例即为该批次合格率，合格率≥95%则判定该批苗木合格。

8 包装、标志和运输

8.1 包装

容器苗连同完整的原装容器一起调运。大田苗就地移栽可带土团起苗和定植；如需远距离运输，需对裸根苗枝叶和根系进行适度修剪，用泥浆蘸根后再用稻草包捆，外用带孔塑料薄膜包裹并捆扎牢固。每包不宜超过50株。起苗前应喷药杀灭重要常见病虫害。

8.2 标志

出圃苗木需附苗木产地检疫证和质量检验合格证（见附录A）。若属无病毒苗，应附有资质检测机构的证明，并挂牌标示。裸根苗应分品种包装，并在包装内外挂双标签，注明品种（穗/砧）、起苗日期、质量等级、数量、育苗单位、合格证号等（见附录B）。容器苗应逐株加挂品种标签，标明品种、砧木等。

8.3 运输

苗木运输量较大时，运输器具宜安置通气筒或搭架分层，使苗堆中心的温度≤25℃。运输途中严防重压和日晒雨淋，到达目的地后，应尽快定植或假植。

附 录 A
(规范性附录)
柑橘嫁接苗质量检验合格证书

No:________

育苗单位　　　　　　　　地址　　　　　　　　　技术负责人(签字)

品种	出圃株数	接穗来源	砧木				质量等级
			品种	来源	播种期	嫁接期	

检测发证单位(盖章)　　　　　　　　　　　　　　　　检测人(签字)

发证日期　　年　月　日　　　　　　　　　　　　　　检测日期　　年　月　日

注 1:本证一式三份,育苗单位、购苗单位、检测单位各一份。

注 2:柑橘嫁接苗质量合格证明书当年有效。

附　录　B
（规范性附录）
柑橘苗木标签

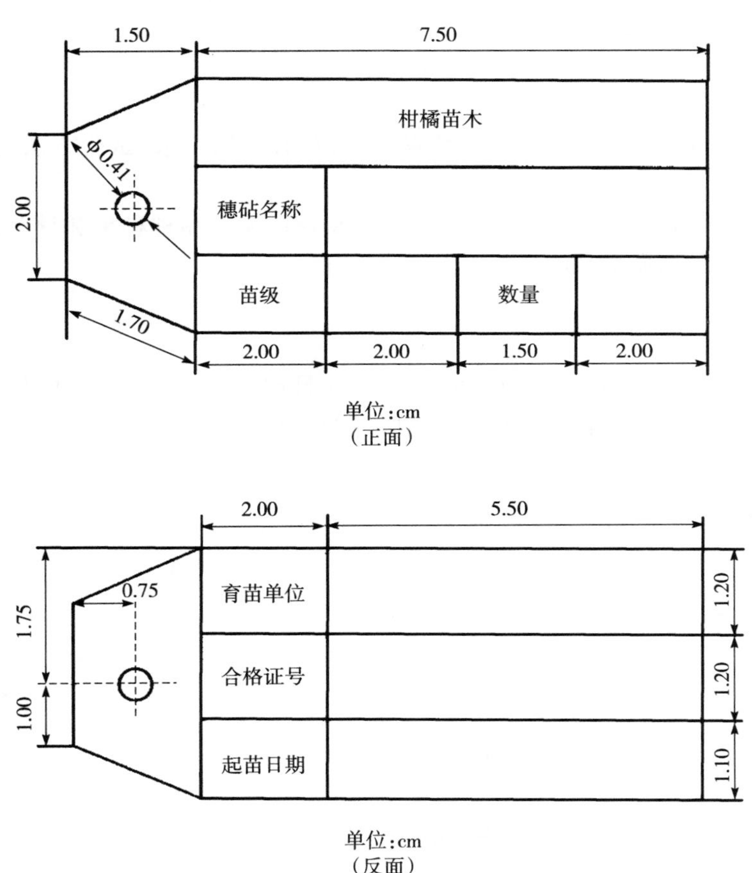

注 1：标签用 150 g 的牛皮纸或塑料制作。

注 2：纸质标签孔用金属包边。

本标准主要起草单位：中国农业科学院柑橘研究所、农业部柑橘及苗木质量监督检验测试中心、重庆市经济作物站。

本标准主要起草人：何绍兰、邓烈、王成秋、陈竹生、杨灿芳。

中华人民共和国农业行业标准

NY/T 353—2012

椰子　种果和种苗

Coconut seednuts and seedlings

1　范围

本标准规定了椰子(*Cocos nucifera* L.)种果和种苗的定义、要求、试验方法、检测规则和包装、标识、贮存、运输等。

本标准适用于海南高种、文椰 2 号、文椰 3 号、文椰 $78F_1$ 椰子品种种果和种苗的质量检测,也可作为其他椰子品种种果和种苗质量检测参考。

2　规范性引用文件

下列文件对于本文件的应用是必不可少的。凡是注日期的引用文件,仅注日期的版本适用于本文件。凡是不注日期的引用文件,其最新版本(包括所有的修改单)适用于本文件。

NY/T 490　椰子果

NY/T 1810　椰子　种质资源描述规范

3　术语和定义

下列术语和定义适用于本文件。

3.1

种果　seednut

生长发育充分成熟,且外果皮已完全变褐的果实。

3.2

种果围径　seednut equatorial circumference

种果最大横切面的周长。

3.3

果形　fruit shape

指果实的外观形状。

3.4

圆形果　round fruit

近似圆形的果实。

3.5

椭圆形果　elliptical fruit

近似椭圆形的果实。

3.6

响水　watering sound

中华人民共和国农业部 2012 - 06 - 06 发布　　2012 - 09 - 01 实施

摇动椰子果时果内椰子水与果内壁碰撞发出的声音。

3.7

椰苗　coconut seedling

用椰子种果育成的实生苗。

3.8

羽裂叶　split leaf

羽状和燕尾状深裂叶。

3.9

苗围径　girth of seedling stem

种苗基部的周长。

3.10

苗高　seedling height

种苗的自然高度。

3.11

果肩压痕　press trace around fruit pedicel

种果果蒂周围形成的凹痕。

4 要求

4.1 基本要求

4.1.1 种果基本要求

种果母树特征与附录G品种描述一致，果实充分成熟，果皮完全变褐，果实摇动有清脆响水声，且外果皮光滑不皱或不皱。

4.1.2 种苗基本要求

种苗纯度在95%(杂交种90%)以上，植株生长正常，苗龄在7个月～11个月之间，总叶片数在6片～11片之间，根系发达，茎叶无明显机械性损伤，整株无严重病虫危害。

4.2 分级指标

4.2.1 种果分级指标

种果质量应符合表1的规定。

表1　椰子种果质量指标

品种	等级	果肩压痕 个	围径 cm	果重 kg
海南高种	一	≥1	>55	>1.3
	二	0	50～55	1.0～1.3
文椰2号	一	≥1	>45	>1.0
	二	0	40～45	0.7～1.0
文椰3号	一	≥1	>45	>1.0
	二	0	40～45	0.7～1.0
文椰78F_1	一	≥1	>45	>1.0
	二	0	40～45	0.7～1.0

4.2.2 种苗分级指标

种苗质量应符合表2的规定。

表 2 椰子种苗质量指标

品种	等级	苗围径 cm	苗高 cm	羽裂叶数 片
海南高种	一	11～16	121～160	5～8
	二	8～10	110～120	3～4
文椰 2 号	一	9～14	81～100	4～7
	二	7～8	70～80	2～3
文椰 3 号	一	9～14	81～100	4～7
	二	7～8	70～80	2～3
文椰 $78F_1$	一	11～14	121～160	5～8
	二	8～10	110～120	3～4

5 试验方法

5.1 种果围径检测方法

用软尺测量种果横向最大周长，计算平均值。单位为厘米(cm)，精确到 1 cm。

5.2 果重检测方法

用台称秤量种果重量，计算平均值。单位为千克(kg)，精确到 0.1 kg。

5.3 苗围径检测方法

用软尺测量离种果发芽处 5 cm 处的种苗围径，计算平均值。单位为厘米(cm)，精确到 1 cm。

5.4 苗高检测方法

用直尺测量种果发芽处到叶片最顶端的垂直高度，计算平均值。单位为厘米(cm)，精确到 1 cm。

5.5 种苗纯度检测方法

按种果发芽后实生苗的"叶柄颜色"等特征，对被检验的种苗逐株进行鉴定，按式(1)计算种苗纯度，结果以平均值表示，精确到 1%。

$$S = \frac{P}{P + P'} \times 100 \cdots\cdots (1)$$

式中：

S ——品种纯度，单位为百分率(%)；

P ——本品种的苗木株数，单位为株；

P'——异品种的苗木株数，单位为株。

5.6 种果质量检验方法

5.6.1 椰果质量检测：种果采收后 15 d～30 d 内按质量指标进行检测，检测后附椰子种果质量检测记录（参见附录 A）。

5.6.2 检测结果符合椰子种果质量标准要求可签发等级合格证书。

5.6.3 出售种果应附椰子种果质量检验合格证书(参见附录 B)和椰子种果标签(参见附录 C)。

5.7 椰苗质量检验方法

5.7.1 椰苗质量检测：检测椰苗质量后附上椰子种苗质量检测记录(参见附录 D)

5.7.2 检测结果符合椰子种苗质量标准要求可签发等级合格证书。

5.7.3 出圃种苗应附椰子种苗质量检验合格证书(参见附录 E)和椰子种苗标签(参见附录 F)。

6 检测规则

6.1 组批

凡同品种、同等级、同一批种果或种苗可作为一个检测批次。检测限于种果或种苗装运地或繁育地进行。

6.2 抽样

采用随机抽样法。种果或种苗基数超过100株时,抽样率按表3执行。11个(株)~100个(株)时检测10个(株),低于11个(株)时全部检测。

表3 椰子种果或种苗检测抽样率

种果(个)或种苗(株)	抽样率,%
>10 000	4
>5 000~10 000	6
>1 000~5 000	8
>100~1 000	10

6.3 判定规则

6.3.1 一级种果(苗)判定

同一批检验的一级种果(苗)中,允许有5%的种果(苗)低于一级种果(苗)标准,但应达到二级种果(苗)标准。

6.3.2 二级种果(苗)判定

同一批检验的二级种果(苗)中,允许有5%的种果(苗)低于二级种果(苗)标准。

6.4 复检规则

如果对检验结果产生异议,可再抽样复检一次,复检结果为最终结果。

7 包装、标识、贮存和运输

7.1 包装

种果用编织袋等包装,也可散装。种苗散装。

7.2 标识

种果每一包附有一个标签,标签模型参见附录C;不同品种及不同批次的种苗附上标签,标签模型参见附录F。

7.3 贮存

椰子种果贮存在干燥、阴凉地方,时间不宜超过30 d;

椰子种苗应存放在阴凉处,散开,并适当淋水,时间不超2 d~3 d。

7.4 运输

采用散装运输,种苗适当淋水。

附 录 A
(资料性附录)
椰子种果质量检测记录

品　　种：____________ No：____________

受检单位：____________ 购果单位：____________

种果个数：____________ 抽检个数：____________

种果号	果肩压痕 个	果围径 cm	果重 kg	初评级别

审核人(签字)：　　校核人(签字)：　　检测人(签字)：　　检测日期：　　年　月　日

附　录　B
（资料性附录）
椰子种果检验合格证书

<table>
<tr><td>受检单位</td><td colspan="2"></td><td>产地</td><td></td></tr>
<tr><td>品种名称</td><td colspan="2"></td><td>数量</td><td></td></tr>
<tr><td>等级</td><td colspan="2">一级：　　　　　个</td><td colspan="2">二级：　　　　　个</td></tr>
<tr><td rowspan="3">检
验
结
果</td><td>果肩压痕
个</td><td></td><td>果肩压痕
个</td><td></td></tr>
<tr><td>果围
cm</td><td></td><td>果围
cm</td><td></td></tr>
<tr><td>果重
kg</td><td></td><td>果重
kg</td><td></td></tr>
<tr><td colspan="5">**注：**本证书一式三份，受检单位、购果单位、检验单位各执一份。</td></tr>
</table>

审核人（签字）：　　　　　　　　校核人（签字）：　　　　　　　　检验人（签字）：

检验单位（盖章）：　　　　　　　　　　　　　　　　签证日期：　　年　月　日

附　录　C
（资料性附录）
椰子种果标签

C.1　椰子种果标签正面见图 C.1。

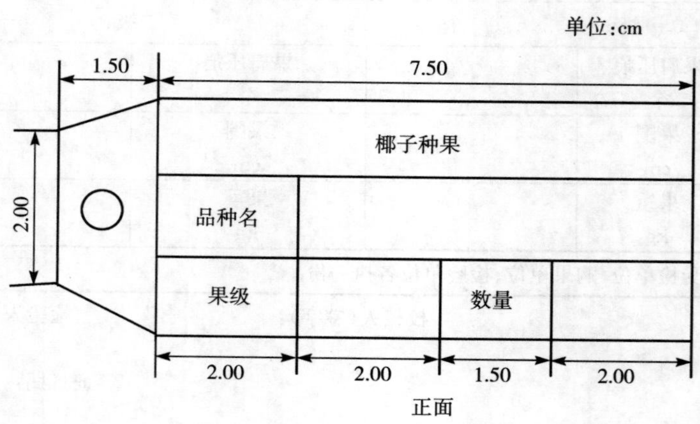

图 C.1

C.2　椰子种果标签反面见图 C.2。

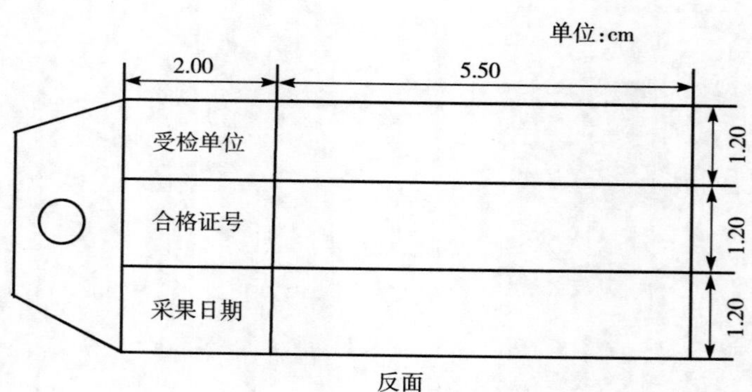

图 C.2

注：标签用材为厚度约 0.3 mm 的白色聚乙烯塑料薄片或 150 g 的牛皮纸。

附 录 D
(资料性附录)
椰子种苗质量检测记录

品　　种：＿＿＿＿＿＿＿＿　　　　　　　　No：＿＿＿＿＿＿＿＿

受检单位：＿＿＿＿＿＿＿＿　　　　　　　　购苗单位：＿＿＿＿＿＿＿＿

出圃株数：＿＿＿＿＿＿＿＿　　　　　　　　抽检株数：＿＿＿＿＿＿＿＿

样株号	苗围径 cm	羽裂叶数 片	苗高 cm	初评级别

审核人(签字)：　　　　校核人(签字)：　　　　检测人(签字)：　　　　检测日期：　　年　月　日

附 录 E
(资料性附录)
椰子种苗检验合格证书

<table>
<tr><td>受检单位</td><td colspan="2"></td><td>产地</td><td></td></tr>
<tr><td>品种名称</td><td colspan="2"></td><td>数量</td><td></td></tr>
<tr><td>等级</td><td colspan="2">一级：　　株</td><td colspan="2">二级：　　株</td></tr>
<tr><td rowspan="3">检
验
结
果</td><td>苗围径
cm</td><td></td><td>苗围径
cm</td><td></td></tr>
<tr><td>苗高
cm</td><td></td><td>苗高
cm</td><td></td></tr>
<tr><td>羽裂叶数
片</td><td></td><td>羽裂叶数
片</td><td></td></tr>
<tr><td colspan="5">**注：**本证书一式三份，受检单位(培育单位)、购果单位、检验单位各执一份。</td></tr>
</table>

审核人(签字)：　　　　校核人(签字)：　　　　检验人(签字)：

检验单位(盖章)：　　　　签证日期：　年　月　日

附　录　F
（资料性附录）
椰子种苗标签

F.1　椰子种苗标签正面见图 F.1。

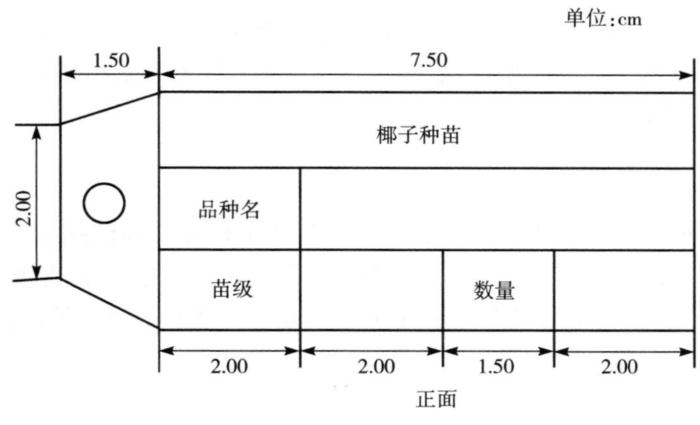

图 F.1

F.2　椰子种苗标签反面见图 F.2。

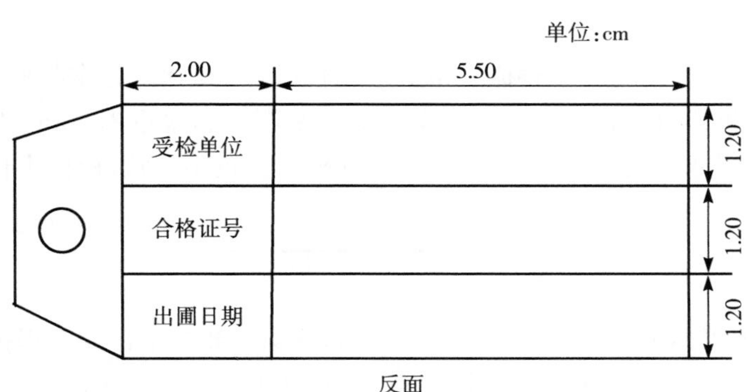

图 F.2

注：标签用材为厚度约 0.3 mm 的白色聚乙烯塑料薄片或 150 g 的牛皮纸。

附 录 G
（资料性附录）
椰子主要栽培品种特征

G.1 海南高种(Hainan Tall)

植株高大，抗风、抗寒能力强，是海南当家椰子品种，具有2 000多年的种植历史。如今在我国南部其他省（自治区）也有少量种植，适应性较好；果实较大，果重1.0 kg～4.0 kg，圆形和近圆形，适于生产加工各种椰子产品。但该椰子品种非生产期长，植后7年～8年才开始结果，单株结果量相对较少；同时，由于树冠较大，单位面积种植株数也较少。

G.2 文椰2号(Wenye No.2)

植株矮小，非生产期短，植后3年～4年就开始结果，结果较多，树冠较小，单位面积种植株数多，嫩果、花苞和叶柄等呈黄色或黄绿色，适宜生产鲜果和作园林绿化。但果较小，果重0.5 kg～1.3 kg，长圆形和椭圆形；同时，由于是近50年内引进培育的新品种，适应性较差，抗风、抗寒能力较弱。

G.3 文椰3号(Wenye No.3)

植株矮小，非生产期短，植后3年～4年就开始结果，结果较多，树冠较小，单位面积种植株数多，嫩果、花苞和叶柄等呈红色或橙红色，适宜生产鲜果和作园林绿化。但果较小，果重0.5 kg～1.3 kg，长圆形和椭圆形；同时，由于是近50年内引进培育的新品种，适应性较差，抗风、抗寒能力较弱。

G.4 文椰78F_1($WY78F_1$)

系近30年来由海南高种椰子与矮种椰子杂交第一代(F_1)，具有父母本某些优良性状，主要表现在树干较粗壮、生长快、结果早，植后4年～5年开始结果、果实较大，果重1.2 kg～2.5 kg，产量高，果实圆形和椭圆形两种，抗风、耐寒性较好。但嫩果、花苞和叶柄等呈色不一致，植株生长也不整齐。

本标准起草单位：中国热带农业科学院椰子研究所，国家重要热带作物工程技术研究中心。
本标准主要起草人：唐龙祥、赵松林、陈良秋、李艳、杨伟波、冯美利、王萍、牛聪、秦呈迎、程文静。

中华人民共和国农业行业标准

NY/T 355—2014

荔枝　种苗

Litchi—Grafting

1　范围

本标准规定了荔枝(*Litchi chinensis* Sonn.)种苗相关的术语和定义、要求、检测方法与规则、包装、标识、运输和贮存。

本标准适用于妃子笑(Feizixiao)、鸡嘴荔(Jizuili)、糯米糍(Nuomici)、白糖罂(Baitangying)、桂味(Guiwei)等品种嫁接苗的生产与贸易,也可作为其他荔枝品种嫁接苗参考。

2　规范性引用文件

下列文件对于本文件的应用是必不可少的。凡是注日期的引用文件,仅注日期的版本适用于本文件。凡是不注日期的引用文件,其最新版本(包括所有的修改单)适用于本文件。

GB 9847　苹果苗木

GB 15569　农业植物调运检疫规程

中华人民共和国农业部1995年第5号令　植物检疫条例实施细则(农业部分)

3　术语和定义

下列术语和定义适用于本文件。

3.1

嫁接苗　grafting

特定的砧木和接穗组合而成的接合苗。

3.2

新梢　shoot

接穗上新抽生的已老熟枝梢。

4　要求

4.1　基本要求

植株生长正常,茎、枝无破皮或断裂等严重机械损伤;新梢成熟,叶片完整,叶色浓绿,富有光泽;嫁接口愈合良好,无肿大、粗皮或缚带绞缢现象;出圃时容器无明显破损,土团完整,无严重穿根现象;品种纯度≥99.0%;无检疫性病虫害。

4.2　分级指标

种苗分级应符合表1规定。

中华人民共和国农业部 2014-03-24 发布　　2014-06-01 实施

表 1 种苗分级指标

项 目	等 级	
	一级	二级
种苗高度 cm	≥50	40～50
砧木茎粗 cm	≥0.90	0.70～0.90
新梢长度 cm	≥40	30～40
新梢茎粗 cm	≥0.70	0.60～0.70
分枝数 个	≥2	1
嫁接口高度 cm	≥15,≤30	
品种纯度 %	≥99.0	

5 试验方法

5.1 纯度检测

参照附录 A 用目测法逐株检验种苗,根据品种的主要特征,确定本品种的种苗数。纯度按式(1)计算。

$$X=\frac{A}{B}\times 100 \quad \cdots\cdots (1)$$

式中:

X ——品种纯度,单位为百分率(%),保留一位小数;

A ——样品中鉴定品种株数,单位为株;

B ——抽样总株数,单位为株。

5.2 外观检测

采用目测法检测植株生长情况、嫁接口愈合情况、土团完整情况等外观指标。

5.3 检疫性病虫害检测

按照中华人民共和国农业部 1995 年第 5 号令和 GB 15569 的有关规定执行。

5.4 分级指标测定

5.4.1 种苗高度

测量从土面至苗木最高新梢顶端的垂直距离(精确至 1 cm),保留整数。

5.4.2 砧木茎粗

用游标卡尺测量嫁接口下方 2 cm 处的最大直径 (精确至 0.01 cm),保留两位小数。

5.4.3 新梢长度

测量最粗新梢从基部至顶芽间的距离(精确至 1 cm),保留整数。

5.4.4 新梢茎粗

用游标卡尺测量嫁接口以上 3 cm 处最粗新梢的最大直径(精确至 0.01 cm),保留两位小数。

5.4.5 分枝数

目测长度在 10 cm 以上的一级分枝数量。

5.4.6 嫁接口高度

测量从土面至嫁接口的距离(精确至 1 cm),保留整数。

5.4.7 检测记录

将检测的数据记录于附录 B 的表格中。

6 检验规则

6.1 组批

凡同一品种、同一等级、同一批种苗可作为一个检验批次。检验限于种苗装运地或繁育地进行。

6.2 抽样

按 GB 9847 中有关抽样的规定进行,采用随机抽样法。

6.3 判定规则

6.3.1 如不符合 4.1 的要求,该批种苗判定为不合格;在符合 4.1 要求的情况下,再进行等级判定。

6.3.2 同一批种苗中,允许有 5%的种苗低于一级苗标准,但应达到二级苗标准,则判定为一级种苗。

6.3.3 同一批种苗中,允许有 5%的种苗低于二级苗标准,则判定为二级种苗。超过此范围,则判定为不合格。

6.4 复验规则

如果对检验结果产生异议,可抽样复验一次,复验结果为最终结果。

7 包装、标识、运输和贮存

7.1 包装

育苗容器完整的种苗,不需要进行包装;育苗容器轻微破损或有穿根现象的应剪除根系,再进行单株包装,包装应牢固。

7.2 标识

种苗销售或调运时必须附有质量检验证书和标签。检验证书格式参见附录 C,标签格式参见附录 D。

7.3 运输

种苗应按不同品种、不同级别分批装运;装卸过程应轻拿轻放,防止土团松散;防止日晒、雨淋,并适当保湿和通风透气。

7.4 贮存

种苗运抵目的地后应尽快种植。短时间内不能种植的,应贮存于阴凉处,保持土团湿润。

附　录　A
（资料性附录）
荔枝部分栽培品种种苗特征

A.1　妃子笑（Feizixiao）

枝条疏长、粗硬、下垂，1年生新梢黄褐色，皮孔近圆形，小而密，明显，新梢平均长度18.1 cm，节间长9.7 cm。叶形为长椭圆状披针形，叶片较大，绿色，叶尖渐尖，叶基楔形，叶缘波浪状明显。小叶3对～4对，一般3对，长10.0 cm～13.5 cm、宽2.5 cm～3.5 cm，小叶柄长约0.6 cm。

A.2　鸡嘴荔（Jizuili）

枝条粗壮、较硬，新梢黄褐色，皮孔圆、疏，不明显，平均长14.5 cm，节间长1.9 cm。叶形为长椭圆形，叶片中等大，深绿色，有光泽，嫩叶紫红色，叶尖渐尖或短尖，叶基楔形，叶面平展，叶缘平整。小叶3对～4对，一般3对，长约12.5 cm，宽3.9 cm，小叶柄较短，长0.4 cm。

A.3　糯米糍（Nuomici）

1年生枝条黄褐色，皮孔细、极密、近圆形、明显。叶为披针形，叶薄，叶面浓绿色，有光泽，叶背青绿色。叶尖渐尖而歪，叶基楔形，叶缘微波浪状或稍向上卷。小叶2对～3对，对生或互生，长6 cm～9 cm，宽2 cm～3 cm，小叶柄绿色，叶枕较明显，带褐红色。复叶柄短，约5.9 cm，红褐色，背面略带绿色。

A.4　白糖罂（Baitangying）

树干黑褐色，主枝较开张，1年生枝条黄褐色，皮孔近圆形，疏而突起。叶椭圆形、卵圆形或长椭圆形，叶薄，叶色淡绿，叶尖短尖，叶基楔形，叶缘平直，主脉粗，侧脉明显。小叶2对～4对，对生或互生，长5.5 cm～10.4 cm，宽2.3 cm～4.8 cm，小叶柄细有凹沟，红褐色。

A.5　桂味（Guiwei）

枝条疏散细长，生势略向上，1年生枝条黄褐色而带灰白，皮孔密，近圆形，枝条较脆，易折断。叶长椭圆形，叶较厚，浅绿色而有光泽，主脉细，侧脉较疏、不明显，叶尖短尖，叶基宽楔形，叶缘向内卷，或有微波浪形。小叶柄扁平，有浅沟，上为红褐色，下面绿褐色，小叶长7 cm～9 cm，宽2.5 cm～3.8 cm。

附　录　B
（资料性附录）
荔枝种苗质量检测记录

荔枝种苗质量检测记录表见表 B.1。

表 B.1　荔枝种苗质量检测记录表

品种名称：____________　　　　　　　　样品编号：____________
育苗单位：____________　　　　　　　　购苗单位：____________
出圃株数：____________　　　　　　　　抽检株数：____________
品种纯度：____________　　　　　　　　检测日期：____________

样 株 号	种苗高 cm	砧木茎粗 cm	新梢长度 cm	新梢茎粗 cm	分枝数 个	嫁接口高度 cm	外观情况	初评级别

审核人（签字）：　　　　　　　　校核人（签字）：　　　　　　　　检测人（签字）：

附　录　C
（资料性附录）
荔枝种苗质量检验证书

荔枝种苗质量检验证书见表 C.1。

表 C.1　荔枝种苗质量检验证书

No.：

育苗单位		购苗单位	
出圃株数		品种名称	
品种纯度，%			
检验结果			
证书签发日期			
检验单位			
注：本证一式三份，育苗单位、购苗单位、检验单位各一份。			

单位负责人（签字）：　　　　　　　　　　　　单位名称（签章）：

附 录 D
(规范性附录)
荔枝种苗标签

荔枝种苗标签见图 D.1。

单位为厘米

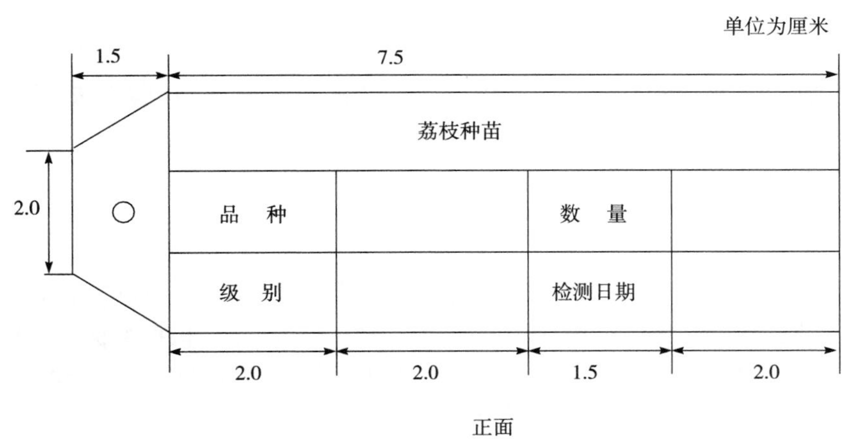

正面

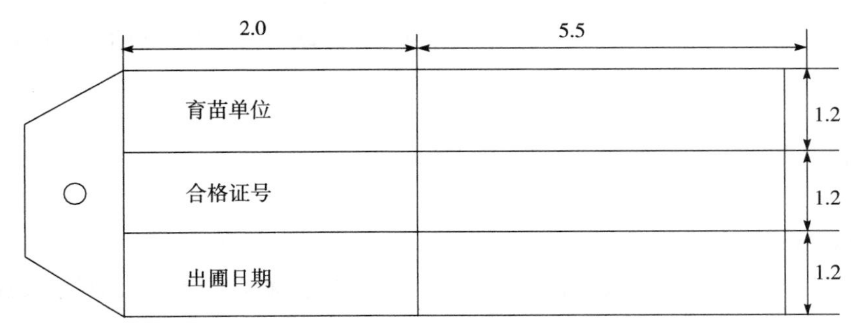

反面

注:标签用 150g 的牛皮纸。标签孔用金属包边。

图 D.1 荔枝种苗标签

本标准起草单位:中国热带农业科学院热带作物品种资源研究所、农业部热带作物种子种苗质量监督检验测试中心。

本标准主要起草人:张如莲、李莉萍、王琴飞、高玲、洪彩香、应东山、王明、徐丽、刘迪发、李松刚。

中华人民共和国农业行业标准

NY/T 357—2007

香蕉　组培苗

Banana in vitro plantlet

1　范围

本标准规定了香蕉(*Musa nana* Lour.)组培苗的术语和定义、要求、试验方法、检验规则、包装、标志、运输和贮存。

本标准适用于香蕉组培苗。

2　规范性引用文件

下列文件中的条款通过本标准的引用而成为本标准的条款。凡是注日期的引用文件，其随后所有的修改单(不包括勘误的内容)或修订版均不适用于本标准。然而，鼓励根据本标准达成协议的各方研究是否可使用这些文件的最新版本。凡是不注日期的引用文件，其最新版本适用于本标准。

GB 6000—1999　主要造林树种苗木质量分级

GB 15569　农业植物调运检疫规程

中华人民共和国国务院令　1992 年第 98 号　植物检疫条例

中华人民共和国农业部令　1995 年第 5 号　植物检疫条例实施细则(农业部分)

3　术语和定义

下列术语和定义适用于本标准。

3.1

外植体　explant

用于接种培养的各种离体的植物材料，包括胚胎材料、各种器官、组织、细胞，及原生质体等。

3.2

香蕉组培瓶苗　banana in vitro plantlet cultured in vessel

利用优良香蕉品种的吸芽茎尖作为外植体，采用植物组织培养技术在培养容器中生长且已达到假植标准的根、茎、叶俱全的完整无菌香蕉小植株。

3.3

香蕉袋装苗　banana plantlet planted in culture bag

香蕉瓶苗分级假植于装有营养土的特定规格塑料袋中可出圃供大田定植的香蕉苗。

3.4

假植　temporary plant

从香蕉瓶苗移于荫棚(苗圃)至袋装苗出圃之前的整个育苗过程。

3.5

继代培养　subculture

中华人民共和国农业部 2007 - 12 - 18 发布　　　　2008 - 03 - 01 实施

在外植体初次培养的基础上，把所获得的培养物转移到新鲜的培养基中进行再培养，从而使培养物得以成倍增殖的过程，又称增殖培养。

3.6

品种纯度　purity of variety

指定品种的种苗株数占供检种苗株数的百分率。

3.7

变异　variation

在组织培养过程中受培养基和培养条件等影响，培养出的香蕉植株的遗传特性发生了明显变化，其形态上也显著表现出有别于原品种植株的特征。

注：香蕉组培苗变异主要特征为：叶变细长，叶面不规则凹凸，叶片扭曲，部分缺绿呈花叶状；叶柄变长；叶鞘散生呈散把；植株变矮；果实变短小，果实尾端过度伸长等。

4　要求

4.1　外植体采集与处理

4.1.1　采芽母本园

品种纯正、无香蕉花叶心腐病和束顶病病株的香蕉园。

4.1.2　采芽母株

在4.1.1中选择农艺性状优良的植株作为采芽母株，逐株编号并按5.1进行病毒检测。

4.1.3　无菌外植体

从采芽母株采集生长健壮的吸芽，无菌条件下取其生长点作为外植体。增殖一代后按5.1进行病毒检测，经验证无病毒的株号其增殖芽方能继续增殖（继代）培养，有病毒的株号其增殖芽应全部焚烧销毁。

4.2　基本要求

4.2.1　瓶苗

——种源来自品种纯正、优质高产的母本园或母株；

——品种纯度≥98%；

——无污染；

——继代培养不超过15代，时间不超过12个月；

——根系白、粗，且有分杈、侧根及根毛；

——生长正常，假茎色黄绿，基部不成钩状，叶鞘不散开；

——变异率≤2%。

4.2.2　袋装苗

——种源来自品种纯正的瓶苗；

——品种纯度≥98%；

——叶色青绿不徒长，叶片无病斑或无病虫为害；

——根系生长良好；

——无机械性损伤；

——变异率≤5%。

4.3　分级

在符合基本要求的前提下，产品分为一级和二级。香蕉瓶苗的等级应符合表1的规定，香蕉袋装苗的等级应符合表2的规定。

表 1　香蕉瓶苗分级指标

项　目	等　级	
	一　级	二　级
假茎粗,cm	>0.3	0.2～0.3
假茎高,cm	≥4.0	3.0～3.9
展开叶片数,片	≥2	<2
白色根,条	≥2	≥2

表 2　香蕉袋装苗分级指标

项　目	等　级	
	一　级	二　级
叶片数,片	5～7	≥8 或<5
假茎粗,cm	≥0.9	0.7～0.9
叶片宽,cm	≥6.8	5.2～6.7

5　试验方法

5.1　病毒检测

用聚合酶链式反应(PCR)技术对采芽母株和无菌外植体进行病毒检测(见附录 A)。

5.2　外观检测

5.2.1　瓶苗

5.2.1.1　用目测法检测污染情况、植株根系和假茎的生长情况。

5.2.1.2　假茎粗:用游标卡尺测量假茎基部以上 2 cm 处的直径。

5.2.1.3　假茎高:用钢卷尺测量从假茎基部至最新自然展开叶的叶柄与假茎交会处的高度。

5.2.1.4　叶片数:用钢卷尺测量叶面宽度,记录最宽处≥0.8 cm 的自然展开叶的叶片数。

5.2.1.5　白色根:用钢卷尺测量白色根长度,记录≥3 cm 长的白色根条数。

5.2.2　袋装苗

5.2.2.1　用目测法检测植株的生长情况、叶片颜色、病虫害和机械损伤。

5.2.2.2　叶片数:记录瓶苗移栽后假植期间新长出的完整展开绿叶数。

5.2.2.3　假茎粗:用游标卡尺测量袋面以上 2 cm 处的直径。

5.2.2.4　假茎高:用钢卷尺测量从袋面至最新展开叶的叶柄与假茎交会处的高度。

5.2.2.5　叶片宽:用钢卷尺测量最新展开叶中部最宽处。

5.2.3　数据记录

测量数据分别记入附录 B 和附录 C 的表格中。

5.3　品种纯度检测

采用目测法观察组培苗的形态特征,或采用其他有效方法,确定检验样品组培苗中指定品种的组培苗株数。品种纯度按公式(1)计算:

$$P=\frac{n_1}{N_1}\times 100 \quad \cdots\cdots (1)$$

式中:

P——品种纯度,单位为百分率(%);

n_1——样品中指定品种数,单位为株;

N_1——所检样品总数，单位为株。

计算结果精确到小数点后一位。

将检测结果记入附录 D 的表格中。

5.4 变异率检测

观察所检样品的形态特征，或采用其他有效方法，确定变异株数。变异率按公式(2)计算：

$$Y = \frac{n_2}{N_2} \times 100 \quad \cdots\cdots (2)$$

式中：

Y ——变异率，单位为百分率(%)；

n_2 ——样品中变异株数，单位为株；

N_2——所检样品总数，单位为株。

计算结果精确到小数点后一位。

将检测结果记入附录 D 的表格中。

5.5 疫情检测

按 GB 15569、中华人民共和国国务院令 1992 年第 98 号和中华人民共和国农业部令 1995 年第 5 号的有关规定进行。

6 检验规则

6.1 组批

同一品种、同一批销售、调运的产品为一检验批。

6.2 抽样

6.2.1 组培瓶苗

采用随机抽样法抽样。批量样品少于 10 瓶时，全部抽样；11～100 瓶时，抽 10 瓶；超过 100 瓶时，按下列公式抽样：

$$T_1 = M \times 10\% \quad \cdots\cdots (3)$$

$$T_2 = T_1 + [(M - 1\,000) \times 2\%] \quad \cdots\cdots (4)$$

$$T_3 = T_1 + [(M - 1\,000) \times 2\%] + [(M - 10\,000) \times 0.2\%] \quad \cdots\cdots (5)$$

式中：

T_1 ——101～1 000 瓶时的抽样数；

T_2 ——1 001～10 000 瓶时的抽样数；

T_3 ——10 000 瓶以上抽样数；

M ——批量样品总数。

计算结果保留整数。

6.2.2 组培袋装苗

按 GB 6000—1999 中 4.1.1 的规定执行。

6.3 交收检验

每批种苗交收前，生产单位应进行交收检验。组培瓶苗的检验在出厂时进行，袋装苗的检验在出圃时进行。交收检验内容包括外观、包装和标识等。检验合格并附检验证书(见附录 D)和检疫部门颁发的检疫合格证书方可交收。

6.4 判定规则

同一批检验的一级组培苗中，允许有 5%的苗低于一级苗指标，但应达到二级苗指标，超过此范围，则为二级苗；同一批检验的二级苗中，允许有 5%的苗低于二级苗指标，但应达到 4.2 的要求；超过此范围则该批苗为不合格。

6.5 复验

当贸易双方对检验结果有异议时，应重新抽样复验一次，以复验结果为最终结果。

7 包装、标志、运输和贮存

7.1 包装

如需调运，瓶苗仍保留在组培容器中，并用木箱或纸箱进行包装；袋装苗应用木箱、塑料箱等硬质包装箱包装。

7.2 标志

组培苗应附有标签。标签内容包括类型(瓶苗或袋装苗)、品种、检验证书编号、等级、数量(株数)、育苗单位、出厂(圃)日期。标签用 150 g 的牛皮纸制成，标签孔用金属包边。

7.3 运输

按不同品种、级别装车。组培苗用篷车运输，并保持通风透气；运输途中避免日晒、雨淋；装车时应小心轻放。

7.4 贮存

出厂(圃)后应在当日装运，到达目的地后要立即卸车，并置于荫棚或阴凉处，瓶苗应及早进行假植，袋装苗应及早进行定植。若有特殊情况无法及时假植或定植时，贮存时间不应超过 7 d。贮存时置于荫棚中，保持通风，袋装苗应注意喷水保持土柱湿润。

附 录 A
(资料性附录)
聚合酶链式反应(PCR)技术检测香蕉束顶病和花叶心腐病病毒程序

A.1 待测样品的采集

A.1.1 采芽母体

在采芽母本园取各编号母株的幼叶 1 g～2 g 作为待测样品。材料取回后洗净擦干,装在密封保湿塑料袋中,送到检测单位进行检测。若不能马上送到检测单位并进行检测,须将材料放置于－20℃冰箱中保存。

A.1.2 无菌外植体

从无菌外植体第一代增殖芽中取一个增殖芽,称取 1 g～2 g 作为待测样品。其他处理同 A.1.1。

A.2 香蕉束顶病的 PCR 检测

A.2.1 DNA 模板的制备

称取待测材料 0.2 g,加液氮研磨成粉末状,加入 0.8 mL 的抽提缓冲液(2%CTAB,100 mmol/L Tris-HCl,20 mmol/L EDTA,1.4 mol/L NaCl,2%巯基乙醇,1%PVP)混合使之充分湿润,于 65℃温育 30 min～60 min,不断混匀;加入等体积的氯仿/异戊醇,颠倒使之充分混合,于 4℃下 7 500 *g* 离心 15 min,回收上相;加入 1/10 体积的 65℃预热的 10×CTAB(10% CATB,0.7 mol/L NaCl)溶液,颠倒混匀,再加入 2 倍体积的无水乙醇,颠倒混匀,4℃下 7 500 *g* 离心 15 min,弃上清液,分别用 70%及 95%乙醇洗涤沉淀各一次;吹干,加入 50 μLTE(10 mmol/L Tris-HCl,1 mmol/L EDTA)溶解沉淀;取 2 μL 在 1.0%的琼脂糖凝胶上电泳,紫外灯下观察 DNA 纯度并估算其浓度,其余置于－20℃冰箱中备用。

A.2.2 PCR 特异引物的设计

用于检测香蕉束顶病病毒的特异性引物对碱基序列为:引物 1(P_1)5′- ATC AAG AAG AGG CGG GTT -3′,引物 2(P_2)5′- TCA AAC ATG ATA TGT AAT TC -3′,其扩增片段大小为490 bp。

A.2.3 待测样品的 PCR 扩增反应

PCR 扩增反应体系的总体积为 25 μL,包括 10×PCR 反应缓冲液 2.5 μL,2 mol/L dNTPs 2 μL,DNA 模板 1.0 μL,P_1 和 P_2 各 2 μL,双灭菌水 15 μL,最后加入 *Taq* DNA 聚合酶(0.5 U/μL)0.5 μL,各反应物混匀后,在 PCR 扩增仪上进行扩增反应。反应程序为:(1)94℃ 4 min;(2)94℃ 1 min,58℃ 1 min,72℃ 1 min,共 30 个循环;(3)72℃,10 min。每次扩增反应均设清水空白对照、健康植株样品负对照及含香蕉束顶病病原 DNA 的正对照一个,每个试验均进行 2 次～3 次重复。

A.3 香蕉花叶心腐病的 PCR 检测

A.3.1 cDNA 模板的制备

RNA 的提取:称取待测材料 0.2 g,加液氮研磨成粉末状,加入 0.8 mL 的抽提缓冲液(2%CTAB,100 mmol/L Tris-HCl,20 mmol/L EDTA,1.4 mol/L NaCl,高压灭菌后加入 2%巯基乙醇,1% PVP)混合使之充分湿润,于 65℃温育 30 min～60 min,不断混匀;加入等体积的氯仿/异戊醇,颠倒使之充分混合,于 4℃ 7 500 *g* 离心 15 min,回收上相;加入 0.6 倍体积的 8 mol/L 的 LiCl 溶液,4℃冰箱中过夜,4℃下 12 000 *g* 离心 30 min;弃上清液,分别用 70%乙醇洗涤沉淀两次;4℃下 8 000 *g* 离心 1 min;弃上清液，将沉淀吹干，用 50 μL DEPC 处理过的无菌双蒸水溶解沉淀，取 2 μL 在 1.0%的琼脂糖凝胶上电泳，紫外灯下观察 RNA 的完整性和纯度。根据反转录试剂盒使用说明，将提取的 RNA 反转录合成cDNA，置于－20℃冰箱中备用。

A.3.2 PCR 特异引物的设计

用于检测香蕉花叶心腐病病毒的特异性引物对碱基序列为：引物 3(P_3)5′- CAC CCA ACC TTT GTG GGT AG - 3′，引物 4(P_4)5′- CAA CAC TGC CAA CTC AGC TC - 3′，其扩增片段大小为557 bp。

A.3.3 待测样品的 PCR 扩增反应

PCR 扩增反应体系的总体积为 25 μL，包括 10×PCR 反应缓冲液 2.5 μL，2 mol/L dNTPs 2 μL，cDNA 模板 1.0 μL，P_3 和 P_4 各 2 μL，双蒸灭菌水 15 μL，最后加入 *Taq* DNA 聚合酶(0.5 U/ μL)0.5 μL，各反应物混匀后，在 PCR 扩增仪上进行扩增反应。反应程序同 A.2.3。每次扩增反应均设清水空白对照、健康植株样品负对照及含香蕉花叶心腐病病原 cDNA 的正对照一个，每个试验均进行 2 次～3 次重复。

A.4 待测样品的检测结果判断

PCR 扩增反应完毕后，取 5 μL 扩增产物用 1.0%的琼脂糖凝胶电泳 30 min～40 min。电泳完毕后，在 254 nm 的紫外灯下观察，在含香蕉束顶病病原 DNA 或香蕉花叶心腐病病原 cDNA 的正对照样品中，能观察到相应长度的特异性片段，而清水空白对照、健康植株样品负对照的样品中则扩增不到这些特异性的电泳条带。如果在待检测的样品中能扩增出相应长度的特异性电泳条带，则证明该检测样品带有香蕉束顶病或花叶心腐病病毒。反之，如果在待检测的样品中不能扩增出相应长度的特异性电泳条带，则证明该检测样品不带香蕉束顶病或花叶心腐病病毒。

注：提取 RNA 时，所有试剂均用 0.1%的 DEPC 处理过的双蒸水配制并高压灭菌；所用塑料耗材须经 0.1%的 DEPC 水处理 24 h 以上并高压灭菌；所用研钵、药匙等须经 180℃高温灭菌 2 h 以上。

附　录　B
（资料性附录）
香蕉组培瓶苗检测记录

香蕉组培瓶苗检测记录如表 B.1 所示。

表 B.1　香蕉组培瓶苗检测记录表

品　　种：________________　　　　编　　号：________________

育苗单位：________________　　　　购苗单位：________________

出圃株数：________________　　　　抽检株数：________________

样株号	假茎粗（cm）	假茎高（cm）	展开叶数（片）	白色根（条）	初评级别		
					一级	二级	不合格
合　　计							

审核人（签字）：　　　　校核人（签字）：　　　　检测人（签字）：　　　　检测日期：　年　月　日

附　录　C
（资料性附录）
香蕉袋装苗检测记录

香蕉袋装苗检测记录如表 C.1 所示。

表 C.1　香蕉袋装苗检测记录表

品　　种：________　　　　编　　号：________
育苗单位：________　　　　购苗单位：________
出圃株数：________　　　　抽检株数：________

样株号	叶片数（片）	假茎粗（cm）	叶片宽（cm）	初评级别		
				一级	二级	不合格
合　计						

审核人(签字)：　　校核人(签字)：　　检测人(签字)：　　检测日期：　年　月　日

附 录 D
（资料性附录）
香蕉组培苗检验证书

香蕉组培苗检验证书如表 D.1 所示。

表 D.1 香蕉组培苗检验证书

编号：______________

<table>
<tr><td>育苗单位</td><td colspan="5"></td></tr>
<tr><td>购买单位</td><td colspan="5"></td></tr>
<tr><td>品　　种</td><td></td><td colspan="2">种苗类型</td><td colspan="2">A：组培瓶苗
B：组培袋装苗</td></tr>
<tr><td>总株数</td><td></td><td colspan="2">抽样数</td><td colspan="2"></td></tr>
<tr><td rowspan="4">分级检验</td><td>等　级</td><td>一级</td><td colspan="2">二级</td><td>不合格</td></tr>
<tr><td>样品中各级别种苗株数</td><td></td><td colspan="2"></td><td></td></tr>
<tr><td>样品中各级别种苗株数占抽检种苗株数的比例，%</td><td></td><td colspan="2"></td><td></td></tr>
<tr><td>检验结果</td><td colspan="4">A：一级　　B：二级　　C：不合格</td></tr>
<tr><td>品种纯度，%</td><td colspan="2"></td><td>变异率，%</td><td colspan="2"></td></tr>
<tr><td>有无检验检疫证明</td><td colspan="5"></td></tr>
<tr><td>检验结论</td><td colspan="5"></td></tr>
<tr><td>检验单位（章）</td><td colspan="2"></td><td>检验人（签字）</td><td colspan="2"></td></tr>
<tr><td>证书有效期</td><td colspan="5">年　月　日　至　年　月　日</td></tr>
</table>

本标准起草单位：中国热带农业科学院热带作物品种资源研究所、华南热带农业大学园艺学院。

本标准主要起草人：李志英、李绍鹏、徐立、马千全、李茂富、蔡胜忠、郑玉、李克烈。

中华人民共和国农业行业标准

NY/T 451—2011

菠萝 种苗

Pineapple—Seedling

1 范围

本标准规定了菠萝[*Ananas comosus* (L.) Merr.]种苗相关的术语和定义、要求、试验方法、检测规则、包装、标识、运输和贮存。

本标准适用于卡因类和皇后类菠萝种苗,也可作为其他菠萝品种种苗检验参考。

2 规范性引用文件

下列文件对于本文件的应用是必不可少的。凡是注日期的引用文件,仅注日期的版本适用于本文件。凡是不注日期的引用文件,其最新版本(包括所有的修改单)适用于本文件。

GB 9847 苹果苗木

GB 15569 农业植物调运检疫规程

《植物检疫条例》 中华人民共和国国务院

《植物检疫条例实施细则(农业部分)》 中华人民共和国农业部

3 术语和定义

下列术语和定义适用于本文件。

3.1

裔芽 descendant bud

从菠萝果柄上长出的芽,又名托芽。

4 要求

4.1 基本要求

植株生长正常、粗壮,叶色正常;苗龄3个月~8个月;无检疫性病虫害。

4.2 分级

4.2.1 卡因类

种苗分级应符合表1的规定。

表1 卡因类菠萝裔芽种苗分级指标

项 目	等 级	
	一级	二级
种苗高,cm	≥35	≥25
种苗茎粗,cm	≥3.0	≥2.5
最长叶宽,cm	≥3.5	≥2.5
品种纯度,%	≥98.0	

中华人民共和国农业部 2011-09-01 发布 2011-12-01 实施

4.2.2 皇后类

种苗分级应符合表2的规定。

表2 皇后类菠萝裔芽种苗分级指标

项　目	等　级	
	一级	二级
种苗高，cm	≥30	≥20
种苗茎粗，cm	≥3.5	≥3.0
最长叶宽，cm	≥4.0	≥3.0
品种纯度，%	≥98.0	

5 试验方法

5.1 纯度

将种苗按附录A逐株用目测法检验，根据其品种的主要特征，确定本品种的种苗数。纯度按式(1)计算。

$$X=\frac{A}{B}\times 100 \quad \cdots\cdots (1)$$

式中：

X——品种纯度，以百分率表示(%)，保留一位小数；

A——样品中鉴定品种株数，单位为株；

B——抽样总株数，单位为株。

5.2 外观

植株外观采用目测法检验，苗龄根据育苗档案核定。

5.3 疫情

按《植物检疫条例》、《植物检疫条例实施细则(农业部分)》和GB 15569的有关规定执行。

5.4 分级

5.4.1 种苗高度

用钢卷尺测量芽体底端至种苗2片～3片心叶叶尖的距离，保留整数。

5.4.2 种苗茎粗

用游标卡尺测量芽体底端以上约5 cm处种苗茎中部的直径，保留一位小数。

5.4.3 最长叶宽

用钢卷尺测量最长叶片的中段部位的叶面宽度，保留一位小数。

将检测结果记入附录B中。

6 检测规则

6.1 组批

凡同品种、同等级、同一批种苗可作为一个检验批次。检验限于种苗装运地或繁育地进行。

6.2 抽样

按GB 9847中6.2的规定进行，采用随机抽样法。种苗基数在1 000株以下，按基数的10%抽样，并按式(2)计算抽样量；种苗基数在1 000株以上时，按式(3)计算抽样量。具体计算公式如下：

$$n_1=N\times 10\% \quad \cdots\cdots (2)$$

$$n_2=100+(N\times 2\%) \quad \cdots\cdots (3)$$

式中：

n_1——1 000 株以下的抽样数；

n_2——1 000 株以上的抽样数；

N——具体株数。

计算结果保留整数。

6.3 判定规则

6.3.1 一级苗判定

同一批检验的一级种苗中，允许有 5％的种苗低于一级苗标准，但应达到二级苗标准。

6.3.2 二级苗判定

同一批检验的二级种苗中，允许有 5％的种苗低于二级苗标准。

6.4 复检规则

如果对检验结果产生异议，可采用备用样品（如条件允许，可再抽一次样）复检一次，复检结果为最终结果。

7 包装、标识、运输和贮存

7.1 包装

种苗应进行包扎、捆绑，以减少其体积。一般情况下以 20 株为一捆，用结实的绳子进行捆绑。

7.2 标识

种苗销售或调运时，必须附有质量检验证书和标签。推荐的检验证书参见附录 C，推荐的标签参见附录 D。

7.3 运输

种苗应按不同品种、不同级别装运；在运输过程中，应保持通风、透气、干燥，防止雨淋。

7.4 贮存

种苗运到目的地后，应在晴天种植。如短时间内不能种植的，应置于防雨处，不可堆积，以保持干燥。

附 录 A
(资料性附录)
菠萝主要品种特征

A.1 无刺卡因(卡因类)

株型直立高大,株高一般为70 cm～90 cm,冠幅120 cm～150 cm;叶片狭长浓绿,叶缘无刺或近尖端有少许刺,叶数60片～80片,叶形半圆形,叶缘无波浪,叶槽中央有一条紫红色彩带,约占叶面积的1/2～2/3,叶面光滑无白粉,叶背被厚白粉,叶厚硬、质脆、易折;每株吸芽0个～2个,裔芽3个～10个,冠芽多为单冠,间有复冠或鸡冠;果实基部果瘤少,花淡紫色。属大果类型,一般单果重1.5 kg～2.0 kg,个别可达4.0 kg～6.0 kg。果长圆筒形,晚熟,小果数目100个～150个,果眼大而扁平,为4角～6角形,排列不整齐,果丁浅,果眼深度一般不超过1.2 cm。果实甜酸适中,香味稍淡。

A.2 巴厘(皇后类)

植株长势中等,株型开张,高70 cm～80 cm,冠幅120 cm～130 cm,叶片较宽,叶缘呈波浪形并有排列整齐、细而密的刺,叶两面被白粉,叶片中央有红色彩带,叶面呈黄绿色,叶背中线两侧有两条狗牙状粉线,叶长70 cm～80 cm,叶宽5.0 cm～6.0 cm;每株有吸芽2个～4个,地下芽0个～4个,裔芽1个～9个;肉瘤甚少,单冠芽较细小;花淡紫色;果实中等,单果重0.75 kg～1.5 kg,也有少数达2.5 kg,果实呈筒形或微圆锥形;早熟果,小果120个～130个;果眼中等大,排列整齐,大小较均匀,呈4角～6角形,果眼锥状突起;果实糖和酸含量适中,香味较浓,清甜。

A.3 神湾

植株较巴厘种矮小,半开张,冠幅120 cm～130 cm;叶片短而窄,叶长70 cm左右,叶缘有排列整齐而锐利的刺,叶片中央有红色彩带,叶背中线两侧各有一条明显的狗牙状粉线,叶面被薄粉,叶背被厚白粉;分蘖力最强,吸芽8个～24个,地下芽1个～9个,裔芽较少,只有0个～3个;单冠,无肉瘤,属小果种,早熟,果实为短筒形,方肩,单果重0.25 kg～0.75 kg,小果数130多个,果眼锥状突出,多为6角形,排列整齐,大小均匀,果丁深(深度超过1.2 cm);香味浓郁,糖酸含量较高。

A.4 台农4号

植株中等偏小,平均株高约54.5 cm,株型开张,叶刺布满叶缘,叶片绿色,紫红色的条纹分布在叶片两侧,平均叶长约48 cm,平均叶宽约3.7 cm,吸芽3个,裔芽6.3个,单冠,冠芽高约15.0 cm ,果实短圆筒形,可剥粒,单果重0.56 kg(不带冠芽),果眼中等微隆,平均果眼数36.4个,排列整齐,果眼深度1.1 cm。果肉金黄,肉质滑脆,清甜可口,果肉半透明金黄,纤维较少,水分适中,别具风味。可溶性固形物含量16.4%,酸含量0.42%,维生素C含量100.00 mg/100 g 。5月下旬～6月中旬成熟,为早熟品种,较耐储。

A.5 金钻(台农17号)

植株中型,除叶尖外叶缘无刺,叶片表面略呈褐红色,两端为草绿色。果实为圆筒形,果皮薄、花腔浅,果肉深黄色或者金黄色,肉质细致,果心稍大但可食,糖度14.1左右,口感及风味均佳,平均单果重约1.4 kg。平均亩产2 000 kg～2 500 kg,为台湾南部主要的栽培品种。

A.6 台农 16 号

植株高大，平均株高约 90.6 cm；叶片狭长，叶长约 80.4 cm，叶宽约 5.8 cm；叶色浓绿、叶片光滑无茸毛，叶缘无刺，叶表面中轴呈紫红色，有隆起条纹，边缘绿色，叶质软。果实呈长圆锥形或圆筒形，成熟时果皮呈鲜黄色。单果重 1.2 kg～1.5 kg（不带冠芽）。果实表面无凹眼，果眼大而平浅。果肉黄色或浅黄，纤维少，肉质细腻，汁多清甜，是鲜食和加工兼用品种。

附　录　B
（资料性附录）
菠萝种苗质量检测记录

品　　种：__________　　　　　　　　　　　　No：__________

育苗单位：__________　　　　　　　　　　　　购苗单位：__________

出圃株数：__________　　　　　　　　　　　　抽检株数：__________

样株号	种苗高度 cm	种苗茎粗 cm	最长叶宽 cm	初评级别

审核人（签字）：　　　校核人（签字）：　　　检测人（签字）：　　　　　　检测日期：　　年　　月　　日

附 录 C
（资料性附录）
菠萝种苗质量检验证书

№：______

育苗单位		购苗单位	
出圃株数		苗木品种	
品种纯度，%			
检验结果	一级： 株；二级： 株。		
检验意见			
证书签发日期		证书有效期	
检验单位			
注：本证一式三份，育苗单位、购苗单位、检验单位各一份。			

审核人（签字）： 校核人（签字）： 检测人（签字）：

附 录 D
(资料性附录)
菠萝种苗标签

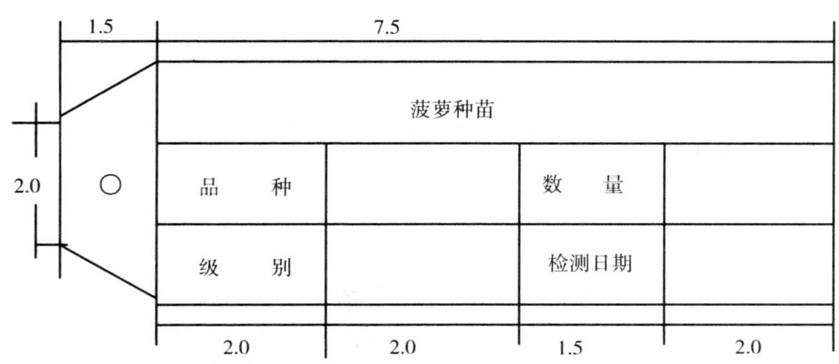

正面(单位为厘米)

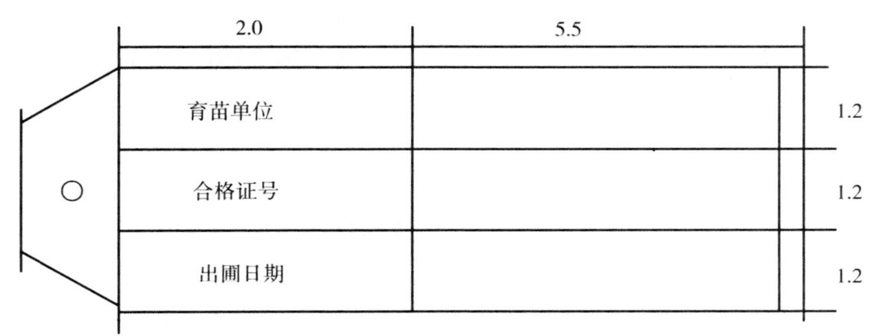

反面(单位为厘米)

注:标签用 150 g 的牛皮纸。标签孔用金属包边。

本标准起草单位:中国热带农业科学院热带作物品种资源研究所、农业部热带作物种子种苗质量监督检验测试中心。

本标准主要起草人:张如莲、李莉萍、王琴飞、洪彩香、高玲、龙开意、谢振宇。

中华人民共和国农业行业标准

NY/T 1398—2007

槟榔　种苗

Areca Seedling

1　范围

本标准规定了槟榔(*Arecae catechu* L.)种苗的要求、试验方法、检验规则、标识、包装、运输和保存。

本标准适用于槟榔种苗。

2　规范性引用文件

下列文件中的条款通过本标准的引用而成为本标准的条款。凡是注日期的引用文件,其随后所有的修改单(不包括勘误的内容)或修订版均不适用于本标准,然而,鼓励根据本标准达成协议的各方研究是否可使用这些文件的最新版本。凡是不注日期的引用文件,其最新版本适用于本标准。

GB 6000—1999　主要造林树种苗木质量分级

GB 15569　农业植物调运检疫规程

中华人民共和国国务院 1992 第 98 号令《植物检疫条例》

中华人民共和国农业部 1995 第 5 号令《植物检疫条例实施细则(农业部分)》

3　要求

3.1　基本要求

3.1.1　种源来自品种纯正、优质高产的母本园或母株,品种纯度≥95%。

3.1.2　植株无病虫害危害。

3.1.3　无机械性损伤。

3.1.4　出圃时塑料袋完好,土柱完整不松散。

3.1.5　植株主干直立,生长健壮,叶片浓绿、正常。

3.2　分级

槟榔种苗分为一级和二级,各等级在满足基本要求的前提下,应符合表 1 的规定。

表 1　槟榔种苗分级指标

项　　目	等　　级	
	一　级	二　级
苗高,cm	>65.0	60.0～65.0
茎粗,cm	>0.90	0.70～0.90
叶片数,片	>6	4～6

4　试验方法

4.1　外观检测

中华人民共和国农业部 2007-06-14 发布　　2007-09-01 实施

用目测法检测植株的生长情况、病虫害、机械损伤和土柱完整情况。

4.2 分级检验

4.2.1 苗高

用直尺或钢卷尺测量种苗土表至最高叶片顶端的高度，结果精确到小数点后一位。

4.2.2 茎粗

用游标卡尺测量种苗土表以上 5 cm 处茎干的直径，结果精确到小数点后二位。

4.2.3 将苗高、茎粗、叶片数的测量数据记入附录 A 的表格中。

4.3 品种纯度检测

用目测法观察其形态特征，确定指定品种的样品数。品种纯度按公式(1)计算：

$$P = \frac{n_1}{N_1} \times 100 \qquad (1)$$

式中：

P ——品种纯度，单位为百分率(%)；

n_1 ——样品中指定品种样品株数，单位为株；

N_1 ——所检样品总数，单位为株。

计算结果精确到小数点后一位。

将检测结果记入附录 B 的表格中。

4.4 疫情检验

按 GB 15569、中华人民共和国国务院令第 98 号《植物检疫条例》和中华人民共和国农业部令第 5 号《植物检疫条例实施细则(农业部分)》的有关规定进行。

5 检验规则

5.1 组批

同一品种、同一产地、同时出圃的种苗作为一检验批。

5.2 抽样

按 GB 6000—1999 中 4.1.1 的规定执行。

5.3 交收检验

每批种苗交收前，生产单位应进行交收检验。交收检验内容包括外观、包装和标识等。检验合格并附检验证书(见附录 B)和检疫部门颁发的检疫合格证书方可交收。

5.4 判定规则

同一批检验的一级种苗中，允许有 5%的种苗低于一级标准，但应达到二级标准，超过此范围，则为二级种苗；同一批检验的二级种苗中，允许有 5%的种苗低于二级标准，但应达到 3.1 的要求，超过此范围，则该批种苗为不合格。

5.5 复验

当贸易双方对检验结果有异议时，应加倍抽样复验一次，以复验结果为最终结果。

6 标识

种苗出圃时应附有标签，标签内容和规格参见附录 C。

7 包装、运输和贮存

7.1 包装

应用硬质包装箱包装。

7.2 运输

运输过程中应保持一定的湿度和通风透气，避免日晒、雨淋。

7.3 贮存

出圃后应在当日装运，到达目的地后要尽快种植。如短时间内无法定植，可将种苗置于荫棚中，并注意淋水，保持湿润。

附 录 A
（资料性附录）

表 A.1 槟榔种苗检测记录表

<table>
<tr><td>育苗单位</td><td colspan="9"></td><td colspan="2">No</td><td></td></tr>
<tr><td>购苗单位</td><td colspan="12"></td></tr>
<tr><td>品　　种</td><td></td><td colspan="2">报检株数</td><td colspan="2"></td><td colspan="2">所检株数</td><td colspan="2"></td><td colspan="2">级别</td><td></td></tr>
<tr><td rowspan="2">样株号</td><td colspan="2" rowspan="2">苗高
cm</td><td colspan="2" rowspan="2">苗茎粗
cm</td><td colspan="2" rowspan="2">叶片数
片</td><td colspan="6">初评级别</td></tr>
<tr><td colspan="2">一级</td><td colspan="2">二级</td><td colspan="2">不合格</td></tr>
<tr><td></td><td colspan="2"></td><td colspan="2"></td><td colspan="2"></td><td colspan="2"></td><td colspan="2"></td><td colspan="2"></td></tr>
<tr><td></td><td colspan="2"></td><td colspan="2"></td><td colspan="2"></td><td colspan="2"></td><td colspan="2"></td><td colspan="2"></td></tr>
<tr><td></td><td colspan="2"></td><td colspan="2"></td><td colspan="2"></td><td colspan="2"></td><td colspan="2"></td><td colspan="2"></td></tr>
<tr><td></td><td colspan="2"></td><td colspan="2"></td><td colspan="2"></td><td colspan="2"></td><td colspan="2"></td><td colspan="2"></td></tr>
<tr><td></td><td colspan="2"></td><td colspan="2"></td><td colspan="2"></td><td colspan="2"></td><td colspan="2"></td><td colspan="2"></td></tr>
<tr><td></td><td colspan="2"></td><td colspan="2"></td><td colspan="2"></td><td colspan="2"></td><td colspan="2"></td><td colspan="2"></td></tr>
<tr><td></td><td colspan="2"></td><td colspan="2"></td><td colspan="2"></td><td colspan="2"></td><td colspan="2"></td><td colspan="2"></td></tr>
<tr><td></td><td colspan="2"></td><td colspan="2"></td><td colspan="2"></td><td colspan="2"></td><td colspan="2"></td><td colspan="2"></td></tr>
<tr><td></td><td colspan="2"></td><td colspan="2"></td><td colspan="2"></td><td colspan="2"></td><td colspan="2"></td><td colspan="2"></td></tr>
<tr><td></td><td colspan="2"></td><td colspan="2"></td><td colspan="2"></td><td colspan="2"></td><td colspan="2"></td><td colspan="2"></td></tr>
<tr><td></td><td colspan="2"></td><td colspan="2"></td><td colspan="2"></td><td colspan="2"></td><td colspan="2"></td><td colspan="2"></td></tr>
<tr><td></td><td colspan="2"></td><td colspan="2"></td><td colspan="2"></td><td colspan="2"></td><td colspan="2"></td><td colspan="2"></td></tr>
<tr><td></td><td colspan="2"></td><td colspan="2"></td><td colspan="2"></td><td colspan="2"></td><td colspan="2"></td><td colspan="2"></td></tr>
<tr><td></td><td colspan="2"></td><td colspan="2"></td><td colspan="2"></td><td colspan="2"></td><td colspan="2"></td><td colspan="2"></td></tr>
<tr><td></td><td colspan="2"></td><td colspan="2"></td><td colspan="2"></td><td colspan="2"></td><td colspan="2"></td><td colspan="2"></td></tr>
<tr><td></td><td colspan="2"></td><td colspan="2"></td><td colspan="2"></td><td colspan="2"></td><td colspan="2"></td><td colspan="2"></td></tr>
<tr><td></td><td colspan="2"></td><td colspan="2"></td><td colspan="2"></td><td colspan="2"></td><td colspan="2"></td><td colspan="2"></td></tr>
<tr><td></td><td colspan="2"></td><td colspan="2"></td><td colspan="2"></td><td colspan="2"></td><td colspan="2"></td><td colspan="2"></td></tr>
<tr><td></td><td colspan="2"></td><td colspan="2"></td><td colspan="2"></td><td colspan="2"></td><td colspan="2"></td><td colspan="2"></td></tr>
<tr><td></td><td colspan="2"></td><td colspan="2"></td><td colspan="2"></td><td colspan="2"></td><td colspan="2"></td><td colspan="2"></td></tr>
<tr><td></td><td colspan="2"></td><td colspan="2"></td><td colspan="2"></td><td colspan="2"></td><td colspan="2"></td><td colspan="2"></td></tr>
<tr><td></td><td colspan="2"></td><td colspan="2"></td><td colspan="2"></td><td colspan="2"></td><td colspan="2"></td><td colspan="2"></td></tr>
<tr><td></td><td colspan="2"></td><td colspan="2"></td><td colspan="2"></td><td colspan="2"></td><td colspan="2"></td><td colspan="2"></td></tr>
<tr><td></td><td colspan="2"></td><td colspan="2"></td><td colspan="2"></td><td colspan="2"></td><td colspan="2"></td><td colspan="2"></td></tr>
<tr><td></td><td colspan="2"></td><td colspan="2"></td><td colspan="2"></td><td colspan="2"></td><td colspan="2"></td><td colspan="2"></td></tr>
<tr><td></td><td colspan="2"></td><td colspan="2"></td><td colspan="2"></td><td colspan="2"></td><td colspan="2"></td><td colspan="2"></td></tr>
</table>

审核人(签字)：　　　　校核人(签字)：　　　　检测人(签字)：　　检测日期：　年　月　日

附 录 B
（资料性附录）

表 B.1 槟榔种苗检验证书

编号：

育苗单位				
购买单位				
品　　种				
出圃株数		抽样数		
分级检验	等级	一级	二级	不合格
	样品中各级别种苗株数			
	样品中各级别种苗株数占抽检种苗株数的比例，%			
	检验结果	A：一级	B：二级	C：不合格
品种纯度，%				
有无检验检疫证明				
检验结论				
检验单位(章)		检验人(签字)		
证书有效期	年　月　日至　年　月　日			

附　录　C
（资料性附录）

图 C.1　槟榔种苗标签

（单位：cm）

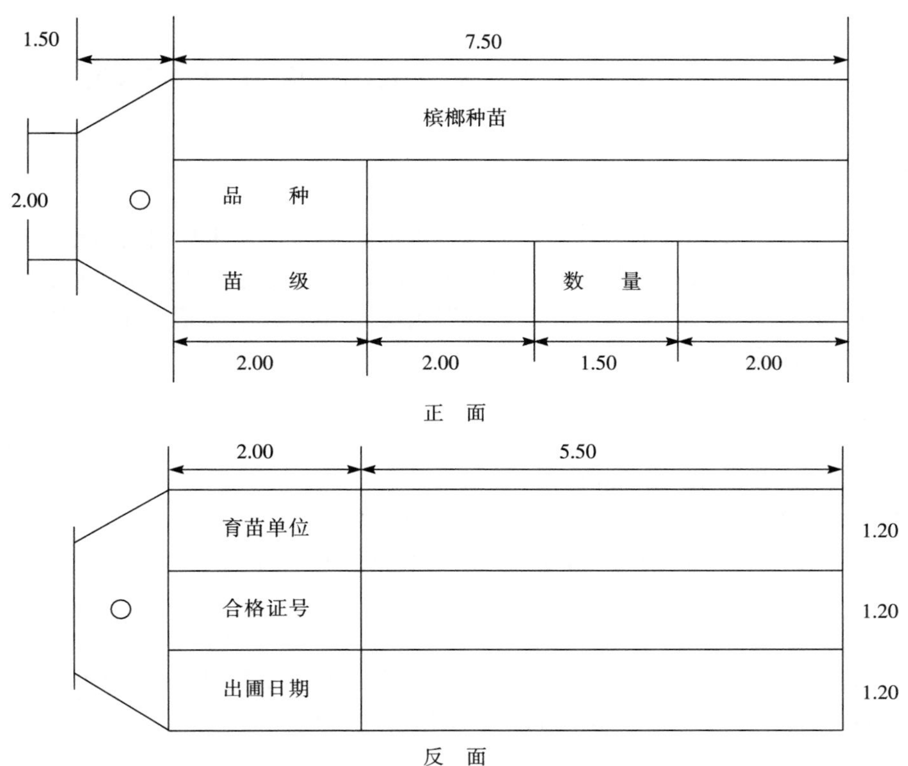

注：标签用 150 g 的牛皮纸。

标签孔用金属包边。

本标准起草单位：中国热带农业科学院热带作物品种资源研究所。

本标准主要起草人：王祝年、邹冬梅、庞玉新。

中华人民共和国农业行业标准

NY/T 1399—2007

番荔枝　嫁接苗

Annonas Grafting

1　范围

本标准规定了番荔枝嫁接苗的术语和定义、要求、试验方法、检验规则、标识、包装、运输和贮存。

本标准适用于番荔枝嫁接苗。

2　规范性引用文件

下列文件中的条款通过本标准的引用而成为本标准的条款。凡是注日期的引用文件，其随后所有的修改单(不包括勘误的内容)或修订版均不适用于本标准，然而，鼓励根据本标准达成协议的各方研究是否可使用这些文件的最新版本。凡是不注日期的引用文件，其最新版本适用于本标准。

GB 9847—2003　苹果苗木

GB 15569　农业植物调运检疫规程

NY/T 355—1999　荔枝种苗

NY/T 454—2001　澳洲坚果　种苗

中华人民共和国国务院令 第98号《植物检疫条例》(1992)

中华人民共和国农业部令 第39号《植物检疫条例实施细则(农业部分)》(1997)

3　术语和定义

NY/T 355—1999 中所确立的砧木、接穗、嫁接口愈合正常和 NY/T 454—2001 中所确立的嫁接苗、品种纯度、容器苗、合格率以及下列术语和定义适用于本标准。

3.1

嫁接苗高度 height of grafted seedling

土面至嫁接苗枝梢最高顶端的垂直距离。

3.2

抽梢茎粗 diameter of shoot

嫁接芽抽出的梢基部以上 5cm 处直径。

3.3

抽梢长度 length of shoot

嫁接芽抽出的梢基部至枝梢顶端的直线距离。

3.4

嫁接口高度 height of graft union

土面至嫁接口基部的垂直距离。

中华人民共和国农业部 2007-06-14 发布　　2007-09-01 实施

4 要求

4.1 基本要求

4.1.1 种源来自经确认的品种纯正、优质高产的母本园或母株，品种纯度≥98%。

4.1.2 嫁接口愈合正常，叶片充分老熟。

4.1.3 植株无病虫害危害。

4.1.4 植株无新损伤口。

4.1.5 容器苗的容器不严重破损，土柱不松散，土柱直径≥9.5cm，高度≥13.5cm。裸根苗主根长度≥20.0 cm，长度≥5.0cm 的一级侧根数量不少于 8 条。

4.1.6 嫁接口高度为 10cm，不应超过 25cm。

4.2 分级

在符合基本要求的前提下，各等级指标应符合表 1 的规定。

表 1 分级指标

单位为厘米

指标	等级	
	一级	二级
嫁接苗高度	≥60	≥40
抽梢茎粗	≥0.55	≥0.45
抽梢长度	≥25	≥25

5 试验方法

5.1 品种纯度检测

目视观察叶片形态特征，确定指定品种的嫁接苗数量。品种纯度按公式(1)计算。

$$P=\frac{n_1}{N_1}\times 100 \quad \cdots\cdots (1)$$

式中

P——品种纯度，单位为百分率(%)；

n_1——样品中指定品种株数，单位为株；

N_1——所检验样品总数，单位为株。

计算结果保留整数。检验结果记录入附录 A 的记录表中。

5.2 外观检测

按 4.1.2～4.1.6 的要求，样品逐株用目视检验种苗生长情况、病虫为害、嫁接口愈合和容器包装情况。

5.3 疫情检测

按 GB 15569 中华人民共和国国务院令 第 98 号《植物检疫条例》(1992)和中华人民共和国农业部令 第 39 号《植物检疫条例实施细则(农业部分)》(1997)中有关规定进行。

5.4 分级检验

采用钢卷尺测量土柱高度、裸根苗主根长度、一级侧根长度、嫁接苗高度、抽梢长度和嫁接口高度；采用游标卡尺测量土柱直径和抽梢茎粗度。

6 检验规则

6.1 组批

同一品种，同一产地，同时出圃的种苗作为一检验批。

6.2 抽样

按 GB 9847—2003 中 5.1.2 规定进行。

6.3 交收检验

每批种苗交收前，生产单位应进行交收检验。交收检验内容包括外观、包装和标识等。检验合格并附质量检验证书（见附录 B）和检疫部门颁发的本批有效的检疫合格证书方可交收。

6.4 判定规则

6.4.1 判定

同一批检验的一级种苗中，允许有 5% 的种苗低于一级标准，但应达到二级标准，超过此范围，则为二级种苗；同一批检验的二级种苗中，允许有 5% 的种苗低于二级标准，但应达到 4.1 的要求，超过此范围，则该批种苗不合格。

6.4.2 复检

若供需双方对检验结果有异议，应加倍抽样复检一次，以复检结果为最终结果。

7 标识

嫁接苗出圃时应挂标签，标签内容与规格见附录 C。

8 包装、运输、贮存

8.1 包装

容器苗短途运输可不包装，长途运输应用硬质容器包装，裸根苗起苗后要求立即浆根并用不透水的塑料薄膜包裹根部。

8.2 运输

运输过程不应重压、日晒、雨淋，保持通风透气，如运输时间超过 6 h，每间隔 2 h～4 h 对嫁接苗洒水保湿。

8.3 贮存

嫁接苗到达目的地后，应置于阴凉处，立即对嫁接苗洒水保湿，并及早定植或假植，裸根苗起苗后应在 3d 内定植或假植。

附　录　A
（资料性附录）

表 A.1　番荔枝嫁接苗检测记录表

育苗单位：______________

购苗单位：______________

No：__________

<table>
<tr><td rowspan="2">报检情况</td><td colspan="3">报检品种</td><td colspan="3"></td><td colspan="3">实际出圃合格苗总株数</td></tr>
<tr><td colspan="3">报检总株数</td><td colspan="3"></td><td colspan="3"></td></tr>
<tr><td rowspan="5">检
验
结
果</td><td colspan="3">抽检样品总株数</td><td colspan="6"></td></tr>
<tr><td colspan="3">指定品种种苗株数</td><td colspan="2"></td><td colspan="2">品种纯度%</td><td colspan="2"></td></tr>
<tr><td colspan="3">级别</td><td colspan="2">一</td><td colspan="2">二</td><td colspan="2">不合格</td></tr>
<tr><td colspan="3">样品中各级别指定品种种苗株数</td><td colspan="2"></td><td colspan="2"></td><td colspan="2"></td></tr>
<tr><td colspan="3">样品中各级别指定品种种苗株数占种苗总株数的%</td><td colspan="2"></td><td colspan="2"></td><td colspan="2"></td></tr>
<tr><td rowspan="8">检
验
记
录</td><td>样株号</td><td>嫁接苗高度 cm</td><td>抽梢茎粗度 cm</td><td>抽梢长度 cm</td><td>嫁接口高度 cm</td><td>主根长度 cm</td><td>≥5.0cm 的一级侧根数</td><td>初评级别</td><td>备注</td></tr>
<tr><td></td><td></td><td></td><td></td><td></td><td></td><td></td><td></td><td></td></tr>
<tr><td></td><td></td><td></td><td></td><td></td><td></td><td></td><td></td><td></td></tr>
<tr><td></td><td></td><td></td><td></td><td></td><td></td><td></td><td></td><td></td></tr>
<tr><td></td><td></td><td></td><td></td><td></td><td></td><td></td><td></td><td></td></tr>
<tr><td></td><td></td><td></td><td></td><td></td><td></td><td></td><td></td><td></td></tr>
<tr><td></td><td></td><td></td><td></td><td></td><td></td><td></td><td></td><td></td></tr>
<tr><td></td><td></td><td></td><td></td><td></td><td></td><td></td><td></td><td></td></tr>
<tr><td colspan="10">**注：**检验记录中主根长度和≥5.0 cm 的一级侧根数为裸根苗检验项目。</td></tr>
</table>

审核人（签字）：　　校核人（签字）：　　检验人（签字）：　　检验日期：　　年　月　日

附　录　B
（资料性附录）

表 B.1　番荔枝嫁接苗检验证明书

签证日期：　　　年　　　月　　　日　　　　　　　　　　　　　No:______

育苗单位				检验意见
购苗单位				
种苗品种				
出圃株数				
检验结果	一级苗（株）	二级苗（株）	品种纯度%	检验单位（章）
证书有效期	年　　月	日至	年　　月	日

审核人（签字）：　　　　　　　　校核人（签字）：　　　　　　　　检验人（签字）：

附 录 C
(资料性附录)
图 C.1 番荔枝嫁接苗标签

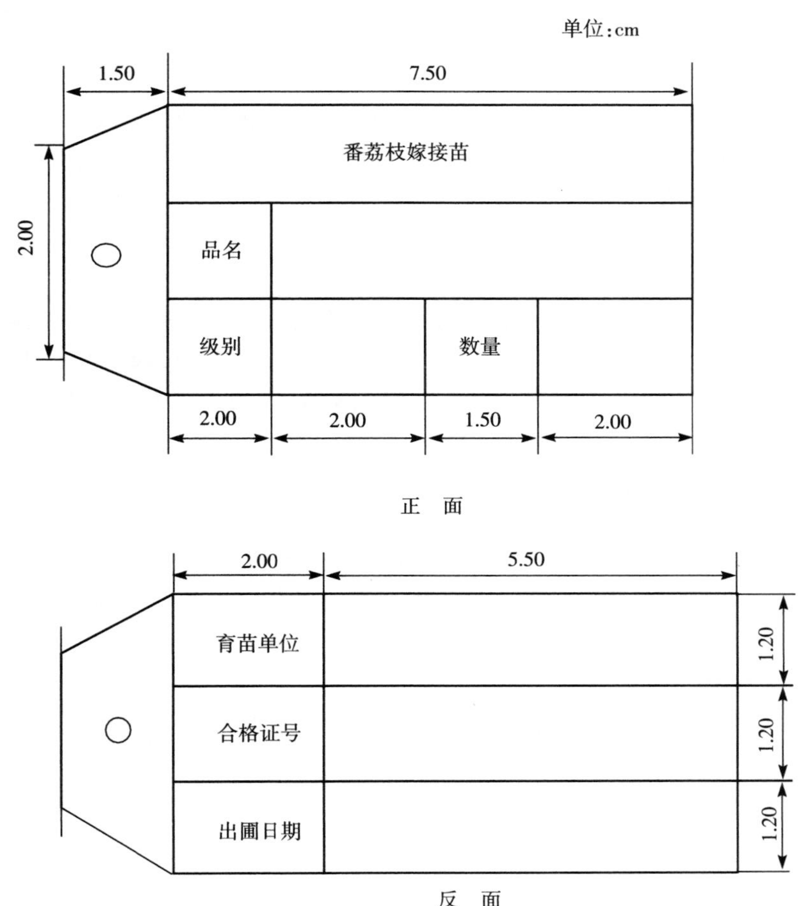

注:标签用材为厚度约 0.3 mm 的白色聚乙烯塑料薄片或牛皮纸。

本标准起草单位:中国热带农业科学院南亚热带作物研究所。

本标准主要起草人:雷新涛、姚全胜、冯文星、罗文扬、苏俊波、王一承、邓旭。

中华人民共和国农业行业标准

NY/T 1400—2007

黄皮　嫁接苗

Wampee Grafting

1　范围

本标准规定了黄皮[*Clausena lansium*(Lour)Skeels]嫁接苗的术语和定义、要求、试验方法、检验规则、标识以及包装、运输和贮存。

本标准适用于黄皮嫁接苗。

2　规范性引用文件

下列文件中的条款通过本标准的引用而成为本标准的条款。凡是注日期的引用文件，其随后所有的修改单(不包括勘误的内容)或修订版均不适用于本标准，然而，鼓励根据本标准达成协议的各方研究是否可使用这些文件的最新版本。凡是不注日期的引用文件，其最新版本适用于本标准。

GB 9847—2003　苹果苗木

GB 15569　农业植物调运检疫规程

NY/T 454—2001　澳洲坚果　种苗

中华人民共和国国务院令 1992 年第 98 号 《植物检疫条例》

中华人民共和国农业部令 1995 年第 5 号 《植物检疫条例实施细则(农业部分)》

3　术语和定义

NY/T 454—2001 中所确立的嫁接苗、嫁接口高度、嫁接苗高度、品种纯度、容器苗、合格率以及下列术语和定义适用于本标准。

3.1

茎干粗度　diameter of stem

嫁接口部位以上 10 cm 处的茎干直径。

3.2

抽梢长度　length of shoot

嫁接口部位至最高顶芽的距离。

4　要求

4.1　基本要求

4.1.1　种源来自经确认的品种纯正、优质高产的母本园或母株，品种纯度≥98%。

4.1.2　嫁接口上下平滑，愈合良好。

4.1.3　嫁接苗至少抽生二次梢，叶片生长正常，浓绿老熟。

4.1.4　无病虫危害。

中华人民共和国农业部 2007 - 06 - 14 发布　　　　2007 - 09 - 01 实施

4.1.5 无机械损伤。

4.1.6 嫁接口高度 10 cm,不应超过 30 cm。

4.1.7 抽梢长度≥20 cm。

4.2 分级

在符合基本要求的前提下,各等级指标应符合表 1 的规定。

表 1 分级指标

单位为厘米

项 目	等 级	
	一 级	二 级
嫁接苗高度	≥50	≥40
茎干粗度	≥0.80	≥0.60

5 试验方法

5.1 外观检测

用目视检测生长情况、嫁接口愈合程度、病虫害危害和机械损伤情况。

5.2 分级检验

用钢卷尺测量种苗高度、嫁接口高度、抽梢长度;用游标卡尺测量茎干粗度。检验结果记录入附录 A 规定的记录表中。

5.3 品种纯度检验

用目视观察其形态特征,确定特定品种的嫁接苗数量。品种纯度按下式(1)计算。

$$P=\frac{n_1}{N_1}\times 100 \qquad (1)$$

式中:

P ——品种纯度,单位为百分率(%);

n_1 ——样品中制定品种株数,单位为株;

N_1——所检样品总株数,单位为株。

计算结果保留到整数。

检验结果记录入附录 A 规定的记录表中。检验结果记录表参见附录 A。

5.4 疫情检验

按 GB 15569、中华人民共和国国务院令 1992 年第 98 号和中华人民共和国农业部令 1995 年第 5 号《植物检疫条例实施细则(农业部分)》的有关规定执行。

6 检验规则

6.1 组批

同一产地、同时出圃的嫁接苗作为一检验批次。

6.2 抽样

按 GB 9847—2003 中 5.1.2 规定进行。

6.3 交收检验

每批嫁接苗交收前,生产单位都应进行交收检验。交收检验内容包括外观、包装和标识等。检验合格并附检验证书(参见附录 B)和检疫部门颁发的检疫合格证书,方可交收。

6.4 判定规则

6.4.1 判定

同一批检验的一级苗中，允许有5%的苗低于一级标准，但应达到二级标准，超过此范围，则为二级苗；同一批检验的二级苗中，允许有5%的苗低于二级标准，但应符合基本要求，超过此范围，则该批苗为不合格。

6.4.2 复验

当贸易双方对判定结果有异议时，应加倍抽样进行复验一次，以复验结果为最终结果。

7 标识

嫁接苗出圃应有种苗标签。标签的内容和规格见附录C。

8 包装、运输和贮存

8.1 包装

8.1.1 裸根苗

起苗后根部及时浆根，剪除叶片约1/3。每25或50株为一捆，应注意根部保湿，宜用稻草、麻袋或塑料薄膜等将根部包裹绑牢待运。

8.1.2 容器苗

容器苗的容器和土柱完好时，可直接装运。如容器严重破损，而土柱完好，可用相同容器重新装回并捆绑；如土柱破损，则按裸根苗进行处理。

8.2 运输

嫁接苗要按不同品种、级别分别装运，在运输过程中应防止日晒雨淋，保证通风透气。

8.3 贮存

嫁接苗运到目的地后，置于阴凉处，尽早定植或假植。如短时间内无法种植或假植，可将嫁接苗置于荫棚中，并注意淋水，保持湿润。

附　录　A
(资料性附录)

表 A.1　黄皮嫁接苗检验记录表

育苗单位：

购苗单位：　　　　　　　　　　　　　　　　　　　　　　　　No：____________

报检情况	报检品种			实际出圃合格苗总株数
	报检总株数			
检验结果	抽检样品总株数			
	品种纯度%			
	级　　别	一	二	不合格苗
	样品中各级别嫁接苗的株数			
	样品中各级别嫁接苗株数占嫁接苗总株数的%			

	样株号	嫁接苗高度 cm	抽梢长度 cm	茎干粗度 cm	嫁接口高度 cm	级别	备注
检验记录							

审核人(签字)　　　　校核人(签字)　　　　检验人(签字)　　　　检验日期：　　年　　月　　日

附 录 B
（资料性附录）

表 B.1 黄皮嫁接苗检验证书

签证日期： 年 月 日 No：

<table>
<tr><td>育苗单位</td><td colspan="3"></td><td rowspan="5">检验意见

检验单位（章）</td></tr>
<tr><td>购苗单位</td><td colspan="3"></td></tr>
<tr><td>嫁接苗品种</td><td colspan="3"></td></tr>
<tr><td>出圃株数</td><td colspan="3"></td></tr>
<tr><td rowspan="2">检验结果</td><td>一级苗
（株）</td><td>二级苗
（株）</td><td>品种纯度
%</td></tr>
<tr><td></td><td></td><td></td><td></td></tr>
<tr><td colspan="5">证书有效期 年 月 日至 年 月 日</td></tr>
</table>

审核人（签字） 校核人（签字） 检验人（签字）

附 录 C
(资料性附录)
图 C.1 黄皮嫁接苗标签

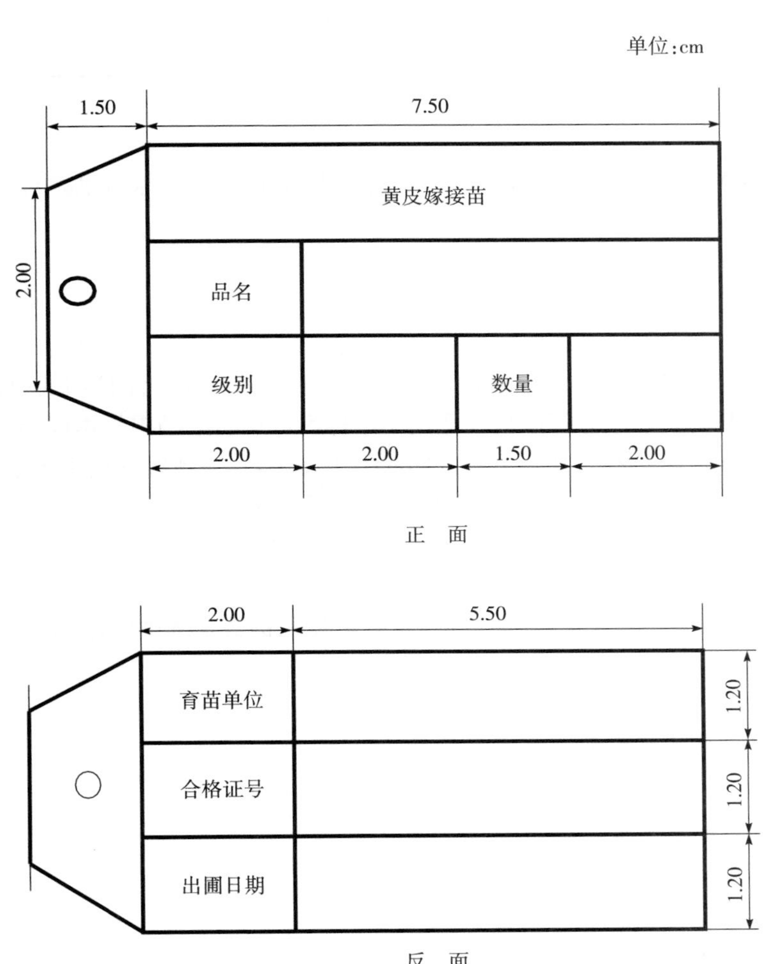

注:标签用材为厚度约 0.3 mm 的白色聚乙烯塑料薄片或牛皮纸。

本标准起草单位:中国热带农业科学院南亚热带作物研究所。
本标准的起草人:窦美安、陆超忠、武丽琼、谢江辉、雷新涛、马蔚红、王松标、武红霞。

中华人民共和国农业行业标准

NY/T 1438—2007

番木瓜　种苗

Papaya Seedling

1　范围

本标准规定了番木瓜(*Cacrica papaya* L.)种苗的术语和定义、要求、试验方法、检测规则、包装、标签和运输。

本标准适用于番木瓜种苗。

2　规范性引用文件

下列文件中的条款通过本标准的引用而成为本标准的条款。凡是注日期的引用文件,其随后所有的修改单(不包括勘误的内容)或修订版均不适用于本标准,然而,鼓励根据本标准达成协议的各方研究是否可使用这些文件和最新版本。凡是不注日期的引用文件,其最新版本适用于本标准。

GB/T 3543.5　农作物种子检验规程　真实性和品种纯度鉴定

GB 9847—1988　苹果苗木

中华人民共和国国务院令　1992年第98号《植物检疫条例》

中华人民共和国农业部令　1995年第5号《植物检疫条例实施细则(农业部分)》

3　术语和定义

下列术语和定义适用于本标准。

3.1

种苗　seedling

种子播种后萌发可以用于大田定植的幼苗。

3.2

叶片数　leaf number

植株上生长正常的完全展开叶片的数量。

4　要求

4.1　外观

植株生长正常,无机械性损伤,叶片浓绿;种苗的苗龄春夏播苗≥40 d,秋播苗≥60 d,炼苗时间不少于10 d;出圃时营养袋(杯)完好,营养土完整不松散。

4.2　疫情

无检疫性病虫害。

4.3　质量

种苗质量应符合表1的规定。

中华人民共和国农业部 2007-09-14 发布　　　　2007-12-01 实施

表1 种苗质量指标

项目	等级		
	一级	二级	三级
种苗高,cm	≥18.0	≥15.0	≥12.0
种苗粗,cm	≥0.50	≥0.40	≥0.30
叶片数,片	≥6	5	4
品种纯度,%	≥98.0		

5 试验方法

5.1 外观检验

植株外观、营养袋(杯)、营养土的完整度用目测法检验,苗龄根据育苗档案核定。

5.2 疫情检验

按中华人民共和国国务院令1992年第98号和中华人民共和国农业部令1995年第5号中有关规定进行。

5.3 质量检验

5.3.1 种苗高度

用钢卷尺测量营养土面至种苗顶端的高度,单位为厘米(cm),保留一位小数。

5.3.2 种茎粗度

用游标卡尺测量离营养土面1 cm处种苗的直径,单位为厘米(cm),保留两位小数。

5.3.3 叶片数

用目测法观测,记录叶片的数量。

将检测结果记入附录B规定的表B.1中。

5.3.4 纯度检验

按照GB/T 3543.5规定执行。采用田间小区的植株鉴定法,将样品按附录A逐株检验,根据其品种的主要特征,记录本品种的植株数、其他品种或变异植株的数量,并计算百分率。纯度按公式(1)计算。

$$X=\frac{A}{B}\times100 \quad (1)$$

式中:

X——品种纯度,单位为%;

A——样品中本品种株数,单位为株;

B——鉴定总株数,单位为株。

计算结果保留一位小数。

6 检测规则

6.1 组批

同品种、同一产地、同一批种苗作为一个检验批。种苗在出圃前现场检验。

6.2 抽样

按GB 9847中6.2的规定进行,采用随机抽样法。种苗基数在1 000株以下(含1 000株),按基数的10%抽样,并按公式(2)计算抽样量;种苗基数在1 000株以上时,按公式(3)计算抽样量。具体计算公式如下:

$$n_1=N\times10\% \quad (2)$$

$$n_2=100+(N\times2\%) \quad (3)$$

式中：

n_1——1 000 株以下的抽样数；

n_2——1 000 株以上的抽样数；

N——具体株数。

计算结果保留整数。

7 判定规则

7.1 一级苗评判

同一批检验种苗中，允许有 5%的种苗低于一级苗标准，但应达到二级苗标准，超过此范围，则为二级苗。

7.2 二级苗评判

同一批检验种苗中，允许有 5%的种苗低于二级苗标准，但应达到三级苗标准，超过此范围，则为三级苗。

7.3 三级苗评判

同一批检验种苗中，允许有 5%的种苗低于三级苗标准，超过此范围，该批种苗为不合格种苗。

7.4 复检规则

如果对检验结果产生异议，允许采用备用样品（如条件允许，可再抽一次样）复检一次，复检结果为最终结果。

8 包装、标签和运输

8.1 包装

种苗销售或调运时应包装完好，包装容器应方便、牢固。

8.2 标签

种苗销售或调运时应附有质量检验证书和标签。推荐的检验证书参见附录 C，推荐的标签参见附录 D。

8.3 运输

种苗在运输装卸过程中，应注意防止日晒、雨淋，用有篷车运输。当运到目的地后立即卸苗，置于荫棚或阴凉处，并及早定植。

附 录 A
（规范性附录）
番木瓜主要品种特征

A.1 穗中红 48：株型偏矮，茎干偏细，幼苗期红色，大田植株灰绿色。叶略小，缺刻较多而略深，色绿，叶端稍下垂，叶柄短，黄绿色。

A.2 苏鲁（Solo）：植株粗壮。单果较小，平均果重约 500 g，果肉深橙色、肉厚、质细滑、糖分高、气味芬芳。

A.3 美中红：该品种株高 153 cm～156 cm，茎粗 29 cm～32 cm，叶片数 70 片～74 片，主要结果株占 90%以上。单株当年平均产果 22 个～25 个，单果重 400 g～700 g。

A.4 优 8：株型较矮，平均株高 120 cm～145 cm，茎干适中，茎周 27 cm～28 cm，灰绿色，叶形略小，缺刻多，色绿偏深，叶端较平直，叶柄短。单果重 1 000 g～1 400 g。

A.5 泰国红肉：茎干灰绿色，较细而韧。叶大，缺刻少而深。雌花的果实呈心形，两性花果实长圆形，果中等大，成熟时黄红色，果肉厚，红色，肉质滑，味清甜。

A.6 台农 5 号：株高 114 cm～185 cm，矮生，离地约 56 cm 即开始结果。叶柄长约 67 cm，叶柄紫红色，抗病能力强，耐病毒病和轮点病。果实中雌性果纺锤形，单果重约 550 g。

A.7 日升：株高约 100 cm，叶柄长约 65 cm，早熟。属小果型，果实长圆形，果沟不明显，雌果近球形，两性果洋梨形，单果重约 400 g，果肉红色，单株挂果数 30 个～40 个，挂果株 80%以上。

附　录　B
（资料性附录）
番木瓜种苗质量检测记录

表 B.1　番木瓜种苗质量检测记录表

品　　种：______________　　No.：______________

育苗单位：______________　　购苗单位：______________

出圃株数：______________　　抽检株数：______________

样 株 号	种苗高度 cm	种苗粗度 cm	叶片数 片	初评级别

审核人（签字）：　　　校核人（签字）：　　　检测人（签字）：　　　检测日期：　年　月

附 录 C
(资料性附录)
番木瓜种苗质量检验证书

表 C.1 番木瓜种苗质量检验证书

No. ________________

育苗单位		购苗单位	
出圃株数		种苗品种	
品种纯度			
检验结果	一级： 株； 二级： 株； 三级： 株		
检验意见			
证书签发期		证书有效期	
检验单位			
注：本证一式三份，育苗单位、购苗单位、检验单位各一份。			

审核人(签字)： 校核人(签字)： 检测人(签字)：

附 录 D
（资料性附录）
番木瓜种苗标签

番木瓜种苗标签见图 D.1(单位:cm)

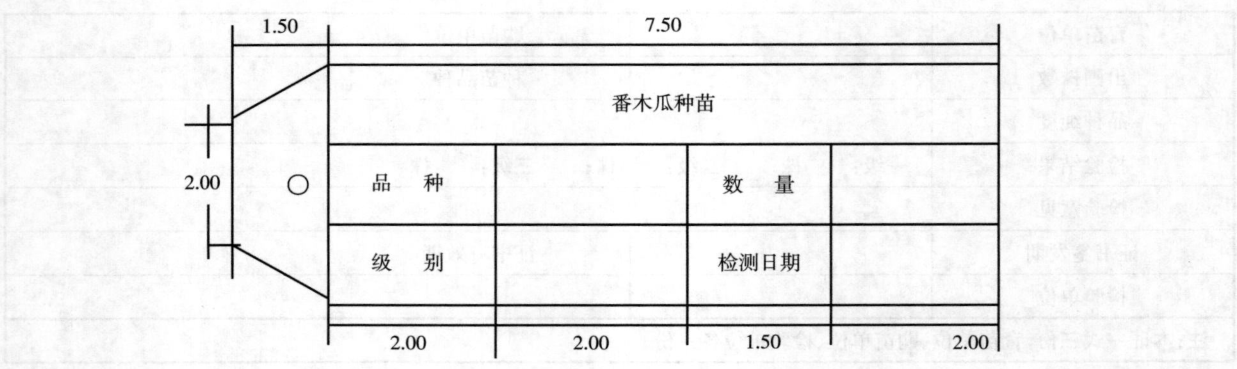

正 面

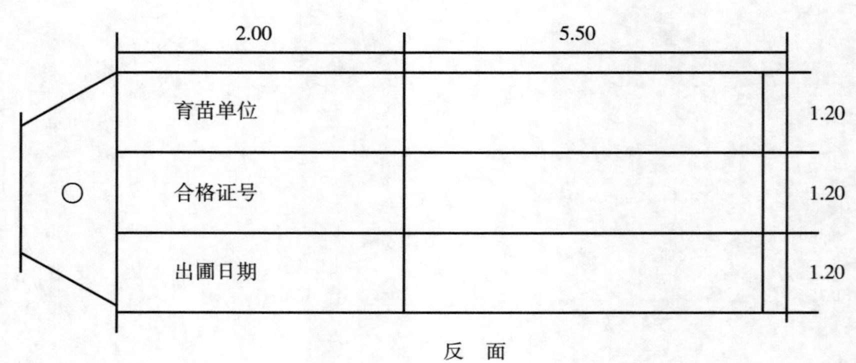

反 面

注:标签用 150 g 的牛皮纸。标签孔用金属包边。

图 D.1 番木瓜种苗标签

本标准起草单位:农业部热带作物种子种苗质量监督检验测试中心。

本标准主要起草人:张如莲、谢振宇、洪彩香、龙开意、漆智平。

中华人民共和国农业行业标准

NY/T 1472—2007

龙眼 种苗

Longan grafting

1 范围

本标准规定了龙眼(*Dimocarpus longana* Lour.)种苗相关的术语和定义、要求、试验方法、检测规则、包装、标签、运输和贮存。

本标准适用于龙眼种苗。

2 规范性引用文件

下列文件中的条款通过本标准的引用而成为本标准的条款。凡是注日期的引用文件,其随后所有的修改单(不包括勘误的内容)或修订版均不适用于本标准,然而,鼓励根据本标准达成协议的各方研究是否可使用这些文件和最新版本。凡是不注日期的引用文件,其最新版本适用于本标准。

GB 9847 苹果苗木

GB 15569 农业植物调运检疫规程

中华人民共和国国务院 植物检疫条例

中华人民共和国农业部 植物检疫条例实施细则(农业部分)

3 术语和定义

下列术语和定义适用于本标准。

3.1

嫁接苗 grafted seedling

用特定的砧木和接穗,通过嫁接方法繁育的种苗。

3.2

分枝数 number of ramification

从接穗抽生的主干上的分枝数量。

3.3

容器苗 container seedling

在特定容器和营养土中培育的种苗。

4 要求

4.1 基本要求

4.1.1 品种纯度≥98.0%。

4.1.2 出圃时营养袋基本完好,营养土柱完整不松散,土柱直径≥11 cm,高≥21 cm。

中华人民共和国农业部 2007-12-18 发布 2008-03-01 实施

4.1.3 植株生长正常，无明显机械性损伤，叶色正常。

4.2 疫情要求

无检疫性病虫害。

4.3 分级指标

龙眼种苗分为一级、二级两个级别，各级别的种苗应符合表1规定。

表1 龙眼种苗分级指标

项 目	等 级	
	一级	二级
种苗高，cm	≥60	≥45
新梢茎粗，cm	≥0.9	≥0.5
新梢长度，cm	≥40	≥30
分枝数，个	≥3	≥1
嫁接口高度，cm	10～30	

5 试验方法

5.1 纯度检验

将种苗按附录A逐株用目测法检验，根据指定品种的主要特征，确定指定品种的种苗数。纯度按公式(1)计算。

$$P=\frac{n_1}{N_1}\times 100 \quad \cdots\cdots (1)$$

式中：

P——品种纯度，单位为百分数(%)，保留一位小数；

n_1——样品中鉴定品种株数，单位为株；

N_1——抽样总株数，单位为株。

5.2 外观

植株外观、营养袋、营养土的完整度用目测法检验，土柱的直径、高用钢卷尺测量。

5.3 疫情检验

按中华人民共和国国务院《植物检疫条例》和中华人民共和国农业部《植物检疫条例实施细则（农业部分）》中有关规定进行。

5.4 分级检验

5.4.1 种苗高度

用钢卷尺测量营养土面至种苗顶端的距离(精确至±1 cm)，保留整数。

5.4.2 新梢茎粗

用游标卡尺测量嫁接口以上3 cm(精确至±1.0 cm)处种苗的直径，保留一位小数。

5.4.3 新梢长度

用钢卷尺测量嫁接口基部至种苗新梢顶芽基部的距离(精确至±1 cm)，保留整数。

5.4.4 分枝数

用肉眼观察，点数新梢主干上抽生的分枝数量。

5.4.5 嫁接口高度

用钢卷尺测量从土面至嫁接口基部的距离(精确至±1 cm)，保留整数。将检测结果记入龙眼嫁接苗质量检测记录表中附录B规定的表B.1中。

6 检测规则

6.1 组批

凡同品种、同等级、同一批种苗可作为一个检验批次。检验限于种苗装运地或繁殖地进行。

6.2 抽样

按 GB 9847 中的规定进行，采用随机抽样法。种苗基数在 999 株以下（含 999 株），按基数的 10% 抽样，并按公式(2)计算抽样量；种苗基数在 1 000 株以上时，按公式(3)计算抽样量。具体计算公式如下：

$$y_1 = y_2 \times 10\% \quad \cdots\cdots (2)$$

$$y_3 = 100 + (y_2 - 999) \times 2\% \quad \cdots\cdots (3)$$

式中：

y_1——种苗基数在 999 株以下的抽样量，单位为株，保留整数；

y_2——种苗基数；

y_3——种苗基数在 1 000 株以上的抽样量，单位为株，保留整数。

6.3 判定规则

6.3.1 如达不到 4.1 和 4.2 中的某一项要求，则判该批种苗为不合格。

6.3.2 同一批检验的一级种苗中，允许有 5% 的种苗低于一级苗标准，但应达到二级苗标准，超过此范围，则判该批种苗为二级种苗。同一批检验的二级种苗中，允许有 5% 的种苗低于二级种苗标准，超过此范围，则判该批种苗为不合格种苗。

6.4 复检

如果对检验结果产生异议，允许采用备用样品（如条件允许，可再抽一次样）复检一次，复检结果为最终结果。

7 包装、标签、运输和贮存

7.1 包装

袋装苗如果袋不严重破损，且土团不松散的，一般不需包装，如袋破损而土团完好，种苗销售或调运时必须包装好，包装容器应方便、牢固，以免损伤种苗。

7.2 标签

种苗销售或调运时必须附有质量检验证书和标签。推荐的检验证书参见附录 C，推荐的标签参见附录 D。

7.3 运输

种苗应按不同品种、不同级别装运；应小心轻放，防止土柱松散；在运输过程中，应保持一定的湿度和通风透气，但应防止日晒、雨淋。

7.4 贮存

种苗运到目的地后应尽快种植，如短时间内不能定植的，应置于荫棚或阴凉处，并注意淋水，保持湿润。

附 录 A
(规范性附录)
龙眼主要品种特征

A.1 储良

树冠高大,半开张型,叶梢小狭长,叶长约 13.4 cm,叶宽 3.3 cm～4.2 cm,长/宽为 3.1～4.2,叶色浓绿,稍具光泽,叶面平展,叶缘无明显波浪状,小叶多 3 对～4 对。叶尖锐尖或渐尖,幼树干、枝条手感粗糙。

A.2 石硖

树长势稍弱,开张型,叶中等大,较宽,叶长约 12.4 cm,叶宽 3.8 cm～5.1 cm,长/宽为 2.4～3.3,叶色深绿,稍具光泽,叶缘较明显波浪状上卷,小叶 3 对～5 对,多数 4 对。叶尖渐尖或钝尖,幼树干、枝条、叶柄手感较光滑,新梢叶柄紫褐色。

A.3 广眼

树冠半开张型,叶小狭长,叶长约 11.6 cm,叶宽 2.9 cm～3.6 cm,长/宽 3.0～3.9,叶色青绿,叶缘较明显波浪上卷,小叶 3 对～5 对,多数 5 对,叶尖尾尖或钝尖,幼树干和枝条稍粗糙。

A.4 立冬本

树冠圆头形,树姿开张,半矮化。树干灰褐色,龟裂纹细,树皮细韧,分枝较多。叶色浓绿,小叶多为 4 对,叶片较小,披针形。叶缘波浪状扭曲,先端尖,叶基钝圆。果穗和花朵稍小。果实近圆球形,果大、均匀、整齐,平均单果重 12.8 g～15.6 g,最大达 23.6 g,可食率 65.6%。果皮灰褐色,带青,龟裂纹明显,瘤状突起不明显。肉质细嫩,化渣,汁多,表面较易流汁,味浓甜,品质中上。成熟期 10 月上中旬,是目前国内最迟熟的经济栽培良种。

A.5 松风本

树冠圆头形,半开张,树势中等。叶较小,狭椭圆形,叶面平展,叶尖渐尖,叶色淡绿,果穗大。果实近圆形黄褐色,龟纹不明显,纵纹和瘤状突起较明显,平均单果重 12.9 g～13.9 g,可溶性固形物 21.5%～24.0%,可食率 68.5%,果肉乳白半透明,质优,味浓甜,易离核,不流汁。发枝力较强,花量大,坐果率高,丰产性好,挂果时间长,成熟期 9 月下旬至 10 月上中旬,是较理想的晚熟鲜食品种。

A.6 大乌圆

广州大乌圆龙眼树势强壮,树形高大,树冠半圆形,开张。叶片深绿色,表面有光泽,小叶 8 片～10 片,长椭圆形,较宽大。果穗较大,果穗分枝较细,果粒着生较紧凑,大小均匀。果实圆球形,单果重 12 g～16 g,果面淡黄带褐绿色,较薄,果肉淡乳白色,半透明,肉厚 0.60 cm～0.80 cm,离核,肉质软滑带韧,汁多,味甜偏淡,品质中等。种子大,近圆形,黑褐色。果实可食率 66%～70%。含可溶性固形物 16.0%～18.0%,全糖 15.0%,酸 0.18%,每 100 mL 果汁含维生素 C36.80 mg。果实在 8 月上中旬成熟。种子大而充实,播种成苗率高,生长快,是常用的砧木品种。

附　录　B
(资料性附录)
龙眼嫁接苗质量检测记录

表 B.1　龙眼嫁接苗质量检测记录表

品　　种:＿＿＿＿＿＿＿＿　　　　No:＿＿＿＿＿＿＿＿

育苗单位:＿＿＿＿＿＿＿＿　　　　购苗单位:＿＿＿＿＿＿＿＿

出圃株数:＿＿＿＿＿＿＿＿　　　　抽检株数:＿＿＿＿＿＿＿＿

样株号	种苗高度 cm	新梢茎粗 cm	新梢长度 cm	分枝数 个	嫁接口高度 cm	初评级别

审核人(签字):　　　校核人(签字):　　　检测人(签字):　　　检测日期:　年　月　日

附　录　C
(资料性附录)
龙眼嫁接苗质量检验证书

表 C.1　龙眼嫁接苗质量检验证书

No:＿＿＿＿＿＿

育苗单位		购苗单位	
出圃株数		苗木品种	
品种纯度,%			
检验结果	一级：　　株;二级：　　株		
检验意见			
证书签发期		证书有效期	
检验单位			
注:本证一式三份,育苗单位、购苗单位、检验单位各一份。			

审核人(签字)：　　　　校核人(签字)：　　　　检测人(签字)：

附　录　D
（资料性附录）
龙眼嫁接苗标签

单位:cm

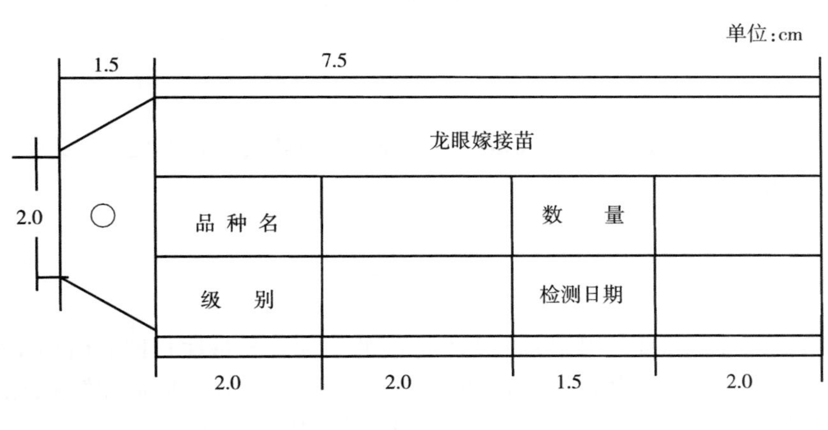

正面

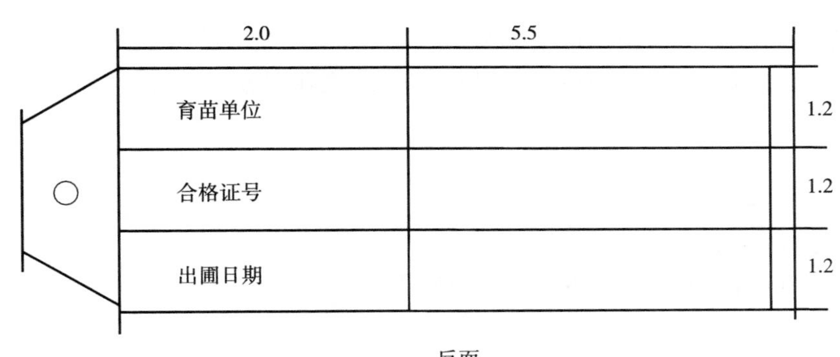

反面

注:标签用 150 g 的牛皮纸。标签孔用金属包边。

图 D.1　龙眼嫁接苗标签(单位:cm)

本标准起草单位:农业部热带作物种子种苗质量监督检验测试中心。

本标准主要起草人:张如莲、洪彩香、陈业渊、谢振宇、龙开意、漆智平。

中华人民共和国农业行业标准

NY/T 1473—2007

木菠萝　种苗

Jackfruit seedling

1　范围

本标准规定了木菠萝(*Artocarpus heterophyllus* Lam.)种苗的术语和定义、要求、试验方法、检验规则、包装、标签、运输和贮存。

本标准适用于木菠萝嫁接苗。

2　规范性引用文件

下列文件中的条款通过本标准的引用而成为本标准的条款。凡是注日期的引用文件,其随后所有的修改单(不包括勘误的内容)或修订版均不适用于本标准,然而,鼓励根据本标准达成协议的各方研究是否可使用这些文件和最新版本。凡是不注日期的引用文件,其最新版本适用于本标准。

GB 9847　苹果苗木

GB 15569　农业植物调运检疫规程

中华人民共和国国务院　《植物检疫条例》

中华人民共和国农业部　《植物检疫条例实施细则(农业部分)》

3　术语和定义

下列术语和定义适用于本标准。

嫁接苗　grafted seedling

用特定的砧木和接穗,通过嫁接方法繁育的种苗。

4　要求

4.1　基本要求

4.1.1　品种纯度要求≥98%。

4.1.2　出圃时容器基本完好,营养土柱直径≥11 cm,高≥25 cm。

4.1.3　植株主干直立、生长正常,没有明显机械损伤。

4.1.4　嫁接口上下平滑,愈合良好。

4.2　检疫

没有检疫性病虫害。

4.3　分级指标

木菠萝种苗分为一级、二级两个级别,各级别的种苗应符合表1的规定。

中华人民共和国农业部 2007-12-18 发布　　2008-03-01 实施

表 1 木菠萝种苗分级指标

项目	级别	
	一级	二级
种苗高度,cm	≥50	≥30
嫁接口高度,cm	≤20	≤30
砧木粗度,cm	≥1.0	≥0.6
茎干粗度,cm	≥0.5	≥0.3

5 试验方法

5.1 纯度检验

根据指定品种的主要特征,用目测法观察所检样品种苗,确定指定品种的种苗数。品种纯度按公式(1)计算:

$$P = \frac{n_1}{N_1} \times 100 \quad \cdots\cdots (1)$$

式中:

P——品种纯度,单位为百分数(%);

n_1——样品中鉴定品种株数,单位为株;

N_1——抽样总株数,单位为株。

计算结果保留一位小数,记入附录 B 的表格中。

5.2 外观检验

用目视检测生长情况、嫁接口愈合程度、病虫为害和机械损伤等情况。

5.3 疫情检验

按中华人民共和国国务院《植物检疫条例》、中华人民共和国农业部《植物检疫条例实施细则(农业部分)》和 GB 15569 的有关规定执行。

5.4 分级检验

5.4.1 种苗高度

用钢卷尺测量从营养土面至种苗顶端的距离(精确至±1 cm),保留整数。

5.4.2 嫁接口高度

用钢卷尺测量从营养土面至嫁接口基部的距离(精确至±1 cm),保留整数。

5.4.3 砧木粗度

用游标卡尺测量营养土面以上 5 cm 处(精确至±1.0 cm)的砧木直径,保留一位小数。

5.4.4 茎干粗度

用游标卡尺测量嫁接口以上 5 cm 处的茎干最粗直径(精确至±1.0 cm),保留一位小数。将检验结果记入附录 A 的表格中。

6 检验规则

6.1 组批

同一产地、同时出圃的嫁接苗作为一个检验批次,检验限于种苗装运地或繁殖地进行。

6.2 抽样

按 GB 9847 的规定执行,采用随机抽样法。种苗基数在 999 株以下(含 999 株),按基数的 10%抽样,并按公式(2)计算抽样量;种苗基数在 1 000 株以上时,按公式(3)计算抽样量。具体计算公式如下:

$$y_1 = y_2 \times 10\% \quad (2)$$

$$y_3 = 100 + (y_2 - 999) \times 2\% \quad (3)$$

式中：

y_1——种苗基数在999株以下的抽样量，单位为株，保留整数；

y_2——种苗基数；

y_3——种苗基数在1 000株以上的抽样量，单位为株，保留整数。

6.3 判定规则

6.3.1 如达不到4.1和4.2中的某一项要求，则判该批种苗不合格。

6.3.2 同一批检验的一级种苗中，允许有5%的种苗低于一级标准，但必须达到二级标准，超过此范围，则判为二级种苗；同一批检验的二级种苗中，允许有5%的种苗低于二级标准，但应达到基本要求，超过此范围，则判该批种苗不合格。

6.4 复检

如果对检验结果产生异议，允许采用备用样品（如条件允许，可再抽一次样）复检一次，复检结果为最终结果。

7 包装、标签、运输和贮存

7.1 包装、标签

容器苗如果容器破损不严重，且营养土柱不松散的，一般不需包装。如容器破损而营养土柱完好，种苗销售或调运时必须重新包装好。包装容器应方便、牢固，以免损伤种苗。

种苗销售或调运时必须附有质量检验证书和标签。推荐的检验证书参见附录B，推荐的标签参见附录C。

7.2 运输、贮存

种苗应按不同品种、不同级别装运；应小心轻放，防止营养土柱松散；在运输过程中，应保持一定的湿度和通风透气，并防止日晒、雨淋。

种苗运到目的地后应尽快种植，如短时间内不能定植的，应置于荫棚或阴凉处，并注意淋水，保持湿润。

附 录 A
（资料性附录）
木菠萝种苗质量检测记录

表 A.1 木菠萝种苗质量检测记录表

品　　种：______________ No：______________

育苗单位：______________ 购苗单位：______________

出圃株数：______________ 抽检株数：______________

样株号	种苗高度（cm）	嫁接口高度（cm）	砧木粗度（cm）	茎干粗度（cm）	初评级别

审核人（签字）：　　校核人（签字）：　　检测人（签字）：　　检测日期：　年　月　日

附 录 B
（资料性附录）
木菠萝种苗检验证书

表 B.1 木菠萝种苗检验证书

No:________

<table>
<tr><td>育苗单位</td><td></td><td>购苗单位</td><td></td></tr>
<tr><td>出圃株数</td><td></td><td>苗木品种</td><td></td></tr>
<tr><td>品种纯度,%</td><td colspan="3"></td></tr>
<tr><td>检验结果</td><td colspan="3">一级：　　株;二级：　　株</td></tr>
<tr><td>检验意见</td><td colspan="3"></td></tr>
<tr><td>证书签发期</td><td></td><td>证书有效期</td><td></td></tr>
<tr><td>检验单位</td><td></td><td></td><td></td></tr>
<tr><td colspan="4">注:本证一式三份,育苗单位、购苗单位、检验单位各一份。</td></tr>
</table>

审核人(签字)：　　　　校核人(签字)：　　　　检测人(签字)：

附　录　C
（资料性附录）
木菠萝种苗标签

木菠萝种苗标签见图 C.1。

单位：cm

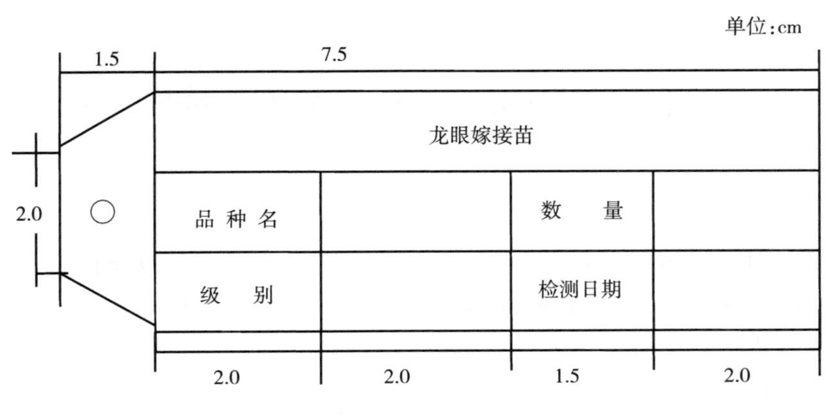

正面

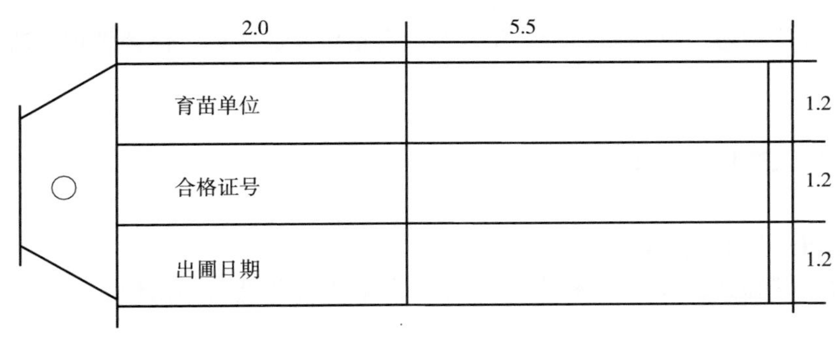

反面

注：标签用 150 g 的牛皮纸，标签孔用金属包边。

图 C.1　木菠萝种苗标签

本标准起草单位：中国热带农业科学院香料饮料研究所。
本标准主要起草人：谭乐和、刘爱勤、郑维全、陈海平。

中华人民共和国农业行业标准

NY/T 1648—2015

荔枝等级规格

Grades and specifications of litchi

1 范围

本标准规定了荔枝等级规格的术语和定义、要求、检验规则、包装、标识及贮运。

本标准适用于新鲜荔枝的规格、等级划分。

2 规范性引用文件

下列文件对于本文件的应用是必不可少的。凡是注日期的引用文件，仅注日期的版本适用于本文件。凡是不注日期的引用文件，其最新版本(包括所有的修改单)适用于本文件。

GB/T 191 包装储运图示标志

GB/T 5737 食品塑料周转箱

GB/T 6543 运输包装用单瓦楞纸箱和双瓦楞纸箱

GB/T 8855 新鲜水果和蔬菜 取样方法

GB 9687 食品包装用聚乙烯成型品卫生标准

国家质量监督检验检疫总局2005年75号令 定量包装商品计量监督管理办法

3 术语和定义

下列术语和定义适用于本文件。

3.1

机械伤 mechanical injury

果实采摘时、采摘前后或运输受外力碰撞或受压迫、摩擦等造成的损伤。

3.2

病虫害症状 symptom caused by diseases and pests

果皮或果肉遭受病虫为害，以致形成肉眼可见的伤口、病虫斑、水渍斑等。

3.3

缺陷果 defective fruit

机械伤、病虫害等造成创伤的，未发育成熟或过熟的果实。

3.4

一般缺陷 general defection

荔枝果皮受到病虫害或轻微机械伤等而影响果实外观，但尚未影响果实品质。

3.5

严重缺陷 serious defection

荔枝果实受到蛀果害虫、椿象、吸果夜蛾、霜疫霉病等病虫的为害或严重机械伤，导致严重影响果实

中华人民共和国农业部 2015-10-09 发布 2015-12-01 实施

外观和品质。

3.6

异味　abnormal smell and taste

果实吸收了其他物质的不良气味或因果实变质等其他原因而引起的不正常气味或滋味。

3.7

异品种　different variety

荔枝分类上相互不同的品种或品系。

4　要求

4.1　规格

4.1.1　规格划分

以单果重为指标，荔枝分为大(L)、中(M)、小(S)三个规格。各规格的划分应符合表1的规定。

表1　荔枝规格

单位为克

规　　格	大(L)	中(M)	小(S)
单果重	>25	15～25	<15
同一包装中的最大和最小质量的差异	≤5	≤3	≤1.5

4.1.2　规格容许度

规格容许度按质量计：

a)　大(L)规格荔枝允许有5%的产品不符合该规格的要求；

b)　中(M)、小(S)规格荔枝允许有10%的产品不符合该规格的要求。

4.2　等级

4.2.1　基本要求

根据对每个等级的规定和容许度，荔枝应符合下列基本条件：

——果实新鲜，发育完整，果形正常，其成熟度达到鲜销、正常运输和装卸的要求；

——果实完好，无腐烂或变质的果实，无严重缺陷果；

——果面洁净，无外来物；

——表面无异常水分，但冷藏后取出形成的凝结水除外；

——无异味。

4.2.2　等级划分

在符合基本要求的前提下，荔枝分为特级、一级和二级。各等级的划分应符合表2的规定。

表2　荔枝等级

等　级	要　　求
特　级	具有该荔枝品种特有的形态特征和固有色泽，无变色，无褐斑；果实大小均匀；无裂果；无机械伤、病虫害症状等缺陷果及外物污染；无异品种果实
一　级	具有该荔枝品种特有的形态特征和固有色泽，基本无变色，基本无褐斑；果实大小较均匀；基本无裂果；基本无机械伤、病虫害症状等缺陷果及外物污染；基本无异品种果实
二　级	基本上具有该荔枝品种特有的形态特征和固有色泽，少量变色，少量褐斑；果实大小基本均匀；少量裂果；少量机械伤、病虫害症状等缺陷果及外物污染；少量异品种果实

4.2.3　等级容许度

等级容许度按质量计：

a) 特级允许有5%的产品不符合该等级的要求,但应符合一级的要求;

b) 一级允许有8%的产品不符合该等级的要求,但应符合二级的要求;

c) 二级允许有10%的产品不符合该等级的要求,但应符合基本要求。

5 检验规则

5.1 检验批次

同一生产基地、同一品种、同一等级、同一日采收的荔枝鲜果为一个检验批次。

5.2 抽样

按 GB/T 8855 的规定执行。

5.3 检验方法

5.3.1 规格

从抽样所得样品中随机取10颗果实,用精度为0.1 g的天平称量果实重量,计算单果重。

5.3.2 等级

将样品置于自然光下,有鼻嗅和品尝的方法检测异味,其余指标由目测、手捏等进行评定,并做记录。当果实外部表现有病虫害症状或对果实内部有怀疑时,应抽取样果剖开检验。一个果实同时存在多种缺陷时,仅记录最主要的一种缺陷。

5.3.3 结果计算

不合格率以不合格果与检验样本量的比值百分数计,结果保留一位小数。

5.4 判定规则

5.4.1 规格判定

整批产品不超过某规格规定的容许度,则判为某规格产品。若超过,则按低一级规定的容许度检验,直到判出规格为止。

5.4.2 等级判定

整批产品不超过某等级规定的容许度,则判为某等级产品。若超过,则按低一级规定的容许度检验,直到判出等级为止。

6 包装

6.1 一致性

同一包装内产品的等级、规格、品种和来源应一致,如有例外要进行特别说明。包装内可视部分的产品等级规格应能代表整个包装中产品的等级规格。

6.2 包装材料

包装容器要求大小一致、洁净、干燥、牢固、透气、无异味。塑料箱应符合 GB/T 5737 的规定,纸箱应符合 GB/T 6543 的规定。内包装可用聚乙烯塑料薄膜(袋),应符合 GB 9687 的规定。如用竹篓或塑料筐包装,允许在篓底、筐底及篓面、筐面铺垫或覆盖少量洁净、新鲜的树叶。

6.3 包装容许度

每个包装单位净含量及允许误差应符合国家质量监督检验检疫总局2005年75号令的要求。

6.4 限度范围

每批受检样品等级或规格的允许误差按其所检单元的平均值计算,其值不应超过规定的限度,且任何所检单位的允许误差不应超过规定值的2倍。

7 标识

包装上应有明显标识,内容包括:产品名称、品种名称及商标、等级(用特、一、二汉字表示)、规格[用大(L)、中(M)、小(S)或者直观易懂的词汇表示,同时标注相应规格指标值的范围]、产品执行标准编号、生产者(生产企业)或供应商(经销商)名称、详细地址、邮政编码及电话、产地(包括省、市、县名,若为出口产品,还应冠上国名)、净重、毛重和采收日期、包装日期等,若需冷藏保存,应注明其保存方式。标注内容要求字迹清晰、完整、准确,且不易褪色、无渗漏,标注于包装的外侧。包装、贮运、图示应符合GB/T 191的要求。

8 贮运

荔枝贮藏和运输条件应根据荔枝的品种、运输方式和运输距离等进行确定,以确保荔枝品质。

本标准起草单位:农业部蔬菜水果质量监督检验测试中心(广州)、广东省农业科学院农产品公共监测中心。

本标准主要起草人:王富华、耿安静、杨慧、赵晓丽、文典、陈岩、何舞。

中华人民共和国农业行业标准

NY/T 1843—2010

葡萄无病毒母本树和苗木

Virus-free mother plant and nursery stock of grapevine

1 范围

本标准规定了葡萄无病毒母本树和苗木的质量要求、检验规则、检测方法、包装和标识。

本标准适用于葡萄无病毒母本树和苗木的繁育及销售。

2 规范性引用文件

下列文件中的条款通过本标准的引用而成为本标准的条款。凡是注日期的引用文件，其随后所有的修改单(不包括勘误的内容)或修订版均不适用于本标准，然而，鼓励根据本标准达成协议的各方研究是否可使用这些文件的最新版本。凡是不注日期的引用文件，其最新版本适用于本标准。

NY 469 葡萄苗木

全国农业植物检疫性有害生物名单(农业部公告第 617 号，2006 年 3 月)

3 术语和定义

下列术语和定义适用于本标准。

3.1

葡萄无病毒原种 virus-free primary source of grapevine

通过脱毒处理或无性系筛选获得、经单株检测无病毒后隔离保存的原株。

3.2

葡萄无病毒母本树 virus-free mother plant of grapevine

葡萄无病毒原种材料繁育的、用于提供品种或砧木繁殖材料的无病毒母株。

3.3

葡萄无病毒砧木 virus-free rootstock of grapevine

从无病毒砧木母本树上取得繁殖材料、经扦插或通过组培获得用于嫁接的葡萄砧木苗。

3.4

葡萄无病毒接穗 virus-free scion of grapevine

从无病毒母本树上获得的、用于嫁接繁殖的当年生新梢或一年生成熟枝条。

3.5

葡萄无病毒苗木 virus-free nursery stock of grapevine

用无病毒接穗和无病毒砧木繁育的葡萄嫁接苗，以及通过扦插、组织培养等方法繁育的葡萄自根苗。

4 要求

4.1 葡萄无病毒母本树和苗木无葡萄扇叶病毒(Grapevine fanleaf virus，GFLV)、葡萄卷叶病毒 1

中华人民共和国农业部 2010-05-20 发布　　2010-09-01 实施

(Grapevine leafroll associated virus 1,GLRaV-1)、葡萄卷叶病毒3(Grapevine leafroll associated virus 3,GLRaV-3)、葡萄病毒A(Grapevine virus A,GVA)和葡萄斑点病毒(Grapevine fleck virus,GFkV)。

4.2 无《全国农业植物检疫性有害生物名单》(农业部公告第617号,2006年3月)规定的检疫性有害生物。

4.3 品种纯正、生长健壮。

4.4 葡萄无病毒自根苗和嫁接苗的质量符合NY 469的规定。

5 试验方法

5.1 葡萄无病毒原种

5.1.1 葡萄无病毒原种栽培容器中保存于防虫网室或防虫温室中,每个品种5株。每株原种均有编号、来源和病毒检测记录。

5.1.2 每年生长季节观察树体状况,发现有病毒病症状的植株,立即淘汰并销毁。

5.1.3 每5年全部复检一次,带病毒植株立即淘汰并销毁。

5.1.4 病毒检测采用指示植物结合酶联免疫吸附(ELISA)或反转录聚合酶链式反应(RT-PCR)方法进行。

5.2 葡萄无病毒母本树

5.2.1 葡萄无病毒母本树栽植于没有传毒线虫、6年之内未栽植过葡萄的地块,与普通葡萄园和苗圃的距离大于60 m,修剪工具、生产工具及农机具专管专用,并定期消毒。

5.2.2 每个生长季节观察树体状况,并抽取5%~10%的母本树进行病毒检测。发现有病毒病症状的植株和检测带病毒的植株,立即淘汰并销毁。

5.2.3 病毒检测采用ELISA或RT-PCR方法进行。

5.3 葡萄无病毒苗木

5.3.1 葡萄无病毒苗木应在距离普通葡萄园或苗圃30 m以上、没有传毒线虫且在3年内未栽植过葡萄的地块进行繁殖,修剪工具、生产工具及农机具专管专用,并定期消毒。

5.3.2 采用随机取样方法抽取苗木进行病毒检测。以1万株抽检10株为基数(不足1万株以1万株计),10万株内(含10万株)每增加1万增检5株;超过10万株,每增加1万增检2株。

5.3.3 病毒检测采用ELISA或RT-PCR方法进行。

5.3.4 等级规格检验按NY 469规定执行。

6 检验规则

6.1 指示植物检测

6.1.1 葡萄扇叶病毒、葡萄卷叶病毒、葡萄病毒A和葡萄斑点病毒均可采用指示植物进行检测。

6.1.2 用绿枝嫁接、硬枝嫁接或芽接方法,将待检样品嫁接到指示植物上,每个样品重复3株。

6.1.3 生长季节定期观察指示植物的症状表现,检测用指示植物和症状表现参见附录A。

6.2 ELISA检测

6.2.1 葡萄扇叶病毒、葡萄卷叶病毒1、葡萄卷叶病毒3、葡萄病毒A和葡萄斑点病毒可采用ELISA方法进行检测。

6.2.2 取样部位和时间参见附录B。

6.2.3 ELISA检测具体操作方法参见试剂盒使用说明。

6.3 RT-PCR检测

6.3.1 葡萄扇叶病毒、葡萄卷叶病毒、葡萄病毒A和葡萄斑点病毒均可采用RT-PCR方法进行检测。

6.3.2 取样部位和时间参见附录B。

6.3.3 检测程序参见附录C。

7 标识和包装

7.1 标识

7.1.1 葡萄无病毒母本树标签内容包括品种名称、砧木类型、母本树编号、病毒检测单位和检测时间、母本树培育单位。每捆挂2个标签。

7.1.2 葡萄无病毒苗木标签内容包括品种、砧木、等级、株数、生产单位和地址。每捆挂2个标签。

7.2 包装

分品种、种类(母本树、自根苗、嫁接苗)和等级,分别定量包装,每捆20株~30株为宜。注意苗木保湿。包装内外附有苗木标签,不应与普通苗木混装。

附 录 A
(资料性附录)
葡萄病毒在指示植物上的症状表现

表 A.1 葡萄病毒在指示植物上的症状表现

病毒种类	木本指示植物	指示植物症状
葡萄扇叶病毒	沙地葡萄圣乔治(*Vitis rupestris* St. Gorge)	叶片出现褪绿斑点、呈扇形
葡萄卷叶病毒	欧洲葡萄(*Vitis vinifera*)[a]	叶片下卷,叶脉间变红
葡萄病毒 A	Kober 5BB	木质部产生茎沟槽,叶片黄斑
葡萄斑点病毒	沙地葡萄圣乔治(*Vitis rupestris* St. Gorge)	叶脉透明
[a] 指红色品种,常用的有品丽珠(Cabernet franc)、赤霞珠(Cabernet sauvingnon)、黑比诺(Pinot noir Mission)、蜜笋(Mission)、巴贝拉(Barbera)等。		

附 录 B
(资料性附录)
ELISA 和 RT-PCR 检测适宜时期和取样部位

表 B.1 ELISA 和 RT-PCR 检测适宜时期和取样部位

病毒种类	ELISA 检测		RT-PCR 检测	
	适宜时期	取样部位	适宜时期	取样部位
葡萄扇叶病毒	新梢生长期	嫩叶	新梢生长期	嫩叶
葡萄卷叶病毒	休眠期	成熟枝条韧皮部	休眠期	成熟枝条韧皮部
葡萄病毒 A	休眠期	叶片、休眠枝条韧皮部	休眠期	休眠枝条韧皮部
葡萄斑点病毒	新梢生长期	嫩叶	休眠期	休眠枝条韧皮部

附 录 C
(资料性附录)
RT - PCR 检测

C.1 总 RNA 提取

采用二氧化硅吸附法:(1)刮取 100 mg 枝条韧皮部组织放入塑料袋中,加入 1 mL 研磨缓冲液(4.0 mol/L硫氰酸胍,0.2 mol/L 醋酸钠,25 mmol/L EDTA,1.0 mol/L 醋酸钾,2.5%PVP - 40,2%偏重亚硫酸钠)磨碎;(2)取 500 μL 匀浆置于 1.5 mL 消毒离心管中(先加入 150 μL 10%N-lauroylsarcosine),70℃保温 10 min、冰中放置 5 min 后,14 000 r/min 离心 10 min;(3)取 300 μL 上清液,加入 150 μL 100%乙醇、300 μL 6 mol/L 碘化钠、30 μL 10%硅悬浮液(pH2.0),室温下振荡 20 min;(4)6 000 r/min 离心 1 min,弃去上清,加入 500 μL 清洗缓冲液(10.0 mmol/L Tris-HCl,pH7.5;0.5 mmol/L EDTA;50.0 mmol/L NaCl;50%乙醇)重悬浮沉淀,6 000 r/min 离心 1 min;(5)重复步骤(4);(6)将离心管反扣在纸巾上,室温下自然干燥后,重新悬浮于无 RNase 和 DNase 的水中,70℃保温 4 min;(7) 13 000 r/min离心 3 min,取上清液,保存于—70℃超低温冰箱中。

C.2 合成 cDNA

5 μL 总 RNA 与 1 μL 0.1 μg/μL 随机引物 5'd(NNN NNN)3'和 9 μL 水混合,95℃变性 5 min 后立即置于冰中冷却 2 min。再加入含 5 μL 5×MLV - RT 缓冲液、1.25 μL 10 mmol/L dNTPs、0.5 μL 200 U/μL M - MLV 反转录酶和 3.25 μL 灭菌纯水的反转录混合液,经 37℃ 10 min、42℃ 50 min、70℃ 5 min 合成 cDNA。

C.3 PCR 扩增

PCR 反应混合液共 25 μL,包括 2.5 μL cDNA、2.5 μL 10×PCR 缓冲液、0.5 μL 10 mmol/L dNTPs、0.5 μL 10 μmol/L 互补引物、0.375 μL 2U/μL Taq DNA 聚合酶、18.125 μL 灭菌纯水。PCR 反应条件根据各组引物的退火温度及扩增产物大小设计。

C.4 结果判定

检测时设阴、阳对照,采用 1%琼脂糖电泳分析 PCR 产物,观察到与阳性对照相同的目的条带的样品为阳性,带病毒;与阴性对照一样,未观察到目的条带的样品为阴性,无病毒。

本标准起草单位:中国农业科学院果树研究所、农业部果品及苗木质量监督检验测试中心(兴城)。
本标准主要起草人:董雅凤、张尊平、刘凤之、范旭东、聂继云、李静。

中华人民共和国国家标准

GB 11767—2003

茶 树 种 苗

Seedling of tea plant

1 范围

本标准规定了茶树[*Camellia sinensis*(L.)O. Kuntze]采穗园穗条、苗木的质量分级指标、检验方法、检测规则、包装和运输等。

本标准适用于栽培茶树的大叶、中小叶无性系品种穗条和苗木的分级指标与检验方法。

2 术语和定义

下列术语和定义适用于本标准。

2.1

无性系

以茶树单株营养体为材料,采用无性繁殖法繁殖的品种(品系)称无性系品种(品系),简称无性系。

2.2

品种纯度

品种种性的一致性程度。

2.3

大、中小叶种

用叶长×叶宽×0.7 计算值表示。叶面积大于 40 cm^2 为大叶品种,小于 40 cm^2 为中小叶品种。

2.4

穗条

用作扦插繁殖的枝条。

2.5

标准插穗

从穗条上剪取大叶品种长度为 3.5 cm～5.0 cm,中小叶品种长度为 2.5 cm～3.5 cm,茎干木质化或半木质化,具有一张完整叶片和健壮饱满腋芽的短穗。

2.6

穗条利用率

可剪标准插穗占穗条量的百分率。

2.7

扦插苗

以枝条为繁育材料,采用扦插法繁育的苗木。

2.8

苗龄

中华人民共和国国家质量监督检验检疫总局 2003-06-04 发布　　2003-12-01 实施

扦插到苗木出圃的时间,满一个年生长周期的称一足龄苗,未满一年的称一年生苗。

2.9

苗高

根颈至茶苗顶芽基部间的长度。

2.10

苗粗

距根颈 10 cm 处的苗干直径。

2.11

侧根数

从扦插苗原插穗基部愈伤组织处分化出的且近似水平状生长,根径在 1.5 mm 以上的根总数。

3 采穗园

3.1 土壤:结构良好,土层深度 80 cm 以上,pH 在 4.5～5.5 之间。

3.2 品种:必须是省级以上审(认)定、登记或经多点多年试种的无性系品种。

3.3 苗木:必须符合本标准规定的质量指标。

3.4 种植规格:行距 1.5 m,株距 0.3 m～0.4 m。

3.5 病虫害防治:采穗前必须先进行病虫防治,保证无病虫携入种苗繁育圃(室)。

4 种苗质量分级原则

4.1 穗条分级以品种纯度、利用率、粗度为主要依据,长度为参考指标。分为两级,低于Ⅱ级为不合格穗条。

4.2 无性系苗木分级以品种纯度、苗龄、苗高、茎粗和侧根数为主要依据。分为两级,Ⅰ、Ⅱ级为合格苗,低于Ⅱ级为不合格苗。

5 种苗质量指标

5.1 穗条的质量指标

5.1.1 大叶品种穗条质量指标见表 1。

表 1 大叶品种穗条质量指标

级　别	品种纯度/(%)	穗条利用率/(%)	穗条粗度 ϕ/mm	穗条长度/cm
Ⅰ	100	≥65	≥3.5	≥60
Ⅱ	100	≥50	≥2.5	≥25

5.1.2 中小叶品种穗条质量指标见表 2。

表 2 中小叶品种穗条质量指标

级　别	品种纯度/(%)	穗条利用率/(%)	穗条粗度 ϕ/mm	穗条长度/cm
Ⅰ	100	≥65	≥3.0	≥50
Ⅱ	100	≥50	≥2.0	≥25

5.2 茶树苗木质量指标

5.2.1 无性系大叶品种扦插苗质量指标见表 3。

表 3 无性系大叶品种一足龄扦插苗质量指标

级 别	苗 龄	苗高/cm	茎数 ϕ/mm	侧根数/根	品种纯度/(%)
Ⅰ	一年生	≥30	≥4.0	≥3	100
Ⅱ	一年生	≥25	≥2.5	≥2	100

5.2.2 无性系中小叶品种扦插苗质量指标见表 4。

表 4 无性系中小叶品种苗木质量指标

级 别	苗龄	苗高/cm	茎粗 ϕ/mm	侧根数/根	品种纯度/(%)
Ⅰ	一足龄	≥30	≥3.0	≥3	100
Ⅱ	一足龄	≥20	≥2	≥2	100

6 检验方法

6.1 无性系品种纯度

依照无性系该品种茶树主要特征，对被检苗木逐株进行鉴定，并按式(1)计算：

$$S(\%) = [P/(P+P')] \times 100 \quad \cdots\cdots (1)$$

式中：

S——品种纯度，%；

P——本品种的苗木株数，单位为株；

P'——异品种的苗木株数，单位为株。

6.2 穗条质量

6.2.1 穗条利用率：随机取 500 g～1 000 g 穗条，剪取标准插穗，计算标准插穗占穗条的质量百分率，按式(2)计算：

$$L(\%) = m_0/m \times 100 \quad \cdots\cdots (2)$$

式中：

L ——穗条利用率，%；

m_0 ——标准插穗质量，单位为克(g)；

m ——样品穗条总质量，单位为克(g)。

6.2.2 穗条长度：用尺测量从穗条基部到顶芽基部距离，精确到 0.1 cm。

6.2.3 穗条粗度：用游标卡尺等测量穗条中部处的穗条直径，精确到 0.1 mm。

6.3 苗木高粗

6.3.1 苗高：自根颈处量至顶芽基部，苗高用尺测量，精确到 0.1 cm。

6.3.2 茎粗：用游标卡尺等测距根颈 10 cm 处的主干直径，精确到 0.1 mm。

7 检测规则

7.1 穗条

7.1.1 穗条检测在采穗园进行。

7.1.2 穗条检测按表 5 的比例随机抽样。

表 5　穗条检测抽样量

单位为千克

穗条总数量	数量(平均数)
<100	0.5
101～1 000	2.0
1 001～5 000	3.0
5 001～10 000	5.0
>10 001	10.0

7.2　苗木

7.2.1　苗木检测限在苗圃进行。

7.2.2　苗木检测按表 6 规定的比例随机抽样。

表 6　苗木检测抽样最

苗木总株数	株　　数
<5 000	40
5 001～10 000	50
10 001～50 000	100
50 001～100 000	200
>100 001	300

7.2.3　样本穗条或苗木检测时，如有一项主要指标不合格即判被检个体不合格。

7.2.4　对穗条或苗木的总体判定：纯度不合格则总体判定为不合格。级别判定：低于该等级的个体不得超过 10%，否则总体降级处理。

7.2.5　总体判为不合格的穗条或苗木可在剔除不合格个体后重新进行检验。

7.2.6　穗条和出圃苗木应附检验证书以及苗木的标签(格式详见附录 A、附录 B 和附录 C)。

8　包装、运输

8.1　苗木和穗条可散装或用箩筐等盛装，做到保湿透气，防止重压和风吹日晒。

8.2　起苗宜在栽种季节。检验和分级应在蔽荫背风处进行。苗木运到目的地后，应及时种植或假植。

8.3　穗条或苗木调运前应按国家有关规定进行检疫，调运时应持《植物检疫证书》。

附　录　A
（规范性附录）
茶树穗条检验证书

茶树穗条检验证书存根

编号＿＿＿＿＿＿

品种＿＿＿＿＿＿＿＿＿＿＿＿＿数量（kg）＿＿＿＿＿＿＿＿＿＿＿＿

其中：Ⅰ级＿＿＿＿＿＿＿＿＿＿＿＿＿Ⅱ级＿＿＿＿＿＿＿＿＿＿＿＿

剪穗日期＿＿＿＿＿＿＿＿＿＿＿＿供穗日期＿＿＿＿＿＿＿＿＿＿＿＿

供穗单位＿＿＿＿＿＿＿＿＿＿＿＿＿＿＿＿＿＿＿＿＿＿＿＿＿＿＿

检验意见＿＿＿＿＿＿＿＿＿＿＿＿＿＿＿＿＿＿＿＿＿＿＿＿＿＿＿

签发单位＿＿＿＿＿＿＿＿＿＿＿＿＿＿＿＿＿＿＿＿＿＿＿＿＿＿＿

签发日期＿＿＿＿＿＿＿＿＿＿＿＿＿＿＿＿＿＿＿＿＿＿＿＿＿＿＿

茶树穗条检验证书存根

编号＿＿＿＿＿＿

品种＿＿＿＿＿＿＿＿＿＿＿＿＿数量（kg）＿＿＿＿＿＿＿＿＿＿＿＿

其中：Ⅰ级＿＿＿＿＿＿＿＿＿＿＿＿＿Ⅱ级＿＿＿＿＿＿＿＿＿＿＿＿

剪穗日期＿＿＿＿＿＿＿＿＿＿＿＿供穗日期＿＿＿＿＿＿＿＿＿＿＿＿

发穗单位＿＿＿＿＿＿＿＿＿＿＿＿＿＿＿＿＿＿＿＿＿＿＿＿＿＿＿

检验意见＿＿＿＿＿＿＿＿＿＿＿＿＿＿＿＿＿＿＿＿＿＿＿＿＿＿＿

检验人＿＿＿＿＿＿签发单位＿＿＿＿＿＿＿＿签发日期＿＿＿＿＿＿＿

附　录　B
（规范性附录）
茶树苗木检验证书

茶树苗木检验证书存根

编号＿＿＿＿＿＿＿＿

品种＿＿＿＿＿＿＿＿＿＿＿＿＿＿＿＿苗龄＿＿＿＿＿＿＿＿＿＿＿＿＿＿＿＿

数量(株)＿＿＿＿＿＿＿＿其中：Ⅰ级＿＿＿＿＿＿＿＿Ⅱ级＿＿＿＿＿＿＿＿

起苗日期＿＿＿＿＿＿＿＿＿＿＿＿＿发苗日期＿＿＿＿＿＿＿＿＿＿＿＿＿＿＿

育苗单位＿＿＿＿＿＿＿＿＿＿＿＿＿＿＿＿＿＿＿＿＿＿＿＿＿＿＿＿＿＿＿＿

检验意见＿＿＿＿＿＿＿＿＿＿＿＿＿＿＿＿＿＿＿＿＿＿＿＿＿＿＿＿＿＿＿＿

签发单位＿＿＿＿＿＿＿＿＿＿＿＿＿＿签发日期＿＿＿＿＿＿＿＿＿＿＿＿＿＿＿

茶树苗木检验证书存根

编号＿＿＿＿＿＿＿＿

品种＿＿＿＿＿＿＿＿＿＿＿＿＿＿＿＿苗龄＿＿＿＿＿＿＿＿＿＿＿＿＿＿＿＿

批号＿＿＿＿＿＿数量(株)＿＿＿＿＿＿其中：Ⅰ级＿＿＿＿＿＿Ⅱ级＿＿＿＿＿＿

起苗日期＿＿＿＿＿＿＿＿＿＿＿＿＿发苗日期＿＿＿＿＿＿＿＿＿＿＿＿＿＿＿

育苗单位＿＿＿＿＿＿＿＿＿＿＿＿＿＿＿＿＿＿＿＿＿＿＿＿＿＿＿＿＿＿＿＿

检验意见＿＿＿＿＿＿＿＿＿＿＿＿＿＿＿＿＿＿＿＿＿＿＿＿＿＿＿＿＿＿＿＿

检验人＿＿＿＿＿＿＿＿签发单位＿＿＿＿＿＿＿＿签发日期＿＿＿＿＿＿＿＿

附 录 C
（规范性附录）
茶树苗木标签

茶树苗木标签见图 D.1。

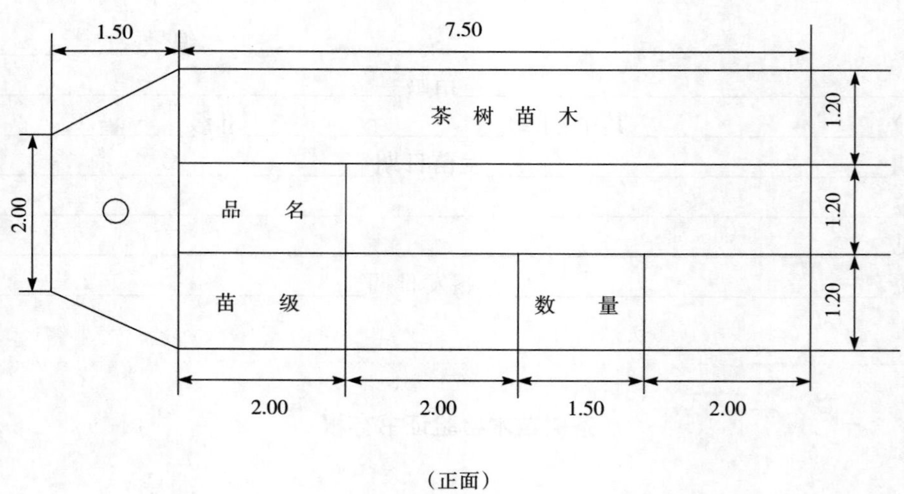

（正面）

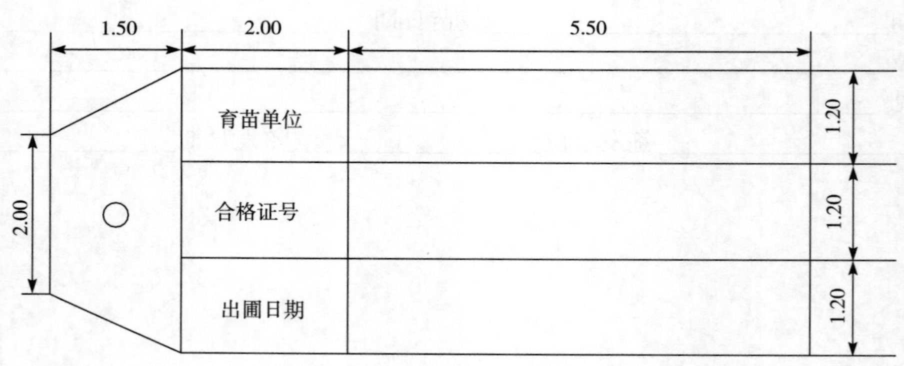

（反面）

注：单位为厘米，标签用 150 g 的牛皮纸，标签孔用金属包边。

图 D.1 茶树苗木标签

本标准起草单位：中国农业科学院茶叶研究所。

本标准主要起草人：杨亚军、陈亮、虞富莲。

中华人民共和国农业行业标准

NY/T 358—2014

咖啡　种子种苗

Coffee—Seed and seedling

1　范围

本标准规定了咖啡(*Coffea* spp.)种子种苗的术语和定义、要求、试验方法、检验规则以及包装、标志、运输和贮存。

本标准适用于小粒种咖啡(*C. arabica* L.)用于繁育种苗的种子和实生苗，中粒种咖啡(*C. canephora* Pierre ex Froehner)的嫁接苗和扦插苗。

2　规范性引用文件

下列文件对于本文件的应用是必不可少的。凡是注日期的引用文件，仅注日期的版本适用于本文件。凡是不注日期的引用文件，其最新版本(包括所有的修改单)适用于本文件。

GB 9847　苹果苗木

GB/T 18007　咖啡及其制品　术语

NY/T 1518　袋装生咖啡　取样

ISO 6673　生咖啡　105℃时质量损失的测定

中华人民共和国农业部1995年第5号令　植物检疫条例实施细则(农业部分)

3　术语和定义

GB/T 18007界定的以及下列术语和定义适用于本文件。

3.1

种衣　parchment

咖啡果的内果皮，由石细胞组成的一层角质薄壳。

3.2

实生苗　seedling

由种子繁殖成的种苗。

3.3

嫁接苗　grafting

用特定的砧木和接穗，通过嫁接方法繁育的种苗。

3.4

扦插苗　rooted cutting

从特定品种母树上切取枝段，在插床上催根后，装入营养袋，培育成的种苗。

中华人民共和国农业部 2014-03-24 发布　　2014-06-01 实施

4 要求

4.1 基本要求

4.1.1 种子

种子来源于经确认的品种纯正、优质高产、抗锈病强的母本园或母株，品种纯度≥95.0%；种衣保存完好，浅黄色，色泽均匀，无霉点。

4.1.2 实生苗和扦插苗

植株生长正常，叶色正常，无病虫危害，无明显机械性损伤；出圃时营养袋完好，营养土柱完整不松散。

4.1.3 嫁接苗

植株生长正常，叶色正常，无病虫危害，无明显机械性损伤；嫁接口发育均匀，皮平滑，没有茎部肿大、粗皮、解绑过迟致薄膜带绞缢等不良情况。

4.2 疫情要求

无检疫性病虫害。

4.3 质量要求

4.3.1 咖啡种子

咖啡种子质量分级指标见表1。

表1 咖啡种子质量分级指标

项　目	级　别		
	一级	二级	三级
发芽率 %	≥90.0	≥80.0	≥70.0
含水量 %	≤19.0	≤20.0	≤20.0
净度 %	≥98.0		
纯度	符合品种特征		

4.3.2 小粒种实生苗

咖啡实生苗分为两个级别，各级别的种苗应符合表2规定。

表2 小粒种咖啡实生苗质量分级指标

项　目	级　别	
	一级	二级
株高 cm	15.0～24.9	25.0～43.0
茎粗 cm	0.30～0.49	0.50～0.78
叶片数 对	5～7	8～12
分枝数 对	0	≥1
品种纯度 %	≥98.0	
注：分级指标针对使用长12厘米、宽10厘米的育苗袋培育的袋装苗。		

4.3.3 中粒种嫁接苗

咖啡嫁接苗分为两个级别，各级别的种苗应符合表3规定。

表3 中粒种咖啡嫁接苗质量分级指标

项　　目	级　　别	
	一级	二级
株高 cm	16.0～35.0	11.0～15.9
茎粗 cm	0.51～0.70	0.30～0.50
叶片数 对	5～6	3～4
分枝数 对	2～6	0～1
品种纯度 %	≥98.0	

4.3.4 中粒种扦插苗

咖啡扦插苗分为两个级别，各级别的种苗应符合表4规定。

表4 中粒种咖啡扦插苗分级指标

项　　目	级　　别	
	一级	二级
株高 cm	30.0～50.0	25.0～29.9
茎粗 cm	0.40～0.60	0.30～0.39
叶片数 对	5～7	3～4
分枝数 对	≥1	0
品种纯度 %	≥98.0	

5 试验方法

5.1 外观

5.1.1 种子

用目测法检测带种衣的咖啡种子的颜色、形状。

5.1.2 种苗

用目测法检验植株长势，叶色，病虫危害情况，有无机械性损伤，营养袋、营养土的完整度等。

5.2 发芽率

从净种子中随机取300粒种子，分成3个重复，每重复100粒种子。剥去种衣，用饱和Ca_2SO_4溶液浸泡种子并置于30℃水浴12 h，用纯净水冲洗3次，均匀点播于干净河沙中，置于恒温保湿箱中，(29±1)℃进行发芽试验，23 d～25 d检查胚根伸长情况，凡胚根伸长0.2 cm以上的均为有发芽力的种子。发芽率以粒数的百分率x_2计，按式(1)计算。检验结果记录表参见表B.1。

$$x_2=\frac{M_2}{100}\times 100 \qquad (1)$$

式中：

x_2 ——发芽率，单位为百分率（%）；

M_2——发芽种子数，单位为粒。

计算结果保留一位小数。

5.3 含水量

咖啡种子含水量按 ISO 6673 规定的方法测定。检验结果记录表参见表 B.1。

5.4 净度

用百分之一天平称取 2 份约相等质量的送检样品（最低重 300 g）于净度检验台，将样品分为净种子、杂质（石头、土块、果壳、干果、枝条）两部分，分别称重，记录结果。净度以质量分数 x_1 计，按式（2）计算：检验结果记录表参见表 B.1。

$$x_1=\frac{M_1-m_1}{M_1}\times 100 \quad\cdots\cdots(2)$$

式中：

x_1 ——净度，单位为百分率（%）；

M_1——称取的种子样总质量，单位为克（g）；

m_1——杂质质量，单位为克（g）。

计算结果保留一位小数。

5.5 种子纯度

参照附录 A，用目测法比对种子外观特征、采集园母株的树姿、树冠、分枝、叶片、果实等特征特性，判定种子纯度。检验结果记录表参见表 B.1。

5.6 株高

测量株高，实生苗和扦插苗为营养袋土面至种苗顶端的垂直距离；嫁接苗为嫁接部位中部至种苗顶端的垂直距离（精确至 0.1 cm），保留一位小数。检验结果记录表参见表 B.3。

5.7 茎粗

用游标卡尺测量直径，实生苗为营养袋土面以上 2 cm 处的茎干直径，嫁接苗为嫁接口以上 2 cm 处的茎干直径，扦插苗为新主干抽生处以上 2 cm 处的茎干直径（精确至 0.01 cm），保留两位小数。检验结果记录表参见表 B.3。

5.8 叶片数

用肉眼观察，记载主干上叶片数量，单位为对，保留整数。检验结果记录表参见表 B.3。

5.9 分枝数

用肉眼观察，记载主干上抽生的分枝数量，单位为对，保留整数。检验结果记录表参见表 B.3。

5.10 种苗纯度

将实生苗、嫁接苗、扦插苗对应按附录 A 的标准逐株用目测法检验，根据指定品种的主要特征，确定指定品种的种苗数。纯度按式（3）计算。

$$P=\frac{m_3}{M_3}\times 100 \quad\cdots\cdots(3)$$

式中：

P ——品种纯度，单位为百分率（%）；

m_3 ——样品中鉴定品种株数，单位为株；

M_3 ——抽样总株数，单位为株。

计算结果保留一位小数。

5.11 疫情检验

根据中华人民共和国农业部1995年第5号令的规定进行疫情检验。

6 检验规则

6.1 批次

6.1.1 种子

品种、产地、生长年限和收获时期相同以及质量基本一致的同一批种子为一个检验批次。

6.1.2 种苗

同品种、同等级、同一批种苗可作为一个检验批次。检验限于种苗装运地或繁殖地进行。

6.2 种子取样

按NY/T 1518的规定进行，用咖啡取样器随机从一批咖啡种子的某一袋中抽取约30 g的小样，抽取的袋数不少于总袋数的10%，将抽取的小样混合成不少于1 500 g的混合样，从混合样中分取质量不少于300克的实验室样。

6.3 种苗抽样

按GB 9847中的规定进行，采用随机抽样法。种苗基数在999株以下(含999株)，按基数的10%抽样，并按式(4)计算抽样量；种苗基数在1 000株以上时，按式(5)计算抽样量。具体计算公式如下：

$$y_1 = y_2 \times 10\% \quad (4)$$

$$y_3 = 100 + (y_2 - 999) \times 2\% \quad (5)$$

式中：

y_1 ——种苗基数在999株以下的抽样量，单位为株，结果保留整数；

y_2 ——种苗基数，单位为株，结果保留整数；

y_3 ——种苗基数在1 000株以上的抽样量，单位为株，结果保留整数。

6.4 判定规则

6.4.1 基本判定

如达不到4.1和4.2中的某一项要求，则判该批种子或种苗为不合格。

6.4.2 种子质量判定

咖啡种子质量指标达不到4.3.1的净度和纯度指标中任何一项时判为不合格；达到4.3.1的净度和纯度指标后，依据发芽率和含水量指标进行分级，任何一项质量指标达不到该级别要求，就可判定为下一级别，达不到三级要求时判为不合格。

6.4.3 种苗质量判定

同一批检验的一级苗中，允许有5%的苗低于一级标准，但应达到二级标准，超过此范围，则为二级苗；同一批检验的二级苗中，允许有5%的苗低于二级标准，但应符合基本要求，超过此范围，则该批苗为不合格。

6.4.4 复验

当贸易双方对判定结果有异议时，可抽样复验一次，以复验结果为最终结果。

7 包装、标志、运输和贮存

7.1 包装

咖啡种子必须用干净透气的麻袋、布袋、纤维袋包装；袋装苗营养袋完好或营养袋破损不严重、土团不松散的，可直接装运。

7.2 标志

种子贸易及种苗出圃时应附有质量检验证书和标签，质量检验证书和标签的要求见表B.2、表B.4

和附录C。

7.3 运输

种子种苗应按不同品种、级别分别装运，在运输过程中应防止日晒雨淋，保证通风透气。当运到目的地后及时卸下，种子可暂时存放室内通风处，并尽快播种；种苗置于荫棚或阴凉处，并及早定植。

7.4 贮存

咖啡种子必须贮存在干燥通风的室内，而且要定期检查通风设施以及种子是否发霉。贮存期不宜超过3个月。

附　录　A
（资料性附录）
咖啡主要品种特征

咖啡主要品种特征见表A.1。

表A.1　咖啡主要品种特征

品种	株高	树形	树冠	分枝	嫩叶颜色	成熟叶颜色	叶片特征	成熟果实特征	种子形状	抗锈病性
卡帝姆CIFC7963（F6）	矮生	直立	近圆柱形	粗壮，节密	翠绿	浓绿	椭圆披针形	近圆形，红色。果粒中等	椭圆形	强
S288	矮生	直立	圆柱形	粗壮，节密	红色	浓绿	叶小，革质较硬，长椭圆形，叶面光亮	近圆形，红色。果粒大	椭圆形	强
热研1号	高大	直立	圆柱形，树冠疏透	一级分枝粗且长	绿色	浓绿	阔椭圆披针形	扁圆形，橙红色，果粒大	长椭圆形，粒大	强
中粒种咖啡24-2号	高度中等	开张	圆柱形，树冠疏透	一级分枝粗且长	铜绿色	黄绿	宽椭圆披针形，叶脉间叶肉突出	红色，近圆形	椭圆形	强
热研2号	矮生	直立	圆柱形，树冠疏透	一级分枝相对细软	铜绿色	绿	叶片小，椭圆披针形	橙红色，近圆形	椭圆形，粒小	强
中粒种咖啡26号	高度中等	直立	圆柱形，树冠紧密	一级分枝粗，二级分枝多，节密	铜绿色	浓绿	椭圆披针形，叶缘波浪明显	红色，近圆形，较有光泽	椭圆形	强

附　录　B
（资料性附录）
咖啡种子种苗质量检测记录表

B.1　咖啡种子质量检测记录表

见表 B.1。

表 B.1　咖啡种子质量检测记录表

育种单位__________　　品　　种__________
种子园地址__________　　抽样地点__________
取样日期__________　　取 样 人__________
检验日期__________

项目	测定值			
	1	2	3	平均
净度，%				
发芽率，%				
含水量，%				
纯度				

测定人：　　　　记录人：

B.2　咖啡种子质量检验证书

见表 B.2。

表 B.2　咖啡种子质量检验证书

No.：________

制种单位		购种单位	
种子数量		品种	
采种日期			
检验结果			
证书签发期			
注：本证书一式三份，制种单位、购种单位、检验单位各一份。			

审核人（签字）：　　　　校准人（签字）：　　　　检测人（签字）：

B.3 咖啡种苗质量检验记录表

见表B.3。

表B.3 咖啡种苗质量检验记录表

品　　种:____________　　　　No.:____________

育苗单位:____________　　　　购苗单位:____________

出圃株数:____________　　　　抽检数量:____________

纯　　度:____________

样株号	株高 cm	茎粗 cm	叶片数 对	分枝数 对	外观	初评级别

审核人(签字):　　　校核人(签字):　　　检测人(签字):　　　　检测日期:　　年　　月　　日

B.4 咖啡苗木质量检验证书

见表B.4。

表B.4 咖啡苗木质量检验证书

育苗单位		购苗单位	
种苗数量		品种	
检验结果			
证书签发期			
注:本证一式三份,育苗单位、购苗单位、检验单位各一份。			

审核人(签字):　　　　　校核人(签字):　　　　　检测人(签字):

附 录 C
（资料性附录）
咖啡种子种苗标签

咖啡种子种苗标签见图 C.1。

单位为厘米

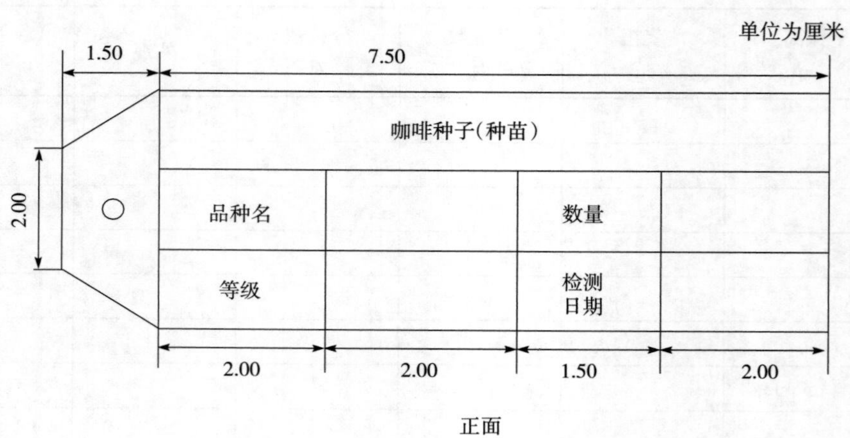

正面

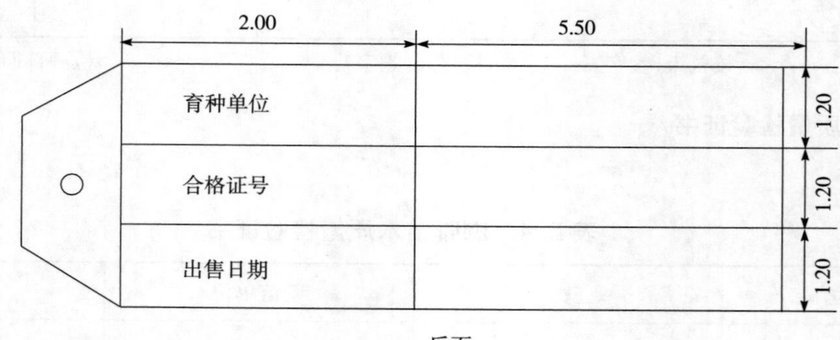

反面

注：标签用 150 g 的牛皮纸。标签孔用金属包边。

图 C.1 咖啡种子种苗标签

本标准起草单位：中国热带农业科学院香料饮料研究所。

本标准主要起草人：董云萍、闫林、龙宇宙、谭乐和、孙燕、王晓阳、黄丽芳、林兴军、陈鹏。

中华人民共和国农业行业标准

NY/T 1074—2006

可可　种苗

Cocoa grafting

1　范围

本标准规定了可可(*Theobroma cacao* L.)种苗的术语和定义、要求、试验方法、检验规则及包装、标签、运输和贮存。

本标准适用于可可种苗。

2　规范性引用文件

下列文件中的条款通过本标准的引用而成为本标准的条款。凡是注日期的引用文件,其随后所有的修改单(不包括勘误的内容)或修订版均不适用于本标准,然而,鼓励根据本标准达成协议的各方研究是否可使用这些文件的最新版本。凡是不注日期的引用文件,其最新版本适用于本标准。

GB 6000—1999　主要造林树种苗木质量分级

GB 15569—1998　农业植物调运检疫规程

中华人民共和国国务院令　第98号《植物检疫条例》

中华人民共和国农业部令　第5号《植物检疫条例实施细则(农业部分)》

3　术语和定义

下列术语和定义适用于本标准。

3.1

苗高　height of seedling

自土表至苗木最高新梢顶端处的自然高度。

3.2

茎粗　caudex wide

自土表面以上茎干10 cm处横切面的直径。

3.3

袋装苗　bag seedling

在特定规格并装有营养土的塑料袋中培育的苗木。

4　要求

4.1　基本要求

4.1.1　外观

种源来自经确认的品种纯正、优质高产的母本园或母株,品种纯度要求实生苗≥95%、嫁接苗≥98%;出圃时营养袋完好,营养土完整不松散,土团直径≥15 cm,高≥20 cm;植株主干直立,生长健壮,

中华人民共和国农业部 2006-07-10 发布　　　　2006-10-01 实施

叶片浓绿、正常，无机械损伤。砧木生长健壮、根系发达，与接穗亲和力强，嫁接成活率高。

4.1.2 检疫

不携带检疫性病虫害，植株无病虫危害。

4.2 质量要求

可可种苗分为一级、二级两个级别，各级别的质量要求应符合表1的规定。

表1 可可种苗质量指标

项 目	分 级			
	一 级		二 级	
	实生苗	嫁接苗	实生苗	嫁接苗
苗高，cm	＞40.0	＞30	30.0～40.0	25.0～30.0
茎粗，cm	＞0.60	＞0.60	0.40～0.60	0.4～0.6
新梢长，cm	—	＞20.0	—	15.0～20.0
新梢粗，cm	—	＞0.40	—	0.3～0.4

5 试验方法

5.1 外观检验

用目测法检测植株的生长情况、根系颜色、叶片颜色、病虫害、机械损伤、嫁接口愈合程度。

5.2 疫情检验

按中华人民共和国国务院令 第98号和中华人民共和国农业部令第5号及GB 15569—1998的有关规定进行。

5.3 质量检验

5.3.1 苗高

用直尺或钢卷尺测量土表至苗木最高新梢顶端处的自然高度，精确到小数点后1位。

5.3.2 茎粗

用游标卡尺测量自土表以上10 cm处茎干的直径。

5.3.3 新梢长

用直尺或钢卷尺测量接口至新梢顶端的长度。

5.3.4 新梢粗

用游标卡尺测量接口以上3 cm处新梢直径。

5.4 将苗高、茎粗、新梢长、新梢粗的测量数据记入附录A的表格中。

6 检验规则

6.1 检验批次

同一产地、同时出圃的种苗作为一个检验批次。

6.2 抽样

按GB 6000—1999中4.1.1的规定执行。

6.3 判定规则

6.3.1 判定

同一批检验的一级种苗中，允许有5%的种苗低于一级标准，但必须达到二级标准，超过此范围，则为二级种苗；同一批检验的二级种苗中，允许有5%的种苗低于二级标准，超过此范围，则视该批种苗为等外苗。

6.3.2 复验

对质量要求的判定有异议时，应进行复验，并以复验结果为准。疫情指标不复检。

7 标识

种苗出圃时应附有标签，项目栏内用记录笔填写。标签参见附录C。

8 包装、运输和贮存

8.1 包装

可可苗在出圃前应逐渐减少荫蔽，锻炼种苗，在大田荫蔽不足的植区，尤应如此。起苗前停止灌水，起苗后剪除病叶、虫叶、老叶和过长的根系。全株用消毒液喷洒，晾干水分。营养袋完好的苗不需要包装可直接运输。

8.2 运输

种苗在短途运输过程中应保持一定的湿度和通风透气，避免日晒、雨淋；长途运输时应选用配备空调设备的交通工具。

8.3 贮存

种苗出圃后应在当日装运，运达目的地后要尽快定植或假植。如短时间内无法定植，袋装苗置于荫棚中，并注意淋水，保持湿润。

附　录　A
（资料性附录）

表 A.1　可可种苗质量检测记录表　　No.

育苗单位							
购苗单位							
品　　种			报检株数		抽检株数		
样株号	苗高 cm	苗茎粗 cm	新梢长 cm	新梢粗 cm	初评级别 一级	二级	等外

审核人（签字）：　　　校核人（签字）：　　　检测人（签字）：　　　检测日期：　　年　月　日

附　录　B
（资料性附录）

表 B.1　可可种苗质量检验证书

<table>
<tr><td>育苗单位</td><td colspan="2"></td><td>No.</td><td></td></tr>
<tr><td>购苗单位</td><td colspan="4"></td></tr>
<tr><td>种苗品种</td><td></td><td>种苗类型</td><td colspan="2"></td></tr>
<tr><td>出圃株数</td><td></td><td>抽样株数</td><td colspan="2"></td></tr>
<tr><td>检验结果</td><td colspan="4">一级：　　%　　　　二级：　　%　　　　等外：　　%</td></tr>
<tr><td>检验意见</td><td colspan="4"></td></tr>
<tr><td>检验单位
（章）</td><td colspan="4"></td></tr>
<tr><td>证书有效期</td><td colspan="4">年　　月　　日　　至　　年　　月　　日</td></tr>
<tr><td colspan="5">注：本证一式两份，育苗单位和购苗单位各一份。</td></tr>
</table>

审核人（签字）：　　　　　　校核人（签字）：　　　　　　检测人（签字）：

附 录 C
(资料性附录)

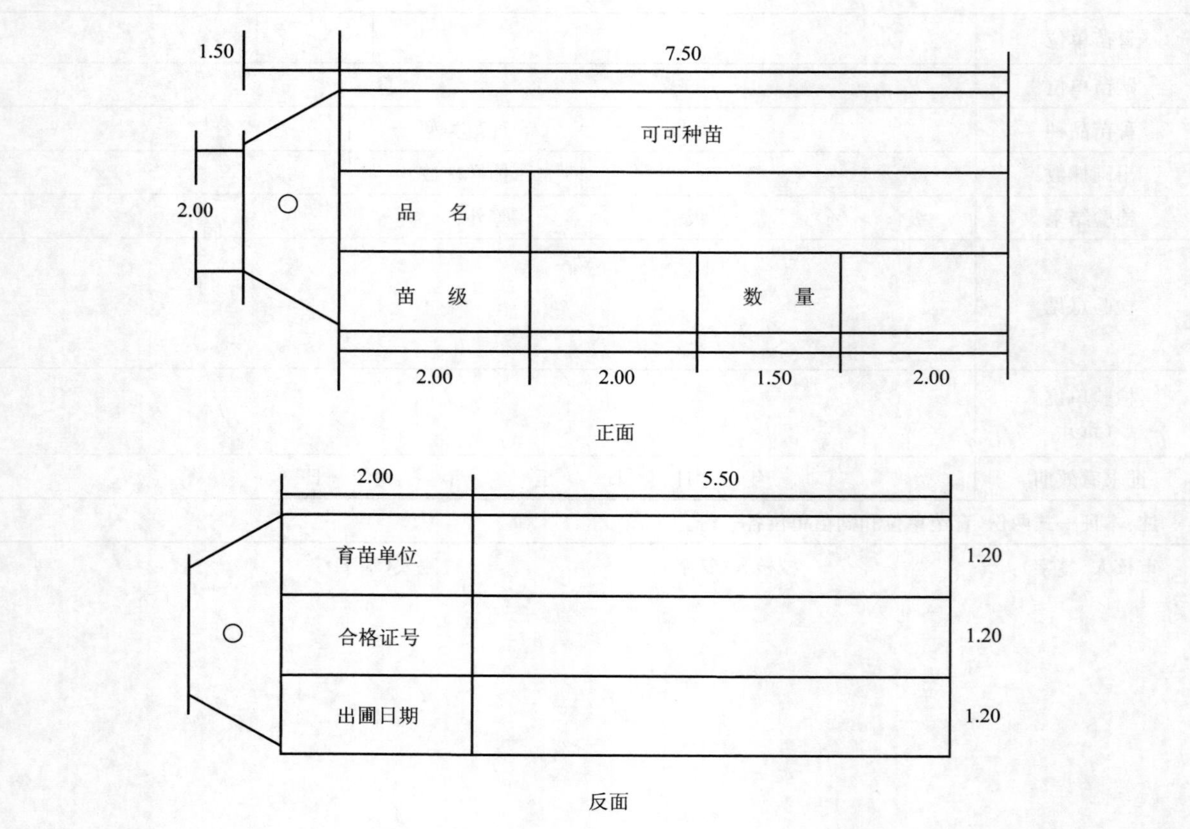

注:标签用 150g 的牛皮纸。
标签孔用金属包边。

(单位:cm)

图 C.1 可可种苗标签

本标准起草单位:农业部热带作物种子种苗质量监督检验测试中心。

本标准主要起草人:邹冬梅、张如莲、龙开意、漆智平。

中华人民共和国国家标准

GB 19176—2010

糖 用 甜 菜 种 子

Sugar beet seed

1 范围

本标准规定了糖用甜菜(*Beta vulgaris* var. *saccharifera*)种子的术语和定义、质量要求、检验方法、检验规则及包装、标志、运输和贮存要求。

本标准适用于中华人民共和国境内生产、销售的糖用甜菜种子。

2 规范性引用文件

下列文件中的条款通过本标准的引用而成为本标准的条款。凡是注日期的引用文件,其随后所有的修改单(不包括勘误的内容)或修订版均不适用于本标准,然而,鼓励根据本标准达成协议的各方研究是否可使用这些文件的最新版本。凡是不注日期的引用文件。其最新版本适用于本标准。

GB/T 3543.2 农作物种子检验规程 扦样

GB/T 3543.3 农作物种子检验规程 净度分析

GB/T 3543.6 农作物种子检验规程 水分测定

GB/T 3543.7 农作物种子检验规程 其他项目检验

GB 20464 农作物种子标签通则

3 术语和定义

下列术语和定义适用于本标准。

3.1

糖用甜菜种子 sugar beet seed

用于生产制糖原料的甜菜种子。

3.2

育种家种子 breeder seed

育种家育成的遗传性状稳定、特征特性一致的家系或品系种子。

3.3

原种 basic seed

用育种家种子繁殖的第一代至第三代,经确认达到规定质量要求的种子。

3.4

二倍体 diploid

在甜菜体细胞中,含有两个染色体组(2x=18 条染色体)。

中华人民共和国国家质量监督检验检疫总局
中 国 国 家 标 准 化 管 理 委 员 会 2011-01-14 发布 2012-01-01 实施

3.5

三倍体 triploid

在甜菜体细胞中,含有三个染色体组(3x=27 条染色体)。

3.6

四倍体 tetraploid

在甜菜体细胞中,含有四个染色体组(4x=36 条染色体)。

3.7

普通多倍体 exoploid

以二倍体品系和四倍体品系互为父母本,按一定的比例自然杂交所获得的种子。

3.8

雄性不育多倍体 polyploid based on CMS

以雄性不育二倍体(或四倍体)品系为母本,具正常花粉的四倍体(或二倍体)品系为父本,按一定比例自然杂交配制的杂种一代。

3.9

甜菜雄性不育 beet male sterile

因甜菜花粉母细胞退化而不具有授粉能力,又称甜菜雄不育。

3.10

单胚种 genetic monogerm seed

通过遗传获得的种球内只含有一个种胚的种子,又称单粒种、单果种、单芽种。

3.11

多胚种 multigerm seed

种球内含有两个以上(包括两个)种胚的种子,又称多粒种、复果种、多芽种。

3.12

磨光种 polished seed

经简单加工去掉种球表面花萼,除遗传本质外,其他特性(如粒径、比重等)有明显改变的甜菜种子。

3.13

丸化种 pelleted seed

为适应精量播种,将甜菜种子做成在大小和形状上没有明显差异的类似球状的单粒种子。丸化种子除添加丸化物质外,可能含有杀虫剂、杀菌剂、染料或其他添加剂。

3.14

包衣种 coated seed

形状类似于原来的种子,可能含有杀虫剂、杀菌剂、染料或其他添加剂的种子。

3.15

净种子 pure seed

不同类型的甜菜种子用规定方法和规定孔径筛子筛理后留在筛子上的完整甜菜种球及破损种球。

3.16

其他植物种子 other seed

除净种子以外的任何植物种子,包括杂草种子和异作物种子。

3.17

杂质 inert matter

除净种子和其他植物种子以外的所有其他物质。

3.18

净度　percentage purity

种子清洁干净的程度，一般是指供检样品中净种子的百分率。

3.19

发芽率　percentage germination

在规定的条件和时间内(见附录 B)，长成的正常幼苗种球数占供检种球数的百分数。

3.20

单粒率　percentage monogerm seed

单胚种子粒数占供检种子粒数的百分数。

3.21

三倍体率　percentage triploid

三倍体种子粒数占供检种子粒数的百分数。

3.22

水分　moisture content

按规定程序把种子样品烘干所失去的质量，以失去质量占供检样品原始质量的百分率表示。

3.23

千粒重　the weight of 1 000 seeds

符合国家甜菜种子质量标准规定水分的 1 000 粒甜菜种子的质量，以克为单位。

3.24

单位　unit

单胚种的标准包装规格，一个单位包含 100 000 粒种子。

4　质量要求

4.1　糖用甜菜多胚种子

糖用甜菜多胚种子质量应符合表 1 的最低要求。

表 1　糖用甜菜多胚种子质量要求

种子类别			发芽率/% 不低于	净度/% 不低于	三倍体率/% 不低于	水分/% 不高于	粒径/mm
二倍体	原种		80	98.0	—	14.0	≥2.5
	大田用种	磨光种	80	98.0	—	14.0	≥2.0
		包衣种	90	98.0	—	12.0	2.0～4.5
多倍体	原种		70	98.0	—	14.0	≥3.0
	大田用种	磨光种	75	98.0	45(普通多倍体)或 90(雄性不育多倍体)	14.0	≥2.5
		包衣种	85	98.0		12.0	2.5～4.5

4.2　糖用甜菜单胚种子

糖用甜菜单胚种子质量应符合表 2 的最低要求。

表 2　糖用甜菜单胚种子质量要求

种子类别		单粒率/% 不低于	发芽率/% 不低于	净度/% 不低于	三倍体率/% 不低于	水分/% 不高于	粒径/mm
原种		95	80	98.0	—	12.0	≥2.0
大田用种	磨光种	95	80	98.0	95	12.0	≥2.0
	包衣种	95	90	99.0	95	12.0	≥2.0
	丸化种	95	95	99.0	98	12.0	3.5～4.75
注 1：二倍体单胚种子不检三倍体率项目。 注 2：本表中三倍体率指标系指雄性不育多倍体品种。							

5 检验方法

5.1 净度分析

按附录A执行。

5.2 发芽试验

按附录B执行。

5.3 三倍体率检验

按附录C执行。

5.4 单粒率检验

从净度分析后的净种子中，用数粒仪或手工随机数取400粒种子，每100粒为一次重复，观测每一重复中单胚种子的百分数。四次重复百分数的平均数即为单粒率，其结果修约到最近似的整数。

5.5 粒径测定

供粒径测定的送验样品质量至少达到250 g，样品应装入密闭容器内。从净度分析后的净种子中，称取两份试验样品各约50.00 g，将每个试验样品分别置入规定的套筛中(每层筛孔相差0.5 mm，从上到下依次叠放)，用筛选器筛理3 min；手工筛理方法是往复20次，转变至90°，再往复20次，拍打一下后结束。筛理后将每只筛中的净种子分别称重，保留两位小数。用净种子质量较大的相邻三只筛子的孔径表示种子粒径范围，保留一位小数。

如果三只相邻筛子中的净种子质量之和不小于试验样品质量的70.0%，并且两个重复测定结果的差值不高于5.0%，测定结果用两份试验样品的平均数表示。否则，须再分析约50.00 g的样品，直至有两份试样的测定结果达到要求为止，并以该两份试样的测定结果的平均值作为测定结果。

5.6 水分测定

按GB/T 3543.6的规定执行。

5.7 千粒重测定

按GB/T 3543.7的规定执行。

5.8 包衣种子检验

按GB/T 3543.7的规定执行。

6 检验规则

6.1 扦样

扦样方法和种子批的确定应执行GB/T 3543.2的规定。

6.2 质量判定规则

质量判定规则应执行GB 20464的规定。

7 包装、标志、运输和贮存

7.1 包装

糖用甜菜种子可采用塑料袋、纸板盒、纸袋、编织袋或麻袋等包装物包装。丸化种以一个单位为最小包装单位，每个单位100 000粒。粒径在规定分级的范围内，各部分的质量占总质量的百分率总和应不低于98.5%。其他类型的糖用甜菜种子，每个最小包装单位内，规定粒径的种子应不低于70.0%。

7.2 标志

销售的袋装和箱装(包括箱内每个单独包装)甜菜种子应当附有标签。标签应符合GB 20464的规定。

7.3 运输

禁止与有害、有毒或其他可造成污染的物品混贮、混运，严防潮湿。车辆运输时应有苫布盖严，船舶运输时应有下垫层。

7.4 贮存

甜菜种子贮存场所要具备防雨、防湿、防火、防鼠、通风等条件，仓库有附属晒场，禁止与易燃、易爆品及化肥、农药等物资共同贮存。甜菜种子垛贮应方便种子扦样。种子出库前应经过各项检验，不合格种子不准出库。

附 录 A
（规范性附录）
净 度 分 析

A.1 仪器和用具

分样器；不同孔径的套筛（包括振荡器）；天平：感量 0.1 g，0.01 g 和 0.001 g。

A.2 测定程序

采用一份试样分析。

A.2.1 重型混杂物的检查

在称取至少 250.0 g（单胚种 125.0 g）（M）的送验样品中，挑出与甜菜种子大小或质量上明显不同且严重影响结果的混杂物，如土块、小石块或其他大粒种子等称重（m），再将重型混杂物（m）分离为其他植物种子（m_1）和杂质（m_2）。

A.2.2 试验样品的分取

净度分析的试验样品（一份）应从已挑出重型混杂物的送验样品中分取（按 GB/T 3543.2 中实验室试验样品的分取方法）约 50.000 g，称重。

A.2.3 试样的分离

将试验样品置入规定孔径的检验筛中筛理。种子筛选器筛理 2 min（包衣种 1 min）；手工筛理方法是往复 20 次（包衣种往复 10 次），转变至 90°，再往复 20 次（包衣种再往复 10 次），拍打一下后结束。然后将筛子上净种子（甜菜种球及破损种球）中的杂质如小石块、土块、鼠雀粪、甜菜植物茎叶及脱下的小花、碎屑等非甜菜种子及其他植物种子挑出、分离；同时也将筛下的其他植物种子从杂质中挑出、分离。

最后将筛上和筛下的杂质、其他植物种子分别合并在一起，如此将试样分离成净种子、其他植物种子和杂质三种成分。然后将三种成分分别称重（精确至 0.001 g），以克（g）表示，折算成为百分数。

标准检验筛的规格：圆孔筛和长孔筛的筛高均为 50 mm，直径 200 mm。圆孔筛单孔直径大于等于 2.0 mm，每 0.25 mm 为一个级差：长孔筛单孔长 20 mm，宽大于等于 2.0 mm，以 0.5 mm 为一个级差；检验单胚种用圆孔筛，检验多胚种用长孔筛。

A.3 结果计算与表示

按 GB/T 3543.3 的规定执行。

附　录　B
(规范性附录)
发　芽　试　验

采用盒式皱褶纸纸间法。

B.1　仪器、用具和试剂

数粒仪;发芽盒(规格:200 mm×110 mm×75 mm);发芽皱褶纸(每平方米质量为 70 g～90 g,吸水率为 220%～250%);发芽箱或发芽室;次氯酸钠;福美双等。

B.2　试验程序

B.2.1　取样

从经过充分混合的净种子中,用数粒仪或手工随机数取 400 粒种子。应该注意不能挑选种子,以避免结果产生偏差。通常以 100 粒为一次重复,重复四次。

B.2.2　种子冲洗

将供检种子样品放在网丝袋里,用 20℃～25℃水冲洗(多胚种 2 h,单胚种 4 h)。

B.2.3　种子消毒

把冲洗好的种子放入 0.3%～0.5%的福美双水溶液中浸种 10 min。

B.2.4　种子风干

在室温、通风条件下进行种子风干。多胚种风干 10 min～30 min,单胚种风干 1 h。

B.2.5　发芽盒消毒

发芽盒使用前置于 0.1%的次氯酸钠水溶液中浸泡 3 min～5 min,然后用清水洗净晾干。

B.2.6　装盒方法

先将覆盖纸铺在发芽盒底层,再将发芽皱褶纸展开放在覆盖纸上。然后用定量喷雾器将 32 mL～34 mL(单胚种 30 mL～32 mL)蒸馏水均匀喷洒在发芽纸上。最后在每个皱褶内放两粒种子,间距要均匀,相邻皱褶间种子位置要错开,每盒装 100 粒种子。折盖覆盖纸,盖严盒盖,套上塑料袋,置入发芽箱(室)内的发芽架上。

B.2.7　发芽温度

发芽采用恒温进行,发芽箱(室)的发芽温度在发芽期间应尽可能一致。规定温度在 23℃～25℃。

B.2.8　发芽光照

在有光照条件下进行,光照强度为 1 000 lx～1 500 lx,光照时间为 8 h。

B.2.9　试验持续时间

试验持续时间为 10 d。初次计数时间为 4 d,末次计数时间为 10 d。均以正常幼苗数计算。

B.2.10　幼苗鉴定

每株幼苗都必须按规定的标准(B.2.10.1～B.2.10.2)进行鉴定。鉴定要在幼苗主要结构已发育到一定时期时进行。在计数过程中,发育良好的正常幼苗应从发芽皱褶纸中捡出,对可疑的或损伤、畸形或不均衡的幼苗,通常列到末次计数。严重腐烂的幼苗或发霉的种子应从发芽皱褶纸中除去,并随时计数。

B.2.10.1　正常幼苗

完整幼苗、带有轻微缺陷或次生感染的幼苗均为正常幼苗。鉴定正常幼苗的具体标准如下。

B.2.10.1.1 完整幼苗

幼苗主要构造生长良好、完全、均匀和健康。

a) 细长的初生根，通常长满根毛，末端细尖；

b) 具有一个直立、细长并有伸长能力的下胚轴；

c) 具有两片展开呈叶状的绿色子叶。

B.2.10.1.2 带有轻微缺陷的幼苗

幼苗主要构造出现某种轻微缺陷，但在其他方面能均衡生长，并与同一试验中的完整幼苗相当。

B.2.10.1.3 次生感染的幼苗

由真菌或细菌感染引起，使幼苗主要构造发病和腐烂，但有证据表明病源不来自种子本身。

B.2.10.2 不正常幼苗

整个幼苗畸形；断裂；子叶比根先长出；两株幼苗连在一起；黄化或白化；纤细；水肿状；由初生根感染所引起的腐烂。

B.3 重新试验

当试验出现下列情况时，应重新试验。

B.3.1 当发现试验条件、幼苗鉴定或计数有差错时，应采用同样方法进行重新试验。

B.3.2 当发芽试验的四次重复间的差距超过表 B.1 的最大容许差距时，应采用同样方法进行重新试验。如果重新试验与第一次结果相符合，其差距不超过表 B.2 的最大容许差距时，则将两次试验的平均数填报在结果单上；如果重新试验与第一次结果不相符合，其差距超过表 B.2 所示的最大容许差距，则采用同样方法进行第三次试验，直至有两次试验的结果相一致为止，并将该两次试验的平均数填报在结果单上。

B.3.3 如遇停电，发芽箱（室）不能维持种子发芽所需的条件要求时，该批试样应重新测定。

表 B.1 同一发芽试验四次重复间的最大容许差距（2.5%显著水平的两尾测定）

%

平均发芽率		最大容许差距
50%以上	50%以下	
99	2	5
98	3	6
97	4	7
96	5	8
95	6	9
93～94	7～8	10
91～92	9～10	11
89～90	11～12	12
87～88	13～14	13
84～86	15～17	14
81～83	18～20	15
78～80	21～23	16
73～77	24～28	17
67～72	29～34	18
56～66	35～45	19
51～55	46～50	20

表 B.2　同一或不同实验室来自相同或不同送验样品间发芽试验的容许差距(2.5%显著水平的两尾测定)

%

平均发芽率		最大容许差距
50%以上	50%以下	
98～99	2～3	2
95～97	4～6	3
91～94	7～10	4
85～90	11～16	5
77～84	17～24	6
60～76	25～41	7
51～59	42～50	8

B.4　结果计算和表示

试验结果以粒数的百分率表示。当一个试验的四次重复的正常幼苗百分率都在最大容许差距内(见表 B.1),则用其平均数表示发芽百分率。正常幼苗、不正常幼苗和未发芽种子的百分数总和必须为100,平均数百分率修约到最近似的整数。填报发芽结果时,若其中任何一次结果为零,则将符号“—0—”填入该格中。

$$发芽率=\frac{发芽终期全部正常幼苗种球数}{供试种球数}\times 100\% \quad \cdots\cdots (B.1)$$

B.5　容许误差

同一发芽试验四次重复间的容许差距按表 B.1 执行;同一或不同实验室来自相同或不同送验样品间发芽试验的容许差距按表 B.2 执行;在抽检、统检、仲裁检验、定期检查时发芽试验的容许差距按表 B.3 执行,规定值指质量标准、合同、标签等规定的技术指标。

表 B.3　发芽试验与规定值比较的容许差距(5%显著水平的一尾测定)

%

标准规定发芽率		容许差距
50%以上	50%以下	
99	2	1
96～98	3～5	2
92～95	6～9	3
87～91	10～14	4
80～86	15～21	5
71～79	22～30	6
58～70	31～43	7
51～57	44～50	8

附　录　C
（规范性附录）
三倍体率检验

采用乙酸地衣红染色法，检验幼胚根尖细胞核中的染色体数目，确定三倍体率。

C.1　试剂及制备

卡诺固定液：无水乙醇三份加冰乙酸一份混匀。

软化剂：浓盐酸一份加95%乙醇一份混匀。

2%乙酸地衣红溶液：称取2.0 g地衣红试剂，溶解于100 mL的45%冰乙酸溶液中。

45%冰乙酸。

预处理液：8-羟基喹啉或对二氯苯等。

C.2　仪器和用具

发芽箱；生物显微镜；载玻片；盖片；称量瓶等。

C.3　检验程序

C.3.1　发芽与取材

取100粒左右试验样品进行发芽，在幼胚根尖细胞分裂高峰期（一般在萌芽后的2 d～3 d），选取白色、粗壮、长度在8 mm～15 mm的幼根根尖3 mm～5 mm部分。

C.3.2　预处理

将所取根尖放入装有8-羟基喹啉或对二氯苯饱和溶液的称量瓶中，盖上瓶盖，在室温20℃±2℃下处理2 h。或将根尖装入盛有蒸馏水的称量瓶中，放入冰箱，在2℃～3℃条件下预处理24 h，使细胞分裂停留在有丝分裂中期使染色体缩短变粗，便于观察。

C.3.3　固定与离析（软化）

将预处理后的根尖用蒸馏水冲洗两次到三次后放入卡诺固定液中2 h～3 h；然后把固定后的材料取出，用蒸馏水冲洗后放入软化剂中，在室温下处理至根尖呈透明状为适度（约5 min）。

C.3.4　染色与制片

把离析好的材料用蒸馏水冲洗两次到三次，切取根尖2 mm～3 mm放在载玻片上，滴加2%乙酸地衣红溶液染色5 min～15 min。然后滴一滴45%乙酸，使其分色1 min～5 min。加盖片，上面垫上滤纸后轻轻敲压，使根尖压得薄而不散为宜。

C.3.5　检验

先在低倍镜下寻找分裂的细胞位置，而后转入高倍镜下观察，辨认分裂相中染色体数目，确定三倍体。一个试验样品必须镜检出50个有效片，每片检查出两个有效分裂相后确定染色体数目。

C.4　结果计算与表示

检验结果以50个有效片中的三倍体片数的百分率表示。计算结果修约到最近似的整数。

$$P=\frac{T}{50}\times 100\% \qquad (C.1)$$

式中：

P——三倍体率；
T——三倍体片数，片，
50——规定的有效片数量，片。

本标准起草单位：农业部甜菜品质监督检验测试中心、中国农业科学院甜菜研究所、全国农业技术推广服务中心、新疆伊犁哈萨克自治州种子管理总站（新疆伊犁哈萨克自治州农作物种子质量监督检验测试中心）、黑龙江省甜菜种子管理站、内蒙古包头华资实业股份有限公司、黑龙江大学。

本标准主要起草人：吴玉梅、陈连江、吴庆峰、滕佰谦、吕晓刚、夏文省、秦树才。

中华人民共和国农业行业标准

NY/T 1796—2009

甘 蔗 种 苗

Seedling of sugarcane

1 范围

本标准规定了甘蔗种苗的术语与定义、质量指标、检验方法、包装、标志、运输和贮存的方法。

本标准适用于甘蔗种茎以及通过腋芽或茎尖组织培养技术培育的不带甘蔗花叶病毒[(Sugarcane Mosaic Virus，ScMV)和 Sugarcane Sorghum Mosaic Virus(SrMV)]和甘蔗宿根矮化病菌[*Leifsonia xyli* subsp. *xyli*(Lxx)或 *Clavibacter xyli* subsp. *xyli*(Cxx)]的甘蔗脱毒种苗的质量鉴定。

2 规范性引用文件

下列文件中的条款通过本标准的引用而成为本标准的条款。凡是注日期的引用文件，其随后所有的修改单(不包括勘误的内容)或修订版均不适用于本标准，然而，鼓励根据本标准达成协议的各方研究是否可使用这些文件的最新版本。凡是不注日期的引用文件，其最新版本适用于本标准。

GB 12943 苹果无病毒苗木和苗木检疫规程

NY 357 香蕉 组培苗

3 术语和定义

下列术语与定义适用于本标准。

3.1

甘蔗种苗 sugarcane seedlings

甘蔗种茎和甘蔗脱毒种苗统称甘蔗种苗。

3.2

甘蔗脱毒种苗 virus-free and bacterium-free seedlings of sugarcane

指通过腋芽或茎尖组织培养技术培育的不带本标准规定的检测对象的组培瓶苗、袋栽苗及其无性繁殖后代。

3.3

品种纯度 variety purity

经确认的真实品种种茎数占种茎总数的百分率。

3.4

夹杂物 inclusion

种茎中夹带的蔗叶、已脱落的叶鞘、沙土、腐败茎及其他非蔗物。

3.5

发芽率 germination rate

在气温 20℃以上、土壤最大持水量 65%以上播种 10 d 内的萌芽率。

中华人民共和国农业部 2009 - 12 - 22 发布　　2010 - 02 - 01 实施

3.6

甘蔗组织培养技术　sugarcane tissue culture technique

指利用甘蔗的器官、组织细胞作为外植体，采用无菌操作接种于人工配制的培养基上，在一定的光照和温度条件下进行培养，使之生长、分化并发育成完整小植株的技术。

3.7

瓶苗　bottle seedlings

指在培养瓶中生长且已达假植标准的根、茎、叶俱全的完整甘蔗小植株。

3.8

袋栽苗　bag seedlings

指甘蔗瓶苗假植于盛有营养土的特定规格塑料袋或塑料盘中，并经精心管理长成的可供大田定植的种苗。

3.9

变异　variation

在组织培养过程中甘蔗植株的遗传特性发生了变化，其形态表现出有别于原品种植株的特征。主要表现为：白化、假茎和叶片畸形。

3.10

带毒允许率　virus or bacterium allowing rate

指瓶苗、袋栽苗及其无性繁殖后代允许带毒的比率。

3.11

带毒检出率　virus or bacterium detection rate

指甘蔗脱毒种苗中检出的带有检测对象的阳性植株数占总检测植株数的百分率。

3.12

其他主要病害率　rate of other major diseases

指甘蔗脱毒种苗中检出的带有其他主要病害（表3）的植株数占总检测植株数的百分率。

4　质量要求

4.1　甘蔗脱毒瓶苗和袋栽苗

4.1.1　脱毒瓶苗

要求根系有分杈，有主根和侧根，叶色绿，生长正常无变异。脱毒瓶苗按质量要求分为一级和二级两个级别，见表1。低于二级标准的脱毒瓶苗不得作为商品苗，并将结果记入附录A.2规定的记录表中。

表1　甘蔗脱毒瓶苗质量要求

项　　目	指　　标	
	一　级	二　级
品种纯度，%	100.0	100.0
假茎	有（＋）	有（＋）
株高，cm	≥5.0	≥3.5，＜5.0
1.0 cm以上白色根，条	≥4	≥2
完全展开叶，片	＞4	＞3
带毒检出率，%	未检出	≤0.5
变异率，%	未检出	未检出

4.1.2　脱毒袋栽苗

要求叶色绿，根系生长良好，叶片无病虫害症状，无明显可辩的变异株，大田种植后变异率小于5%。脱毒袋栽苗按质量要求分为一级和二级两个级别，见表2，低于二级标准的袋栽苗不得作为商品苗，并将结果记入附录A.3规定的记录表中。

表2 脱毒甘蔗袋栽苗质量要求

项　目	指　标	
	一　级	二　级
品种纯度，%	100.0	100.0
新出叶，片	>6	≥4
假茎高，cm	≥12.0	≥8.0
假茎粗，cm	>0.3	≥0.2
1.0 cm以上白色根，条	≥4	≥2
其他主要病害率，%	未发现	≤1.0
带毒检出率，%	未检出	≤1.0
注：其他主要病害指其他为害甘蔗的重要病害甘蔗黄叶病、梢腐病、褐条病、黄斑病。		

4.2 甘蔗脱毒种茎

甘蔗种茎和甘蔗脱毒种茎按质量要求分为一级和二级两个级别，见表3，低于二级标准的种茎不得作为商品种茎。并将结果记入附录A.4表中。

表3 甘蔗种茎和甘蔗脱毒种茎质量要求

项　目	指　标	
	一　级	二　级
品种纯度，%	100.0	100.0
夹杂物率，%	≤1.0	≤1.0
种茎茎径，cm	≥2.2	>1.8
含水量，%	60～75	60～75
发芽率，%	≥80.0	≥75.0
带毒检出率*，%	≤1.0	≤3.0
其他主要病害率*，%	≤3.0	≤5.0
注：其他主要病害指其他为害甘蔗的重要病害甘蔗黄叶病、梢腐病、褐条病、黄斑病。表3中带*的项目仅对甘蔗脱毒种茎的要求。		

4.3 甘蔗种茎

非脱毒甘蔗种茎质量要求见表4。

表4 甘蔗种茎质量要求

项　目	指　标
品种纯度，%	100
夹杂物率，%	≤1.0
种茎茎径，cm	>1.8
含水量，%	60.0～75.0
发芽率，%	≥80.0
病虫害，%	≤5.0

5 检验方法

5.1 甘蔗种茎

5.1.1 品种纯度

通过茎色、节间形状、节间排列、蜡粉带、根点排列、根点行数、芽形、芽沟、芽位、叶鞘颜色、叶鞘57号毛群、叶舌形状、叶耳形状等性状的观察，依公式(1)计算品种纯度。

品种纯度＝(样本总数－误名种茎数)/样本总数×100％ ……………………（1）

5.1.2 种茎含水量

种茎切段后劈成4份，采用常压烘箱干燥，于105℃烘干至恒重，依公式(2)计算含水量。

种茎含水量＝(烘干前重量－烘干后重量)/烘干前重量×100％ ………………（2）

5.1.3 种茎发芽率

通过沙培促芽，依公式(3)计算发芽率。

种茎发芽率＝萌芽数/总芽数×100％ ……………………………（3）

5.1.4 茎径

用游标卡尺测量甘蔗节间中部的直径。

5.1.5 节间长度

用钢卷尺测量留种部分的下部节间长度。

5.1.6 夹杂物率

种茎称重后，随机采整捆种茎一捆，小心轻放，防止夹杂物脱落，附送检卡，依公式(4)计算夹杂物率。

夹杂物率＝夹杂物重量/种茎重量×100％ …………………………（4）

5.2 甘蔗脱毒种苗

5.2.1 株高

用游标卡尺自基部(含长根部分)量至＋1叶(最新完全展开叶)最高可见肥厚带处。

5.2.2 白色根长

用游标卡尺量白色根的长度，记录大于或等于1.0 cm长的白色根条数。

5.2.3 完全展开叶

用感官检测已完全展开的叶片。

5.2.4 新出叶

用感官检测，自假茎基部往上检测瓶苗移栽后假植期间新长出的完全展开绿叶数。

5.2.5 假茎粗

用游标卡尺测量自袋面以上2.0 cm处的最粗直径。

5.2.6 假茎高

用游标卡尺自袋面量至＋1叶最高可见肥厚带处。

5.2.7 带毒检测与结果判定

瓶苗、袋栽苗和种茎苗的甘蔗花叶病毒(ScMV或SrMV)带毒检测，可采用叶片表型病害症状与硝酸纤维素膜酶偶联免疫(NCM-ELISA)检测方法(附录D)相结合，也可采用表型与聚合酶链式反应(Polymerase Chain Reaction，PCR)检测方法(附录E)，或叶片表型与指示植物检测法(附录F)相结合；瓶苗和袋栽苗的甘蔗宿根矮化病菌(Lxx或Cxx)带毒检测可采用NCM-ELISA或PCR检测方法，种茎苗可采用蔗茎纵剖表型病害症状和NCM-ELISA或PCR检测方法相结合。只要其中一种方法检出阳性，就可判定该样本带毒。

5.2.8 带毒检出率

采用表型病害症状或NCM-ELISA或PCR检测方法，判定为带毒的样本数占检测总样本数的百分率，即为带毒检出率。

5.2.9 病害率

检出的带有病害症状种茎的数量占检测总数的百分比。

6 检验规则

6.1 脱毒种苗

6.1.1 组批

同一时间，同一地点，取得同一品种不同单株的外植体经组织培养扩大繁殖后的脱毒苗(含瓶苗、袋栽苗和种茎苗)为同一组批。

6.1.2 抽样

各类脱毒种苗的抽样数量要求见表5。其中：瓶苗或袋栽苗采用随机抽样，瓶苗以瓶为单位，在出厂前抽取；袋栽苗以株为单位，在出圃前抽取；种茎苗采用五点取样法，在生长过程中或砍种前抽取，以田块为单位进行抽样，如同一田块中品种数超过1个，还应该同时考虑不同品种的种植面积。单一田块面积或同一田块中特定品种面积不超过0.4 hm^2 的，抽40个样；超过0.4 hm^2 但不超过1.0 hm^2 的，抽40个～100个样；1.0 hm^2 以上的可采用二次抽样，先抽地块，再抽点取样。各取样点的抽样数量按五点平均的数量进行连续取样。取样数量按比例选择。

表5 抽样数量要求

种苗种类	种苗或面积总量	抽样数量
瓶苗(瓶)或袋栽苗(株)	不超过1 000	20
	不超过5 000	40
	不超过10 000	60
	超过10 000	80
种茎苗	面积不超过0.4 hm^2	40
	面积不超过1.0 hm^2	40～100
	面积超过1.0 hm^2	150

注：所有甘蔗脱毒种苗均应按本标准中的"检验规则"和"质量要求"进行抽样和带毒率检测。

6.1.3 检验

检验分带毒检验和出(厂)圃检验。

6.1.3.1 带毒率检验

由省(部)级有关部门批准认定具有资质的检测单位执行脱毒瓶苗、脱毒袋栽苗和脱毒种茎带毒率检测，并出具正规的甘蔗种苗带毒检测报告(附录A)。

6.1.3.2 出(厂)圃检验

由供苗单位的质量检验室执行检验脱毒瓶苗、脱毒袋栽苗脱毒和种茎的出(厂)圃检验，按本标准"质量要求"中表1、表2和表3所列的项目(除带毒检出率外)逐项进行，并出具检测报告(附录A)，附上甘蔗种苗质量检验证书。种茎苗检验限于种茎装运地或繁殖地进行。

6.1.4 判定规则

未进行带毒率检验或出(厂)圃检验以及检验结果带毒检出率达不到相应标准的，即判定该批产品不合格。带毒率超过3%可申请复检，复检结果如合格率在允许范围视为合格，判定该批产品合格；如超过允许范围视为不合格，判定该批产品不合格。

6.2 种茎

有关检验规则同6.1中涉及种茎的内容，但不进行带毒率检测。

6.3 种苗销售或调运

必须附有质量检验证书和标签。

7 包装、标志、运输与贮存

7.1 脱毒种苗

7.1.1 包装

甘蔗瓶苗、袋栽苗均应妥善包装,保持正常生长状态。

7.1.2 标志

包装箱内附脱毒种苗出(厂)圃检验合格证、带毒检验报告复印件;外面应注明标准号、生产单位的地址及联系电话。

7.1.3 运输

汽车运输或办理托运至指定地点。瓶苗及时假植,袋装苗尽早定植。

7.2 种茎

7.2.1 包装

甘蔗种茎以 20 kg～25 kg 为一捆,用包装绳捆扎好,并挂上标签。

7.2.2 运输

甘蔗种茎在运输装卸过程中,应注意防止种芽的损伤。

7.2.3 贮存

砍收后的甘蔗种茎包装好后存放,上方可用覆盖物遮蔽,避免暴晒或霜冻害,同时应注意防虫鼠。

附　录　A
（规范性附录）
甘蔗种苗检测报告格式

A.1　甘蔗脱毒种苗带毒检测报告

甘蔗脱毒种苗带毒检测报告

No：______

送样单位：　　　　　　品种名称：　　　　　　种苗采集地：

送样时间：　　　　　　种苗数量：　　　　　　抽检数量：

带毒检出率：　　　　　检验单位（盖章）：

编　号	甘蔗花叶病毒（ScMV）	甘蔗花叶病毒（SrMV）	甘蔗宿根矮化病菌（Lxx 或 Cxx）

审核人（签字）：　　校核人（签字）：　　检测人（签字）：　　　　　　　　检测日期：　年　月　日

A.2 甘蔗瓶苗质量检测记录表

甘蔗瓶苗质量检测记录表

品种名称：　　　　购苗单位：
供苗单位：　　　　检验单位：
瓶苗总数：　　　　抽检瓶数：

№：______

样瓶号	品种纯度,%	假茎	株高,cm	1.0 cm以上白色根,条	完全展开叶,片
注:假茎检验结果"+"表示有,"—"表示无。					

审核人(签字)：　校核人(签字)：　检测人(签字)：　检测日期：　年　月　日

A.3 甘蔗袋栽苗质量检测记录表

甘蔗袋栽苗质量检测记录表

品种名称：　　　　购苗单位：
供苗单位：　　　　检验单位：
总 苗 数：　　　　抽检苗数：

№：______

样株号	品种纯度,%	新出叶,片	假茎高,cm	假茎粗,cm	其他主要病虫害,%
注:其他主要病害指为害甘蔗的重要病害黄叶病、梢腐病、褐条病、黄斑病。					

审核人(签字)：　校核人(签字)：　检测人(签字)：　检测日期：　年　月　日

A.4 甘蔗种茎质量检测记录表

甘蔗种茎质量检测记录表

品种名称：　　　　　　　　　　　　购苗单位：
供苗单位：　　　　　　　　　　　　检验单位：
总 苗 数：　　　　　　　　　　　　抽检苗数：

No：______

编号	品种纯度，%	夹杂物率，%	茎径，cm	含水量，%	发芽率，%	主要病害率，%
注：主要病害指为害甘蔗的重要病害黄叶病、黑穗病、梢腐病、褐条病、黄斑病。						

审核人（签字）：　　校核人（签字）：　　检测人（签字）：　　　　检测日期：　年　月　日

A.5 甘蔗种苗质量检验证书

甘蔗种苗质量检验证书

No：

育苗单位		购苗单位	
品种名称		种苗种类	
种苗数量		带毒检出率	
检验结果	其中，一级：　　二级：		
检验意见			
证书签发日期		出（厂）圃日期	
注：本证一式三份，育苗单位、购苗单位、检验单位各一份。			

审核人（签字）：　　校核人（签字）：　　检测人（签字）：　　　　检测日期：　年　月　日

附 录 B
(规范性附录)
硝酸纤维素膜检测法

B.1 溶液配制

B.1.1 TBS(pH7.6)

Tris Base	4.84 g
NaCl	58.44 g
NaN_3	0.40 g

溶于 1 990 mL 蒸馏水中,用 HCl(37%)调 pH 至 7.5,定容至 2 000 mL。

B.1.2 洗涤缓冲液(TTBS)

1.0 mL Tween-20 溶于 2 000 mL TBS 中。

B.1.3 抽提缓冲液

TBS 500 mL Na_2SO_3 1.0 g TBS 缓冲液中加入 0.2%的 Na_2SO_3。

B.1.4 封闭缓冲液(现用现配)

脱脂奶粉	0.50 g
Triton X-100	0.5 mL
TBS	25 mL

先将脱脂奶粉溶解于少量 TBS 中,再用蒸馏水定容至 25 mL。加入 Triton X-100 混合均匀。

B.1.5 抗体缓冲液

脱脂奶粉	1.00 g
TBS	50 mL

B.1.6 底物缓冲液(pH9.5)

Tris Base	6.05 g
NaCl	2.92 g
$MgCl_2 \cdot 6H_2O$	0.51 g
NaN_3	0.40 g

溶于 450 mL 蒸馏水中,用浓盐酸调 pH 至 9.5,用蒸馏水定容至 500 mL。

B.1.7 NBT 和 BCIP 储备液

B.1.7.1 NBT 储备液

硝基蓝四唑盐(NBT)	40 mg
70%二甲基甲酰胺	1.2 mL

混合均匀,4℃避光保存。

B.1.7.2 BCIP 储备液

5-溴-4-氯-3-吲哚磷酸酯(BCIP)	20 mg
70%二甲基甲酰胺	1.2 mL

混合均匀,4℃避光保存。

B.1.8 底物溶液(现用现配)

底物缓冲液	25 mL
NBT 储备液	75 μL
BCIP 储备液	75 μL

先将 NBT 溶于 25 mL 底物缓冲液中，再逐滴中加入 BCIP 储备液，边加边振摇混匀。

B.2 样品制备

B.2.1 甘蔗花叶病毒带毒检测样品制备

所有待检样品(含瓶苗、袋栽苗和种茎)均取叶片，瓶苗以瓶为单位，每瓶取不同丛的 3 株，收集其叶片；袋栽苗以株为单位，取＋1、＋2 叶和＋3 叶基部 1/3 叶片进行混合；田间种茎取＋1 叶基部去中脉后的叶片 1 g，在液氮下研磨后转到无菌 1.5 mL 离心管中，加入 1.0 mL 抽提缓冲液(见 B.1.3)，4℃下静置 3 000 r/min 离心 5 min，取上清液用于点样。

B.2.2 甘蔗宿根矮化病原菌带毒检测样品制备

瓶苗以瓶为单位，每瓶取 3 株，整株取出后用自来水冲干净培养基，去叶片；袋栽苗以株为单位，取地上部，去叶片。按照 D2.1 的方法，获得上清液用于点样。田间种茎采用取地上部基部第三节的节间髓部 1 cm～2 cm 的方块压汁用于点样。

B.3 操作步骤

B.3.1 点样

将打好方格的硝酸纤维素膜放在干燥、洁净的滤纸上，用干净灭菌的微量移液器，每个样品吸取 17.0 μL 上清液滴在膜上方格的正中，2 次重复。同时，设阳性、阴性和空白对照，干燥 15 min～30 min。

B.3.2 封闭

将干燥后的膜浸泡在封闭缓冲液中，室温下摇床振荡(50 r/min)1 h。

B.3.3 孵育第一抗体

将膜置于用抗体缓冲液稀释至工作浓度的抗血清中，室温下摇床振荡(50 r/min)过夜。

B.3.4 洗涤

用洗涤缓冲液洗膜 3 次，每次摇床振荡(100 r/min)3 min。

B.3.5 孵育第二抗体

将膜置于用抗体缓冲液稀释至工作浓度的酶标抗体中，室温下摇床振荡(50 r/min)1 h。

B.3.6 洗涤

洗涤 4 次，方法同 E3.4。

B.3.7 显色

将膜置于 NBT/BCIP 底物溶液中，室温下摇床振荡(50 r/min)孵育 30 min。

B.3.8 终止反应

弃去底物溶液，并用蒸馏水洗膜 3 次，每次摇床振荡(100 r/min)3 min。

B.3.9 阳性判断

晾干后观察颜色反应，出现蓝紫色后反应的样品为阳性。

附　录　C
（规范性附录）
聚合酶链式反应（PCR）检测法

C.1　甘蔗宿根矮化病菌（Lxx 或 Cxx）检测

C.1.1　引物

Lxx1：5’CCG AAG TGA GCA GAT TGA CC 3’

Lxx2：5’ACC CTG TGT TGT TTT CAA CG 3’

C.1.2　PCR 反应体系

PCR 反应体系见表 C.1。

表 C.1　PCR 反应体系

试　剂	终浓度	单样品体积
ddH_2O		19.75 μL
10×PCR buffer（不含 $MgCl_2$）	1×	5.0 μL
$MgCl_2$（25 mol/L）*	2.5 mmol/L	5.0 μL
1%BSA		5.0 μL
0.8%（w/v）PVP		4.0 μL
dNTPs	0.2 mmol/L	4.0 μL
10 μmol/L Primer 1	0.5 μmol/L	2.5 μL
10 μmol/L Primer 2	0.5 μmol/L	2.5 μL
5 U/μL Taq 酶	0.025 U/μL	0.25 μL
DNA 模板	0.5 ng/μL ～1.0 ng/μL	2.0 μL
总体积		50 μL
注：*　如 PCR 缓冲液中含有 Mg^{2+}，不应再加 $MgCl_2$，而用 5.0 μL ddH_2O 替代。		

C.1.3　DNA 扩增

在 PCR 反应管中按表 C.1 依次加入反应试剂，轻轻混匀，如 PCR 仪无热盖设备，需再加约 5 μL 石蜡油防止蒸发，每个试样 2 次重复。离心 10 s 后，将 PCR 管插入 PCR 仪中进行 DNA 扩增。

采用如下 PCR 循环程序进行 DNA 扩增。95℃预变性 10 min；35 个循环的 PCR（94℃，30 s；56℃，30 s；72℃，30 s）；72℃延伸 4 min 后；4℃保存待分析。

C.1.4　PCR 产物电泳检测

将适量的琼脂糖加入 1×TAE 缓冲液中，加热溶解，配制成浓度为 2.0%（w/v）的琼脂糖溶液，然后按每 100 mL 琼脂糖溶液中加入 5 μL EB 溶液的比例加入 EB 溶液（EB 终浓度为 0.5 μg/mL），混匀，稍冷却后，将其倒入制胶板上，插上梳板，室温下凝固成凝胶后，放入 1×TAE 缓冲液中，轻轻垂直向上拔去梳板。吸取 5 μL 的 PCR 产物与 1 μL 6×加样缓冲液混合后加入点样孔中，在其中一个点样孔中加入 DNA 分子量标准，接通电源在 5 V/cm 条件下电泳。

C.1.5　凝胶成像分析

电泳结束后，取出琼脂糖凝胶，轻轻地置于凝胶成像仪上或紫外透射仪上成像。根据 DNA 分子量标准估计扩增条带的大小，将电泳结果采集后形成电子文件存档或用照相系统拍照。根据琼脂糖凝胶电泳结果，对 PCR 扩增结果进行分析。

C.1.6 阳性判断

试验应设阳性对照，采用甘蔗宿根矮化病菌纯培养物或经检测能扩增出 PCR 产物长度约 438 bp 的样品保存备用；试验还应设阴性对照，采用健康且已确认未能扩增出特异片段(约 438 bp)的样品保存备用。

结果判定：凡阳性对照有特异条带且阴性对照无特异条带，待检测样品可扩增出特异条带的，判定为阳性；凡阳性对照无特异条带或阴性对照扩增出特异条带，试验结果不能判定，应重新进行检测。

C.2 甘蔗花叶病毒(ScMV 或 SrMV)检测

C.2.1 引物

检测 ScMV 采用引物 ScF1 和 ScR1，检测 SrMV 采用引物 SrF1 和 SrR1。详细序列如下：

ScF1：5’TTT YCA CCA AGC TGG AA 3’

ScR1：5’AGC TGT GTG TCT CTC TGT ATT CTC T 3’

SrF1：5’AAG CAA CAG CAC AAG CAC

SrR1：5’TGA CTC TCA CCG ACA TTC C

C.2.2 样品与引物混合物

按如下反应体系处理样品。

R-引物 ScR1 或 SrR1(60 μmoL/μL)	0.25 μL
ddH_2O	0.25 μL
样品	1.0 μL
总体积	1.5 μL

混合后，置冰浴上，进行下面的操作。

C.2.3 反转录(RT)体系

按照如下比例进行大量混合，根据样品量多少进行放大。

$MgCl_2$(25 mmoL/L)	2.0 μL
10×PCR buffer	1.0 μL
dNTP (each 10 mmoL/L)	1.0 μL
H_2O	3.5 μL
RNase inhibitor (20 U/μL)	0.5 μL
MuLV 反转录酶 (50 U/mL)	0.5 μL

混合后再加入 1.5 μL 样品与引物混合物(见 C.2.1.2)，总体积 10 μL。

(备选项：其中 dNTP 也可采用 dGTP，dCTP，dTTP 和 dATP 替代，各浓度均为 10 mmoL/L，各 1.0 μL，但 H_2O 的用量减少为 0.5 μL。)

C.2.4 RT 程序

步骤 1：37℃，15 min；

步骤 2：99℃，5 min；

步骤 3：4℃，保存。

C.2.5 PCR 体系

按照如下比例在冰浴上进行混合，根据样品量多少进行缩小或放大。如为单管 PCR 反应，可在上步的基础上，直接加入如下各试剂，操作在冰浴上进行。

$MgCl_2$(25 mM)	4.0 μL
10×PCR buffer	4.0 μL
ddH_2O	31.5 μL
Taq (5 U/μL)	0.25 μL
F-引物 ScF1 或 SrF1(60 pmoL/μL)	0.25 μL 总体积　40 μL

该混合液与C.2.3反转录(RT)体系10 μL混合后,单管PCR反应体积为50 μL。

C.2.6 PCR程序

PCR程序如下。

步骤1:95℃,5 min;

步骤2:60℃,1 min;

步骤3:72℃,10 min;

步骤4:94℃,1 min;

步骤5:94℃,1 s;

步骤6:60℃,1 s;

步骤7:72℃,30 s;

步骤8:重复步骤5～7,重复39次,完成39个PCR循环;

步骤9:72℃,5 min;取出置4℃,待分析。

C.2.7 PCR产物电泳检测

将适量的琼脂糖加入1×TAE缓冲液中,加热溶解,配制成浓度为2.0%(w/v)的琼脂糖溶液,然后按每100 mL琼脂糖溶液中加入5 μL EB溶液的比例加入EB溶液(EB终浓度为0.5 μg/mL),混匀,稍冷却后,将其倒入电泳板上,插上梳板,室温下凝固成凝胶后,放入1×TAE缓冲液中,轻轻垂直向上拔去梳板。吸取5 μL的PCR产物与1 μL 6×加样缓冲液混合后加入点样孔中,在其中一个点样孔中加入DNA分子量标准,接通电源在5 V/cm条件下电泳。

C.2.8 凝胶成像分析

电泳结束后,取出琼脂糖凝胶,轻轻地置于凝胶成像仪上或紫外透射仪上成像。根据DNA分子量标准估计扩增条带的大小,将电泳结果采集后形成电子文件存档或用照相系统拍照。根据琼脂糖凝胶电泳结果,对PCR扩增结果进行分析。

C.2.9 阳性判断

试验应设阳性对照,采用甘蔗宿根矮化病菌纯培养物或经检测能扩增出PCR产物长度约889 bp的样品保存备用;试验还应设阴性对照,采用健康且已确认未能扩增出特异片段(约889 bp)的样品保存备用。

结果判定:凡阳性对照有特异条带且阴性对照无特异条带,待检测样品可扩增出特异条带的,判定为阳性;凡阳性对照无特异条带或阴性对照扩增出特异条带,试验结果不能判定,应重新进行检测。

附 录 D
(规范性附录)
指示植物检测法

D.1 繁育指示植物

在25℃左右,防虫条件下种植甜高粱,至1片~2片完全展开叶时接种。

D.2 接种

以待测样品叶片提取液,摩擦接种于甜高粱叶片上。方法是:以手蘸提取液,轻捏甜高粱叶片造成伤口,保湿过夜,每个样品重复接种3株,同时设阳性对照、阴性对照。接种后置防虫室,常规管理。

D.3 阳性判断

根据指示植物症状,确定有无甘蔗花叶病毒。只要有一株指示植物表现系统症状,即视为阳性。

D.4 缓冲液的配制及提取液的制备

D.4.1 0.01 moL/L PBS(pH 8.0)

Ⅰ液:$Na_2HPO_4 \cdot 12H_2O$ 35.8 g
加蒸馏水 1 000 mL
Ⅱ液:$NaH_2PO_4 \cdot 2H_2O$ 13.9 g
加蒸馏水 1 000 mL

将Ⅰ液39 mL与Ⅱ液61 mL混合后,再加蒸馏水至1 000 mL,然后用NaOH调至pH8.0即可。

D.4.2 提取缓冲液

0.01 moL/L PBS(pH8.0)1 000 mL,Na_2SO_3 1.0 g

D.4.3 提取液制备

取待测样品新伸长叶片10 g,加提取缓冲液10 mL,经捣碎、榨汁后即成。

本标准的起草单位:农业部甘蔗及制品质量监督检验测试中心。
本标准主要起草人:许莉萍、张华、陈如凯、高三基、罗俊、林彦铨。

中华人民共和国农业行业标准

NY/T 1742—2009

食用菌菌种通用技术要求

General technical requirements of mushroom spawn

1 范围

本标准规定了食用菌各级菌种的质量要求、抽样、试验方法、检验规则及标签、标志、包装、运输和贮存。

本标准适用于平菇(糙皮侧耳,*Pleurotus ostreatus*)、白黄侧耳(*Pleurotus cornucopiae*)、肺形侧耳(*Pleurotus pulmonarius*)、佛州侧耳(*Pleurotus floridanus*)、香菇(*Lentinula edodes*)、黑木耳(*Auricularia auricula*)、毛木耳(*Auricularia polytricha*)、双孢蘑菇(*Agaricus bisporus*)、金针菇(*Flammulina velutipes*)、榆黄蘑(*Pleurotus citrinopileatus*)、白灵菇(*Pleurotus nebrodensis*)、杏鲍菇(*Pleurotus eryngii*)、茶树菇(*Agrocybe cylindracea*)、鸡腿菇(*Coprinus comatus*)、灵芝(*Ganoderma lucidum*)、茯苓(*Poria cocos*)、猴头菌(*Hericium erinaceus*)、灰树花(*Grifola frondosa*)、草菇(*Volvariella volvacea*)、滑菇(*Pholiota nameko*)等食用菌的母种(一级种)、原种(二级种)和栽培种(三级种)。

2 规范性引用文件

下列文件中的条款通过本标准的引用而成为本标准的条款。凡是注日期的引用文件,其随后所有的修改单(不包括勘误的内容)或修订版均不适用于本标准,然而,鼓励根据本标准达成协议的各方研究是否使用这些文件的最新版本。凡是不注日期的引用文件,其最新版本适用于本标准。

GB/T 191 包装储运图示标志

GB/T 12728 食用菌术语

NY/T 528—2002 食用菌菌种生产技术规程

3 质量要求

3.1 母种

3.1.1 容器规格

符合 NY/T 528—2002 规定。

3.1.2 感官要求

母种感官要求应符合表 1 规定。

中华人民共和国农业部 2009-04-23 发布

2009-05-20 实施

表 1　母种感官要求

项目		要求
容器		洁净、完整
棉塞或无棉塑料盖		干燥、洁净，松紧适度，能满足透气和滤菌要求
斜面长度		顶端距棉塞 30 mm～50 mm
接种量(接种物)		3 mm～5 mm×3 mm～5 mm
培养基		贴壁、无干缩、无积水
菌种外观	菌丝生长量	长满斜面
	菌丝体特征	均匀、菌丝无倒伏
	杂菌菌落、虫(螨)体	无
	角变	无
	拮抗线	无
气味		无异味

3.1.3　培养特征

母种培养特征应符合表 2 规定。

表 2　母种培养特征要求

种类	要求			
	表面	背面	边缘	其他
平菇	洁白、浓密、旺健、棉毛状，均匀、舒展、平整、菌丝有爬壁现象	无色素	整齐	—
香菇	洁白浓密、棉毛状，均匀、平整	接种块下褐色素有或无	整齐	—
黑木耳	洁白、纤细、平贴培养基生长、均匀、平整	褐色素有或无	整齐	—
毛木耳	洁白、较浓密、绒毛状，后期有浅褐色气生菌丝	接种块下褐色素有或无	整齐	—
双孢蘑菇	洁白或米白、浓密、羽毛状，均匀、平整	无色素	较整齐	—
金针菇	白色、致密、均匀、舒展、平整	有或无	整齐	无明显粉状物
榆黄蘑	白色至微黄色、绒毛状、不均匀	无色素	较整齐	后期菌皮有或无
白灵菇	洁白、健壮、棉毛状，均匀、舒展、平整、色泽一致	无色素	较整齐	—
杏鲍菇	洁白、健壮、棉毛状，均匀、舒展、平整、色泽一致	无色素	较整齐	—
茶树菇	白色、丝状、致密、均匀、舒展、平整	有色素	整齐	后期产生褐色至黑褐色菌皮
鸡腿菇	白色至暗白色、粗绒毛状、气生菌丝发达、均匀	有色素	整齐	—
灵芝	丝状或绒毛状、致密、均匀、舒展、初白色后浅黄色	无色素	整齐	后期菌皮有或无
茯苓	苍白色至浅驼色，绒毛状、均匀、舒展、平整	无色素	较整齐	旺健
猴头菌	绒毛状、均匀、舒展	无色素	整齐	—
灰树花	绒毛状、致密、均匀、舒展	无色素	整齐	—
草菇	菌丝放射状、苍白色至淡驼色、半透明、有光泽、气生菌丝充满试管空间、菌丝无倒伏、有或无锈红色点状物	无色素	较整齐	—
滑菇	菌丝棉絮状、较短，均匀，菌落较薄，微黄色	无色素	整齐	—

3.1.4　微生物学要求

母种微生物学要求无杂菌。

3.1.5 菌丝生长速度

灰树花使用 PDYA 培养基，草菇使用 PDYA 培养基或 PDA 培养基（NY/T 528—2002 附录 A.1），其他种类采用 PDA 培养基（NY/T 528—2002 附录 A.1）。

PDYA 培养基配方：马铃薯 200 g（用浸出汁），葡萄糖 20 g，酵母粉 20 g，琼脂 20 g，水 1 000 mL，pH 自然。

母种菌丝生长速度应符合表 3 规定。

表 3 母种菌丝生长速度

种　类	要　求		
	起始 pH	培养温度 ℃	长满 ϕ90 mm 平板天数 d
平　菇	自然	25±1	7～9
香　菇	自然	25±1	14～16
黑木耳	自然	26±1	14～16
毛木耳	自然	28±1	14～16
双孢蘑菇	自然	23±1	28～32
金针菇	自然	23±1	10～14
榆黄蘑	自然	26±1	8～12
白灵菇	自然	25±1	12～16
杏鲍菇	自然	25±1	12～14
茶树菇	自然	25±1	12～14
鸡腿菇	自然	25±1	10～13
灵　芝	自然	29±1	12～15
茯　苓	自然	26±1	14～18
猴头菌	5.5	24±1	28～35
灰树花	自然	25±1	14～18
草　菇	自然	33±1	4～6
滑　菇	自然	23±1	10～14

3.1.6 母种栽培性状

母种应栽培性状清楚，经出菇试验确证农艺性状和商品性状等种性合格后，方可用于扩大繁殖或出售。产量性状在适宜条件下生物学效率应符合表 4 要求。

表 4 食用菌菌种栽培的产量要求（生物学效率，%）

种　类	要　求	种　类	要　求
平　菇	≥100	茶树菇	≥55
香　菇	≥80	鸡腿菇	≥70
黑木耳	≥70	灵　芝	≥60
毛木耳	≥100	茯　苓	≥30
双孢蘑菇	≥32	猴头菌	≥60
金针菇	≥70	灰树花	≥40
榆黄蘑	≥90	草　菇	≥15
白灵菇	≥30	滑　菇	≥70
杏鲍菇	≥40		

3.2 原种和栽培种

3.2.1 容器规格

符合 NY/T 528—2002 规定。

3.2.2 感官要求

原种和栽培种感官要求应符合表5规定。

表5 原种和栽培种感官要求

<table>
<tr><th colspan="2" rowspan="2">项　目</th><th colspan="2">要　求</th></tr>
<tr><th>原　种</th><th>栽培种</th></tr>
<tr><td colspan="2">容器</td><td colspan="2">洁净、完整</td></tr>
<tr><td colspan="2">棉塞或无棉塑料盖</td><td colspan="2">干燥、洁净，松紧适度，能满足透气和滤菌要求</td></tr>
<tr><td colspan="2">培养基上表面距瓶(袋)口的距离</td><td colspan="2">50 mm±5 mm</td></tr>
<tr><td colspan="2">接种量(接种物大小)</td><td>≥12 mm×12 mm</td><td>30～50瓶(袋)/瓶(原种)</td></tr>
<tr><td colspan="2">菌丝生长量</td><td colspan="2">长满培养料的80%以上</td></tr>
<tr><td colspan="2">培养基</td><td colspan="2">贴壁、无干缩</td></tr>
<tr><td colspan="2">气味</td><td colspan="2">无异味</td></tr>
<tr><td rowspan="8">外观</td><td>菌丝体特征</td><td>均匀</td><td>—</td></tr>
<tr><td>角变</td><td>无</td><td>无</td></tr>
<tr><td>杂菌菌落、虫(螨)体</td><td>无</td><td>无</td></tr>
<tr><td>拮抗线</td><td>无</td><td>无</td></tr>
<tr><td>高温抑制线(高温圈)</td><td>无</td><td>无</td></tr>
<tr><td>菌皮</td><td>无</td><td>—</td></tr>
<tr><td>分泌物</td><td>少量</td><td>无</td></tr>
<tr><td>子实体原基</td><td>不允许</td><td>不允许</td></tr>
</table>

3.2.3 微生物学要求

原种和栽培种的微生物学要求无杂菌。

3.2.4 菌丝生长速度

平菇、香菇、黑木耳、毛木耳、金针菇、榆黄蘑、白灵菇、杏鲍菇、鸡腿菇、灵芝、猴头菌、灰树花的原种和栽培种用培养基按NY/T 528—2002附录B.1.1执行；双孢蘑菇按NY/T 528附录B.4.2执行；茶树菇、滑菇按NY/T 528附录B.2.1执行；茯苓按NY/T 528附录B.6执行；草菇按NY/T 528附录B.3.2执行。

使用750 mL菌种瓶培养，培养料装至瓶肩，中间打孔至瓶底，生长速度应符合表6要求。

表6 原种和栽培种菌丝生长速度

<table>
<tr><th rowspan="2">种　类</th><th colspan="3">要　求</th></tr>
<tr><th>培养温度
℃</th><th>原种长满瓶天数
d</th><th>栽培种长满瓶天数
d</th></tr>
<tr><td>平　菇</td><td>25±1</td><td>≤30</td><td>≤25</td></tr>
<tr><td>香　菇</td><td>24±1</td><td>≤50</td><td>≤45</td></tr>
<tr><td>黑木耳</td><td>24±1</td><td>≤45</td><td>≤40</td></tr>
<tr><td>毛木耳</td><td>26±1</td><td>≤35</td><td>≤30</td></tr>
<tr><td>双孢蘑菇</td><td>21±1</td><td>≤45</td><td>≤40</td></tr>
<tr><td>金针菇</td><td>22±1</td><td>≤35</td><td>≤30</td></tr>
<tr><td>榆黄蘑</td><td>25±1</td><td>≤35</td><td>≤30</td></tr>
<tr><td>白灵菇</td><td>25±1</td><td>≤45</td><td>≤40</td></tr>
<tr><td>杏鲍菇</td><td>25±1</td><td>≤40</td><td>≤35</td></tr>
<tr><td>茶树菇</td><td>25±1</td><td>≤45</td><td>≤45</td></tr>
<tr><td>鸡腿菇</td><td>25±1</td><td>≤40</td><td>≤35</td></tr>
<tr><td>灵芝</td><td>28±1</td><td>≤38</td><td>≤38</td></tr>
<tr><td>茯苓</td><td>24±1</td><td>≤35</td><td>≤35</td></tr>
<tr><td>猴头菌</td><td>24±1</td><td>≤40</td><td>≤35</td></tr>
<tr><td>灰树花</td><td>25±1</td><td>≤40</td><td>≤35</td></tr>
<tr><td>草菇</td><td>30±1</td><td>≤20</td><td>≤15</td></tr>
<tr><td>滑菇</td><td>22±1</td><td>≤30</td><td>≤30</td></tr>
</table>

4 抽样

4.1 母种按品种、培养条件、接种时间分批编号，原种、栽培种按菌种来源、制种方法和接种时间分批编号。按批随机抽取被检样品。

4.2 母种、原种、栽培种的抽样量分别为该批菌种量的5%、2%、1%。但每批抽样数量不应少于10支（瓶、袋）；超过100支（瓶、袋）的，随机取样100支（瓶、袋）。

5 试验方法

5.1 感官检验

感官要求检验方法按表7逐项进行。

表7 感官要求检验方法

检验项目	检验方法
容器	肉眼观察
棉塞、无棉塑料盖	肉眼观察
培养基上表面距瓶（袋）口的距离	肉眼观察、测量
斜面长度	肉眼观察、测量
接种量	肉眼观察、测量
菌落边缘	肉眼观察
斜面背面外观	肉眼观察
气味	鼻嗅
外观各项[杂菌菌落、虫（螨）体、子实体原基除外]	肉眼观察、测量
杂菌菌落、虫（螨）体	肉眼观察，必要时用5×放大镜观察
子实体原基	随机抽取样本100瓶（袋），肉眼观察有无原基，计算百分率

5.2 微生物学检验

5.2.1 杂菌检验

将检验样本，按无菌操作接种于PDA培养基（NY/T 528—2002附录A.1）中，28℃培养，疑有细菌污染的样本培养1 d～2 d，观察斜面表面是否有细菌菌落长出，有细菌菌落长出者，为有细菌污染，必要时用显微镜检查；无细菌菌落长出者为无细菌污染。疑有霉菌污染的样本培养3 d～4 d，出现非食用菌菌丝形态菌落的，或有异味者为霉菌污染物，必要时进行水封片镜检。

5.3 菌丝生长速度

5.3.1 母种

PDA培养基，90 mm直径的培养皿，倾倒培养基25 mL/皿，菌龄7 d～10 d的菌种为接种物，用灭菌过的5 mm直径的打孔器在菌落周围相同菌龄处打取接种物，接种于平板中央，按照表3中培养温度，避光培养，计算长满所需天数。

5.3.2 原种和栽培种

按表6规定的培养基和培养条件，避光培养，计算长满所需天数。

5.4 母种栽培性状

将被检母种制成原种。根据种类的不同，选用NY/T 528—2002附录B规定的培养基，制作菌袋45个。接种后分3组（每组15袋），按试验设计要求排列，进行常规管理，根据表8所列项目，做好栽培记录，统计检验结果。同时将该母种的出发菌株设为对照，做同样处理。对比二者的检验结果，以时间计的检验项目中，被检母种任何一项的时间，较对照菌株推迟5 d以上（含5 d）者，为不合格；产量显著低于对照菌株者，为不合格；菇体外观形态与对照明显不同或畸形者，为不合格。

表 8　母种栽培性状检验记录(平均值)

检验项目	检验结果	检验项目	检验结果
长满菌袋所需时间(d)		总产(kg)	
出第一潮菇所需时间(d)		平均单产(kg)	
第一潮菇产量(kg)		形态	
第一潮菇生物学效率(%)		质地	
生物学效率(%)			

5.5　留样

各级菌种都应留样备查,留样的数量每个批号菌种(3～5)支(瓶、袋),除草菇菌种于 15℃～20℃贮存外,一般于 4℃～6℃下贮存至该批菌种正常条件下第一潮菇采收。

6　检验规则

检验项目全部符合要求时,为合格菌种,其中任何一项不符合要求,为不合格菌种。

7　标签、标志、包装、运输、贮存

7.1　标签、标志

7.1.1　产品标签

每支(瓶、袋)菌种应贴有清晰注明以下要素的标签:

——种类及品种(如香菇申香 10 号);

——生产单位(如某菌种厂);

——接种日期。

7.1.2　包装标签

每箱菌种应贴有清晰注明以下要素的包装标签:

——产品名称、品种名称;

——厂名、厂址、联系电话;

——出厂日期;

——保质期、贮存条件;

——数量;

——执行标准。

7.1.3　包装储运图示

按 GB/T 191 规定,应注明以下图示标志:

——小心轻放标志;

——防水防潮防冻标志;

——防晒防高温标志;

——防止倒置标志;

——防止重压标志。

7.2　包装

7.2.1　母种先用纸张包好,外包装采用木盒或有足够强度的纸箱,内部用具有缓冲作用的轻质材料填满。

7.2.2　原种、栽培种外包装宜采用有足够强度的纸箱或塑料箱,菌种之间用具有缓冲作用的轻质材料填满。箱内附产品合格证书和使用说明(包括菌种种性、培养基配方及使用范围等)。

7.3　运输

7.3.1 不应与有毒物品混装，不应挤压。

7.3.2 运输温度条件不高于25℃(但草菇不低于10℃)。

7.3.3 运输过程中应有防震、防晒、防尘、防雨淋、防冻、防杂菌污染的措施。

7.4 贮存

7.4.1 除草菇菌种需用15℃～20℃外，母种应在4℃～6℃的冰箱中贮存，贮存期不超过50 d。

7.4.2 原种和栽培种应在温度不超过20℃、清洁、干燥通风(空气相对湿度50%～70%)、避光的室内存放，不超过20 d。在15℃～20℃下贮存时，贮存期不超过30 d。在1℃～6℃下贮存，贮存期不超过60 d。草菇菌种应在15℃～20℃下贮存，贮存期不超过10 d。

本标准起草单位：中国农业科学院农业资源与农业区划研究所、农业部微生物肥料和食用菌菌种质量监督检验测试中心。

本标准主要起草人：黄晨阳、张金霞、陈强、胡清秀、高巍、左雪梅、张瑞颖。

中华人民共和国国家标准

GB 19169—2003

黑 木 耳 菌 种

Pure culture of *Auricularia auricula*

1 范围

本标准规定了黑木耳(*Auricularia auricula*)菌种的术语和定义、质量要求、试验方法、检验规则及标签、标志、包装、贮运等。

本标准适用于黑木耳菌种的生产、流通和使用。

2 规范性引用文件

下列文件中的条款通过本标准的引用而成为本标准的条款。凡是注日期的引用文件,其随后所有的修改单(不包括勘误的内容)或修订版均不适用于本标准,然而,鼓励根据本标准达成协议的各方研究是否可使用这些文件的最新版本。凡是不注日期的引用文件,其最新版本适用于本标准。

GB/T 191包装储运图示标志(GB/T 191—2000,eqv ISO 780:1997)

GB/T 4789.28 食品卫生微生物学检验 染色法、培养基和试剂

GB/T 12728—1991 食用菌术语

GB 19172—2003 平菇菌种

NY/T 528—2002 食用菌菌种生产技术规程

3 术语和定义

下列术语和定义适用于本标准。

3.1

母种 stock culture

经各种方法选育得到的具有结实性的菌丝体纯培养物及其继代培养物,以玻璃试管为培养容器和使用单位,也称一级种、试管种。

[NY/T 528—2002,定义3.3]

3.2

原种 pre-culture spawn

由母种移植、扩大培养而成的菌丝体纯培养物。常以玻璃菌种瓶或塑料菌种瓶或15 cm×28 cm聚丙烯塑料袋为容器。

[NY/T 528—2002,定义3.4]

3.3

栽培种 spawn

由原种移植、扩大培养而成的菌丝体纯培养物。常以玻璃瓶或塑料袋为容器。栽培种只能用于栽培,不可再次扩大繁殖菌种。

中华人民共和国国家质量监督检验检疫总局 2003-06-04 发布　　2003-12-01 实施

[NY/T 528—2002,定义 3.5]

3.4

颉颃现象　antagonism

具有不同遗传基因的菌落间产生不生长区带或形成不同形式线行边缘的现象。

[GB 19172—2003,定义 3.4]

3.5

角变　sector

因菌丝体局部变异或感染病毒而导致菌丝变细、生长缓慢、菌丝体表面特征成角状异常的现象。

[GB 19172—2003,定义 3.5]

3.6

高温抑制线　high temperatured line

食用菌菌种在生产过程中受高温的不良影响,培养物出现的圈状发黄、发暗或菌丝变稀弱的现象。

[GB 19172—2003,定义 3.6]

3.7

耳芽(原基)　promordium

黑木耳子实体的幼小阶段,形成于培养基的表面,呈淡黄色或褐色半透明的胶质体。

3.8

生物学效率　biological efficiency

单位数量培养料的干物质与所培养产生出的子实体或菌丝体干重之间的比率

[GB/T 12728—1991,定义 2.1.20]

3.9

种性　characters of variety

食用菌的品种特性是鉴别食用菌菌种或品种优劣的重要标准之一。一般包括对温度、湿度、酸碱度、光线和氧气的要求,抗逆性、丰产性、出菇迟早、出菇潮数、栽培周期、商品质量及栽培习性等农艺性状。

[NY/T 528—2002,定义 3.8]

4　质量要求

4.1　母种

4.1.1　容器规格应符合 NY/T 528—2002 中 4.7.1.1 规定。

4.1.2　感官要求应符合表 1 规定。

表 1　母种感官要求

项　　目	要　　求
容器	完整、无破损、无裂纹
棉塞或无棉塑料盖	干燥、洁净,松紧适度,能满足透气和滤菌要求
培养基灌入量	为试管总容积的四分之一至五分之一
斜面长度	顶端距棉塞 40 mm～50 mm
菌丝生长量	长满斜面
接种量(接种块大小)	(3～5) mm×(3～5) mm
菌种正面外观	洁白、纤细、平贴培养基生长、均匀、平整、无角变,菌落边缘整齐,无杂菌菌落
斜面背面外观	培养基不干缩,有菌丝体分泌的黄褐色色素于培养基中
气味	有黑木耳菌种特有的清香味,无酸、臭、霉等异味

4.1.3 微生物学要求应符合表2规定。

表2 母种微生物学要求

项目	要求
菌丝形态	粗细不匀,常出现根状分枝,有锁状联合
杂菌	无

4.1.4 菌丝生长速度:在PDA培养基(见附录A)上,在适温(26℃ ±2℃)下,菌丝10天~15天长满斜面。

4.1.5 母种栽培性状:供种单位所供母种需经栽培试验确证种性中农艺性状合格后,方可用于扩大繁殖或出售。

4.2 原种

4.2.1 容器规格应符合NY/T 528—2002中4.7.1.2规定。

4.2.2 感官要求应符合表3规定。

表3 原种感官要求

项目	要求
容器	完整、无破损、无裂纹
棉塞或无棉塑料盖	干燥、洁净,松紧适度,能满足透气和滤菌要求
培养基上表面距瓶(袋)口的距离	50 mm±5 mm
接种量(每支母种接原种数,接种物大小)	(4~6)瓶(袋),≥12 mm×15 mm
菌丝生长量	长满容器
菌丝体特征	白色至米黄色,细羊毛状,生长旺健,菌落边缘整齐
培养基及菌丝体	培养基变色均匀,菌种紧贴瓶壁,无干缩
菌丝分泌物	允许有少量无色至棕黄色水珠
杂菌菌落	无
颉颃现象及角变	无
耳芽(子实体原基)	允许有少量胶质、琥珀色颗粒状耳芽
气味	有黑木耳菌种特有的清香味,无酸、臭、霉等异味

4.2.3 微生物学要求应符合表2规定。

4.2.4 菌丝生长速度:在适宜培养基上,在适温(26℃±2℃)下,40天~45天长满容器。

4.3 栽培种

4.3.1 容器规格应符合NY/T 528—2002中4.7.1.3规定。

4.3.2 感官要求应符合表4规定。

表4 栽培种感官要求

项目	要求
容器	完整、无破损、无裂纹
棉塞或无棉塑料盖	干燥、洁净,松紧适度,能满足透气和滤菌要求
培养基上表面距瓶(袋)口的距离	50 mm±5 mm
接种量(每瓶原种接栽培种数)	40瓶(袋)~50瓶(袋)
菌丝生长量	长满容器
菌丝体特征	白色至米黄色,细羊毛状,生长旺健,菌落边缘整齐
培养基及菌丝体	培养基变色均匀,菌种紧贴瓶(袋)壁或略有干缩
菌丝分泌物	允许有少量无色至棕黄色水珠
杂菌菌落	无
颉颃现象及角变	无
耳芽(子实体原基)	允许有少量浅褐色至黑褐色菊花状或不规则胶质耳芽
气味	有黑木耳菌种特有的清香味,无酸、臭、霉等异味

4.3.3 微生物学指标应符合表2规定。

4.3.4 菌丝生长速度：在适宜培养基上，在适温(26℃±2℃)下，一般35天～40天长满容器。

5 抽样

5.1 质检部门的抽样应具有代表性。

5.2 母种按品种、培养条件、接种时间分批编号，原种、栽培种按菌种来源、制种方法和接种时间分批编号。按批随机抽取被检样品。

5.3 母种、原种、栽培种的抽样量分别为该批菌种量的10%，5%，1%，但每批抽样数量不得少于10支(瓶、袋)；超过100支(瓶、袋)的，可进行两级抽样。

6 试验方法

6.1 感官检验

按表5逐项进行。

表5 感官检验方法

检验项目	检验方法
容器	肉眼观察
棉塞、无棉塑料盖	肉眼观察
母种培养基灌入量	肉眼观察
母种斜面长度	肉眼观察
菌种生长量	肉眼观察
母种菌种外观	肉眼观察
母种斜面背面外观	肉眼观察

检验项目		检验方法
接种量	母种、原种	肉眼观察、测量
	栽培种	检查生产记录
培养基上表面距瓶(袋)口的距离		肉眼观察
菌丝体特征		肉眼观察
培养基及菌丝体		肉眼观察
分泌物		肉眼观察
杂菌菌落		肉眼观察、必要时用5×放大镜观察
耳芽(子实体原基)		肉眼观察
颉颃现象及角变		肉眼观察
气　味		鼻嗅

6.2 微生物学检验

表2中各项用放大倍数不低于10×40的光学显微镜对培养物的水封片进行观察，每一检样应观察不少于50个视野。

6.2.1 毒菌检验

取少量疑有霉菌污染的培养物，按无菌操作接种于PDA培养基(见第A.1章)斜面或平板上，26℃±2℃培养5天～7天，菌落出现白色以外的杂色者，或有异味者为霉菌污染物，必要时进行水封片镜检。

6.2.2 细菌检验

取少量疑有细菌污染的培养物，按无菌操作接入GB/T 4789.28中4.8规定的营养肉汤培养液中，25℃～28℃振荡培养1天～2天，观察培养液是否混浊。培养液混浊，为有细菌污染；培养液澄清，为无细菌污染。

6.3 菌丝生长速度

6.3.1 母种

PDA培养基(见第A.1章)，26℃±2℃培养，记录长满斜面所需天数。

6.3.2 原种和栽培种

采用第B.1章、第B.2章、第B.3章规定的配方之一，在26℃±2℃培养，记录长满培养基所需天数。

6.4 母种农艺性状

将被检母种制成原种。采用第B.1章、第B.2章、第B.3章规定的配方之一，含水量提高至62%±2%，制作菌袋45个。接种后，分三组进行常规管理，根据表6所列项目，做好栽培记录，统计检验结果。同时将该母种的出发菌株设为对照，亦做同样处理。对比二者的检验结果，以时间计的检验项目中，被检母种的任何一项时间较对照菌株推迟五天以上(含五天)者，为不合格；产量显著低于对照菌株者，为不合格；子实体外观、耳片剖面形态与对照明显不同或畸形者，为不合格。

表6　母种栽培中农艺性状检验记录

项　目	试验结果	项　目	试验结果
母种长满管所需天数		总产/g	
原种长满瓶所需天数		单产/g	
母种接种至萌发所需天数		单朵耳质量/g	
原种接种至萌发所需天数		生物学效率/(%)	
栽培种接种至定植所需天数		耳片朵型、色泽	
栽培种接种至产生耳芽所需天数		耳片直径、厚度/mm	
接种至收第一茬耳所需天数		耳片剖面髓层	

6.5 留样

各级菌种都应留样备查，留样的数量应每个批号菌种3支(瓶、袋)～5支(瓶、袋)，于4℃～6℃下贮存，母种和原种6个月，栽培种4个月。

7 检验规则

按质量要求进行检验。检验项目全部符合质量要求者，为合格菌种；其中任何一项不符合要求者，均为不合格菌种。

8 标签、标志、包装、运输、贮存

8.1 标签、标志

8.1.1 产品标签

每支、瓶(袋)菌种需贴有清晰注明以下要素的标签：

a) 产品名称(如:黑木耳母种)；

b) 品种名称(如:冀诱1号)；

c) 生产单位(如:××菌种厂)；

d) 接种日期(如:2001.××.××)；

e) 执行标准。

8.1.2 包装标签

每箱菌种需贴有清晰注明以下要素的包装标签：

a) 产品名称、品种名称；

b) 厂名、厂址、联系电话；

c) 出厂日期；

d) 保藏期、贮存条件；

e) 数量；

f) 执行标准。

8.1.3 包装储运图示标志

按GB/T 191规定，应有以下图示标志：

a） 小心轻放标志；

b） 防水、防潮、防冻标志；

c） 防晒、防高温标志；

d） 防止倒置标志；

e） 防止重压标志。

8.2 包装

8.2.1 母种外包装采用木盒或有足够强度的瓦楞纸箱，内部用棉花、碎纸等具有缓冲作用的轻质材料填满。

8.2.2 原种、栽培种外包装采用足够强度的瓦楞纸箱，每箱 20 瓶，内部用碎纸、报纸等具有缓冲作用的轻质材料填满。纸箱上部和底部用 8 cm 宽的胶带封口，并用打包带捆扎两道，箱内附产品合格证书和使用说明（包括菌种种性、培养基配方及适用范围）。

8.3 运输

8.3.1 不得与有毒物品混装。

8.3.2 气温达 30℃以上时，需用 0℃～20℃的冷藏车（船）运输。

8.3.3 运输中必须有防震、防晒、防雨淋、防冻、防杂菌污染的措施。

8.4 贮存

8.4.1 母种一般在 4℃～6℃冰箱中贮存，贮存期不超过三个月。

8.4.2 原种一般在 0℃～10℃以下冷库中贮存，贮存期不超过 40 天。

8.4.3 栽培种应尽快使用，14 天内可在温度不超过 26℃、清洁、通风、干燥（相对湿度 50％～70％）、避光的室内松散存放。

附 录 A
(规范性附录)
母种常用培养基及其配方

A.1 PDA 培养基(马铃薯葡萄糖琼脂培养基)

马铃薯 200 g(用浸出汁),葡萄糖 20 g,琼脂 20 g,水 1 000 mL,pH 自然。

A.2 CPDA 培养基(综合马铃薯葡萄糖琼脂培养基)

马铃薯 200 g(用浸出汁),葡萄糖 20 g,磷酸二氢钾 2 g,硫酸镁 0.5 g,水 1 000 mL,pH 自然。

A.3 木屑浸出汁马铃薯葡萄糖培养基

马铃薯 200 g(用浸出汁),阔叶树木屑 50 g(用浸出汁),葡萄糖 20 g,琼脂 20 g,水 1 000 mL。

附 录 B
(规范性附录)
原种和栽培种常用培养基及其配方

B.1 木屑培养基

阔叶树木屑 78%,麸皮 20%,糖 1%,石膏 1%,含水量 58%±2%。

B.2 木屑棉籽壳培养基

阔叶树木屑 63%,棉籽壳 15%,麸皮 20%,糖 1%,石膏 1%,含水量 58%±2%。

B.3 棉籽壳培养基

棉籽壳 79%,麦麸 20%,石膏 1%,含水量 58%±2%。

本标准起草单位:华中农业大学。
本标准主要起草人:吕作舟、陈立国、王卓仁。

中华人民共和国国家标准

GB 19170—2003

香菇菌种

Pure culture of *Lentinula edodes*

1 范围

本标准规定了香菇(*Lentinula edodes*)菌种的质量要求、试验方法、检验规则及标签、包装、运输、贮存。

本标准适用于香菇菌种的生产、流通和使用。

2 规范性引用文件

下列文件中的条款通过本标准的引用而成为本标准的条款。凡是注日期的引用文件,其随后所有的修改单(不包括勘误的内容)或修订版均不适用于本标准,然而,鼓励根据本标准达成协议的各方研究是否可使用这些文件的最新版本。凡是不注日期的引用文件,其最新版本适用于本标准。

GB/T 191 包装储运图示标志(GB/T 191—2000,eqv ISO 780:1997)

GB/T 4789.28 食品卫生微生物学检验 染色法、培养基和试剂

GB/T 12728—1991 食用菌术语

GB 19172—2003 平菇菌种

NY/T 528—2002 食用菌菌种生产技术规程

3 术语和定义

下列术语和定义适用于本标准。

3.1

母种 stock culture

经各种方法选育得到的具有结实性的菌丝体纯培养物及其继代培养物,以玻璃试管为培养容器和使用单位,也称一级种、试管种。

[NY/T 528—2002,定义 3.3]

3.2

原种 pre-culture spawn

由母种移植、扩大培养而成的菌丝体纯培养物。常以玻璃菌种瓶或塑料菌种瓶或 15 cm×28 cm 聚丙烯塑料袋为容器。

[NY/T 528—2002,定义 3.4]

3.3

栽培种 spawn

由原种移植、扩大培养而成的菌丝体纯培养物。常以玻璃瓶或塑料袋为容器。栽培种只能用于栽培,不可再次扩大繁殖菌种。

中华人民共和国国家质量监督检验检疫总局 2003-06-04 发布 2003-12-01 实施

[NY/T 528—2002,定义 3.5]

3.4

颉颃现象 antagonism

具有不同遗传基因的菌落间产生不生长区带或形成不同形式线行边缘的现象。

[GB 19172—2003. 定义 3.4]

3.5

角变 sector

因菌丝体局部变异或感染病毒而导致菌丝变细、生长缓慢、菌丝体表面特征成角状异常的现象。

[GB 19172—2003,定义 3.5]

3.6

高温抑制线 high temperatured line

食用菌菌种在生产过程中受高温的不良影响,培养物出现的圈状发黄、发暗或菌丝变稀弱的现象。

[GB 19172—2003,定义 3.6]

3.7

生物学效率 biological efficiency

单位数量培养料的干物质与所培养产生出的子实体或菌丝体干重之间的比率。

[GB/T 12728—1991,定义 2.1.20]

3.8

种性 characters of variety

食用菌的品种特性是鉴别食用菌菌种或品种优劣的重要标准之一。一般包括对温度、湿度、酸碱度、光线和氧气的要求,抗逆性、丰产性、出菇迟早、出菇潮数、栽培周期、商品质量及栽培习性等农艺性状。

[NY/T 528—2002,定义 3.8]

4 质量要求

4.1 母种

4.1.1 容器规格应符合 NY/T 528—2002 中 4.7.1.1 规定。

4.1.2 感官要求应符合表 1 规定。

表 1 母种感官要求

项目		要求
容器		完整,无损
棉塞或无棉塑料盖		干燥、洁净,松紧适度,能满足透气和滤菌要求
培养基灌入量		为试管总容积的四分之一至五分之一
培养基斜面长度		顶端距棉塞 40 mm~50 mm
接种量(接种块大小)		(3~5)mm×(3~5)mm
菌种外观	菌丝生长量	长满斜面
	菌丝体特征	洁白浓密、棉毛状
	菌丝体表面	均匀、平整、无角变
	菌丝分泌物	无
	菌落边缘	整齐
	杂菌菌落	无
斜面背面外观		培养基不干缩,颜色均匀、无暗斑,无色素
气味		有香菇菌种特有的香味,无酸、臭、霉等异味

4.1.3 微生物学要求应符合表2规定。

表2 母种微生物学要求

项 目	要 求
菌丝生长状态	粗壮,丰满,均匀
锁状联合	有
杂菌	无

4.1.4 菌丝生长速度:在PDA培养基上,在适温(24℃±1℃)下,长满斜面10天~14天。

4.1.5 母种栽培性状:母种供种单位,需经出菇试验确证农艺性状和商品性等种性合格后,方可用于扩大繁殖或出售。

4.2 原种

4.2.1 容器规格应符合NY/T 528—2002中4.7.1.2规定。

4.2.2 感官要求应符合表3规定。

表3 原种感官要求

项 目		要 求
容器		完整,无损
棉塞或无棉塑料盖		干燥、洁净,松紧适度,能满足透气和滤菌要求
培养基上表面距瓶(袋)口的距离		50 mm±5 mm
接种量(每支母种接原种数,接种物大小)		(4~6)瓶(袋),≥12 mm×15 mm
菌种外观	菌丝生长量	长满容器
	菌丝体特征	洁白浓密、生长旺健
	培养物表面菌丝体	生长均匀,无角变,无高温抑制线
	培养基及菌丝体	紧贴瓶壁,无干缩
	培养物表面分泌物	无,允许有少量深黄色至棕褐色水珠
	杂菌菌落	无
	颉颃现象	无
	子实体原基	无
气味		有香菇菌种特有的香味,无酸、臭、霉等异味

4.2.3 微生物学要求应符合表2规定。

4.2.4 菌丝生长速度:在适宜培养基上,在适温(23℃±2℃)下,菌丝长满容器应35天~50天。

4.3 栽培种

4.3.1 容器规格应符合NY/T 528—2002中4.7.1.3规定。

4.3.2 感官要求应符合表4规定。

表4 栽培种感官要求

项 目	要 求
容器	完整,无损
棉塞或无棉塑料盖	干燥、洁净,松紧适度,能满足透气和滤菌要求
培养基上表面距瓶(袋)口的距离	50 mm±5 mm
接种量(每瓶原种接栽培种数)	(30~50)瓶(袋)

表 4（续）

项目		要求
菌种外观	菌丝生长量	长满容器
	菌丝体特征	洁白浓密、生长旺健
	不同部位菌丝体	生长均匀，无角变，无高温抑制线
	培养基及菌丝体	紧贴瓶（袋）壁，无干缩
	培养物表面分泌物	无或有少量深黄色至棕褐色水珠
	杂菌菌落	无
	颉颃现象	无
	子实体原基	无
气味		有香菇菌种特有的香味，无酸、臭、霉等异味

4.3.3 微生物学指标应符合表 2 规定。

4.3.4 菌丝生长速度：在适宜培养基上，在适温（23℃±2℃）下，菌丝长满容器一般 40 天～50 天。

5 抽样

5.1 质检部门的抽样应具有代表性。

5.2 母种按品种、培养条件、接种时间分批编号；原种、栽培种按菌种来源、制种方法和接种时间分批编号。按批随机抽取被检样品。

5.3 母种、原种、栽培种的抽样量分别为该批菌种量的 10%、5%、1%。但每批抽样数量不得少于 10 支（瓶、袋）；超过 100 支（瓶、袋）的，可进行两级抽样。

6 试验方法

6.1 感官检验

按表 5 逐项进行。

表 5

检验项目	检验方法	检验项目		检验方法
容器	肉眼观察	接种量	母种、原种	肉眼观察、测量
			栽培种	检查生产记录
棉塞、无棉塑料盖	肉眼观察	培养基上表面距瓶（袋）口的距离		肉眼观察
母种培养基灌入量	肉眼观察	菌种外观各项（杂菌菌落除外）		肉眼观察
母种斜面长度	肉眼观察	杂菌菌落		肉眼观察，必要时用 5×放大镜观察
母种斜面背面外观	肉眼观察	气味		鼻嗅

6.2 微生物学检验

6.2.1 表 2 中菌丝生长状态和锁状联合用放大倍数不低于 10×40 的光学显微镜对培养物的水封片进行观察，每一检样应观察不少于 50 个视野。

6.2.2 细菌检验：取少量疑有细菌污染的培养物，接无菌操作接种于 GB/T 4789.28 中 4.8 规定的营养肉汤培养液中，25℃～28℃振荡培养 1 天～2 天，观察培养液是否混浊。培养液混浊，为有细菌污染；

培养液澄清，为无细菌污染。

6.2.3 霉菌检验：取少量疑有霉菌污染的培养物，按无菌操作接种于 GB/T 4789.28 中 4.79 规定的 PDA 培养基中，25℃～28℃培养 5 天～7 天，菌落出现白色以外的杂色者，或有异味者为霉菌污染物，必要时按 6.2.1 进行水封片镜检。

6.3 菌丝生长速度

6.3.1 母种：PDA 培养基，24℃±1℃培养，计算长满需天数。

6.3.2 原种和栽培种：按第 B.1、B.2、B.3 章规定的配方任选之一，在 24℃±1℃培养，计算长满需天数。

6.4 母种农艺性状和商品性状

将被检母种制成原种。采用第 B.1 章规定的培养基配方，制作菌棒 45 根。接种后，分三组进行常规管理，根据表 6 所列项目，做好栽培记录，统计检验结查。同时将该母种的出发菌株设为对照，亦做同样处理。对比二者的检验结果，以时间计的检验项目中，被检母种的任何一项时间较对照菌株推迟五天以上（含五天）者，为不合格；产量显著低于对照菌株者，为不合格；菇体外观形态与对照明显不同或畸形者为不合格。

表 6 母种栽培中农艺性状和商品性状检验记录

检验项目	检验结果	检验项目	检验结果
母种长满所需时间/天		总产/g	
原种长满所需时间/天		单产/g	
菌棒长满所需时间/天		单菇质量/g	
第一潮菇产量最高的时间/天		生物学效率/(%)	
第二潮菇产量最高的时间/天		菇形、质地、色泽	
产菇盛期持续的时间/天		菇盖直径、厚度、柄长、柄直径/mm	

6.5 留样

各级菌种都要留样备查，留样的数量应每个批号菌种 3 支（瓶）～5 支（瓶），于 4℃～6℃下贮存，母种和原种七个月，栽培种五个月。

7 检验规则

判定规则按质量要求进行。检验项目全部符合质量要求时，为合格菌种，其中任何一项不符合要求，均为不合格菌种。

8 标签、包装、运输、贮存

8.1 标签

8.1.1 产品标签

每支（瓶、袋）菌种应贴有清晰注明以下要素的标签：

a) 产品名称（如：香菇母种）；

b) 品种名称（如：241-4）；

c) 生产单位（××菌种厂）；

d) 接种日期（××××.××.××）；

e) 执行标准。

8.1.2 包装标签

每箱菌种应贴有清晰注明以下要素的包装标签：

a） 产品名称；

b） 品种名称；

c） 厂名、厂址、联系电话；

d） 出厂日期；

e） 保质期、贮存条件；

f） 数量；

g） 执行标准。

8.1.3 包装储运图示标志

按 GB/T 191 规定，应注明以下图示标志：

a） 小心轻放标志；

b） 防水、防潮、防冻标志；

c） 防晒、防高温标志；

d） 防止倒置标志；

e） 防止重压标志。

8.2 包装

8.2.1 母种外包装采用木盒或有足够强度的纸材制作的纸箱，内部用棉花、碎纸、报纸等具有缓冲作用的轻质材料填满。

8.2.2 原种、栽培种外包装采用有足够强度的纸材制作的纸箱，菌种间用碎纸、报纸等具有缓冲作用的轻质材料填满。纸箱上部和底部用 8 cm 宽的胶带封口，并用打包带捆扎两道，箱内附产品合格证书和使用说明（包括菌种种性、培养基配方及适用范围）。

8.3 运输

8.3.1 不得与有毒物品混装混运。

8.3.2 气温达 30℃以上时，需用 0℃～20℃的冷藏车运输。

8.3.3 运输中必须有防震、防晒、防尘、防雨淋、防冻、防杂菌污染的措施。

8.4 贮存

8.4.1 母种在 4℃～6℃下贮存，贮存期不超过三个月。

8.4.2 原种在 0℃～10℃下贮存，贮存期不超过 40 天。

8.4.3 栽培种应尽快使用，14 天内可在温度不超过 25℃、清洁、通风，干燥（相对湿度 50%～70%）、避光的室内存放。在 1℃～6℃下贮存时，贮存期不超过 45 天。

附　录　A
（规范性附录）
母种常用培养基及其配方

A.1　PDA 培养基（马铃薯葡萄糖琼脂培养基）

马铃薯 200 g（用浸出汁），葡萄糖 20 g，琼脂 20 g，水 1 000 mL，pH 自然。

A.2　CPDA 培养基（综合马铃薯葡萄糖琼脂培养基）

马铃薯 200 g（用浸出汁），葡萄糖 20 g，磷酸二氢钾 2 g，硫酸镁 0.5 g，琼脂 20g，水 1 000 mL，pH 自然。

附　录　B
（规范性附录）
原种和栽培种常用培养基配方

B.1　木屑培养基

阔叶树木屑 78%，麸皮 20%，糖 1%，石膏 1%，含水量 58%±2%。

B.2　木屑棉籽壳培养基

阔叶树木屑 63%，棉籽壳 15%，麸皮 20%，糖 1%，石膏 1%，含水量 58%±2%。

B.3　木屑玉米芯培养基

阔叶树木屑 63%，玉米芯粉 15%，麸皮 20%，糖 1%，石膏 1%，含水量 58%±2%。

本标准起草单位：上海市农业科学院食用菌研究所、农业部食用菌产品质量监督检验测试中心。
本标准主要起草人：王南、谭琦、曹晖。

中华人民共和国国家标准

GB 19171—2003

双孢蘑菇菌种

Pure culture of *Agaricus bisporus*

1 范围

本标准规定了双孢蘑菇(*Agaricus bisporus*)菌种的质量要求、试验方法、检验规则及标签、标志、包装、贮运等。

本标准适用于双孢蘑菇(*Agaricus bisporus*)菌种的生产、经销和使用。

2 规范性引用文件

下列文件中的条款通过本标准的引用而成为本标准的条款。凡是注日期的引用文件,其随后所有的修改单(不包括勘误的内容)或修订版均不适于本标准,然而,鼓励根据本标准达成协议的各方研究是否可使用这些文件的最新版本。凡是不注日期的引用文件,其最新版本适用于本标准。

GB/T 191 包装储运图示标志(GB/T 191—2000,eqv ISO 780:1997)

GB/T 4789.28 食品卫生微生物学检验 染色法、培养基和试剂

GB/T 12728—1991 食用菌术语

GB 19172—2003 平菇菌种

NY/T 528—2002 食用菌菌种生产技术规程

3 术语和定义

下列术语和定义适用于本标准。

3.1

母种 stock culture

经各种方法选育得到的具有结实性的菌丝体纯培养物及其继代培养物,以玻璃试管为培养容器和使用单位,也称一级种、试管种。

[NY/T 528—2002,定义3.3]

3.2

原种 pre-culture spawn

由母种移植、扩大培养而成的菌丝体纯培养物。常以玻璃菌种瓶或塑料菌种瓶或15 cm×28 cm聚丙烯塑料袋为容器。

[NY/T 528—2002,定义3.4]

3.3

栽培种 spawn

由原种移植、扩大培养而成的菌丝体纯培养物。常以玻璃瓶或塑料袋为容器。栽培种只能用于栽培,不可再次扩大繁殖菌种。

中华人民共和国国家质量监督检验检疫总局 2003-06-04 发布 2003-12-01 实施

[NY/T 528—2002,定义 3.5]

3.4

颉颃现象　antagonism

具有不同遗传基因的菌落间产生不生长区带或形成不同形式线行边缘的现象。

[GB 19172—2003,定义 3.4]

3.5

角变　sector

因菌丝体局部变异或感染病毒而导致菌丝变细、生长缓慢、菌丝体表面特征成角状异常的现象。

[GB 19172—2003,定义 3.5]

3.6

高温抑制线　high temperatured line

食用菌菌种在生产过程中受高温的不良影响,培养物出现的圈状发黄、发暗或菌丝变稀弱的现象。

[GB 19172—2003,定义 3.6]

3.7

同工酶　isoenzyme

催化相同生化反应,而结构及理化性质不同的酶分子。通过凝胶电泳使同工酶分离成迁移率不同的区带,经生物化学染色后显示出的同工酶谱,可对生物品种进行酶分子水平的鉴别或鉴定。

3.8

生物学效率　biological efficiency

单位数量培养料的干物质与所培养产生出的子实体或菌丝体干重之间的比率。

[GB/T 12728—1991,定义 2.1.20]

3.9

种性　characters of variety

食用菌的品种特性是鉴别食用菌菌种或品种优劣的重要标准之一。一般包括对温度、湿度、酸碱度、光线和氧气的要求,抗逆性、丰产性、出菇迟早、出菇潮数、栽培周期、商品质量及栽培习性等农艺性状。

[NY/T 528—2002,定义 3.8]

4　质量要求

4.1　母种

4.1.1　容器规格应符合 NY/T 528—2002 中 4.7.1.1 规定。

4.1.2　感官要求应符合表 1 规定。

表 1　母种感官要求

项　　目		要　　求
容器		完整,无损
棉塞或无棉塑料盖		干燥、洁净,松紧适度,能满足透气和滤菌要求
培养基灌入量		为试管总容积的四分之一至五分之一
培养基斜面长度		顶端距棉塞 40 mm～50 mm
接种量(接种块大小)		(3～5) mm×(3～5) mm
菌种外观	菌丝生长量	长满斜面
	菌丝体特征	洁白或米白、浓密、羽毛状或叶脉状
	菌丝体表面	均匀、平整、无角变
	菌丝分泌物	无

表 1（续）

项目		要求
菌种外观	菌落边缘	整齐
	杂菌菌落	无
斜面背面外观		培养基不干缩，颜色均匀、无暗斑、无色素
气味		有双孢蘑菇菌种特有的香味，无酸、臭、霉等异味

4.1.3 微生物学要求应符合表 2 规定。

表 2 母种微生物学要求

项目	要求
菌丝	粗壮
杂菌	无

4.1.4 菌丝生长速度：在 PDA 培养基上，在适温（24℃±1℃）下，15 天～20 天长满斜面。

4.1.5 母种遗传和栽培性状：供种单位需对所供母种进行酯酶（Est）同工酶类型鉴定，确认其遗传类型与对照相同后，再经出菇试验确证农艺性状和商品性状等种性合格后，方可用于扩大繁殖或出售。

4.1.5.1 菌丝体 Est 同工酶的板状聚丙烯酰胺凝胶电泳类型：包括 G 型（呈现 e1、e3 特征带）、H 型（呈现 e2、e4 和 e30～e33 特征带）、HG1～HG2 型（呈现 e1、e3、e30～e33 特征带）和 HG4 型（呈现 e1、e2、e3、e4 和 e30～e33 特征带）等。以 Est 区带向正极泳动距离与溴酚蓝指示剂向正极泳动距离的比值作为电泳相对迁移率（R_m）。e1、e2、e3、e4、e30、e31、e32 和 e33 的 R_m 值分别为 0.820、0.810、0.760、0.750、0.128、0.100、0.070 和 0.010。

4.1.5.2 菌丝萌发、定植与生长能力：接种到适合的培养基后，在正常条件下 24 h 内萌发，定植迅速、菌丝健壮。

4.1.5.3 结菇转潮能力：覆土后 12 天～16 天结菇，分布均匀；18 天～22 天采菇，每潮菇间隔 7 天～10 天。

4.1.5.4 生物学效率：在正常条件下生物学效率不低于 3%。

4.2 原种

4.2.1 容器规格应符合 NY/T 528—2002 中 4.7.1.2 规定。

4.2.2 感官要求应符合表 3 规定。

表 3 原种感官要求

项目		要求
容器		完整，无损
棉塞或无棉塑料盖		干燥、洁净，松紧适度，能满足透气和滤菌要求
培养基上表面距瓶口的距离		50 mm±5 mm
接种量（每支母种接原种数，接种物大小）		（4～6）瓶（袋），≥12 mm×15 mm
菌种外观	菌丝生长量	长满容器
	菌丝体特征	洁白浓密、生长旺健
	表面菌丝体	生长均匀，无角变，无高温抑制线
	培养基及菌丝体	紧贴瓶（袋）壁，无干缩
	表面分泌物	无
	杂菌菌落	无
	颉颃现象	无
气味		有双孢蘑菇菌种特有的香味，无酸、臭、霉等异味

4.2.3 微生物学指标应符合表 2 规定。

4.2.4　菌丝生长速度：在适宜培养基上，在适温(24℃±1℃)下菌丝长满容器不超过45天。

4.3　栽培种

4.3.1　容器规格应符合NY/T 528—2002中4.7.1.3规定。

4.3.2　感官要求应符合表4规定。

表4　栽培种感官要求

项　　目		要　　求
容器		完整，无损
棉塞或无棉塑料盖		干燥、洁净，松紧适度，能满足透气和滤菌要求
培养基面距瓶(袋)口的距离		50 mm±5 mm
接种量[每瓶(袋)原种接栽培种数]		(30～50)瓶(袋)
菌种外观	菌丝生长量	长满容器
	菌丝体特征	洁白浓密、生长旺健
	不同部位菌丝体	生长均匀，无角变，无高温抑制线
	培养基及菌丝体	紧贴瓶(袋)壁，无干缩
	表面分泌物	无
	杂菌菌落	无
	颉颃现象	无
气味		有双孢蘑菇菌种特有的香味，无酸、臭、霉等异味

4.3.3　微生物学指标应符合表2规定。

4.3.4　菌丝生长速度：在适宜培养基上，在适温(24℃±1℃)下菌丝长满瓶(袋)不超过45天。

5　抽样

5.1　质检部门的抽样应具有代表性。

5.2　母种按品种、培养条件、接种时间分批编号，原种、栽培种按菌种来源、制种方法和接种时间分批编号。按批随机抽取被检样品。

5.3　母种、原种、栽培种的抽样量分别为该批菌种量的10%、5%、1%。但每批抽样数量不得少于10支(瓶、袋)；超过100支(瓶、袋)的，可进行两级抽样。

6　试验方法

6.1　感官检验

按表5逐项进行。

表5　感官检验方法

检验项目	检验方法	检验项目		检验方法
容器	肉眼观察	接种量	母种、原种	肉眼观察
			栽培种	检查生产记录
棉塞、无棉塑料盖	肉眼观察	菌丝生长量		肉眼观察
母种培养基灌入量	肉眼观察	菌种外观各项 (杂菌菌落除外)		肉眼观察
母种斜面长度	肉眼观察	杂菌菌落		肉眼观察，必要时用 5×放大镜观察
母种斜面正面外观各项	肉眼观察			
培养基上表面距瓶 (袋)口的距离	肉眼观察	气味		鼻嗅

6.2 微生物学检验

6.2.1 表2中菌丝和杂菌用放大倍数不低于10×40的光学显微镜对培养物的水封片进行观察，每一检样应观察不少于50个视野。

6.2.2 细菌检验：取少量疑有细菌污染的培养物，按无菌操作接种于GB/T 4789.28中4.8规定的营养肉汤培养液中，25℃～28℃振荡培养1天～2天，观察培养液是否混浊。培养液混浊，为有细菌污染；培养液澄清，为无细菌污染。

6.2.3 霉菌检验：取少量疑有霉菌污染的培养物，按无菌操作接种于PDA培养基(见附录A)中，25℃～28℃培养3天～4天，出现双孢蘑菇菌落以外的菌落，或有异味者为霉菌污染物，必要时进行水封片镜检。

6.3 菌丝生长速度

6.3.1 母种：PDA培养基，在24℃±1℃下培养，计算长满需天数。

6.3.2 原种和栽培种：采用第B.1章或第B.2章规定的配方之一，在24℃±1℃下培养，计算长满需天数。

6.4 母种遗传和栽培性状

6.4.1 菌丝体Est同工酶的板状聚丙烯酰胺凝胶电泳：取菌龄为15天～20天的试管母种，刮取菌丝，按1∶3∶0.5的比例混合菌丝(g)、0.1 mol/L磷酸缓冲液(mL)和石英砂(g)，研磨成匀浆，台式离心机10 000 r/min离心5 min，取上清液，按5∶1∶1的比例混合上清液、40%蔗糖和0.01%溴酚蓝溶液作为电泳样品，4℃下冷藏备用。采用聚丙烯酰胺凝胶电泳。用pH8.9 Tris-HCl缓冲液配制9%分离胶，用pH8.3 Tris-甘氨酸作电极缓冲液。点样75 μL，3℃下120 V电泳20 min后稳压200 V，4 h。用固蓝RR盐60 mg，0.1 mol/L磷酸缓冲液(pH6.0)80 mL，α-萘乙酯38 mg和β萘乙酯38 mg溶于3 mL丙酮配制的染色液，染色，显现酶谱，再根据特征带分型。

6.4.2 栽培性状：使用附录B中B.2.1培养基按表6各项观察记录。

6.4.2.1 菌丝萌发、定植与生长能力：接种到附录B中B.2.1培养基(含水量提高到68%)上，在适温(24℃±1℃)下培养，肉眼观察菌丝萌发、定植与生长情况。

6.4.2.2 结菇转潮能力：栽培试验，肉眼观察，计算覆土到出第一潮菇的时间。

6.4.2.3 生物学效率：栽培试验，记录、统计产量，按GB/T 12728—1991中2.1.20规定计算。

6.4.2.4 栽培试验：将被检母种制成原种。采用附录B中B.2.1的培养基配方(含水量提高到68%)，配制360 kg培养基，接种后分三组(每组2 m^2)进行常规管理，根据表6所列项目，做好栽培记录，统计检验结果。同时将该母种的出发菌株设为对照，亦做同样处理。对比二者的检验结果，以时间计的检验项目中，被检母种的任何一项时间较对照菌株推迟5天以上(含5天)者，为不合格；产量显著低于对照菌株者，为不合格；菇体外观形态与对照明显不同或畸形者，为不合格。

表6 母种栽培中农艺性状和商品性状检验记录

检验项目	检验结果	检验项目	检验结果
母种长满所需时间/天		转潮间隔时间/天	
原种长满所需时间/天		总产/kg	
栽培种长满所需时间/天		平均单产/kg	
菌种萌发所需时间/天		平均单菇质量/g	
菌丝长满培养基所需时间/天		生物学效率/(%)	
覆土至扭结所需时间/天		菇形、质地、色泽	
覆土至采菇所需时间/天		菇盖直径、厚度、柄长、柄粗(直径)/mm	

6.5 留样

各级菌种都要留样备查，留样的数量应每个批号菌种(3～5)支(瓶、袋)，于4℃～6℃下贮存，母种5个月，原种4个月，栽培种2个月。

7 检验规则

判定规则按质量要求进行。检验项目全部符合质量要求时，为合格菌种，其中任何一项不符合要求，均为不合格菌种。

8 标签、标志、包装、运输、贮存

8.1 标签、标志

8.1.1 产品标签

每支(瓶、袋)菌种必须贴有清晰注明以下要素的标签：

a) 产品名称(如：双孢蘑菇母种)；

b) 品种名称(如：As2796)；

c) 生产单位(×××菌种厂)；

d) 接种日期(如：2000.××.××)；

e) 执行标准。

8.1.2 包装标签

每箱菌种必须贴有清晰注明以下要素的包装标签：

a) 产品名称、品种名称；

b) 厂名、厂址、联系电话；

c) 出厂日期；

d 保质期、贮存条件；

e) 数量；

f) 执行标准。

8.1.3 包装储运图示

按GB/T 191规定，应注明以下图示标志：

a) 小心轻放标志；

b) 防水、防潮、防冻标志；

c) 防晒、防高温标志；

d) 防止倒置标志；

e) 防止重压标志。

8.2 包装

8.2.1 母种外包装采用木盒或有足够强度的纸材制作的纸箱，内部用棉花、碎纸、报纸等具有缓冲作用的轻质材料填满。

8.2.2 原种、栽培种外包装采用有足够强度的纸材制作的纸箱，菌种间用碎纸、报纸等具有缓冲作用的轻质材料填满。纸箱上部和底部用8cm宽的胶带封口，并用打包带捆扎两道，箱内附产品合格证书和使用说明(包括菌种种性、培养基配方及适用范围)。

8.3 运输

8.3.1 不得与有毒物品混装。

8.3.2 气温达30℃以上时，需用2℃～20℃的冷藏车运输。

8.3.3 运输中必须有防震、防晒、防尘、防雨淋、防冻、防杂菌污染的措施。

8.4 **贮存**

8.4.1 母种在5℃±1℃下贮存，贮存期不超过90天。

8.4.2 原种应尽快使用，10天内可在温度24℃±1℃、清洁、通风、干燥（相对湿度50%～75%）、避光的室内存放。一般在5℃±1℃下贮存，贮存期不超过40天。

8.4.3 栽培种应尽快使用，在温度24℃±1℃、清洁、通风、干燥（相对湿度50%～75%）、避光的室内存放谷粒种不超过10天，其余培养基的栽培种不超过20天。在5℃±1℃下可贮存90天。

附　录　A
（规范性附录）
PDA 培养基配方

马铃薯 200 g（取用浸出液），葡萄糖 20 g，琼脂 20 g，水 1 000 mL，pH 自然。

附　录　B
（规范性附录）
常用原种和栽培种培养基及其配方

B.1　谷粒种培养基

谷粒 98%，石膏粉 2%，含水量 50%±1%，pH7.5～8.0。

B.2　腐熟料种培养基

B.2.1　腐熟粪草种培养基

腐熟麦秆或稻秆（干）77%，腐熟牛粪粉（干）20%，石膏粉 1%，碳酸钙 2%，含水量 62%±1%，pH7.5。

B.2.2　腐熟棉籽壳种培养基

腐熟棉籽壳（干）97%，石膏粉 1%，碳酸钙 2%，含水量 55%±1%，pH7.5。

本标准起草单位：福建省轻工业研究所、福建省蘑菇菌种研究推广站。
本标准主要起草人：王泽生、廖剑华、曾辉、陈军、陈美元。

中华人民共和国国家标准

GB 19172—2003

平　菇　菌　种

Pure culture of *Pleurotus ostreatus*

1　范围

本标准规定了平菇(*Pleurotus ostreatus*)菌种的质量要求、试验方法、检验规则及标签、标志、包装、贮运等。

本标准适用于侧耳属(*Pleurotus*)的平菇(*Pleurotus ostreatus*)菌种,也适用于该属的紫孢侧耳(*Pleurotus sapidus*)、小平菇(*Pleurotus cornucopiae*)、凤尾菇(*Pleurotus pulmonariuss*)、佛罗里达平菇(*Pleurotus florida*)的生产、流通和使用。

2　规范性引用文件

下列文件中的条款通过本标准的引用而成为本标准的条款。凡是注日期的引用文件,其随后所有的修改单(不包括勘误的内容)或修订版均不适于本标准,然而,鼓励根据本标准达成协议的各方研究是否可使用这些文件的最新版本。凡是不注日期的引用文件,其最新版本适用于本标准。

GB/T 191　包装储运图示标志(GB/T 191—2000,eqv ISO 780:1997)

GB/T 4789.28　食品卫生微生物学检验　染色法、培养基和试剂

GB/T 12728—1991　食用菌术语

NY/T 528—2002　食用菌菌种生产技术规程

3　术语和定义

下列术语和定义适用于本标准。

3.1

母种　stock culture

经各种方法选育得到的具有结实性的菌丝体纯培养物及其继代培养物,以玻璃试管为培养容器和使用单位,也称一级种、试管种。

[NY/T 528—2002,定义 3.3]

3.2

原种　pre-culture spawn

由母种移植、扩大培养而成的菌丝体纯培养物。常以玻璃菌种瓶或塑料菌种瓶或 15 cm×28 cm 聚丙烯塑料袋为容器。

[NY/T 528—2002,定义 3.4]

3.3

栽培种　spawn

由原种移植、扩大培养而成的菌丝体纯培养物。常以玻璃瓶或塑料袋为容器。栽培种只能用于栽

中华人民共和国国家质量监督检验检疫总局 2003-06-04 发布　　2003-12-01 实施

培，不可再次扩大繁殖菌种。

[NY/T 528—2002，定义3.5]

3.4

颉颃现象 antagonism

具有不同遗传基因的菌落间产生不生长区带或形成不同形式线行边缘的现象。

3.5

角变 sector

因菌丝体局部变异或感染病毒而导致菌丝变细、生长缓慢、菌丝体表面特征成角状异常的现象。

3.6

高温抑制线 high temperatured line

食用菌菌种在生产过程中受高温的不良影响，培养物出现的圈状发黄、发暗或菌丝变稀弱的现象。

3.7

生物学效率 biological efficiency

单位数量培养料的干物质与所培养产生出的子实体或菌丝体干重之间的比率。

[GB/T 12728—1991，定义2.1.20]

3.8

种性 characters of variety

食用菌的品种特性是鉴别食用菌菌种或品种优劣的重要标准之一。一般包括对温度、湿度、酸碱度、光线和氧气的要求，抗逆性、丰产性、出菇迟早、出菇潮数、栽培周期、商品质量及栽培习性等农艺性状。

[NY/T 528—2002，定义3.8]

4 质量要求

4.1 母种

4.1.1 容器规格应符合NY/T 528—2002中4.7.1.1规定。

4.1.2 感官要求应符合表1规定。

表1 母种感官要求

项目		要求
容器		完整，无损
棉塞或无棉塑料盖		干燥、洁净、松紧适度，能满足透气和滤菌要求
培养基灌入量		试管总容积的四分之一至五分之一
斜面长度		顶端距棉塞40 mm～50 mm
接种块大小(接种量)		(3～5) mm×(3～5) mm
菌种外观	菌丝生长量	长满斜面
	菌丝体特征	洁白、浓密、旺健、棉毛状
	菌丝体表面	均匀、舒展、平整、无角变
	菌丝分泌物	无
	菌落边缘	整齐
	杂菌菌落	无
斜面背面外观		培养基不干缩，颜色均匀、无暗斑、无色素
气味		有平菇菌种特有的清香味，无酸、臭、霉等异味

4.1.3 微生物学要求应符合表2规定。

表2 母种微生物学要求

项　目	要　求
菌丝生长状态	粗壮、丰满、均匀
锁状联合	有
杂菌	无

4.1.4 菌丝生长速度：在PDA培养基上，在适温（25℃±2℃）下，6天～8天长满斜面。

4.1.5 母种栽培性状：供种单位所供母种需经出菇试验确证农艺性状和商品性状等种性合格后，方可用于扩大繁殖或出售。产量性状在正常条件下生物学效率应不低于10%。

4.2 原种

4.2.1 容器规格应符合NY/T 528—2002中4.7.1.2规定。

4.2.2 感官要求应符合表3规定。

表3 原种感官要求

项　目		要　求
容器		完整，无损
棉塞或无棉塑料盖		干燥、洁净，松紧适度，能满足透气和滤菌要求
培养基上表面距瓶（袋）口的距离		50 mm±5 mm
接种量（每支母种接原种数，接种物大小）		（4～6）瓶（袋），≥12 mm×15 mm
菌种外观	菌丝生长量	长满容器
	菌丝体特征	洁白浓密、生长旺健
	培养物表面菌丝体	生长均匀，无角变，无高温抑制线
	培养基及菌丝体	紧贴瓶壁，无干缩
	培养物表面分泌物	无，允许有少量无色或浅黄色水珠
	杂菌菌落	无
	颉颃现象	无
	子实体原基	无
气味		有平菇菌种特有的清香味，无酸、臭、霉等异味

4.2.3 微生物学要求应符合表2规定。

4.2.4 菌丝生长速度：在适宜培养基上，在适温（25℃±2℃）下，25天～30天长满容器。

4.3 栽培种

4.3.1 容器规格应符合NY/T 528—2002中4.7.1.3规定。

4.3.2 感官要求应符合表4规定。

表4 栽培种感官要求

项　目		要　求
容器		完整，无损
棉塞或无棉塑料盖		干燥、洁净，松紧适度，满足透气和滤菌要求
培养基上表面距瓶（袋）口的距离		50 mm±5 mm
接种量[每瓶（袋）原种接栽培种数]		（30～50）瓶（袋）
菌种外观	菌丝生长量	长满容器
	菌丝体特征	洁白浓密，生长旺健，饱满
	不同部位菌丝体	生长均匀，色泽一致，无角变，无高温抑制线
	培养基及菌丝体	紧贴瓶（袋）壁，无干缩
	培养物表面分泌物	无，允许有少量无色或浅黄色水珠

表 4（续）

项目		要求
菌种外观	杂菌菌落	无
	颉颃现象	无
	子实体原基	允许少量，出现原基总量≤5%
气味		有平菇菌种特有的清香味，无酸、臭、霉等异味

4.3.3 微生物学要求应符合表 2 规定。

4.3.4 菌丝生长速度：在适温（25℃±2℃）下，在谷粒培养基上菌丝长满瓶应（15±2）天，长满袋应（20±2）天；在其他培养基上长满瓶应 20 天～25 天，长满袋应 30 天～35 天。

5 抽样

5.1 质检部门的抽样应具有代表性。

5.2 母种按品种、培养条件、接种时间分批编号，原种、栽培种按菌种来源、制种方法和接种时间分批编号。按批随机抽取被检样品。

5.3 母种、原种、栽培种的抽样量分别为该批菌种量的 10%、5%、1%。但每批抽样数量不得少于 10 支（瓶、袋）；超过 100 支（瓶、袋）的，可进行两级抽样。

6 试验方法

6.1 感官检验

按表 5 逐项进行。

表 5 感官要求检验方法

检验项目	检验方法	检验项目		检验方法
容器	肉眼观察	接种量	母种、原种	肉眼观察、测量
			栽培种	检查生产记录
棉塞、无棉塑料盖	肉眼观察	培养基上表面距瓶（袋）口的距离		肉眼观察
母种培养基灌入量	肉眼观察	菌种外观各项（杂菌菌落除外）		肉眼观察
母种斜面长度	肉眼观察	杂菌菌落		肉眼观察，必要时用 5×放大镜观察
母种斜面背面外观	肉眼观察	气味		鼻嗅

6.2 微生物学检验

6.2.1 表 2 中菌丝生长状态和锁状联合用放大倍数不低于 10×40 的光学显微镜对培养物的水封片进行观察，每一检样应观察不少于 50 个视野。

6.2.2 细菌检验：取少量疑有细菌污染的培养物，按无菌操作接种于 GB/T 4789.28 中 4.8 规定的营养肉汤培养液中，25℃～28℃振荡培养 1 天～2 天，观察培养液是否混浊。培养液混浊，为有细菌污染；培养液澄清，为无细菌污染。

6.2.3 霉菌检验：取少量疑有霉菌污染的培养物，按无菌操作接种于 PDA 培养基（见附录 A 中 A.1）中，25℃～28℃培养 3 天～4 天，出现白色以外色泽的菌落或非平菇菌丝形态菌落的，或有异味者为霉菌污染物，必要时进行水封片镜检。

6.3 菌丝生长速度

6.3.1 母种：PDA 培养基，25℃±2℃培养，计算长满需天数。

6.3.2 原种和栽培种：按第 B.1、B.2、B.3、B.4 章中规定的配方任选其一，在 25℃±2℃培养，计算长满需天数。

6.4 母种栽培中农艺性状和商品性状

将被检母种制成原种。采用附录 C 规定的培养基配方，制作菌袋 45 个。接种后分三组(每组 15 袋)进行常规管理，根据表 6 所列项目，做好栽培记录，统计检验结果。同时将该母种的出发菌株设为对照，做同样处理。对比二者的检验结果，以时间计的检验项目中，被检母种的任何一项时间较对照菌株推迟五天以上(含五天)者，为不合格；产量显著低于对照菌株者，为不合格；菇体外观形态与对照明显不同或畸形者，为不合格。

表 6 母种栽培中农艺性状和商品性状检验记录

检验项目	检验结果	检验项目	检验结果
母种长满所需时间/天		总产/kg	
原种长满所需时间/天		平均单产/kg	
长满菌袋所需时间/天		生物学效率/(%)	
出第一潮菇所需时间/天		色泽、质地	
第一潮菇产量/kg		菇形	
第一潮菇生物学效率/(%)		菇盖直径、菌柄长短/mm	

6.5 留样

各级菌种都要留样备查，留样的数量应每个批号母种 3 支(瓶、袋)～5 支(瓶、袋)，于 4℃～6℃下贮存，母种 5 个月，原种 4 个月，栽培种 2 个月。

7 检验规则

判定规则按质量要求进行。检验项目全部符合质量要求时，为合格菌种，其中任何一项不符合要求，均为不合格菌种。

8 标签、标志、包装、运输、贮存

8.1 标签、标志

8.1.1 产品标签

每支(瓶、袋)菌种必须贴有清晰注明以下要素的标签：

a) 产品名称(如：平菇母种)；

b) 品种名称(如：中蔬 10 号)；

c) 生产单位(××菌种厂)；

d) 接种日期(如：2002.××.××)；

e) 执行标准。

8.1.2 包装标签

每箱菌种必须贴有清晰注明以下要素的包装标签：

a) 产品名称、品种名称；

b) 厂名、厂址、联系电话；

c) 出厂日期；

d) 保质期、贮存条件；

e) 数量；

f) 执行标准。

8.1.3 包装储运图示

按 GB/T 191 规定，应注明以下图示标志：

a) 小心轻放标志；

b) 防水、防潮、防冻标志；

c) 防晒、防高温标志；

d) 防止倒置标志；

e) 防止重压标志。

8.2 包装

8.2.1 母种外包装采用木盒或有足够强度的纸材制作的纸箱，内部用棉花、碎纸、报纸等具有缓冲作用的轻质材料填满。

8.2.2 原种、栽培种：外包装采用有足够强度的纸材制作的纸箱，菌种之间用碎纸、报纸等具有缓冲作用的轻质材料填满。纸箱上部和底部用 8 cm 宽的胶带封口，并用打包带捆扎两道，箱内附产品合格证书和使用说明（包括菌种种性、培养基配方及适用范围等）。

8.3 运输

8.3.1 不得与有毒物品混装。

8.3.2 气温达 30℃以上时，需用 2℃～20℃的冷藏车运输。

8.3.3 运输中必须有防震、防晒、防尘、防雨淋、防冻、防杂菌污染的措施。

8.4 贮存

8.4.1 母种在 5℃±1℃冰箱中贮存，贮存期不超过 90 天。

8.4.2 原种应尽快使用，在温度不超过 25℃、清洁、干燥通风（空气相对湿度 50%～70%）、避光的室内存放谷粒种不超过 7 天，其余培养基的原种不超过 14 天。在 5℃±1℃下贮存，贮存期不超过 45 天。

8.4.3 栽培种应尽快使用，在温度不超过 25℃、清洁、通风、干燥（相对湿度 50%～70%）、避光的室内存放谷粒种不超过 10 天，其余培养基的栽培种不超过 20 天。在 1℃～6℃下贮存时，贮存期不超过 45 天。

附　录　A
（规范性附录）
常用母种培养基及其配方

A.1　PDA 培养基

马铃薯 200 g，葡萄糖 20 g，琼脂 20 g。

A.2　CPDA 培养基

马铃薯 200 g，葡萄糖 20 g，磷酸二氢钾 2 g，硫酸镁 0.5 g，琼脂 20 g。

附　录　B
（规范性附录）
常用原种和栽培种培养基及其配方

B.1　谷粒培养基

小麦、谷子、玉米或高粱 98%，石膏 2%，含水量 50%±1%。

B.2　棉籽壳麦麸培养基

棉籽壳 84%，麦麸 15%，石膏 1%，含水量 60%±2%。

B.3　棉籽壳培养基

棉籽壳 100%，含水量 62%±2%。

B.4　木屑培养基

阔叶树木屑 79%，麦麸 20%，石膏 1%，含水量 60%±2%。

附　录　C
（规范性附录）
常用栽培性状检验用培养基

棉籽壳 98%，石灰 2%，含水量 60%±2%。

本标准起草单位：中国农业科学院土壤肥料研究所、中国微生物菌种保藏管理委员会农业微生物中心、河南省科学院食用菌工程技术中心。

本标准主要起草人：张金霞、贾身茂、左雪梅、申进文。

中华人民共和国国家标准

主要花卉产品等级 第4部分:花卉种子

GB/T 18247.4—2000

Product grade for major ornamental plants—Part 4:Flower seeds

1 范围

本标准规定了花卉种子质量分级指标、检测方法和判定原则。

本标准适用于园林绿化、花卉生产及国际贸易的花卉种子划分等级。

2 引用标准

下列标准所包含的条文,通过在本标准中引用而构成为本标准的条文。本标准出版时,所示版本均为有效。所有标准都会被修订,使用本标准的各方应探讨使用下列标准最新版本的可能性。

GB 2772—1999 林木种子检验规程

3 定义

本标准采用下列定义。

3.1 种子净度 purity of seed

从被检种子样品除去杂质和其他植物种子后,被检种子重量占样品总重量的百分比。

3.2 发芽率 germination rate

种子发芽实验终期(规定日期内),全部正常发芽种子占供试种子数的百分比。

3.3 含水量 moisture content

种子样品中含有水的重量占供试样品重量的百分比。

3.4 每克粒数 seeds per gram

每克种子样品具有种子的粒数。

4 质量分级

种子质量分为3级。以种子净度、发芽率、含水量和每克粒数的指标划分等级。等级各相关技术指标不属于同一级时,以单项指标低的定等级。技术指标见表1。

国家质量技术监督局 2000-11-16 发布　　2001-04-01 实施

表 1　花卉种子质量等级表

序号	品　　种	Ⅰ级		Ⅱ级		Ⅲ级		各级种子含水量,%不高于	各级种子每克粒数,粒
		净度,%不低于	发芽率,%不低于	净度,%不低于	发芽率,%不低于	净度,%不低于	发芽率,%不低于		
1	藿香蓟(菊科,胜红蓟属) *Ageratum conyzoides* L.	95	85	90	80	90	60	9	7 000～7 500
2	香雪球(十字花科,香雪球属) *Lobularia maritima* Desv.	95	90	92	85	90	70	9	1 000～2 000
3	三色苋(苋科,苋属) *Amaranthus tricolor* L.	99	90	97	85	90	60	9	1 000～2 400
4	金鱼草(玄参科,金鱼草属) *Anthirrhinum majus* L.	95	90	90	80	90	70	9	4 000～7 000
5	耧斗菜(毛茛科,耧斗菜属) *Aquilegia vulgaris* L.	99	85	90	80	70	55	9	850～2 000
6	福禄考(花忍科,福禄考属) *Phlox drummondii* Hook.	95	85	92	80	90	75	9	500～750
7	蟆叶海棠(秋海棠科,秋海棠属) *Begonia rex* Putz.	98	90	90	80	90	75	9	6 000～6 500
8	四季海棠(秋海棠科,秋海棠属) *Begonia semperflorens* Link et Otto.	95	90	90	80	90	75	9	7 000～8 000
9	球根海棠(秋海棠科,秋海棠属) *Begonia tuberhybrida* Voss.	95	90	90	80	90	75	9	45 000～60 000
10	雏菊(菊科,雏菊属) *Bellis perennis* L.	95	90	92	85	90	60	9	4 900～5 000
11	羽衣甘蓝(十字花科,甘蓝属) *Brassica oleracea* var. *acephala* L.	98	90	90	85	90	80	9	245～300
12	蒲苞花(玄参科,蒲包花属) *Calceolaria herbeohybrida* Voss.	98	90	85	85	90	80	9	16 000～25 000
13	金盏菊(菊科,金盏花属) *Calendula officinalis* L.	95	90	90	85	80	70	9	120～150
14	长春花(夹竹桃科,长春花属) *Catheranthus roseus* L.	90	90	90	85	85	80	9	600～750
15	鸡冠(苋科,青厢属) *Celosia cristata* Hort.	99	90	95	80	85	70	9	1 000～1 200
16	凤尾鸡冠(菊科,青厢属) *Celosia plumosa* Hort.	99	90	95	85	90	80	9	1 500～1 600
17	西洋滨菊(菊科,茼蒿属) *Chrysanthemum leucanthemum* L.	98	90	95	85	90	80	9	1 010～1 600
18	瓜叶菊(菊科,千里光属) *Senecio cineraria* L.	98	90	90	80	90	80	11	3 300～4 200
19	波斯菊(菊科,大波斯菊属) *Cosmos bipinnatus* Cav.	98	90	95	85	90	80	9	130～180
20	硫华菊(菊科,大波斯菊属) *Cosmos sulphureus* L.	98	90	90	85	90	80	9	100～125
21	仙客来(报春花科,仙客来属) *Cyclamen perisicum* Mill.	98	90	90	80	90	75	9	83～150
22	康乃馨(石竹科,石竹属) *Dianthus caryophyllus* L.	98	90	85	85	90	80	9	420～460
23	紫芳草(龙胆科,藻百年属) *Exacum* L.	98	90	90	85	90	80	9	30 000～32 000

表 1（续）

序号	品　　种	Ⅰ级		Ⅱ级		Ⅲ级		各级种子含水量，% 不高于	各级种子每克粒数，粒
		净度，% 不低于	发芽率，% 不低于	净度，% 不低于	发芽率，% 不低于	净度，% 不低于	发芽率，% 不低于		
24	勋章菊（菊科，勋章菊属） *Gazania hybrida*	98	90	95	85	90	80	9	360～450
25	非洲菊（菊科，大丁草属） *Gerbera jamesonii* L.	98	90	90	85	90	80	9	250～350
26	古代稀（柳叶菜科，高代花属） *Godetia grandiflora* L.	98	90	95	85	90	80	9	1 300～1 800
27	向日葵（菊科，向日葵属） *Helianthus annus* L.	98	90	95	85	90	80	9	20～25
28	麦秆菊（菊科，蜡菊属） *Helichrysum subulifolium* Andr.	95	90	92	85	90	75	9	1 520～4 000
29	大花秋葵（锦葵科，木槿属） *Hibiscus mutabilis* Linn.	98	85	90	80	90	75	9	85～100
30	枪刀药（爵床科，枪刀药属） *Hypoestes purpurea* L.	98	90	85	85	90	80	9	750～850
31	凤仙花（凤仙花科，凤仙花属） *Impatiens sultani* Hook.	98	90	97	85	90	80	7	1 400～2 000
32	草原龙胆（龙胆科，草原龙胆属） *Lisianthus russellianum* L.	98	90	90	85	90	80	9	17 000～22 000
33	紫罗兰（十字花科，紫罗兰属） *Matthiola incana* R. Br.	98	90	95	85	90	55	9	650～1 000
34	天竺葵（牦牛儿科，天竺葵属） *Pelargonium×hortorum*	98	90	90	85	90	80	9	130～180
35	矮牵牛（茄科，矮牵牛属） *Petunia×hybrida* Vilm.	98	90	95	85	90	60	9	10 000～15 000
36	欧洲报春（报春花科，报春花属） *Primula vuigaris* Huds.	98	90	90	85	90	80	9	950～1 250
37	四季报春（报春花科，报春花属） *Primula obconica* Hance.	98	90	90	85	90	80	9	6 000～7 000
38	大花马齿苋（马齿苋科，马齿苋属） *Portulaca grandiflora* L.	98	90	95	85	90	65	9	9 800～10 000
39	花毛茛（毛茛科，毛茛属） *Ranunculus asisticus* L.	98	90	90	85	90	80	9	1 300～1 450
40	一串红（唇形科，鼠尾草属） *Salvia splendens* Ker-Gawi.	98	85	95	80	90	50	9	270～300
41	大岩桐（苦苣苔科，大岩桐属） *Sinningia speciosa* Lodd.	98	90	90	85	90	80	9	25 000～28 000
42	万寿菊（菊科，万寿菊属） *Tagetes erecta* L.	98	90	90	85	90	80	9	340～390
43	美女樱（马鞭草科，马鞭草属） *Verbena×hybrida* Voss. V.	98	90	95	85	90	50	9	400～420
44	三色堇（堇菜科，堇菜属） *Viola tricolor* L.	98	90	95	85	90	80	9	700～750
45	百日草（菊科，百日草属） *Zinnia elegans* Jacq.	95	90	92	85	90	60	9	100～150
46	勿忘我（十字花科，勿忘草属） *Myosotis sylvatica* L.	99	85	97	75	95	70	9	2 000～2 200

表 1（续）

序号	品　种	Ⅰ级		Ⅱ级		Ⅲ级		各级种子含水量,%不高于	各级种子每克粒数,粒
		净度,%不低于	发芽率,%不低于	净度,%不低于	发芽率,%不低于	净度,%不低于	发芽率,%不低于		
47	大丽花(菊科,大丽花属) *Dahlia variabilis* Desf.	98	90	95	85	90	60	10	120～500
48	花菱草(罂粟科,花菱草属) *Eschscholtzia callfornica* Cham.	98	90	95	85	90	70	10	600～700

注

1　以上种子均不含被检疫的病虫害对象。

2　千粒重仅作为参照指标。

5　检测方法及判定原则

检验方法及判定原则按 GB 2772 进行。

5.1　净度:按 GB 2772—1999 第 4 章进行。

5.2　发芽率:按 GB 2772—1999 第 5 章进行。

5.3　含水量:按 GB 2772—1999 第 9 章进行。

5.4　抽样及判定:按 GB 2772—1999 第 3 章进行。

本标准起草单位:中国林木种子公司、北京中林荣华花卉盆景开发中心、中国农业蔬菜花卉研究所。

本标准主要起草人:陈琰芳、罗宁。

中华人民共和国国家标准

主要花卉产品等级 第5部分：花卉种苗

GB/T 18247.5—2000

Product grade for major ornamental plants—Part 5: Young plants

1 范围

本标准规定了常见的切花种苗等级划分、检测方法及判定原则。

本标准适用于花卉生产及其贸易中花卉种苗的等级划分。

2 引用标准

下列标准所包含的条文，通过在本标准中引用而构成为本标准的条文。本标准出版时，所示版本均为有效。所有标准都会被修订，使用本标准的各方应探讨使用下列标准最新版本的可能性。

GB 6000—1999 主要造林树种苗木质量分级

3 定义

本标准采用下列定义。

3.1 **苗木种类 tape of young plant or seedling**

根据培育、繁殖苗木使用的材料（种子、茎、叶、根）和方法划分的苗木群体，分为播种苗、扦插苗、嫁接苗、分株苗和组培苗。

3.2 **苗龄 age of young plant or seedling**

苗木的年龄。以经历一个年生长周期作为一个苗龄单位。

3.3 **地径 stem base**

地际直径，系指位于栽培基质表面处苗木的粗度。

3.4 **苗高 height of young plant**

自地径至苗顶端的高度。

3.5 **根系长 length of root**

自地径以下的长度。

4 质量分级

4.1 苗木以地径、苗高为依据分为三级。

4.2 合格苗应具有发达的根系，苗干健壮、充实、通直，色泽正常，无机械损伤，无病虫害。具体规定见表1。

国家质量技术监督局 2000-11-16 发布 2001-04-01 实施

表 1　花卉种苗等级表

cm

序号	种　名	苗木种类	Ⅰ级					Ⅱ级					Ⅲ级				
			地径	苗高	叶片数	根系状况	其他	地径	苗高	叶片数	根系状况	其他	地径	苗高	叶片数	根系状况	其他
1	香石竹(康乃馨)(石竹科,石竹属) *Dianthus caryophyllus* L.	扦插	≥0.6	≥15	≥14	完整新鲜	无病虫害	≥0.4	≥25	≥8	完整新鲜	无病虫害	≥0.3	≥25	≥6	完整新鲜	无病虫害
2	菊花(菊科,菊属) *Dendranthema*×*morifolium* Tzvel.	扦插	≥0.7	≥10	≥10	完整新鲜	无病虫害	≥0.5	≥8	≥6	完整新鲜	无病虫害	≥0.3	≥15	≥4	完整新鲜	无病虫害
3	满天星(石竹科,丝石竹属) *Gypsophila paniculata* L.	扦插	≥0.8	≥15	≥16	完整新鲜	无病虫害	≥0.6	≥15	≥12	完整新鲜	无病虫害	≥0.4	≥10	≥8	完整新鲜	无病虫害
4	紫菀(菊科,紫菀属) *Aster* spp.	扦插	≥0.7	≥20	≥16	完整新鲜	无病虫害	≥0.5	≥15	≥12	完整新鲜	无病虫害	≥0.3	≥15	≥8	完整新鲜	无病虫害
5	火鹤(天南星科,火鹤花属) *Anthurium andraeanum* Lind.	组培	≥0.8	≥20	≥12	完整新鲜	无病虫害	≥0.6	≥20	≥8	完整新鲜	无病虫害	≥0.4	≥20	≥5	完整新鲜	无病虫害
6	非洲菊(扶郎花)(菊科,大丁草属) *Gerbera jamesonii* Bolus.	组培	≥0.7	≥20	≥6	完整新鲜	无病虫害	≥0.5	≥20	≥5	完整新鲜	无病虫害	≥0.3	≥20	≥3	完整新鲜	无病虫害
7	月季[1)](蔷薇科,蔷薇属) *Rosa* spp.	嫁接	≥0.8	≥20	≥8	完整新鲜	无病虫害	≥0.6	≥20	≥6	完整新鲜	无病虫害	≥0.4	≥20	≥4	完整新鲜	无病虫害
8	一品红(大戟科,大戟属) *Euphorbia pulcherrima* Willd.	扦插	≥0.8	中型:≥20 矮型:≥8	中型:≥8 矮型:≥5	完整新鲜	无病虫害	≥0.6	中型:≥20 矮型:≥8	中型:≥6 矮型:≥4	完整新鲜	无病虫害	≥0.4	中型:≥20 矮型:≥8	≥4	完整新鲜	无病虫害
9	草原龙胆(洋桔梗)(龙胆科,草原龙胆属) *Eustoma russellianum* L.	播种或组培	≥0.3	≥5	≥8	完整新鲜	无病虫害	≥0.3	≥5	≥6	完整新鲜	无病虫害	≥0.2	≥5	≥6	完整新鲜	无病虫害
10	补血草(白花丹科,补血草属) *Limonium sinuatum* L.	组培或播种	≥0.3	≥5	≥6	完整新鲜	无病虫害	≥0.3	≥5	≥5	完整新鲜	无病虫害	≥0.2	≥5	≥5	完整新鲜	无病虫害

1)指切花月季苗。

注

1　所有种苗不含被检测的病虫害对象。

2　一级的香石竹、菊花、满天星苗必须是脱毒苗。

5 检测方法及判定原则

检测方法及判定原则按 GB 6000—1999 中第 4 章、第 5 章的规定进行。

本标准起草单位:中国林木种子公司、北京中林荣华花卉盆景开发中心、中国农业科学院蔬菜花卉研究所。

本标准主要起草人:罗宁、陈琰芳。

中华人民共和国国家标准

主要花卉产品等级 第6部分:花卉种球

GB/T 18247.6—2000

Product grade for major ornamental plants— Part 6:Flower bulbs

1 范围

本标准规定了主要球根花卉种球的质量分级指标、检测方法及判定原则。

本标准适用于园林绿化、花卉生产及国际贸易中花卉种球的等级划分。

2 引用标准

下列标准所包含的条文,通过在本标准中引用而构成为本标准的条文。本标准出版时,所示版本均为有效。所有标准都会被修订,使用本标准的各方应探讨使用下列标准最新版本的可能性。

GB 2772—1999 林木种子检验规程

3 质量分级

种球质量分为3级。以围径、饱满度、病虫害的指标划分等级。等级各相关技术指标不属于同一级时,以单项指标低的定等级。技术规定见表1。

表1 花卉种球质量等级表

cm

序号	种名	一级			二级			三级			四级			五级		
		围径	饱满度	病虫害	围径	饱满度	病虫害	围径	饱满度	病虫害	围径	饱满度	病虫害	围径	饱满度	病虫害
1	亚洲型百合(百合科,百合属) *Lilium* spp. (Asiatic hybrids)	≥16	优	无	≥14	优	无	≥12	优	无	≥10	优	无	≥9	优	无
2	东方型百合(百合科,百合属) *Lilium* spp. (Oriental hybrids)	≥20	优	无	≥18	优	无	≥16	优	无	≥14	优	无	≥12	优	无
3	铁炮百合(百合科,百合属) *Lilium* spp. (Longiflorum hybrids)	≥16	优	无	≥14	优	无	≥12	优	无	≥10	优	无			
4	L-A百合(百合科,百合属) *Lilium* spp. (L/A hybrids)	≥18	优	无	≥16	优	无	≥14	优	无	≥12	优	无	≥10	优	无
5	盆栽亚洲型百合(百合科,百合属) *Lilium* spp. (Asiatic hybrids pot)	≥16	优	无	≥14	优	无	≥12	优	无	≥10	优	无	≥9	优	无
6	盆栽东方型百合(百合科,百合属) *Lilium* spp. (Oriental hybrids pot)	≥20	优	无	≥18	优	无	≥16	优	无	≥14	优	无	≥12	优	无
7	盆栽铁炮百合(百合科,百合属) *Lilium* spp. (Longiflorum pot)	≥16	优	无	≥14	优	无	≥12	优	无	≥10	优	无			

国家质量技术监督局 2000-11-16 发布　　2001-04-01 实施

表 1（续）

序号	种　名	一级			二级			三级			四级			五级		
		围径	饱满度	病虫害	围径	饱满度	病虫害	围径	饱满度	病虫害	围径	饱满度	病虫害	围径	饱满度	病虫害
8	郁金香（百合科，郁金香属） *Tulipa* spp.	≥12	优	无	≥11	优	无	≥10	优	无						
9	鸢尾（鸢尾科，鸢尾属） *Iris* spp.	≥10	优	无	≥9	优	无	≥8	优	无	≥7	优	无	≥6	优	无
10	唐菖蒲（鸢尾科，唐菖蒲属） *Gladiolus hybridus* Hout.	≥14	优	无	≥12	优	无	≥10	优	无	≥8	优	无	≥6	优	无
11	朱顶红（石蒜科，弧挺花属） *Amaryllis vittata* Ait.	≥36	优	无	≥34	优	无	≥32	优	无	≥30	优	无	≥28	优	无
12	马蹄莲（天南星科，马蹄莲属） *Zantedeschia aethiopica* Sprenge.	≥18	优	无	≥15	优	无	≥14	优	无	≥12	优	无			
13	小苍兰（鸢尾科，香雪兰属） *Freesia refracta* Kiatt.	≥5	优	无	≥4	优	无	≥3.5		无						
14	花叶芋（天南星科，花叶芋属） *Caladium bicolor* （Ait.）Vent	≥5	优	无	≥3	优	无	≥2.5	优	无						
15	喇叭水仙（石蒜科，水仙属） *Narcissus pseudo-narcissus* L.	≥14	优	无	≥12	优	无	≥10	优	无	≥8	优	无			
16	风信子 *Hyacinthus orientalis* L.	≥19	优	无	≥18	优	无	≥17	优	无	≥16	优	无	≥15	优	无
17	番红花（鸢尾科，番红花属） *Crous sativus* L.	≥10	优	无	≥9	优	无	≥8	优	无	≥7	优	无			
18	银莲花（毛茛科，银莲花属） *Anemone cathayensis* Kitag.	≥8	优	无	≥7	优	无	≥6	优	无	≥5	优	无	≥4	优	无
19	虎眼万年青（百合科，虎眼万年青属） *Qrnithogalum caudatum* Ait.	≥6	优	无	≥5	优	无	≥4	优	无	≥3	优	无			
20	雄黄兰（鸢尾科，雄黄兰属） *Crocosmia crocosmiflora* （Nichols）N. E. Br.	≥12	优	无	≥10	优	无	≥8	优	无	≥6	优	无	≥4	优	无
21	立金花（百合科，立金花属） *Lachenalia aloides* Pers.	≥8	优	无	≥6	优	无	≥4	优	无						
22	蛇鞭菊（菊科，蛇鞭菊属） *Liatris spicata* Willd.	≥10	优	无	≥8	优	无	≥6	优	无	≥4	优	无			
23	观音兰（鸢尾科，观音属） *Triteleia crocata* Thunb.	≥8	优	无	≥6	优	无	≥4	优	无						
24	细茎葱（石蒜科，葱属） *Allium aflatuemse* B. Fedtsch.	≥10	优	无	≥9	优	无									
25	花毛茛（毛茛科，毛茛属） *Ranunculus astaticus* L.	≥10	优	无	≥9	优	无	≥8	优	无	≥7	优	无	≥6	优	无
26	夏雪滴花（石蒜科，雪滴花属） *Leucojum aestivum* L.	≥16	优	无	≥15	优	无	≥14	优	无	≥13	优	无	≥12	优	无
27	全能花（石蒜科，全能花属） *Pancratiam biflorum* Roxb.	≥16	优	无	≥17	优	无	≥16	优	无	≥15	优	无	≥14	优	无
28	中国水仙（石蒜科，水仙属） *Narcissus tazetta* var. *chinenses* Boem.	≥28	优	无	≥23	优	无	≥21	优	无	≥19	优	无			

注：围径大小系指经由子球栽培生长形成（一般 1 至 3 年）的不同种球的围径，而不是开花过的种球的围径。

4 检测方法及判定原则

检测方法及判定原则按 GB 2772 进行。

4.1 围径:用围径尺寸测量球茎的周长,读数精确到 1 cm。

4.2 饱满度:按 GB 2772—1999 第 7 章进行。

4.3 病虫害:按 GB 2772—1999 第 8 章进行。

4.4 抽样:按 GB 2772—1999 第 3 章进行。

本标准起草单位:中国林木种子公司、北京中林荣华花卉盆景开发中心、中国农业科学院蔬菜花卉研究所。

本标准主要起草人:罗宁、陈琰芳。

中华人民共和国农业行业标准

NY/T 877—2004

非洲菊　种苗

Gerbera jamesonii Seedling

1　范围

本标准规定了非洲菊(*Gerbera jamesonii*)种苗要求、试验方法、检验规则及包装、标识、运输和贮存。

本标准适用于非洲菊分株苗和组培苗。

2　规范性引用文件

下列文件中的条款通过本标准的引用而成为本标准的条款。凡是注日期的引用文件,其随后所有的修改单(不包括勘误的内容)或修订版均不适用于本标准,然而,鼓励根据本标准达成协议的各方研究是否可使用这些文件的最新版本。凡是不注日期的引用文件,其最新版本适用于本标准。

GB 6000—1999　主要造林树种苗木质量分级

GB 15569　农业植物调运检疫规程

植物检疫条例　(中华人民共和国国务院)

植物检疫条例实施细则(农业部分)　(中华人民共和国农业部)

3　术语和定义

下列术语和定义适用于本标准。

3.1

种苗类型　sorts of seedling

根据培育、繁殖种苗使用的材料和培育方法划分的种苗群体。

3.2

组培苗　tissue culture seedling

利用优良品种的幼花托、茎尖等作为外植体,采用植物组织培养技术生产出来的种苗。

3.3

分株苗　offshoot seedling

切分母株的萌蘖,修去老根及老叶后培育成活的种苗。

3.4

苗高　height of seedling

种苗自根颈到顶部最长叶片顶端的长度。

3.5

根系长　length of roots

中华人民共和国农业部 2005-01-04 发布　　2005-02-01 实施

种苗自根颈至根尖长度的平均值。

3.6

新根生长数量　total of new roots

将组培瓶苗或分株苗栽植在其适宜生长的环境中经过一定时期的培育后，所统计的新根生长的数量。

3.7

品种纯度　purity of variety

指定品种的种苗株数占供检种苗株数的百分率。

3.8

变异　variation

在组织培养过程中，受培养基和培养条件等影响，培养出的植株的遗传特性发生了变化，其形态上也相应表现出别于原品种植株的特征。

3.9

变异率　rate of variation

变异种苗株数占供检种苗株数的百分率。

4　要求

4.1　基本要求

4.1.1　种苗

植株生长健壮；根系发达，白色；叶片绿色。无携带检疫性病虫害；植株无病虫害为害；无机械性损伤；种苗出圃时应进行消毒。

4.1.2　组培苗

——种源来自经确认的品种纯正、优质高产的母本园或母株，品种纯度≥98%，变异率≤2%。

——外植体为茎尖或幼花托。

——选用 MS 培养基，生根培养选用 1/2 MS+0.1 mol/L 萘乙酸培养基；植物生长调节剂主要为 0.05 mol/L～0.1 mol/L 生长素和 0.1 mol/L～2 mol/L 细胞分裂素；温度为 23℃～27℃；光照为 1 600 lx～2 000 lx。

——继代培养不超过 12～15 代，时间不超过 24 个月。

4.1.3　分株苗

——种源取自品种纯正、优质高产、无传染性病虫害的母本园，品种纯度≥98%。

——用于切分萌蘖枝的母株需健壮、分蘖多。

——切分后的植株要进行适当的修剪，剪去老叶、病叶和老根，并进行消毒处理。

4.2　质量要求

非洲菊种苗分为一级、二级两个级别，各级别的质量要求应符合表 1 的规定。

表 1　非洲菊种苗质量等级指标

种苗类型	组　培　苗		分　株　苗	
级别	一级	二级	一级	二级
苗高，cm	11～15	6～10	11～15	6～10
根系长，cm	7～10	3～6	7～10	3～6
新根生长数量，条	≥6	≥4	≥5	≥3
叶片数，片	4～5	3	5～6	3～4

5 试验方法

5.1 外观检测

5.1.1 用目测法检测植株的生长情况、根系颜色、叶片颜色、病虫害、机械损伤、叶片数(叶片长达1 cm以上计数)、新根生长数量(分株苗只统计假植后新长出的白色根)。

5.1.2 用直尺或钢卷尺等测量苗高,精确到小数点后一位。

5.1.3 用直尺或钢卷尺等测量根系长,测量最长的10条根,取平均值,精确到小数点后一位。

5.1.4 将苗高、根系长、新根生长数量和叶片数的测量数据记入附录A的表格中。

5.2 品种纯度检测

观察所检样品种苗的形态特征,确定指定品种的种苗数。品种纯度按公式(1)计算:

$$P=\frac{n_1}{N_1}\times 100 \qquad (1)$$

式中:

P——品种纯度,单位为百分率(%);

n_1——样品中指定品种种苗株数,单位为株;

N_1——所检种苗总数,单位为株。

计算结果精确到小数点后一位。

将检测结果记入附录B的表格中。

5.3 变异率检测

观察所检样品种苗的形态特征,确定种苗的变异株数。变异率按公式(2)计算:

$$Y=\frac{n_2}{N_2}\times 100 \qquad (2)$$

式中:

Y——变异率,单位为百分率(%);

n_2——样品中变异种苗株数,单位为株;

N_2——所检种苗总数,单位为株。

计算结果精确到小数点后一位。

将检测结果记入附录B的表格中。

5.4 疫情检测

按中华人民共和国国务院《植物检疫条例》、中华人民共和国农业部《植物检疫条例实施细则(农业部分)》和GB 15569的有关规定进行。

6 检验规则

6.1 检验批次

同一产地、同时出圃的种苗作为一个检验批次。

6.2 抽样

按GB 6000—1999中4.1.1的规定执行。

6.3 交收检验

每批种苗交收前,生产单位都应进行交收检验。交收检验内容包括外观检验、包装和标识等。检验合格并附质量检验证书(见附录C)和检疫部门颁发的本批有效的检疫合格证书方可交收。

6.4 判定规则

6.4.1 判定

同一批检验的一级种苗中，允许有5%的种苗低于一级标准，但必须达到二级标准，超过此范围，则为二级种苗；同一批检验的二级种苗中，允许有5%的种苗低于二级标准，超过此范围，则视该批种苗为等外苗。

6.4.2 复验

对质量要求的判定有异议时，应进行复验，并以复验结果为准。品种纯度、变异率和疫情指标不复检。

7 标识

种苗出圃时应附有标签，项目栏内用记录笔填写。标签参见附录D。

8 包装、运输和贮存

8.1 包装

8.1.1 起苗前1d灌水湿润土壤，起苗后剪除病叶、虫叶、老叶和过长的根系；全株用消毒液浸泡1 min～2 min，晾干水分。

8.1.2 短途运输时，先将20～30株种苗用包装纸或其他包裹物包装，然后装入纸箱，每箱装500～1 000株。

8.1.3 长途运输时，包装方法与短途运输基本相同，但应在种苗根部填入保湿材料，并将其固定于根部。

8.2 运输

种苗在短途运输过程中应保持一定的湿度和通风透气，避免日晒、雨淋；长途运输时应选用配备空调设备的交通工具。

8.3 贮存

8.3.1 种苗出圃后应在当日装运，运达目的地后要尽快种植。若有特殊情况无法及时定植时，可作短时间贮存，但不应超过3 d。

8.3.2 贮存时间在1 d以内的，可将种苗从箱中取出，置于荫棚中，敞开包装袋口，并注意喷水，保持通风和湿润。

8.3.3 贮存时间在1 d以上的，可将种苗假植于荫棚内的沙池或育苗床中，注意淋水保持湿润。

附　录　A
（资料性附录）
非洲菊种苗质量检测记录表

育苗单位				No			
购苗单位							
品种		级别		所检株数			
样株号	苗高 cm	根系长 cm	新根生长数量 条	叶片数 片	初评级别		
					一级	二级	不合格
合　　计							

审核人(签字)：　　校核人(签字)：　　检测人(签字)：　　检测日期：　年　月　日

附　录　B
（资料性附录）
非洲菊种苗质量检验结果记录表

品种			No	
育苗单位				
购苗单位				
总株数				
级别	一级	二级	不合格	
样品中各级别种苗株数				
样品中各级别种苗株数占抽检种苗株数的比例，%				
品种纯度，%				
变异率，%				
检验结论				

审核人（签字）：　　校核人（签字）：　　检测人（签字）：　　检测日期：　年　月　日

附　录　C
（资料性附录）
非洲菊种苗质量检验证书

<table>
<tr><td>育苗单位</td><td colspan="2"></td><td>No</td><td></td></tr>
<tr><td>购苗单位</td><td colspan="4"></td></tr>
<tr><td>种苗品种</td><td></td><td>种苗类型</td><td colspan="2">A、组培苗　B、分株苗</td></tr>
<tr><td>出圃株数</td><td></td><td>抽样株数</td><td colspan="2"></td></tr>
<tr><td>检验结果</td><td colspan="4">A、一级　　B、二级　　C、不合格</td></tr>
<tr><td>检验意见</td><td colspan="4"></td></tr>
<tr><td>检验单位
（章）</td><td colspan="4"></td></tr>
<tr><td>证书有效期</td><td colspan="4">年　　月　　日　　至　　年　　月　　日</td></tr>
<tr><td colspan="5">**注：**本证一式二份，育苗单位和购苗单位各一份。</td></tr>
</table>

审核人（签字）：　　　　校核人（签字）：　　　　检测人（签字）：

附　录　D
（资料性附录）
非洲菊种苗标签

种苗名称		质量检验证书编号	
品种名称		种苗类型	
种苗等级		种苗数量	
育苗单位			
出圃日期			

本标准起草单位：中国热带农业科学院热带作物品种资源研究所。

本标准主要起草人：王祝年、尹俊梅、王奇志、欧文军、郑玉。

中华人民共和国农业行业标准

NY/T 947—2006

牡　丹　苗　木

Tree moutan seedling

1　范围

本标准规定了牡丹苗木商品等级标准、检验方法、检验规则、包装、标识、贮藏和运输等技术要求。

本标准适用于露地栽培的牡丹商品苗木。

2　规范性引用文件

下列文件中的条款通过本标准的引用而成为本标准的条款。本标准出版时，所示版本均为有效。

GB/T 2828　逐批检查计数抽样程序及抽样表

3　术语和定义

下列术语和定义适用于本标准。

3.1

牡丹　(*Paeonia suffruticosa* Andr.)

芍药科、芍药属，落叶亚灌木。

3.2

苗木　young plant or seedling

由种子或营养器官繁殖所形成的植物个体。本标准牡丹苗木主要是指牡丹的分株苗和嫁接苗。

3.3

分株苗　plant divided seedling

通过分株繁殖方法自母株上得到的新的植株。牡丹一般 4 年生至 6 年生植株可开始分株繁殖。

3.4

嫁接苗　grafting

用嫁接方法繁殖的苗木。

3.5

品种　cultivars

经过人工选育而形成种性基本一致，遗传性状比较稳定，具有人类需要的某些观赏性状或经济性状，作特殊生产资料用的栽培植物群体。

3.6

品种纯度　cultivar purification

指具有品种典型性状苗木占该品种苗木的比率。

3.7

整体感　comprehensive impression

中华人民共和国农业部 2006－01－26 发布　　　　2006－04－01 实施

苗木整体观感，包括枝、芽和根系是否完整、健壮，整体是否匀称。

3.8

枝 branch

生有芽和叶的茎。

3.9

主枝径 main branch diameter

嫁接苗、分株苗地面以上 1 cm 处主要枝干的直径。

3.10

株高 plant height

牡丹的嫁接苗、分株苗自地面至顶芽尖端的高度。

3.11

芽 bud

未伸展的雏形枝条、花和花序。根据饱满程度分为饱满和较饱满两种。

3.12

根系 root system

一株植物所有根的总和。具有固持、吸收和贮藏营养功能的一种营养器官。

3.13

根系长度 length of main root

苗木主要根的长度。

3.14

根粗度 main root diameter

指根地下 1cm 处直径。

3.15

病虫害 disease and pest damage

枝、根、芽等部位遭受害虫危害或细菌、真菌、线虫等病原体的侵染，导致植物组织正常生长受到危害。轻度病虫害指根系略呈黄褐色，无病斑；中度病虫害指根系呈黑褐色，有病斑，病斑数量不超过2个。

3.16

损伤 breakage

植株因人为或机械原因造成的撕裂、折损、缺损。

4 牡丹苗木等级标准

4.1 分株苗等级标准

分株苗等级划分应符合表 1 的规定。

表 1 分株苗等级标准 单位为厘米

项目＼内容＼级别	一 级	二 级	三 级
品种纯度≥	96%	95%	95%
整体效果	株形完整，匀称，丰满，生长健壮	株形完整，匀称，较丰满，生长健壮	株形完整，匀称，较丰满，生长健壮

表 1（续）

内容 项目 级别		一　级	二　级	三　级
枝	数量≥	3 条	2 条	2 条
	株高≥	20	20	20
	主枝径≥	1.0	0.8	0.6
根系	数量≥	5 条	4 条	3 条
	长度≥	25	20	20
	根粗度≥	0.8	0.8	0.6
芽	饱满度	饱　满	饱　满	较饱满
病虫害		无症状	轻度危害	中度危害
损　伤		枝芽完好无损，根系稍有折裂	枝芽完好，根系折裂较轻	枝芽稍有损伤，根系轻度损伤

4.2 嫁接苗等级标准

嫁接苗等级划分应符合表 2 的规定。

表 2　嫁接苗等级标准

单位为厘米

内容 项目 级别			一　级	二　级	三　级
品种纯度≥			95%	95%	95%
整体效果			株形完整，均匀，丰满，生长健壮	株形完整，均匀，较丰满，生长健壮	株形完整，均匀，较丰满，生长健壮
一年生	枝	长度≥	10	8	8
		主枝径≥	0.7	0.7	0.6
	根系	长度≥	25	20	15
		根粗度≥	1.5	1.5	1.2
	芽	饱满度	饱满	饱满	较饱满
二年生	枝	长度≥	15	12	10
		主枝茎≥	1.0	0.8	0.6
	根系	长度≥	25	20	20
		根粗度≥	1.8	1.4	1.2
	芽	饱满度	饱满	较饱满	欠饱满
病虫害			无症状	轻度危害	中度危害
损　伤			枝芽完好无损，根系稍有折裂	枝芽完好无损，根系轻度损伤	枝芽稍有损伤，根系轻度损伤

5 检验方法

5.1 品种

根据牡丹品种特征图谱鉴定。

5.2 整体效果

对种苗各部分综合进行目测评定。

5.3 枝、根

数量通过目测苗木所保留的枝根确定。长度与粗度可用直尺和卡尺测定,单位为厘米。长度精确到 1 cm,粗度精确到 0.1 cm。

5.4 病虫害

目测或仪器进行检测,必要时进行培养检测。

5.5 损伤

通过目测评定,包括枝、芽和根系因摩擦、挤压和碰撞等造成的伤害。

6 检验规则

6.1 同一产地,同一品种,同一批量,相同等级的产品作为一个检测批次。

6.2 按一个检测批次随机抽样,所检样品量至少为一个包装单位(如箱)。

6.3 对成批的产品进行检验时,品种、整体效果、枝、根、病虫害、损伤,分别按 5.1～5.5 的规定。其检测样本数和每批次合格与否的判定均执行 GB/ T 2828—1987 一般检查水平Ⅰ和二次抽样方案,从正常检查开始。其合格质量水平(AQL)为 4.0,见表 3。

表3 抽 样 表

批量范围	样本	样本大小	累计样本大小	合格判定数 Ae	不合格判定数 Re
501～1 200	第一	20	20	1	3
	第二	20	40	4	5
1 201～10 000	第一	50	50	3	6
	第二	50	100	9	10
100 01～150 000	第一	125	125	7	11
	第二	125	250	18	19

7 包装、标识、贮藏和运输

7.1 捆扎

捆扎要牢固顺直。避免损伤根及枝干。一般每 20 株为一捆。

7.2 包装

箱体两侧打孔,将捆扎好的苗木枝条向内反向叠放箱中,封箱用包装带打紧,近距离运输也可打捆散装。

7.3 标识

应标明包装箱规格及每一包装箱可装各级苗的数量。

注明品种名、苗木类别、质量分级级别、装箱容量、生产单位、起苗时间、经办人、检验人。

7.4 贮藏条件

短期贮藏,可在室外常温贮藏;长期贮藏,应在低温(0℃～3℃)下贮藏,或假植。相对湿度保持 60%～70%。

7.5 运输条件

近距离短期运输,可在常温下运输;远距离长时间运输,应在低温下运输。温度 0℃～3℃,相对湿度保持70%～80%。

本标准起草单位：山东省花卉生产办公室、中国农业科学院蔬菜花卉研究所、山东省菏泽市农业局。
本标准主要起草人：孔庆信、李东明、段家祥、赵孝庆、穆鼎、李怀存、刘淑敏。

中华人民共和国农业行业标准

NY/T 1194—2006

柱花草　种子

Stylo Seed

1　范围

本标准规定了柱花草(*Stylosanthes* SW.)种子的术语和定义、要求、分级依据、检验方法以及贮存、包装、标签和运输。

本标准适用于圭亚那柱花草[*Stylosanthes guianensis*(Aubl.)SW.]、西卡柱花草(*Stylosanthes scabra* Vog.)、有钩柱花草[*Stylosanthes hamata*(Linn.)Taub.],也可作为其他柱花草种子检验参考。

2　规范性引用文件

下列文件中的条款通过本标准的引用而成为本标准的条款。凡是注日期的引用文件,其随后所有的修改单(不包括勘误的内容)或修订版均不适用于本标准,然而,鼓励根据本标准达成协议的各方研究是否可使用这些文件的最新版本。凡是不注日期的引用文件,其最新版本适用于本标准。

GB/T 2930.1—2001　牧草种子检验规程　扦样

GB/T 2930.2—2001　牧草种子检验规程　净度分析

GB/T 2930.4—2001　牧草种子检验规程　发芽试验

GB/T 2930.8—2001　牧草种子检验规程　水分测定

中华人民共和国国务院令第 98 号　《植物检疫条例》1992

中华人民共和国农业部令第 5 号　《植物检疫条例实施细则(农业部分)》1995

3　术语和定义

下列术语和定义适用于本标准。

3.1

硬实种子　hard seeds

试验期间不能吸水而始终保持坚硬的种子。

3.2

虫伤种子　insect-damaged seeds

种子含有幼虫、虫粪或有害虫侵害的迹象,并已影响到发芽能力。

4　要求

4.1　基本要求

4.1.1　外观

种子淡黄褐色、有的黑色,有或无喙,无光泽,椭圆形或肾形,虫伤种子不超过 5%。

4.1.2　检疫

中华人民共和国农业部 2006 - 12 - 06 发布　　2007 - 02 - 01 实施

柱花草种子无检疫性病虫害。

4.2 质量要求

柱花草种子质量分级应符合表1的规定。

表1 柱花草种子质量分级指标

品种	圭亚那柱花草			西卡柱花草（灌木状）			有钩柱花草（加勒比海柱花草）		
级别	1	2	3	1	2	3	1	2	3
品种纯度，%	≥99	≥98	≥97	≥99	≥98	≥97	≥99	≥98	≥97
种子净度，%	≥99	≥98	≥97	≥99	≥98	≥97	≥99	≥98	≥97
种子发芽率，%	≥85	≥80	≥75	≥75	≥70	≥65	≥65	≥60	≥55
水分，%	≤12.0	≤12.0	≤12.0	≤12.0	≤12.0	≤12.0	≤12.0	≤12.0	≤12.0

5 检验方法

5.1 外观检验

用目测法检测柱花草种子的颜色、形状、光泽、虫伤。

5.2 疫情检验

按中华人民共和国国务院令第98号《植物检疫条例》和中华人民共和国农业部令第5号《植物检疫条例实施细则（农业部分）》及GB/T 2930.6的有关规定进行。

5.3 质量检验

5.3.1 纯度检验

采用形态鉴定法检验品种纯度。随机数取送检样品100粒种子，重复4次。根据种子的形态特征与标准样品进行观察，记录具有鉴定特征的种子数。纯度按公式(1)计算：

$$X=\frac{A}{B}\times 100 \quad \cdots\cdots (1)$$

式中：

X ——品种纯度，%；

A ——样品中鉴定品种粒数，单位为粒；

B ——抽样总粒数，单位为粒。

纯度原始记录表见附录A表A.4。

5.3.2 净度检验

按GB/T 2930.2—2001的规定执行。对结果进行记录，推荐的净度原始记录表见附录A表A.1。

5.3.3 发芽率检验

按GB/T 2930.4—2001的规定执行。对结果进行记录，推荐的发芽率原始记录表见附录A表A.2。

5.3.4 水分检验

按GB/T 2930.8—2001的规定执行。对结果进行记录，推荐的水分原始记录表见附录A表A.3。

6 检验准则

6.1 检验批次

同一产地、同一批种子统一检测。

6.2 扦样

按 GB/T 2930.1—2001 的规定执行。

7 判定规则

本标准中用于质量分级的指标是净度、发芽率、含水量和纯度。

依据表 1 的指标从一级开始定级，若各项指标中有一或多项达不到第一级别，则按第二级指标进行评级，如这些项目的指标达不到第二级别时，再用下一级指标评级，直到评出级别。若有指标达不到第三级别时，则判该批种子不合格。

8 贮存、包装、标签和运输

8.1 贮存

柱花草种子应贮存于通风、阴凉、干燥的地方。

8.2 包装

柱花草种子的包装应为内层为塑料、外层为纤维的双层袋，每袋净重 50 kg。

8.3 标签

种子袋表面必须以明显字标明种子名称、产地、收种时间等。袋中必须附有检验合格证书。

8.4 运输

运输过程注意防雨、防潮。

附　录　A
(资料性附录)
柱花草种子各类检测原始记录表

表 A.1　柱花草种子检测(净度)原始记录表

样品名称						样品编号						
执行标准或方法						仪器名称型号及编号						
温　　度						湿　　度						
检 测 室						检验日期						
平行号	重量(g)	各成分总和(g)	杂质			其他植物种子			净种子			净度
			g	%	平均	g	%	平均	g	%	平均	%
备　注												
审核人			校核人			检测人						
日　期			日　期			日　期						

表 A.2　柱花草种子检测(发芽率)原始记录表

样品名称								样品编号								
执行标准或方法								仪器名称型号及编号								
温　　度								湿　　度								
发 芽 床								预 处 理								
检 测 室								检验日期								
平行号	日/月	日/月	日/月	日/月	初期发芽		日/月	日/月	日/月	日/月	日/月	日/月	末期发芽		发芽率(%)	平均(%)
					天数	发芽数							天数	发芽数		
正常苗(其中硬实),%								新鲜未发芽,%								
不正常苗,%								死种子,%								
备　注																
审核人				校核人				检测人								
日　期				日　期				日　期								

表 A.3　柱花草种子检测(水分)原始记录表

<table>
<tr><td colspan="2">样品名称</td><td colspan="2"></td><td colspan="2">样品编号</td><td colspan="2"></td></tr>
<tr><td colspan="2">执行标准或方法</td><td colspan="2"></td><td colspan="2">仪器名称型号及编号</td><td colspan="2"></td></tr>
<tr><td colspan="2">温　　度</td><td colspan="2"></td><td colspan="2">湿　　度</td><td colspan="2"></td></tr>
<tr><td colspan="2">检 测 室</td><td colspan="2"></td><td colspan="2">检验日期</td><td colspan="2"></td></tr>
<tr><td>平行号</td><td>皿号</td><td>皿重
(g)</td><td>烘前样重
(g)</td><td>烘后样重+皿重
(g)</td><td>烘后样重
(g)</td><td>水分
(%)</td><td>平均
(%)</td></tr>
<tr><td></td><td></td><td></td><td></td><td></td><td></td><td></td><td></td></tr>
<tr><td></td><td></td><td></td><td></td><td></td><td></td><td></td><td></td></tr>
<tr><td>备　注</td><td colspan="7"></td></tr>
<tr><td>审核人</td><td colspan="2"></td><td>校核人</td><td></td><td>检测人</td><td colspan="2"></td></tr>
<tr><td>日　期</td><td colspan="2"></td><td>日　期</td><td></td><td>日　期</td><td colspan="2"></td></tr>
</table>

表 A.4　柱花草种子检测(纯度)原始记录表

<table>
<tr><td colspan="2">样品名称</td><td></td><td colspan="2">样品编号</td><td></td></tr>
<tr><td colspan="2">执行标准或方法</td><td></td><td colspan="2">仪器名称型号及编号</td><td></td></tr>
<tr><td colspan="2">温　　度</td><td></td><td colspan="2">湿　　度</td><td></td></tr>
<tr><td colspan="2">检 测 室</td><td></td><td colspan="2">检验日期</td><td></td></tr>
<tr><td>平行号</td><td>试样数量
(粒)</td><td>本品种数量
(粒)</td><td>异品种数量
(粒)</td><td>纯度
(%)</td><td>平均
(%)</td></tr>
<tr><td></td><td></td><td></td><td></td><td></td><td rowspan="4"></td></tr>
<tr><td></td><td></td><td></td><td></td><td></td></tr>
<tr><td></td><td></td><td></td><td></td><td></td></tr>
<tr><td></td><td></td><td></td><td></td><td></td></tr>
<tr><td>备　注</td><td colspan="5"></td></tr>
<tr><td>审核人</td><td></td><td>校核人</td><td></td><td>检测人</td><td></td></tr>
<tr><td>日　期</td><td></td><td>日　期</td><td></td><td>日　期</td><td></td></tr>
</table>

附　录　B
（资料性附录）
柱花草种子质量检验合格证书

№：＿＿＿＿＿＿

育种单位		购种单位	
种子数量		牧草种子	
检验结果	其中：一级：　　二级：　　三级：		
检验意见			
证书签发期		证书有效期	
注：本证一式三份，育种单位、购种单位、检验单位各一份。			

审核人（签字）：　　　　校核人（签字）：　　　　检测人（签字）：

附 录 C
（资料性附录）
柱花草种子标签

单位为厘米

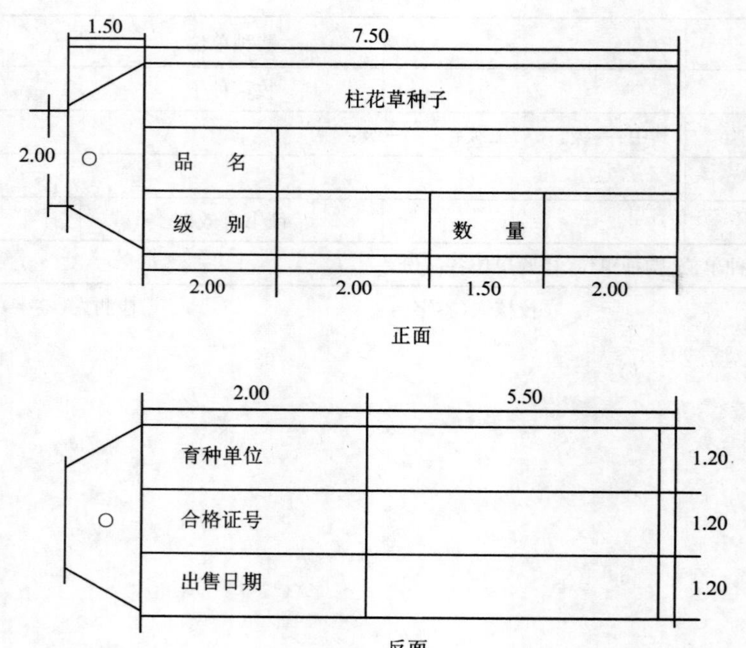

注:标签用150 g的牛皮纸。标签孔用金属包边。

本标准起草单位:农业部热带作物种子种苗质量监督检验测试中心。

本标准主要起草人:龙开意、邹冬梅、谢振宇、漆智平。

中华人民共和国农业行业标准

NY/T 1195—2006

银合欢　种子

Leucaena Seed

1　范围

本标准规定了银合欢[*Leucaena leucocephala*（Lam) de Wit]种子的术语和定义、要求、试验方法、检验规则、判定规则以及贮存、包装、标签和运输方法。

本标准适用于银合欢种子。

2　规范性引用文件

下列文件中的条款通过本标准的引用而成为本标准的条款。凡是注日期的引用文件，其随后所有的修改单（不包括勘误的内容）或修订版均不适用于本标准，然而，鼓励根据本标准达成协议的各方研究是否可使用这些文件的最新版本。凡是不注日期的引用文件，其最新版本适用于本标准。

GB/T 2930.1～2930.11　牧草种子检验规程

中华人民共和国国务院令第 98 号《植物检疫条例》1992

中华人民共和国农业部令第 5 号《植物检疫条例实施细则（农业部分）》1995

3　术语和定义

下列术语和定义适用于本标准。

3.1

硬实种子　hard seeds

试验期间不能吸水而始终保持坚硬的种子。

3.2

虫伤种子　insect-damaged seeds

种子含有幼虫、虫粪或有害虫侵害的迹象，并已影响到发芽能力。

4　要求

4.1　基本要求

4.1.1　外观

种子褐色，具有光泽，光滑扁平，虫伤种子不超过 10%。

4.1.2　检疫

应无检疫性病虫害。

4.2　质量要求

银合欢种子形态特征参见附录 A，质量分级指标见表 1。

中华人民共和国农业部 2006 - 12 - 06 发布　　2007 - 02 - 01 实施

表 1　银合欢质量分级指标

项　目	分　级					
	新银合欢 *L. leucocephala* cv. Reyan No. 1			肯宁汉银合欢 *L. leucocephala* cv. Cuninhum		
	一级	二级	三级	一级	二级	三级
品种纯度,%	≥99	≥98	≥97	≥99	≥98	≥97
净度,%	≥99.0	≥97.0	≥95.0	≥99.0	≥97.0	≥95.0
发芽率,%	≥70	≥65	≥60	≥75	≥70	≥65
水分,%	≤12.0	≤12.0	≤12.0	≤12.0	≤12.0	≤12.0

5　试验方法

5.1　外观

用目测法检测银合欢种子的颜色、形状、光泽、虫伤。

5.2　疫情

按中华人民共和国国务院令第 98 号和中华人民共和国农业部令第 5 号及 GB/T 2930.6 的有关规定执行。

5.3　纯度

采用形态鉴定法检验品种纯度。随机数取送检样品 100 粒种子。根据种子的形态特征与标准样品进行观察,记录具有鉴定特征的种子数,原始记录表见附录 B 表 B.1。

纯度以 X_1 计,按公式(1)计算:

$$X_1=\frac{m-m_1}{m}\times 100 \qquad (1)$$

式中:

X_1 ——纯度,单位为百分率(%);

m ——取样总粒数,单位为粒;

m_1 ——杂种粒数,单位为粒。

计算结果精确到小数点后一位。

5.4　净度

用天平(精度为±0.001 g)称取两份约相等重量的送检样品于净度检测台(最低重量 100 g),将样品分成净种子、其他植物种子、杂质三部分,分别称量,记录结果,原始记录表见附录 B 表 B.2。

净度以 X_2 计,按公式(2)计算:

$$X_2=\frac{M-m_2}{M}\times 100 \qquad (2)$$

式中:

X_2 ——净度,单位为百分率(%);

M ——取样总重量,单位为克(g);

m_2 ——净种子重量,单位为克(g)。

计算结果精确到小数点后一位。

5.5　发芽率

从净种子中随机取 400 粒种子,用 80℃水浸泡种子 3 min～4 min,置于培养皿(120 mm)纸上,25℃～30℃温度进行发芽试验,重复 4 次。初次计算天数为 4 d,末次计算天数为 10 d。记录结果,原始记录表见附录 B 表 B.3。

发芽率以粒数的百分率 X_3 计，按公式(3)计算：

$$X_3=\frac{m_3}{100}\times 100 \qquad (3)$$

式中：

X_3 ——发芽率，单位为百分率(%)；

m_3 ——正常幼苗数，单位为株。

计算结果保留整数。

5.6 水分

采用高恒温烘干法。取送检样品磨碎，用天平称取样品 6 g～7 g(精确至±0.001 g)，重复 2 次，在 130℃～133℃条件下干燥 2 h，于干燥器冷至室温，称重。对结果进行记录，两次重复的测定之间的差距不超过 0.3%，原始记录表见附录 B 表 B.4。

水分以重量百分率 X_4 计，按公式(4)计算：

$$X_4=\frac{M_2-M_3}{M_2-M_1}\times 100 \qquad (4)$$

式中：

X_4 ——含水率，单位为百分率(%)；

M_1 ——样品盒和盖的重量，单位为克(g)；

M_2 ——样品盒和盖及样品的烘前重量，单位为克(g)；

M_3 ——样品盒和盖及样品的烘后重量，单位为克(g)。

计算结果精确到小数点后一位。

5.7 百粒重

从净种子中数出 100 粒种子，重复 8 次，称重，计算平均数，容许差距不超过 5%。结果保留小数 3 位。记录结果，原始记录表见附录 B 表 B.5。

5.8 种子生活力

采用四唑测定法。随机数取净种子 50 粒，重复 4 次。用水室温浸种 18 h～24 h 后，纵向切开种皮或横向切去种子顶端，用 1%的四唑染色溶液 30℃染色 20 h，取出洗净，露胚置滤纸上逐粒鉴定观察(1/2胚根或 1/2 子叶末端)，记录结果，原始记录表见附录 B 表 B.6。详细测定方法见 GB/T 2930.5 牧草种子检验规程生活力的生物化学(四唑)测定。

5.9 健康测定

测定方法见 GB/T 2930.6 牧草种子检验规程健康测定。

6 检验规则

6.1 批次

品种、产地、生长年限和收获时期相同以及质量基本一致的同一批种子为一个检验批次。

6.2 扦样

按 GB/T 2930.1 的规定执行。

7 判定规则

外观和检疫任何一项不合格及质量指标任何一项达不到三级品要求时判为不合格品。依据纯度、净度、发芽率和水分指标进行分级。但应以净度和发芽率为关键性指标，然后结合种子水分和纯度两项指标进行综合定级。各项指标均达同一级别，按达标的级别定级。指标中若一或多项达不到同一级别，以发芽率和净度作为主要指标，并权衡水分和纯度按下列程序综合定级。

7.1 依据净度和发芽率初步定级

净度和发芽率实测值若达到标准中同一级别，则将该级作为种子的初步质量级；若其实测值所达标准级别不一致，则采用种子用价作为替代指标进行初步定级，按公式(5)计算：

$$S=Z\times Y\times 100 \quad \cdots\cdots (5)$$

式中：

S——种子用价，单位为百分率(%)；

Z——净度，单位为百分率(%)；

Y——发芽率，单位为百分率(%)。

7.2 结合水分和纯度综合定级

7.2.1 若水分和纯度有一项不合格，在初步定级基础上下降一级为综合质量级。

7.2.2 若水分合格，纯度级别等于或高于初步质量级时，综合质量级等于初步质量级。

8 贮存、包装、标签和运输

8.1 贮存

种子贮藏前用3 g/m^3～4 g/m^3 的磷化铝密闭熏蒸种子 2 d～3 d，处理两次。然后于通风、阴凉和干燥的地方保存。

8.2 包装

种子的包装应为内层为塑料、外层为纤维的双层袋，每袋种子净重视需要可自定。

8.3 标签

种子袋表面必须以明显字标明种子名称、产地、收种时间、净重等。袋中必须附有检验合作证书。

8.4 运输

运输过程注意防雨、防潮。

附　录　A
（资料性附录）
银合欢形态特征

银合欢为含羞草亚科银合欢属。根系较深，树干直立，高 2 m～10 m 或更高，幼枝被短柔毛，老枝无毛，具褐色皮孔。叶为偶数羽状复叶，有羽片 4 对～8 对，叶片长 6 cm～9 cm，叶轴长 12 cm～19 cm，基部膨大，膨大部分径粗 1.5 mm～2.5 mm，被柔毛；在第一对羽片着生处各有腺体一枚，椭圆形，中间凹陷呈碗状，基部一枚较大，长 2 mm～3 mm，宽约 2.3 mm，顶端一枚较小，长 1.5 mm～2 mm，宽约 1.5 mm；每个羽片有小叶 5 对～15 对，小叶线状长椭圆形，长约 1.6 cm，宽约 0.5 cm，顶端钝或急尖，两侧不等宽。头状花序，单生或腋生，直径约 2.5 cm，约有小花 164 朵；每个小花有花瓣 5 枚，极狭，白色，分离，长约为雄蕊的 1/3；雄蕊 10 枚，长而突出，通常被疏柔毛；子房极短，被柔毛，柱头凹下呈杯状。荚果薄而扁平，带状，无毛，有网纹，顶端突尖，长约 24.5 cm，宽约 2.5 cm，纵裂；每个头状花序仅有数朵至十余朵发育成荚果，每个荚果有种子约 22 粒；种子褐色，具有光泽，光滑扁平，百粒重 5.0 g～6.5 g。

附　录　B
（资料性附录）
银合欢种子各类检测原始记录表

表 B.1　银合欢种子检测(纯度)原始记录表

样品名称			样品编号		
执行标准或方法			仪器名称型号及编号		
温　度			湿　度		
检 测 室			检验日期		
平行号	试样数量（粒）	本品种数量（粒）	异品种数量（粒）	纯度（%）	平均（%）
备　注					
审核人		校核人		检测人	
日　期		日　期		日　期	

表 B.2　银合欢种子检测(净度)原始记录表

样品名称							样品编号					
执行标准或方法							仪器名称型号及编号					
温　度							湿　度					
检 测 室							检验日期					
平行号	重量（g）	各成分总和（g）	杂质			其他植物种子			净种子			净度
			g	%	平均	g	%	平均	g	%	平均	%
备　注												
审核人				校核人				检测人				
日　期				日　期				日　期				

表 B.3 银合欢种子检测(发芽率)原始记录表

<table>
<tr><td colspan="4">样品名称</td><td colspan="4"></td><td colspan="5">样品编号</td><td colspan="4"></td></tr>
<tr><td colspan="4">执行标准或方法</td><td colspan="4"></td><td colspan="5">仪器名称型号及编号</td><td colspan="4"></td></tr>
<tr><td colspan="4">温　　度</td><td colspan="4"></td><td colspan="5">湿　　度</td><td colspan="4"></td></tr>
<tr><td colspan="4">发 芽 床</td><td colspan="4"></td><td colspan="5">预 处 理</td><td colspan="4"></td></tr>
<tr><td colspan="4">检 测 室</td><td colspan="4"></td><td colspan="5">检验日期</td><td colspan="4"></td></tr>
<tr><td rowspan="2">平行号</td><td rowspan="2">日/月</td><td rowspan="2">日/月</td><td rowspan="2">日/月</td><td rowspan="2">日/月</td><td colspan="2">初期发芽</td><td rowspan="2">日/月</td><td rowspan="2">日/月</td><td rowspan="2">日/月</td><td rowspan="2">日/月</td><td rowspan="2">日/月</td><td rowspan="2">日/月</td><td colspan="2">末期发芽</td><td rowspan="2">发芽率（%）</td><td rowspan="2">平均（%）</td></tr>
<tr><td>天数</td><td>发芽数</td><td>天数</td><td>发芽数</td></tr>
<tr><td></td><td></td><td></td><td></td><td></td><td></td><td></td><td></td><td></td><td></td><td></td><td></td><td></td><td></td><td></td><td></td><td></td></tr>
<tr><td></td><td></td><td></td><td></td><td></td><td></td><td></td><td></td><td></td><td></td><td></td><td></td><td></td><td></td><td></td><td></td><td></td></tr>
<tr><td></td><td></td><td></td><td></td><td></td><td></td><td></td><td></td><td></td><td></td><td></td><td></td><td></td><td></td><td></td><td></td><td></td></tr>
<tr><td></td><td></td><td></td><td></td><td></td><td></td><td></td><td></td><td></td><td></td><td></td><td></td><td></td><td></td><td></td><td></td><td></td></tr>
<tr><td></td><td></td><td></td><td></td><td></td><td></td><td></td><td></td><td></td><td></td><td></td><td></td><td></td><td></td><td></td><td></td><td></td></tr>
<tr><td colspan="4">正常苗(其中硬实),%</td><td colspan="4"></td><td colspan="5">新鲜未发芽,%</td><td colspan="4"></td></tr>
<tr><td colspan="4">不正常苗,%</td><td colspan="4"></td><td colspan="5">死种子,%</td><td colspan="4"></td></tr>
<tr><td colspan="3">备　注</td><td colspan="14"></td></tr>
<tr><td colspan="3">审核人</td><td colspan="3"></td><td colspan="3">校核人</td><td colspan="3"></td><td colspan="3">检测人</td><td colspan="2"></td></tr>
<tr><td colspan="3">日　期</td><td colspan="3"></td><td colspan="3">日　期</td><td colspan="3"></td><td colspan="3">日　期</td><td colspan="2"></td></tr>
</table>

表 B.4 银合欢种子检测(水分)原始记录表

<table>
<tr><td colspan="3">样品名称</td><td colspan="2"></td><td colspan="2">样品编号</td><td colspan="2"></td></tr>
<tr><td colspan="3">执行标准或方法</td><td colspan="2"></td><td colspan="2">仪器名称型号及编号</td><td colspan="2"></td></tr>
<tr><td colspan="3">温　　度</td><td colspan="2"></td><td colspan="2">湿　　度</td><td colspan="2"></td></tr>
<tr><td colspan="3">检 测 室</td><td colspan="2"></td><td colspan="2">检验日期</td><td colspan="2"></td></tr>
<tr><td>平行号</td><td>皿号</td><td>皿重（g）</td><td>烘前样重（g）</td><td>烘后样重＋皿重（g）</td><td>烘后样重（g）</td><td>水分（%）</td><td colspan="2">平均（%）</td></tr>
<tr><td></td><td></td><td></td><td></td><td></td><td></td><td></td><td colspan="2"></td></tr>
<tr><td></td><td></td><td></td><td></td><td></td><td></td><td></td><td colspan="2"></td></tr>
<tr><td>备　注</td><td colspan="8"></td></tr>
<tr><td>审核人</td><td colspan="2"></td><td>校核人</td><td colspan="2"></td><td>检测人</td><td colspan="2"></td></tr>
<tr><td>日　期</td><td colspan="2"></td><td>日　期</td><td colspan="2"></td><td>日　期</td><td colspan="2"></td></tr>
</table>

表 B.5 银合欢种子检测(百粒重)原始记录表

样品名称		样品编号	
执行标准或方法		仪器名称型号及编号	
温　　度		湿　　度	
检 测 室		检验日期	

平行号	百粒重 (g)	平均 (g)

备　注					
审核人		校核人		检测人	
日　期		日　期		日　期	

表 B.6 银合欢种子检测(生活力)原始记录表

样品名称		样品编号	
执行标准或方法		仪器名称型号及编号	
温　　度		湿　　度	
检 测 室		检验日期	

平行号	测定种子 (数)	种子状况				染色粒数 (粒)	测定结果		生命力 (%)	平均 (%)
		空瘪 (粒)	腐烂 (粒)	病虫 (粒)	正常 (粒)		无生活力 (粒)	有生活力 (粒)		

备　注					
审核人		校核人		检测人	
日　期		日　期		日　期	

附　录　C
（资料性附录）
银合欢种子质量检验合格证书

№：________

育种单位		购种单位	
种子数量		银合欢种子	
检验结果	其中：一级：　　二级：　　三级：		
检验意见			
证书签发期		证书有效期	
注：本证一式三份，育种单位、购种单位、检验单位各一份。			

审核人（签字）：　　　　　　　　校核人（签字）：　　　　　　　　检测人（签字）：

附　录　D
(资料性附录)
银合欢种子标签

(单位为厘米)

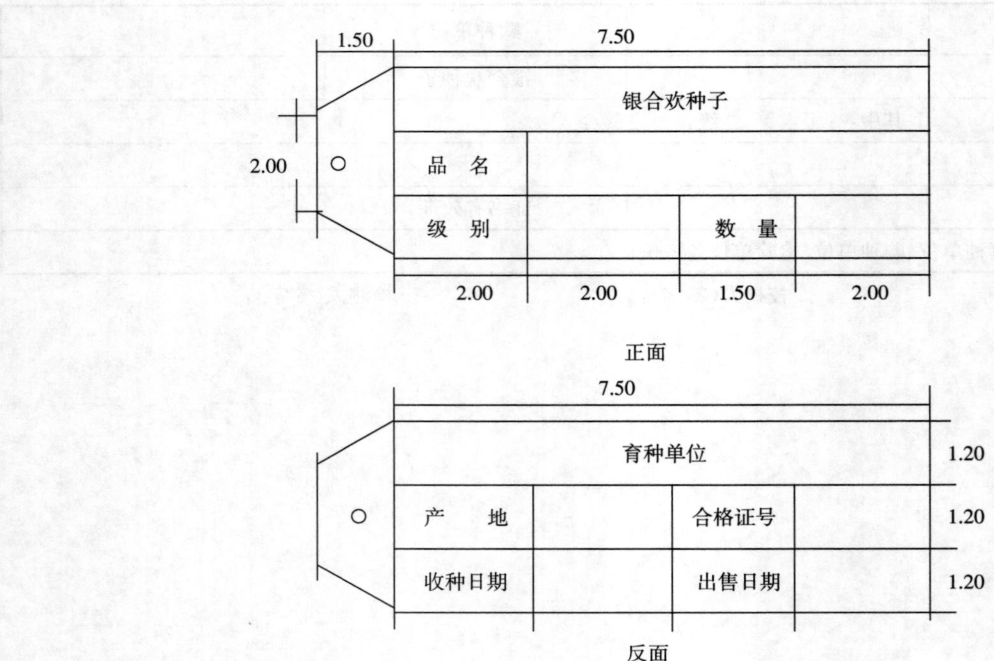

注:标签用150 g的牛皮纸。标签孔用金属包边。

本标准起草单位:农业部热带作物种子种苗质量监督检验测试中心。

本标准主要起草人:邹冬梅、龙开意、覃新导、漆智平。

中华人民共和国农业行业标准

NY/T 1589—2008

香石竹切花种苗等级规格

Product grade for young plants of cut *Dianthus caryophyllus*

1 范围

本标准规定了香石竹切花种苗的等级划分、抽样方法、检测方法、判定原则以及包装和贮运的技术要求。

本标准适用于花卉生产及贸易中花卉种苗的等级划分。

2 规范性引用文件

下列文件中的条款通过本标准的引用而成为本标准的条款。凡是注日期的引用文件，其随后所有的修改单(不包括勘误的内容)或修订版均不适用于本标准，然而，鼓励根据本标准达成协议的各方研究是否可使用这些文件的最新版本。凡是不注日期的引用文件，其最新版本适用于本标准。

GB 2828—1987　逐批检查计数抽样程序及抽样表

3 术语和定义

下列术语和定义适用于本标准。

3.1

扦插苗　rooted cutting

健康的母株上提供的分枝，经扦插生根后获得的种苗。

3.2

组培苗　tissue-cultured plantlet

通过组织培养快繁技术繁殖，并通过室外一段时间栽培驯化，能适应大田栽培的种苗。

3.3

苗高　height of young plant

种苗植株在自然生长状态下，从根与茎结合部至种苗最高一片叶子顶端的高度。

3.4

地径　stem base

种苗植株在离根与茎结合部最近一节中间处的最大直径。

3.5

叶片数　number of leaf

种苗植株上着生的所有叶片数。

3.6

根长　length of root

种苗茎基部至根系自然下垂的最下端的长度。

中华人民共和国农业部 2008 - 05 - 16 发布　　2008 - 07 - 01 实施

3.7

根量　number of root

单株的有效根数量。

3.8

根系状况　state of root system

根的丰满程度、颜色、新鲜感等。

3.9

穴盘苗　tray plantlet

以穴盘为容器培养的种苗。

3.10

整体感　whole display

种苗植株的外形整体感观，包括植株的长势、茎叶色泽、健康状况、缺损情况等。

3.11

病虫害　pest and disease damage

种苗植株受病虫危害及携带病虫的情况和程度。

3.12

药害、肥害及药渍　trail of pesticide harm or fertilizer harm

种苗植株因农药、肥料使用不当导致茎叶受损伤或留下残渍。

3.13

机械损伤　mechanical injury

种苗植株在生产、贮运过程中受到人工或机械损伤。

4　质量分级

香石竹切花种苗根据其地径、苗高、根系发育情况、病虫害情况等综合因素，分为特级苗、优级苗和合格苗三级。具体规定见表1。

表1　香石竹切花种苗质量等级表

<table>
<tr><th colspan="3" rowspan="2">评价项目</th><th colspan="3">质　量　等　级</th></tr>
<tr><th>特级苗</th><th>优级苗</th><th>合格苗</th></tr>
<tr><td rowspan="2">1</td><td rowspan="2">苗高
(cm)</td><td>大花型</td><td>10～12</td><td>10～15</td><td>10～18</td></tr>
<tr><td>多头型</td><td>8～10</td><td>8～13</td><td>8～16</td></tr>
<tr><td rowspan="2">2</td><td rowspan="2">地径
(cm)</td><td>大花型</td><td>≥0.5</td><td>≥0.5</td><td>≥0.3</td></tr>
<tr><td>多头型</td><td>≥0.4</td><td>≥0.4</td><td>≥0.2</td></tr>
<tr><td>3</td><td colspan="2">叶片数(片)</td><td>6～8</td><td>6～8</td><td>6～10</td></tr>
<tr><td>4</td><td colspan="2">根长(cm)</td><td>2.5～4.0</td><td>2.5～4.0</td><td>2.0～4.5</td></tr>
<tr><td>5</td><td colspan="2">根量</td><td>≥25</td><td>≥20</td><td>≥15</td></tr>
<tr><td>6</td><td colspan="2">根系状况</td><td>根系丰满，无单边偏缺，根白色，无黄褐、黑根</td><td>根系丰满，无单边偏缺根根白色，无黄褐、黑根</td><td>根系较丰满，无单边偏缺根，根白色，偶有黄褐根，无黑根</td></tr>
<tr><td>7</td><td colspan="2">整体感</td><td>植株长势健壮，叶色正常，无畸形，无药害、肥害和机械损伤</td><td>植株长势健壮，叶色正常，无畸形，无药害、肥害和机械损伤</td><td>植株健康，长势正常，叶色正常，无严重畸形，无明显药害、肥害，无严重机械损伤</td></tr>
<tr><td>8</td><td colspan="2">病虫害</td><td>无病虫，经病毒检测无有害病毒</td><td>无病虫，无病毒为害症状</td><td>无病斑病症，偶有虫害症状，但无活虫存在，无明显病毒症状</td></tr>
<tr><td>9</td><td colspan="2">包装</td><td>符合包装要求</td><td>符合包装要求</td><td>符合包装要求</td></tr>
<tr><td>10</td><td colspan="2">备注</td><td colspan="3">穴盘苗、纸钵苗根系长，根量不作为检测指标，以根系状况作检测指标</td></tr>
</table>

5 检测方法

5.1 抽样

5.1.1 同一产地、同一品种、同一批次的产品作为一个检测批次。

5.1.2 抽样时按一个检测批次,实行群体随机抽样。田间抽样以平面对角线设抽样点。包装产品抽样,按立体对角线设抽样点。总抽样点不少于 5 个点,不多于 20 个点。

5.1.3 对成批种苗产品进行检测时,各评价项目的级别分别按表 1 的规定进行评定,抽样样本数和每批次质量等级的判定均执行 GB 2828—1987 中的一般检查水平Ⅰ。按正常检查二次抽样方案执行,合格质量水平(AQL)为 4,见表 2。

表 2 抽样表

批量范围	样本	样本大小	累计样本大小	合格判定数 Ac	不合格判定数 Rc
501～1 200	第一	20	20	1	3
	第二	20	40	4	5
1 201～10 000	第一	50	50	3	6
	第二	50	100	9	10
10 001～150 000	第一	125	125	7	11
	第二	125	250	18	19
150 000 以上	第一	200	200	11	16
	第二	200	400	26	27

5.2 检测

5.2.1 苗高

用钢直尺测量,检测数值精确到 0.1 cm。

5.2.2 地径

用游标卡尺测量,检测数值精确到 0.01 cm。

5.2.3 叶片数

目测计数,检测数值应为整数。香石竹如有未展开心叶,则根据心叶与相邻叶的比较来定,若心叶长超过相邻叶 1/2 时计为 1 片叶,短于相邻叶长 1/2 则不计数。

5.2.4 根长

将直尺垂直竖于桌面,把被测种苗靠近直尺,量自然下垂状况的根的长度,从根与茎结合部量至根的最下端,检测数值精确至 0.01 cm。

5.2.5 根量

长度大于 0.5 cm,并且白色、新鲜的根为有效根,否则不予计数。

5.2.6 根系状况

目测,穴盘苗应观察基质块四周是否布满新根,来判定是否丰满。

5.2.7 整体感

目测。

5.2.8 病虫害

先进行目测,主要看有无病征及害虫为害症状,如发现症状,则应进一步用显微镜镜检害虫或病原体,若关系到检疫性病害则应进一步分离培养鉴定。确定特级苗需要进行病毒检测。

5.2.9 药害、肥害及药渍,机械损伤

目测。

5.3 判定

5.3.1 单株级别的判定

5.3.1.1 凡未经过病毒检测,或病毒检测后,证实携带有害病毒的种苗,所有单株不得定为特级。

5.3.1.2 单项级别判定

单株单项检测结果与表1的相应项目某一级别相符合,则此株单项即为此级别。如同时符合几个级别要求时,以最高级别定级。

5.3.1.3 按照表1的质量要求内容,对种苗样本单株进行逐项检测,如完全符合某等级所有项目要求时,则该单株可判定为此等级种苗。

当达不到某等级的任一项目的质量要求时,则按此一项目能达到的级别来判定该单株的等级。

5.3.2 整批次级别判定

5.3.2.1 所有样本单位判定级别后,根据表2最后判定整批次质量等级。

5.3.2.2 级别判定时先从最高级别开始,如不合格,再从下一级别判定,依此类推。

5.3.2.3 先对第一样本进行判定,如发现不合格品数小于或等于第一合格判定数,则判该批是合格批。如发现不合格品数大于或等于第一不合格判定数,则判该批是不合格批。如发现不合格品数大于第一合格判定数又小于第一不合格判定数,则要对抽取的第二个样本进行检测。

5.3.2.4 第二样本检测后,将不合格品数与第一样本不合格品数相加,如两者之和小于或等于第二合格判定数,则判该批产品合格,如两者之和大于或等于第二不合格判定数,则判该批产品不合格。

5.3.3 整批次产品单个项目的评价判定

对整批产品单个项目判定,可根据每个样本单位在该项目上所达到的级别然后按照5.3.2中规定的判定方法,最后判定该批产品在该项目上达到的级别。

6 包装、标识、贮藏和运输

6.1 包装

6.1.1 种苗先用专用种苗袋包装,种苗袋用0.05 mm~0.08 mm透明塑料薄膜制成,大小35 cm×35 cm。袋上打12个~16个直径5 mm的透气孔,每袋装种苗50株,装袋时须将带基质的根部朝下,茎叶部朝上整齐排列。

6.1.2 种苗装袋后再装入专用种苗箱,种苗箱需用具有良好承载能力和耐湿性好的瓦楞卡通纸板制成,一般宽40 cm,长60 cm,高20 cm~22 cm,纸箱两侧需留有透气孔。袋装苗装箱时,应直立放,一箱放500株~1 000株,装箱后用胶带封好箱口。

6.2 标识

必须注明种苗种类、品种名称、质量级别、装箱数量、生产单位、产地、生产日期,如有品牌还应有品牌标识,还应有方向性、防雨防湿、防挤压及保鲜温度要求等标识,以免运输中的机械损伤。

6.3 贮藏

6.3.1 短期存放

种苗装箱后,短期贮藏不超过3 d,应将包装箱袋打开,分散置于阴凉潮湿的库房中,冬季注意温度不要低于10℃,夏季不要超过28℃。包装袋务必要口朝上直立,保持种苗茎叶朝上的姿态。

6.3.2 长期贮藏

贮藏期最多不超过4周,长期贮藏应将种苗置于2℃~4℃的冷库内,包装箱可分层放在架子上以利通风透气。

6.4 运输

一般采用带少量基质装箱运输,种苗箱叠放时应注意方向,叠放层次不能太多,以免压坏纸箱,损伤种苗。穴盘苗运输尽量带盘装箱运输。夏季运输应有冷藏条件，保持 2℃～8℃。

本标准起草单位：农业部花卉产品质量监督检验测试中心（上海）、农业部花卉产品质量监督检验测试中心（昆明）、农业部花卉产品质量监督检验测试中心（广州）。

本标准主要起草人：林大为、戴咏梅、衡辉、孙强、顾梅俏、毕云青、谢向坚。

中华人民共和国农业行业标准

NY/T 1590—2008

满天星切花种苗等级规格

Product grade for young plants of cut *Gypsophila elegans*

1 范围

本标准规定了满天星切花种苗的分级划分、抽样方法、检测方法、判定原则以及包装和贮运的技术要求。

本标准适用于花卉生产以及贸易中花卉种苗的等级划分。

2 规范性引用文件

下列文件中的条款通过本标准的引用而成为本标准的条款。凡是注日期的引用文件，其随后所有的修改单(不包括勘误的内容)或修订版均不适用于本标准，然而，鼓励根据本标准达成协议的各方研究是否可使用这些文件的最新版本。凡是不注日期的引用文件，其最新版本适用于本标准。

GB 2828—1987《逐批检查计数抽样程序及抽样表》。

3 定义

3.1

组培苗 tissue-cultured plantlet

通过组织培养快繁技术繁殖，并通过室外一段时间栽培驯化能适应大田栽培的种苗。

3.2

苗高 height of young plant

种苗植株在自然生长状态下，从根、茎结合部至种苗最高一片叶子顶端的高度。

3.3

地径 stem base

种苗植株在离根、茎结合部最近一节中间处的最大直径。

3.4

叶片数 number of leaf

种苗植株上着生的所有叶片数。

3.5

根长 length of root

种苗茎基部至根系自然下垂的最下端的长度。

3.6

根系状况 state of root system

根的丰满程度、颜色、新鲜感等。

中华人民共和国农业部 2008-05-16 发布　　　　2008-07-01 实施

3.7

穴盘苗　tray plantlet

以穴盘为容器培养的种苗。

3.8

整体感　whole display

种苗植株的外形整体感观，包括植株的长势、茎叶色泽、健康状况、缺损情况等。

3.9

病虫害　pest and disease damage

种苗植株受病虫为害及携带病虫的情况和程度。

3.10

药害、肥害及药渍　trail of pesticide harm or fertilizer harm

种苗植株因农药、肥料使用不当导致茎叶受损伤或留下残渍。

3.11

机械损伤　mechanical injury

种苗植株在生产、贮运过程中受到人工或机械损伤。

4　质量分级

根据其地径、苗高、根系发育情况、病虫害情况等综合因素，分为优级苗和合格苗等二级。具体规定见表1。

表1　满天星种苗质量等级表

评价项目		质量等级	
		优级苗	合格苗
1	苗高(cm)	5.5～8.0	4.5～10.0
2	地径(cm)	≥0.2	≥0.15
3	叶片数(片)	10～12	8～14
4	根系长(cm)	6～8	5～10
5	根系状况	根系丰满，须根为主，无单边偏缺，根色白，无明显主根	根系较丰满，须根可以稍有偏，但无单边缺根，根白或黄色，无明显主根
6	整体感	植株长势健壮、挺拔、无畸形、无药害、肥害和机械损伤	植株健康、长势正常，无严重畸形、无明显药害、肥害，无严重机械损伤
7	病虫害	无病虫、无病毒为害症状	无病斑病症，偶有虫害症状，但无活虫存在，无明显病毒症状
8	包装	符合包装要求	符合包装要求
9	备注	穴盘苗、纸钵苗根长不作为检测指标，以根系状况作检测指标。	

5　检测方法

5.1　抽样

5.1.1　同一产地、同一品种、同一批次的产品作为一个检测批次。

5.1.2　抽样时按一个检测批次，实行群体随机抽样。田间抽样以平面对角线设抽样点。包装产品抽样，按立体对角线设抽样点。总抽样点不少于5个点不多于20个点。

5.1.3　对成批种苗产品进行检测时，各评价项目的级别分别按表1的规定进行评定，抽样样本数和每批次质量等级的判定均执行GB 2828—1987中的一般检查水平Ⅰ。按正常检查二次抽样方案执行，合格质量水平(AQL)为4(见表2)。

表2 抽样表

批量范围	样本	样本大小	累计样本大小	合格判定数 Ac	不合格判定数 Rc
501～1 200	第一	20	20	1	3
	第二	20	40	4	5
1 201～10 000	第一	50	50	3	6
	第二	50	100	9	10
10 001～150 000	第一	125	125	7	11
	第二	125	250	18	19
150 000 以上	第一	200	200	11	16
	第二	200	400	26	27

5.2 检测

5.2.1 苗高

用钢直尺测量,检测数值精确到 0.1 cm。

5.2.2 地径

用游标卡尺测量,检测数值精确到 0.01 cm。

5.2.3 叶片数

目测计数,检测数值应为整数。如有未展开心叶,则根据心叶与相邻叶的比较来定,若心叶长超过相邻叶 1/2 时计为 1 片叶,短于相邻叶长 1/2 则不计数。

5.2.4 根长

将直尺垂直竖于桌面,把被测种苗靠近直尺,量自然下垂状况的根的长度,从根茎结合部量至根的最下端,检测数值精确至 0.01 cm。

5.2.5 根系状况

目测,穴盘苗应观察基质块四周是否布满新根,来判定是否丰满。

5.2.6 整体感

目测。

5.2.7 病虫害

先进行目测,主要看有无病症及害虫为害症状,如发现症状,则应进一步用显微镜镜检害虫或病原体,若关系到检疫性病害则应进一步分离培养鉴定。

5.2.8 药害、肥害及药渍,机械损伤

目测。

5.3 判定

5.3.1 单株级别的判定

5.3.1.1 单项级别判定 单株单项检测结果与表1的相应项目某一级别相符合,则此株单项即为此级别。如同时符合几个级别要求时,以最高级别定级。

5.3.1.2 按照表1的质量要求内容,对种苗样本单株进行逐项检测,如完全符合某等级所有项目要求时,则该单株可判定为此等级种苗。

当达不到某等级的任一项目的质量要求时,则按此一项目能达到的级别来判定该单株的等级。

5.3.2 整批次级别判定

5.3.2.1 所有样本单株判定级别后,根据表2最后判定整批次质量等级。

5.3.2.2 级别判定时先从最高级别开始，如不合格，再从下一级别判定，以此类推。

5.3.2.3 先对第一样本进行判定，如发现不合格品数小于或等于第一合格判定数，则判该批是合格批。如发现不合格品数大于或等于第一不合格判定数，则判该批是不合格批。如发现不合格品数大于第一合格判定数又小于第一不合格判定数，则要对抽取的第二个样本进行检测。

5.3.2.4 第二样本检测后，将不合格品数与第一样本不合格品数相加，如两者之和小于或等于第二合格判定数，则判该批产品合格，如两者之和大于或等于第二不合格判定数，则判该批产品不合格。

5.3.3 整批次产品单个项目的评价判定

对整批产品单个项目判定，可根据每个样本单位在该项目上所达到的级别然后按照 5.3.2 中规定的判定方法，最后判定该批产品在该项目上达到的级别。

6 包装、标志、贮藏和运输

6.1 包装

6.1.1 种苗先用专用种苗袋包装，种苗袋用 0.05 mm～0.08 mm 透明塑料薄膜制成，大小 35 cm×25 cm。袋上打 12 个～16 个直径 5 mm 的透气孔，每袋装种苗 100 株，装袋时须将带基质的根部朝下，茎叶部朝上整齐排列。

6.1.2 种苗装袋后再装入专用种苗箱，种苗箱需用具有良好承载能力和耐湿性好的瓦楞卡通纸板制成，一般宽 40 cm，长 60 cm，高 12 cm～15 cm，纸箱两侧需留有透气孔。袋装苗装箱时，应直立放，一箱放 1 000 株，装箱后用胶带封好箱口。

6.2 标志

必须注明种苗种类、品种名称、质量级别、装箱数量、生产单位、产地、生产日期，如有品牌还应有品牌标志，还应有方向性，防雨防湿，防挤压及保鲜温度要求等标志，以免运输中的机械损伤。

6.3 贮藏

种苗装箱后，短期贮藏不超过 3 天，应将包装箱袋打开，分散置于阴凉潮湿的库房中，冬季注意温度不要低于 10℃，夏季不要超过 28℃。包装袋务必要口朝上直立，保持种苗茎叶朝上的姿态。

6.4 运输

一般采用带少量基质装箱运输，种苗箱叠放时应注意方向，叠放层次不能太多，以免压坏纸箱，损伤种苗。穴盘苗运输尽量带盘装箱运输。夏季运输，应有冷藏条件，保持 2℃～8℃之间。

本标准起草单位：农业部花卉产品质量监督检验测试中心（上海）、农业部花卉产品质量监督检验测试中心（昆明）、农业部花卉产品质量监督检验测试中心（广州）。

本标准主要起草人：林大为、毕云青、瞿素萍、衡辉、黎扬辉、谢向坚。

中华人民共和国农业行业标准

NY/T 1591—2008

菊花切花种苗等级规格

Product grade for young plants of cut *Dendranthema* ×*Grandiflorum*

1 范围

本标准规定了菊花切花种苗的等级划分、抽样方法、检测方法、判定原则以及包装和贮运的技术要求。

本标准适用于花卉生产以及贸易中花卉种苗的等级划分。

2 规范性引用文件

下列文件中的条款通过本标准的引用而成为本标准的条款。凡是注日期的引用文件，其随后所有的修改单（不包括勘误的内容）或修订版均不适用于本标准，然而，鼓励根据本标准达成协议的各方研究是否可使用这些文件的最新版本。凡是不注日期的引用文件，其最新版本适用于本标准。

GB 2828—1987《逐批检查计数抽样程序及抽样表》。

3 定义

3.1

扦插苗 rooted cutting

健康的母株上提供的分枝，经扦插生根后获得的种苗。

3.2

组培苗 tissue-cultured plantlet

通过组织培养快繁技术繁殖，并通过室外一段时间栽培驯化能适应大田栽培的种苗。

3.3

苗高 height of young plant

种苗植株在自然生长状态下，从根、茎结合部至种苗最高一片叶子顶端的高度。

3.4

地径 stem base

种苗植株在离根、茎结合部最近一节中间处的最大直径。

3.5

叶片数 number of leaf

种苗植株上展开的所有叶片数。

3.6

根长 length of root

种苗茎基部至根系自然下垂的最下端的长度。

中华人民共和国农业部 2008-05-16 发布 2008-07-01 实施

3.7

根幅　diameter of root system

种苗根系的横向伸展幅度。

3.8

根系状况　state of root system

根的丰满程度、颜色、新鲜感等。

3.9

穴盘苗　tray plantlet

以穴盘为容器培养的种苗。

3.10

整体感　whole display

种苗植株的外形整体感观，包括植株的长势、茎叶色泽、健康状况、缺损情况等。

3.11

病虫害　pest and disease damage

种苗植株受病虫危害及携带病虫的情况和程度。

3.12

药害、肥害及药渍　trail of pesticide harm or fertilizer harm

种苗植株因农药、肥料使用不当导致茎叶受损伤或留下残渍。

3.13

机械损伤　mechanical injury

种苗植株在生产、贮运过程中受到人工或机械损伤。

4 质量分级

4.1 菊花种苗质量

根据其地径、苗高、根系发育情况、病虫害情况等综合因素，分为特级苗、优级苗和合格苗三级。具体规定见表1。

4.2 菊花切花种苗质量等级表

表1　菊花切花种苗质量等级表

评价项目		质量等级		
		特级苗	优级苗	合格苗
1	苗高(cm)	8～10	8～10	8～12
2	地径(cm)	≥0.4	≥0.3	≥0.3
3	叶片数(片)	4～5	4～5	4～8
4	根长(cm)	≤3.0	≤3.5	≤5.0
5	根幅(cm)	>3.0	2.5～3.0	2.0～2.5
6	根系状况	根条丰满，无单边偏缺，根白色，无黄褐、黑根	根系丰满，无单边偏缺，根白色，无黄褐、黑根	根系较丰满，无单边偏缺根，根白，偶有黄褐根，无黑根
7	整体感	植株健壮，长势旺，无畸形、药害、肥害和机械损伤，叶深绿肥厚	植株健壮，长势旺，无畸形、药害、肥害和机械损伤，叶绿较肥厚	植株健康，长势正常，无严重畸形，无明显药害、肥害，无严重机械损伤，叶绿或稍偏淡，最下部一片叶可能有发黄
8	病虫害	无病虫，经病毒检测无有害病毒	无病虫、无病毒为害症状	无病斑病症、偶有虫害症状，但无活虫存在，无明显病毒症状
9	包装	按标准包装	按标准包装	按标准包装
备　注		穴盘苗、纸钵苗根长，根幅不作为检测指标，以根系状况作检测指标。		

5 检测方法

5.1 抽样

5.1.1 同一产地、同一品种、同一批次的产品作为一个检测批次。

5.1.2 抽样时按一个检测批次，实行群体随机抽样。田间抽样以平面对角线设抽样点。包装产品抽样，按立体对角线设抽样点。总抽样点不少于 5 个点不多于 20 个点。

5.1.3 对成批种苗产品进行检测时，各评价项目的级别分别按表 1 的规定进行评定，抽样样本数和每批次质量等级的判定均执行 GB 2828—1987 中的一般检查水平Ⅰ。按正常检查二次抽样方案执行，合格质量水平(AQL)为 4(见表 2)。

表 2 抽样表

批量范围	样本	样本大小	累计样本大小	合格判定数 Ac	不合格判定数 Rc
501～1 200	第一	20	20	1	3
	第二	20	40	4	5
1201～10 000	第一	50	50	3	6
	第二	50	100	9	10
10 001～150 000	第一	125	125	7	11
	第二	125	250	18	19
150 000 以上	第一	200	200	11	16
	第二	200	400	26	27

5.2 检测

5.2.1 苗高

用钢直尺测量，检测数值精确到 0.1 cm。

5.2.2 地径

用游标卡尺测量，检测数值精确到 0.01 cm。

5.2.3 叶片数

目测计数，检测数值应为整数。菊花如有未展开心叶，则根据心叶与相邻叶的比较来定，若心叶长超过相邻叶 1/2 时计为 1 片叶，短于相邻叶长 1/2 则不计数。

5.2.4 根长

将直尺垂直竖于桌面，把被测种苗靠近直尺，量自然下垂状况的根的长度，从根茎结合部量至根的最下端，检测数值精确至 0.01 cm。

5.2.5 根幅

种苗自然垂直的状态下，用游标卡尺量根冠横向伸展的最大直径和此截面处的最小直径，求平均数，检测数值精确至 0.01 cm。

5.2.6 根系状况

目测，穴盘苗应观察基质块四周是否布满新根，来判定是否丰满。

5.2.7 整体感

目测。

5.2.8 病虫害

先进行目测，主要看有无病症及害虫为害症状，如发现症状，则应进一步用显微镜镜检害虫或病原体，若关系到检疫性病害则应进一步分离培养鉴定。确定特级苗需要进行病毒检测。

5.2.9 药害、肥害及药渍，机械损伤

目测。

5.3 判定

5.3.1 单株级别的判定

5.3.1.1 凡未经过病毒检测，或病毒检测后，证实携带有害病毒的种苗，所有单株不得定为特级。

5.3.1.2 单项级别判定

单株单项检测结果与表1的相应项目某一级别相符合，则此株单项即为此级别。如同时符合几个级别要求时，以最高级别定级。

5.3.1.3 按照表1的质量要求内容，对种苗样本单株进行逐项检测，如完全符合某等级所有项目要求时，则该单株可判定为此等级种苗。

当达不到某等级的任一项目的质量要求时，则按此一项目能达到的级别来判定该单株的等级。

5.3.2 整批次级别判定

5.3.2.1 所有样本单株判定级别后，根据表2最后判定整批次质量等级。

5.3.2.2 级别判定时先从最高级别开始，如不合格，再从下一级别判定，以此类推。

5.3.2.3 先对第一样本进行判定，如发现不合格品数小于或等于第一合格判定数，则判该批是合格批。如发现不合格品数大于或等于第一不合格判定数，则判该批是不合格批。如发现不合格品数大于第一合格判定数又小于第一不合格判定数，则要对抽取的第二个样本进行检测。

5.3.2.4 第二样本检测后，将不合格品数与第一样本不合格品数相加，如两者之和小于或等于第二合格判定数，则判该批产品合格，如两者之和大于或等于第二不合格判定数，则判该批产品不合格。

5.3.3 整批次产品单个项目的评价判定

对整批产品单个项目判定，可根据每个样本单位在该项目上所达到的级别然后按照5.3.2中规定的判定方法，最后判定该批产品在该项目上达到的级别。

6 包装、标识、贮藏和运输

6.1 包装

6.1.1 种苗先用专用种苗袋包装，种苗袋用0.05 mm～0.08 mm透明塑料薄膜制成，大小35 cm×35 cm。袋上打12个～16个直径5 mm的透气孔，每袋装种苗50株，装袋时须将带基质的根部朝下，茎叶部朝上整齐排列。

6.1.2 种苗装袋后再装入专用种苗箱，种苗箱需用具有良好承载能力和耐湿性好的瓦楞卡通纸板制成，一般宽40 cm，长60 cm，高20 cm～22 cm，纸箱两侧需留有透气孔。袋装苗装箱时，应直立放，一箱放500株～1 000株，装箱后用胶带封好箱口。

6.2 标识

必须注明种苗种类、品种名称、质量级别、装箱数量、生产单位、产地、生产日期 ，如有品牌还应有品牌标识，还应有方向性，防雨防湿，防挤压及保鲜温度要求等标识，以免运输中的机械损伤。

6.3 贮藏

6.3.1 短期存放

种苗装箱后，短期贮藏不超过3天，应将包装箱袋打开，分散置于阴凉潮湿的库房中，冬季注意温度不要低于10℃，夏季不要超过28℃。包装袋务必要口朝上直立，保持种苗茎叶朝上的姿态。

6.3.2 长期贮藏

贮藏期最多不超过2周，长期贮藏应将种苗置于2℃～4℃的冷库内，包装箱可分层放在架子上以利通风透气。

6.4 运输

一般采用带少量基质装箱运输，种苗箱叠放时应注意方向，叠放层次不能太多，以免压坏纸箱，损伤种苗。穴盘苗运输尽量带盘装箱运输。夏季运输，应有冷藏条件，保持2℃～8℃。

本标准起草单位：农业部花卉产品质量监督检验测试中心（上海）、农业部花卉产品质量监督检验测试中心（昆明）、农业部花卉产品质量监督检验测试中心（广州）。

本标准主要起草人：林大为、戴咏梅、衡辉、孙强、顾梅俏、毕云青、谢向坚。

中华人民共和国农业行业标准

NY/T 1592—2008

非洲菊切花种苗等级规格

Product grade for young plants of cut *Gerbera jamesonii*

1 范围

本标准规定了非洲菊切花种苗的等级划分、抽样方法、检测方法、判定原则以及包装和贮运的技术要求。

本标准适用于花卉生产及贸易中花卉种苗的等级划分。

2 规范性引用文件

下列文件中的条款通过本标准的引用而成为本标准的条款。凡是注日期的引用文件，其随后所有的修改单(不包括勘误的内容)或修订版均不适用于本标准，然而，鼓励根据本标准达成协议的各方研究是否可使用这些文件的最新版本。凡是不注日期的引用文件，其最新版本适用于本标准。

GB 2828—1987 逐批检查计数抽样程序及抽样表

3 术语和定义

下列术语和定义适用于本标准。

3.1

组培苗 tissue-cultured plantlet

通过组织培养快繁技术繁殖，并通过室外一段时间栽培驯化能适应大田栽培的种苗。

3.2

苗高 height of young plant

种苗植株在自然生长状态下，从根与茎结合部至种苗最高一片叶子顶端的高度。

3.3

地径 stem base

种苗植株在离根与茎结合部最近一节中间处的最大直径。

3.4

叶片数 number of leaf

种苗植株上着生的所有叶片数。

3.5

根长 length of root

种苗茎基部至根系自然下垂的最下端的长度。

3.6

主根 taproot

根系中明显较粗，且附生许多须根的根。

中华人民共和国农业部 2008-05-16 发布　　　　2008-07-01 实施

3.7

根系状况　state of root system

根的丰满程度、颜色、新鲜感等。

3.8

穴盘苗　tray plantlet

以穴盘为容器培养的种苗。

3.9

整体感　whole display

种苗植株的外形整体感观，包括植株的长势、茎叶色泽、健康状况、缺损情况等。

3.10

病虫害　pest and disease damage

种苗植株受病虫危害及携带病虫的情况和程度。

3.11

药害、肥害及药渍　trail of pesticide harm or fertilizer harm

种苗植株因农药、肥料使用不当导致茎叶受损伤或留下残渍。

3.12

机械损伤　mechanical injury

种苗植株在生产、贮运过程中受到人工或机械损伤。

4　质量分级

非洲菊切花种苗根据其地径、苗高、根系发育情况、病虫害情况等综合因素，分为优级苗和合格苗两级。具体规定见表1。

表1　非洲菊切花种苗质量等级表

评价项目		质量等级	
		优级苗	合格苗
1	苗高，cm	10～15	8～18
2	地径，cm	≥0.7	≥0.3
3	叶片数，片	5～8	≥4
4	根系长，cm	≥10	≥5
5	主根数，根	≥5	≥3
6	根系状况	根系丰满，无单边偏缺，新根多，白根为主	根系较丰满，稍有偏但无单边缺根，根以白色，黄色为主
7	整体感	植株矮壮，长势旺，叶深绿肥厚，无畸形，无药害、肥害和损伤	植株健康，长势旺，叶绿，允许底部一片叶可能发黄，无严重畸形，无明显药害、肥害，无严重损伤
8	病虫害	无病虫，无病毒为害症状	无病斑病症、偶有虫害症状，但无活虫存在，无明显病毒症状
9	包装	符合包装要求	符合包装要求
10	备注	穴盘苗、纸钵苗根长，主根数不作为检测指标，以根系状况作检测指标	

5　检测方法

5.1　抽样

5.1.1　同一产地、同一品种、同一批次的产品作为一个检测批次。

5.1.2　抽样时按一个检测批次，实行群体随机抽样。田间抽样以平面对角线设抽样点。包装产品抽样，按立体对角线设抽样点。总抽样点不少于 5 个点，不多于 20 个点。

5.1.3 对成批种苗产品进行检测时，各评价项目的级别分别按表 1 的规定进行评定，抽样样本数和每批次质量等级的判定均执行 GB 2828—1987 中的一般检查水平Ⅰ。按正常检查二次抽样方案执行，合格质量水平(AQL)为 4，见表 2。

表 2 抽样表

批量范围	样本	样本大小	累计样本大小	合格判定数 Ac	不合格判定数 Rc
501～1 200	第一	20	20	1	3
	第二	20	40	4	5
1 201～10 000	第一	50	50	3	6
	第二	50	100	9	10
10 001～150 000	第一	125	125	7	11
	第二	125	250	18	19
150 000 以上	第一	200	200	11	16
	第二	200	400	26	27

5.2 检测

5.2.1 苗高

用钢直尺测量，检测数值精确到 0.1 cm。

5.2.2 地径

用游标卡尺测量，检测数值精确到 0.01 cm。

5.2.3 叶片数

目测计数，检测数值应为整数。如有未展开心叶，则根据心叶与相邻叶的比较来定，若心叶长超过相邻叶 1/2 时计为 1 片叶，短于相邻叶长 1/2 则不计数。

5.2.4 根长

将直尺垂直竖于桌面，把被测种苗靠近直尺，量自然下垂状况的根的长度，从根与茎结合部量至根的最下端，检测数值精确至 0.01 cm。

5.2.5 根系状况

目测，穴盘苗应观察基质块四周是否布满新根，来判定是否丰满。

5.2.6 整体感

目测。

5.2.7 病虫害

先进行目测，主要看有无病征及害虫为害症状，如发现症状，则应进一步用显微镜镜检害虫或病原体，若关系到检疫性病害则应进一步分离培养鉴定。

5.2.8 药害、肥害及药渍，机械损伤

目测。

5.3 判定

5.3.1 单株级别的判定

5.3.1.1 单项级别判定：单株单项检测结果与表 1 的相应项目某一级别相符合，则此株单项即为此级别。如同时符合几个级别要求时，以最高级别定级。

5.3.1.2 按照表 1 的质量要求内容，对种苗样本单株进行逐项检测，如完全符合某等级所有项目要求时，则该单株可判定为此等级种苗。

当达不到某等级的任一项目的质量要求时，则按此一项目能达到的级别来判定该单株的等级。

5.3.2 **整批次级别判定**

5.3.2.1 所有样本单株判定级别后，根据表2最后判定整批次质量等级。

5.3.2.2 级别判定时先从最高级别开始，如不合格，再从下一级别判定，依此类推。

5.3.2.3 先对第一样本进行判定，如发现不合格品数小于或等于第一合格判定数，则判该批是合格批。如发现不合格品数大于或等于第一不合格判定数，则判该批是不合格批。如发现不合格品数大于第一合格判定数又小于第一不合格判定数，则要对抽取的第二个样本进行检测。

5.3.2.4 第二样本检测后，将不合格品数与第一样本不合格品数相加，如两者之和小于或等于第二合格判定数，则判该批产品合格，如两者之和大于或等于第二不合格判定数，则判该批产品不合格。

5.3.3 **整批次产品单个项目的评价判定**

对整批产品单个项目判定，可根据每个样本单位在该项目上所达到的级别然后按照5.3.2中规定的判定方法，最后判定该批产品在该项目上达到的级别。

6 包装、标识、贮藏和运输

6.1 包装

6.1.1 种苗先用专用种苗袋包装，种苗袋用0.05 mm～0.08 mm透明塑料薄膜制成，大小35 cm×35 cm。袋上打12个～16个直径5 mm的透气孔，每袋装种苗30株～50株，装袋时须将带基质的根部朝下，茎叶部朝上整齐排列。

6.1.2 种苗装袋后再装入专用种苗箱，种苗箱需用具有良好承载能力和耐湿性好的瓦楞卡通纸板制成，一般宽40 cm，长60 cm，高20 cm～22 cm，纸箱两侧需留有透气孔。袋装苗装箱时，应直立放，一箱放300株～500株，装箱后用胶带封好箱口。

6.2 标识

必须注明种苗种类、品种名称、质量级别、装箱数量、生产单位、产地、生产日期，如有品牌还应有品牌标识，还应有方向性、防雨防湿、防挤压及保鲜温度要求等标识，以免运输中的机械损伤。

6.3 贮藏

种苗装箱后，短期贮藏不超过3天，应将包装箱袋打开，分散置于阴凉潮湿的库房中，冬季注意温度不要低于10℃，夏季不要超过28℃。包装袋务必要口朝上直立，保持种苗茎叶朝上的姿态。

6.4 运输

一般采用带少量基质装箱运输，种苗箱叠放时应注意方向，叠放层次不能太多，以免压坏纸箱，损伤种苗。穴盘苗运输尽量带盘装箱运输。夏季运输应有冷藏条件，保持10℃～15℃。

本标准起草单位：农业部花卉产品质量监督检验测试中心（上海）、农业部花卉产品质量监督检验测试中心（昆明）、农业部花卉产品质量监督检验测试中心（广州）。

本标准主要起草人：林大为、戴咏梅、衡辉、孙强、顾梅俏、毕云青、谢向坚。

中华人民共和国农业行业标准

NY/T 1593—2008

月季切花种苗等级规格

Product grade for young plants of cut *Rosa hybrida*

1 范围

本标准规定了月季切花种苗的等级划分、抽样方法、检测方法、判定原则以及包装和贮运的技术要求。

本标准适用于花卉生产及贸易中花卉种苗的等级划分。

2 规范性引用文件

下列文件中的条款通过本标准的引用而成为本标准的条款。凡是注日期的引用文件，其随后所有的修改单(不包括勘误的内容)或修订版均不适用于本标准，然而，鼓励根据本标准达成协议的各方研究是否可使用这些文件的最新版本。凡是不注日期的引用文件，其最新版本适用于本标准。

GB 2828—1987　逐批检查计数抽样程序及抽样表

3 术语和定义

下列术语和定义适用于本标准。

3.1

扦插苗　rooted cutting

健康的母株上提供的分枝，经扦插生根后获得的种苗。

3.2

嫁接苗　graftings

通过用植物的营养器官接植到另一植株上的方式繁殖的种苗。

3.3

苗高　height of young plant

种苗植株在自然生长状态下，从根与茎结合部至种苗最高一片叶子顶端的高度。

3.4

地径　stem base

种苗植株在离根与茎结合部最近一节中间处的最大直径。

3.5

叶片状况　state of leaf

叶片的大小、色泽和形状。

3.6

根长　length of root

种苗茎基部至根自然下垂的最下端的长度。

中华人民共和国农业部 2008 - 05 - 16 发布　　　　2008 - 07 - 01 实施

3.7

根系状况　state of root system

根的丰满程度、颜色、新鲜感等。

3.8

接穗位高　height of scion joint

嫁接苗从根与茎结合部至接穗位的距离。

3.9

接枝基径　scion base

嫁接苗接穗当年枝条基部的最大直径。

3.10

接枝长　lenth of scion

嫁接苗接穗当年抽出枝条的长度。

3.11

砧木地径　stock base

嫁接苗砧木根与茎结合部上方 0.1 cm～0.5 cm 处的最大直径。

3.12

穴盘苗　tray plantlet

以穴盘为容器培养的种苗。

3.13

整体感　whole display

种苗植株的外形整体感观，包括植株的长势、茎叶色泽、健康状况、缺损情况等。

3.14

病虫害　pest and disease damage

种苗植株受病虫危害及携带病虫的情况和程度。

3.15

药害、肥害及药渍　trail of pesticide harm or fertilizer harm

种苗植株因农药、肥料使用不当导致茎叶受损伤或留下残渍。

3.16

机械损伤　mechanical injury

种苗植株在生产、贮运过程中受到人工或机械损伤。

3.17

基质　soilless substrate

用于培植种苗植株的非土壤性栽培物质。如：泥炭、珍珠岩、蛭石、草木灰等及其混合物。

4　质量分级

月季切花种苗根据其地径、苗高、根系发育情况、病虫害情况等综合因素，分为特级苗、优级苗和合格苗三级。具体规定见表 1。

表 1　月季切花种苗质量等级表

<table>
<tr><th colspan="2" rowspan="2">评价项目</th><th colspan="3">质量等级</th></tr>
<tr><th>特级苗</th><th>优质苗</th><th>合格苗</th></tr>
<tr><td colspan="2">整体感</td><td colspan="2">生长旺盛，苗干健壮、充实、通直</td><td>生长正常，苗干较健壮、充实</td></tr>
<tr><td colspan="2">叶片或茎干状况</td><td colspan="2">叶片肥厚、有光泽，无畸变；
茎干表皮色泽正常，皮刺健全，无疤痕</td><td>叶片大小、色泽正常；
茎干表皮色泽正常</td></tr>
<tr><td colspan="2">病虫害情况</td><td colspan="2">无任何病虫危害的症状，不带任何害虫活体</td><td>无明显病毒症状，无明显病斑，无害虫活体</td></tr>
<tr><td colspan="2">根系状况</td><td colspan="2">主根明显，粗壮，须根发达、根系色泽白色至黄色</td><td>主根明显，须根较发达，根系色泽白色，黄色至黄褐色</td></tr>
<tr><td colspan="2">损伤情况</td><td colspan="3">无折损或机械损伤</td></tr>
<tr><td rowspan="4">扦插苗</td><td>苗高，cm</td><td>—</td><td>≥13</td><td>≥8</td></tr>
<tr><td>地径，cm</td><td>—</td><td>≥0.5</td><td>≥0.3</td></tr>
<tr><td>插枝茎节数，个</td><td>—</td><td>3～4</td><td>2</td></tr>
<tr><td>根长，cm</td><td>—</td><td>≥5</td><td>≥3</td></tr>
<tr><td rowspan="6">嫁接苗</td><td>接穗位高，cm</td><td>≤6</td><td>5～10</td><td>6～10</td></tr>
<tr><td>接枝长，cm</td><td>≥16</td><td>≥13</td><td>≥8</td></tr>
<tr><td>接枝基径，cm</td><td>≥0.7</td><td>≥0.5</td><td>≥0.3</td></tr>
<tr><td>砧木地径，cm</td><td>≥0.8</td><td>≥0.6</td><td>≥0.4</td></tr>
<tr><td>接穗茎节数，个</td><td colspan="3">≥3</td></tr>
<tr><td>根长，cm</td><td>≥10</td><td>≥6</td><td>≥4</td></tr>
<tr><td colspan="5">注 1：以上种苗分级均以一年生苗为准。
注 2：容器苗必须采用无土基质。</td></tr>
</table>

5　检测方法

5.1　抽样

5.1.1　同一产地、同一品种、同一批次的产品作为一个检测批次。

5.1.2　抽样时按一个检测批次，实行群体随机抽样。田间抽样以平面对角线设抽样点。包装产品抽样，按立体对角线设抽样点。总抽样点不少于 5 个点，不多于 20 个点。

5.1.3　对成批种苗产品进行检测时，各评价项目的级别分别按表 1 的规定进行评定，抽样样本数和每批次质量等级的判定均执行 GB 2828—1987 中的一般检查水平Ⅰ。按正常检查二次抽样方案执行，合格质量水平(AQL)为 4，见表 2。

表 2　抽 样 表

批量范围	样本	样本大小	累计样本大小	合格判定数 Ac	不合格判定数 Rc
501～1 200	第一	20	20	1	3
	第二	20	40	4	5
1 201～10 000	第一	50	50	3	6
	第二	50	100	9	10
10 001～150 000	第一	125	125	7	11
	第二	125	250	18	19
150 000 以上	第一	200	200	11	16
	第二	200	400	26	27

5.2　检测

5.2.1　苗高

用钢直尺测量，检测数值精确到 0.1 cm。

5.2.2 地径

用游标卡尺测量，检测数值精确到 0.01 cm。

5.2.3 叶片状况

目测。

5.2.4 根长

将直尺垂直竖于桌面，把被测种苗靠近直尺，量自然下垂状况的根的长度，从根与茎结合部量至根的最下端，检测数值精确至 0.01 cm。

5.2.5 根系状况

目测，穴盘苗应观察基质块四周是否布满新根，来判定是否丰满。

5.2.6 接穗位高

用直尺测量，精确到 0.1 cm。

5.2.7 接枝长

用直尺测量，精确到 0.1 cm。

5.2.8 接枝基径

用游标卡尺测量接枝最靠近嫁接位处的茎干最大直径，精确到 0.01cm。

5.2.9 砧木地径

用游标卡尺测量，精确到 0.01 cm。

5.2.10 整体感

目测。

5.2.11 病虫害

先进行目测，主要看有无病征及害虫为害症状，如发现症状，则应进一步用显微镜镜检害虫或病原体，若关系到检疫性病害则应进一步分离培养鉴定。确定特级苗需要进行病毒检测。

5.2.12 药害、肥害及药渍，机械损伤

目测。

5.3 判定

5.3.1 单株级别的判定

5.3.1.1 凡扦插苗，所有单株不得定为特级。

5.3.1.2 单项级别判定：单株单项检测结果与表 1 的相应项目某一级别相符合，则此株单项即为此级别。如同时符合几个级别要求时，以最高级别定级。

5.3.1.3 按照表 1 的质量要求内容，对种苗样本单株进行逐项检测，如完全符合某等级所有项目要求时，则该单株可判定为此等级种苗。

当达不到某等级的任一项目的质量要求时，则按此一项目能达到的级别来判定该单株的等级。

5.3.2 整批次级别判定

5.3.2.1 所有样本单位判定级别后，根据表 2 最后判定整批次质量等级。

5.3.2.2 级别判定时先从最高级别开始，如不合格，再从下一级别判定，依此类推。

5.3.2.3 先对第一样本进行判定，如发现不合格品数小于或等于第一合格判定数，则判该批是合格批。如发现不合格品数大于或等于第一不合格判定数，则判该批是不合格批。如发现不合格品数大于第一合格判定数又小于第一不合格判定数，则要对抽取的第二个样本进行检测。

5.3.2.4 第二样本检测后，将不合格品数与第一样本不合格品数相加，如两者之和小于或等于第二合格判定数，则判该批产品合格，如两者之和大于或等于第二不合格判定数，则判该批产品不合格。

5.3.3 整批次产品单个项目的评价判定

对整批产品单个项目判定，可根据每个样本单位在该项目上所达到的级别然后按照 5.3.2 中规定的判定方法，最后判定该批产品在该项目上达到的级别。

6 包装、标识、贮藏和运输

6.1 包装

6.1.1 月季种苗 10 株捆成一扎，根部用塑料薄膜包扎保湿。

6.1.2 种苗箱需用具有良好承载能力和耐湿性好的瓦楞卡通纸板制成，一般宽 40 cm，长 60 cm，高 40 cm，纸箱两侧需留有透气孔。将扎好的种苗头尾交叉，逐扎横放箱内，一般每箱装 100 株～200 株(10 扎～20 扎)，装箱后用胶带封好箱口。

6.2 标识

必须注明种苗种类、品种名称、质量级别、装箱数量、生产单位、产地、生产日期，如有品牌还应有品牌标识，还应有方向性、防雨防湿、防挤压及保鲜温度要求等标识，以免运输中的机械损伤。

6.3 贮藏

6.3.1 短期存放

种苗装箱后，短期存放不超过 3 d，应将包装箱袋打开，分散置于阴凉潮湿的库房中，冬季注意温度不要低于 10℃，夏季不要超过 28℃。

6.3.2 长期贮藏

贮藏期最多不超过 3 周～4 周，长期贮藏应将种苗置于 2℃～4℃的冷库内，包装箱可分层放在架子上以利通风透气，月季裸根苗贮藏还应在种苗箱内放潮湿的木屑或珍珠岩等，保证芽不枯死。

6.4 运输

一般采用带少量基质装箱运输，种苗箱叠放时应注意方向，叠放层次不能太多，以免压坏纸箱，损伤种苗。穴盘苗运输尽量带盘装箱运输。夏季运输应有冷藏条件，保持 2℃～8℃。

本标准起草单位：农业部花卉产品质量监督检验测试中心(上海)、农业部花卉产品质量监督检验测试中心(昆明)、农业部花卉产品质量监督检验测试中心(广州)。

本标准主要起草人：林大为、黎扬辉、谢向坚、毕云青、瞿素萍、衡辉。

中华人民共和国农业行业标准

NY/T 1744—2009

切花百合脱毒种球

Virus - free bulbs for cut lilies

1 范围

本标准规定了各级切花百合脱毒种球的术语和定义、检测对象、抽样、检测和生产维护、质量要求和判定原则。

本标准适用于各级切花百合脱毒种球繁育、生产及销售过程中的质量鉴定和认证等。

2 规范性引用文件

下列文件中的条款通过本标准的引用而成为本标准的条款。凡是注日期的引用文件，其随后所有的修改单(不包括勘误的内容)或修订版均不适用于本标准，然而，鼓励根据本标准达成协议的各方，研究是否可使用这些文件的最新版本。凡是不注日期的引用文件，其最新版本适用于本标准。

NY/T 402 脱毒甘薯种薯(苗)病毒检测技术规程

NY/T 1280 花卉植物寄生线虫检测规程

NY/T 1281 花卉植物真菌病害检测规程

NY/T 1491 花卉植物病毒检测规程

SN/T 1840 植物病毒免疫电镜检测方法

3 术语和定义

下列术语和定义适用于本标准。

3.1

切花百合 cut lilies

自活体植株上剪切下的、以观赏鲜切花为主的百合种类总称。

3.2

切花百合脱毒种苗 virus-free stocks for cut lilies

指应用茎尖脱毒、热处理、化学药剂处理等有效脱毒方法获得的试管苗，扩繁并经检测确认不带有质量要求的病毒种类，并且无任何病虫害症状表现的种苗。可是组培瓶苗，亦可是移栽或培育等过程中的田间种苗。

3.3

切花百合脱毒种球 virus-free bulbs of cut lilies

指由脱毒核心材料，在严格隔离条件下，经逐代扩繁而得，并经检测确定符合相应质量要求的百合种球。

3.4

脱毒核心材料 nuclear virus-free materials

指最先经过脱毒处理生成，经检测不带有质量要求所规定检测对象的初始试管繁殖材料。

中华人民共和国农业部 2009 - 04 - 23 发布 2009 - 05 - 20 实施

3.5

脱毒原原种　virus-free pro-elite

指由脱毒核心材料采用组培技术手段生产出的符合质量要求的组培原原种，可以是组培苗或试管小籽球。

3.6

脱毒原种　virus-free elite

指用脱毒原原种作种源，在良好隔离条件下种植培育出的符合质量要求的原种材料。

3.7

切花生产用脱毒种球　virus-free bulbs for cut-flower production

指用脱毒原种作种源，在隔离条件下经鳞片扦插扩繁后，培育出的符合质量要求的供切花生产用脱毒种球。

3.8

百合病毒病　lily virus diseases

指由病毒侵入百合植株引起的，呈现叶脉褪绿、花叶、黄斑、叶或花畸形等症状或者造成植株低矮、花朵变小、生活力减弱等现象的病害。

3.9

其他病原真菌类　other pathogenic fungi

指除丝核菌外，本标准检测对象规定的 3 个病原真菌，包括镰刀菌、灰霉菌、白绢菌。

3.10

病株允许率　permissible rate of infected plant

指病虫害检测呈阳性的植株或种球在被检样品中所占比率的最高允许值，用百分率表示。

3.11

混杂植株允许率　permissible rate of mingled plant

指混入其他种类或品种的植株或种球在被检样品中所占比率的最高允许值，用百分率表示。

4　检测对象

4.1　病毒

黄瓜花叶病毒　Cucumber mosaic virus(CMV)

百合无症病毒　Lily symptomless virus(LSV)

百合斑驳病毒　Lily mottle virus(LMoV)

南芥菜花叶病毒　Arabis mosaic nepovirus (ArMV)

百合 X 病毒　Lily X potexvirus (LVX)

烟草脆裂病毒　Tobacco rattle virus (TRV)

4.2　细菌

欧文氏菌　*Erwinia carotovora*

4.3　真菌

丝核菌　*Rhizoctonia* spp.

镰刀菌　*Fusarium* spp.

灰霉菌　*Botrytis elliptica*

白绢菌　*Sclerotium rolfern*

4.4　线虫

剑线虫　*Xiphinema* spp.

毛刺线虫 *Trichodorus* spp.

拟毛刺线虫 *Paratrichodorus* spp.

针线虫 *Longidorus* spp.

4.5 害虫

根螨类 *Rhizoglyphus* spp.

蓟马 *Liothrips vaneeckei*

介壳虫 *Rhodococcus fascians*

5 抽样

5.1 脱毒核心材料

每株(粒)均应检测。

5.2 脱毒原原种

在整个组培扩繁过程的前、中和后期,采用随机取样法抽取1%～2%的组培种苗或小仔球。

5.3 田间抽样

5.3.1 脱毒原种的抽样

脱毒原种的前、中和后期生长过程中,在目测全田的基础上,采用五点取样法,抽样数量执行NY/T 402中4.2.1的规定。若在抽样目测中发现抽样点以外的种苗/球有病虫害症状,则应额外抽取。抽样后样品置于3℃～10℃存放待检测。

5.3.2 切花生产用脱毒种球的抽样

在脱毒种球培育的前、中与后期,在目测的基础上采用随机取样法,取样数量执行NY/T 402中4.2.2的规定。若在抽样目测中发现抽样点以外的种苗/球有病虫害症状,则应额外抽取。抽样后样品置于3℃～10℃存放待检测。

6 检测与生产维护

6.1 检测方法

切花百合有害生物的主要检测方法见表1。

表1 切花百合有害生物的主要检测方法

病虫害类型	检测方法
病毒	Cs,ELISA,DAS -ELISA,RT-PCR,ISEM
真菌	V,Gm,Ac,PCR,EM
细菌	V,Gm,Ac,PCR,EM
线虫	Gm,PCR
害虫	V,Gm

注:ELISA指酶联免疫吸附检测方法;DAS-ELISA指双夹心酶联免疫吸附检测方法;Cs指指示植物检测方法;ISEM指免疫电镜检测方法;EM指电镜检测方法;RT-PCR指逆转录聚合酶链式反应检测方法;PCR指聚合酶链式反应检测方法;V指感官目测症状表现的检测方法;Gm指常规镜检检测方法;Ac指病原菌的分离培养检测方法。

检测时,对照表1,用1种或1种以上的检测方法对检测样品进行逐一检测。其中:

病毒检测按NY/T 1491或SN/T 1840的规定执行。

病原菌检测按NY/T 1281的规定执行。

寄生线虫的检测按NY/T 1280的规定执行。

害虫检测依据危害症状与害虫各时期形态目测或借助解剖镜、显微镜进行判定。

混杂率检测在植株开花后结合品种特征图谱进行判定。

机械损伤对应芽体、基盘与鳞片三个部位，进行目测综合判定，外层1～2层鳞片上的擦伤、碰伤、缺损等轻微机械损伤可不计入。

6.2 脱毒核心材料的检测与生产维护

对用茎尖脱毒、热处理、化学药剂处理等有效脱毒方法获得的脱毒核心材料，逐株检测上述所有检测对象。扩繁过程中，严格消毒操作器具且不得接触带毒植株，经2次以上(包括2次)检测，所有检测对象均为阴性时，才能确认为脱毒核心材料。推荐病毒检测方法为RT-PCR。

6.3 脱毒原原种的检测与生产维护

在组培扩繁过程中，严格消毒操作器具且不得接触带毒植株。每扩繁1次随机抽取1%～2%的样品进行检测，每年不少于3次检测，且所有检测对象均为阴性，经观察1年以上无病毒与其他病虫害症状表现时，才能确认为脱毒原原种。推荐病毒检测方法为RT-PCR。

6.4 脱毒原种的检测与生产维护

6.4.1 隔离条件

采用隔离温室进行隔离，隔离温室的防虫网纱孔径要求达到60～80目，相通温室内不能种植原种以上级别的百合种苗(球)或茄科、十字花科等蚜虫寄主植物。温室周围10 m范围内不能有其他可能成为百合病虫害侵染源或可能成为蚜虫寄主的植物，使用经严格消毒的基质。

6.4.2 检测与生产维护

繁殖(如鳞片扦插)期间工作人员进出温室和所有农事工具应经过消毒处理，定期观察有无病虫害现象并随机抽取样品检测所有检测对象，每个生长季至少检测3次，若发现病毒、细菌、真菌、线虫或其他生长不良等症状的植株，应立即清除并做好周围环境的消毒处理工作，达到质量要求的才确认为脱毒原种。推荐病毒检测方法为DAS-ELISA。

6.5 切花生产用脱毒种球的检测与生产维护

6.5.1 隔离条件

采用隔离温室或自然隔离条件良好的种植区进行隔离。隔离温室要求同脱毒原种，自然隔离条件良好的种植培育区，要求500 m内无茄科、十字花科、非脱毒种球培育、切花生产种植等区域以及其他可能成为百合病虫害侵染源或可能成为蚜虫寄主的植物。使用经严格消毒的基质或选用两年内未种植过茄科、十字花科、非脱毒百合种球及切花生产等区域的土壤。

6.5.2 检测与生产维护

养球期间使用经消毒处理的农事工具，定期观察有无病虫害现象并随机抽取样品检测所有检测对象，每个生长季至少检测3次，若发现病毒、细菌、真菌、线虫或其他生长不良等症状的植株，应立即清除并做好周围环境的消毒处理工作，达到第7章质量要求的才确认为切花生产用脱毒种球。推荐病毒检测方法为DAS-ELISA。

6.6 水肥与病虫害防治措施

6.4和6.5所述材料的田间培育按照切花百合脱毒种球的规范性种植技术进行水肥管理，并定期喷洒农药防治病虫。

7 质量要求

7.1 基本要求

新育成的品种或繁殖多年的老品种皆可作为种源进行繁殖，但作为种源的必要条件除良好的园艺性状与品种特性外，应毫无病毒症状表现，尤其是用已进入市场流通的品种做种源时，应采用前面所述的有效脱毒方法进行脱毒培养后方可使用。切花百合脱毒种分为脱毒核心材料、脱毒原原种、脱毒原种和切花生产用脱毒种球四个级别。

7.2 外观质量要求

脱毒原原种、脱毒原种和切花生产用脱毒种球的外观质量要求见表2。

表2 脱毒原原种、脱毒原种和切花生产用脱毒种球的外观质量要求

	外观质量要求
脱毒原原种	通常有2种类型即脱毒组培苗与小仔球。出瓶组培苗要求叶片大于3～4片，叶色浓绿，生长健壮，具完全根系4～5条。试管小仔球的出瓶要求小种球饱满充实、生长旺盛、直径1 cm(含1 cm)以上，完整根系2～3条以上。
脱毒原种	种球培育期无病毒病症状表现，生长正常健康，无畸形、矮化等退化表现，种球饱满度优，鳞片肥厚完整、包裹紧实，芽健壮且芽心粉红色，基盘和鳞片白净、无虫吃，变褐，腐烂等症状，根系较发达，主根粗壮且数量较多，最少有5条根以上，根系完整且新鲜。
切花生产用脱毒种球	种球培育期生长正常健康，无畸形、矮化等退化表现；种球饱满度优，鳞片肥厚肥完整、包裹紧实；芽健壮且芽心粉红色；基盘和鳞片白净、无虫吃，变褐，腐烂等症状；根系较发达，主根粗壮且数量较多，最少有5条根以上，根系完整且新鲜；芽体和基盘的机械损伤不超过1%，外层1～2层鳞片的机械损伤可不计入。并经过采后和除害等必要处理，可供生产优质切花用。

7.3 脱毒核心材料和脱毒原原种质量要求

对于脱毒核心材料和脱毒原原种，要求不带有任何病毒和病虫害症状表现，混杂植株允许率为0，第4章规定的所有检测对象应均为阴性，生长状况良好的材料为合格品。

7.4 脱毒原种质量要求

脱毒原种要求黄瓜花叶病毒、南芥菜花叶病毒、烟草脆裂病毒、百合斑驳病毒和百合X病毒的病株携带率为0，百合无症病毒的病株携带率应≤1%(东方百合≤2%)，其他的病虫害允许率见表3，混杂植株(球)允许率为0。

7.5 切花生产用脱毒种球质量要求

对于切花生产用脱毒种球，黄瓜花叶病毒与南芥菜花叶病毒的病株携带率为0，烟草脆裂病毒、百合斑驳病毒和百合X病毒的病株携带率应≤1%，百合无症病毒的病株携带率应≤10%(东方百合≤20%)，其他的病虫害允许率见表3，混杂植株(球)允许率要求≤2%。

表3 脱毒原种和切花生产用脱毒种球的其他有害损伤允许率

其他有害损伤类型		种球培育期(≤)	种球收获后(≤)
病毒症状表现 Virus symptoms	脱毒原种 Virus - free elite	0	—
	切花生产用脱毒种球 Virus - free bulbs for cut - flower production	1.5%	—
丝核菌 *Rhizoctonia* spp.		—	0
其他病原真菌类 Other pathogenic fungi		—	1%
线虫 Nematodes		0.1%	1%
根螨 *Rhizoglyphus* spp.		0	1%
蓟马 *Liothrips vaneeckei*		—	0
介壳虫 *Rhodococcus fascians*		0	0
机械损伤 Mechanical damage		—	1%
其他非典型性的可见类型 Visible off - types		0.5%	0.5%
注："—"表示该项目不需检测。			

8 判定规则

8.1 判定的基本原则

应用本标准第6章所规定的1种或几种检测方法，凡检测结果为阳性者则判为阳性。由于不同检

测方法的灵敏度不一致，第 6 章还提供了不同级别切花百合脱毒种球的推荐检测方法。

8.2 **病虫害等检测对象的判定**

对于脱毒核心材料、脱毒原原种、脱毒原种和切花生产用脱毒种球根据所要求的检测对象，达到质量要求的材料即判定为合格，反之则为不合格。

8.3 **混杂率判定**

脱毒核心材料、脱毒原原种、原种的混杂率要求为 0，切花生产用脱毒种球的混杂率要求≤2%，若达到质量要求的材料即判定为合格，反之则为不合格。

8.4 **综合判定**

客户委托对送检样品进行检测时，可作全项检测，亦可作单项检测，但单项检测不可进行脱毒核心材料、脱毒原原种、脱毒原种、切花生产用脱毒种球的级别判定；进行级别判定时，需由法定质检机构按标准要求跟踪抽查了整个生产过程，且每次均进行全项检测后，综合起来才能进行脱毒核心材料、脱毒原原种、脱毒原种、切花生产用脱毒种球的级别判定。只有按照标准生产程序并达到相应级别的质量要求，才能判定为该级别。

本标准起草单位：农业部花卉产品质量监督检验测试中心（昆明）、云南省农业科学院花卉研究所、云南省农业科学院质量标准与检测技术研究所、云南省花卉产业联合会。

本标准起草人：王继华、瞿素萍、王丽花、和葵、吴学尉、杨秀梅。

中华人民共和国农业行业标准

NY/T 1745—2009

切花月季脱毒种苗

Virus-free stocks for cut roses

1 范围

本标准规定了各级切花月季脱毒种苗的术语和定义、检测对象、抽样、检测与生产维护、质量要求和判定原则。

本标准适用于各级切花月季脱毒苗生产及销售过程中的质量鉴定和认证等。

2 规范性引用文件

下列文件中的条款通过本标准的引用而成为本标准的条款。凡是注日期的引用文件，其随后所有的修改单（不包括勘误的内容）或修订版均不适用于本标准，然而，鼓励根据本标准达成协议的各方，研究是否可使用这些文件的最新版本。凡是不注日期的引用文件，其最新版本适用于本标准。

NY/T 402 脱毒甘薯种薯（苗）病毒检测技术规程

NY/T 1280 花卉植物寄生线虫检测规程

NY/T 1281 花卉植物真菌病害检测规程

NY/T 1491 花卉植物病毒检测规程

SN/T 1840 植物病毒免疫电镜检测方法

3 术语和定义

下列术语和定义适用于本标准。

3.1

切花月季 cut roses

自活体植株上剪切下的、以观赏鲜切花为主的月季种类总称。

3.2

脱毒种苗 virus-free stocks

应用茎尖分生组织脱毒、热处理、化学药剂处理等有效脱毒方法获得的再生试管苗，经检测确认不带李坏死环斑病毒（PNRSV）和苹果花叶病毒（ApMV）等检测对象的种苗，确认为脱毒种苗。

3.3

脱毒核心材料 virus-free nuclear materials

最先经过脱毒处理生成，经检测不携带有质量要求所规定检测对象的初始繁殖材料。

3.4

脱毒原原种苗 virus-free pre-elite stocks

用脱毒核心材料为种源，采用组培技术手段生产出的符合质量要求的繁殖用组培苗。

中华人民共和国农业部 2009-04-23 发布 2009-05-20 实施

3.5

脱毒原种苗　virus-free elite stocks

用脱毒原原种苗作种源，在良好隔离条件下生产出的符合质量要求的种苗。

3.6

切花生产用脱毒种苗　virus-free certified stocks

用脱毒原种苗作种源，在隔离条件下生产出的，以生产切花为目的的种苗。

3.7

带病毒月季种苗　rose stock with viral diseases

具有叶脉褪绿、花叶、不规则黄斑、畸形等病毒病症状的种苗及无症带毒种苗。

3.8

其他病原真菌类　other pathogenic fungi

除本标准检测对象所规定的 4 种病原真菌以外的其他个别真菌。

3.9

病株允许率　permissible rate of diseased plant

病虫害检测呈阳性的植株在被检植株中所占比率的最高允许值，用百分率表示。

3.10

混杂植株允许率　permissible rate of mingled plant

混入被检品种或种类中的其他种类或品种植株在被检植株中所占比率的最高允许值，用百分率表示。

4 检测对象

4.1 病毒

李坏死环斑病毒　Prunus necrotic ring spot virus(PNRSV)

苹果花叶病毒　Apple mosaic virus(ApMV)

南芥菜花叶病毒　Arabis mosaic nepovirus(ArMV)

草莓潜隐环斑病毒　Strawberry latent ringspot nepovirus(SLRSV)

4.2 细菌

月季根癌病菌　*Agrobacterium tumefaciens*

发根农杆菌　*Agrobacterium rhizogenes*

4.3 真菌

月季黄萎病菌　*Verticillium* spp.

月季枯枝病菌　*Leptosphaeria coniothyrium*(anamorph *Coniothyrium fuckelii*)

银叶病菌　*Chondrostereum purpureum*

黑色烟霉病菌　*Chalaropsis thielavioides*

4.4 线虫

根结线虫　*Meloidogyne* spp.

伤残短体线虫　*Pratylenchus vulnus*

穿刺短体线虫　*Pratylenchus penetrans*

裂尾剑线虫　*Xiphinema diversicaudatum*

4.5 害虫

牧草虫　thrips

蚜虫　aphids

5 抽样

5.1 脱毒核心材料

每株必须检测。

5.2 脱毒原原种

在整个组培扩繁过程的前、中和后期,采用随机取样法抽取1%～2%的组培种苗。

5.3 田间抽样

5.3.1 脱毒原种苗抽样

切花月季脱毒原种种苗在生长前、中、后期,在目测全田的基础上,采用五点取样法,抽样数量按照NY/T 402的4.2.1进行。若在抽样目测中发现抽样点以外的种苗表现病毒病、根癌病或其他病虫害症状,则应额外抽取。抽样后样品置于3℃～10℃存放待检测。

5.3.2 切花生产用脱毒种苗抽样

在脱毒种苗培育的前、中与后期,在目测的基础上采用随机取样法,取样数量执行NY/T 402的4.2.2进行。若在抽样中目测发现抽样点以外的种苗有病毒病、根癌病或其他病虫害症状,则应额外抽取。抽样后样品置于3℃～10℃存放待检测。

6 检测与生产维护

6.1 检测方法

切花月季种苗有害生物检测方法见表1。

表1 切花月季种苗有害生物主要检测方法

有害生物类型	检测方法
病毒	Cs,ELISA,DAS-ELISA,RT-PCR,ISEM
真菌	V,Gm,Ac,PCR,EM
细菌	V,Gm,Ac,PCR,EM
线虫	Gm,PCR
害虫	V,Gm

注:Cs指指示植物检测方法;ELISA指酶联免疫吸附检测方法;DAS-ELISA指双夹心酶联免疫吸附检测方法;RT-PCR指逆转录聚合酶链式反应检测方法;ISEM指免疫电镜检测方法;V指感官目测症状表现检测方法;Gm指常规镜检检测方法;Ac指病原菌分离培养检测方法;PCR指聚合酶链式反应检测方法;EM指电镜检测方法。

病毒检测按NY/T 1491或SN/T 1840规定执行。

病原真菌检测按NY/T 1281规定执行。

寄生线虫的检测按NY/T 1280规定执行。

害虫检测依据危害症状与害虫各时期形态目测或借助解剖镜、显微镜进行判定。

混杂率检测在植株开花后结合品种特征图谱进行判定。

检测时,对照表1,用1种以上(含1种)的检测方法对抽取或委托的检测样品进行逐一检测。

6.2 脱毒核心材料的检测与生产维护

对用茎尖脱毒、热处理、化学药剂处理等有效脱毒方法获得的脱毒核心材料,逐株检测上述所有检测对象。扩繁过程中,严格消毒操作器具且不得接触带毒植株,经2次以上(包括2次)检测,所有检测对象均为阴性时,才能确认为脱毒核心材料。推荐病毒检测方法为RT-PCR。

6.3 脱毒原原种苗的检测与生产维护

在组培扩繁过程中,严格消毒操作器具且不得接触带毒植株。每扩繁1次随机抽取1%～2%的样品进行检测,每年不少于3次检测,且所有检测对象均为阴性,经观察1年以上无病毒与其他病虫害症状表现时,才能确认为脱毒原原种。推荐病毒检测方法为 RT - PCR。

6.4 脱毒原种苗的检测与生产维护

6.4.1 隔离条件

采用隔离温室进行隔离,隔离温室的防虫网纱孔径要求达到 60 目～80 目,相通温室内不能种植原种以上级别的月季种苗或茄科、十字花科等蚜虫寄主植物。温室周围 10 m 范围内不能有其他可能成为月季病虫害侵染源或可能成为蚜虫寄主的植物,使用经严格消毒的基质。

6.4.2 检测与生产维护

繁殖期间工作人员进出温室和所有农事工具应经过消毒处理,定期观察有无病虫害现象并随机抽取样品检测所有检测对象,每个生长季不少于 3 次检测,若发现病毒、细菌、真菌、线虫或其他生长不良等症状的植株,应立即清除并做好周围环境的消毒处理工作,达到质量要求的才确认为脱毒原种苗。推荐病毒检测方法为 DAS - ELISA。

6.5 切花生产用脱毒种苗的检测与生产维护

6.5.1 隔离条件

采用隔离温室或自然隔离条件良好的种植区进行隔离。隔离温室要求同脱毒原种,自然隔离条件良好的种植培育区,要求 500 m 内无茄科、十字花科、非脱毒种苗、切花生产种植等区域以及其他可能成为月季病虫害浸染源或可能成为蚜虫寄主的植物。使用经严格消毒的基质或选用两年内未种植过茄科、十字花科、非脱毒月季种苗及切花生产等区域的土壤。

6.5.2 检测与生产维护

培育期间使用经消毒处理的农事工具,定期观察有无病虫害现象并随机抽取样品检测所有检测对象,每个生长季至少检测 2 次,若发现病毒、细菌、真菌、线虫或其他生长不良等症状的植株,应立即清除并做好周围环境的消毒处理工作,对于 PNRSV 应加强检测,达到第 7 章质量要求的才确认为切花生产用脱毒种苗。推荐病毒检测方法为 DAS - ELISA。

6.6 水肥管理与病虫害防治措施

6.4 和 6.5 所述材料的种植均须按照标准的切花月季种植技术进行水肥管理,并定期喷洒农药防治病虫发生。

7 质量要求

7.1 基本要求

新育成的品种或繁殖多年的老品种皆可作为种源进行繁殖,但作为种源的必要条件除良好的园艺性状与品种特性外,应毫无病毒症状表现,尤其是用已进入市场流通的品种做种源时,应采用前面所述的有效脱毒方法进行脱毒培养后方可使用。切花月季脱毒种苗分为脱毒核心材料、脱毒原原种苗、脱毒原种苗和切花生产用脱毒种苗四个级别。

7.2 外观质量要求

7.2.1 叶片

整株切花脱毒月季种苗的叶片数≥4,叶片色泽浓绿、厚实。

7.2.2 根系状况

根系完整且新鲜、丰满匀称,根粗壮且数量较多,有 4 条根以上,根长最少超过 2 cm。

7.2.3 整体感

生长旺盛,新鲜程度好,无畸形、药害、肥害和机械损伤。

7.3 脱毒核心材料质量要求

对于脱毒核心材料,要求不带有任何病毒和病虫害症状表现,混杂植株允许率为 0,第 4 章规定的所有检测对象应均为阴性,生长状况良好的材料为合格品。

7.4 脱毒原原种苗、脱毒原种苗和切花生产用脱毒种苗质量要求

对于脱毒原原种苗和脱毒原种苗的混杂植株允许率为0,切花生产用脱毒种苗的混杂植株允许率要求≤2%,各级规定检测对象的病株允许率见表2。

表2 脱毒原原种苗、脱毒原种苗和切花生产用脱毒种苗的病株允许率

	脱毒原原种苗	脱毒原种苗	切花生产用脱毒种苗
病毒病 Viruses diseases	0	0	0.5%
月季根癌病 *Agrobacterium tumefaciens*	0	0	0
黄萎病 *Verticillium* spp.	0	0.5%	0.5%
枝枯病 *Leptosphaeria coniothyrium* 银叶病 *Chondrostereum purpureum* 黑色烟霉病 *Chalaropsis thielavioides*	0.1%	0.5%	2%
其他的真菌病害 Other pathogenic fungi	0	充分地脱除	—
昆虫 Insects	0	充分地脱除	—
注:"—"表示该项目不需检测。			

8 判定原则

8.1 判定的基本原则

应用本标准第6章所规定的1种或几种检测方法,凡检测结果为阳性者则判为带毒种苗。由于不同检测方法的灵敏度不一致,第6章还提供了不同级别切花月季脱毒种苗的推荐检测方法。

8.2 病虫害等检测对象判定

对于脱毒核心材料、脱毒原原种苗、脱毒原种苗和切花生产用脱毒种苗等,应根据所要求的检测对象,达到质量要求的材料即判定为合格,反之则为不合格。

8.3 混杂率判定

脱毒核心材料、脱毒原原种苗、原种苗的混杂率要求为0,切花生产用脱毒种苗的混杂率要求≤2%,若达到质量要求的材料即判定为合格,反之则为不合格。

8.4 综合判定

客户委托对送检样品进行检测时,可作全项检测,亦可作单项检测,但单项检测不可进行脱毒核心材料、脱毒原原种苗、脱毒原种苗和切花生产用脱毒种苗的级别判定;进行级别判定时,需由质检机构按标准要求跟踪抽查整个生产过程,且每次均进行全项检测后,综合起来才能进行脱毒核心材料、脱毒原原种苗、脱毒原种苗和切花生产用脱毒种苗的级别判定。只有按照标准生产程序并达到相应级别的质量要求,才能判定为该级别。

本标准起草单位:农业部花卉产品质量监督检验测试中心(昆明)、云南省农业科学院花卉研究所、云南省农业科学院质量标准与检测技术研究所、昆明市农业局。

本标准起草人:唐开学、瞿素萍、王丽花、张颢、杨秀梅、王继华、雷正芳、倪淼。

中华人民共和国农业行业标准

NY/T 2551—2014

红掌　种苗

Anthurium seedling

1　范围

本标准规定了红掌(*Anthurium* spp.)种苗相关的术语和定义、要求、试验方法、检验规则、包装、运输和贮存。

本标准适用于红掌组培种苗的生产及贸易。

2　规范性引用文件

下列文件对于本文件的应用是必不可少的。凡是注日期的引用文件,仅注日期的版本适用于本文件。凡是不注日期的引用文件,其最新版本(包括所有的修改单)适用于本文件。

GB/T 2828.1　计数抽样检验程序　第1部分:按接收质量限(AQL)检索的逐批检验抽样计划

GB 15569　农业植物调运检疫规程

中华人民共和国农业部1995年第5号令　植物检疫条例实施细则(农业部分)

3　术语和定义

下列术语和定义适用于本文件。

3.1

穴盘苗　tray plantlet

以穴盘为容器培养的种苗。

3.2

钵苗　pot plantlet

以营养钵为容器培养的种苗。

3.3

整体感　general appearance

植株外形的整体感观,包括植株的长势、茎叶色泽、健康状况、缺损状况等。

3.4

变异　variation

植株在形态上表现出区别于原品种植株的特征。

3.5

变异率　rate of variation

变异种苗株数占供检种苗的百分率。

中华人民共和国农业部2014-03-24发布　　2014-06-01实施

4 要求

4.1 基本要求

符合品种特性,植株生长正常,叶片完整,富有光泽;无病虫危害症状,出圃时栽培容器无明显破损,栽培基质团完整不松散。

4.2 分级指标

4.2.1 瓶苗

红掌瓶苗分为两个级别,各级别的种苗应符合表1规定。

表1 红掌瓶苗分级指标

项　目	等　级	
	一级	二级
整体感	植株健壮,无畸变及机械损伤	植株较健壮,基本无畸变及机械损伤
苗高 cm	≥4.0	≥3.0
叶片数 片	≥4	≥3
根数 条	≥4	≥3
变异率 %	≤3	≤5

4.2.2 穴盘苗

红掌穴盘苗分为两个级别,各级别的种苗应符合表2规定。

表2 红掌穴盘苗分级指标

项　目	等　级	
	一级	二级
整体感	植株健壮,无畸变及机械损伤	植株较健壮,基本无畸变及机械损伤
苗高 cm	≥8.0	≥5.0
叶片数 片	≥5	≥4
根系	根系发达,根数≥5条	根系较发达,根数≥4条
变异率 %	≤3	≤5

4.2.3 钵苗

红掌钵苗分为两个级别,各级别的种苗应符合表3规定。

表3 红掌钵苗分级指标

项　目	等　级	
	一级	二级
整体感	植株健壮,无畸变及机械损伤	植株较健壮,基本无畸变及机械损伤
苗高 cm	≥15.0	≥10.0
叶片数 片	≥7	≥5
根系	根系发达,根数≥6条	根系较发达,根数≥5条
变异率 %	≤3	≤5

4.3 疫情要求

无检疫性病虫害。

5 试验方法

5.1 外观

用目测法检测植株生长情况，叶片色泽，根系状况，有无机械损伤、病虫危害及畸变，栽培容器及栽培基质团的完整度等。

5.2 苗高

测量从基质面至种苗最顶端的垂直距离，精确到 0.1 cm。

5.3 叶片数

目测计数，以完全展开的叶片数计，单位为片。

5.4 根系

根系状况用目测法检测，根数以目测计算所有长度超过 1.0 cm 的根的数量，单位为条。

5.5 变异率

用目测法逐株检验种苗，根据本品种正常种苗及变异种苗的主要特征，确定变异种苗数。变异率按式(1)计算。

$$X = \frac{A}{B} \times 100 \quad (1)$$

式中：

X ——变异率，单位为百分率(%)，结果保留整数；

A ——样品中变异种苗株数，单位为株；

B ——抽样总株数，单位为株。

5.6 检测记录

将检测的数据记录于附录 A 的表格中。

5.7 疫情检测

按中华人民共和国农业部 1995 年第 5 号令和 GB 15569 的有关规定执行。

6 检验规则

6.1 批次

同一生产单位、同一品种、同一批种苗作为一个检验批次。

6.2 抽样

检测样本数按 GB/T 2828.1 中规定进行，采用随机抽样法。

6.3 判定规则

6.3.1 如不符合 4.1 和 4.3 的要求，则判定该批种苗为不合格；在符合 4.1 和 4.3 要求的情况下，再进行等级判定。

6.3.2 同一批种苗中，有 95%及以上种苗满足一级苗要求，且其余种苗满足二级苗要求，则判定为一级种苗。

6.3.3 同一批种苗中，有 95%及以上种苗满足二级苗要求，则判定为二级种苗。超过此范围，则判定为不合格。

6.4 复验

如果对检验结果产生异议，可抽样复验一次，复验结果为最终结果。

7 包装、标识、运输和贮存

7.1 包装

种苗采用纸箱包装，包装箱应清洁、无污染，具良好承载能力。装箱时须将茎叶部朝上整齐排列，保持适当紧密度，以保证运输时不易发生偏移。纸箱两侧各留 4 个～8 个透气孔。

7.2 标识

包装箱应注明品种名称、等级、数量、生产单位、生产日期，还应有方向性、防雨防湿、防挤压等标识。种苗销售或调运时必须附有质量检验证书，检验证书格式参见附录 B。

7.3 运输

种苗应按不同品种、不同级别分批装运；装卸过程应轻拿轻放，运输应有冷藏或加温条件，温度保持在 15℃～25℃，并适当保湿和通风透气。

7.4 贮存

种苗运抵目的地后应尽快种植，如需短期贮存，应将包装箱打开，分散置于阴凉的库房中，温度保持在 15℃～25℃，保持栽培基质湿润，贮存期不能超过 7 d。

附　录　A
（资料性附录）
红掌种苗质量检测记录表

红掌种苗质量检测记录表见表A.1。

表 A.1　红掌种苗质量检测记录表

品　　种：______________________　　样品编号：______________________
育苗单位：______________________　　购苗单位：______________________
出圃株数：______________________　　抽检株数：______________________

样株号	整体感	苗高 cm	叶片数 片	根系	变异率	初评级别

审核人（签字）：　　　　校核人（签字）：　　　　检测人（签字）：　　　　检测日期：　年　月　日

附　录　B
（资料性附录）
红掌种苗质量检验证书

红掌种苗质量检验证书见表 B.1。

表 B.1　红掌种苗质量检验证书

育苗单位		出苗日期	
购苗单位		品种	
种苗类型		种苗数量	
检测结果			
证书签发日期			
检验单位			
注：本证一式三份，育苗单位、购苗单位、检测单位各一份。			

单位负责人（签字）：　　　　　　　　　　　　单位名称（签章）：

本标准起草单位：中国热带农业科学院热带作物品种资源研究所。

本标准主要起草人：杨光穗、徐世松、尹俊梅、黄素荣、陈金花、黄少华、任羽。

中华人民共和国国家标准

UDC 633.88
GB 6941—1986

人　参　种　子

Ginseng seed

适用于参业生产、科研和经营中对人参种子分级、分等和检验。

1　名词术语

1.1　种子大小：指果核大小，用长、宽、厚度表示。

1.1.1　种子长度（l）：纵量果核为长，以毫米（mm）表示。

1.1.2　种子宽度（b）：横量果核为宽，以毫米（mm）表示。

1.1.3　种子厚度（t）：扁量果核为厚，以毫米（mm）表示。

1.2　千粒重：1 000 粒种子重量，以克（g）表示。

1.3　种子分级：按种子大小分成五级。

1.3.1　特大粒：指用筛孔直径 5.5 mm 筛选的筛上粒。

1.3.2　大粒：经孔径 5.0 mm～5.5 mm 选出的种子。

1.3.3　中等粒：经孔径 4.5 mm～5.0 mm 选出的种子。

1.3.4　小粒：经孔径 4.1 mm～4.5 mm 选出的种子。

1.3.5　等外粒：经孔径 4.1 mm 筛选的筛下粒。

1.4　成熟度：种胚呈梨形或锁形的视为成熟种子。以其占测定粒数的百分数表示。

1.5　饱满度：胚乳充满果核的种子占测定粒数的百分数。

1.6　生活力：指种子的生活能力，用百分数表示。

1.7　杂质：指种子内夹杂的土粒、砂粒、石块、果柄、碎果核等。

1.8　色泽：指种子表面的色泽，正常种子的表面（果核）为黄白或灰白色。

1.9　健粒：无病虫害，具有生活力的种子。

1.10　废粒：指秕粒、碎粒、病粒等。

1.11　净度：完整的人参种子占样品重量的百分率。

1.12　扦样：贮藏的种子用扦样器取样，称为扦样。

1.13　小样：用扦样器或徒手每次取出的少量样品，称为小样。

1.14　原始样品：从一个检样单位扦取的所有小样混在一起，就是这个检样单位的原始样品。

1.15　平均样品：原始样品充分混合，均匀的分出做检验用的样品，称为平均样品。

1.16　容重：单位体积（1 L）种子重量。

国家标准局 1986 - 10 - 04 发布　　　　1987 - 05 - 01 实施

2 人参种子分级标准

2.1 暂确定为一等、二等、三等三个等级。

2.2 分等

2.2.1 以人参种子千粒重、饱满度、种子净度（或废粒和杂质含量）、种子生活力、种子含水量等为依据进行分等（见表1）。

表1 人参种子分等

标准＼等级	一等种子	二等种子	三等种子	备　注
千粒重 g 不小于	31	26	23	a. 符合一等种子标准，千粒重36 g以上者列为特等；b. 生活力不符合标准的种子相应降等；c. 净度不符合标准要进行筛选或风选；d. 含水量超过标准×重量折算系数，计算规定含水量的千粒重
饱满粒 % 不低于	95	95	90	
生活力 % 不低于	98	95	90	
净　度 % 不低于	99	99	98	
含水量 % 不高于	14	14	14	

2.2.2 每个等级内的种子必须具有正常种子的色泽、气味，并无病粒。

2.2.3 必须是采收不超过一年的种子。

3 技术要求

3.1 选种：通过风选和筛选清除杂质和秕粒，提高种子净度。现行人参种子用直径4.5 mm筛选，可把全部小粒清除，可达二等种子的千粒重26～30 g。用5.0 mm筛选，可把中等以下粒清除，可达一等种子的千粒重。

3.2 注意留种：选择三年生1～2等参苗作留种田种栽于四或五年生时选健壮植株留一次种。

3.3 疏花：开花初期，将花序中央的花蕾摘除三分之一至二分之一，并掐除花茎上的散生花。

3.4 田间管理：搞好遮阴、松土、除草、防病等，确保种子产量和质量。

3.5 采收：果实红熟后期采收，不得过早。采收时要将病、健果实严格分开。

3.6 搓洗：及时搓洗，不得沤渍时间过长。

3.7 晾晒：搓洗的种子不得在强光下暴晒。阴干或弱光下晒干，达到规定的含水量。

3.8 贮藏：晾干的种子应放在冷凉、干燥、比较密闭的仓库中贮藏，贮藏期间勤检查，防止霉烂。贮藏时间不得超过一年。

3.9 严禁使用等外种子。

4 人参种子检验

4.1 种子检验

目前仅室内进行种子的净度、饱满度、成熟度、千粒重、容重、含水量、病虫害和生活力等项检验。

室内检验项目和程序

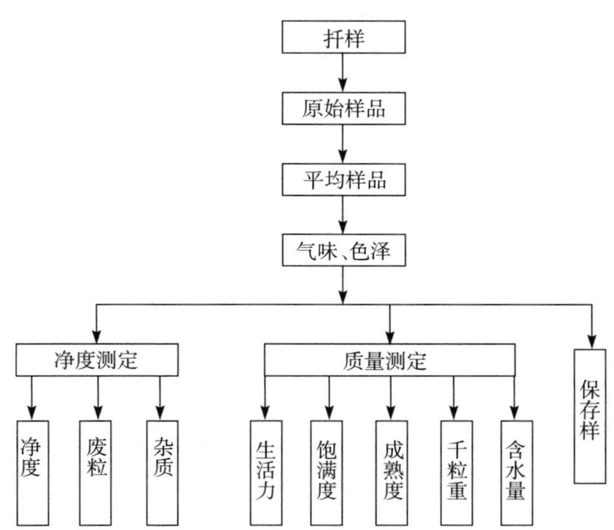

通过上述检验，合格者由检验单位填写“种子检验证书”(见表2)，签发检验合格证，一式三份，分送受检单位、检验单位和上级种子部门。对不合格的种子，检验单位应填写“种子检验结果单”(见表3)，根据检验结果，提出“使用、停用或精选”等建议。分别报送受检单位、检验单位和上级种子部门。

表2　种子检验证书

受检单位			
品　　名		产　　地	
数　　量		样品重量	
检　验　结　果			
根据……种子分等标准规定，符合……等级			
各检验项目含量如下：净度　　%，水分　　%，			
千粒重　　g，健粒　　%，饱满度　　%，			
病粒　　%，生活力　　%，			
备　　注			
检验单位（章）		检验员（章）	
签证日期	年　　月　　日		

表3　种子检验结果单

受检单位			
品　　名		样品重量	
产　　地		数　　量	
检　验　项　目			
处　理　意　见			
检验单位(章)		检验员(章)	
检验日期	年　　月　　日		

4.2 扦样

4.2.1 扦样原则

4.2.1.1 扦样前应先了解所要检验的种子来源、产地、数量、贮藏方法、贮藏条件、贮藏时间和贮藏期间发生的情况、处理方法等，以供分批扦样时参考。

4.2.1.2 根据种子质量和数量进行分批。凡同一来源、同季收获、同一年生者，经初步观察品质基本一致的作为一批。同一批种子，包装方法、堆放形式、贮藏条件等不同，应另划一个检验单位。每个检验单位扦取一个样品。

4.2.1.3 扦取小样的部位，要上下（垂直平分）、左右（水平分布）均匀设扦样点，各点扦取数量多少要一致。

4.2.2 扦样方法

4.2.2.1 扦样袋数：同一批袋装种子的扦样袋数，应根据总袋数多少而定。少于5袋每袋皆扦取样品，10袋以下扦取5袋，10袋以上每增加5袋扦取1袋。

4.2.2.2 样点分布：按上中下和左中右原则，平均确定样袋，每个样袋按上中下取三点。

4.2.2.3 扦样方法：用扦样器拨开麻袋的线孔，由麻袋的一角向对角线方向，将扦样器插入，插入时槽口向下，当插到适宜深度后，将槽口转向上，敲动扦样器木柄，使种子从扦样器的柄孔中漏入容器，当种子数量符合要求时，拨出扦样器，闭合麻袋上的扦样孔。

4.2.3 原始样品和平均样品的配制

混合前，先把各小样摊在平坦洁净的纸上或盘内，加以仔细观察，比较各小样品的净度、气味、颜色、光泽、水分等有无显著的差别。如果无显著差别的，即可混在一起，成为原始样品；如发现有些小样品质量上有显著差异的，则应将该小样及其代表的种子另做一个检验单位，单独取原始样品。

原始样品数量少，经充分混合就可直接作为平均样品。原始样品数量多，经充分混合后，用“四分法”按平均样品重量（一般为千粒重的40倍）要求分出，做各项检验，可保证检验结果的正确性。

4.3 种子净度测定

4.3.1 测定项目

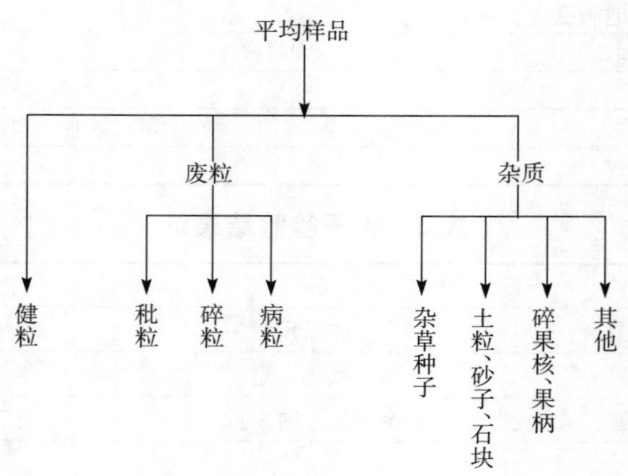

4.3.2 净度的计算

取两份平均样品，按测定项目将样品分成健粒、废粒和杂质，分别称重，按下列公式计算。

4.3.2.1 杂质率

$$杂质率(\%)=\frac{杂质重量}{试样重量}\times 100 \quad \cdots\cdots (1)$$

4.3.2.2 平均杂质含量

$$平均杂质含量(\%)=\frac{第一份试样杂质率(\%)+第二份试样杂质率(\%)}{2} \quad \cdots\cdots (2)$$

4.3.2.3 **废种子率**

$$废种子率(\%)=\frac{废种子重量}{试样重量}\times 100 \quad \cdots\cdots(3)$$

4.3.2.4 **平均废种子含量**

$$平均废种子含量(\%)=\frac{第一份试样废种子率(\%)+第二份试样废种子率(\%)}{2} \quad \cdots\cdots(4)$$

4.3.2.5 **种子净度**

$$种子净度(\%)=100\%-[废种子含量(\%)+杂质含量(\%)] \quad \cdots\cdots(5)$$

4.3.2.6 **平均种子净度**

$$平均种子净度(\%)=\frac{第一份试样净度(\%)+第二份试样净度(\%)}{2} \quad \cdots\cdots(6)$$

测定两份试样种子净度时，允许有一定的差距（见表 4），如两份试样分析结果超过允许差距，则须分析第三份试样，取三份试样的平均值（以下同）。

表 4　净度检验中两份试样分析结果差距允许幅度

两份试样净度平均，%	两份试样杂质平均，%	允许差距幅度，%
99.5	0～0.5	±0.2
99.1～99.5	0.5～1.0	±0.4
98.1～99.0	1.0～2.0	±0.6
97.1～98.0	2.0～3.0	±0.8
96.1～97.0	3.0～4.0	±1.0
95.1～96.0	4.0～5.0	±1.2
94.1～95.0	5.0～6.0	±1.4
93.1～94.0	6.0～7.0	±1.6
92.1～93.0	7.0～8.0	±1.8
91.1～92.0	8.0～9.0	±2.0
90.1～91.0	9.0～10.0	±2.2
85.1～90.0	10.0～15.0	±3.0

净度检验和计算结束后，将结果填写在“种子净度测定登记表”内（见表 5）。

表 5　种子净度测定表

<table>
<tr><td>编　号</td><td colspan="3"></td><td colspan="3">来源</td><td colspan="3"></td><td colspan="2">品　名</td><td colspan="2"></td></tr>
<tr><td>色　泽</td><td colspan="3"></td><td colspan="3">气　味</td><td colspan="7">平均样品重量，g</td></tr>
<tr><td rowspan="2">检验项目
试样</td><td rowspan="2">试样重量
g</td><td rowspan="2">好种子重量
g</td><td colspan="5">废　种　子</td><td colspan="6">杂　　质</td></tr>
<tr><td>合计
%</td><td>秕粒
%</td><td>碎粒
%</td><td>病粒
%</td><td>霉粒
%</td><td>合计
%</td><td>杂草籽
%</td><td>泥土
%</td><td>砂子
%</td><td>碎果柄
%</td><td>其他
%</td></tr>
<tr><td>第一份
试　样</td><td></td><td></td><td></td><td></td><td></td><td></td><td></td><td></td><td></td><td></td><td colspan="3"></td></tr>
<tr><td>第二份
试　样</td><td></td><td></td><td></td><td></td><td></td><td></td><td></td><td></td><td></td><td></td><td colspan="3"></td></tr>
<tr><td>平　均</td><td></td><td></td><td></td><td></td><td></td><td></td><td></td><td></td><td></td><td></td><td colspan="3"></td></tr>
</table>

填写人：　　　　　　　　　　　　　　　　　　　　　　　　年　　月　　日

4.4 气味、色泽检验

4.4.1 气味检验：把种子放在手里呵气，用鼻子闻嗅；或把种子放在杯内，注入 60～70℃温水，加盖浸

2～3 min，将水倒出闻嗅。新种子具有人参的清香气味，受霉菌危害的种子有霉臭味。

4.4.2 色泽检验：新籽无病者，色泽黄白或灰白色。

4.5 人参种子千粒重的测定

4.5.1 千粒重测定方法

取除去废种子和杂质后的好种子。先将样品充分混合，随机从中取两份试样，每份 1 000 粒，放在天平上称重，精确到 0.1 g。两份试样平均值的误差允许范围为 5%，不超过 5%的，则其平均值就是该样品的千粒重；超过 5%的，则如数取第三份试样称重，取平均值作为该样的千粒重。

种子千粒重因含水量不同而有差异。检验计算时，应将检样的实测水分按种子分级标准规定的水分，折成规定水分的千粒重。

4.5.2 种子绝对千粒重的计算

种子绝对千粒重是指含水量等于零时种子的千粒重。只有它才能衡量种子千粒重的真实情况。其计算公式是：

种子绝对千粒重（g）＝某含水量种子的千粒重×（100%－该种子含水量）………… (7)

例：一批人参种子在含水量为 16%时，千粒重为 29 g，求这批种子的绝对千粒重。

种子绝对千粒重＝29 g×（100%－16%）＝24.36 g

4.5.3 规定含水量种子千粒重的折算

同一批种子，由于含水量不同，所测得的千粒重也不同。因此，在含水量不同的情况下很难进行种子千粒重的正确比较。此时，必须将它们含水量都折合成同一规定水分。其折算公式为：

种子规定含水量千粒重（g）＝种子实际含水量千粒重（g）×重量折算系数………… (8)

例：人参种子千粒重为 35.5 g，其含水量为 25.0%，折算成规定含水量 14%的千粒重。

人参种子千粒重＝35.5 g×0.872 1＝30.96 g

重量折算系数＝（100%－实际含水量）＋（100%－规定含水量）

＝（100%－25%）÷（100%－14% ）＝0.872 1

（通过查重量折算系数表可得）。

4.6 种子容重的测定

4.6.1 61～71 型容重器测定法

4.6.1.1 按 61～71 型容重器说明书操作。

4.6.1.2 称重时精确度为 0.5 g。

4.6.1.3 每个样品重复 2 次，容许差距为 5 g/L，没超出允许差距，则求出两份试样的平均数，即为该批种子的容重。如超出差距，做第三次测定，取三次测重的平均数代表容重。

4.6.2 51 式容重器测定法

4.6.2.1 按 51 式容重器说明书操作。

4.6.2.2 每个样品重复两次，精确称重，取两次测定的平均值，即为该批种子的容重。

4.6.3 容重的简易测定法

在没有容重器的情况下，也可以用已知容积的直口容器，均匀倒入种子刮平、称重，而后用体积（升）除重量（公斤）即得种子的大体容重数。

4.7 人参种子饱满度测定

从平均样品中，随机取样 2 份，每份 100 粒，干籽用 40～50℃水浸泡 24 h 以上，使胚乳基本恢复到鲜籽状态，取出沿内果皮结合痕用刀片切为两瓣，观察胚乳占果核容积的比率。胚乳充满果核者为饱满，占果核 4/5 以下为不饱满，介两者之间者为较饱满种子，以其占测定粒数的百分数表示。计算公式如下：

$$饱满度(\%)=\frac{饱满粒数}{试样粒数}\times 100 \quad\cdots\cdots(9)$$

4.8　**人参种子成熟度测定**

试样用冷水浸泡 24 h 以上，取出沿内果皮结合痕切为两瓣，置于解剖镜下观察胚的形态，具有梨形或锁形胚的种子，视为成熟的种子，以其占观测数的百分率表示。计算公式如下：

$$成熟度(\%)=\frac{具有梨形和锁形胚种子数}{试样粒数}\times 100 \quad\cdots\cdots(10)$$

4.9　**人参种子水分测定**

将样品逐粒切为两瓣，分两份，每份 3～5 g，放入称量盒内测定重量。置入烘箱内，在 105±2℃恒温下，经 3 h 取出称量盒，盖好盖子放入干燥器中冷却，约 30 min 后取出称重，记下重量。接着再放入 105℃的烘箱内烘 1 h，冷却后称重，直至后次称重和前次称重不超过 0.02 g 为止，记下最后一次重量作为烘干后重量。进行水分含量计算。

$$种子水分(\%)=\frac{烘前试样重-烘后试样重}{烘前试样重}\times 100 \quad\cdots\cdots(11)$$

测定中要求称量准确度为 0.01 g；两份试样测定结果，差距不得超过 0.4%，否则重新测定。

4.10　**种子生活力的测定**

4.10.1　**四氮唑红染色**

4.10.1.1　取样：取平均样品 300～500 粒，用冷水浸泡 1～2 昼夜或 50℃温水浸 5～6 h，随机抽取 200 粒，分成两组，每组 100 粒。

4.10.1.2　切胚：将泡好的种子，用刀片沿着内果皮结合痕均匀切为两瓣，选留其中较完整的一瓣（有胚）放入试管或培养皿中，待浸药液。

4.10.1.3　配药：用蒸馏水或 pH 6～7 的凉开水，把试剂配成 0.1%～0.2%浓度的溶液。

4.10.1.4　浸药：将配制的 0.1%四氮唑红试剂，小心倒入试管或培养皿内，轻轻摇动几下，使种子浸入药液里，不要有浮在上面的种子。

4.10.1.5　温度和时间：浸药后，保持在 35～45℃恒温箱中，约三 h 可充分着色。若在 19～20℃室温中需 17 h。

4.10.1.6　观察：倒出药液，用清水冲洗种子，然后把种子放在吸湿纸上，立即检查。凡着色者为有生活力种子，不着色者为无生活力种子。根据着色数计算百分率，取两组平均数值，代表所测种子的生活力。

4.10.2　**靛蓝洋红染色法**

4.10.2.1　取样：取平均样品 300～500 粒，用 40～50℃温水浸泡 20～30 h，从中取 200 粒种子，分为 2 份。

4.10.2.2　切胚：将泡好的种子，用刀片沿内果皮结合痕切为两瓣，选取完整的一瓣放入试管中。

4.10.2.3　配药：浓度为 0.1%～0.2%，即 1～2 g 靛蓝洋红加水 1 000 ml。

4.10.2.4　浸药：将配好的靛蓝洋红溶液，倒入试管中，在常温下（15～25℃）染色 10～20 min。

4.10.2.5　观察：达到规定时间后取出，用清水洗净，然后观察。凡是胚和胚乳不着色的为有生活力的种子，而染成深色者为无生活力的种子。

4.11　**病害检验**

4.11.1　肉眼检验法：从平均样品中取试样 500～1 000 粒，放在白纸或玻璃纸上，用肉眼或 5～10 倍扩大镜检验，果核表面有病症斑点者即为病粒，挑出后数清粒数，计算病粒率。

$$病粒率(\%)=\frac{病粒数}{试样粒数}\times 100 \quad\cdots\cdots(12)$$

4.11.2　剖粒检验法：取平均样品 2 份，每份 100 粒，然后逐粒用刀片沿内果皮结合痕将种子切开，观察被害粒数，计算被害率。

$$感病率(\%)=\frac{感病粒数}{试样粒数}\times 100 \quad \cdots\cdots (13)$$

本标准由中国农业科学院特产研究所负责起草。
本标准主要起草人王荣生。

中华人民共和国国家标准

GB 6942—1986

人　参　种　苗

Ginseng seedling

木标准作为检验参苗质量和分级依据，适用于参业生产、科研和经营中对参苗分级及质量检验。

1　名词术语

1.1　根粗：指主根最粗部位的直径，用卡尺测量，以厘米（cm）表示。

1.2　根长：从根茎基部至最长的须根末端长度，以厘米（cm）表示。

1.3　主根长：从根茎基部测至主根分叉处的长度，以厘米（cm）表示。

1.4　体形：根茎、主根和支根组成的形状。

1.5　浆气：主根充实饱满程度。

1.6　浆气足：主根质地充实、饱满。

1.7　浆气不足：主根质地绵软、不实。

1.8　病斑：指根部上患有大小不同病斑。

1.9　烧须：须根感病呈黄锈色干腐状。

1.10　破伤：根部上的机械伤痕。

1.11　断根：主根和侧根折断。

1.12　根重：单根重量。

1.13　分等：根据参苗单株重量指标等，分成 3 或 5 等。

1.14　标准率：即符合标准的单株所占比率。

2　人参种苗等级规格

2.1　种苗标准：主要依据参根单株重量、根长 根形病害程度和伤损程度等因素而定。

2.2　各等级种苗：根须完整、越冬芽大小均匀，浆足而无明显病伤者。

2.3　1～3 年生各等级种苗，要求根形为圆锥形。

2.4　人参种苗分等见下表。

国家标准局 1986-10-04 发布　　　　1987-05-01 实施

人参种苗分等标准

年生 \ 等级 \ 标准		根重 g 不小于	每公斤支数 根 不多于	根长 cm 不短于
一年生	一等苗	0.8	1 250	15
	二等苗	0.6	1 666	13
二年生	一等苗	4	250	17
	二等苗	3	333	15
	三等苗	2	500	13
三年生	一等苗	20	50	20
	二等苗	13	75	20
	三等苗	8	125	20
	四等苗	5	200	15

2.5　不符合各年生等级者为等外品。

3　技术要求

3.1　用优良种子育苗：选用二等以上的充实饱满的种子播种；催芽种子，要选用裂口种子点播。

3.2　种子消毒：催芽前或播种干籽、水籽前用 150～200 PPM 多抗霉素浸种 24 h（或粉剂拌种），或 1% 福尔马林液浸种 15 min。

3.3　选择有机质含量较高、土层深厚、疏松土壤做育苗地。

3.4　苗床高 25～30 cm，山地苗床不得低于 20 cm。

3.5　点播：育一年生苗采用 3.5×4.0 cm 株行距点播，育二年生苗采用 4×4 cm 株行距点播，育三年生苗采用 5×5 cm 株行距点播。

3.6　加强管理。防止参棚漏雨、注意拔草、施肥、喷药、调阳、调水、防寒等管理，确保参苗正常生育。

3.7　起苗时要深刨，小心收获，防止伤根、断须和折断根茎。

3.8　严格按标准分等，各等级参苗分别栽植。

4　种苗检验规则

4.1　检查验收：指定专人按等级分别检查验收。

4.2　检验方法：主要依据参根大小均匀，芽胞大小一致，有无病伤和单根重等标准要求进行。

4.2.1　种苗大小检验：从分选出的种苗之中，随机取样 20～30 株种苗，用米尺测量长度。求出标准率，标准率达 95% 以上为合格，低于 95% 应重新挑选。

$$\text{标准率}(\%)=\frac{\text{标准苗数}}{\text{样品株数}}\times 100$$

4.2.2　越冬芽：要求新鲜、大小均匀一致。

4.2.3　单株重量：随机取样 2 次，每次取 50～100 株，计算单株平均重量，若其中一次单株平均重不够标准，必须重新挑选。

4.2.4　浆气：检样中浆气不足者超过 5% 时，重新挑选。

4.2.5　病伤：参根无明显病斑和破伤痕迹。

4.3　检验合格者：分别归入相同等级之中；为防止等级相混，每个等级建立明显标记（标牌）。

4.4 按等级分别装箱，注明等级，送往栽参场。

本标准由中国农业科学院特产研究所负责起草。
本标准主要起草人王荣生。

中华人民共和国国家标准

GB/T 18765—2008

野山参鉴定及分等质量

Identification and grade quality standards of wild ginseng

1 范围

本标准规定了野山参的术语和定义、技术要求、检验方法、检验规则、标志、标签和包装以及运输和贮存。

本标准适用于野山参的加工、等级分类和技术鉴定。不适用于野生人参。

人参作为药用时应遵循《中华人民共和国药典》(最新版本)。

2 规范性引用文件

下列文件中的条款通过本标准的引用而成为本标准的条款。凡是注日期的引用文件,其随后所有的修改单(不包括勘误的内容)或修订版均不适用于本标准,然而,鼓励根据本标准达成协议的各方研究是否可使用这些文件的最新版本。凡是不注日期的引用文件,其最新版本适用于本标准。

GB/T 191 包装储运图示标志

GB/T 5009.11 食品中总砷及无机砷的测定

GB/T 5009.12 食品中铅的测定

GB/T 5009.13 食品中铜的测定

GB/T 5009.15 食品中镉的测定

GB/T 5009.17 食品中总汞及有机汞的测定

GB/T 5009.19 食品中六六六、滴滴涕残留量的测定

GB/T 5009.20 食品中有机磷农药残留量的测定

GB/T 5009.22 食品中黄曲霉毒素 B_1 的测定

GB/T 5009.34 食品中亚硫酸盐的测定

GB/T 5009.36 粮食卫生标准的分析方法

GB/T 5009.103 檀物性食品中甲胺磷和乙酰甲胺磷农药残留量的测定

GB/T 5009.104 植物性食品中氨基甲酸酯类农药残留量的测定

GB/T 5009.110 植物性食品中氯氰菊酯、氰戊菊酯和溴氰菊酯残留量的测定

GB/T 5009.136 植物性食品中五氯硝基苯残留量的测定

GB/T 5009.145 植物性食品中有机磷和氨基甲酸酯类农药多种残留的测定

GB 7718 预包装食品标签通则

《中华人民共和国药典》(2005 年版一部)

中华人民共和国国家质量监督检验检疫总局
中 国 国 家 标 准 化 管 理 委 员 会 2008-11-20 发布 2009-05-01 实施

3 术语和定义

下列术语和定义适用于本标准。

3.1

野生人参　original ecological ginseng

自然传播、生长于深山密林的原生态人参。

3.2

野山参　wild ginseng

自然生长于深山密林的人参(不包括野生人参)。

3.3

生晒野山参　dried wild ginseng

刷洗后烘干或晒干的野山参。

3.4

人参芽苞　dormant bud of ginseng

人参芦头上的越冬芽。

3.5

人参芦碗　rhizome nodes of ginseng

人参地上茎的残痕。

3.6

人参芦　rhizome of ginseng

人参主根上部的根茎。

3.7

野山参五形　five shapes

芦、艼、体、纹、须。

3.7.1

圆芦　column rhizome

芦下部与主根相连的一段芦,呈圆柱状,其上有疙瘩状芦碗残痕。

3.7.2

堆花芦　duihua rhizome

圆芦上部的一段芦,芦碗密集,状如堆花。

3.7.3

马牙芦　rhizome in the shape of horse tooth

堆花芦上部的一段芦,芦碗较大,状如马牙。

3.7.4

二节芦　rhizome with two sections

同时具有圆芦和堆花芦或堆花芦和马牙芦的根茎。

3.7.5

三节芦　rhizome with three sections

同时具有圆芦、堆花芦、马牙芦的根茎。

3.7.6

缩脖芦　neck-shrinking rhizome

因生长条件限制芦较短。

3.7.7

竹节芦　rhizome in the shape of bamboo joint

芦碗间距大，不紧密，形如竹节。

3.8

人参艼　adventitious roots

生长于芦上的不定根。

3.8.1

枣核艼　adventitious root in the shape of jujube pit

两端细、中间粗，形如枣核的人参艼。

3.8.2

毛毛艼　hairy adventitious roots

较细的不定根。

3.8.3

艼变　deformed adventitious roots

主根消失，艼继续生长代替主根，又称艼变参。

3.9

人参体　body

人参的主根。

3.9.1

灵体　spirited body

形如元宝形或菱角状，两条腿明显分开的体。

3.9.2

疙瘩体　lumpish body

主根粗短，形如疙瘩状。

3.9.3

顺体　slender body

主根顺长。

3.9.4

笨体　clumsy body

主根形状不灵活，腿有两条以上。

3.9.5

过梁体　body in the shape of ridge

主根分岔角度较大，形如山梁。

3.9.6

横体　horizontal body

主根横向生长。

3.10

纹　grains

在主根上形成的纹理。

3.10.1

紧皮细纹　tight and fine grains

皮色细腻，间部环纹清晰紧密。

3.10.2

跑纹 grains running down

肩膀头的环纹延伸到主体下部。

3.10.3

断纹 broken grains

环纹不连续。

3.10.4

环纹 ring-like grains

一圈一圈的环状纹。

3.11

人参腿 legs

人参主体下部较粗的支根。

3.12

皮条须 longer fibrous roots of ginseng

野山参腿上生长的细长、柔韧性强、有弹性、珍珠疙瘩明显的须根。

3.13

珍珠疙瘩 pearl nodules

须根上的瘤状凸起。

3.14

异物 xenenthesis

人参本身以外之物，如：金属、木条等。

3.15

红皮 rusty substance in the cuticle

水锈

人参表皮呈现铁锈颜色的现象。

3.16

疤痕 scar

因损伤留下的痕迹。

3.17

跑浆 loss of sap

鲜人参主体变软的现象。

3.18

野山参粉 the powder of wild ginseng

粉碎至 60 目～100 目的野山参粉末。

4 技术要求

4.1 感官指标

4.1.1 基本要求

鲜野山参、生晒野山参，任何部位不得粘接，体内无异物，体不得做纹。

4.1.2 规格要求

野山参规格应满足表 1、表 2 的要求。

表 1 鲜野山参规格

级 别	重量 X/g
特级	$X \geqslant 60$
一级	$60 > X \geqslant 45$
二级	$45 > X \geqslant 35$
三级	$35 > X \geqslant 25$
四级	$25 > X \geqslant 18$
五级	$18 > X \geqslant 12$
六级	$12 > X \geqslant 5$
七级	$X < 5$

表 2 生晒野山参规格

级 别	重量 X/g
特级	$X \geqslant 15$
一级	$15 > X \geqslant 12$
二级	$12 > X \geqslant 9$
三级	$9 > X \geqslant 7$
四级	$7 > X \geqslant 5$
五级	$5 > X \geqslant 3$
六级	$3 > X \geqslant 1.3$
七级	$X < 1.3$

4.1.3 等级要求

野山参等级应满足表 3、表 4 的要求。

表 3 鲜野山参等级

项目	特 等	一 等	二 等
芦	有三节芦，圆芦、堆花芦分明，个别有双芦和三芦以上。无疤痕、水锈，芽苞完整	有三节芦或两节芦，芦碗较大，个别有双芦和三芦以上。无疤痕、水锈，芽苞完整	有一节或两节芦，芦碗较大，芦头排列扭曲，有残缺、水锈、疤痕
艼	枣核艼，艼大小不得超过主体40%，不跑浆，须长下伸，无伤疤、水锈	枣核艼或毛毛艼，艼不得超过主体50%，不跑浆，须长下伸，无疤痕，水锈	有毛毛艼或艼变，艼大，有疤痕、水锈
体	灵体、疙瘩体，黄褐色或淡黄白色，紧皮细腻，有光泽，腿分裆自然，无下粗，不跑浆，无疤痕、水锈	顺体、过梁体，黄褐色或淡黄白色，紧皮细腻，有光泽，腿分裆自然，不跑浆。无疤痕、水锈	顺体、笨体、横体，黄褐色或黄白色，皮较松，体小、艼变，有疤痕及水锈
纹	主体上部的环纹细而深，紧皮细纹，不跑纹	主体上部的环纹细而深，紧皮细纹，不跑纹	主体上部的环纹不全，断纹或纹较少
须	细而长，柔韧不脆，疏而不乱，珍珠点明显，无伤残	细而长，柔韧不脆，有珍珠点，主须无伤残	有长有短，柔韧不脆，有珍珠点，有残缺

表 4 生晒野山参等级

项目	特 等	一 等	二 等
芦	三节芦，圆芦、堆花芦分明，个别有双芦或三芦以上，无疤痕、水锈	三节芦或两节芦，个别有双芦或三芦以上。芦碗较大，无疤痕、水锈	二节芦、缩脖芦，芦碗较粗，芦头排列扭曲，有残缺、疤痕、水锈
艼	枣核艼，艼大小不得超过主体40%，不抽沟。须长下伸，色正有光泽，无疤痕、水锈	枣核艼或毛毛艼，艼不得超过主体50%，不抽沟，须长下伸，色正有光泽，无疤痕、水锈	艼大或无艼，有残缺、疤痕、水锈

表 4（续）

项目	特　等	一　等	二　等
体	灵体、疙瘩体，色正有光泽，黄褐色或淡黄白色，不抽沟，腿分裆自然，无疤痕、水锈	顺体、过梁体，色正有光泽，黄褐色或淡黄白色，腿分裆自然，不抽沟，无疤痕、水锈	顺体、笨体、横体，黄褐色或淡黄白色，皮较松，抽沟，体小、艼变，有疤痕、水锈
纹	主体上部的环纹细而深，紧皮细纹，不跑纹	主体上部的环纹细而深，紧皮细纹，不跑纹	主体上部的环纹不全，断纹或环纹较少
须	细而长，疏而不乱，柔韧不脆，有珍珠点，无伤残	细而长，疏而不乱，柔韧不脆，有珍珠点，主须无伤残	细而长，柔韧不脆，有珍珠点，有部分伤残及水锈

4.1.4　野山参粉的加工要求

野山参粉加工销售时，应符合表 4 的规定。

4.2　理化指标

野山参、野山参粉末理化指标应满足表 5 的要求。

表 5　野山参理化指标

序号	项　目		特、一、二等品
1	干品水分/%		≤12.00
2	灰分/%	总灰分	≤4.00
		酸性不溶灰分	≤0.90
3	Rb_1、Re、Rg_1 薄层鉴别		应符合《中华人民共和国药典》(2005 年版一部)的规定
4	人参皂苷/%	Rb_1	≥0.60
		$Re+Rg_1$	≥0.40
5	人参总皂苷/%		≥4.40
注：鲜野山参的上述指标以干燥品计算。			

4.3　卫生指标

野山参卫生指标应满足表 6 的要求。

表 6　野山参的卫生指标

序号	项　目		特、一、二等品
1	卫生检验/(个/g)(只满足于密封类干燥产品)		菌落总数<10 000； 霉菌总数<100；致病性大肠杆菌不得检出
	黄曲霉毒素 B_1/(mg/kg)		≤0.005[a]
2	有机氯农药残留/(mg/kg)	六六六(4 种异构体总量)	≤0.10
		滴滴涕(4 种异构体总量)	≤0.10
		五氯硝基苯	≤0.10
		七氯	≤0.02
		艾氏剂+狄氏剂	≤0.02
		氯氰菊酯	≤0.2
3	有机磷农药残留/(mg/kg)	马拉硫磷	≤0.5
		对硫磷	≤0.05
		久效磷	≤0.02
		乐果	≤0.05
		甲胺磷	≤0.05[a]
		克百威	≤0.1
		毒死蜱	≤0.5

表6（续）

序号	项　目		特、一、二等品
4	二氧化硫/(g/kg)	二氧化硫(SO_2)	≤0.05
5	有害元素/(mg/kg)	砷(As)	≤2.0
		铅(Pb)	≤0.5
		镉(Cd)	≤0.5
		汞(Hg)	≤0.1
		铜(Cu)	≤20.0
注：鲜野山参的上述指标以干燥品计算。			
[a] 该数值为检验方法的最低检出限。			

5 试验方法

5.1 抽样和数量

每一批产品中按随机方法抽取样品，外观指标的检验，应逐支（盒）进行。作为原料用野山参进行理化指标检验时，每次取样品不得少于 10 g。

作为原料用的野山参应符合表 4 的规定，并进行理化、卫生指标检验，应随机抽样。理化、卫生指标应分别符合表 5、表 6 的要求。

5.2 规格等级

5.2.1 外观

按各种产品规格等级要求进行，取样后放在白瓷盘中。外观特征在自然光线下目测，重量用天平(0.1 g)检验，应符合 4.1 的要求。标示量：打开包装后立即称量，不得低于标示量。

5.2.2 外观质量检查

5.2.2.1 外观质量、规格的检验用目测、天平称量，应符合表 3、表 4 的规定。

5.2.2.2 体内异物的检验可用金属探测设备进行。

5.3 理化指标检查

5.3.1 水分

按《中华人民共和国药典》（2005 年版一部）附录水分测定法中“烘干法”执行。

5.3.2 总灰分及酸不溶性灰分的测定

取样约 3 g，其他按《中华人民共和国药典》（2005 年版一部）附录（Ⅸ K）灰分测定方法执行。

5.3.3 人参皂苷 Rb_1、Re、Rg_1 的鉴别

按《中华人民共和国药典》（2005 年版一部）“人参鉴别”项下(2)方法鉴别。

5.3.4 人参皂苷 Rb_1、Re+Rg_1 含量测定

按《中华人民共和国药典》（2005 年版一部）“人参”项下含量测定方法附录（Ⅵ D）测定。

5.3.5 人参总皂苷含量测定

人参总皂苷含量测定方法见附录 A。

5.4 卫生指标检查

5.4.1 微生物检验

5.4.1.1 常规卫生检验：按《中华人民共和国药典》（2005 年版一部）附录（ⅩⅢ C）微生物限度检查方法执行。

5.4.1.2 黄曲霉毒素 B_1 的检验：按 GB/T 5009.22 规定执行。

5.4.2 六六六、滴滴涕的检测

按 GB/T 5009.19 规定执行。

5.4.3 五氯硝基苯的检测

按 GB/T 5009.136 规定执行。

5.4.4 七氯、艾氏剂和狄氏剂的检测

按 GB/T 5009.36 规定执行。

5.4.5 氯氰菊酯的检测

按 GB/T 5009.110 规定执行。

5.4.6 马拉硫磷、对硫磷、久效磷、乐果的检测

按 GB/T 5009.20 规定执行。

5.4.7 甲胺磷的检测

按 GB/T 5009.103 规定执行。

5.4.8 克百威的检测

按 GB/T 5009.104 规定执行。

5.4.9 毒死蜱的检测

按 GB/T 5009.145 规定执行。

5.4.10 二氧化硫的检测

按 GB/T 5009.34 规定执行。

5.5 砷、铅、铜、镉、汞的检测

砷的检测按 GB/T 5009.11 规定执行。

铅的检测按 GB/T 5009.12 规定执行。

铜的检测按 GB/T 5009.13 规定执行。

镉的检测按 GB/T 5009.15 规定执行。

汞的检测按 GB/T 5009.17 规定执行。

6 检验规则

野山参鉴定以外观鉴定为判定合格的标准，必要时进行理化和卫生指标的检验(型式检验)。

6.1 野山参产品应成批提交检验，检验分为出厂检验和型式检验。

6.2 出厂检验

每一批产品出厂前，由专业检验部门按 4.1 规定逐支(盒)进行检验，符合要求的应逐支拍照片，并上网备查，出具检验报告，检验证书至少要有两人签字，其中一名应是授权签字人，检验报告应经授权签字人签字同时加盖检验单位检验专用章。

6.3 型式检验

6.3.1 买卖双方发生质量争议时，可要求质量鉴定部门进行外观鉴定。外观鉴定如不能满足需要时，可要求质量鉴定部门进行理化和卫生检验。

6.3.2 作为原料用的野山参应符合 4.1.3、4.2 和 4.3 的规定。

6.4 判定规则

6.4.1 不符合 4.1 规定的，判定不合格。

6.4.2 作为原料用的野山参的理化指标有一项不合格时，再从该产品中加倍采样重新复检，如全部合格时可判定产品合格，仍有一项不合格时，可判定该产品为不合格产品。

6.4.3 卫生指标中有一项不合格时，判定不合格，细菌和霉菌检测指标不能复检。

7 标志、标签和包装

7.1 标志、标签

应标明产品名称、等级、质量、包装日期、产地等，外包装应标注“小心轻放”、“防雨”、“防摔”等符号，其他应符合 GB/T 191、GB 7718 的规定。如是地理标志产品，应粘贴地理标志产品保护专用标志。

7.2 包装

每支野山参包装应用防潮、无毒、无异味的木盒或精制纸盒包装，野山参固定在台板上或散装，鉴定证书放在盒内，包装材料应符合卫生要求。

8 运输和贮存

8.1 运输

运输的交通工具应清洁、卫生、无异味；运输时应防雨、防潮、防曝晒，小心轻放；严禁与有毒、易污染物品混装、混运。

8.2 贮存

成品野山参应贮存在清洁卫生、阴凉干燥（温度不超过 20℃、相对湿度不高于 65%）、通风、防潮、防虫、无异味的库房中或冰柜中，鲜参应用保鲜专柜储存，定期检查贮存情况。

附　录　A
（规范性附录）
野山参总皂苷含量的测定方法

A.1　原理

因人参皂苷在正丁醇中分配系数较大，故用乙醚脱脂后，用水饱和正丁醇超声萃取纯化皂苷，人参皂苷可以与硫酸-香草醛显色，在544 nm波长处有最大吸收峰，在一定浓度下符合朗伯-比尔定律。

A.2　仪器

A.2.1　紫外-可见分光光度计。

A.2.2　索氏提取器。

A.3　试剂

A.3.1　乙醚、甲醇、硫酸、正丁醇、无水乙醇、香草醛均为分析纯。

A.3.2　人参皂苷Re对照品：应购于中国药品生物制品检定所。

A.3.3　8%香草醛乙醇试液：取香草醛0.8 g，加无水乙醇使其溶解成10 mL，摇匀，即得（配制溶液一周内可以使用）。

A.3.4　72%硫酸溶液：取硫酸72 mL，缓缓注入适量水中，冷却至室温，加水稀释至100 mL，摇匀，即得。

A.3.5　对照品溶液的制备：精密称取人参皂苷Re对照品10 mg，置于10 mL量瓶中，加甲醇适量使其溶解并稀释至刻度，摇匀，即得。

A.4　分析步骤

A.4.1　供试品溶液的制备

取供试品约1 g，精密称定，用中性滤纸包好，置于索式提取器中，加入乙醚，微沸回流提取1 h，弃去乙醚液，供试品药包挥干乙醚溶剂，再置于另一索式提取器中加入甲醇浸泡过夜，次日再加入适量甲醇开始微沸回流提取，回流6次，以人参皂苷提尽为准（定性鉴别阴性）。合并甲醇提取液，回收甲醇，少量甲醇提取液置蒸发皿中，水浴蒸干。用蒸馏水溶解提取物，加水30 mL～40 mL至分液漏斗中用水饱和的正丁醇30 mL进行萃取，共4次。取上层液蒸干，加甲醇溶解后，转移至10 mL量瓶中，用甲醇稀释至刻度，摇匀，即得。

A.4.2　人参皂苷提取定性鉴别

供试品回流提取6次以后，取少量点于硅胶G薄层板（105℃活化10 min）上，用10%硫酸乙醇溶液显色，即将薄层板置于通风橱内，喷10%硫酸乙醇溶液，105℃加热10 min，总皂苷阳性应为紫红色斑点。也可将薄层板置于碘气缸中数秒钟即取出，以没有紫黄色斑点为阴性。判断人参皂苷是否提取完全，应以索式提取器中载供试品瓶中的溶液定性鉴别为阴性为准。

A.4.3　标准曲线的制作

精密吸取人参皂苷Re对照品10、20、30、40、60 μL，置于磨口带塞试管中，水浴蒸干甲醇后，加入8%香草醛乙醇试液0.5 mL，72%硫酸试液5 mL，充分振摇混匀后置于60℃恒温水浴上加热10 min，立即用冰水冷却 10 min，摇匀。以试剂作空白，按照分光光度法于 544 nm 波长处分别测定吸收度，绘制浓度吸收曲线，如图 A.1。做回归方程：[CONC]＝a×abs＋b[回归方程参考《中华人民共和国药典》(2005 版二部)方法]。

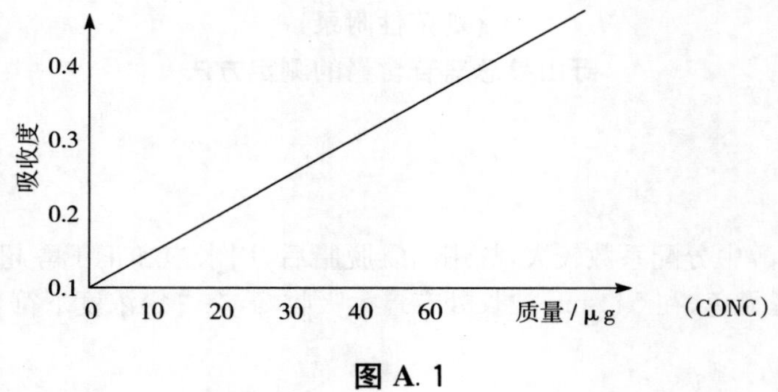

图 A.1

A.4.4 测定

精密吸取供试品溶液 20 μL，置于具塞刻度试管中，蒸干甲醇后，加入 8%香草醛乙醇试液 0.5 mL、72%硫酸试液 5 mL，充分振摇混匀后置于 60℃恒温水浴上加热 10 min，立即用冰水冷却 10 min，摇匀。以试剂作空白，按照分光光度法于 544 nm 波长处分别测定吸收度。

A.4.5 分析结果计算

以质量分数(%)表示的红参中人参总皂苷含量(X)按式(A.1)计算：

$$X=([\mathrm{CONC}]/V_2\times V_1)/m\times 100 \qquad \text{(A.1)}$$

式中：

[CONC]——a×abs＋b，a 为回归系数，abs 为实测光密度值，b 为截距；

V_1——定容体积，单位为毫升(mL)；

V_2——取样体积，单位为微升(μL)；

m——供试品称样量，单位为毫克(mg)。

本标准主要起草人：仲伟同、曹志强、冯家。

本标准参加起草人：武伦鹏、李震熊、王志举、潘琳珍、郭怡飏、杨仲英、于振江、曾祥云、李学军、杨文志。

中华人民共和国国家标准

GB 19173—2010

桑树种子和苗木

Seed and sapling of mulberry

1 范围

本标准规定了桑树(*Morus* L.)种子和苗木的术语和定义、质量要求、检验方法、检验规则及包装、标志和运输要求。

本标准适用于中华人民共和国境内生产、销售的桑树实生种、杂交种、实生苗、杂交苗、嫁接苗及扦插苗。

2 规范性引用文件

下列文件中的条款通过本标准的引用而成为本标准的条款。凡是注日期的引用文件,其随后所有的修改单(不包括勘误的内容)或修订版均不适用于本标准,然而,鼓励根据本标准达成协议的各方研究是否可使用这些文件的最新版本。凡是不注日期的引用文件,最新版本适用于本标准。

GB/T 19177 桑树种子和苗木检验规程

GB 20464 农作物种子标签通则

3 术语和定义

下列术语和定义适用于本标准。

3.1

实生种 common mulberry seed

桑树自然受粉产生的种子。

3.2

杂交种 hybrid mulberry seed

通过人为配制优良杂交组合生产的种子。

3.3

实生苗 common mulberry seedling

用实生种直接繁育的苗木。

3.4

杂交苗 hybrid mulberry seedling

用杂交种直接繁育的苗木。

3.5

嫁接苗 grafted mulberry sapling

中华人民共和国国家质量监督检验检疫总局
中 国 国 家 标 准 化 管 理 委 员 会 2011-01-14 发布 2012-01-01 实施

采用嫁接法繁育的苗木。

3.6

扦插苗　cutting mulberry sapling

采用扦插法繁育的苗木。

4　质量要求

4.1　种子

桑树种子质量应符合表1的最低要求。

表1

%

种子类别	品种纯度 不低于	净度(净种子) 不低于	发芽率 不低于	水分 不高于
实生种	—	95.0	80	12.0
杂交种	95.0	98.0	85	12.0

4.2　苗木

桑树苗木质量应符合表2的最低要求。

表2

苗木类别	苗径/mm 不低于	品种纯度/% 不低于	根　系	外观
实生苗	3.5	—	主根完整,根长不低于100.0 mm	苗木新鲜,苗干充实,桑芽饱满
杂交苗	2.5	95.0	主根完整,根长不低于100.0 mm	苗木新鲜,苗干充实,桑芽饱满
嫁接苗、扦插苗	5.0	98.0	根系较完整,根长不低于150.0 mm	苗木新鲜,苗干充实,桑芽饱满

5　检验方法

执行GB/T 19177的规定,其中杂交种品种纯度检验在苗木生长期进行,杂交苗、嫁接苗、扦插苗品种纯度检验在起苗后或生长期进行。

6　检验规则

6.1　抽样

桑树种子检验应分批次,按总重量0.2%的比例随机扦样;桑树苗木检验在起苗后进行,按表3规定的数量进行抽样。

表3

总株数(n)/株	$n\leqslant 10\ 000$	$10\ 000<n\leqslant 50\ 000$	$50\ 000<n\leqslant 200\ 000$	$200\ 000<n\leqslant 1\ 000\ 000$	$n>1\ 000\ 000$
检验株数/株	300	500	1 000	2 000	4 000

6.2　质量判定规则

种子净度、发芽率、水分、品种纯度中任一项指标达不到规定要求的(见表1),即为不合格种子。苗木根系、外观、苗径中任一项指标达不到规定要求的(见表2),即为不合格苗木。不合格苗木的比例高于5.0%,或苗木品种纯度达不到规定要求的(见表2),该批苗木不合格。

7　包装、标志和运输

7.1　包装

种子包装以布袋为宜,每袋不宜超过15 kg;实生苗、杂交苗每100株扎成一捆,嫁接苗、扦插苗每

50 株或 100 株扎成一捆。

7.2 标志

桑树种子及苗木应附标签，标签应符合 GB 20464 的规定。

7.3 运输

种子运输过程中应防止日晒、雨淋、受潮、发热；苗木运输过程中应防止长时间堆积重压、风吹日晒及冻害。

本标准起草单位：中国农业科学院蚕业研究所、农业部蚕桑产业产品质量监督检验测试中心（镇江）、浙江省农业厅经济作物管理局、广东省农业科学院蚕业与农产品加工研究所、广东省蚕业产品检测中心、江苏省农林厅蚕桑生产管理处。

中华人民共和国国家标准

GB/T 17822.1—2009

橡胶树种子

Rubber tree seeds

1 范围

本标准规定了橡胶树（*Hevea brasiliensis* Muell-Arg）种子的术语和定义、质量要求、检验方法、抽样、检验规则以及包装、标志、贮存和运输。

本标准适用于培育橡胶树实生砧苗或橡胶树有性系苗的橡胶树种子。

2 术语和定义

下列术语和定义适用于本标准。

2.1

有性系种子园　seed garden of family seedling

用某些橡胶树品系（种）或品系（种）组合的种植材料，按生产有性系种子的种子园设置要求建立。

2.2

砧木种子园　seed garden of rootstock seedling

用某些橡胶树品系（种）或品系（种）组合的种植材料，按生产砧木种子的种子园设置要求建立。

2.3

采种区　seed collection area

生产性胶园中全部或部分的种植材料以及其种植形式应符合砧木种子园建设要求的某一特定区域。

2.4

纯度　purity

指定的橡胶树品系（种）种子的粒数占被检样品种子总粒数的百分率。

2.5

净度　cleanliness

指定的橡胶树品系（种）种子中除干瘪、畸形、霉变、破损外的粒数占被检样品种子总粒数的百分率。

2.6

同一批种子　a batch of seeds

在同一种子园或采种区里连续 3d 内采收的橡胶树种子。

2.7

种子园档案　seed garden file

记录橡胶树种子园的批准登记号、地点、橡胶树品系（种）、品系纯度和树龄以及胶园隔离状况等的

中华人民共和国国家质量监督检验检疫总局
中国国家标准化管理委员会　2009-10-30 发布　2009-12-01 实施

档案。种子园档案格式见附录A。

3 质量要求

3.1 生产性使用的橡胶树种子应采集于采用省或全国作物品种审定委员会审定或推荐的种植材料建立，并经省级或国家主管部门认证批准的橡胶树种子园和采种区。

3.2 橡胶树种子应在胶果果皮呈暗黄色至橡胶树种子自然爆落后3 d内采收。收集单粒种子较重、饱满、表面花纹清晰、有光泽，种壳无霉变、无畸形、无破损的种子。

3.3 进出口的橡胶树种子应符合相关的检疫规定。

3.4 橡胶树种子分级质量要求见表1。

表1 橡胶树种子分级质量要求

种子类别	级　别	纯度/%	净度/%	种子来源
有性系种子	1	≥99.0	≥95.0	有性系种子园
	2	≥98.0	≥65.0	
	3	≥97.0	≥40.0	
砧木种子	1	≥99.0	≥95.0	砧木种子园
	2	≥98.0	≥80.0	
	3	≥97.0	≥60.0	
	4	≥90.0	≥40.0	采种区
注：以纯度、净度二项中最低一项的级别定为该同一批种子级别；种子来源于其他胶园的为等外种子。				

4 检验方法

4.1 来源鉴定

种子来源鉴定可依据种子园档案或实地核定。

根据报检的橡胶树种子的种子园档案，或到实地调查，查明橡胶树种子的父母本，其他品系（种）混杂情况和种子园隔离状况等。

种子来源鉴定报告格式见附录B。

4.2 外观检验

成熟的橡胶树种子外壳表面有牢固、清晰的花纹；新鲜的橡胶树种子外壳表面呈油滑光亮。根据橡胶树种子外壳表面的花纹的固着性和光泽，判断出其成熟度和新鲜程度。

——用肉眼观察，种壳无霉变、无瘤肿畸形、无破损，种壳表面呈油滑光亮；

——用手指用力擦拭种壳表面，其花纹擦不掉。

具备上述两个条件的种子外观合格。

种子外观合格率按式(1)计算：

$$A=\frac{G_c}{G_g\times 100} \quad\cdots\cdots(1)$$

式中：

A ——种子外观合格率，%；

G_c ——被检样品中外观合格的种子粒数；

G_g ——被检样品种子总粒数。

橡胶树种子外观检验报告格式见附录B。

4.3 纯度检验

不同品系（种）的橡胶树种子的形状等具有相对不同的特征。根据这些形态特征可以比较准确地区分已登记的不同品系（种）的橡胶树种子。

检验方法：将样品种子用肉眼逐个观察，将其形态特征比照报检橡胶树种子登记的种子形态特征，若两者相同的为合格；否则为不合格。

主要橡胶树品系(种)的种子形态特征参见附录C。

种子纯度按式(2)计算：

$$P = \frac{G_p}{G_g \times 100} \quad \cdots\cdots (2)$$

式中：

P ——种子纯度，%；

G_p ——被检样品中指定橡胶树品系(种)的种子粒数；

G_g ——被检样品种子总粒数。

种子纯度检验记录表和检验报告格式见附录B。

4.4 净度检测

成熟的橡胶树种子的外胚乳充实，子叶完整，且子叶与外胚乳可相互分离。新鲜的橡胶树种子的外胚乳、子叶呈乳白色至淡乳黄色，但子叶与外胚乳不相互分离。

检测工具：锤子、刀片。

检测方法：用锤子打破种壳，取出完整的种仁，若种仁饱满，则用刀片在种仁中部将种仁横向切开，用肉眼观察剖面。外胚乳、子叶呈乳白色至淡乳黄色，外胚乳充实饱满，子叶完整，且子叶与外胚乳可相互分离但不分开的为好种子；否则为废种子。

种子净度按式(3)计算：

$$C = \frac{G_w}{G_g \times 100} \quad \cdots\cdots (3)$$

式中：

C ——种子净度，%；

G_w ——被检样品中合格种子粒数；

G_g ——被检样品种子总粒数。

种子净度检测记录表和检验报告格式见附录B。

4.5 检疫检验

进出口的橡胶树种子疫情检疫检验按相关的检疫规定进行。

注：橡胶树种子的检疫对象和检疫报告单见附录D。

5 抽样

5.1 袋装(或箱装、筐装等，下同)的同一批种子的抽样方法

先抽样袋。总袋数为3袋及3袋以下的，每袋抽样；总袋数为3袋以上的，样袋的数量按式(4)计算(运算过程精确到小数点后一位，运算结果四舍五入取整数)。然后对样袋内的橡胶树种子再抽样。再抽样方法是将样袋内的种子全部倒出铺于地面，按5.2的规定抽样。

$$B_y = (B - 3) \times 10\% + 3 \quad \cdots\cdots (4)$$

式中：

B_y——样袋数量，单位为袋；

B ——总袋数，单位为袋。

5.2 散装的同一批种子的抽样方法

将橡胶树种子均匀散铺在地上，在橡胶树种子堆上划出“十”字线，分别沿着“十”字线均匀多点取样，共取出约占总数20%的橡胶树种子，再将这些橡胶树种子一起混匀，摊平成矮圆锥体状，在橡胶树种子堆上划出“十”字线，取出“十”字线任一对角的两份种子，再按上述方法反复取样，直至取出的橡胶

树种子的质量接近所需的样品量时，再将其混匀，然后随机称取样品种子。样品量根据同一批种子的总质量，分别按式(5)～式(8)计算(运算过程精确到小数点后两位，运算结果保留小数点后两位)。

$$W_{(\leqslant 10)} = W \times 8.30\% \quad \cdots\cdots (5)$$

$$W_{(10.1\sim 100)} = W \times 3.71\% + 0.46 \quad \cdots\cdots (6)$$

$$W_{(100.1\sim 500)} = W \times 0.52\% + 3.65 \quad \cdots\cdots (7)$$

$$W_{(>500)} = 6.25 \quad \cdots\cdots (8)$$

式中：

W——种子总质量，单位为千克(kg)；

$W_{(\leqslant 10)}$——同一批种子总质量(10 kg 以下的样品量)，单位为千克(kg)；

$W_{(10.1\sim 100)}$——同一批种子总质量(10.1 kg～100.0 kg 的样品量)，单位为千克(kg)；

$W_{(100.1\sim 500)}$——同一批种子总质量(100.1 kg～500.0 kg 的样品量)，单位为千克(kg)；

$W_{(>500)}$——同一批种子总质量(500.0 kg 以上的样品量)，单位为千克(kg)。

样品采集后，应存放在洁净荫凉处，并随即进行质量检验工作。

6 检验规则

6.1 同一批种子统一检测。

6.2 检测时间

橡胶树种子质量检测可在种子启运前或播种前在室内进行，种子来源确定可到实地核定。

6.3 检测程序

橡胶树种子质量检测工作，首先按 4.1 的规定核查种子来源，若报检的橡胶树种子父母本、品系纯度和种子园隔离条件与档案记录或实地调查结果相符，并且符合省级主管部门认证的种子园要求的为合格；否则为不合格。若不合格，终止检验工作；若合格，按照 5.2 规定抽样，然后按 4.2 规定检测样品橡胶树种子的外观，若同时符合两个外观合格要求的为外观合格种子，否则为不合格；当橡胶树种子外观合格率小于 40%时，终止检验工作；当橡胶树种子外观合格率大于或等于 40%时，按 4.3、4.4 的规定依次检验。如果将作进、出口的种子，应在执行本条款之前按 4.5 规定检疫，通过后再执行本条款。

6.4 判定规则和复检规则

无检疫性病虫害，来源于种子园的，种子纯度≥97%，净度达到≥60%；来自采种区的，种子纯度≥90%，净度达到≥40%，该批次种子为合格种子。

若对检验结果有争议，可加倍抽样，复检一次，复检结果为最终结果。

没有取得橡胶树种子质量合格证明书的橡胶树种子不应作为生产性使用。

6.5 检测结果

经检测质量合格的由检测部门签发种子质量合格证明书。橡胶树种子质量合格证明书格式见附录 E。

7 包装、标志、贮存和运输

7.1 包装

7.1.1 简易包装

橡胶树种子作短途运输(途中运输时间不超过 2 d)时，可用麻袋、草袋或箩筐等包装。

7.1.2 标准包装

橡胶树种子作长途运输(途中运输时间超过 2 d)时，宜用木箱或竹筐包装。包装前，先用填充料在木箱或竹筐内底部铺垫一层，然后一层橡胶树种子一层填料，每层厚度约 5 cm，分层叠放，最上一层为厚度约 5 cm 的填充料。填充料的制备参见附录 F。

7.1.3 单位质量

每一包装单位的总质量不宜超过 40 kg。

7.2 标志

橡胶树种子包装外表面应有避免日晒、雨淋和挤压的标志。

每一包装应张贴或拴挂一个标签。标签模型见附录 G。

7.3 贮存

橡胶树种子宜随采随运随播。橡胶树种子采收后或运输到目的地后至播种前应拆去包装,将种子平摊于洁净荫凉地面,种子堆放厚度小于 10 cm,同时要少量洒水保湿,避免风吹日晒。贮存时间不宜超过 3 d(不含采收时间和运输时间,作贮藏处理的种子例外)。

7.4 运输

运输橡胶树种子的工具不限。在运输橡胶树种子过程中应避免橡胶树种子遭日晒、雨淋和挤压,并尽量缩短运输时间,短途运输时间不应超过 2 d(含装、卸车时间),长途运输的橡胶树种子应按 7.1.2 的规定处理。

附　录　A
（规范性附录）
橡胶树种子园档案格式

表 A.1 和表 A.2 分别给出了橡胶树种子园登记表和橡胶树种子采种区登记表的格式。

表 A.1　橡胶树种子园登记表

No：

种子园名称						负责人	
种子园地点		省　　县　　乡(场)　　村(队)				胶园	
建设单位名称						负责人	
种子园批准/登记号			批准/登记日期			年　月　日	
批准、登记机关名称						负责人	
橡胶树定植时间		年　月　日	种子园面积/hm^2				
种植密度/(株/hm^2)			种植形式/(m×m)				
		品系(种)名称	定植株数	现存株数	其他品种	纯度[a]/%	排列方式
母　本							
父　本							
隔离带的宽度或橡胶树[b]	方[c]						
	方[c]						
	方[c]						
	方[c]						

[a] 纯度(%)＝现存株数/(现存株数十其他品种株数)×100%，父母本品种纯度＝100%；隔离带的橡胶树品种纯度≥98%。

[b] 在种子园四周 100 m 以内的橡胶树；没有橡胶树的只写明隔离带宽。

[c] 方位或方向。

表 A.2　橡胶树种子采种区登记表

No：

采种区名称							负责人	
采种区地点		省　　县　　乡(场)　　村(队)					胶园	
建设单位名称							负责人	
采种区批准/登记号			批准/登记日期				年　月　日	
批准、登记机关名称							负责人	
序号	品系(种)名称或某品种×某品种或某品种与某品种	定植时间	种植形式/m	林段号或地点	某行至某行	某株至某株	面积/hm^2	品种纯度/%
1								
2								
3								
4								
5								
6								

注：采种区在“某行至某行×某株至某株”的区域内，应注明某行或某株起始方位或方向。

附 录 B
（规范性附录）
橡胶树种子质量检验报告格式

表 B.1～表 B.6 给出了橡胶树种子检验报告单的格式。

表 B.1 橡胶树种子外观检验报告单

No：

项　　目	合格种子	不合格种子
种子种壳的外观与色泽	无霉变、无瘤肿畸形、无破损；花纹清晰、牢固；色泽光亮	有霉变、瘤肿畸形、破损；花纹不清晰、不牢固；色泽黯淡
种子数量/粒		

检验结果：种壳外观合格率（%）$=\frac{\text{外观合格种子粒数}}{\text{被检样品种子总粒数}}\times 100\%=$

检验单位（章）：　　　　　　　　检验人签名：

检验日期：　　年　　月　　日

注 1：当种壳外观合格率（%）大于或等于 40%时，继续下步检验工作。

注 2：当种壳外观合格率（%）小于 40%时，该批种子作废种子处理，终止检验。

表 B.2 种子来源鉴定报告单

No：

<table>
<tr><th colspan="3">项　　目</th><th>报　检</th><th>档案记录</th><th>实地核定结果</th><th>符　合</th></tr>
<tr><td colspan="3">种子园名称</td><td></td><td></td><td></td><td></td></tr>
<tr><td colspan="3">种子园批准/登记号</td><td></td><td></td><td></td><td></td></tr>
<tr><td colspan="3">种子园批准/登记日期</td><td></td><td></td><td></td><td></td></tr>
<tr><td colspan="3">种子园地址</td><td></td><td></td><td></td><td></td></tr>
<tr><td colspan="3">种子园面积/hm^2</td><td></td><td></td><td></td><td></td></tr>
<tr><td colspan="3">种植密度/（株/hm^2）</td><td></td><td></td><td></td><td></td></tr>
<tr><td colspan="3">种植形式（株行距）/m</td><td></td><td></td><td></td><td></td></tr>
<tr><td colspan="3">母本名称</td><td></td><td></td><td></td><td></td></tr>
<tr><td colspan="3">纯度/%</td><td></td><td></td><td></td><td></td></tr>
<tr><td colspan="3">父本名称</td><td></td><td></td><td></td><td></td></tr>
<tr><td colspan="3">纯度/%</td><td></td><td></td><td></td><td></td></tr>
<tr><td colspan="3">父母本植株比例</td><td></td><td></td><td></td><td></td></tr>
<tr><td rowspan="6">种子园隔离带要求[a]</td><td rowspan="3">方[b]</td><td>100 m 内有何否橡胶树品系</td><td></td><td></td><td></td><td></td></tr>
<tr><td>纯度/%</td><td></td><td></td><td></td><td></td></tr>
<tr><td>或多远处有橡胶树</td><td></td><td></td><td></td><td></td></tr>
<tr><td rowspan="3">方[b]</td><td>100 m 内有何否橡胶树品系</td><td></td><td></td><td></td><td></td></tr>
<tr><td>纯度/%</td><td></td><td></td><td></td><td></td></tr>
<tr><td>或多远处有橡胶树</td><td></td><td></td><td></td><td></td></tr>
</table>

表 B.2 （续）

No：

<table>
<tr><th colspan="3">项　目</th><th>报　检</th><th>档案记录</th><th>实地核定结果</th><th>符　合</th></tr>
<tr><td rowspan="6">种子园隔离带要求[a]</td><td rowspan="3">方[b]</td><td>100 m 内有何否橡胶树品系</td><td></td><td></td><td></td><td></td></tr>
<tr><td>纯度/%</td><td></td><td></td><td></td><td></td></tr>
<tr><td>或多远处有橡胶树</td><td></td><td></td><td></td><td></td></tr>
<tr><td rowspan="3">方[b]</td><td>100 m 内有何否橡胶树品系</td><td></td><td></td><td></td><td></td></tr>
<tr><td>纯度/%</td><td></td><td></td><td></td><td></td></tr>
<tr><td>或多远处有橡胶树</td><td></td><td></td><td></td><td></td></tr>
<tr><td colspan="7">鉴定结果：

鉴定单位(章)：　　　　　　　　鉴定人签名：

鉴定日期：　年　月　日</td></tr>
<tr><td colspan="7">注 1：父母本品种纯度=100%；隔离带的橡胶树品种纯度(%)≥98%为合格。
注 2：在非植胶地中的种子园，距种子园周边水平距离 100 m 内没有橡胶树的为合格；在植胶地内的种子园，距种子园周边 100 m 以内的橡胶树品种符合种子园建设品种和纯度要求的为合格，否则为不合格。</td></tr>
<tr><td colspan="7">[a] 在距种子园周边 100 m 以内的橡胶树。
[b] 方位或方向。</td></tr>
</table>

表 B.3 种子纯度检验报告单

No：

<table>
<tr><th>项目</th><th>报检的橡胶树品系(种)</th><th>非报检的橡胶树品系(种)</th><th>全部被检样品种子</th></tr>
<tr><td>橡胶树品系(种)名称</td><td></td><td></td><td>—</td></tr>
<tr><td>种子数量/粒</td><td></td><td></td><td></td></tr>
<tr><td colspan="4">检测结果：种子纯度(%)=$\frac{报检品种的种子粒数}{全部被检样品种子总粒数}\times 100\%=$

检测单位(章)：　　　　　　　　检测人签名：

检测日期：　年　月　日</td></tr>
</table>

表 B.4　种子净度检测报告单

No：

项　目	合格种子	不合格种子	全部被检样品种子
	1. 种仁饱满； 2. 外胚乳、子叶呈乳白色至淡乳黄色； 3. 外胚乳充实饱满； 4. 两片子叶饱满； 5. 子叶与外胚乳可相互分离。	1. 种仁不饱满； 2. 外胚乳、子叶呈黄色、霉黑或糜烂； 3. 外胚乳欠充实饱满； 4. 两片子叶不饱满； 5. 子叶与外胚乳不可相互分离。	
种子数量/粒			

检测结果：橡胶树种子净度(%)＝$\frac{\text{合格种子粒数}}{\text{全部被检样品种子总粒数}}\times 100\%$＝

检测单位(章)：　　　　　　　　　　检验人签名：

检验日期：　　年　　月　　日

注 1：好种子必须具有全部 5 个特征，凡具废种子特征之一者为废种子。

注 2：全部被检样品总质量包括样品中橡胶树种子和其他杂质的质量。

表 B.5　种子外观检验记录表

No：

报检种子名称						种子园或采种区名称						
种子园批准/登记号						批准/登记日期						
采收日期						送检日期						
送检人			接收人						检验人			
	种壳		霉变		畸形		花纹				光泽	
序号	破损	不破损	有	无	有	无	清晰	不清晰	牢固	不牢固	油滑光亮	无光泽

表 B.6　种子净度检验记录表

No：

报检种子名称						种子园或采种区名称							
种子园批准/登记号						批准/登记日期				采收日期			
送检日期			送检人					接收人			检验人		
	种仁		外胚乳				子叶				外胚乳与子叶可分开	外胚乳与子叶不可分离	胚芽发育良好
序号	饱满	不饱满	饱满	不饱满	乳白-淡乳黄色	其他颜色	饱满	不饱满	乳白-淡乳黄色	其他颜色			

附 录 C
（资料性附录）
主要橡胶树品系（种）的种子形态鉴定参考资料

表C.1给出了主要橡胶树品系（种）的种子形态鉴定参考资料的格式。

表C.1 主要橡胶树品系（种）的种子形态鉴定参考资料

品 系	种子的形态			
	大 小	形 状	种 背	种 腹
RRIM 600	较小	近扁圆形	种脊不明显，或细而微突起；底色灰黄并略带紫色；斑纹棕色	发芽孔平或微内斜，孔面微下陷；脐凹；脐痕较窄而浅；侧胸下陷较深；后凹小而深
PR 107	中等至较大	为较厚的扁圆形，先端较低	具较均匀的纵向宽条沟；底色灰黄；斑纹黄褐色	发芽孔平或微内斜；孔面下凹；种脐平；脐痕浅；侧胸及后凹均不明显
GT 1	小	较厚而窄的椭圆形，微显前窄后宽	种脊突起明显；多数维管束痕不明显；底色棕灰色；斑纹棕褐色，点纹多	发芽孔平，有时微内斜；孔面下陷；种脐突起；脐痕浅窄，鸡胸突起，侧胸下陷；后凹较明显
PB86	较大有时中等	近扁圆形或为扁椭圆形	种脊不明显；底色灰紫色，有时部分呈黄灰色；斑纹棕色；条纹多而块纹少	发芽孔平，有时微内斜；孔面呈锅形微凹；种脐较平；脐很浅；侧胸下陷；后凹不明显
大丰 95	中等	近椭圆形	具较均匀的纵向宽条沟；底色灰黄；斑纹棕褐色，点纹少而条纹块纹多	发芽孔微内斜；孔面微凹；种脐微下陷；脐痕浅；侧胸及后凹均不明显
热研 88-13	较小至中等	近扁椭圆形	种脊不明显，具分布不均匀的浅宽条沟；底色灰黄；斑纹棕褐色，点纹和块纹多	发芽孔平，微内斜；孔面微凹；种脐微下陷；脐痕浅宽；侧胸微下陷，后凹宽而深

附 录 D
(规范性附录)
橡胶树种子检疫对象及检疫报告单格式

表 D.1 和表 D.2 分别给出了橡胶树种子检疫对象及检疫报告单格式。

表 D.1 橡胶树种子检疫对象

<table>
<tr><th>作　物</th><th>检疫对象中文名称</th><th>检疫对象学名</th><th>备　注</th></tr>
<tr><td rowspan="2">橡胶树种子</td><td>南美叶疫病</td><td>Dothidella ulei 或
Mycrocylus ulei</td><td rowspan="2">检查范围包括从疫区引入的其他植物、作物材料及其包装材料等</td></tr>
<tr><td>白根病</td><td>Fomes lignosus</td></tr>
</table>

表 D.2 橡胶树种子检疫报告单

No:

<table>
<tr><th>检疫对象</th><th>有否发现检疫对象</th><th>备　注</th></tr>
<tr><td>南美叶疫病
(Dothidella ulei 或
Mycrocylus ulei)</td><td></td><td rowspan="2">按照《植物检疫操作规程》进行检验</td></tr>
<tr><td>白根病
(Fomes lignosus)</td><td></td></tr>
<tr><td colspan="3">检验结果和处理意见:

检验单位(盖章):　　　　检验人(签名):　　　　检验日期　　年　　月　　日</td></tr>
</table>

附　录　E
（规范性附录）
橡胶树种子质量合格证明书格式

表 E.1 给出了橡胶树种子质量合格证明书格式。

表 E.1　橡胶树种子质量合格证明书

No：

<table>
<tr><td colspan="2">送检单位</td><td colspan="2"></td><td>送检日期</td><td colspan="2"></td></tr>
<tr><td colspan="2">种子类别</td><td></td><td>采种日期</td><td></td><td>数量/kg</td><td></td></tr>
<tr><td rowspan="6">检验结果</td><td>采种种子园名称</td><td colspan="2"></td><td>采种种子园地点</td><td colspan="2"></td></tr>
<tr><td>种子园批准/登记号</td><td></td><td>批准/登记日期</td><td></td><td>采种人</td><td></td></tr>
<tr><td>母　本</td><td></td><td>父　本</td><td></td><td rowspan="2">检疫结果</td><td rowspan="2"></td></tr>
<tr><td>纯度/%</td><td></td><td>纯度/%</td><td></td></tr>
<tr><td>种子纯度/%</td><td></td><td>种子净度/%</td><td></td><td>级　别</td><td></td></tr>
<tr><td>检验意见</td><td colspan="5"></td></tr>
<tr><td colspan="3" rowspan="2">检验单位(盖章)：</td><td colspan="2" rowspan="2">检验人(签名)：</td><td colspan="2">检验日期：　年　月　日</td></tr>
<tr><td colspan="2">签证日期：　年　月　日</td></tr>
<tr><td colspan="7">注 1：本证一式三份，采种单位、购种单位、检验单位各一份。
注 2：本证明仅核实当批种子检验时的种子质量情况。</td></tr>
</table>

附 录 F
(资料性附录)
填充料的制备

F.1 填充料的定义

在包装橡胶树种子时用于橡胶树种子分隔、保湿的材料。一般选用质轻、保湿、清洁、价廉、易得的材料作填料。

F.2 填充料的制备

F.2.1 锯末屑:选用无毒、杂质少的锯屑,过 50 目筛,清水冲洗,去泥块等杂质,把锯屑置锅中,加清水适量,并煮沸 30 min,冷却,晾晒至含水量约 10%,包装备用。

F.2.2 河沙:用直径 1 mm~5 mm 的河沙,清水洗净,晾晒,干燥至砂粒表面无润湿感,备用。

F.2.3 稻谷壳:选用新鲜稻谷壳,用清水冲洗,去杂质,把稻谷壳置锅中,加清水适量,煮沸 30 min,冷却,晾晒至含水量约 10%,包装备用。

F.3 其他填料

木炭粉:含水量约 20%。

椰糠:含水量约 10%。

附 录 G
(规范性附录)
橡胶树种子标签尺寸

单位为毫米

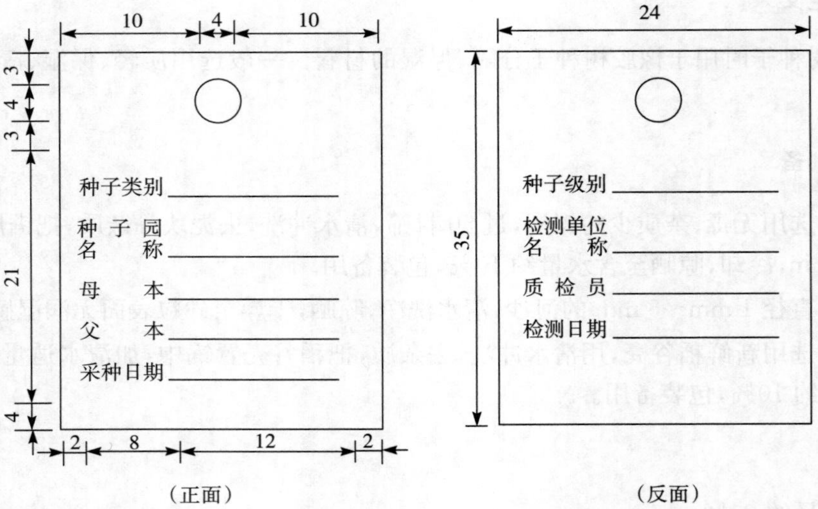

10 4 10
3
4
3
种子类别
种 子 园
名 称
21
母 本
父 本
采种日期
4
2 8 12 2

(正面)

24
种子级别
检测单位
名 称
35
质 检 员
检测日期

(反面)

注:标签的用材为厚度约 0.3 mm 的白色聚乙烯塑料薄片或牛皮纸;标签正反面均用黑色 6 号宋体字打印;标签项目内容用圆珠笔填写。

图 G.1 橡胶树种子标签尺寸

参 考 文 献

[1]农垦部热带作物科学院等．橡胶无性系形态鉴定方法及其图谱[M]．北京：科学出版社，1965：204－220.
[2]杨少斧，杨爱梅，赵家保，等，橡胶无性系种子形态特征鉴定[J]．云南热作科技，1980(1)：18－25.

本标准起草单位：中国热带农业科学院橡胶研究所、国家重要热带作物工程技术研究中心。
本标准主要起草人：林位夫、殷世铭、李智全、陈叶海。

中华人民共和国国家标准

GB/T 26614—2011

麻黄属种子质量分级

Quality grading of the Chinese ephedra(*Ephedra* L.)seeds

1 范围

本标准规定了麻黄属(*Ephedra* L.)种子质量分级指标及评定方法。

本标准适用于生产、销售和使用的麻黄属种子的质量分级。

2 规范性引用文件

下列文件中的条款通过本标准的引用而成为本标准的条款。凡是注日期的引用文件,其随后所有的修改单(不包括勘误的内容)或修订版均不适用于本标准,然而,鼓励根据本标准达成协议的各方研究是否可使用这些文件的最新版本。凡是不注日期的引用文件,其最新版本适用于本标准。

GB/T 2930.1 牧草种子检验规程 扦样

GB/T 2930.2 牧草种子检验规程 净度分析

GB/T 2930.3 牧草种子检验规程 其他植物种子数测定

GB/T 2930.4 牧草种子检验规程 发芽试验

GB/T 2930.8 牧草种子检验规程 水分测定

3 术语和定义

下列术语和定义适用于本标准。

3.1

种子用价 seed utilization value

种子样品中真正有利用价值的种子所占的百分率。

计算公式:

$$A = B \times C \times 100\% \quad \cdots\cdots (1)$$

式中:

A——种子用价;

B——种子净度;

C——种子发芽率。

4 质量分级

4.1 质量分级原则

依据种子净度、发芽率、其他植物种子数、水分进行质量分级。

种子中不应含有检疫性植物种子。

中华人民共和国国家质量监督检验检疫总局
中国国家标准化管理委员会 2011-06-16发布 2011-11-01实施

4.2 质量分级标准

麻黄属种子质量分为一级、二级、三级。麻黄属种子的质量分级见表1。

表1 麻黄属种子质量分级

中文名	学名	级别	净度/%	发芽率/%	其他植物种子数/(粒/kg)	水分/%	种子用价/%
麻黄属	*Ephedra* L.	一	≥97	≥70	≤100	≤12.0	≥67.9
		二	≥95	≥60	≤200		≥57
		三	≥90	≥50	≤300		≥45

4.3 检验方法

4.3.1 扦样

种子批的最大批量为1 000 kg,允许差距5%,送验样品的最低限量为200 g,扦样的具体方法按GB/T 2930.1 的规定执行。

4.3.2 净度分析

净度分析试验样品最低限量为20 g,重复两次,种子净度的检验方法按GB/T 2930.2的规定执行。

4.3.3 其他植物种子数测定

计数其他植物种子的试验样品为200 g,重复两次,其他植物种子数的检验方法按GB/T 2930.3的规定执行。

4.3.4 发芽试验

发芽温度选择在20℃~25℃,采取冷冻措施(7℃),初次计数为第7天,末次统计为第21天。发芽试验的方法按GB/T 2930.4的规定执行。

4.3.5 水分测定

水分测定送验样品最低重量为50 g,采用高恒温烘箱法(130℃),烘前不需磨碎种子。水分测定的检验方法按GB/T 2930.8的规定执行。

5 评定方法

5.1 单项指标定级

根据表1净度、发芽率、其他植物种子数、水分进行单项指标的定级,三级以下定为等外。

5.2 综合定级

5.2.1 根据表1用净度、发芽率、其他植物种子数、水分四项指标进行综合定级。

5.2.2 四项指标均在表1同一质量级别时,直接定级。

5.2.3 四项指标有一项在三级以下,定为等外。

5.2.4 四项指标均在三级以上(含三级),其中净度与发芽率不在同一级别时,用种子用价取代净度与发芽率。种子用价与其他植物种子数在同一级别,则按该级别定级;若不在同一级别,按低的级别定级。

本标准的起草单位:农业部牧草与草坪草种子质量监督检验测试中心(乌鲁木齐)。

本标准主要起草人:巴图尔·贾帕、艾尼·库尔班、阿地力哈孜·阿地汗、朱秀梅、沙吾烈、阿娜尔、阿依努尔、巴哈西。

中华人民共和国国家标准

GB/T 26615—2011

籽粒苋种子质量分级

Quality grading of the princes-feather(*Amaranthus hypochondriacus* L.)seeds

1 范围

本标准规定了籽粒苋种子(*Amaranthus hypochondriacus* L.)质量分级指标及评定方法。

本标准适用于生产、销售和使用的籽粒苋种子的质量分级。

2 规范性引用文件

下列文件中的条款通过本标准的引用而成为本标准的条款。凡是注日期的引用文件,其随后所有的修改单(不包括勘误的内容)或修订版均不适用于本标准,然而,鼓励根据本标准达成协议的各方研究是否可使用这些文件的最新版本。凡是不注日期的引用文件,其最新版本适用于本标准。

GB/T 2930.1 牧草种子检验规程 扦样

GB/T 2930.2 牧草种子检验规程 净度分析

GB/T 2930.3 牧草种子检验规程 其他植物种子数测定

GB/T 2930.4 牧草种子检验规程 发芽试验

GB/T 2930.8 牧草种子检验规程 水分测定

3 术语和定义

下列术语和定义适用于本标准。

3.1

种子用价 seed utilization value

种子样品中真正有利用价值的种子所占的百分率。

计算公式:

$$A = B \times C \times 100\% \quad \cdots\cdots (1)$$

式中:

A——种子用价;

B——种子净度;

C——种子发芽率。

4 质量分级

4.1 质量分级原则

依据种子净度、发芽率、其他植物种子数、水分进行质量分级。

种子中不应含有检疫性植物种子。

中华人民共和国国家质量监督检验检疫总局
中国国家标准化管理委员会 2011-06-16发布 2011-11-01实施

4.2 质量分级标准

籽粒苋种子质量分为一级、二级、三级。籽粒苋种子的质量分级见表1。

表1 籽粒苋种子质量分级

中文名	学名	级别	净度/%	发芽率/%	其他植物种子数/(粒/kg)	水分/%	种子用价/%
籽粒苋	*Amaranthus hypochondriacus* L.	一	≥98	≥90	≤500	≤12	≥88.2
		二	≥95	≥85	≤2 000		≥80.8
		三	≥90	≥80	≤4 000		≥72.0

4.3 检验方法

4.3.1 扦样的具体方法按GB/T 2930.1的规定执行。

4.3.2 种子净度的检验方法按GB/T 2930.2的规定执行。

4.3.3 其他植物种子数的检验方法按GB/T 2930.3的规定执行。

4.3.4 发芽率的检验方法按GB/T 2930.4的规定执行。

4.3.5 水分的检验方法按GB/T 2930.8的规定执行。

5 评定方法

5.1 单项指标定级

根据表1净度、发芽率、其他植物种子数、水分进行单项指标的定级，三级以下定为等外。

5.2 综合定级

5.2.1 根据表1用净度、发芽率、其他植物种子数、水分四项指标进行综合定级。

5.2.2 四项指标均在表1同一质量级别时，直接定级。

5.2.3 四项指标有一项在三级以下，定为等外。

5.2.4 四项指标均在三级以上(含三级)，其中净度与发芽率不在同一级别时，用种子用价取代净度与发芽率。种子用价与其他植物种子数在同一级别，则按该级别定级；若不在同一级别，按低的级别定级。

本标准的起草单位：农业部牧草与草坪草种子质量监督检验测试中心(乌鲁木齐)。

本标准主要起草人：巴图尔·贾帕、阿地力哈孜·阿地汗、艾尼·库尔班、朱秀梅、沙吾烈、阿娜尔、阿依努尔、巴啥西。

中华人民共和国农业行业标准

NY/T 1474—2007

益智　种苗

Alpinia seedling

1　范围

本标准规定了益智(*Alpinia oxyphylla* Miq.)种苗的术语和定义、要求、试验方法、检验规则、包装、标签、运输和贮存。

本标准适用于益智种苗。

2　规范性引用文件

下列文件中的条款通过本标准的引用而成为本标准的条款。凡是注日期的引用文件,其随后所有的修改单(不包括勘误的内容)或修订版均不适用于本标准,然而,鼓励根据本标准达成协议的各方研究是否可使用这些文件的最新版本。凡是不注日期的引用文件,其最新版本适用于本标准。

GB 6000　主要造林树种苗木质量分级

GB 15569　农业植物调运检疫规程

中华人民共和国国务院　植物检疫条例

中华人民共和国农业部　植物检疫条例实施细则(农业部分)

3　术语和定义

下列术语和定义适用于本标准。

3.1

分株苗　tillering seedling

将地下部或近地面茎节上的分蘖株从母株分离出来而得到的植株。

3.2

种子苗　seed seedling

用种子繁殖的实生苗,经培育形成的丛生苗。

3.3

分蘖　tiller

在茎基部密集的节上或根状茎上生长出腋芽的现象。

4　要求

4.1　基本要求

4.1.1　种源应来自经确认的品种纯正、优质高产的母本园或母株,供检种苗品种纯度≥95%。

4.1.2　植株无检疫性病虫害。

4.1.3　茎无机械性损伤。

中华人民共和国农业部 2007-12-18 发布　　2008-03-01 实施

4.1.4 分株苗，要选择1年～2年生的健壮、茎粗壮、叶浓绿、尚未开花结果的分蘖苗；分株苗采挖应把地下茎及连带的新芽从母株上分离出来，不应伤断根状茎和笋芽，可适当修剪叶片和过长的老根，新芽应整个保留。

4.1.5 植株主干直立，生长健壮，根系发达，叶正常。

4.2 分级指标

益智种苗分为一级、二级两个级别，各等级种苗的分级指标应符合表1的规定。

表 1 益智种苗分级指标

项　目	等　　级			
	分株苗		种子苗	
	一级	二级	一级	二级
苗高，cm	≥60	≥50	≥40	≥30
茎粗，cm	≥0.8	≥0.6	≥0.5	≥0.3
分蘖数，个	≥4	≥2	≥5	≥3

5 试验方法

5.1 纯度检验

参照附录A，逐株观察样品种苗的形态特征，确定指定品种的种苗数。品种纯度按式(1)计算：

$$P = \frac{n_1}{N_1} \times 100 \quad \cdots\cdots (1)$$

式中：

P——品种纯度，单位为百分数(%)；

n_1——样品中指定品种的种苗株数，单位为株；

N_1——抽样总株数，单位为株。

计算结果精确到小数点后一位。

将检验结果记入附录B的表格中。

5.2 疫情检验

按GB 15569、中华人民共和国国务院《植物检疫条例》和中华人民共和国农业部《植物检疫条例实施细则(农业部分)》的有关规定进行。

5.3 外观检验

用目测法检测植株的生长情况、病虫害和机械损伤。

5.4 分级检验

5.4.1 苗高

用直尺或钢卷尺测量土表(或土表痕迹)至植株最高叶片处的自然高度，精确到1 cm。

5.4.2 茎粗

用游标卡尺测量自土表(或土表痕迹)以上最粗茎干10 cm±1 cm处的最大直径，精确到0.1 cm。

5.4.3 分蘖数

用目测法观测种苗的分蘖数量。

5.4.4 将苗高、茎粗、分蘖数的测量数据记入附录C相应的表格中。

6 检验规则

6.1 组批

同一批种苗作为一检验批次。

6.2 抽样

按 GB 6000 的规定执行。

6.3 交收检验

每批种苗交收前,生产单位都应进行交收检验。交收检验应于种苗出圃时在苗圃进行,交收检验内容项目包括第 4 章规定的全部内容。检验合格并附质量检验证书(附录 B)和检疫部门颁发的检疫合格证书方可交收。

6.4 判定规则

6.4.1 如达不到 4.1 中的某一项要求,则判该批种苗不合格。

6.4.2 同一批检验的一级种苗中,允许有 5%的种苗低于一级标准,但必须达到二级标准,超过此范围,则判为二级种苗;同一批检验的二级种苗中,允许有 5%的种苗低于二级标准,但应达到基本要求,超过此范围,则判该批种苗不合格。

6.5 复验

当贸易双方对检验结果有异议时,应加倍抽样复验一次,以复验结果为最终结果。

7 包装、标签、运输和贮存

7.1 包装

苗木根部用塑料薄膜包扎。外包装用硬质包装箱包装。

7.2 标签

种苗出圃时应附有标签,标签内容和规格参见附录 D。

7.3 运输

运输过程中应保持一定的湿度和通风透气,避免日晒、雨淋。

7.4 贮存

种苗出圃后应在当日装运,运达目的地后要尽快种植。如短时间内无法定植,种苗置于荫棚中,并注意淋水,保持湿润。

附 录 A
(资料性附录)
益智形态特征

益智(*Alpinia oxyphylla* Miq.)为姜科山姜属植物,生于林下阴湿处或栽培,分布于海南、广东、广西。植株高1 m～3 m;茎丛生;根茎短,长3 m～5 m。叶片披针形,长25 cm～35 cm,宽3 cm～6 cm,顶端渐狭,具尾尖,基部近圆形,边缘具脱落性小刚毛;叶柄短;叶舌膜质,2裂;裂片长1 cm～2 cm,稀更长,被淡棕色疏柔毛。总状花序在花蕾时全部包藏于一帽状总苞片中,花时整个脱落,花序轴被极短的柔毛;大苞片极短,膜质,棕色;花萼筒状,长约1.2 cm,一侧开裂至中部,先端具3齿裂,外被短柔毛;花冠管长8 mm～10 mm,花冠裂片长圆形,后方的1枚稍大,白色,外被疏柔毛;侧生退化雄蕊钻形,长约2 mm;唇瓣倒卵形,长约2 cm,粉白色而具红色脉纹,先端边缘皱波状;子房密被茸毛。蒴果鲜时球形,干时纺锤形,被短柔毛,果皮上有隆起的维管束线条,顶端有花萼管的残迹;种子不规则扁圆形,被淡黄色假种皮。花期3月～5月,果期4月～9月。

附　录　B
（资料性附录）
益智种苗质量检验证书

益智种苗质量检验证书如表 B.1 所示。

表 B.1　益智种苗质量检验证书

编号：________

<table>
<tr><td>育苗单位</td><td colspan="4"></td></tr>
<tr><td>购买单位</td><td colspan="4"></td></tr>
<tr><td>品　　种</td><td colspan="2"></td><td>种苗类别</td><td></td></tr>
<tr><td>出圃株数</td><td></td><td>抽样数</td><td colspan="2"></td></tr>
<tr><td rowspan="4">分级检验</td><td>等　级</td><td>一级</td><td>二级</td><td>不合格</td></tr>
<tr><td>样品中各级别种苗株数</td><td></td><td></td><td></td></tr>
<tr><td>样品中各级别种苗株数占抽检种苗株数的比例，%</td><td></td><td></td><td></td></tr>
<tr><td>检验结果</td><td colspan="3">A：一级　　B：二级　　C：不合格</td></tr>
<tr><td>品种纯度，%</td><td colspan="4"></td></tr>
<tr><td>有无检疫证明</td><td colspan="4"></td></tr>
<tr><td>检验结论</td><td colspan="4"></td></tr>
<tr><td>检验单位（章）</td><td></td><td>检验人（签字）</td><td colspan="2"></td></tr>
<tr><td>证书有效期</td><td colspan="4">年　　月　　日至　　　年　　月　　日</td></tr>
</table>

附　录　C
（资料性附录）
益智种苗检测记录

益智种苗检测记录如表 C.1 所示。

表 C.1　益智种苗检测记录表

育苗单位					No	
购苗单位						
品　　种	报检株数		所检株数		检测苗类	
样株号	苗高(cm)	茎粗(cm)	分蘖数(个)	初评级别		
				一级	二级	不合格

审核人(签字)：　　　　校核人(签字)：　　　　检测人(签字)：　　　　检测日期：　年　月　日

附 录 D
（资料性附录）
益智种苗标签

单位：cm

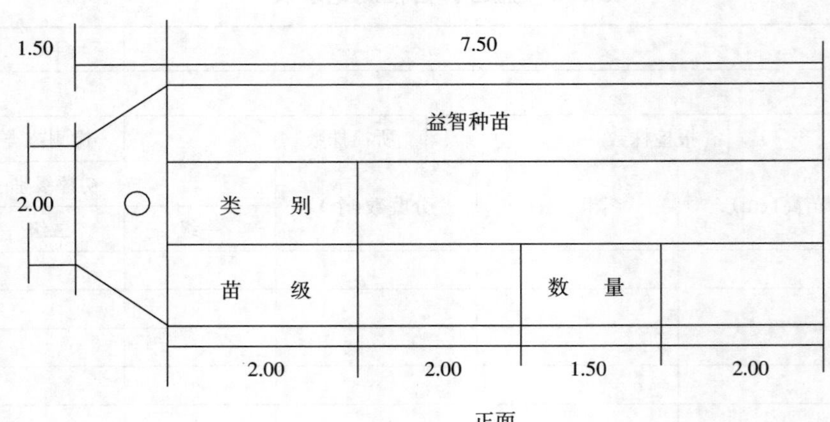

正面

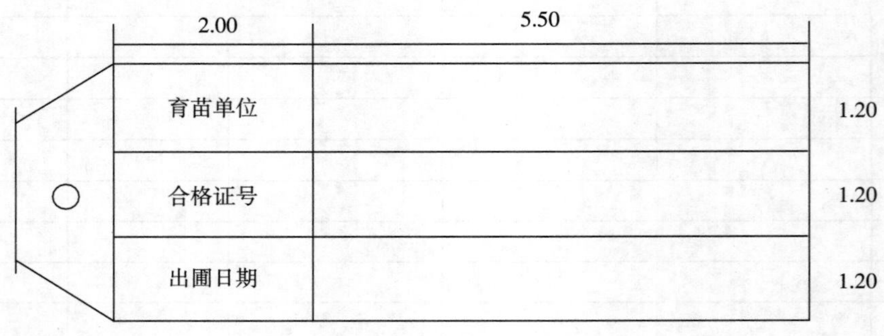

反面

注：标签用 150 g 的牛皮纸。

标签孔用金属包边。

图 D.1 益智种苗标签

本标准起草单位：中国热带农业科学院热带作物品种资源研究所。

本标准主要起草人：邹冬梅、王祝年、王建荣、晏小霞。

第 2 部分

检验检测标准

中华人民共和国国家标准

GB/T 3543.1—1995

农作物种子检验规程 总 则

Rules for agricultural seed testing—General directives

1 主题内容与适用范围

本标准规定了种子扦样程序，种子质量检测项目的操作程序，检测基本要求和结果报告。

本标准适用于农作物种子质量的检测。

2 引用标准

GB/T 3543.2 农作物种子检验规程 扦样

GB/T 3543.3 农作物种子检验规程 净度分析

GB/T 3543.4 农作物种子检验规程 发芽试验

GB/T 3543.5 农作物种子检验规程 真实性和品种纯度鉴定

GB/T 3543.6 农作物种子检验规程 水分测定

GB/T 3543.7 农作物种子检验规程 其他项目检验

GB 8170 数值修约规则

3 农作物种子检验规程的构成与操作程序图

3.1 构成

农作物种子检验规程由 GB/T 3543.1～3543.7 等七个系列标准构成。就其内容可分为扦样、检测和结果报告三部分。

扦样部分：
- 种子批的扦样程序
- 实验室分样程序 （见第 4 章）
- 样品保存

检测部分：
- 净度分析（包括其他植物种子的数目测定） （见 5.1）
- 发芽试验 （见 5.2）
- 真实性和品种纯度鉴定 （见 5.3）
- 水分测定 （见 5.4）
- 生活力的生化测定 （见 5.5）
- 重量测定 （见 5.5）
- 种子健康测定 （见 5.5）
- 包衣种子检验 （见 5.5）

国家技术监督局 1995-08-18 发布 1996-06-01 实施

结果报告{容许误差 (见第6章)
签发结果报告单的条件 (见7.1)
结果报告单 (见7.2)}

其中检测部分的净度分析、发芽试验、真实性和品种纯度鉴定、水分测定为必检项目,生活力的生化测定等其他项目检验属于非必检项目。

3.2 种子检验操作程序图

全面检验时应遵循的操作程序见下图。

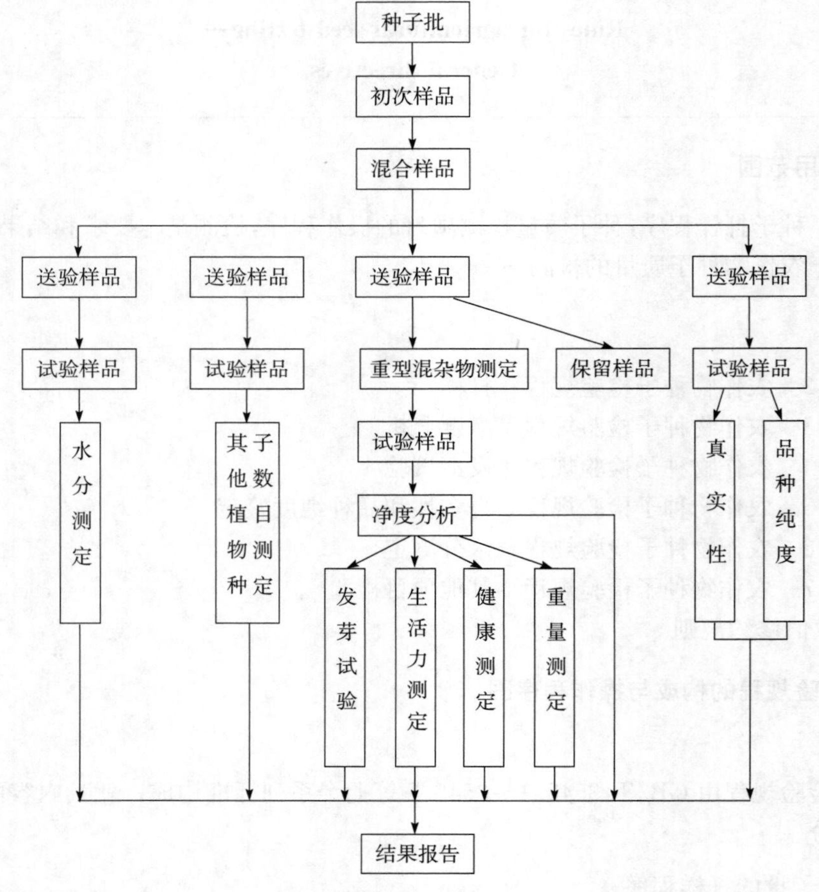

种子检验程序图

注:①本图中送验样品和试验样品的重量各不相同,参见GB/T 3543.2中的第5.5.1和6.1条。

②健康测定根据测定要求的不同,有时是用净种子,有时是用送验样品的一部分。

③若同时进行其他植物种子的数目测定和净度分析,可用同一份送验样品,先做净度分析,再测定其他植物种子的数目。

4 扦样部分

扦样是从大量的种子中,随机取得一个重量适当、有代表性的供检样品。

样品应由从种子批不同部位随机扦取若干次的小部分种子合并而成,然后把这个样品经对分递减或随机抽取法分取规定重量的样品。不管哪一步骤都要有代表性。

具体的扦样方法应符合GB/T 3543.2的规定。

5 检测部分

5.1 净度分析

净度分析是测定供检样品不同成分的重量百分率和样品混合物特性，并据此推测种子批的组成。

分析时将试验样品分成三种成分：净种子、其他植物种子和杂质，并测定各成分的重量百分率。样品中的所有植物种子和各种杂质，尽可能加以鉴定。

为便于操作，将其他植物种子的数目测定也归于净度分析中，它主要是用于测定种子批中是否含有有毒或有害种子，用供检样品中的其他植物种子数目来表示，如需鉴定，可按植物分类鉴定到属。

具体分析应符合 GB/T 3543.3 的规定。

5.2 发芽试验

发芽试验是测定种子批的最大发芽潜力，据此可比较不同种子批的质量，也可估测田间播种价值。

发芽试验须用经净度分析后的净种子，在适宜水分和规定的发芽技术条件进行试验，到幼苗适宜评价阶段后，按结果报告要求检查每个重复，并计数不同类型的幼苗。如需经过预处理的，应在报告上注明。

具体试验方法应符合 GB/T 3543.4 的规定。

5.3 真实性和品种纯度鉴定

测定送验样品的种子真实性和品种纯度，据此推测种子批的种子真实性和品种纯度。

真实性和品种纯度鉴定，可用种子、幼苗或植株。通常，把种子与标准样品的种子进行比较，或将幼苗和植株与同期邻近种植在同一环境条件下的同一发育阶段的标准样品的幼苗和植株进行比较。

当品种的鉴定性状比较一致时（如自花授粉作物），则对异作物、异品种的种子、幼苗或植株进行计数；当品种的鉴定性状一致性较差时（如异花授粉作物），则对明显的变异株进行计数，并作出总体评价。

具体方法应符合 GB/T 3543.5 的规定。

5.4 水分测定

测定送验样品的种子水分，为种子安全贮藏、运输等提供依据。

种子水分测定必须使种子水分中自由水和束缚水全部除去，同时要尽最大可能减少氧化、分解或其他挥发性物质的损失。

具体方法应符合 GB/T 3543.6 的规定。

5.5 其他项目检验

5.5.1 生活力的生化（四唑）测定

在短期内急需了解种子发芽率或当某些样品在发芽末期尚有较多的休眠种子时，可应用生活力的生化法快速估测种子生活力。

生活力测定是应用 2,3,5-三苯基氯化四氮唑（简称四唑，TTC）无色溶液作为一种指示剂，这种指示剂被种子活组织吸收后，接受活细胞脱氢酶中的氢，被还原成一种红色的、稳定的、不会扩散的和不溶于水的三苯基甲腊。据此，可依据胚和胚乳组织的染色反应来区别有生活力和无生活力的种子。

除完全染色的有生活力种子和完全不染色的无生活力种子外，部分染色种子有无生活力，主要是根据胚和胚乳坏死组织的部位和面积大小来决定，染色颜色深浅可判别组织是健全的，还是衰弱的或死亡的。

5.5.2 重量测定

测定送验样品每 1 000 粒种子的重量。

从净种子中数取一定数量的种子，称其重量，计算其 1 000 粒种子的重量，并换算成国家种子质量标准规定水分条件下的重量。

5.5.3 种子健康测定

通过种子样品的健康测定，可推知种子批的健康状况，从而比较不同种子批的使用价值，同时可采取措施，弥补发芽试验的不足。

根据送验者的要求，测定样品是否存在病原体、害虫，尽可能选用适宜的方法，估计受感染的种子数。已经处理过的种子批，应要求送验者说明处理方式和所用的化学药品。

5.5.4 包衣种子检验

包衣种子是泛指采用某种方法将其他非种子材料包裹在种子外面的各种处理的种子。包括丸化种子、包膜种子、种子带和种子毯等。由于包衣种子难以按 GB/T 3543.2～3543.6 所规定的方法直接进行测定，为了获得包衣种子有重演性播种价值的结果，就此作出相应的规定。

以上内容(5.5.1～5.5.4)的具体检测方法应符合 GB/T 3543.7 的规定。

6 容许误差

容许误差是指同一测定项目两次检验结果所容许的最大差距，超过此限度则足以引起对其结果准确性产生怀疑或认为所测定的条件存在着真正的差异。

6.1 同一实验室同一送验样品重复间的容许差距。

a. 净度分析(见 GB/T 3543.3 表 2)。

b. 其他植物种子数目测定(见 GB/T 3543.3 表 6)。

c. 发芽试验(见 GB/T 3543.4 表 3)。

d. 生活力测定(见 GB/T 3543.7 表 2)。

6.2 从同一种子批扦取的同一或不同送验样品，经同一或另一检验机构检验，比较两次结果是否一致。

a. 净度分析(见 GB/T 3543.3 表 3)。

b. 其他植物种子数目测定(见 GB/T 3543.3 表 6)。

c. 发芽试验(见 GB/T3543.4 表 5)。

6.3 从同一种子批扦取的第二个送验样品，经同一或另一个检验机构检验，所得结果较第一次差，如净种子重量百分率低、发芽率低、其他植物种子数目多。

a. 净度分析(见 GB/T 3543.3 表 4)。

b. 其他植物种子数目测定(见 GB/T 3543.3 表 7)。

c. 发芽试验(见 GB/T 3543.4 表 4)。

6.4 抽检、统检、仲裁检验、定期检查等与种子质量标准、合同、标签等规定值比较。

a. 净度分析(见 GB/T 3543.3 表 5)。

b. 发芽试验(见 GB/T 3543.4 表 6)。

c. 纯度鉴定(商品种，见 GB/T 3543.5 表 2)。

d. 纯度鉴定(育种家、原种等种子，见 GB/T 3543.5 表 3)。

7 结果报告

种子检验结果单是按照本标准进行扦样与检测而获得检验结果的一种证书表格。

7.1 签发结果报告单的条件

签发种子检验结果单的机构除需要作好填报的检验事项外，还要：

a. 该机构目前从事这项工作；

b. 被检种属于本规程所列举的一个种；

c. 种子批是与本规程规定的要求相符合；

d. 送验样品是按本规程要求扦取和处理的；

e. 检验是按本规程规定方法进行的。

7.2 结果报告单

检验项目结束后，检验结果应按 GB/T 3543.3～3543.7 中的结果计算和结果报告的有关章条规定填报种子检验结果报告单(见下表)。如果某些项目没有测定而结果报告单上是空白的，那么应在这些空格内填上“未检验”字样。

种子检验结果报告单

字第　　号

<table>
<tr><td colspan="2">送验单位</td><td colspan="3"></td><td colspan="2">产地</td><td></td></tr>
<tr><td colspan="2">作物名称</td><td colspan="3"></td><td colspan="2">代表数量</td><td></td></tr>
<tr><td colspan="2">品种名称</td><td colspan="3"></td><td colspan="2"></td><td></td></tr>
<tr><td rowspan="3">净度分析</td><td colspan="2">净种子,%</td><td colspan="3">其他植物种子,%</td><td colspan="2">杂质,%</td></tr>
<tr><td colspan="2"></td><td colspan="3"></td><td colspan="2"></td></tr>
<tr><td colspan="7">其他植物种子的种类及数目：
完全/有限/简化检验
杂质的种类：</td></tr>
<tr><td rowspan="3">发芽试验</td><td>正常幼苗%</td><td>硬实%</td><td colspan="2">新鲜不发芽种子%</td><td>不正常幼苗%</td><td colspan="2">死种子%</td></tr>
<tr><td></td><td></td><td colspan="2"></td><td></td><td colspan="2"></td></tr>
<tr><td colspan="7">发芽床________;温度________;试验持续时间________;发芽前处理和方法____________________。</td></tr>
<tr><td>纯度</td><td colspan="7">实验室方法__________;品种纯度__________%。
田间小区鉴定__________;本品种__________%,异品种__________%。</td></tr>
<tr><td>水分</td><td colspan="7">水分__________%</td></tr>
<tr><td>其他测定项目</td><td colspan="7">生活力__________%;
重量(千粒)______________ g。
健康状况：</td></tr>
</table>

检验单位(盖章)：　　检验员(技术负责人)：　　复核员：　　填报日期：　年　月　日

若扦样是另一个检验机构或个人进行的,应在结果报告单上注明只对送验样品负责。

若在检验结束前急需了解某一测定项目的结果,可签发临时结果报告单,即在结果报告单上附有“最后结果报告单将在检验结束时签发”的说明。

本规程未规定而需要数字修约的,执行 GB 8170 的规定。

完整的结果报告单须报告下列内容：

a. 签发站名称：

b. 扦样及封缄单位的名称；

c. 种子批的正式记号及印章；

d. 来样数量、代表数量；

e. 扦样日期；

f. 检验站收到样品日期；

g. 样品编号；

h. 检验项目；

i. 检验日期。

结果报告单不得涂改。

本标准由全国种子总站、浙江农业大学、四川省,黑龙江省、天津市种子公司(站)、南京农业大学、北京市、湖南省种子公司负责起草。

本标准主要起草人支巨振、毕辛华、杜克敏、常秀兰、杨淑惠、任淑萍、吴志行、李仁凤、赵菊英。

中华人民共和国国家标准

GB/T 3543.2—1995

农作物种子检验规程 扦　样

Rules for agricultural seed testing—Sampling

1　主题内容与适用范围

本标准规定了种子批的扦样程序,实验室分样程序和样品保存的要求。

本标准适用于农作物种子质量的检测。

2　引用标准

GB/T 3543.3　农作物种子检验规程　净度分析

GB/T 3543.4　农作物种子检验规程　发芽试验

GB/T 3543.5　农作物种子检验规程　真实性和品种纯度鉴定

GB 7414　主要农作物种子包装

GB 7415　主要农作物种子贮藏

3　术语

3.1

种子批　seed lot

同一来源、同一品种、同一年度、同一时期收获和质量基本一致、在规定数量之内的种子。

3.2

初次样品　primary sample

从种子批的一个扦样点上所扦取的一小部分种子。

3.3

混合样品　composite sample

由种子批内扦取的全部初次样品混合而成。

3.4

送验样品　submitted sample

送到种子检验机构检验、规定数量(见 5.5.1)的样品。

3.5

试验样品(简称试样)　working sample

在实验室中从送验样品中分出的部分样品,供测定某一检验项目之用。

国家技术监督局 1995-08-18 发布　　1996-06-01 实施

3.6

封缄 sealed

把种子装在容器内，封好后如不启封，无法把种子取出。如果容器本身不具备密封性能，每一容器加正式封印或不易擦洗掉的标记或不能撕去重贴的封条。

4 仪器设备

4.1 扦样器

4.1.1 袋装扦样器；

a. 单管扦样器；

b. 双管扦样器。

4.1.2 **散装扦样器**

a. 长柄短筒圆锥形扦样器；

b. 双管扦样器(比袋装双管扦样器长度要长)；

c. 圆锥形扦样器。

4.2 分样器

a. 钟鼎式(圆锥形)分样器；

b. 横格式分样器。

4.3 天平和其他器具

a. 感量1 g，称量1～5 kg天平；

b. 感量0.1 g天平；

c. 分样板、样品罐或样品袋、封条等。

5 种子批的扦样程序

扦样只能由受过扦样训练、具有实践经验的扦样员(检验员)担任，按如下规定扦取样品。

5.1 扦样前的准备

扦样员(检验员)应向种子经营、生产、使用单位了解该批种子堆装混合、贮藏过程中有关种子质量的情况。

5.2 划分种子批

5.2.1 种子批的大小

一批种子不得超过表1所规定的重量，其容许差距为5%。若超过规定重量时，须分成几批，分别给以批号。

表1 农作物种子批的最大重量和样品最小重量

种(变种)名	学　名	种子批的最大重量 kg	样品最小重量，g		
			送验样品	净度分析试样	其他植物种子计数试样
1. 洋葱	*Allium cepa* L.	10 000	80	8	80
2. 葱	*Allium fistulosum* L.	10 000	50	5	50
3. 韭葱	*Allium porrum* L.	10 000	70	7	70
4. 细香葱	*Allium schoenoprasum* L.	10 000	30	3	30
5. 韭菜	*Allium tuberosum* Rottl. ex Spreng.	10 000	100	10	100
6. 苋菜	*Amaranthus tricolor* L.	5 000	10	2	10
7. 芹菜	*Apium graveolens* L.	10 000	25	1	10
8. 根芹菜	*Apium graveolens* L. var. *rapaceum* DC.	10 000	25	1	10

表 1（续）

种(变种)名	学　名	种子批的最大重量 kg	样品最小重量，g 送验样品	净度分析试样	其他植物种子计数试样
9. 花生	*Arachis hypogaea* L.	25 000	1 000	1 000	1 000
10. 牛蒡	*Arctium lappa* L.	10 000	50	5	50
11. 石刁柏	*Asparagus officinalis* L.	20 000	1 000	100	1 000
12. 紫云英	*Astragalus sinicus* L.	10 000	70	7	70
13. 裸燕麦(莜麦)	*Avena nuda* L.	25 000	1 000	120	1 000
14. 普通燕麦	*Avena sativa* L.	25 000	1 000	120	1 000
15. 落葵	*Basella* spp. L.	10 000	200	60	200
16. 冬瓜	*Benincasa hispida*(Thunb.)Cogn.	10 000	200	100	200
17. 节瓜	*Benincasa hispida* Cogn. var. *chieh-qua* How.	10 000	200	100	200
18. 甜菜	*Beta vulgaris* L.	20 000	500	50	500
19. 叶甜菜	*Beta vulgaris* var. *cicla*	20 000	500	50	500
20. 根甜菜	*Beta vulgaris* var. *rapacea*	20 000	500	50	500
21. 白菜型油菜	*Brassica campestris* L.	10 000	100	10	100
22. 不结球白菜(包括白菜、乌塌菜、紫菜薹、薹菜、菜薹)	*Brassica campestris* L. ssp. *chinensis* (L.) Makino.	10 000	100	10	100
23. 芥菜型油菜	*Brassica juncea* Czern. et Coss.	10 000	40	4	40
24. 根用芥菜	*Brassica juncea* Coss. var. *megarrhiza* Tsen et Lee	10 000	100	10	100
25. 叶用芥菜	*Brassica juncea* Coss. var. *foliosa* Bailey	10 000	40	4	40
26. 茎用芥菜	*Brassica juncea* Coss. var. *tsatsai* Mao	10 000	40	4	40
27. 甘蓝型油菜	*Brassica napus* L. ssp. *pekinensis*(Lour.)Olsson	10 000	100	10	100
28. 芥蓝	*Brassica oleracea* L. var. *alboglabra* Bailey	10 000	100	10	100
29. 结球甘蓝	*Brassica oleracea* L. var. *capitata* L.	10 000	100	10	100
30. 球茎甘蓝(苤蓝)	*Brassica oleracea* L. var. *caulorapa* DC.	10 000	100	10	100
31. 花椰菜	*Brassica oleracea* L. var. *botrytis* L.	10 000	100	10	100
32. 抱子甘蓝	*Brassica oleracea* L. var. *gemmifera* Zenk.	10 000	100	10	100
33. 青花菜	*Brassica oleracea* L. var. *italica* Plench	10 000	100	10	100
34. 结球白菜	*Brassica campestris* L. ssp. *pekinensis*(Lour.)Olsson	10 000	100	4	40
35. 芜菁	*Brassica rapa* L.	10 000	70	7	70
36. 芜菁甘蓝	*Brassica napobrassica* Mill.	10 000	70	7	70
37. 木豆	*Cajanus cajan*(L.)Millsp.	20 000	1 000	300	1 000
38. 大刀豆	*Canavalia gladiata*(Jacq.)DC.	20 000	1 000	1 000	1 000
39. 大麻	*Cannabis sativa* L.	10 000	600	60	600
40. 辣椒	*Capsicum frulescens* L.	10 000	150	15	150
41. 甜椒	*Capsicum frulescens* var. *grossum*	10 000	150	15	150
42. 红花	*Carthamus tinctorius* L.	25 000	900	90	900
43. 茼蒿	*Chrysanthemum coronarium* var. *spatisum*	5 000	30	8	30
44. 西瓜	*Citrullus lanatus*(Thunb.)Matsum. et Nakai	20 000	1 000	250	1 000
45. 薏苡	*Coix lacryna-jobi* L.	5 000	600	150	600
46. 圆果黄麻	*Corchorus capsutaris* L.	10 000	150	15	150
47. 长果黄麻	*Corchorus olitorius* L.	10 000	150	15	150
48. 芫荽	*Coriandrum sativum* L.	10 000	400	40	400
49. 柽麻	*Crotalaria juncea* L.	10 000	700	70	700
50. 甜瓜	*Cucumis melo* L.	10 000	150	70	150

表 1（续）

种(变种)名	学　　名	种子批的最大重量 kg	样品最小重量,g		
			送验样品	净度分析试样	其他植物种子计数试样
51. 越瓜	*Cucumis melo* L var. *conomon* Makino	10 000	150	70	150
52. 菜瓜	*Cucumis melo* L. var. *flexuosus* Naud.	10 000	150	70	150
53. 黄瓜	*Cucumis sativus* L.	10 000	150	70	150
54. 笋瓜(印度南瓜)	*Cucurbita maxima* Duch. ex Lam	20 000	1 000	700	1 000
55. 南瓜(中国南瓜)	*Cucurbita moschata* (Duchesne) Duchesne ex Poiret	10 000	350	180	350
56. 西葫芦(美洲南瓜)	*Cucurbita pepo* L.	20 000	1 000	700	1 000
57. 瓜尔豆	*Cyamopsis tetragonoloba* (L.)Taubert	20 000	1 000	100	1 000
58. 胡萝卜	*Daucus carota* L.	10 000	30	3	30
59. 扁豆	*Dolichos lablab* L.	20 000	1 000	600	1 000
60. 龙爪稷	*Eleusine coracana* (L.)Gaertn.	10 000	60	6	60
61. 甜荞	*Fagopyrum esculentum* Moench	10 000	600	60	600
62. 苦荞	*Fagopyrum tataricum* (L.)Gaertn.	10 000	500	50	500
63. 茴香	*Foeniculum vulgare* Miller	10 000	180	18	180
64. 大豆	*Glycine max* (L.)Merr.	25 000	1 000	500	1 000
65. 棉花	*Gossypium* spp.	25 000	1 000	350	1 000
66. 向日葵	*Helianthus annuus* L.	25 000	1 000	200	1 000
67. 红麻	*Hibiscus cannabinus* L.	10 000	700	70	700
68. 黄秋葵	*Hibiscus esculentus* L.	20 000	1 000	140	1 000
69. 大麦	*Hordeum vulgare* L.	25 000	1 000	120	1 000
70. 蕹菜	*Ipomoea aquatica* Forsskal	20 000	1 000	100	1 000
71. 莴苣	*Lactuca sativa* L.	10 000	30	3	30
72. 瓠瓜	*Lagenaria siceraria* (Molina)Standley	20 000	1 000	500	1 000
73. 兵豆(小扁豆)	*Lens culinaris* Medikus	10 000	600	60	600
74. 亚麻	*Linum usitatissimum* L.	10 000	150	15	150
75. 棱角丝瓜	*Luffa acutangula* (L). Roxb.	20 000	1 000	400	1 000
76. 普通丝瓜	*Luffa cylindrica* (L.)Roem.	20 000	1 000	250	1 000
77. 番茄	*Lycopersicon lycopersicum* (L.)Karsten	10 000	15	7	15
78. 金花菜	*Medicago polymorpha* L.	10 000	70	7	70
79. 紫花苜蓿	*Medicago sativa* L.	10 000	50	5	50
80. 白香草木樨	*Melilotus albus* Desr.	10 000	50	5	50
81. 黄香草木樨	*Melilotus officinalis* (L.)Pallas	10 000	50	5	50
82. 苦瓜	*Momordica charantia* L.	20 000	1 000	450	1 000
83. 豆瓣菜	*Nasturtium officinale* R. Br.	10 000	25	0.5	5
84. 烟草	*Nicotiana tabacum* L.	10 000	25	0.5	5
85. 罗勒	*Ocimum basilicum* L.	10 000	40	4	40
86. 稻	*Oryza sativa* L.	25 000	400	40	400
87. 豆薯	*Pachyrhizus erosus* (L.)Urban	20 000	1 000	250	1 000
88. 黍(糜子)	*Panicum miliaceum* L.	10 000	150	15	150
89. 美洲防风	*Pastinaca sativa* L.	10 000	100	10	100
90. 香芹	*Petroselinum crispum* (Miller) Nyman ex A. W. Hill	10 000	40	4	40
91. 多花菜豆	*Phaseolus multiflorus* Willd.	20 000	1 000	1 000	1 000
92. 利马豆(莱豆)	*Phaseolus tunatus* L.	20 000	1 000	1 000	1 000
93. 菜豆	*Phaseolus vulgaris* L.	25 000	1 000	700	1 000
94. 酸浆	*Physalis pubescens* L.	10 000	25	2	20
95. 茴芹	*Pimpinella anisum* L.	10 000	70	7	70

表 1（续）

种(变种)名	学　　名	种子批的最大重量 kg	样品最小重量,g		
			送验样品	净度分析试样	其他植物种子计数试样
96. 豌豆	*Pisum sativum* L.	25 000	1 000	900	1 000
97. 马齿苋	*Portulaca oleracea* L.	10 000	25	0.5	5
98. 四棱豆	*Psophocarpus tetragonolobus*(L.)DC.	25 000	1 000	1 000	1 000
99. 萝卜	*Raphanus sativus* L.	10 000	300	30	300
100. 食用大黄	*Rheum rhaponticum* L.	10 000	450	45	450
101. 蓖麻	*Ricinus communis* L.	20 000	1 000	500	1 000
102. 鸦葱	*Scorzonera hispanica* L.	10 000	300	30	300
103. 黑麦	*Secale cereale* L.	25 000	1 000	120	1 000
104. 佛手瓜	*Sechium edule*(Jacp.)Swartz	20 000	1 000	1 000	1 000
105. 芝麻	*Sesamum indicum* L.	10 000	70	7	70
106. 田菁	*Sesbania cannabina*(Retz.)Pers.	10 000	90	9	90
107. 粟	*Setaria italica*(L.)Beauv.	10 000	90	9	90
108. 茄子	*Solanum melongena* L.	10 000	150	15	150
109. 高粱	*Sorghum bicolor*(L.)Moench	10 000	900	90	900
110. 菠菜	*Spinacia oleracea* L.	10 000	250	25	250
111. 黎豆	*Stizolobium* ssp.	20 000	1 000	250	1 000
112. 番杏	*Tetragonia tetragonioides*(Pallas)Kuntze	20 000	1 000	200	1 000
113. 婆罗门参	*Tragopogon porrifolius* L.	10 000	400	40	400
114. 小黑麦	X *Triticosecale* Wittm.	25 000	1 000	120	1 000
115. 小麦	*Triticum aestivum* L.	25 000	1 000	120	1 000
116. 蚕豆	*Vicia faba* L.	25 000	1 000	1 000	1 000
117. 箭舌豌豆	*Vicia sativa* L.	25 000	1 000	140	1 000
118. 毛叶苕子	*Vicia villosa* Roth	20 000	1 080	140	1 080
119. 赤豆	*Vigna angularis*(Willd)Ohwi&Ohashi	20 000	1 000	250	1 000
120. 绿豆	*Vigna radiata*(L.)Wilczek	20 000	1 000	120	1 000
121. 饭豆	*Vigna umbellata*(Thunb.)Ohwi&Ohashi	20 000	1 000	250	1 000
122. 长豇豆	*Vigna unguiculata* W. ssp. *sesquipedalis*(L.) Verd.	20 000	1 000	400	1 000
123. 矮豇豆	*Vigna unguiculata* W. ssp. *unguiculata* (L.) Verd.	20 000	1 000	400	1 000
124. 玉米	*Zea mays* L.	40 000	1 000	900	1 000

5.2.2 种子批的均匀度

被扦的种子批应在扦样前进行适当混合、掺匀和机械加工处理，使其均匀一致。扦样时，若种子包装物或种子批没有标记或能明显地看出该批种子在形态或文件记录上有异质性的证据时，应拒绝扦样。如对种子批的均匀度发生怀疑，按附录 A(补充件)中所述方法测定异质性。

5.2.3 容器及种子批的标记及封口

种子批的被扦包装物(如袋、容器)都必须封口，并符合 GB 7414～7415 的规定。

被扦包装物应贴有标签或加以标记。

种子批的排列应该使各个包装物或该批种子的各部分便于扦样。

5.3 扦取初次样品

5.3.1 袋装扦样法

根据种子批袋装(或容量相似而大小一致的其他容器)的数量确定扦样袋数，表 2 的扦样袋数应作为最低要求：

表 2　袋装的扦样袋(容器)数

种子批的袋数 (容器数)	扦取的最低袋数 (容器数)
1～5	每袋都扦取,至少扦取 5 个初次样品
6～14	不少于 5 袋
15～30	每 3 袋至少扦取 1 袋
31～49	不少于 10 袋
50～400	每 5 袋至少扦取 1 袋
401～560	不小于 80 袋
561 以上	每 7 袋至少扦取 1 袋

如果种子装在小容器(如金属罐、纸盒或小包装)中,用下列方法扦取:

100 kg 种子作为扦样的基本单位。小容器合并组成的重量为 100 kg 的作为一个“容器”(不得超过此重量),如小容器为 20 kg,则 5 个小容器为一“容器”,并按表 2 规定进行扦样。

袋装(或容器)种子堆垛存放时,应随机选定取样的袋,从上、中、下各部位设立扦样点,每个容器只需扦一个部位。不是堆垛存放时,可平均分配,间隔一定袋数扦取。

对于装在小型或防潮容器(如铁罐或塑料袋)中的种子,应在种子装入容器前扦取,否则应把规定数量的容器打开或穿孔取得初次样品。

用合适的扦样器,根据扦样要求扦取初次样品。单管扦样器适用于扦取中小粒种子样品,扦样时用扦样器的尖端先拨开包装物的线孔,再把凹槽向下,自袋角处尖端与水平成 30°向上倾斜地插入袋内,直至到达袋的中心,再把凹槽旋转向上,慢慢拔出,将样品装入容器中。双管扦样器适用于较大粒种子,使用时须对角插入袋内或容器中,在关闭状态插入,然后开启孔口,轻轻摇动,使扦样器完全装满,轻轻并闭,拔出,将样品装入容器中。

扦样所造成的孔洞,可用扦样器尖端对着孔洞相对方向拨几下,使麻线合并在一起,密封纸袋可用粘布粘贴。

5.3.2　**散装扦样法**

根据种子批散装的数量确定扦样点数,扦样点数见表 3。

表 3　散装的扦样点数

种子批大小,kg	扦样点数
50 以下	不少于 3 点
51～1 500	不少于 5 点
1 501～3 000	每 300 kg 至少扦取 1 点
3 001～5 000	不少于 10 点
5 001～20 000	每 500 kg 至少扦取 1 点
20 001～28 000	不小于 40 点
28 001～40 000	每 700 kg 至少扦取 1 点

散装扦样时应随机从各部位及深度扦取初次样品。每个部位扦取的数量应大体相等。

使用长柄短筒圆锥形扦样器时,旋紧螺丝,再以 30°的斜度插入种子堆内,到达一定深度后,用力向上一拉,使活动塞离开进谷门,略微振动,使种子掉入,然后抽出扦样器。双管扦样器垂直插入,操作方法如同袋装扦样(见 5.3.1)。圆锥形扦样器垂直或略微倾斜插入种子堆中,压紧铁轴,使套筒盖盖住套筒,达到一定深度后,拉上铁轴,使套筒盖升起,略微振动,然后抽出扦样器。

5.4　**配制混合样品**

如初次样品基本均匀一致,则可将其合并混合成混合样品。

5.5 送验样品的取得

5.5.1 送验样品的重量

a. 水分测定

需磨碎的种类为 100 g,不需磨碎种类为 50 g。

b. 品种纯度鉴定

按 GB/T 3543.5 的规定。

c. 所有其他项目测定

按表 1 送验样品规定的最小重量。但大田作物和蔬菜种子的特殊品种、杂交种等的种子批可以例外,较小的送验样品数量是允许的。如果不进行其他植物种子的数目测定,送验样品至少达到表 1 净度分析所规定的试验样品的重量,并在结果报告单上加以说明。

5.5.2 送验样品的分取

送验样品可按 6.2 中的方法,将混合样品减到规定的数量。若混合样品的大小已符合规定,即可作为送验样品。

5.6 送验样品的处理

样品必须包装好,以防在运输过程中损坏。只有在下列两种情况下,样品应装入防湿容器内:一是供水分测定用的送验样品;二是种子批水分较低,并已装入防湿容器内。在其他情况下,与发芽试验有关的送验样品不应装入密闭防湿容器内,可用布袋或纸袋包装。

样品必须由扦样员(检验员)尽快送到种子检验机构,不得延误。经过化学处理的种子,须将处理药剂的名称送交种子检验机构。每个送验样品须有记号(这记号最好能把种子批与样品联系起来),并附有扦样证明书。

6 实验室分样程序

6.1 试验样品的最低重量

试验样品的最低重量已在 GB/T 3543.3~3543.7 各项测定的有关章条中作了规定。

6.2 试验样品的分取

检验机构接到送验样品后,首先将送验样品充分混合,然后用分样器经多次对分法或抽取递减法分取供各项测定用的试验样品,其重量必须与规定重量相一致。

重复样品须独立分取,在分取第一份试样后,第二份试样或半试样须将送验样品一分为二的另一部分中分取。

6.2.1 机械分样器法

使用钟鼎式分样器时应先刷净,样品放入漏斗时应铺平,用手很快拨开活门,使样品迅速下落,再将两个盛接器的样品同时倒入漏斗,继续混合 2~3 次,然后取其中一个盛接器按上述方法继续分取,直至达到规定重量为止。使用横格式分样器时,先将种子均匀地散布在倾倒盘内,然后沿着漏斗长度等速倒入漏斗内。

6.2.2 四分法

将样品倒在光滑的桌上或玻璃板上,用分样板将样品先纵向混合,再横向混合,重复混合 4~5 次,然后将种子摊平成四方形,用分样板划两条对角线,使样品分成 4 个三角形,再取两个对顶三角形内的样品继续按上述方法分取,直到两个三角形内的样品接近两份试验样品的重量为止。

7 样品保存

送验样品验收合格并按规定要求登记后,应从速进行检验,如不能及时检验,须将样品保存在凉爽、通风的室内,使质量的变化降到最低限度。

为便于复验,应将保留样品在适宜条件(低温干燥)下保存一个生长周期。

附　录　A
多容器种子批异质性测定
(补充件)

A1　适用范围

适用于检查种子批是否存在显著的异质性。

A2　测定程序

异质性测定是将从种子批中抽出规定数量的若干个样品所得的实际方差与随机分布的理论方差相比较，得出前者超过后者的差数。每一样品取自各个不同的容器，容器内的异质性不包括在内。

A2.1　种子批的扦样

扦样的容器数应不少于表 A1 的规定。

表 A1　扦取容器数与临界 *H* 值(1%概率)

种子批的容器数	扦取的容器数	临界 *H* 值
5	5	2.58
6	6	2.02
7	7	1.80
8	8	1.64
9	9	1.51
10	10	1.41
11～15	11	1.32
16～25	15	1.08
26～35	17	1.00
36～49	18	0.97
50 或以上	20	0.90

扦样的容器应严格随机选择。从容器中取出的样品必须代表种子批的各部分，应从袋的顶部、中部和底部扦取种子。每一容器扦取的重量应不少于 GB/T　3543.2 中表 1 送验样品栏所规定的一半。

A2.2　测定方法

异质性可用下列项目表示。

A2.2.1　净度任一成分的重量百分率

在净度分析时，如能把某种成分分离出来(如净种子、其他植物种子或禾本科的秕粒)，则可用该成分的重量百分率表示。试样的重量应估计其中含有 1 000 粒种子，将每个试验样品分成两部分，即分析对象部分和其余部分。

A2.2.2　种子粒数

能计数的成分可以用种子计数来表示，如某一植物种或所有其他植物种。每份试样的重量估计含有 10 000 粒种子，并计算其中所挑出的那种植物种子数。

A2.2.3　发芽试验任一记载项目的百分率

在标准发芽试验中，任何可测定的种子或幼苗都可采用，如正常幼苗、不正常幼苗或硬实等。从每一袋样中同时取 100 粒种子按 GB/T　3543.4 表 2 规定的条件下进行发芽试验。

A3 *H* 值的计算

A3.1 净度与发芽

$$W=\frac{\overline{X}(100-\overline{X})}{n} \quad \cdots\cdots \quad (A1)$$

$$\overline{X}=\frac{\sum X}{N} \quad \cdots\cdots \quad (A2)$$

$$V=\frac{N\sum X^2-(\sum X)^2}{N(N-1)} \quad \cdots\cdots \quad (A3)$$

$$H=\frac{V}{W}-1 \quad \cdots\cdots \quad (A4)$$

式中：N ——扦取袋样的数目；

n ——每个样品中的种子估计粒数（如净度分析为 1 000 粒，发芽试验为 100 粒）；

X ——某样品中净度分析任一成分的重量百分率或发芽率；

$\overline{X}$ ——从该种子批测定的全部 X 值的平均值；

W ——该检验项目的样品期望（理论）方差；

V ——从样品中求得的某检验项目的实际方差；

H ——异质性值。

如 N 小于 10，$\overline{X}$ 计算到小数点后两位；如 N 等于 10 或大于 10，则计算到小数点后三位。

A3.2 指定的种子数

$W=\overline{X}$

V 和 H 的计算与 A3.1 相同。

式中：X 指从每个样品挑出的该类种子数。

如果 N 小于 10，$\overline{X}$ 计算到小数点后一位，如 N 等于 10 或大于 10，则计算到小数点后两位。

A4 结果报告

表 A1 表明当种子批的成分呈随机分布时，只有 1%概率的测定结果超过 H 值。

若求得的 H 值超过表 A1 的临界 H 值时，则该种子批存在显著的异质性；若求得的 H 值小于或等于临界 H 值时，则该种子批无异质现象；若求得的 H 值为负值时，则填报为零。

异质性的测定结果应填报如下：

$\overline{X}$、N、该种子批袋数、H 及一项说明"这个 H 值表明有（无）显著的异质性"。

如果 $\overline{X}$ 超出下列限度，则不必计算或填报 H 值：

净度分析的任一成分：高于 99.8%或低于 0.2%；

发芽率：高于 99%或低于 1%；

指定某一植物种的种子数：每个样品小于两粒。

本标准由全国种子总站、浙江农业大学、四川省、黑龙江省、天津市种子公司（站）、南京农业大学、北京市、湖南省种子公司负责起草。

本标准主要起草人支巨振、毕辛华、杜克敏、常秀兰、杨淑惠、任淑萍、吴志行、李仁风、赵菊英。

中华人民共和国国家标准

GB/T 3543.3—1995

农作物种子检验规程 净度分析

Rules for agricultural seed testing— Purity analysis

1 主题内容与适用范围

本标准规定了种子净度分析(包括其他植物种子数目的测定)的测定方法。

本标准适用于农作物种子质量的检测。

2 引用标准

GB/T 3543.2 农作物种子检验规程 扦样

3 术语

3.1

净种子 pure seed

送验者所叙述的种(包括该种的全部植物学变种和栽培品种)符合附录A(补充件)要求的种子单位或构造。

3.2

其他植物种子 other seeds

除净种子以外的任何植物种子单位,包括杂草种子和异作物种子。

3.3

杂质 inert matter

除净种子和其他植物种子外的种子单位和所有其他物质和构造。

4 仪器

a. 净度分析台。

b. 钟鼎式分样器、横格式分样器。

c. 不同孔径的套筛(包括振荡器)、吹风机,甜菜复胚种子采用的筛子规格见附录A(补充件)。

d. 手持放大镜或双目显微镜等。

e. 天平:感量为0.1,0.01,0.001 g和0.1 mg。

5 测定程序

5.1 重型混杂物的检查

国家技术监督局 1995-08-18 发布　　1996-06-01 实施

在送验样品(或至少是净度分析试样重量的10倍)中,若有与供检种子在大小或重量上明显不同且严重影响结果的混杂物,如土块、小石块或小粒种子中混有大粒种子等,应先挑出这些重型混杂物并称重,再将重型混杂物分离为其他植物种子和杂质。

5.2 试验样品的分取

净度分析的试验样品应按规定的方法(见 GB/T 3543.2 的 6.2 条)从送验样品中分取。试验样品应估计至少含有 2 500 个种子单位的重量或不少于 GB/T 3543.2 表 1 的规定。

净度分析可用规定重量的一份试样,或两份半试样(试样重量的一半)进行分析。

试验样品须称重,以克表示,精确至表 1 所规定的小数位数,以满足计算各种成分百分率达到一位小数的要求。

表 1 称重与小数位数

试样或半试样及其成分重量,g	称重至下列小数位数
1.000 0 以下	4
1.000～9.999	3
10.00～99.99	2
100.0～999.9	1
1 000 或 1 000 以上	0

5.3 试样的分离

a. 试样称重后,按附录 A(补充件)的规定,将试样分离成净种子、其他植物种子和杂质三种成分。

b. 分离时可借助于放大镜、筛子、吹风机等器具(见第 4 章),或用镊子施压,在不损伤发芽力的基础上进行检查。

c. 分离时必须根据种子的明显特征,对样品中的各个种子单位进行仔细检查分析,并依据形态学特征、种子标本等加以鉴定。当不同植物种之间区别困难或不可能区别时,则填报属名,该属的全部种子均为净种子,并附加说明。

d. 种皮或果皮没有明显损伤的种子单位,不管是空瘪或充实,均作为净种子或其他植物种子;若种皮或果皮有一个裂口,检验员必须判断留下的种子单位部分是否超过原来大小的一半,如不能迅速地作出这种决定,则将种子单位列为净种子或其他植物种子。

e. 分离后各成分分别称重,以克表示,折算为百分率。

6 其他植物种子数目的测定

根据送验者的不同要求,其他植物种子数目的测定可采用完全检验、有限检验和简化检验。

6.1 完全检验

试验样品不得小于 25 000 个种子单位的重量或 GB/T 3543.2 表 1 所规定的重量。

借助于放大镜、筛子和吹风机等器具,按附录 A(补充件)的规定逐粒进行分析鉴定,取出试样中所有的其他植物种子,并数出每个种的种子数。当发现有的种子不能准确确定所属种时,允许鉴定到属。

6.2 有限检验

有限检验的检验方法同完全检验(6.1),但只限于从整个试验样品中找出送验者指定的其他植物种的种子。如送验者只要求检验是否存在指定的某些种,则发现一粒或数粒种子即可。

6.3 简化检验

如果送验者所指定的种难以鉴定时,可采用简化检验。

简化检验是用规定试验样品(见 6.1)重量的五分之一(最少量)对该种进行鉴定。

简化检验的检验方法同完全检验(6.1)。

7 结果计算和表示

7.1 结果计算

7.1.1 核查分析过程的重量增失

不管是一份试样还是两份半试样，应将分析后的各种成分重量之和与原始重量比较，核对分析期间物质有无增失。若增失差距超过原始重量的5%，则必须重做，填报重做的结果。

7.1.2 计算各成分的重量百分率

试样分析时，所有成分(即净种子、其他植物种子和杂质三部分)的重量百分率应计算到一位小数。半试样分析时，应对每一份半试样所有成分分别进行计算，百分率至少保留到两位小数，并计算各成分的平均百分率。

百分率必须根据分析后各种成分重量的总和计算，而不是根据试验样品的原始重量计算。

其他植物种子和杂质均不再分类计算百分率。

7.1.3 检查重复间的误差

7.1.3.1 两份半试样

如果分析两份半试样，分析后任一成分的相差不得超过表2中所示的重复分析间的容许差距，表2中所指的有稃壳种子种类见附录B(补充件)。若所有成分的实际差距都在容许范围内，则计算每一成分的平均值。如实际差距超过容许范围，则按下列程序进行：

表2 同一实验室内同一送验样品净度分析的容许差距

(5%显著水平的两尾测定)

两次分析结果平均		不同测定之间的容许差距			
50%以上	50%以下	半试样		试样	
		无稃壳种子	有稃壳种子	无稃壳种子	有稃壳种子
99.95～100.00	0.00～0.04	0.20	0.23	0.1	0.2
99.90～99.94	0.05～0.09	0.33	0.34	0.2	0.2
99.85～99.89	0.10～0.14	0.40	0.42	0.3	0.3
99.80～99.84	0.15～0.19	0.47	0.49	0.3	0.4
99.75～99.79	0.20～0.24	0.51	0.55	0.4	0.4
99.70～99.74	0.25～0.29	0.55	0.59	0.4	0.4
99.65～99.69	0.30～0.34	0.61	0.65	0.4	0.5
99.60～99.64	0.35～0.39	0.65	0.69	0.5	0.5
99.55～99.59	0.40～0.44	0.68	0.74	0.5	0.5
99.50～99.54	0.45～0.49	0.72	0.76	0.5	0.5
99.40～99.49	0.50～0.59	0.76	0.80	0.5	0.6
99.30～99.39	0.60～0.69	0.83	0.89	0.6	0.6
99.20～99.29	0.70～0.79	0.89	0.95	0.6	0.7
99.10～99.19	0.80～0.89	0.95	1.00	0.7	0.7
99.00～99.09	0.90～0.99	1.00	1.06	0.7	0.8
98.75～98.99	1.00～1.24	1.07	1.15	0.8	0.8
98.50～98.74	1.25～1.49	1.19	1.26	0.8	0.9
98.25～98.49	1.50～1.74	1.29	1.37	0.9	1.0
98.00～98.24	1.75～1.99	1.37	1.47	1.0	1.0
97.75～97.99	2.00～2.24	1.44	1.54	1.0	1.1
97.50～97.74	2.25～2.49	1.53	1.63	1.1	1.2
97.25～97.49	2.50～2.74	1.60	1.70	1.1	1.2
97.00～97.24	2.75～2.99	1.67	1.78	1.2	1.3

表 2（续）

两次分析结果平均		不同测定之间的容许差距			
		半试样		试样	
50%以上	50%以下	无稃壳种子	有稃壳种子	无稃壳种子	有稃壳种子
96.50～96.99	3.00～3.49	1.77	1.88	1.3	1.3
96.00～96.49	3.50～3.99	1.88	1.99	1.3	1.4
95.50～95.99	4.00～4.49	1.99	2.12	1.4	1.5
95.00～95.49	4.50～4.99	2.09	2.22	1.5	1.6
94.00～94.99	5.00～5.99	2.25	2.38	1.6	1.7
93.00～93.99	6.00～6.99	2.43	2.56	1.7	1.8
92.00～92.99	7.00～7.99	2.59	2.73	1.8	1.9
91.00～91.99	8.00～8.99	2.74	2.90	1.9	2.1
90.00～90.99	9.00～9.99	2.88	3.04	2.0	2.2
88.00～89.99	10.00～11.99	3.08	3.25	2.2	2.3
86.00～87.99	12.00～13.99	3.31	3.49	2.3	2.5
84.00～85.99	14.00～15.99	3.52	3.71	2.5	2.6
82.00～83.99	16.00～17.99	3.69	3.90	2.6	2.8
80.00～81.99	18.00～19.99	3.86	4.07	2.7	2.9
78.00～79.99	20.00～21.99	4.00	4.23	2.8	3.0
76.00～77.99	22.00～23.99	4.14	4.37	2.9	3.1
74.00～75.99	24.00～25.99	4.26	4.50	3.0	3.2
72.00～73.99	26.00～27.99	4.37	4.61	3.1	3.3
70.00～71.99	28.00～29.99	4.47	4.71	3.2	3.3
65.00～69.99	30.00～34.99	4.61	4.86	3.3	3.4
60.00～64.99	35.00～39.99	4.77	5.02	3.4	3.6
50.00～59.99	40.00～49.99	4.89	5.16	3.5	3.7

a. 再重新分析成对样品，直到一对数值在容许范围内为止(但全部分析不必超过四对)。

b. 凡一对间的相差超过容许差距两倍时，均略去不计。

c. 各种成分百分率的最后记录，应从全部保留的几对加权平均数计算。

7.1.3.2 两份或两份以上试样

如果在某种情况下有必要分析第二份试样时，那么两份试样各成分的实际差距不得超过表 2 中所示的容许差距，表 2 中所指的有稃壳种子种类见附录 B(补充件)。若所有成分都在容许范围内，则取其平均值；若超过，则再分析一份试样；若分析后的最高值和最低值差异没有大于容许误差两倍时；则填报三者的平均值。如果其中的一次或几次显然是由于差错造成的，那么该结果须去除。

7.1.4 修约

各种成分的最后填报结果应保留一位小数。

各种成分之和应为 100.0%，小于 0.05%的微量成分在计算中应除外。如果其和是 99.9%或 100.1%，那么从最大值(通常是净种子部分)增减 0.1%。如果修约值大于 0.1%，那么应检查计算有无差错。

7.1.5 有重型混杂物的结果换算

净种子：

$$P_2(\%) = P_1 \times \frac{M-m}{M}$$

其他植物种子：

$$OS_2(\%) = OS_1 \times \frac{M-m}{M} + \frac{m_1}{M} \times 100$$

杂质：

$$I_2(\%) = I_1 \times \frac{M-m}{M} + \frac{m_2}{M} \times 100$$

式中：M——送验样品的重量，g；

m——重型混杂物的重量，g；

m_1——重型混杂物中的其他植物种子重量，g；

m_2——重型混杂物中的杂质重量，g；

P_1——除去重型混杂物后的净种子重量百分率，%；

I_1——除去重型混杂物后的杂质重量百分率，%；

OS_1——除去重型混杂物后的其他植物种子重量百分率，%。

最后应检查：$(P_2+I_1+OS_2)\%=100.0\%$。

7.2 结果表示

净度分析结果以三种成分的重量百分率表示。

进行其他植物种子数目测定时，结果用测定中发现的种（或属）的种子数来表示，也可折算为每单位重量（如每千克）的种子数。表6可用来判断两个测定结果是否有显著差异。但在比较时，两个样品的重量须大致相当。

8 结果报告

净度分析的结果应保留一位小数，各种成分的百分率总和必须为100%。成分小于0.05%的填报为“微量”，如果一种成分的结果为零，须填“—0.0—”。

当测定某一类杂质或某一种其他植物种子的重量百分率达到或超过1%时，该种类应在结果报告单上注明。

进行其他植物种子数目测定时，将测定种子的实际重量、学名和该重量中找到的各个种的种子数应填写在结果报告单上，并注明采用完全检验、有限检验或简化检验。

表3 同一或不同实验室内来自不同送验样品间净度分析的容许差距

（1%显著水平的一尾测定）

两次结果平均		容许差距	
50%以上	50%以下	无稃壳种子	有稃壳种子
99.95～100.00	0.00～0.04	0.2	0.2
99.90～99.94	0.05～0.09	0.3	0.3
99.85～99.89	0.10～0.14	0.3	0.4
99.80～99.84	0.15～0.19	0.4	0.5
99.75～99.79	0.20～0.24	0.4	0.5
99.70～99.74	0.25～0.29	0.5	0.6
99.65～99.69	0.30～0.34	0.5	0.6
99.60～99.64	0.35～0.39	0.6	0.7
99.55～99.59	0.40～0.44	0.6	0.7
99.50～99.54	0.45～0.49	0.6	0.7
99.40～99.49	0.50～0.59	0.7	0.8
99.30～99.39	0.60～0.69	0.7	0.9
99.20～99.29	0.70～0.79	0.8	0.9
99.10～99.19	0.80～0.89	0.8	1.0
99.00～99.09	0.90～0.99	0.9	1.0
98.75～98.99	1.00～1.24	0.9	1.1
98.50～98.74	1.25～1.49	1.0	1.2

表 3（续）

两次结果平均		容许差距	
50%以上	50%以下	无稃壳种子	有稃壳种子
98.25～98.49	1.50～1.74	1.1	1.3
98.00～98.24	1.75～1.99	1.2	1.4
97.75～97.99	2.00～2.24	1.3	1.5
97.50～97.24	2.25～2.49	1.3	1.6
97.25～98.49	2.50～2.74	1.4	1.6
97.00～97.24	2.75～2.99	1.5	1.7
96.50～96.99	3.00～3.49	1.5	1.8
96.00～96.49	3.50～3.99	1.6	1.9
95.50～95.99	4.00～4.49	1.7	2.0
95.00～95.49	4.50～4.99	1.8	2.2
94.00～94.99	5.00～5.99	2.0	2.3
93.00～93.99	6.00～6.99	2.1	2.5
92.00～92.99	7.00～7.99	2.2	2.6
91.00～91.99	8.00～8.99	2.4	2.8
90.00～90.99	9.00～9.99	2.5	2.9
88.00～89.99	10.00～11.99	2.7	3.1
86.00～87.99	12.00～13.99	2.9	3.4
84.00～85.99	14.00～15.99	3.0	3.6
82.00～83.99	16.00～17.99	3.2	3.7
80.00～81.99	18.00～19.99	3.3	3.9
78.00～79.99	20.00～21.99	3.5	4.1
76.00～77.99	22.00～23.99	3.6	4.2
74.00～75.99	24.00～25.99	3.7	4.3
72.00～73.99	26.00～27.99	3.8	4.4
70.00～71.99	28.00～29.99	3.8	4.5
65.00～69.99	30.00～34.99	4.0	4.7
60.00～64.99	35.00～39.99	4.1	4.8
50.00～59.99	40.00～49.99	4.2	5.0

表 4　同一或不同实验室内进行第二次检验时，两个不同送验样品间净度分析的容许差距

（1%显著水平的两尾测定）

两次结果平均		容许差距	
50%以上	50%以下	无稃壳种子	有稃壳种子
99.95～100.00	0.00～0.04	0.18	0.21
99.90～99.94	0.05～0.09	0.28	0.32
99.85～99.89	0.10～0.14	0.34	0.40
99.80～99.84	0.15～0.19	0.40	0.47
99.75～99.79	0.20～0.24	0.44	0.53
99.70～99.74	0.25～0.29	0.49	0.57
99.65～99.69	0.30～0.34	0.53	0.62
99.60～99.64	0.35～0.39	0.57	0.66
99.55～99.59	0.40～0.44	0.60	0.70
99.50～99.54	0.45～0.49	0.63	0.73
99.40～99.49	0.50～0.59	0.68	0.79
99.30～99.39	0.60～0.69	0.73	0.85
99.20～99.29	0.70～0.79	0.78	0.91
99.10～99.19	0.80～0.89	0.83	0.96
99.00～99.09	0.90～0.99	0.87	1.01

表 4（续）

两次结果平均		容许差距	
50%以上	50%以下	无稃壳种子	有稃壳种子
98.75～98.99	1.00～1.24	0.94	1.10
98.50～98.74	1.25～1.49	1.04	1.21
98.25～98.49	1.50～1.74	1.12	1.31
98.00～98.24	1.75～1.99	1.20	1.40
97.75～97.99	2.00～2.24	1.26	1.47
97.50～97.74	2.25～2.49	1.33	1.55
97.25～98.49	2.50～2.74	1.39	1.63
97.00～97.24	2.75～2.99	1.46	1.70
96.50～96.99	3.00～3.49	1.54	1.80
96.00～96.49	3.50～3.99	1.64	1.92
95.50～95.99	4.00～4.49	1.74	2.04
95.00～95.49	4.50～4.99	1.83	2.15
94.00～94.99	5.00～5.99	1.95	2.29
93.00～93.99	6.00～6.99	2.10	2.46
92.00～92.99	7.00～7.99	2.23	2.62
91.00～91.99	8.00～8.99	2.36	2.76
90.00～90.99	9.00～9.99	2.48	2.92
88.00～89.99	10.00～11.99	2.65	3.11
86.00～87.99	12.00～13.99	2.85	3.35
84.00～85.99	14.00～15.99	3.02	3.55
82.00～83.99	16.00～17.99	3.18	3.74
80.00～81.99	18.00～19.99	3.32	3.90
78.00～79.99	20.00～21.99	3.45	4.05
76.00～77.99	22.00～23.99	3.56	4.19
74.00～75.99	24.00～25.99	3.67	4.31
72.00～73.99	26.00～27.99	3.76	4.42
70.00～71.99	28.00～29.99	3.84	4.51
65.00～69.99	30.00～34.99	3.97	4.66
60.00～64.99	35.00～39.99	4.10	4.82
50.00～59.99	40.00～49.99	4.21	4.95

表 5　净度分析与标准规定值比较的容许差距

（5%显著水平的一尾测定）

标准规定值		容许差距	
50%以上	50%以下	无稃壳种子	有稃壳种子
99.95～100.00	0.00～0.04	0.10	0.11
99.90～99.94	0.05～0.09	0.14	0.16
99.85～99.89	0.10～0.14	0.18	0.21
99.80～99.84	0.15～0.19	0.21	0.24
99.75～99.79	0.20～0.24	0.23	0.27
99.70～99.74	0.25～0.29	0.25	0.30
99.65～99.69	0.30～0.34	0.27	0.32
99.60～99.64	0.35～0.39	0.29	0.34
99.55～99.59	0.40～0.44	0.30	0.35
99.50～99.54	0.45～0.49	0.32	0.38

表 5（续）

标准规定值		容许差距	
50%以上	50%以下	无稃壳种子	有稃壳种子
99.40～99.49	0.50～0.59	0.34	0.41
99.30～99.39	0.60～0.69	0.37	0.44
99.20～99.29	0.70～0.79	0.40	0.47
99.10～99.19	0.80～0.89	0.42	0.50
99.00～99.09	0.90～0.99	0.44	0.52
98.75～98.99	1.00～1.24	0.48	0.57
98.50～98.74	1.25～1.49	0.52	0.62
98.25～98.49	1.50～1.74	0.57	0.67
98.00～98.24	1.75～1.99	0.61	0.72
97.75～97.99	2.00～2.24	0.63	0.75
97.50～97.74	2.25～2.49	0.67	0.79
97.25～98.49	2.50～2.74	0.70	0.83
97.00～97.24	2.75～2.99	0.73	0.86
96.50～96.99	3.00～3.49	0.77	0.91
96.00～96.49	3.50～3.99	0.82	0.97
95.50～95.99	4.00～4.49	0.87	1.02
95.00～95.49	4.50～4.99	0.90	1.07
94.00～94.99	5.00～5.99	0.97	1.15
93.00～93.99	6.00～6.99	1.05	1.23
92.00～92.99	7.00～7.99	1.12	1.31
91.00～91.99	8.00～8.99	1.18	1.39
90.00～90.99	9.00～9.99	1.24	1.46
88.00～89.99	10.00～11.99	1.33	1.56
86.00～87.99	12.00～13.99	1.43	1.67
84.00～85.99	14.00～15.99	1.51	1.78
82.00～83.99	16.00～17.99	1.59	1.87
80.00～81.99	18.00～19.99	1.66	1.95
78.00～79.99	20.00～21.99	1.73	2.03
76.00～77.99	22.00～23.99	1.78	2.10
74.00～75.99	24.00～25.99	1.84	2.16
72.00～73.99	26.00～27.99	1.83	2.21
70.00～71.99	28.00～29.99	1.92	2.26
65.00～69.99	30.00～34.99	1.99	2.33
60.00～64.99	35.00～39.99	2.05	2.41
50.00～59.99	40.90～49.99	2.11	2.48

表 6　其他植物种子数目测定的容许差距

（5%显著水平的两尾测定）

两次测定结果的平均值	容许差距	两次测定结果的平均值	容许差距
3	5	23～25	14
4	6	26～29	15
5～6	7	30～33	16
7～8	8	34～37	17
9～10	9	38～42	18
11～13	10	43～47	19
14～15	11	48～52	20
16～18	12	53～57	21
19～22	13	58～63	22

表 6（续）

两次测定结果的平均值	容许差距	两次测定结果的平均值	容许差距
64～69	23	242～252	44
70～75	24	253～264	45
76～81	25	265～276	46
82～88	26	277～288	47
89～95	27	289～300	48
96～102	28	301～313	49
103～110	29	314～326	50
111～117	30	327～339	51
118～125	31	340～353	52
126～133	32	354～366	53
134～142	33	367～380	54
143～151	34	381～394	55
152～160	35	395～409	56
161～169	36	410～424	57
170～178	37	425～439	58
179～188	38	440～454	59
189～198	39	455～469	60
199～209	40	470～485	61
210～219	41	486～501	62
220～230	42	502～518	63
231～241	43	519～534	64

表 7　其他植物种子数目测定的容许差距

（5%显著水平的一尾测定）

两次测定结果的平均值	容许差距	两次测定结果的平均值	容许差距
3～4	5	153～162	30
5～6	6	163～173	31
7～8	7	174～186	32
9～11	8	187～198	33
12～14	9	199～210	34
15～17	10	211～223	35
18～21	11	224～235	36
22～25	12	236～249	37
26～30	13	250～262	38
31～34	14	263～276	39
35～40	15	277～290	40
41～45	16	291～305	41
46～52	17	306～320	42
53～58	18	321～336	43
59～65	19	337～351	44
66～72	20	352～367	45
73～79	21	368～386	46
80～87	22	387～403	47
88～95	23	404～420	48
96～104	24	421～438	49
105～113	25	439～456	50
114～122	26	457～474	51
123～131	27	475～493	52
132～141	28	494～513	53
142～152	29	514～532	54
		533～552	55

附 录 A
净种子定义(PSD)
(补充件)

A1 术语

A1.1 种子单位 seed unit

通常所见的传播单位,包括真种子、瘦果、颖果、分果和小花等。

A1.2 瘦果 achene,achenium

干燥、不开裂、含有一粒种子的果实,果皮与种皮分离。

A1.3 颖果 caryopsis

种皮与果皮紧密结合在一起的果实,如禾本科裸粒果实。

A1.4 小花 floret

禾本科中指包着雄雌蕊的内外稃或成熟的颖果。本标准中的小花是指有或无不孕外稃的可育小花。

A1.5 可育小花 fertile floret

具有功能性器官(即有颖果)的小花。

A1.6 不育小花 sterile floret

缺少功能性器官(即缺少颖果)的小花。

A1.7 小穗 spikelet

由一个或一个以上小花组成的禾本科花序单位,基部被一至二片不育颖片包着。本标准中所指的小穗不仅包括可育小花,而且还包括一个或更多的可育小花或完全不育的小花或颖片。

A1.8 分果 schizocarp

在成熟时可分离为两个或两个以上单位(分果爿)的干果。

A1.9 分果爿 mericarp

分果的一部分,如伞形科的分果可以分离为两个分果爿。

A1.10 荚果 pod

开裂的干果,如豆科。

A1.11 种球 cluster

一种密集着生的花序,在甜菜属中,为花序的一部分。

A1.12 小坚果 nutlet

一种小型的、不开裂的、内含一粒种子的干果。

A1.13 附属器官

A1.13.1 芒 awn,arista

一种细长,直立或弯曲的刺毛。在禾本科中,通常是外稃或颖片中肋的延长物。

A1.13.2 喙 beak

果实的尖锐延长部分。

A1.13.3 苞片 bract

一种退化的叶或鳞片状构造，它将花包着或将禾本科的小穗包在轴上。

A1.13.4 颖片（护颖） glume

指禾本科小穗基部的两片通常不育的苞片之一。

A1.13.5 外稃 lemma

禾本科小花的外部（下部）苞片。也称花的颖片或外部（下部）内稃。包在颖果外侧的苞片。

A1.13.6 内稃 palea

禾本科小花的内部（上部）苞片。也称内部或上部稃壳。包在颖果内侧（腹向）的苞片。

A1.13.7 小总苞 involucre

包围着花序基部的一群环状苞片或刺毛。

A1.13.8 花被 perianth

花的两种包被（花萼和花冠），或其中任何一种。

A1.13.9 花萼 calyx，calyces

由萼片组成的外花被。

A1.13.10 花梗 pedicel

花序上花的短柄。

A1.13.11 种阜 caruncle

珠孔近旁的小型突起物。

A1.13.12 绒毛 hair

一种表皮上的单细胞或多细胞的长出物。

A1.13.13 冠毛 pappus

一种环状细毛，有时呈羽毛状或鳞片状密生在瘦果上。

A1.13.14 小穗轴 rachilla，rhachilla

次生穗轴。在禾本科中专指着生小花的轴。

A1.13.15 穗轴 rachis，rhachis，rachides

花序的主轴。

A1.13.16 柄 stalk

任何植物器官的茎。

A2 净种子、其他植物种子和杂质区分总则

A2.1 净种子

A2.1.1 下列构造凡能明确地鉴别出它们是属于所分析的种（已变成菌核、黑穗病孢子团或线虫瘿除外），即使是未成熟的、瘦小的、皱缩的、带病的或发过芽的种子单位都应作为净种子。

a. 完整的种子单位（详见 A3）。在禾本科中，种子单位如是小花须带有一个明显含有胚乳的颖果或裸粒颖果（缺乏内外稃）。

b. 大于原来大小一半的破损种子单位。

A2.1.2 根据上述原则，在个别的属或种中有一些例外：

a. 豆科、十字花科，其种皮完全脱落的种子单位应列为杂质。

b. 即使有胚芽和胚根的胚中轴，并超过原来大小一半的附属种皮，豆科种子单位的分离子叶也列为杂质。

c. 甜菜属复胚种子超过一定大小的种子单位列为净种子。

d. 在燕麦属、高粱属中，附着的不育小花不须除去而列为净种子。

A2.2 其他植物种子

其鉴定原则与净种子相同，但甜菜属种子单位作为其他植物种子时不必筛选，可用遗传单胚的净种子定义(见 A3.14)。

A2.3 杂质

a. 明显不含真种子的种子单位。

b. 甜菜属复胚种子单位大小未达到净种子定义规定最低大小的。

c. 破裂或受损伤种子单位的碎片为原来大小的一半或不及一半的。

d. 按该种的净种子定义，不将这些附属物作为净种子部分或定义中尚未提及的附属物。

e. 种皮完全脱落的豆科、十字花科的种子。

f. 脆而易碎、呈灰白色、乳白色的菟丝子种子。

g. 脱下的不育小花、空的颖片、内外稃、稃壳、茎叶、球果、鳞片、果翅、树皮碎片、花、线虫瘿、真菌体(如麦角、菌核、黑穗病孢子团)、泥土、砂粒、石砾及所有其他非种子物质。

A3 净种子定义细则

A3.1 大麻属(*Cannabis*)、茼蒿属(*Chrysanthemum*)、菠菜属(*Spinacia*)

瘦果，但明显没有种子的除外。

超过原来大小一半的破损瘦果，但明显没有种子的除外。

果皮/种皮部分或全部脱落的种子。

超过原来大小一半，果皮/种皮部分或全部脱落的破损种子。

A3.2 荞麦属(*Fagopyrum*)、大黄属(*Rheum*)

有或无花被的瘦果，但明显没有种子的除外。

超过原来大小一半的破损瘦果，但明显没有种子的除外。

果皮/种皮部分或全部脱落的种子。

超过原来大小一半，果皮/种皮部分或全部脱落的破损种子。

A3.3 红花属(*Carthamus*)、向日葵属(*Helianthus*)、莴苣属(*Lactuca*)、雅葱属(*Scorzonera*)、婆罗门参属(*Tragopogon*)

有或无喙(冠毛或喙和冠毛)的瘦果(向日葵属仅指有或无冠毛)，但明显没有种子的除外。

超过原来大小一半的破损瘦果，但明显没有种子的除外。

果皮/种皮部分或全部脱落的种子。

超过原来大小一半，果皮/种皮部分或全部脱落的破损种子。

A3.4 葱属(*Allium*)、苋属(*Amaranthus*)、花生属(*Arachis*)、石刁柏属(*Asparagus*)、黄芪属(紫云英属)(*Astragalus*)、冬瓜属(*Benincasa*)、芸薹属(*Brassica*)、木豆属(*Cajanus*)、刀豆属(*Canavalia*)、辣椒属(*Capsicum*)、西瓜属(*Citrullus*)、黄麻属(*Corchorus*)、猪屎豆属(*Crotalaria*)、甜瓜属(*Cucumis*)、南瓜属(*Cucubita*)、扁豆属(*Dolichos*)、大豆属(*Glycine*)、木槿属(*Hibiscus*)、甘薯属(*Ipomoea*)、葫芦属(*Lagenaria*)、亚麻属(*Linum*)、丝瓜属(*Luffa*)、番茄属(*Lycopersicon*)、苜蓿属(*Medicago*)、草木樨属(*Melilotus*)、苦瓜属(*Momordica*)、豆瓣菜属(*Nastartium*)、烟草属(*Nicotiana*)、菜豆属(*Phaseolus*)、酸浆属(*Physalis*)、豌豆属(*Pisum*)、马齿苋属(*Portulaca*)、萝卜属(*Raphanus*)、芝麻属(*Sesamum*)、田菁属(*Sesbania*)、茄属(*Solanum*)、巢菜属(*Vicia*)、豇豆属(*Vigna*)

有或无种皮的种子。

超过原来大小一半，有或无种皮的破损种子。

豆科、十字花科，其种皮完全脱落的种子单位应列为杂质。

即使有胚中轴、超过原来大小一半以上的附属种皮，豆科种子单位的分离子叶也列为杂质。

A3.5 棉属(*Gossypium*)

有或无种皮、有或无绒毛的种子。

超过原来大小一半,有或无种皮的破损种子。

A3.6 蓖麻属(*Ricimus*)

有或无种皮、有或无种阜的种子。

超过原来大小一半,有或无种皮的破损种子。

A3.7 芹属(*Apium*)、芫荽属(*Coriandrum*)、胡萝卜属(*Daucus*)、茴香属(*Foeniculum*)、欧防风属(*Pastinaca*)、欧芹属(*Petroselinum*)、茴芹属(*Pimpinella*)

有或无花梗的分果/分果爿,但明显没有种子的除外。

超过原来大小一半的破损分果爿,但明显没有种子的除外。

果皮部分或全部脱落的种子。

超过原来大小一半,果皮部分或全部脱落的破损种子。

A3.8 大麦属(*Hordeum*)

有内外稃包着颖果的小花,当芒长超过小花长度时,须将芒除去。

超过原来大小一半,含有颖果的破损小花。

颖果。

超过原来大小一半的破损颖果。

A3.9 黍属(*Panicum*)、狗尾草属(*Setaria*)

有颖片、内外稃包着颖果的小穗,并附有不孕外稃。

有内外稃包着颖果的小花。

颖果。

超过原来大小一半的破损颖果。

A3.10 稻属(*Oryza*)

有颖片、内外稃包着颖果的小穗,当芒长超过小花长度时,须将芒除去。

有或无不孕外稃、有内外稃包着颖果的小花,当芒长超过小花长度时,须将芒除去。

有内外稃包着颖果的小花,当芒长超过小花长度时,须将芒除去。

颖果。

超过原来大小一半的破损颖果。

A3.11 黑麦属(*Secale*)、小麦属(*Triticum*)、小黑麦属(*Triticosecale*)、玉米属(*Zea*)

颖果。

超过原来大小一半的破损颖果。

A3.12 燕麦属(*Avena*)

有内外稃包着颖果的小穗,有或无芒,可附有不育小花。

有内外稃包着颖果的小花,有或无芒。

颖果。

超过原来大小一半的破损颖果。

注:①由两个可育小花构成的小穗,要把它们分开。

②当外部不育小花的外稃部分地包着内部可育小花时,这样的单位不必分开。

③从着生点除去小柄。

④把仅含有子房的单个小花列为杂质。

A3.13 高粱属(*Sorghum*)

有颖片、透明状的外稃或内稃(内外稃也可缺乏)包着颖果的小穗,有穗轴节片、花梗、芒,附有不育或可育小花。

有内外稃的小花，有或无芒。

颖果。

超过原来大小一半的破损颖果。

A3.14 甜菜属(*Beta*)

复胚种子：用筛孔为 1.5 mm×20 mm 的 200 mm×300 mm 的长方形筛子筛理 1 min 后留在筛上的种球或破损种球(包括从种球突出程度不超过种球宽度的附着断柄)，不管其中有无种子。

遗传单胚：种球或破损种球(包括从种球突出程度不超过种球宽度的附着断柄)，但明显没有种子的除外。

果皮/种皮部分或全部脱落的种子。

超过原来大小一半，果皮/种皮部分或全部脱落的破损种子。

注：当断柄突出长度超过种球的宽度时，须将整个断柄除去。

A3.15 薏苡属(*Coix*)

包在珠状小总苞中的小穗(一个可育，两个不育)。

颖果。

超过原来大小一半的破损颖果。

注：可育小穗由颖片、内外稃包着的颖果、并附有不孕外稃所组成。

A3.16 罗勒属(*Ocimum*)

小坚果，但明显无种子的除外。

超过原来大小一半的破损小坚果，但明显无种子的除外。

果皮/种皮部分或完全脱落的种子。

超过原来大小一半，果皮/种皮部分或完全脱落的破损种子。

A3.17 番杏属(*Tetragonia*)

包有花被的类似坚果的果实，但明显无种子的除外。

超过原来大小一半的破损果实，但明显无种子的除外。

果皮/种皮部分或完全脱落的种子。

超过原来大小一半，果皮/种皮部分或完全脱落的破损种子。

附 录 B
有稃壳种子的构造和种类
(补充件)

有稃壳的种子是由下列构造或成分组成的传播单位：

a. 易于相互粘连或粘在其他物体上(如包装袋、扦样器和分样器)。

b. 可被其他植物种子粘连，反过来也可粘连其他植物种子。

c. 不易被清选、混合或扦样。

如果稃壳构造(包括稃壳杂质)占一个样品的三分之一或更多，则认为是有稃壳的种子。

本标准表 2、表 3、表 4 和表 5 中，有稃壳种子的种类包括芹属(*Apium*)，花生属(*Avachis*)，燕麦属(*Avena*)，甜菜属(*Beta*)，茼蒿属(*Chrysanthemum*)，薏苡属(*Coix*)，胡萝卜属(*Daucus*)，荞麦属(*Fagopyrum*)，茴香属(*Foeniculum*)，棉属(*Gossypium*)，大麦属(*Hordeum*)，莴苣属(*Lactuca*)，番茄属(*Lyopersicon*)，稻属(*Oryza*)，黍属(*Panicum*)，欧防风属(*Pastinaca*)，欧芹属(*Petroselinum*)，茴芹属(*Pimpinella*)，大黄属(*Rheum*)，鸦葱属(*Scorzonera*)，狗尾草属(*Setaria*)，高粱属(*Sorghum*)，菠菜属(*Spinacia*)。

附 录 C
棉花种子健籽率的测定
（参考件）

健籽率是指经净度测定后的净种子样品中除去嫩籽、小籽、瘦籽等成熟度差的棉籽，留下的健壮种子数占样品总籽数的百分率。其测定方法可用下列方法之一进行测定。

C1 剪籽法

从净度分析后的净种子中，取试样4份，每份100粒，逐粒用剪刀剪（或用刀切）开，然后观察，根据色泽、饱满程度进行鉴别。色泽新鲜、油点明显、种仁饱满者为健籽；色泽浅褐、深褐、油点不明显、种仁瘪细者为非健籽。

$$健籽率(\%)=\frac{供检棉籽数-非健籽数}{供检棉籽数}\times 100$$

C2 开水烫种法

从净度分析后的净种子中，取试样4份，每份100粒，将试样分别置于小杯中，用开水浸烫，并搅拌5 min，待棉籽短绒浸湿后，取出放在白瓷盘中，根据颜色的差异进行鉴别。呈深褐色或深红色的为成熟籽即健籽；呈浅褐色、浅红色或黄白色的为不成熟籽。

$$健籽率(\%)=\frac{供检棉籽数-不成熟籽数}{供检棉籽数}\times 100$$

本标准由全国种子总站、浙江农业大学、四川省、黑龙江省、天津市种子公司（站）、南京农业大学、北京市、湖南省种子公司负责起草。

本标准主要起草人支巨振、毕辛华、杜克敏、常秀兰、杨淑惠、任淑萍、吴志行、李仁凤、赵菊英。

中华人民共和国国家标准

GB/T 3543.4—1995

农作物种子检验规程 发芽试验

Rules for agricultural seed testing— Germination test

1 主题内容与适用范围

本标准规定了种子发芽试验的方法。

本标准适用于农作物种子质量的检测。

2 引用标准

GB/T 3543.2 农作物种子检验规程 扦样

GB/T 3543.3 农作物种子检验规程 净度分析

3 术语

3.1

发芽 germination

在实验室内幼苗出现和生长达到一定阶段,幼苗的主要构造表明在田间的适宜条件下能否进一步生长成为正常的植株,

3.2

发芽率 percentage germination

在规定的条件和时间内(见表 1)长成的正常幼苗数占供检种子数的百分率,

3.3

幼苗的主要构造 the essential seedling structures

因种而异,由根系、幼苗中轴(上胚轴、下胚轴或中胚轴)、顶芽、子叶和芽鞘等构造组成。

3.4

正常幼苗 normal seedling

在良好土壤及适宜水分、温度和光照条件下,具有继续生长发育成为正常植株的幼苗。

3.5

不正常幼苗 abnormal seedling

生长在良好土壤及适宜水分、温度和光照条件下,不能继续生长发育成为正常植株的幼苗。

3.6

复胚种子单位 multigerm seed units

能够产生一株以上幼苗的种子单位,如伞形科未分离的分果,甜菜的种球等。

国家技术监督局 1995-08-18 发布　　1996-06-01 实施

3.7

未发芽的种子 ungerminated seeds

在表1规定的条件下，试验末期仍不能发芽的种子，包括硬实、新鲜不发芽种子、死种子(通常变软、变色、发霉，并没有幼苗生长的迹象)和其他类型(如空的、无胚或虫蛀的种子)。

3.8

新鲜不发芽种子 fresh ungerminated seeds

由生理休眠所引起，试验期间保持清洁和一定硬度，有生长成为正常幼苗潜力的种子。

4 发芽床

按表1规定，通常采用纸和砂作为发芽床。除6.2条所述的特殊情况外，土壤或其他介质不宜用作初次试验的发芽床。

湿润发芽床的水质应纯净、无毒无害，pH为6.0～7.5。

4.1 纸床

4.1.1 一般要求

具有一定的强度、质地好、吸水性强、保水性好、无毒无菌、清洁干净，不含可溶性色素或其他化学物质，pH为6.0～7.5。

可以用滤纸、吸水纸等作为纸床。

4.1.2 生物毒性测定

利用梯牧草、红顶草、弯叶画眉草、紫羊茅和独行菜等种子发芽时对纸中有毒物质敏感的特性，将品质不明和品质合格的纸进行发芽比较试验，依据幼苗根的生长情况进行鉴定。在表1规定的第一次计数时或提前观察根部症状。若根缩短(有时出现根尖变色，根从纸上翘起，根毛成束)或(禾本科)幼苗的芽鞘扁平缩短等症状，则表示该纸含有有毒物质。

4.2 砂床

4.2.1 一般要求

砂粒大小均匀，其直径为0.05～0.80 mm。无毒无菌无种子。持水力强，pH为6.0～7.5。使用前必须进行洗涤和高温消毒。

化学药品处理过的种子样品发芽所用的砂子，不再重复使用。

4.2.2 生物毒性测定

同4.1.2所述的方法进行测定。

4.3 土壤

土质疏松良好、无大颗粒、不含种子、无毒无菌、持水力强、pH为6.0～7.5。使用前，必须经过消毒，一般不重复使用。

5 仪器与试剂

5.1 仪器

5.1.1 数种设备

数粒板、活动数粒板、真空数种器或电子自动数粒仪等。

5.1.2 发芽器具

a. 发芽箱：有光照、控温范围10～40℃。

b. 雅可勃逊发芽器。

c. 发芽室：室内具有可调节温度和光照的条件。

d. 发芽器皿：发芽皿、发芽盘等。

5.1.3 **冰箱**

5.2 **试剂**

硝酸、硝酸钾、赤霉酸,双氧水。

6 试验程序

6.1 数取试验样品

从经充分混合的净种子中,用数种设备或手工随机数取400粒。

通常以100粒为一次重复,大粒种子或带有病原菌的种子,可以再分为50粒、甚至25粒为一副重复。

复胚种子单位可视为单粒种子进行试验,不需弄破(分开),但芫荽例外。

6.2 选用发芽床

各种作物的适宜发芽床已在表1中作了规定。通常小粒种子选用纸床;大粒种子选用砂床或纸间;中粒种子选用纸床、砂床均可。

6.2.1 **纸床**

纸床包括纸上和纸间。

纸上(TP)是将种子放在一层或多层纸上发芽,纸可放在:

a. 培养皿内。

b. 光照发芽箱内,箱内的相对湿度接近饱和。

c. 雅可勃逊发芽器上。

纸间(BP)是将种子放在两层纸中间。可用下列方法:

a. 另外用一层纸松松地盖在种子上。

b. 纸卷,把种子均匀置放在湿润的发芽纸上,再用另一张同样大小的发芽纸覆盖在种子上,然后卷成纸卷,两端用皮筋扣住,竖放。

纸间可直接放在保湿的发芽箱盘内。

6.2.2 **砂床**

砂床包括:

a. 砂上(TS):种子压入砂的表面。

b. 砂中(S):种子播在一层平整的湿砂上,然后根据种子大小加盖10~20 mm厚度的松散砂。

6.2.3 **土壤**

当在纸床上幼苗出现植物中毒症状或对幼苗鉴定发生怀疑时,为了比较或有某些研究目的,才采用土壤作为发芽床。

6.3 置床培养

按6.2的要求,将数取的种子均匀地排在湿润的发芽床上,粒与粒之间应保持一定的距离。

在培养器具上贴上标签,按表1规定的条件进行培养。发芽期间要经常检查温度、水分和通气状况。如有发霉的种子应取出冲洗,严重发霉的应更换发芽床。

表1 农作物种子的发芽技术规定

种(变种)名	学名	发芽床	温度,℃	初次计数天数,d	末次计数天数,d	附加说明,包括破除休眠的建议
1. 洋葱	*Allium cepa* L.	TP;BP;S	20;15	6	12	预先冷冻
2. 葱	*Allium fistulosum* L.	TP;BP;S	20;15	6	12	预先冷冻
3. 韭葱	*Allium porrum* L.	TP;BP;S	20;15	6	14	预先冷冻
4. 细香葱	*Allium schoenoprasum* L.	TP;BP;S	20;15	6	14	预先冷冻
5. 韭菜	*Allium tuberosum* Rottl. ex Spreng.	TP	20~30;20	6	14	预先冷冻
6. 苋菜	*Amaranthus tricolor* L.	TP	20~30;20	4~5	14	预先冷冻;KNO_3
7. 芹菜	*Apium graveolens* L.	TP	15~25;20;15	10	21	预先冷冻;KNO_3
8. 根芹菜	*Apium graveolens* L. var. *rapaceum* DC	TP	15~25;20;15	10	21	预先冷冻;KNO_3
9. 花生	*Arachis hypogaea* L.	BP;S	20~30;25	5	10	去壳;预先加温(40℃)
10. 牛蒡	*Arctium lappa* L.	TP;BP	20~30;20	14	35	预先冷冻;四唑染色
11. 石刁柏	*Asparagus officinalis* L.	TP;BP;S	20~30;25	10	28	
12. 紫云英	*Astragalus sinicus* L.	TP;BP	20	6	12	机械去皮
13. 裸燕麦(莜麦)	*Avena nuda* L.	BP;S	20	5	10	
14. 普通燕麦	*Avena sativa* L.	BP;S	20	5	10	预先加温(30~35℃);预先冷冻;GA_3
15. 落葵	*Basella* spp. L.	TP;BP	30	10	28	预先洗涤;机械去皮
16. 冬瓜	*Benincasa hispida* (Thunb.)Cogn.	TP;BP	20~30;30	7	14	
17. 节瓜	*Benincasa hispida* Cogn. var. *chieh-qua* How.	TP;BP	20~30;30	7	14	
18. 甜菜	*Beta vulgaris* L.	TP;BP;S	20~30;15~25;20	4	14	预先洗涤(复胚2h,单胚4h),再在25℃下干燥后发芽
19. 叶甜菜	*Beta vulgaris* var. *cicla*	TP;BP;S	20~30;15~25;20	4	14	
20. 根甜菜	*Beta vulgaris* var. *rapacea*	TP;BP;S	20~30;15~25;20	4	14	
21. 白菜型油菜	*Brassica campestris* L.	TP	15~25;20	5	7	预先冷冻
22. 不结球白菜(包括白菜、乌塌菜、紫菜薹、薹菜、菜薹)	*Brassica campestris* L. ssp. *chinensis* (L.)Makino.	TP	15~25;20	5	7	预先冷冻
23. 芥菜型油菜	*Brassica juncea* Czern. et Coss.	TP	15~25;20	5	7	预先冷冻;KNO_3
24. 根用芥菜	*Brassica juncea* Coss. var. *megarrhiza* Tsen et Lee	TP	15~25;20	5	7	预先冷冻;CA_3
25. 叶用芥菜	*Brassica juncea* Coss. var. *foliosa* Bailey	TP	15~25;20	5	7	预先冷冻;GA_3;KNO_3
26. 茎用芥菜	*Brassica juncea* Coss. var. *tsatsai* Mao	TP	15~25;20	5	7	预先冷冻;GA_3;KNO_3
27. 甘蓝型油菜	*Brassica napus* L. ssp. *pekinensis* (Lour.)*Olsson*	TP	15~25;20	5	7	预先冷冻
28. 芥蓝	*Brassica oleracea* L. var. *alboglabra* Bailey	TP	15~25;20	5	10	预先冷冻;KNO_3
29. 结球甘蓝	*Brassica oleracea* L. var. *capitata* L.	TP	15~25;20	5	10	预先冷冻;KNO_3
30. 球茎甘蓝(苤蓝)	*Brassica oleracea* L. var. *caulorapa* DC.	TP	15~25;20	5	10	预先冷冻;KNO_3

表 1（续）

种(变种)名	学名	发芽床	温度,℃	初次计数天数,d	末次计数天数,d	附加说明,包括破除休眠的建　议
31. 花椰菜	*Brassica oleracea* L. var. *botrytis* L.	TP	15～25;20	5	10	预先冷冻;KNO_3
32. 抱子甘蓝	*Brassica oleracea* L. var. *gemmifera* Zenk.	TP	15～25;20	5	10	预先冷冻;KNO_3
33. 青花菜	*Brassica oleracea* L. var. *italica* Plench	TP	15～25;20	5	10	预先冷冻;KNO_3
34. 结球白菜	*Brassica campestris* L. spp. *pekinensis*(Lour). Olsson	TP	15～25;20	5	7	预先冷冻;GA_3
35. 芜菁	*Brassica rapa* L.	TP	15～25;20	5	7	预先冷冻
36. 芜菁甘蓝	*Brassica napobrassica* Mill.	TP	15～25;20	5	14	预先冷冻;KNO_3
37. 木豆	*Cajanus cajan*(L.)Millsp.	BP;S	20～30;25	4	10	
38. 大刀豆	*Canavalia gladiata*(Jacq.)DC	BP;S	20	5	8	
39. 大麻	*Cannabis sativa* L.	TP;BP	20～30;20	3	7	
40. 辣椒	*Capsicum frutescens* L.	TP;BP;S	20～30;30	7	14	KNO_3
41. 甜椒	*Capsicum frutescens* var. *grossum*	TP;BP;S	20～30;30	7	14	KNO_3
42. 红花	*Carthamus tinctorius* L.	TP;BP;S	20～30;25	4	14	
43. 茼蒿	*Chrysanthemum coronarium* var. *spatisum*	TP;BP	20～30;15	4～7	21	预先加温(40℃,4～6h);预先冷冻;光照
44. 西瓜	*Citrullus lanatus*(Thunb.)Matsum. et Nakai	BP;S	20～30;30;25	5	14	
45. 薏苡	*Coix lacryna-jobi* L.	BP	20～30	7～10	21	
46. 圆果黄麻	*Corchorus capsularis* L.	TP;BP	30	3	5	
47. 长果黄麻	*Corchorus olitorius* L.	TP;BP	30	3	5	
48. 芫荽	*Coriandrum sativum* L.	TP;BP	20～30;20	7	21	
49. 柽麻	*Crotalaria juncea* L.	BP;S	20～30	4	10	
50. 甜瓜	*Cucumis melo* L.	BP;S	20～30;25	4	8	
51. 越瓜	*Cucumis melo* L. var. *conomon* Makino	BP;S	20～30;25	4	8	
52. 菜瓜	*Cucumis melo* L. var. *flexuosus* Naud.	BP;S	20～30;25	4	8	
53. 黄瓜	*Cucumis sativus* L.	TP;BP;S	20～30;25	4	8	
54. 笋瓜(印度南瓜)	*Cucurbita maxima* Duch. ex Lam	BP;S	20～30;25	4	8	
55. 南瓜(中国南瓜)	*Cucurbita moschata*(Duchesne)Duchesne ex Poiret	BP;S	20～30;25	4	8	
56. 西葫芦(美洲南瓜)	*Cucurbita pepo* L.	BP;S	20～30;25	4	8	
57. 瓜尔豆	*Cyamopsis tetragonoloba*(L.)Taubert	BP	20～30	5	14	
58. 胡萝卜	*Daucus carota* L.	TP;BP	20～30;20	7	14	
59. 扁豆	*Dolichos lablab* L.	BP;S	20～30;20;25	4	10	
60. 龙爪稷	*Eleusine coracana*(L.)Gaertn.	TP	20～30	4	8	KNO_3
61. 甜荞	*Fagopyrum esculentum* Moench	TP;BP	20～30;20	4	7	
62. 苦荞	*Fagopyrum tataricum*(L.)Gaertn.	TP;BP	20～30;20	4	7	

表 1（续）

种(变种)名	学名	发芽床	温度,℃	初次计数天数,d	末次计数天数,d	附加说明,包括破除休眠的建　议
63. 茴香	*Foeniculum vulgare* Miller	TP;BP;TS	20～30;20	7	14	
64. 大豆	*Glycine max*(L.)Merr.	BP;S	20～30;20	5	8	
65. 棉花	*Gossypium* spp.	BP;S	20～30;30;25	4	12	
66. 向日葵	*Helianthus annuus* L.	BP;S	20～30;25;20	4	10	预先冷冻;预先加温
67. 红麻	*Hibiscus cannabinus* L.	BP;S	20～30;25	4	8	
68. 黄秋葵	*Hibiscus esculentus* L.	TP;BP;S	20～30	4	21	
69. 大麦	*Hordeum vulgare* L.	BP;S	20	4	7	预先加温(30～35℃);预先冷冻;GA_3
70. 蕹菜	*Ipomoea aquatica* Forsskal	BP;S	30	4	10	
71. 莴苣	*Lactuca sativa* L.	TP;BP	20	4	7	预先冷冻
72. 瓠瓜	*Lagenaria siceraria*(Molina)Standley	BP;S	20～30	4	14	
73. 兵豆(小扁豆)	*Lens culinaris* Medikus	BP;S	20	5	10	预先冷冻
74. 亚麻	*Linum usitatissimum* L.	TP;BP	20～30;20	3	7	预先冷冻
75. 棱角丝瓜	*Luffa acutangula*(L.)Roxb.	BP;S	30	4	14	
76. 普通丝瓜	*Luffa cylindrica*(L.)Roem.	BP;S	20～30;30	4	14	
77. 番茄	*Lycopersicon lycopersicum*(L.)Karsten	TP;BP;S	20～30;25	5	14	KNO_3
78. 金花菜	*Medicago polymorpha* L.	TP;BP	20	4	14	
79. 紫花苜蓿	*Medicago sativa* L.	TP;BP	20	4	10	预先冷冻
80. 白香草木樨	*Melilotus albus* Desr.	TP;BP	20	4	7	预先冷冻
81. 黄香草木樨	*Melilotus officinalis* (L.)Pallas	TP;BP	20	4	7	预先冷冻
82. 苦瓜	*Momordica charantia* L.	BP;S	20～30;30	4	14	
83. 豆瓣菜	*Nasturtium officinale* R. Br.	TP;BP	20～30	4	14	
84. 烟草	*Nicotiana tabacum* L.	TP	20～30	7	16	KNO_3
85. 罗勒	*Ocimum basilicum* L.	TP;BP	20～30;20	4	14	KNO_3
86. 稻	*Oryza sativa* L.	TP;BP;S	20～30;30	5	14	预先加温(50℃);在水中或 HNO_3 中浸渍 24h
87. 豆薯	*Pachyrhizus erosus* (L.)Urban	BP;S	20～30;30	7	14	
88. 黍(糜子)	*Panicum miliaceum* L.	TP;BP	20～30;25	3	7	
89. 美洲防风	*Pastinaca sativa* L.	TP;BP	20～30	6	28	
90. 香芹	*Petroselinum crispum*(Miller)Nyman ex A. W. Hill	TP;BP	20～30	10	28	
91. 多花菜豆	*Phaseolus multiflorus* Willd.	BP;S	20～30;20	5	9	
92. 利马豆(菜豆)	*Phaseolus lunatus* L.	BP;S	20～30;25;20	5	9	
93. 菜豆	*Phaseolus vulgaris* L.	BP;S	20～30;25;20	5	9	

表 1（续）

种(变种)名	学名	发芽床	温度,℃	初次计数天数,d	末次计数天数,d	附加说明,包括破除休眠的建议
94. 酸浆	*Physalis pubescens* L.	TP	20～30	7	28	KNO_3
95. 茴芹	*Pimpinella anisum* L.	TP;BP	20～30	7	21	
96. 豌豆	*Pisum sativum* L.	BP;S	20	5	8	
97. 马齿苋	*Portulaca oleracea* L.	TP;BP	20～30	5	14	预先冷冻
98. 四棱豆	*Psophocar pus tetragonolobus*(L.)DC.	BP;S	20～30;30	4	14	
99. 萝卜	*Raphanus sativus* L.	TP;BP;S	20～30;20	4	10	预先冷冻
100. 食用大黄	*Rheum rhaponticum* L.	TP	20～30	7	21	
101. 蓖麻	*Ricinus communis* L.	BP;S	20～30	7	14	
102. 鸦葱	*Scorzonera his panica* L.	TP;BP;S	20～30;20	4	8	预先冷冻
103. 黑麦	*Secale cereale* L.	TP;BP;S	20	4	7	预先冷冻;GA_3
104. 佛手瓜	*Sechium edule*(Jacp.)Swartz	BP;S	20～30;20	5	10	
105. 芝麻	*Sesamum indicum* L.	TP	20～30	3	6	
106. 田菁	*Sesbania cannabina*(Retz.)Pers.	TP;BP	20～30;25	5	7	
107. 粟	*Setaria italica*(L.)Beauv.	TP;BP	20～30	4	10	
108. 茄子	*Solanum melongena* L.	TP;BP;S	20～30;30	7	14	
109. 高粱	*Sorghum bicolor*(L.)Moench	TP;BP	20～30;25	4	10	预先冷冻
110. 菠菜	*Spinacia oleracea* L.	TP;BP	15;10	7	21	预先冷冻
111. 黎豆	*Stizolobium* ssp.	BP;S	20～30;20	5	7	
112. 番杏	*Tetragonia tetragonioides*(Palias)Kuntze	BP;S	20～30;20	7	35	除去果肉;预先洗涤
113. 婆罗门参	*Tragopogon porrifolius* L.	TP;BP	20	5	10	预先冷冻
114. 小黑麦	X *Triticosecale* Wittm.	TP;BP;S	20	4	8	预先冷冻;GA_3 预先加温(30～35℃);预先
115. 小麦	*Triticum aestivum* L.	TP;BP;S	20	4	8	冷冻;GA_3
116. 蚕豆	*Vicia faba* L.	BP;S	20	4	14	预先冷冻
117. 箭舌豌豆	*Vicia sativa* L.	BP;S	20	5	14	预先冷冻
118. 毛叶苕子	*Vicia villosa* Roth	BP;S	20	5	14	预先冷冻
119. 赤豆	*Vigna angularis*(Willd)Ohwi & Ohashi	BP;S	20～30	4	10	
120. 绿豆	*Vigna radiata*(L.)Wilczek	BP;S	20～30;25	5	7	
121. 饭豆	*Vigna umbellata*(Thunb.)Ohwi & Ohashi	BP;S	20～30;25	5	7	
122. 长豇豆	*Vigna unguiculata* W. ssp. *sesquipedalis*(L.)Verd.	BP;S	20～30;25	5	8	
123. 矮豇豆	*Vigna unguiculata* W. ssp. *unguiculata*(L.)Verd.	BP;S	20～30;25	5	8	
124. 玉米	*Zea mays* L.	BP;S	20～30;25;20	4	7	

注:表中符号代表:TP——纸上,BP——纸间,S——砂,TS——砂上。

6.4 控制发芽条件

6.4.1 水分和通气

根据发芽床和种子特性决定发芽床的加水量。如砂床加水为其饱和含水量的60%～80%(禾谷类等中小粒种子为60%,豆类等大粒种子为80%);如纸床,吸足水分后,沥去多余水即可;如用土壤作发芽床,加水至手握土粘成团,再手指轻轻一压就碎为宜。

发芽期间发芽床必须始终保持湿润。

发芽期间应使种子周围有足够的空气,注意通气。尤其是在纸卷和砂床中应注意:纸卷须相当疏松;用砂床和土壤试验时,覆盖种子的砂或土壤不要紧压。

6.4.2 温度

发芽应按表1规定的温度进行,发芽器、发芽箱、发芽室的温度在发芽期间应尽可能一致。表1规定的温度为最高限度,有光照时,应注意不应超过此限度。仪器的温度变幅不应超过±1℃。

当规定用变温时,通常应保持低温16 h及高温8 h。对非休眠的种子,可以在3 h内逐渐变温。如是休眠种子,应在1 h或更短时间内完成急剧变温或将试验移到另一个温度较低的发芽箱内。

6.4.3 光照

表1中大多数种的种子可在光照或黑暗条件下发芽,但一般采用光照。需光种子的光照强度为750～1 250勒克司(Lx),如在变温条件下发芽,光照应在8 h高温时进行。

6.5 休眠种子的处理

当试验结束还存在硬实或新鲜不发芽种子时,可采用下列一种或几种方法进行处理(详见表1)。

6.5.1 破除生理休眠的方法

a. 预先冷冻:试验前,将各重复种子放在湿润的发芽床上,在5～10℃之间进行预冷处理,如麦类在5～10℃处理3 d,然后在规定温度下进行发芽。

b. 硝酸处理:水稻休眠种子可用硝酸溶液[$c(HNO_3)=0.1$ mol/L]浸种16～24 h,然后置床发芽。

c. 硝酸钾处理:硝酸钾处理适用于禾谷类、茄科等许多种子。发芽开始时,发芽床可用0.2%(m/V)的硝酸钾溶液湿润。在试验期间,水分不足时可加水湿润。

d. 赤霉酸(GA_3)处理:燕麦、大麦、黑麦和小麦种子用0.05%(m/V)GA_3溶液湿润发芽床。当休眠较浅时用0.02%(m/V)浓度,当休眠深时须用0.1%(m/V)浓度。芸薹属可用0.01%或0.02%(m/V)浓度的溶液。

e. 双氧水处理:可用于小麦、大麦和水稻休眠种子的处理。用浓双氧水[29%(V/V)]处理时:小麦浸种5 min,大麦浸种10～20 min,水稻浸种2 h。用淡双氧水处理时,小麦用1%(V/V)浓度,大麦用1.5%(V/V)浓度,水稻用3%(V/V)浓度,均浸种24 h。用浓双氧水处理后,须马上用吸水纸吸去沾在种子上的双氧水,再置床发芽。

f. 去稃壳处理:水稻用出糙机脱去稃壳;有稃大麦剥去胚部稃壳(外稃);菠菜剥去果皮或切破果皮;瓜类嗑开种皮。

g. 加热干燥:将发芽试验的各重复种子放在通气良好的条件下干燥,种子摊成一薄层。各种作物种子加热干燥的温度和时间见表2。

表2 各种作物种子加热干燥的温度和时间

作物名称	温度,℃	时间,d
大麦、小麦	30～35	3～5
高粱	30	2
水稻	40	5～7
花生	40	14
大豆	30	0.5

表 2（续）

作物名称	温度,℃	时间,d
向日葵	30	7
棉花	40	1
烟草	30～40	7～10
胡萝卜、芹菜、菠菜、洋葱、黄瓜、甜瓜、西瓜	30	3～5

6.5.2　**破除硬实的方法**

a. 开水烫种：适用于棉花和豆类的硬实，发芽试验前将种子用开水烫种 2 min，再行发芽。

b. 机械损伤：小心地把种皮刺穿、削破、锉伤或用砂皮纸摩擦。豆科硬实可用针直接刺入子叶部分，也可用刀片切去部分子叶。

6.5.3　**除去抑制物质的方法**

甜菜、菠菜等种子单位的果皮或种皮内有发芽抑制物质时，可把种子浸在温水或流水中预先洗涤，甜菜复胚种子洗涤 2 h，遗传单胚种子洗涤 4 h，菠菜种子洗涤 1～2 h。然后将种子干燥，干燥最高温度不得超过 25℃。

6.6　**幼苗鉴定**

6.6.1　**试验持续时间**

每个种的试验持续时间详见表 1。试验前或试验间用于破除休眠处理所需时间不作为发芽试验时间的一部分。

如果样品在规定试验时间内只有几粒种子开始发芽，则试验时间可延长 7d，或延长规定时间的一半。根据试验情况，可增加计数的次数。反之，如果在规定试验时间结束前，样品已达到最高发芽率，则该试验可提前结束。

6.6.2　**鉴定**

每株幼苗都必须按附录 A（补充件）规定的标准进行鉴定。鉴定要在主要构造已发育到一定时期进行。根据种的不同，试验中绝大部分幼苗应达到：子叶从种皮中伸出（如莴苣属）、初生叶展开（如菜豆属）、叶片从胚芽鞘中伸出（如小麦属）。尽管一些种如胡萝卜属在试验末期，并非所有幼苗的子叶都从种皮中伸出，但至少在末次计数时，可以清楚地看到子叶基部的"颈"。

在计数过程中，发育良好的正常幼苗应从发芽床中拣出，对可疑的或损伤、畸形或不均衡的幼苗，通常到末次计数。严重腐烂的幼苗或发霉的种子应从发芽床中除去，并随时增加计数。

复胚种子单位作为单粒种子计数，试验结果用至少产生一个正常幼苗的种子单位的百分率表示。当送验者提出要求时，也可测定 100 个种子单位所产生的正常幼苗数，或产生一株、两株及两株以上正常幼苗的种子单位数。

6.7　**重新试验**

当试验出现下列情况时，应重新试验。

a. 怀疑种子有休眠（即有较多的新鲜不发芽种子），可采用表 2 或 6.5 所述的方法进行试验，将得到的最佳结果填报，应注明所用的方法。

b. 由于真菌或细菌的蔓延而使试验结果不一定可靠时，可采用砂床或土壤进行试验。如有必要，应增加种子之间的距离。

c. 当正确鉴定幼苗数有困难时，可采用表 1 中规定的一种或几种方法在砂床或土壤上进行重新试验。

d. 当发现试验条件、幼苗鉴定或计数有差错时，应采用同样方法进行重新试验。

e. 当 100 粒种子重复间的差距超过表 3 最大容许差距时，应采用同样的方法进行重新试验。如果第二次结果与第一次结果相一致，即其差异不超过表 4 中所示的容许差距，则将两次试验的平均数填报在结果单上。如果第二次结果与第一次结果不相符合，其差异超过表 4 所示的容许差距，则采用同样的方法进行第三次试验，填报符合要求的结果平均数。

表 3　同一发芽试验四次重复间的最大容许差距

（2.5％显著水平的两尾测定）

平均发芽率		最大容许差距
50％以上	50％以下	
99	2	5
98	3	6
97	4	7
96	5	8
95	6	9
93～94	7～8	10
91～92	9～10	11
89～90	11～12	12
87～88	13～14	13
84～86	15～17	14
81～83	18～20	15
78～80	21～23	16
73～77	24～28	17
67～72	29～34	18
56～66	35～45	19
51～55	46～50	20

表 4　同一或不同实验室来自相同或不同送验样品间发芽试验的容许差距

（2.5％显著水平的两尾测定）

平均发芽率		最大容许差距
50％以上	50％以下	
98～99	2～3	2
95～97	4～6	3
91～94	7～10	4
85～90	11～16	5
77～84	17～24	6
60～76	25～41	7
51～59	42～50	8

7　结果计算和表示

试验结果以粒数的百分率表示。当一个试验的四次重复（每个重复以 100 粒计，相邻的副重复合并成 100 粒的重复）正常幼苗百分率都在最大容许差距内（表 3），则其平均数表示发芽百分率。不正常幼苗、硬实、新鲜不发芽种子和死种子的百分率按四次重复平均数计算。正常幼苗、不正常幼苗和未发芽种子百分率的总和必须为 100，平均数百分率修约到最近似的整数，修约 0.5 进入最大值中。

8　结果报告

填报发芽结果时，须填报正常幼苗、不正常幼苗、硬实、新鲜不发芽种子和死种子的百分率。假如其中任何一项结果为零，则将符号“—0—”填入该格中。

同时还须填报采用的发芽床和温度、试验持续时间以及为促进发芽所采用的处理方法。

表 5　同一或不同实验室不同送验样品间发芽试验的容许差距

（5%显著水平的一尾测定）

平均发芽率		容许差距
50%以上	50%以下	
99	2	2
97～98	3～4	3
94～96	5～7	4
91～93	8～10	5
87～90	11～14	6
82～86	15～19	7
76～81	20～25	8
70～75	26～31	9
60～69	32～41	10
51～59	42～50	11

表 6　发芽试验与规定值比较的容许误差

（5%显著水平的一尾测定）

规定发芽率		容许差距
50%以上	50%以下	
99	2	1
96～98	3～5	2
92～95	6～9	3
87～91	10～14	4
80～86	15～21	5
71～79	22～30	6
58～70	31～43	7
51～57	44～50	8

附　录　A
正常幼苗与不正常幼苗的划分
（补充件）

A1　术语

A1.1　初生根　primary root

由胚根发育而来的幼苗主根。

A1.2　次生根　secondary root

除初生根外的其他根。

A1.3　种子根　seminal roots

在禾谷类植物中，由初生根和胚中轴上长出的数条次生根所形成的幼苗根系。

A1.4　残缺根　stunted root

不管根的长度如何，缺少根尖或根尖有缺陷的根。

A1.5　粗短根　stubby root

虽根尖完整，但根缩短呈棒状，是幼苗中毒症状所特有的根。

A1.6　停滞根　retarded root

通常具有完整根尖，但异常短小而细弱，与幼苗的其他构造相比失去均衡。

A1.7　上胚轴　epicotyl

子叶以上至第一片真叶或一对真叶以下的部分苗轴。

A1.8　中胚轴　mesocotyl

在禾本科一些高度分化的属中，盾片着生点至胚芽之间的部分苗轴。

A1.9　下胚轴　hypocotyl

初生根以上至子叶着生点以下的部分苗轴。

A1.10　扭曲构造　twisted structure

沿着幼苗伸长主轴、下胚轴、芽鞘等幼苗构造发生扭曲状。包括轻度扭曲（loosely twisted）和严重扭曲（tightly twisted）。

A1.11　环状构造　looped structure

改变了原来的直线形，下胚轴、芽鞘等幼苗构造完全形成环状或圆圈形。

A1.12　出土型发芽　epigeal germination

由于下胚轴伸长而使子叶和幼苗中轴伸出地面的一种发芽习性。

A1.13　留土型发芽　hypogeal germination

子叶或变态子叶（盾片）留在土壤和种子内的一种发芽习性。

A1.14　子叶　cotyledon

胚和幼苗的第一片叶或第一对叶。

A1.15　腐烂　decay

由于微生物的存在而引起的有机组织溃烂。

A1.16　变色　discolouration

颜色改变或褪色。

A1.17 向地性 geotropism

植物生长对重力的反应，包括向地下生长的正向地性(positive geotropism)和向上生长的负向地性(negative geotropism)生长。

A1.18 芽鞘 coleoptile

在禾本科中，胚或幼苗芽鞘的鞘状保护构造。

A1.19 感染 infection

病原菌侵入活体(如幼苗主要构造)并蔓延，引起病症和腐烂。包括初生感染(primary infection)(种子本身携带病原菌)和次生感染(secondary infection)(其他种子或幼苗蔓延而被感染)。

A1.20 初生叶 primary leaf

在子叶后所出现的第一片叶或第一对叶。

A1.21 鳞叶 scale leaves

通常紧缩在轴上(如石刁柏、豌豆属)的一种退化叶片。

A1.22 盾片 scutellum

在禾本科某些属中所特有的变态子叶，其功能是从胚乳吸收养分输送到胚部的一种盾形构造。

A1.23 顶芽 terminal bud

由数片分化程度不同的叶片所包裹着的幼苗顶端。

A1.24 50%规则 50%-rule

如果整个子叶组织或初生叶有一半或一半以上的面积具有功能，则这种幼苗可列为正常幼苗；如果一半以上的组织不具备功能(如缺失、坏死、变色或腐烂)，则为不正常幼苗。当从子叶着生点到下胚轴有损伤和腐烂的迹象时，这时不能采用50%规则。在鉴定有缺陷的初生叶时可以应用，但初生叶形状正常，只是叶片面积较小时则不能应用。

A2 正常幼苗

凡符合下列类型之一者为正常幼苗。

A2.1 完整幼苗

幼苗主要构造生长良好、完全、匀称和健康。

因种不同，应具有下列一些构造。

A2.1.1 发育良好的根系，其组成如下：

a. 细长的初生根，通常长满根毛，末端细尖。

b. 在规定试验时期内产生的次生根。

c. 在燕麦属、大麦属、黑麦属、小麦属和小黑麦属中，由数条种子根代替一条初生根。

A2.1.2 发育良好的幼苗中轴，其组成如下：

a. 出土型发芽的幼苗，应具有一个直立、细长并有伸长能力的下胚轴。

b. 留土型发芽的幼苗，应具有一个发育良好的上胚轴。

c. 在有些出土型发芽的一些属(如菜豆属、花生属)中，应同时具有伸长的上胚轴和下胚轴。

d. 在禾本科的一些属(如玉米属、高粱属)中，应具有伸长的中胚轴。

A2.1.3 具有特定数目的子叶：

a. 单子叶植物具有一片子叶，子叶可为绿色和呈圆管状(葱属)，或变形而全部或部分遗留在种子内(如石刁柏、禾本科)。

b. 双子叶植物具有二片子叶，在出土型发芽的幼苗中，子叶为绿色，展开呈叶状；在留土型发芽的幼苗中，子叶为半球形和肉质状，并保留在种皮内。

A2.1.4 具有展开、绿色的初生叶：

a. 在互生叶幼苗中有一片初生叶，有时先发生少数鳞状叶，如豌豆属、石刁柏属、巢菜属。

b. 在对生叶幼苗中有两片初生叶，如菜豆属。

A2.1.5 具有一个顶芽或苗端。

A2.1.6 在禾本科植物中有一个发育良好、直立的芽鞘，其中包着一片绿叶延伸到顶端，最后从芽鞘中伸出。

A2.2 带有轻微缺陷的幼苗

幼苗主要构造出现某种轻微缺陷，但在其他方面能均衡生长，并与同一试验中的完整幼苗相当。

有下列缺陷则为带有轻微缺陷的幼苗。

A2.2.1 初生根：

a. 初生根局部损伤，或生长稍迟缓。

b. 初生根有缺陷，但次生根发育良好，特别是豆科中一些大粒种子的属（如菜豆属、豌豆属、巢菜属、花生属、豇豆属和扁豆属）、禾本科中的一些属（如玉米属、高粱属和稻属）、葫芦科所有属（如甜瓜属、南瓜属和西瓜属）和锦葵科所有属（如棉属）。

c. 燕麦属、大麦属、黑麦属、小麦属和小黑麦属中只有一条强壮的种子根。

A2.2.2 下胚轴、上胚轴或中胚轴局部损伤。

A2.2.3 子叶（采用“50%规则”）：

a. 子叶局部损伤，但子叶组织总面积的一半或一半以上仍保持着正常的功能，并且幼苗顶端或其周围组织没有明显的损伤或腐烂。

b. 双子叶植物仅有一片正常子叶，但其幼苗顶端或其周围组织没有明显的损伤或腐烂。

A2.2.4 初生叶：

a. 初生叶局部损伤，但其组织总面积的一半或一半以上仍保持着正常的功能（采用“50%规则”）。

b. 顶芽没有明显的损伤或腐烂，有一片正常的初生叶，如菜豆属。

c. 菜豆属的初生叶形状正常，大于正常大小的四分之一。

d. 具有三片初生叶而不是两片，如菜豆属（采用“50%规则”）。

A2.2.5 芽鞘：

a. 芽鞘局部损伤。

b. 芽鞘从顶端开裂，但其裂缝长度不超过芽鞘的三分之一。

c. 受内外稃或果皮的阻挡，芽鞘轻度扭曲或形成环状。

d. 芽鞘内的绿叶，没有延伸到芽鞘顶端，但至少要达到芽鞘的一半。

A2.3 次生感染的幼苗

由真菌或细菌感染引起，使幼苗主要构造发病和腐烂，但有证据表明病源不来自种子本身。

A3 不正常幼苗

不正常幼苗有三种类型：

a. 受损伤的幼苗：由机械处理、加热、干燥、昆虫损害等外部因素引起，使幼苗构造残缺不全或受到严重损伤，以至于不能均衡生长者。

b. 畸形或不匀称的幼苗：由于内部因素引起生理紊乱，幼苗生长细弱，或存在生理障碍，或主要构造畸形，或不匀称者。

c. 腐烂幼苗：由初生感染（病源来自种子本身）引起，使幼苗主要构造发病和腐烂，并妨碍其正常生长者。

在实际过程中，凡幼苗带有下列一种或一种以上的缺陷则列为不正常幼苗。

A3.1 根

A3.1.1 初生根：

a. 残缺；

b. 短粗；

c. 停滞；

d. 缺失；

e. 破裂；

f. 从顶端开裂；

g. 缩缢；

h. 纤细；

i. 卷缩在种皮内；

j. 负向地性生长；

k. 水肿状；

l. 由初生感染所引起的腐烂。

A3.1.2 种子根：

没有或仅有一条生长力弱的种子根。

注：次生根或种子根带有上述一种或数种缺陷者列为不正常幼苗，但是对具有数条次生根（见A2.2.1b.）或至少具有一条强壮种子根（见A2.2.1c.）的幼苗应列入正常幼苗。

A3.2 下胚轴、上胚轴或中胚轴

a. 缩短而变粗；

b. 深度横裂或破裂；

c. 纵向裂缝（开裂）；

d. 缺失；

e. 缩缢；

f. 严重扭曲；

g. 过度弯曲；

h. 形成环状或螺旋形；

i. 纤细；

j. 水肿状；

k. 由初生感染所引起的腐烂。

A3.3 子叶（采用“50%规则”）

A3.3.1 除葱属外所有属的子叶缺陷：

a. 肿胀卷曲；

b. 畸形；

c. 断裂或其他损伤；

d. 分离或缺失；

e. 变色；

f. 坏死；

g. 水肿状；

h. 由初生感染所引起的腐烂。

注：在子叶与苗轴着生点或与苗端附近处发生损伤或腐烂的幼苗应列入不正常幼苗，这时不考虑“50%规则”。

A3.3.2 葱属子叶的特定缺陷：

a. 缩短而变粗；
b. 缩缢；
c. 过度弯曲；
d. 形成环状或螺旋形；
e. 无明显的“膝”；
f. 纤细。

A3.4 初生叶（采用“50％规则”）

a. 畸形；
b. 损伤；
c. 缺失；
d. 变色；
e. 坏死；
f. 由初生感染所引起的腐烂；
g. 虽形状正常，但小于正常叶片大小的四分之一。

A3.5 顶芽及周围组织

a. 畸形；
b. 损伤；
c. 缺失；
d. 由初生感染所引起的腐烂。

注：假如顶芽有缺陷或缺失，即使有一个或两个已发育的腋芽（如菜豆属）或幼梢（如豌豆属），也列为不正常幼苗。

A3.6 胚芽鞘和第一片叶（禾本科）

A3.6.1 胚芽鞘：

a. 畸形；
b. 损伤；
c. 缺失；
d. 顶端损伤或缺失；
e. 严重过度弯曲；
f. 形成环状或螺旋形；
g. 严重扭曲；
h. 裂缝长度超过从顶端量起的三分之一；
i. 基部开裂；
j. 纤细；
k. 由初生感染所引起的腐烂。

A3.6.2 第一叶：

a. 延伸长度不到胚芽鞘的一半；
b. 缺失；
c. 撕裂或其他畸形。

A3.7 整个幼苗

a. 畸形；
b. 断裂；
c. 子叶比根先长出；
d. 两株幼苗连在一起；

e. 黄化或白化；

f. 纤细；

g. 水肿状；

h. 由初生感染所引起的腐烂。

本标准由全国种子总站、浙江农业大学、四川省、黑龙江省、天津市种子公司(站)、南京农业大学、北京市、湖南省种子公司负责起草。

本标准主要起草人支巨振、毕辛华、杜克敏、常秀兰、杨淑惠、任淑萍、吴志行、李仁凤、赵菊英。

中华人民共和国国家标准

GB/T 3543.5—1995

农作物种子检验规程 真实性和品种纯度鉴定

Rules for agricultural seed testing—Verification of genuineness and cultivar

1 主题内容与适用范围

本标准规定了测定种子真实性和品种纯度的方法。

本标准适用于农作物种子质量的检测。

2 引用标准

GB/T 3543.2 农作物种子检验规程 扦样

GB/T 3543.4 农作物种子检验规程 发芽试验

3 术语

3.1

种子真实性 genuineness of seed

供检品种与文件记录(如标签等)是否相符。

3.2

品种纯度 varietal purity

品种在特征特性方面典型一致的程度,用本品种的种子数占供检本作物样品种子数的百分率表示。

3.3

变异株 off-type

一个或多个性状(特征特性)与原品种育成者所描述的性状明显不同的植株。

3.4

育种家种子 breeder seed

育种家育成的遗传性状稳定的品种或亲本种子的最初一批种子,用于进一步繁殖原种种子。

3.5

原种 basic seed

用育种家种子繁殖的第一代至第三代,或按原种生产技术规程生产的达到原种质量标准的种子,用于进一步繁殖良种种子。

3.6

良种 certified seed

用常规种原种繁殖的第一代至第三代和杂交种达到良种质量标准的种子,用于大田生产。

国家技术监督局 1995-08-18 发布　　1996-06-01 实施

4 试剂

苯酚、愈创木酚、过氧化氢、氢氧化钾、氢氧化钠、氯化氢。

5 仪器和设备

其仪器设备也随方法的差异而不同。

a. 在实验室中测定

配备适宜的仪器(如体视显微镜、扩大镜、解剖镜)与试剂,以供种子形态、生理及细胞学的检查、化学测定及种子发芽之用。

b. 在温室和培养室中测定

配备能调节环境条件的设备(如生长箱),以利诱导鉴别性状的发育。

c. 在田间小区里鉴定

需具有能使鉴定性状正常发育的气候、土壤及栽培条件,并对防治病虫害有相对的保护措施。

6 测定程序

6.1 送验样品的重量

品种纯度测定的送验样品的最小重量应符合表 1 的规定。

表 1 品种纯度测定的送验样品重量

g

种　　类	限于实验室测定	田间小区及实验室测定
豌豆属、菜豆属、蚕豆属、玉米属、大豆属及种子大小类似的其他属	1 000	2 000
水稻属、大麦属、燕麦属、小麦属、黑麦属及种子大小类似的其他属	500	1 000
甜菜属及种子大小类似的其他属	250	500
所有其他属	100	250

6.2 种子鉴定

6.2.1 形态鉴定法

随机从送验样品中数取 400 粒种子,鉴定时须设重复,每个重复不超过 100 粒种子。

根据种子的形态特征,必要时可借助扩大镜等进行逐粒观察,必须备有标准样品或鉴定图片和有关资料。

水稻种子根据谷粒形状、长宽比、大小、稃壳和稃尖色、稃毛长短、稀密、柱头夹持率等;大麦种子根据籽粒形状、外稃基部皱褶、籽粒颜色、腹沟基刺、腹沟展开程度、外稃侧背脉纹齿状物及脉色、外稃基部稃壳皱褶凹陷、小穗轴茸毛多少、鳞被(桨片)形状及茸毛稀密等;大豆种子可根据种子大小、形状、颜色、光泽、光滑度、蜡粉多少及种脐形状颜色等;葱类可根据种子大小、形状、颜色、表面构造及脐部特征等。

6.2.2 快速测定法

随机从送验样品中数取 400 粒种子,鉴定时须设重复,每个重复不超过 100 粒种子。

a. 苯酚染色法

小麦、大麦、燕麦:将种子浸入清水中经 18～24 h ,用滤纸吸干表面水分,放入垫有已经 1%苯酚溶液湿润滤纸的培养皿内(腹沟朝下)。在室温下,小麦保持 4h,燕麦 2 h,大麦 24 h 后即可鉴定染色深浅。小麦观察颖果染色情况,大麦、燕麦评价种子内外稃染色情况。通常颜色分为五级即浅色、淡褐色、褐色、深褐色和黑色。将与基本颜色不同的种子取出作为异品种。

水稻:将种子浸入清水中经 6 h,倒去清水,注入 1%(m/V)苯酚溶液,室温下浸 12 h 取出用清水洗涤,放在滤纸上经 24 h,观察谷粒或米粒染色程度。谷粒染色分为不染色、淡茶褐色、茶褐色、黑褐色和黑色五级；米粒染色分不染色、淡茶褐色、褐色或紫色三级。

b. 大豆种皮愈创木酚染色法

将每粒大豆种子的种皮剥下，分别放入小试管内，然后注入 1 mL 蒸馏水，在 30℃下浸提 1 h，再在每支试管中加入 10 滴 0.5%愈创木酚溶液，10 min 后，每支试管加入 1 滴 0.1%过氧化氢溶液。1 min 后，计数试管内种皮浸出液呈现红棕色的种子数与浸出液呈无色的种子数。

c. 高粱种子氢氧化钾-漂白粉测定法

配制 1∶5(m/V)氢氧化钾和新鲜普通漂白粉(5.25%漂白粉)的混合液〔即 1 g 氢氧化钾(KOH)加入 5.0 mL 漂白液〕，通常准备 100 mL 溶液，贮于冰箱中备用。将种子放入培养皿内，加入氢氧化钾-漂白液(测定前应置于室温一段时间)以淹没种子为度。棕色种皮浸泡 10 min。浸泡中定时轻轻摇晃使溶液与种子良好接触，然后把种子倒在纱网上，用自来水慢慢冲洗，冲洗后把种子放在纸上让其气干，待种子干燥后，记录黑色种子数与浅色种子数。

d. 燕麦种子荧光测定法

应用波长 360Å 紫外光照射，在暗室内鉴定。将种子排列在黑纸上，置于距紫外光下 10～15 cm 处，照射数秒至数分钟后即可根据内外稃有无荧光发出进行鉴定

e. 燕麦种子氯化氢测定法

将燕麦种子放入早已配好的氯化氢溶液〔1 份 38%(V/V)盐酸(HCl)和 4 份水〕的玻璃器皿中浸泡 6 h，然后取出放在滤纸上让其气干 1 h。根据棕褐色(荧光种子)或黄色(非荧光种子)来鉴别种子。

f. 小麦种子的氢氧化钠测定法

当小麦种子红白皮不易区分(尤其是经杀菌剂处理的种子)时，可用氢氧化钠测定法加以区别。数取 400 粒或更多的种子，先用 95%(V/V)甲醇浸泡 15 min，然后让种子干燥 30 min，在室温下将种子浸泡在 5 M / L NaOH 溶液中 5 min，然后将种子移至培养皿内，不可加盖，让其在室温下干燥，根据种子浅色和深色加以计数。

6.2.3 小麦、大麦醇溶蛋白的酸性聚丙烯酰胺电泳法见附录 A(参考件)。

6.3 幼苗鉴别

随机从送验样品中数取 400 粒种子，鉴定时须设重复，每重复为 100 粒种子。在培养室或温室中，可以用 100 粒，二次重复。

幼苗鉴定可以通过两个主要途径：一种途径是提供给植株以加速发育的条件(类似于田间小区鉴定，只是所需时间较短)，当幼苗达到适宜评价的发育阶段时，对全部或部分幼苗进行鉴定；另一种途径是让植株生长在特殊的逆境条件下，测定不同品种对逆境的不同反应来鉴别不同品种。

禾谷类：禾谷类作物的芽鞘、中胚轴有紫色与绿色两大类，它们是受遗传基因控制的。将种子播在砂中(玉米、高粱种子间隔 1.0 cm×4.5 cm，燕麦、小麦种子间隔 2.0 cm×4.0 cm，播种深度 1.0 cm)，在 25℃恒温下培养，24 h 光照。玉米、高粱每天加水，小麦、燕麦每隔 4 d 施加缺磷的 Hoagland 1 号培养液，在幼苗发育到适宜阶段时，高粱、玉米 14 d，小麦 7 d，燕麦 10～14 d，鉴定芽鞘的颜色。

注：缺磷的 Hoagland 1 号培养液配方：在 1 L 蒸馏水中加入 4 mL 1 M/L 硝酸钙溶液〔$Ca(NO_3)_2$〕、2 mL 1 M/L 硫酸镁溶液($MgSO_4$)和 6 mL 1M/L 硝酸钾溶液(KNO_3)。

大豆：把种子播于砂中(种子间隔 2.5 cm×2.5 cm，播种深度 2.5 cm)，在 25℃下培养，24 h 光照，每隔 4 d 施加 Hoagland 1 号培养液，至幼苗各种特征表现明显时，根据幼苗下胚轴颜色(生长 10～14 d)、茸毛颜色(21 d)、茸毛在胚轴上着生的角度(21 d)、小叶形状(21 d)等进行鉴定。

注：Hoagland 1 号培养液配方：在 1 L 蒸馏水中加入 1 mL 1 M/L 磷酸二氢钾溶液(KH_2PO_4)、5 mL 1 M/L 硝酸钾溶液(KNO_3)，5 mL 1 M/L 硝酸钙溶液〔$Ca(NO_3)_2$〕和 2 mL 1 M/L 硫酸镁溶液($MgSO_4$)。

莴苣：将莴苣种子播在砂中(种子间隔 1.0 cm×4.0 cm，播种深度 1 cm)，在 25℃恒温下培养，每隔 4 d施加 Hoagland 1 号培养液，3 周后(长有 3～4 片叶)根据下胚轴颜色、叶色、叶片卷曲程度和子叶等形状进行鉴别。

甜菜:有些栽培品种可根据幼苗颜色(白色、黄色、暗红色或红色)来区别。将种球播在培养皿湿砂上,置于温室的柔和日光下,经 7 d 后,检查幼苗下胚轴的颜色。根据白色与暗红色幼苗的比例,可在一定程度上表明糖用甜菜及白色饲料甜菜栽培品种的真实性。

6.4 田间小区种植鉴定[1)]

田间小区种植是鉴定品种真实性和测定品种纯度的最为可靠、准确的方法。为了鉴定品种真实性,应在鉴定的各个阶段与标准样品进行比较。对照的标准样品为栽培品种提供全面的、系统的品种特征特性的现实描述,标准样品应代表品种原有的特征特性,最好是育种家种子。标准样品的数量应足够多,以便能持续使用多年,并在低温干燥条件下贮藏,更换时最好从育种家处获取。

注:1)本节等效采用国际贸易中种子流通的 OECD 品种认证方案《小区鉴定方法指南》(OECD1982)。

为使品种特征特性充分表现,试验的设计和布局上要选择气候环境条件适宜的、土壤均匀、肥力一致、前茬无同类作物和杂草的田块,并有适宜的栽培管理措施。

行间及株间应有足够的距离,大株作物可适当增加行株距,必要时可用点播和点栽。

为了测定品种纯度百分率,必须与现行发布实施的国家标准种子质量标准相联系起来。试验设计的种植株数要根据国家标准种子质量标准的要求而定,一般来说,若标准为$(N-1)\times100\%/N$,种植株数 4 N 即可获得满意结果,如标准规定纯度为 98% ,即 N 为 50,种植 200 株即可达到要求。

检验员应拥有丰富的经验,熟悉被检品种的特征特性,能正确判别植株是属于本品种还是变异株。变异株应是遗传变异,而不是受环境影响所引起的变异。

许多种在幼苗期就有可能鉴别出品种真实性和纯度,但成熟期(常规种)、花期(杂交种)和食用器官成熟期(蔬菜种)是品种特征特性表现时期,必须进行鉴定。

良种品种纯度是否达到国家标准种子质量标准、合同和标签的要求,可利用表 2 进行判别。

表 2 品种纯度的容许差距

(5%显著水平的一尾测定)

标准规定值		样本株数、苗数或种子粒数							
50%以上	50%以下	50	75	100	150	200	400	600	1 000
100	0	0	0	0	0	0	0	0	0
99	1	2.3	1.9	1.6	1.3	1.2	0.8	0.7	0.5
98	2	3.3	2.7	2.3	1.9	1.6	1.2	0.9	0.7
97	3	4.0	3.3	2.8	2.3	2.0	1.4	1.2	0.9
96	4	4.6	3.7	3.2	2.6	2.3	1.6	1.3	1.0
95	5	5.1	4.2	3.6	2.9	2.5	1.8	1.5	1.1
94	6	5.5	4.5	3.9	3.2	2.8	2.0	1.6	1.2
93	7	6.0	4.9	4.2	3.4	3.0	2.1	1.7	1.3
92	8	6.3	5.2	4.5	3.7	3.2	2.2	1.8	1.4
91	9	6.7	5.5	4.7	3.9	3.3	2.4	1.9	1.5
90	10	7.0	5.7	5.0	4.0	3.5	2.5	2.0	1.6
89	11	7.3	6.0	5.2	4.2	3.7	2.6	2.1	1.6
88	12	7.6	6.2	5.4	4.4	3.8	2.7	2.2	1.7
87	13	7.9	6.4	5.5	4.5	3.9	2.8	2.3	1.8
86	14	8.1	6.6	5.7	4.7	4.0	2.9	2.3	1.8
85	15	8.3	6.8	5.9	4.8	4.2	3.0	2.4	1.9
84	16	8.6	7.0	6.1	4.9	4.3	3.0	2.5	1.9
83	17	8.8	7.2	6.2	5.1	4.4	3.1	2.5	2.0
82	18	9.0	7.3	6.3	5.2	4.5	3.2	2.6	2.0
81	19	9.2	7.5	6.5	5.3	4.6	3.2	2.6	2.1
80	20	9.3	7.6	6.6	5.4	4.7	3.3	2.7	2.1
79	21	9.5	7.8	6.7	5.5	4.8	3.4	2.7	2.1

表 2（续）

标准规定值		样本株数、苗数或种子粒数							
50%以上	50%以下	50	75	100	150	200	400	600	1 000
78	22	9.7	7.9	6.8	5.6	4.8	3.4	2.8	2.2
77	23	9.8	8.0	7.0	5.7	4.9	3.5	2.8	2.2
76	24	10.0	8.1	7.1	5.8	5.0	3.5	2.9	2.2
75	25	10.1	8.3	7.1	5.8	5.1	3.6	2.9	2.3
74	26	10.2	8.4	7.2	5.9	5.1	3.6	3.0	2.3
73	27	10.4	8.5	7.3	6.0	5.2	3.7	3.0	2.3
72	28	10.5	8.6	7.4	6.1	5.2	3.7	3.0	2.3
71	29	10.6	8.7	7.5	6.1	5.3	3.8	3.1	2.4
70	30	10.7	8.7	7.6	6.2	5.4	3.8	3.1	2.4
69	31	10.8	8.8	7.6	6.2	5.4	3.8	3.1	2.4
68	32	10.9	8.9	7.7	6.3	5.5	3.8	3.2	2.4
67	33	11.0	9.0	7.8	6.3	5.5	3.9	3.2	2.5
66	34	11.1	9.0	7.8	6.4	5.5	3.9	3.2	2.5
65	35	11.1	9.1	7.9	6.4	5.6	3.9	3.2	2.5
64	36	11.2	9.1	7.9	6.5	5.6	4.0	3.2	2.5
63	37	11.3	9.2	8.0	6.5	5.6	4.0	3.3	2.5
62	38	11.3	9.2	8.0	6.5	5.7	4.0	3.3	2.5
61	39	11.4	9.3	8.1	6.6	5.7	4.0	3.3	2.5
60	40	11.4	9.3	8.1	6.6	5.7	4.0	3.3	2.6
59	41	11.5	9.4	8.1	6.6	5.7	4.1	3.3	2.6
58	42	11.5	9.4	8.2	6.7	5.8	4.1	3.3	2.6
57	43	11.6	9.4	8.2	6.7	5.8	4.1	3.3	2.6
56	44	11.6	9.5	8.2	6.7	5.8	4.1	3.4	2.6
55	45	11.6	9.5	8.2	6.7	5.8	4.1	3.4	2.6
54	46	11.6	9.5	8.2	6.7	5.8	4.1	3.4	2.6
53	47	11.6	9.5	8.2	6.7	5.8	4.1	3.4	2.6
52	48	11.7	9.5	8.3	6.7	5.8	4.1	3.4	2.6
51	49	11.7	9.5	8.3	6.7	5.8	4.1	3.4	2.6
50		11.7	9.5	8.3	6.7	5.8	4.1	3.4	2.6

国家标准种子质量标准规定纯度要求很高的种子，如育种家种子、原种，是否符合要求，可利用淘汰值。淘汰值是在考虑种子生产者利益和有较少可能判定失误的基础上，把在一个样本内观察到的变异株数与质量标准比较，作出接受符合要求的种子批或淘汰该种子批，其可靠程度与样本大小密切相关（见表 3）。

表 3　不同样本大小符合标准 99.9%接收含有变异株种子批的可靠程度

样本大小（株数）	淘汰值	接受种子批的可靠程度，%		
		1.5/1 000[1)]	2/1 000[1)]	3/1 000[1)]
1 000	4	93	85	65
4 000	9	85	59	16
8 000	14	68	27	1
12 000	19	56	13	0.1

注：1）是指每 1 000 株中所实测到的变异株。

不同规定标准与不同样本大小下的淘汰值见表 4，如果变异株大于或等于规定的淘汰值，就应淘汰该种子批。

表 4　不同规定标准与不同样本大小的淘汰值

规定标准 %	不同样本(株数)大小的淘汰值						
	4 000	2 000	1 400	1 000	400	300	200
99.9	9	$\underline{6}$	$\underline{5}$	$\underline{4}$	—	—	—
99.7	19	11	9	$\underline{7}$	$\underline{4}$	—	—
99.0	52	29	21	16	9	7	6

注:下方有“—”的数字或“—”均表示样本的数目太少。

7　结果计算和表示

7.1　种子和幼苗

用种子或幼苗鉴定时,用本品种纯度百分率表示。

$$品种纯度(\%)=\frac{供检种子粒数(幼苗数)-异品种种子粒数(幼苗数)}{供检种子粒数(幼苗数)}\times 100$$

7.2　田间小区鉴定

将所鉴定的本品种、异品种、异作物和杂草等均以所鉴定植株的百分率表示。

8　结果报告

在实验室、培养室所测定的结果须填报种子数、幼苗数或植株数。

田间小区种植鉴定结果除品种纯度外,可能时还填报所发现的异作物、杂草和其他栽培品种的百分率。

附　录　A
聚丙烯酰胺电泳法测定大麦、小麦种子纯度
（参考件）

A.1　原理

从种子中提取的醇溶蛋白在凝胶的分子筛效应和电泳分离的电荷效应作用下得到良好的分离，通过显色显示蛋白质谱带类型。不同品种由于遗传组成不同，种子内所含的蛋白质种类有差异，这种差异可利用电泳图谱加以鉴别，从而对品种真实性和纯度进行鉴定。

A.2　仪器和试剂

A.2.1　仪器

电泳仪（满足稳压 500 V），离心机，垂直板电泳槽，钳子，5 mL、10 mL 移液管，微量进样器，聚丙烯离心管。

A.2.2　试剂

尿素、乙醇、甘氨酸、甲基绿、三氯乙酸、冰乙酸、过氧化氢、硫酸亚铁、抗坏血酸、α-巯基乙醇、丙烯酰胺、考马斯亮蓝 R-250，甲叉双丙烯酰胺、α-氯乙醇。

A.3　程序

A.3.1　药剂配制

A.3.1.1　蛋白质提取液

小麦：0.05 g 甲基绿溶于 25 mL α-氯乙醇中，加蒸馏水至 100 mL。低温保存。

大麦：0.05 g 甲基绿溶于 20 mL α-氯乙醇中，加入 18 g 尿素，再加入 1 mL α-巯基乙醇，加蒸馏水至 100 mL。低温保存。

A.3.1.2　电极缓冲液

0.4 g 甘氨酸加蒸馏水溶解，加 4 mL 冰乙酸，加蒸馏水至 1 000 mL。低温保存。

A.3.1.3　凝胶缓冲液

1.0 g 甘氨酸加蒸馏水溶解，加入 20 mL 冰乙酸，定容至 1 000 mL。低温保存。

A.3.1.4　0.6%过氧化氢

30％过氧化氢 2 mL 加蒸馏水定容至 1 00mL。低温保存。

A.3.1.5　染色液

0.25 g 考马斯亮蓝加 25 mL 无水乙醇溶解，加入 50 g 三氯乙酸，加水至 500 mL。

A.3.1.6　凝胶液

丙烯酰胺 20 g，甲叉双丙烯酰胺 0.8 g，尿素 12 g，硫酸亚铁 0.01 g，抗坏血酸 0.2 g，用凝胶缓冲液溶解并定容至 200 mL。低温保存。

A.3.2　样品提取

一般每个样品测定 100 粒种子，若更准确地估测品种纯度，则需更多的种子。如果分析结果要与某一纯度标准值比较，可采用顺次测定法（sequential testing）来确定，即 50 粒作为一组，必要时可连续测定数组，以减少工作量。如果只鉴定真实性，可用 50 粒。

取小麦或大麦种子，用钳子逐粒夹碎(夹种子时，最好垫上小片清洁的纸，以便于清理钳头和防止样品之间的污染)，置 1.5 mL 离心管中，加入蛋白质提取液(小麦 0.2 mL，大麦 0.3 mL)，充分摇动混合，在室温下提取 24 h，然后在 18 000×g 条件下离心 15 min。取其上清液用于电泳。

A.3.3 凝胶制备

从冰箱中取出凝胶溶液和过氧化氢溶液，吸取 10 mL 凝胶溶液，加 1 滴 0.6%过氧化氢，摇匀后迅速倒入封口处，稍加晃动，使整条缝口充满胶液，让其在 5～10 min 聚合封好。

吸取 45 mL 凝胶溶液，加 3 滴 0.6%过氧化氢，迅速摇匀，倒入凝胶板之间，马上插好样品梳，让其在 5～10 min 内聚合。

A.3.4 进样

小心抽出样品梳，将玻璃板夹在电泳槽上，用滤纸或注射器吸去样品槽中多余的水分，然后用微量进样器吸取 10～20 μL 样品加入样品槽中。

A.3.5 电泳

在前后槽注入电极液，前槽接正极，后槽接负极。然后打开电源，逐渐将电压增加到 500 V。电泳时，要求在 15～20℃温度下进行。电泳时间一般为 60～80 min，具体时间可按甲基绿迁移时间来推算，电泳时间为甲基绿移至前沿所需时间的 2～2.5 倍。

A.3.6 染色

将胶板小心地取下，在染色液中染色 1～2 d。一般情况不需要脱色，但为使谱带清晰，可用清水冲洗。

A.3.7 鉴定

谱带命名可采用相对迁移率法或电泳程式法。根据醇溶蛋白谱带的组成和带型的一致性，并与标准样品电泳图谱相比较，鉴定种子真实性以及测定品种纯度。

本标准由全国种子总站、浙江农业大学、四川省、黑龙江省、天津市种子公司(站)、南京农业大学、北京市、湖南省种子公司负责起草。

本标准主要起草人支巨振、毕辛华、杜克敏、常秀兰、杨淑惠、任淑萍、吴志行、李仁凤、赵菊英。

关于批准发布GB/T 3543.5—1995《农作物种子检验规程　真实性和品种纯度鉴定》国家标准第1号修改单的公告

2015年第20号

国家标准化管理委员会批准GB/T 3543.5—1995《农作物种子检验规程　真实性和品种纯度鉴定》第1号修改单，自2015年7月1日起实施，现予以公布(见附件)。

国家标准委

2015年5月29日

附件

GB/T 3543.5—1995《农作物种子检验规程 真实性和品种纯度鉴定》第1号修改单

一、增加6.2.4条：

6.2.4　DNA分子检测方法

品种真实性验证或身份鉴定，允许采用简单重复序列(简称SSR)和单核苷酸多态性(简称SNP)分子标记方法。检测采用抽取有代表性的检测样品与标准样品、DNA指纹数据库比较的方式。

二、将6.4条中"田间小区种植是鉴定品种真实性和测定品种纯度的最为可靠、准确的方法"修改为"田间小区种植是鉴定品种真实性和测定品种纯度的可靠方法之一。"

印送：各省、自治区、直辖市质量技术监督局，总局各直属检验检疫局，国务院各有关部门、行业协会、集团公司，总局各司(局)、直属挂靠单位，全国各直属标准化技术委员会。

国家标准化管理委员会办公室　　2015年6月1日印发

中华人民共和国国家标准

GB/T 3543.6—1995

农作物种子检验规程 水分测定

Rules for agricultural seed testing—Determination of moisture content

1 主题内容与适用范围

本标准规定了农作物种子水分的测定方法。

本标准适用于农作物种子质量的检测。

2 引用标准

GB/T 3543.2 农作物种子检验规程 扦样

3 术语

水分 moisture content

按规定程序把种子样品烘干所失去的重量，用失去重量占供检样品原始重量的百分率表示。

4 仪器设备

a. 恒温烘箱：装有可移动多孔的铁丝网架和可测到0.5℃的温度计。

b. 粉碎（磨粉）机：备有0.5，1.0和4.0 mm的金属丝筛子。

c. 样品盒、干燥器、干燥剂等。

d. 天平：感量达到0.001 g。

5 测定程序

由于自由水易受外界环境条件的影响，所以应采取一些措施尽量防止水分的丧失。如送验样品必须装在防湿容器中，并尽可能排除其中的空气；样品接收后立即测定；测定过程中的取样、磨碎和称重须操作迅速；避免磨碎蒸发等。不磨碎种子这一过程所需的时间不得超过2 min。

5.1 低恒温烘干法

5.1.1 适用种类

葱属（*Allium* spp.），花生（*Arachis hypogaea*），芸薹属（*Brassica* spp.），辣椒属（*Capsicum* spp.），大豆（*Glycine max*），棉属（*Gossypium* spp.）向日葵（*Helianthus annuus*），亚麻（*linum usitatissimum*），萝卜（*Raphanus sativus*），蓖麻（*Ricinus communis*），芝麻（*Sesamum indicum*），茄子（*Solanum melongena*）。

该法必须在相对湿度70％以下的室内进行。

5.1.2 取样磨碎

国家技术监督局 1995-08-18 发布　　1996-06-01 实施

供水分测定的送验样品必须符合 GB/T 3543.2 的要求。用下列一种方法进行充分混合，并从此送验样品中取 15～25 g。

a. 用匙在样品罐内搅拌。

b. 将原样品罐的罐口对准另一个同样大小的空罐口，把种子在两个容器间往返倾倒。

烘干前必须磨碎的种子种类及磨碎细度见表 1。

表 1 必须磨碎的种子种类及磨碎细度

作 物 种 类	磨 碎 细 度
燕麦属(*Avena* spp.) 水稻(*Oryza sativa* L.) 甜荞(*Fagopyrum esculentum*) 苦荞(*Fagopyrum tataricum*) 黑麦(*Secale cereale*) 高粱属(*Sorghum* spp.) 小麦属(*Triticum* spp.) 玉米(*Zea mays*)	至少有 50%的磨碎成分通过 0.5 mm 筛孔的金属丝筛，而留在 1.0 mm 筛孔的金属丝筛子上不超过 10%
大豆(*Glycine max*) 菜豆属(*Phaseolus* spp.) 豌豆(*Pisum sativum*) 西瓜(*Citrullus lanatus*) 巢菜属(*Vicia* spp.)	需要粗磨，至少有 50%的磨碎成分通过 4.0 mm 筛孔
棉属(*Gossypium* spp.) 花生(*Arachis hypogaea*) 蓖麻(*Ricinus communis*)	磨碎或切成薄片

进行测定需取二个重复的独立试验样品。必须使试验样品在样品盒的分布为每平方厘米不超过 0.3 g。

取样勿直接用手触摸种子，而应用勺或铲子。

5.1.3 烘干称重

先将样品盒预先烘干、冷却、称重，并记下盒号，取得试样两份(磨碎种子应从不同部位取得)，每份 4.5～5.0 g，将试样放入预先烘干和称重过的样品盒内，再称重(精确至 0.001 g)。使烘箱通电预热至 110～115℃，将样品摊平放入烘箱内的上层，样品盒距温度计的水银球约 2.5 cm 处，迅速关闭烘箱门，使箱温在 5～10 min 内回升至 103±2℃时开始计算时间，烘 8 h。用坩埚钳或戴上手套盖好盒盖(在箱内加盖)，取出后放入干燥器内冷却至室温，约 30～45 min 后再称重。

5.2 高温烘干法

适用于下列种子种类：芹菜(*Apium graveolens*)，石刁柏(*Asparagus officinalis*)，燕麦属(*Avena* spp.)，甜菜(*Beta vulgaris*)，西瓜(*Citrullus lanatus*)，甜瓜属(*Cucumis* spp.)，南瓜属(*Cucurbita* spp.)，胡萝卜(*Daucus carota*)，甜荞(*Fagopyrum esculentum*)，苦荞(*Fagopyrum tataricum*)，大麦(*Hordeum vulgare*)，莴苣(*Lactuca sativa*)，番茄(*Lycopersicon lycopersicum*)，苜蓿属(*Medicago* spp.) 草木樨属(*Melilotus* spp.)，烟草(*Nicotiana tabacum*)，水稻(*Oryza sativa*)，黍属(*Panicum* spp.)，菜豆属(*Phaseolus* spp.)，豌豆(*Pisum sativum*)，鸦葱(*Scorzonera hispanica*)，黑麦(*Secale cereale*)，狗尾草属(*Setaria* spp.)，高粱属(*Sorghum* spp.)，菠菜(*Spinacia oleracea*)，小麦属(*Triticum* spp)，巢菜属(*Vicia* spp.)，玉米(*Zea mays*)。

其程序与低恒温烘干法相同。必须磨碎的种子种类及磨碎细度见表 1。

首先将烘箱预热至 140～145℃，打开箱门 5～10 min 后，烘箱温度须保持 130～133℃，样品烘干时间为 1 h。

5.3 高水分预先烘干法

需要磨碎的种子，如果禾谷类种子水分超过 18%，豆类和油料作物水分超过 16%时，必须采用预先烘干法。

称取两份样品各 25.00±0.02 g，置于直径大于 8 cm 的样品盒中，在 103±2℃烘箱中预烘 30 min（油料种子在 70℃预烘 1 h）。取出后放在室温冷却和称重。此后立即将这两个半干样品分别磨碎，并将磨碎物各取一份样品按 5.1 或 5.2 条所规定的方法进行测定。

6 结果计算

6.1 结果计算

根据烘后失去的重量计算种子水分百分率，按式(1)计算到小数点后一位：

$$\text{种子水分}(\%)=\frac{M_2-M_3}{M_2-M_1}\times 100 \quad \cdots\cdots (1)$$

式中：M_1 ——样品盒和盖的重量，g；

M_2 ——样品盒和盖及样品的烘前重量，g；

M_3 ——样品盒和盖及样品的烘后重量，g。

若用预先烘干法，可从第一次(预先烘干)和第二次按上述公式计算所得的水分结果换算样品的原始水分，按式(2)计算。

$$\text{种子水分}(\%)=S_1+S_2-\frac{S_1\times S_2}{100} \quad \cdots\cdots (2)$$

式中：S_1 ——第一次整粒种子烘后失去的水分，%；

S_2 ——第二次磨碎种子烘后失去的水分，%。

6.2 容许差距

若一个样品的两次测定之间的差距不超过 0.2%，其结果可用两次测定值的算术平均数表示。否则，重做两次测定。

7 结果报告

结果填报在检验结果报告单的规定空格中，精确度为 0.1%。

本标准由全国种子总站、浙江农业大学、四川省、黑龙江省、天津市种子公司(站)、南京农业大学、北京市、湖南省种子公司负责起草。

本标准主要起草人支巨振、毕辛华、杜克敏、常秀兰、杨淑惠、任淑萍、吴志行、李仁凤、赵菊英。

中华人民共和国国家标准

GB/T 3543.7—1995

农作物种子检验规程 其他项目检验

Rules for agricultural seed testing— Other testing

1 主题内容与适用范围

本标准规定了种子生活力的生化(四唑)测定、种子健康测定、种子重量测定和包衣种子质量检验方法。

本标准适用于农作物种子质量的检测。

2 引用标准

GB/T 3543.2 农作物种子检验规程 扦样

GB/T 3543.3 农作物种子检验规程 净度分析

GB/T 3543.4 农作物种子检验规程 发芽试验

3 术语

3.1

种子生活力 seed viability

种子发芽的潜在能力或种胚具有的生命力。

3.2

种子健康状况 seed health

种子是否携带病原菌(如真菌、细菌及病毒)、有害动物(如线虫及害虫)。

3.3

培养 incubation

将种子保持在有利于病原体发育或病症发展的环境下进行培养。

3.4

千粒重 the weight of 1 000 seeds

国家种子质量标准规定水分的1 000粒种子的重量,以克为单位。

3.5

丸化种子 seed pellets

为精量播种,整批种子通常做成在大小和形状上没有明显差异的单粒球状种子单位。丸化种子添加的丸粒物质可能含有杀虫剂、染料或其他添加剂。

3.6

包膜种子 encrusted seed

国家技术监督局 1995-08-18 发布 1996-06-01 实施

种子形状类似于原来的种子单位，其大小和重量变化范围可大可小。包衣物质可能含有杀虫剂、杀菌剂、染料或其他添加剂。

3.7

种子毯　seed mats

种子随机成条状，簇状或散布在整片用宽而薄的毯状材料（如纸或其他低级材料制成）上。

3.8

种子带　seed tapes

种子随机成簇状或单行排列在狭带的材料（如纸或其他低级材料制成）上。

3.9

处理种子　treated seed

种子用杀虫剂、染料或其他添加剂处理，不引起其大小和形状的显著变化或增加原来的重量。处理种子仍可按 GB/T 3543.1～3543.6 的规定方法进行测定。

第一篇　生活力的生化（四唑）测定

4　试剂

应用四唑的 0.1%～1.0%（m/V）溶液，1.0%溶液用于不切开胚的种子染色，而 0.1%～0.5%溶液可用于已经切开胚的种子染色。配成的溶液须贮存在黑暗处或棕色瓶里。

如果用蒸馏水配制溶液的 pH 值不在 6.5～7.5 范围内，则采用磷酸缓冲液来配制。

磷酸缓冲液的配制方法如下：

溶液Ⅰ：称取 9.078 g 磷酸二氢钾（KH_2PO_4）溶解于 1 000 mL 蒸馏水中。

溶液Ⅱ：称取 9.472 g 磷酸氢二钠（Na_2HPO_4）或 11.876 g 磷酸氢二钠（$Na_2HPO_4 \cdot 2H_2O$）溶解于 1 000 mL 的蒸馏水中。

取溶液Ⅰ 2 份和溶液Ⅱ 3 份混合即成缓冲液。

在该缓冲液中溶解准确数量的四唑盐类，以获得准确的浓度。如每 100 mL 缓冲液中溶入 1 g 四唑盐类即得 1%浓度的溶液。

5　仪器、设备

5.1　控温设备

a. 电热恒温箱或发芽箱；

b. 冰箱。

5.2　观察器具

a. 体视显微镜或手持放大镜；

b. 光线充足柔和的灯光。

5.3　容器

a. 棕色定量加液器；

b. 不同规格的染色盘。

5.4　切刺工具

单面刀片、矛状解剖针、小针等。

5.5　预湿物品

滤纸、吸水纸和毛巾等。

5.6　天平

天平感量为 0．001 g。

5.7 其他

镊子、吸管等。

6 测定程序

6.1 试验样品的数取

每次至少测定 200 粒种子，从经净度分析后并充分混合的净种子中，随机数取每重复 100 粒或少于 100 粒的若干副重复。如是测定发芽末期休眠种子的生活力，则单用试验末期的休眠种子。

6.2 种子的预措预湿

预措是指有些种子在预湿前须先除去种子的外部附属物（包括剥去果壳）和在种子非要害部位弄破种皮，如水稻种子脱去内外稃，刺破硬实等。

为加快充分吸湿、软化种皮，便于样品准备，以提高染色的均匀度，通常种子在染色前要进行预湿。根据种的不同，预湿的方法有所不同。一种是缓慢润湿，即将种子放在纸上或纸间吸湿，它适用于直接浸在水中容易破裂的种子（如豆科大粒种子），以及许多陈种子和过分干燥种子；另一种是水中浸渍，即将种子完全浸在水中，让其达到充分吸胀，它适用于直接浸入水中而不会造成组织破裂损伤的种子。不同种类种子的具体预湿温度和时间可参见表 1。

6.3 染色前的准备

为了使胚的主要构造和活的营养组织暴露出来，便于四唑溶液快速而充分地渗入和观察鉴定，经软化的种子应进行样品准备。准备方法因种子构造和胚的位置不同而异（详见表 1），如禾谷类种子沿胚纵切，伞形科种子近胚纵切，葱属沿种子扁平面纵切等。西瓜等种子预湿后表面有黏液，可采用种子表面干燥或把种子夹在布或纸间揩擦清除掉。

6.4 染色

将已准备好的种子样品放入染色盘中，加入适宜浓度的四唑溶液（表 1）以完全淹没种子，移置一定温度的黑暗控温设备内或弱光下进行染色反应。所用染色时间因四唑溶液浓度、温度、种子种类、样品准备方法等因素的不同而有差异。一般来说，四唑溶液浓度高，染色快；温度高，染色时间短，但最高不超过 45℃。到达规定时间或染色已很明显时，倒去四唑溶液，用清水冲洗。

6.5 鉴定前处理

为便于观察鉴定和计数，将已染色的种子样品，加以适当处理使胚主要构造和活的营养组织明显暴露出来，如一些豆类沿胚中轴纵切，瓜类剥去种皮和内膜等。不同种类种子的处理方法详见表 1。

6.6 观察鉴定

大中粒种子可直接用肉眼或手持放大镜进行观察鉴定，对小粒种子最好用 10～100 倍体视显微镜进行观察。

观察鉴定时，确定种子是否具有生活力，必须根据胚的主要构造和有关活营养组织的染色情况进行正确的判断。一般的鉴定原则是：凡胚的主要构造或有关活营养组织（如葱属、伞形科和茄科等种子的胚乳）全部染成有光泽的鲜红色或染色最大面积大于表 1 规定，且组织状态正常的为正常有生活力的种子；否则为无生活力的种子。根据种类的不同，具体鉴定标准详见表 1。

依据鉴定标准，将各部分分开和计数。

7 结果表示与报告

计算各个重复中有生活力的种子数，重复间最大容许差距不得超过表 2 的规定，平均百分率计算到最近似的整数。

表 1 农作物种子四唑染色技术规定

种(变种)名	学名	预湿方式	预湿时间 h	染色前的准备	溶液浓度 %	35℃染色时间,h	鉴定前的处理	有生活力种子允许不染色、较弱或坏死的最大面积	备注
小麦 大麦 黑麦	*Triticum aestivum* L. *Hordeum vulgare* L. *Secale cereale* L.	纸间或水中	30℃恒温水浸种 3～4 h,或纸间 12 h	a. 纵切胚和四分之三胚乳。 b. 分离带盾片的胚	0.1	0.5～1	a. 观察切面。 b. 观察胚和盾片	a. 盾片上下任一端三分之一不染色 b. 胚根大部分不染色,但不定根原始体必须染色	盾片中央有不染色组织,表明受到热损伤
普通燕麦 裸燕麦	*Avena sativa* L. *Avena nuda* L.	纸间或水中	同上	a. 除去稃壳,纵切胚和四分之三胚乳。 b. 在胚部附近横切	0.1	同上	a. 观察切面。 b. 沿胚纵切	同上	同上
玉米	*Zea mays* L.	纸间或水中	同上	纵切胚和大部分胚乳	0.1	同上	观察切面	胚根;盾片上下任一端三分之一不染色	同上
黍 粟	*Panicum miliaceum* L. *Setaria italica* Beauv.	纸间或水中	同上	a. 在胚部附近横切。 b. 沿胚乳尖端纵切二分之一	0.1	同上	切开或撕开,使胚露出	胚根顶端三分之二不染色	
高粱	*Sorghum bicolor*(L.) Moench	纸间或水中	同上	纵切胚和大部分胚乳	0.1	同上	观察切面	a. 胚根顶端三分之二不染色。 b. 盾片上下任一端三分之一不染色	
水稻	*Oryza sativa* L.	纸间或水中	12	纵切胚和四分之三胚乳	0.1	同上	观察切面	胚根顶端三分之二不染色	必要时可除去内外稃
棉花	*Gossypium* spp.	纸间	12	a. 纵切二分之一种子。 b. 切去部分种皮。 c. 去掉胚乳遗迹	0.5	2～3	纵切	a. 胚根顶端三分之一不染色。 b. 子叶表面有小范围的坏死或子叶顶端三分之一不染色	有硬实应划破种皮

表 1（续）

种(变种)名	学名	预湿方式	预湿时间 h	染色前的准备	溶液浓度 %	35℃染色时间,h	鉴定前的处理	有生活力种子允许不染色、较弱或坏死的最大面积	备注
甜荞 苦荞	*Fagopyrum esculentum* Moench *Fagopyrum tataricum* (L.)Gaertn.	纸间或水中	30℃ 水中 3～4 h，纸间 12 h	沿瘦果近中线纵切	1.0	2～3	观察切面	a. 胚根顶端三分之一不染色。 b. 子叶表面有小范围的坏死	
菜豆 豌豆 绿豆 花生 大豆 豇豆 扁豆 蚕豆	*Phaseolus vulgaris* L. *Pisum sativum* L. *Vigna radiata*(L.) Wilczek *Arachis hypogaea* L. *Glycine mac*(L.) Merr. *Vigna unguiculata* Walp. *Dolichos lablab* L. *Vicia faba* L.	纸间	6～8	无须准备	1.0	3～4	切开或除去种皮，掰开子叶，露出胚芽	a. 胚根顶端不染色，花生为三分之一，蚕豆为三分之二，其他种为二分之一。 b. 子叶顶端不染色，花生为四分之一，蚕豆为三分之一，其他为二分之一。 c. 除蚕豆外，胚芽顶部不染色四分之一	
南瓜 丝瓜 黄瓜 西瓜 冬瓜 苦瓜 甜瓜 瓠瓜	*Cucurbita moschata* Duchesne ex Poinet *Luffa* spp. *Cucumis sativus* L. *Citrullus lanatus* Matsum. et Nakai *Benincasa hispida* Cogn. *Momordica charantia* L. *Cucumis melo* L. *Lagenaria siceraria* Stand.	纸间或水中	在 20～30℃水中浸 6～8 h 或纸间 24 h	a. 纵切二分之一种子。 b. 剥去种皮。 c. 西瓜用干燥布或纸揩擦，除去表面黏液	1.0	2～3 h，但甜瓜 1～2 h	除去种皮和内膜	a. 胚根顶端不染色二分之一。 b. 子叶顶端不染色二分之一	

表 1（续）

种(变种)名	学名	预湿方式	预湿时间 h	染色前的准备	溶液浓度 %	35℃染色时间,h	鉴定前的处理	有生活力种子允许不染色、较弱或坏死的最大面积	备注
白菜型油菜 不结球白菜 结球白菜 甘蓝型油菜 甘蓝 花椰菜 萝卜 芥菜	*Brassica campestris* L. *Brassica campestris* L. ssp. *chinensis*(L.) Makino. *Brassica campestris* L. ssp. *pekinensis* (Lour.)Olsson *Brassica napus* L. *Brassica oleracea* var. *capitata* L. *Brassica oleracea* L. var. *botrytis* L. *Raphanus sativus* L. *Brassica juncea* Coss.	纸间或水中	30℃温水中浸种 3～4 h 或纸间 5～6 h	a. 剥去种皮。 b. 切去部分种皮	1.0	2～4	a. 纵切种子使胚中轴露出。 b. 切去部分种皮使胚中轴露出	a. 胚根顶端三分之一不染色。 b. 子叶顶端有部分坏死	
葱属(洋葱、韭菜、葱、韭葱、细香葱)	*Allium* spp.	纸间	12	a. 沿扁平面纵切,但不完全切开,基部相连。 b. 切去子叶两端,但不损伤胚根及子叶	0.2	0.5～1.5	a. 扯开切口,露出胚。 b. 切去一薄层胚乳,使胚露出	a. 种胚和胚乳完全染色。 b. 不与胚相连的胚乳有少量不染色	
辣椒 甜椒 茄子 番茄	*Capsicum frutescens* L. *Capsicum frutescens* var. grossum *Solanum melongena* L. *Lycopersicon lycopersicum*(L.) Karsten	纸间水中	在 20～30℃ 水中 3～4 h,或纸间 12 h	a. 在种子中心刺破种皮和胚乳。 b. 切去种子末端,包括一小部分子叶	0.2	0.5～1.5	a. 撕开胚乳,使胚露出。 b. 纵切种子使胚露出	胚和胚乳全部染色	

表 1（续）

种(变种)名	学名	预湿方式	预湿时间 h	染色前的准备	溶液浓度 %	35℃染色时间,h	鉴定前的处理	有生活力种子允许不染色、较弱或坏死的最大面积	备注
芫荽 芹菜 胡萝卜 茴香	*Coriandrum sativum* L. *Apium graveolens* L. *Daucus carota* L. *Foeniculum vulgare* Mill.	水中	在 20～30℃水中 3 h	a. 纵切种子一半,并撕开胚乳,使胚露出。 b. 切去种子末端四分之一或三分之一	0.1～0.5	6～24	a. 进一步撕开切口,使胚露出。 b. 纵切种子露出胚和胚乳	胚和胚乳全部染色	
苜蓿属 草木樨属 紫云英	*Medicago* ssp. *Melilotus* ssp. *Astragalus sinicus* L.	水中	22	无须准备	0.5～1.0	6～24	除去种皮使胚露出	a. 胚根顶端三分之一不染色。 b. 子叶顶端三分之一,如在表面可二分之一不染色	
莴苣 茼蒿	*Lactuca sativa* L. *Chrysanthemum coronarium* var. *spatisum*	水中	在 30℃ 水中浸 2～4 h	a. 纵切种子上半部(非胚根端)。 b. 切去种子末端包括一部分子叶	0.2	2～3	a. 切去种皮和子叶使胚露出。 b. 切开种子末端轻轻挤压,使胚露出	a. 胚根顶端三分之一不染色。 b. 子叶顶端二分之一表面不染色,或三分之一弥漫性不染色	
向日葵	*Helianthus annuus* L.	水中	3～4	纵切种子上半部或除去果壳	1.0	3～4	除去果壳	a. 胚根顶端三分之一不染色。 b. 子叶顶部表面二分之一不染色	
甜菜	*Beta vulgaris* L.	水中	18	a. 除去盖着种胚的帽状物。 b. 沿胚与胚乳之界线切开	0.1～0.5	24～28	扯开切口,使胚露出	a. 胚根顶端三分之一不染色。 b. 子叶顶端三分之一不染色	
菠菜	*Spinacia oleracea* L.	水中	3～4	a. 在胚与胚乳之边界刺破种皮。 b. 在胚根与子叶之间横切	0.2	0.5～1.5	a. 纵切种子,使胚露出。 b. 掰开切口,使胚露出	同上	

表 2　生活力测定重复间的最大容许差距

平均生活力百分率 %		重复间容许的最大差距		
1	2	4 次重复	3 次重复	2 次重复
99	2	5	—	—
98	3	6	5	—
97	4	7	6	6
96	5	8	7	6
95	6	9	8	7
93～94	7～8	10	9	8
91～92	9～10	11	10	9
90	11	12	11	9
89	12	12	11	10
88	13	13	12	10
87	14	13	12	11
84～86	15～17	14	13	11
81～83	18～20	15	14	12
78～80	21～23	16	15	13
76～77	24～25	17	16	13
73～75	26～28	17	16	14
71～72	29～30	18	16	14
69～70	31～32	18	17	14
67～68	33～34	18	17	15
64～66	35～37	19	17	15
56～63	38～45	19	18	15
55	46	20	18	15
51～54	47～50	20	18	16

在 GB/T 3543.1 的结果报告单“其他测定项目”栏中要填报“四唑测定有生活力的种子______%”。

对豆类、棉籽和蕹菜等需增填“试验中发现的硬实百分率”，硬实百分率应包括在所填报有生活力种子的百分率中。

第二篇　种子健康测定

8　仪器设备

a. 显微镜(60 倍双目显微镜)；

b. 培养箱；

c. 近紫外灯；

d. 冷冻冰箱；

e. 高压消毒锅、培养皿等。

9　测定程序

9.1　未经培养的检验(不能说明病原菌的生活力)

a. 直接检查

适用于较大的病原体或杂质外表有明显症状的病害，如麦角、线虫瘿、虫瘿、黑穗病孢子、螨类等。必要时，可应用双目显微镜对试样进行检查，取出病原体或病粒，称其重量或计算其粒数。

b. 吸胀种子检查

为使子实体、病症或害虫更容易观察到或促进孢子释放，把试验样品浸入水中或其他液体中，种子吸胀后检查其表面或内部，最好用双目显微镜。

c. 洗涤检查

用于检查附着在种子表面的病菌孢子或颖壳上的病原线虫。

分取样品两份，每份 5 g，分别倒入 100 mL 三角瓶内，加无菌水 10 mL，如使病原体洗涤更彻底，可加入 0.1%润滑剂(如磺化二羧酸酯)，置振荡机上振荡，光滑种子振荡 5 min. 粗糙种子振荡 10 min。将洗涤液移入离心管内，在 1 000～1 500×g 离心 3～5 min。用吸管吸去上清液，留 1 mL 的沉淀部分，稍加振荡。用干净的细玻璃棒将悬浮液分别滴于 5 片载玻片上。盖上盖玻片，用 400～500 倍的显微镜检查，每片检查 10 个视野，并计算每视野平均孢子数，据此可计算病菌孢子负荷量，按式(1)计算：

$$N=\frac{n_1\times n_2\times n_3}{n_4} \quad\cdots\cdots(1)$$

式中：N ——每克种子的孢子负荷量；

n_1 ——每视野平均孢子数；

n_2 ——盖玻片面积上的视野数；

n_3 ——1 mL 水的滴数；

n_4 ——供试样品的重量。

d. 剖粒检查

取试样 5～10 g(小麦等中粒种子 5 g，玉米、豌豆大粒种子 10 g)用刀剖开或切开种子的被害或可疑部分，检查害虫。

e. 染色检查

高锰酸钾染色法：适用于检查隐蔽的米象、谷象。取试样 15 g，除去杂质，倒入铜丝网中，于 30℃水中浸泡 1 min，再移入 1%高锰酸钾溶液中染色 1 min。然后用清水洗涤，倒在白色吸水纸上用放大镜检查，挑出粒面上带有直径 0.5 mm 的斑点即为害虫籽粒。计算害虫含量。

碘或碘化钾染色法：适用于检验豌豆象。取试样 50 g，除去杂质，放入铜丝网中或用纱布包好，浸入 1%碘化钾或 2%碘酒溶液中 1～1.5 min。取出放入 0.5%的氢氧化钠溶液中，浸 30 s，取出用清水洗涤 15～20 s，立即检验，如豆粒表面有 1～2 mm 直径的圆斑点，即为豆象感染。计算害虫含量。

f. 比重检验法

取试样 100 g，除去杂质，倒入食盐饱和溶液中(含盐 35.9 g 溶于 1 000 mL 水中)，搅拌 10～15 min，静止 1～2 min，将悬浮在上层的种子取出，结合剖粒检验(见 9.1 d.)，计算害虫含量。

g. 软 X 射线检验

用于检查种子内隐匿的虫害(如蚕豆象、玉米象、麦蛾等)，通过照片或直接从荧光屏上观察。

9.2 培养后的检查

试验样品经过一定时间培养后，检查种子内外部和幼苗上是否存在病原菌或其症状。常用的培养基有三类：

a. 吸水纸法

吸水纸法适用于许多类型种子的种传真菌病害的检验，尤其是对于许多半知菌，有利于分生孢子的形成和致病真菌在幼苗上的症状的发展。

稻瘟病(*Pyriculana oryzae* Cav.)

取试样 400 粒种子，将培养皿内的吸水纸用水湿润，每个培养皿播 25 粒种子，在 22℃下用 12 h 黑暗和 12 h 近紫外光照的交替周期培养 7 d。在 12～50 倍放大镜下检查每粒种子上的稻瘟病分生孢子。一般这种真菌会在颖片上产生小而不明显、灰色至绿色的分生孢子，这种分生孢子成束地着生在短而纤细的分生孢子梗的顶端。菌丝很少覆盖整粒种子。如有怀疑，可在 200 倍显微镜下检查分生孢子来核实。典型的分生孢子是倒梨形，透明，基部钝圆具有短齿，分两隔，通常具有尖锐的顶端，大小为(20～

25) μm×(9～12) μm。

水稻胡麻叶斑病(*Drechslera oryzae* Subram & Jain)

取试样 400 粒种子，将培养皿里的吸水纸用水湿润，每个培养皿播 25 粒种子。在 22℃下用 12 h 黑暗和 12 h 近紫外光照的交替周期培养 7 d。在 12～50 倍放大镜下检查每粒种子上的胡麻叶斑病的分生孢子。在种皮上形成分生孢子梗和淡灰色气生菌丝，有时病菌会蔓延到吸水纸上。如有怀疑，可在 200 倍显微镜下检查分生孢子来核实。其分生孢子为月牙形，(35～170) μm×(11～17) μm，淡棕色至棕色，中部或近中部最宽，两端渐渐变细变圆。

十字花科的黑胫病(*Leptosphaeria maculans* Ces. & de Not.)即甘蓝黑腐病(*Phoma lingam* Dcsm.)

取试样 1 000 粒种子，每个培养皿垫入三层滤纸，加入 5 mL 0. 2%(*m*/*V*)的 2,4-二氯苯氧基乙酸钠盐(2,4-D)溶液，以抑制种子发芽。沥去多余的 2,4-D 溶液，用无菌水洗涤种子后，每个培养皿播 50 粒种子。在 20℃用 12 h 光照和 12 h 黑暗交替周期下培养 11 d。经 6 d 后，在 25 倍放大镜下，检查长在种子和培养基上的甘蓝黑腐病松散生长的银白色菌丝和分生孢子器原基。经 11 d 后，进行第二次检查感染种子及其周围的分生孢子器。记录已长有的甘蓝黑腐病分生孢子器的感染种子。

b. 砂床法

适用于某些病原体的检验。用砂时应去掉砂中杂质并通过 1 mm 孔径的筛子，将砂粒清洗，高温烘干消毒后，放入培养皿内加水湿润，种子排列在砂床内，然后密闭保持高温，培养温度与纸床相同，待幼苗顶到培养皿盖时进行检查(约经 7～10 d)。

c. 琼脂皿法

主要用于发育较慢的致病真菌潜伏在种子内部的病原菌，也可用于检验种子外表的病原菌。

小麦颖枯病(*Septoria nodorum* Berk.)

先数取试样 400 粒，经 1%(*m*/*m*)的次氯酸钠消毒 10 min 后，用无菌水洗涤。在含 0.01%硫酸链霉素的麦芽或马铃薯左旋糖琼脂的培养基上，每个培养皿播 10 粒种子于琼脂表面，在 20℃黑暗条件下培养 7 d。用肉眼检查每粒种子上缓慢长成圆形菌落的情况，该病菌菌丝体为白色或乳白色，通常稠密地覆盖着感染的种子。菌落的背面呈黄色或褐色，并随其生长颜色变深。

豌豆褐斑病(*Ascochyta pisi* Lib)

先数取试样 400 粒，经 1%(*m*/*m*)的次氯酸钠消毒 10 min 后，用无菌水洗涤。在麦芽或马铃薯葡萄糖琼脂的培养基上，每个培养皿播 10 粒种子于琼脂表面，在 20℃黑暗条件下培养 7 d。用肉眼检查每粒种子外部盖满的大量白色菌丝体。对有怀疑的菌落可放在 25 倍放大镜下观察，根据菌落边缘的波状菌丝来确定。

9.3 其他方法

大麦的散黑穗病菌可用整胚检验。

大麦散黑穗病(*Ustilago nuda* Rostr.)

两次重复，每次重复试验样品为 100～120 g(根据千粒重推算含有 2 000～4 000 粒种子)。先将试验样品放入 1 L 新配制的 5%(*V*/*V*)NaOH 溶液中，在 20℃下保持 24 h。用温水洗涤，使胚从软化的果皮里分离出来。收集胚在 1 mm 网孔的筛子里，再用网孔较大的筛子收集胚乳和稃壳。将胚放入乳酸苯酚(甘油、苯酚和乳酸各三分之一)和水的等量混合液里，使胚和稃壳能进一步分离。将胚移置盛有 75 mL 清水的烧杯中，并在通风柜里，保持在沸点大约 30 s，以除去乳酸苯酚，并将其洗净。然后将胚移到新配制的微温甘油中，再放在 16～25 倍放大镜下，配置适当的台下灯光，检查大麦散黑穗病所特有的金褐色菌丝体，每次重复检查 1 000 个胚。

测定样品中是否存在细菌、真菌或病毒等，可用生长植株进行检查，可在供检的样品中取出种子进行播种，或从样品中取得接种体，以供对健康幼苗或植株一部分进行感染试验。应注意植株从其他途径传播感染，并控制各种条件。

10 结果表示与报告

以供检的样品重量中感染种子数的百分率或病原体数目来表示结果。

填报结果要填报病原菌的学名，同时说明所用的测定方法，包括所用的预措方法，并说明用于检查的样品或部分样品的数量。

第三篇　重量测定

11 仪器设备

a. 数粒仪或供发芽试验用的数种设备。

b. 感量为 0.1，0.01 g 的天平。

12 测定程序

12.1 试验样品

将净度分析后的全部净种子均匀混合，分出一部分作为试验样品。

12.2 测定方法

任选下列方法之一进行测定。

a. 百粒法

用手或数种器从试验样品中随机数取 8 个重复，每个重复 100 粒，分别称重(g)，小数位数与 GB/T 3543.3 的规定相同。

计算 8 个重复的平均重量、标准差及变异系数，按式(2)、(3)计算：

$$标准差(S)=\sqrt{\frac{n(\sum X^2)-(\sum X)^2}{n(n-1)}} \quad\cdots\cdots(2)$$

式中：X ——各重复重量，g；

n ——重复次数。

$$变异系数=\frac{S}{\overline{X}}\times 100 \quad\cdots\cdots(3)$$

式中：S ——标准差；

$\overline{X}$——100 粒种子的平均重量，g。

如带有稃壳的禾本科种子[见 GB/T 3543.3 附录 B(补充件)]变异系数不超过 6.0，或其他种类种子的变异系数不超过 4.0，则可计算测定的结果。如变异系数超过上述限度，则应再测定 8 个重复，并计算 16 个重复的标准差。凡与平均数之差超过两倍标准差的重复略去不计。

b. 千粒法

用手或数粒仪从试验样品中随机数取两个重复，大粒种子数 500 粒，中小粒种子数 1 000 粒，各重复称重(g)，小数位数与 GB/T 3543.3 的规定相同。

两份重复的差数与平均数之比不应超过 5%，若超过应再分析第三份重复，直至达到要求，取差距小的两份计算测定结果。

c. 全量法

将整个试验样品通过数粒仪，记下计数器上所示的种子数。计数后把试验样品称重(g)，小数位数与 GB/T 3543.3 的规定相同。

13 结果表示与报告

如果是用全量法测定的，则将整个试验样品重量换算成 1 000 粒种子的重量。

如果是用百粒法测定的，则从 8 个或 8 个以上的每个重复 100 粒的平均重量($\overline{X}$)，再换算成 1 000 粒种子的平均重量(即 $10\times\overline{X}$)。

根据实测千粒重和实测水分，按 GB 4404～4409 和 GB 8079～8080 种子质量标准规定的种子水分，折算成规定水分的千粒重。计算方法如下：

$$千粒重(规定水分,g)=\frac{实测千粒重(g)\times[1-实测水分(\%)]}{1-规定水分(\%)} \qquad (4)$$

其结果按测定时所用的小数位数表示(见 12 章)。

在 GB/T 3543.1 的种子检验结果报告单“其他测定项目”栏中，填报结果。

第四篇　包衣种子检验

14　仪器设备

a. 发芽仪器(同 GB/T 3543.4 的规定)。

b. 数种设备(同 GB/T 3543.4 的规定)。

c. 筛选机。

15　扦样

除下列规定外，其他应符合 GB/T 3543.2 的规定。

15.1　种子批的大小

如果种子批无异质性，种子批的最大重量可与 GB/T 3543.2 扦样中所规定的最大重量相同，种子批重量(包括各种丸衣材料或薄膜)不得超过 42 000 kg(即 40 000 kg，再加上 5%的容许差距)。种子粒数最大为 1×10^9 粒(即 10 000 个单位，每单位为 100 000 粒种子)。以单位粒数划分种子批大小的，应注明种子批重量。

15.2　送验样品的大小

送验样品不得少于表 3 和表 4 所规定的丸粒数或种子粒数。种子带按 GB/T 3543.2 所规定的方法随机扦取若干包或剪取若干片断。如果成卷的种子带所含种子达到 2×10^6 粒，就可组合成一个基本单位(即视为一个容器)。如果样品较少，应在报告上注明。

表 3　丸化与包膜种子的样品大小(粒数)

项　目	送验样品不得少于	试验样品不得少于
净度分析	7 500	2 500
重量测定	7 500	净丸化种子
发芽试验	7 500	400
其他植物种子数目测定		
丸化种子	10 000	7 500
包膜种子	25 000	25 000
大小分级	10 000	2 000

表 4　种子带的样品大小(粒数)

项　目	送验样品不得少于	试验样品不得少于
种的鉴定	2 500	100
发芽试验	2 500	400
净度分析	2 500	2 500
其他植物种子数目测定	10 000	7 500

15.3 送验样品的取得

由于包衣种子送验样品所含的种子数比无包衣种子的相同样品要少一些，所以在扦样时必须特别注意所扦的样品能保证代表种子批。在扦样、处理及运输过程中，必须注意避免对包衣材料的脱落，并且必须将样品装在适当容器内寄送。

15.4 试验样品的分取

试验样品不应少于表 3 和表 4 所规定的丸化粒数或种子数。如果样品较少，则应在报告上注明。

丸化种子可用 GB/T 3543.2 所述的分样器进行分样，但种子落下距离决不能超过 250 mm。

16 净度分析的测定程序

严格地说，丸化种子和种子带内的种子的净度分析并不是规定要做的。如送验者提出要求，可用脱去丸衣的种子或从带中取出种子进行净度分析。

16.1 试验样品

丸化种子的净度分析应按 GB/T 3543.2 的规定从送验样品中分取试验样品，其大小已在表 3 和表 4 中作了规定。净度分析可用该规定丸化粒数的一个试验样品或这一重量一半的两个半试样。试样或半试样称重，以克表示，小数位数达到 GB/T 3543.3 规定的要求。

16.2 脱去丸化物

可将试样不超过 2 500 粒放入细孔筛里浸在水中振荡，以除去丸化物。所用筛孔建议上层筛用 1.00 mm，下层筛用 0.5 mm。丸化物质散布在水中，然后将种子放在滤纸上干燥过夜，再放在干燥箱中干燥。

16.3 分离三种成分

称重后按下列规定将丸化种子的试验样品分为三种成分：净丸化种子、未丸化种子及杂质，并分别测定各种成分的重量百分率。

净丸化种子应包括：

a. 含有或不含有种子的完整丸化粒；

b. 丸化物质面积表面覆盖占种子表面一半以上的破损丸化粒，但明显不是送验者所述的植物种子或不含有种子的除外。

未丸化种子应包括：

a. 任何植物种的未丸化种子；

b. 可以看出其中含有一粒非送验者所述种的破损丸化种子；

c. 可以看出其中含有送验者所述种，而它又未归于净丸化种子中的破损丸化种子。

杂质包括：

a. 脱下的丸化物质；

b. 明显没有种子的丸化碎块；

c. 按 GB/T 3543.3 规定作为杂质的任何其他物质。

16.4 种的鉴定

尽可能鉴定所有全部其他植物种子所属的种和每种杂质。如需填报，则以测定重量的百分率表示。

为了核实丸化种子中所含种子是确实属于送验者所述的种，必须经净度分析的净丸化部分中或从剥离（或溶化）种子带中取出 100 颗，除去丸化物质，然后测定每粒种子所属的植物种。丸化物质可冲洗掉或在干燥情况下除去。

16.5 其他植物种子的数目测定

其他植物种子数目测定的试验样品不应少于表 3 和表 4 所规定的数量，试验样品应分为两个半试样。按上述方法除去丸化物质，但不一定要干燥。须从半试样中找出所有其他植物种子或按送验者要求找出某个所述种的种子。

16.6 结果计算和表示

应符合 GB/T 3543.3 的规定。

17 发芽试验的测定程序

发芽试验须用从净度测定后的净丸化种子部分进行，须将净丸化种子充分混合，随机数取 400 粒丸化种子，每个重复 100 粒。

发芽床、温度、光照条件和特殊处理应采用 GB/T 3543.4 所规定的方法进行发芽。纸、砂可作为发芽床，有时也可用土壤。建议丸化种子用皱褶纸，尤其是发芽结果不能令人满意时，用纸间的方法可获得满意结果。

有新鲜不发芽种子时，可采用 GB/T 3543.4 破除生理休眠的方法进行处理。

根据丸化材料和种子种类的不同，供给不同的水分。如果丸化材料黏附在子叶上，可在计数时用水小心喷洗幼苗。

试验时间可能比 GB/T 3543.4 所规定的时间要长。但发芽缓慢可能表明试验条件不是最适宜的，因此需做一个脱去包衣材料的种子发芽试验作为核对。

正常幼苗与不正常幼苗的鉴定标准仍按 GB/T 3543.4 的规定进行，一颗丸化种子，如果至少能产生送验者所叙述种的一株正常幼苗，即认为是具有发芽力的。如果不是送验者所叙述的种，即使长成正常幼苗也不能包括在发芽率内。

幼苗的异常情况可能由于丸化物质所引起，当发生怀疑时，用土壤进行重新试验。

复粒种子构造可能在丸化种子中发生，或者在一颗丸化种子中发现一粒以上种子。在这种情况下，应把这些颗粒作为单粒种子试验。试验结果按一个构造或丸化种子至少产生一株正常幼苗的百分率表示。对产生两株或两株以上正常幼苗的丸化种子要分别计数其颗数。

结果计算与报告按 GB/T 3543.4 的规定。

18 丸化种子的重量测定和大小分级

重量测定按第三篇所规定的程序进行。

对甜菜和丸化种子大小分级测定：所需送验样品至少 250 g，分取两个试样各 50 g（不少于 45 g，不大于 55 g），然后对每个试样进行筛理。其圆孔筛的规格是：筛孔直径比种子大小的规定下限值小 0.25 mm的筛子一只，在种子大小范围内以相差 0.25 mm 为等分的筛子若干个，比种子大小的规定上限大 0.25 mm 的筛子一只。将筛下的各部分称重，保留两位小数。各部分的重量以占总重量的百分率表示，保留一位小数。两份试样之间的容许差距不得超过 1.5%，否则再分析一份试样。

本标准由全国种子总站、浙江农业大学、四川省、黑龙江省、天津市种子公司（站）、南京农业大学、北京市、湖南省种子公司负责起草。

本标准主要起草人支巨振、毕辛华、杜克敏、常秀兰、杨淑惠、任淑萍、吴志行、李仁凤、赵菊英。

中华人民共和国国家标准

GB/T 19177—2003

桑树种子和苗木检验规程

Test code for seed and sapling of mulberry

1 范围

本标准规定了桑树种子和苗木质量检验的检验项目及检验方法。

本标准适用于桑树种子和苗木的检验。

2 规范性引用文件

下列文件中的条款通过本标准的引用而成为本标准的条款。凡是注日期的引用文件，其随后所有的修改单(不包括勘误的内容)或修订版均不适用于本标准，然而，鼓励根据本标准达成协议的各方研究是否可使用这些文件的最新版本。凡是不注日期的引用文件，其最新版本适用于本标准。

GB 19173—2003 桑树种子和苗木

《植物检疫条例》(中华人民共和国国务院令第98号)

3 检验项目

a) 种子外观

b) 种子净度

c) 种子千粒重

d) 种子发芽率

e) 种子含水率

f) 苗木外观

g) 苗径

h) 根系

i) 品种纯度

j) 病虫害

4 检验方法

4.1 种子

4.1.1 种子扦样

种子扦样应按采收批次，逐批扦取，每批种子的最大质量为1 000 kg(±5%)。批内扦样时，每包装单位均按其质量的0.2%扦取。将所扦取的初次样品充分混合，即得混合样品。再采用四分法从混合样品中分取两份送验样品，每份质量为100 g。如单批质量不足100 kg，则直接扦取质量分别为100 g的两份送验样品。

取得的两份送验样品，一份供检验，一份作为保留样品。送验样品应置于密闭容器中，容器上应贴

中华人民共和国国家质量监督检验检疫总局 2003-06-04 发布　　2003-12-01 实施

上封条和标签，送验样品连同扦样证明书 24 h 内送检，扦样证明书格式见附录 A。

4.1.2 **种子外观检验**

扦样过程中，观察种子外观是否符合 GB 19173—2003 中 4.1.4 的规定。

4.1.3 **种子净度检验**

4.1.3.1 从送验样品中取三份分别为 10 g 的试验样品。

4.1.3.2 将试验样品中的好种子与坏种子、杂质分开，分别称量，按式(1)计算种子净度：

$$N(\%)=m_1/m_2\times100 \quad \cdots\cdots (1)$$

式中：

N——种子净度；

m_1——好种子质量，单位为克(g)；

m_2——试验样品质量，单位为克(g)。

4.1.3.3 取三份试验样品计算结果的平均数，即为种子净度。

4.1.4 **种子千粒重检验**

从净度检验后的好种子中，随机取 1 000 粒种子称量，三次重复，取平均数。

4.1.5 **种子发芽率检验**

4.1.5.1 方法：催芽法。

4.1.5.2 试样：从净度检验后的好种子中随机取试验样品三份，每份 100 粒。

4.1.5.3 置床：培养皿中平铺浸透水的滤纸两层，作为芽床。将取好的三份试验样品，分别整齐地排列在三个培养皿中的滤纸上。培养皿外应贴好标签，注明置床日期、样品号、品种名、重复次数、产地等。

4.1.5.4 催芽：将置好床的培养皿置于 28℃～30℃的温箱中，保持芽床湿润。

4.1.5.5 调查：试验第七天调查发芽种子数。

4.1.5.6 计算：按式(2)计算种子发芽率：

$$G(\%)=n_1/n_2\times100 \quad \cdots\cdots (2)$$

式中：

G——种子发芽率；

n_1——发芽期(七日)内正常发芽粒数，单位为粒；

n_2——试样种子粒数，单位为粒。

4.1.5.7 取三份试验样品计算结果的平均数，即为种子发芽率。

4.1.6 **种子含水率检验**

4.1.6.1 测定种子含水率，采用低恒温烘干法。

4.1.6.2 将装于密封容器内的送验样品充分混合，再于预先烘至恒重的样品盒内分别称准 4.500 g～5.000 g 试验样品两份，摊平盖严。待烘箱预热至 110℃～115℃时，打开盒盖，将样品盒及盒盖一并放入箱内距温度计水银球约 2.5 cm 处，关闭箱门，使箱温在 5 min～10 min 内回升至 103℃±2℃时开始计时，烘 8 h。然后打开箱门，在箱内盖好盒盖，取出后放入干燥器内冷却至室温，称量，由烘后减少的质量按式(3)计算含水率：

$$C(\%)=(m_4-m_5)/(m_4-m_3)\times100 \quad \cdots\cdots (3)$$

式中：

C——种子含水率；

m_3——样品盒及盒盖的质量，单位为克(g)；

m_4——样品盒及盒盖与烘前样品的总质量，单位为克(g)；

m_5——样品盒及盒盖与烘后样品的总质量，单位为克(g)。

4.1.6.3 如两份样品测定结果之间的差距不超过0.2%,则其平均数即为种子含水率。否则重做两次测定。

4.2 苗木

4.2.1 苗木抽样

4.2.1.1 苗木抽样在起苗分级后进行,分级别按GB 19173—2003中表6规定的抽样数量按捆进行随机抽样。

4.2.1.2 品种纯度检验抽样采用对角线五点抽样法,抽样比例为1%,最多不超过1 000株。

4.2.2 苗木外观检验

抽样过程中,观察苗木外观是否符合GB 19173—2003中4.2.5的规定。

4.2.3 苗径检验

用游标卡尺测量,精确到0.1 mm。

4.2.4 根系检验

在苗径检验过程中,检查苗木根系是否符合GB 19173—2003中表3、表4、表5对根系的规定。

4.2.5 品种纯度检验

依照被检品种苗木的主要特征,对被检苗木逐株进行鉴定,并按式(4)计算:

$$P(\%)=N_1/N_2\times 100 \quad (4)$$

式中:

P——品种纯度;

N_1——本品种苗木株数,单位为株;

N_2——检验总株数,单位为株。

4.2.6 病虫害检验

病虫害检验按照《植物检疫条例》的有关规定执行。

5 评定与签证

全部项目检验结束后,将检验结果如实填写检验证书。

附 录 A
（规范性附录）
桑树种子扦样证明书

编号：

受检单位			
送检单位			
品种名称		样品编号	
种子产地		批　　号	
收获时期		批　　重	
种子存放地点		批件数	
种子存放方式		抽取质量	
检验项目		抽样时期	
检验单位		保管人员	
备　　注			

本标准起草单位：农业部种植业管理司、中国农业科学院蚕业研究所、农业部蚕桑产业产品质量监督检验测试中心（镇江）、浙江省农业厅经济作物管理局、广东省农业科学院蚕业研究所、江苏省经济贸易委员会茧丝绸办公室。

本标准主要起草人：潘一乐、李奕仁、刘利、肖更生、周勤、胡健、夏志松。

中华人民共和国农业行业标准

谷类、豆类作物种子粗蛋白质测定法（半微量凯氏法）

NY/T 3—1982

Method for determination of crude protein in cereals and beans seeds (Semi-micro kjeldahl method)

1 适用范围

本标准适用于测定谷类、豆类作物种子粗蛋白质含量。

2 仪器、设备

2.1 分析天平：感量 0.0001 克。

2.2 实验室用粉碎机。

2.3 半微量凯氏蒸馏装置(推荐使用龙科- A 型半微量蒸馏装置)。

2.4 半微量滴定管：容积 10 毫升。

2.5 硬质凯氏烧瓶：容积 25 毫升，50 毫升。

2.6 锥形瓶：容积 150 毫升。

2.7 电炉：600 瓦。

3 试剂

3.1 盐酸(GB 622—77)或硫酸(GB 625—77)。分析纯。0.02 N、0.05 N 标准溶液(邻苯二甲酸氢钾法标定)。

3.2 氢氧化钠(GB 629—77)：工业用或化学纯。40%溶液(W/V)。

3.3 硼酸-指示剂混合液。

3.3.1 硼酸(GB 628—78)：分析纯。2%溶液(W/V)。

3.3.2 混合指示剂：溴甲酚绿(HG 3—1220—79)0.5 克，甲基红(HG 3—958—76) 0.1 克，分别溶于 95%乙醇中，混合后稀释至 100 毫升。将混合指示剂与 2%硼酸溶液按 1∶100 比例混合，用稀酸或碱调节 pH 值为 4.5，使呈灰紫色。即为硼酸-指示剂混合液。

注：此溶液放置时间不宜过长，需在一个月之内使用。

3.4 加速剂：五水合硫酸铜(GB 665—78)分析纯，10 克，硫酸钾(HG 3—920—76)分析纯，100 克，在研钵中研磨，仔细混匀，过 40 目筛。

3.5 浓硫酸(GB 625—77)比重 1.84，无氮。

3.6 30%过氧化氢(HG 3—1082—77)：分析纯。

中华人民共和国农业部 1982 - 02 - 27 发布　　　　1983 - 01 - 01 实施

3.7 30%过氧化氢-硫酸混合液(简称混液):30%过氧化氢、硫酸、水的比例为3∶2∶1,即在100毫升蒸馏水中慢慢加入200毫升浓硫酸,待冷却后,将其加入300毫升30%过氧化氢,混匀。

注:此混液可一次配制500～1 000毫升贮藏于试剂瓶中备用。夏天最好放入冰箱或荫凉处贮藏,室温(20℃)上、下时不必冷藏,贮藏时间不超过一个月。

3.8 蔗糖(HG 3—1001—76):分析纯。

4 试样的选取和制备

4.1 选取有代表性的种子(带壳种子需脱壳)挑拣干净,按四分法缩减取样,取样量不得少于20克。

4.2 将种子放于60～65℃烘箱中干燥8小时以上,用粉碎机磨碎,95%通过40目筛,装入磨口瓶备用。

5 测定步骤

5.1 称样 称取0.1克试样两份(含氮1～7毫克),准确至0.000 1克,同时测定试样的水分含量。

5.2 消煮:

5.2.1 将试样置于25毫升凯氏瓶中,加入加速剂粉末。除水稻为1克外,其他均为2克。然后加3毫升浓硫酸,轻轻摇动凯氏瓶,使试样被硫酸湿润,将凯氏瓶倾斜置于电炉上加热,开始小火,待泡沫停止后加大火力①,保持凯氏瓶中的液体连续沸腾,沸酸在瓶领中部冷凝回流。待溶液消煮到无微小的碳粒并呈透明的蓝绿色时,谷类继续消煮30分钟,豆类继续消煮60分钟。

5.2.2 将试样置于50毫升凯氏瓶中,加入0.5克加速剂和3毫升混液,在凯氏瓶上放一曲颈小漏斗、倾斜置于电炉上加热,开始小火(用调压器将电压控制在175伏左右),保持凯氏瓶中液体呈微沸状态。5分钟后加大火力(将电压控制在200伏左右),保持凯氏瓶中的液体连续沸腾。消煮总时间,水稻、高粱为30分钟,其他均为45分钟。

注:采用5.2.1或5.2.2消煮,其准确度与精密度一致,可任取一种。

5.3 蒸馏、消煮液稍冷后加少量蒸馏水,轻振摇匀。移入半微量蒸馏装置的反应室中,用适量蒸馏水冲洗凯氏瓶4～5次。蒸馏时将冷凝管末端插到盛有10毫升硼酸-指示剂混合液的锥形瓶中,向反应室中加入40%氢氧化钠溶液15毫升②,然后通蒸气蒸馏,当馏出液体积约达50毫升时,降下锥形瓶,使冷凝管末端离开液面,继续蒸馏1～2分钟,用蒸馏水冲洗冷凝管末端,洗液均需流入锥形瓶中。

5.4 滴定 谷类以0.02 N,豆类以0.05 N盐酸或硫酸标准溶液滴定至锥形瓶内的溶液由蓝绿色变成灰紫色为终点。

5.5 空白 用0.1克蔗糖代替样品作空白测定。消耗酸标准溶液的体积不得超过0.3毫升。

6 测定结果的计算

6.1 计算公式

$$粗蛋白质,\%(干基)=\frac{(V_2-V_1)\times N\times 0.014\,0\times K\times 100}{W\times(100-X)}\times 100$$

式中:V_2——滴定试样时消耗酸标准溶液的体积(毫升);

V_1——滴定空白时消耗酸标准溶液的体积(毫升);

N——酸标准溶液的当量浓度,N;

K——氮换算成粗蛋白质的系数;

W——试样重量(克);

① 应加热有硫酸部位的瓶底,不使瓶壁的温度过高,以免铵盐受热分解造成氮的损失。

② 采用消煮条件5.2.2时加10毫升即可。

X ——试样水分含量；

0.014 0——每毫克当量氮的克数。

6.2 平行测定的结果用算术平均值表示，保留小数后二位。

6.3 测定两类作物种子粗蛋白质的平行测定结果为15%以下时，其相对相差不得大于3%；15%～30%时为2%；30%以上时为1%。

6.4 结果报告中必须注明氮换算成粗蛋白质的系数。换算系数见下表。

不同作物种子含氮量换算成粗蛋白质之系数

种　　子	换算系数　K
麦类、豆类	5.70
水　　稻	5.95
高　　粱	5.83
大　　豆	6.25
其他谷类	6.25

附 录 A
参 考 资 料
(参考件)

A.1 化学と生物,Vol 4,No 2,1966 年。

A.2 J. of AOAC,Vol 59,No 6,1976 年。

A.3 International Associtiоn for Cereal Chemistry(ICC)Standard Nr. 105。

A.4 International Standard ISO 1871。

A.5 AACC Method 46-10。

A.6 Fertilizer Abstracts,Vol 10,No 3,437,1977 年。

本标准由中华人民共和国农业部提出。
本标准由中国农科院分析室起草。

中华人民共和国农业行业标准

NY/T 4—1982

谷类、油料作物种子粗脂肪测定方法

Method for the determination of crude fats in cereals and oil crop seeds

1 适用范围

本标准(油重法)适用于测定油料作物种子的粗脂肪含量。在测定大量样品时,可采用残余法(见附录 A),但仲裁时以油重法为准。

2 仪器、设备

2.1 分析天平:感量 0.000 1 克;

2.2 实验室用粉碎机研钵;

2.3 电热恒温水浴锅;

2.4 电热恒温箱;

2.5 滤纸筒:直径 22×100 毫米;

2.6 备有变色硅胶的干燥器;

2.7 索氏脂肪抽提器:60 毫升或 150 毫升;

2.8 铜丝筛:孔径 0. 42 毫米(40 目)。

3 试剂

无水乙醚:化学纯。

4 试样的选取和制备

4.1 选取有代表性的种子,拣出杂质,按四分法缩减取样。试样选取和制备完毕,立即混合均匀,装入磨口瓶中备用。

4.2 小粒种子,如芝麻、油菜籽等,取样量不得少于 25 克。

4.3 大粒种子,如大豆、花生仁等,取样量不得少于 30 克。大豆经 105℃±2℃烘干 1 小时后粉碎,并通过 40 目筛;花生仁切碎。

4.4 带壳油料种子,如花生果、蓖麻籽、向日葵籽等,取样量不得少于 50 克。逐粒剥壳,分别称重,计算出仁率。再将子仁切碎。

5 测定步骤

5.1 称取备用试样 2～4 克两份(含油 0.7～1 克),准确至 0.001 克。置于 105℃±2℃烘箱中,干燥 1 小时,取出,放入干燥器内冷却至室温。同时另测试样的水分。

中华人民共和国农业部 1982-02-27 发布　　1983-01-01 实施

5.2 将试样放入研钵内研细，必要时可加适量纯石英砂助研，用角勺将研细的试样移入干燥的滤纸筒*内，取少量脱脂棉蘸乙醚抹净研钵、研锤和角勺上的试样和油迹，一并投入滤纸筒内（大豆已预先烘烤粉碎，可直接称样装筒），在试样面层塞以脱脂棉，然后将滤纸筒放入抽提管内。

5.3 在装有2～3粒浮石并已烘至恒重的、洁净的抽提瓶内，加入约瓶体1/2的无水乙醚，把抽提器各部分连接起来，打开冷凝水流，在水浴上进行抽提。调节水浴温度，使冷凝下滴的乙醚速率为180滴/分。抽提时间一般需8～10小时，含油量高的作物种子，应延长抽提时间，至抽提管内的乙醚用滤纸试验无油迹时为抽提终点。

5.4 抽提完毕后，从抽提管中取出滤纸筒，连接好抽提器，在水浴上蒸馏回收抽提瓶中的乙醚。取下抽提瓶，在沸水浴上蒸去残余的乙醚。

5.5 将盛有粗脂肪的抽提瓶放入105±2℃烘箱中烘干1小时在干燥器中冷却至室温（约45～60分钟）后称重，准确至0.000 1克，再烘30分钟，冷却，称重，直至恒重。抽提瓶增加的重量即为粗脂肪重量。抽出的油应是清亮的。否则应重做。

6 测定结果的计算

6.1 计算公式

$$\text{粗脂肪},\%(\text{干基}) = \frac{\text{粗脂肪重量}}{\text{试样重量}(1-\text{水分百分率})} \times 100$$

$$\text{带壳油料种子粗脂肪}\ \% = \text{子仁粗脂肪}\ \% \times \text{出仁率}\ \%$$

6.2 平行测定的结果用算术平均值表示，保留小数后两位。

6.3 平行测定结果的相对相差，大豆不得大于2%，油料作物种子不得大于1%。

* 无滤纸筒时也可使用滤纸包，详见附录B。

附 录 A
残 余 法
(补充件)

A.1 适用范围

本法适用于测定谷类、油料作物种子大量样品的粗脂肪含量。

A.2 仪器、设备

A.2.1 单盘电光分析天平:感量 0.000 1 克;
A.2.2 实验室用粉碎机、研钵、切片机;
A.2.3 电热恒温水浴锅;
A.2.4 电热恒温箱;
A.2.5 滤纸:中速,若无滤纸时可用慢速;
A.2.6 培养皿:直径 11～13 厘米;
A.2.7 干燥器:直径 15～18 厘米,备有变色硅胶;
A.2.8 称量瓶:直径 3.5×7 厘米,谷类用其他适当规格;
A.2.9 分样筛:20 目、40 目;
A.2.10 YG-2 型脂肪抽提器(见图 A.1)。

A.3 试剂

无水乙醚:化学纯。

A.4 试样的选取和制备

A.4.1 试样的选取
A.4.1.1 选取有代表性的种子,拣出杂质,按四分法缩减取样。
A.4.1.2 小粒种子,如芝麻、油菜籽等取样量不得少于 10 克;
A.4.1.3 大粒种子,如大豆、花生仁等取样量不得少于 15 克。
A.4.2 试样的制备
A.4.2.1 将样品预先在 80℃烘箱中干燥约 2 小时,以便制备样品;
A.4.2.2 谷类、大豆、油沙豆经粉碎后,95%通过 40 目筛;
A.4.2.3 油菜、胡麻、红花种子等经粉碎后,95%通过 20 目筛;
A.4.2.4 花生仁、蓖麻仁等用切片机或小刀切成 0.5 毫米以下薄片;
A.4.2.5 芝麻用粉碎机或研钵细心研碎,注意不要留有整粒;
A.4.2.6 向日葵种子经剥壳后,子仁粉碎至均匀粉状;
A.4.2.7 样品处理完毕,立即混合均匀,装入磨口瓶中备用。

A.5 测定步骤

A.5.1 将滤纸切成 7×7 厘米大小(谷类用其他适当规格),并叠成一边不封口的纸包(见图 A2),用铅笔编上序号，顺序排列在培养皿中，每皿不得多于 20 包。

A.5.2 将培养皿连同滤纸包移入 105±2℃烘箱中干燥 2 小时。取出放入干燥器中冷却至室温（大约 45～60 分钟，下同），分别将各包放入同一个称量瓶中称重（a）。

注：称样时的室内相对湿度不宜高于 70%。

A.5.3 用角匙将已制备好的样品小心地装入纸包中，谷物 3～5 克，油料 1 克左右，封上包口，并按原序号排列在培养皿中，放入 105±2℃烘箱中，干燥 3 小时，然后放入干燥器中冷却至室温。分别将各包在原称量瓶中称重（b）。这次称重与第一次称重之差即为样重。

A.5.4 抽提：

A.5.4.1 在 YG-2 型脂肪抽提器的抽提筒底部之溶剂回收咀上装一短优质橡皮管，夹上弹簧夹。将样包装入抽提筒中，倒入无水乙醚，使之刚好超过样包高度，连接好抽提器的各部分，浸泡一夜。

A.5.4.2 将浸泡后的无水乙醚放入抽提瓶，在抽提瓶中加入几粒玻璃球或浮石，然后，在抽提筒中重新倒入无水乙醚，使其完全浸泡样包，连接好抽提器的各部分，接通冷凝水流，在水浴锅中进行抽提，并调节水温，使其冷凝下滴之乙醚呈连珠状（乙醚回流量为每分钟 20 毫升以上）。这时水浴温度大约在 70～80℃一般须抽提 6～8 小时。抽提时的室温以 12～25℃为宜。不同作物种子的抽提时间见下表。抽提完毕，取出样包，在通风处使乙醚挥发。另将抽提器中的剩余乙醚回收。

不同作物的抽提时间

作 物 名 称	抽提时间（小时）	
	浸泡过夜	不浸泡过夜
谷物、大豆、油沙豆	6	8
油菜、红花、芝麻、花生、向日葵、胡麻、蓖麻	8	10

A.5.5 将样包仍按原序号排列在培养皿中，放入（105±2）℃烘箱中干燥 2 小时，取出放入干燥器，冷却至室温，再将各包在原称量瓶中称重（c），这次称重与第二次称重之差即为粗脂肪重。

A.6 测定结果的计算

A.6.1 计算公式

$$粗脂肪,\%(干基)=\frac{b-c}{b-a}\times 100$$

式中：a ——称量瓶加纸重；

b ——称量瓶加纸重加烘干样重；

c ——称量瓶加纸重加抽提后样重。

A.6.2 平行测定的结果用算术平均值表示，保留小数后两位。

A.6.3 平行测定结果的相对相差，谷物不得高于 5%，大豆不得高于 2%，油料不得高于 1.5%。

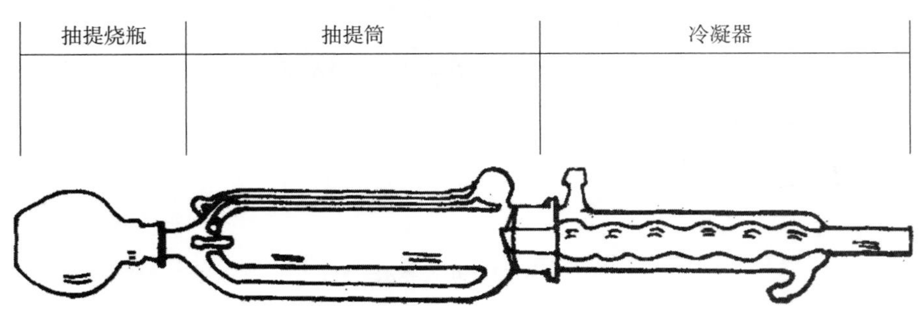

图 A.1 YG-2 型脂肪抽提器

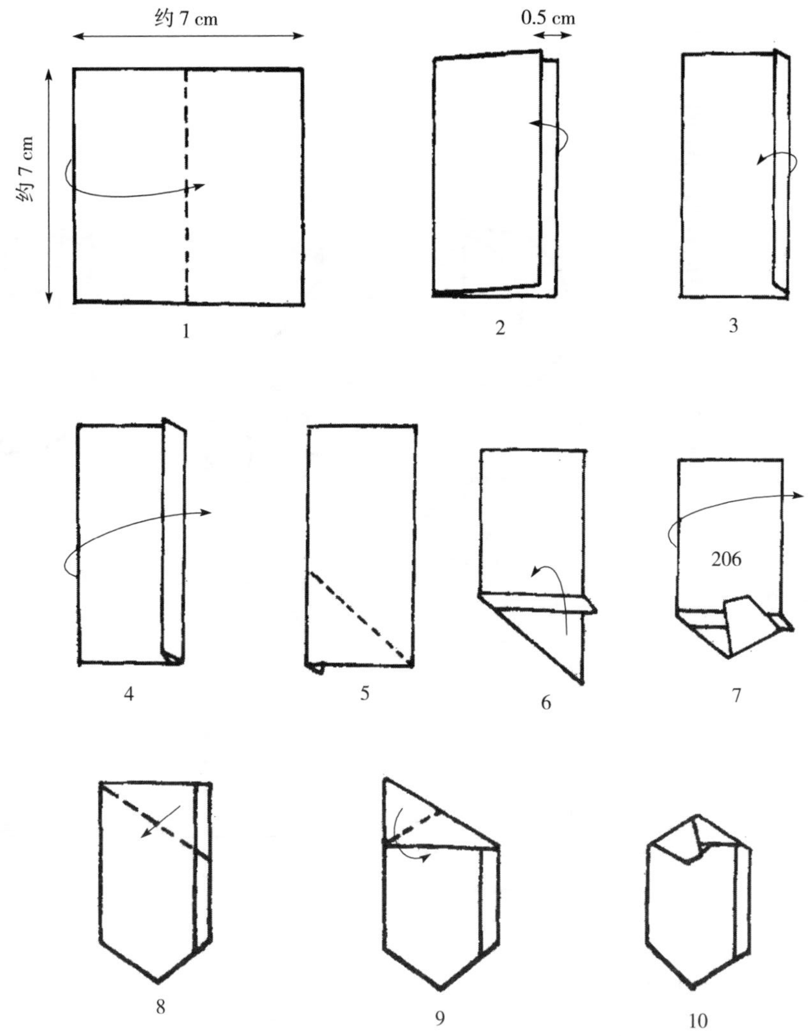

图 A.2 残余法滤纸袋的折叠方法

附 录 B
（补充件）

油重法规定采用滤纸筒包装样品。无滤纸筒时，可改用滤纸包装（必要时用脱脂线捆扎起来）。滤纸包的折叠方法如下图所示：

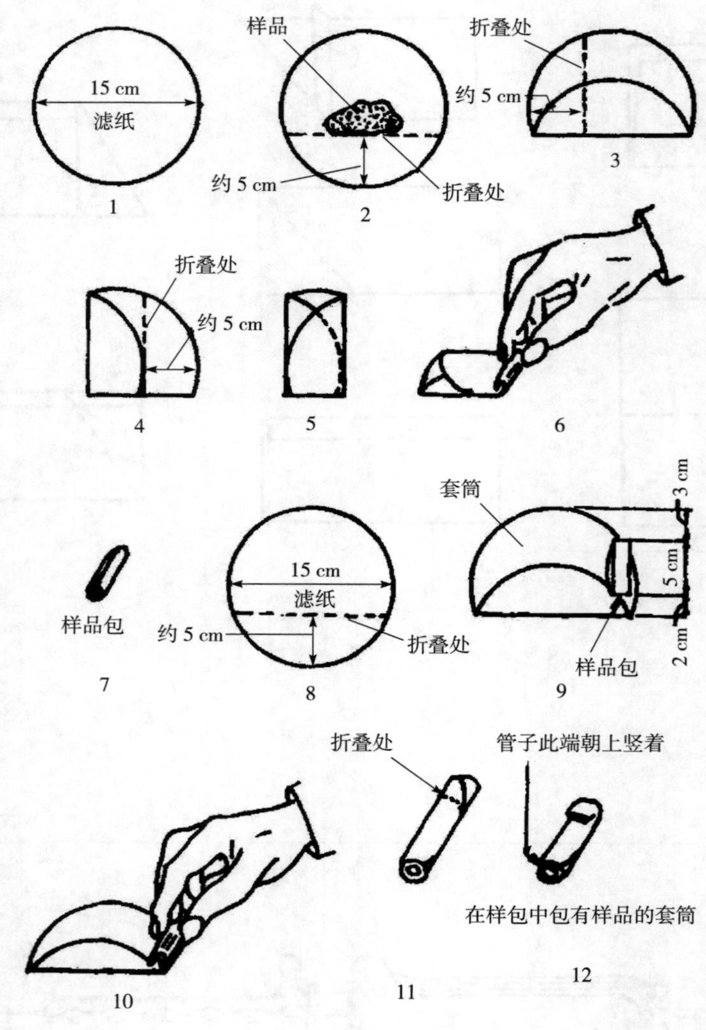

油重法滤纸包的折叠方法

附 录 C
参 考 资 料
（参考件）

C.1 ISO Recommendation R 659 oleaginous seeds Determination of Oil Content 1968。

C.2 AACC Method 30—26 CRUDE FAT IN SOY FLOURS Revised 10—8—76。

C.3 《国家粮油品质检验标准及操作规程汇编》商业部 1974 年编。

本标准由中华人民共和国农业部提出。
本标准由中国农科院油料作物研究所起草。

中华人民共和国农业行业标准

谷类籽粒赖氨酸测定法 染料结合赖氨酸(DBL)法

NY/T 9—1984

Method for determination of lysine in cereal grains—Dye-binding lysine method

本标准适用于测定水稻、玉米、高粱、麦类等谷类籽粒的赖氨酸含量。

1 原理

在pH2左右缓冲体系中,样品蛋白质的碱性氨基酸(赖氨酸、组氨酸、精氨酸)可与偶氮磺酸染料酸性橙12等摩尔结合,生成不溶性络合物,其染料结合量(摩尔数)相当于此三种碱性氨基酸的总和。若另取一份样品,先用丙酸酐将蛋白质中赖氨酸的ε-氨基掩蔽(丙酰化作用),使之失去与染料结合的能力,然后再与染料反应,所得染料结合量只是组氨酸和精氨酸之和。根据两次染料结合量的差值,便可算出该样品中的赖氨酸含量。

2 仪器、设备

2.1 分析天平:感量0.4 mg。

2.2 实验室用粉碎机。

2.3 GXD-201型蛋白质分析仪或GXDL-202型蛋白质赖氨酸分析仪主机。

2.4 实验室用电动往复振荡机。

2.5 离心机:3 000~4 000 r/min。

2.6 30~35 ml具塞玻璃管或聚乙烯管。

2.7 定量加液器或移液管:20、2、0.2 ml。

2.8 容量瓶:1 000、100 ml。

3 试剂

试剂除注明者外均为分析纯。

3.1 草酸-乙酸-磷酸盐缓冲溶液:3.4 g磷酸二氢钾和20 g草酸($H_2C_2O_4 \cdot 2H_2O$)分别溶于热水后,全部转移到1 000 ml容量瓶中。再加入1.7 ml 85%磷酸,60 ml冰乙酸,1 ml丙酸,冷却至室温,用蒸馏水定容。

3.2 3.89 mM酸性橙12 (Acid Orange 12,缩写成AO-12,分子式为$C_{16}H_{11}O_4N_2SNa$,生化试剂,层析纯,含量不少于90%)染料溶液,准确称取1.363 g酸性橙12(纯度按100%计),溶解于热的缓冲溶液后,再定量转移到1 000 ml容量瓶中,冷却至室温,用缓冲溶液定容。

3.3 16%和8% (W/V)乙酸钠溶液:称取16.0 g和8.0 g乙酸钠(按无水乙酸钠计),配成100 ml溶液。

中华人民共和国农业部 1984-12-20发布　　1985-10-01实施

3.4 丙酸酐:化学纯。

4 标准曲线的绘制

配制 1.20、1.30、1.40、1.50、1.60、1.70、1.80 mM 酸性橙 12 染料标准系列溶液,在 GXD-201 型蛋白质分析仪上测定透光率(为提高灵敏度,用连续档测定。即以 40 ml 3.89 mM 染料溶液加 25 ml 缓冲溶液,调透光率为 0;40 ml 3.89 mM 染料溶液加 125 ml 缓冲溶液,调透光率为 87)。然后以透光率(%)为纵坐标,染料浓度(mM)为横坐标,在半对数坐标纸上绘制标准曲线。或将透光率换算为吸光度,计算回归方程。若用 GXDL-202 型蛋白质赖氨酸分析仪,则可直接读出吸光度,然后以吸光度 E 为纵坐标,染料浓度(mM)为横坐标,在普通坐标纸上绘制标准曲线,或计算回归方程。

5 测定步骤

5.1 试样的选取与制备

选取有代表性谷类籽粒,挑拣干净,按四分法缩减取样,取样量不得少于 20 g。将籽粒充分风干或放在 55～60℃烘箱中干燥六小时以上。带壳水稻、高粱,先脱壳,再用粉碎机粉碎,使 90%以上通过 0.25 mm 筛孔,充分混匀,装入磨口瓶中备用。

5.2 称样

参照表 1 称样量,称取酰化和不酰化样品各两份,准确到 0.4 mg,分别放入 30～35 ml 具塞玻璃管内,标明为 A 管(酰化样品)和 B 管(不酰化样品)。与此同时,另称样品,按 GB 3523—83《谷类、油料作物种子水分测定法》测定水分含量。

谷类籽粒的称样量

g

样品名称	酰化样品	不酰化样品
水稻	0.7 或 0.8	0.5 或 0.6
普通玉米	0.8	0.6
高赖氨酸玉米	0.7 或 0.5	0.5 或 0.4
高粱	1.0	0.7
麦类	0.5	0.4

注:称样量系根据试验选定的,如果剩余染料溶液的浓度超出 1.2～1.8 mM 时,称样量应作适当调整。

5.3 丙酰化反应

各管分别加入 2.00 ml 16%乙酸钠溶液(籼稻加 8%乙酸钠溶液),然后加 0.20 ml 丙酸酐于 A 管中,加 0.20 ml 缓冲溶液于 B 管中。盖紧塞子,放置振荡机上振荡十分钟。

5.4 染料结合反应

向 A、B 管中分别加入 20.00 ml 3.89 mM 染料溶液,盖紧塞子,置振荡机上振荡一小时(水稻两小时)。

5.5 离心

将上述反应液于 3 000～4 000 r/min 下离心十分钟。

5.6 测定

在 CXD-201 型蛋白质分析仪或 GXDL-202 型蛋白质赖氨酸分析仪上测定上清液(即剩余染料溶液)的透光率 T 值或吸光度 E 值。

注:一般谷类样品丙酰化反应和染料结合反应不得低于 10℃,水稻样品还应在 18～34℃下进行。

6 结果计算

6.1 计算公式

由测得的透光率 T 值或吸光度 E 值，从标准曲线上查出或用回归方程计算得到相应的剩余染料溶液的浓度(mM)，则样品中赖氨酸含量的计算公式为

$$赖氨酸(\%,干基)=\left[\frac{3.89-1.11\times C_B}{W_B(1-H)}-\frac{3.89-1.11\times C_A}{W_A(1-H)}\right]\times\frac{20}{1\,000}\times\frac{146.2}{1\,000}\times 100$$

式中：C_A、C_B ——分别为酰化与不酰化样品的剩余染料溶液浓度，mM；

W_A、W_B——分别为酰化与不酰化样品的称样量，g；

H——样品的水分率；

20——加入染料溶液体积，ml；

1.11——(20+2+0.2)与 20 之体积比；

3.89——酸性橙 12 染料溶液浓度，mM；

146.2——1 mol 赖氨酸的质量，g。

6.2 结果的表示

两个平行样品的测定结果用算术平均值表示，小数点后保留两位，第三位小数按 GB 1.1—81《标准化工作导则 编写标准的一般规定》附录 C 规定取舍。

6.3 允许差

两个平行样品赖氨酸测定值之差不得大于 0.03%。

附　录　A
使用低浓度染料溶液测定法
（参考件）

A.1　本标准采用 3.89 mM 酸性橙 12 染料溶液。试验证明，使用 1.284 mM 染料溶液，也得到与 3.89 mM近似的结果，只是在精密度和准确度方面稍差。但低浓度有其优点，即不论那类谷物，称样量一律定为 0.18 g(0.20 g)和 0.13 g，且可节约试剂及样品用量。

A.2　用 1.284 mM 染料溶液时，其测定方法除下述几点有所不同外，其余均与标准条文条款相同。

A.2.1　称样量均为 0.18 g(粳稻为 0.20 g)和 0.13 g。

A.2.2　绘制标准曲线：配制 0.50、0.55、0.60、0.65、0.70、0.80、0.90 mM 的染料标准系列溶液(用连续档测定，以 1.284 mM 染料溶液调透光率为 10，60 ml 1.284 mM 染料溶液加 140 ml 缓冲溶液调透光率为 70)。

本标准由中华人民共和国农牧渔业部提出。

本标准由中国农业科学院综合分析室查如璧主持起草。

中华人民共和国农业行业标准

NY/T 11—1985

谷物籽粒粗淀粉测定法

Determination of crude starch in cereals seeds

本标准适用于水稻、小麦、玉米、谷子、高粱等谷物籽粒中粗淀粉含量的测定。

1 测定原理

淀粉是多糖聚合物，在一定酸性条件下，以氯化钙溶液为分散介质，淀粉可均匀分散在溶液中，并能形成稳定的具有旋光性的物质。而旋光度的大小与淀粉含量成正比，所以可用旋光法测定。

2 仪器和设备

2.1 分析天平：感量 0.001 g。

2.2 实验用粉碎机。

2.3 电热恒温甘油浴锅：119℃±1℃，浴锅内放入工业甘油，液层厚度为 2 cm 左右。

2.4 旋光仪：钠灯，灵敏度 0.01 度。

2.5 锥形瓶：150 ml，250 ml。

2.6 容量瓶：100 ml。

2.7 滤纸直径：15～18 cm，中速。

3 试剂配制

3.1 氯化钙-乙酸溶液：将氯化钙（$CaCl_2 \cdot 2H_2O$，分析纯）500 g 溶解于 600 ml 蒸馏水中，冷却后，过滤。其澄清液以波美比重计测定，在 20℃条件下调溶液比重为 1.3±0.02；用精密 pH 试纸检查，滴加冰乙酸（见 GB 676—78《冰乙酸》，分析纯），粗调氯化钙溶液 pH 值为 2.3 左右，然后再用酸度计准确调 pH 值为 2.3±0.05。

3.2 30％硫酸锌溶液（W/V）：取硫酸锌（$ZnSO_4 \cdot 7H_2O$，见 GB 666—78《硫酸锌》，分析纯）30 g，用蒸馏水溶解并稀释至 100 ml。

3.3 15％亚铁氰化钾溶液（W/V）：取亚铁氰化钾（$K_4Fe(CN)_6 \cdot 3H_2O$ GB 1273—77《亚铁氰化钾》，分析纯）15 g，用蒸馏水溶解并稀释至 100 ml。

4 样品的选取和制备

4.1 将样品挑选于净（带壳种子需脱壳），按四分法缩减取样约 20 g。

4.2 将选取的样品充分风干或在 60～65℃的条件下约烘 6 h 后粉碎，使 95％的样品通过 60 目筛，混匀，装入磨口瓶备用。

中华人民共和国农业部 1985-03-23 发布　　1985-11-01 实施

5 测定步骤

5.1 称样:称取样品 2.5 g,准确至 0.001 g。按 GB 3523—83《种子水分测定法》测定水分含量。

5.2 水解:将称好的样品放入 250 ml 锥形瓶中,在水解前 5 min 左右,先加 10 ml 氯化钙-乙酸溶液湿润样品,充分摇匀,不留结块,必要时可加几粒玻璃珠,使其加速分散,并沿瓶壁加 50 ml 氯化钙-乙酸溶液,轻轻摇匀,避免颗粒黏附在液面以上的瓶壁上。加盖小漏斗,置于 119℃±1℃甘油浴中,要求在 5 min 内达到所需温度,此时瓶中溶液开始微沸,继续加热 25 min。取出放入冷水槽,冷却至室温。

注:通过实测得知氯化钙-乙酸溶液的沸点为 118~120℃,当甘油浴的温度回升至 119℃±1℃时,样品瓶中溶液开始微沸,因此也可根据瓶中液体沸腾程度,校准控温仪的温度。

5.3 提取:将水解液全部转入 100 ml 容量瓶中,用 30 ml 蒸馏水多次冲洗锥形瓶,洗液并入容量瓶中。加 1 ml 硫酸锌溶液,摇匀,再加 1 ml 亚铁氰化钾溶液,充分摇匀以沉淀蛋白质。若有泡沫,可加几滴无水乙醇消除。用蒸馏水定容,摇匀,过滤,弃去 10~15 ml 初滤液,滤液供 5.4 测定。

5.4 测定:测定前,用空白液(氯化钙-乙酸液:蒸馏水=6:4)调整旋光仪零点,再将滤液装满旋光管,在 20±1℃下进行旋光测定,取两次读数平均值。

6 结果计算

6.1 计算公式

粗淀粉(干基)的含量按下式计算。

$$粗淀粉(\%)=\frac{a\times 10^6}{LW(100-H)\times 203}$$

式中:a——在旋光仪上读出的旋转角度;

L——旋光管长度,dm;

W——样品重,g;

203——淀粉比旋度;

H——样品水分含量,%。

6.2 结果表示

平行测定的数据用算术平均值表示,保留小数后两位。

6.3 允许相对误差

谷物籽粒粗淀粉含量的两个平行测定结果的相对误差不得大于 1.0%。

附 录 A
样品的脱脂与脱糖
(参考件)

A.1 谷物种子内含可溶性糖和脂肪较少,经过多次洗糖与不洗糖、脱脂与不脱脂对比试验证明,其中有的谷物籽粒(小麦、水稻、高粱等)粗淀粉测定结果极相近,均在允许误差范围之内,故本标准不要求脱脂与脱糖处理。如遇有特殊样品(脂肪含量超过 5%,可溶性糖含量超过 4%)需要脱脂或脱糖时,可将称好的样品放入 50 ml 离心管中,用乙醚脱脂,然后用 60%热乙醇(以重量计)搅拌,离心,倾去上清液,重复洗至无糖反应为止。最后用 60 ml 氯化钙-乙酸溶液将离心管内残留物全部转入 250 ml 锥形瓶进行粗淀粉测定。

本标准由黑龙江省农业科学院综合化验室起草。
本标准主要起草人赵铁男、孟广勤。

中华人民共和国农业行业标准

NY/T 56—1987

谷物籽粒氨基酸测定的前处理方法

Pretreatment method for determination of amino acids in cereal grains

1 适用范围

本标准适用于氨基酸分析仪测定谷物籽粒中氨基酸含量的样品前处理。

2 方法原理

谷物籽粒中的氨基酸，系按一定顺序结合成不同类型的肽和蛋白质，因而在测定前要用一定浓度的酸使蛋白质中肽键断裂，水解成多种氨基酸后，用氨基酸分析仪测定。由于色氨酸在酸性溶液中水解时易被破坏，须用碱水解。

3 仪器设备

3.1 分析天平：感量 0.000 1 g。

3.2 实验室用粉碎机。

3.3 喷灯。

3.4 真空泵。

3.5 真空规。

3.6 恒温干燥箱。

3.7 水解管：用九五料玻璃制的球形管或圆底试管。体积 15～20 ml。

3.8 聚四氟乙烯管：$\phi 10 \times 100$ mm。

3.9 玻璃试管：$\phi 15 \times 180$ mm。

3.10 浓缩器（可控温，减压）或真空干燥器。

3.11 容量瓶：25 ml。

4 试剂

除注明者外均为分析纯。配制试剂均用去离子水，电导率大于 1 $m\Omega^{-1}$。

4.1 6 mol/L 盐酸：盐酸（GB 622—77），优级纯，与水按 1∶1 混合。

4.2 4 mol/L 氢氧化锂：甩水溶解 168.8 g 氢氧化锂（Q/HG 12—325—83），稀释至 1 000 ml。

4.3 pH2.2 缓冲液：19.6 g 柠檬酸三钠（HG 3—1298—80）用水溶解后，加入 16.5 ml 盐酸（GB 622—77，优级纯），5 ml 25%硫代双乙醇，1 g 苯酚（HG 3—1165—78），最后定容至 1 000 ml。

4.4 pH4.3 缓冲液：14.71 g 柠檬酸三钠（HG 3—1298— 80）和 2.92 g 氯化钠（GB 1266—77），10.50 g 柠檬酸（HG 3—1108—81），溶解在 500 ml 水中，再加入 5 ml 25%硫代双乙醇，0.1 ml 辛酸，最后定容至 1 000 ml。

中华人民共和国农业部 1987 - 03 - 26 发布　　　　1987 - 11 - 15 实施

4.5　冷冻剂:液氮或干冰加丙酮(或加乙醇)。

5　试样制备

5.1　取有代表性的样品,用四分法分取 25 g 左右,拣去杂质,带壳籽粒进行脱壳。

5.2　将样品故在 60～65℃恒温干燥箱中。干燥 8 h 左右冷却后在粉碎机中碾碎,全部通过孔径为 0.25 mm的筛子,充分混匀后装入磨口瓶中备用。

6　处理方法

6.1　酸水解步骤

6.1.1　称样

称取样品 30±5 mg,准确至 0.1 mg,置于水解管中,同时另称样品按 GB 3523— 83《谷类、油料作物种子水分测定法》,测定水分含量。

6.1.2　水解

6.1.2.1　在水解管内加入 6 mol/L 盐酸 10 ml,在距管口 2 cm 左右处,用喷灯灼烧并拉一细颈。再将管子放入冷冻剂中,冷却至溶液呈固体后取出,接在真空泵的抽气管上,使减压至 7 Pa(≤5×10^{-2} mmHg)后封口。

6.1.2.2　将封好口的水解管放在 110±1℃的恒温干燥箱内,水解 22～24 h 后,取出冷却。

6.1.2.3　打开水解管,将水解液定量转移到 25 ml 容量瓶内,定容过滤,吸取滤液 1 ml,用旋转浓缩器(45～50℃)或置于真空干燥器内真空干燥,残留物用 1～2 ml 去离子水溶解蒸干,如此反复进行 1～2 次,最后一次蒸干后,加 pH2.2 缓冲液溶解,供仪器测定。

6.2　碱水解步骤

6.2.1　称样

称取样品 60±5 mg 准确至 0.1 mg,置于聚四氟乙烯管内,同时按 GB 3523—83 测定水分。

6.2.2　水解

6.2.2.1　在聚四氟乙烯管内加入 4 mol/L 氢氧化锂 1 ml,使样品均匀湿润,然后把管子放入玻璃试管中,在玻璃管上端,离聚四氟乙烯管 4～5 cm 处,用喷灯灼烧并拉一细颈,再放到冷冻剂中,冷却至溶液呈固体后取出,接在真空泵的抽气管上,减压至 7 Pa(≤5×10^{-2} mmHg)后封口。

6.2.2.2　把管子放在 110±1℃的恒温干燥箱内水解 20 h,取出冷却,将水解液定量转移到 25 ml 容量瓶内,用 6 mol/L 盐酸中和后,再用 pH4.3 的缓冲液定容,过滤后供测定色氨酸用。

附　录　A
氨基酸分析仪测定的结果计算
(补充件)

A.1　计算公式

$$某种氨基酸,\%(干基)=\frac{A}{m(1-H)}\times 10^{-6}\times 25\times 100$$

式中：A——测得的某种氨基酸在每毫升水解液中的含量,mg；

m——样品的质量,mg；

H——样品的水分百分率；

25——稀释倍数。

A.2　结果表示

两个平行样品的测定结果用算术平均值表示,保留小数点后有效数字两位。

A.3　结果的允许差

两个平行测定值相对差不得大于8%。

本标准由上海农科院测试中心负责起草。
本标准主要起草人顾金炎。

中华人民共和国农业行业标准

NY/T 57—1987

谷物籽粒色氨酸测定法

Determination of tryptophan in cereal grains

1 适用范围

本标准适用于测定谷物籽粒色氨酸含量。

2 原理

谷物蛋白质碱解后，降解成肽和游离的氨基酸。在酸性介质中，有硝酸盐存在条件下，色氨酸吲哚环与对二甲氨基苯甲醛反应，生成蓝色化合物，在一定范围内颜色深浅与色氨酸含量成正比。

3 仪器、设备

3.1 分析天平，感量 0.1 mg。

3.2 实验室用粉碎机。

3.3 721 型分光光度计，或相当的仪器。

3.4 离心机，4 000 r/min。

3.5 培养箱。

3.6 20 ml 具塞刻度玻璃试管（须校准）。

4 试剂

除注明者外均为分析纯。水为蒸馏水。

4.1 浓盐酸（GB 622—77），比重 1.19。

4.2 10％盐酸溶液：22.7 ml 浓盐酸加水至 100 ml。

4.3 5％对二甲氨基苯甲醛（HGB 3486—62）溶液：5 g 对二甲氨基苯甲醛溶于 10％盐酸中，并定容100 ml。

4.4 1％硝酸钠（GB 636—77）水溶液（m/V）。

注：4℃冰箱中保存，一周内使用有效。

4.5 10％氢氧化钾（GB 2306— 80）水溶液（m/V）。

4.6 L-色氨酸，层析纯。

4.7 L-色氨酸标准溶液：准确称 25 mg L-色氨酸（105℃干燥 2 h），加少量 0.1 mol/L 氢氧化钠（GB 629—81）使之溶解，定量地转移到 250 ml 棕色容量瓶中，用水定容。浓度为 100 μg/ml。

注：4℃冰箱中保存，一个月内使用有效。

中华人民共和国农业部 1987-03-26 发布　　1987-11-15 实施

5 试样的选取与制备

5.1 选取具有代表性谷物籽粒，挑拣干净，按四分法缩减取样，样量不得少于20 g。籽粒充分风干后用粉碎机磨碎(带壳籽粒先脱壳)，使95%以上通过0.25 mm孔径筛。

5.2 按GB 2906—82《谷类、油料作物种子粗脂肪测定法》脱脂并测定脂肪含量。脱脂样品风干后，混匀，装入磨口瓶中备用。

6 校准曲线的绘制

吸L-色氨酸标准溶液0.2，0.3，0.4，0.5，0.6，0.7 ml分别置于20 ml具塞刻度玻璃试管中，加1 ml 10%氢氧化钾溶液，摇匀；加0.2 ml 5%对二甲氨基苯甲醛，摇匀；加0.2 ml 1%硝酸钠，摇匀；将试管置于冰水中，再加5 ml浓盐酸。取出试管，强烈振摇后放入25℃培养箱中显色75 min(温度升到25℃时记时)，取出后用水稀释至刻度，摇匀。以试剂空白作对照在590 nm波长处测读吸光度。以色氨酸含量(μg)为横坐标，吸光度为纵坐标，绘制校准曲线。在温度较高的季节和地区，制定校准曲线时，参见附录A。

7 测定步骤

7.1 称样：称取40 mg试样两份，准确至0.1 mg，与此同时，另称样品，按GB 3523—83《谷类、油料作物种子水分测定法》测定水分含量。

7.2 水解：将试样置于20 ml具塞刻度玻璃试管中，加1 ml 10%氢氧化钾，振摇，样品全部湿润后，放入40℃培养箱中水解16～18 h。

7.3 显色：从培养箱中取出试管冷至室温后加0.2 ml 5%对二甲氨基苯甲醛，摇匀；加0.2 ml 1%硝酸钠，摇匀；将试管置于冰水中，再加5 ml浓盐酸。取出试管，强烈振摇后置于40℃培养箱中显色45 min(温度升到40℃时记时)。

7.4 测定：取出试管冷至室温后，用水稀释至刻度，摇匀。以4 000 r/min离心10 min。取上清液以试剂空白作对照，在590 nm波长处测读吸光度。

8 结果计算

8.1 计算公式

$$色氨酸,\%^{①}(干基)=\frac{a\times10^{-3}}{m(1-H)}\times100$$

式中：m——试样质量，mg；

a——从校准曲线上查得的色氨酸含量，μg；

H——试样水分百分率。

8.2 结果的表示

两个平行样品的测定结果用算术平均值表示，保留有效数字两位，第三位数按GB 1.1—81《标准化工作导则　编写标准的一般规定》附录C规定取舍。

8.3 允许差

两个平行样品色氨酸测定值为0.10%以下时，相对差允许为8%；0.10%或0.10%以上时为5%。

① 为脱脂试样的色氨酸百分含量，换算成原样品的色氨酸含量应乘以系数(1－脂肪%)。如脂肪含量为4%以下时，二个结果在允许差之内。

附 录 A
(参考件)

在温度较高的季节和地区,制定校准曲线时,L-色氨酸标准溶液的显色条件可采用30℃ 60 min,测定结果与25℃ 75 min一致。

本标准由中国农业科学院分析室负责起草。
本标准主要起草人崔淑文。

中华人民共和国农业行业标准

NY/T 1845—2010

食用菌菌种区别性鉴定　拮抗反应

Identification of distinctness for edible mushroom cultivar by antagonism

1　范围

本标准规定了应用拮抗反应进行食用菌菌种区别性鉴定的方法。

本标准适用于糙皮侧耳(*Pleurotus ostreatus*)、白黄侧耳(*Pleurotus cornucopiae*)、肺形侧耳(*Pleurotus pulmonarius*)、佛州侧耳(*Pleurotus ostreatus* var. *florida*)、杏鲍菇(*Pleurotus eryngii*)、金顶侧耳(*Pleurotus citrinopileatus*)、猴头菇(*Hericium erinaceus*)、白灵菇(*Pleurotus nebrodensis*)、黑木耳(*Auricularia auricula*)、毛木耳(*Auricularia polytricha*)、茶树菇(*Agrocybe cylindrica*)、金针菇(*Flammulina velutipes*)、滑菇(*Pholiota nameko*)、香菇(*Lentinula edodes*)、灰树花(*Grifola frondosa*)、灵芝(*Ganoderma* spp.)、鸡腿菇(*Coprinus comatus*)、黄伞(*Pholiota adiposa*)、斑玉蕈(*Hypsizygus marmoreus*)等食用菌菌种区别性的鉴定,包括母种、原种和栽培种。

2　规范性引用文件

下列文件对于本文件的应用是必不可少的,凡是注日期的引用文件,仅注日期的版本适用于本文件。凡是不注日期的引用文件,其最新版本(包括所有的修改单)适用于本文件。

NY/T 1098—2006　食用菌品种描述技术规范

3　术语和定义

NY/T 1098—2006确立的以及下列术语和定义适用于本标准。

3.1

菌种区别性　distinctness of spawn

供检菌种与对照菌种的不符合性。

3.2

隆起型　ridgy

拮抗反应的表现特征之一,表现为两菌株菌落交界处菌丝隆起。背面观察两菌株菌落交界处培养基中有或没有带状色素沉淀。

4　原理

拮抗反应是某些真菌识别异己保持群体遗传多样性的反应,它是由基因组内异核体不亲和(heterokaryon incompatibility,*het*)位点控制的。当不亲和的菌株共同培养时,由于*het*位点的识别作用,菌株间就会产生拮抗反应,在交界处形成隆起、沟或隔离,从而防止遗传上明显不同的个体间菌丝的融合,以保持个体遗传上的独立和稳定。

中华人民共和国农业部 2010-05-20 发布　　2010-09-01 实施

5 仪器设备

5.1 高压灭菌锅。

5.2 净化工作台(接种箱)。

5.3 培养箱。

5.4 微生物学检测实验室其他常用设备。

6 培养基

马铃薯葡萄糖琼脂培养基(PDA)或综合马铃薯葡萄糖琼脂培养基(CPDA)(见附录A.1、A.2)。猴头用柠檬酸或食醋调至pH5.5。特殊种类需加入适量其生长所需特殊物质,如酵母粉、蛋白胨、麦芽汁、麦芽糖等,但是不应过富。倒入培养皿冷却成为平板。

7 接种

7.1 接种组合和重复

接种组合为3组。第一组:供检菌种与对照菌种,各接种1个接种块;第二组:供检菌种与供检菌种,各接种1个接种块;第三组:对照菌种与对照菌种,各接种1个接种块。每组3个重复。分别进行对峙培养。

7.2 接种操作

严格按无菌操作,用φ5 mm打孔器分别打取活化后适龄菌种菌落边缘作接种块,两接种块间隔30 mm,分别置于距平板中心点的15 mm处,菌丝朝上。

8 培养条件

根据培养物的不同生长要求,给予其适宜的培养温度(多在22℃~28℃),通风、避光培养至接种块菌丝接触后,再在自然光下培养5 d~7 d。不同种类食用菌菌丝培养条件见附录B。

9 拮抗反应的观察和判断

在灯下或自然光下,观察培养物表面两菌株菌落交界处菌丝是否呈现隆起型、沟型、隔离型反应。培养物表面菌丝有隆起型、沟型、隔离型三者之一的为有拮抗反应,供检菌种与对照菌种为不同品种;培养物表面菌丝未呈现隆起型、沟型、隔离型三者之一的为无拮抗反应,但不能确定为相同品种。

附 录 A
（规范性附录）
母种常用培养基及其配方

A.1 PDA 培养基（马铃薯葡萄糖琼脂培养基）

马铃薯 200 g（用浸出汁），葡萄糖 20 g，琼脂 20 g，水 1 000 mL，pH 自然。

A.2 CPDA 培养基（综合马铃薯葡萄糖琼脂培养基）

马铃薯 200 g（用浸出汁），葡萄糖 20 g，磷酸二氢钾 2 g，硫酸镁 0.5 g，琼脂 20 g，水 1 000 mL，pH 自然。

附　录　B
（资料性附录）
不同种类食用菌菌丝培养条件

表 B.1　不同种类食用菌菌丝培养条件

<table>
<tr><th rowspan="2">品　种</th><th colspan="2">避光培养</th><th colspan="2">自然光培养</th></tr>
<tr><th>温度(℃)</th><th>时间(d)</th><th>光强度(lx)</th><th>温度(℃)</th></tr>
<tr><td>杏鲍菇</td><td>24～26</td><td>10～15</td><td rowspan="2">>100</td><td>15～28</td></tr>
<tr><td>猴头菇</td><td>20～25</td><td>10～15</td><td>15～30</td></tr>
<tr><td>糙皮侧耳</td><td>24～28</td><td>8～12</td><td rowspan="17">>300</td><td>15～30</td></tr>
<tr><td>白黄侧耳</td><td>24～28</td><td>8～12</td><td>15～30</td></tr>
<tr><td>肺形侧耳</td><td>25～28</td><td>8～12</td><td>15～30</td></tr>
<tr><td>佛州侧耳</td><td>25～28</td><td>8～12</td><td>15～30</td></tr>
<tr><td>白灵菇</td><td>24～28</td><td>10～15</td><td>15～28</td></tr>
<tr><td>黑木耳</td><td>24～26</td><td>10～15</td><td>15～30</td></tr>
<tr><td>毛木耳</td><td>26～28</td><td>10～15</td><td>15～30</td></tr>
<tr><td>茶树菇</td><td>20～25</td><td>15～20</td><td>15～30</td></tr>
<tr><td>滑菇</td><td>20～22</td><td>10～15</td><td>15～30</td></tr>
<tr><td>香菇</td><td>20～25</td><td>15～20</td><td>15～30</td></tr>
<tr><td>灰树花</td><td>24～26</td><td>15～20</td><td>15～30</td></tr>
<tr><td>金针菇</td><td>20～24</td><td>10～15</td><td>15～30</td></tr>
<tr><td>金顶侧耳</td><td>24～28</td><td>10～15</td><td>15～30</td></tr>
<tr><td>灵芝</td><td>28～30</td><td>15～20</td><td>20～32</td></tr>
<tr><td>鸡腿菇</td><td>22～25</td><td>10～15</td><td>15～30</td></tr>
<tr><td>黄伞</td><td>24～26</td><td>15～20</td><td>15～30</td></tr>
<tr><td>斑玉蕈</td><td>20～25</td><td>10～15</td><td>15～30</td></tr>
</table>

本标准起草单位：中国农业科学院农业资源与农业区划研究所、农业部微生物肥料和食用菌菌种质量监督检验测试中心。

本标准主要起草人：张金霞、陈强、黄晨阳、高巍、郑素月、张瑞颖、胡清秀。

中华人民共和国农业行业标准

NY/T 1846—2010

食用菌菌种检验规程

Code of practice for spawn testing of edible mushroom

1 范围

本标准规定了各类食用菌菌种质量的检验内容和方法以及抽样、判定规则等要求。

本标准适用于各类食用菌各级菌种质量的检验。

2 规范性引用文件

下列文件对于本文件的应用是必不可少的，凡是注日期的引用文件，仅注日期的版本适用于本文件。凡是不注日期的引用文件，其最新版本（包括所有的修改单）适用于本文件。

GB/T 191 包装储运图示标志(GB/T 191—2008 ISO.780:1997,MOD)

GB/T 4789.28 食品卫生微生物学检验染色法、培养基和试剂

GB 19169 黑木耳菌种

GB 19170 香菇菌种

GB 19171 双孢蘑菇菌种

GB 19172 平菇菌种

GB/T 23599 草菇菌种

NY/T 528—2002 食用菌菌种生产技术规程

NY 862 杏鲍菇和白灵菇菌种

NY/T 1097 食用菌菌种真实性鉴定 酯酶同工酶电泳法

NY/T 1730 食用菌菌种真实性鉴定 ISSR 法

NY/T 1742 食用菌菌种通用技术要求

NY/T 1743 食用菌菌种真实性鉴定 RAPD 法

NY/T 1845—2010 食用菌菌种区别性鉴定 拮抗反应

3 术语和定义

下列术语和定义适用于本标准。

3.1

送检样品 submitted sample

送到菌种检验机构待检验的、达到规定数量的样品。

3.2

试验样品 working sample

在实验室中从送检样品中分出的部分样品，供测定某一检验项目之用。

中华人民共和国农业部 2010-05-20 发布 2010-09-01 实施

4 检验内容和方法

4.1 感官检验

4.1.1 母种

4.1.1.1 容器

用米尺测量试管外径和管底至管口的长度，肉眼观察试管有无破损。

4.1.1.2 棉塞(无棉塑料盖)

手触是否干燥；肉眼观察是否洁净，对着光源仔细观察是否有粉状物；松紧度以手提起棉塞或拔出棉塞的状况检查；棉塞透气性和滤菌性以观察塞入试管口内或露出试管口外棉塞的长度检查。

4.1.1.3 斜面长度

用米尺测量斜面顶端到棉塞的距离。

4.1.1.4 斜面背面外观

肉眼观察培养基边缘是否与试管壁分离，同时观察培养基的颜色。

4.1.1.5 母种外观其他各项

肉眼观察菌丝有无其他色泽及异常，有无螨类，必要时用5倍放大镜观察。

4.1.1.6 气味

在无菌条件下拔出棉塞，将试管口置于距鼻5 cm～10 cm处，屏住呼吸，用清洗干净、酒精棉球擦拭过的手在试管口上方轻轻煽动，顺风鼻闻。

4.1.2 原种和栽培种

4.1.2.1 容器

肉眼观察有无破损。

4.1.2.2 棉塞(无棉塑料盖)

按照4.1.1.2的要求。

4.1.2.3 培养基上表面距瓶(袋)口的距离

用米尺测量。

4.1.2.4 接种量

原种用米尺测量接种块大小，栽培种检查生产记录。

4.1.2.5 杂菌菌落

肉眼观察，必要时用5倍放大镜观察。

4.1.2.6 菌种外观其他各项

肉眼观察菌丝有无其他色泽及异常，有无螨类，必要时用5倍放大镜观察。

4.1.2.7 气味

按照4.1.1.6的要求。

4.2 菌丝微观特征检验

4.2.1 插片培养法

挑取试验样品中少量菌丝分别接种于2个PDA平板上，25℃培养3 d，在菌落边缘处插入无菌盖片，继续在25℃下培养2 d～3 d，取出盖片，盖于载玻片的水滴上，显微镜下观察。先用10倍物镜观察菌丝是否粗壮、丰满、均匀，再转到40倍物镜下观察菌丝的细微结构。需要测量菌丝粗细的可在目镜内装好测微尺，对菌丝直径进行测量。同时观察有无锁状联合、形态结构和特征。每一试检样品应检查不少于30个视野。

4.2.2 水封片观察法

取干净载玻片，滴一滴无菌水，用无菌操作方法挑取试验样品中少量菌丝于水滴中，挑散菌丝，盖上盖玻片，先用10倍物镜观察菌丝是否粗壮、丰满、均匀，再转到40倍物镜下观察菌丝的细微结构。需要测量菌丝粗细的可在目镜内装好测微尺，对菌丝直径进行测量。同时观察有无锁状联合、形态结构和特征。每一试检样品应检查不少于30个视野。

4.3 霉菌检验

从试验样品中挑出3 mm×3 mm～5 mm×5 mm大小的菌种块，在无菌条件下接种于PDA培养基上，置于25℃～28℃温度下培养，5 d～7 d后取出，在光线充足的条件下对比观察。检查菌落是否外观均匀、边沿整齐，是否具有该菌种的固有色泽；有无绿、黑、黄、红、灰等颜色的粉状分生孢子或异常。

4.4 细菌检验

4.4.1 液体培养基检验法

从试验样品中挑出3 mm×3 mm～5 mm×5 mm大小的菌种块，在无菌条件下接种于GB/T 4789.28,4.8规定的细菌营养肉汤培养基中，置于摇床上在28℃下振荡培养1 d～2 d后取下，在光线充足的条件下对比观察。检查培养基是否仍呈半透明状，还是出现浑浊或具有异味。

4.4.2 固体培养基检验法

从试验样品中挑出3 mm×3 mm～5 mm×5 mm大小的菌种块，在无菌条件下接种于PDA斜面上，置于28℃下培养1 d～2 d后取出，在光线充足的条件下对比观察。检查菌落外观色泽是否呈一致的白色、边沿整齐否；培养物接种块周围菌丝是否均匀，是否萌发少、稀疏；接种块周围有无糊状的细菌菌落。

4.5 菌丝生长速度测定

4.5.1 母种

用直径90 mm的培养皿干热灭菌后，在无菌条件下倒入规定使用的培养基20 mL，自然凝固制成平板。取斜面上位一半处3 mm×3 mm～5 mm×5 mm菌种一块，菌丝朝上接种于平板中央，接种平板5个，置于25℃±1℃下培养。48 h后观察是否有污染发生，如无污染，PDA培养基培养6 d后再观察，如尚未长满，以后每日观察，直至11 d；PDPYA培养基培养8 d后再观察，如尚未长满，以后每日观察，直至第10 d。观察并记录长满平板天数。

4.5.2 原种和栽培种

使用符合NY/T 528中4.7.1.3、4.7.1.4规定的食用菌原种、栽培种的菌种瓶(袋)，根据不同的种类，选择附录B中适宜的培养基，装6瓶(袋)灭菌冷却后备用。取供检菌种按接种量要求接入，在适温下恒温培养。接种后3 d～5 d进行首次观察，以后每隔5 d～7 d观察1次，菌丝长满前7 d应每天观察，记录长满瓶(袋)的天数。

4.6 真实性鉴定

按照NY/T 1097、NY/T 1730、NY/T 1743、NY/T 1845—2010方法执行。异宗结合种类任选其中3种方法，同宗结合种类应选用除拮抗反应之外的3种方法。

4.7 母种农艺性状和商品性状

4.7.1 制作原种

以送检母种作为种源，选择适宜的原种培养基配方，制菌瓶(袋)45个，分3组；以法定认可的标准菌株或留样菌种为对照菌种，采用同样方法进行制种管理。

4.7.2 栽培

根据送检菌种类别，选择不同的栽培培养基配方，制作菌袋45个(床、块栽培9 m^2)，接种后，分3组进行常规管理，做好栽培记录，统计结果。依据不同的菌种，分别按标准GB 19169、GB 19170、GB 19171、GB 19172、GB/T 23599、NY 862或NY/T 1742中相关规定执行。

4.8 包装、标签、标志检验

按照GB 19169、GB 19170、GB 19171、GB 19172、GB/T 23599、NY 862或NY/T 1742中相关要求检验。

5 抽样

5.1 抽样方法

采取随机抽样,从批次中抽取具代表性的送检样品。

5.2 抽样数量

母种、原种、栽培种的抽样量分别为该批次菌种的10%、5%、1%。但每批次抽样量不得少于10支(瓶、袋);超过100支(瓶、袋)的,可进行两级抽样。

6 判定规则

6.1 菌种真实性

按照NY/T 1097、NY/T 1730、NY/T 1743三个鉴定方法,三种方法的鉴定结果都与对照品种相同的,为品种相同,判定为菌种真实。

按照NY/T 1097、NY/T 1730、NY/T 1743三个鉴定方法,三种方法的鉴定结果都与对照品种不同的,为品种不同,判定为菌种不真实。

按照NY/T 1845—2010鉴定的异宗结合种类,与对照品种有拮抗反应的,为品种不同,判定为菌种不真实。

6.2 合格菌种

菌种具真实性,菌丝微观形态、培养特征、杂菌和虫(螨)体、菌丝生长速度、母种栽培性状、标签及感官中的菌种外观、斜面背面外观、气味等项均符合标准要求的,为合格菌种。

6.3 不合格菌种

菌种的真实性、菌丝微观形态、培养特征、杂菌和虫(螨)体、菌丝生长速度、母种栽培性状、标签及感官中的菌种外观、斜面背面外观、气味等任何一项不符合标准要求的,为不合格菌种。

本标准起草单位:中国农业科学院农业资源与农业区划研究所、农业部微生物肥料和食用菌菌种质量监督检验测试中心。

本标准主要起草人:张金霞、黄晨阳、高巍、郑素月、张瑞颖、胡清秀、陈强。

中华人民共和国农业行业标准

花卉检验技术规范 第5部分:花卉种子检验

NY/T 1656.5—2008

Rules for flower testing
Part 5: Flower seed test

1 范围

本部分规定了花卉种子检验的抽样、净度分析、其他植物种子数目测定、发芽实验、生活力的生物化学测定、种子健康测定、种及品种鉴定、水分测定、重量测定、包衣种子检验的基本规则和技术要求。

本部分适用于花卉种子的检测。

2 规范性引用文件

下列文件中的条款通过本部分的引用而成为本部分的条款。凡是注日期的引用文件,其随后所有的修改单(不包括勘误的内容)或修订版均不适用于本部分,然而,鼓励根据本部分达成协议的各方研究是否可使用这些文件的最新版本。凡是不注日期的引用文件,其最新版本适用于本部分。

GB 2772　林木种子检验规程

GB/T 3543.4　农作物种子检验规程　发芽试验

1996 国际种子检验规程(ISTA International Rules For Seed Testing)

3 术语和定义

下列术语和定义适用于NY/T 1656的本部分。

3.1

真实性　genuineness of seed

供检种或品种与所声明的种或品种是否相符。

3.2

纯度　seed purity

测定样品中所声明的种或品种的种子数占样品中全部种子数的百分率。

3.3

完全检验　complete test

从整个实验样品中找出所有其他植物种子的测定方法。

3.4

有限检验　limited test

从整个实验样品中只限于从整个试验样品中找出指定种的测定方法。

3.5

简化检验　reduced test

中华人民共和国农业部 2008-07-14 发布　　2008-08-10 实施

从较小的试验样品量(相对于规定试验样品量)中找出所有其他植物种子的测定方法。

3.6

简化有限检验　reduced - limited test

从较小的试验样品量(相对于规定试验样品量)中找出指定种的测定方法。

3.7

包衣种子　coated seed

经其他非种子材料,如杀虫剂、杀菌剂、染料或其他添加剂等包裹的种子,包括丸化种子、包膜种子、种子颗粒、种子带、种子毯和处理种子。

3.8

丸化种子　pellet seed

为了适应精量播种,做成的大小和形状上没有明显差异的类似球状的单粒种子。

3.9

包膜种子　encrusted seeds

形状类似于原来的种子单位,其大小和重量的变化范围可大可小。包膜物质可能含有杀虫剂、杀菌剂、染料或其他添加剂。

3.10

种子颗粒　seed granules

近似于圆柱形的种子单位,其中包括一个以上成串状排列的种子。

3.11

种子带　seed tapes

将种子铺在纸或其他可分解材料制成的狭带上。

3.12

种子毯　seed mats

将种子铺在纸或其他可分解材料制成的宽而薄毯状材料上。

3.13

处理种子　treated seeds

仅用杀虫剂、杀菌剂、染料或其他添加剂处理而不会引起其形状、大小的显著变化,或不增加原来重量的种子。

3.14

净丸粒　pure pellets

净丸粒包括含有或不含有种子的完整丸粒;对于表面覆盖丸化物质占种子表面一半以上的破损丸粒,但这种破损丸粒不含有种子或所含种子不是送验者所述的植物种子的,不应归为净丸粒。

3.15

未丸化种子　unpalleted seed

包括任何植物种子的未丸化种子;包括非送验者所述植物种子的破损丸粒和送验者所述植物种的种子的破损丸粒。

3.16

杂质　inert matter

杂质包括脱落下的丸化物质;明显没有种子的破损丸粒;按 GB 2772 第 4 章 4.2.4 的规定作为杂质的任何其他物质。

4　抽(送)样

4.1　样品量

种子批的最大质量、送检样品质量(此样品不包括留副样,如果要留副样则要加倍,其中水分测定20 g要密封包装)、净度分析测定样品质量,参见《1996国际种子检验规程》的规定,见附录A中表A.1的规定。

4.2 最低送验量

4.2.1 含水量的测定

需磨碎的种子为100 g;其他种子为50 g;对特小种子(大于500粒/g)至少达到5 g。

4.2.2 种及品种的鉴定

需种子1 000粒。

4.2.3 所有其他测定

至少达到附录A中表A.1所规定的最低送验量,对小种子批(种批质量小于或等于附录A中表A.1所规定最大批量的1%)其送验样品至少达到附录A中表A.1规定的净度分析试验样品的质量。如作其他植物种子数目的测定送验样品要达到25 000粒。

确因种子价格昂贵的,送验样品少于规定数量时,也可尽量完成检验,但应注明送验量。

4.3 抽样方法

按GB 2772—1999中第3章的规定执行。

4.4 净度分析

按GB 2772—1999第4章的规定执行。

4.5 发芽测定

按GB 2772—1999第5章和GB/T 3543.4的规定执行。

发芽方法见附录A中表A.2。

4.6 生活力测定

按GB 2772—1999第6章的规定执行。

4.7 种子健康状况测定

按GB 2772—1999第8章的规定执行。

4.8 含水量测定

按GB 2772—1999第9章的规定执行。

4.9 重量测定

按GB 2772—1999第10章的规定执行。

4.10 X射线检验

按GB 2772—1999第11章的规定执行。

5 种及品种的鉴定

5.1 要求

5.1.1 环境

室内应保持明亮、通风和适宜的温度,避免无关的气味污染,空间适宜,座位舒适,安静不受干扰;现场检验应尽量创造一个安静、宽阔、明亮舒适的环境。

温室和光照培养箱中需配备能调节环境条件,以诱导其鉴别性状发育的设备。

田间小区需具有能鉴别性状正常发育的气候、土壤及栽培条件,并对防治病虫害有充分的保护措施。

5.1.2 检测人员

种及品种的鉴定应由熟悉供检种或品种的形态、生理或其他特性的检测人员进行鉴定。

5.2 鉴定

5.2.1 根据种或栽培品种的不同，可采用种子、幼苗或较成熟的植株进行鉴定。

5.2.2 种子和标准样品的种子进行比较；幼苗和植株与同期邻近种植在相同环境条件下，处于同一发育阶段的标准样品生长的幼苗和植株进行比较。当有一个或几个性状可以鉴别时，就可以对异作物或异品种的种子、幼苗或植株进行记数，并对样品的真实性和品种纯度做出评价。

5.3 种子鉴定

5.3.1 试验样品

从送验样品中随机抽取不少于400粒种子。检验时设重复，每个重复100粒。如采用电泳方法，允许使用较小的实验样品。

5.3.2 测定

测定种子形态特征时，如有必要可借助适宜的放大仪器进行观察。测定种子色泽时，可在白天自然光下或特定光谱（如紫外光）下进行观察。测定化学特性时，可用适当的试剂处理种子，并记录每粒种子的反应。

5.4 幼苗鉴定

5.4.1 试验样品量

从送验样品中随机抽取不少于400粒种子。检验时设重复，每个重复100粒。

5.4.2 测定

种子放在适宜的发芽床上进行培养。当幼苗长到适宜的阶段时，对全部或部分幼苗进行鉴定。在测定染色体倍数时，切开根尖或其他组织，处理后在显微镜下进行鉴定。

5.5 温室或培养室的植株鉴定

5.5.1 试验样品量

所播种子至少能长成100株植株。

5.5.2 测定

种子播种于适宜的容器内，并满足鉴别性状发育所需要的环境条件。当植株达到适宜的发育阶段时，对每一株的主要性状进行观察和记载。

5.6 田间小区植株鉴定

5.6.1 试验样品量

所播种子至少能长成200株植株。

5.6.2 测定

每个样品至少播种2个重复小区，并保证每个小区有大约相等的成苗植株。重复应布置在不同地块或同一地块的不同位置。行间和株间应有足够的距离，使所要鉴定的性状能充分发育。在整个生长期间，特别是幼苗期和成熟期，要进行观察，并记载与标准样品的差异。凡可以看出是属于另外的种或栽培品种或异常植株的均应记数和记载。

5.7 结果计算

按GB 2772第5章中表5检查重复间的差异是否为随机误差。如各重复间的最大值和最小值的差距没有超过GB 2772第5章表5规定的容许误差范围，就用各重复的平均数作为该次测定的发芽率，否则进行重新测定。种子纯度按公式(1)计算。

$$X = \frac{n}{N} \times 100 \tag{1}$$

式中：

X——种子纯度，单位为百分数（%）；

n——所声明种或品种的种子数（幼苗或植株）；

N ——测定种子数(幼苗或植株)。

其他种或品种或变异植株数量,均以其所占测定种子数或植株数量的百分率表示。精确到1%。

5.8 结果报告

采用的测定方法和计算结果填在质量检验证书上。

6 包衣种子检验

6.1 要求

同5.1的规定。

6.2 抽样

6.2.1 抽样量

每检测批丸化种子最大批量同4.1的规定。按种子粒数,种批的最大种子数目为10亿粒。

送验样品量不应少于表1和表2的规定,如果样品较小,则应在证书上填报如下说明:"送验样品仅含有________粒丸化种子,没有达到花卉检验技术规范的要求。"

表 1 丸化种子的样品大小(丸粒数)

测定项目	送验样品不应少于	试验样品不应少于
净度分析(包括植物种的鉴定)	7 500	2 500
重量测定	7 500	1 000
发芽试验	7 500	400
其他植物种子数测定	10 000	7 500
其他植物种子数测定(包膜种子和种子颗粒)	25 000	25 000
大小分级	10 000	2 000

表 2 种子带的样品大小(粒数)

测定项目	送验样品不应少于	试验样品不用应少于
种的鉴定	2 500	100
发芽试验	2 500	400
净度分析	2 500	2 500
其他植物种子数测定	10 000	7 500

6.2.2 抽样方法

按4.3规定的方法进行。

包衣种子在抽样、处理及运输过程中应避免对丸粒或种子带的损伤,并且应将样品装在适当的容器内寄送。在对丸化种子进行取样时,种子落下距离不宜超过250 mm(防止丸粒破碎)。

6.3 净度分析

6.3.1 要求

将测定样品分成净丸粒、未丸化种子及杂质三种成分,并测定各成分的重量百分率。样品中所有植物种子和各种夹杂物,都应加以鉴定。

6.3.2 种的鉴定

从经净度分析后的净丸粒部分中取出100粒丸粒,除去丸化物质,然后测定每粒种子所属的植物种。丸化物质可冲洗掉或在干燥情况下除去。对于种子带同样要取出100粒种子,进行种子真实性的鉴定。鉴定方法按5的规定进行。

6.3.3 检测

按 6.2.1 的规定取得试验样品并称量。净度分析可用规定丸粒数的一个试验样品，或单独分取至少为这一数量一半的两个次级样品进行。然后将试验样品按规程 6.3.1 的规定分为各种成分，并分别称量。

6.3.4 结果计算

分别计算净丸粒、未丸化种子及杂质的重量百分率。其百分率的计算应以各种成分质量的总和为基数，而不是以试验样品的原质量为基数，但各种成分的质量总和应与原始质量作比较，以便核实物质的损失或其他误差。如用两份半试样进行重复分析，则两份重复之间的误差不应超过 GB 2772—1999 第 4 章 4.5.4 的规定。如果分析结果超过了允许误差，按 GB 2772—1999 第 4 章 4.5.3.1 的规定处理。

6.3.5 结果报告

将净丸粒、未丸化种子和杂质的百分率及 6.3.2 种子鉴定中所发现的每个种的名称和种子数填报在检验证书上。

净度分析结果应保留一位小数，所有成分的百分率之和应为 100，小于 0.05%的成分应填报为“微量”。

6.4 发芽试验

6.4.1 要求

丸化种子的发芽试验，应用从经净度分析后的净丸粒部分中取出丸粒来进行。丸粒置于发芽床上，应保持接收时的状态(即不经冲洗或浸泡)。种子带的发芽试验在带上进行，不用从制带物质中取下种子或经过任何方法的预处理。

一颗丸粒如果至少能产生送验者所述种的一株正常幼苗，即作为具有发芽力的丸化种子。

一颗丸粒中存在一粒以上的种子应视为单粒种子进行试验，试验结果用至少产生一株正常幼苗的丸粒的百分率表示。

6.4.2 试验方法

按 GB 2772—1999 第 5 章规定的方法进行。

6.4.3 结果计算

丸化种子的结果以产生正常幼苗丸粒数的百分率表示。种子带或种子毯以每米或每平方米产生的正常幼苗数表示。

6.4.4 结果报告

将丸化种子或种子带(毯)上种子产生的正常幼苗、不正常幼苗和无幼苗的百分率填报在检验证书上。并说明发芽试验所用的方法及试验持续时间。

6.5 丸化种子的重量测定

6.5.1 要求

从净丸粒种子中取一定数量的种子，称其质量并换算成每 1 000 粒种子的质量。

6.5.2 测定

按 GB 2772—1999 中第 10 章规定的方法进行。

6.6 丸化种子的大小分级

6.6.1 要求

经丸粒大小的筛选分析，测定丸化种子在某规定大小分级范围内的百分率。

6.6.2 送验样品量

供大小分级测定的送验样品至少达到 250 g，并应放在密闭的容器品里送去检验。

6.6.3 仪器

圆孔套筛，包括筛孔直径比种子大小规定的下限值小 0.25 mm 的筛子一只；筛孔直径比种子大小规定的上限值大 0.25 mm 的筛子一个；筛孔直径在被检种子大小范围内以相差 0.25 mm 为等分的筛子若干个。

6.6.4 检测

供测定的两份试验样品各约 50 g(不少于 45 g，不大于 55 g)。每个试验样品须经筛选分析，将筛下的各部分称重，保留两位小数。各部分的质量以占总质量的百分率表示，保留一位小数。

6.6.5 结果计算

两份试验样品在规定分级范围内的百分率总和的差异不超过 1.5%，测定结果用两份试验样品的平均数表示。如果测定结果超过这一允许差距，则应再分析 50 g 的样品，直到有两份分析结果处在允许差距范围内。

6.6.6 结果报告

将检验结果填报在检验证书上，结果保留一位小数。

附　录　A
（资料性附录）

表 A.1 中表明不同种的种子批和样品的重量以及报告检验结果时所用植物的学名。

每个样品的大小是按各种种子的千粒重推算而来的，这个数量对大多数供检样品估计足够。

需要测定其他植物种子数目的种，其送验样品至少含 25 000 粒种子。

表 A.1　种子批和样品的质量

种名		种子批的最大质量(kg)（第2章）	样品最低质量(g)	
学　名	中文名		送验样品（第2章）	净度分析试验样品（第3章）
Alcea rosea L.	蜀葵	5 000	80	20
Amaranthus tricolor L.	三色苋(雁来红)	5 000	40	10
Anemone coronaria L.	冠状银莲花	5 000	10	3
Anemone sylvestris L.	林生银莲花	5 000	10	3
Antirrhinum majus L.	金鱼草	5 000	5	0.5
Aquilegia vulgaris L.	普通耧斗菜	5 000	20	4
Asparagus setaceus (Kunth) Jessop	文竹	10 000	200	50
Aster alpinus L.	高山紫菀	5 000	20	5
Aster amellus L.	意大利紫菀	5 000	20	5
Aubrieta deltoidea (L.) DC. [incl. *A. graeca* Griseb.]	三角南庭芥	5 000	5	1
Begonia semperflorens Hort. *	四季秋海棠	5 000	5	0.1
Begonis × *tuberhybrida* Voss	球根海棠	5 000	5	0.1
Bellis perennis L.	雏菊	5 000	5	0.5
Briza maxima L.	大凌风草	5 000	40	10
Calendula officinalis L.	金盏花	5 000	80	20
Callistephus chinensis (L.) Nees.	翠菊	5 000	20	6
Campanula medium L.	风铃草	5 000	5	0.6
Celosia argentea L.	青葙	5 000	10	2
Centaurea cyanus L.	矢车菊	5 000	40	10
Chrysanthemum coronarium L.	茼蒿	5 000	30	8
Clarkia pulchella Pursh	美丽春再来	5 000	5	1
Coreopsis drummondii (Don) Torrey et Gray *	金鸡菊	5 000	20	5
Cosmos bipinnatus Cav. [incl. *Bidens formosa* (Bonato) Schultz. Bip.]	大波斯菊	5 000	80	20
Cosmos sulphureus Cav.	硫黄菊	5 000	80	20
Cyclamen persicum Miller	仙客来	5 000	100	30
Dahlia pinnata Cav.	大丽花	5 000	80	20
Datura stramonium L.	曼陀罗	5 000	100	25
Dianthus barbatus L.	美国石竹	5 000	10	3
Dianthus caryophyllus L.	香石竹	5 000	20	5
Dianthus chinensis L. [=*D. heddewigii* Reg.]	石竹	5 000	10	3
Digitalis prpurea L.	毛地黄	5 000	5	0.2
Echinops ritro L.	小蓝刺头	5 000	80	20

表 A.1（续）

种名		种子批的最大质量(kg)（第2章）	样品最低质量(g)	
学名	中文名		送验样品（第2章）	净度分析试验样品（第3章）
Eschscholtzia californica Cham.	花菱草	5 000	20	5
Fatsia japonica (Thunb. *ex* Murray) Decne. et Planchon	八角金盘	5 000	60	15
Freesia refracta (Jacq.) Klatt	香雪兰	5 000	100	25
Gaillardia pulchella Foug.	天人菊	5 000	20	6
Geranium hybridum Hort. *	勋章菊	5 000	40	10
Gerbera jamesonii Bolus *ex* Hook. f.	非洲菊	5 000	40	10
Godetia grandiflora Lindley	大花高代花	5 000	5	2
Gomphrena globosa L.	千日红	5 000	40	10
Gypsophila paniculata L.	锥花丝石竹	5 000	10	2
Helichrysum bracteatum (Vent.) Andrews	蜡菊	5 000	10	2
Helipterum roseum (Hook.) Benth.	小麦秆菊	5 000	30	8
Ipomoea tricolor Cav.	三色牵牛	10 000	400	100
Lathyrus latifolius L.	宿根香豌豆	10 000	400	100
Lathyrus odoratus L.	香豌豆	10 000	600	150
Lavandula angustifolia Miller	薰衣草	5 000	10	2
Lavatera trimestris L.	裂叶花葵	5 000	40	10
Leucanthemum maximum (Ram.) DC.	大滨菊	5 000	20	5
Liatris spicata (L.) Willd.	蛇鞭菊	5 000	30	8
Limonium sinuatum (L.) Miller (Heads)	深波叶补血草(头状花序)	5 000	200	50
Lobularia maritime (L.)Desv.	香雪球	5 000	5	1
Lupinus hybridus Hort. *	杂交羽扇豆	10 000	200	60
Matthiola incana (L.)R. Br.	紫罗兰	5 000	20	4
Mimosa pudica L.	含羞草	5 000	40	10
Mirabilis jalapa L.	紫茉莉	10 000	800	200
Myosotis sylvatica Ehrh. *ex* Hoffm.	勿忘我	5 000	10	2
Papaver alpinum L. *	高山罂粟	5 000	5	0.5
Papaver rhoeas L.	虞美人	5 000	5	0.5
Pelargonium zonale Hort. *	马蹄纹天竺葵	5 000	80	20
Petunia×*hybrida* Vilm. *	矮牵牛	5 000	5	0.2
Phlox drummondii Hook	福禄考	5 000	20	5
Plantago lanceolata L.	长叶车前	5 000	20	6
Portulaca grandiflora Hook	大花马齿苋	5 000	5	0.3
Primula malacoides Franch. *	报春花	5 000	5	0.5
Primula abconica Hance.	四季樱草	5 000	5	0.5
Primula vulgaris Hudson	欧洲报春	5 000	5	1
Ranunculus asiaticus L.	花毛茛	5 000	5	1
Rudbeckia hirta L. [incl. R. Bicolor Nutt.]	黑心金光菊	5 000	5	1
Salvia splendens Buc'hoz *ex* Etlinger	一串红	5 000	30	8
Sanvitalia procumbens Lam.	蛇目菊	5 000	10	2
Senecio cruentus (Masson *ex* L' Her.)DC.	瓜叶菊	5 000	5	0.5
Sinningia speciosa (Lodd.) Hiern	大岩桐	5 000	5	0.2
Tagetes erecta L.	万寿菊	5 000	40	10
Tagetes patula L.	孔雀草	5 000	40	10

表 A.1（续）

种名		种子批的最大质量(kg)(第2章)	样品最低质量(g)	
学名	中文名		送验样品(第2章)	净度分析试验样品(第3章)
Torenia fournieri Linden	蓝猪耳	5 000	5	0.2
Tropaeolum majus L.	旱金莲	10 000	1 000	350
Verbena Canadensis (L.) Britton	加拿大美女樱	5 000	20	6
Verbena×*hybrida* Voss. *	美女樱	5 000	20	6
Viola tricolor L.	三色堇	5 000	10	3
Zinnia elegans Jacq.	百日草	5 000	80	20

表 A.2 列举允许采用的发芽床、温度、试验持续时间，以及对休眠样品建议的附加处理。由于发芽方法是为每个属而设计的，因此这些方法仅适用于列入表所包括的那些种。

发芽床：按下列次序排列的不同发芽床完全一样，并非表明哪种比较好些，TP；BP；S。BP 及 TP 可用 PP(褶裥纸床)代替。

温度：按下列次序排列的不同温度完全同样有效，并非表明哪种比较好些，"～"表示变温。

初次计数：初次计数时间是大约时间，条件是采用纸床和最高温度。如选用较低的温度，或用砂床做试验，则初次计数必须延迟。砂床试验须经 7d～10(14)d 后才进行末次数计数的，则初次计数可完全省去。

光照：为了使幼苗发育得更好，通常建议试验采用光照。在有些情况下，为促进休眠分析器发芽，光照是必需的；或在另一种情况下，光会抑制某些种子发芽，这时应把发芽床放在黑暗中，在本表的最后一栏中已作了说明。

缩写字母代表的意义如下：

TP——纸上

BP——纸间

PP——褶裥纸床

S——砂

KNO_3——用 0.2%硝酸钾溶液代替水

GA_3——用赤霉酸溶液代替水

表 A.2 发芽方法

种名		规定				附加说明，包括破除休眠的建议
学名	中文名	发芽床	温度(℃)	初次计数(d)	末次计数(d)	
Alcea rosea	蜀葵	TP；BP	20～30；20	4～7	14	刺穿种子削去或锉去子叶末端种皮一小片
Amaranthus tricolor	三色苋	TP	20～30；20	4～5	14	预先冷冻；KNO_3
Anemone coronaria	冠状银莲花	TP	20；15	7～14	28	预先冷冻
Antirrhinum majus	金鱼草	TP	20～30；20	5～7	21	预先冷冻；KNO_3
Aquilegia vulgaris	普通耧斗菜	TP；BP	20～30；15	7～14	88	光照；预先冷冻
Asparagus setaceus	文竹	TP；BP；S	20～30；20	7～14	35	在水中浸渍 24 h
Aster alpinus	高山紫菀	TP	20～30；20	3～5	14	预先冷冻

表 A.2（续）

种名		规定				附加说明，包括破除休眠的建议
学名	中文名	发芽床	温度(℃)	初次计数(d)	末次计数(d)	
Aubrieta deltoidea	三角南庭芥	TP	20;15;10	7	21	预先冷冻
Begonia semperflorens	四季秋海棠	TP	20～30;20	7～14	21	预先冷冻
Begonia×tuberhybrida	球根海棠	TP	20～30;20	7～14	21	预先冷冻
Bellis perennis	雏菊	TP	20～30;20	4～7	14	预先冷冻
Briza maxima	大凌风草	TP	20～30	4～7	21	预先冷冻
Calendula officinalis	金盏花	TP;BP	20～30;20	4～7	14	光照；预先冷冻；KNO_3
Callistephus chinensis	翠菊	TP	20～30;20	4～7	14	光照
Campanula medium	风铃草	TP;BP	20～30;20	4～7	21	光照;预先冷冻
Celosia argentea	青葙	TP	20～30;20	3～5	14	预先冷冻
Centaurea cyanus	矢车菊	TP;BP	20～30;20;15	4～7	21	光照;预先冷冻
Clarkia pulchella	美丽春再来	TP	20～30;15	3～5	14	光照;预先冷冻
Coreopsis drummondii	金鸡菊	TP;BP	20～30;20	4～7	14	光照；预先冷冻；KNO_3
Cosmos bipinnatus	大波斯菊	TP;BP	20～30;20	3～5	14	光照；预先冷冻；KNO_3
Cosmos sulphureus	硫黄菊	TP;BP	20～30;20	3～5	14	光照；预先冷冻；KNO_3
Cyclamen persicum	仙客来	TP;BP;S	20;15	14～21	35	KNO_3 在水中浸渍24 h
Dahlia pinnata	大丽花	TP;BP	20～30;20;15	4～7	21	预先冷冻
Datura stramonium	曼陀罗	TP;BP;S	20～30;20	5～7	21	预告冷冻；擦伤硬实
Dianthus barbatus	美国石竹	TP;BP	20～30;20	4～7	14	预先冷冻
Dianthus caryophyllus	香石竹	TP;BP	20～30;20	4～7	14	预先冷冻
Dianthus chinensis	石竹	TP;BP	20～30;20	4～7	14	预先冷冻
Digitalis pururea	毛地黄	TP	20～30;20	4～7	14	预先冷冻
Echinops ritro	小蓝刺头	TP;BP	20～30	7～14	21	
Eschscholtzia californica	花菱草	TP;BP	15;20	4～7	14	KNO_3
Fatsia japonica	八角金盘	TP	20～30;20	7～14	28	
Freesia refracta	香雪兰	TP;BP	20;15	7～10	35	刺穿种子削去或锉去一小片种皮；预先冷冻
Gaillardia pulchella	天人菊	TP;BP	20～30;20	4～7	21	光照;预先冷冻
Gentiana acaulis	无茎龙胆	TP	20～30;20	7～14	28	预先冷冻
Gerbera jamesonii	非洲菊	TP	20～30;20	4～7	14	
Godetia grandiflora	大花高代花	TP;BP	20～30;20;15	4	14	
Gomphrena globosa	千日红	TP;BP	20～30;20	4～7	14	KNO_3
Gypsophila paniculata	锥花丝石竹	TP;BP	20;15	4～7	14	光照
Helichrysum bracteatum	蜡菊	TP;BP	20～30;15	4～7	14	光照；预先冷冻；KNO_3

表 A.2（续）

种名		规定				附加说明，包括破除休眠的建议
学名	中文名	发芽床	温度(℃)	初次计数(d)	末次计数(d)	
Helipterum roseum	小麦秆菊	TP;BP	20～30;15	7～14	21	预先冷冻
Impatiens balsamina	凤仙花	TP;BP	20～30;20	4～7	21	光照；预先冷冻；KNO_3
Impatiens walleriana	霍耳斯特氏凤仙花	TP;BP	20～30;20	4～7	21	预先冷冻；KNO_3
Ipomoea tricolor	三色牵牛	TP;BP;S	20～30;20	4～7	21	刺穿种子削去或锉去子叶末端种皮一小片
Lathyrus latifolius	宿根香豌豆	TP;BP;S	20	7～10	21	刺穿种子削去或锉去一小片种皮；预先冷冻
Lathyrus odoratus	香豌豆	TP;BP;S	20	5～7	14	预先冷冻
Lavandula angustifolia	薰衣草	TP;BP;S	20～30;20	7～10	21	预先冷冻；GA_3
Lavatera trimestris	裂叶花葵	TP;BP	20～30;20	4～7	21	预先冷冻
Leucanthemum maximum	大滨菊	TP;BP	20～30;20	4～7	21	光照；预先冷冻
Liatris spicata	蛇鞭菊	TP	20～30	5～7	28	
Limonium sinuatum	深波叶补血草	TP;BP;S	15;20	5～7	21	在水中浸渍 24 h
Lobularia maritima	香雪球	TP	20～30;20;15	4～7	21	预先冷冻；KNO_3
Matthiola incana	紫罗兰	TP	20～30;20	4～7	14	预先冷冻；KNO_3
Mimosa pudica	含羞草	TP;BP	20～30;20	4～7	28	在水中浸渍 24 h
Mirabilis jalapa	紫茉莉	TP;BP;S	20～30;20	4～7	14	光照；预先冷冻
Myosotis sylvatica	勿忘我	TP;BP	20～30;20;15	5～7	21	光照；预先冷冻
Papaver alpinum	高山罂粟	TP	15;10	4～7	14	KNO_3
Papaver rhoeas	虞美人	TP	20～30;15	4～7	14	光照；预先冷冻；KNO_3
Pelargonium zonale	马蹄纹天竺葵	TP;BP	20～30;20	7	28	刺穿种子削去或锉去一小片种皮
Petunia×hybrida	矮牵牛	TP	20～30;20	5～7	14	预先冷冻；KNO_3
Phlox drummondii	福禄考	TP;BP	20～30;20;15	5～7	21	预先冷冻；KNO_3
Plantago lanceolata	长叶车前	TP;BP	20～30;20	4～7	21	
Portulaca grandiflora	大花马齿苋	TP;BP	20～30;20	4～7	14	预先冷冻；KNO_3
Primula malacoides	报春花	TP	20～30;20;15	7～14	28	预先冷冻；KNO_3
Primula obconica	四季樱草	TP	20～30;20;15	7～14	28	预先冷冻；KNO_3
Ranunculus asiaticus	花毛茛	TP;S	20;15	7～14	28	
Rudbeckia hirta	黑心金光菊	TP;BP	20～30;20	4～7	21	光照；预先冷冻
Salvia splendens	一串红	TP	20～30;20	4～7	21	预先冷冻
Sanvitalia procumbens	蛇目菊	TP;BP	20～30;20	3～5	14	预先冷冻
Senecio cruentus	瓜叶菊	TP	20～30;20	4～7	21	预先冷冻
Sinningia speciosa	大岩桐	TP	20～30;20	7～14	28	预先冷冻

表 A.2（续）

种　　名		规　　　定				附加说明，包括破除休眠的建议
学　　名	中文名	发芽床	温度(℃)	初次计数(d)	末次计数(d)	
Tagetes erecta	万寿菊	TP;BP	20～30;20	3～5	14	光照
Tagetes patula	孔雀草	TP;BP	20～30;20	3～5	14	光照
Torenia fournieri	蓝猪耳	TP	20～30	5～7	14	KNO_3
Tropaeolum majus	旱金莲	TP;BP;S	20;15	4～7	21	预先冷冻
Verbena canadensis	加拿大美女樱	TP	20～30;15	7～10	28	预先冷冻；KNO_3
Verbena×*hybrida*	美女樱	TP	20～30;20;15	7～10	28	预先冷冻；KNO_3
Viola tricolor	三色堇	TP	20～30;20	4～7	21	预先冷冻；KNO_3
Zinnia elegans	百日菊	TP;BP	20～30;20	3～5	10	光照；预先冷冻

本部分起草单位：农业部蔬菜品质监督检验测试中心(北京)、农业部花卉产品质量监督检验测试中心(昆明)、农业部花卉产品质量监督检验测试中心(上海)、农业部花卉产品质量监督检验测试中心(广州)。

本部分主要起草人：王玉国、刘肃、钱洪、黎扬辉、毕云青、林大为。

中华人民共和国农业行业标准

NY/T 1656.6—2008

花卉检验技术规范
第6部分:种苗检验

Rules for flower testing
Part 6: Young plant test

1 范围

本标准规定了种苗质量检验的基本规则和技术要求。

本标准适用于种苗生产、贮运和国内外贸易中产品质量的检验。

2 规范性引用文件

下列文件中的条款通过本标准的引用而成为本标准的条款。凡是注日期的引用文件,其随后所有的修改单(不包括勘误的内容)或修订版均不适用于本标准,然而,鼓励根据本标准达成协议的各方研究是否可使用这些文件的最新版本。凡是不注日期的引用文件,其最新版本适用于本标准。

GB/T 18247.1～6 主要花卉产品等级

3 术语和定义

下列术语和定义适用于NY/T 1656的本部分。

3.1

种苗种类 type of young plants

按种苗繁殖的材料和方法划分的种苗群体,如播种苗、扦插苗、嫁接苗、分株苗、组培苗等。

3.2

整体感 comprehensive expression

植株的茎、叶和根系的形态、色泽和生长是否正常或旺盛。

3.3

地径 caliper

种苗苗干基部的直径。侧芽萌发的扦插苗为萌发主干基部处的直径;嫁接苗为接口以上萌发主干开始正常生长处的直径。

3.4

苗高 height of young plant

自地径处到苗顶端的高度。

4 要求

4.1 环境

按NY/T 1656.2中4.1规定。

中华人民共和国农业部2008-07-14发布　　2008-08-10实施

4.2 工具

直尺,精确到 0.1 cm;卡尺,精确到 0.01 cm;放大镜;比色卡(英国皇家园艺学会色谱标准)。

4.3 检测人员

检测人员数量应满足 NY/T 1656.1 中 4.3.4 关于感官检测的规定。

5 抽样

样品的抽取应在成品库或生产现场随机抽取。市场抽样应查验产品合格证或经销单位确认合格的产品;生产基地抽取的样品必须是成品;同一产地、同一品种、同一批次的产品作为一个检验批次。花卉种苗不作保存,一般只进行现场检测。

5.1 批量

每检测批最大批量为 15 万株,超过最大批量值按 NY/T 1656.1 中 5.5.3 的规定执行。

5.2 抽样频次

同 NY/T 1656.2 中 5.2 的规定。

5.3 抽样量

同 NY/T 1656.2 中 5.3 的规定。

5.4 抽样方法

5.4.1 生产基地

先以穴盘(育苗盘)为单位抽取,用"X"法抽取,每条线上的抽取点视批量而定,抽取点总数不得少于 5 点,最多不超过 75 点;接着以盘为单位,按"X"法在每盘中抽取;最后以株为单位。

5.4.2 包装种苗

先以箱为单位随机抽取,抽取点总数不得少于 5 点;接着以包(盘)为单位,按上中下各个部位在每箱中抽取;最后以株为单位,从每包(盘)中随机抽取。抽样品时,可以株为单位抽取初次样品。如初次样品无异质性,可混合为混合样品。从混合样品中采用对分法或随机抽取适当的数量作为送验样品。

5.5 封样

样品每 10 株～20 株为一扎,用纸或塑料包装,装进纸箱当场签封。

5.6 运送和保存

样品加封后,由抽样人员带回,或请被检单位在规定的时间内送达检验地点。运送过程中应采取保鲜措施以尽量减少产品质量状况的变化,如使用保鲜剂、杀菌剂,保持适合的低温和较高的湿度。为了避免受检产品性状发生变化,取样后应尽快完成检验工作,可就地取样就地检验,所有外观检验应在 24 h内完成。不能就地检验的,应送往就近的检验机构或能满足检验条件的场所进行检验。当收到样品后不能立即检验需要暂时保存的,应根据种苗种类,保存在适宜的条件下。大多数实生苗可保存在 2℃～13℃左右的保湿条件,插条、接穗等可保存在 2℃～7℃左右的保湿条件,一些热带花卉种苗要求 15℃～18℃的较高温度。

6 检验方法

6.1 分发样品

同 NY/T 1656.2 中 6.1 的规定。

6.2 检测方法

6.2.1 品种

根据种苗的品种特征进行鉴定。必要时可进行田间试验,按 NY/T 1656.5 中 5 规定的方法进行。

6.2.2 地径

用游标卡尺测量,应垂直交叉测量两次,取其平均值,精确到 0.1 cm。

6.2.3 苗高

用直尺测量苗干基部到苗顶端的高度,精确到 0.1 cm。

6.2.4 根长

用直尺测量,精确到 0.1 cm。

6.2.5 侧根数

记录一定长度(根据质量标准的规定)的侧根条数。

6.2.6 叶片数

应是可进行光合作用的有效叶片数。心叶长度达正常叶片的 1/2 时,可作为一片有效叶,否则不计数。叶片数应为整数。

6.2.7 病虫害

用肉眼或仪器(放大镜、解剖刀等)对种苗进行检查,是否存在病菌或病毒侵染的病斑,昆虫、螨类、虫卵,及其他病虫害症状,必要时进行培养检测。对脱毒种苗需进行病毒检测。

6.2.8 药害、冷害、机械损伤

目测评定。

6.2.9 整体感

根据植株的形态、色泽和生长情况目测评定。

6.2.10 整齐度

计算出被测样品的地径或苗高平均值 X,再计算出地径或苗高在 X(1±10%)范围内的百分率。

7 检验规则

7.1 判定规则

同 NY/T 1656.2 中 8.1 的规定。

7.2 判定依据

按 GB/T 18247.6 或合同规定为判定依据。花卉种苗质量等级分为三级,低于三级指标判为级外。

7.2.1 样品单株等级判断　单株的评判以该株所有单项指标检测结果中,最低级别评定为该单株的级别。

7.2.2 单项指标等级判定　等级划分中的某一项指标,同时满足两个等级的评价指标时,要根据该项指标在这两个等级中的评价指标是否相同来决定归属哪一级。如果该项指标在这两个等级中不同,则应归属下一个等级,否则,应归属上一个等级。

7.2.3 种苗检测批次的等级评定:每一等级中低于该等级的种苗数量不应超过 5%。

7.3 复验

种苗不进行复验,即在得出检验结果后,样品就不再保存。

8 原始记录

原始记录的内容和格式见附录 A。

附 录 A
(规范性附录)
种苗检验原始记录

表 A.1 种苗检验原始记录表

编号________

品种________________样品号________样品情况________检验地点________________

环境条件:温度________________℃ 湿度________________%

测试仪器:____________编号____________

<table>
<tr><td rowspan="2">检测量(株)</td><td rowspan="2">株高</td><td rowspan="2">一级(株)</td><td rowspan="2">二级(株)</td><td rowspan="2">三级(株)</td><td>整齐度(%)</td><td>其他测定</td></tr>
<tr><td>株高</td><td></td></tr>
<tr><td></td><td></td><td></td><td></td><td></td><td></td><td></td></tr>
<tr><td colspan="4">检测方法:</td><td colspan="2">判定依据:</td><td>质量等级:</td></tr>
<tr><td colspan="7">备注</td></tr>
</table>

本次检验:有效 □　　　　检验人________

无效 □　　　　校核人________

检验日期______年 月 日

本部分起草单位:农业部蔬菜品质监督检验测试中心(北京)、农业部花卉质检中心(昆明)、农业部花卉质检中心(上海)、农业部花卉质检中心(广州)。

本部分主要起草人:王玉国、刘肃、钱洪、林大为、毕云青、黎扬辉。

中华人民共和国农业行业标准

NY/T 1656.7—2008

花卉检验技术规范 第7部分:种球检验

Rules for flower testing
Part 7: Bulb test

1 范围

本部分规定了种球质量检验的基本规则和技术要求。

本部分适用于种球生产和国内外贸易中产品质量的检验。

2 规范性引用文件

下列文件中的条款通过本标准的引用而成为本标准的条款。凡是注日期的引用文件,其随后所有的修改单(不包括勘误的内容)或修订版均不适用于本标准,然而,鼓励根据本标准达成协议的各方研究是否可使用这些文件的最新版本。凡是不注日期的引用文件,其最新版本适用于本标准。

GB/T 18247.6 主要花卉产品等级

3 术语和定义

下列术语和定义适用于NY/T 1656的本部分。

3.1

种球 bulbs

用于生产球根花卉的栽植材料,它由植株地下部分发生变态膨大而成,并贮存大量养分。根据球根的来源和形态可分为鳞茎、球茎、块茎、根茎和块根等类型。

3.2

整体感 comprehensive expression

种球发育是否饱满,呈现该种球特有的颜色、形状、弹性及个体大小整齐一致性等。

3.3

围径 girth

与生长方向相垂直的种球周长。

4 要求

4.1 环境

应符合NY/T 1656.2中4.1规定。

4.2 工具

直尺,精确到0.1 cm;卡尺,精确到0.01 cm;放大镜;比色卡,采用英国皇家园艺学会色谱标准。

中华人民共和国农业部 2008-07-14 发布　　2008-08-10 实施

4.3 检测人员

应掌握各种花卉种球的种或品种特征，了解各种花卉种球在生产和流通中易发生的质量问题。人员数量应满足 NY/T 1656.1 中 4.3.4 关于感官检测的规定。

5 抽样

样品的抽取应在成品库或生产现场随机抽取。市场抽样应查验产品合格证或经销单位确认合格的产品；生产基地抽取的样品应是成品；同一产地、同一采收时期、同一品种、同一规格、相同的加工和贮藏方法并经过充分混合的产品作为一个检测批次。

5.1 批量

每检测批最大批量为 15 万粒，超过最大批量值按 NY/T 1656.1 中 5.5.3 的规定执行。一个检测批次种球的最大质量不超过 20 000 kg，超过 5%时应另划批次。

5.2 抽样频次

同 NY/T 1656.2 中 5.2 的规定。

5.3 抽样量

检测样品数量不应少于 50 个种球。抽样数量应为检测数量的 2 倍～3 倍。

箱装种球先抽样箱，再在每箱内上中下 3 部位随机抽 10 个种球。

散装种球按质量抽取样球，见表 1。

表 1 种球抽样表

种球批量		抽 样 量
箱装种球	5 箱以下	每箱都抽。
	6 箱～30 箱	抽 5 箱，或者每 3 箱抽取 1 箱，这两种抽样强度中以数量最大的一个为准。
	31 箱～400 箱	抽 10 箱，或者每 5 箱抽取 1 箱，这两种抽样强度中以数量最大的一个为准。
	401 箱以上	抽 80 箱，或者每 7 箱抽取 1 箱，这两种抽样强度中以数量最大的一个为准。
散装种球	500 kg 以下	至少取 50 个种球。
	501 kg～3 000 kg	每 300 kg 取 10 个种球，但不少于 50 个种球。
	3 001 kg～20 000 kg	每 500 kg 取 10 个种球，但不少于 100 个种球。
	20 001 kg 以上	每 700 kg 取 10 个种球，但不少于 400 个种球。

5.4 封样

用纸包装后装进纸箱当场签封。

5.5 运送

样品加封后人员带回，或请被检单位在规定的时间内送达检验地点。

5.6 保存方式

当收到样品后不能立即检验或供复验用需要暂时保存的，应根据种球种类，保存在适宜的条件下。

6 检验方法

6.1 分发样品

同 NY/T 1656.2 中 6.1 的规定。

6.2 检测方法

1） 品种：根据种球的品种特征进行鉴定。必要时可进行田间试验，按 NY/T 1656.5 中 5 规定的方法进行。

2） 整体感：根据种球的形态、色泽、弹性等目测评定。

鳞茎类：

——优：种球饱满，解剖后内部幼芽发育正常，鳞片结合紧密、整齐，无间隙。

——不合格：外表干瘪、萎缩，解剖后内部幼芽发育异常，鳞片间结合松弛、间隙大。

球茎类、块茎、块根、根茎类：

——优：种球饱满，表面有光泽，有弹性，解剖后内部组织紧密，无失水、干瘪现象，幼芽发育正常，具有新鲜种球特有的颜色、气味。

——不合格：外表干瘪、萎缩，幼芽发育异常。

3) 围径：用软尺绕种球最大周长处围量读取检测值（不含子球）。读数精确到 1 cm。用游标卡尺测量，精确到 0.01 cm。

4) 病虫害：用肉眼或仪器（放大镜、解剖刀等）对种球进行检查，是否存在病菌或病毒侵染的病斑，昆虫、螨类、虫卵，及其他病虫害症状，必要时进行培养检测。对脱毒种球需进行病毒检测。

5) 冻害、机械损伤：目测评定。

6) 整齐度：计算出被测样品中围径在规定分级范围内的百分率。

7 检验规则

7.1 判定规则

同 NY/T 1656.2 中 8.1 的规定。

7.2 判定依据

按 GB/T 18247.6 或合同规定为判定依据。质量等级分为三，低于三级指标判为级外。

7.2.1 单项指标等级判定：等级划分中的某一项指标，同时满足两个等级的评价指标时，要根据该项指标在这两个等级中的评价指标是否相同来决定归属哪一级。如果该项指标在这两个等级中不同，则应归属下一个等级，否则，应归属上一个等级。

7.2.2 样品单球等级判定：单球的评判以该球所有单项指标检测结果中，最低级别评定为该单球的级别。

7.2.3 种球检验批等级判定：每一等级中低于该等级的种球数量不得超过 5%。

7.3 复验

种球可在 2 个月内进行复验。

8 原始记录

原始记录的内容和格式见附录 A。

附　录　A
（规范性附录）
种球原始记录

表 A.1　种球检验原始记录表

编号________

品种________样品号________样品情况________检验地点________

环境条件：温度________℃　湿度________%

测试仪器：________编号________

检测量(粒)	围径	一级(粒)	二级(粒)	三级(粒)	整齐度(%)	其他测定
					围径	
检测方法：				判定依据：		质量等级：
备注						

本次检验：有效　☐

　　　　　无效　☐

检验人______

校核人______

检验日期____年　月　日

本部分起草单位：农业部蔬菜品质监督检验测试中心（北京）、农业部花卉产品质量监督检验测试中心（昆明）、农业部花卉产品质量监督检验测试中心（上海）、农业部花卉产品质量监督检验测试中心（广州）。

本部分主要起草人：王玉国、刘肃、钱洪、毕云青、黎扬辉、林大为。

中华人民共和国农业行业标准

NY/T 1739—2009

小麦抗穗发芽性检测方法

Determination of pre-harvest sprouting in wheat

1 范围

本标准规定了小麦抗穗发芽性的离体整穗检测方法。

本标准适用于小麦抗穗发芽性的检测。

2 规范性引用文件

下列文件中的条款通过本标准的引用而成为本标准的条款。凡是注日期的引用文件，其随后所有的修改单(不包括勘误的内容)或修订版均不适用于本标准，然而，鼓励根据本标准达成协议的各方研究是否可使用这些文件的最新版本。凡是不注日期的引用文件，其最新版本适用于本标准。

GB/T 6682 分析实验室用水规格和试验方法

3 原理

剪取已经生理成熟的小麦整穗，置入模拟其田间穗发芽温度、湿度条件的光照培养箱中进行发芽培养。终止发芽后，手工剥粒、计数，并计算穗发芽率。然后将穗发芽率转换为相对穗发芽指数，依据相对穗发芽指数判定待检样品的抗穗发芽性。

4 术语和定义

下列术语和定义适用于本标准。

小麦穗发芽 pre-harvest sprouting in wheat

生理上成熟但还没有收获或收获后尚未脱粒的小麦在田间或堆放期间遇到连阴雨或十分潮湿的天气，籽粒在穗上发芽的现象为收获前穗上发芽，简称穗发芽。

5 仪器和设备

5.1 光照培养箱。

6 试剂和溶液

所用次氯酸钠的纯度为分析纯，次氯酸钠溶液的浓度为0.1%。

7 分析步骤

7.1 对照样品

易穗发芽对照材料：泰山1号，或者选择当地的已知穗发芽性与泰山1号相似的品种(系)。

注：提供“泰山1号”的信息是为了方便本标准的使用者，不代表对该品种的认可。任何可以得到与该品种结果相同

中华人民共和国农业部 2009-04-23 发布　　2009-05-20 实施

的品种(系)均可作为对照样品。

7.2 试样准备

按试验设计需要确定小区面积，随机区组排列。正季播种，常规栽培管理。在开花当天选择有代表性的25个～30个植株主茎穗，挂牌并注明开花日期。于开花后第35 d(南京地区)或小麦生理成熟期(穗颈和颖壳转黄时期)选择挂牌的正常穗20个，从穗下颈15 cm～20 cm处剪取，备用。

7.3 测定

将剪取的20个整穗随机分成两组，每组10穗，分别于自来水中浸泡4 h，再用0.1%次氯酸钠溶液消毒5 min，然后在光照培养箱(22℃、100%RH)中培养96 h，随即在60℃烘箱中烘干。手工剥粒，以籽粒胚部表皮破裂(按图1、图2)为发芽标准，分别统计每组整穗的总籽粒数和发芽籽粒数。计算穗发芽率。同时，用同样的方法进行对照样品的测定。

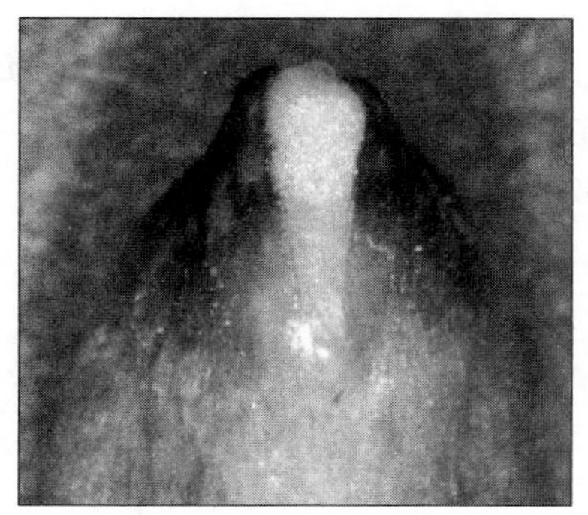

图1 胚部表皮破裂籽粒

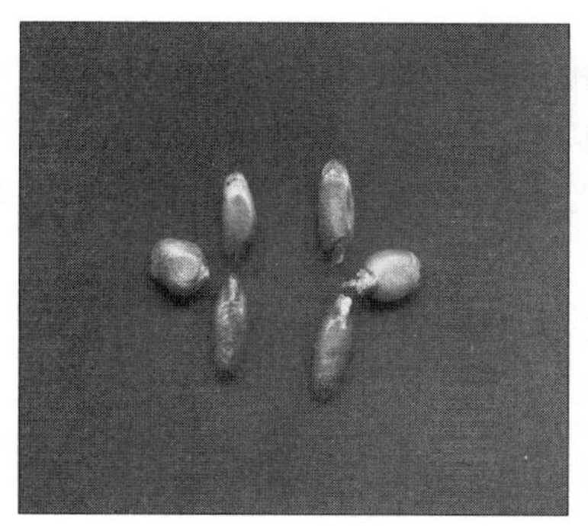

图2 穗发芽籽粒

8 结果计算

8.1 穗发芽率

穗发芽率以 X 计，数值以%表示，按公式(1)计算：

$$X=\frac{n}{N}\times 100 \quad \cdots\cdots (1)$$

式中：

n——20个主穗发芽籽粒数，以粒表示；

N——20个主穗总籽粒数，以粒表示。

计算结果精确到小数点后一位。

8.2 相对穗发芽指数

相对穗发芽指数以 I 计，数值以小数表示，按公式(2)计算：

$$I=\frac{X_1}{X_2} \quad \cdots\cdots (2)$$

式中：

X_1——待检样品穗发芽率，以百分数表示(%)；

X_2——对照样品穗发芽率，以百分数表示(%)。

结果以两组平均穗发芽指数表示。计算结果精确到小数点后两位。

9 抗穗发芽性评价标准

按照表1的标准，根据检测样品的相对穗发芽指数(I)确定其抗穗发芽性和等级。

表 1 小麦抗穗发芽性评价标准

抗穗发芽性	相对穗发芽指数 （I）	等级 （级）
高抗(HR)	＜0.05	1
抗(R)	0.05～0.20	2
中抗(MR)	0.21～0.40	3
感(S)	0.41～0.60	4
高感(HS)	＞0.60	5

本标准起草单位：农业部作物品种资源监督检验测试中心、中国农业科学院作物科学研究所、国家农作物基因资源与基因改良重大科学工程、江苏省农业科学院粮食作物研究所。

本标准主要起草人：李为喜、蔡士宾、朱志华、吴纪中、颜伟、刘三才、刘方、李燕。

中华人民共和国国家标准

GB/T 19563—2004

大豆种子品种鉴定实验方法 简单重复序列间区法

Experimental identification method for variety of soybean seed—ISSR

1 范围

本标准规定了大豆种子品种鉴定的实验方法。

本标准适用于利用简单重复序列间区(ISSR)法对大豆种子品种鉴定的实验过程。

2 术语、定义和缩略语

2.1 术语和定义

下列术语和定义适用于本标准。

2.1.1

聚合酶链式反应 polymerase chain reaction

少至一个拷贝的特定碱基顺序的DNA片断在体外花费几个小时即可扩增出数百万个分子的酶催化反应,即DNA合成反应。

2.1.2

简单重复序列间区 inter-simple sequence repeat

是在PCR技术基础上发展起来的一种分子标记和检测方法,根据某个简单重复序列(微卫星位点)设计出一系列特异引物,通过PCR反应扩增微卫星位点间隔的碱基顺序,以检测其扩增片段长度的多态性。

2.1.3

微卫星 DNA microsatellite DNA

是一类由几个核苷酸(一般为1个~5个)为重复单位的长达几十至几百个核苷酸的串联重复序列。

2.1.4

核苷酸 nucleotide

是构成核酸的基本单元,由三部分组成:五碳糖、磷酸和环状的含氮碱基。

2.1.5

引物 primer

一条互补结合在模板DNA链上的短的单链,提供3′-OH末端作为DNA合成的起点,延伸合成模板DNA的互补链。

2.1.6

引物扩增多态性 primer amplified polymorphism

中华人民共和国国家质量监督检验检疫总局
中国国家标准化管理委员会 2004-06-22发布 2004-12-01实施

一对引物在两个或两个以上不同材料基因组 DNA 之间扩增，得到数目不同或长度不同的 DNA 片断。

2.2 缩略语

下列缩略语适用于本标准。

ISSR 简单重复序列间区(Inter-Simple Sequence Repeat)

PCR 聚合酶链式反应(Polymerase Chain Reaction)

DNA 脱氧核糖核酸(Deoxyribonucleic Acid)

RNA 核糖核酸(Rjbonucleic Acid)

OD 光密度(Optical Density)

TBE 三羟基氨基甲烷-硼酸-乙二胺四乙酸二钠(Tris Boric-acid EDTA)

3 实验方法

3.1 原理

DNA 是生物体的遗传基础，携带所有的遗传物质，从 DNA 分子水平上进行鉴别是区分物种、品种甚至个体之间差异最为有效的方法。

利用 PCR 技术可将 DNA 片段在短时间内扩增几十甚至几百万倍，从而达到可以检测的目的。ISSR 方法是在 PCR 技术基础上发展起来的一种检测方法，是根据简单重复序列(微卫星位点)设计出一系列特异引物，包括双核苷酸、三核苷酸和四核苷酸等为重复单位的微卫星 DNA 片段(一般为 20 个碱基)，通过 PCR 反应扩增微卫星位点及其间隔区，以检测其扩增片段的多态性。

3.2 环境条件

a) 温度：15℃～25℃；

b) 湿度：相对湿度(RH)不大于 50%。

3.3 仪器

a) PCR 扩增仪；

b) 紫外分光光度计；

c) 高速台式离心机：转速不小于 15 000 r/min；

d) 多用电泳仪及水平式电泳槽；

e) 紫外透射仪；

f) 微量移液器：规格为 0.1 μL～2.5 μL、2 μL～20 μL、20 μL～200 μL、100 μL～1 000 μL；

g) 电子天平：分度值为 0.000 1 g；

h) 磁力加热搅拌器；

i) 凝胶成像系统；

j) 超纯水系统；

k) 灭菌锅；

l) 酸度计：最大允许误差为±0.1 pH；

m) 微波炉；

n) 恒温水浴锅：最大允许误差为±1℃；

o) 恒温干燥箱：最大允许误差为±1℃。

3.4 试剂和耗材

3.4.1 试剂

a) TaqDNA 聚合酶：保存条件为－20℃±2℃；

b) 10×Buffer：保存条件为－20℃±2℃；

c) 四种脱氧核苷酸(4×dNTP):保存条件为－20℃±2℃;

d) Mg^{2+}:保存条件为－20℃±2℃;

e) RNA 酶(无 DNA 酶):保存条件为－20℃±2℃;

f) 琼脂糖(agarose);

g) 三羟甲基氨基甲烷(Tris):分子式为 $C_4H_{11}NO_3$;

h) 乙二胺四乙酸二钠(EDTA $Na_2 \cdot 2H_2O$):分子式为 $C_{10}H_{14}N_2O_8Na_2 \cdot 2H_2O$;

i) 溴酚蓝(bromphenol blue sodium salt):分子式为 $C_{19}H_9Br_4O_5SNa$;

j) 二甲苯青 FF(xylene cyanole FF):分子式为 $C_{25}H_{27}N_2O_6S_2Na$;

k) 8-羟基喹啉(hydroxyquinoline):分子式为 C_9H_7NO;

l) 十二烷基磺酸钠(SDS):分子式为 $C_{12}H_{25}O_4SNa$;

m) 溴化乙啶(EB):分子式为 $C_{21}H_{20}N_3Br$;

n) 异戊醇:分子式为 $C_5H_{11}OH$;

o) 结晶酚(phenol):分子式为 C_6H_6O,保存条件为－20℃±2℃;

p) 三氯甲烷:分子式为 $CHCl_3$,纯度为分析纯;

q) 硼酸(boric acid):分子式为 H_3BO_3,纯度为分析纯;

r) 蔗糖(sucrose):分子式为 $C_{12}H_{22}O_{11}$,纯度为分析纯;

s) 无水乙醇:分子式为 C_2H_5OH,纯度为分析纯;

t) 盐酸:分子式为 HCl,纯度为分析纯;

u) 氯化钠:分子式为 NaCl,纯度为分析纯;

v) 水:分子式为 H_2O。本实验所用水均为去离子水。

3.4.2 耗材

a) 离心管;规格为 1.5 mL、0.2 mL。使用前需进行高压灭菌(按第 A.1 章中规定的方法进行操作);

b) 研钵:规格为直径 7 cm～10 cm;

c) 移液器吸头:规格为 20 μL、200 μL 和 1 000 μL。使用前需进行高压灭菌;

d) 容量瓶:规格为 100 mL、1 000 mL;

e) 烧杯:规格为 100 mL;

f) 三角烧瓶:规格为 250 mL;

g) PE 手套;

h) 锡箔纸;

i) 封口膜。

3.5 实验程序

3.5.1 DNA 的提取

3.5.1.1 取大豆种子半粒,放在 1.5 mL 离心管中,加入 1 000 μL 匀浆缓冲液(按第 A.2 章中规定的方法进行配制)浸泡 4 h,倒入研钵中充分研磨,将研磨产物倒入 1.5 mL 离心管中,取少量匀浆缓冲液冲洗研钵,一并倒入离心管中,离心(转速为 4 000 r/min)10 min,将上清液移至新的 1.5 mL 离心管中,弃沉淀。

3.5.1.2 加入与上清液等体积的饱和酚(按第 A.3 章中规定的方法进行配制),缓慢颠倒离心管 20 min,避免剧烈振荡。

3.5.1.3 离心(转速为 8 000 r/min)10 min,将上清液移至新的离心管中。

3.5.1.4 加入与上清液等体积的酚-三氯甲烷-异戊醇(体积比为 24∶23∶1),离心(转速为 8 000 r/min)10 min,将上清液移至新的离心管中。

3.5.1.5 加入与上清液等体积的三氯甲烷-异戊醇(体积比为23∶1),缓慢颠倒10 min,离心(转速为8 000 r/min)10 min,取上清液至新的离心管中。

3.5.1.6 加入上清液二倍体积的冰冷乙醇,水平旋转离心管50圈～100圈,即可出现白色絮状DNA。

3.5.1.7 将离心管置于－20℃冰箱中30 min,取出后离心(转速为8 000 r/min)10 min,形成白色沉淀。

3.5.1.8 倒掉离心管中的液体,加入1 mL 75%乙醇,离心(转速为15 000 r/min)5 min,倒掉乙醇,倒置在干净的吸水纸上,吸干液体。

3.5.1.9 将离心管置于恒温干燥箱(40℃～50℃)中20 min或置于通风处40 min,使乙醇挥发。

3.5.1.10 加入100 μL TE缓冲液(按第A.4章中规定的方法进行配制)和RNA酶2 μL(按第A.5章中规定的方法进行配制),水浴(55℃±2℃)12 h,使DNA沉淀充分溶解,4℃冰箱中保存。

3.5.2 DNA浓度的检测

3.5.2.1 紫外吸收检测

DNA分子中的嘌呤环和嘧啶环能够吸收紫外光。DNA的紫外吸收高峰在波长260 nm处,蛋白质的紫外吸收高峰在波长280 nm处。取3.5.1中提取的DNA溶液5 μL,加水995 μL,放入比色杯中,用紫外分光光度计检测,记下260 nm和280 nm下的OD值,计算出DNA的浓度以及OD_{60}和OD_{80}的比值。DNA的OD_{260}/OD_{280}最好在1.8左右,1.5以上也可用于ISSR-PCR分析,若比值太小应重复3.5.1.2～3.5.1.10步骤继续抽提。

DNA浓度按公式(1)计算:

$$D = 50 \times 1\,000 \times OD_{260} \times s \quad (1)$$

式中:

D——DNA的浓度,单位为纳克每微升(ng/μL);

s——稀释倍数。

3.5.2.2 凝胶电泳检测

将制备好的浓度为0.7%的琼脂糖凝胶(按第A.6章中规定的方法进行配制)放入电泳槽中,使点样孔处于电源负极端,加入恰好没过胶面1 mm深的足量电泳缓冲液(0.5×TBE)(按A.6.3中规定的方法进行配制)。取DNA溶液10 μL和凝胶加样缓冲液(按第A.7章中规定的方法进行配制)2 μL,在封口膜上用微量移液器上下吸打混匀,加入到点样孔中(注意避免出现气泡)。打开电源,将电压控制在5 V/cm,电泳1 h,取出凝胶,放在紫外透射仪上观察。若DNA质量好、分子量高(>50 kb)且无降解,在点样孔附近呈现一条致密亮带;若DNA部分降解,则呈连续分布状态;若严重降解,则看不到大片段DNA,只能在远离加样孔的地方看到RNA。

3.5.3 ISSR扩增

3.5.3.1 反应成分

25 μL反应体系中,含有1×Buffer,1.5 mmol/L Mg^{2+},200 μmol/L dNTP,1U TaqDNA聚合酶,1 μmol/L引物,100 ng模板DNA,加水至25 μL(各反应成分的配制按第A.8章中规定的方法进行)。按上述比例将反应液依次加入0.2 mL离心管中,放入PCR仪中,进行PCR循环。

3.5.3.2 循环过程

循环过程如图1所示:

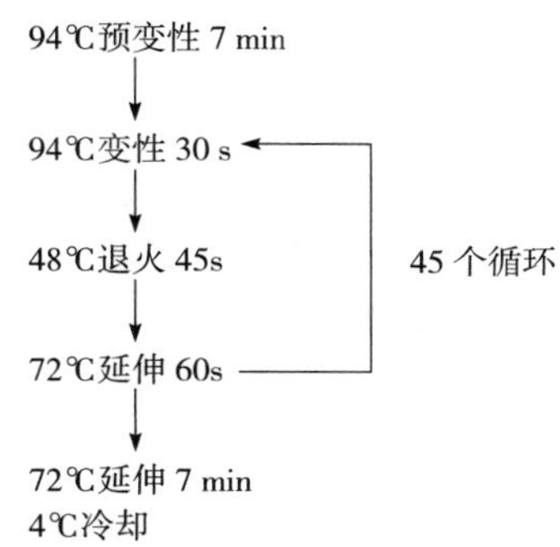

图 1 PCR 反应循环过程示意图

3.5.3.3 电泳检测

将制备好的浓度为 2%的琼脂糖凝胶(按第 A.6 章中规定的方法进行配制)放入电泳槽中,使点样孔处于电源负极端。取 PCR 扩增产物 10 μL 和凝胶加样缓冲液(按第 A.7 章中规定的方法进行配制)2 μL,在封口膜上用微量移液器上下吸打混匀,加入到点样孔中。打开电源,将电压控制在 3 V/cm,电泳 4 h,切断电源,取出凝胶,在凝胶成像上扫描。

3.5.3.4 鉴定

将待测品种的凝胶成像结果与该品种原种的标准谱带相比较,从而鉴定出该品种的真实性。

附　录　A
（规范性附录）
灭菌方法及缓冲液和主要试剂的配制

A.1　高压灭菌的操作方法

将欲灭菌的离心管放入烧杯中，用锡箔纸封口；移液器吸头装在吸头盒内；配好的试剂装入试剂瓶中，盖好盖，放入灭菌锅中。首先将压力升至 1 Pa，放气，再将压力重新升至 1 Pa，开始计时，20 min 后，将电源关闭。待压力为零时，取出离心管、吸头及试剂瓶，待用。

A.2　匀浆缓冲液的配制

取 1 mol/L Tris·Cl(pH 8.0)200 mL、0.5 mol/L EDTA(pH 8.0)50 mL 和 0.5 g SDS，加水至 100 mL。使用前应保证 SDS 充分溶解，若出现结晶，应放在 50℃水浴中溶解 10 min。

A.2.1　1 mol/L Tris·Cl(pH 8.0)：称取 12.11 g Tris，溶于 80 mL 水中，用浓 HCl 调节溶液的 pH 至 8.0，加水定容至 100 mL，高压灭菌。

A.2.2　0.5 mol/L EDTA(pH8.0)：称取 18. 61 g EDTA $Na_2 \cdot 2H_2O$，溶于 80 mL 水中，在磁力加热搅拌器上剧烈搅拌，用 NaOH(约需 2 g 左右)调节溶液的 pH 值至 8.0，加水定容至 100 mL，高压灭菌。

A.3　饱和酚的制备

饱和酚的制备宜在通风橱或通风良好的条件下进行。

A.3.1　将室温下的酚置于 60℃水浴中融化，然后倒入蒸馏器中加热，在 180℃左右搜集液体。经重蒸的酚分装贮存于－20℃冰箱中备用。

A.3.2　将重蒸酚 60℃水浴中融化后，加入 8-羟基喹啉达到终浓度 0.1%，加入等体积 0.5 mol/L Tris. Cl(pH8.0)溶液，用磁力加热搅拌器混匀后静止一致时间，移出上层水相，重复此过程，直到酚相的 pH 值大于 7.8 时，即为饱和酚溶液，装入棕色瓶中，4℃冰箱中贮存。

A.4　TE 缓冲液的配制

取 1 mol/L Tris·Cl(pH7.6)1 mL，0.5 mol/L EDTA(pH8.0)0.2 mL，加水至 100 mL。

A.4.1　1 mol/L Tris·Cl(pH7.6)：称取 12.11 g Tris，溶于 80 mL 水中，用浓 HCI 调节溶液的 pH 值至 7.6，加水定容至 100 mL，高压灭菌。

A.4.2　0.5 mol/L EDTA(pH8.0)：同 A.2.2。

A.5　RNA 酶(10 mg/mL)的配制

称取 RNA 酶 1 mg，溶于 100 μL TE 缓冲液中，水浴(70℃)10 min，缓慢冷却至室温。

A.6　琼脂糖凝胶的配制

配制浓度为 0.7%(或 2%)的琼脂糖凝胶需称取琼脂糖 0.7 g(或 2 g)置于 200 mL 三角瓶中，溶于 100 mL 0.5×TBE 中，在微波炉中溶化至溶液透明，冷却至 50℃～60℃，加入溴化乙啶(10 mg/mL)，调至终浓度为 0.5 μg/mL，混匀后将凝胶倒入已封口并放好梳子(距底板 1.0 mm 左右)的载胶板上，凝胶厚度在 3 mm～5 mm 为宜，待凝胶完全凝固后放入电泳槽中备用。

A.6.1 溴化乙啶（EB）贮液（10 mg/mL）：称取 1 g 溴化乙啶，溶于 100 mL 水中，用磁力加热搅拌器搅拌数小时以确保其完全溶解，移至棕色瓶中，4℃冰箱中保存。

A.6.2 5×TBE：称取 54 g Tris，溶于 800 mL 水中，加入 20 mL 0.5 mol/L EDTA（pH8.0）和 27.5 g 硼酸，定容至 1 000 mL，高压灭菌，贮存于室温。

A.6.3 0.5×TBE：称取 5×TBE 100 mL，加水定容至 1 000 mL，备用。

A.7 凝胶加样缓冲液

0.25%溴酚蓝、0.25%二甲苯青 FF、40%（质量浓度）蔗糖水溶液。

A.8 反应体系中各反应成分的配制

A.8.1 1U TaqDNA 聚合酶

25 μL 反应体系中需加入 TaqDNA 聚合酶体积按公式（A.1）计算：

$$V = \frac{1}{D} \qquad \text{(A.1)}$$

式中：

V——TaqDNA 聚合酶的体积，单位为微升（μL）；

D——TaqDNA 聚合酶的浓度，单位为单位每微升（U/μL）。

A.8.2 1.5 mmol/L Mg^{2+}

25 μL 反应体系中需加入 Mg^{2+} 体积按公式（A.2）计算：

$$V = \frac{1.5 \times 25}{D} \qquad \text{(A.2)}$$

式中：

V——Mg^{2+} 的体积，单位为微升（μL）；

D——Mg^{2+} 的浓度，单位为毫摩尔每升（mmol/L）。

A.8.3 10 μmol/L 引物

首先将引物离心，然后加水稀释。加水体积按公式（A.3）计算，放在－20℃冰箱中保存，每次使用前用水稀释三倍，终浓度即为 10 μmol/L。

$$V = \frac{\mathrm{OD}_{260} \times 33}{M \times 10} \qquad \text{(A.3)}$$

其中公式（A.3）中 M 的计算按公式（A.4）进行：

$$M = n\mathrm{A} \times 313.22 + n\mathrm{G} \times 329.22 + n\mathrm{C} \times 289.19 + n\mathrm{T} \times 304.19 - 61.97 \qquad \text{(A.4)}$$

式中：

V——加水体积，单位为微升（μL）；

M——引物分子量，单位为克每毫升（g/mL）；

n——碱基数；

A——腺嘌呤（adenine）；

G——鸟嘌呤（guanine）；

C——胞嘧啶（cytosine）；

T——胸腺嘧啶（thymine）。

参 考 文 献

[1]J. 萨姆布鲁克 ,E. F. 弗里奇,T. 曼尼阿蒂斯 . 分子克隆 . 北京:科学出版社,1996

[2]Benjamin Levwin. Genes Ⅶ. New York:Oxford University Press,2000

[3]Blair. M. W. ,O. Panaud,S. R. McCouch. Inter-simple sequence repeat (ISSR) amplification for analysis of microsatellite motif frequency and fingerprinting in rice (*Oryza sativa* L.). Theor Appl Genet 98,1999. 780 - 792

[4]Davis. J. L. ,D. L. Childers,D. N. Kuhn. Clonal variation in a Florida Bay Thalassia testudinum meadow: molecular genetic assessment of population structure. Mar Ecol Prog Ser 186,1999. 127 - 136

[5]Fang. D. Q. , R. R. Krueger, M. L. Roose. Phylogenetic relationships among selected citrus germplasm accessions revealed by inter-simple sequence repeat (ISSR) markers. J Am Soc Hort Sci 123,1998. 612 - 617

[6]Ge. X. J. ,M. Sun. Reproductive biology and genetic diversity of a cryptoviviparous mangrove Aegiceras corniculatum (Myrtinaceae) using allozyme and intersimple sequence repeat (ISSR) analysis. Moi. Ecol. 8,1999. 2061 - 2069

[7]Godwin. I. D. ,E. A. B. Aitken. ,L. W. Smith. Application of inter-simple sequence repeat (ISSR) markers to plant genetics. Electrophoresis 18,1997. 1524 - 1528

[8]Huang. J. ,S. M. Genetic diversity and relationships of sweetpotato and its wild relatives in Ipomoea series Batatas (Convolvulaceae) as revealed by inter-simple sequence repeat, (ISSR) and restriction analysis of chloroplast DNA. Theor Appl Genet 100,2000. 1050 - 1060

[9]Kojima. T. ,T. Nagaoka,K. Noda,et al, Genetic linkage map of ISSR and RAPD markers in Einkorn wheat in relation to that of RFLP markers. Theor. Appl. Genet. 96,1998. 37 - 45

[10]Prevost,A. ,M. J. Wilkinson. A new system of comparing PCR primners applied to ISSR fingerprinting of potato cultivars. Theor Appl Genet 98,1999. 107 - 112

[11]Ratnaparkhe. M. B. , M. Tekeoglu, F. J. Muehlbauer. Intersimple sequence repeat (ISSR) polymorphisms are useful for finding markers associated with disease resistance gene clusters. Theor. Appl. Genet. 97 ,1998. 515 - 519

[12]Yang. W. ,A. C. de Oliveira,I. Godwin,et al. Comparison of DNA marker technologies in characterizing plant genome diversity: variability in Chinese sorghums. Crop Sci 36,1996. 1669 - 1676

[13]Zavodna. M. ,J. Kraic,G. Paglia,et al. Differentiation between closely related lentil (Lens culinaris MEDIK.) cultivars using DNA markers. Seed Sci Tech 28 2000. 217 - 219

[14]Zhou. Z. H. ,M. Miwa,T. Hogetsu. Analysis of genetic structure of a Suillus grevillei population in a Larix kaemferi stand by polymorphism of inter-simple sequence repeat (ISSR). New Phytol 144,1999. 55 - 63

[15]Zietkiewicz. E. , A. Rafalski,D. Labuda. Genome fingerprinting by simple sequence repeat(SSR)-anchored polymerase chain reaction amplification. Genomics 20,1994. 176 - 183

本标准起草单位:国家农业标准化监测与研究中心(黑龙江)、黑龙江省质量技术监督局。

本标准主要起草人:王庆贵、徐晶、姜雯、李光宇、石绍业、郝兆军。

中华人民共和国国家标准

GB/T 20396—2006

三系杂交水稻及亲本 真实性和品种纯度鉴定 DNA分析方法

Identification of genuineness and varietal purity of three-line hybrid rice ara its parents—DNA analysis method

1 范围

本标准规定了用DNA分析技术进行三系杂交水稻及其亲本真实性和品种纯度鉴定的方法。

本标准适用于三系杂交水稻及其亲本真实性和品种纯度的鉴定。

2 规范性引用文件

下列文件中的条款通过本标准的引用而成为本标准的条款。凡是注日期的引用文件,其随后所有的修改单(不包括勘误的内容)或修订版均不适用于本标准,然而,鼓励根据本标准达成协议的各方研究是否可使用这些文件的最新版本。凡是不注日期的引用文件,其最新版本适用于本标准。

GB/T 3543.1 农作物种子检验规程 总则

GB/T 3543.2 农作物种子检验规程 扦样

GB/T 3543.4 农作物种子检验规程 发芽试验

GB/T 3543.5 农作物种子检验规程 真实性和品种纯度鉴定

GB/T 6682 分析实验室用水规格和试验方法

3 术语和定义

GB/T 3543.2、GB/T 3543.5 中确立的及下列术语和定义适用于本标准。

3.1

聚合酶链式反应 polymerase chain reaction, PCR

一种利用酶促反应对特定DNA片段进行体外扩增的技术,该技术以短核苷酸序列作为引物,并使用一种耐高温的DNA聚合酶,只需非常少量(通常在纳克级范围内)的DNA样品,在短时间内以样品DNA为模板合成上亿个拷贝。

3.2

引物 primer

一条互补结合在模板DNA链上的短的单链,提供3′-OH末端作DNA合成的起点,延伸合成模板DNA的互补链。

3.3

SSR标记 simple sequence repeat, SSR

中华人民共和国国家质量监督检验检疫总局
中国国家标准化管理委员会 2006-05-25发布 2006-11-01实施

由几个核苷酸(一般为 2 个～6 个)为重复单元的长达几十至几百个核苷酸的串联重复序列;由于基本单元重复次数的不同,而形成 SSR 座位的多态性;根据 SSR 座位两侧保守的单拷贝序列设计一对特异引物来扩增 SSR 序列,即可揭示其多态性。

3.4

三系杂交水稻　three-line hybrid rice

包括不育系、保持系和恢复系,用不育系作母本与其同型保持系杂交繁殖不育系种子,用不育系作母本与恢复系杂交生产杂交稻种子。

3.5

等位基因频率　allele frequency

在一个二倍体的某特定基因座上某一个等位基因占该基因座上等位基因总数的比率,是群体遗传结构的一个最基本的尺度,该基因座上所有等位基因的频率之和为 1。

3.6

多态性信息含量　polymorphism information contents,PIC

评价一个多态性基因座使用价值的一个量化概念,由该基因座的等位基因数、等位基因频率分布两个因素决定,标记基因座的等位基因数越多、各等位片段的频率越均匀,多态性信息含量(PIC)越大。

4　原理

品种的不同本质上是由于其遗传物质 DNA 核苷酸序列不同所致。众多的研究表明,水稻基因组中大量存在着一类简单串连重复序列,其特点为以 2 个～6 个核苷酸为重复单位,头尾相连重复几十次至数百次,这类序列称为微卫星 DNA。微卫星 DNA 重复单位的重复次数会出现不同,在不同基因型间同一基因座位的微卫星 DNA 往往表现为长度等的差异,具有丰富的多态性。根据微卫星两端的单拷贝序列设计特异引物,利用 PCR 技术扩增每个位点的微卫星 DNA 序列,通过电泳分析微卫星 DNA 多态性,达到区别不同水稻品种(组合)的目的。微卫星标记通常具有共显性的特点,F_1 杂交种子具有双亲等位基因的互补带型。鉴于不育系和其同型保持系遗传背景基本一致,只在不育基因、保持基因等特征基因上存在差异,据此特征基因选择 DNA 分子标记进行分析,从而实现有效的区别与鉴定。上述两者的结合,构成了本标准所指的杂交水稻及其亲本真实性和品种纯度鉴定 DNA 分析方法。

5　仪器

5.1　PCR 扩增仪。

5.2　高速冷冻离心机:最大离心力≥20 000 g。

5.3　DNA 定量仪或紫外分光光度计:波长 260 nm 及 280 nm。

5.4　电泳仪:最高电压≥2 000 V,最大功率≥100 W。

5.5　垂直测序电泳槽及配套的灌胶附件。

5.6　水平电泳槽及配套的灌胶附件。

5.7　微量移液器:规格分别为 10 μL、20 μL、100 μL、200 μL、1 000 μL,连续可调。

5.8　低温冰箱:最低温度－20℃。

5.9　凝胶成像系统或紫外透射仪。

5.10　高压灭菌锅:120℃±2℃。

5.11　天平:分度值≤0.01 g。

5.12　恒温水浴锅:温控精确度±1℃。

5.13 摇床。

6 试剂和溶液

除另有说明外，在分析中仅使用确认为分析纯的试剂和 GB/T 6682 规定的一级水。

6.1 试剂

6.1.1 异丙醇。

6.1.2 琼脂糖。

6.1.3 *N*，*N*，*N'*，*N'*-四甲基乙二胺（TEMED）。

6.1.4 液氮。

6.1.5 四种脱氧核苷酸（dATP、dGTP、dCTP、dTTP），缩略为 dNTP。

6.1.6 *Taq* DNA 聚合酶。

6.1.7 DNA 标准分子量标记。

6.1.8 SSR 引物。引物序列参见附录 F。

6.1.9 特征基因引物。引物序列参见附录 G。

6.2 溶液

6.2.1 乙醇

体积分数为 70%。

6.2.2 兰氯甲烷＋异戊醇＋乙醇混合液

V（三氯甲烷）＋*V*（异戊醇）＋*V*（乙醇）＝80＋4＋16。

6.2.3 DNA 提取液

100 mmol/L Tris-HCl（pH 8.0）、20 mmol/L EDTA（pH 8.0）、500 mmol/L NaCl、质量浓度为 1.5%的 SDS。1.05 kg/cm^2 高压蒸汽灭菌 15 min，4℃贮存，用前预热至 60℃，使絮状沉淀完全溶解。

6.2.4 10×PCR 缓冲液

500 mmol/L KCl、15 mmol/L $MgCl_2$、100 mmol/L Tris-HCl（pH 8.3，室温下）、质量浓度为 0.01%的明胶。1.05 kg/cm^2 高压蒸汽灭菌 15 min，－20℃贮存。

6.2.5 5×Tris-硼酸电泳缓冲液（5×TBE）

450 mmol/L Tris-硼酸、10 mmol/L EDTA（pH 8.0）。1.05 kg/cm^2 高压蒸汽灭菌 15 min，4℃贮存。

6.2.6 50×Tris-乙酸电泳缓冲液（50×TAE）

2 mol/L Tris-乙酸、50 mmol/L，EDTA（pH 8.0）。1.05 kg/cm^2 高压蒸汽灭菌 15 min，4℃贮存。

6.2.7 溴化乙啶（EB）贮液

10 mg/mL 溴化乙啶（EB）。

注：溴化乙啶为强诱变剂，不得直接接触皮肤。

6.2.8 加样缓冲液 A

质量浓度为 80%的去离子甲酰胺、10 mmol/L EDTA、1 mg/mL 溴酚蓝、1 mg/mL 二甲苯氰 FF。

6.2.9 加样缓冲液 B

2.5 mg/mL 溴酚蓝、质量浓度为 40%的蔗糖。

6.2.10 银染固定液

体积分数为 10%的冰乙酸。

6.2.11 染色液

1 g/L $AgNO_3$、1.5 mL/L。甲醛。即用即配。

6.2.12 显影液

30 g/L。Na_2CO_3、1.5 mL/L 甲醛、2 mg/L 硫代硫酸钠。即用即配。

6.2.13 10%过硫酸铵溶液

质量浓度为 10%的过硫酸铵。4℃,保存期 7 天。

6.2.14 6%变性聚丙烯酰胺溶液(交联度 5%)

57 g/L 丙烯酰胺、3 g/L 甲叉双丙烯酰胺、7 mol/L 脲。37℃充分溶解后,4℃静置保存。

注:丙烯酰胺具神经毒性,应注意防护。

7 实验程序

7.1 样品制备

7.1.1 受检样器的扦样、分样和保存,按 GB/T 3543.2 的规定执行。

7.1.2 试样的数量及淘汰值可参照 GB/T 3543.5 中的规定执行。检测时应以受检样晶所标注品种的标准种子作对照,标准对照的真实性应准确无误,如受检样品为杂交种应将其双亲的标准种子也设为对照。

7.2 样品 DNA 的提取

7.2.1 材料

可取种子提取 DNA,也可培养幼苗或从檀株取叶片提取 DNA。

7.2.2 种子 DNA 的提取

取单粒种子,剥去颖壳和种皮,碾压使之破碎,移入 2.0 mL,离心管中,加入液氮,用玻棒充分研磨至粉末状。按附录 A 规定的方法提取 DNA。

7.2.3 叶片 DNA 的提取

按 GB/T 3543.4 规定的方法培养幼苗,或从水稻植株,单株取叶片约 100 mg,置于 2.0 mL 离心管中,加液氮用玻棒充分研磨至粉末状,按附录 A 规定的方法取得 DNA。

7.3 样品 DNA 浓度和质量的检测

7.3.1 DNA 浓度的测定

取 DNA 溶液 2 μL,稀释至 400 μL,按附录 B 中规定的方法测定 DNA 浓度。

用本标准提供方法提取的 DNA,其质量浓度一般不低于 100 ng/μL,若浓度过低应分析原因,必要时重新提取。

7.3.2 DNA 质量的检测

应同时使用下述 a)和 b)两种方法进行 DNA 质量的检测,若检测结果不符合 a)或 b)的要求,则 DNA 不可使用,应重新提取 DNA。

a) 取 1 μg DNA,按附录 C 中规定的方法,用质量浓度为 0.7%的琼脂糖凝胶进行电泳检测。

电泳 30 min 左右,紫外光下观察,应在点样孔附近呈现一致密亮带。若无带出现,呈弥散状,则表明 DNA 已降解,不可采用。

b) 按 7.3.1 方法稀释 DNA 溶液,测定 DNA 的吸光度 OD_{260} 和吸光度 OD_{280} 值,计算 OD_{260}/OD_{280} 的值。该比值应为 1.8 左右。否则,DNA 含杂质较多,应按附录 B 规定的方法纯化后重新检测或不予采用。

7.4 PCR 扩增反应

7.4.1 反应体系

25 μL 反应体积,含 0.2 mmol/L 4 种 dNTP 混合物;0.2 μmol/L 正向引物;0.2 μmol/L 反向引物;0.04 U/μL *Taq* NDA 聚合酶;10 ng~20 ng 被测样品 DNA;1×PCR 缓冲液。

7.4.2 反应程序

95℃变性5 min后，94℃ 60 s，55℃～60℃（根据引物推荐的退火温度设定）60 s，72℃ 90 s，循环35次，72℃延伸6 min，4℃保存待测。

7.4.3 对照设置

PCR扩增时，应设置标准对照和空白对照。标准对照以标准种子DNA为模板，空白对照以去离子水代替DNA，其他与样品反应体系、反应程序相同。

7.5 电泳检测

对于SSR标记，应按附录D中规定的方法，采用变性聚丙烯酰胺凝胶电泳进行检测；

对于特征基因分子标记，应按附录C中规定的方法，采用琼脂糖凝胶电泳进行检测。

8 鉴定

8.1 将受检样品的电泳谱带与标准对照的电泳谱带比较，根据谱带的一致性，鉴定受检样品的真实性和品种纯度。

8.2 鉴定时，根据附录E中推荐的SSR标记，先选择12个PIC值较高、位于不同染色体上的SSR位点进行分析，若有2个及2个以上位点与标准对照不一致，则判定该粒种子（幼苗、株）为异品种；若12个位点均与标准对照相同，则判定该粒种子（幼苗、株）为相同品种；若有1个SSR位点与标准对照不一致，则再选用12个SSR位点进行分析。若在新选用的12个SSR位点上又有1个及1个以上位点与标准对照不一致，则判定其为异品种，若新选用的12个SSR位点均与标准对照相同，则判定其为相同品种。

在进行SSR分析的同时，应从附录F中选择与受检样品相对应的特征基因标记进行分析。杂交种亲本（不育系、保持系与恢复系）应具有相应基因的特征带型。杂交种子应同时具有相应不育基因和恢复基因的特征带型。

8.3 品种纯度（P）的数值以%表示，按式（1）计算：

$$P=\frac{N_{T}-N_{D}}{N_{T}}\times 100 \qquad (1)$$

式中：

N_T ——供检种子粒数（幼苗数、株数）；

N_D ——判定为异品种的种子粒数（幼苗数、株数）。

9 结果报告

按GB/T 3543.1的规定执行。

附　录　A
（规范性附录）
水稻基因组 DNA 的提取

A.1　在处理好的试样中，加 600 μL DNA 提取液，60℃水浴 1 h，每隔 15 min 颠倒混匀一次。

A.2　加入等体积三氯甲烷＋异戊醇＋乙醇，轻缓混匀，室温静置 1 h。

A.3　12 000 g，4℃，离心 15 min，将上清液转移至另一只 1.5 mL 离心管中，加等体积异丙醇混匀，室温静置 30 min。

A.4　12 000 g，4℃，离心 15 min，弃上清液。

A.5　加 200 μL，体积分数为 70%乙醇洗涤沉淀；离心 10 min（条件同第 A.4 章），弃去乙醇；重复洗涤一次。

A.6　风干残余乙醇。

A.7　将沉淀溶于 50 μL 去离子灭菌水中。

附　录　B
（规范性附录）
DNA 的纯化及定量

B.1　RNA 的去除

在 50 μL，DNA 样品中，加入 2 μL RNA 酶（10 mg/mL，），55℃水浴保温 12 h。转入第 B.2 章去除 RNA 酶等蛋白质。

B.2　蛋白质的去除

B.2.1　加入等体积的重蒸饱和酚，缓慢颠倒离心管，抽提 20 min，离心 10 min（12 000 g），将上清移至新的离心管中。

B.2.2　加入与上清等体积的三氯甲烷＋异戊醇＋乙醇，缓慢颠倒混匀 10 min，离心 10 min（12 000 g），将上清移至新的离心管中。

B.2.3　重复 B.2.2 一次。

B.2.4　加入二倍体积的冰冷乙醇，1/10 体积的 3 mol/L NaAc，在－20℃冰箱中放置 20 min，离心 10 min（12 000 g），收集 DNA 沉淀，弃上清。

B.2.5　加入 1 mL 体积分数为 70%的乙醇，离心 5 min（12 000 g），沥干残留乙醇。

B.2.6　重复 B.2.5 一次，风干残留乙醇。

B.2.7　溶于去离子水中。

B.3　DNA 的定量

取 DNA 样品 2 μL，加去离子水 398 μL，放入比色皿中，用紫外分光光度仪，记录 260 nm 和 280 nm 的 OD 值，OD_{260}/OD_{280}的值在 1.8 左右，表明 DNA 纯度较高。DNA 的浓度按式（B.1）计算：

$$c=50\times OD_{260}\times S \quad (B.1)$$

式中：

c ——DNA 的浓度，单位为纳克每微升（ng/μL）；

S——稀释倍数。

附　录　C
（规范性附录）
变性聚丙烯酰胺凝胶电泳

C.1　凝胶制备

C.1.1　取清洗干净的长、短玻璃板，用去离子水冲洗后晾干，用喷射洗瓶喷无水乙醇，用吸水纸将平板擦干。

C.1.2　取经过反硅化处理的长玻璃板（平板）和经过硅化处理的短玻璃板（凹板），按电泳槽使用手册用 0.4 mm 均厚的垫片组装凝胶胶膜夹层，注意垫片与玻板的边、底压紧对齐。

C.1.3　在 50 mL 6%变性聚丙烯酰胺溶液中加入 250 μL 质量浓度为 10%的过硫酸胺溶液，50 μL TEMED，充分混匀后，立即灌胶。

C.1.4　用注射器小心吸出丙烯酰胺溶液，避免吸入气泡。让短平板朝上，并使凝胶平板夹层与桌面成 45°角，沿着平板的一边慢慢将丙烯酰胺溶液推入两片平板之间，期间可调整角度让胶液慢慢流入夹层的一边，不在夹层中留有气泡。

C.1.5　当溶液达到短平板的顶部时，放下胶模夹层至其顶部边缘离操作台平面仍有 5 cm 左右，其下垫一物件以使之保持较低的角度，将 0.4 mm 厚的鲨鱼齿样品梳的平齐一侧插入胶液中，至短平板下约 2 mm～3 mm，操作须十分小心以避免产生气泡。用一个书本装订夹将平板之间的样品梳夹紧，以避免在梳子与平板间形成凝胶固块。加一层过量的丙烯酰胺溶液至梳子，保证其被完全覆盖。

C.1.6　待胶凝固后，用刀片除去样品梳周围的过量聚丙烯酰胺凝胶。用水清洗平板表面溢出的尿素和丙烯酰胺溶液。拔去鲨鱼齿样品梳，避免拉伤凝胶顶部。用水清洗梳子，准备好在 C.2.3 操作时重新插回样品孔。如果用长城齿梳，小心防止撕裂加样孔。

C.2　预电泳

C.2.1　凝胶电泳装置的下层贮液槽加入 1×TBE 缓冲液，使凝胶夹层能浸泡在 2 cm～3 cm 的一层缓冲液中，放入凝胶夹层并用夹子固定在电泳装置上。

C.2.2　上层贮槽倒入 1×TBE 缓冲液，使超过凝胶顶部约 3 cm，用吸管以 1×TBE 清洗凝胶顶部。

C.2.3　将清洗干净的鲨鱼齿样品梳重新插回凝胶夹层，使其齿部仅可触及凝胶，用吸管以 1×TBE 缓冲液彻底清洗加样孔，以除去零星的聚丙烯酰胺碎片。

C.2.4　加样前，在 45 V/cm 凝胶的电压降下预电泳约 30 min，使凝胶预热。

C.3　加样

C.3.1　在加样前，清洗加样孔除去浸进孔中的尿素。

C.3.2　在 DNA 样品中加入等体积的加样缓冲液 A，盖好盖子，95℃变性 5 min，迅速置于冰上。每孔加样 2 μL～3 μL。

C.4　电泳

在 45 W～70 W 恒功率下电泳，使凝胶温度保持在约 55℃。

高于此温度可能会造成玻璃平板炸裂或条带弥散，而太低温度可使 DNA 不完全变性。

观察标志染料的迁移以确定电泳时间。

C.5 剥胶

从电泳装置中取出凝胶夹层，在自来水下冲洗直至两面玻璃平板表面都冷却为止，将夹层平放在纸巾上，凹口玻璃平板(短平板)朝上，除去多余的液体及夹子，取出一边的垫片。两片玻璃平板之间插入一个长金属铲子，轻轻转动铲子将玻璃平板撬起使之分开。

C.6 银染

C.6.1 固定

将粘有胶的玻璃板放入 1 500 mL～2 000 mL 银染固定液中，使固定液没过凝胶，于摇床上 30 r/min 轻轻摇动固定 20 min～30 min。

C.6.2 漂洗

取出玻璃板，放入去离子水中漂洗 2 次，每次 3 min。

C.6.3 染色

将玻璃板放入 1 500 mL～2 000 mL 染色液中，使染色液没过凝胶，于摇床上轻轻摇动染色 30 min。

C.6.4 显影

取出玻璃板，在去离子水中漂洗 3 s～4 s，转入预冷的显影液中，在摇床上显影至条带清晰为止。

C.6.5 终止

将玻璃板取出放入体积分数为 10%的乙酸溶液中，终止反应 2 min。

C.6.6 漂洗

将玻璃板放入去离子水中漂洗 10 min。

C.6.7 照相

晾干后，观察并照相记录结果。

注：附录 C 中试剂的量、电泳电压等参数随所用仪器厂家的不同可能有所不同。

附 录 D
（规范性附录）
琼脂糖凝胶电泳

D.1 凝胶制备

按表 D.1 选择合适浓度，将 1×TAE 电泳缓冲液和琼脂糖混合煮沸溶化，冷却至 55℃，加入溴化乙啶，使终浓度为 0.5 μg/mL，混匀，倒入已封好的凝胶灌制平台上，插上样品梳。

待胶凝固后，从制胶平台上除去封带，拔出梳子，放入加有足够 1×TAE 电泳缓冲液的电泳槽中，缓冲液高出凝胶表面约 1 mm。

表 D.1 不同浓度的琼脂糖凝胶时 DNA 片段的分离范围

琼脂糖的质量浓度/(%)	线性 DNA 片段的有效分离范围/kb
0.7	0.8～10
0.9	0.5～7
1.2	0.4～6
1.5	0.2～3
2.0	0.1～2

D.2 加样

取 10 μL DNA 样品，加入 2 μL 加样缓冲液 B，混匀，用微量移液器将样品加入样品孔中。

D.3 电泳

接通电极，使 DNA 向阳极移动，在 5 V/cm 凝胶的电压降下进行电泳。当加样缓冲液中的溴酚蓝迁移至足够分离 DNA 片段的距离时，关闭电源。

D.4 照相

在凝胶成像系统上观察照相。

附 录 E
（资料性附录）
用于杂交水稻鉴定的 SSR 标记

用于杂交水稻鉴定 SSR 标记的位点、染色体（连锁群）、正向引物序列、反向引物序列、退火温度及 PIC 值参见表 E.1。

表 E.1 用于杂交水稻鉴定的 SSR 标记

位点	染色体	正向引物序列（5′→3′）	反向引物序列（5′→3′）	核心序列	退火温度/℃	PIC
RM1	1	GCGAAAACACAATGCAAAAA	GCGTTGGTTGGACCTGAC	(AG) 26	55	0.7396
RM6	2	GTCCCCTCCACCCAATTC	TCGTCTACTGTTGGCTGCAC	(AG)16	55	0.5952
RM9	1	GGTGCCATTGTCGTCCTC	ACGGCCCTCATCACCTTC	(GA)15GT(GA)2	55	0.5952
RM16	3	CGCTAGGGCAGCATCTAAA	AACACAGCAGGTACGCGC	(TCG)5(GA)16	55	0.5729
RM17	12	TGCCCTGTTATTTTCTTCTCTC	GGTGATCCTTTCCCATTTCA	(GA)21	55	0.6600
RM21	11	ACAGTATTCCGTAGGCACGG	GCTCCATGAGGGTGGTAGAG	(GA)18	55	0.7266
RM23	1	CATTGGAGTGGAGGCTGG	GTCAGGCTTCTGCCATTCTC	GA	55	0.5675
RM72	8	CCGGCGATAAAACAATGAG	GCATCGGTCCTAACTAAGGG	(TAT)5C(ATT)15	55	0.7299
RM152	8	GAAACCACCACACCTCACCG	CCGTAGACCTTCTTGAAGTAG	(GGC)10	55	0.4138
RM154	2	ACCCTCTCCGCCTCGCCTCCTC	CTCCTCCTCCTGCGACCGCTCC	(GA)21	61	0.6211
RM201	9	ATCTTCTAGGAAATCGAGGA	GTTGGCAACTTGTAGTCTTG	CT	55	0.7041
RM204	6	GTGACTGACTTGGTCATAGGG	GCTAGCCATGCTCTCGTACC	CT	55	0.6419
RM208	2	TCTGCAAGCCTTGTCTGATG	TAAGTCGATCATTGTGTGGACC	CT	55	0.6773
RM224	11	ATCGATCGATCTTCACGAGG	TGCTATAAAAGGCATTCGGG	(AAG)8(AG)13	55	0.8587
RM228	10	CTGGCCATTAGTCCTTGG	GCTTGCGGCTCTGCTTAC	(CA)6(GA)36	55	0.7119
RM241	4	GAGCCAAATAAGATCGCTGA	TGCAAGCAGCAGATTTAGTG	CT	55	0.6563
RM254	11	AGCCCCGAATAAATCCACCT	CTGGAGGAGCATTTGGTAGC	(TC)6ATT(CT)11	55	0.6901
RM260	11	ACTCCACTATGACCCAGAG	GAACAATCCCTTCTACGATCG	CT	55	0.6156
RM264	8	GTTGCGTCCTACTGCTACTTC	GATCCGTGTCGATGATTAGC	(GA)27	55	0.7147
RM276	6	CTCAACGTTGACACCTCGTG	TCCTCCATCGAGCAGTATCA	(AG)8A3(GA)33	55	0.7888
RM277	12	CGGTCAAATCATCACCTGAC	CAAGGCTTGCAAGGGAAG	(GA)11	55	0.5261
RM307	4	GTACTACCGACCTACCGTTCAC	CTGCTATGCATGAACTGCTC	(AT)14(GT)21	55	0.7258
RM336	7	CTTACAGAGAAACGGCATCG	GCTGGTTTGTTTCAGGTTCG	(CCT)18	55	0.7507
RM346	7	CGAGAGAGCCCATAACTACG	ACAAGACGACGAGGAGGGAC	(CTT)18	55	0.4567
RM413	5	GGCGATTCTTGGATGAAGAG	TCCCCACCAATCTTGTCTTC	(AG)11	55	0.7029
RM474	10	AAGATGTACGGGTGGCATTC	TATGAGCTGGTGAGCAATGG	(AT)13	55	0.8255
RM484	10	TCTCCCTCCTCACCATTGTC	TGCTGCCCTCTCTCTCTCTC	(AT)9	55	0.6424
RM586	6	ACCTCGCGTTATTAGGTACCC	GAGATACGCCAACGAGATACC	(CT)23	55	0.3866
RM590	10	CATCTCCGCTCTCCATGC	GGAGTTGGGGTCTTGTTCG	(TCT)10	55	0.6020
RM592	5	TCTTTGGTATGAGGAACACC	AGAGATCCGGTTTGTTGTAA	(ATT)20	55	0.6361
RM598	5	GAATCGCACACGTGATGAAC	ATGCGACTGATCGGTACTCC	(GCA)9	55	0.4549
RM1385	2	ATGACAGGTAAGGTGTGGTG	TGAACATCATCTTCGAATCC	AG	55	0.5035

表 E.1（续）

位点	染色体	正向引物序列（5′→3′）	反向引物序列（5′→3′）	核心序列	退火温度/℃	PIC
RM1986	12	TAACGGAGGGAGTAGTTTTC	GAACCTACATATCGAGAGCA	AT	55	0.8712
RM2504	10	TAACACAACAATAGCGTCAG	TAGGAAGAACTGAAGAAGCA	AT	55	0.8324
RM3133	11	TCAATAGACACACGGGCATG	CGATTTTGCTCACTGCACAG	CA	55	0.5499
RM3331	12	CCTCCTCCATGAGCTAATGC	AGGAGGAGCGGATTTCTCTC	CT	50	0.6424
RM3628	6	AATCATGCCTAGAGCATCGG	GTTCAACATGGGTGCAGATG	GA	55	0.5862
RM3838	5	TTGTAGATGTTGCCAGTTTG	TGTTGACATCTGTGAGCCGG	GA	55	0.7881
RM5095	10	CTATATGACTATGCGAATGG	ACAAATGCAACTAAGGTAGA	TA	55	0.7839
RM5473	4	ACCACAAACGATCGCGTC	GAGATTAACGTCGTCCTCCG	TC	55	0.7715
RM5479	12	AACTCCTGATGCCTCCTAAG	TCCATAGAAACAATTTGTGC	TC	55	0.8283
RM5857	12	ACAGCTTGTCTTTATTTCCTG	GATGGTAATCCAGGTTGTTG	ATA	55	0.5805
RM6748	4	ATTGGGTTTCTCATATTATG	CCAACACTCCTAACTAGTTC	TAT	55	0.8310
RM7102	12	TGCCCAAAATATATGAAACC	TTTTCTTGTTGAATGGGAAC	ATAA	55	0.8061
RM7389	3	AGCGACGGATGCATGATC	TTGAGCCGGAGGTAGTCTTG	GATA	55	0.6025
RM8209	3	AGGAGAAGAGGAATCTTTGC	CGATCGAGAGCTACTATTGC	AG	55	0.6250
RM8277	3	AGCACAAGTAGGTGCATTTC	ATTTGCCTGTGATGTAATAGC	CTT	55	0.4549
OSR28	9	AGCAGCTATAGCTTAGCTGG	ACTGCACATGAGCAGAGACA	AGA	55	0.6371
注：表中 PIC 值为 36 个水稻品种统计结果。						

附　录　F
（资料性附录）
用于杂交水稻不育、保持和恢复特征基因检测的分子标记

用于杂交水稻不育、保持和恢复特征基因检测分子标记的标记特征、正向引物序列、反向引物序列及扩增片段大小参见表 F.1。

表 F.1　用于杂交水稻不育、保持和恢复特征基因检测的分子标记

标记特征	正向引物序列（5′→3′）	反向引物序列（5′→3′）	扩增片段长度/bp
SCAR-WA-CMS（检测水稻野败型不育基因）	ACTTTTTGTTTTTGTGTAGG	TGCCATATGTCGCTTAGACTTTAC	386
SCAR-WM（检测水稻野败型保持基因）	TCTTCGCAGTATACCTGACA	CTATTTCCTCCTACTCAAGCT	808
RM1-Rf3（检测水稻野败型恢复基因）	GCGAAAACACAATGCAAAAA	GCGTTGGTTGGACCTGAC	114
RM228-Rf4（检测水稻野败型恢复基因）	CTGGCCATTAGTCCTTGG	GCTTGCGGCTCTGCTTAC	
SCAR-BT-CMS（检测水稻 BT 型不育基因）	GGTACCGCTATGGCAAATCTGGTC	TGGTACCCGTTACAAAG-GAAAGACTACACG	237
SCAR-Rf1（检测水稻 BT 型恢复基因）	TTGACGCCTTCGTCCTCT	AGACGTAACAAGATGATCG	590
SCAR-HL-CMS（检测水稻 HL 型不育基因）	TGACAAATCTGCTCCGATG	CTTACTTAGGAAAGACTAC	240
RM6737-Rf5（检测水稻 HL 型恢复基因）	CATTGGGGGTGGATAAA	TATCCTCTACTCCCTCGGCC	187
注：以上标记的退火温度为 55℃。			

附 录 G
(资料性附录)
相关统计参数及计算

G.1 等位基因频率(allele frequency)

在一个二倍体的某特定基因座上某一个等位基因占该基因座上等位基因总数的比率,是群体遗传结构的一个最基本的尺度,该基因座上所有等位基因的频率之和为1。

若某基因座上有 n 个等位基因,则等位基因 i 的频率 P_i 按式(G.1)计算:

$$P_i=\frac{n_i}{2N}=\frac{2n_1+n_2}{2N} \quad \cdots\cdots \text{(G.1)}$$

式中:

n_1——含等位基因 i 的纯合子个体数;

n_2——含有该等位基因杂合子个体数;

N——调查的群体个体数。

该基因座所有等位基因频率的总和为1,即 $\sum P_i=1$。

G.2 多态性信息含量(polymorphism information contents,PIC)

评价一个多态性基因座使用价值的一个量化概念。PIC 由该基因座的等位基因数、等位基因频率分布两个因素决定。标记基因座的等位基因数越多、各等位片段的频率越均匀,PIC 越大。

设遗传标记等位基因分别为 $A_1,A_2,A_3,\cdots,A_n$,共 n 个等位基因,其等位基因频率分别为 $P_1,P_2,P_3,\cdots,P_n$。群体中纯合子的频率为 $P_1^2+P_2^2+P_3^2\cdots\cdots+P_n^2$,杂合子 A_iA_j 频率为 $2P_iP_j$,则该标记的多态性信息含量(PIC)按式(G.2)计算:

$$X=1-\sum_{i=1}^{n}P_i^2-\sum_{i=1}^{n}\sum_{j=i+1}^{n}2P_i^2P_j^2 \quad \cdots\cdots \text{(G.2)}$$

式中:

X——多态性信息含量;

P_i——第 i 个等位基因的频率,第二项排除了不能提供信息的纯合子,而第三项排除了杂合子中半数不能提供信息的杂合子。

参 考 文 献

[1]萨姆布鲁克，拉塞尔．分子克隆实验指南(第三版)[M]．北京：科学出版社，2002.

[2]杨剑波，汪秀峰，赵成松，等．水稻线粒体 DNA 中与雄性不育有关片段的克隆及序列分析[J]．遗传学报，2002，29 (9)：808－813.

[3]杨剑波，汪秀峰，赵成松，等．野败型水稻保持系线粒体特异片段的克隆及序列分析[J]．植物生理与分子生物学学报，2003，29(3)：199－205.

[4]王中华．水稻 BT 型细胞质雄性不育基因和恢复基因的分离及其相互作用机理研究[D]．广东：华南农业大学，2004.

[5]许仁林，谢东，师素云，等．水稻线粒体 DNA 雄性不育有关特异片段的克隆及序列分析[J]．植物学报，1995，37(7)：501－506.

[6]景润春，何予卿，黄青阳，等．水稻野败型细胞质雄性不育恢复基因的 ISSR 和 SSLP 标记分析[J]．中国农业科学，2000，33 (2)：10－15.

[7]易平，朱英国，等．红莲型细胞质雄性不育线粒体相关嵌合基因的发现[J]．科学通报，2002，47(2)：52－55.

[8]黄靖宇．水稻红莲型细胞质雄性不育育性恢复基因的精细定位及初级物理图谱的构建[D]．湖北：武汉大学，2003.

[9]Ichikawa N, Kishimoto N, Inagaki A, et al. A rapid PCR-aided selection of a rice line containing the Rf1 gene which is involved in restoration of the cytoplasmic male sterility[J]. Molecular Breeding, 1997, 3 :195－220.

[10]Li L, Yang J B, Xiang T H, et al. Identification of the most common Chinese hybrid rice cultivars and their parental lines using RAPD and microsatellite markers[J]. SABRAO Journal of Breeding & Genetics, 1999, 31(2) :83－91.

[11]Li L, Yang J B, Wang X F, et al. Identification of Xieyou combinations of hybrid rice and their three parents by using RAPD and microsatellite markers [J]. Chinese J. Rice Sci, 2000, 14(4) :203－207.

[12]McCouch, et al. Development and Mapping of 2240 New SSR Markers for Rice (*Oryza sativa* L.) [J]. DNA Res, 2002, 9:199－207.

[13]NGUYEN T L, et al. PCR-based DNA Makers for the WA-CMS fertility restoring gene Rf-3 in rice[J]. Rice Genetics Newsletters, 2002, 15:156.

[14]Zhang. G, Bharaj T S, Lu Y, et al. Mapping of the Rf-3 nuclear fertility-restoring gene for WA cytoplasmic male sterility in rice using RAPD and RFLP markers[J]. Theor. Appl. Genet. 1997, 94:27－33.

本标准起草单位：安徽省农业科学院水稻研究所、安徽国家农业标准化与监测中心、安徽省种子管理总站、合肥丰乐种业股份有限公司。

本标准主要起草人：杨剑波、赵伟、陈萍、李莉、汪秀峰、宋丰顺、宣云、张士胜、易成新、孔令传、盛海平、王春生、向太和。

中华人民共和国国家标准

GB/T 28660—2012

马铃薯种薯真实性和纯度鉴定 SSR分子标记

Genuineness and purity verification of potato seed-tuber—SSR molecular marker

1 范围

本标准规定了SSR分子标记鉴定马铃薯(*Solanum tuberosum* L.)品种的方法。

本标准适用于马铃薯种薯真实性和纯度的检测。

2 规范性引用文件

下列文件对于本文件的应用是必不可少的。凡是注日期的引用文件,仅注日期的版本适用于本文件。凡是不注日期的引用文件,其最新版本(包括所有的修改单)适用于本文件。

GB 18133 马铃薯脱毒种薯

3 术语和定义

下列术语和定义适用于本文件。

3.1

简单序列重复 simple sequence repeat;SSR

基因组中由1个～6个核苷酸组成的基本单位串联多次重复构成的DNA序列。

3.2

聚合酶链式反应 polymerase chain reaction;PCR

在耐热DNA聚合酶作用下,于体外快速大量特异性扩增特定DNA序列的方法。

4 仪器和试剂

4.1 仪器及用具

4.1.1 梯度PCR仪。

4.1.2 低温高速离心机。

4.1.3 电泳仪(满足3 000 V稳压)及配套电泳槽。

4.1.4 凝胶成像分析系统。

4.1.5 冰箱(−28℃～4℃)。

4.1.6 紫外/可见分光光度计。

4.1.7 电热恒温水浴锅(37℃、42℃、65℃和95℃)。

中华人民共和国国家质量监督检验检疫总局
中国国家标准化管理委员会 2012-09-03发布 2012-11-01实施

4.1.8 制冰机。

4.1.9 涡旋仪。

4.1.10 高压灭菌器。

4.1.11 液氮罐。

4.1.12 酸度计(pH 计)。

4.1.13 脱色摇床。

4.1.14 微量移液器(0.5 μL～10 μL、10 μL～100 μL、100 μL～1 000 μL)及配套的枪头。

4.1.15 其他用具:PCR 管、量筒(100 mL～1 000 mL)、1.5 mL 离心管和配套的研磨棒。

4.2 试剂

4.2.1 常用贮备液:见附录 A。

4.2.2 DNA 提取试剂:见附录 B。

4.2.3 变性聚丙烯酰胺凝胶电泳试剂:见附录 C。

4.2.4 银染试剂:见附录 D。

4.2.5 SSR(简单重复序列)标记引物:见附录 E。

4.2.6 Taq DNA 聚合酶(Taq DNA polymerase)和配套的 PCR 缓冲液。

4.2.7 DNA Marker(50 bp、100 bp、150 bp、200 bp、250 bp、300 bp、350 bp、400 bp、500 bp)。

4.2.8 无 DNA 酶的 RNA 酶 A(DNase-free RNase A,10 mg/mL)。

4.2.9 β-巯基乙醇。

4.2.10 四甲基二乙胺(TEMED)。

4.2.11 异丙醇。

4.2.12 乙醇(70%、90%、95%)。

4.2.13 灭菌双蒸水(ddH_2O)。

5 供试材料

5.1 取样

按照 GB 18133 要求的方法,采集大田植株或块茎作为检测样品。

5.2 样品保存

选取适量样品,装入冻存管,液氮速冻,置冰箱(−20℃以下)中保存备用(有效保存期约 6 个月)。

6 程序

6.1 总 DNA 提取

6.1.1 称取 100 mg 样品,置于预冷 1.5 mL 离心管中,液氮冷冻下迅速研磨成细粉。依次加入 700 μL 的两倍十六烷基三甲基溴化铵缓冲液(见表 B.1)和 2 μL 的 β-巯基乙醇,涡旋混匀。

6.1.2 置 65℃水浴 1 h,期间每隔 10 min 摇动混匀一次。

6.1.3 冰上冷却约 10 min 后,加入 700 μL 的三氯甲烷:异戊醇(24∶1)混合液(见表 B.2),涡旋混合,轻缓颠倒混匀数次。12 000 r/min 离心 5 min。

6.1.4 吸取上层水相至新 1.5 mL 离心管中,加入等体积(400 μL～500 μL)的预冷异丙醇。轻缓颠倒混匀,4℃冰箱静置 30 min 后,12 000 r/min 离心 15 min。

6.1.5 弃上清液。向离心管中加入 70%乙醇 1.0 mL,静置 3 min 后,12 000 r/min 离心 20 min。小心倒出 70%乙醇,再加入 90%乙醇 1.0 mL,静置 5 min 后,12 000 r/min 离心 10 min,小心倒去乙醇。在

干净的吸水纸上倒置离心管,自然干燥 15 min。晾干的 DNA,应为透明状。

6.1.6 加入 100 μL 的 1× TE 缓冲液[将 10 倍三羟甲基氨基甲烷-乙二胺四乙酸缓冲液(见表 B.3)稀释 10 倍并灭菌]溶解 DNA,再加入 2 μL 的无 DNA 酶的 RNA 酶 A(10 mg/mL)。37℃温浴 1 h 去除 RNA。4℃冰箱放置备用。

6.1.7 取 DNA 提取液 1 μL~5 μL 于新的 1.5 mL 离心管中,加入 1×TE 缓冲液稀释至 1.0 mL,混匀后转入石英比色皿中,用紫外/可见分光光度计测定 OD_{260} 和 OD_{280} 下的光密度值。按式(1)计算提取液中 DNA 浓度,并检测质量(OD_{260}/OD_{280} 比值为 1.8~1.9 表明纯度较高)。

$$ds\,DNA = \frac{OD_{260} \times t \times 50}{1\,000} \quad \cdots\cdots (1)$$

式中:

$ds\,DNA$ ——双链 DNA 分子的含量,单位为微克每毫升(μg/mL);

OD_{260} ——260 nm 下的光密度值;

t ——稀释倍数。

6.1.8 用 1× TE 缓冲液将所提取的总 DNA 稀释为 50 ng/μL,根据每次用量分装,置-20℃冰箱保存备用。

6.2 PCR 反应

6.2.1 PCR 反应体系

在冰盘中或 4℃条件下按表 1 所列成分和用量,顺序依次加入 PCR 管,准备 PCR 反应体系。

表 1 PCR 反应体系(供 1 个样品、1 对 SSR 引物检测,25 μL)

成分	用量/μL
ddH_2O	16.1
10×PCR 缓冲液	2.5
dNTPs (2.5 mmol/L,每一种)	2.0
正向引物 (10 mmol/L)	1.0
反向引物 (10 mmol/L)	1.0
Taq DNA 聚合酶 (2.5 U/μL)	0.4
DNA 模板 (50 ng/μL)	2.0
总体积	25.0

6.2.2 反应程序

按表 2 程序设置 PCR 反应流程。

表 2 PCR 反应程序

反应程序	时间	备注
94℃预变性	5 min	
94℃变性	1 min	
55℃ 退火	1 min	不同 SSR 引物所需的退火温度见附录 E
72℃ 延伸	1 min	
循环次数	35 次	变性→退火→延伸反应循环次数
72℃延伸	5 min	
4℃ 终止反应		

6.2.3 PCR 产物变性处理

PCR 结束后,于 25 μL 的反应体系中加入 7.0 μL 的上样缓冲液(见表 A.4),95℃水浴变性处理 5 min 后,立即转入冰浴冷却,备用。

6.3 变性聚丙烯酰胺凝胶电泳

6.3.1 电泳玻璃板清洗

用洗涤剂仔细清洗电泳玻璃板(长板和短板),自来水漂洗干净,再用蒸馏水冲洗,斜置滤干,最后用95%乙醇冲洗,并空置晾干。使用之前,再次用无水乙醇将玻璃板擦拭干净。

注:洗板时,长板和短板分别单独清洗,以避免相互污染。

6.3.2 电泳玻璃板处理

短板处理:用镜头纸蘸取适量 2% 剥离硅烷溶液(见表 C.1),均匀地涂布在短板上;5 min～10 min后,喷施数毫升 95%乙醇,用干净的镜头纸擦去多余的 2%剥离硅烷;空置约 20 min,晾干。

长板处理:更换新手套,用镜头纸蘸取适量亲和硅烷溶液(见表 C.2),均匀涂布在长板上;4 min～5 min 后,用镜头纸蘸取 95%乙醇沿一定方向轻轻地擦拭;此后,再用 95%乙醇沿着与前次操作方向相垂直的方向轻轻地擦拭,如此擦洗 3 次,以去除多余的亲和硅烷;空置约 20 min,晾干。

注:剥离硅烷和亲和硅烷均有剧毒,涂板处理时,需戴手套操作,避免两种溶液相互污染。剥离硅烷溶液处理的目的是使短板容易与凝胶分离;亲和硅烷溶液处理的目的是使聚丙烯酰胺凝胶能很好地附着在长板上面,不易剥离。

6.3.3 胶槽装配

将长板、短板和压条装配好,周边用胶带密封,用夹子夹紧,插入合适的梳子,以方便灌胶的倾斜角度放置在安全支架上。

6.3.4 灌胶

取 6.0%变性聚丙烯酰胺贮备液(见表 C.5)60 mL,加入 10%过硫酸铵贮备液(见表 C.4)300 μL,四甲基二乙胺(TEMED) 60 μL,轻轻混匀。轻缓抽出梳子,沿压条边缘轻缓地将混匀的凝胶溶液注入胶槽中,及时清除可能出现的气泡后,重新将梳子插入至适当位置。将胶板调至水平位置,室温下(20℃～25℃)放置 2 h 以上,以便凝胶完全凝固。

6.3.5 预电泳

待凝胶完全凝固后,小心拔出梳子,并用 1× TBE 缓冲液[将 10 倍三羟甲基氨基甲烷-硼酸-乙二胺四乙酸缓冲液(见表 A.3)稀释 10 倍]清洗和整理样品槽。去掉密封胶带,用吸水纸将玻璃板擦干,以防电泳时短路。将胶板装到电泳槽中,加入电泳缓冲液(1×TBE 缓冲液),清除样品槽中的气泡,接通电源,以 70 W 的恒定功率预电泳 30 min。

6.3.6 电泳

预电泳结束后,用 1×TBE 缓冲液仔细清洗和整理样品槽,去除预电泳扩散出的尿素。根据检测样品数量,分别于每个样品槽中加入已经变性处理的 PCR 产物 6 μL～8 μL;并在胶板的一侧或适当位置的样品槽中加入 4 μL 的 DNA Marker。以 70 W 恒定功率电泳 2 h～3 h,或电泳至上样缓冲液中示踪染料的第一条带迁移至胶板底端为止。

6.4 银染

6.4.1 固定/脱色

从电泳槽中取出胶槽,轻轻取下短板,将附着胶板的长板放入装有适量固定/脱色液(见表 D.1)的塑料方盒中,轻轻摇动 20 min～30 min,至胶板上示踪染料的色带全部退去为止。

6.4.2 漂洗

将胶板转入 dd H_2O 中漂洗 2 次～3 次,每次 2 min。取出胶板,滤去水分。

6.4.3 染色

将胶板转入硝酸银染色液(见表 D.2)中染色 30 min。

6.4.4 水洗

在 dd H_2O 中迅速漂洗 5 s～6 s。

6.4.5 显影

将胶板迅速转入预冷至4℃的显影液(见表D.3)中,轻轻摇动至胶板上预期产物条带(见表E.1)清晰为止。

6.4.6 定影

待影像清晰后,将胶板迅速转入固定/脱色液(见表D.1)中,停止显影。定影3 min~5 min。

6.4.7 漂洗

将胶板转入dd H_2O中漂洗2次,每次5 min。

6.4.8 成像

在白色透射光背景上观察和记录电泳结果,数码拍照;或用凝胶成像分析系统扫描记录和拍照。

7 结果记录和分析

7.1 SSR标记结果记录

参照DNA Marker电泳结果或扫描结果,根据每对SSR引物从检测样品中扩增出的条带数及其分子量大小,按"有"对应条带记录为"1"、"无"对应条带记录为"0"的方法,仔细记录每对SSR引物的PCR扩增结果。建立SSR引物、检测样品及有无(1/0)对应扩增条带的数据库。

7.2 SSR标记结果分析

利用相关统计分析软件,根据Nei(1973)的遗传相似系数(Genetic Similarity, GS),按式(2)计算检测样品间的遗传相似性水平。采用非加权组平均法(unweighted pair-group method with arithmetic means,UPGMA)进行聚类分析;绘制聚类分析结果图,显示SSR标记分析的直观结果。

$$GS=\frac{2N_{ij}}{N_i+N_j}\times 100\% \qquad (2)$$

式中:

GS ——遗传相似系数,%;

N_i ——第i个样品的扩增条带数;

N_j ——第j个样品的扩增条带数;

N_{ij} ——第i个样品和第j个样品共有的扩增条带数。

8 鉴定结果判定

8.1 种薯真实性鉴定

直接比较待测品种与标准品种样品的标记分析结果,如在本标准要求的12个SSR标记位点上,待测品种样品与标准品种样品之间不存在多态性条带,则判定为同一品种;如存在多态性条带,则判定为不同的品种。或根据聚类分析结果,如待测品种与标准品种样品间无100%的遗传相似性,则判定为不同样品,即判定为不同的品种。

8.2 种薯纯度检测

根据聚类分析结果,如在本标准要求的12个SSR标记位点上,所有检测样品间的遗传相似性为100%,则判定为相同样品,即种薯纯度(P)为100%。如达不到100%的遗传相似性水平,则根据有差异的检测样品数量(S)占总抽样检测样品数量(T)的百分比来判定种薯纯度。计算见式(3):

$$P=\left(1-\frac{S}{T}\right)\times 100\% \qquad (3)$$

式中:

P ——种薯纯度,%;

S ——有差异的检测样品数量;

T ——总抽样检测样品数量。

附 录 A
(规范性附录)
常用贮备液

表 A.1 至表 A.5 给出了常用的贮备液。

表 A.1 1.0 mol/L 三羟甲基氨基甲烷-盐酸贮备液(Tris-HCl 贮备液)(pH 8.0,1 000 mL)

成分	用量	备注
三羟甲基氨基甲烷(Tris 碱)	121.1 g	
灭菌双蒸水 (ddH_2O)	800 mL	
37%浓盐酸 (HCl)	~42 mL	用约 42 mL 浓盐酸调节 pH 至 8.0
最终体积	1 000 mL	用 ddH_2O 定容至 1 000 mL。灭菌后,室温保存

表 A.2 0.5 mol/L 乙二胺四乙酸贮备液(EDTA 贮备液)(pH 8.0,1 000 mL)

成分	用量	备注
乙二胺四乙酸二钠 ($Na_2EDTA-2H_2O$)	186.1 g	
灭菌双蒸水 (ddH_2O)	700 mL	
10 mol/L 氢氧化钠 (NaOH)	~50 mL	用约 50 mL 氢氧化钠调节 pH 至 8.0
最终体积	1 000 mL	用 ddH_2O 定容至 1 000 mL。灭菌后,室温保存

表 A.3 10 倍三羟甲基氨基甲烷-硼酸-乙二胺四乙酸缓冲液(10×TBE 缓冲液)(pH 8.0,1 000 mL)

成分	用量	备注
Tris 碱 (tris base)	108 g	
硼酸 (boric acid)	55 g	
0.5 mol/L EDTA (pH8.0)	37.25 mL	
灭菌双蒸水 (ddH_2O)	800 mL	用 ddH_2O 定容至 1 000 mL
最终体积	1 000 mL	灭菌后,室温保存

表 A.4 上样缓冲液(50 mL)

成分	用量	备注
98%甲酰胺 (formamide)	47 mL	
0.2 mol/L EDTA (pH 8.0)	2.5 mL	
溴酚蓝(bromophenol)	0.25 g	也可用 5 mL ddH_2O 溶解后,按需要量加入
二甲苯青(xylene cyanol)	0.25 g	
最终体积	50 mL	4℃冰箱保存

表 A.5　10 mg/mL 硫代硫酸钠贮备液(100 mL)

成分	用量	备注
硫代硫酸钠（sodium thiosulfate）	1 g	
灭菌双蒸水（ddH_2O）	100 mL	
最终体积	100 mL	4℃冰箱保存

附　录　B
（规范性附录）
DNA 提取试剂

表 B.1 至表 B.3 给出了 DNA 提取试剂。

表 B.1　两倍十六烷基三甲基溴化铵缓冲液（2×CTAB 缓冲液，pH 8.0，1 000 mL）

成分	用量	备注
1.0 mol/L Tris-HCl（pH 8.0）	100 mL	
0.5 mol/L EDTA（pH 8.0）	40 mL	
氯化钠（NaCl）	81.82 g	加入 600 mL ddH_2O 加热搅拌
十六烷基三甲基溴化铵（CTAB）	20 g	
聚乙烯吡咯烷酮（PVP）	2 g	
灭菌双蒸水（ddH_2O）		用 ddH_2O 定容至 1 000 mL
最终体积	1 000 mL	灭菌后，室温保存

表 B.2　三氯甲烷：异戊醇混合液（24：1，100 mL）

成分	用量	备注
三氯甲烷（chloroform）	96 mL	
异戊醇（lsoamylol）	4 mL	
最终体积	100 mL	临时配制

表 B.3　10 倍三羟甲基氨基甲烷-乙二胺四乙酸缓冲液（10×TE 缓冲液，pH 8.0，1 000 mL）

成分	用量	备注
1.0 mol/L Tris-HCl（pH 8.0）	100 mL	
0.5 mol/L EDTA（pH8.0）	20 mL	
灭菌双蒸水（ddH_2O）	800 mL	用 ddH_2O 定容至 1 000 mL
最终体积	1 000 mL	灭菌后，室温保存

附　录　C
（规范性附录）
变性聚丙烯酰胺凝胶电泳试剂

表C.1至表C.5给出了变性聚丙烯酰胺凝胶电泳试剂。

表C.1　2%剥离硅烷(repel silane)溶液(500 mL)

成分	用量	备注
剥离硅烷(repel silane)	10 mL	
三氯甲烷(chloroform)	490 mL	
最终体积	500 mL	室温保存

表C.2　亲和硅烷(binding silane)溶液

成分	用量	备注
无水乙醇（ethanol)	3 mL	
亲和硅烷（binding silane)	10 μL	
冰乙酸（glacial acetic acid)	10 μL	
最终体积	3.02 mL	现配现用，约一块玻板的用量

表C.3　6.0%变性聚丙烯酰胺贮备液(1 000 mL)

成分	用量	备注
丙烯酰胺(acrylamide)	57 g	用300 mL ddH_2O加热溶解
甲叉双丙烯酰胺(bisacrylamide)	3 g	用50 mL ddH_2O溶解
尿素（urea)	420 g	用500 mL ddH_2O溶解
10×TBE	50 mL	
灭菌双蒸水（ddH_2O)		用ddH_2O定容至1 000 mL
最终体积	1 000 mL	过滤至铝箔纸包裹的棕色瓶中，4℃冰箱保存

表C.4　10%过硫酸铵贮备液(10 mL)

成分	用量	备注
过硫酸铵(ammonium persulfate)	1 g	
灭菌双蒸水（ddH_2O)	10 mL	
最终体积	10 mL	分装后－20℃保存，4℃解冻使用

表 C.5　6.0%变性聚丙烯酰胺贮备液(60 mL)

成分	用量	备注
6.0%变性聚丙烯酰胺贮备液	60 mL	平衡至室温后，加入 TEMED 和过硫酸铵
四甲基乙二胺（TEMED）	60 μL	
10%过硫酸铵（ammonium persulfate）	300 μL	

附 录 D
(规范性附录)
银染试剂

表 D.1 至表 D.3 给出了银染试剂。

表 D.1 固定/脱色液(2 000 mL)

成分	用量	备注
冰乙酸 (glacial acetic acid)	200 mL	
灭菌双蒸水 (ddH_2O)	1 800 mL	
最终体积	2 000 mL	临时配制

表 D.2 硝酸银染色液(2 000 mL)

成分	用量	备注
硝酸银 ($AgNO_3$)	2 g	
37%甲醛 (formaldehyde)	3 mL	
灭菌双蒸水 (ddH_2O)		用 ddH_2O 定容至 2 000 mL
最终体积	2 000 mL	室温保存

表 D.3 显影液(2 000 mL)

成分	用量	备注
无水碳酸钠 (Na_2CO_3)	30 g	用前 5 h 用 ddH_2O 溶解 Na_2CO_3,4℃冰箱保存
37%甲醛 (formaldehyde)	3 mL	用前 5min 加入甲醛和硫代硫酸钠溶液
10 mg/mL 硫代硫酸钠 (sodium thiosulfate)	400 μL	
灭菌双蒸水 (ddH_2O)		用 ddH_2O 定容至 2 000 mL
最终体积	2 000 mL	临时配制,4℃冰箱保存

附　录　E
（规范性附录）
SSR（简单重复序列）标记引物

表 E.1 给出了 SSR（简单重复序列）标注引物。

表 E.1　SSR（简单重复序列）标记引物

引物名称	SSR 基序	引物序列（5′→3′）	退火温度（℃）	染色体	预期产物/bp	标记位点/基因
STM1049	(ATA)6	F:CTACCAGTTTGTTGATTGTGGTG R:AGGGACTTTAATTTGTTGGACG	57	Ⅰ	184～254	STWIN12G 或 S023
STM2022	(CAA)3…(CAA)3	F:GCGTCAGCGATTTCAGTACTA R:TTCAGTCAACTCCTGTTGCG	53	Ⅱ	184～244	C112
STM1053	(TA)4(ATC)5	F:TCTCCCCATCTTAATGTTTC R:CAACACAGCATSCAGATCATC	53	Ⅲ	168～184	STHMGR3
STM3023a	(GA)9(GA)8(GA)4	F:AAGCTGTTACTTGATTGCTGCA R:GTTCTGGCATTTCCATCTAGAGA	50	Ⅳ	169～201	2A11
STPoAc58	(TA)13	F:TTGATGAAAGGAATGCAGCTTGTG R:ACGTTAAAGAAGTGAGAGTACGAC	57	Ⅴ	203～277	PoAc58
STM0019a	(AT)7(GT)10(AT)4(GT)5(GC)4(GT)4	F:AATAGGTGTACTGACTCTCAATG R:TTGAAGTAAAAGTCCTAGTATGTG	47	Ⅵ	155～241	PAC33
STM2013	(TCTA)6	F:TTCGGAATTACCCTCTGCC R:AAAAAAAGAACGCGCACG	55	Ⅶ	146～172	C337
STM1104	(TCT)5	F:TGATTCTCTTGCCTACTGTAATCG R:CAAAGTGGTGTGAAGCTGTGA	57	Ⅷ	164～185	STWAXYG 28 或 S066
STM3012	(CT)4,(CT)8	F:CAACTCAAACCAGAAGGCAAA R:GAGAAATGGGCACAAAAAACA	57	Ⅸ	168～213	61D9
STM1106	(ATT)13	F:TCCAGCTGATTGGTTAGGTTG R:ATGCGAATCTACTCGTCATGG	55	Ⅹ	131～197	STINV141
STM0037	(TC)5(AC)6AA(AC)7(AT)4	F:AATTTAACTTAGAAGATTAGTCTC R:ATTTGGTTGGGTATGATA	53	Ⅺ	75～125	PAC62
STM0030	Compound (GT/GC)(GT)8	F:AGAGATCGATGTAAAACACGT R:GTGGCATTTTGATGGATT	53	Ⅻ	122～191	PAC05

参 考 文 献

[1]REID A,EM KERR. A rapid simple sequence repeat (SSR)-based identification method for potato cultivars. Plant Genetic Resources: Characterization and Utilization,2007,5:7-13.

[2]MOISAN-THIERY M, S MARHADOUR, MC KERLAN,et al. Potato cultivar identification using simple sequence repeats markers (SSR). Potato Research,2005,48:191-200.

[3]FEINGOLD S; J LOYD, N NOREREO,et al. Mapping and characterization of new EST-derived microsatellites for potato (*Solanum tuberosum* L.). Theor Appl Genet,2005,111: 456-466.

[4]GHIDLAIN M, SPOONER DM, RODERGUEZ F,et al. Selection of highly informative and user-friendly microsatelites (SSRs) for genotyping of cultivated potato. Theor Appl Genet,2004,108:881-890.

[5]JOSEPH JC, LM FRANK,DS DOUCHES. An applied fingerprinting system for cultivated potato using simple sequence repeats. Am. J. of Potato Research,2004,81:243-250.

[6]NORERO N, J MALLEVILLE, M HUARTE,et al,Cost efficient potato (*Solanum tuberosum* L.) cultivar identification by microsatellite amplification,Potato Research,2002,45:131-138.

[7]WULFF EG, TORRES S, GONZALEZ-VIGIL E. Protocol for DNA extraction from potato tubers. Plant Mol Biol Rep,2002,20:187a-187e.

[8]ASHKENAZI V, E CHANI, U LACI,et al. Development of microsatellite markers in potato and their use in phylogenetic and fingerprinting analyses. Genome,2001,44:50-62.

[9]GHISLAIN M, F Rodríguez, F Villamón, J Núñez,et al. Establishment of microsatellite assays for potato genetic identification. CIP Program Report 1999-2000,2000:167-174.

[10]MCGREGOR CE, CA LAMBERT, MM GREYLING,et al. A comparative assessment of DNA fingerprinting techniques (RAPD, ISSR, AFLP, and SSR) in tetraploid potato (*Solanum tuberosum* L.) germplasm. Euphytica,2000, 113:135-144.

[11]MILBOURNE D, RC MEYER, AJ COLLINS,et al. Isolation, characterization and mapping of simple sequence repeat loci in potato. Mol Gen Genet,1998,259:233-245.

[12]SCHENIDER K,DS DOUCHES. Assessment of PCR-based simple sequence repeats to fingerprint North American potato cultivars. Am Potato J,1997,74:149-164.

[13]PROVAN J, W POWELL, R WAUGH. Microsatellite analysis of relationships within cultivated potato (*Solanum tuberosum*). Theor Appl Genet,1996,92:1078-1084.

[14]KAWCHUK LM, DR LYNCH, J THOMAS,et al. Characterization of *Solanum tuberosum* simple sequence repeats and application to potato cultivar identification. Am Potato J,1996,78:325-335.

[15]NEI M. Analysis of gene diversity in subdivided populations. PNAS USA,1973,70: 3321-3323.

本标准起草单位:云南师范大学薯类作物研究所、中国农科院蔬菜花卉研究所、东北农业大学农学院、华中农业大学园艺学院、黑龙江省农业科学院农业部脱毒马铃薯种薯质量监督检验测试中心、国际马铃薯中心(CIP)北京联络处。

本标准主要起草人:李灿辉、郝大海、金黎平、杨仕忠、管朝旭、黄三文、陈伊里、谢从华、白艳菊、谢开云。

中华人民共和国农业行业标准

NY/T 66—1987

籼型水稻不育系(或杂交种)与保持系种子真实性室内检验方法

Method for oryza sativa indica male sterile line maintainer line and F_1 true to variety seed testing

适用范围

本方法适用于籼型水稻不育系(或杂交种)与保持系种子真实性检验。

1 术语

1.1 柱头残迹外露率:水稻种子群体中,有柱头残迹被内、外稃夹持在钩接缝处的种子所占的百分比。

1.2 试样柱头残迹外露率:水稻种子试样的柱头残迹外露率。计算公式为:

$$试样柱头残迹外露率(\%)=\frac{有柱头残迹外露的种子粒数}{试样种子总粒数}\times 100$$

1.3 样品柱头残迹外露率:水稻种子样品的柱头残迹外露率。以两个试样柱头残迹外露率的平均值表示。

2 扦样方法

按 GB 3543—83《农作物种子检验规程》进行。

3 真实性检验

3.1 从样品中随机数取试样二份,每份 100 粒左右。

3.2 用手持放大镜(或体视显微镜),逐粒观察种子两边钩接缝处柱头残迹被夹持的情况。将有柱头残迹被夹持的种子和无柱头残迹被夹持的种子分别放在两处。

3.3 每份试样观察完后,复验一遍,确认无误后计算有柱头残迹被夹持的种子数,并换算成试样柱头残迹外露率。

3.4 两份试样柱头残迹外露率相差不超过 5%时,求其平均值,即为样品柱头残迹外露率。

3.5 两份试样柱头残迹外露率相差超过 5%时,应取第三份试样检验,以接近的两份试样柱头残迹外露率取其平均值,即为样品柱头残迹外露率。

4 检验结果的评定

4.1 样品柱头残迹外露率达到 50%以上(含 50%)时,该样品确定为不育系(或杂交种)种子。

4.2 样品柱头残迹外露率在 20%以下(含 20%)时,该样品确定为保持系种子。

4.3 样品柱头残迹外露率在 20%～50%之间时,则应重新扦取样品复验。复验的样品柱头残迹外露

中华人民共和国农牧渔业部 1987-01-07 发布　　1987-07-01 实施

率仍在 20%～50%之间，则应以同组合已确定的不育系种子作对照，再次取样复验。试样柱头残迹外露率与对照柱头残迹外露率差异在 10%以下的试样确定为不育系（或杂交种）种子；差异达 10%以上的试样确定为保持系种子。

本标准由江西省宜春地区种子公司、湖南省种子公司、江西省邓家埠水稻原种场负责起草。
本标准主要起草人谭学庭、赵菊英、应元通。

中华人民共和国农业行业标准

NY/T 449—2001

玉米种子纯度盐溶蛋白电泳鉴定方法

Identification purity of maize variety using salting in protein eletrohporesis

1 范围

本标准规定了玉米单交种及亲本的真实性和品种纯度的室内检测方法。

本标准适用于玉米单交种及亲本的真实性和品种纯度鉴定。

2 引用标准

下列标准所包含的条文,通过在本标准中引用而构成为本标准的条文。本标准出版时,所示版本均为有效。所有标准都会被修订,使用本标准的各方应探讨使用下列标准最新版本的可能性。

GB/T 3543.2—1995 农作物种子检验规程 扦样

GB/T 3543.5—1995 农作物种子检验规程 真实性和品种纯度鉴定

GB 4404.1—1996 粮食作物种子 禾谷类

3 定义

本标准采用下列定义。

3.1

种子真实性

供检品种与文件记录(如标签等)是否相符。

3.2

品种纯度

品种在特征特性方面典型一致的程度,用本品种的种子数占供检本作物样品种子数的百分率表示。[GB/T 3543.5]

3.3

育种家种子

育种家育成的遗传性状稳定的品种或亲本种子的最初一批种子,用于进一步繁殖原种的种子。

4 原理

从玉米种子中提取的盐溶蛋白在聚丙烯酰胺凝胶的浓缩效应、分子筛效应和电泳分离的电荷效应作用下进行分离,通过染色显示蛋白质谱带类型。不同玉米品种由于遗传组成的不同,种子内所含的蛋白质种类有差异,这种差异可利用电泳图谱加以鉴别,从而对种子真实性和品种纯度进行鉴定。

中华人民共和国农业部 2001-08-20 发布　　2001-11-01 实施

5 仪器设备及试剂

5.1 仪器设备

电泳仪(500 V±5 V 连续可调、0～400 mA 连续可调、额定输出功率 200 W)、垂直板夹心式电泳槽、单籽粒粉碎器、天平(感量 0.01 g、0.001 g、0.000 1 g 各一台)、酸度计、磁力搅拌器、高速离心机(5 000 r/min 以上)、电冰箱、电炉、离心管(1.5 mL)、离心管架、移液管(10 mL、5 mL、2 mL 各两支)、微量进样器(5～100 μL)、恒温箱、观片灯等。

5.2 试剂

丙烯酰胺、N,N′-亚甲基双丙烯酰胺、乳酸、乳酸钠、甘氨酸、抗坏血酸、硫酸亚铁、氯化钠、蔗糖、甲基绿、基绿、三氯乙酸、过氧化氢、考马斯亮蓝 R250、无水乙醇、正丁醇等(所用试剂均为分析纯,所用水均为去离子水)。

6 溶液配制

6.1 电极缓冲液

称取甘氨酸 6.00 g,倒入 2 000 mL 烧杯中,加入 1 800 mL 去离子水溶解,用 2.0 mL 乳酸调至 pH 3.3,再加去离子水定容至 2 000 mL,混匀。

6.2 样品提取液

称取氯化钠 5.80 g,蔗糖 200.00 g,甲基绿 0.15 g,倒入 1 000 mL 烧杯中,加去离子水 800 mL 溶解,加热至微沸,放至室温,再用去离子水定容至 1 000 mL。在 4℃条件下保存。

6.3 分离胶缓冲液

取 1.43 mL 乳酸钠于 1 000 mL 烧杯中,加去离子水 980 mL,用乳酸调至 pH 3.0,再加去离子水定容至 1 000 mL,贮于棕色瓶中,在 4℃条件下保存。

6.4 分离胶溶液

称取丙烯酰胺 112.50 g,N,N′-亚甲基双丙烯酰胺 3.75 g,抗坏血酸 0.25 g,硫酸亚铁 8.0 mg,用分离胶缓冲液溶解,再用分离胶缓冲液定容至 1 000 mL,过滤于棕色瓶中,在 4℃条件下保存(不超过 14 天)。

6.5 浓缩胶缓冲液

取 0.30 mL 乳酸钠于 200 mL 烧杯中,加去离子水 90 mL,用乳酸调至 pH 5.2,再加去离子水定容至 100 mL,贮于棕色瓶中,在 4℃条件下保存。

6.6 浓缩胶溶液

称取丙烯酰胺 6.00 g,N,N′-亚甲基双丙烯酰胺 1.00 g,抗坏血酸 0.03 g,硫酸亚铁 0.8 mg,用浓缩胶缓冲液溶解,再用浓缩胶缓冲液定容至 100 mL,过滤于棕色瓶中,在 4℃条件下保存(不超过 6 天)。

6.7 3%的过氧化氢溶液

取 30%的过氧化氢 1 mL,加 9 mL 去离子水,贮于棕色瓶中,在 4℃条件下保存。

6.8 染色液

称取考马斯亮蓝 R250 2.00 g,在研钵中用 100 mL 无水乙醇研磨溶解,过滤于棕色瓶中。取 10 mL 该溶液,加入到 200 mL 的 10%(*W*/*V*)三氯乙酸溶液中,混匀。

7 电泳操作

7.1 样品制备

按 GB/T 3543.2 的要求,从送验样品中随机分取玉米种子至少 100 粒,用单籽粒粉碎器粉碎,放入 1.5 mL 离心管中,用滴管加入与样品体积相同的样品提取液,摇匀,放置 5 min 后,再摇一次,30 min 后,用离心机离心(5 000 r/min)15 min,取上清液用于电泳。

7.2 凝胶制备

7.2.1 胶室制备

将预先洗净晾干的玻璃板装入胶条中，然后把胶条固定在垂直板电泳槽内，保持水平，短板向正极，拧紧螺栓，备用。

7.2.2 封底缝

根据电泳槽大小，取适量分离胶溶液于烧杯中，用微量进样器加入适量3%的过氧化氢溶液（一般每5 mL分离胶溶液加20 μL 3%过氧化氢溶液），迅速摇匀，并从长玻璃板外侧沿玻璃板倒入，振动电泳槽3次，放平。

7.2.3 灌分离胶

底缝封住后，用滤纸条插入两玻璃板之间，吸去因聚合而析出的水；量取分离胶溶液适量，加入3%过氧化氢溶液（一般每15 mL分离胶溶液加3%过氧化氢20 μL）迅速摇匀；倾斜电泳槽，将分离胶溶液倒入两玻璃板之间，高度距短玻璃板上沿1.2 cm；放平电泳槽并在试验台上振动3次后，迅速加入适量的正丁醇封住胶面。待凝胶聚合后，吸出分离胶表面上的正丁醇，并用去离子水冲洗胶面3次，用滤纸吸干。

7.2.4 灌浓缩胶

量取浓缩胶溶液适量，加入3%过氧化氢溶液（一般每5 mL浓缩胶溶液加3%过氧化氢溶液40 μL），迅速搅匀，倒入两玻璃板之间，马上插好样品梳，样品梳底部距分离胶顶部0.5 cm。

7.2.5 点样

浓缩胶聚合后，拔出样品梳并将样品槽清理干净，用微量进样器在每个样品槽中加入不同籽粒的样品上清液15 μL，每点一粒后，都要用去离子水清洗进样器3次。

7.2.6 电泳

加样完毕后，倒入电极缓冲液，上槽电极缓冲液面要高于短玻璃板，下槽电极缓冲液面要高于铂金丝；将电源线正极接上槽，负极接下槽；接通电源，采用500 V稳压进行电泳，待甲基绿指示剂下移至胶底部边缘时，关闭电源。

7.2.7 卸板

倒出电极液，从电泳槽内取出胶室，卸下胶条，启开玻璃板，取出胶片，浸入染色液中。

7.2.8 染色

在30℃恒温条件下染色2～4 h。

7.2.9 洗板

取出胶片，用0.5%的不加酶洗衣粉水洗净。

8 结果计算

8.1 电泳测定值计算

待整个供检样品电泳结束后，在观片灯上鉴定胶片上电泳谱带的特征和一致性，计数供检样品粒数和非本品种粒数，并按式(1)计算电泳测定值X。

$$X(\%)=\frac{\text{供检样品粒数}-\text{非本品种粒数}}{\text{供检样品粒数}}\times 100 \qquad (1)$$

8.2 样品纯度值计算

将电泳测定值X代入式(2)回归方程，计算出样品纯度值$\hat{Y}$，再将$\hat{Y}$与GB 4404.1中的纯度值进行比较，判定样品是否合格。

$$\hat{Y}=52.9+0.461X \qquad (2)$$

本标准起草单位：农业部全国农作物种子质量监督检验测试中心、吉林省农作物种子质量监督检验站、北京市种子质量监督检验站。

本标准主要起草人：辛景树、赵建宗、丁万志、贾希海、黄庭军、王汝宝、刘玉欣、苏菊萍、徐献军、吕小瑞、王秀荣、孙波、冯晓东、陈雅君、余有海、班秀丽。

中华人民共和国农业行业标准

NY/T 1097—2006

食用菌菌种真实性鉴定　酯酶同工酶电泳法

Verification of genuineness for edible mushroom spawn-Esterase isozyme electrophoresis

1　范围

本标准规定了食用菌菌种真实性鉴定方法　酯酶同工酶电泳法的原理、仪器、试剂、电泳操作、试验结果的观察和统计分析。

本标准适用于糙皮侧耳(*Pleurotus ostreatus*)、白黄侧耳(*Pleurotus cornucopiae*)、肺形侧耳(*Pleurotus pulmonarius*)、佛州侧耳(*Pleurotus ostreatus* var. *florida*)、香菇(*Lentinula edodes*)、杏鲍菇(*Pleurotus eryngii*)、双孢蘑菇(*Agaricus bisporus*)、黑木耳(*Auricularia auricula*)、茶树菇(*Agrocybe cylindrica*)等食用菌菌种真实性的鉴定,包括母种(一级种)、原种(二级种)和栽培种(三级种)。

2　规范性引用文件

下列文件中的条款通过本标准的引用而成为本标准的条款。凡是注日期的引用文件,其随后所有的修改单(不包括勘误的内容)或修订版均不适用于本标准,然而,鼓励根据本标准达成协议的各方研究是否可使用这些文件的最新版本。凡是不注日期的引用文件,其最新版本适用于本标准。

NY/T 528　食用菌菌种生产技术规程

3　术语和定义

NY/T 528中确立的以及下列术语和定义适用于本标准。

3.1

菌种真实性　genuineness of spawn

供检菌种与对照菌种的符合性。

4　原理

在生物中,酶的表达受遗传基因的调控。酯酶是多等位基因调控的酶类,在凝胶电泳中经聚丙烯酰胺凝胶的浓缩,在分子筛效应和电场的电荷效应作用下而发生分离。从食用菌菌丝体中提取的粗酶液经电泳后,进行酯酶的生物化学染色,不同的酯酶组分显示在凝胶的不同位置而形成酯酶同工酶酶谱。相同的菌种遗传背景相同,其酯酶同工酶酶谱也相同。因此可以用酯酶同工酶酶谱对食用菌菌种的真实性进行鉴定。

5　仪器

5.1　电泳仪

5.2　垂直板电泳槽

中华人民共和国农业部 2006-07-10 发布　　2006-10-01 实施

5.3 高速冷冻离心机(10 000 r/min 以上)

5.4 冰箱

5.5 离心管

5.6 研钵(备有研杵)

5.7 分析天平(感量 0.01 g、0.000 1 g 各一台)

5.8 微量进样器

6 试剂

除非另有说明,在分析中仅使用确认为分析纯的试剂和蒸馏水或去离子水或相当纯度的水。

6.1 样品提取缓冲液(pH 7.5)

称取 6.02 g 磷酸氢二钠($Na_2HPO_4 \cdot 12H_2O$),0.5 g 磷酸二氢钠($NaH_2PO_4 \cdot 2H_2O$),溶于水中,并稀释至 100 mL。

6.2 过硫酸铵溶液

1.4 g/L。称取 0.14 g 过硫酸铵,溶于水中,并稀释至 100 mL。用时现配。

6.3 核黄素溶液

0.04 g/L。称取 0.004 g 核黄素,溶于水中,并稀释至 100 mL。用时现配。

6.4 蔗糖溶液

400 g/L。称取 40 g 蔗糖,溶于水中,并稀释至 100 mL。

6.5 分离胶缓冲液(pH 8.9)

称取 36.3 g 三羟甲基氨基甲烷($C_4H_{11}NO_3$,Tris),用 48 mL 1mol/L 盐酸溶解,然后加 N,N,N′,N′-甲基乙二胺($C_6H_{16}N_2$,TEMED)0.23 mL,用水定容至 100 mL,4℃贮存。

6.6 浓缩胶缓冲液(pH 6.7)

5.98 g 三羟甲基氨基甲烷($C_4H_{11}NO_3$,Tris),用 48 mL 1mol/L 盐酸溶解,然后加 N,N,N′,N′-甲基乙二胺($C_6H_{16}N_2$,TEMED)0.46 mL,用水定容至 100 mL,4℃贮存。

6.7 分离胶母液

称取 28.0 g 丙烯酰胺(C_3H_5NO,Acr),0.735 g 甲叉双丙烯酰胺($C_7H_{10}N_2O_2$,Bis),溶于水中,并稀释至 100 mL,用棕色瓶 4℃贮存。

6.8 浓缩胶母液

称取 10.0 g 丙烯酰胺(C_3H_5NO,Acr),2.5 g 甲叉双丙烯酰胺($C_7H_{10}N_2O_2$,Bis),溶于水中,并稀释至 100 mL,用棕色瓶 4℃贮存。

6.9 电极缓冲液

称取 6.0 g 三羟甲基氨基甲烷($C_4H_{11}NO_3$,Tris),甘氨酸($C_2H_5NO_2$)28.8 g,溶于水中,并稀释至 1 L,使用时稀释 10 倍。

6.10 磷酸缓冲液(pH 6.5)

称取 2.26 g 磷酸氢二钠($Na_2HPO_4 \cdot 12H_2O$),2.14 g 磷酸二氢钠($NaH_2PO_4 \cdot 2H_2O$)溶于水中,并稀释至 100 mL。

6.11 染色液

称取 50 mg 乙酸-1-萘酯($C_{12}H_{10}O_2$),50 mg 乙酸-2-萘酯($C_{12}H_{10}O_2$),100 mg 固兰 RR 盐($C_{15}H_{14}ClN_3O_3 \cdot 1/2ZnCl_2$),用 5 mL 丙酮溶解,再加入磷酸缓冲液(6.10)150 mL,过滤。

6.12 乙酸溶液

70 mL/L。量取 14 mL 乙酸,加到适量水中,并稀释至 200 mL。

6.13 溴酚蓝指示液

称取溴酚蓝 0.1 g，加 0.05 mol/L 氢氧化钠溶液 3.0 mL 使之溶解，用水稀释至 100 mL。

6.14 石英砂

7 分析步骤

7.1 试样制备

7.1.1 菌丝体培养

将被检菌种与对照菌种在相同条件下培养，培养量以各自可以做 3 个平行试验为准。培养基和培养条件见附录 A。

7.1.2 试样制备

收集被检菌种与对照菌种的菌丝体各 3 份，样品研磨见附录 B。将研磨后的样品在 4℃下 10 000 r/min离心 10 min，取其上清液，将上清液、蔗糖溶液(6.4)和溴酚蓝指示液(6.13)按 5＋1＋1 的比例混合，混合液即为电泳样品。

7.2 凝胶制备

7.2.1 分离胶

根据食用菌种类配制分离胶，分离胶配制见附录 C，然后将分离胶灌入胶室至距短玻璃板上沿 2.5 cm～3.0 cm，加入适量的水封住胶面，待凝胶聚合后将水吸出。

7.2.2 浓缩胶

将浓缩胶缓冲液(6.6)、浓缩胶母液(6.8)、核黄素溶液(6.3)和蔗糖溶液(6.4)按 1＋2＋1＋4 比例混合，搅拌均匀，灌入胶室，立即插好样品梳，日光或灯光下聚合。

7.2.3 点样

浓缩胶聚合后，小心抽出样品梳，吸去点样孔中多余的水分，注入电极缓冲液(6.9)，上槽电极缓冲液面要高于短玻璃板，下槽电极缓冲液面要高于铂金丝；用微量进样器吸取适量样品加入样品孔中。点样时被检样品与标准样品间隔一个点样孔。

7.2.4 电泳

将电泳槽和电泳仪连接后，打开电源，采用稳流电泳，电流为 1 mA/cm～2 mA/cm，待指示剂进入分离胶后，将电泳槽放入冰箱内进行低温电泳，并将电流升至 2 mA/cm～3 mA/cm。待溴酚蓝指示剂下移至距胶底部约 1 cm 时，停止电泳。

7.2.5 取胶染色

倒出电极缓冲液，卸下胶条，在水中启开玻璃板，取出凝胶片，浸入染色液中，室温下染色 15 min～30 min，用蒸馏水冲洗后置乙酸溶液(6.12)中固定。

8 试验结果的观察和统计分析

观察样品酶带的位置，计算每条酶带的迁移率(Rf)，Rf 按下列公式计算：

$$Rf_n=\frac{d_n}{d}$$

式中：

Rf_n ——条带 n 的迁移率；

d_n ——条带 n 的迁移距离，单位为厘米(cm)；

d ——溴酚蓝的迁移距离，单位为厘米(cm)。

计算结果表示到小数点后两位。

同时将凝胶片照相或用扫描仪扫描存图。根据对照菌种每条酶带在被检菌种中出现与否，计算被检菌种和对照菌种二者之间的相似系数。

附　录　A
（规范性附录）
菌丝培养条件

A.1　培养基配方

A.1.1　马铃薯 200 g（用浸出汁），葡萄糖 20 g，琼脂 20 g，水 1 000 mL，pH 自然。

A.1.2　Difco PDA 培养基。

A.2　培养条件

直径 75 mm 或 90 mm 培养皿，24℃±1℃避光培养；糙皮侧耳、白黄侧耳、肺形侧耳、佛州侧耳和茶树菇培养 9 d；杏鲍菇培养 12 d；黑木耳、香菇和双孢蘑菇培养 15 d。

附　录　B
（规范性附录）
样品研磨方法

B.1　液氮研磨法

称取菌丝体 0.5 g，加液氮研磨，将样品收集于 1.5 mL 离心管中，加入 1.0 mL 样品提取液（6.1）。

B.2　冰浴研磨法

称取菌丝体 0.5 g，加入 1.0 mL 样品提取液（6.1）和少量石英砂，冰浴研磨，将样品收集于 1.5 mL 离心管中。

附　录　C
（规范性附录）
分 离 胶 配 制

糙皮侧耳、白黄侧耳、肺形侧耳、佛州侧耳、茶树菇、杏鲍菇、黑木耳、香菇分离胶浓度7%，将分离胶缓冲液（6.5）、分离胶母液（6.7）、水和过硫酸铵溶液（6.2）按1＋2＋1＋4比例混合，搅拌均匀，即可使用。

双孢蘑菇分离胶浓度9%，将分离胶缓冲液（6.5）、分离胶母液（6.7）、水和过硫酸铵溶液（6.2）按2＋5＋1＋8比例混合，搅拌均匀，即可使用。

本标准起草单位：中国农业科学院农业资源与农业区划研究所、农业部微生物肥料和食用菌菌种质量监督检验测试中心。

本标准主要起草人：黄晨阳、张金霞、陈强、张瑞颖、郑素月、管桂萍、胡清秀、李俊。

中华人民共和国农业行业标准

NY/T 1385—2007

棉花种子快速发芽试验方法

Quick Germination Test Methods of Cotton Seed

1 范围

本标准规定了棉花种子快速发芽试验的方法。

本标准适用于科研、生产和企业内部种子质量快速检测。

2 引用标准

下列文件中的条款通过本标准中引用而构成本标准的条款。凡是注日期的引用文件，其随后所有的修改单(不包括勘误的内容)或修订版均不适用于本标准，然而，鼓励根据本标准达成协议的各方研究是否可使用这些文件的最新版本。凡是不注日期的引用文件，其最新版本适用于本标准。

GB/T 3543.2 农作物种子检验规程 扦样

GB/T 3543.3 农作物种子检验规程 净度分析

GB/T 3543.4 农作物种子检验规程 发芽试验

3 定义

本标准采用下列定义。

3.1

快速发芽 quick germination

在棉种的珠孔端剪口，加快种子发芽速度的一种发芽试验方法。

3.2

发芽率 percentage germination

在规定的条件和时间内长成的正常幼苗数(正常发芽种子数)占供检种子数的百分率。

3.3

正常发芽种子 normal germinated seeds

在规定的条件和时间内，胚根和下胚轴总长度大于种子长度的两倍，有主根且下胚轴无病的种子。

3.4

不正常发芽种子 abnormal germinated seeds

在规定的条件和时间内，胚根和下胚轴总长度小于种子长度的两倍，或无主根，或下胚轴畸形、腐烂的种子。

4 发芽床

湿润发芽床的水质应纯净，无毒无害，pH 为 6.0～7.5。

中华人民共和国农业部 2007-06-14 发布 2007-09-01 实施

4.1 纸床

具有一定强度、质地好、吸水性强、保水性好、无毒无菌、清洁干净，不含可溶性色素或其他化学物质，pH 为 6.0～7.5。

4.2 砂床

砂粒大小均匀，其直径为 0.05 mm～0.80 mm。无毒无菌无种子。持水力强，pH 为 6.0～7.5。使用前必须进行洗涤和高温消毒。

5 仪器设备

5.1 发芽箱

有光照，控温范围 10℃～40℃。

5.2 发芽室

室内具有可调节温度和光照的条件。

5.3 浸种器皿

100 mL 烧杯或塑料水杯。

5.4 发芽器皿

适合棉种发芽的发芽盒或用于盛放纸床的大烧杯。

6 试验程序

6.1 数取试验样品

从经充分混合的净种子中，随机数取 400 粒。以 100 粒为一次重复，再分为 50 粒为一副重复。

6.2 剪口

用剪刀从种子的珠孔端（小头）剪开一个小口，使胚根露出 2 mm～3 mm，不要将胚根剪断。

6.3 浸种

用纸床时需要浸种，以加速发芽。将剪口后的种子置于 100 mL 烧杯或塑料水杯中，用 55℃温水浸种，待水温降至 40℃时，将盛种子和水的容器置 40℃温箱或培养箱中保温，以免室温太低，水温下降。毛子浸种 60 min，光子与包衣子浸种 30 min。

用砂床时，毛子用同样方法浸种，光子与包衣子不浸种。

6.4 置床培养

砂床：将浸种后的种子或未浸种的种子，播在一层平整的湿砂上（厚度约 15 mm），粒与粒之间保持一定的距离，然后加盖 10 mm～20 mm 厚度的松散砂，置培养箱或发芽室中培养。

纸床：将浸种后的种子，均匀地摆放在湿润好的一层发芽纸上，种子摆好后在上面加盖一张同样大小的发芽纸，卷成纸卷，放入大烧杯中，容器底部加水，水深 10 mm 左右，并使纸卷竖放，置培养箱中培养。

发芽期间要经常检查温度、水分和通气状况。如有发霉种子应取出冲洗，严重发霉的应更换发芽床。

6.5 发芽条件

6.5.1 水分和通气

砂床含水量为 12%～15%，发芽期间发芽床必须始终保持湿润，并注意通气。

6.5.2 温度和光照

发芽在 30℃恒温条件下进行，每天 8 h 光照，光照强度为 13.5 μmol/(m^2 · s)～22.5 μmol/(m^2 · s)。

6.6 休眠种子的处理

将发芽试验的种子放在通气良好的条件下干燥，种子摊成一薄层，置 40℃烘箱中加热干燥 24 h。

6.7 幼苗鉴定

6.7.1 试验持续时间

纸床快速发芽试验持续时间为 48 h。砂床快速发芽试验持续时间为 96 h。试验前用于破除休眠处理所需时间不作为发芽试验时间。

6.7.2 鉴定

砂床发芽时，每株幼苗都必须按 GB/T 3543.4 附录 A(补充件)规定的方法进行鉴定。初次计数的时间为 72 h，末次计数的时间为 96 h。

纸床发芽时，记录正常发芽种子和不正常发芽种子。初次计数的时间为 24 h，末次计数的时间为 48h。

在计数过程中，正常幼苗或正常发芽种子应从发芽床中捡出，对可疑的或损伤、畸形或不均衡的幼苗(或种子)，通常到末次记数，严重腐烂的幼苗或发霉的种子应从发芽床中除去。

6.8 重新试验

6.8.1 怀疑种子有休眠(即有较多的新鲜不发芽种子)时，可采用 6.6 所述的方法加热干燥处理后重新试验。

6.8.2 当发现试验条件、幼苗鉴定或计数有差错时，应重新试验。

6.8.3 当 100 粒种子重复间的差距超过 GB/T 3543.4 表 3 最大容许差距时，应采用同样的方法进行重新试验。

7 结果计算与表示

试验结果以粒数的百分率表示。当一个试验的四次重复(每个重复以 100 粒计，相邻的副重复合并成 100 粒的重复)，正常幼苗(正常发芽种子)百分率都在最大容许差距内，则其平均数表示发芽百分率。不正常幼苗(不正常发芽种子)、硬实、新鲜不发芽种子和死种子的百分率按四次重复平均数计算。正常幼苗(正常发芽种子)、不正常幼苗(不正常发芽种子)和未发芽种子百分率的总和必须为 100，平均数百分率修约到最近似的整数，修约 0.5 进入最大值。

8 结果报告

填报发芽结果时，须填报正常幼苗(正常发芽种子)、不正常幼苗(不正常发芽种子)、硬实、新鲜不发芽种子和死种子的百分率。假如其中任何一项结果为零，则将符号“—0—”填入该格中。

同时还须填报所使用的方法是快速发芽法，并将采用的发芽床和温度、试验持续时间以及为促进发芽所采用的处理方法一并填入结果报告中。

本标准起草单位：农业部棉花品质监督检验测试中心。

本标准主要起草人：许红霞、杨伟华、王延琴、周大云、冯新爱、夏俊英。

中华人民共和国农业行业标准

NY/T 2594—2014

植物品种鉴定 DNA指纹方法 总则

General guideline for identification of plant varieties by DNA fingerprinting

1 范围

本标准规定了植物品种DNA指纹鉴定的基本原则、通用方法(或程序)及判定标准。本标准适用于植物品种DNA指纹鉴定方法的建立。

2 规范性引用文件

下列文件对于本文件的应用是必不可少的。凡是注日期的引用文件,仅注日期的版本适用于本文件。凡是不注日期的引用文件,其最新版本(包括所有的修改单)适用于本文件。

GB/T 19557.1—2004 植物新品种特异性、一致性和稳定性测试指南 总则

3 术语和定义

下列术语和定义适用于本文件。

3.1

DNA指纹技术 DNA fingerprinting technology

由于不同品种间遗传物质DNA的碱基组分、排列顺序不同,具有高度的特异性,将能够可视化识别遗传物质DNA的碱基组分、排列顺序差异而区分不同品种的技术称为DNA指纹技术。

3.2

简单重复序列 simple sequence repeat(SSR)

一类由几个核苷酸(一般为2个~5个)为重复单位组成的简单串联重复序列。根据其保守的边界序列设计引物,可通过PCR、电泳技术分析重复序列的重复次数变异。

3.3

单核苷酸多态性 single nucleotide polymorphism(SNP)

指在基因组水平上由单个核苷酸的变异所引起的DNA序列多态性。

3.4

核心引物 core primer

指品种DNA指纹鉴定优先选用的一套SSR引物,具有多态性高、重复性好等综合特性,作为统一用于品种DNA指纹数据采集和品种鉴定的引物,以保证不同实验室数据具有可比性。

3.5

参照品种 reference variety

对应于特定位点不同等位变异的一组品种,用于辅助确定待测样品在某个位点上等位变异扩增片段的大小,校正仪器设备的系统误差,以保证不同实验室数据具有可比性。

中华人民共和国农业部 2014-03-24 发布 2014-06-01 实施

4 原理

由于不同品种的基因组DNA存在核苷酸序列差异（如简单重复序列的重复次数差异或单核苷酸差异），这种差异可采用PCR扩增及电泳、芯片杂交、测序等检测手段获得的DNA指纹加以区分，从而对不同品种进行鉴定。

5 技术方法及检测平台

5.1 DNA指纹技术

5.1.1 DNA指纹技术选择的基本原则

a) 标记多态性丰富；
b) 实验重复性好；
c) 数据易于标准化；
d) 标记位点分布情况清楚；
e) 标记为共显性；
f) 技术不受专利限制；
g) 技术成熟。

5.1.2 不同DNA指纹技术的选择

基于上述原则，推荐SSR标记作为当前各植物品种DNA指纹鉴定的主要标记方法，SNP标记作为各植物物种重点研究的标记方法，适时推进。以下均是针对SSR标记所作的规范。

5.2 核心引物

5.2.1 核心引物的基本要求

5.2.1.1 一套核心引物组合的选择标准

a) 引物位点间无遗传连锁；
b) 根据植物染色体数目的多少确定核心引物的最低数量，原则上每条染色体上应至少选择1对引物，并视不同植物物种的基因组大小及多态性水平确定合适的数量；
c) 引物扩增产物大小范围合适，具有多重扩增或多重电泳的潜力。

5.2.1.2 单个核心引物的选择标准

a) 在所研究植物物种的不同品种间多态性高；
b) 能够准确区分不同等位变异，数据容易统计；
c) 非特异扩增片段少，结果稳定，重复性好；
d) 染色体分布情况清楚；
e) 突变率低；
f) 避免选择零等位变异。

5.2.2 核心引物的筛选评估及等位变异的确定

5.2.2.1 引物筛选

根据国内外研究文献、植物遗传信息数据库等列出的SSR位点及其多态性评价等信息，进行引物的初步筛选。每条染色体至少筛选40个多态性高、扩增效果好、退火温度一致的引物。

对初筛出的候选引物采用一套代表性材料进行试验筛选。试验材料应包括代表不同遗传背景的若干材料（具体数量根据不同植物特点而定）、生产上主要推广种植的10个～15个品种及其亲本（对杂交种而言）和几套遗传近似材料。经过试验筛选，确定至少100对扩增效果好、多态性较高、数据易统计的候选引物。剔除扩增中有异常带型（如不对称扩增、零带等）。

5.2.2.2 引物评估与确定

将候选引物在多个实验室和不同的检测设备上进行重复性和稳定性评估，结合评估结果与核心引物选择标准确定核心引物名单。核心引物数量一般为其同源染色体数量的 2 倍或 2 倍以上。

5.2.2.3 核心引物等位变异的确定

对每个核心引物检测一组具有广泛代表性的品种，采用荧光标记毛细管电泳检测系统统计出每个位点出现的等位变异，确定各位点的等位变异片段大小，对等位变异进行命名，作为等位变异统计时的参考。对检测到的主要等位变异和稀有等位变异予以标注。

在各植物 DNA 指纹检测方法分则中，应将核心引物名单及其信息作为规范性要素附在标准中。

5.3 参照品种及参照 DNA

5.3.1 参照品种选择的基本原则

a） 样品内不同个体间一致性高；

b） 容易扩繁保种；

c） 尽量以最少的品种数量代表最多种基因型。

5.3.2 参照 DNA 的基本要求

为了降低繁殖和发放参照品种的工作量，也可由指定的实验室统一按规定的 DNA 提取方法一次性足量提取参照品种的 DNA，经 DNA 指纹分析验证其真实的指纹带型后统一发放。参照 DNA 的基本要求如下：

a） DNA 质量经检测 260/280 OD 值在 1.8～2.0；

b） DNA 经过指纹分析验证，证明能够稳定扩增出预期大小的等位变异片段；

c） 同一批次提取的每个参照样品 DNA 量总量在 50 μg 以上。

5.4 电泳检测

5.4.1 选择电泳检测系统的基本原则

a） 分辨率高，对 SSR 位点的不同等位变异能够有效区分 1 bp 差异；

b） 数据统计容易，不同电泳板数据容易整合，适于构建数据库；

c） 技术方法成熟、操作简单。

5.4.2 电泳检测系统的确定

采用变性聚丙烯酰胺凝胶电泳检测系统，包括常规变性聚丙烯酰胺凝胶电泳和荧光标记毛细管电泳。

5.5 数据编码及处理

5.5.1 DNA 指纹数据的编码方式

a） 对变性聚丙烯酰胺凝胶电泳检测平台，每次试验时，参照 DNA 与待测样品一并试验，将待测样品扩增片段位置与参照 DNA 提供的等位变异片段位置进行比较，按扩增片段从小到大的顺序记录迁移位置相同的等位变异名称。

b） 对荧光标记毛细管电泳检测平台，可先对参照样品 DNA 进行 DNA 指纹库构建，校正不同厂家、不同型号的电泳分析平台差异，在分析软件上设定每个引物位点的等位变异并形成各位点等位变异分析参数。电泳结束后，在分析软件上使用各位点等位变异识别参数对扩增产物片段进行分析，读取扩增产物片段等位变异名称。

5.5.2 异常带型的数据处理方式

试验中出现的异常带型主要包括稀有带、弱带。对稀有带应如实记录，并重复实验确定为真实等位变异；对弱带应尽量重新扩增以提高数据质量。

6 样品要求

6.1 样品类型

DNA 指纹鉴定样品类型包括种子、幼苗、叶片、根等材料。需要注意不同组织器官代表的世代。

6.2 样品分析数量

样品分析数量取决于种子繁殖方式及样品一致性情况。根据物种繁殖类型及种子繁殖方式不同，可分为无性繁殖品种、严格自花授粉品种、人工自交品种、常异花授粉品种、天然异花授粉品种、人工杂交品种。

6.2.1 无性繁殖品种、严格自花授粉品种、人工自交品种、常异花授粉品种

对于无性繁殖品种和严格自花授粉品种，实际检测中应分析至少 10 个个体的混合样品，必要时可分析至少 5 个个体的单个样品。

对于人工自交品种，实际检测中应分析至少 20 个以上个体的混合样品，必要时可分析至少 5 个个体的单个样品。

对于常异花授粉品种，由于不同植物的天然异交率存在差异，不同植物应根据其具体特点确定合适的分析数量，原则上对天然异交率较低的，可参考人工自交品种，对于天然异交率较高的，可参考天然异花授粉品种。

6.2.2 天然异花授粉品种

实际检测中应分析至少 20 个个体的单个样品。

6.2.3 人工杂交品种

当预期品种一致性较高时（如玉米的单交种），应分析至少 20 个以上个体的混合样品，或分析至少 5 个个体的单个样品。当预期品种一致性较低时（如玉米的三交种、双交种等），应分析至少 20 个个体的单个样品。

7 试验程序

7.1 DNA 提取

可根据实际情况选择适宜的方法，对一种植物可以提供几种常用的 DNA 提取方法，应允许其他提取方法的使用，提取的 DNA 应满足稳定获得 PCR 扩增产物的要求。

7.2 PCR 扩增反应

7.2.1 反应体系

反应体积可选择在 5 μL～25 μL，模板 DNA 浓度可在 20 ng/L～200 ng/L。根据不同植物的实际情况可另行采用特定植物物种适宜的反应体系。

7.2.2 反应程序

反应程序可根据植物物种不同或引物不同进行优化调整。

7.3 电泳检测

普通引物使用变性聚丙烯酰胺凝胶电泳检测，荧光引物使用荧光毛细管电泳检测。

7.4 数据统计记录

7.4.1 基因型的记录方式

对变性聚丙烯酰胺凝胶电泳，将每个扩增位点的等位变异与参照样品提供的等位变异片段大小进行比较，确定样品的等位变异。对荧光标记毛细管电泳，使用片段分析软件直接读取核心引物位点等位变异片段。

二倍体植物物种的纯合位点的基因型数据记录为 X/X，杂合位点的基因型数据记录为 X/Y，其中 X、Y 分别为该位点上两个不同等位变异大小，小片段数据在前，大片段数据在后；缺失位点基因型数据记录为 0/0。对于其他倍性的植物物种，可参考二倍体物种的数据记录方式，并根据物种的特殊性进行适当调整。

示例 1:

玉米样品在某个位点上仅出现一个等位变异,为 150 bp,在该位点的基因型记录为 150/150。

示例 2:

玉米样品在某个位点上有两个等位变异,分别为 150 bp、160 bp,在该位点的基因型记录为 150/160。

7.4.2 原始数据统计方式

对待测样品统计引物位点的各种基因型及所占比率。当采用混株提取 DNA 进行分析时,如果样品一致性高,可直接进行品种间成对比较;如果样品某个位点一致性差,出现混杂片段,影响到对成对比较分析时,应重新提取至少 20 个单株的 DNA,并用该引物重新扩增,统计各单株的基因型及各种基因型所占比例。

8 数据库构建

8.1 数据库基本信息

DNA 指纹数据库基本信息应包括物种、品种、技术、位点、标记和等位变异 6 个最核心的部分。在一个数据库中,将定义好的每一项填入表格中。

a) 物种:物种指的是植物学名称或常用名,如玉米、水稻等。

b) 品种:品种指的是所检测样品的名称和类型。必要时可进一步细分品种类型(如玉米可细分为自交系/杂交种;水稻可细分为常规品种/杂交种等)。

c) 技术:指的是指纹鉴定所用的标记类型,如 SSR、SNP 等。

d) 位点:所选多态性位点的名称。

e) 标记:鉴定多态性位点所用的标记序列。

f) 等位变异:多态性位点的等位变异编码或数值。

8.2 数据库构建

对一个植物物种,不同实验室应选用相同的 DNA 指纹鉴定方法,规定样品取样量、样品处理方式、试验流程以及 DNA 质量、试剂、仪器等保证条件,选用来自权威部门的标准样品构建 DNA 指纹数据库。

为保证不同来源 DNA 指纹数据能够有效整合在统一的数据库中,可单独或结合采取以下 5 种方式:提供参照品种、提供参照 DNA、确定引物等位变异、规定对异常带型的数据处理方式和规定数据的编码方式。

8.3 数据库构建方式

8.3.1 构建 DNA 指纹库

不同实验室或不同检测系统采用相同的标准程序共同建立代表性品种的数据库。在此基础上,由一个实验室采用确定的标准程序逐步扩大建库名单形成该物种完备的数据库。

8.3.2 DNA 指纹数据库质量控制

在进行数据库构建时,可设置两组或两组以上平行试验,将平行试验结果相同的数据直接入库。

为了评估建库数据质量,随机抽取若干样品(一般为 5%~10%)采用统一规定的标准程序进行盲测,验证并评价数据库的质量。

9 判定标准

9.1 判定指标的选择

采用品种间差异位点数作为判定品种间是否相同的依据。

9.2 差异位点的确定

差异位点的确定视植物繁殖方式不同有差异:

a) 无性繁殖品种、人工杂交品种、天然异花授粉品种：对特定位点而言，成对比较两份样品在该位点的基因型，如果两份样品具有不同基因型的比例达到80%及以上，判定两份样品在该位点上为差异位点；反之，则为无差异位点。

如果两份样品的在该位点的基因型均只有一种，则直接比较其基因型是否相同，如果相同，判定两份样品在该位点上为无差异位点；反之，则为差异位点。当成对比较的两份样品至少有一个存在多种基因型时，则比较所有基因型，两份样品具有不同基因型的比例达到80%及以上，判定两份样品在该位点上为差异位点；反之，则为无差异位点。

b) 严格自花授粉品种、人工自交品种：对特定位点而言，当两份样品在该位点均为纯合基因型时，差异位点的判定同9.2.a)；当至少一份样品在该位点为杂合基因型时，则成对比较两份样品在该位点是否具有共同等位变异，如果具有的不同等位变异的比例达到80%及以上，判定两份样品在该位点上为差异位点；反之，则为无差异位点。

c) 常异花授粉品种：原则上对天然异交率较低的，可参考严格自花授粉品种；对于天然异交率较高的，可参考天然异花授粉品种。

9.3 基本判定原则

成对比较的两个样品，选用该植物的核心引物进行鉴定，比较结果中应将检测出的差异位点列出。当差异位点数$\geqslant X$时，判定为不同；当$Y\leqslant$差异位点数$<X$时，判定为近似；当差异位点数$<Y$时，判定为疑同。X、Y的具体数值可根据不同植物的具体情况分别确定。

对未检测到明显差异的两个样品，如果样品被检单位提出其样品区别于其他样品的引物位点，并且经多次重复能稳定地检测出两份样品在该位点的差异，其提出的引物位点可作为待测样品的特定标记进行备案，在今后凡涉及该样品的DNA指纹鉴定时，需检测其特定标记。对核心引物未检测出差异且被检单位提出特定标记的情况，必要时，可进一步进行田间DUS测试。

本标准起草单位：北京市农林科学院玉米研究中心、农业部科技发展中心。

本标准主要起草人：王凤格、易红梅、赵久然、吕波、堵苑苑、田红丽。

中华人民共和国农业行业标准

NY/T 1730—2009

食用菌菌种真实性鉴定　ISSR 法

Verification of genuineness for edible mushroom spawn—ISSR

1　范围

本标准规定了 ISSR 技术鉴定食用菌菌种真实性的方法。

本标准适用于对糙皮侧耳(*Pleurotus ostreatus*)、香菇(*Lentinula edodes*)、黑木耳(*Auicularia auricula*)、白灵菇(*Pleurotus nebrodensis*)、杏鲍菇(*Pleurotus eryngii*)、白黄侧耳(*Pleurotus cornucopiae*)、肺形侧耳(*Pleurotus pulmonarius*)、佛州侧耳(*Pleurotus floridanus*)、灰树花(*Grifola frondosa*)、金针菇(*Flammulina velutipes*)、滑菇(*Pholiota nameko*)、茶树菇(*Agrocybe cylindracea*)、鸡腿菇(*Coprinus comatus*)等食用菌菌种真实性的鉴定,包括母种(一级种)、原种(二级种)和栽培种(三级种)。

2　规范性引用文件

下列文件中的条款通过本标准的引用而成为本标准的条款。凡是注日期的引用文件,其随后所有的修改单(不包括勘误的内容)或修订版均不适用于本标准,然而,鼓励根据本标准达成协议的各方研究是否可使用这些文件的最新版本。凡是不注日期的引用文件,其最新版本适用于本标准。

NY/T 1097—2006　食用菌菌种真实性鉴定　酯酶同工酶电泳法

3　原理

ISSR 方法是以锚定微卫星 DNA 为引物,即在微卫星 DNA 序列的 3′端或 5′端加上 2 个～4 个随机核苷酸,对基因组 DNA 进行 PCR 扩增,得到与锚定引物互补的重复序列的区间 DNA 片段。不同物种基因组 DNA 中的这种反相重复的微卫星序列的数目和间隔的长短不同,就可导致这些特定结合位点分布发生相应的变化,从而使 PCR 产物增加、减少或发生分子量的改变。通过对 PCR 产物的检测和比较,即可识别样本基因组 DNA 的多态片段,从而鉴定样本的真伪。

4　试剂与材料

除非另有说明,在分析中仅使用分析纯试剂和去离子水或相当纯度的水。

4.1　70%乙醇溶液:见附录 A.1。

4.2　1 mol/L Tris-HCl(pH8.0):见附录 A.2。

4.3　0.5 mol/L 乙二胺四乙酸二钠盐(EDTA)溶液:见附录 A.3。

4.4　CTAB 提取缓冲液:见附录 A.4。

4.5　TE 缓冲液:见附录 A.5。

4.6　50×TAE 缓冲液:见附录 A.6。

4.7　加样缓冲液:见附录 A.7。

4.8　核酸染料,按使用说明操作。

中华人民共和国农业部 2009-04-23 发布　　2009-05-20 实施

4.9 苯酚一三氯甲烷一异戊醇溶液=25+24+1。

4.10 三氯甲烷一异戊醇溶液=24+1。

4.11 无水乙醇

4.12 四种脱氧核糖核苷酸(dATP、dCTP、dGTP、dTTP)混合溶液。

4.13 *Taq* DNA 聚合酶。

4.14 10×PCR 反应缓冲液。

4.15 DNA 分子量标记。

4.16 引物:参见附录 B。

5 仪器

5.1 紫外分光光度计。

5.2 高速冷冻离心机(转速不小于 10 000 r/min)。

5.3 高压灭菌锅。

5.4 PCR 扩增仪。

5.5 电泳仪。

5.6 电泳槽。

5.7 紫外透射仪。

5.8 凝胶成像系统或照相系统。

6 操作步骤

6.1 DNA 模板的制备

6.1.1 菌丝体培养

将供检菌种与对照菌种在相同条件下培养,培养量可供做 3 个平行试验。

采用 PDA 培养基配方:马铃薯 200 g(用浸出汁),葡萄糖 20 g,琼脂 20 g,水 1 000 mL,pH 自然。

培养条件:直径 75 mm 或 90 mm 培养皿,24℃±1℃避光、隔膜培养。

糙皮侧耳、白黄侧耳、肺形侧耳、佛州侧耳和茶树菇培养 7 d~9 d;金针菇、鸡腿菇、白灵菇、杏鲍菇培养 9 d~12 d;灰树花、黑木耳、香菇和双孢蘑菇培养 12 d~15 d。

6.1.2 DNA 模板的制备

按照附录 C 制备供检菌种、对照菌种和阴性提取对照的 DNA 模板。

6.2 ISSR 扩增

6.2.1 引物

从附录 B 中筛选 10 个引物。如果必要可以筛选新的引物。

6.2.2 反应体系

PCR 反应的总体积为 20 μL,含有 1×PCR 反应缓冲液,0.2 mmol/L dNTP,1U *Taq* DNA 聚合酶,0.4 μmol/L 引物,20 ng~50 ng 模板 DNA,加灭菌双蒸水至 20 μL。按上述比例将反应液依次加入 0.2 mL离心管中,混匀,放入 PCR 仪中,进行 PCR 扩增。

设置 PCR 空白对照。

6.2.3 反应条件

PCR 扩增仪上进行以下循环:94℃预变性 4 min,然后 94℃变性 30 s,以低于引物 T_m 值温度 5℃复性 45 s,72℃延伸 2 min,共 35 个循环;72℃延伸 7 min,4℃保存。

6.2.4 **PCR 产物的电泳检测**

将适量的琼脂糖加入 1×TAE 缓冲液中，加热溶解，配制成琼脂糖浓度为 1.5%的溶液，待冷却至 50℃～60℃，加入核酸染料，混匀，将其倒入制胶模具，室温下凝固后，放入装有适量的 1×TAE 缓冲液的电泳槽中。取 PCR 扩增产物和加样缓冲液按照 5+1 比例混匀，点样，其中一个泳道中加入 DNA 分子量标记，接通电源进行电泳。以 5 V/cm 电压电泳，待溴酚蓝距凝胶前缘 1 cm 左右停止电泳。

6.2.5 **数据记录**

电泳结束后，将琼脂糖凝胶置于凝胶成像仪上或紫外透射仪上成像。保存供检菌种与对照菌种的电泳图谱。

7 结果分析

如果空白对照为阴性，并且 3 个平行试验结果一致，则本次试验结果可以使用。

若供检菌种与对照菌种有显著差别，可判定供检菌种与对照菌种为不同菌种。若供检菌种与对照菌种的 PCR 产物一致，再增加 10 个引物，进行检测验证。必要时可以增加其他方法佐证。

附　录　A
（规范性附录）
试剂的配制

A.1　70%乙醇溶液

取70 mL无水乙醇，加水定容至100 mL。

A.2　1 mol/L Tris-HCl(pH8.0)

在80 mL去离子水中溶解12.11 g三羟甲基氨基甲烷(Tris)，冷却至室温后用浓盐酸调节溶液的pH至8.0(约需4.2 mL浓盐酸)，加水定容至100 mL，高压灭菌。

A.3　0.5 mol/L 乙二胺四乙酸二钠盐(EDTA)溶液(pH8.0)

在160 mL水中加入37.22 g二水乙二胺四乙酸二钠(EDTA-Na・2H_2O)，在磁力搅拌器上剧烈搅拌，用氢氧化钠调节溶液的pH至8(约需4 g氢氧化钠颗粒)，然后定容至200 mL，高压灭菌。

A.4　CTAB提取缓冲液

在70 mL去离子水中加入8.18 g氯化钠、2 g溴代十六烷基三甲胺(CTAB)、2 g聚乙烯吡咯烷酮(PVP)，摇动容器使溶质完全溶解，然后加入10 mL 1 mol/L Tris-HCl(pH8.0)、4 mL 0.5 mol/L EDTA(pH8.0)，用水定容至100 mL，高压灭菌。使用前加入0.1%(V/V)的β-巯基乙醇。

A.5　TE缓冲液

在80 mL水中依次加入1 mol/L Tris-HCl(pH8.0)1 mL、0.5 mol/L EDTA(pH8.0) 0.2 mL，加水定容至100 mL，高压灭菌。

A.6　50×TAE缓冲液

称取Tris 242.2 g，先用300 mL水加热搅拌溶解后，加100 mL 0.5 mol/L EDTA的水溶液(pH 8.0)，用冰乙酸调pH至8.0，然后用水定容到1 L。

A.7　加样缓冲液

称取溴酚蓝250 mg，加水10 mL，在室温下过夜溶解；再称取二甲苯青FF 250 mg，用10 mL水溶解；称取蔗糖40 g，用30 mL水溶解，合并三种溶液，用水定容至100 mL，在4℃中保存。

附　录　B
（资料性附录）
试验用引物参照

表 B.1　常用引物

编号	序列（5’- 3’）
P1	TGCACACACACACAC
P2	GTGACACACACACAC
P3	GTGACGACTCTCTCTCTCT
P4	GGATGCAACACACACACAC
P5	CGTGTGTGTGTGTGT
P6	AGTGTGTGTGTGTGT
P7	CCAGTGGTGGTGGTG
P8	GGAGTGGTGGTGGTG
P9	AGAGAGAGAGAGAGAGG
P10	GAGAGAGAGAGAGAGAC
P11	GAGAGAGAGAGAGAGAAC
P12	AGAGAGAGAGAGAGAGGC
P13	TCTCTCTCTCTCTCTCCG
P14	ACACACACACACACACCG
P15	GTGTGTGTGTGTGTGTTA
P16	TGTGTGTGTGTGTGTGGA
P17	ACACACACACACACAC
P18	ACACACACACACACACC
P19	ACACACACACACACACCT
P20	ACACACACACACACACCTG
P21	AGCAGCAGCAGCAGCAGCG
P22	AAGAAGAAGAAGAAGAAGC
P23	GAGAGAGAGAGAGAGACT
P24	CACGAGAGAGAGAGAGA
P25	GAGAGAGAGAGAGAGACC
P26	CACCACACACACACACA
P27	GTATGTATGTATGTATGG
P28	GTATGTATGTATGTATGC

附 录 C
（规范性附录）
DNA 的提取和质量检测

C.1 DNA 的提取

C.1.1 称取 0.2 g 菌丝，置研钵中，在液氮中充分研磨成粉末。

C.1.2 将菌丝粉末迅速转入 1.5 mL 离心管中，加入 600 μL65℃预热的 CTAB 提取缓冲液。

C.1.3 置于 65℃水浴 40 min～60 min，不时轻轻地摇动混匀。

C.1.4 10 000 r/min，离心 10 min，将上清液转移至已灭菌的 1.5 mL 离心管中，弃沉淀。

C.1.5 加等体积苯酚—三氯甲烷—异戊醇溶液，轻轻摇匀，室温静置 5 min。

C.1.6 10 000 r/min 离心 10 min，将上清液转移至已灭菌的 1.5 mL 离心管中，弃下层有机相。

C.1.7 加等体积的三氯甲烷—异戊醇溶液，轻轻摇匀，室温静置 5 min。

C.1.8 10 000 r/min 离心 10 min，观察分界面有无沉淀，将上清液转移至已灭菌的 1.5 mL 离心管中，弃下层有机相。

C.1.9 根据需要，上清液可用三氯甲烷—异戊醇溶液提取多次直至中间层无明显沉淀。

C.1.10 加 2 倍体积冰冷的无水乙醇，轻轻混匀，－20℃沉淀 20 min。

C.1.11 8 000 r/min 离心 5 min，弃上清液。

C.1.12 加 70%乙醇洗涤沉淀 2～3 次。

C.1.13 待沉淀干燥后，加 100 μL TE 缓冲液，使 DNA 充分溶解，－20℃保存。

C.2 DNA 质量的检测

C.2.1 凝胶电泳检测

取 5 μL 上述溶液与 1 μL 加样缓冲液混匀，在 0.8%琼脂糖凝胶电泳，凝胶成像仪上或紫外透射仪上成像，与 DNA 分子量标记比较，观察所提取的基因组 DNA 质量及片段大小，若 DNA 质量好、分子量大且无降解，在点样孔附近呈现一条致密亮带；若 DNA 部分降解，则呈现连续分布状态；若严重降解，则观察不到大片段 DNA。

C.2.2 紫外吸收检测

将 DNA 适当稀释，测定并记录其在 260 nm 和 280 nm 处的紫外光吸收率，以一个 OD_{260} 值相当于 50 μg/mL DNA 浓度来计算纯化的 DNA 浓度。要求 DNA 溶液 OD_{260}/OD_{280} 在 1.7～2.0 之间。

依据测得的质量浓度将 DNA 溶液稀释到 25 ng/μL～50 ng/μL，－20℃保存。

注：由于基因组 DNA 不宜反复冻融，因此建议对于需要经常使用的 DNA 需要分装，多管存放，需要使用时取出，融化后应该立即使用。使用结束后，剩余的 DNA 应在 4℃冰箱短期保存，存放时间不宜超过 14 d。

本标准起草单位：中国农业科学院农业资源与农业区划研究所、农业部微生物肥料和食用菌菌种质量监督检验测试中心。

本标准主要起草人：黄晨阳、李辉平、张金霞、陈强。

中华人民共和国农业行业标准

NY/T 1743—2009

食用菌菌种真实性鉴定 RAPD 法

Verification of genuineness for edible mushroom spawn—RAPD

1 范围

本标准规定了利用 RAPD 技术鉴定食用菌菌种真实性的方法。

本标准适用于糙皮侧耳(*Pleurotus ostreatus*)、白黄侧耳(*Pleurotus cornucopiae*)、肺形侧耳(*Pleurotus pulmonarius*)、佛州侧耳(*Pleurotus floridanus*)、杏鲍菇(*Pleurotus eryngii*)、白灵菇(*Pleurotus nebrodensis*)、香菇(*Lentinula edodes*)、双孢蘑菇(*Agaricus bisporus*)、黑木耳(*Auricularia auricula*)、茶树菇(*Agrocybe cylindrica*)、鸡腿菇(*Coprinus comatus*)、金针菇(*Flammulina velutipes*)、灰树花(*Grifola frondosa*)等食用菌菌种真实性的鉴定,包括母种(一级种)、原种(二级种)和栽培种(三级种)。

2 规范性引用文件

下列文件中的条款通过本标准的引用而成为本标准的条款。凡是注日期的引用文件,其随后所有的修改单(不包括勘误的内容)或修订版均不适用于本标准,然而,鼓励根据本标准达成协议的各方研究是否可使用这些文件的最新版本。凡是不注日期的引用文件,其最新版本适用于本标准。

GB/T 6682 分析实验室用水规格和试验方法

NY/T 1097—2006 食用菌菌种真实性鉴定 酯酶同工酶电泳法

3 原理

RAPD 方法是以一系列不同的随机排列的寡聚核苷酸单链(通常为十聚体)为引物,对所研究的基因组 DNA 进行 PCR 扩增,RAPD 所用的一系列引物的 DNA 序列各不相同,但对于任一特定引物,它同基因组 DNA 序列有其特定的结合位点。这些特定的结合位点在基因组某些区域内的分布如符合 PCR 扩增的反应条件,即在一定范围内模板 DNA 上有与引物互补的反相重复序列时,就可扩增出此范围内的 DNA 片段。不同物种基因组 DNA 中的这种反相重复序列的数目和间隔的长短不同,就可导致这些特定结合位点分布发生相应的变化,而使 PCR 产物增加、减少或发生分子量的改变。通过对 PCR 产物的检测和比较,即可识别这些物种基因组 DNA 的多态片段。

4 试剂与材料

除非另有说明,在分析中仅使用分析纯试剂,水为 GB/T 6682 规定的二级水。

4.1 70%乙醇溶液:见附录 A.1。

4.2 1 mol/L Tris-HCl(pH 8.0):见附录 A.2。

4.3 0.5 mol/L 乙二胺四乙酸二钠盐(EDTA)溶液:见附录 A.3。

中华人民共和国农业部 2009-04-23 发布 2009-05-20 实施

4.4 CTAB 提取缓冲液:见附录 A.4。

4.5 TE 缓冲液:见附录 A.5。

4.6 50×TAE 缓冲液:见附录 A.6。

4.7 加样缓冲液:见附录 A.7。

4.8 核酸染料:按使用说明操作。

4.9 苯酚—三氯甲烷—异戊醇溶液=25+24+1。

4.10 三氯甲烷—异戊醇溶液=24+1。

4.11 无水乙醇

4.12 四种脱氧核糖核苷酸(dATP、dCTP、dGTP、dTTP)混合溶液。

4.13 *Taq* DNA 聚合酶。

4.14 10×PCR 反应缓冲液(含 $MgCl_2$)。

4.15 引物:参见附录 B。

4.16 DNA 分子量标记。

5 仪器

5.1 紫外分光光度计。

5.2 高速冷冻离心机(转速不小于 10 000 r/min)。

5.3 高压灭菌锅。

5.4 PCR 扩增仪。

5.5 电泳仪。

5.6 电泳槽。

5.7 紫外透射仪。

5.8 凝胶成像系统或照相系统。

6 操作步骤

6.1 DNA 模板的制备

6.1.1 菌丝体培养

将供检菌种与对照菌种在相同条件下培养,培养量可供做 3 个平行试验。

采用 PDA 培养基配方:马铃薯 200 g(用浸出汁),葡萄糖 20 g,琼脂 20 g,水 1 000 mL,pH 自然。

培养条件:直径 75 mm 或 90 mm 培养皿,24℃±1℃避光、隔膜培养。

糙皮侧耳、白黄侧耳、肺形侧耳、佛州侧耳和茶树菇培养 7 d~9 d;金针菇、鸡腿菇、白灵菇、杏鲍菇培养 9 d~12 d;灰树花、黑木耳、香菇和双孢蘑菇培养 12 d~15 d。

6.1.2 DNA 模板的制备

按照附录 C 制备供检菌种、对照菌种和阴性提取对照的 DNA 模板。

6.2 RAPD 扩增

6.2.1 反应成分

PCR 反应的总体积为 25 μL,含有 1×PCR 反应缓冲液,0.1 mmol/L dNTP,0.2 μmol/L 引物,1U *Taq* DNA 聚合酶,20 ng~50 ng 模板 DNA,加灭菌双蒸水至 25 μL。按上述比例将反应液各组分加入 0.2 mLPCR 管中,混匀,放入 PCR 仪中,进行 PCR 扩增。

设置 PCR 空白对照。

6.2.2 反应条件

PCR 扩增仪上进行以下循环：94℃预变性 5 min；94℃变性 1 min，35℃复性 1 min，72℃延伸 2 min，共 35 个循环；72℃延伸 7 min，4℃保存。

6.2.3 PCR 产物的电泳检测

将适量的琼脂糖加入 1×TAE 缓冲液中，加热将其溶解，配制成琼脂糖浓度为 1.5%的溶液，待冷却至 50℃～60℃，加入核酸染料，混匀，将其倒入制胶模具，室温下凝固成凝胶后，放入 TAE 缓冲液中。取 PCR 扩增产物和加样缓冲液按照 5+1 比例混匀，点样，其中一个泳道中加入 DNA 分子量标记，接通电源进行电泳。以 5 V/cm 电压恒压电泳，待溴酚蓝距凝胶前缘 1 cm 左右停止电泳。

6.2.4 结果记录

电泳结束后，将琼脂糖凝胶置于凝胶成像仪上或紫外透射仪上成像。根据 DNA 分子量标记判断扩增出的目的条带的大小，将电泳结果形成电子文件存档或用照相系统拍照。

如果在阴性提取对照或 PCR 空白对照中扩增出了片段，则说明检测过程中发生了污染，需查找原因重新检测。如果空白对照为阴性，并且 3 个平行试验结果一致，则本次试验结果可以使用。

6.3 鉴定

将供检菌种的 RAPD 结果与对照菌种的 RAPD 结果相比较，若供检菌种与对照菌种有显著差别，可判定供检菌种与对照菌种为不同菌种。若供检菌种与对照菌种的 PCR 产物一致，再增加引物，进行检测验证。必要时可以增加其他方法佐证。

附 录 A
(规范性附录)
试 剂 的 配 制

A.1 70%乙醇溶液

取 70 mL 无水乙醇,加水定容至 100 mL。

A.2 1 mol/L Tris-HCl(pH 8.0)

在 80 mL 去离子水中溶解 12.11 g 三羟甲基氨基甲烷(Tris),冷却至室温后用浓盐酸调节溶液的 pH 至 8.0(约需 4.2 mL 浓盐酸),加水定容至 100 mL,高压灭菌。

A.3 0.5 mol/L 乙二胺四乙酸二钠盐(EDTA)溶液(pH 8.0)

在 160 mL 水中加入 37.22 g 二水乙二胺四乙酸二钠(EDTA-Na·$2H_2O$),在磁力搅拌器上剧烈搅拌,用氢氧化钠调节溶液的 pH 至 8(约需 4 g 氢氧化钠颗粒),然后定容至 200 mL,高压灭菌。

A.4 CTAB 提取缓冲液

在 70 mL 去离子水中加入 8.18 g 氯化钠、2 g 溴代十六烷基三甲胺(CTAB)、2 g 聚乙烯吡咯烷酮(PVP),摇动容器使溶质完全溶解,然后加入 10 mL 1 mol/L Tris-HCl(pH 8.0)、4 mL 0.5 mol/L EDTA(pH 8.0),用水定容至 100 mL,高压灭菌。使用前加入 0.1%的 β-巯基乙醇。

A.5 TE 缓冲液

在 80 mL 水中依次加入 1 mol/L Tris-HCI(pH 8.0)1 mL、0.5 mol/L EDTA(pH 8.0)0.2 mL,加水定容至 100 mL,高压灭菌。

A.6 50×TAE 缓冲液

称取 Tris 242.2 g,先用 300 mL 水加热搅拌溶解后,加 100 mL 0.5 mol/L EDTA 的水溶液(pH 8.0),用冰乙酸调 pH 至 8.0,然后用水定容到 1 L。

A.7 加样缓冲液

称取溴酚蓝 250 mg,加水 10 mL,在室温下过夜溶解;再称取二甲苯青 FF 250 mg,用 10 mL 水溶解;称取蔗糖 40 g,用 30 mL 水溶解,合并 3 种溶液,用水定容至 100 mL,在 4℃中保存。

附 录 B
（资料性附录）
试 验 用 引 物

1. 5′- AATCGGGCTG - 3′
2. 5′- ACTTCGCCAC - 3′
3. 5′- AGGGGTCTTG - 3′
4. 5′- AGTCAGCCAC - 3′
5. 5′- CAATCGCCGT - 3′
6. 5′- CAGGCCCTTC - 3′
7. 5′- CCCATGGCCC - 3′
8. 5′- CCGATATCCC - 3′
9. 5′- CCGCATCTAC - 3′
10. 5′- GAAACGGGTG - 3′
11. 5′- GACCGCTTGT - 3′
12. 5′- GACGGATCAG - 3′
13. 5′- GGGAATTCGG - 3′
14. 5′- GGGTAACGCC - 3′
15. 5′- GGTGATCAGG - 3′
16. 5′- GTGACGTAGG - 3′
17. 5′- GTGAGGCGTC - 3′
18. 5′- GTGATCGCAG - 3′
19. 5′- GTTGCCAGCC - 3′
20. 5′- TCGGCGATAG - 3′
21. 5′- TGAGTGGGTG - 3′
22. 5′- TGCCGAGCTG - 3′

如果必要可以筛选新的引物。

附　录　C
（规范性附录）
DNA 的提取和质量检测

C.1　DNA 的提取

C.1.1　称取 0.2 g 菌丝，置研钵中，在液氮中充分研磨成粉末。

C.1.2　迅速转入 1.5 mL 离心管中，加入 600 μL 65℃预热的 CTAB 提取缓冲液。

C.1.3　置于 65℃水浴 40 min～60 min，不时轻轻地摇动混匀。

C.1.4　10 000 r/min，离心 10 min，将上清液转移至已灭菌的 1.5 mL 离心管中，弃沉淀。

C.1.5　加等体积苯酚—三氯甲烷—异戊醇溶液，轻轻摇匀，室温静置 5 min。

C.1.6　10 000 r/min 离心 10 min，将上清液转移至已灭菌的 1.5 mL 离心管中，弃下层有机相。

C.1.7　加等体积的三氯甲烷—异戊醇溶液，轻轻摇匀，室温静置 5 min。

C.1.8　10 000 r/min 离心 10 min，观察分界面有无沉淀，将上清液转移至已灭菌的 1.5 mL 离心管中，弃下层有机相。

C.1.9　根据需要，上清液可用三氯甲烷—异戊醇溶液提取多次直至中间层无明显沉淀。

C.1.10　加 2 倍体积冰冷的无水乙醇，轻轻混匀，－20℃沉淀 20 min。

C.1.11　8 000 r/min 离心 5 min，弃上清液。

C.1.12　加 70%乙醇洗涤沉淀 2～3 次。

C.1.13　待沉淀干燥后，加 100 μL TE 缓冲液，使 DNA 充分溶解，－20℃保存。

C.2　DNA 质量的检测

C.2.1　凝胶电泳检测

取 5 μL 上述溶液与 1 μL 加样缓冲液混匀，在 0.8%琼脂糖凝胶电泳，凝胶成像仪上或紫外透射仪上成像，与 DNA 分子量标记比较，观察所提取的基因组 DNA 质量及片段大小，若 DNA 质量好、分子量大且无降解，在点样孔附近呈现一条致密亮带；若 DNA 部分降解，则呈现连续分布状态；若严重降解，则观察不到大片段 DNA。

C.2.2　紫外吸收检测

将 DNA 适当稀释，测定并记录其在 260 nm 和 280 nm 处的紫外光吸收率，以一个 OD_{260} 值相当于 50 μg/mL DNA 浓度来计算纯化的 DNA 浓度。要求 DNA 溶液 OD_{260}/OD_{280} 的比值在 1.7～2.0 之间。

依据测得的质量浓度将 DNA 溶液稀释到 25 ng/μL～50 ng/μL，－20℃保存。

注：由于基因组 DNA 不宜反复冻融，因此建议对于需要经常使用的 DNA 需要分装，多管存放，需要使用时取出，融化后应该立即使用，使用结束后，剩余的 DNA 应在 4℃冰箱短期保存，存放时间不宜超过 14 d。

本标准起草单位：中国农业科学院农业资源与农业区划研究所、农业部微生物肥料和食用菌菌种质量监督检验测试中心。

本标准主要起草人：黄晨阳、张金霞、陈强。

中华人民共和国农业行业标准

NY/T 2471—2013

番茄品种鉴定技术规程　Indel 分子标记法

Identification of tomato varieties—Indel marker method

1　范围

本标准规定了利用插入/缺失序列(Insertion and Deletion Sequence,Indel)分子标记进行普通番茄(*Solanum lycopersicum* L.)品种的鉴定方法、数据记录格式及判定标准。

本标准适用于番茄 DNA 分子数据的采集和品种鉴定。

2　规范性引用文件

下列文件对于本文件的应用是必不可少的。凡是注日期的引用文件,仅注日期的版本适用于本文件。凡是不注日期的引用文件,其最新版本(包括所有的修改单)适用于本文件。

GB/T 3543.2　农作物种子检验规程

3　术语和定义

下列术语和定义适用于本文件。

3.1

Indel　标记

指物种间或物种内在基因组序列上存在的短的插入或缺失序列。根据这种插入或缺失序列进行基因分型的标记称为 Indel 标记。

4　原理

插入缺失序列(Indel)广泛分布于番茄基因组中,因插入或缺失片段大小的不同而在不同品种中表现出片段长度的多态性。每个插入缺失序列存在 3 种状态,纯合(A)、纯合(B)和杂合(H)。根据其两端序列设计特异引物,利用 PCR 技术进行目的片段扩增。电泳过程中,不同大小的 PCR 产物在电场的作用下被分离,经硝酸银染色或者荧光染料标记加以区分。因此,根据 Indel 位点的多态性,结合 PCR 扩增和电泳技术能够鉴定番茄品种。

5　仪器设备及试剂

仪器设备及试剂名单见附录 A。

6　溶液配制

相关溶液配制方法见附录 B。

中华人民共和国农业部 2013 - 12 - 13 发布　　　　2014 - 04 - 01 实施

7 引物

引物相关信息见附录C。

8 参照品种及来源

参照品种及来源参见附录D。

9 操作程序

9.1 重复设置

设定2次生物学重复。

9.2 样品准备

种子样品的扦样、分样和保存,按照GB/T 3543.2的规定进行。

每个品种分取2份样品,每份样品取30个个体(叶片或其他器官),等量混合。

9.3 DNA提取

采用CTAB法:取番茄幼叶20 mg~30 mg至2.0 mL离心管中,液氮中研碎。加入750 μL预热的DNA提取液,摇匀,65℃水浴或金属浴45 min;加入750 μL氯仿—异戊醇[24∶1(V∶V)]提取液,上下混匀3 min;4℃,13 500 *g* 离心5 min;吸500 μL上清液至另一只2.0 mL离心管中,加入等体积氯仿—异戊醇提取液,上下混匀3 min,13 500 *g* 离心5 min;吸400 μL上清液至新的离心管中,加入800 μL预冷无水乙醇,4℃放置1 h以上沉淀DNA;10 000 g离心1 min,弃上清液;用75%乙醇漂洗2次,离心后弃上清液,自然风干;加入100 μL ddH_2O-RNase[50∶1(V∶V)]缓冲液,震荡溶解,检测DNA浓度,−20℃保存备用。

注:以上为推荐的一种DNA提取方法。所获DNA质量能够符合PCR扩增需要的DNA提取方法都适用于本标准。

9.4 PCR扩增

9.4.1 参照样品的使用

在进行PCR扩增和等位变异检测时,应同时包括相应的标准样品。不同位点的标准样品的名称见附录C。某一位点上具有相同的等位变异的标准样品可能不止一个,在确认这些样品在某一位点上的等位变异大小后,也可将这些样品代替附录C中的标准样品。

同一名称不同来源的标准样品在某一位点上的等位变异可能不相同,在使用前应与原标准样品进行核对。

注:多个品种在某一位点上可能都具有相同的等位变异。在确认这些品种某一位点上等位变异大小后,这些品种也可以代替附录C中的标准样品使用。

9.4.2 反应体系

20 μL PCR反应体系包括:含基因组DNA 50 ng,正、反向引物各0.5 μmol/L,Promega公司2×Mix(DNA聚合酶、dNTP和Mg^{2+}等常规PCR所含成分)10 μL。

利用毛细管电泳荧光检测时,使用荧光标记的引物。引物的荧光染料种类见附录C。

9.4.3 反应程序

9.4.3.1 普通引物PCR反应程序

94℃预变性3 min;94℃变性40 s,55℃退火40 s,72℃延伸90 s,35个循环;72℃延伸10 min;4℃保存。

9.4.3.2 荧光引物PCR反应程序

95℃预变性5 min;94℃变性30 s,50℃退火40 s,72℃延伸40 s,35个循环;72℃延伸10 min;4℃保

存。

9.5 等位变异检测

9.5.1 非变性聚丙烯酰胺凝胶电泳

9.5.1.1 电泳装置准备

所用装置为垂直电泳槽(玻璃板规格为 216 mm×110 mm)。将聚丙烯酰胺垂直电泳槽中的玻璃板洗净,晾干后装入胶框;依次将两块胶板装入电泳槽中,较短的胶板朝外,将螺丝拧紧,然后用 1%琼脂糖凝胶封住胶框下面以防漏胶。

9.5.1.2 8%非变性凝胶制作

按表 1 配方进行凝胶制作。

表 1 8%聚丙烯酰胺凝胶配方

试剂	用量
20%聚丙烯酰胺母液	8 mL
10×TBE	2 mL
超纯水	10 mL
10%过硫酸铵	200 μL
TEMED	20 μL

9.5.1.3 灌胶、点样

凝胶混匀后快速倒入玻璃板夹层中,插入梳子。待胶凝固 1 h 后,拔掉梳子,用 0.5% TBE 冲洗加样孔,再用移液器或吸水纸吸干加样孔中的水分,然后点样。每个加样孔上样量 2 μL(10 μLPCR 产物中加入 2 μL 上缓冲液混匀)。

9.5.1.4 电泳

向胶槽中倒入电泳缓冲液(0.5% TBE),电泳电压为 160 V,电泳时间为 1.5 h~2.5 h(电泳指示剂至适当位置时)。

9.5.1.5 银染检测

a) 固定:固定液中轻摇 4 min,固定 1 次,回收固定液;

b) 银染:染色液中染色 10 min;

c) 显影:显影液中轻摇至主带完全显现;

d) 定影:用步骤 a)中回收固定液定影 30 s;

e) 清洗:蒸馏水轻摇清洗 1 min;

f) 保存:将清洗后的胶平铺在 PC 膜上,包好后在可见光灯箱上照相保存。

9.5.2 变性聚丙烯酰胺凝胶电泳银染检测

9.5.2.1 清洗玻璃板

将玻璃板反复擦洗干净,双蒸水擦洗 2 遍,95%乙醇擦洗 2 遍,干燥。在长板上涂上 0.5 mL 亲和硅烷工作液,带凹槽的短板上涂 0.5 mL 剥离硅烷工作液。操作过程中防止 2 块玻璃板互相污染。

9.5.2.2 组装电泳板

待玻璃板彻底干燥后组装电泳板,并用水平仪调平。

9.5.2.3 灌胶

取 60 mL 6%的聚丙烯酰胺胶(根据不同型号的电泳槽确定胶的用量和合适的灌胶方式),300 μL 过硫酸铵(APS)和 60 μL 四甲基乙二胺(TEMED)轻轻混匀,将胶缓缓地灌入,灌胶过程中防止出现气泡。当胶到底部后将板放置水平,将梳子插入适当位置,并用夹子夹紧,以防漏胶。聚合 2 h 以上用于电泳。

9.5.2.4 预电泳

将梳子小心拔出，用洗瓶清洗干净上样孔，然后擦干玻璃板。将电泳槽装配好后，在电泳槽中加入1×TBE。在恒功率70 W条件下预电泳30 min。

9.5.2.5 变性

在PCR产物中加入3 μL 6×加样缓冲液，混匀后在PCR仪上运行变性程序：95℃变性5 min，然后立即置于冰上冷却，使DNA保持单链状态。

9.5.2.6 电泳

预电泳结束后，将胶面的气泡及杂质吹打干净，将梳子轻轻插入，其深度为刚进入胶面1 mm。每一个加样孔点入5 μL样品。70 W恒功率电泳至上部的指示带到达胶板的中部。电泳结束后，小心分开2块玻璃板，凝胶会紧贴在长板上。

9.5.2.7 银染(同9.5.1.5)

9.5.3 DNA分析仪检测

9.5.3.1 样品准备

首先根据不同的荧光基团将PCR产物稀释一定的倍数。一般6-FAM荧光基团PCR产物稀释80倍；HEX、ROX、TAMRA荧光基团PCR产物稀释30倍。

然后分别取等体积的上述4种稀释后溶液混合，从混合液中吸取1.0 μL加入到DNA分析仪专用深孔板孔中。板中各孔分别加入0.5 μL LIZ500分子量内标和8.5 μL去离子甲酰胺。除待测样品外，还应同时包括标准样品的扩增产物。将样品在PCR仪上95℃变性3 min，立即取出置于冰上，冷却10 min以上。瞬时离心10 s后上机电泳。

9.5.3.2 开机准备

打开DNA分析仪，检查仪器工作状态。更换缓冲液，灌胶。将装有样品的微孔板置放于样品架基座上。打开数据收集软件。

9.5.3.3 编辑电泳板

点击菜单中的“plate manager”按钮，然后在右侧窗口点击“New”按钮创建一个新的电泳板。在“Name”和“ID”栏中输入电泳板的名称，在“application”选项中，选“Genemapper-Genetic”，在“Plate Type”选项中选择“96-well”，在“owner”和“operator”项中分别输入板所有者和操作者的名字，点击“OK”按钮。

9.5.3.4 电泳

在“Run scheduler”工具栏中，点击“Search”按钮，选中已编辑好的电泳板，点击样品板，使电泳板和样品板关联，然后点击工具条中左上角的绿色三角按钮，开始电泳。

10 等位变异数据采集

10.1 数据格式

样品每个Indel位点的等位变异采用扩增片段大小进行表示。

10.2 非变性(或变性)聚丙烯酰胺凝胶电泳银染检测

将待测样品扩增片段的带型和泳动位置与对应的参照样品进行比较，与待测样品相同的标准样品的片段大小即为待测样品该引物位点的等位变异扩增片段大小。

10.3 DNA分析仪检测

使用DNA分析仪的片段分析软件，读出每个位点每个样品的等位变异扩增片段大小数据。通过使用标准样品，消除同型号不同批次间或不同型号DNA分析仪间可能存在的系统误差。比较标准样品的等位变异扩增片段大小数据与附录C中的数据。如两者不一致，其差数即是系统误差的大小。从待测样品的等位变异扩增片段数据中去除该系统误差，获得的数据即为待测样品的等位变异扩增片段大小。

10.4 结果记录

10.4.1 非变性聚丙烯酰胺凝胶电泳

纯合位点的等位变异记为 A(小片段)和 B(大片段),杂合位点的等位变异记为 H,缺失位点的等位变异数据记录为 0。

10.4.2 变性聚丙烯酰胺凝胶电泳和 DNA 分析仪检测

纯合位点的等位变异记录为 X/X,杂合位点的等位变异记录为 X/Y。其中 X、Y 分别为该位点上 2 个不同等位变异扩增片段大小,小片段数据在前,大片段数据在后;缺失位点的等位变异记录为 0/0。

示例 1:纯合位点的 Indel,如参照品种“中蔬 4 号”在 Indel_FT2 位点上的等位变异为 164 bp,则该品种在该位点上的等位变异记录为 164/164。

示例 2:杂合位点的 Indel,如某个品种在某个位点上的等位变异扩增片段大小分别为 159 bp、164 bp,则该品种在该位点上的等位变异记录为 159/164。

10.5 数据处理

一个位点 2 次重复检测数据相同时,该位点的等位变异数据即为该数据。2 次重复不一致时,增加第三个重复,以其中 2 个重复相同的检测数据为该位点的等位变异数据。当 3 次重复结果都不相同时,该位点视为无效位点。

11 判定标准

依据 48 对 Indel 引物的检测结果进行判定:

a) 品种间差异位点数≥2,判定为不同品种;

b) 品种间差异位点数<2,判定为近似品种。

附　录　A
(规范性附录)
仪器设备及试剂

A.1　仪器设备

A.1.1　PCR 扩增仪。

A.1.2　垂直电泳槽及配套的制胶附件。

A.1.3　高压电泳仪。

A.1.4　水平摇床。

A.1.5　胶片观察灯。

A.1.6　电子天平。

A.1.7　微量移液器。

A.1.8　磁力搅拌器。

A.1.9　电磁炉。

A.1.10　微波炉。

A.1.11　高压灭菌锅。

A.1.12　酸度计。

A.1.13　台式高速离心机。

A.1.14　制冰机。

A.1.15　凝胶成像系统或紫外透射仪。

A.1.16　DNA 分析仪:基于毛细管电泳,有 DNA 片段分析功能和数据分析软件,能够分辨 1 个核苷酸的差异。

A.1.17　水浴锅或金属浴:控温精度±1℃。

A.1.18　冰箱:最低温度−20℃。

A.1.19　紫外分光光度计。

A.2　试剂

A.2.1　十六烷基三乙基溴化铵(CTAB)。

A.2.2　聚乙烯吡咯烷酮(PVP)。

A.2.3　乙二胺四乙酸二钠($EDTA\text{-}Na_2$)。

A.2.4　三羟甲基氨基甲烷(Tris 碱)。

A.2.5　浓盐酸。

A.2.6　氢氧化钠(NaOH)。

A.2.7　10×Buffer 缓冲液(含 Mg^{2+})。

A.2.8　2×Mix(含 DNA 聚合酶、dNTP 和 Mg^{2+} 等常规 PCR 所含成分),Promega 公司。

A.2.9　4 种脱氧核苷酸:4×dNTP。

A.2.10　Taq DNA 聚合酶。

A.2.11　去离子甲酰胺。

A.2.12　溴酚蓝。

A.2.13　二甲苯青。

A.2.14　甲叉双丙烯酰胺。

A.2.15　丙烯酰胺。

A.2.16　硼酸。

A.2.17　尿素。

A.2.18　亲和硅烷:97%。

A.2.19　剥离硅烷:2%二甲基二氯硅烷。

A.2.20　无水乙醇。

A.2.21　四甲基乙二胺(TEMED)。

A.2.22　过硫酸铵(APS)。

A.2.23　冰醋酸。

A.2.24　硝酸银。

A.2.25　甲醛。

A.2.26　氯仿。

A.2.27　异戊醇。

A.2.28　异丙醇。

A.2.29　TEMED。

A.2.30　DNA分析仪扩增缓冲液:2.5×Multiplex Buffer。

A.2.31　DNA分析仪扩增聚合酶:Fast Taq DNA Polymerase。

A.2.32　DNA分析仪用分子量内标:ROX-500分子量内标。

A.2.33　DNA分析仪用丙烯酰胺胶液(POP-7胶)。

A.2.34　DNA分析仪用光谱校准基质,包括6-FAM、TAMRA、HEX和ROX 4种荧光标记的DNA片段。

A.2.35　DNA分析仪专用电泳缓冲液。

附 录 B
（规范性附录）
溶 液 配 制

B.1 DNA 提取溶液的配制

B.1.1 0.5 mol/L 乙二胺四乙酸二钠（EDTA-Na_2）（pH=8.0）溶液

称取 186.1 g EDTA-Na_2 溶于 800 mL 蒸馏水中，用固体 NaOH 调 pH 至 8.0，定容至 1 000 mL，高压灭菌。

B.1.2 1 mol/L 三羟甲基氨基甲烷盐酸（Tris-HCl）（pH=8.0）溶液

称取 60.55 g Tris 碱溶于适量水中，加 HCl 调 pH 至 8.0，定容至 500 mL，高压灭菌。

B.1.3 0.5 mol/L 盐酸（HCl）溶液

量取 25 mL 浓盐酸（36%～38%），加水定容至 500 mL。

B.1.4 DNA 提取液

称取 CTAB 20 g，NaCl 81.816 g，PVP 20 g，量取 1 mol/L Tris-HCl 溶液（pH=8.0）100 mL，0.5 mol/L EDTA 溶液（pH=8.0）40 mL，定容至 1 000 mL。

B.1.5 5 mol/L 氯化钠（NaCl）溶液

称取 146 g 固体 NaCl 溶于水中，加水定容至 500 mL。

B.1.6 24：1 氯仿—异戊醇

按 24：1 的比例（体积比）配制混合液。

B.2 PCR 扩增溶液的配制

B.2.1 dNTP

用超纯水分别配制 A、G、C、T 终浓度 100 mmol/L 的储存液。各取 20 μL 混合，用超纯水 720 μL 定容至终浓度 2.5 mmol/L 的工作液。

B.2.2 Indel 引物

根据合成后引物浓度，用超纯水分别配制正向引物和反向引物终浓度均 100 μmol/L 的储存液，各取 10 μL 混合，用超纯水 80 μL 定容至终浓度 10 μmol/L 的工作液。引物干粉配制前应首先快速离心。

B.2.3 6×上样缓冲液

称取溴酚蓝 0.125 g、二甲苯青 0.125 g，量取去离子甲酰胺 49 mL、0.5 mol/L 的 EDTA 溶液（pH=8.0）1 mL。

B.3 非变性聚丙烯酰胺凝胶电泳溶液配制

B.3.1 20%聚丙烯酰胺

称取 19 g 丙烯酰胺、1 g 甲叉丙烯酰胺，溶于蒸馏水中，定容至 100 mL。

B.3.2 10%过硫酸铵

称取 10 g 过硫酸铵，溶于蒸馏水中，定容至 100 mL。

B.3.3 10×TBE 缓冲液

称取 Tris 碱 108 g、硼酸 55 g，量取 0.5 mol/L EDTA 溶液 37 mL，定容至 1 000 mL。

B.4 变性聚丙烯酰胺凝胶电泳溶液的配制

B.4.1 40%PAGE 胶

称取丙烯酰胺 190 g 和甲叉双丙烯酰胺 10 g,定容至 500 mL。

B.4.2 6.0% PAGE 胶

称取尿素 420 g,量取 10×TBE 缓冲液 100 mL、40% PAGE 胶 150 mL,定容至 1 000 mL。

B.4.3 亲和硅烷

量取 49.75 mL 无水乙醇和 250 μL 冰醋酸,加水定容至 50 mL。

B.4.4 亲和硅烷工作液

在 1 mL Bind 缓冲液中加入 5 μL Bind 原液,混匀。

B.4.5 剥离硅烷工作液

2%二甲基二氯硅烷。

B.4.6 10%过硫酸铵溶液

称取 0.1 g 过硫酸铵溶于 1 mL 超纯水中。

B.4.7 1×TBE 缓冲液

量取 10×TBE 缓冲液 500 mL,加水定容至 5 000 mL。

B.5 银染溶液的配制

B.5.1 固定液

量取 5 mL 冰醋酸、100 mL 乙醇,加水定容至 1 000 mL。

B.5.2 染色液

称取 2 g 硝酸银,加水定容至 1 000 mL。

B.5.3 显影液

量取 1 000 mL 蒸馏水,加入 15 g 氢氧化钠和 3 mL 甲醛。

附　录　C
（规范性附录）
核　心　引　物

核心引物及参照品种见表 C.1。

表 C.1　核心引物及参照品种

序号	序号位点	染色体	引物序列(5′-3′)	荧光染料	退火温度(℃)	等位变异(bp)	参照品种
1	Indel_FT2	1	F:TTCTTGAGAAGTGGAAGGTT R:CGATCAATATGAGCAATACC	5′TAMR	55	164 159	中蔬 4 号 早粉 2 号
2	Indel_FT20	1	F:TCATTTTAGCAGATTCACCC R:TATTCAACTGGTTGGAGACC	5′FAM	55	153 149	Cambell 1327 中蔬 4 号
3	Indel_FT36	1	F:TAAATGACCCATACCAGGAG R:CCTGATTCTTCTCATTTCCA	5′ROX	55	161 157	中蔬 4 号 早粉 2 号
4	Indel_FT41	1	F:GAGCGATCCCTTCTTTTTAT R:GTCTAACAGTGATCGCATGA	5′FAM	55	111 107	Cambell 1327 中蔬 4 号
5	Indel_FT65	2	F:AAGTGTCCACATTTTTCACC R:GAAAAGCGTGAGTTGTAAGAG	5′FAM	55	131 127	早粉 2 号 中蔬 4 号
6	Indel_FT50	2	F:CTTCCGTACCTTAGCATGAG R:GGGGAAGGAGATAGTATTGG	5′HEX	55	137 133	中蔬 4 号 早粉 2 号
7	Indel_FT72	3	F:AAGATAGACGATCAGAGGCA R:GCAAATCACAATGTCTGCTA	5′ROX	55	135 131	毛粉 802 中蔬 4 号
8	Indel_FT78	3	F:GATGAAATCTGAAACCAGGA R:TCATCTCCCTCCTTATTCAA	5′ROX	55	118 114	早粉 2 号 中蔬 4 号
9	Indel_FT93	3	F:ATTGATGAAGCAGAGGAGAA R:TACCCTACTCGCATGATTTT	5′FAM	55	123 119	中蔬 4 号 早粉 2 号
10	Indel_FT129	5	F:GAGGAGAATGACTACACCCA R:GTACTTTAACAATACGGGCG	5′FAM	55	108 104	早粉 2 号 中蔬 4 号
11	Indel_FT133	5	F:ATATCGTGCTCCTTTGTGAC R:GGTTCGCTTGATTAGAAATG	5′FAM	55	113 109	中蔬 4 号 美味樱桃
12	Indel_FT143	5	F:TTACTGAACCGATAAGGGTG R:TTTGGGTGTTTGTGTGTATG	5′HEX	55	157 153	早粉 2 号 中蔬 4 号
13	Indel_FT145	6	F:TACTGAATTTTAGGGATGGG R:TACCCAGTAGGCATCATAGG	5′FAM	55	132 127	中蔬 4 号 早粉 2 号
14	Indel_FT148	6	F:GTTGTAGCATTTGATTGGGT R:CCATCAACAAACCTAGTTCC	5′FAM	55	131 127	Cambell 1327 中蔬 4 号
15	Indel_FT176	7	F:AAGTGGGATGAGAATCATTG R:ACTATGGTGTCTGGACCTTG	5′FAM	55	141 137	中蔬 4 号 农大 23 号
16	Indel_FT186	8	F:TGAGTCATGCTATACCCATT R:TAGAAAATTAGGCAGCTCCA	5′FAM	55	145 140	早粉 2 号 中蔬 4 号
17	Indel_FT195	8	F:CTACTGAGAAAGCAGAACGC R:GCCCTACAAGCAACATAAAC	5′FAM	55	165 160	中蔬 4 号 早粉 2 号
18	Indel_FT198	9	F:GCAATATAGCCAACATAGCC R:GCACCCGTTAGACATTTTT	5′FAM	55	156 152	中蔬 4 号 Cambell 1327
19	Indel_FT206	9	F:CCTTGAATTTGAATCTCGC R:GGACACATGGTCACAATCTT	5′FAM	55	111 107	早粉 2 号 中蔬 4 号

表 C.1（续）

序号	序号位点	染色体	引物序列(5′-3′)	荧光染料	退火温度(℃)	等位变异(bp)	参照品种
20	Indel_FT211	9	F:ACTTTGAGCCCACGTAATC R:AGGCCTAGTATGGTATGGAT	5′FAM	55	159 154	Marmande 中蔬4号
21	Indel_FT213	9	F:GGTGTCATAAACCACCTGAT R:GACAAGCATTTAGGCTTCAT	5′HEX	55	164 160	Cambell 1327 中蔬4号
22	Indel_FT221	10	F:GGTTCCTTGGTCTACTGTGA R:TTGCTGGCCAAAACTTAG	5′FAM	55	161 157	美味樱桃 中蔬4号
23	Indel_FT234	10	F:TGGGGAATACCCGTATACTA R:TTTTTGAAGATCTAGTGGGG	5′ROX	55	159 155	中蔬4号 美味樱桃
24	Indel_FT241	11	F:TCTACCAGTATTGGTCCCAC R:TGGTGTAAACTTCTTGCTCA	5′FAM	55	164 160	早粉2号 中蔬4号
25	Indel_FT242	11	F:GACCATTGGCTATGTGAGAT R:TATTGAGCACCGAAGAAGAT	5′FAM	55	111 107	中蔬4号 早粉2号
26	Indel_FT244	11	F:ATGGACACATATGGTTGGTT R:GGAGCTCATGTTTTCTCATT	5′FAM	55	145 141	早粉2号 中蔬4号
27	Indel_FT246	11	F:ACCTCCACATCATGGTTCT R:CAACCTGTTTTTGGCACTAC	5′FAM	55	129 124	早粉2号 中蔬4号
28	Indel_FT253	11	F:TGCTACAAAGTCATGTCCAA R:TAAACGACCTCGAGAAGAGA	5′FAM	55	104 99	早粉2号 中蔬4号
29	Indel_FT258	11	F:CAATGGAGAACACACTGATG R:GTCAAACTAACCTGCAAAGC	5′FAM	55	121 117	中蔬4号 早粉2号
30	Indel_FT259	11	F:ATCTCGGGATGAGTTAAGGT R:CATAGCCCAACTTCTTATGG	5′FAM	55	130 126	早粉2号 中蔬4号
31	Indel_FT262	11	F:CTAGCATGTGGATTCAGGAT R:TGGATACAGTTCGAGGAGTT	5′FAM	55	136 131	早粉2号 中蔬4号
32	Indel_FT263	11	F:CATTAGAATTAGTTGCGGAC R:TCATGGAATACCTTCGTTTC	5′ROX	55	131 126	早粉2号 中蔬4号
33	Indel_FT283	11	F:CTGGGAAAATCTTCAAACAC R:CTGCAAAAGGATTTTCACTC	5′FAM	55	89 85	早粉2号 中蔬4号
34	Indel_FT290	11	F:GCAACCTTGGGATATAGGTA R:ATTTAACGTAGGTCAATGGC	5′FAM	55	95 91	早粉2号 中蔬4号
35	Indel_FT294	11	F:ACTGAAAAGGTACGGAACAG R:CAGTGGCTCTTATTCCAATC	5′FAM	55	160 156	中蔬4号 早粉2号
36	Indel_FT295	11	F:GATGCTAGGATCAATGGTGT R:CTTCAAATTAGCGAATGGC	5′FAM	55	114 110	中蔬4号 早粉2号
37	Indel_FT296	11	F:TTCCTGAGAGAATGAGTGCT R:TTCATCACGCATCACACTAT	5′FAM	55	119 115	早粉2号 中蔬4号
38	Indel_FT299	11	F:TGGAGGTGGTAAAATATTGG R:CAAAGAAGTCAAGGGAGATG	5′HEX	55	128 124	中蔬4号 早粉2号
39	Indel_FT300	11	F:AAGGAGAACTATACACGGCA R:AGAAGCCATCTTTTATCACG	5′FAM	55	160 155	中蔬4号 早粉2号
40	Indel_FT307	11	F:AGCGAGACGTACCAAAAATA R:TGAGACTTACGCCTCAATTT	5′FAM	55	90 86	中蔬4号 农大23号
41	Indel_FT324	11	F:GTCGTGAGATTTTTCCCTTA R:AGAAACCACCTACGAGATCA	5′FAM	55	138 133	早粉2号 中蔬4号
42	Indel_FT326	11	F:ATGACTTCCAGCCAAATCTA R:TCAAGCAATACAGAGTCGAA	5′FAM	55	147 142	早粉2号 中蔬4号

表 C.1（续）

序号	序号位点	染色体	引物序列(5′-3′)	荧光染料	退火温度（℃）	等位变异（bp）	参照品种
43	Indel_FT328	11	F:ACAGACTGTGATGGAATCAA R:AGTCCCTATCCACAGATCCT	5′HEX	55	143 138	早粉 2 号 中蔬 4 号
44	Indel_FT330	11	F:GGTGGGTAGCTCTCCTACTT R:AGTGAGGGAACAATTTCTGA	5′FAM	55	165 160	早粉 2 号 中蔬 4 号
45	Indel_FT331	11	F:TCCAAGCTACCCTTGTCTAA R:GCGCTTAAAGACCTAACAAA	5′FAM	55	148 144	早粉 2 号 中蔬 4 号
46	Indel_FT335	11	F:GCTGTTATCCCTATTGCATC R:GCAAGTTGCTCAGTAGTGG	5′FAM	55	142 137	中蔬 4 号 早粉 2 号
47	Indel_FT345	11	F:TCAATGAGTTGTTTGAGACG R:TTAGAACCTTGCTGATGACA	5′FAM	55	151 147	中蔬 4 号 早粉 2 号
48	Indel_FT349	12	F:GATTCTTGAGTTGGTAAGCA R:GTGTCCCAAAAGAAATTGAG	5′FAM	55	150 146	中蔬 4 号 Cambell 1327

附 录 D
（资料性附录）
参 照 品 种

参照品种见表 D.1。

表 D.1 参照品种

序号	名称	类型	来 源	编号
1	中蔬 4 号	常规种	中国农业科学院蔬菜研究所	V6A0758
2	早粉 2 号	常规种	中国农业科学院蔬菜研究所	V6A0529
3	Campbell 1327	常规种	美国	V06A1694
4	毛粉 802	常规种	西安园艺研究所	
5	美味樱桃	常规种	中国农业科学院蔬菜研究所	
6	Marmande	常规种	芬兰	V06A1874
7	农大 23 号	常规种	甘肃兰州	V06A1765

本标准起草单位：中国农业科学院蔬菜花卉研究所、农业部科技发展中心。

本标准主要起草人：高建昌、杜永臣、王孝宣、国艳梅、于宗鸿、莫青。

中华人民共和国农业行业标准

NY/T 2174—2012

主要热带作物品种 AFLP 分子鉴定技术规程

Technical code for identifying main tropical crops varieties with AFLP molecular markers

1 范围

本标准规定了主要热带作物品种 AFLP 分子鉴定的术语和定义、试剂和材料、仪器和设备、鉴定步骤、结果计算和鉴定规则。

本标准适用于橡胶(*Heava brasiliensis* Muell-Arg)、芒果(*Mangifera indica* Linn.)、荔枝(*Litchi chinensis* Sonn.)、龙眼(*Dimocarpus longana* Lour.)、香蕉(*Musa nana* Lour.)、木薯(*Manihot esculenta* Crants)、柱花草(*Stylosanthes* SW.)的品种 AFLP 分子鉴定;也可作为其他热带作物品种 AFLP 分子鉴定参考。

2 规范性引用文件

下列文件对于本文件的应用是必不可少的。凡是注日期的引用文件,仅注日期的版本适用于本文件。凡是不注日期的引用文件,其最新版本(包括所有的修改单)适用于本文件。

GB/T 6682 分析实验室用水规格和试验方法

3 术语和定义

下列术语和定义适用于本文件。

3.1

遗传相似性 genetic similarity

供检品种与真实品种间在 DNA 分子遗传上的一致性程度,用遗传相似系数表示。

4 原理

根据不同热带作物品种基因组 DNA 存在差异,基因组 DNA 经限制性内切酶双酶切后分别连上特定的接头,再进行预扩增和选择性扩增;由于选择性碱基的种类、数目和顺序决定了扩增片段的特殊性,只有那些限制性位点侧翼的核苷酸与引物的选择性碱基相匹配的限制性片段才可以被扩增;扩增产物经聚丙烯酰胺凝胶电泳分离,然后根据凝胶上 DNA 指纹的有无来鉴定品种间的差异。

5 试剂与材料

除非另有说明外,在分析中仅使用确认为分析纯试剂。水为 GB/T 6682 规定的无菌双蒸水或纯度与之相当的水。

5.1 样品 DNA 提取试剂

5.1.1 三羟甲基氨基甲烷(Tris,$NH_2C(CH_2OH)_3$,CAS:77-86-1)。

中华人民共和国农业部 2012-06-06 发布　　2012-09-01 实施

5.1.2 氯化氢（HCl，CAS：7647-01-0）。

5.1.3 乙二胺四乙酸二钠（EDTA-Na_2·$2H_2O$，$C_{10}H_{14}N_2Na_2O_8$·$2H_2O$，CAS：6381-92-6）。

5.1.4 氢氧化钠（NaOH，CAS：1310-73-2）。

5.1.5 氯仿（$CHCl$，CAS：67-66-3）。

5.1.6 异戊醇（$C_5H_{12}O$，CAS：123-51-3）。

5.1.7 十六烷基三甲基溴化铵（CTAB，$C_{16}H_{33}(CH_3)_3NBr$，CAS：57-09-0）。

5.1.8 氯化钠（NaCl，CAS：7647-14-5）。

5.1.9 β-巯基乙醇（β-Mercaptoethanol，C_2H_6OS，CAS：60-24-2）。

5.1.10 苯酚（C_6H_6O，CAS：108-95-2）。

5.1.11 异丙醇（C_3H_8O，CAS：67-63-0）。

5.1.12 醋酸钠（CH_3COONa，CAS：127-09-3）。

5.1.13 乙酸（$C_2H_4O_2$，CAS：64-19-7）。

5.1.14 1 mol/L Tris-HCl(pH8.0)：在 80 mL 无菌双蒸水中溶解 12.11 g Tris(5.1.1)加入 4.2 mL 浓 HCl(5.1.2)调节 pH 至 8.0(溶液冷至室温后，最后调定 pH)，用无菌双蒸水定容至 100 mL。

5.1.15 0.5 mol/L EDTA(pH8.0)：在 80 mL 无菌双蒸水中加入 18.61 g 乙二胺四乙酸二钠(5.1.3)，在磁力搅拌器上剧烈搅拌，用氢氧化钠(5.1.4)调节溶液的 pH 至 8.0(约需 2 g 氢氧化钠)然后用无菌双蒸水定容至 100 mL。

5.1.16 氯仿：异戊醇(24：1)：先加 960 mL 氯仿(5.1.5)，再加 40 mL 异戊醇(5.1.6)，混合均匀，保存在棕色玻璃瓶中，4℃保存。

5.1.17 CTAB 提取缓冲液：称取 4 g CTAB(5.1.7)和 16.364 g NaCl(5.1.8)，量取 1 mol/L Tris-HCl (5.1.14)20 mL 和 0.5 mol/L EDTA(5.1.15)8 mL，先用 70 mL 无菌双蒸水溶解，再定容至 200 mL 灭菌、冷却后，加入 0.2% β-巯基乙醇(5.1.9)400 μL 和氯仿：异戊醇(5.1.16)：100 mL，摇匀即可。

5.1.18 苯酚：氯仿：异戊醇(25：24：1)：将饱和苯酚(5.1.10)与等体积的氯仿：异戊醇(24：1)(5.1.16)混合均匀，保存在棕色玻璃瓶中，4℃保存。

5.1.19 1×TE 缓冲液：量取 1 mol/L Tris-HCl 缓冲液(5.1.14)5 mL 和 0.5 mol/L EDTA(5.1.15) 1 mL溶液于 500 mL 烧杯中，向烧杯中加入 400 mL 无菌双蒸水均匀混合，用无菌双蒸水定容到 500 mL 后，高温高压灭菌。室温保存。

5.1.20 50×TAE 电泳缓冲液：称取 242 g Tris 碱(5.1.1)，量取 57.1 mL 乙酸(5.1.13)，量取 100 mL 0.5 mol/L EDTA(5.1.15)，用无菌双蒸水定容至 1 L。

5.1.21 1×TAE 电泳缓冲液：取 50×TAE 电泳缓冲液(5.1.20)20 mL，用无菌双蒸水定容至 1 L。

5.1.22 琼脂糖，电泳级。

5.1.23 0.8%琼脂糖：称取 0.8 g 琼脂糖到三角瓶中，加入 1×TAE 电泳缓冲液(5.1.21)100 mL，加热至完全溶解。

5.2 **生化试剂**

5.2.1 RNA 酶。

5.2.2 限制性内切酶 *Eco*RI。

5.2.3 限制性内切酶 *Mse*I。

5.2.4 *Mse*I 接头序列：5′-GACGATGAGTCCTGAG-3′，3′-TACTCAGGACTCAT-5′；*Eco*RI 接头序列：5′-CTCGTAGACTGCGTACC-3′，3′-CATCTGACGCATGGTTAA-5′。

5.2.5 T4 DNA 连接酶。

5.2.6 引物:预扩增引物,选择性扩增引物(参见附录 A)。

5.2.7 *Taq* DNA 聚合酶。

5.2.8 脱氧核苷三磷酸(dNTPs)。

5.2.9 DL2000:DNA 标准分子量。

5.2.10 小分子量 pUC19 DNA/*Msp*I:DNA 标准分子量。

5.2.11 10×PCR 反应缓冲液:500 mmol/L KCl,100 mmol/L Tris·Cl,在 25℃下,pH9.0,1.0% Triton X-100。

5.3 点样及制胶试剂

5.3.1 甲酰胺(CH_3NO,CAS:75-12-7)。

5.3.2 二甲苯苯胺($C_{25}H_{27}N_2NAO_6S_2$,CAS:2650-17-1)。

5.3.3 溴酚蓝($C_{19}H_{10}Br_4O_5S$,CAS:115-39-9)。

5.3.4 硼酸(H_3BO_3,CAS:10043-35-3)。

5.3.5 丙烯酰胺($CH_2=CHCONH_2$,CAS:79-06-1)。

5.3.6 双丙烯酰胺(N,N′-亚甲基双丙烯酰胺,$C_7H_{10}N_2O_2$,CAS:110-26-9)。

5.3.7 过硫酸铵[$(NH_4)_2S_2O_8$,CAS:7727-54-0]。

5.3.8 尿素[$CO(NH_2)_2$,CAS:57-13-6],超级纯。

5.3.9 N,N,N',N'-四甲基乙二胺[TEMED,$(CH_3)_2NCH_2CH_2N(CH_3)_2$,CAS:51-67-2]。

5.3.10 2×AFLP 上样缓冲液:取 980 μL 甲酰胺(5.3.1),2 μL 0.5 mol/L EDTA(5.1.15),0.1 μL 二甲苯苯胺(5.3.2),0.1 mg 溴酚蓝(5.3.3),用无菌双蒸水定容至 1 mL。

5.3.11 10×TBE:称取 108 g Tris 碱(5.1.1)和 55 g 硼酸(5.3.4),加入 0.5 mol/L EDTA(pH8.0) 40 mL,用无菌双蒸水定容至 1 L。

5.3.12 40%丙烯酰胺:分别称取丙烯酰胺(5.3.5)76 g 和双丙烯酰胺(5.3.6)4.0 g,加 150 mL 无菌双蒸水,37℃溶解后,定容至 200 mL。

5.3.13 10%过硫酸铵:1 g 过硫酸铵(5.3.7),加无菌双蒸水定容至 10 mL,4℃条件下避光保存。

5.3.14 6%聚丙烯酰胺凝胶:称取 42 g 尿素(5.3.8),加入 30 mL 无菌双蒸水,加热溶解并置于冰浴中,加入 11 mL 的 10×TBE(5.3.11),15 mL 的 40%丙烯酰胺(5.3.12),1.33 mL 的 10%过硫酸铵(5.3.13)混匀后用无菌双蒸水定容至 100 mL。该溶液在 4℃条件下,可保存数周。

5.4 处理玻璃板试剂

5.4.1 反硅烷化试剂。

5.4.2 亲和硅烷。

5.4.3 无水乙醇(C_2H_6O,CAS:64-17-5)。

5.5 银染试剂

5.5.1 甲醇(CH_3OH,CAS:67-56-1)。

5.5.2 硝酸银($AgNO_3$,CAS:7761-88-8)。

5.5.3 甲醛(CH_2O,CAS:50-00-0)。

5.5.4 碳酸钠(Na_2CO_3,CAS:497-19-8)。

5.5.5 硫代硫酸钠($Na_2S_2O_3$,CAS:7772-98-7)。

5.5.6 固定溶液:量取 200 mL 甲醇(5.4.1)和 100 mL 乙酸(5.1.13),用无菌双蒸水定容至 1 L。

5.5.7 染色液:1 g 硝酸银(5.5.2),37%甲醛(5.5.3)1.5 mL,用无菌双蒸水定容至 1 L。

5.5.8 显影液:称取 60 g 碳酸钠(5.5.4),溶解于 2 L 无菌双蒸水,使用前加入 37%甲醛 3.0 mL,10 g/

L硫代硫酸钠(5.5.5)溶液400 μL。

6 仪器和设备

6.1 梯度PCR扩增仪。

6.2 紫外分光光度计。

6.3 多功能电泳仪。

6.4 DNA序列分析电泳槽。

6.5 高速冷冻离心机。

6.6 移液枪。

6.7 高压灭菌锅。

7 鉴定步骤

7.1 样品DNA提取

采集0.4 g～0.5 g新鲜嫩叶，在液氮中研磨成细粉末。将研磨后的细粉末转至2 mL的离心管中。加入600 μL 65℃预热的CTAB提取缓冲液(5.1.17)，混匀。在65℃水浴中温育1 h～2 h。分别用600 μL的酚：氯仿：异戊醇(5.1.18)和氯仿：异戊醇(5.1.16)抽提。离心收集上清液到无菌的离心管中。用等体积的异丙醇(5.1.11)和1/10体积的3 mol/L醋酸钠(pH 5.2)(5.1.12)沉淀DNA。离心收集DNA，并在室温下晾干。用70%的酒精洗盐。加入100 μL TE缓冲液(5.1.19)，完全溶解DNA。加入10 μL RNA酶(10 μg/μL)(5.2.1)，并于37℃水浴中温育1 h。用紫外分光光度度计(6.2)测定DNA的浓度。在0.8%的琼脂糖胶(5.1.23)上电泳，检测DNA的质量。DNA保存在－20℃冰箱。

7.2 AFLP反应

鉴定所涉及的接头和引物参见附录A。

7.2.1 模板DNA的双酶切

每个DNA样品按照12 μL的DNA(25 ng/μL)、0.5 μL的*Eco* RI(20 U/μL)(5.2.2)、0.5 μL的*Mse* I(10 U/μL)(5.2.3)、2.5 μL的10×*Eco* RI酶切缓冲液、9.5 μL的无菌双蒸水组分混合，总体积为25 μL。进行*Eco* R I和*Mse* I的双酶切，37℃保温酶切2 h，70℃保温15 min以终止反应，冰上放置，短暂离心收集于管底并保存在－20℃冰箱。

7.2.2 DNA片段和接头的连接

酶切完全后的DNA片段与*Eco*RI和*Mse*I接头(5.2.4)进行连接反应，并按10 μL的DNA双酶切反应液、5 μL的*Eco* RI接头(10 μmol/L)、5 μL的*Mse*I接头(10 μmol/L)、2.5 μL的10×连接缓冲液、1 μL的T4 DNA连接酶(5.2.5)、1.5 μL的无菌双蒸水组分混合，每个样品反应的总体积为25 μL。于16℃条件下过夜(15 h)连接。取连接产物10 μL，按1：5的比例用1×TE缓冲液(5.1.19)稀释后用于预扩增反应。其余连接反应液保存在－20℃冰箱。

7.2.3 AFLP预扩增反应

按2.5 μL的1：5稀释的连接反应液、1 μL的预扩增引物E(100 ng/μL)、1 μL的预扩增引物M(100 ng/μL)、0.2 μL的*Taq* DNA聚合酶(5.2.7)(5 U/μL)、4 μL的氯化镁(25 mmol/L)、2.5 μL的10×PCR反应缓冲液(5.2.11)、2 μL的dNTPs(5.2.8)(2.5 mmol/L)、11.8 μL的无菌双蒸水组分混合，反应体积为25 μL。反应条件：94℃预变性5 min；94℃变性30 s，56℃退火60 s，72℃延伸60 s，共25个循环。预扩增反应后，取5 μL预扩增产物进行0.8%的琼脂糖(5.1.23)电泳，检测预扩增效果。另取3 μL反应产物按1：50比例用1×TE缓冲液(5.1.19)稀释作为选择性扩增反应模板。其余产物保存在－20℃冰箱。

7.2.4 AFLP选择性扩增反应

取经1∶50比例稀释的预扩增产物5 μL作为选择性扩增的DNA模板，加入1 μL的选择性引物(5.2.6)E(100 ng/μL)、1 μL的选择性引物M(100 ng/μL)、2 μL的dNTPs(5.2.8)(2.5 mmol/L)、0.3 μL的*Taq*DNA聚合酶(5.2.7)(5 U/μL)、1.5 μL的氯化镁(25 mmol/L)、2.0 μL的10×PCR反应缓冲液、7.2 μL的无菌双蒸水组分混合，反应体积为20 μL。采用梯度PCR方法，其反应条件为：起始反应温度94℃变性60 s，68℃退火30 s，72℃延伸60 s；以后每个循环中的退火温度逐次降低1℃，经13个循环后降至56℃，其余条件不变，再进行23个循环。

7.2.5 AFLP选择性扩增反应产物电泳

7.2.5.1 玻璃板处理

用0.1 mol/L的氢氧化钠(5.1.4)处理玻璃板1 h，并清洗，然后自来水冲洗。用洗洁剂清洗，然后分别用自来水和无离子水冲洗干净。玻璃板放置50℃条件下烘干。用无水乙醇去除玻璃板上所有可见的污斑，并晾干。在带耳的玻璃板一面用反硅烷化试剂(5.4.1)处理(用擦镜纸涂)，并晾干(必要时在一小角作记号)。在另一板玻璃板的一面用亲和硅烷(5.4.2)处理，方法同上。干后，用去离子水冲洗，再用无水乙醇(5.4.3)处理。将经亲和硅烷处理的玻璃板面向上，在两边放上边条，然后将带耳的经反硅烷化试剂处理的玻璃板面向下叠好，再用医用宽胶带将玻璃板的两边和底端封好，并夹上夹子。

7.2.5.2 制胶

取60 mL的6%聚丙烯酰胺凝胶(5.3.14)于200 mL烧杯中，加入800 μL的10%过硫酸铵(5.3.13)，40 μL的二甲苯苯胺(5.3.2)，迅速混匀。将玻璃板倾斜成15°，并把溶液从玻璃板的一边灌入，直至灌满，并插入梳子(注：对于尖头梳子，先以平端插入0.5 cm左右)。让胶聚合2.5 h，聚合后，用无离子水清洗玻璃板。

7.2.5.3 样品处理

取3 μL AFLP选择性产物与等体积的2×AFLP上样缓冲液(5.3.10)混合后，95℃条件变性5 min，并迅速放置冰上冷却。小分子量pUC19 DNA/*Msp*I(5.2.10)也做同样处理。

7.2.5.4 电泳

预电泳：使用DNA序列分析电泳槽和多功能电泳仪，以1 500 V、50 W(上槽800 mL 1×TBE，下槽1 000 mL 1×TBE)电泳30 min～40 min。待温度达55℃时断电，开始点样。先用枪头冲洗点样孔，并开始点样。电泳：电压1 500 V，功率50 W条件下电泳2 h，直到前沿染料至玻璃板末端1 cm～1.5 cm为止。电泳结束后15 min，从电泳槽上拆下玻璃板，并用无离子水将玻璃板擦干净。

7.2.5.5 银染

固定：将带胶的玻璃板(胶面向上)放在2 L的固定溶液(5.5.6)中固定20 min。洗涤：分别用2 L的无离子水洗涤带胶的玻璃板3次，每次5 min。染色：将带胶的玻璃板(胶面向上)在2 L染色液(5.5.7)中，充分振荡45 min。用超纯水洗胶9 s。显影：在2 L的显影液(5.5.8)中，充分振荡，直至所有带出现。在固定液中终止显影，并在无离子水中漂洗。室温条件下，将玻璃板垂直放置过夜，晾干后，进行图像扫描并记录数据，读带范围为50 bp～330 bp。

8 结果计算

8.1 数据记录

根据AFLP选择性扩增产物范围的主条带有或无分别赋值，有带的记为1，无带的记为0。

8.2 遗传相似系数计算

供检品种与真实品种间遗传相似系数按式(1)计算。

$$Gs = \frac{2N_{xy}}{N_x + N_y} \quad \cdots\cdots (1)$$

式中：

Gs ——为供检品种与真实品种间的遗传相似系数；

N_x ——真实品种 x 的总条带数；

N_y ——供检品种 y 的总条带数；

N_{xy} ——代表两个品种共有的条带数。

9 鉴定规则

遗传相似系数为 0.99～1,供检品种是真实品种;遗传相似系数小于 0.99,供检品种不是真实品种。

附 录 A
（资料性附录）
热带作物品种 DNA 分子鉴定所用接头和引物

热带作物品种	限制性内切酶	接头	预扩增引物对	选择性扩增引物对
橡胶	*Eco*RI/*Mse* I	*Eco*R I/*Mse* I 接头	*Eco*RI－A/*Mse* I－C	E－AG/M－CAA E－TG/M－CTG
芒果	*Eco*R I/*Mse* I	*Eco*R I/*Mse* I 接头	*Eco*RI－A/*Mse* I－C	E－ACA/M－CAT E－ACT/M－CTT
荔枝	*Eco*R I/*Mse* I	*Eco*R I/*Mse* I 接头	*Eco*RI－A/*Mse* I－C	E－AAC/M－CTG E－ACC/M－CAT
龙眼	*Eco*R I/*Mse* I	*Eco*R I/*Mse*I 接头	*Eco*R I－A/*Mse* I－C	E－ACT/M－CTT
香蕉	*Eco*R I/*Mse* I	*Eco*R I/*Mse* I 接头	*Eco*RI－A/*Mse* I－C	E－ACC/M－CAT E－ACC/M－CAG
木薯	*Eco*R I/*Mse* I	*Eco*R I/*Mse* I 接头	*Eco*R I－A/*Mse* I－C	E－ACT/M－CAT E－ACA/M－CAA E－AGG/M－CTT
柱花草	*Eco*R I/*Mse* I	*Eco*R I/*Mse* I 接头	*Eco*R I－0/*Mse* I－0	E－ACC/M－CTC

本标准起草单位：中国热带农业科学院热带作物品种资源研究所、中国热带农业科学院热带生物技术研究所、中国热带农业科学院南亚热带作物研究所、中国热带农业科学院橡胶研究所。

本标准主要起草人：邹冬梅、蒋昌顺、吴坤鑫、雷新涛、曾霞。

中华人民共和国农业行业标准

NY/T 1432—2014

玉米品种鉴定技术规程　SSR 标记法

Protocol for the identification of maize varieties—SSR marker method

1　范围

本标准规定了利用简单重复序列(Simple sequence repeat,SSR)标记法进行玉米(*Zea mays* L.)品种鉴定的操作程序、数据记录与统计、判定规则。

本标准适用于玉米自交系和单交种的 SSR 指纹数据采集及品种鉴定,其他杂交种类型及群体和开放授粉品种可参考本标准。

2　规范性引用文件

下列文件对于本文件的应用是必不可少的。凡是注日期的引用文件,仅注日期的版本适用于本文件。凡是不注日期的引用文件,其最新版本(包括所有的修改单)适用于本文件。

GB/T 6682　中国实验室用水国家标准

3　术语和定义

下列术语和定义适用于本文件。

3.1

核心引物　core primer

品种鉴定中优先选用的一套 SSR 引物,具有多态性高、重复性好等综合特性。

3.2

参照品种　reference variety

具有所用 SSR 位点上不同等位变异的品种。参照品种用于辅助确定待测样品的等位变异,校正仪器设备的系统误差。

4　原理

由于不同玉米品种遗传组成不同,基因组 DNA 中简单重复序列的重复次数存在差异,这种差异可通过 PCR 扩增及电泳方法进行检测,从而能够区分不同玉米品种。

5　仪器设备及试剂

见附录 A。

6　溶液配制

见附录 B。

中华人民共和国农业部 2014-03-24 发布　　2014-06-01 实施

7 引物信息

核心引物名单及序列见附录 C，核心引物等位变异等相关信息参见附录 D。

8 参照品种信息

参见附录 E。

9 操作程序

9.1 样品制备

送验样品可为种子、幼苗、叶片、苞叶、果穗等组织或器官。对玉米自交系和单交种，随机数取至少 20 个个体组成的混合样品进行分析，或直接对至少 5 个个体单独进行分析；对于其他杂交种类型，随机数取至少 20 个个体单独进行分析。

9.2 DNA 提取

CTAB 提取法：幼苗或叶片 200 mg～300 mg，置于 2.0 mL 离心管，加液氮充分研磨，或取种子充分磨碎，移入 2.0 mL 离心管；每管加入 700 μL 65℃预热的 CTAB 提取液后，充分混合，65℃保温 60 min，期间多次颠倒混匀；每管加入等体积的三氯甲烷/异戊醇混合液，充分混合后，静置 10 min；12 000 *g* 离心 15 min 后，吸取上清液至一新离心管，再加入等体积预冷的异丙醇，颠倒离心管数次，在－20℃放置 30 min；4℃，12 000 *g* 离心 10 min，弃上清液；加入 70％乙醇，旋转离心管数次，弃去乙醇；将离心管倒立于垫有滤纸的实验台上，室温干燥沉淀 6 h 以上；加入 100 μL 超纯水或 TE 缓冲液，充分溶解后备用。

SDS 提取法：剥取干种子的胚，放入 1.5 mL 离心管中，加入 100 μL 氯仿后研磨，加入 300 μL SDA 提取液，混匀后于 10 000 *g* 离心 2 min，吸上清液加入预先装有 300 μL 异丙醇和 300 μL NaCl 溶液的 1.5 mL 离心管中，待 DNA 成团后挑出，经 70％乙醇洗涤后加入 200 μL TE 缓冲液，待充分溶解后备用。

试剂盒提取法：使用经验证适合 SSR 指纹技术的商业试剂盒，按照试剂盒的使用说明操作。

注：以上为推荐的 DNA 提取方法，其他达到 PCR 扩增质量要求的 DNA 提取方法均适用。

9.3 PCR 扩增

9.3.1 引物选择

首先选择附录 C 中前 20 对引物进行检测，当样品间检测出的差异位点数小于 2 时，再选用附录 C 中后 20 对引物进行检测；必要时，进一步选择特定标记进行检测。

9.3.2 反应体系

各组分的终浓度如下：每种 dNTP 0.10 mmol/L，正向、反向引物各 0.24 μmol/L，Taq DNA 聚合酶 0.04 U/μL，1×PCR 缓冲液（含 Mg^{2+} 2.5 mmol/L），DNA 溶液 2.5ng/μL，其余以超纯水补足至所需体积。如果 PCR 过程中不采用热盖程序，则反应液上加盖 15 μL 矿物油，以防止反应过程中水分蒸发。

9.3.3 反应程序

94℃预变性 5 min，1 个循环；94℃变性 40 s，60℃退火 35 s，72℃延伸 45 s，共 35 个循环；72℃延伸 10 min，4℃保存。

9.4 PCR 产物检测

9.4.1 普通变性聚丙烯酰胺凝胶电泳（PAGE）

9.4.1.1 清洗玻璃板

将玻璃板反复擦洗干净，双蒸水擦洗 2 遍，95％乙醇擦洗 2 遍，干燥。在长板上涂上 0.5 mL 亲和硅烷工作液，带凹槽的短板上涂 0.5 mL 剥离硅烷工作液。操作过程中防止两块玻璃板互相污染。

9.4.1.2 组装电泳板

待玻璃板彻底干燥后组装电泳板，并用水平仪调平。

9.4.1.3 灌胶

在 100 mL 4.5% PAGE 胶中加入 TEMED 和 25%过硫酸铵各 100 μL，迅速混匀后灌胶。待胶流动到下部，在上部轻轻的插入梳子，使其聚合至少 1 h 以上。灌胶时应匀速以防止出现气泡。

9.4.1.4 预电泳

在正极槽（下槽）中加入 1×TBE 缓冲液 600 mL，在负极槽（上槽）加入预热至 65℃的 1×TBE 缓冲液 600 mL，拔出梳子。在 90 W 恒功率下，预电泳 10 min～20 min。

9.4.1.5 变性

在 20 μL PCR 产物中加入 4 μL 6×加样缓冲液，混匀后，在 PCR 仪上运行变性程序：95℃变性 5 min，4℃冷却 10 min 以上。

9.4.1.6 电泳

用移液器吹吸加样槽，清除气泡和杂质，插入样品梳子。每一个加样孔点入 5 μL 样品。80 W 恒功率电泳至上部的指示带（二甲苯青）到达胶板的中部。电泳结束后，小心分开两块玻璃板，凝胶会紧贴在长板上。

注：预期扩增产物片段大小在 150 bp 以下时电泳时间应适当缩短，扩增产物片段大小在 300 bp 以上时电泳时间应适当延长。

9.4.1.7 银染

a) 固定：固定液中轻轻晃动 3 min；
b) 漂洗：双蒸水快速漂洗 1 次，不超过 10 s；
c) 染色：染色液中染色 5 min；
d) 漂洗：双蒸水快速漂洗，时间不超过 10 s；
e) 显影：显影液中轻轻晃动至带纹出现；
f) 定影：固定液中定影 5 min；
g) 漂洗：双蒸水漂洗 1 min。

9.4.2 荧光标记毛细管电泳

9.4.2.1 样品制备

等体积混合不同荧光标记扩增产物，混匀后从混合液中吸取 1 μL 加入到 DNA 分析仪专用 96 孔板孔中。板中各孔分别加入 0.1 μL 分子量内标和 8.9 μL 去离子甲酰胺。将样品在 PCR 仪上 95℃变性 5 min，取出，立即置于碎冰上，冷却 10 min 以上。离心 10 s 后置放到 DNA 分析仪上。

9.4.2.2 电泳检测

按照仪器操作手册，编辑样品表，执行运行程序，保存数据。

10 数据记录与统计

10.1 数据记录

对普通变性聚丙烯酰胺凝胶电泳，将每个扩增位点的等位变异与参照品种的等位变异片段大小进行比较，确定样品在该位点的等位变异；对荧光标记毛细管电泳，通过参照品种消除同型号不同批次间或不同型号 DNA 分析仪间可能存在的系统误差，使用片段分析软件读取样品在该位点的等位变异。

纯合位点的基因型数据记录为 X/X，杂合位点的基因型数据记录为 X/Y，其中 X、Y 分别为该位点上两个等位变异，小片段数据在前，大片段数据在后；缺失位点基因型数据记录为 0/0。

示例 1：

样品在某个位点上仅出现一个等位变异，大小为 150 bp，在该位点的基因型记录为 150/150。

示例 2：

样品在某个位点上有两个等位变异，大小分别为 150 bp、160 bp，在该位点的基因型记录为 150/160。

10.2 数据统计

当对送验样品混合 DNA 进行分析时，可直接进行品种间成对比较，如果样品某个引物位点出现可见的异质性且影响到差异位点判定时，可重新提取至少 20 个个体的 DNA，并用该引物重新扩增，统计在该引物位点上不同个体的基因型（或等位变异）及所占比例。当对送检样品多个个体 DNA 进行分析时，应统计其在各引物位点的各种基因型（或等位变异）及所占比例。对单交种，应比较两个样品在各引物位点的基因型；对自交系，应比较两个样品在各引物位点的等位变异。

成对比较的数据统计记录表见附录 F。

11 判定规则

11.1 结果判定

当样品间差异位点数≥2，判定为“不同”；当样品间差异位点数＝1，判定为“近似”；当样品间差异位点数＝0，判定为“极近似或相同”。

对利用附录 C 中 40 对引物仍未检测到≥2 个差异位点数的样品，如果相关品种存在特定标记，必要时增加其特定标记进行检测。

11.2 结果表述

比较位点数：________，比较位点为：________；差异位点数：________，差异位点为：________；判定为：________。

附 录 A
（规范性附录）
主要仪器设备及试剂

A.1 主要仪器设备

A.1.1 PCR扩增仪。

A.1.2 高压电泳仪：规格为3 000 V、400 mA、400 W，具有恒电压、恒电流和恒功率功能。

A.1.3 垂直电泳槽及配套的制胶附件。

A.1.4 普通电泳仪。

A.1.5 水平电泳槽及配套的制胶附件。

A.1.6 高速冷冻离心机：最大离心力不小于15 000 g。

A.1.7 水平摇床。

A.1.8 胶片观察灯。

A.1.9 电子天平：感应为0.01 g、0.001 g。

A.1.10 微量移液器：规格分别为10 μL、20 μL、100 μL、200 μL、1 000 μL，连续可调。

A.1.11 磁力搅拌器。

A.1.12 紫外分光光度计：波长260 nm、280 nm。

A.1.13 微波炉。

A.1.14 高压灭菌锅。

A.1.15 酸度计。

A.1.16 水浴锅或金属浴：控温精度±1℃。

A.1.17 冰箱：最低温度－20℃。

A.1.18 制冰机。

A.1.19 凝胶成像系统或紫外透射仪。

A.1.20 DNA分析仪：基于毛细管电泳，有片段分析功能和数据分析软件，能够分辨1个核苷酸大小的差异。

A.2 主要试剂

A.2.1 十六烷基三乙基溴化铵(CTAB)。

A.2.2 三氯甲烷。

A.2.3 异丙醇。

A.2.4 异戊醇。

A.2.5 乙二胺四乙酸二钠。

A.2.6 三羟甲基氨基甲烷。

A.2.7 盐酸：37%。

A.2.8 氢氧化钠。

A.2.9 氯化钠。

A.2.10 10×Buffer 缓冲液：含 Mg^{2+} 25 mmol/L。

A.2.11 4 种脱氧核苷三磷酸：dATP、dTTP、dGTP、dCTP(10 mmol/L each)。

A.2.12 Taq DNA 聚合酶。

A.2.13 矿物油。

A.2.14 琼脂糖。

A.2.15 DNA 分子量标准。

A.2.16 核酸染色剂。

A.2.17 去离子甲酰胺。

A.2.18 溴酚蓝。

A.2.19 二甲苯青。

A.2.20 甲叉双丙烯酰胺。

A.2.21 丙烯酰胺。

A.2.22 硼酸。

A.2.23 尿素。

A.2.24 亲和硅烷。

A.2.25 剥离硅烷。

A.2.26 无水乙醇。

A.2.27 四甲基乙二胺。

A.2.28 过硫酸铵。

A.2.29 冰醋酸。

A.2.30 乙酸铵。

A.2.31 硝酸银。

A.2.32 甲醛。

A.2.33 DNA 分析仪专用丙烯酰胺胶液。

A.2.34 DNA 分析仪专用分子量内标 Liz 标记。

A.2.35 DNA 分析仪专用电泳缓冲液。

附 录 B
(规范性附录)
溶 液 配 制

B.1 DNA 提取溶液的配制

B.1.1 0.5 mol/L EDTA 溶液

186.1 g $Na_2EDTA \cdot 2H_2O$ 溶于 800 mL 水中,用固体 NaOH 调 pH 至 8.0,定容至 1 000 mL,高压灭菌。

B.1.2 1 mol/L Tris-HCl 溶液

60.55 g Tris 碱溶于适量水中,加 HCl 调 pH 至 8.0,定容至 500 mL,高压灭菌。

B.1.3 0.5 mol/L HCl 溶液

25 mL 浓盐酸(36%～38%),加水定容至 500 mL。

B.1.4 CTAB 提取液

81.7 g 氯化钠和 20 g CTAB 溶于适量水中,然后加入 1 mol/L Tris-HCl 100 mL,0.5 mol/L EDTA 40 mL,定容至 1 000 mL,4℃贮存。

B.1.5 SDS 提取液

1 mol/L Tris-HCl 50 mL,0.5 mol/L EDTA 50 mL,5 mol/L NaCl 50 mL,SDS 7.5 g,定容至 500 mL。

B.1.6 TE 缓冲液

1 mol/L Tris-HCl 5 mL,0.5 mol/L EDTA 1 mL,加 HCl 调 pH 至 8.0,定容至 500 mL。

B.1.7 5 mol/L NaCl 溶液

146 g 固体 NaCl 溶于水中,加水定容至 500 mL。

B.2 PCR 扩增溶液的配制

B.2.1 dNTP

用超纯水分别配制 A、G、C、T 终浓度 100 mmol/L 的储存液。各取 20 μL 混合,用超纯水 720 μL 定容至终浓度 2.5 mmol/L each 的工作液。

B.2.2 SSR 引物

用超纯水分别配制前引物和后引物终浓度均 40 μmol/L 的储存液,等体积混合成 20 μmol/L 的工作液。

注:干粉配制前应首先快速离心。

B.2.3 6×加样缓冲液

去离子甲酰胺 49 mL,0.5 mol/L 的 EDTA 溶液(pH 8.0)1 mL,溴酚蓝 0.125 g,二甲苯青 0.125 g。

B.3 变性聚丙烯酰胺凝胶电泳溶液的配制

B.3.1 40%PAGE 胶

丙烯酰胺 190 g 和甲叉双丙烯酰胺 10 g,定容至 500 mL。

B.3.2 4.5% PAGE 胶

尿素 450 g,10×TBE 缓冲液 100 mL,40% PAGE 胶 112.5 mL,定容至 1 000 mL。

B.3.3 Bind 缓冲液

49.75 mL 无水乙醇和 250 μL 冰醋酸，加水定容至 50 mL。

B.3.4 亲和硅烷工作液

在 1 mL Bind 缓冲液中加入 5 μL Bind 原液，混匀。

B.3.5 剥离硅烷工作液

2%二甲基二氯硅烷。

B.3.6 25%过硫酸铵溶液

0.25 g 过硫酸铵溶于 1 mL 超纯水中。

B.3.7 10×TBE 缓冲液

三羟甲基氨基甲烷（Tris 碱）108 g，硼酸 55 g，0.5 mol/L EDTA 溶液 37 mL，定容至 1 000 mL。

B.3.8 1×TBE 缓冲液

取 10×TBE 缓冲液 500 mL，加水定容至 5 000 mL。

B.4 银染溶液的配制

B.4.1 固定液

100 mL 冰醋酸，加水定容至 1 000 mL。

B.4.2 染色液

称取 2 g 硝酸银，加水定容至 1 000 mL。

B.4.3 显影液

量取 1 000 mL 蒸馏水中，加入 30 g 氢氧化钠和 5 mL 甲醛，混匀。

注：除银染溶液的配制可使用符合 GB/T 6682 规定的三级水外，试验中仅使用确认为分析纯的试剂和 GB/T 6682 规定的一级水。

附 录 C
(规范性附录)
核心引物名单及序列

核心引物名单及序列见表C.1。

表C.1 核心引物名单及序列

编号	引物名称	染色体位置	引物序列
P01	bnlg439w1	1.03	上游:AGTTGACATCGCCATCTTGGTGAC 下游:GAACAAGCCCTTAGCGGGTTGTC
P02	umc1335y5	1.06	上游:CCTCGTTACGGTTACGCTGCTG 下游:GATGACCCCGCTTACTTCGTTTATG
P03	umc2007y4	2.04	上游:TTACACAACGCAACACGAGGC 下游:GCTATAGGCCGTAGCTTGGTAGACAC
P04	bnlg1940k7	2.08	上游:CGTTTAAGAACGGTTGATTGCATTCC 下游:GCCTTTATTTCTCCCTTGCTTGCC
P05	umc2105k3	3.00	上游:GAAGGGCAATGAATAGAGCCATGAG 下游:ATGGACTCTGTGCGACTTGTACCG
P06	phi053k2	3.05	上游:CCCTGCCTCTCAGATTCAGAGATTG 下游:TAGGCTGGCTGGAAGTTTGTTGC
P07	phi072k4	4.01	上游:GCTCGTCTCCTCCAGGTCAGG 下游:CGTTGCCCATACATCATGCCTC
P08	bnlg2291k4	4.06	上游:GCACACCCGTAGTAGCTGAGACTTG 下游:CATAACCTTGCCTCCCAAACCC
P09	umc1705w1	5.03	上游:GGAGGTCGTCAGATGGAGTTCG 下游:CACGTACGGCAATGCAGACAAG
P10	bnlg2305k4	5.07	上游:CCCCTCTTCCTCAGCACCTTG 下游:CGTCTTGTCTCCGTCCGTGTG
P11	bnlg161k8	6.00	上游:TCTCAGCTCCTGCTTATTGCTTTCG 下游:GATGGATGGAGCATGAGCTTGC
P12	bnlg1702k1	6.05	上游:GATCCGCATTGTCAAATGACCAC 下游:AGGACACGCCATCGTCATCA
P13	umc1545y2	7.00	上游:AATGCCGTTATCATGCGATGC 下游:GCTTGCTGCTTCTTGAATTGCGT
P14	umc1125y3	7.04	上游:GGATGATGGCGAGGATGATGTC 下游:CCACCAACCCATACCCATACCAG
P15	bnlg240k1	8.06	上游:GCAGGTGTCGGGGATTTTCTC 下游:GGAACTGAAGAACAGAAGGCATTGATAC
P16	phi080k15	8.08	上游:TGAACCACCCGATGCAACTTG 下游:TTGATGGGCACGATCTCGTAGTC
P17	phi065k9	9.03	上游:CGCCTTCAAGAATATCCTTGTGCC 下游:GGACCCAGACCAGGTTCCACC
P18	umc1492y13	9.04	上游:GCGGAAGAGTAGTCGTAGGGCTAGTGTAG 下游:AACCAAGTTCTTCAGACGCTTCAGG
P19	umc1432y6	10.02	上游:GAGAAATCAAGAGGTGCGAGCATC 下游:GGCCATGATACAGCAAGAAATGATAAGC

表 C.1（续）

编号	引物名称	染色体位置	引物序列
P20	umc1506k12	10.05	上游:GAGGAATGATGTCCGCGAAGAAG 下游:TTCAGTCGAGCGCCCAACAC
P21	umc1147y4	1.07	上游:AAGAACAGGACTACATGAGGTGCGATAC 下游:GTTTCCTATGGTACAGTTCTCCCTCGC
P22	bnlg1671y17	1.10	上游:CCCGACACCTGAGTTGACCTG 下游:CTGGAGGGTGAAACAAGAGCAATG
P23	phi96100y1	2.00	上游:TTTTGCACGAGCCATCGTATAACG 下游:CCATCTGCTGATCCGAATACCC
P24	umc1536k9	2.07	上游:TGATAGGTAGTTAGCATATCCCTGGTATCG 下游:GAGCATAGAAAAAGTTGAGGTTAATATGGAGC
P25	bnlg1520K1	2.09	上游:CACTCTCCCTCTAAAATATCAGACAACACC 下游:GCTTCTGCTGCTGTTTTGTTCTTG
P26	umc1489y3	3.07	上游:GCTACCCGCAACCAAGAACTCTTC 下游:GCCTACTCTTGCCGTTTTACTCCTGT
P27	bnlg490y4	4.04	上游:GGTGTTGGAGTCGCTGGGAAAG 下游:TTCTCAGCCAGTGCCAGCTCTTATTA
P28	umc1999y3	4.09	上游:GGCCACGTTATTGCTCATTTGC 下游:GCAACAACAAATGGGATCTCCG
P29	umc2115k3	5.02	上游:GCACTGGCAACTGTACCCATCG 下游:GGGTTTCACCAACGGGGATAGG
P30	umc1429y7	5.03	上游:CTTCTCCTCGGCATCATCCAAAC 下游:GGTGGCCCTGTTAATCCTCATCTG
P31	bnlg249k2	6.01	上游:GGCAACGGCAATAATCCACAAG 下游:CATCGGCGTTGATTTCGTCAG
P32	phi299852y2	6.07	上游:AGCAAGCAGTAGGTGGAGGAAGG 下游:AGCTGTTGTGGCTCTTTGCCTGT
P33	umc2160k3	7.01	上游:TCATTCCCAGAGTGCCTTAACACTG 下游:CTGTGCTCGTGCTTCTCTCTGAGTATT
P34	umc1936k4	7.03	上游:GCTTGAGGCGGTTGAGGTATGAG 下游:TGCACAGAATAAACATAGGTAGGTCAGGTC
P35	bnlg2235y5	8.02	上游:CGCACGGCACGATAGAGGTG 下游:AACTGCTTGCCACTGGTACGGTCT
P36	phi233376y1	8.09	上游:CCGGCAGTCGATTACTCCACG 下游:CAGTAGCCCCTCAAGCAAAACATTC
P37	umc2084w2	9.01	上游:ACTGATCGCGACGAGTTAATTCAAAC 下游:TACCGAAGAACAACGTCATTTCAGC
P38	umc1231k4	9.05	上游:ACAGAGGAACGACGGGACCAAT 下游:GGCACTCAGCAAAGAGCCAAATTC
P39	phi041y6	10.00	上游:CAGCGCCGCAAACTTGGTT 下游:TGGACGCGAACCAGAAACAGAC
P40	umc2163w3	10.04	上游:CAAGCGGGAATCTGAATCTTTGTTC 下游:CTTCGTACCATCTTCCCTACTTCATTGC

附 录 D
（资料性附录）
核心引物相关信息

核心引物相关信息见表 D.1。

表 D.1 核心引物相关信息

引物编号	引物名称	推荐荧光类型	等位变异范围，bp	等位变异 bp	等位变异频率	参照品种名称	参照品种基因型数据
P01	bnlg439w1	NED	320～368	320	0.007	绵单 1 号	320/350
				322	0.115	郑单 958	322/354
				325	0.085	农大 108	325/350
				331	0.004		
				335	0.027	桂青贮 1 号	335/350
				339	0.009		
				344	0.078	农华 101	344/350
				346	0.034	辽单 527	322/346
				348	0.028		
				350	0.348	先玉 335	350/350
				352	0.035		
				354	0.14	郑单 958	322/354
				356	0.027		
				358	0.023	蠡玉 16	350/358
				362	0.014	遵糯 1 号	325/362
				366	0.019		
				368	0.009	金玉甜 1 号	344/368
P02	umc1335y5	PET	234～254	234	0.076	绵单 1 号	234/234
				238	0.074	京玉 7 号	238/238
				240	0.681	浚单 20	240/240
				252	0.161	郑单 958	252/252
				254	0.009	本玉 9 号	254/254
P03	umc2007y4	FAM	238～292	238	0.025	正大 619	238/282
				246	0.085	川单 14	246/250
				248	0.157	郑单 958	248/255
				250	0.094	先玉 335	250/255
				252	0.041		
				255	0.435	郑单 958	248/255
				257	0.009		
				260	0.03	遵糯 1 号	238/260
				264	0.046	蠡玉 16	255/264
				266	0.007		
				270	0.002	屯玉 27	255/270
				273	0.021		
				279	0.005	金玉甜 1 号	252/279
				282	0.005	正大 619	238/282
				284	0.032	兴垦 10	246/284
				288	0.005		
				292	0.002	奥玉 28	284/292

表 D.1（续）

引物编号	引物名称	推荐荧光类型	等位变异范围，bp	等位变异 bp	等位变异频率	参照品种名称	参照品种基因型数据
P04	bnlg1940k7	PET	344～386	344	0.018	正大 619	344/363
				346	0.11	中科 4 号	346/360
				348	0.247	郑单 958	348/363
				351	0.021		
				353	0.051	成单 22	353/363
				355	0.035		
				360	0.269	先玉 335	360/360
				363	0.159	郑单 958	348/363
				365	0.007		
				367	0.004	奥玉 28	360/367
				369	0.004	金海 5 号	360/369
				371	0.002		
				379	0.057	本玉 9 号	353/379
				386	0.018	京科 968	386/386
P05	umc2105k3	PET	288～335	288	0.018	本玉 9 号	288/317
				290	0.376	郑单 958	290/335
				292	0.233	中科 4 号	292/335
				294	0.049	农华 101	294/317
				299	0.002		
				302	0.019	绵单 1 号	292/302
				305	0.044	万糯 1 号	305/323
				309	0.005		
				317	0.115	先玉 335	290/317
				323	0.085	浚单 20	323/335
				335	0.053	郑单 958	290/335
P06	phi053k2	NED	333～362	333	0.032	万糯 1 号	333/336
				336	0.39	郑单 958	336/362
				341	0.053	奥玉 28	341/362
				343	0.329	浚单 20	343/362
				357	0.023	正大 619	343/357
				362	0.173	郑单 958	336/362
P07	phi072k4	VIC	410～430	410	0.622	郑单 958	410/410
				416	0.018	正大 619	416/420
				420	0.088	正大 619	416/420
				422	0.049	蠡玉 16	422/430
				426	0.035		
				430	0.187	蠡玉 16	422/430
P08	bnlg2291k4	VIC	364～404	364	0.314	郑单 958	364/380
				374	0.014	金玉甜 1 号	374/376
				376	0.009	金玉甜 1 号	374/376
				378	0.012		
				380	0.175	郑单 958	364/380
				382	0.26	农华 101	382/404
				386	0.012	蠡玉 6 号	386/404
				388	0.002		
				390	0.005	川单 14	390/404
				396	0.021		
				404	0.175	农华 101	382/404

表 D.1（续）

引物编号	引物名称	推荐荧光类型	等位变异范围,bp	等位变异 bp	等位变异频率	参照品种名称	参照品种基因型数据
P09	umc1705w1	VIC	269～319	269	0.035	万糯 1 号	269/275
				271	0.016		
				273	0.269	郑单 958	273/275
				275	0.14	郑单 958	273/275
				279	0.034	川单 14	279/301
				289	0.011		
				291	0.021	中科 4 号	273/291
				293	0.005		
				297	0.004	郑加甜 5039	275/297
				299	0.004		
				301	0.228	浚单 20	275/301
				303	0.005		
				311	0.012	京科甜 126	273/311
				319	0.217	先玉 335	319/319
P10	bnlg2305k4	NED	244～290	244	0.039	中科 4 号	244/268
				248	0.15	郑单 958	248/252
				252	0.283	郑单 958	248/252
				254	0.009	正大 619	248/254
				260	0.06	绵单 1 号	252/260
				262	0.141	成单 22	252/262
				268	0.186	农华 101	252/268
				274	0.027	本玉 9 号	262/274
				281	0.002		
				290	0.104	先玉 335	252/290
P11	bnlg161k8	VIC	154～219	154	0.004	成单 22	154/183
				158	0.064	中科 10	158/181
				165	0.177	农华 101	165/173
				170	0.002		
				173	0.196	郑单 958	173/197
				175	0.018		
				177	0.069	浚单 20	177/197
				179	0.002		
				181	0.064	辽单 527	173/181
				183	0.125	先玉 335	173/183
				185	0.083	成单 19	165/185
				187	0.009		
				189	0.014	金海 5 号	177/189
				191	0.037		
				193	0.002	遵糯 1 号	183/193
				195	0.012		
				197	0.085	郑单 958	173/197
				199	0.012		
				201	0.016	金玉甜 1 号	158/201
				211	0.005		
				212	0.002	雅玉青贮 04889	158/211
				219	0.004	资玉 3 号	219/219

表 D.1（续）

引物编号	引物名称	推荐荧光类型	等位变异范围，bp	等位变异 bp	等位变异频率	参照品种名称	参照品种基因型数据
P12	bnlg1702k1	VIC	265～319	265	0.267	先玉 335	265/265
				267	0.099	成单 19	267/305
				269	0.007		
				272	0.012	雅玉青贮 04889	265/272
				274	0.152	浚单 20	274/276
				276	0.147	郑单 958	276/299
				278	0.005	正大 619	278/278
				280	0.046	川单 14	274/280
				282	0.005	兴垦 10	265/282
				284	0.021	金玉甜 1 号	284/289
				287	0.004		
				289	0.002	金玉甜 1 号	284/289
				292	0.065	农华 101	265/292
				299	0.102	郑单 958	276/299
				305	0.06	中科 4 号	276/305
				313	0.002		
				319	0.004	农乐 988	276/319
P13	umc1545y2	NED	190～246	190	0.148	先玉 335	190/206
				202	0.226	郑单 958	202/212
				206	0.375	先玉 335	190/206
				212	0.177	郑单 958	202/212
				229	0.011		
				246	0.064	农大 108	206/246
P14	umc1125y3	VIC	150～173	150	0.027	川单 14	150/173
				152	0.155	先玉 335	152/173
				154	0.253	郑单 958	154/173
				169	0.168	农大 108	169/173
				173	0.398	郑单 958	154/173
P15	bnlg240k1	PET	221～239	221	0.216	郑单 958	221/237
				229	0.069	农大 108	229/233
				231	0.08	正大 619	231/237
				233	0.147	农大 108	229/233
				235	0.074	成单 22	231/235
				237	0.376	郑单 958	221/237
				239	0.037	金玉甜 1 号	233/239
P16	phi080k15	PET	202～227	202	0.032	郑单 958	202/222
				207	0.012		
				212	0.092	中科 4 号	212/212
				217	0.495	先玉 335	217/217
				222	0.217	郑单 958	202/222
				227	0.152	农华 101	217/227
P17	phi065k9	NED	393～413	393	0.362	郑单 958	393/413
				403	0.005		
				408	0.15	先玉 335	408/413
				413	0.482	郑单 958	393/413
P18	umc1492y13	PET	275～284	275	0.014	正大 619	275/284
				278	0.843	农华 101	278/284
				284	0.143	农华 101	278/284

表 D.1(续)

引物编号	引物名称	推荐荧光类型	等位变异范围,bp	等位变异 bp	等位变异频率	参照品种名称	参照品种基因型数据
P19	umc1432y6	PET	220～240	220	0.041	农华 101	220/222
				222	0.726	郑单 958	222/240
				224	0.023	遵糯 1 号	220/224
				230	0.062	本玉 9 号	222/230
				240	0.136	郑单 958	222/240
				257	0.012	奥玉 28	222/257
P20	umc1506k12	FAM	166～190	166	0.014	遵糯 1 号	166/166
				169	0.092	川单 14	169/176
				173	0.037	金海 5 号	173/176
				176	0.164	金海 5 号	173/176
				179	0.2	成单 19	179/185
				185	0.373	先玉 335	185/190
				190	0.12	先玉 335	185/190
P21	umc1147y4	NED	154～168	154	0.804	先玉 335	154/168
				168	0.196	先玉 335	154/168
P22	bnlg1671y17	FAM	175～230	175	0.133	中科 4 号	175/184
				179	0.034		
				184	0.23	郑单 958	184/194
				186	0.041		
				194	0.322	郑单 958	184/194
				207	0.005		
				209	0.009	金海 5 号	194/209
				211	0.081	本玉 9 号	184/211
				213	0.051	中科 10	213/123
				215	0.072	蠡玉 6 号	184/215
				218	0.007		
				230	0.016	金甜 678	230/230
P23	phi96100y1	FAM	245～277	245	0.034	桂青贮 1 号	245/257
				253	0.373	先玉 335	253/266
				257	0.064	蠡玉 16	257/266
				259	0.002		
				262	0.049	农华 101	253/262
				266	0.42	先玉 335	253/266
				273	0.041	金海 5 号	266/273
				277	0.018	鲜玉糯 2 号	253/277
P24	umc1536k9	NED	216～238	216	0.014	成单 22	216/224
				222	0.398	先玉 335	222/222
				224	0.053	成单 22	216/224
				233	0.38	郑单 958	233/238
				238	0.155	郑单 958	233/238

表 D.1（续）

引物编号	引物名称	推荐荧光类型	等位变异范围,bp	等位变异 bp	等位变异频率	参照品种名称	参照品种基因型数据
P25	bnlg1520K1	FAM	160～195	160	0.011	铁单 20	160/173
				165	0.329	郑单 958	165/173
				171	0.012		
				173	0.426	郑单 958	165/173
				176	0.004		
				179	0.041	先玉 335	165/179
				183	0.009		
				187	0.012	正大 619	173/187
				189	0.005		
				191	0.104	农大 108	173/191
				193	0.046		
				195	0.002	川单 14	173/195
P26	umc1489y3	NED	230～265	230	0.673	农华 101	230/253
				245	0.122	辽单 527	230/245
				253	0.189	农华 101	230/253
				265	0.016	遵糯 1 号	230/265
P27	bnlg490y4	NED	271～330	271	0.406	先玉 335	271/294
				294	0.203	先玉 335	271/294
				297	0.095	成单 22	297/328
				301	0.018	辽单 527	294/301
				308	0.014		
				328	0.214	郑单 958	328/328
				330	0.049	兴垦 10	294/330
P28	umc1999y3	FAM	176～200	176	0.521	先玉 335	176/197
				182	0.03		
				185	0.007	金玉甜 1 号	185/191
				188	0.004		
				191	0.101	中科 4 号	176/191
				197	0.336	先玉 335	176/197
				200	0.002	郑青贮 1 号	176/200
P29	umc2115k3	VIC	270～293	270	0.222	郑单 958	270/275
				275	0.362	郑单 958	270/275
				278	0.163	农华 101	275/278
				283	0.149	中科 4 号	283/288
				288	0.098	中科 4 号	283/288
				291	0.002		
				293	0.005	成单 19	270/293
P30	umc1429y7	VIC	126～144	126	0.571	先玉 335	126/144
				134	0.115	郑单 958	134/144
				136	0.037		
				144	0.277	郑单 958	134/144

表 D.1（续）

引物编号	引物名称	推荐荧光类型	等位变异范围，bp	等位变异 bp	等位变异频率	参照品种名称	参照品种基因型数据
P31	bnlg249K2	VIC	261～301	261	0.005	鄂玉 25	261/265
				263	0.373	先玉 335	263/275
				265	0.129	郑单 958	265/269
				269	0.053	郑单 958	265/269
				275	0.072	先玉 335	263/275
				278	0.078	蠡玉 16	278/297
				280	0.074	川单 14	263/280
				282	0.088	京科 968	275/282
				285	0.016		
				291	0.002	济单 94-2	278/291
				293	0.002		
				297	0.104	浚单 20	269/297
				301	0.004	兴垦 10	263/301
P32	phi299852y2	VIC	210～251	210	0.002	桂青贮 1 号	210/225
				222	0.284	郑单 958	222/228
				225	0.256	农大 108	225/228
				228	0.071	郑单 958	222/228
				233	0.046		
				234	0.235	先玉 335	234/234
				239	0.055	万糯 1 号	239/239
				246	0.004		
				251	0.048	辽单 527	234/251
P33	umc2160k3	VIC	199～244	199	0.009	绵单 1 号	199/205
				205	0.163	郑单 958	205/207
				207	0.277	郑单 958	205/207
				213	0.016		
				215	0.194	先玉 335	207/215
				224	0.011	金玉甜 1 号	224/244
				230	0.011		
				232	0.044	蠡玉 16	232/244
				234	0.004		
				237	0.002	京科甜 126	207/237
				242	0.004		
				244	0.267	浚单 20	205/244
P34	umc1936k4	PET	156～184	156	0.239	先玉 335	156/170
				170	0.606	先玉 335	156/170
				172	0.012		
				174	0.094	正大 619	174/174
				176	0.025		
				178	0.016	济单 94-2	170/178
				180	0.002		
				184	0.005	兴垦 10	170/184
P35	bnlg2235y5	VIC	175～193	175	0.226	农大 108	175/183
				178	0.011		
				180	0.072	先玉 335	180/183
				183	0.431	先玉 335	180/183
				186	0.021		
				188	0.159	郑单 958	188/193
				193	0.08	郑单 958	188/193

表 D.1（续）

引物编号	引物名称	推荐荧光类型	等位变异范围，bp	等位变异 bp	等位变异频率	参照品种名称	参照品种基因型数据
P36	phi233376y1	PET	204～218	204	0.284	郑单 958	204/215
				207	0.228	蠡玉 6 号	204/207
				215	0.353	郑单 958	204/215
				218	0.134	正大 619	215/218
P37	umc2084w2	NED	185～213	185	0.364	郑单 958	185/205
				193	0.004		
				196	0.3	先玉 335	196/199
				199	0.044	先玉 335	196/199
				205	0.21	郑单 958	185/205
				213	0.078	成单 22	205/213
P38	umc1231k4	FAM	228～275	228	0.004	苏玉糯 8 号	228/260
				260	0.528	郑单 958	260/275
				273	0.004		
				275	0.465	郑单 958	260/275
P39	phi041y6	PET	295～324	295	0.011	苏玉糯 8 号	295/304
				304	0.332	郑单 958	304/309
				309	0.349	郑单 958	304/309
				312	0.206	先玉 335	309/312
				316	0.002		
				319	0.005	屯玉 27	312/319
				321	0.051	农大 108	309/321
				324	0.044	蠡玉 6 号	304/324
P40	umc2163w3	NED	283～332	283	0.406	郑单 958	283/317
				299	0.152	中科 4 号	299/299
				310	0.261	先玉 335	310/332
				317	0.037	郑单 958	283/317
				332	0.144	先玉 335	310/332

注 1：附录 D 中提供的等位变异包括了至今在审定和品种权保护已知品种中检测到的所有等位变异，今后对于附录 D 中未包括的等位变异，应按本标准方法，确定其大小和对应参照品种后再补充发布。

注 2：每个引物位点上提供的参照品种包含了该位点最大、最小和等位基因频率大于 0.05 的等位变异，且每间隔一个等位变异至少提供一个参照品种。逐位点进行电泳检测时可从中选择使用部分或全部参照品种。

附 录 E
（资料性附录）
参照品种名单及来源

参照品种名单及来源见表 E.1。

表 E.1 参照品种名单及来源

编号	品种名称	国家库编号	分组	编号	品种名称	国家库编号	分组
R01	浚单 20	S1G01057	核心	R21	万糯 1 号	S1G00256	扩展
R02	农华 101	S1G01969	核心	R22	遵糯 1 号	S1G01666	扩展
R03	中科 4 号	S1G01120	核心	R23	农乐 988	S1G01052	扩展
R04	正大 619	S1G01514	核心	R24	郑青贮 1 号	S1G01059	扩展
R05	农大 108	S1G01237	核心	R25	济单 94 - 2	S1G01070	扩展
R06	郑单 958	S1G01076	核心	R26	郑加甜 5039	S1G01073	扩展
R07	蠡玉 16	S1G00275	核心	R27	金玉甜 1 号	S1G01199	扩展
R08	先玉 335	S1G00011	核心	R28	京科甜 126	S1G01218	扩展
R09	京科 968	S1G00859	核心	R29	金甜 678	S1G01231	扩展
R10	金海 5 号	S1G00523	核心	R30	桂青贮 1 号	S1G01508	扩展
R11	蠡玉 6 号	S1G00272	核心	R31	鄂玉 25	S1G01590	扩展
R12	辽单 527	S1G00042	核心	R32	雅玉青贮 04889	S1G01896	扩展
R13	成单 22	S1G01857	核心	R33	屯玉 27	S1G02343	扩展
R14	绵单 1 号	S1G01866	核心	R34	鲜玉糯 2 号	S1G00001	扩展
R15	本玉 9 号	S1G00177	核心	R35	铁单 20	S1G00087	扩展
R16	川单 14	S1G01865	核心	R36	兴垦 10	S1G00412	扩展
R17	成单 19	S1G01952	核心	R37	资玉 3 号	S1G01906	扩展
R18	奥玉 28	S1G01891	核心	R38	苏玉糯 8 号	S1G02512	扩展
R19	京玉 7 号	S1G01221	核心	R39	豫爆 2 号	S1G01068	扩展
R20	中科 10	S1G01214	核心	R40	三北 9 号	S1G00231	扩展

注 1：同一名称不同来源的参照品种在某一位点上的等位变异可能不相同，如果使用了同名的其他来源的参照品种，应与原参照品种核对，确认无误后使用。

注 2：多个品种在某一 SSR 位点上可能具有相同的等位变异，在确认这些品种该位点等位变异大小与参照品种相同后，这些品种也可以代替附录 E 中的参照品种使用。

注 3：参照品种共 40 个，覆盖了几乎全部的等位变异，分为核心和扩展两组，核心参照品种共 20 个，包涵了基因频率在 0.05 以上的所有等位变异；扩展参照品种共 20 个，主要补充基因频率在 0.05 以下的稀有等位变异。荧光毛细管电泳只需从核心参照品种名单中选择部分或全部使用，普通变性聚丙烯酰胺凝胶电泳需要将核心参照品种和扩展参照品种组合起来使用。

附　录　F
（规范性附录）
数据统计记录表

数据统计记录表见表 F. 1。

表 F. 1　数据统计记录表

样品 1 编号、名称及来源：
样品 2 编号、名称及来源：

编号	引物名称	指纹数据		是否存在差异	备注
		样品 1	样品 2		
P01	bnlg439w1				
P02	umc1335y5				
P03	umc2007y4				
P04	bnlg1940k7				
P05	umc2105k3				
P06	phi053k2				
P07	phi072k4				
P08	bnlg2291k4				
P09	umc1705w1				
P10	bnlg2305k4				
P11	bnlg161k8				
P12	bnlg1702k1				
P13	umc1545y2				
P14	umc1125y3				
P15	bnlg240k1				
P16	phi080k15				
P17	phi065k9				
P18	umc1492y13				
P19	umc1432y6				
P20	umc1506k12				
P21	umc1147y4				
P22	bnlg1671y17				
P23	phi96100y1				
P24	umc1536k9				
P25	bnlg1520k1				
P26	umc1489y3				
P27	bnlg490y4				
P28	umc1999y3				
P29	umc2115k3				
P30	umc1429y7				
P31	bnlg249k2				
P32	phi299852y2				
P33	umc2160k3				
P34	umc1936k4				
P35	bnlg2235y5				

表 F.1（续）

编号	引物名称	指纹数据		是否存在差异	备注
		样品 1	样品 2		
P36	phi233376y1				
P37	umc2084w2				
P38	umc1231k4				
P39	phi041y6				
P40	umc2163w3				
比较位点数：________，差异位点数：________。					
注 1：是否存在差异栏可填写是、否、无法判定、缺失。当样品在某个引物位点出现可见的异质性且影响到差异位点判定时，可填写无法判定，或重新提取至少 20 个个体的 DNA，并用该引物重新扩增，统计在该引物位点上不同个体的基因型（或等位变异）及所占比例后予以判定。					
注 2：如果采用了备案的其他特征标记进行鉴定，可在记录表中依次添加。					
注 3：当以两个自交系样品的组合作为待测样品时，指纹数据栏应填写两个自交系的指纹组合作为待测样品指纹。					

本标准起草单位：北京市农林科学院玉米研究中心、农业部科技发展中心。

本标准主要起草人：王凤格、易红梅、赵久然、刘平、张新明、田红丽、堵苑苑。

中华人民共和国农业行业标准

NY/T 1433—2014

水稻品种鉴定技术规程　SSR标记法

Protocol for identification of rice varieties—SSR marker method

1　范围

本标准规定了利用简单重复序列(Simple sequence repeats,SSR)标记进行水稻(*Oryza sativa* L.)品种鉴定的操作程序、数据记录与统计、判定方法。

本标准适用于水稻品种的SSR指纹数据采集及品种鉴定。

2　规范性引用文件

下列文件对于本文件的应用是必不可少的。凡是注日期的引用文件,仅注日期的版本适用于本文件。凡是不注日期的引用文件,其最新版本(包括所有的修改单)适用于本文件。

GB 4404.1　粮食作物种子　禾谷类

GB/T 3543.2　农作物种子检验规程　扦样

GB/T 6682　分析实验室用水规格和试验方法

GB/T 19557.7　植物新品种特异性、一致性和稳定性测试指南　水稻

3　术语和定义

下列术语和定义适用于本文件。

3.1

推荐引物　recommended primer

品种鉴定中优先选用的一套SSR引物,其检测位点多态性高,检测结果重复性好。

3.2

参照品种　reference variety

具有所用SSR位点上不同等位变异的品种。参照品种用于辅助确定送检样品的等位变异,校正仪器设备的系统误差。

4　原理

由于不同水稻品种遗传组成不同,基因组DNA中简单重复序列的重复次数有差异。这种差异可通过PCR扩增及电泳方法进行检测,从而能够区分不同品种。

5　仪器设备及试剂

见附录A。

中华人民共和国农业部 2014-03-24 发布　　2014-06-01 实施

6 溶液配制

见附录B。所用试剂均为分析纯。试剂配制用水应符合GB/T 6682规定的一级水的要求，其中银染溶液的配制只需符合三级水的要求。

7 引物信息

见附录C，分为Ⅰ、Ⅱ、Ⅲ、Ⅳ4组。其他在本文件中未推荐的非连锁引物也可使用。

8 操作程序

8.1 样品准备

试验样品为种子时，其质量应符合GB 4404.1中对水稻种子纯度的要求。

种子样品的分样和保存，应符合GB/T 3543.2的规定。

每份样品检测20个个体（种子、叶片或其他等效物）的混合样。

8.2 DNA提取

取水稻叶片2 cm～3 cm放入研钵中，加入DNA提取液400 μL，研碎，再加入DNA提取液400 μL；移取500 μL混合液至1.5 mL离心管。或直接将叶片剪碎放入2.0 mL离心管中，每管加入DNA提取液500 μL，研碎。向离心管中加入500 μL氯仿—异戊醇（24∶1），振荡混匀。10 000 g离心5 min。将上清液400 μL转入另一只1.5 mL离心管，加入800 μL －20℃预冷乙醇沉淀DNA。10 000 g离心10 min，弃上清液，再用70％乙醇溶液洗涤2遍，自然条件下干燥后，加入100 μL TE（pH 8.0）溶液溶解DNA，检测浓度。－20℃保存留用。

注：以上为推荐的DNA提取方法。其他能够达到PCR扩增质量要求的DNA提取方法都适用于本标准。

8.3 PCR扩增

8.3.1 引物选择

首先选择附录C中Ⅰ组引物进行扩增，当样品间检测出的差异位点数小于2时，再选用附录C中Ⅱ组引物进行检测；若样品间检测出的累计差异位点数小于2时，再依次选用Ⅲ、Ⅳ组引物。

8.3.2 反应体系

10 μL的反应体积，包括1 μL 10×PCR反应缓冲液、0.6 μL 25 mmol/L $MgCl_2$、0.8 μL 2.5 mmol/L dNTP溶液、1 μL 5 μmol/L正向引物，1 μL 5 μmol/L反向引物，0.25 μL 2U/μL Taq DNA聚合酶，4.35 μL超纯水，1 μL样品DNA。若缓冲液含有$MgCl_2$，则不再加$MgCl_2$溶液，以加等体积无菌水替代。

8.3.3 反应程序

94℃预变性4 min；94℃变性45 s，50℃～67℃（根据附表C的引物设定退火温度）退火45 s，72℃延伸1 min，共30个循环；72℃延伸8 min，4℃保存。

8.4 PCR产物检测

8.4.1 非变性聚丙烯酰胺凝胶电泳银染检测

8.4.1.1 凝胶制备

在一对玻璃板间插入1.0 mm宽的间隔片，将玻璃板对齐夹紧，在封口处注入琼脂糖溶液，让其在10 min～15 min凝固密封。然后在烧杯中依次加入5 mL 5×TBE缓冲液，3.75 mL丙烯酰胺与甲叉双丙烯酰胺混合液，搅拌并用双蒸水定容至25 mL；加入200 μL过硫酸铵和12 μL TEMED，混匀后倒入凝胶板之间，随即插好样品梳，使其在50 min～60 min内聚合凝固，凝胶高度应不小于10 cm。

8.4.1.2 电泳

去掉封口的琼脂糖胶，将玻璃板固定于垂直电泳槽上，在电泳槽中加入1×TBE缓冲液，小心抽出样品梳。在 10 μLPCR 样品中加入 2 μL 6×溴酚蓝—二甲苯青电泳指示剂，混匀，然后向加样孔中点入 1.5 μL；同时，在一侧样品孔中加入分子量标记。开始电泳，选用的电压梯度为 1 V/cm～5 V/cm，一般电泳 300 VH～600 VH，具体时间可根据待测片段的预计长度、按二甲苯青迁移的时间来推算。

8.4.1.3 银染显色

电泳完毕后关闭电源，取下玻璃板。小心分开两块玻璃板，取下聚丙烯酰胺凝胶，双蒸水冲洗 30 s～60 s，放入染色液中，轻摇 5 min～10 min 进行染色；然后从染色液中取出，用水快速漂洗，放入显影液中，轻摇至显色出清晰带纹，取出用双蒸水冲洗 2 遍，沥干。扫描或拍摄成像。

8.4.2 变性聚丙烯酰胺凝胶电泳银染检测

8.4.2.1 清洗玻璃板

将玻璃板清洗干净，用双蒸水冲洗后晾干。用无水乙醇擦洗 2 遍，吸水纸擦干。在长板上涂上 0.5 mL亲和硅烷工作液，带凹槽的短板上涂 0.5 mL 剥离硅烷工作液。操作过程中防止两块玻璃板互相污染。

8.4.2.2 组装电泳板

待玻璃板彻底干燥后组装成电泳装置，并用水平仪调平。垫片厚度为 0.4 mm。

8.4.2.3 制胶

在 100 mL 6.0 %聚丙烯酰胺凝胶中加入新配制的 10 %过硫酸铵溶液 500 μL，TEMED 50 μL，迅速混匀后灌胶。待胶液充满玻璃板夹层，将 0.4 mm 厚鲨鱼齿梳子平齐端向里轻轻插入胶液约 0.4 cm。灌胶过程中防止出现气泡。使胶液聚合至少 1 h 以上。胶聚合后，清理胶板表面溢出的胶液，轻轻拔出梳子，用水清洗干净备用。

8.4.2.4 预电泳

将胶板安装于电泳槽上，向上槽中加入约 800 mL 预热至 65℃的 0.5×TBE 缓冲液，使其超过凝胶顶部约 3 cm，向下槽中加入 800 mL 1×TBE 缓冲液。在 60 W 恒功率下，预电泳 10 min～20 min。

8.4.2.5 样品制备

在 10 μL PCR 样品中加入 2 μL 6×加样缓冲液，混匀。在 PCR 仪上 95℃变性 5 min，取出，迅速置于冰上。

8.4.2.6 电泳

用移液器吹吸加样槽，清除气泡和杂质。将鲨鱼齿梳子梳齿端插入凝胶 1 mm～2 mm。每一个加样孔点入 3 μL～5 μL 样品。除待测样品外，还应同时加入参照品种。以 30 V/cm～40 V/cm 的电压电泳，使凝胶温度保持在约 50℃。电泳 1.5 h～2.5 h(电泳时间取决于扩增片段的大小范围)。

8.4.2.7 银染显色

电泳结束后，将凝胶附着的长玻璃板放入固定液中，使固定液没过凝胶，轻摇 20 min～30 min；取出胶板，用双蒸水漂洗 1 次～2 次，每次 2 min；取出放入染色液中，使染色液没过凝胶，轻摇 20 min～30 min；从染色液中取出胶板，用双蒸水快速漂洗，时间不超过 10 s；将胶板放入预冷的显影液中，轻摇至出现清晰带纹；取出后迅速将凝胶放入固定液中定影 5 min；用双蒸水漂洗 1 min。取出后沥干，扫描或拍摄成像。

8.4.3 毛细管电泳荧光检测

8.4.3.1 PCR 产物样品准备

分别取等体积的稀释后的不同荧光标记扩增产物溶液混合，从混合液中吸取 1 μL 加入到 DNA 分析仪专用 96 孔板孔中。板中各孔分别加入 0.1 μL 分子量内标和 8.9 μL 去离子甲酰胺。将样品在 PCR 仪上 95℃变性 5 min，取出，迅速置于冰上，冷却 10 min 以上。瞬时离心 10 s 后置放到 DNA 分析仪上。

8.4.3.2 电泳检测

按照仪器操作手册，编辑样品表，执行运行程序，保存数据。

9 数据记录与统计

样品每个 SSR 位点的等位变异采用扩增片段长度的形式表示。对于普通聚丙烯酰胺凝胶电泳银染检测方法，将每个扩增位点的等位变异与相应的参照品种的等位变异片段大小进行比较，确定送检样品在该位点的等位变异。对于毛细管电泳荧光检测方法，通过使用参照品种，消除同型号不同批次间或不同型号 DNA 分析仪间可能存在的系统误差，使用片段分析软件读取送检样品在该位点的等位变异。

纯合位点的基因型数据记录为 X/X，其中 X 为该位点等位变异的大小；杂合位点的基因型数据记录为 X/Y，其中 X、Y 为该位点上两个不同的等位变异。小片段数据在前，大片段数据在后。缺失位点等位变异数据记录为 0/0。

示例 1：

品种“竹云糯”在 RM21 位点上仅扩增出一条 128 bp 的片段，则该品种在该位点上的基因型记录为 128/128。

示例 2：

品种“特优 420”在 RM21 位点上有两个等位变异，大小分别为 147 bp、168 bp，则该品种在该位点上的基因型记录为 147/168。

10 判定方法

当样品间差异位点数≥2，则判定为“不同品种”；当样品间差异位点数＝1，判定为“近似品种”；当样品间差异位点数＝0，判定为“极近似品种或相同品种”。

对于利用附录 C 中 48 对引物仍未检测到≥2 个差异位点数的样品，可按 GB/T 19557.7 的规定进行田间种植鉴定。

附　录　A
（规范性附录）
仪器设备及试剂

A.1　仪器设备

A.1.1　PCR 扩增仪。

A.1.2　高压电泳仪：最高电压不低于 2 000 V，具有恒电压、恒电流和恒功率功能。

A.1.3　垂直电泳槽及配套的制胶附件。

A.1.4　普通电泳仪。

A.1.5　DNA 分析仪：基于毛细管电泳，有片段分析功能和数据分析软件。

A.1.6　高速冷冻离心机：最大离心力不小于 20 000 g。

A.1.7　水平摇床。

A.1.8　胶片观察灯。

A.1.9　电子天平。

A.1.10　微量移液器：规格分别为 10 μL、20 μL、100 μL、200 μL、1 000 μL，连续可调。

A.1.11　磁力搅拌器。

A.1.12　核酸浓度测定仪或紫外分光光度计。

A.1.13　微波炉。

A.1.14　高压灭菌锅。

A.1.15　酸度计。

A.1.16　普通冰箱。

A.1.17　低温冰箱。

A.1.18　制冰机。

A.1.19　组织破碎仪。

A.1.20　凝胶成像系统或紫外透射仪或照相机。

A.2　试剂

A.2.1　十二烷基苯磺酸钠。

A.2.2　聚乙烯吡咯烷酮。

A.2.3　氯仿。

A.2.4　异戊醇。

A.2.5　乙二胺四乙酸二钠。

A.2.6　三羟甲基氨基甲烷。

A.2.7　浓盐酸。

A.2.8　氢氧化钠。

A.2.9　10×PCR 反应缓冲液。

A.2.10 氯化镁。

A.2.11 氯化钠。

A.2.12 4 种脱氧核糖核苷酸。

A.2.13 Taq DNA 聚合酶。

A.2.14 SSR 引物。引物序列见附录 C。

A.2.15 石蜡油。

A.2.16 琼脂糖。

A.2.17 DNA 分子量标准:DNA 片段分布范围至少在 50 bp～500 bp,该范围内 DNA 片段之间大小最小差异不高于 100 bp。

A.2.18 去离子甲酰胺。

A.2.19 溴酚蓝。

A.2.20 二甲苯青。

A.2.21 甲叉双丙烯酰胺。

A.2.22 丙烯酰胺。

A.2.23 硼酸。

A.2.24 尿素。

A.2.25 亲和硅烷。

A.2.26 剥离硅烷。

A.2.27 无水乙醇。

A.2.28 四甲基乙二胺。

A.2.29 过硫酸铵。

A.2.30 冰醋酸。

A.2.31 硝酸银。

A.2.32 甲醛。

A.2.33 DNA 分析仪用丙烯酰胺胶液。

A.2.34 DNA 分析仪用分子量内标 LIZ500。

A.2.35 DNA 分析仪用光谱校准基质,包括 FAM、NED、VIC 和 PET 4 种荧光标记的 DNA 片段。

A.2.36 DNA 分析仪用电泳缓冲液。

附　录　B
（规范性附录）
溶　液　配　制

B.1　DNA 提取溶液的配制

B.1.1　0.5 mol/L 乙二胺四乙酸二钠盐(EDTA)(pH 8.0)溶液

称取 186.1 g 乙二胺四乙酸二钠盐($Na_2EDTA \cdot 2H_2O$)，加入 800 mL 水，再加入 20 g 固体氢氧化钠(NaOH)，搅拌。待 $Na_2EDTA \cdot 2H_2O$ 完全溶解后，冷却至室温。再用 NaOH 准确调 pH 至 8.0，定容至 1 000 mL。在 103.4 kPa(121 ℃)条件下灭菌 20 min。

B.1.2　0.5 mol/L 盐酸(HCl)溶液

量取 25 mL 浓盐酸(36%～38%)，加水定容至 500 mL。

B.1.3　1 mol/L 三羟甲基氨基甲烷盐酸(Tris-HCl)(pH 8.0)溶液

量取 25 mL 浓盐酸(36%～38%)，加水定容至 500 mL 称取 60.55 g 三羟甲基氨基甲烷(Tris 碱)，溶于 400 mL 水中，用 0.5 mol/L 盐酸溶液(B.1.2)调 pH 至 8.0，定容至 500 mL，在 103.4 kPa(121℃)条件下灭菌 20 min。

B.1.4　5 mol/L 氯化钠溶液

称取 146 g 氯化钠(NaCl)溶于水中，搅拌，加水定容至 500 mL，在 103.4 kPa(121 ℃)条件下灭菌 20 min。

B.1.5　DNA 提取液

分别称取 15 g 十二烷基苯磺酸钠(SDS)，放入烧杯中，分别加入 40 mL 乙二胺四乙酸二钠盐溶液(pH 8.0)(B.1.1)、100 mL 三羟甲基氨基甲烷盐酸溶液(pH 8.0)(B.1.3)和 100 mL 氯化钠溶液(B.1.4)，再加入 800 mL 水，搅拌溶解，定容至 1 000 mL。在 103.4 kPa(121 ℃)条件下灭菌 20 min。于 4℃保存。

B.1.6　氯仿—异戊醇(24∶1)

按 24∶1 的比例(V∶V)配制混合液。

B.1.7　70%乙醇溶液

取 700 mL 无水乙醇，用水定容至 1 000 mL。

B.1.8　TE 缓冲液

分别量取 5 mL 三羟甲基氨基甲烷盐酸溶液(pH 8.0)(B.1.3)和 1 mL 乙二胺四乙酸二钠盐溶液(pH8.0)(B.1.1)，定容至 500 mL，在 103.4 kPa(121 ℃)条件下灭菌 20 min。于 4℃保存。

B.2　PCR 扩增溶液的配制

B.2.1　dNTP

用超纯水分别配制 dATP、dTTP、dGTP、dCTP 4 种脱氧核糖核苷酸终浓度为 100 mmol/L 的储存液。分别量取 4 种储存液 20 μL 混合，用 120 μL 超纯水定容，配制成每种核苷酸终浓度为 10 mmol/L 的工作液。在 103.4 kPa(121 ℃)条件下灭菌 20 min，于－20 ℃保存。

注：可用购买的满足试验要求的商品试剂。

B.2.2　SSR 引物

用超纯水分别配制正向引物和反向引物至浓度为 5 μmol/L 的工作液。

B.2.3 10×PCR 缓冲液

含 500 mmol/L KCl、100 mmol/L Tris - HCl(pH 8.3)、0.01 % 明胶。在 103.4 kPa(121℃)条件下灭菌 20 min，于－20℃保存。

B.2.4 氯化镁($MgCl_2$)溶液

称取氯化镁 1.19 g，用超纯水溶解，定容至 500 mL，配制成 25 mmol/L 的工作液。在 103.4 kPa(121℃)条件下灭菌 20 min，于－20℃保存。

B.3 聚丙烯酰胺凝胶电泳溶液的配制

B.3.1 40%丙烯酰胺溶液

分别称取丙烯酰胺 190 g 和甲叉双丙烯酰胺 10 g，定容至 500 mL。

B.3.2 10%过硫酸铵溶液

称取 1.0 g 过硫酸铵，溶于 10 mL 水中，混匀。于 4℃保存。

B.3.3 10×TBE 缓冲液

分别称取三羟甲基氨基甲烷(Tris 碱)108 g 和硼酸 55 g，溶于 800 mL 水中，加入 37 mL 乙二胺四乙酸二钠盐溶液(pH 8.0)(B.1.3)，定容至 1 000 mL。

B.3.4 1×TBE 缓冲液

量取 10×TBE 缓冲液 500 mL，加水定容至 5 000 mL。

B.3.5 6×加样缓冲液

分别称取 0.25 g 溴酚蓝和 0.25 g 二甲苯青，分别加入 98 mL 去离子甲酰胺和 1 mL 乙二胺四乙酸二钠盐溶液(pH 8.0)，搅拌溶解。

B.3.6 6%变性聚丙烯酰胺胶溶液

称取尿素 420 g，用水溶解，加入 10×TBE 缓冲液 100 mL、40%丙烯酰胺溶液 150 mL，定容至 1 000 mL。

B.3.7 亲和硅烷缓冲液

分别量取 49.75 mL 无水乙醇和 250 μL 冰醋酸，用水定容至 50 mL。

B.3.8 亲和硅烷工作液

在 1 mL 亲和硅烷缓冲液中加入 5 μL 亲和硅烷原液，混匀。

B.3.9 剥离硅烷工作液

在 98 mL 的三氯甲烷溶液中加 2 mL 二甲基二氯硅烷溶液，混匀。

B.4 银染溶液的配制

B.4.1 固定液

量取 100 mL 冰醋酸，加水定容至 1 000 mL。

B.4.2 染色液

称取 1 g 硝酸银，加水溶解，定容至 1 000 mL。

B.4.3 显影液

量取 1 000 mL 水，加入 10 g 氢氧化钠和 5 mL 甲醛，混匀。

附 录 C
(规范性附录)
推 荐 引 物

推荐引物见表 C.1。

表 C.1 推荐引物

编号	引物	染色体	引物组别	退火温度 ℃	引物序列(5′→3′)	荧光	常见等位变异,bp	参照品种
A01	RM583	1	I	55	正向:agatccatccctgtggagag 反向:gcgaactcgcgttgtaatc	VIC	180 189 192 195	陆川早1号 合江18 竹云糯 IR 30
A02	RM71	2	I	55	正向:ctagaggcgaaaacgagatg 反向:gggtgggcgaggtaataatg	FAM	122 139 148	合江18 Dasanbyeo CPY 2199
A03	RM85	3	I	55	正向:ccaaagatgaaacctggattg 反向:gcacaaggtgagcagtcc	FAM	80 95 104	紫香糯 安育早1号 齐粒丝苗
A04	RM471	4	I	55	正向:acgcacaagcagatgatgag 反向:gggagaagacgaatgtttgc	VIC	102 104 114	元子占稻 竹云糯 陆川早1号
A05	RM274	5	I	55	正向:cctcgcttatgagagcttcg 反向:cttctccatcactcccatgg	VIC	149 162	元子占稻 竹云糯
A06	RM190	6	I	55	正向:ctttgtctatctcaagacac 反向:ttgcagatgttcttcctgatg	VIC	109 120 122	广陆矮4号 竹云糯 合江18
A07	RM336	7	I	55	正向:cttacagagaaacggcatcg 反向:gctggtttgtttcaggttcg	VIC	151 154 160 163 166 193	陆川早1号 竹云糯 红壳老来青 元子占稻 CPY 2199 轮回01
A08	RM72	8	I	55	正向:ccggcgataaaacaatgag 反向:gcatcggtcctaactaaggg	PET	163 175 178 190 193	广陆矮4号 红壳老来青 Tsukushiakamochi 合江18 Koshihikari
A09	RM219	9	I	55	正向:cgtcggatgatgtaaagcct 反向:catatcggcattcgcctg	FAM	194 200 202 215 222	合江18 Yumetoiro 桂花黄 陆川早1号 IR 30
A10	RM311	10	I	55	正向:tggtagtataggtactaaacat 反向:tcctatacacatacaaacatac	VIC	160 166 170 182	桂花黄 元子占稻 陆川早1号 Dasanbyeo

表 C.1 （续）

编号	引物	染色体	引物组别	退火温度 ℃	引物序列(5′→3′)	荧光	常见等位变异,bp	参照品种
A11	RM209	11	Ⅰ	55	正向:atatgagttgctgtcgtgcg 反向:caacttgcatcctcccctcc	VIC	125 132 151 153 160	合江18 矮糯 CPY 2199 竹云糯 川7号
A12	RM19	12	Ⅰ	55	正向:caaaaacagagcagatgac 反向:ctcaagatggacgccaaga	PET	216 247 250 253	合江18 Dasanbyeo 竹云糯 齐粒丝苗
B01	RM1195	1	Ⅱ	55	正向:atggaccacaaacgaccttc 反向:cgactcccttgttcttctgg	FAM	142 144 146 148 150 152	佳辐占 桂花黄 浙场9号 丽水糯 合江18 鄂糯10号
B02	RM208	2	Ⅱ	55	正向:tctgcaagccttgtctgatg 反向:taagtcgatcattgtgtggacc	PET	167 172 175 180 182	元子占稻 合江18 广陆矮4号 轮回01 紫香糯
B03	RM232	3	Ⅱ	55	正向:ccggtatccttcgatattgc 反向:ccgacttttcctcctgacg	PET	141 150 156 159 161	昌米011 桂花黄 合江18 轮回01 陆川早1号
B04	RM119	4	Ⅱ	67	正向:catcccctgctgctgctgctg 反向:cgccggatgtgtgggactagcg	PET	166 169	竹云糯 轮回01
B05	RM267	5	Ⅱ	55	正向:tgcagacatagagaaggaagtg 反向:agcaacagcacaacttgatg	NED	138 154 156	元子占稻 陆川早1号 浙场9号
B06	RM253	6	Ⅱ	55	正向:tccttcaagagtgcaaaacc 反向:gcattgtcatgtcgaagcc	PET	133 135 142	陆川早1号 元子占稻 浙场9号
B07	RM481	7	Ⅱ	55	正向:tagctagccgattgaatggc 反向:ctccacctcctatgttgttg	FAM	146 162 165	IR 30 陆川早1号 竹云糯
B08	RM339	8	Ⅱ	55	正向:gtaatcgatgctgtgggaag 反向:gagtcatgtgatagccgatatg	VIC	140 146 158	合江18 竹云糯 陆川早1号
B09	RM278	9	Ⅱ	55	正向:gtagtgagcctaacaataatc 反向:tcaactcagcatctctgtcc	NED	128 138 140 142	元子占稻 轮回01 陆川早1号 广籼2号
B10	RM258	10	Ⅱ	55	正向:tgctgtatgtagctcgcacc 反向:tggcctttaaagctgtcgc	FAM	128 132 136 146	元子占稻 陆川早1号 广陆矮4号 轮回01

表 C.1 （续）

编号	引物	染色体	引物组别	退火温度℃	引物序列(5′→3′)	荧光	常见等位变异 bp	参照品种
B11	RM224	11	Ⅱ	55	正向：atcgatcgatcttcacgagg 反向：tgctataaaaggcattcggg	NED	120 128 131 143 153 155 157	合江 18 早籼 276 陆川早 1 号 川 7 号 矮糯 紫香糯 竹云糯
B12	RM17	12	Ⅱ	55	正向：tgccctgttattttcttctctc 反向：ggtgatcctttcccatttca	NED	159 185	轮回 01 广陆矮 4 号
C01	RM493	1	Ⅲ	55	正向：tagctccaacaggatcgacc 反向：gtacgtaaacgcggaaggtg	VIC	210 237 240 246 264	合江 18 陆川早 1 号 IR 30 轮回 01 竹云糯
C02	RM561	2	Ⅲ	55	正向：gagctgttttggactacggc 反向：gagtagctttctcccacccc	FAM	185 187 191 195	竹云糯 合江 18 Dasanbyeo 桂花黄
C03	RM8277	3	Ⅲ	55	正向：agcacaagtaggtgcatttc 反向：atttgcctgtgatgtaatagc	NED	165 187 190 203 209 212	CPY 2199 陆川早 1 号 轮回 01 丹糯 2 号 元子占稻 合江 18
C04	RM551	4	Ⅲ	55	正向：agcccagactagcatgattg 反向：gaaggcgagaaggatcacag	FAM	184 188 190	竹云糯 合江 18 Daelip 1
C05	RM598	5	Ⅲ	55	正向：gaatcgcacacgtgatgaac 反向：atgcgactgatcggtactcc	FAM	153 156 162	安育早 1 号 陆川早 1 号 三香 628
C06	RM176	6	Ⅲ	67	正向：cggctcccgctacgacgtctcc 反向：agcgatgcgctggaagaggtgc	FAM	133 136	紫香糯 竹云糯
C07	RM432	7	Ⅲ	55	正向：ttctgtctcacgctggattg 反向：agctgcgtacgtgatgaatg	PET	168 172 188	竹云糯 Daelip 1 元子占稻
C08	RM331	8	Ⅲ	55	正向：gaaccagaggacaaaaatgc 反向：catcatacatttgcagccag	NED	151 171	元子占稻 竹云糯
C09	OSR28	9	Ⅲ	55	正向：agcagctatagcttagctgg 反向：actgcacatgagcagagaca	NED	132 135 169 172 178	竹云糯 Dasanbyeo 红壳老来青 旱轮稻 合江 18
C10	RM590	10	Ⅲ	55	正向：catctccgctctccatgc 反向：ggagttggggtcttgttcg	PET	139 143 146	合江 18 中籼 168 陆川早 1 号

表 C.1 （续）

编号	引物	染色体	引物组别	退火温度 ℃	引物序列(5′→3′)	荧光	常见等位变异，bp	参照品种
C11	RM21	11	Ⅲ	55	正向：acagtattccgtaggcacgg 反向：gctccatgagggtggtagag	FAM	128 134 138 145 147 156 160	竹云糯 合江 18 元子占稻 陆川早 1 号 Dasanbyeo 广陆矮 4 号 矮糯
C12	RM3331	12	Ⅲ	50	正向：cctcctccatgagctaatgc 反向：aggaggagcggatttctctc	VIC	110 120 122 126 128 150	竹云糯 龙 S 轮回 01 紫香糯 合江 18 矮糯
D01	RM443	1	Ⅳ	55	正向：gatggttttcatcggctacg 反向：agtcccagaatgtcgtttcg	VIC	119 121 123	竹云糯 科砂 1 号 元子占稻
D02	RM490	1	Ⅳ	55	正向：atctgcacactgcaaacacc 反向：agcaagcagtgctttcagag	FAM	92 97 99	陆川早 1 号 元子占稻 竹云糯
D03	RM424	2	Ⅳ	55	正向：tttgtggctcaccagttgag 反向：tggcgcattcatgtcatc	NED	240 263 277 280	合江 18 Dasanbyeo 竹云糯 浙场 9 号
D04	RM423	2	Ⅳ	55	正向：agcacccatgccttatgttg 反向：ccttttttcagtagccctccc	FAM	268 271 289	Dasanbyeo 元子占稻 陆川早 1 号
D05	RM571	3	Ⅳ	55	正向：ggaggtgaaagcgaatcatg 反向：cctgctgctctttcatcagc	FAM	179 183 185	陆川早 1 号 Dasanbyeo 元子占稻
D06	RM231	3	Ⅳ	55	正向：ccagattatttcctgaggtc 反向：cacttgcatagttctgcattg	PET	186 192 194	陆川早 1 号 合江 18 轮回 01
D07	RM567	4	Ⅳ	55	正向：atcagggaaatcctgaaggg 反向：ggaaggagcaatcaccactg	PET	248 258 260	陆川早 1 号 合江 18 桂花黄
D08	RM289	5	Ⅳ	55	正向：ttccatggcacacaagcc 反向：ctgtgcacgaacttccaaag	PET	87 106	合江 18 陆川早 1 号
D09	RM542	7	Ⅳ	55	正向：tgaatcaagcccctcactac 反向：ctgcaacgagtaaggcagag	VIC	87 89 111	矮糯 竹云糯 桂花黄
D10	RM316	9	Ⅳ	55	正向：ctagttgggcatacgatggc 反向：acgcttatatgttacgtcaac	VIC	196 198 200 202	陆川早 1 号 轮回 01 合江 18 紫香糯
D11	RM332	11	Ⅳ	55	正向：gcgaaggcgaaggtgaag 反向：catgagtgatctcactcaccc	VIC	162 164 167	紫香糯 早轮稻 陆川早 1 号

表 C.1 （续）

编号	引物	染色体	引物组别	退火温度 ℃	引物序列(5′→3′)	荧光	常见等位变异,bp	参照品种
D12	RM7102	12	Ⅳ	55	正向:taggagtgtttagagtgcca 反向:tcggtttgcttatacatcag	PET	170 173 177 190	元子占稻 合江 18 轮回 01 竹云糯

附　录　D
（资料性附录）
参照品种名单

参照品种名单见表 D.1。

表 D.1　参照品种名单

序号	品种名称	序号	品种名称	序号	品种名称
1	矮糯	13	合江 18	25	浙场 9 号
2	安育早 1 号	14	红壳老来青	26	中籼 168
3	白芒稻	15	佳辐占	27	竹云糯
4	昌米 011	16	科砂 1 号	28	紫香糯
5	川 7 号	17	丽水糯	29	CPY 2199
6	丹糯 2 号	18	龙 S	30	Daelip 1
7	鄂糯 10 号	19	陆川早 1 号	31	Dasanbyeo
8	鄂香 1 号	20	轮回 01	32	IR 30
9	广陆矮 4 号	21	齐粒丝苗	33	Koshihikari
10	广籼 2 号	22	三香 628	34	Tsukushiakamochi
11	桂花黄	23	元子占稻	35	Yumetoiro
12	早轮稻	24	早籼 276		

本标准起草单位：中国水稻研究所、农业部科技发展中心。
本标准主要起草人：徐群、魏兴华、庄杰云、吕波、袁筱萍、刘平、张新明、余汉勇、堵苑苑。

中华人民共和国农业行业标准

NY/T 1788—2009

大豆品种纯度鉴定技术规程 SSR 分子标记法

Protocol of purity identification for soybean variety using—SSR molecular markers

1 范围

本标准规定了大豆品种纯度的 SSR 分子标记检测技术规程。

本标准适用于大豆品种纯度鉴定。

2 原理

简单重复序列(SSR)分布于大豆整个基因组的不同位置上,不同品种每个位点上重复单位的数目及序列可能不同,因而形成片段长度多态性。由于每个简单重复序列两端的序列是高度保守的单拷贝序列,因而可根据其两端的序列设计一对特异引物,利用 PCR 技术对重复序列进行扩增,扩增产物通过电泳进行分离,经硝酸银染色,可辨别 SSR 电泳谱带。通过选用品种间具有广泛多态性的 SSR 引物,根据 PCR 扩增产物电泳谱带差异(等位变异数目),鉴定大豆品种纯度。

3 仪器设备、试剂与耗材

参见附录 A。

4 试剂配制

4.1 DNA 提取试剂

4.1.1 0.5 mol/L 乙二胺四乙酸二钠盐(EDTA)(pH8.0)溶液

称取 EDTA186.1 g,倒入 1 000 mL 烧杯中,加 800 mL 去离子水溶解,用固体氢氧化钠调 pH 至 8.0,再加去离子水定容至 1 000 mL,混匀,过滤。在 4℃条件下保存。

4.1.2 1 mol/L 三羟甲基氨基甲烷盐酸(Tris - HCl)溶液(pH8.0)

称取 Tris 60.55 g,倒入 500 mL 烧杯中,加 400 mL 去离子水溶解,用 HCl 调 pH 至 8.0,再加去离子水定容至 500 mL,混匀,4℃条件下保存。

4.1.3 DNA 提取液

称取氯化钠(NaCl)14.6 g,倒入 500 mL 烧杯中,加 100 mL 去离子水溶解,加 1 mol/L Tris - HCl 溶液 50 mL,加 0.5 mol/L EDTA 溶液 50 mL 和 SDS 10 g,用去离子水定容至 500 mL,60℃水溶解,混匀。4℃条件下保存。

4.1.4 三氯甲烷/异戊醇(24+1)

取 240 mL 三氯甲烷和 10 mL 异戊醇,混匀。

4.2 PCR 扩增试剂

4.2.1 四种脱氧核糖核苷酸(dNTPs:dATP、dCTP、dGTP、dTTP)混合溶液配制

中华人民共和国农业部 2009 - 12 - 22 发布　　2010 - 02 - 01 实施

取浓度为 100 mmol/L 的 dATP、dCTP、dGTP、dTTP 储存液各 20 μL 混合，加入 920 μL 超纯水，配成终浓度为 2 mmol/L 工作液。－20℃条件下保存。

4.2.2 引物稀释

用超纯水分别配制正向(F)引物和反向(R)引物至浓度均为 100 μmol/L 的储存液，取 10 μL 储存液加入 490 μL 超纯水配成 2 μmol/L 工作液。

4.3 变性聚丙烯酰胺凝胶电泳试剂

4.3.1 10×TBE 缓冲液

分别称取 Tris 108 g，硼酸 55 g，倒入 1 000 mL 烧杯中，加入 800 mL 去离子水加热溶解，再加入 0.5 mol/L EDTA 溶液 37 mL，混匀，定容至 1 000 mL。

4.3.2 6%(W/V)变性聚丙烯酰胺凝胶

分别称取丙烯酰胺 57 g 和甲叉双丙烯酰胺 3 g，倒入 1 000 mL 烧杯中，加入 600 mL 去离子水，再加入 50 mL 10×TBE，加入 420.42 g 脲。用去离子水定容至 1 000 mL，混匀，过滤。4℃条件下保存。

4.3.3 疏水硅烷工作液

取 4 mL 疏水硅烷原液加入 96 mL 三氯甲烷中，混匀，配制成 4%工作液。

4.3.4 10%(W/V)过硫酸铵(APS)

称取过硫酸铵 0.1 g，加入 1 mL 去离子水，混匀。4℃条件下保存(保存期 7 d)。

4.3.5 1×TBE 缓冲液

取 10×TBE 缓冲液 500 mL，加去离子水 4 500 mL，混匀。

4.3.6 6×加样缓冲液

称取溴酚蓝和二甲苯青各 0.125 g，分别加入甲酰胺 49 mL 和 0.5 mol/L 的 EDTA 溶液(pH8.0) 1 mL，混匀，备用。

4.3.7 硫代硫酸钠溶液(10 mg/mL)

取 1 g 硫代硫酸钠，加入 100 mL 超纯水溶解。

4.4 银染、显影试剂

4.4.1 固定液(10%冰醋酸)

取冰醋酸 100 mL，加去离子水 900 mL，混匀。

4.4.2 染色液(0.1%硝酸银)

称取硝酸银 1 g，加去离子水 1 000 mL 溶解，加 1.5 mL 甲醛溶液(37%)，混匀。

4.4.3 显影液(3%无水碳酸钠)

称取无水碳酸钠 30 g，加 1 000 mL 去离子水溶解，再加甲醛 1.5 mL 和 200 μL 硫代硫酸钠溶液(10 mg/mL)，混匀。

5 引物(见资料性附录 B)

6 操作步骤

6.1 试样制备

6.1.1 常规种

每个品种取 50 粒种子，每粒种子反胚方向取等量组织混合制样。

6.1.2 杂交种

每个品种取 50 粒种子，单粒制样。

6.2 DNA 提取

从制样中取 50 mg 豆粉放入 2 mL 离心管中，加 700 μL 预热(60℃)的 DNA 提取液，60℃水浴 1 h，每隔 15 分钟颠倒混匀一次，再加 700 μL 苯酚/三氯甲烷(1∶1)，轻轻混匀，室温静置 30 min，10 000 g 离心 10 min。将上清液转移到一新的 1.5 mL 离心管中，加等体积苯酚/三氯甲烷(1∶1)，轻轻混匀，室温静置 10 min，10 000 g 离心 10 min。将上清液转移到一新的 1.5 mL 离心管中，加入 2 倍体积无水乙醇，轻轻颠倒混匀，10 000 g 离心 10 min，弃上清液，用 75%乙醇洗涤沉淀两次，风干残余乙醇，将沉淀溶解在 450 μL 超纯水中，加 3 μL RNA 酶(10 mg/mL)，37℃水浴 30 min，加等体积三氯甲烷/异戊醇(24+1)，混匀，静置 10 min，10 000 g 离心 10 min。将上清液转移至一新的 1.5 mL 离心管中，加 2 倍体积的无水乙醇，颠倒混匀，10 000 g 离心 10 min，弃上清液，用 75%乙醇洗涤沉淀两次，风干残余乙醇，将沉淀溶解在 200 μL 超纯水中。用紫外分光光度计检测 DNA 浓度，将 DNA 稀释到 20 ng/μL。−20℃条件下保存。

6.3 PCR 反应体系及程序

PCR 反应体系含 1×的 PCR 缓冲液，150 μmol/L dNTPs，150 pmol/L 正向引物、150 pmol/L 反向引物，1 U Taq DNA 聚合酶，40 ng 被测样品 DNA，加双蒸水补足 20 μL。

PCR 反应程序为 94℃预变性 5 min；94℃变性 30 s，47℃退火 30 s，72℃延伸 30 s，运行 35 个循环；72℃延伸 5 min。4℃条件下保存。

6.4 变性聚丙烯酰胺凝胶电泳

6.4.1 玻璃板处理

用自来水将玻璃板清洗干净，晾干，再用 95%酒精擦洗 1 遍，干燥。在 2 mL 离心管中加入 1 mL 无水乙醇，4 μL 冰醋酸，4 μL 亲和硅烷原液，摇匀，均匀涂在无凹槽玻璃板上。在通风橱中用 0.5mL 疏水硅烷工作液均匀涂布凹槽玻璃板，操作过程中两块玻璃板分别处理，防止互相污染。

6.4.2 玻璃板组装

待玻璃板彻底干燥后，将塑料隔条整齐放在无凹槽玻璃板两侧，盖上凹槽玻璃板，夹子固定后，用水平仪检测玻璃胶室是否水平。

6.4.3 灌胶

取 6%的丙烯酰胺胶 50 mL，加入 50 μL TEMED 和 200 μL 10%APS 溶液。轻轻摇匀，将胶缓缓灌入玻璃胶室，待胶室灌满后，在凹槽处将鲨鱼齿朝外轻轻插入样品梳，在室温下聚合 1 h 以上。

6.4.4 预电泳

拔出样品梳，冲洗凹槽处残余的胶，将玻璃板与电泳槽组装，在正极槽(下槽)和负极槽(上槽)加入 1×TBE 缓冲液，用吸管吸 1×TBE 彻底冲洗凹槽胶面，100 W 恒功率预电泳 20 min，使凝胶预热。

6.4.5 PCR 扩增产物变性处理

PCR 产物中加 5 μL6×加样缓冲液，混匀后，95℃水浴变性 5 min，立即置冰水中冷却。

6.4.6 电泳

清除加样槽孔气泡和杂质，鲨鱼齿朝下插入样品梳，每一个加样孔加入 4 μL～5 μL 样品，70 W～100 W 恒功率电泳，使凝胶温度保持在 55℃左右(温度过高容易使玻璃板炸裂)，至指示剂(二甲苯青)接近胶板的底部时，结束电泳。

6.5 染色

6.5.1 固定

电泳结束后，分开两块玻璃板，将附着凝胶的玻璃板浸入 10%冰醋酸固定液中，在摇床上 30 r/min 摇匀 15 min。取出胶板，放在水洗槽中，加入 1 000 mL 蒸馏水，在摇床上摇 10 min。

6.5.2 染色

从水洗槽中取出胶板，放入 0.1%$AgNO_3$ 染色液中，在摇床上 30 r/min 摇染 20 min。取出胶板，用蒸馏水快速漂洗(时间不超过 10 s)。

6.5.3 显像

将胶板放入 1 000 mL 3%碳酸钠显影溶液中，轻轻晃动，待条带清晰后，迅速将胶板放入 10%冰醋酸固定液中，定影 5 min。用蒸馏水漂洗胶板 5 min，取出晾干。将玻璃板放在观片灯上，记录结果，拍照保存。

7 统计与计算

7.1 常规品种

如果 SSR 位点表现单一条带，则说明品种纯合；如果出现两个或多个条带的位点，则认为该品种在该位点杂合。品种纯度(P)的数值以%表示，按公式(1)计算：

$$P = \frac{S_1 - S_2}{S_1} \times 100 \quad \cdots\cdots (1)$$

式中：

P——品种纯度；

S_1——检测 SSR 位点数；

S_2——杂合位点数。

7.2 杂交种

如果 SSR 位点表现双亲带型，则说明品种纯合；如果出现单个亲本带型或其他带型，则认为该种子为假杂种。品种纯度(P_1)的数值以%表示，按公式(2)计算：

$$P_1 = \frac{N_1 - N_2}{N_1} \times 100 \quad \cdots\cdots (2)$$

式中：

P_1——品种纯度；

N_1——检测种子数；

N_2——非双亲带型的种子数。

附　录　A
（资料性附录）
主要仪器设备

A.1　仪器设备

PCR扩增仪、测序胶电泳槽、高压电泳仪(3 000 V连续可调,0 mA～400 mA连续可调,额定输出功率100 W)、恒温水浴锅(0℃～100℃)、天平(精度0.01 g、0.000 1 g各一台)、磁力搅拌器、高速台式离心机(14 000 r/min)、紫外分光光度计、高压灭菌锅、紫外凝胶成像系统、酸度计、微量移液器(10 μL、200 μL、1 000 μL)、冰箱、摇床、脱色槽、胶片观察灯、数码照相机。

A.2　主要试剂(常规生化试剂等级要求为分析纯)

乙二胺四乙酸二钠(ethylenediamine tetraaacetic acid disodium salt,$EDTANa_2$)、三羟甲基氨基甲烷[tris(hydroxymethyl)aminomethane,Tris]、盐酸(HCl)、十二烷基磺酸钠(sodium dodecyl sulfate,SDS)、三氯甲烷(chloroform)、异戊醇(isoamyl alcohol)、氢氧化钠(NaOH)、液氮、氯化镁($MgCl_2$)、四种脱氧核糖核苷酸(dNTPs:dATP、dCTP、dGTP、dTTP)混合溶液、引物(primer)、Taq DNA聚合酶(Tag polymerase)、丙烯酰胺(acrylamide)、甲叉双丙烯酰胺(N,N'- methyleme bisacrylamide)、脲(urea)、亲水硅烷(bind - silane)、疏水硅烷(repel - silane)、四甲基乙二胺(TEMED)、过硫酸铵(ammonium persaliate,APS)、硼酸(boric acid)、甲酰胺(formamide)、溴酚兰(bromophenol blue)、二甲苯青(xylene cyanol)、冰醋酸(acetic acid)、硫代硫酸钠(sodium thiosulfate pentany drate)、硝酸银(silver nitrate,$AgNO_3$)、甲醛溶液(37%)(formaldeehyde solution)。

A.3　主要耗材

离心管(1.5 mL、2 mL)、移液器配套吸头(10 μL、200 μL、1 000 μL)、96孔PCR板或200 μL PCR薄壁管、一次性手套、玻璃板、长尾夹(51 mm)。

附 录 B
(资料性附录)
SSR 引物名称及分子量范围

表 B.1 30 对 SSR 引物名称及分子量范围

名称		序 列	分子量(bp)	连锁群
Sat_099	F	GCGAAAATGGCAGAGATAA	206～260	L
Sat_099	R	AATGCTAAAAGAGGAATGAAATAA		
Sct_189	F	CTTTTCCTGGCAATGAT	156～191	I
Sct_189	R	AAAATCGCAAAACCTTAGT		
Satt002	F	TGTGGGTAAAATAGATAAAAAT	102～151	D2
Satt002	R	TCATTTTGAATCGTTGAA		
Satt005	F	TATCCTAGAGAAGAACTAAAAAA	141～191	D1b+W
Satt005	R	GTCGATTAGGCTTGAAATA		
Satt168	F	CGCTTGCCCAAAAATTAATAGTA	200～235	B2
Satt168	R	CCATTCTCCAACCTCAATCTTATAT		
Satt180	F	TCGCGTTTGTCAGC	215～266	C1
Satt180	R	TTGATTGAAACCCAACTA		
Satt184	F	GCGCTATGTAGATTATCCAAATTACGC	138～186	D1a+Q
Satt184	R	GCCACTTACTGTTACTCAT		
Satt197	F	CACTGCTTTTTCCCCTCTCT	135～190	B1
Satt197	R	AAGATACCCCCAACATTATTTGTAA		
Satt216	F	TACCCTTAATCACCGGACAA	140～218	D1b+W
Satt216	R	AGGGAACTAACACATTTAATCATCA		
Satt230	F	CCGTCACCGTTAATAAAATAGCAT	200～227	E
Satt230	R	CTCCCCCAAATTTAACCTTAAAGA		
Satt236	F	GCGTGCTTCAAACCAACAAACAACTTA	210～234	A1
Satt236	R	GCGGTTTGCAGTACGTACCTAAAATAGA		
Satt239	F	GCGCCAAAAAATGAATCACAAT	183～195	I
Satt239	R	GCGAACACAATCAACATCCTTGAAC		
Satt242	F	GCGTTGATCAGGTCGATTTTTATTTGT	177～200	K
Satt242	R	GCGAGTGCCAACTAACTACTTTTATGA		
Satt243	F	GCGCATTGCACATTAGGTTTTCTGTT	200～236	O
Satt243	R	GCGGTAAGATCACGCCATTATTTAAGA		
Satt267	F	CCGGTCTGACCTATTCTCAT	222～246	D1a+Q
Satt267	R	CACGGCGTATTTTTATTTTG		
Satt279	F	GCGCAAAAGGACGCCCACCAATAG	172～198	H
Satt279	R	GCGGTGATCGGATGTTATAGTTTCAG		
Satt307	F	GCGCTGGCCTTTAGAAC	162～185	C2
Satt307	R	GCGTTGTAGGAAATTTGAGTAGTAAG		

表 B.1（续）

名称		序　列	分子量(bp)	连锁群
Satt309	F	GCGCCTTCAAATTGGCGTCTT	125～146	G
Satt309	R	GCGCCTTAAATAAAACCCGAAACT		
Satt339	F	TAATATGCTTTAAGTGGTGTGGTTATG	210～240	N
Satt339	R	GTTAAGCAGTTCCTCTCATCACG		
Satt346	F	GGAGGGAGGAAAGTGTTGTGG	185～217	M
Satt346	R	GCGCATGCTTTTCATAAGTTT		
Satt352	F	GCGAATGTATTTTTGTTTCTCCATCAA	183～195	G
Satt352	R	TGATAAGCCAAAAAATGGAAGCATAG		
Satt390	F	AGTGGCTGATAAAAAAAATACTCA	192～223	A2
Satt390	R	ATAATCGCGGCACAATAATTC		
Satt431	F	GCGTGGCACCCTTGATAAATAA	233～250	J
Satt431	R	GCGCACGAAAGTTTTTCTGTAACA		
Satt530	F	CATGCATATTGACTTCATTATT	212～246	N
Satt530	R	CCAAGCGGGTGAAGAGGTTTTT		
Satt565	F	GCGCCCGGAACTTGTAATAACCTAAT	159～193	C1
Satt565	R	GCGCTCTCTTATGATGTTCATAATAA		
Satt571	F	GGGTAGGGGTGGAATATAAG	126～153	I
Satt571	R	GCGGGATCCGCGGATGGTCAAAG		
Satt586	F	GCGGCCTCCAAACTCCAAGTAT	174～219	F
Satt586	R	GCGCCCAAATGATTAATCACTCA		
Satt588	F	GCTGCATATCCACTCTCATTGACT	122～173	K
Satt588	R	GAGCCAAAACCAAAGTGAAGAAC		
Satt590	F	GCGCGCATTTTTTAAGTTAATGTTCT	262～340	M
Satt590	R	GCGCGAGTTAGCGAATTATTTGTC		
Satt596	F	TCCCTTCGTCCACCAAAT	233～291	J
Satt596	R	CCGTCGATTCCGTACAA		

本标准负责起草单位：全国农业技术推广服务中心、中国农业科学院作物科学研究所。
本标准主要起草人：廖琴、陈应志、邱丽娟、常汝镇、关荣霞、李春广、王爱珺。

中华人民共和国农业行业标准

NY/T 2466—2013

大麦品种鉴定技术规程 SSR分子标记法

Identification of barley varieties—SSR marker method

1 范围

本标准规定了利用简单重复序列(Simple sequence repeats,SSR)分子标记进行大麦(*Hordeum vulgare* L.)品种鉴定的试验方法、数据记录格式和判定标准。

本标准适用于大麦DNA分子数据的采集和品种鉴定。

2 规范性引用文件

下列文件对于本文件的应用是必不可少的。凡是注日期的引用文件,仅注日期的版本适用于本文件。凡是不注日期的引用文件,其最新版本(包括所有的修改单)适用于本文件。

GB/T 3543.2 农作物种子检验规程 扦样

GB/T 19557.1 植物新品种特异性、一致性和稳定性测试指南 总则

NY/T 2224—2012 植物新品种特异性、一致性和稳定性测试指南 大麦

3 原理

SSR广泛分布于大麦基因组中,不同品种间每个SSR位点重复单位的数量可能不同。由于每个SSR位点两侧的序列是高度保守和单拷贝的,因而可根据其两侧的序列设计一对特异引物,利用PCR技术对两条引物间的DNA序列进行扩增。在电泳过程中,主要由于SSR位点重复单位的数量不同引起的不同长度的PCR扩增片段在电场作用下得到分离,经硝酸银染色或者荧光染料标记加以区分。因此,根据SSR位点的多态性,利用PCR扩增和电泳技术可以鉴定大麦品种。

4 仪器设备及试剂

仪器设备及试剂见附录A。

5 溶液配制

溶液配制方法见附录B。

6 引物

引物相关信息见附录C。

7 参照品种及其使用

参照品种的名称见附录C,参照品种的来源参见附录D。

在进行等位变异检测时,应同时包括相应参照品种的PCR扩增产物。

中华人民共和国农业部 2013-12-13 发布 2014-04-01 实施

注 1:多个品种在某一 SSR 位点上可能都具有相同的等位变异。在确认这些品种该位点等位变异大小与参照品种相同后,这些品种也可以代替附录 D 中的参照品种使用。

注 2:同一名称不同来源的参照品种的某一位点上的等位变异可能不相同,在使用其他来源的参照品种时,应与原参照品种核对,确认无误后使用。

注 3:对于附录 C 中未包括的等位变异,应按本标准方法,确定其大小和对应参照品种。

8 操作程序

8.1 样品准备

8.1.1 分析和保存

种子样品的分样和保存,应符合 GB/T 3543.2 的规定。

8.1.2 分析

每份样品检测 10 个个体(种子、叶片或其他器官组织),混合分析。对一致性差的样品每个个体单独分析。

8.2 DNA 提取

取大麦的幼苗或叶片 0.5 g,剪碎,放入 2 mL 离心管中。往离心管中加入液氮,放入研磨仪,磨成粉状后立即加入预热的 DNA 提取液 800 μL 左右,剧烈摇动混匀,并在 65℃水浴中保温 30 min~50 min,其间可摇动几次。冷却至室温加入等体积三氯甲烷—异戊醇(24∶1),颠倒混匀,室温下静置 5 min~10 min,使水相和有机相分层。12 000 *g* 离心 10 min。移取上清液至另一个 2 mL 离心管中,加入约 1.5 倍体积的预冷乙醇,轻缓颠倒混匀,经 12 000 *g* 离心 3 min 至分相,弃上清液。用 70%乙醇溶液洗涤 2 遍,自然条件下干燥后,加入 50 μL 1×TE 缓冲液溶解沉淀。用紫外分光光度计检测 DNA 浓度,将 DNA 稀释到 20 ng/μL。置于−20℃保存备用。

注:其他所获 DNA 质量能够满足 PCR 扩增需要的 DNA 提取方法都适用于本标准。

8.3 PCR 扩增

8.3.1 反应体系

25 μL 的反应体积(或 12.5 μL),含 dNTPs2.5 mmol/L,正向引物 10 μmol/L,反向引物 10 μmol/L,Taq DNA 聚合酶 1.0 单位,10×PCR Buffer(含 Mg^{2+}),样品 DNA20 ng。

利用毛细管电泳荧光检测时使用荧光标记的引物。引物的荧光染料种类见附录 C。

注:反应体系的体积可以根据具体情况进行调整。

8.3.2 反应程序

94℃预变性 5 min;94℃变性 30 s,47℃~62℃(可根据附录 C 推荐的引物退火温度设定)退火 30 s,72℃延伸 1 min,共 35 个循环;72℃延伸 5 min,4℃保存。

8.4 PCR 产物检测

8.4.1 变性聚丙烯酰胺凝胶电泳与银染检测

8.4.1.1 清洗玻璃板

将玻璃板清洗干净,用去离子水冲洗后晾干。用无水乙醇擦洗两遍,吸水纸擦干。在长板上涂 0.5 mL亲和硅烷工作液,带凹槽的短板上涂 0.5 mL 剥离硅烷工作液。操作过程中防止两块玻璃板互相污染。

8.4.1.2 组装玻璃板

玻璃板彻底干燥后,将其组装成电泳胶板,用水平仪调平。垫片厚度为 0.4 mm。

8.4.1.3 制胶

在 100 mL 6.0%PAGE 胶中分别加入 TEMED 50 μL 和新配制的 10%过硫酸铵溶液 500 μL,迅速混匀后灌胶。待胶液充满玻璃板夹层,将 0.4 mm 厚鲨鱼齿梳子平齐端向里轻轻插入胶液约 0.4 cm。

灌胶过程中防止出现气泡。使胶液聚合至少 1 h 以上。胶聚合后，清理胶板表面溢出的胶液，轻轻拔出梳子，用水清洗干净备用。

8.4.1.4 预电泳

将胶板安装于电泳槽上，向上槽中加入 800 mL 预热至 65℃的 0.25×TBE 缓冲液，使其超过凝胶顶部约 3 cm，向下槽中加入 800 mL 1×TBE 缓冲液。在 60 W 恒功率下，预电泳 10 min ～20 min。

8.4.1.5 样品制备

在 25 μL(或 12.5 μL)PCR 样品中加入 10 μL(或 5 μL)上样缓冲液，混匀。在水浴锅或 PCR 仪上 95℃变性 5 min，取出，迅速置于碎冰上。

8.4.1.6 电泳

用注射器吸取缓冲液冲洗凝胶顶端几次，清除气泡和聚丙烯酰胺碎片。将鲨鱼齿梳子梳齿端插入凝胶 1 mm～2 mm。每一个加样孔点入 3 μL～5 μL 样品(加样量取决于梳齿的宽窄)。除待测样品外，还应同时加入参照品种扩增产物。在 50 W～80 W 恒功率下电泳，使凝胶温度保持在约 50℃。电泳 1.5 h ～2.5 h(电泳时间取决于扩增片段的大小范围)。电泳结束后，小心分开两块玻璃板，取下凝胶附着的长玻璃板准备固定。

注：具体功率大小根据电泳槽的规格型号和实验室室温设定。

8.4.1.7 银染

a) 固定：将凝胶附着的长玻璃板置于塑料盆中，加入固定液，使固定液没过凝胶，在摇床上轻轻晃动 20 min～30 min；
b) 漂洗：取出玻璃板，在去离子水中漂洗 1 次，时间不超过 10 s；
c) 染色：将玻璃板置放于染色液中，使染色液没过凝胶，在摇床上轻轻晃动 30 min；
d) 漂洗：在去离子水中快速漂洗，时间不超过 10 s；
e) 显影：将玻璃板在预冷的显影液中轻轻晃动至出现清晰带纹；
f) 定影：将凝胶在固定液中定影 5 min；
g) 漂洗：在去离子水中漂洗 1 min。

8.4.2 毛细管电泳荧光检测

8.4.2.1 PCR 产物样品准备

将 6-FAM 和 HEX 荧光标记的 PCR 产物用超纯水稀释 30 倍，TAMRA 和 ROX 荧光标记的 PCR 产物稀释 10 倍。分别取等体积的上述 4 种稀释后溶液混合，从混合液中吸取 1 μL 加入到 DNA 分析仪专用深孔板孔中。板中各孔分别加入 0.1 μL Liz 500 分子量内标和 8.9 μL 去离子甲酰胺。将样品在 PCR 仪上 95℃变性 5 min，取出，立即置于碎冰上，冷却 10 min 以上。瞬时离心 10 s 后置放到 DNA 分析仪上。

除待测样品外，每个 SSR 位点还应同时包括 2 个～3 个参照品种的扩增产物。

注：不同荧光标记的扩增产物的最适稀释倍数最好通过毛细管电泳荧光检测预试验确定。

8.4.2.2 开机准备

打开 DNA 分析仪，检查仪器工作状态。更换缓冲液，灌胶。将装有样品的深孔板置放于样品架基座上。打开数据收集软件。

8.4.2.3 编板

按照仪器操作程序创建电泳板，输入电泳板名称。选择适合的程序和电泳板类型，输入样品编号或名称。

8.4.2.4 运行程序

DNA 分析仪自动将毛细管电泳数据、运行参数等存放在仪器中。

9　等位变异数据采集

9.1　数据表示

样品每个 SSR 位点的等位变异采用扩增片段大小的形式表示。

9.2　变性聚丙烯凝胶电泳与银染检测

将某一位点待测样品和相应的参照品种扩增片段的带型和移动位置进行比较，根据参照品种的移动位置和扩增片段大小，确定待测样品该位点的等位变异大小。

9.3　毛细管电泳荧光检测

使用 DNA 分析仪的片段分析软件，读出每个位点每个样品的等位变异大小数据。比较参照品种的等位变异大小数据与附录 C 中参照品种相应的数据，两者之间的差值为系统误差。从待测样品的等位变异数据中去除该系统误差，得到的数据即为待测样品该位点的等位变异大小。

示例 1：

参照品种“新民大麦”、“上虞早大麦”在 Bmac0209 位点上的等位变异大小分别为 178 bp 和 182 bp，附录 C 中“新民大麦”、“上虞早大麦”相应的数据分别为 177 bp 和 181 bp，系统误差为 1 bp。一个待测样品的等位变异大小原始数据为 178 bp 则待测样品在该位点上的等位变异数据应为 177 bp。

示例 2：

参照品种“哈铁系 1 号”、“S-096”在 Scssr02748 位点上的等位变异大小分别为 143 bp 和 146 bp，附录 C 中“哈铁系 1 号”、“S－096”相应的数据分别为 143 bp 和 146 bp，系统误差为 0 bp。一个待测样品的等位变异大小原始数据为 143 bp，则待测样品在该位点上的等位变异数据应为 143 bp。

9.4　结果记录

纯合位点的等位变异大小数据记录为 X/X，其中 X 为该位点等位变异的大小；杂合位点的等位变异数据记录为 X/Y，其中 X、Y 为该位点上两个不同的等位变异，小片段在前，大片段在后。无效等位变异的大小记录为 0/0。

示例 1：

一个品种在 Scssr02748 位点上有 1 个等位变异，大小为 143 bp，则该品种在该位点上的等位变异数据记录为 143/143。

示例 2：

一个品种在 Scssr02748 位点上有 2 个等位变异，大小分别为 143 bp、146 bp，则该品种在该位点上的等位变异数据记录为 143/146。

10　判定标准

10.1　直接比较

待测品种和对照同时进行检测（“直接比较”）时，先用附录 C 中的 14 个位点的基本核心引物检测，获得待测品种和对照在这些引物位点的等位变异数据，利用这些数据进行品种间比较，品种间差异位点数大于等于 3，判定为不同品种；品种间差异位点数小于 2，继续用 14 个位点的扩展核心引物进检测，利用全部位点的等位变异数据进行品种间比较：

a）　品种间差异位点数大于等于 3，判定为不同品种；

b）　品种间差异位点数为 0～3，判定为近似品种；

c）　品种间差异位点数等于 0，判定为疑同品种。

对于 10.1 b）和 10.1 c）的情况，按照 NY/T 2224—2012 的规定进行田间鉴定，或按照 GB/T 19557.1 的规定进行田间鉴定。

10.2　数据库比较

对待测品种利用附录 C 中的核心引物检测，将检测数据和数据库中品种的数据进行比较（“数据库比较”）：

a）　品种间差异位点数大于等于 3，判定为不同品种；

b) 品种间差异位点数小于 3,判定为近似品种。

对 10.2 b)的情况,按照 NY/T 2224—2012 的规定进行田间鉴定,或按照 GB/T 19557.1 的规定进行田间鉴定。

附　录　A
（规范性附录）
仪器设备及试剂

A.1　主要仪器设备

A.1.1　PCR扩增仪。

A.1.2　高压电泳仪。

A.1.3　电泳槽及配套的制胶附件。

A.1.4　水平电泳槽及配套的制胶附件。

A.1.5　DNA分析仪：基于毛细管电泳，有片段分析功能和数据分析软件，能够分辨最少1个核苷酸的差异。

A.1.6　高速离心机。

A.1.7　水平摇床。

A.1.8　胶片观察灯。

A.1.9　电子天平。

A.1.10　微量移液器。

A.1.11　紫外分光光度计。

A.1.12　高压灭菌锅。

A.1.13　酸度计。

A.1.14　水浴锅或金属浴。

A.1.15　制冰机。

A.1.16　凝胶成像系统或紫外透射仪。

A.1.17　植物组织研磨仪。

A.2　试剂

除非另有说明，在分析中仅使用确认为分析纯的试剂。

A.2.1　十二烷基磺酸钠。

A.2.2　三氯甲烷。

A.2.3　异戊醇。

A.2.4　乙二胺四乙酸二钠。

A.2.5　三羟甲基氨基甲烷。

A.2.6　浓盐酸。

A.2.7　氢氧化钠。

A.2.8　氯化钠。

A.2.9　Taq DNA聚合酶。

A.2.10　10×PCR Buffer（含Mg^{2+}）。

A.2.11 4种脱氧核糖核苷酸。

A.2.12 SSR引物。

A.2.13 矿物油。

A.2.14 琼脂糖。

A.2.15 去离子甲酰胺。

A.2.16 溴酚蓝。

A.2.17 二甲苯青。

A.2.18 甲叉双丙烯酰胺。

A.2.19 丙烯酰胺。

A.2.20 硼酸。

A.2.21 尿素。

A.2.22 亲和硅烷。

A.2.23 剥离硅烷。

A.2.24 无水乙醇。

A.2.25 四甲基乙二胺。

A.2.26 过硫酸铵。

A.2.27 冰醋酸。

A.2.28 乙酸铵。

A.2.29 硝酸银。

A.2.30 甲醛。

A.2.31 DNA分析仪用聚丙烯酰胺胶液。

A.2.32 DNA分析仪用分子量内标：最大分子量500 bp，Liz标记。

A.2.33 DNA分析仪用光谱校准基质：包括6-FAM、TAMRA、HEX和ROX4种荧光染料标记的DNA片段。

A.2.34 DNA分析仪用电泳缓冲液。

附　录　B
(规范性附录)
溶　液　配　制

B.1　DNA 提取溶液的配制

B.1.1　1 mol/L 氢氧化钠溶液

称取 40.0 g 氢氧化钠,溶于 800 mL 去离子水中,冷却至室温,定容至 1 000 mL。

B.1.2　0.5 mol/L 盐酸溶液

量取 25 mL36%~38%浓盐酸,加去离子水定容至 500 mL。

B.1.3　0.5 mol/L 乙二胺四乙酸二钠盐(pH 8.0)溶液

称取 186.1 g 乙二胺四乙酸二钠盐,加入 800 ml 去离子水,再加入 20 g 氢氧化钠,搅拌。待乙二胺四乙酸二钠盐完全溶解后,冷却至室温。再用氢氧化钠溶液(B.1.1)准确调 pH 至 8.0,定容至 1 000 mL。在 103.4 kPa(121℃)条件下灭菌 20 min。

B.1.4　1 mol/L 三羟甲基氨基甲烷盐酸(pH8.0)溶液

称取 60.55 g 三羟甲基氨基甲烷,溶于 400 mL 去离子水中,用盐酸溶液(B.1.2)调 pH 至 8.0,定容至 500 mL,在 103.4 kPa(121℃)条件下灭菌 20 min。

B.1.5　5 mol/L 氯化钠溶液

称取 292.2 g 氯化钠,溶于 750 mL 去离子水中,定容至 1 000 mL,在 103.4 kPa 灭菌 20 min。

B.1.6　DNA 提取液

称取 15.0 g 十二烷基磺酸钠,分别加入 40 mL 乙二胺四乙酸二钠盐溶液(pH8.0)(B.1.3)、100 mL 1 mol/L 三羟甲基氨基甲烷盐酸溶液(pH8.0)(B.1.4)和 100 ml 5 mol/L 氯化钠溶液(B.1.5),搅拌,待溶解后定容至 1 000 mL。在 103.4 kPa(121℃)条件下灭菌 20 min。于 4℃保存。

B.1.7　三氯甲烷+异戊醇混合液

V(三氯甲烷)+V(异戊醇)=24+1

B.1.8　TE 缓冲液

分别量取 5 mL 三羟甲基氨基甲烷盐酸溶液(pH8.0)(B.1.4)和 1 mL 乙二胺四乙酸二钠盐溶液(pH8.0)(B.1.3),定容至 500 mL,在 103.4 kPa(121℃)条件下灭菌 20 min。于 4℃下保存。

B.2　PCR 扩增溶液的配制

B.2.1　dNTP 溶液

用超纯水分别配制 dATP、dTTP、dGTP、dCTP 四种脱氧核糖核苷酸终浓度为 100 mmol/L 的储存液。分别量取 4 种储存液 20 μL 混合,用 120 μL 超纯水定容,配制成每种核苷酸终浓度为 10 mmol/L 的工作液。在 103.4 kPa(121℃)条件下灭菌 20 min,于−20℃保存。

注:也可使用满足试验要求的商品 dNTP 溶液。

B.2.2　SSR 引物溶液

用 TE 缓冲液或超纯水分别配制正向引物和反向引物浓度为 10 μmol/L 的工作液。

B.3　变性聚丙烯酰胺凝胶电泳溶液的配制

B.3.1　10×TBE 缓冲液

分别称取 108.0 g 三羟甲基氨基甲烷和 55.0 g 硼酸，溶于 800 mL 去离子水中，加入 37 mL 乙二胺四乙酸二钠盐溶液(pH8.0)(B.1.3)，定容至 1 000 mL。

B.3.2 40%丙烯酰胺溶液

分别称取 190.0 g 丙烯酰胺和 10.0 g 甲叉双丙烯酰胺，溶于 400 mL 去离子水中，定容至 500 mL。

B.3.3 6%变性聚丙烯酰胺溶液

称取 420.0 g 尿素，用去离子水溶解，分别加入 100 mL 10×TBE 缓冲液(B.3.1)和 150 ml 40% 丙烯酰胺溶液(B.3.2)，定容至 1 000 mL。

B.3.4 亲和硅烷缓冲液

分别量取 49.75 mL 无水乙醇和 250 μL 冰醋酸，用去离子水定容至 50 mL。

B.3.5 亲和硅烷工作液

分别量取 5 μL 亲和硅烷和 1 mL 亲和硅烷缓冲液，混匀。

B.3.6 剥离硅烷工作液

分别量取 98 mL 三氯甲烷溶液和 2 mL 二甲基二氯硅烷溶液，混匀。

B.3.7 10%过硫酸铵溶液

称取 1.0 g 过硫酸铵，溶于 10 mL 去离子水中，混匀。于−4℃保存。

B.3.8 1×TBE 缓冲液

量取 500 mL10×TBE 缓冲液(B.3.1)，用去离子水定容至 5 000 mL。

B.3.9 6×加样缓冲液

分别称取 0.25 g 溴酚蓝和 0.25 g 二甲苯青，分别加入 98 mL 去离子甲酰胺和 1 mL 乙二胺四乙酸二钠盐溶液(pH8.0)，搅拌溶解。

B.4 银染溶液的配制

B.4.1 固定液

量取 100 mL 冰醋酸，加入 1 000 mL 去离子水。

B.4.2 染色液

称取 2.0 g 硝酸银，溶于 1 000 mL 去离子水中。

B.4.3 显影液

称取 15 g 氢氧化钠，溶于 1 000 mL 去离子水中，再加入 5 mL 甲醛。

附　录　C
(规范性附录)
核　心　引　物

C.1　基本核心引物

见表 C.1。

表 C.1　基本核心引物

位点	染色体	引物序列(5′→3′)	荧光	退火温度 ℃	等位变异 bp	参照品种[a]
Bmag0211	1H	F:ATTCATCGATCTTGTATTAGTCC R:ACATCATGTCGATCAAAGC	5′ROX	58	178 182 185 187 190 195	关东二条 22 号 甘啤 2 号 S-096 草麦 苏农 684 鄂 91049
Bmag0378	2H	F:CTTTTGTTTCCGTAGCATCTA R:ATCCAACTATAGTAGCAAAGCC	5′6-FAM	55	132 136 138 146	乌金一号 新民大麦 哈铁系 1 号 嵊县 209
Bmag0711	2H	F:GGAGAGTCACATATCAAGGAC R:CCACTCCTTCTCATACCTTTA	5′6-FAM	55	160 166 178 182 191	嵊县 209 长芒六棱露仁 新民大麦 早熟 3 号 草麦
Bmac0209	3H	F:CTAGCAACTTCCCAACCGAC R:ATGCCTGTGTGTGGACCAT	5′HEX	60	172 178 182 184 186 189	哈铁系 1 号 新民大麦 上虞早大麦 S-096 嵊县 209 秀麦 3 号
Bmag0877	3H	F:AAAGCTCATGGTAGATCAAGA R:TAGTTTTCCCAAAAGCTTCTA	5′TAMRA	55	142 146 150 153 155 163 165 166 187	红日 1 号 鄂 91049 嵊县 209 上虞早大麦 哈铁系 1 号 玉环洋大麦 临海光头大麦 大中 88-91 拜泉皮 4 号
EBmac0701	4H	F:ATGATGAGAACTCTTCACCC R:TGGCACTAAAGCAAAAGAC	5′HEX	55	110 125 127 136 141 143 149	草麦 长芒六棱露仁 紫皮大麦 莆大麦 4 号 哈铁系 1 号 新民大麦 京裸 11

表 C.1 （续）

位点	染色体	引物序列(5′→3′)	荧光	退火温度 ℃	等位变异 bp	参照品种[a]
EBmac0635	4H	F:TGCTGCGATGATGAGAACT R:TAGGGTAGATCCGTCCCTATG	5′ROX	60	80 94 96 106 109 111 117	草麦 玉环洋大麦 紫皮大麦 秀 9560 哈铁系 1 号 威 24 京裸 11
Bmag0353	4H	F:ACTAGTACCCACTATGCACGA R:ACGTTCATTAAAATCACAACTG	5′HEX	55	89 91 93 94 115 117 123 125	威 24 S-096 玉环洋大麦 四棱大麦 甘木二条 秀 9560 草麦 哈铁系 1 号
Scssr10148	5H	F:AAGCAGCAAAGCAAAGTACC R:TCATCAGCATCTGATCATCC	5′ROX	60	178 188 195 199 201 212	莆大麦 4 号 威 24 哈铁系 1 号 草麦 紫皮大麦 长芒六棱露仁
Scssr03907	5H	F:CTCCCATCACACCATCTGTC R:GACATGGTTCCCTTCTTCTTC	5′TAMRA	60	112 114 116 128 137 139 141 145	冬青 15 号 早熟 3 号 紫皮大麦 莆大麦 4 号 哈铁系 1 号 草麦 大中 88-91 宾县皮 4 号
Bmag0009	6H	F:AAGTGAAGCAAGCAAACAAACA R: ATCCTTCCATATTTTGATTAGGCA	5′TAMRA	60	167 171 173 175 177 179	冬青 15 号 嵊县 209 哈铁系 1 号 草麦 鄂 91049 大中 88-91
Bmag0867	6H	F:CCCCACACTGACCTACAG R:TTACATCTGCTAGATCGAAGC	5′ROX	55	126 128 130 132 138	草麦 米麦 114 紫皮大麦 玉环洋大麦 威 24
HVCMA	7H	F:GCCTCGGTTTGGACATATAAAG R:GTAAAGCAAATGTTGAGCAACG	5′6-FAM	62	128 130 136	哈铁系 1 号 浙农大 3 号 秀麦 3 号
EBmac0603	7H	F:ACCGAAACTAAATGAACTACTTCG R:TGCAAACTGTGCTATTAAGGG	5′6-FAM	58	132 145 149 161 169	宾县皮 4 号 哈铁系 1 号 莆大麦 4 号 甘啤 2 号 草麦

[a] 参照品种来源参见附录 D。

C.2 扩展核心引物

见表C.2。

表C.2 扩展核心引物

位点	染色体	引物序列(5′→3′)	荧光	退火温度 ℃	等位变异 bp	参照品种[a]
Scssr02748	1H	F:GGTGCATTTGGAAGTCTAGG R:ATAGCAAGTGCCAAGTGAGC	5′6-FAM	47	143 146 148	哈铁系1号 S-096 草麦
HVM54	2H	F:AACCCAGTAACACCTGTCCTG R:AGTTCCCTGACCCGATGTC	5′HEX	55	149 153 157 159 161	长芒六棱露仁 冬青15号 莆大麦4号 哈铁系1号 草麦
Scssr07759	2H	F:GCAACTCCTCATCATCTCAGG R:CAACAGCCAGAAGGTCTACG	5′6-FAM	62	175 204 216	莆大麦4号 上虞早大麦 威24
HvXan	2H	F:CAGCCACCTCCATAGTACTT R:CTGCTCTAGGCTCGTGTT	5′6-FAM	58	132 135 138	紫皮大麦 哈铁系1号 鄂91049
HVM27	3H	F:GGTCGGTTCCCGGTAGTG R:TCCTGATCCAGAGCCACC	5′HEX	58	188 191 193 195	新民大麦 西海皮44号 紫皮大麦 扬饲麦1号
HVM60	3H	F:CAATGATGCGGTGAACTTTG R:CCTCGGATCTATGGGTCCTT	5′TAMRA	58	107 112 114 116 118 119	紫皮大麦 京裸11 单60 大中88-91 鄂91049 草麦
HVM40	4H	F:CGATTCCCCTTTTCCCAC R:ATTCTCCGCCGTCCACTC	5′TAMRA	60	143 145 151 154 162	S-096 草麦 早熟3号 义乌二棱大麦 莆大麦4号
Bmac0181	4H	F:ATAGATCACCAAGTGAACCAC R:GGTTATCACTGAGGCAAATAC	5′6-FAM	55	156 172 174 175 179	鄂91049 米麦114 临海光头大麦 嵊县209 新民大麦
Scssr07106	5H	F:GCGCTGTCTCTTCTATGTGC R:AGGTGCTCCTAATCTGATGG	5′TAMRA	60	167 169 172	长芒六棱露仁 草麦 莆大麦4号
Bmag0387	5H	F:CGATGACCATTGTATTGAAG R:CTCATGTTGATGTGTGGTTAG	5′6-FAM	58	107 109 111 113 119 121	嵊县209 哈铁系1号 浙农大3号 紫皮大麦 乌金一号 甘啤2号

表 C.2 （续）

位点	染色体	引物序列(5′→3′)	荧光	退火温度 ℃	等位变异 bp	参照品种[a]
Bmac0018	6H	F:GTCCTTTACGCATGAACCGT R:ACATACGCCAGACTCGTGTG	5′6-FAM	62	129 131 133 135	莆大麦 4 号 长芒六棱露仁 哈铁系 1 号 嵊县 209
Scssr09398	6H	F:AGAGCGCAAGTTACCAAGC R:GTGCACCTCAGCGAAAGG	5′TAMRA	47	169 172 181 192	临海光头大麦 嵊县 209 哈铁系 1 号 威 24
Bmac0064	7H	F:CTGCAGGTTTCAGGAAGG R:AGATGCCCGCAAAGAGTT	5′ROX	47	144 157 161 171	草麦 紫皮大麦 S-096 沪麦 4 号
Scssr15864	7H	F:GCATAAACGGGTGTAAGAGC R:CATCCAGTTCAGAGGATAGAGC	5′ROX	55	170 181 184	嵊县 209 米麦 114 临海光头大麦

[a] 参照品种来源参见附录 D。

附 录 D
（资料性附录）
参 照 品 种 名 单

参照品种名单见表 D. 1。

表 D. 1 参照品种名单

序号	名　　称	编号	序号	名　　称	编号
1	长芒六棱露仁		19	甘木二条	
2	哈铁系 1 号		20	冬青 15 号	
3	莆大麦 4 号		21	红日 1 号	
4	义乌二棱大麦		22	苏农 684	
5	浙农大 3 号		23	鄂 91049	
6	秀麦 3 号		24	大中 88 - 91	
7	嵊县 209		25	单 60	
8	米麦 114		26	京裸 11	
9	临海光头大麦		27	四棱大麦	
10	上虞早大麦		28	宾县皮 4 号	
11	玉环洋大麦		29	关东二条 22 号	
12	威 24		30	拜泉皮 4 号	
13	紫皮大麦		31	西海皮 44 号	
14	草麦		32	沪麦 4 号	
15	S-096		33	甘啤 2 号	
16	早熟 3 号		34	乌金一号	
17	秀 9560		35	扬饲麦 1 号	
18	新民大麦				

本标准起草单位：江苏省农业科学院、农业部科技发展中心。
本标准主要起草人：王艳平、沈奇、堵苑苑、张继红、李华勇、王显生、吴燕、戴剑。

中华人民共和国农业行业标准

NY/T 2467—2013

高粱品种鉴定技术规程　SSR 分子标记法

Protocol for identification of sorghum varieties—SSR marker method

1　范围

本标准规定了利用简单重复序列(simple sequence repeats,SSR)标记法进行高粱[*Sorghum bicolor* (L.)Moench]品种鉴定的操作程序、等位变异数据记录与统计、判定方法。

本标准适用于高粱品种的 SSR 指纹数据采集和品种鉴定。

2　规范性引用文件

下列文件对于本文件的应用是必不可少的。凡是注日期的引用文件,仅注日期的版本适用于本文件。凡是不注日期的引用文件,其最新版本(包括所有的修改单)适用于本标准。

GB 4404.1　粮食作物种子　禾谷类

GB/T 3543.2　农作物种子检验规程　扦样

GB/T 6682　分析实验室用水规格和试验方法

GB/T 19557.1　植物新品种特异性、一致性和稳定性测试指南　总则

3　术语和定义

下列术语和定义适用于本文件。

3.1

品种　variety

已知最低一级植物分类单位中的一个类群,不论是否充分满足植物新品种权的授权条件,该类群应该是:

——通过某一特定的基因或基因型组合所表达的特征来界定;

——通过至少一种上述特征的表达,与任何其他植物类群有所区别;

——经过繁殖后其适应性未变的一个单位。

[GB/T 19557.1—2004,定义 3.1]

3.2

核心引物　core primer

品种鉴定中优先选用的一套 SSR 引物,其检测位点多态性高,检测结果重复性好。

3.3

参照品种　reference variety

具有所用 SSR 位点上不同等位变异的品种。用于辅助确定待测样品的等位变异,校正仪器设备的系统误差。

中华人民共和国农业部 2013 - 12 - 13 发布　　2014 - 04 - 01 实施

4 原理

由于不同高粱品种遗传组成不同，基因组 DNA 存在简单重复序列的重复次数差异。这种差异可通过 PCR 扩增及电泳方法进行检测，从而能够区分不同高粱品种。

5 仪器设备及试剂

见附录 A。

6 溶液配制

见附录 B。

7 引物信息

核心引物名单及序列见附录 C，核心引物等位变异等相关信息参见附录 D。

8 参照品种信息

参见附录 D。

9 操作程序

9.1 样品准备

样品材料可为种子、幼嫩叶片等组织或器官。试验样品为种子时，其质量应符合 GB 4401.1 中对高粱种子纯度的要求。

种子样品的分样和保存，应符合 GB/T 3543.2 的规定。

应分析 20 个以上个体的混合样品，或至少 5 个个体(种子、叶片或其他等效物)的单个样品。

9.2 DNA 提取

9.2.1 称取适量样品，液氮下迅速磨成粉末。

9.2.2 将粉末转入 2.0 mL Eppendorf 管中，加入 700 μL 65℃预热的 CTAB 缓冲液，并使其混匀。

9.2.3 65℃水浴加热 45 min，不断地轻轻倒转摇动。水浴后，取出离心管，冷却至室温。

9.2.4 通风橱下加入 700 μL 的氯仿—异戊醇(24 ∶ 1)，轻轻倒转摇动 5 min～10 min。

9.2.5 12 000 *g*(室温)离心 10 min，用去头枪尖将上清液转至 1 个新的 2.0 mL Eppendorf 管中。

9.2.6 加入 10 μL RNA 酶溶液(10 mg/mL)，37℃下温浴 30 min。

9.2.7 重复 9.2.4～9.2.5 步骤。

9.2.8 加入－20℃预冷的异丙醇(1 倍体积)或无水乙醇(2 倍体积)于 2.0 mL Eppendorf 管中，轻轻混匀。－20℃冰箱静置一段时间后，至 DNA 凝集，室温下钩出 DNA。

9.2.9 76%乙醇洗涤 2 次(其中一次可过夜)。洗涤完毕后，将 DNA 晾干。

9.2.10 加入适量的 1×TE(pH 8.0)溶解于试管中，4℃下保存备用。

9.2.11 将 DNA 原液于 0.8%琼脂糖凝胶电泳检测质量(DL2000 为 Marker)。－20℃下保存备用。

注 1：利用种子、幼苗、植株幼嫩叶片等组织或器官提取 DNA 均可，但鉴于高粱的种子籽粒较小，本标准推荐使用幼苗；

注 2：上述 DNA 提取方法为标准推荐使用的，其他能够达到 PCR 扩增质量要求的 DNA 提取方法均可采用。

9.3 PCR 扩增

9.3.1 引物选择

首先选择附录 C 中前 20 对引物进行扩增；当样品间检测出的差异位点数小于 2 时，再选用附录 C

中后 20 对引物进行检测。

9.3.2 反应体系

10 μL 的反应体积，含每种 dNTP 0.10 mmol/L，正向、反向引物各 0.24 μmol/L，*Taq* DNA 聚合酶 0.4 U，1×PCR 缓冲液（含 Mg^{2+} 2.5 mmol/L），样品 DNA 20 ng～40 ng，其余以超纯水补足至所需体积。如果 PCR 过程中不采用热盖程序，则反应液上加盖 15 μL 矿物油，以防止反应过程中水分蒸发。

9.3.3 反应程序

94℃预变性 5 min，1 个循环；94℃变性 45 s，55℃退火 45 s，72℃延伸 60 s，共 36 个循环；72℃延伸 10 min，4℃保存。

9.4 电泳检测

9.4.1 普通变性聚丙烯酰胺凝胶电泳

9.4.1.1 灌胶板制作

首先严格地将玻璃板洗净，再用蒸馏水冲洗并擦干，然后用 95%酒精擦拭，最后在母板上均匀涂 2 mL～3 mL 亲和硅烷工作液，凹槽板上涂 2 mL～3 mL 剥离硅烷。放置 10 min 以上，让其充分晾干。操作过程中防止两块玻璃板相互污染。

9.4.1.2 组装玻璃板

待玻璃板彻底干燥后组装电泳板，并用水平仪调平。

9.4.1.3 灌胶

在 50 mL 6%PAGE 胶中加入 TEMED 65 μL 和 25%的过硫酸铵 250 μL，迅速混匀后灌胶。待胶液流动到下部，在上部轻轻插入梳子，使其凝聚至少 1 h 以上。灌胶过程中防止出现气泡。

9.4.1.4 预电泳

在正极槽（下槽）中加入 1×TBE 缓冲液 600 mL，在负极槽（上槽）中加入 0.5×TBE 缓冲液 600 mL，拔出梳子。80 W 恒功率预电泳 30 min～40 min。

9.4.1.5 样品制备

10 μL PCR 扩增样品加入 3 μL 6×加样缓冲液，混匀后，在 94℃变性 10 min，迅速用冰水浴冷却，并于－20℃冰箱中冷却 10 min 以上。

9.4.1.6 电泳

用移液器吹吸加样槽，清除残胶和气泡，插入样品梳子，每一个加样孔点入 4 μL 样品。70 W 恒功率电泳至上部的指示带(二甲苯青)达到胶板的中部(45 min～50 min)。电泳结束后，小心分开两块玻璃板，胶会紧贴在涂亲和硅烷的玻璃板上。

9.4.1.7 银染

9.4.1.7.1 固定

将凝胶板置于装有固定液的塑料盒内，轻轻摇荡 10 min。

9.4.1.7.2 漂洗

双蒸水漂洗 3 min。

9.4.1.7.3 染色

在新配染色液中，轻轻摇荡 20 min。

9.4.1.7.4 漂洗

双蒸水漂洗，时间不超过 10 s。

9.4.1.7.5 显影

在显影液中、轻轻摇荡，直至出现带纹。

9.4.1.7.6 定影

在固定液中定影 2 min。

9.4.1.7.7 **漂洗**

用 1.5 L 双蒸水漂洗 2 min。

9.4.1.7.8 **干胶**

室温下自然晾干。

9.4.2 毛细管荧光电泳

9.4.2.1 样品准备

取稀释后的不同荧光标记扩增产物溶液等体积混合。吸取 1 μL 混合液加入到 DNA 分析仪专用 PCR 扩增板孔中。板中各孔分别加入 0.1 μL 分子量内标和 8.9 μL 去离子甲酰胺。将样品在 PCR 仪上 95℃变性 5 min，取出并立即置于碎冰上，冷却 10 min 以上。瞬时离心 10 s 后置放到 DNA 分析仪上。

9.4.2.2 荧光检测

按照仪器操作手册，编辑样品表，执行运行程，保存数据。

10 等位变异数据记录与统计

10.1 数据记录

对普通变性聚丙烯酰胺凝胶电泳，将待测样品扩增片段的带型和迁移位置与对应的参照品种进行比较，与待测样品相同的参照品种的片段大小即为待测样品该引物位点的等位变异大小。

对毛细管荧光电泳，通过参照品种消除不同批次间或不同型号 DNA 分析仪间可能存在的系统误差，使用片段分析软件，读取样品在该位点的等位变异。

纯合位点的等位变异数据记录为 X/X，其中 X 为该位点等位变异的大小；杂合位点的等位变异数据记录为 X/Y，其中 X、Y 为该位点上两个不同的等位变异。小片段在前，大片段在后。缺失位点基因型数据记录为 0/0。

示例 1：以附录 D 中的引物 Txp482 为例，参照品种"TX430"在该位点上仅扩增出一条 231 bp 的片段，则该品种在该引物位点上的等位变异数据记录为 231/231。

示例 2：以附录 D 中的引物 Txp424 为例，品种"TX430"在该位点上扩增出两条分别为 233 bp、237 bp 的片段，则该品种在该引物位点上的等位变异数据记录为 233/237。

11 判定方法

11.1 结果判定

当样品间差异位点数≥2，则判定为"不同品种"；当样品间差异位点数＝1，判定为"近似品种"；当样品间差异位点数＝0，判定为"极近似品种或相同品种"。

对利用附录 C 中 40 对引物仍未检测到≥2 个差异位点数的样品，可按照 GB/T 19557.1 的规定进行田间种植鉴定。

11.2 结果表述

比较位点数：______，比较位点为：________；差异位点数：_______，差异位点为：______；判定为：______。

附 录 A
（规范性附录）
主要仪器设备及试剂

A.1 主要仪器设备

A.1.1 PCR扩增仪。

A.1.2 高压电泳仪：规格为3 000 V、400 mA、400 W，具有恒电压、恒电流和恒功率功能。

A.1.3 垂直电泳槽及配套的制胶附件。

A.1.4 普通电泳仪。

A.1.5 水平电泳槽及配套的制胶附件。

A.1.6 高速冷冻离心机：最大离心力不小于15 000 r/min。

A.1.7 水平摇床。

A.1.8 胶片观察灯。

A.1.9 电子天平：感应为0.01 g、0.001 g。

A.1.10 微量移液器：规格分别为10 μL、20 μL、100 μL、200 μL、1 000 μL，连续可调。

A.1.11 磁力搅拌器。

A.1.12 紫外分光光度计：波长260 nm及280 nm。

A.1.13 微波炉。

A.1.14 高压灭菌锅。

A.1.15 酸度计。

A.1.16 水浴锅或金属浴：控温精度±1℃。

A.1.17 冰箱：最低温度－20℃。

A.1.18 制冰机。

A.1.19 凝胶成像系统或紫外透射仪。

A.1.20 DNA分析仪：基于毛细管电泳，有片段分析功能和数据分析软件，能够分辨1个核苷酸大小的差异。

A.2 主要试剂

A.2.1 十六烷基三乙基溴化铵（CTAB）。

A.2.2 三氯甲烷。

A.2.3 异丙醇。

A.2.4 异戊醇。

A.2.5 乙二胺四乙酸二钠（$EDTA-Na_2 \cdot 2H_2O$）。

A.2.6 三羟甲基氨基甲烷（Tris-base）。

A.2.7 盐酸：37%。

A.2.8 氢氧化钠（NaOH）。

A.2.9 氯化钠。

A.2.10 10×Buffer 缓冲液:含 Mg^{2+} 25 mmol/L。

A.2.11 4 种脱氧核苷三磷酸:dATP、dTTP、dGTP、dCTP(10 mmol/L each)。

A.2.12 Taq DNA 聚合酶:2 U/μL。

A.2.13 矿物油。

A.2.14 琼脂糖。

A.2.15 DNA 分子量标准:DL2000。

A.2.16 核酸染色剂。

A.2.17 去离子甲酰胺(Formamide)。

A.2.18 溴酚蓝(Brph Blue)。

A.2.19 二甲苯青 FF。

A.2.20 甲叉双丙烯酰胺(bisacrylamide)。

A.2.21 丙烯酰胺(acrylamide)。

A.2.22 硼酸(Boric Acid)。

A.2.23 尿素。

A.2.24 亲和硅烷(Binding Silane):97%。

A.2.25 剥离硅烷(Repel Silane):2%二甲基二氯硅烷。

A.2.26 无水乙醇。

A.2.27 四甲基乙二胺(TEMED)。

A.2.28 过硫酸铵(APS)。

A.2.29 冰醋酸。

A.2.30 乙酸铵。

A.2.31 硝酸银。

A.2.32 甲醛溶液:37%。

A.2.33 DNA 分析仪专用丙烯酰胺胶液。

A.2.34 DNA 分析仪专用分子量内标 Liz 标记。

A.2.35 DNA 分析仪专用光谱校准基质,6-FAM 荧光标记的 DNA 片段。

A.2.36 DNA 分析仪专用电泳缓冲液。

附 录 B
(规范性附录)
溶 液 配 制

除另有说明外,在分析中仅使用确认为分析纯的试剂和 GB/T 6682 规定的一级水。

B.1 DNA 提取试剂的配制

B.1.1 0.5 mol/L EDTA 溶液

186.1 g EDTA - Na_2 · $2H_2O$ 溶于 800 mL 水中,用 1 mol/L NaOH 调 pH 至 8.0,定容至 1 000 mL,在 103.4 kPa 灭菌。

B.1.2 1 mol/L Tris - HCL 溶液

60.55 g Tris-base 溶于适量水中,加 1 mol/L HCl 调 pH 至 8.0,定容至 500 mL,103.4 kPa 灭菌。

B.1.3 0.5 mol/L HCl 溶液

25 mL 浓盐酸(36%~38%),加水定容至 500 mL。

B.1.4 DNA 提取 CTAB 缓冲液

1 mol/L Tris-HCl 83.5 mL,5 mol/L NaCL 235 mL,0.5 mol/L EDTA 33.4 mL,CTAB 固体 20 g,定容至 1 000 mL。其中,292.5 g NaCl(MW=58.44)+ddH$_2$O 至终体积 1 000 mL,103.4 kPa 灭菌,即为 5 mol/L NaCl 溶液。

B.1.5 氯仿—异戊醇(24∶1)

按 24∶1 的比例(体积比)配制混合液。

B.1.6 76%乙醇

无水乙醇 380 mL,定容至 500 mL。

B.1.7 TE 缓冲液

1 mol/L Tris-HCl 5 mL,0.5 mol/L EDTA 1 mL,加 HCl 调 pH 至 8.0,定容至 500 mL。

B.2 PCR 扩增试剂的配制

B.2.1 dNTP

用超纯水分别配制 A、G、C、T 终浓度 100 mmol/L 的储存液。各取 20 μL 混合,用超纯水 120 μL 定容至每种核苷三磷酸终浓度为 10 mmol/L 的工作液。103.4 kPa 灭菌,−20℃保存。

B.2.2 SSR 引物

用超纯水分别配制前引物和后引物终浓度均为 20 μmol/L,等体积混合成 10 μmol/L 的工作液。

B.3 变性聚丙烯酰胺凝胶电泳试剂的配制

B.3.1 40%PAGE 胶

190 g 丙烯酰胺和 10 g 甲叉双丙烯酰胺,定容至 500 mL,混匀。4℃贮存备用。

B.3.2 6% PAGE 胶

尿素 450 g,10×BTE 缓冲液 100 mL,40%PAGE 胶 150 mL,定容至 1 000 mL。

B.3.3 亲和硅烷工作液

250 μL 冰醋酸,250 μL 亲和硅烷,加无水乙醇至 50 mL,混匀。分装于 1.5 mL Eppendorf 管中。

4℃贮存备用。

B.3.4 剥离硅烷工作液

2%二甲基二氯硅烷。

B.3.5 25%过硫酸铵溶液

0.25 g 过硫酸铵溶于 1 mL 超纯水中。

B.3.6 10×TBE 缓冲液

Tris-base 108 g,硼酸 55 g,$EDTA\text{-}Na_2 \cdot 2H_2O$ 7.44 g,定容至 1 L。

B.3.7 1×TBE 缓冲液

10×TBE 缓冲液 500 mL,加水定容至 5 L。

B.3.8 6×加样缓冲液

去离子甲酰胺(用于 DNA 变性)49 mL,0.5 mmol/L EDTA 1 mL,溴酚蓝 0.125 g,二甲苯青 0.125 g。

B.4 银染试剂的配制

B.4.1 固定液

200 mL 冰醋酸,加水定容至 2 000 mL。

B.4.2 染色液

3 g 硝酸银,加水定容至 2 000 mL。

B.4.3 显影液

2 000 mL 蒸馏水中加入 25 g 氢氧化钠和 7 mL 甲醛。

注:银染溶液的配制可使用符合 GB/T 6682 规定的三级水。

附 录 C
(规范性附录)
核 心 引 物

核心引物见表C.1。

表C.1 核心引物

编号	引物名称	染色体位置	正向引物	反向引物
P01	Txp65	SBI05	CACGTCGTCACCAACCAA	GTTAAACGAAAGGGAAATGGC
P02	Txp230	SBI09	GCTACCGCTGCTGCTCT	AGGGGGCATCCAAGAAAT
P03	Sb1-10	SBI04	ACAGGGCTTTAGGGAAATCG	CCATCACCGTCGGCATCT
P04	Txp159	SBI07	ACCCAAAGCCCAAATCAG	GGGGGAGAAACGGTGAG
P05	SB4273	SBI08	GCCGGCATACCAAGAACAAAGTTA	TTAAGCTGTCTCACTGCCGAGTTG
P06	Gpsb089	SBI01	ATCAGGTACAGCAGGTAGG	ATGCATCATGGCTGGT
P07	SB3683	SBI06	GCGAAAAGGATTTTCAACTATGGG	TTTGTCTTGCAGTTTCCTGACGAG
P08	Txp80	SBI02	GCTGCACTGTCCTCCCACAA	CAGCAGGCGATATGGATGAGC
P09	Txp436	SBI03	GGGTGACTGGTCCGTTCTC	TTCCAGTCCTTGGTGACCTC
P10	Cup07	SBI10	CTAGAGGATTGCTGGAAGCG	CTGCTCTGCTTGTCGTTGAG
P11	SBKAFGK1	SBI05	AGCATCTTACAACAACCAAT	CTAGTGCACTGAGTGATGAC
P12	Txp168	SBI07	AGTCAAAACCGCCACAT	GAGAAGGGGAGAGGAGAA
P13	Txp426	SBI03	GCGTATGAATCTTCGTTTTATTCA	CCATCATTTTGATGAAATGCAC
P14	SB868	SBI01	CTCATCAGGCTAAAATGATCACCG	ATCGAGCACCTGAAACATGAAACA
P15	Txp321	SBI08	TAACCCAAGCCTGAGCATAAGA	CCCATTCACACATGAGACGAG
P16	SB5407	SBI10	GAGTCTGCGCTTATTGTGCCTTTT	TGCCTTTTTGCCAGATCTTTCTTC
P17	Txp7	SBI02	ACATCTACTACCCTCTCACC	ACACATCGAGACCAGTTG
P18	SB3727	SBI06	CAAATACAAACGAAAGTGCTACAGTGG	TTTTCTGTCACTCAACAACCCCAA
P19	SB5014	SBI09	ATTCCACCGCACAGAATTTGTCTT	AAGAACCGTTCATCTCTGCTGACC
P20	Txp021	SBI04	GAGCTGCCATAGATTTGGTCG	ACCTCGTCCCACCTTTGTTG
P21	Txp343	SBI04	CGATTGGACATAAGTGTC	TATAAACATCAGCAGAGGTG
P22	Txp481	SBI07	CCAGGAGATGCCAGAAGTGT	GCATAAAACATTTGGAAACTCAAA
P23	Txp289	SBI09	AAGTGGGGTGAAGAGATA	CTGCCTTTCCGACTC
P24	Txp494	SBI03	CGTCCTCGTCTCCTTCGTC	GCATGTTCAGGAGAGCATCA
P25	SB3811	SBI06	TGCTATGACTGTCTTTGGCTCACA	CTGACTTCGAGCAAGTACAGCAGC
P26	Gpsb067	SBI08	TAGTCCATACACCTTTCA	TCTCTCACACACATTCTTC
P27	Txp482	SBI01	ATGTGTCCAGCCATGCATAA	CTCATGTAGGGGCGAGTGTC
P28	Txp123	SBI05	TCGGCGAGCATCTTACA	TACGTAGGCGGTTGGATT
P29	Txp130	SBI10	TGGGAAGCAGCTCAGG	AGGGTGGTGATGTAGGGA
P30	SB934	SBI02	CAACCCAAGAGAGGGATTGTGACT	CCTCGCTCTTCCAACCTCTTGAAT
P31	Txp010	SBI09	ATACTATCAAGAGGGGAGC	AGTACTAGCCACACGTCAC
P32	Txp23	SBI05	AATCAACAAGAGCGGGAAAG	TTGAGATTCGCTCCACTCC
P33	Txp99	SBI07	CACAAAGGCACCGAACAAAAC	CAGAGGCCGAGGACGAG
P34	Txp17	SBI06	CGGACCAACGACGATTATC	ACTCGTCTCACTGCAATACTG
P35	SB5360	SBI10	ATCGAGGTTCCTGCATATCTCAGC	CTTTCGACGTACCTGTCCTCGTCT
P36	Txp430	SBI02	AGTATTTGCCGCTGGTGAAG	TCTCGATTTCGACAGGCTTT
P37	Txp015	SBI05	CACAAACACTAGTGCCTTATC	CATAGACACCTAGGCCATC
P38	Gap57	SBI01	ACAGGGCTTTAGGGAAATCG	CCATCACCGTCGGCATCT
P39	Txp424	SBI03	GCATCTGTAAGTTGCCACCA	ACAGCTGCACTCCAGGATTT
P40	Txp41	SBI04	TCTGGCCATGACTTATCAC	AAATGGCGTAGACTCCCTTG
注:表C.1中规定的引物在DNA分析仪上使用时,须在正向引物5′端加荧光修饰基团。				

附　录　D
(资料性附录)
核心引物相关信息

核心引物相关信息见表 D.1。

表 D.1　核心引物相关信息

引物编号	引物名称	推荐荧光类型	PIC	等位变异范围	等位变异大小(bp)	参照品种
P01	Txp65	FAM	0.62	119～133	119	辽恢 9198
					124	TX622B
					128	4003
					131	吉 R13
					133	黑 11B
P02	Txp230	FAM	0.81	169～201	169	F4B
					177	5-27
					187	白平
					195	V4B
					197	0-30
					201	晋粱 5 号
P03	Sb1-10	FAM	0.65	281～310	281	QL33B
					296	晋粱 5 号
					301	5-27
					310	鄂荆四不像
P04	Txp159	HEX	0.78	152～181	152	314B
					163	晋粱 5 号
					171	F4B
					177	7501B
					181	吉恢 7384
P05	SB4273	HEX	0.42	255～268	255	黑 11B
					259	三尺三
					268	QL33B
P06	Gpsb089	TET	0.69	0.60455758	164	晋粱 5 号
					168	7501B
					172	白平
P07	SB3683	TET	0.59	229～244	229	晋粱 5 号
					234	QL33B
					244	5-27
P08	Txp80	TET	0.39	280～305	280	晋辐 1 号
					299	白平
					305	吉 R13
P09	Txp436	ROX	0.25	136～150	136	白平
					143	TX622B
					150	吉恢 7384

表 D.1（续）

引物编号	引物名称	推荐荧光类型	PIC	等位变异范围	等位变异大小(bp)	参照品种
P10	cup07	ROX	0.61	189～270	189	铁恢 208
					192	辽恢 9198
					254	F4B
					268	7501B
					270	V4B
P11	SBKAFGK1	FAM	0.53	116～135	116	晋粱 5 号
					120	232EB
					130	5 - 27
					135	QL33B
P12	Txp168	FAM	0.31	175～180	175	F4B
					177	吉 R13
					180	晋辐 1 号
P13	Txp426	FAM	0.72	238～257	238	0 - 30
					245	白平
					248	TX622B
					251	QL33B
					257	吉 2055A
P14	SB868	HEX	0.79	123～150	123	晋粱 5 号
					133	0 - 30
					137	吉恢 7384
					141	QL33B
					143	V4B
					150	F4B
P15	Txp321	HEX	0.75	186～229	186	黑 11B
					196	吉 R13
					200	三尺三
					204	QL33B
					217	合恢 8 号
					229	晋粱 5 号
P16	SB5407	TET	0.71	121～150	121	晋粱 5 号
					131	QL33B
					137	V4B
					147	辽恢 115
					150	铁恢 6 号
P17	Txp7	TET	0.60	212～233	212	232EB
					220	晋粱 5 号
					229	QL33B
					233	鄂荆四不像
P18	SB3727	TET	0.54	278～294	278	晋粱 5 号
					282	QL33B
					290	F4B
					294	421B
P19	SB5014	ROX	0.66	223～238	223	7501B
					227	白平
					232	QL33B
					238	V4B

表 D.1（续）

引物编号	引物名称	推荐荧光类型	PIC	等位变异范围	等位变异大小(bp)	参照品种
P20	Txp021	ROX	0.58	169～188	169	晋粱 5 号
					173	黑 30A
					175	铁恢 208
					179	V4B
					184	7413 - 24
					188	5 - 27
P21	Txp343	FAM	0.75	110～154	110	辽杂 19
					122	南 133R
					125	白平
					131	4003
					147	7050A
					151	3148B
					154	7501B
P22	Txp481	FAM	0.61	203～223	203	晋粱 5 号
					209	TX622B
					213	晋辐 1 号
					217	5 - 27
					223	F4B
P23	Txp289	FAM	0.68	269～299	269	7501B
					271	0 - 30
					287	TX622B
					292	吉 R13
					299	45A
P24	Txp494	HEX	0.65	195～222	195	7501B
					198	7788
					203	F4B
					210	晋粱 5 号
					213	TX622B
					216	吉恢 7384
					222	314B
P25	SB3811	HEX	0.69	240～246	240	7501B
					242	0 - 30
					244	TX622B
					246	QL33B
P26	Gpsb067	TET	0.64	160～179	160	白平
					171	铁恢 6 号
					173	晋粱 5 号
					175	45A
					179	7501B
P27	Txp482	TET	0.51	221～231	221	晋粱 5 号
					225	辽恢 115
					231	QL33B
P28	Txp123	TET	0.60	254～272	254	白平
					258	7501B
					266	5 - 27
					272	TX622B

表 D.1（续）

引物编号	引物名称	推荐荧光类型	PIC	等位变异范围	等位变异大小(bp)	参照品种
P29	Txp130	ROX	0.55	244～251	244	白平
					247	晋梁 5 号
					251	QL33B
P30	SB934	ROX	0.59	163～182	163	7501B
					178	QL33B
					182	晋梁 5 号
P31	Txp010	FAM	0.68	132～147	132	TAM428A
					140	314B
					142	TX622B
					145	F4B
					147	晋辐 1 号
P32	Txp23	FAM	0.57	174～199	174	QL33B
					182	晋梁 5 号
					184	矮四
					194	铁恢 208
					199	辽恢 115
P33	Txp99	FAM	0.30	271～287	272	V4B
					276	421B
					284	晋梁 5 号
					287	白平
P34	Txp17	HEX	0.63	160～186	160	0-30
					166	铁恢 208
					182	白平
					186	三尺三
P35	SB5360	HEX	0.53	234～250	234	F4B
					237	7501B
					250	晋辐 1 号
P36	Txp430	HEX	0.52	153～165	153	晋辐 1 号
					156	白平
					165	铁恢 157
P37	Txp015	TET	0.68	197～219	197	5-27
					209	辽恢 115
					213	QL33B
					219	白平
P38	Gap57	TET	0.63	283～310	283	TX622B
					296	晋梁 5 号
					305	7501B
					310	鄂荆四不像
P39	Txp424	ROX	0.72	225～239	225	铁恢 208
					233	7501B
					237	吉 L116R
					239	白平

表 D. 1（续）

引物编号	引物名称	推荐荧光类型	PIC	等位变异范围	等位变异大小(bp)	参照品种
P40	Txp41	ROX	0.79	263～293	263	辽恢 115
					271	三尺三
					276	F4B
					282	白平
					293	QL33B

注 1:表 D. 1 中 PIC 数据基于 96 份高粱材料的标记数据分析。

注 2:多个品种在某一 SSR 位点上可能都具有相同的等位变异。在确认这些品种该位点等位变异大小与参照品种相同后,这些品种也可以代替附录 D 中的参照品种使用。

注 3:同一名称不同来源的参照品种的某一位点上的等位变异可能不相同,在使用其他来源的参照品种时,应与原参照品种核对,确认无误后使用。

注 4:对于附录 C 中未包括的等位变异,应按本标准方法,确定其大小和对应参照品种。

注 5:在进行等位变异检测时,应同时包括相应参照品种的 PCR 扩增产物。

本标准起草单位:吉林省农业科学院、农业部科技发展中心。

本标准主要起草人:李晓辉、王凤华、张春宵、张学军、周海涛、郝彩环、李淑芳、刘艳芝、陶蕊、李万军、徐宁。

中华人民共和国农业行业标准

NY/T 2468—2013

甘蓝型油菜品种鉴定技术规程　SSR 分子标记法

Identification of rapeseed varieties—SSR marker method

1 范围

本标准规定了利用简单重复序列(Simple sequence repeats，SSR)分子标记进行甘蓝型油菜(*Brassica napus* L.)品种鉴定的试验方法、数据记录格式和判定标准。

本标准适用于甘蓝型油菜 DNA 分子数据采集和品种鉴定。

2 规范性引用文件

下列文件对于本文件的应用是必不可少的。凡是注日期的引用文件，仅注日期的版本适用于本文件。凡是不注日期的引用文件，其最新版本(包括所有的修改单)适用于本文件。

GB/T 3543.2　农作物种子检验规程　扦样

3 原理

SSR 广泛分布于甘蓝型油菜基因组中，不同品种间每个 SSR 位点重复单位的数量可能不同。由于每个 SSR 位点两侧的序列是高度保守和单拷贝的，因而可根据其两侧的序列设计一对特异引物，利用 PCR 技术对两条引物间的 DNA 序列进行扩增。在电泳过程中，主要由于 SSR 位点重复单位的数量不同引起的不同长度的 PCR 扩增片段在电场作用下得到分离，经硝酸银染色或者荧光染料标记加以区分。因此，根据 SSR 位点的多态性，利用 PCR 扩增和电泳技术可以鉴定甘蓝型油菜品种。

4 仪器设备及试剂

仪器设备及试剂见附录 A。

5 溶液配制

溶液配制方法见附录 B。

6 引物

引物相关信息见附录 C。

7 参照品种及其使用

参照品种的名称见附录 C。在进行等位变异检测时，应同时包括相应参照品种的 PCR 扩增产物。

注 1：多个品种在某一 SSR 位点上可能都具有相同的等位变异。在确认这些品种该位点等位变异大小与参照品种相同后，这些品种也可以代替附录 C 中的参照品种使用。

注 2：同一名称不同来源的参照品种的某一位点上的等位变异可能不相同，在使用其他来源的参照品种时，应与原参照品种核对，确认无误后使用。

中华人民共和国农业部 2013 - 12 - 13 发布　　　　2014 - 04 - 01 实施

注 3:对于附录 C 中未包括的等位变异,应按本标准方法,确定其大小和对应参照品种。

8 操作程序

8.1 样品准备

8.1.1 待测样品为种子时,样品的扦样、分样和保存,按照 GB/T 3543.2 的规定执行。

8.1.2 待测样品为杂交油菜时,应提供 F_1 代种子或幼苗。

8.1.3 每份检测样品取 50 个个体,混合制样。

8.2 DNA 提取

将混合样品在液氮中研磨至粉末,迅速取约 100 mg 粉末置于 1.5 mL 离心管中,然后加入 500 μL 预热的(65℃)2×CTAB 提取缓冲液(用前加 2-巯基乙醇),颠倒混匀;将离心管置于 65℃恒温水浴 1 h,期间颠倒混匀 3 次~4 次;取出离心管,冷却至室温;转移上清液至新的 1.5 mL 离心管中,加入 500 μL 氯仿—异戊醇(V∶V=24∶1),颠倒混匀,室温静置 5 min~10 min,12 000 *g* 离心 10 min;转移上清液至新的 1.5 mL 离心管中,加入 150 μL 异丙醇颠倒混匀后,置于−20℃的冰箱中 2 h;12 000 *g* 离心10 min,弃上清液,加 500 μL70%乙醇洗涤沉淀 2 次;室温风干,加 1×TE 缓冲液 60 μL 溶解沉淀;检测 DNA 浓度;于−20℃保存备用。

注:其他所获 DNA 质量能够满足 PCR 扩增需要的 DNA 提取方法都适用于本标准。

8.3 PCR 扩增

8.3.1 反应体系

含每种 dNTP 各 0.15 mmol/L,正向引物 0.25 μmol/L,反向引物 0.25 μmol/L,Taq DNA 聚合酶 0.5 U/μL,1×PCR 缓冲液(不含 Mg^{2+}),$MgCl_2$ 1.5 mmol/L,样品 DNA 20 ng~40 ng,用超纯水补足所需体积。

利用毛细管电泳荧光检测时使用荧光标记引物,引物的荧光染料种类见附录 C。

8.3.2 反应程序

推荐使用以下两种反应程序:

程序 1:94℃预变性 2 min;94℃变性 40 s,65℃退火 30 s,72℃延伸 45 s,每循环降 1℃,共 10 个循环;94℃变性 40 s,55℃退火 30 s,72℃延伸 45 s,共 28 个循环;72℃延伸 5 min,4℃保存。

程序 2:94℃预变性 2 min;94℃变性 40 s,60℃退火 30 s,72℃延伸 45 s,每循环降 1℃,共 10 个循环;94℃变性 40 s,50℃退火 30 s,72℃延伸 45 s,共 28 个循环;72℃延伸 5 min,4℃保存。

每对引物的具体反应程序见附录 C。

8.4 PCR 产物检测

8.4.1 普通变性聚丙烯酰胺凝胶电泳(PAGE)检测

8.4.1.1 玻璃板处理

将长、短玻璃板清洗干净,用去离子水冲洗后晾干。用无水乙醇擦洗 2 遍,自然晾干。在长板上涂上 0.5 mL 亲和硅烷工作液,带凹槽的短板上涂 0.5 mL 剥离硅烷工作液。

8.4.1.2 玻璃板组装

待玻璃板彻底干燥后进行组装,并用水平仪调平。

8.4.1.3 变性 PAGE 胶的制备

按 B.3.2 配置 6.0%的变性 PAGE 胶液,迅速混匀后灌胶。待胶液充满玻璃板夹层,在凹槽处将鲨鱼齿朝外轻轻插入样品梳胶液聚合后,轻轻拔出样品梳,清洗胶板表面、样品梳和凝胶顶端。

8.4.1.4 预电泳

将胶板安装于电泳槽上,在正极槽(下槽)中加入 1×TBE 缓冲液约 800 mL,在负极槽(上槽)加入预热至 65℃的 1×TBE 缓冲液约 800 mL。在 85 W 恒功率下,预电泳 10 min~20 min。

8.4.1.5 样品制备

在 PCR 产物中加入 2 μL6×加样缓冲液，混匀后，在 PCR 仪上 95℃变性 5 min，取出，迅速置于碎冰上，冷却 10 min。

8.4.1.6 电泳

清除凝胶顶端气泡。将鲨鱼齿梳齿端插入凝胶 1 mm～2 mm。每一个加样孔点入 2 μL～4 μL 扩增产物，在胶板两侧点入 DNA Marker。除待测样品外，还应同时加入参照品种的扩增产物。在 60 W～80 W 恒功率下电泳，使凝胶温度保持在约 50℃。电泳 1.5 h～2.5 h。

8.4.1.7 银染

电泳结束后，小心分开两块玻璃板，将附着凝胶的玻璃板浸入固定液中，在摇床上 30 rpm 固定 20 min；取出胶板，放入水洗框中，用蒸馏水漂洗 2 次，每次漂洗 30 s；从水洗框中取出胶板，放入染色液中，在摇床上 30 rpm 染色 20 min；取出胶板，放入水洗框中，用蒸馏水漂洗 1 次，时间不超过 10 s；将胶板放入显影液中，在摇床上 30 rpm 显影，待条带清晰后，将胶板放入固定液中定影 5 min；用蒸馏水漂洗胶板 10 s。

8.4.2 毛细管电泳荧光检测

8.4.2.1 样品准备

将 6-FAM 和 HEX 荧光标记的 PCR 扩增产物用超纯水稀释 30 倍，TAMRA 和 ROX 荧光标记的 PCR 产物稀释 10 倍；分别取等体积的上述 4 种稀释后溶液混合。从混合液中吸取 1 μL 加入到 DNA 分析仪专用深孔板孔中，各孔分别加入 0.1 μL LIZ500 分子量内标和 8.9 μL 去离子甲酰胺，加盖瞬时离心后在 PCR 仪上 95℃变性 5 min，取出深孔板置于碎冰上，冷却 10 min。瞬时离心 10 s。

除待测样品外，每个 SSR 位点还应同时包括 2 个～3 个参照品种的扩增产物。

注：不同荧光标记的扩增产物的最适稀释倍数最好通过毛细管电泳荧光检测预试验确定。

8.4.2.2 电泳

按 DNA 分析仪操作说明，打开仪器，检查仪器工作状态，更换缓冲液，打开数据收集软件，编辑电泳板，将装有样品的深孔板去盖，置于样品架基座上，开始电泳。

9 等位变异数据采集

9.1 数据表示

样品每个 SSR 位点的等位变异采用扩增片段大小的形式表示。

9.2 普通变性聚丙烯酰胺凝胶电泳及银染检测

将某一位点待测样品和相应的参照品种扩增片段的带型和移动位置进行比较，根据参照品种的移动位置和扩增片段大小，确定待测样品该位点的等位变异大小。

9.3 毛细管电泳荧光检测

使用 DNA 分析仪的片段分析软件，读出每个位点每个样品的等位变异大小数据。比较参照品种的等位变异大小数据与附录 C 中参照品种相应的数据，两者之间的差值为系统误差。从待测样品的等位变异数据中去除该系统误差，得到的数据即为待测样品该位点的等位变异大小。

9.4 结果记录

纯合位点的等位变异数据记录为 X/X，其中 X 为该位点等位变异大小；杂合位点的等位变异数据记录为 X/Y，其中 X、Y 分别为该位点上两个不同的等位变异，小片段数据在前，大片段数据在后；无效等位变异记录为 0/0。

示例 1：一个品种的某个 SSR 位点为纯合位点，等位变异大小为 120 bp，则该品种在该位点上的等位变异数据记录为 120/120。

示例 2：一个品种的某个 SSR 位点为杂合位点，2 个等位变异大小分别为 120 bp、126 bp，则该品种在该位点上的等位变异数据记录为 120/126。

10 判定方法

用附录 C 中引物进行检测，将获得的待测样品等位变异数据进行品种间比较或与数据库中品种比较。判定方法如下：

a) 品种间相似度≤90%，判定为不同品种；

b) 品种间相似度为 90%<S<100%时，判定为近似品种；

c) 品种间相似度＝100%，判定为疑同品种。

品种相似度(S)按式(1)计算。

$$S = \frac{2N_{ij}}{N_i + N_j} \times 100 \quad \cdots\cdots (1)$$

式中：

S ——相似度；

N_{ij}——材料 i 和 j 之间共同的等位变异数目；

N_i ——材料 i 中出现的等位变异数目；

N_j ——材料 j 中出现的等位变异数目。

对于 10 b)和 10 c)情况，按照 GB/T 19557.1 的规定进行田间鉴定。

附　录　A
(规范性附录)
仪器设备及试剂

A.1　主要仪器设备

A.1.1　高压灭菌锅。

A.1.2　PCR 扩增仪。

A.1.3　电泳槽及配套的制胶附件。

A.1.4　高压电泳仪(最高电压不低于 2 000 V)。

A.1.5　DNA 分析仪。

A.1.6　台式高速离心机(最大离心力不小于 20 000 *g*)。

A.1.7　凝胶成像系统或紫外透射仪。

A.1.8　水浴锅。

A.1.9　冰箱。

A.1.10　制冰机。

A.1.11　紫外分光光度计。

A.1.12　微量移液器。

A.1.13　水平摇床。

A.1.14　胶片观察灯。

A.1.15　电子天平(精确到 0.01 g)。

A.1.16　酸度计。

A.2　试剂

除非另有说明,在分析中均使用分析纯试剂。

A.2.1　乙二胺四乙酸二钠。

A.2.2　三羟甲基氨基甲烷。

A.2.3　十六烷基三甲基溴化铵。

A.2.4　聚乙烯吡咯烷酮。

A.2.5　三氯甲烷。

A.2.6　异戊醇。

A.2.7　异丙醇。

A.2.8　盐酸(37%)。

A.2.9　氢氧化钠。

A.2.10　10×PCR 缓冲液。

A.2.11　4 种脱氧核苷酸(dCTP、dTTP、dATP、dGTP)。

A.2.12　Taq DNA 聚合酶。

A.2.13 矿物油。

A.2.14 去离子甲酰胺。

A.2.15 溴酚蓝。

A.2.16 二甲苯青。

A.2.17 甲叉双丙烯酰胺。

A.2.18 丙烯酰胺。

A.2.19 硼酸。

A.2.20 尿素。

A.2.21 亲和硅烷。

A.2.22 剥离硅烷。

A.2.23 无水乙醇。

A.2.24 N,N,N′,N′-四甲基乙二胺。

A.2.25 过硫酸铵。

A.2.26 冰醋酸(99.5%)。

A.2.27 硝酸银。

A.2.28 甲醛溶液(37%)。

A.2.29 DNA 分析仪专用分子量内标。

A.2.30 DNA 分析仪专用胶。

A.2.31 DNA 分析仪专用电泳缓冲液。

附 录 B
(规范性附录)
溶 液 配 制

B.1 DNA 提取溶液的配制

DNA 提取溶液的配置使用超纯水。

B.1.1 1 mol/L 氢氧化钠溶液

称取 40.0 g 氢氧化钠，溶于 800 mL 水中，冷却至室温，定容至 1 000 mL。

B.1.2 0.5 mol/L 乙二胺四乙酸二钠溶液(pH 8.0)

称取 186.1 g 乙二胺四乙酸二钠盐，加入 800 mL 水，再加入 20 g 氢氧化钠，搅拌。待乙二胺四乙酸二钠盐完全溶解后，冷却至室温。再用氢氧化钠溶液(1 mol/L)准确调 pH 至 8.0，定容至 1 000 mL。在 103.4 kPa(121℃)条件下灭菌 20 min。

B.1.3 0.5 mol/L 盐酸(HCl)溶液

量取 25 mL 浓盐酸(36%～38%)置于容量瓶中，加水定容至 500 mL。

B.1.4 1 mol/L 三羟甲基氨基甲烷盐酸溶液(pH 8.0)

称取 60.55 g Tris 碱溶于约 400 mL 中，加盐酸溶液(0.5 mol/L)调 pH 至 8.0，加水定容至500 mL，在 103.4 kPa(121℃)条件下灭菌 20 min。

B.1.5 2%(w/v)十六烷基三甲基溴化铵(2×CTAB)溶液

分别称取 20 g 十六烷基三甲基溴化铵、81.816 g 氯化钠和 20 g 聚乙烯吡咯烷酮溶于约 700 mL 水中，加入 100 mL 三羟甲基氨基甲烷盐酸溶液(1 mol/L，pH 8.0)和 40 mL 乙二胺四乙酸二钠溶液(0.5 mol/L，pH 8.0)，加水定容至 1 000 mL。

B.1.6 1×TE 缓冲液

分别量取 5 mL 三羟甲基氨基甲烷盐酸溶液(1 mol/L)和 1 mL 乙二胺四乙酸二钠溶液(0.5 mol/L)，加盐酸溶液(0.5 mol/L)调 pH 至 8.0，加水定容至 500 mL，在 103.4 kPa(121℃)条件下灭菌 20 min。

B.2 PCR 扩增溶液的配制

PCR 扩增相关溶液的配制使用超纯水。

B.2.1 SSR 引物稀释

开盖前瞬时离心 10 s，按说明书分别配制前引物和后引物终浓度均 100 μmol/L 的储存液，各取 10 μL混合，加 80 μL 水定容至终浓度各 10 μmol/L 的工作液。

B.3 变性聚丙烯酰胺凝胶电泳相关溶液的配制

变性聚丙烯酰胺凝胶电泳相关溶液的配制使用超纯水。

B.3.1 40%(w/v)丙烯酰胺溶液

分别称取 190 g 丙烯酰胺和 10 g 甲叉双丙烯酰胺溶于约 400 mL 水中，加水定容至 500 mL，置于棕色瓶中 4℃储存。

B.3.2 6.0%变性 PAGE 胶

称取 42 g 尿素溶于约 60 mL 水中，分别加入 10 mL 10×TBE 缓冲液、15 mL40%丙烯酰胺溶液、150 μL 10%过硫酸铵(新鲜配制)和 50 μL N,N,N′,N′-四甲基乙二胺，加水定容至 100 mL。

B.3.3 亲和硅烷工作液

吸取 1 mL 无水乙醇，加入 10 μL 亲和硅烷和 10 μL 冰醋酸，混匀。

B.3.4 剥离硅烷工作液

量取 2 mL 的二甲基二氯硅烷，加 8 mL 的三氯甲烷，混匀。

B.3.5 10%过硫酸铵溶液

称取 0.1 g 过硫酸铵溶于 1 mL 水中。

B.3.6 10×TBE 缓冲液

分别称取 108 g 三羟甲基氨基甲烷和 55 g 硼酸溶于约 800 mL 水中，加入 37 mL 乙二胺四乙酸二钠溶液(0.5 mol/L)，加水定容至 1 000 mL。

B.3.7 1×TBE 缓冲液

量取 500 mL 的 10×TBE 缓冲液，加水定容至 5 000 mL。

B.3.8 6×加样缓冲液

分别称取 0.125 g 溴酚蓝和 0.125 g 二甲苯青，置于烧杯中，加入 49 mL 去离子甲酰胺和 1 mL 乙二胺四乙酸二钠溶液(0.5 mol/L，pH 8.0)，搅拌混匀。

B.4 银染溶液的配制

银染溶液的配置使用蒸馏水。

B.4.1 固定液

量取 100 mL 冰醋酸，加水定容至 1 000 mL。

B.4.2 染色液

称取 1 g 硝酸银，溶于 1 000 mL 水中。

B.4.3 显影液

称取 10 g 氢氧化钠溶于 1 000 mL 水中，用前加 2 mL 甲醛。

附 录 C
(规范性附录)
核 心 引 物

核心引物(47 对)见表 C.1。

表 C.1 核心引物(47 对)

标记	引物序列(5′→3′)	荧光染料	反应程序	染色体	等位变异 bp	参照品种
BRAS084	F:ATTGGGTTCTGACCTTTTCTC R:TTTTCCTTCATCGCTACCAC	5′HEX	1	N1	96	宁油 20 号
					109	28960
					111	加 8
					114	军农 1 号
Ra2E04	F:ACACACAACAAACAGCTCGC R:AACATCAAACCTCTCGACGG	5′TAMRA	1	N1	114	9636
					133	28960
CB10597	F:AAGCGCGCATAACTACAC R:AACACTGCTCCTTTCCCT	5′6-FAM	1	N1	100	W601B
					104	28960
					109	湘油 15
CB10355	F:GACGGATTGAGTCGGATA R:CCTGCTAGGAAACAGGGT	5′TAMRA	2	N2	201	豫油 2 号
					203	P194
					205	28669
					207	634
					213	28960
CB10172	F:ATTGGTCTCTTAACCCGC R:TTCTCGAATCCCTCGAA	5′HEX	2	N2	219	湘油 15
					224	LINAGOLD
					226	双 72
					229	加 8
Ol11B05	F:TCGCGACGTTGTTTTGTTC R:ACCATCTTCCTCGACCCTG	5′HEX	1	N3	110	9636
					113	双 72
					117	Q93
					119	28960
					121	湘油 15
CB10036	F:ATTCATCTCCTGCTCGCTTAG R:AAACCCAAACCAAAGTAAGAA	5′TAMRA	1	N3	156	宁油 14 号
					162	28960
					164	634
					168	加 8
BRAS029	F:GTTCAACCTCCCTCGTCTCT R:AGGTGCCAACTCATTTCTCAA	5′6-FAM	1	b:N3	182	9636
					186	花叶 991018
					188	荣选
					194	R210
CB10347	F:ATCTGAACACTTTCGGCA R:GGAAGCACCATGTCAGC	5′TAMRA	1	N4	181	W601B
					183	赣油杂 3 号
					185	走马洋油菜
					191	加 8
					193	92-98 系
					195	28960
					199	蓉油 3 号
					201	花叶 991018
					203	P194

表 C.1（续）

标记	引物序列(5′→3′)	荧光染料	反应程序	染色体	等位变异 bp	参照品种
BRAS021	F:ACCGTTGAGATCAATCCCTAT R:CATCTTCCTTAATCGAAACCC	5′TAMRA	1	N4	207	MAZNOO
					219	28960
Ra3H10	F:TAATCGCGATCTGGATTCAC R:ATCAGAACAGCGACGAGGTC	5′ROX	1	N5	116	加 8
					118	9636
					124	绵油 328
					130	湘油 15
					132	蓉油 3 号
					138	中农油 9 号
					140	28669
					142	中油 821
					144	28960
					146	双 72
MR014	F:GGGTTTCTCCTTCTCGTTGTT R:TGACGGTTGAGTGGTTGTGT	5′6-FAM	1	N5	121	LINAGOLD
					125	浙油 758
					127	中油 821
					129	103
					131	中农油 9 号
					137	绵油 88
					139	中油杂 898
					141	加 8
CN57	F:CACACCCTTACCACGTTCCT R:GCAACAAAGCATACTTCGCA	5′6-FAM	1	N6	151	Q93
					157	28960
					163	陕油 3 号
CB10330	F:AGGCGAGTTTACGAGGAT R:ACCTGCACCAGTCATTTG	5′TAMRA	1	N6	140	9636
					152	28960
CB10204	F:TTATCATATGCTGATCCATT R:GACTGTCTAGCTGCTCCAA	5′TAMRA	1	N6	179	28669
					181	28960
					185	浙油 758
BRAS023	F:CCATTGCAAATCCCTTTACTC R:AGATGGAATGCGATCAAAGA	5′TAMRA	1	a:N7	188	湘油 15
					190	28960
					192	634
					196	9636
CB10343	F:ATGCACGTCTCACAGACC R:AGCCCATTGGAGCTAGAG	5′TAMRA	1	a:N7	262	28960
					264	宁油 18
					266	加 8
					268	蓉油 3 号
				b:N16	272	渝油 21
					275	28960
CB10364	F:GAGACGATGCAAAGATCG R:TGCAGACACATTCGAACA	5′6-FAM	1	N8	189	宁油 20 号
					198	杂双 2 号
					201	绵油 328
					204	28960
					207	浙油 758
					210	万油 25
					216	W601B
					228	双 72
CB10026	F:TCGTTCTGACCTGTCGTTAT R:GGAAATGGCTGCTCATGTT	5′6-FAM	1	N8	111	9636
					123	28669

表 C.1（续）

标记	引物序列(5′→3′)	荧光染料	反应程序	染色体	等位变异 bp	参照品种
CB10029	F:ATTCGGAACCTAAATAGTCAG R:GGCGTATAAAACACCTAAAAC	5′HEX	1	N9	100	KW33
					106	28669
					108	苏油1号
					110	镇油1号
					114	28960
					116	陕油3号
					118	湘油15
					120	Q93
					122	宁油12号
					124	申优青
					128	黔油28号
					132	苏油1号
					134	BRONOWISKI
					136	绵油15号
Na10D09	F:AAGAACGTCAAGATCCTCTGC R:ACCACCACGGTAGTAGAGCG	5′ROX	1	N9	284	28960
					369	湘油15
					379	加8
Na10A08	F:CATGGTTAAAACAATGGCCC R:CAAGAAACACCATCATTTCTCA	5′6-FAM	1	a:N9	138	浙油758
					145	28960
				b:N15	159	LINAGOLD
					167	28960
					169	加8
					171	青杂2号
Na10D07	F:CTACTTTGATGGACACTTGCC R:TCTGAAGTTGATTAGTCGGTCC	5′HEX	1	N10	106	28960
					108	浙油758
					116	湘油15
					118	镇油3号
Ra3D04	F:AAAAGGACCTACCAATTTCGTG R:CGACCCAAACTGAGCCATAC	5′ROX	1	N10	160	KW33
					162	P194
					164	苏油1号
					166	28960
					170	油研1707
CB10587	F:TTGTGTTTTGCCTTCTGA R:TTTGCGCACAAACAATAA	5′ROX	2	N11	152	双72
					155	P194
					161	634
					164	工农一号
					167	9636
					170	92-98系
					173	LINAGOLD
					176	28960
					179	湘油15
					182	浙双72
					188	28669
CB10369	F:CATTCACAGGACCAGAGC R:CAAAGCCAAGACAACCAT	5′6-FAM	1	N11	147	28669
					165	28960
					171	宁油12号
					174	双72
CB10277	F:ACAAATGCTTGAGTGATA R:TCTTCGTAAACTTGTTCTTGA	5′TAMRA	2	N11	209	BRONOWISKI
					217	28960

表 C.1（续）

标记	引物序列(5′→3′)	荧光染料	反应程序	染色体	等位变异 bp	参照品种
Ol11H09	F:CCCTTTTCCCCTTCTATTGG R:GTGCGACTTGGAATTTCTCC	5′6-FAM	1	N12	141	LINAGOLD
					151	92-98 系
					156	R210
					158	沪油 16 号
					160	湘油 15
Ol13G05	F:GTGTGCAGGAAACGATGTTC R:GGGAGTTTGAAGAGAAAGCG	5′HEX	2	N12	122	9636
					125	双 72
CB10003	F:ACGGTGCCGAATCTCAACG R:AAATGGGTCACAGCCGAGAA	5′HEX	1	N13	234	28960
					237	军农 1 号
CB10057	F:CTAGGCTAAGGAAGATTGTCA R:TAGTTTCTTCCTCCTGCTATC	5′HEX	1	a:N13	168	花叶 991018
					194	9636
					197	28960
				b:N3	223	28960
					229	湘油 15
CB10427	F:TCCCAACAAAAGAGTCCA R:CAGCGAACCGAGTCTAAA	5′6-FAM	1	b:N13	145	陕油 3 号
					148	华油 8 号
					151	28669
					157	双 72
CN48	F:GCGATCTCCTCAGGCATAGT R:CCACGCAAGCTGAAACATAA	5′TAMRA	1	a:N14	218	28960
					223	走马洋油菜
					227	28669
					231	浙油 758
				b:?	238	28960
					253	加 8
CB10320	F:AGTGCATGATGAAGGCAT R:GGGAATCCATGGCTGTA	5′TAMRA	1	N14	250	9636
					254	28960
Ol10C01	F:ATGACTGCTTAAACAGCGCC R:CTTCTCCAACAAAAGCTCGG	5′TAMRA	1	N14	217	28960
					219	P194
					221	LINAGOLD
Na10D11	F:GAGACATAGATGAGTGAATCTGGC R:CATTAGTTGTGGACGGTCGG	5′6-FAM	1	N15	184	9636
					186	中双 4 号
					190	浙双 72
					192	湘油 15
					194	浙油 758
					196	加 8
					198	KW33
MR097	F:TCCGATCTATTATCCGCAAAC R:ATCAACGGAGCAAAGATGATT	5′6-FAM	1	N15	130	双 72
					136	红油 3 号
					138	9636
					140	103
					142	加 8
					144	P194
					146	澧油 2 号
Ol10A10	F:CCTGAAGATAGGTTTGCTTCC R:ACAAATGCAACTACTAAATTGTCG	5′6-FAM	2	N15	194	陕油 3 号
					196	BRONOWISKI
					198	双 72
					201	赣油杂 5 号
					203	9636
					205	28960
					207	宜油 15
					211	浙双 72
					215	634

表 C.1(续)

标记	引物序列(5′→3′)	荧光染料	反应程序	染色体	等位变异 bp	参照品种
Na12A05	F:TGATTGGTGGAAGGTGGAAG R:TCATACATCAACCCTCTCTCTCTC	5′6-FAM	1	N16	144	史力丰
					148	花叶 991018
					152	湘油 15
					154	KW33
					156	92-98 系
					158	湘农油 2 号
					160	双 72
Na12A02	F:AGCCTTGTTGCTTTTCAACG R:AGTGAATCGATGATCTCGCC	5′TAMRA	1	a:N16	161	9636
					165	28960
				b:N7	173	1470
					175	MAZNOO
					192	28960
					194	加 8
					196	绵油 15 号
CB10299	F:TACAGGTTCCTTGCGATG R:ATGGACGAGACAACATGG	5′6-FAM	1	N17	140	1470
					150	走马洋油菜
					153	LINAGOLD
					157	28960
CB10534	F:AGCTGCAACCACAACTCT R:GGAGCGCAAGAAAAG	5′TAMRA	1	N17	173	浙油 758
					176	28960
CB10217	F:CCCCATATCATCCCTACC R:GCTGAACAACCCACAAAG	5′6-FAM	2	N17	162	28960
					165	634
CB10028	F:CTGCACATTTGAAATTGGTC R:AAATCAACGCTTACCCACT	5′ROX	1	N18	157	浙油 758
					169	MAZNOO
					172	28669
					178	宁油 14 号
					181	28960
					184	634
					187	沪油 12 号
CB10179	F:ACGAAGCAAATAACAAAGA R:GAAACCCGAAAGCCTAAG	5′6-FAM	1	N18	145	9636
					154	28960
Ol13C03	F:GATCGGAGATGCGATGAGAG R:GCATGCACCAGTGAAAAACTC	5′ROX	1	N19	134	28960
					136	9636
					138	BRONOWISKI
CB10413	F:CTTAGCACAACCACTCGG R:GGTGATGAAGATGACGATG	5′TAMRA	1	N19	211	28960
					220	P194

本标准起草单位:四川省农业科学院、农业部科技发展中心。

本标准主要起草人:余毅、赖运平、黄维藻、张浙峰、堵苑苑、何巧林、王丽容。

中华人民共和国农业行业标准

NY/T 2469—2013

陆地棉品种鉴定技术规程 SSR分子标记法

Protocol for identification of cotton variety—SSR marker method

1 范围

本标准规定了利用简单重复序列(simple sequence repeats,SSR)分子标记进行陆地棉(*Gossypium hirsutum* L.)品种鉴定的试验方法、数据记录和判定标准。

本标准适用于基于SSR分子标记法的陆地棉DNA分子数据采集和品种鉴定。

2 规范性引用文件

下列文件对于本文件的应用是必不可少的。凡是注日期的引用文件,仅注日期的版本适用于本文件。凡是未注日期的引用文件,其最新版本(包括所有的修改单)适用于本文件。

GB/T 19557.1 植物新品种特异性、一致性和稳定性测试指南 总则

3 术语和定义

下列术语和定义适用于本文件。

3.1

核心引物 core primer

指品种DNA指纹鉴定优先选用的一套SSR引物,具有多态性高、重复性好等综合特性,可用于品种DNA指纹数据采集和品种鉴定。

3.2

参照品种 reference variety

是对应于特定位点不同等位变异的一组品种,用于辅助确定待测样品在某个位点上等位变异扩增片段的大小,校正仪器设备的系统误差,以保证不同实验室数据具有可比性。

4 原理

SSR广泛分布于基因组中,不同品种间每个SSR位点重复单位的数量可能不同。针对两侧序列高度保守的简单重复序列,根据其两侧的序列设计一对特异引物,利用聚合酶链反应(polymerase chain reaction,PCR)技术对重复序列进行扩增。在电泳过程中,由于SSR位点重复单位的数量不同引起不同长度的PCR扩增片段在电场作用下分离,经硝酸银染色或者荧光染料标记加以区分。因此,根据SSR位点的多态性,利用PCR扩增和电泳技术可以鉴定陆地棉品种。

5 仪器设备及试剂

仪器设备及试剂见附录A。

中华人民共和国农业部 2013-12-13 发布　　2014-04-01 实施

6 溶液配制

溶液配制方法见附录 B。

7 引物

引物相关信息见附录 C。

8 参照品种及其使用

参照品种的名称见附录 C,参照品种来源参见附录 D。

在进行等位变异检测时,应同时包括相应参照品种的 PCR 扩增产物。

注 1:同一名称不同来源的参照品种的某一位点上的等位变异可能不相同,在使用其他来源的参照品种时,应与原参照品种核对,确认无误后再使用。

注 2:对于附录 C 中未包括的等位变异,应按本标准方法,确定其大小和对应的参照品种。

9 操作程序

9.1 样品准备

每份样品检测 8 个单株,进行个体分析。

9.2 DNA 提取

9.2.1 将种子发芽,取两片真叶期的真叶 0.2 g,放入 1.5 mL 离心管中。

9.2.2 置冷冻干燥仪中−50℃冷冻干燥 2 d,取出,每个试管中放入 1 个 3 mm 直径的小钢珠,置研磨仪上设定每秒钟 30 次,研磨约 5 min。

9.2.3 加入预冷的新鲜配制的提取缓冲液 600 μL,冰浴 10 min。10 000 g,4℃,离心 10 min,弃上清液。

9.2.4 于沉淀中加入 600 μL 65℃预热的裂解缓冲液,搅拌均匀,65℃水浴 40 min,期间翻转混匀 3 次。

9.2.5 加入 800 μL 氯仿—异戊醇($V:V=24:1$)混合液,翻转 50 次以上,10 000 g 离心 20 min,将上清液转入一新的 1.5 mL 离心管中。

9.2.6 加 0.6 倍体积预冷的异丙醇(−20 ℃),缓慢翻转 30 次,混匀,静置 10 min,12 000 g 离心 15 min,弃上清液。

9.2.7 于沉淀中加入 1 mL 70%的乙醇洗涤,12 000 g 离心 2 min。

9.2.8 弃上清液,通风干燥沉淀。

9.2.9 加入 200 μL TE 缓冲液,溶解 DNA,检测 DNA 浓度,−20℃保存备用。

注:其他所获 DNA 质量能够满足 PCR 扩增需要的 DNA 提取方法都适用于本标准。

9.3 PCR 扩增

9.3.1 反应体系

20 μL 的反应体积:DNA 5 μL(10 ng/μL),10×Buffer 2 μL,dNTP 0.4 μL (10 mmol/L),正向引物 0.8 μL (10 μmol/ L),反向引物 0.8 μL (10 μmol/ L),$MgCl_2$ 1.2 μL(25 mmol/ L),Taq 酶 0.4 μL (5 U/μL),双蒸水 9.4 μL,在 PCR 扩增仪上进行扩增。

利用毛细管电泳荧光检测时使用荧光标记的引物。引物的荧光染料种类见附录 C。

注:反应体系的体积可以根据具体情况进行调整。

9.3.2 反应程序

95℃预变性 5 min;95℃变性 30 s,根据表 C.1 推荐的退火温度退火 30 s,72℃延伸 1 min,共 35 个循环;72℃下延伸 10 min,4℃保存。

9.4 PCR 产物检测

9.4.1 变性聚丙烯酰胺凝胶电泳与银染检测

9.4.1.1 清洗玻璃板

将玻璃板清洗干净，用去离子水冲洗后晾干。用无水乙醇擦洗 2 遍，吸水纸擦干。在长板上涂 0.5 mL的亲和硅烷工作液，带凹槽的短板上涂 0.5 mL 剥离硅烷工作液。操作过程中防止两块玻璃板互相污染。

9.4.1.2 组装玻璃板

玻璃板彻底干燥后，将其组装成电泳胶板，用水平仪调平，垫片厚度为 0.4 mm。

9.4.1.3 制胶

在 60 mL 6.0% PAGE 胶中分别加入 TEMED 50 μL 和新配制的 10%过硫酸铵溶液 500 μL，迅速混匀后灌胶。待胶液充满玻璃板夹层，将 0.4 mm 厚鲨鱼齿梳子平齐端向里轻轻插入胶液约 0.4 cm。灌胶过程中防止出现气泡。使胶液聚合至少 1 h 以上。胶聚合后，清理胶板表面溢出的胶液，轻轻拔出梳子，用水清洗干净备用。

9.4.1.4 预电泳

将胶板安装于电泳槽上，向上槽中加入约 800 mL 预热至 65℃的 1×TBE 缓冲液，使其超过凝胶顶部约 3 cm，向下槽中加入 800 mL 1×TBE 缓冲液。在 60 W 恒功率下，预电泳 30 min。

9.4.1.5 变性

在 20 μL PCR 样品中加入 8 μL 6×加样缓冲液，混匀。在水浴锅或 PCR 仪上 95℃变性 5 min，取出，迅速置于碎冰上，冷却 10 min 以上。

9.4.1.6 电泳

清除气泡和聚丙烯酰胺碎片。将鲨鱼齿梳齿端插入凝胶 1 mm～2 mm。每一个加样孔点入 2 μL～3 μL 样品。除待测样品外，还应同时加入参照品种扩增产物。在 50 W～80 W 恒功率下电泳，使凝胶温度保持在约 50℃。电泳 1.5 h～2.5 h(电泳时间取决于扩增片段的大小范围)。电泳结束后，小心分开两块玻璃板，取下凝胶附着的长玻璃板准备固定。

注：具体功率大小根据电泳槽的规格型号和实验室室温设定。

9.4.1.7 银染

a） 固定：将凝胶附着的长玻璃板置于塑料盒中，加入约 1 000 mL 固定液，使固定液没过凝胶，在摇床上轻轻晃动约 15 min。
b） 漂洗：取出玻璃板，用去离子水漂洗 30 s。
c） 染色：将玻璃板置放入 1 500 mL 染色液中，使染色液没过凝胶，在摇床上轻轻晃动 30 min。
d） 漂洗：用去离子水快速漂洗，时间不超过 30 s。
e） 显影：将玻璃板在 1 500 mL 显影液中轻轻晃动至出现清晰带纹。
f） 定影：将凝胶在固定液中定影 5 min。
g） 漂洗：在去离子水中漂洗 1 min。

9.4.2 毛细管电泳荧光检测

9.4.2.1 PCR 产物样品准备

将 6-FAM 和 HEX 荧光标记的 PCR 产物用超纯水稀释 30 倍，TAMRA 和 ROX 荧光标记的 PCR 产物稀释 10 倍。分别取等体积的上述 4 种稀释后溶液混合，从混合液中吸取 1 μL 加入到 DNA 分析仪专用深孔板孔中。板中各孔分别加入 0.1 μL LIZ500 分子量内标和 8.9 μL 去离子甲酰胺。混匀离心后置 PCR 仪上 95 ℃变性 5 min，取出，立即置于碎冰上，冷却约 10 min，离心，待上机电泳。

除待测样品外，每个 SSR 位点还应同时包括 2 个～3 个参照品种的扩增产物。

注：不同荧光标记的扩增产物的最适稀释倍数最好通过毛细管电泳荧光检测预试验确定。

9.4.2.2 开机准备

打开DNA分析仪,检查仪器工作状态。更换缓冲液,灌胶。将装有样品的深孔板置放于样品架基座上,打开数据收集软件。

9.4.2.3 编辑电泳板

按照仪器操作程序,创建电泳板,输入电泳板名称,选择适合的程序和电泳板类型,输入样品编号或名称。

9.4.2.4 运行程序

启动运行程序,DNA分析仪自动将毛细管电泳数据、运行参数等存放于仪器中。

10 等位变异数据采集

10.1 数据表示

样品每个SSR位点的等位变异采用扩增片段大小的形式表示。

10.2 变性聚丙烯凝胶电泳与银染检测

将某一位点待测样品和相应的参照品种扩增片段的带型和移动位置进行比较,根据参照品种的移动位置和扩增片段大小,确定待测样品该位点的等位变异大小。

10.3 毛细管电泳荧光检测

使用DNA分析仪的片段分析软件,读出待测品种与对应参照品种的等位变异数据。比较参照品种的等位变异大小数据与表C.1中参照品种相应的数据,两者之间的差值为系统误差。从待测样品的等位变异数据中去除该系统误差,得到的数据即为待测样品该位点的等位变异大小。

10.4 结果记录

纯合位点的等位变异大小数据记录为X/X,其中X为该位点等位变异的大小;杂合位点的等位变异数据记录为X/Y,其中X、Y为该位点上两个不同的等位变异,小片段在前,大片段在后。无效等位变异的大小记录为0/0。

示例1:

一个品种在BNL3140位点上有一个等位变异,大小为103 bp,则该品种在该位点上的等位变异数据记录为103/103。

示例2:

一个品种在NAU1190位点上有两个等位变异,大小分别为210 bp、231 bp,则该品种在该位点上的等位变异数据记录为210/231。

11 判定方法

用表C.1中引物进行检测,将获得的待测样品等位变异数据进行品种间比较,或与数据库中品种比较,判定方法如下:

a) 品种间相似度≤90%,判定为不同品种;

b) 品种间相似度为90%<S<100%时,判定为近似品种;

c) 品种间相似度=100%,判定为疑同品种。

品种相似度(S)按式(1)计算:

$$S=\frac{2N_{ij}}{N_i+N_j}\times 100 \qquad (1)$$

式中:

S ——品种相似度,单位为百分率(%);

N_{ij}——品种i和j之间共同的等位变异数目;

N_i ——品种i中出现的等位变异数目;

N_j——品种 j 中出现的等位变异数目。

对于 b)和 c)的两种情况，按照 GB/T 19557.1 的规定进行田间鉴定，或增加多态性引物进一步对群体鉴定。

附 录 A
(规范性附录)
仪器设备及试剂

A.1 主要仪器设备

A.1.1 PCR 扩增仪。

A.1.2 高压电泳仪。

A.1.3 电泳槽及配套的制胶附件。

A.1.4 水平电泳槽及配套的制胶附件。

A.1.5 DNA 分析仪。基于毛细管电泳,有片段分析功能和数据分析软件,能够分辨最少 1 个核苷酸的差异。

A.1.6 高速离心机。

A.1.7 水平摇床。

A.1.8 胶片观察灯。

A.1.9 电子天平。

A.1.10 微量移液器。规格分别为 10 μL、20 μL、100 μL、200 μL、1 000 μL,连续可调。

A.1.11 紫外分光光度计。

A.1.12 高压灭菌锅。

A.1.13 酸度计。

A.1.14 水浴锅或金属浴。

A.1.15 制冰机。

A.1.16 凝胶成像系统或紫外透射仪。

A.1.17 冷冻干燥仪。

A.1.18 冰箱。

A.1.19 其他相关仪器和设备。

A.2 试剂

除非另有说明,在分析中均使用分析纯的试剂。

A.2.1 β-巯基乙醇。

A.2.2 十六烷基三甲基溴化铵(CTAB)。

A.2.3 乙二胺四乙酸(EDTA)。

A.2.4 聚乙烯吡咯烷酮(PVP)。

A.2.5 三羟甲基氨基甲烷(Tris)。

A.2.6 异戊醇。

A.2.7 氯仿。

A.2.8 浓盐酸。

A.2.9　氢氧化钠。

A.2.10　氯化钠。

A.2.11　葡萄糖。

A.2.12　Taq DNA 聚合酶。

A.2.13　10×PCR 缓冲液。

A.2.14　氯化镁。

A.2.15　四种脱氧核糖核苷酸(dNTP)。

A.2.16　无水乙醇。

A.2.17　SSR 引物。

A.2.18　琼脂糖。

A.2.19　溴酚蓝。

A.2.20　二甲苯青 FF。

A.2.21　蔗糖。

A.2.22　核酸染色剂。

A.2.23　去离子甲酰胺。

A.2.24　硼酸。

A.2.25　甲叉双丙烯酰胺。

A.2.26　丙烯酰胺。

A.2.27　尿素。

A.2.28　四甲基乙二胺(TEMED)。

A.2.29　亲和硅烷。

A.2.30　剥离硅烷。

A.2.31　过硫酸铵。

A.2.32　冰醋酸。

A.2.33　硝酸银。

A.2.34　甲醛。

A.2.35　DNA 分析仪用聚丙烯酰胺胶液。

A.2.36　DNA 分析仪用分子量内标:最大分子量 500 bp，Liz 标记。

A.2.37　DNA 分析仪用光谱校准基质。包括 6 - FAM、TAMRA、HEX 和 ROX 4 种荧光染料标记的 DNA 片段[FAM,即 6 -羧基荧光素,6 - carboxy - fluorescein;TAMRA,即 5(6)-羧基四甲基罗丹明,tetramethyl - 6 carboxyrhodamine;HEX,即 6 - HEX 亚磷酰胺单体,5 - hexachloro - fluorescein;ROX,即 6 -羧基- X -罗丹明(单一化合物),6 - carboxy - x - rhodamine]。

A.2.38　DNA 分析仪用电泳缓冲液。

附 录 B
（规范性附录）
溶 液 配 制

B.1 DNA 提取溶液的配制

B.1.1 1 mol/L 氢氧化钠溶液

称取 40.0 g 氢氧化钠，先溶于 800 mL 去离子水中，再加水定容至 1 000 mL。

B.1.2 0.5 mol/L 盐酸溶液

量取 25 mL 37%浓盐酸，加去离子水定容至 500 mL。

B.1.3 0.5 mol/L 乙二胺四乙酸二钠盐（EDTA）（pH8.0）溶液

称取 186.1 g 乙二胺四乙酸二钠盐，加入 800 mL 去离子水，再加入 20 g 氢氧化钠，加热，搅拌。待乙二胺四乙酸二钠盐完全溶解后，冷却至室温。再用氢氧化钠溶液（B.1.1）准确调 pH 至 8.0，定容至 1 000 mL。在 103.4 kPa（121℃）条件下灭菌 20 min。

B.1.4 1 mol/L 三羟甲基氨基甲烷盐酸（Tris-HCl）（pH8.0）溶液

称取 121.14 g 三羟甲基氨基甲烷（Tris），加双蒸水 800 mL，加 HCl 约 30 mL 调节 pH 至 8.0，定容至 1 000 mL，在 103.4 kPa（121℃）条件下灭菌 20 min。

B.1.5 氯仿—异戊醇混合液

氯仿和异戊醇按照 24∶1 体积配制。

B.1.6 10%十六烷基三甲基溴化铵（CTAB）

称取 100 g 十六烷基三甲基溴化铵加双蒸水定容至 1 000 mL。

B.1.7 DNA 提取缓冲液

分别称取葡萄糖和 PVP 69.36 g 和 20 g，分别加入 100 mL 1.0 mol/L Tris-HCl（pH8.0），10 mL 0.5 mol/L Na·EDTA（pH 8.0），10 mLβ-巯基乙醇，加双蒸水定容至 1 000 mL。在 103.4 kPa（121 ℃）条件下灭菌 20 min，于 4℃保存。

B.1.8 裂解缓冲液

分别称取 NaCl 和 PVP 81.816 g 和 20 g，分别加入 100 mL 1.0 mol/L Tris-HCl（pH8.0），40 mL 0.5 mol/L Na·EDTA（pH8.0），200 mL 10% CTAB，10 mLβ-巯基乙醇，加双蒸水定容至 1 000 mL 体积。在 103.4 kPa（121℃）条件下灭菌 20 min，于 4℃保存。

B.1.9 TE 缓冲液

分别量取 5 mL 三羟甲基氨基甲烷盐酸溶液（pH8.0）和 1 mL 乙二胺四乙酸二钠盐溶液（pH8.0），定容至 500 mL，在 103.4 kPa（121℃）条件下灭菌 20 min。于 4℃下保存。

B.2 PCR 扩增溶液的配制

B.2.1 dNTP 溶液

用超纯水分别配制 dATP、dTTP、dGTP、dCTP 四种脱氧核糖核苷酸终浓度为 100 mmol/L 的储存液。分别量取 4 种储存液 20 μL 混合，用 120 μL 超纯水定容，配制成每种核苷酸终浓度为 10 mmol/L 的工作液。在 103.4 kPa（121℃）条件下灭菌 20 min，于－20℃保存。

注：也可使用满足试验要求的商品 dNTP 溶液。

B.2.2 SSR 引物溶液

用超纯水分别配制正向引物和反向引物浓度为 10 μmol/L 的工作液。

B.2.3 氯化镁溶液

称取 1.190 g 氯化镁，用去离子水溶解，定容至 500 mL，配制成 25 mmol/L 的工作液。在 103.4 kPa(121℃)条件下灭菌 20 min，-20℃保存。

注：也可使用满足试验要求的商品氯化镁溶液。

B.3 变性聚丙烯酰胺凝胶电泳溶液的配制

B.3.1 10×TBE 缓冲液

分别称取 108.0 g 三羟甲基氨基甲烷和 55.0 g 硼酸，溶于 800 mL 去离子水中，加入 40 mL 0.5 mol/L乙二胺四乙酸二钠盐溶液(pH8.0)，定容至 1 000 mL。

B.3.2 40%丙烯酰胺溶液

分别称取 380.0 g 丙烯酰胺和 20.0 g 甲叉双丙烯酰胺，溶于 800 mL 去离子水中，定容至 1 000 mL。

B.3.3 6%变性聚丙烯酰胺胶溶液

称取 420.0 g 尿素，用去离子水溶解，分别加入 100 mL 10×TBE 缓冲液和 150 mL 40% 丙烯酰胺溶液，定容至 1 000 mL。

B.3.4 亲和硅烷缓冲液

分别量取 49.75 mL 无水乙醇和 250 μL 冰醋酸，用去离子水定容至 50 mL。

B.3.5 亲和硅烷工作液

分别量取 5 μL 亲和硅烷和 1 mL 亲和硅烷缓冲液，混匀。

B.3.6 剥离硅烷工作液

分别量取 98 mL 氯仿溶液和 2 mL 二甲基二氯硅烷溶液，混匀。

B.3.7 10%过硫酸铵溶液

称取 1.0 g 过硫酸铵，溶于 10 mL 去离子水中，混匀，于-4 ℃保存。

B.3.8 1×TBE 缓冲液

量取 500 mL 10×TBE 缓冲液(B.3.1)，加去离子水 4 500 mL，混匀。

B.3.9 6×加样缓冲液

分别称取 0.25 g 溴酚蓝和 0.25 g 二甲苯青，分别加入 98 mL 去离子甲酰胺和 2 mL 0.5 mol/L 乙二胺四乙酸二钠盐(pH8.0)溶液搅拌溶解。

B.4 银染溶液的配制

B.4.1 固定液

量取 200 mL 冰醋酸，加入 1 800 mL 去离子水。

B.4.2 染色液

称取 3.0 g 硝酸银，溶于 1 500 mL 去离子水中。

B.4.3 显影液

称取 30 g 氢氧化钠，溶于 1 000 mL 去离子水中，再加入 5 mL 甲醛。

附 录 C
(规范性附录)
核 心 引 物

核心引物见表 C.1。

表 C.1 核心引物目录

位点	引物序列(5′→3′)	荧光	退火温度,℃	等位变异,bp	参照品种
BNL946	F:GCTGTTGCTCCACATCTCCT R:GGGCAAACAGATAGGCAGAA	5′-6-FAM	58	326 344 358	冀棉 10 号 湘棉 10 号 晋棉 25 号
BNL2449	F:ATCTTTCAAACAACGGCAGC R:CGATTCCGGACTCTTGATGT	5′-HEX	58	140 156 188	中棉所 37 新陆早 11 号 国抗棉 1 号
BNL2646	F:CCCCTTTGATAGATACACATTTTTA R:AAAATAAACTACGAAAGAGAAAGAGAA	5′-TAMRA	58	123 145	中棉所 41 晋棉 10 号
BNL3140	F:CACCATTGTGGCAACTGAGT R:GGAAAAGGGAAAGCCATTGT	5′-ROX	58	103 107	中棉所 19 鲁棉 14
BNL3474	F:AAGGTAATGCAGTGCGGTTC R:ATAATGGCATTGATTATAGAGTGTG	5′-6-FAM	58	169 187	鄂棉 21 号 晋棉 12 号
BNL3502	F:AATTTCTAAGATAACACACAAACACA R:TACAATCAAATAGCAGTTTAGAGTATCG	5′-HEX	58	153 187	湘棉 10 号 鄂棉 18 号
BNL4030	F:CCTCCCTCACTTAAGGTGCA R:ATGTTGTAAGGGTGCAAGGC	ROX	55	115 119	冀棉 10 号 鄂棉 16 号
CIR246	F:TTAGGGTTTAGTTGAATGG R:ATGAACACACGCACG	5′-TAMRA	58	153 170 187	冀棉 15 号 鄂抗棉 3 号 冀棉 10 号
DPL135	F:GCCTCTGAACATGTAGAAATGAATG R:CTACAACCCTTGAAGCAAATTACC	6-FAM	55	177 195	冀棉 10 号 豫棉 10 号
DPL209	F:GAAGGAACCTCGTGATTATTTGAG R:GACCGGTAGACAGAGATGAGAAAT	TAMRA	55	207 216	国欣棉 1 号 冀棉 11 号
DPL249	F:ACAGAGCTATGGGAAATCATGGTA R:TGTACTGCAAATTGCTGCTAAGAC	5′-6-FAM	58	114 118 190 202	晋棉 17 号 豫棉 14 号 晋棉 10 号 晋棉 20 号
DPL431	F:CTATCACCCTTCTCTAGTTGCGTT R:ATCGGGCTCACAAACATCA	5′-HEX	58	190 202	新陆早 10 号 鲁棉研 16
DPL442	F:TTACGGTGGCTAATGTAATATCCC R:ATTCTTGAGAGTTCACCAGGAAAG	TAMRA	55	147 184	中棉所 40 新陆早 12 号
DPL513	F:AGACCCGGCTACTACATGTTATCTT R:ACATACAGATGCTTCACACAAACAC	5′-TAMRA	58	201 205 209	冀棉 13 号 湘棉 12 号 湘棉 10 号
DPL532	F:CATACATCCATGCATACATACATCC R:TGAGGTATAGGTAGGTCTCTGGTGA	HEX	55	228 236	湘棉 12 号 鄂棉 20 号
DPL910	F:AAACAAAGCAGCCAATGCT R:ATACTCGACACGGTCAAGGG	5′-ROX	58	219 243	中棉所 42 中棉所 43

表 C.1(续)

位点	引物序列(5′→3′)	荧光	退火温度,℃	等位变异,bp	参照品种
Gh111	F:GTTGCAACCTTGGAAACCA R:GGGTTGCCGTTAGACCAG	5′-6-FAM	58	170 173 185	国抗棉1号 晋棉38号 晋棉16号
Gh112	F:GGTTGGGTTTCCACAATAGC R:TGTTGCAACCTTGGAAACC	5′-HEX	58	143 157 183	冀棉15号 中植3号 鄂抗棉3号
Gh243	F:CAGAAGGTTATGCAAACAACATGCA R:CTAAACTCTCTCTGCTGTGTTCC	5′-TAMRA	58	62 88,123 126	晋棉17号 豫棉14号 鄂抗棉1号
Gh273	F:TTGCTTCGTTTTCTTCCCTGGTG R:AAGCAAAGACCAGCTTCTCTTCC	5′-ROX	58	86 88 95 99	鄂抗棉1号 中棉所45 豫棉14号 鄂抗棉1号
MUSS138	F:TCTCCAGATCTCTCTGTCTCCC R:CGTGTCCGAAACTTCCTAGC	5′-HEX	58	205 214	冀棉11号 冀棉10号
MUSS440	F:CAACCGAAACAAGCTAACACC R:CAAGAATCCATTTCTTCCCG	5′-TAMRA	58	153 188 266 272	皖C222 邯棉885 鄂抗棉8号 豫棉17号
NAU943	F:ATCTGTTCAATTTCTCGTCA R:CAGTTGTTGGTTGATCTGGA	TAMRA	55	163 180	冀棉13号 豫棉10号
NAU1043	F:GTATCCGCCCACAAATAAAG R:GCATCGTGAGAGAAAGTGAA	5′-ROX	58	223 226 229	晋棉10号 鄂抗棉1号 苏棉20号
NAU1070	F:CCCTCCATAACCAAAAGTTG R:ACCAACAATGGTGACCTCTT	5′-6-FAM	58	155 170	冀棉15号 中植3号
NAU1093	F:TGTGATGAAGAACCCTCTCA R:AAATGGCGTGCTTGAAATAC	5′-HEX	58	223 232 241	中棉所40 鄂抗棉10号 鄂抗棉8号
NAU1102	F:ATCTCTCTGTCTCCCCCTTC R:GCATATCTGGCGGGTATAAT	5′-TAMRA	58	232 241	鄂抗棉10号 鄂抗棉8号
NAU1167	F:CTGACTTGGACCGAGAACTT R:AAGAGCCCTGGACAATGATA	5′-ROX	58	223 232 241	中棉所40 鄂棉19号 湘棉13号
NAU1190	F:CCATGTCCGTATCCATGTTA R:TAAGGCAAGATAGGGTCAGG	5′-6-FAM	58	210 231	鄂棉17号 中棉所34
NAU1200	F:CAACAGCAACAACCACAA R:CTGCCTCGAGGACAAATAGT	5′-HEX	58	202 218 230	冀棉21号 鄂棉11号 鄂棉10号
NAU1225	F:CAGCAAATTCGCAAGAGTTA R:CTAACAGGGGTGACATAGGG	5′-TAMRA	58	219 243	冀棉10号 鄂棉11号
NAU2173	F:GCCAAATAGGTCACACACAA R:AGCGAGAAGGAGACAGAAAA	5′-ROX	58	201 205 209 219 225 245 251	冀棉17号 湘棉12号 湘棉10号 冀棉15号 新陆早11号 中棉所34 晋棉21号

表 C.1（续）

位点	引物序列(5′→3′)	荧光	退火温度,℃	等位变异,bp	参照品种
NAU3225	F:CAGGAGCCAAGAAGGAATTA R:TTGAGTTGCATCCTTTCTGA	5′-6-FAM	58	182 194 197	鄂抗棉3号 鄂棉20号 中棉所19
NAU3468	F:ATAGCACGATTGGGAAGAAC R:AGGAAATGAGTCCTCAGCAG	5′-HEX	58	196 214 223 229	晋棉10号 冀棉17号 鄂抗棉1号 冀棉20号
NAU3519	F:CAAGCTTGAGCTTCTCATCA R:AAAACAGTGATGGGTTCGTT	HEX	55	195,206 195,212	冀棉20号 鄂抗棉3号
NAU3901	F:AAGACAAAAGGCAAGGACAC R:CTTGGAAAAAGGAAGAGCAG	TAMRA	55	229,233 229,241	鄂棉12号 冀棉10号
NAU5433	F:CTTAGGATGGCCGAATAAAA R:CAAGTGCTCCACCACAAAT	5′-TAMRA	58	215 220 243 248	中植3号 冀棉17号 中棉所33 豫棉17号
NAU5434	F:AAAAGAACTTACGGCACAGG R:AAATCACTGGCACTGGAATC	5′-ROX	58	248 272	鲁棉14 中植3号
TMB312	F:AGCTTTTCCATTCCAGAGCA R:GGTTGTTGCAAGAGTTCACG	5′-6-FAM	58	139 153 156 158,188 168,201	中棉所50 新陆早37号 新陆早31号 酒棉2号 银硕116

附　录　D
（资料性附录）
参 照 品 种 名 单

参照品种名单见表 D. 1。

表 D. 1　参照品种名单

序号	名　　称	编号	序号	名　　称	编号
1	鄂抗棉 1 号	112088	31	晋棉 38 号	113355
2	鄂抗棉 3 号	111630	32	酒棉 2 号	114003
3	鄂抗棉 8 号	112704	33	鲁棉 14	B25
4	鄂抗棉 10 号	112706	34	鲁棉研 16	112772
5	鄂棉 10 号	110281	35	苏棉 20 号	112755
6	鄂棉 11 号	110273	36	皖 C222	114666
7	鄂棉 12 号	110864	37	湘棉 10 号	111163
8	鄂棉 16 号	111698	38	湘棉 12 号	111162
9	鄂棉 17 号	111283	39	湘棉 13 号	111159
10	鄂棉 18 号	111722	40	新陆早 10 号	112778
11	鄂棉 19 号	111604	41	新陆早 11 号	112894
12	鄂棉 20 号	111671	42	新陆早 12 号	112803
13	鄂棉 21 号	112516	43	新陆早 31 号	113694
14	国抗棉 1 号	B4	44	新陆早 37 号	114696
15	国欣棉 1 号	112708	45	银硕 116	114513
16	邯棉 885	114658	46	豫棉 10 号	112204
17	冀棉 10 号	110504	47	豫棉 14 号	111969
18	冀棉 11 号	110861	48	豫棉 17 号	112691
19	冀棉 13 号	110863	49	中棉所 19	B23
20	冀棉 15 号	111032	50	中棉所 33	111450
21	冀棉 17 号	111005	51	中棉所 34	111437
22	冀棉 20 号	112249	52	中棉所 37	112956
23	冀棉 21 号	112242	53	中棉所 40	112790
24	晋棉 10 号	112277	54	中棉所 41	112686
25	晋棉 12 号	112560	55	中棉所 42	113239
26	晋棉 16 号	113418	56	中棉所 43	113274
27	晋棉 17 号	111941	57	中棉所 45	112758
28	晋棉 20 号	112291	58	中棉所 50	113693
29	晋棉 21 号	112913	59	中植 3 号	111039
30	晋棉 25 号	112295			
注：编号为国家种质库的统一编号；B4、B18、B23、B25 为农业部植物新品种测试总中心标准品种编号。					

本标准起草单位：江苏省农业科学院、农业部科技发展中心。

本标准主要起草人：戴剑、王显生、丁奎敏、王艳平、徐鹏、冯继宏、陈二龙。

NY/T 2470—2013

小麦品种鉴定技术规程　SSR 分子标记法

Protocol for the identification of wheat varieties—SSR marker method

1　范围

本标准规定了利用简单重复序列(Simple sequence repeats,SSR)分子标记进行普通小麦(*Triticum aestivum* L.)品种鉴定的试验方法、数据记录格式和判定标准。

本标准适用于普通小麦 DNA 分子数据的采集和品种鉴定。

2　规范性引用文件

下列文件对于本文件的应用是必不可少的。凡是注日期的引用文件,仅注日期的版本适用于本文件。凡是不注日期的引用文件,其最新版本(包括所有的修改单)适用于本文件。

GB/T 3543.2　农作物种子检验规程

GB/T 19557.2　植物新品种特异性、一致性和稳定性测试指南　普通小麦

3　术语和定义

下列术语和定义适用于本文件。

3.1

核心引物　core primer

多态性好、PCR 扩增稳定的一套 SSR 引物。

3.2

参照品种　reference variety

对应于 SSR 位点上不同等位变异的一组品种。参照品种用于辅助确定待测样品等位变异的大小,校正仪器设备的系统误差。

4　原理

SSR 分布于小麦基因组的不同位置上,不同品种每个位点上重复单位的数目及序列可能不同。由于每个简单重复序列两侧的序列是高度保守和单拷贝的,因而可根据其两侧的序列设计一对特异引物,利用 PCR 技术对重复序列进行扩增,得到的 PCR 产物在电泳过程中的电场作用下,由于分子量大小不同得到分离,经硝酸银染色或者荧光染料标记检测区分开。由于不同小麦品种遗传组成不同,所以,根据引物 DNA 序列存在差异或引物结合部位之间的 DNA 片段大小存在差异,即可鉴定小麦品种。

5　仪器设备及试剂

仪器设备及试剂见附录 A。

中华人民共和国农业部 2013 - 12 - 13 发布　　　　2014 - 04 - 01 实施

6 溶液配制

相关溶液配制方法见附录 B。

7 引物

引物相关信息见附录 C。

8 操作程序

8.1 样品准备

种子样品的分样和保存，应符合 GB/T 3543.2 的规定。

每份样品检测 10 个个体（种子、叶片或其他等效物），混合分析。对一致性差的样品每个个体单独分析。

8.2 DNA 提取

8.2.1 幼苗中 DNA 的提取

将小麦种子发芽。取 10 株幼嫩组织约 0.1 g，剪碎，放入 1.5 mL 离心管中。将 DNA 提取液预热到 65℃，每管加入 400 μL，将样品研碎。将离心管置于 65℃金属浴或水浴锅上，保温 30 min 后取下。向离心管中加入 400 μL 24：1（氯仿—异戊醇）（V：V），振荡混匀，室温静置 30 min。10 000 *g* 离心 5 min。将上清液 200 μL 转入另一只 1.5 mL 离心管，加入 300 μL −20℃预冷乙醇沉淀 DNA。10 000 *g* 离心 1 min，弃上清液，加入 500 μL 乙醇—乙酸氨溶液，6 000 *g* 离心 5 min 收集沉淀。加入 100 μL TE（pH 8.0）溶液溶解 DNA，检测 DNA 浓度。−20℃保存。

8.2.2 干种子中 DNA 的提取

将 10 粒种子研碎，混合后称取约 0.2 g，放入离心管中，每管加入 600 μL 预热到 65℃的 DNA 提取液，置于 65℃金属浴上。其余步骤同 8.2.1。

注：以上为推荐的 DNA 提取方法。所获 DNA 质量能够符合 PCR 扩增需要的 DNA 提取方法都适用于本标准。

8.3 PCR 扩增

8.3.1 参照品种的使用

在进行 PCR 扩增和等位变异检测时，应同时包括相应的参照品种。不同位点的等位变异的参照品种的名称见附录 C、参见附录 D。同一名称不同来源的参照品种的某一位点上的等位变异可能不相同，在使用前，应与原参照品种进行核对。对于附录 C 中未包括的等位变异，应按本标准的方法，通过使用 DNA 分析仪与参照品种同时进行检测确定其大小。

注：多个品种在某一位点上可能都具有相同的等位变异。在确认这些品种某一位点上等位变异大小后，这些品种也可以代替附录 C 中的参照品种使用。

8.3.2 反应体系

25 μL 的反应体积（或 12.5 μL），含每种 dNTP 0.25 mmol/L，正向引物 0.4 μmol/L，反向引物 0.4 μmol/L，Taq DNA 聚合酶 1.0 单位，1×PCR 缓冲液（不含 Mg^{2+}），$MgCl_2$ 1.5 mmol/L，样品 DNA 40 ng。

利用 DNA 分析仪检测时使用荧光标记的引物。每种引物的荧光染料种类见附录 C。

注：反应体系的体积可以根据具体情况进行调整。

8.3.3 反应程序

94℃预变性 4 min；94℃变性 45 s，50℃～65℃（可根据附录 C 推荐的引物退火温度设定）退火 45 s，72℃延伸 45 s，共 35 个循环；72℃延伸 10 min，4℃保存。

8.4 PCR 产物检测

8.4.1 变性聚丙烯酰胺凝胶电泳与银染检测

8.4.1.1 清洗玻璃板

将玻璃板清洗干净,用去离子水冲洗后晾干。用无水乙醇擦洗两遍,吸水纸擦干。在长板上涂上 0.5 mL 亲和硅烷工作液,带凹槽的短板上涂 0.5 mL 剥离硅烷工作液。操作过程中防止两块玻璃板互相污染。

8.4.1.2 组装电泳板

待玻璃板彻底干燥后组装成电泳装置,并用水平仪调平。垫片厚度为 0.4 mm。

8.4.1.3 制胶

在 100 mL 6.0% PAGE 胶中加入新配制的 10%过硫酸铵溶液 500 μL,TEMED 50 μL,迅速混匀后灌胶。待胶液充满玻璃板夹层,将 0.4 mm 厚鲨鱼齿梳子平齐端向里轻轻插入胶液约 0.4 cm。灌胶过程中防止出现气泡。使胶液聚合至少 1 h 以上。胶聚合后,清理胶板表面溢出的胶液,轻轻拔出梳子,用水清洗干净备用。

8.4.1.4 预电泳

将胶板安装于电泳槽上,向上槽中加入约 800 mL 预热至 65℃的 0.25×TBE 缓冲液,使其超过凝胶顶部约 3 cm,向下槽中加入 800 mL 1×TBE 缓冲液。在 60 W 恒功率下,预电泳 10 min~20 min。

8.4.1.5 样品制备

在 25 μL(或 12.5 μL)PCR 样品中加入 10 μL(或 5 μL)上样缓冲液,混匀。在水浴锅或 PCR 仪上 95℃变性 5 min,取出,迅速置于碎冰上。

8.4.1.6 电泳

用注射器吸取缓冲液冲洗凝胶顶端几次,清除气泡和聚丙烯酰胺碎片。将鲨鱼齿梳子梳齿端插入凝胶 1 mm~2 mm。每一个加样孔点入 2 μL~3 μL 样品。除待测样品外,还应同时加入参照品种。以 30 V/cm~40 V/cm 的电压电泳,使凝胶温度保持在约 50℃。电泳 1.5 h~2.5 h(电泳时间取决于扩增片段的大小范围)。电泳结束后,小心分开两块玻璃板,取下凝胶附着的长玻璃板准备固定。

8.4.1.7 银染

a) 固定:将凝胶附着的长玻璃板置于塑料盒中,加入约 1 000 mL 银染固定液,使固定液没过凝胶,在摇床上轻轻晃动 20 min~30 min;
b) 漂洗:取出玻璃板,在去离子水中漂洗 1 次~2 次,每次 2 min;
c) 染色:将玻璃板置放入约 1 000 mL 染色液中,使染色液没过凝胶,在摇床上轻轻晃动 30 min;
d) 漂洗:在去离子水中快速漂洗,时间不超过 10 s;
e) 显影:将玻璃板在预冷的显影液中轻轻晃动至出现清晰带纹;
f) 定影:将凝胶在固定液中定影 5 min;
g) 漂洗:在去离子水中漂洗 1 min。

8.4.2 毛细管电泳荧光检测

8.4.2.1 PCR 产物样品准备

将 6-FAM 和 HEX 荧光标记的 PCR 产物用超纯水稀释 30 倍,TAMRA 和 ROX 荧光标记的 PCR 产物稀释 10 倍。分别取等体积的上述 4 种稀释后溶液混合,从混合液中吸取 1 μL 加入到 DNA 分析仪专用深孔板孔中。板中各孔分别加入 0.1 μL LIZ500 分子量内标和 8.9 μL 去离子甲酰胺。将样品在 PCR 仪上 95℃变性 5 min,取出,立即置于碎冰上,冷却 10 min 以上。瞬时离心 10 s 后置放到 DNA 分析仪上。

注:不同荧光标记的扩增产物的最适稀释倍数最好通过预试验确定。

8.4.2.2 开机准备

打开 DNA 分析仪,检查仪器工作状态,更换缓冲液,灌胶。将装有样品的深孔板置放于样品架基座上。打开数据收集软件。

8.4.2.3 编板

按照仪器操作程序,创建电泳板,输入电泳板名称,选择适合的程序和电泳板类型,输入样品编号或名称。

8.4.2.4 运行程序

DNA 分析仪自动将毛细管电泳数据、运行参数等存放在仪器中。

9 等位变异数据采集

9.1 数据表示

样品每个 SSR 位点的等位变异采用扩增片段长度的形式表示。如同一样品不同个体间等位变异大小不一致,以个体间比例最高的等位变异大小代表。

9.2 变性聚丙烯凝胶电泳与银染检测

将待测样品某一位点扩增片段的带型和泳动位置与相应的参照样品进行比较,与待测样品扩增片段带型和泳动位置相同的参照样品的扩增片段大小即为待测样品该位点的等位变异大小。

9.3 毛细管电泳荧光检测

使用 DNA 分析仪的片段分析软件,读出每个位点每个样品的等位变异大小数据。通过使用参照品种,消除同型号不同批次间或不同型号 DNA 分析仪间可能存在的系统误差。比较参照品种的等位变异大小数据与附录 C 中的数据。如两者不一致,确定系统误差的大小。从待测样品的等位变异数据中去除该系统误差,得到的数据即为待测样品该位点的等位变异大小。

9.4 结果记录

纯合位点的等位变异大小数据记录为 X/X,其中 X 为该位点等位变异的大小;杂合位点的等位变异数据记录为 X/Y,其中 X、Y 为该位点上两个不同的等位变异。小片段在前,大片段在后。无效等位变异的大小记录为 0/0。

示例 1:一个品种在 *Xgwm357-1A* 位点上有 1 个等位变异,大小为 123 bp,则该品种在该位点上的等位变异数据记录为 123/123。

示例 2:一个品种在 *Xgwm357-1A* 位点上有 2 个等位变异,大小分别为 123 bp、125 bp,则该品种在该位点上的等位变异数据记录为 123/125。

10 判定标准

10.1 直接比较

10.1.1 对待测品种和对照同时进行检测("直接比较")时,先用附录 C 中 21 个位点的基本核心引物检测,获得待测品种和对照在这些引物位点的等位变异数据,利用这些数据进行品种间比较:

a) 品种间差异位点数≥3,判定为不同品种;

b) 品种间差异位点数=1 或 2,判定为相近品种;

c) 品种间差异位点数=0,判定为极近似品种。

10.1.2 对 10.1.1 b)或 10.1.1 c)的情况,继续用 21 个位点的扩展核心引物进行检测,利用全部位点的等位变异数据进行品种间比较:

a) 品种间差异位点数≥3,判定为不同品种;

b) 品种间差异位点数=1 或 2,判定为近似品种;

c) 品种间差异位点数=0,判定为疑同品种。

对于 10.1.2 b)和 10.1.2 c)的情况,按照 GB/T 19557.2 的规定进行田间鉴定。

10.2 数据库比较

对待测品种进行检测后利用其检测数据和数据库中品种的数据进行比对("数据库比较")时,利用附录C中21个位点的基本核心引物检测,获得待测品种在上述引物位点的等位变异数据,利用这些数据和数据库中的品种进行比较:

a) 品种间差异位点数≥3,判定为不同品种;

b) 品种间差异位点数=2,判定为相近品种;

c) 品种间差异位点数=0或1,判定为疑同品种。

对10.2 b)或10.2 c)的情况,将这些相近品种或疑同品种按GB/T 19557.2的规定进行田间鉴定。

附　录　A
（规范性附录）
仪器设备及试剂

A.1　仪器设备

A.1.1　PCR 扩增仪。

A.1.2　高压电泳仪：最高电压不低于 2 000 V，具有恒电压、恒电流和恒功率功能。

A.1.3　电泳槽及配套的制胶附件。

A.1.4　普通电泳仪。

A.1.5　水平电泳槽及配套的制胶附件。

A.1.6　DNA 分析仪：基于毛细管电泳，有片段分析功能和数据分析软件，能够分辨最少 1 个核苷酸的差异。

A.1.7　高速冷冻离心机：最大离心力不小于 20 000 g。

A.1.8　水平摇床。

A.1.9　胶片观察灯。

A.1.10　电子天平。

A.1.11　微量移液器：规格分别为 10 μL、20 μL、100 μL、200 μL、1 000 μL，连续可调。

A.1.12　磁力搅拌器。

A.1.13　紫外分光光度计。

A.1.14　微波炉。

A.1.15　高压灭菌锅。

A.1.16　酸度计。

A.1.17　水浴锅或金属浴：控温精度±1℃。

A.1.18　普通冰箱。

A.1.19　低温冰箱。

A.1.20　制冰机。

A.1.21　凝胶成像系统或紫外透射仪。

A.2　试剂

A.2.1　十六烷基三乙基溴化铵。

A.2.2　聚乙烯吡咯烷酮。

A.2.3　氯仿。

A.2.4　异戊醇。

A.2.5　乙二胺四乙酸二钠。

A.2.6　三羟甲基氨基甲烷。

A.2.7　浓盐酸。

A.2.8 氢氧化钠。

A.2.9 10×Buffer 缓冲液。

A.2.10 氯化镁。

A.2.11 氯化钠。

A.2.12 4 种脱氧核糖核苷酸。

A.2.13 Taq DNA 聚合酶。

A.2.14 SSR 引物。引物序列见附录 C。

A.2.15 矿物油。

A.2.16 琼脂糖。

A.2.17 DNA 分子量标准:DNA 片段分布范围为 50 bp~500 bp,该范围内 DNA 片段之间大小最小差异不高于 100 bp。

A.2.18 核酸染色剂。

A.2.19 去离子甲酰胺。

A.2.20 溴酚蓝。

A.2.21 二甲苯青。

A.2.22 甲叉双丙烯酰胺。

A.2.23 丙烯酰胺。

A.2.24 硼酸。

A.2.25 尿素。

A.2.26 亲和硅烷。

A.2.27 剥离硅烷。

A.2.28 无水乙醇。

A.2.29 四甲基乙二胺。

A.2.30 过硫酸铵。

A.2.31 冰醋酸。

A.2.32 乙酸铵。

A.2.33 硝酸银。

A.2.34 甲醛。

A.2.35 DNA 分析仪用丙烯酰胺胶液。

A.2.36 DNA 分析仪用分子量内标,最大分子量 500 bp,Liz 标记。

A.2.37 DNA 分析仪用光谱校准基质,包括 6-FAM、TAMARA、HEX 和 ROX 等 4 种荧光标记的 DNA 片段。

A.2.38 DNA 分析仪用电泳缓冲液。

附　录　B
（规范性附录）
溶液配制

除非另有说明，仅使用分析纯试剂。

B.1　DNA 提取溶液的配制

B.1.1　0.5 mol/L 乙二胺四乙酸二钠盐（EDTA）（pH 8.0）溶液

称取 186.1 g 乙二胺四乙酸二钠盐（$Na_2EDTA \cdot 2H_2O$），加入 800 mL 去离子水，再加入 20 g 固体氢氧化钠（NaOH），搅拌。待 $Na_2EDTA \cdot 2H_2O$ 完全溶解后，冷却至室温。再用 NaOH 溶液（B.1.1）准确调 pH 至 8.0，定容至 1 000 mL。在 103.4 kPa（121℃）条件下灭菌 20 min。

B.1.2　1 mol/L 三羟甲基氨基甲烷盐酸（Tris - HCL）（pH 8.0）溶液

称取 60.55 g 三羟甲基氨基甲烷（Tris 碱），溶于 400 mL 去离子水中，用 0.5 mol/L 盐酸溶液调 pH 至 8.0，定容至 500 mL，在 103.4 kPa（121℃）条件下灭菌 20 min。

B.1.3　0.5 mol/L 盐酸（HCl）溶液

量取 25 mL 浓盐酸（36%～38%），加水定容至 500 mL。

B.1.4　DNA 提取液

分别称取 20.0 g 十六烷基三乙基溴化铵（CTAB）和 81.82 g NaCl，放入烧杯中，分别加入 40 mL 乙二胺四乙酸二钠盐溶液（pH 8.0）（B.1.3）、100 mL 1 mol/L 三羟甲基氨基甲烷盐酸溶液（pH 8.0）（B.1.4）和 10.0 g 聚乙烯吡咯烷酮（PVP），再加入 800 mL 去离子水，65℃水浴中加热溶解，冷却后定容至 1 000 mL。在 103.4 kPa（121℃）条件下灭菌 20 min。于 4℃保存。

B.1.5　24：1 氯仿—异戊醇

按 24：1 的比例（V：V）配制混合液。

B.1.6　乙醇—乙酸氨溶液

称取 154.6 mg 乙酸胺，加入 140 mL 无水乙醇，用去离子水定容至 200 mL。

B.1.7　TE 缓冲液

分别量取 5 mL 三羟甲基氨基甲烷盐酸溶液（pH 8.0）（B.1.2）和 1 mL 乙二胺四乙酸二钠盐溶液（pH 8.0）（B.1.3），定容至 500 mL，在 103.4 kPa（121℃）条件下灭菌 20 min。于 4℃下保存。

B.2　PCR 扩增溶液的配制

B.2.1　dNTP

用超纯水分别配制 dATP、dTTP、dGTP、dCTP 4 种脱氧核糖核苷酸终浓度为 100 mmol/L 的储存液。分别量取 4 种储存液 20 μL 混合，用 120 μL 超纯水定容，配制成每种核苷酸终浓度为 10 mmol/L 的工作液。在 103.4 kPa（121℃）条件下灭菌 20 min，于－20℃保存。

注：可用购买的满足试验要求的商品试剂。

B.2.2　SSR 引物

用水分别配制正向引物和反向引物至浓度为 5 μmol/L 的工作液。

B.2.3　10×PCR 缓冲液

含 500 mmol/L KCl，100 mmol/L Tris - HCl（pH 8.3），0.01%明胶。在 103.4 kPa（121℃）条件下

灭菌 20 min，−20℃保存。

B.2.4 氯化镁($MgCl_2$)溶液

称取氯化镁 1.190 g，用去离子水溶解，定容至 500 mL，配制成 25 mmol/L 的工作液。在 103.4 kPa (121℃)条件下灭菌 20 min，−20℃保存。

B.3 变性聚丙烯酰胺凝胶电泳溶液的配制

B.3.1 40%丙烯酰胺溶液

分别称取丙烯酰胺 190 g 和甲叉双丙烯酰胺 10 g，定容至 500 mL。

B.3.2 6%变性聚丙烯酰胺胶溶液

称取尿素 420 g，用去离子水溶解，加入 10×TBE 缓冲液 100 mL、40%丙烯酰胺溶液 150 mL，定容至 1 000 mL。

B.3.3 亲和硅烷缓冲液

分别量取 49.75 mL 无水乙醇和 250 μL 冰醋酸，用去离子水定容至 50 mL。

B.3.4 亲和硅烷工作液

在 1 mL 亲和硅烷缓冲液中加入 5 μL 亲和硅烷原液，混匀。

B.3.5 剥离硅烷工作液

在 98 mL 的三氯甲烷溶液中加 2 mL 二甲基二氯硅烷溶液，混匀。

B.3.6 10%过硫酸铵溶液

称取 1.0 g 过硫酸铵，溶于 10 mL 去离子水中，混匀。于−4℃保存。

B.3.7 10×TBE 缓冲液

分别称取三羟甲基氨基甲烷(Tris 碱)108.0 g 和硼酸 55.0 g，溶于 800 mL 去离子水中，加入 37 mL 乙二胺四乙酸二钠盐溶液(pH 8.0)(B.1.3)，定容至 1 000 mL。

B.3.8 1×TBE 缓冲液

量取 10×TBE 缓冲液 500 mL，加去离子水定容至 5 000 mL。

B.3.9 6×加样缓冲液

分别称取 0.25 g 溴酚蓝和 0.25 g 二甲苯青，分别加入 98 mL 去离子甲酰胺和 1 mL 乙二胺四乙酸二钠盐溶液(pH 8.0)，搅拌溶解。

B.4 银染溶液的配制

B.4.1 固定液

量取 100 mL 冰醋酸，加去离子水定容至 1 000 mL。

B.4.2 染色液

称取 1 g 硝酸银，加去离子水溶解，定容至 1 000 mL。

B.4.3 显影液

量取 1 000 mL 去离子水，加入 10 g 氢氧化钠和 5 mL 甲醛，混匀。

附　录　C
（规范性附录）
核心引物

C.1　基本核心引物

见表 C.1。

表 C.1　基本核心引物

位点	引物序列（5′→3′）	荧光	退火温度 ℃	等位变异 bp	参照品种
Xgwm 357 -1A	F:TATGGTCAAAGTTGGACCTCG R:AGGCTGCAGCTCTTCTTCAG	5′TAMRA	50	123 125 127 129	运早 618 豫农 010 泰麦一号 抗秆锈材料-21
Xbarc 61 -1B	F:TGCATACATTGATTCATAACTCTCT R:TCTTCGAGCGTTATGATTGAT	5′HEX	50	127 137 141 145 150 154 157 163 165	豫农 010 新冬 33 号 开麦 18 泰山 23 号 攀枝花 5 川农 210 奓拉头 京冬 12 西昌 19
Xgdm 111 -1D	F:CACTCACCCCAAACCAAAGT R:GATGCAATCGGGTCGTTAGT	5′6-FAM	50	193 199 201 203 205 207 209	兰引 1 号 抗秆锈材料-31 薯麦 2 号 郑丰 99379 运早 618 龙麦 30 川农 210
Xbarc 5 -2A	F:GCGCCTGGACCGGTTTTCTATTTT R:GCGTTGGGAATTCCTGAACATTTT	5′HEX	50	295 298 301	太空 5 号 郑丰 5 号 薯麦 2 号
Xgwm 429 -2B	F:TTGTACATTAAGTTCCCATTA R:TTTAAGGACCTACATGACAC	5′TAMRA	50	201 203 205 207 209 211 213 215 219 221	内乡 991 遗传所 3519 京冬 12 龙辐麦 18 中麦 175 静 2009-12 兰引 1 号 鹤麦 1 号 定红 201 川农 210

表 C.1（续）

位点	引物序列(5′→3′)	荧光	退火温度 ℃	等位变异 bp	参照品种
Xcau 15 -2D	F:TGGGAAGCAATCTTCATCG R:GATCCCAATCACACAGC	5′HEX	50	197	河农 822
				199	金麦 54 号
				201	内乡 991
				203	泰麦一号
				205	兰天 083
				211	西昌 19
				233	中洛铁杆 1
Xgwm 155 -3A	F:CAATCATTTCCCCCTCCC R:AATCATTGGAAATCCATATGCC	5′HEX	50	122	洛麦 99220
				124	内乡 991
				140	泰麦一号
				142	淮麦 19 号
				144	薯麦 2 号
				146	兰引 1 号
				148	科农 1091
				150	中麦 175
Xcau 5 -3B	F:GCGAGATCAGGAAGAACTGC R:AATCCCAAAGCACACAACG	5′HEX	50	162	遗传所 3519
				164	07F6 - 135
				166	汶航 6 号
				168	鹤麦 1 号
				170	泰麦一号
				174	花培 5 号
				176	龙麦 30
				178	兰天 083
				180	漯优 7 号
				182	中洛铁秆 1
				184	济麦 4 号
Xgwm 161 -3D	F:CGAGTGATGGCAGATGGATAGT R:GGTACGTAGTTTAACCATGTCAAGAC	5′HEX	50	127	科农 1091
				129	川农 210
				131	石麦 15 号
				133	泰山 23 号
				135	JNM - 1072 - 1
				146	定红 201
				148	浏虎 98
				150	07F6 - 135
				152	奋拉头
Xgwm 610 -4A	F:CTGCCTTCTCCATGGTTTGT R:AATGGCCAAAGGTTATGAAGG	5′HEX	50	168	川农 210
				170	定红 201
				172	内乡 991
				174	济麦 4 号
				176	淮麦 19 号
Xgwm 513 -4B	F:ATCCGTAGCACCTACTGGTCA R:GGTCTGTTCATGCCACATTG	5′TAMRA	50	145	川农 210
				147	豫农 010
				149	泰麦一号
				151	抗秆锈材料- 21
				153	兰引 1 号

表 C.1（续）

位点	引物序列(5′→3′)	荧光	退火温度 ℃	等位变异 bp	参照品种
Xcfd 84-4D	F:GTTGCCTCGGTGTCGTTTAT R:TCCTCGAGGTCCAAAACATC	5′ROX	55	168 183 185 187 189 191 195	抗秆锈材料-1 鲁原 301 薯麦 2 号 川农 210 鹤麦 1 号 西农 13 攀枝花 30
Xcfa 2155-5A	F:TTTGTTACAACCCAGGGGG R:TTGTGTGGCGAAAGAAACAG	5′6-FAM	50	209 211 213 215 217	奋拉头 太空 5 号 内乡 991 泰山 23 号 京冬 12
Xbhw 129-5B	F:GGAGCATCGCAGGACAGA R:GGACGAGGACGCCTGAAT	5′ROX	55	185 187 189 191 193 195 197 201 203 213 217 219 231	郑丰 99379 泰麦一号 郑麦 98 龙辐麦 18 西昌 19 太空 5 号 开麦 18 河农 822 攀枝花 30 奋拉头 08CA95 中麦 175 攀枝花 5
Xcfd 8-5D	F:ACCACCGTCATGTCACTGAG R:GTGAAGACGACAAGACGCAA	5′TAMRA	50	157 159 161 163 167	生选 6 号 花培 5 号 新冬 33 号 淮麦 19 号 京冬 12
Xgwm 570-6A	F:TCGCCTTTTACAGTCGGC R:ATGGGTAGCTGAGAGCCAAA	5′TAMRA	50	137 142 144 146 148 150 152 154 156 158	川农 210 郑麦 98 泰麦一号 内乡 991 生选 6 号 京冬 12 鲁原 301 中麦 175 西农 13 A3-5
Xbarc 14-6B	F:GTTGTGGAAACTCAGTTTTGTTGATTTA R:GGAAAGGAACGAAGTACATTTTGTAGA	5′HEX	50	238 241 244 247 250 256	08CA95 郑丰 99379 太空 5 号 开麦 18 07F6-135 洛麦 99220

表 C.1（续）

位点	引物序列(5′→3′)	荧光	退火温度 ℃	等位变异 bp	参照品种
Xcfd 76 - 6D	F:GCAATTTCACACGCGACTTA R:CGCTCGACAACATGACACTT	5′HEX	60	143 147 149 151 153 155 159 161 163 165 167 169	西农 13 金麦 54 号 泰山 23 号 鲁原 301 新冬 33 号 郑麦 98 攀枝花 5 内乡 991 攀枝花 30 漯优 7 号 PH3259 多丰 2000
Xgpw 2269 - 7A	F:CACATCAACAGGTCCTCTTCTA R:CTAGCTGGTGGTGGTCTTGG	5′6 - FAM	50	163 165 167 169 171 173	西昌 19 泰麦一号 漯优 7 号 京冬 12 兰引 1 号 生选 6 号
Xwmc 73 - 7B	F:TTGTGCACCGCACTTACGTCTC R:ACACCCGGTCTCCGATCCTTAG	5′TAMRA	60	187 189 191 193 199	内乡 991 定红 201 中优 9507 漯优 7 号 山农 080187
Xgwm 428 - 7D	F:CGAGGCAGCGAGGATTT R:TTCTCCACTAGCCCCGC	5′HEX	50	122 132 134 136 138 140 142	漯优 7 号 石新 733 泰农 2987 生选 6 号 新冬 33 号 花培 5 号 西农 13

C.2 扩展核心引物

见表 C.2。

表 C.2 扩展核心引物

位点	引物序列(5′→3′)	荧光	退火温度 ℃	等位变异 bp	参照品种
Xcfa 2153 - 1A	F:TTGTGCATGATGGCTTCAAT R:CCAATCCTAATGATCCGCTG	5′6 - FAM	50	168 186 190 192 194 198 200 202 204 206 208	运旱 618 新冬 33 号 中洛铁秆 1 周 98165 石 4185 攀枝花 25 宁麦 11 号 奋拉头 龙辐麦 18 徐麦 7086 郑丰 99379

表 C.2（续）

位点	引物序列(5′→3′)	荧光	退火温度 ℃	等位变异 bp	参照品种
Xcfa 2153 - 1A	F:TTGTGCATGATGGCTTCAAT R:CCAATCCTAATGATCCGCTG	5′6 - FAM	50	210 212 218 220 222	攀枝花 5 泰农 2987 西农 13 抗秆锈材料- 21 07F6 - 135
Xbarc 81 - 1B	F:GCGCTAGTGACCAAGTTGTTATATGA R:GCGGTTCGGAAAGTGCTATTCTACA GTAA	5′HEX	55	184 186 188 190 192 194 218	攀枝花 5 内乡 991 石麦 15 号 浏虎 98 花培 5 号 龙麦 30 定红 201
Xcfd 28 - 1D	F:TGCATCTTATTACTGGAGGCATT R:CGCATGCCCTTATACCAACT	5′6 - FAM	50	178 181 187 190 193 196 199 202	静 2009 - 12 攀枝花 5 太空 5 号 泰山 23 号 中梁 9598 生选 6 号 漯优 7 号 多丰 2000
Xgwm 445 - 2A	F:TTTGTTGGGGGTTAGGATTAG R:CCTTAACACTTGCTGGTAGTGA	5′TAMRA	50	188 190 192 196	花培 5 号 泰山 23 号 京冬 12 豫农 010
Xbarc 7 - 2B	F:GCGAAGTACCACAAATTTGAAGGA R:CGCATGCCCTTATACCAACT	5′6 - FAM	50	271 274 283	郑丰 5 号 内乡 991 泰山 044304
Xgwm 296 - 2D	F:AATTCAACCTACCAATCTCTG R:GCCTAATAAACTGAAAACGAG	5′ROX	50	0 136 138 140 142 144 146	泰山 23 号 定红 201 泰麦一号 运麦 2411 济麦 4 号 太空 5 号 新冬 33 号
Xgwm 2 - 3A	F:CTGCAAGCCTGTGATCAACT R:CATTCTCAAATGATCGAACA	5′6 - FAM	50	116 118 120 126 128	泰山 23 号 开麦 18 抗秆锈材料- 21 遗传所 3519 新冬 33 号
Xgwm 566 - 3B	F:TCTGTCTACCCATGGGATTTG R:CTGGCTTCGAGGTAAGCAAC	5′6 - FAM	50	119 121 123 125 127 129 131	花培 5 号 泰麦一号 济麦 4 号 淮麦 19 号 生选 6 号 西农 3517 豫农 010

表 C.2（续）

位点	引物序列(5′→3′)	荧光	退火温度 ℃	等位变异 bp	参照品种
Xgwm 341 - 3D	F:TTCAGTGGTAGCGGTCGAG R:CCGACATCTCATGGATCCAC	5′6 - FAM	60	125	中优 9507
				127	泰山 044304
				129	淮麦 19 号
				133	京冬 12
				135	石麦 15 号
				137	新冬 33 号
				139	鲁原 301
				141	西昌 19
				143	泰麦一号
				145	太空 5 号
				147	济麦 4 号
				153	汶航 6 号
				155	抗秆锈材料- 1
				157	抗秆锈材料- 21
Xcau 2 - 4A	F:GATATGGAGTGGAGGCAAGC R:AAGTCGATGGTGACTGACCC	5′TAMRA	50	209	运旱 618
				218	内乡 991
				228	山农 080187
				231	太空 5 号
Xgwm 495 - 4B	F:GAGAGCCTCGCGAAATATAGG R:TGCTTCTGGTGTTCCTTCG	5′HEX	50	153	西农 3517
				157	生选 6 号
				161	新冬 33 号
				163	攀枝花 5
				165	内乡 991
				175	奋拉头
				177	花培 5 号
				179	西昌 19
				181	泰农 2987
				191	徐麦 7086
				195	山农 080187
				197	鲲鹏一号
Xbarc 105 - 4D	F:CAGGAAGAAAAGGAAAGCATGCGACAA R:GCGGTGTGGCAATAATTACTTTTT	5′HEX	50	130	山农 080187
				133	龙辐麦 18
				136	新冬 33 号
				139	石麦 15 号
				142	泰麦一号
				145	甘肃 00 - 385 - 17
				148	西昌 19
				151	龙麦 30
				154	开麦 18
				157	太空 5 号
				160	鹤麦 1 号
				163	攀枝花 5
Xbarc 1 - 5A	F:GCGATGCTTTTGCCTTGTTTCAG R:GCGGCCCCTTTGACTCTTCATAG	5′TAMRA	50	274	豫农 010
				277	内乡 991
				280	运旱 618

表 C.2（续）

位点	引物序列(5′→3′)	荧光	退火温度 ℃	等位变异 bp	参照品种
Xbarc 4 - 5B	F:GCGTGTTTGTGTCTGCGTTCTA R:CACCACACATGCCACCTTCTTT	5′TAMRA	50	152	中优 9507
				156	郑麦 98
				159	静 2009 - 12
				171	科农 1091
				177	攀枝花 30
				185	新冬 33 号
				188	薯麦 2 号
				191	漯优 7 号
				194	郑丰 99379
				200	金麦 54 号
				203	泰山 044304
				206	石 4185
				209	攀枝花 5
Xgdm 43 - 5D	F:GGTTGTCCTCTACTCCTCCT R:CTTAGCATGTGGTAAGCACA	5′TAMRA	50	143	JNM - 1072 - 1
				147	豫农 010
				149	泰麦一号
				151	京冬 12
				153	新冬 33 号
				155	龙辐麦 18
				157	攀枝花 5
				163	金麦 54 号
Xgwm 617 - 6A	F:GATCTTGGCGCTGAGAGAGA R:CTCCGATGGATTACTCGCAC	5′ROX	60	0	定红 201
				120	浏虎 98
				128	生选 6 号
				130	泰麦一号
				132	内乡 991
				136	豫农 9901
				140	西农 3517
Xgwm 219 - 6B	F:GATGAGCGACACCTAGCCTC R:GGGGTCCGAGTCCACAAC	5′TAMRA	50	163	科农 9204
				177	鲁原 301
				179	龙辐麦 18
				181	中麦 175
				183	龙麦 30
				185	抗秆锈材料- 31
				189	川农 210
				191	泰山 23 号
				193	定红 201
				195	漯优 7 号
				201	石麦 15 号
				222	Kukrj 澳大利亚 70E
Xcfd 33 - 6D	F:TACCGCAATAATCACACCCA R:GGTCGATGGACTGTCCCTAA	5′ROX	50	170	京冬 12
				172	生选 6 号
				174	中优 9507
				176	A3 - 5

表 C.2（续）

位点	引物序列(5′→3′)	荧光	退火温度 ℃	等位变异 bp	参照品种
Xcfa 2123 - 7A	F:GGTCTTTGTTTGCTCTAAACCTAACT R:TGACTCGGAGGCACTGATGG	5′ROX	60	167	郑丰5号
				169	奋拉头
				171	薯麦2号
				173	京冬12
				175	攀枝花5
				177	运麦2411
				179	龙麦30
				181	兰引1号
				185	静2009-12
				187	泰山23号
Xgwm 344 - 7B	F:CAAGGAAATAGGCGGTAACT R:ATTTGAGTCTGAAGTTTGCA	5′TAMRA	50	125	泰山044304
				129	抗秆锈材料-26
				131	新冬33号
				133	山农080187
				135	郑丰99379
				137	聊0801
				141	攀枝花30
				145	定红201
				147	中梁9598
Xgwm 44 - 7D	F:GTTGAGCTTTTCAGTTCGGC R:ACTGGCATCCACTGAGCTG	5′HEX	55	172	开麦18
				174	淮麦19号
				176	兰天083
				178	泰山23号
				180	鲁原301
				182	定红201
				184	兰引1号
				186	石4185
				188	生选6号
				190	川农210

附 录 D
(资料性附录)
参照品种名单

参照品种名单见表 D.1。

表 D.1 参照品种名单

序号	名称	序号	名称	序号	名称
1	郑麦 98	24	泰麦一号	47	汶航 6 号
2	内乡 991	25	漯优 7 号	48	聊 0801
3	开麦 18	26	金麦 54 号	49	龙麦 30
4	太空 5 号	27	奋拉头	50	攀枝花 5
5	科农 1091	28	淮麦 19 号	51	攀枝花 30
6	泰山 23 号	29	运旱 618	52	静 2009 - 12
7	豫农 9901	30	洛麦 99220	53	鲲鹏一号
8	PH3259	31	石 4185	54	山农 080187
9	鲁原 301	32	泰山 044304	55	07F6 - 135
10	薯麦 2 号	33	西农 13	56	郑丰 99379
11	JNM - 1072 - 1	34	遗传所 3519	57	08CA95
12	花培 5 号	35	中优 9507	58	徐麦 7086
13	浏虎 98	36	运麦 2411	59	中梁 9598
14	豫农 010	37	兰引 1 号	60	中洛铁秆 1
15	多丰 2000	38	兰天 083	61	定红 201
16	石麦 15 号	39	甘肃 00 - 385 - 17	61	新冬 33 号
17	河农 822	40	A3 - 5	62	川农 210
18	京冬 12	41	抗秆锈材料- 21	63	西昌 19
19	中麦 175	42	抗秆锈材料- 26	64	西农 3517
20	郑丰 5 号	43	抗秆锈材料- 31	65	生选 6 号
21	科农 9204	44	抗秆锈材料- 1	66	龙辐麦 18
22	鹤麦 1 号	45	Kukrj 澳大利亚 70E	67	宁麦 11
23	济麦 4 号	46	泰农 2987		

本标准起草单位:山东省农业科学院作物研究所、农业部科技发展中心。

本标准主要起草人:李汝玉、张晗、王东建、孙加梅、姚凤霞、郑永胜、许金芳、段丽丽、李华。

中华人民共和国农业行业标准

NY/T 2472—2013

西瓜品种鉴定技术规程 SSR分子标记法

Identification of watermelon varieties—SSR marker method

1 范围

本标准规定了利用简单重复序列（Simple sequence repeats，SSR）分子标记进行普通西瓜（*Citrullus lanatus* subsp. Vuaris 和 *Citrullus lanatus* subsp. Lanatus）品种鉴定的试验方法、数据记录格式和判定标准。

本标准适用于普通西瓜DNA分子数据的采集和品种鉴定。

2 规范性引用文件

下列文件对于本文件的应用是必不可少的。凡是注日期的引用文件，仅注日期的版本适用于本文件。凡是不注日期的引用文件，其最新版本(包括所有的修改单)适用于本文件。

GB/T 3543.2 农作物种子检验规程 扦样

3 原理

SSR广泛分布于西瓜基因组中，不同品种间单个SSR位点重复单位的数量可能不同。针对两侧序列高度保守和单拷贝的简单重复序列，根据其两侧的序列设计一对特异引物，利用PCR技术对重复序列进行扩增，得到的PCR产物在电泳过程中的电场作用下由于分子量大小不同得到分离，经硝酸银染色或者荧光染料标记检测区分开。由于不同普通西瓜品种遗传组成不同，所以，根据引物DNA序列存在差异或引物结合部位之间的DNA片段大小存在差异，即可鉴定普通西瓜品种。

4 仪器设备及试剂

仪器设备及试剂见附录A。

5 溶液配制

溶液配制方法见附录B。

6 引物

引物相关信息见附录C。

7 参照品种

参照品种的名称见附录C。

在进行等位变异检测时，应同时包括相应参照品种的PCR扩增产物。

中华人民共和国农业部 2013-12-13 发布　　2014-04-01 实施

8 操作程序

8.1 重复设置

设定 2 次生物学重复。

8.2 样品准备

种子样品的扦样和保存，应符合 GB/T 3543.2 的规定。

每个品种分取 2 个样品，每个样品检测 30 个个体（种子、叶片或其他器官组织），混合分析。对一致性差的样品每个个体单独分析。

8.3 DNA 提取

采用 CTAB 法。选取植株下胚轴或幼嫩组织 30 mg～40 mg 置于 2.0 ml 离心管中，用液氮研磨至粉状，加入 700 μL 2% CTAB 预热缓冲液，65℃水浴 1 h，加入 700 μL 24∶1 氯仿—异戊醇，混匀，11 200 g 离心 10 min；吸取上清液加入预先装有 700 μL 异丙醇的 1.5 mL 的离心管中，混匀后放－20℃冰箱 30 min，11 200 g 离心 10 min；弃上清液，用 70% 乙醇溶液洗涤 2 遍，自然条件下干燥后，加入 100 μL ddH_2O，待充分溶解后检测浓度。－20℃保存留用。

注：以上为推荐的一种 DNA 提取方法。其他所获 DNA 质量能够满足 PCR 扩增需要的 DNA 提取方法都适用于本标准。

8.4 PCR 扩增

8.4.1 反应体系

SSR 反应体系，包括每种 dNTP 0.25 mmol/L，正向引物 0.2 μmol/L，反向引物 0.2 μmol/L，Taq DNA 聚合酶 1.0 U，10×PCR 缓冲液（含 Mg^{2+}），样品 DNA 60 ng，其余以超纯水补足。推荐使用 15 μL 或 20 μL 反应体积。

利用 DNA 分析仪检测时使用荧光标记的引物。每种引物的荧光染料种类见附录 C。

注：反应体系的体积可以根据具体情况进行调整。

8.4.2 反应程序

94℃预变性 5 min；94℃变性 30 s，55 ℃退火 30 s，72℃延伸 40 s，循环 34 次；最后 72℃延伸 10 min。4℃保温待用。

8.5 PCR 产物检测

8.5.1 变性聚丙烯酰胺凝胶电泳与银染检测

8.5.1.1 清洗玻璃板

用自来水将玻璃板洗净，晾干，再用 95% 的酒精擦洗 1 遍，干燥。在 2 mL 离心管中加入 1 mL 无水乙醇，4 μL 亲和硅烷原液，摇匀，均匀涂在无凹槽玻璃板上。在通风橱中用 0.5 mL 疏水硅烷工作液均匀涂布凹槽玻璃板，操作过程中两块玻璃板分别处理，防止互相污染。

8.5.1.2 组装玻璃板

待玻璃板彻底干燥后，将塑料隔条整齐放在无凹槽玻璃板两侧，盖上凹槽玻璃板，夹子固定，用水平仪检测玻璃胶室是否水平。

8.5.1.3 制胶

取 6% 的丙烯酰胺凝胶 50 mL，加入 50 μL TEMED 和 200 μL 10%APS 溶液。轻轻摇匀，将胶缓缓灌入玻璃胶室。待胶室灌满后，在凹槽处将鲨鱼齿朝外轻轻插入样品梳，在室温下聚合 1 h 以上。胶聚合后，轻轻拔出梳子，用水冲洗凹槽处残余的胶，清洗干净备用。

8.5.1.4 预电泳

将胶板安装于电泳槽上，向上槽加入约 800 mL 预热至 65℃的 1×TBE 缓冲液，使其超出凝胶顶部约 3 cm；向下槽中加入 800 mL 1×TBE 缓冲液，60 W 恒功率预电泳 20 min，使凝胶预热。

8.5.1.5　**样品制备**

在 12.5 μL PCR 产物中加 5 μL 加样缓冲液，混匀后，在水浴锅或 PCR 仪上 95℃变性 5 min，取出，立即置于碎冰中冷却。

8.5.1.6　**电泳**

用注射器吸取缓冲液冲洗凝胶顶端几次，清除气泡和聚丙烯酰胺碎片。将鲨鱼齿梳子梳齿端插入凝胶 1 mm～2 mm。每一个加样孔点入 2 μL～3 μL 样品。除待测样品外，还应同时加入参照品种扩增产物。在 50 W～80 W 恒功率下电泳，使凝胶温度保持在约 50℃。电泳 1.5 h～2.5 h(电泳时间取决于扩增片段的大小范围)。电泳结束后，小心分开两块玻璃板，取下凝胶附着的长玻璃板准备固定。

注：具体功率大小根据电泳槽的规格型号和实验室室温设定。

8.5.1.7　**银染**

a)　固定：将附着凝胶的玻璃板浸入加有 1 000 mL 10%冰醋酸固定液的塑料盒中，在摇床上轻轻晃动 15 min；
b)　漂洗：取出胶板，在去离子水中漂洗 1 次～2 次，每次 2 min；
c)　染色：将胶板放入约 1 000 mL 染色液中，使染色液没过凝胶，在摇床上轻摇 30 min；
d)　漂洗：取出胶板，用蒸馏水快速漂洗，时间不超过 10 s；
e)　显影：将胶板放入预冷的 1 000 mL 3%碳酸钠显影溶液中，轻轻晃动至清晰条带显出；
f)　定影：迅速将胶板放入固定液中定影 5 min；
g)　漂洗：在去离子水中漂洗胶板 5 min，取出晾干。将玻璃板放在观片灯上，记录结果，拍照保存。

8.5.2　**毛细管电泳荧光检测**

8.5.2.1　**PCR 产物样品准备**

将 6-FAM 和 HEX 荧光标记的 PCR 产物用超纯水稀释 30 倍，TAMRA 和 ROX 荧光标记的 PCR 产物稀释 10 倍。分别取等体积的上述 4 种稀释后溶液混合，从混合液中吸取 1 μL 加入到 DNA 分析仪专用深孔板孔中。板中各孔分别加入 0.1 μL LIZ500 分子量内标和 8.9 μL 去离子甲酰胺。将样品在 PCR 仪上 95℃变性 5 min，取出，立即置于碎冰上，冷却 10 min 以上。瞬时离心 10 s 后置放到 DNA 分析仪上。

除待测样品外，每个 SSR 位点还应同时包括 2 个～3 个参照品种的扩增产物。

注：不同荧光标记的扩增产物的最适稀释倍数最好通过毛细管电泳荧光检测预试验确定。

8.5.2.2　**开机准备**

打开 DNA 分析仪，检查仪器工作状态。更换缓冲液，灌胶。将装有样品的深孔板置放于样品架基座上。打开数据收集软件。

8.5.2.3　**编板**

按照仪器操作程序，创建电泳板，输入电泳板名称，选择适合的程序和电泳板类型，输入样品编号或名称。

8.5.2.4　**运行程序**

DNA 分析仪自动将毛细管电泳数据、运行参数等存放在仪器中。

9　等位变异数据采集

9.1　数据表示

样品每个 SSR 位点的等位变异采用扩增片段大小的形式表示。

9.2　变性聚丙烯凝胶电泳与银染检测

将某一位点待测样品和相应的参照品种扩增片段的带型和移动位置进行比较，根据参照品种的移动位置和扩增片段大小，确定待测样品该位点的等位变异大小。

9.3 毛细管电泳荧光检测

使用DNA分析仪的片段分析软件,读出每个位点每个样品的等位变异大小数据。比较参照品种的等位变异大小数据与附录C中参照品种相应的数据,两者之间的差值为系统误差。从待测样品的等位变异数据中去除该系统误差,得到的数据即为待测样品该位点的等位变异大小。

示例1:参照品种"红1号"、"早花"在BVWS00441位点上的等位变异大小分别为163 bp和178 bp,附录C中"红1号"、"早花"相应的数据分别为163 bp和178 bp,系统误差为2 bp。一个待测样品的等位变异大小原始数据为175 bp则待测样品在该位点上的等位变异数据应为173 bp。

示例2:参照品种"早花"、"K7"在BVWS00948位点上的等位变异大小分别为259 bp和267 bp,附录C中"早花"、"K7"相应的数据分别为259 bp和267 bp,系统误差为0 bp。一个待测样品的等位变异大小原始数据为261 bp则待测样品在该位点上的等位变异数据应为261 bp。

9.4 结果记录

纯合位点的等位变异大小数据记录为X/X,杂合位点的等位变异数据记录为X/Y。其中X、Y为该位点上两个不同的等位变异片段大小,小片段在前,大片段在后。无效等位变异的大小记录为0/0。

示例1:一个品种在BVWS00658位点上有1个等位变异,大小为270 bp,则该品种在该位点上的等位变异数据记录为270/270。

示例2:一个品种在BVWS01734位点上有2个等位变异,大小分别为217 bp、230 bp,则该品种在该位点上的等位变异数据记录为217/230。

9.5 数据处理

一个位点2次重复检测数据相同时,该数据即为该位点的等位变异数据;2次重复不一致时,增加第三个重复,以其中2个重复相同的检测数据为该位点的等位变异数据;当3次重复都不相同时,该位点视为无效位点。

10 判定标准

依据附录C中的28个位点的核心引物检测结果进行判断:

a) 品种间差异位点数≥3,判定为不同品种;

b) 品种间差异位点数<3,判定为近似品种。

附 录 A
（规范性附录）
仪器设备及试剂

A.1 主要仪器设备

A.1.1 PCR 核酸扩增仪。

A.1.2 高压电泳仪。

A.1.3 序列分析电泳槽及配套的制胶附件。

A.1.4 普通电泳仪。

A.1.5 水平电泳槽及配套的制胶附件。

A.1.6 水平摇床。

A.1.7 电子天平。

A.1.8 微量移液器。

A.1.9 胶片观察灯。

A.1.10 紫外分光光度计。

A.1.11 高压灭菌器。

A.1.12 酸度计。

A.1.13 水浴锅。

A.1.14 制冰机。

A.1.15 凝胶成像系统或紫外透射仪。

A.2 试剂

A.2.1 十六烷基三乙基溴化铵。

A.2.2 聚乙烯吡咯烷酮。

A.2.3 氯仿。

A.2.4 异戊醇。

A.2.5 乙二胺四乙酸二钠。

A.2.6 三羟甲基氨基甲烷。

A.2.7 浓盐酸。

A.2.8 氢氧化钠。

A.2.9 10×Taq DNA 聚合酶 Buffer 缓冲液（含 Mg^{2+}）。

A.2.10 4 种脱氧核苷酸。

A.2.11 Taq DNA 聚合酶。

A.2.12 核酸染料。

A.2.13 去离子甲酰胺。

A.2.14 溴酚蓝。

A. 2.15　二甲苯青。

A. 2.16　甲叉双丙烯酰胺。

A. 2.17　丙烯酰胺。

A. 2.18　硼酸。

A. 2.19　尿素。

A. 2.20　亲和硅烷。

A. 2.21　剥离硅烷。

A. 2.22　无水乙醇。

A. 2.23　四甲基乙二胺。

A. 2.24　过硫酸铵。

A. 2.25　冰醋酸。

A. 2.26　硝酸银。

A. 2.27　甲醛。

A. 2.28　DNA 分析仪用聚丙烯酰胺胶液。

A. 2.29　DNA 分析仪用分子量内标，最大分子量 500 bp，Liz 标记。

A. 2.30　DNA 分析仪用光谱校准基质：包括 6 - FAM、TAMRA、HEX 和 ROX 4 种荧光染料标记的 DNA 片段。

A. 2.31　DNA 分析仪用电泳缓冲液。

附 录 B
(规范性附录)
溶 液 配 制

B.1 DNA 提取溶液的配制

B.1.1 0.5 mol/L 乙二胺四乙酸二钠盐(EDTA)(pH 8.0)溶液

称取 186.1 g $Na_2EDTA \cdot 2H_2O$,加 800 mL 去离子水,用固体 NaOH 约 20 g 调 pH 至 8.0,定容至 1 000 mL,在 103.4 kPa(121 ℃)条件下灭菌 20 min。

B.1.2 1 mol/L 三羟甲基氨基甲烷(Tris-HCl)(pH 8.0)溶液

称取 60.55 g Tris 碱,溶于适量去离子水中,加 HCl 调 pH 至 8.0,定容至 500 mL,在 103.4 kPa (121℃)条件下灭菌 20 min。

B.1.3 0.5 mol/L 盐酸(HCl)溶液

量取 25 mL 浓盐酸(36%~38%),加水定容至 500 mL。

B.1.4 DNA 提取液

称取 20 g CTAB,81.82 g NaCl,分别加入 100 mL 1 mol/L Tris-HCl 溶液(pH 8.0)、40 mL 0.5 mol/L EDTA 溶液(pH 8.0)和 10 g PVP,加入 800 mL 去离子水,65℃水浴搅拌、溶解,定容至 1 000 mL。在 103.4 kPa(121℃)条件下灭菌 20 min。4℃保存。

B.1.5 24∶1 氯仿—异戊醇

按 24∶1 的比例(V∶V)配制混合液。

B.1.6 乙醇—乙醇胺溶液

称取 0.154 6 g 乙酸铵置入烧杯中,加入 140 mL 无水乙醇,用去离子水定容至 200 mL。

B.1.7 1×TE 缓冲液

分别量取 5 mL 1 mol/L Tris-HCl(pH8.0),1 mL 0.5 mol/L EDTA(pH8.0),定容至 500 mL,在 103.4 kPa(121℃)条件下灭菌 20 min。4℃保存。

B.2 PCR 扩增溶液的配制

B.2.1 10 mmol/L dNTP 溶液

用超纯水分别配制 A、G、C、T 终浓度 100 mmol/L 的储存液,各取 20 μL 混合,用 120 μL 超纯水定容至每种核苷酸终浓度为 10 mmol/L 的工作液。在 103.4 kPa(121℃)条件下灭菌 20 min。−20℃保存。

注:也可使用购买的满足实验要求的商品试剂。

B.2.2 SSR 引物溶液

用超纯水分别配制正向引物和反向引物至浓度为 5 μmol/L 的工作液。

B.2.3 10×Taq DNA 聚合酶 PCR 缓冲液

分别量取 500 mmol/L KCl、100 mmol/L Tris-HCl (pH8.0)和 0.01%明胶。在 103.4 kPa (121℃)条件下灭菌 20 min。−20℃保存。

B.2.4 25 mmol/L 氯化镁($MgCl_2$)溶液

称取 $MgCl_2$ 1.190 g,用去离子水溶解,定容至 500 mL,配制成 25 mmol/L 的工作液,在 103.4 kPa

(121℃)条件下灭菌 20 min。−20℃保存。

B.3 变性聚丙烯酰胺凝胶电泳溶液的配制

B.3.1 10×TBE 缓冲液

分别称取 Tris 碱 108 g、硼酸 55 g,量取 0.5 mol/L EDTA(pH8.0)溶液 37 mL,加去离子水溶解,定容至 1 000 mL。

B.3.2 40%丙烯酰胺溶液

分别称取丙烯酰胺 190 g 和甲叉双丙烯酰胺 10 g,置入烧杯中,加水溶解,定容至 500 mL。

B.3.3 6%变性聚丙烯酰胺凝胶溶液

称取尿素 420 g,用去离子水溶解,加入 10×TBE 缓冲液 100 mL,40%丙烯酰胺胶溶液 150 mL,定容至 1 000 mL。

B.3.4 亲和硅烷缓冲液

分别量取 49.75 mL 无水乙醇和 250 μL 冰醋酸,加去离子水定容至 50 mL。

B.3.5 亲和硅烷工作液

在 1 mL 亲和硅烷缓冲液中加入 5 μL 亲和硅烷原液,混匀。

B.3.6 剥离硅烷工作液

在 98 mL 的三氯甲烷溶液中加入 2 μL 二甲基二氯硅烷溶液,混匀。

B.3.7 10%过硫酸铵溶液

称取 0.10 g 过硫酸铵,溶于 1 mL 去离子水中,混匀。4℃保存。

B.3.8 1×TBE 缓冲液

量取 10×TBE 缓冲液 500 mL,加去离子水定容至 5 000 mL。

B.3.9 6×加样缓冲液

量取 49 mL 98%的去离子甲酰胺(用于 DNA 变性)、0.5 mol/L 的 EDTA 溶液(pH8.0)1 mL,加入 0.125 g 溴酚蓝、0.125 g 二甲苯青,混匀。4℃保存。

B.4 银染溶液的配制

B.4.1 固定液

量取 100 mL 冰醋酸,加去离子水定容至 1 000 mL。

B.4.2 染色液

称取 1 g 硝酸银,加去离子水溶解,定容至 1 000 mL。

B.4.3 显影液

量取 100 mL 去离子水,加入 10 g 氢氧化钠和 5 mL 甲醛,混匀。

注:除非另有说明,仅适用分析纯试剂。

附 录 C
（规范性附录）
核心引物

核心引物见表 C.1。

表 C.1 核心引物

序号	引物	连锁群	引物序列(5′-3′)	荧光	退火温度℃	等位变异 bp	参照品种
1	BVWS00948	1	正向引物:TCAAACCGACTGCCATATCA 反向引物:AGCTTGTCTTCCTGGCCTTT	5′6-FAM	55	246 259 267	PI296341-FR 早花、无杈早 K7、三白
2	BVWS00155	1	正向引物:TGGATCATTTGACAGATTTAGCGA 反向引物:CATCACAGTTAACGATCACAAGGC	5′6-FAM	55	156 160 162 164	PI296341-FR 长灰、克仑生 早花、卡红 红1号、都1号
3	BVWS00297	2	正向引物:ACAACTTTGATTGATTGCACGATG 反向引物:AAGTGAAAGACCCTTTTCCCAAAC	5′TAMRA	55	140 150	乙女 长灰、卡红
4	BVWS00314	2	正向引物:GAGGAGAATCGGTTCTTGGACATA 反向引物:TTGAGCATCCTTGGGACTATCATT	5′6-FAM	55	134 140	红1号、无杈早 卡红、2000-S52
5	BVWS00048	3	正向引物:TCAAAAGGTTTGCCCTAAATGAAA 反向引物:TGCTGATCTCCCATTCTTAACCTC	5′6-FAM	55	157 166	红1号、无杈早 三白、信白91-2
6	BVWS00208	4	正向引物:GCAAAGATTGTCTATGAAGCAGCA 反向引物:GCTCATTGGCTTCTTGAATCTGTT	5′6-FAM	55	133 170	中育10号 红1号、无杈早
7	BVWS01734	4	正向引物:AAAATTACATCTTAAATGCGCC 反向引物:GGAACATTGACTTCAATCAGCA	5′HEX	55	221 229	早花、K7 黑蹦筋、都1号
8	BVWS00441	5	正向引物:TGGTTGAAATCAATAAAAAGTGAA 反向引物:TGGATGTTTTTGGCATTTGA	5′6-FAM	55	163 178	红1号、无杈早 早花、K7
9	BVWS00658	5	正向引物:TTAGCCTAAGCAAGGGTTTTT 反向引物:AAGTACACATTTTAAACAATCAATCCA	5′HEX	55	269 279	早花、K7 三白、卡红
10	BVWS00106	5	正向引物:TGGCCTAGAAGATTATTGAGCTGC 反向引物:CATTATCACATGGCAGATAATGGAAA	5′HEX	55	187 195 245	K7 红1号、无杈早 黑蹦筋、都1号
11	BVWS01686	5	正向引物:TGGATAGAATGGAAAGCTCTGA 反向引物:TCCCACACATCATTCCAAAA	5′6-FAM (FITC)	55	168 268 275	红1号、无杈早 早花、K7 红1号、无杈早
12	BVWS01897	6	正向引物:TTCTTGAAACTCAACCCTCAAA 反向引物:AAAGCGTGTCGAGTGTGAGA	5′HEX	55	209 240	K7、三白 红1号、黑蹦筋
13	BVWS02433	6	正向引物:ATTTCTGGCCCCAGTGTAAG 反向引物:GAACAACGCAACCACGTATG	6′ROX	55	189 210	早花、都1号 红1号、无杈早
14	BVWS00818	6	正向引物:CAACCGGTCTTCGTGAATTT 反向引物:CGGCCACCACTTCTCATATT	6′ROX	55	172 180	红1号、无杈早 K7、三白
15	BVWS01358	6	正向引物:CCCTATTGCCTATTTTTCTCAA 反向引物:AAATTTGTGCTCTTCGTGGG	6′ROX	55	195 225	黑蹦筋、都1号 红1号、无杈早
16	BVWS00433	7	正向引物:TCTTTTAAGTTTTGAGGGAGAGC 反向引物:TTCCCAAGCTAGCCTTTTCA	5′TAMRA	55	245 278 299	早花、K7 红1号、无杈早 早花、蜜宝

表 C.1（续）

序号	引物	连锁群	引物序列(5′-3′)	荧光	退火温度℃	等位变异bp	参照品种
17	BVWI00170	7	正向引物:AACGCACGATAGTTAGAAGG 反向引物:TGACTAATTAAACTACACTCAGACT	5′TAMRA	55	125 130	早花、黑蹦筋 红1号、无杈早
18	BVWS00358	7	正向引物:CATTTCCGTTTCCATTTTCTTCAC 反向引物:AAGTAACATCAAGCAGTTCGCCAT	5′TAMRA	55	145 165 175	长灰、卡红 无杈早、都1号 PI296341-FR
19	BVWS00369	8	正向引物:TGAGAAAATGGAAGATGCAAATGA 反向引物:TTCTTCTCACTCTCTCCTAAGATTTTGC	5′TAMRA	55	129 160 190 210	红1号、无杈早 长灰、卡红 乙女、克仑生 早花、K7
20	BVWS00826	8	正向引物:ATGGTTCATTTTCACGTTCG 反向引物:AAAAATCAAGCAAAGAACAACAT	5′HEX	55	158 210	红1号、早花 无杈早、黑蹦筋
21	BVWS00209	9	正向引物:TGCTTCAAAATCTATTCACAATTTGC 反向引物:TTCTTGGTTTCGGGTTTCTTTACA	5′TAMRA	55	252 279 300	长灰、卡红 黑蹦筋、都1号 无杈早、三白
22	BVWS01843	9	正向引物:CCCCCGCCAAAATTAAAA 反向引物:CACCCGTGTAAAGGTGGTAAA	5′TAMRA	55	165 190	早花、都1号 红1号、无杈早
23	BVWS00333	9	正向引物:TGTTGAGATTCTTTGATTTCAACTGT 反向引物:TGGGTCAAAGTATTTTTGCTTTTT	5′TAMRA	55	120 128	K7、三白 早花、长灰
24	BVWS00177	9	正向引物:TTCAACCAAGCAGTTCTTAACACAA 反向引物:GATGCATTAAGATTTTCGTTTCGC	5′6-FAM (FITC)	55	170 184	卡红、克仑生 乙女、长灰
25	BVWS02048	10	正向引物:TCTGTGTGGATGCAAATGGT 反向引物:GCTAATCGAGCCCAGTTACG	5′ROX	55	249 258	长灰、乙女 黑蹦筋、都1号
26	BVWS00236	10	正向引物:CTTGAGCATTTGGCTTCCTAGTGT 反向引物:GTCAAAATGTCCTTTGATTCCCAA	5′ROX	55	168 174	红1号、无杈早 长灰、卡红
27	BVWS00839	11	正向引物:TTCCACACCAAGGAGGTAGG 反向引物:CATGTCATTCGATAAAGCAGAAA	5′ROX	55	237 249	红1号、无杈早 卡红、克仑生
28	BVWS00228	11	正向引物:GGAAGAGTGAGGTGATAAATCAATATGT 反向引物:AATTGGCCCAAATATCCATATGAC	5′ROX	55	143 152	红1号、无杈早 黑蹦筋、长灰

注1:多个品种在某一SSR位点上可能都具有相同的等位变异。在确认这些品种该位点等位变异大小与参照品种相同后,这些品种也可以代替附录C中的参照品种使用。

注2:同一名称不同来源的参照品种的某一位点上的等位变异可能不相同,在使用其他来源的参照品种时,应与原参照品种核对,确认无误后使用。

注3:对于附录C中未包括的等位变异,应按本标准方法,确定其大小和对应参照品种。

本标准起草单位:新疆农业科学院农作物品种资源研究所、北京市农林科学院蔬菜研究中心、新疆农业科学院核技术生物技术研究所、农业部科技发展中心。

本标准主要起草人:马艳明、许勇、张海英、陈勋基、陈果、郭绍贵、宫国义、刘志勇、足木热木·吐尔逊、肖菁、颜国荣。

中华人民共和国农业行业标准

NY/T 2473—2013

结球甘蓝品种鉴定技术规程 SSR分子标记法

Protocol for identification of cabbage varieties—SSR marker method

1 范围

本标准规定了利用简单重复序列(SSR)分子标记进行结球甘蓝(*Brassica oleracea* L. var. *capitata*)品种鉴定的试验方法、数据记录格式及判定标准。

本标准适用于结球甘蓝品种的DNA指纹数据的采集和DNA指纹鉴定。

2 规范性引用文件

下列文件对于本文件的应用是必不可少的。凡是注日期的引用文件,仅注日期的版本适用于本文件。凡是不注日期的引用文件,其最新版本(包括所有的修改单)适用于本文件。

GB/T 6682 分析实验室用水规格和试验方法

GB/T 19557.1 植物新品种特异性、一致性和稳定性测试指南 总则

3 原理

简单重复序列(SSR)分布于结球甘蓝整个基因组的不同位置上,不同品种每个位点上重复单位的数目及序列可能不同。由于每个简单重复序列两侧的序列是高度保守和单拷贝的,因而可根据其两侧的序列设计一对特异引物,利用PCR技术对重复序列进行扩增,得到的PCR产物在电泳过程中的电荷效应作用下得到良好的分离,经硝酸银染色或者荧光染料标记检测区分开。由于不同结球甘蓝品种遗传组成不同,所以,根据引物DNA序列存在差异或引物结合部位之间的DNA片段大小存在差异,即可鉴定结球甘蓝品种。

4 仪器设备及试剂

仪器设备及试剂见附录A。

5 溶液配制

本标准所用试剂为分析纯,所用水应符合GB/T 6682中规定的要求。溶液配制方法见附录B。

6 引物

基本核心引物见附录C。

7 参照品种及其使用

参照品种的名称见附录C。在进行等位变异检测时,应同时包括相应参照品种的PCR扩增产物。

注1:多个品种在某一SSR位点上可能都具有相同的等位变异。在确认这些品种该位点等位变异大小与参照品种相同后,这些品种也可以代替附录C中的参照品种使用。

中华人民共和国农业部 2013-12-13 发布　　2014-04-01 实施

注 2:同一名称不同来源的参照品种的某一位点上的等位变异可能不相同,在使用其他来源的参照品种时,应与原参照品种核对,确认无误后使用。

对于附录 C 中未包括的等位变异,应按本标准方法,确定其大小和对应参照品种。

8 操作程序

8.1 样品准备

8.1.1 送检样品可为种子、幼叶或其他组织。

8.1.2 每份样品中至少随机抽取 10 个个体,混合分析。对一致性差的样品,应分别随机抽取 20 个以上的个体,每个个体单独分析。

8.2 DNA 提取

提取 DNA 可采用以下方法:

a) 选取适量(0.2 g 左右)植物组织置于 2.0 mL 离心管中,用液氮研磨至粉末;
b) 离心管中加入 700 μL 预热 2% CTAB 缓冲液,轻摇混匀;
c) 65℃水浴 15 min,每隔 5 min 轻摇 1 次;
d) 冷却后加入 700 μL 氯仿—异戊醇(24∶1)混合液,混匀 5 min;
e) 12 000 g 离心 15 min;
f) 吸取上清液到 2 mL 的离心管中,加入 700 μL 预冷异丙醇,混匀后放 4℃沉淀 1 h;
g) 12 000 g 离心 15 min;
h) 弃上清,75%乙醇洗涤后晾干;
i) 加入 300 μL ddH_2O,6 μL RNAase,37℃水浴 1 h;
j) 待充分溶解后,用 1%琼脂糖凝胶电泳检测 DNA 的浓度和纯度;
k) 稀释成工作液或-20℃保存备用。

注:以上为推荐的一种 DNA 提取方法。所获 DNA 质量能够符合 PCR 扩增需要的 DNA 提取方法都适用于本标准。

8.3 PCR 扩增

8.3.1 反应体系

反应液体积为 20 μL,反应组分配制见表 1。DNA 分析仪检测时使用荧光标记的正向引物,每种引物的荧光染料种类见附录 C。

表 1 PCR 扩增反应体系

反应组分	终浓度	反应体积(μL)
10×Buffer(含氯化镁 15 mmol/L)	1×	1
dNTP(2.5 mmol/L each)	200 μmol/L	1.6
正向引物(10 μmol/L)	0.25 μmol/L	0.5
正向引物(10 μmol/L)	0.25 μmol/L	0.5
Taq 酶(5 U/μL)	1 U	0.2
DNA(20 ng/μL)	60 ng	3
ddH_2O		13.2
注:反应体积可以根据需要调整。		

8.3.2 反应程序

94℃预变性 4 min;94℃变性 30 s,合适的退火温度 30 s;72℃延伸 45 s;共 35 个循环;72℃延伸 7 min;4℃保存。退火温度可根据表 C.1 推荐的引物退火温度设定。

8.4 等位基因检测

8.4.1 变性聚丙烯酰胺凝胶电泳与银染检测

8.4.1.1 清洗玻璃板

将长、短玻璃板清洗干净,用去离子水冲洗后晾干。用无水乙醇擦洗 2 遍,吸水纸擦干。在长板上涂上 0.5 mL 亲和硅烷工作液,带凹槽的短板上涂 0.5 mL 剥离硅烷工作液。操作过程中防止两块玻璃板互相污染。

8.4.1.2 组装电泳板

待玻璃板彻底干燥后组装电泳板,并用水平仪调平。

8.4.1.3 灌胶

取 60 mL 6%的变性聚丙烯酰胺胶(根据不同型号的电泳槽确定胶的用量和合适的灌胶方式),300 μL APS 和 60 μL TEMED 轻轻混匀,把板的一边抬起,将胶缓缓地灌入。当胶到底部后将板放置水平,将梳子平端插入适当的位置,聚合 1h 后用于电泳。灌胶过程中应防止出现气泡。

8.4.1.4 预电泳

将梳子小心拔出,并把碎胶清理干净,然后擦干净玻璃板,将电泳槽装配好后,在电泳槽中加入 1×TBE。在恒功率 80 W 条件下预电泳 20 min~30 min。

8.4.1.5 变性

在 PCR 产物中加入 10 μL 6×加样缓冲液,混匀后,在 PCR 仪上 95℃变性 5 min,取出,迅速置于碎冰上,冷却 10 min 以上。

8.4.1.6 电泳

预电泳结束后,将胶面的气泡及杂质吹打干净,将梳子轻轻插入,梳子齿的深度为刚进入胶面约 1 mm。每一个加样孔点入 5 μL 样品。80 W 恒功率电泳至上部的指示带(二甲苯青)到达胶板的中下部(约 1.5 h)。电泳结束后,小心分开两块玻璃板,凝胶会紧贴在长板上。

8.4.1.7 银染(快速银染法)

a) 固定:带凝胶长板在固定液中轻轻晃动 6 min,固定液回收待用;
b) 染色:染色液中轻轻摇晃 6 min;
c) 漂洗:蒸馏水快速漂洗,30 s;
d) 显影:显影液中轻轻晃动至带纹出现,6 min~8 min;
e) 定影:用回收的固定液定影 2 min;
f) 漂洗:蒸馏水漂洗 1 min。

8.4.2 DNA 分析仪检测

8.4.2.1 样品准备

将带有荧光标记的 PCR 产物稀释到合适的检测浓度。不同荧光标记的扩增产物的最适稀释倍数可以通过预试验确定,一般 6-FAM 和 HEX 荧光标记的 PCR 产物用超纯水稀释 30 倍,TAMRA 和 ROX 荧光标记的 PCR 产物稀释 10 倍。

分别取等体积的上述 4 种稀释后溶液混合,从混合液中吸取 1 μL 加入到 DNA 分析仪专用深孔板孔中。板中各孔分别加入 0.1 μL LIZ500 分子量内标和 8.9 μL 去离子甲酰胺。除待测样品外,还应同时包括参照品种的扩增产物。将样品在 PCR 仪上 95℃变性 5 min,立即取出置于冰浴中,冷却 10 min 以上。瞬时离心后,准备上机器进行毛细管电泳。

8.4.2.2 开机准备

打开 DNA 分析仪,检查仪器工作状态,更换缓冲液,灌胶。将装有样品的深孔板置放于样品架基座上。打开数据收集软件。

8.4.2.3 编板

按照仪器操作程序,创建电泳板,输入电泳板名称,选择适合的程序和电泳板类型,输入样品编号或名称。

8.4.2.4 运行程序

运行程序。DNA 分析仪自动将毛细管电泳数据、运行参数等存放在仪器中。

9 等位基因数据采集

9.1 数据格式

样品每个 SSR 位点的等位基因采用扩增片段大小的形式表示。如同一品种不同个体间等位基因扩增片段大小存在差异，以多数个体共同的等位基因扩增片段大小表示。

9.2 变性聚丙烯酰胺凝胶电泳与银染检测

将待测样品扩增片段的带型和泳动位置与对应的参照品种进行比较，与待测样品相同的参照品种的片段大小即为待测样品该引物位点的等位基因扩增片段大小。

9.3 毛细管电泳荧光检测

使用 DNA 分析仪的片段分析软件，读出每个位点每个样品的等位基因扩增片段大小数据。通过使用参照品种，消除同型号不同批次间或不同型号 DNA 分析仪间可能存在的系统误差。比较参照品种的等位基因扩增片段大小数据与表 C.1 中的数据。如两者不一致，其差数即是系统误差的大小。从待测样品的等位基因扩增片段数据中去除该系统误差，获得的数据即为待测样品的等位基因扩增片段大小。

9.4 结果记录

纯合位点的等位基因扩增片段数据记录为 XXX/XXX，其中 XXX 为该位点等位基因扩增片段大小；杂合位点的等位基因扩增片段数据记录为 XXX/YYY，其中 XXX、YYY 分别为该位点上两个不同的等位基因，小片段数据在前，大片段数据在后；无效位点的等位基因数据记录为 0/0。

示例 1：

一个品种的一个 SSR 位点为纯合位点，等位基因扩增片段大小为 120 bp，则该品种在该位点上的等位基因扩增片段数据记录为 120/120。

示例 2：

一个品种的一个 SSR 位点为杂合位点，两个等位基因扩增片段大小分别为 120 bp、126 bp，则该品种在该位点上的等位基因扩增片段数据记录为 120/126。

10 判定标准

品种鉴定包括对两个或两个以上的品种同时进行检测（“直接比较”）和对待测品种进行检测后利用其检测数据和数据库中品种的数据进行比对（“数据库比较”）两种情况。后者也适用于新品种测试中利用 SSR 标记选择近似品种的情况。

10.1 直接比较

用附录 C 中 20 对基本核心引物检测，获得待测品种在这些引物位点的等位基因数据，利用这些数据进行品种间比较：

a) 品种间差异位点数≥2，判定为不同品种；

b) 品种间差异位点数＝1，判定为相近品种；

c) 品种间差异位点数＝0，判定为疑同品种。

对于 b）和 c）的两种情况，应按照 GB/T 19557.1 给出的原则进行田间试验，确定品种间在形态性状上是否存在明显差异。

10.2 数据库比较

先用附录 C 中 20 对基本核心引物检测，获得待测品种在上述引物位点的等位基因数据，利用这些数据和数据库中品种进行比较：

a) 品种间差异位点数≥2，判定为不同品种；

b） 品种间差异位点数＝1，判定为相近品种；

c） 品种间差异位点数＝0，判定为疑同品种。

对于 b)和 c)的两种情况，将这些相近品种或疑同品种与待测品种按照 11.1 的方法进行鉴定。

附　录　A
（规范性附录）
主要仪器设备及试剂

A.1　主要仪器设备

A.1.1　PCR 扩增仪。

A.1.2　测序电泳槽及配套的制胶附件。

A.1.3　高压电泳仪。

A.1.4　水平摇床。

A.1.5　胶片观察灯箱。

A.1.6　电子天平(量程为 1 000 mg、100 g、600 g)。

A.1.7　微量移液器。

A.1.8　磁力搅拌器。

A.1.9　高压灭菌锅。

A.1.10　酸度计。

A.1.11　台式高速离心机。

A.1.12　制冰机。

A.1.13　凝胶成像系统或紫外透射仪。

A.1.14　DNA 分析仪:基于毛细管电泳,有 DNA 片段分析功能和数据分析软件,能够分辨 1 个核苷酸的差异。

A.1.15　水浴锅或金属浴:控温精度±1℃。

A.1.16　冰箱:最低温度－20℃。

A.1.17　紫外分光光度计:波长 260 nm 及 280 nm。

A.2　试剂

A.2.1　乙二胺四乙酸二钠。

A.2.2　Tris 碱。

A.2.3　盐酸。

A.2.4　氢氧化钠。

A.2.5　Taq DNA 聚合酶 10×Buffer。

A.2.6　四种脱氧核苷酸:(dATP、dTTP、dCTP、dGTP)。

A.2.7　Taq DNA 聚合酶。

A.2.8　SSR 引物。

A.2.9　矿物油。

A.2.10　去离子甲酰胺。

A.2.11　溴酚蓝。

A.2.12 二甲苯青 FF。

A.2.13 蔗糖。

A.2.14 甲叉双丙烯酰胺。

A.2.15 丙烯酰胺。

A.2.16 硼酸。

A.2.17 尿素。

A.2.18 亲和硅烷。

A.2.19 剥离硅烷。

A.2.20 无水乙醇。

A.2.21 四甲基乙二胺(TEMED)。

A.2.22 过硫酸铵。

A.2.23 冰醋酸。

A.2.24 硝酸银。

A.2.25 甲醛溶液。

A.2.26 CTAB。

A.2.27 PVP。

A.2.28 氯仿。

A.2.29 异戊醇。

A.2.30 异丙醇。

A.2.31 RNA 酶。

A.2.32 琼脂糖。

A.2.33 液氮。

A.2.34 LIZ-500 分子量内标。

A.2.35 POP-4 胶。

A.2.36 DNA 分析仪专用电泳缓冲液。

附 录 B
(规范性附录)
溶 液 配 制

B.1 DNA 提取溶液的配制

B.1.1 0.5 mol/L EDTA 溶液:186.1 g EDTA - Na_2 · $2H_2O$ 溶于 800 mL 水中,用固体 NaOH 调 pH 至 8.0,定容至 1 000 mL,高压灭菌。

B.1.2 1 mol/L Tris - HCl 溶液:60.55 g Tris 碱溶于适量水中,加 HCl 调 pH 至 8.0,定容至 500 mL,高压灭菌。

B.1.3 0.5 mol/L HCl 溶液:25 mL 浓盐酸(36%~38%),加水定容至 500 mL。

B.1.4 2% CTAB:CTAB 20 g、NaCl 81.816 g、PVP 20 g、1 mol/L Tris - HCl 溶液(pH8.0)100 mL、0.5 mol/L EDTA 溶液(pH8.0)40 mL,定容至 1 000 mL。

B.1.5 5 mol/L NaCl 溶液:146 g 固体 NaCl 溶于水中,加水定容至 500 mL。

B.1.6 氯仿—异戊醇(24:1):取 240 mL 氯仿和 10 mL 异戊醇,混匀。

B.2 PCR 扩增溶液的配制

B.2.1 SSR 引物:用超纯水分别配制前引物和后引物终浓度均为 10 μmol/L 的储存液,各取 10 μL 混合。

注:干粉配制前应首先快速离心。

B.2.2 6×加样缓冲液:去离子甲酰胺 49 mL,0.5 mol/L 的 EDTA 溶液(pH8.0)1 mL,溴酚蓝 0.125 g,二甲苯青 0.125 g,蔗糖 40 g。

B.3 变性聚丙烯酰胺凝胶电泳溶液的配制

B.3.1 40%PAGE 胶:丙烯酰胺 190 g 和甲叉双丙烯酰胺 10 g,定容至 500 mL。

B.3.2 6.0% PAGE 胶:尿素 420 g、10×TBE 缓冲液 100 mL、40% PAGE 胶 150 mL,定容至 1 000 mL。

B.3.3 Binding 缓冲液:49.75 mL 无水乙醇和 250 μL 冰醋酸,加水定容至 50 mL。

B.3.4 亲和硅烷工作液:在 1 mL Binding 缓冲液中加入 5 μL Binding 原液,混匀。

B.3.5 剥离硅烷工作液:2%二甲基二氯硅烷。

B.3.6 10%过硫酸铵溶液:10 g 过硫酸铵加水定容至 100 mL,分装到 2 mL 离心管中,在 4℃最多保存 2 周~3 周,若需长期保存应置于−20℃环境下。

B.3.7 10×TBE 缓冲液:Tris 碱 108 g、硼酸 55 g、0.5 mol/L EDTA 溶液 37 mL,定容至 1 000 mL。

B.3.8 1×TBE 缓冲液:10×TBE 缓冲液 500 mL,加水定容至 5 000 mL。

B.4 银染溶液的配制

B.4.1 固定液:200 mL 无水乙醇、10 mL 冰醋酸,加水定容至 1 000 mL。

B.4.2 染色液:3 g 硝酸银、3 mL 甲醛,加水定容至 2 000 mL。

B.4.3 显影液:2 000 mL 蒸馏水中加入 30 g 氢氧化钠和 4 mL 甲醛。

附 录 C
（规范性附录）
核 心 引 物

核心引物见表 C.1。

表 C.1 核心引物目录

位点	染色体	引物序列（5′→3′）	荧光标记	退火温度 ℃	等位基因 bp	参照品种
BoE188	1	F:CGACGATGGCGAGGAAACA R:CACATAACCCAAATACCCAAATCA	5′HEX	58	238 247	秋甘 4 号 中甘 21
BoE607	1	F:TCTATTCACAACGATTCAACTAAC R:CGGTACGGCTGGCTCTT	5′TAMRA	55	179 185 194 197 203	秋甘 1 号 中甘 18 号 怡春 争春 中甘 21
BoE162	2	F:AGCAGCTTCGTTCAATCTCC R:CGGCAGCGTATACCTTCACA	5′6 - FAM	58	270 283 292 296	惠丰 7 号 苏甘 8 号 中甘 21 中甘 8 号
BoE966	2	F:TCGAATAAAGAAGAAAAAGAAGA R:TAATCCCTGGTAAGAGTAGT	5′ROX	55	236 244 252	春甘 2 号 秋甘 4 号 中甘 192
BoE222	3	F:ACTACCCTCTCCGTTTACTCCACA R:GCCCCATAGCTTTCTCAA	5′HEX	55	160 178	豫生早熟牛心 中甘 16 号
BoE718	3	F:CAAGAAACGGACGTGGTGAAAG R:TCTCGCGTATGGGGCTGTCT	5′TAMRA	55	184 190 196	中甘 18 号 中甘 10 号 夏光
BoE002	4	F:CGTCACGGTGGCGCTTTATTTT R:ACGACGTCGCCGCACTGAAC	5′6 - FAM	58	180 190	京丰一号 争春
BoE450	4	F:TCTCGCCATGGCTGATAAG R:TCGGGGCGTTGATTCTCGTCTCT	5′TAMRA	55	165 171 174	瑞甘 55 8398 中甘 96
BoE882	5	F:CCGCTTCTTCCTTGCCTTCCT R:TTCGCCAGTAGATCCCCGTAATG	5′ROX	52	172 175 181	苏晨一号 中甘 21 春丰
BoE699	5	F:TCCCCACCCCCAAAAAGAGA R:AACGAGCCATCCGAAGAAGAGG	5′TAMRA	58	229 233 243	瑞甘 55 中甘 18 号 惠丰 5 号
BoE379	6	F:GCGGGGACTCTACCTCTA R:AGCAGCTCAGCATACAAG	5′TAMRA	52	143 151 160 162 164	豫生早熟牛心 秋甘 1 号 春甘 2 号 京丰一号 8398
BoE761	6	F:CATTCAGCGACTTCCTTCAAACTT R:GGCGCACTTCTTCCCCTGTA	5′ROX	55	174 180	西园四号 中甘 21

表 C.1（续）

位点	染色体	引物序列(5′→3′)	荧光标记	退火温度 ℃	等位基因 bp	参照品种
BoE723	7	F:CGTTGAGGCCGAGAGTGAGAG R:ATGGACGCCGGAAATGAGAA	5′ROX	55	158 161 167 180 182	西园四号 春甘 2 号 争春 中甘 21 秋甘 4 号
BoE209	7	F:ATCTATCCCATCCGCTCGTCA R:AACCCCTATTCGCTTACTCC	5′HEX	55	224 226 229	京丰一号 惠丰 4 号 夏光
BoE875	7	F:CCGACAATGGCTGGAGTAGG R:GATAAGCCGGTAGAGCATAAGGAG	5′ROX	55	184 189	苏甘 8 号 中甘 18 号
BoE237	7	F:AATCCCGAAAAGAGCGAAACC R:CTGGGGAGCCGAGAAGGAG	5′HEX	55	141 147	中甘 21 京丰一号
BoE134	8	F:CTCTTATTTCTTGTAGGGCTTTTA R:CCGTTGGAGATGACTGACTG	5′HEX	55	210 222	中甘 18 号 春丰
BoE734	8	F:TCATCCAAAGAAATCAGAGG R:ACAGGGAGAAAGAAAAAGAGA	5′TAMRA	52	217 223 229	争牛 苏甘 20 号 西园四号
BoE051	9	F:GAGTCTTCGTCTTCTTCTTCC R:AGTCGCCATTATTAACACCTCTA	5′6 - FAM	55	169 178 187	苏甘 8 号 豫甘 5 号 中甘 18 号
BoE917	未知	F:AACAACCCTTTCCTGACAC R:AAAAACCAAAGAACTACAAAATA	5′ROX	55	248 252	中甘 8 号 中甘 192
注:等位基因片段大小为在 ABI3130XL 测序仪使用推荐荧光标记扩增后获得。						

本标准起草单位:农业部科技发展中心、中国农业科学院蔬菜花卉研究所。

本标准主要起草人:庄木、堵苑苑、张扬勇、王庆彪、方智远、杨丽梅、刘玉梅。

中华人民共和国农业行业标准

NY/T 2474—2013

黄瓜品种鉴定技术规程　SSR 分子标记法

Protocol for the identification of cucumber varieties—SSR marker method

1　范围

本标准规定了利用简单重复序列(Simple Sequence Repeats,SSR)分子标记进行黄瓜(*Cucumis sativus* L.)品种鉴定的试验方法、数据记录格式及判定标准。

本标准适用于黄瓜 DNA 分子数据采集和品种鉴定。

2　规范性引用文件

下列文件对于本文件的应用是必不可少的。凡是注日期的引用文件,仅注日期的版本适用于本文件。凡是不注日期的引用文件,其最新版本(包括所有的修改单)适用于本文件。

GB/T 3543.2　农作物种子检验规程

GB/T 19557.1　植物新品种特异性、一致性和稳定性测试指南　总则

3　术语和定义

下列术语和定义适用于本文件。

3.1

核心引物　Core Primers

核心引物指分布于黄瓜每条染色体上,多态性、稳定性、重复性等综合特性好、作为 DNA 指纹鉴定优先选用的一套引物。

3.2

参照品种　Reference variety

参照品种指对应于 SSR 位点不同等位基因的一组品种。参照品种用于确定待测样品在某个 SSR 位点上等位基因扩增片段的大小,校正不同仪器设备和不同实验室间检测数据的系统误差。

4　原理

简单重复序列(SSR)分布于黄瓜整个基因组的不同位置上,不同品种每个位点上重复单位的数目及序列可能不同,因而形成片段长度多态性。由于每个简单重复序列两端的序列是高度保守和单拷贝的,因而可根据其两端的序列设计一对特异引物,利用 PCR 技术对重复序列进行扩增,在电泳过程中,PCR 产物在电场作用下得到分离,经硝酸银染色或者荧光染料标记加以区分。根据 PCR 产物的带型差异鉴定黄瓜品种。

5　仪器设备及试剂

仪器设备及试剂名单见附录 A。

中华人民共和国农业部 2013-12-13 发布　　2014-04-01 实施

6 试剂和溶液配制

相关溶液配制方法见附录 B。

7 引物

核心引物名单见附录 C。

8 操作程序

8.1 样品准备

8.1.1 对于种子样品的分样和保存，按 GB/T 3543.2 的规定进行。

8.1.2 每份样品至少检测 5 个个体，每个个体单独分析。对一致性差的样品应增加检测个体至 10 个以上，每个个体单独分析。

8.2 DNA 提取

提供两种 DNA 提取方法。

方法一：选取植株下胚轴或幼叶 30 mg～40 mg 置于 2.0 mL 离心管中，用液氮研磨至粉状，加入 700 μL 2%CTAB 预热缓冲液，65℃水浴 1 h，加入 700 μL 氯仿—异戊醇（24∶1），上下混匀 10 min，16 200 *g* 离心 10 min；吸取上清液加入预先装有 700 μL 异丙醇的 1.5 mL 的离心管中，上下混匀后放－20℃冰箱 30 min，16 200 *g* 离心 10 min；弃上清，经 70%乙醇洗涤后加入 100 μL 超纯水，待充分溶解后备用。适用于需要大量提取 DNA 和长期贮存的情况。

方法二：选取植株下胚轴或幼叶 30 mg～40 mg 置于 2.0 mL 离心管中，用液氮研磨至粉状，加 350 μL 0.1 mol/L NaOH，沸水加热 10 min，加入等体积超纯水，直接取 2.0 μL 进行 SSR 扩增，于 4℃保存。适用于高通量快速提取 DNA，但 DNA 浓度较低且不适于长期贮存。

注：以上为推荐的两种 DNA 提取方法。所获 DNA 质量能够符合 PCR 扩增需要的 DNA 提取方法都适用于本标准。

8.3 PCR 扩增

8.3.1 标准样品的使用

在进行 PCR 扩增和等位基因检测时，应同时包括相应的标准样品。不同位点的标准样品的名称见附录 C。某一位点上具有相同的等位基因的标准样品可能不止一个，在确认这些样品在某一位点上的等位基因大小后，也可将这些样品代替附录 C 中的标准样品。对于附录 C 中未包括的等位基因，应按本标准的方法，通过使用 DNA 分析仪与标准样品同时进行检测确定其大小。

同一名称不同来源的标准样品在某一位点上的等位基因可能不相同，在使用前应与原标准样品进行核对。

注：多个品种在某一位点上可能都具有相同的等位基因。在确认这些品种某一位点上等位基因大小后，这些品种也可以代替附录 C 中的标准样品使用。

8.3.2 反应体系

SSR 反应体系，包括基因组 DNA 20.0 ng，1×Buffer 缓冲液（含 Mg^{2+}），dNTPs 2.5 mmol/L，正、反向引物各 30 ng，Taq 酶 0.5 U，其余以超纯水补足。推荐使用 15 μL～20 μL 反应体积。

8.3.3 反应程序

94℃预变性 4 min，94℃变性 15 s，55℃退火 15 s，72℃延伸 30 s；共 35 个循环，72℃延伸 5 min，4℃保存。

8.4 等位基因检测

8.4.1 变性聚丙烯酰胺凝胶电泳银染检测

8.4.1.1 **清洗玻璃板**

将玻璃板反复擦洗干净，双蒸水擦洗两遍，95%乙醇擦洗两遍，干燥。在长板上涂上0.5 mL亲和硅烷工作液，带凹槽的短板上涂0.5 mL剥离硅烷工作液。操作过程中防止两块玻璃板互相污染。

8.4.1.2 **组装电泳板**

待玻璃板彻底干燥后组装电泳板，并用水平仪调平。

8.4.1.3 **灌胶**

取60 mL 6%的聚丙烯酰胺胶(根据不同型号的电泳槽确定胶的用量和合适的灌胶方式)，300 μL过硫酸铵(APS)和60 μL四甲基乙二胺(TEMED)轻轻混匀，将胶缓缓的灌入。当胶到底部后将板放置水平，将梳子插入适当位置，并用夹子夹紧，以防点样时漏样。聚合2 h以上用于电泳。过程中防止出现气泡。

8.4.1.4 **预电泳**

将梳子小心拔出，用洗瓶清洗干净，然后擦干净玻璃板，将电泳槽装配好后，在电泳槽中加入1×TBE。在恒功率70 W条件下预电泳30 min。

8.4.1.5 **变性**

在PCR产物中加入3 μL 6×加样缓冲液，混匀后，在PCR仪上运行变性程序：95℃变性5 min，然后立即置于冰上冷却，使DNA保持单链状态。

8.4.1.6 **电泳**

预电泳结束后，将胶面的气泡及杂质吹打干净，将梳子轻轻插入，其深度为刚进入胶面1 mm。每一个加样孔点入5 μL样品。70 W恒功率电泳至上部的指示带到达胶板的中部。电泳结束后，小心分开两块玻璃板，凝胶会紧贴在长板上。

8.4.1.7 **银染(快速银染法)**

a) 固定：固定液中轻轻晃动3 min，需要固定2次，第2次固定液回收待用；
b) 染色：染色液中染色12 min；
c) 漂洗：水加硫代硫酸钠漂洗一次30 s，第2次用双蒸水快速漂洗，30 s；
d) 显影：显影液中轻轻晃动至带纹出现；
e) 定影：用回收的固定液定影2 min；
f) 漂洗：双蒸水漂洗1 min。

8.4.2 **DNA分析仪检测**

8.4.2.1 **样品准备**

首先根据不同的荧光基团将PCR产物稀释一定的倍数。一般6-FAM荧光基团PCR产物稀释80倍，HEX、ROX、TAMRA荧光基团PCR产物稀释30倍；

然后分别取等体积的上述4种稀释后溶液混合，从混合液中吸取1.0 μL加入到DNA分析仪专用深孔板孔中。板中各孔分别加入0.1 μL LIZ500分子量内标和8.9 μL去离子甲酰胺。除待测样品外，还应同时包括标准样品的扩增产物。将样品在PCR仪上95℃变性5 min，立即取出置于碎冰上，冷却10 min以上。瞬时离心10 s后上机电泳。

8.4.2.2 **开机准备**

打开DNA分析仪，检查仪器工作状态。更换缓冲液，灌胶。将装有样品的微孔板置放于样品架基座上。打开数据收集软件。

8.4.2.3 **编辑电泳板**

点击菜单中的"plate manager"按钮，然后在右侧窗口点击"New"按钮创建一个新的电泳板，在"Name"和"ID"栏中输入电泳板的名称，在"application"选项中，选"Genemapper-Genetic"，在"Plate Type"选项中选择"96-well"，在"owner"和"operator"项中分别输入板所有者和操作者的名字，点击

"OK"按钮。

8.4.2.4 电泳

在"Run scheduler"工具栏中，点击"Search"按钮，选中已编辑好的电泳板，点击样品板，使电泳板和样品板关联，然后点击工具条中左上角的绿色三角按钮，开始电泳。

9 等位基因数据采集

9.1 数据格式

样品每个 SSR 位点的等位基因采用扩增片段大小的形式表示。

9.2 变性聚丙烯凝胶电泳银染检测

将待测样品扩增片段的带型和泳动位置与对应的标准样品进行比较，与待测样品相同的标准样品的片段大小即为待测样品该引物位点的等位基因扩增片段大小。

9.3 DNA 分析仪检测

使用 DNA 分析仪的片段分析软件，读出每个位点每个样品的等位基因扩增片段大小数据。通过使用标准样品，消除同型号不同批次间或不同型号 DNA 分析仪间可能存在的系统误差。比较标准样品的等位基因扩增片段大小数据与表 C.1 中的数据。如两者不一致，其差数即是系统误差的大小。从待测样品的等位基因扩增片段数据中去除该系统误差，获得的数据即为待测样品的等位基因扩增片段大小。

10 结果记录

纯合位点的等位基因扩增片段数据记录为 XXX/XXX，其中 XXX 为该位点等位基因扩增片段大小；杂合位点的等位基因扩增片段数据记录为 XXX/YYY，其中 XXX、YYY 分别为该位点上两个不同的等位基因，小片段数据在前，大片段数据在后；缺失位点的等位基因数据记录为 0/0。

示例 1：

一个品种的一个 SSR 位点为纯合位点，等位基因扩增片段大小为 120 bp，则该品种在该位点上的等位基因扩增片段数据记录为 120/120。

示例 2：

一个品种的一个 SSR 位点为杂合位点，两个等位基因扩增片段大小分别为 120 bp、126 bp，则该品种在该位点上的等位基因扩增片段数据记录为 120/126。

11 判定标准

品种鉴定包括对两个或两个以上的品种同时进行检测("直接比较")和对待测品种进行检测后利用其检测数据和数据库中品种的数据进行比对("数据库比较")两种情况。

11.1 直接比较

对待测品种和对照同时进行检测("直接比较")时，用附录 C 中核心引物检测，获得待测品种在这些引物位点的等位基因数据，利用这些数据进行品种间比较：

a) 品种间差异位点数≥2，判定为不同品种；

b) 品种间差异位点数=1，判定为近似品种；

c) 品种间差异位点数=0，判定为疑同品种。

对于 b)和 c)的两种情况，应按照 GB/T 19557.1 给出的原则进行田间测试，确定品种间在形态性状上是否存在明显差异。

11.2 数据库比较

对待测品种进行检测后利用其检测数据和数据库中品种的数据进行比对("数据库比较")时，用附录 C 中核心引物检测，获得待测品种在上述引物位点的等位基因数据，利用这些数据和数据库中品种进行比较：

a） 品种间差异位点数≥2，判定为不同品种；

b） 品种间差异位点数＝1，判定为近似品种；

c） 品种间差异位点数＝0，判定为疑同品种。

对于b）和c）的两种情况，将这些相近品种或疑同品种与待测品种按照11.1的方法进行鉴定。

附　录　A
（规范性附录）
仪器设备及试剂

A.1　仪器设备

A.1.1　PCR 扩增仪。

A.1.2　电泳槽及配套的制胶附件。

A.1.3　高压电泳仪。

A.1.4　水平摇床。

A.1.5　胶片观察灯。

A.1.6　电子天平。

A.1.7　微量移液器。

A.1.8　磁力搅拌器。

A.1.9　电磁炉。

A.1.10　微波炉。

A.1.11　高压灭菌锅。

A.1.12　酸度计。

A.1.13　台式高速离心机。

A.1.14　制冰机。

A.1.15　凝胶成像系统或紫外透射仪。

A.1.16　DNA 分析仪：基于毛细管电泳，有 DNA 片段分析功能和数据分析软件，能够分辨 1 个核苷酸的差异。

A.1.17　水浴锅或金属浴：控温精度±1℃。

A.1.18　冰箱：最低温度－20℃。

A.1.19　紫外分光光度计。

A.2　试剂

A.2.1　十六烷基三乙基溴化铵（CTAB）。

A.2.2　聚乙烯吡咯烷酮（PVP）。

A.2.3　乙二胺四乙酸二钠（EDTA - Na_2）。

A.2.4　三羟甲基氨基甲烷（Tris 碱）。

A.2.5　浓盐酸。

A.2.6　氢氧化钠（NaOH）。

A.2.7　10×Buffer 缓冲液（含 Mg^{2+}）。

A.2.8　四种脱氧核苷酸：4×dNTP。

A.2.9　Taq DNA 聚合酶。

A.2.10　去离子甲酰胺。

A.2.11　溴酚蓝。

A.2.12　二甲苯青 FF。

A.2.13　甲叉双丙烯酰胺。

A.2.14　丙烯酰胺。

A.2.15　硼酸。

A.2.16　尿素。

A.2.17　亲和硅烷:97%。

A.2.18　剥离硅烷:2%二甲基二氯硅烷。

A.2.19　无水乙醇。

A.2.20　四甲基乙二胺(TEMED)。

A.2.21　过硫酸铵(APS)。

A.2.22　冰醋酸。

A.2.23　硝酸银。

A.2.24　甲醛。

A.2.25　氯仿。

A.2.26　异戊醇。

A.2.27　异丙醇。

A.2.28　DNA 分析仪用分子量内标,LIZ-500 分子量内标。

A.2.29　DNA 分析仪用丙烯酰胺胶液(POP-4 胶)。

A.2.30　DNA 分析仪用光谱校准基质,包括 6-FAM、TAMRA、HEX 和 ROX 4 种荧光标记的 DNA 片段。

A.2.31　DNA 分析仪专用电泳缓冲液。

附 录 B
(规范性附录)
溶 液 配 制

B.1 DNA 提取溶液的配制

B.1.1 0.5 mol/L 乙二胺四乙酸二钠($EDTA-Na_2$)(pH=8.0)溶液

称取 186.1 g $EDTA-Na_2$ 溶于 800 mL 蒸馏水中，用固体 NaOH 调 pH 至 8.0，定容至 1 000 mL，高压灭菌。

B.1.2 1 mol/L 三羟甲基氨基甲烷盐酸(Tris-HCl)(pH=8.0)溶液

称取 60.55 g Tris 碱溶于适量水中，加 HCl 调 pH 至 8.0，定容至 500 mL，高压灭菌。

B.1.3 0.5 mol/L 盐酸(HCl)溶液

量取 25 mL 浓盐酸(36%～38%)，加水定容至 500 mL。

B.1.4 DNA 提取液

称取 CTAB 20 g，NaCl 81.816 g，PVP 20 g，量取 1 mol/L Tris-HCl 溶液(pH 8.0)100 mL，0.5 mol/L EDTA 溶液(pH 8.0)40 mL，定容至 1 000 mL。

B.1.5 5 mol/L 氯化钠(NaCl)溶液

称取 146 g 固体 NaCl 溶于水中，加水定容至 500 mL。

B.1.6 氯仿—异戊醇(24∶1)

按 24∶1 的比例(体积比)配制混合液。

B.2 PCR 扩增溶液的配制

B.2.1 dNTP

用超纯水分别配制 A、G、C、T 终浓度 100 mmol/L 的储存液。各取 20 μL 混合，用超纯水 720 μL 定容至终浓度 2.5 mmol/L 的工作液。

B.2.2 SSR 引物

根据合成后引物浓度，用超纯水分别配制正向引物和反向引物终浓度均 100 μmol/L 的储存液，各取 10 μL 混合，用超纯水 80 μL 定容至终浓度 10 μmol/L 的工作液。引物干粉配制前应首先快速离心。

B.2.3 6×加样缓冲液

称取溴酚蓝 0.125 g、二甲苯青 0.125 g，量取去离子甲酰胺 49 mL、0.5 mol/L 的 EDTA 溶液(pH 8.0)1 mL。

B.3 变性聚丙烯酰胺凝胶电泳溶液的配制

B.3.1 40%PAGE 胶

称取丙烯酰胺 190 g 和甲叉双丙烯酰胺 10 g，定容至 500 mL。

B.3.2 6.0% PAGE 胶

称取尿素 420 g，量取 10×TBE 缓冲液 100 mL，40% PAGE 胶 150 mL，定容至 1 000 mL。

B.3.3 亲和硅烷

量取 49.75 mL 无水乙醇和 250 μL 冰醋酸，加水定容至 50 mL。

B.3.4 亲和硅烷工作液

在 1 mL Bind 缓冲液中加入 5 μL Bind 原液，混匀。

B.3.5 剥离硅烷工作液

2%二甲基二氯硅烷。

B.3.6 10%过硫酸铵溶液

称取 0.1 g 过硫酸铵溶于 1 mL 超纯水中。

B.3.7 10×TBE 缓冲液

称取 Tris 碱 108 g、硼酸 55 g，量取 0.5 mol/L EDTA 溶液 37 mL，定容至 1 000 mL。

B.3.8 1×TBE 缓冲液

量取 10×TBE 缓冲液 500 mL，加水定容至 5 000 mL。

B.4 银染溶液的配制

B.4.1 固定液

量取 5 mL 冰醋酸、100 mL 乙醇，加水定容至 1 000 mL。

B.4.2 染色液

称取 1 g 硝酸银，加水定容至 1 000 mL。

B.4.3 显影液

量取 1 000 mL 蒸馏水，加入 10 g 氢氧化钠和 2 mL 甲醛。

附　录　C
（规范性附录）
核　心　引　物

核心引物及参照品种见表 C.1。

表 C.1　核心引物及参照品种

位点	染色体	引物序列(5′→3′)	荧光染料	退火温度 ℃	等位基因 bp	参照品种
SSR00262	1	F:CCGTTGGTCTTGGACTCTCA R:TGTAAAAGTGATCAGGAGGGTCT	5′6-FAM	55	205 215	中农19号 津研4号
SSR16695	1	F:CACAATCCCACGAAGAACAA R:TGCAATTATGGCAAATCAAAA	5′HEX	55	140 152 159	中农29号 津研4号 早青2号
SSR10839	1	F:TTGAATTCCTCTGCCCAATC R:TGGAATTTTGTTAGGGGGAA	5′HEX	55	156 171	中农8号 中农9号
SSR05723	1	F:TGGCTTTTCTGTCACGTCC R:TCCATGGTACAACAAGAATCACA	5′6-FAM	55	124 128 203	中农19号 绿衣天使 鲁黄瓜8号
SSR17922	1	F:CATTCTAGGTCAATGAATCGCA R:GCAAAGTTGCCACATTGAAG	5′ROX	55	181 196	长春密刺 北京小刺
SSR03070	2	F:GCTAACACTACCCGCTGCTT R:AACAGAAAGAGAATCGGGGG	5′HEX	55	135 145	津研4号 中农19号
SSR05748	2	F:TGTGGCCTGTGCTAAAATGA R:TTTGGAAAAGCTAAAGCCCA	5′6-FAM	55	184 202	津研4号 中农19号
SSR23220	2	F:GTTTGCATGAAAATGGGGAT R:CATCATCTTCTTGGTGGTTCC	5′TAMRA	55	183 195	津美2号 北京小刺
SSR20079	2	F:ATCAGCATGTGGTGTGGTGT R:GGGATATGCGTTTGCATTTA	5′HEX	55	138 152	长春密刺 津研4号
SSR10518	2	F:TCTAATTCGCTCCGGATGAT R:TTGCAGCGAACAATCCTGTA	5′6-FAM	55	195 207	津研4号 中农6号
SSR04530	3	F:CCTCTAGACTGAAAAAGAGGGACA R:ATTATTTGGGCCTTTGGGAA	5′TAMRA	55	172 177	中农19号 中农12号
SSR07131	3	F:TTCTCATGCTTCCTACCGCT R:TTCTATTGGAGGGCTGGTTG	5′TAMRA	55	185 188 205	中农20号 中农19号 中农12号
SSR02771	3	F:AAGTACACCAGCACTTGGGC R:CACACTCTTATGGCTTTCGTCA	5′TAMRA	55	161 166 178	中农19号 菏泽线瓜 津研4号
SSR06210	3	F:TTGGAAAAGTCGCCAAACTT R:TCCATGTCTGCTTTTGATTCC	5′ROX	55	153 174 187	中农9号 春华1号 鲁黄瓜9号
SSR03820	4	F:AGAGGGCAAATTGGTGAATG R:TCCATCCTGTATGATTTGAGTTG	5′ROX	55	148 160 181	吉杂16号 鲁蔬551 津研4号

表 C.1（续）

位点	染色体	引物序列(5′→3′)	荧光染料	退火温度℃	等位基因bp	参照品种
SSR17406	4	F:GAGCCATCCATCAGAGAGAGA R:ACCCACAAGCTTCAGAGGTC	5′HEX	55	130 137 143	津研4号 中农29号 唐山秋瓜
SSR11043	4	F:AGGTACGAAACAACGGCAAT R:TCGCACTCACTCTTTACCGA	5′ROX	55	165 175 190	春华1号 绿衣天使 津研4号
SSR22706	4	F:CATAAGCCTTTCAAGCTGGG R:CTGAGGTCTCCTGATGGAGG	5′ROX	55	167 183	吉杂9号 长春密刺
SSR07100	5	F:CACACCATTTACGGTTATGGG R:CATTTGGTTCAGAAAGGGGA	5′TAMRA	55	183 194	蔬研2号 津研4号
SSR21164	5	F:ATCCAAGAGGTTTCCAACGA R:TGGTCAATGAGCTTAGCTTTCTC	5′HEX	55	138 143 161	中农9号 中农12号 中农19号
SSR10348	5	F:TCAATTCCGATTCCATTTCC R:AATTTGGTCCAACCCAACCT	5′TAMRA	55	190 202	津研4号 鲁黄瓜9号
SSR02118	5	F:GCAGGTCAGCACCTTCAACT R:TCAGGAGGCTTTTTAAGCGA	5′6-FAM	55	192 198	北京小刺 长春密刺
SSR19998	5	F:GGCAAATTCCACAGAGCTTC R:TACGCCCGATATTCTTCGTC	5′ROX	55	165 174	东方明珠 吉杂9号
SSR02309	6	F:TGAAATGCCTCTGCAATGAC R:TCATGACTAGACACGCCAGC	5′TAMRA	55	175 184	中农19号 津研4号
SSR01012	6	F:TCCAAAAATCGCGACCTAAA R:GTGAGCCGTTGATTTCTCGT	5′6-FAM	55	136 147	中农12号 中农19号
SSR20218	6	F:CTGGTGGGTTTTCTGAAACG R:TCGCCCACGTCCTCTATATC	5′6-FAM	55	183 206	长春密刺 津美3号
SSR12994	6	F:AAGTTTATATTACAGTTGCAACAACCA R:TGCACATGTTTAATGGTCCAA	5′ROX	55	177 192	东方明珠 翠绿
SSR16096	6	F:GCGTGCCCTTCTACTGTTTC R:TCAAGCCGATTTCTCTTCGT	5′ROX	55	177 183	绿衣天使 鲁黄瓜8号
SSR31399	6	F:CCGAGGATACCCATCTCTGA R:AGAAGAACACCTGGAACAGACA	5′TAMRA	55	160 180	绿衣天使 鲁黄瓜8号
SSR30495	6	F:ACCAACTTGTGAAAGGGCAT R:CACATGATTCACTTCCTTTCATTT	5′6-FAM	55	209 218	长春密刺 津研4号
SSR15955	6	F:TTTGAGCCTTGAGGCAAAGT R:GCAATTCAACGTAATGGGCT	5′TAMRA	55	189 203	津研4号 长春密刺
SSR19918	7	F:CACATGACACAAACACAATTCTT R:GAGTCCCCAAAAGCAATTCA	5′6-FAM	55	193 208 216	长春密刺 北京小刺 迷你2号
SSR14861	7	F:ATTTCTTCCCCCACCAAAAC R:ATGAATCCTCCTCCCAGAGC	5′HEX	55	114 156 172	瑞光2号 迷你2号 唐山秋瓜
SSR03917	7	F:CCCTGCAGCTCTTCTTTGTC R:TGGTTACAGAAGCAAAAGGGA	5′6-FAM	55	174 185	绿衣天使 津研4号
SSR20286	7	F:AAACGTCGATCGAGAGAGGA R:AAAGAACCGCCATGTCTTTG	5′6-FAM	55	150 161	绿衣天使 鲁黄瓜8号

附　录　D
（资料性附录）
参　照　品　种

参照品种名单见表 D.1。

表 D.1　参照品种名单

序号	参照品种编号	参照品种名称	序号	参照品种编号	参照品种名称
1	D1	中农 6 号	15	D41	吉杂 9 号
2	D2	中农 8 号	16	D42	吉杂 16 号
3	D3	中农 9 号	17	D46	早青 2 号
4	D5	中农 12 号	18	D48	蔬研 2 号
5	D7	中农 19 号	19	D51	迷你 2 号
6	D8	中农 20 号	20	D52	瑞光 2 号
7	D13	中农 29 号	21	D54	唐山秋瓜
8	D28	鲁蔬 551	22	D77	津美 2 号
9	D30	绿衣天使	23	D78	津美 3 号
10	D31	鲁黄瓜 8 号	24	D88	津研 4 号
11	D32	鲁黄瓜 9 号	25	D89	长春密刺
12	D34	春华 1 号	26	D90	北京小刺
13	D36	翠绿	27	D96	菏泽线瓜
14	D38	东方明珠			

本标准起草单位：中国农业科学院蔬菜花卉研究所、农业部科技发展中心。
本标准主要起草人：苗晗、张圣平、顾兴芳、王烨、莫青。

中华人民共和国农业行业标准

NY/T 2475—2013

辣椒品种鉴定技术规程　SSR 分子标记法

Identification of pepper varieties—SSR marker method

1　范围

本标准规定了利用简单重复序列(Simple sequence repeats,SSR)分子标记进行辣椒(*Capsicum* L.)品种鉴定的试验方法、数据记录格式和判定标准。

本标准适用于辣椒 SSR 标记分子数据的采集和品种鉴定。

2　规范性引用文件

下列文件对于本文件的应用是必不可少的。凡是注日期的引用文件,仅注日期的版本适用于本文件。凡是不注日期的引用文件,其最新版本(包括所有的修改单)适用于本文件。

GB/T 3543.2　农作物种子检验规程　扦样

3　术语和定义

下列术语和定义适用于本文件。

3.1

核心引物　core primer

多态性好、PCR 扩增稳定的一套 SSR 引物。

3.2

参照品种　reference variety

对应于 SSR 位点上不同等位基因的一组品种。参照品种用于辅助确定待测样品等位基因的大小,校正仪器设备的系统误差。

4　原理

SSR 广泛分布于辣椒基因组中,不同品种间每个 SSR 位点重复单位的数量可能不同。由于每个 SSR 位点两侧的序列一般是高度保守和单拷贝的,因而可根据其两侧的序列设计一对特异引物,利用 PCR 技术对两条引物间的 DNA 序列进行扩增。在电泳过程中,主要由于 SSR 位点重复单位的数量不同引起的不同长度的 PCR 扩增片段在电场作用下得到分离,经硝酸银染色或者荧光染料标记加以区分。因此,根据 SSR 位点的多态性,利用 PCR 扩增和电泳技术可以鉴定辣椒品种。

5　仪器设备及试剂

仪器设备及试剂见附录 A。

中华人民共和国农业部 2013-12-13 发布　　2014-04-01 实施

6 溶液配制

溶液配制方法见附录 B。

7 引物

引物相关信息见附录 C。

8 参照品种及其使用

参照品种的名称见附录 C,参照品种来源参见附录 D。

在进行等位变异检测时,应同时包括相应参照品种。

注 1:多个品种在某一 SSR 位点上可能都具有相同的等位变异。在确认这些品种该位点等位变异大小与参照品种相同后,这些品种也可以代替附录 C 中的参照品种使用。

注 2:同一名称不同来源的参照品种的某一位点上的等位变异可能不相同,在使用其他来源的参照品种时,应与原参照品种核对,确认无误后使用。

注 3:对于附录 C 中未包括的等位变异,应按本标准的方法,确定其大小和对应参照品种。

9 操作程序

9.1 重复设置

设定 2 次生物学重复。

9.2 样品准备

种子样品的分样和保存,应符合 GB/T 3543.2 的规定。

每个品种分别取 2 个样品,每个样品 30 个个体(叶片),等量混合。

9.3 DNA 提取

采用 CTAB 法:取幼嫩组织卷好 0.2 g 放入 1.5 mL 离心管中,在液氮中研碎;或将种子研碎,放入 1.5 mL 离心管中。加 400 μL 预热(65℃)的 DNA 提取液,摇匀;将离心管置入 65℃恒温水浴 45 min～60 min,在此期间,每隔 10 min 颠倒混匀 1 次;取出离心管,冷却至室温;加入等体积的氯仿—异戊醇(24∶1),轻缓颠倒混匀,10 000 *g* 离心 10 min;转移上清液 200 μL 至另一支 1.5 mL 离心管中,加入 400 μL −20℃预冷无水乙醇沉淀 DNA。10 000 *g* 离心 1 min,弃上清液,加 500 μL75%乙醇,洗涤沉淀 2 次,每次 10 min;室温风干,加 100 μL TE(pH 8.0)溶液溶解 DNA。用紫外分光光度计检测 DNA 浓度,将 DNA 稀释到 200 ng/μL,−20℃保存。

注:以上为推荐的一种 DNA 提取方法。所获 DNA 质量能够符合 PCR 扩增需要的 DNA 提取方法都适用于本标准。

9.4 PCR 扩增

9.4.1 反应体系

20 μL 的反应体积,含每种 dNTP 0.25 mmol/L,正反向引物各 0.3 μmol/L,Taq DNA 聚合酶 0.4 U,1×PCR 缓冲液(含 Mg^{2+}),样品 DNA 50 ng。

利用毛细管电泳荧光检测时使用荧光标记的引物。引物的荧光染料种类见附录 C。

注:反应体系的体积可以根据具体情况进行调整。

9.4.2 反应程序

94℃预变性 4 min;94℃变性 45 s,按附录 C 推荐的引物退火温度退火 45 s,72℃延伸 45 s,共 35 个循环;72℃延伸 10 min,4℃保存。

9.5 PCR 产物检测

9.5.1 变性聚丙烯酰胺凝胶电泳与银染检测

9.5.1.1 **清洗玻璃板**

将玻璃板清洗干净，用去离子水冲洗后晾干。用无水乙醇擦洗 2 遍，吸水纸擦干。在长板上涂上 0.5 mL 亲和硅烷工作液，带凹槽的短板上涂 0.5 mL 剥离硅烷工作液。操作过程中防止两块玻璃板互相污染。

9.5.1.2 **组装玻璃板**

玻璃板彻底干燥后，将其组装成电泳胶板，用水平仪调平。垫片厚度为 0.4 mm。

9.5.1.3 **制胶**

在 100 mL 6.0%PAGE 胶中分别加入 TEMED 50 μL 和新配制的 10%过硫酸铵溶液 500 μL，迅速混匀后灌胶。待胶液充满玻璃板夹层，将 0.4 mm 厚鲨鱼齿梳子平齐端向里轻轻插入胶液约 0.4 cm。灌胶过程中防止出现气泡。使胶液聚合至少 1 h 以上。胶聚合后，清理胶板表面溢出的胶液，轻轻拔出梳子，用水清洗干净备用。

9.5.1.4 **预电泳**

将胶板安装于电泳槽上，向上槽中加入约 800 mL 预热至 65℃的 0.25×TBE 缓冲液，使其超过凝胶顶部约 3 cm，向下槽中加入 800 mL 1×TBE 缓冲液。在 60 W 恒功率下，预电泳 20 min～30 min。

9.5.1.5 **样品制备**

在 20 μL PCR 样品中加入 8 μL 上样缓冲液，混匀。在水浴锅或 PCR 仪上 95℃变性 5 min，取出，迅速置于碎冰上。

9.5.1.6 **电泳**

用注射器吸取缓冲液冲洗凝胶顶端几次，清除气泡和聚丙烯酰胺碎片。将鲨鱼齿梳子梳齿端插入凝胶 1 mm～2 mm。每一个加样孔点入 2 μL～3 μL 样品。除待测样品外，还应同时加入参照品种扩增产物。在 50 W～80 W 恒功率下电泳，使凝胶温度保持在约 50℃。电泳 1.5 h～2.5 h(电泳时间取决于扩增片段的大小范围)。电泳结束后，小心分开两块玻璃板，取下凝胶附着的长玻璃板准备固定。

注：具体功率大小根据电泳槽的规格型号和实验室室温设定。

9.5.1.7 **银染**

a) 固定：将凝胶附着的长玻璃板置于塑料盒中，加入约 1 000 mL 银染固定液，使固定液没过凝胶，在摇床上轻轻晃动 20 min～30 min；
b) 漂洗：取出玻璃板，在去离子水中漂洗 1 次～2 次，每次 2 min；
c) 染色：将玻璃板置放入约 1 000 mL 染色液中，使染色液没过凝胶，在摇床上轻轻晃动 30 min；
d) 漂洗：在去离子水中快速漂洗，时间不超过 10 s；
e) 显影：将玻璃板在预冷的显影液中轻轻晃动至出现清晰带纹；
f) 定影：将凝胶在固定液中定影 5 min；
g) 漂洗：在去离子水中漂洗 1 min。

9.5.2 **毛细管电泳荧光检测**

9.5.2.1 **PCR 产物样品准备**

将 6-FAM 和 HEX 荧光标记的 PCR 产物用超纯水稀释 30 倍，TAMRA 和 ROX 荧光标记的 PCR 产物稀释 10 倍。分别取等体积的上述 4 种稀释后溶液混合，从混合液中吸取 1 μL 加入到 DNA 分析仪专用深孔板孔中。板中各孔分别加入 0.1 μL LIZ500 分子量内标和 8.9 μL 去离子甲酰胺。将样品在 PCR 仪上 95℃变性 5 min，取出，立即置于碎冰上，冷却 10 min 以上。瞬时离心 10 s 后置放到 DNA 分析仪上。

除待测样品外，每个 SSR 位点还应同时包括 2 个～3 个参照品种的扩增产物。

注：不同荧光标记的扩增产物的最适稀释倍数最好通过毛细管电泳荧光检测预试验确定。

9.5.2.2 **开机准备**

打开DNA分析仪，检查仪器工作状态。更换缓冲液，灌胶。将装有样品的深孔板置放于样品架基座上。打开数据收集软件。

9.5.2.3 编板

按照仪器操作程序，创建电泳板，输入电泳板名称，选择适合的程序和电泳板类型，输入样品编号或名称。

9.5.2.4 运行程序

DNA分析仪自动将毛细管电泳数据、运行参数等存放在仪器中。

10 等位变异数据采集

10.1 数据表示

样品每个SSR位点的等位变异采用扩增片段大小的形式表示。

10.2 变性聚丙烯凝胶电泳与银染检测

将某一位点待测样品和相应的参照品种扩增片段的带型和移动位置进行比较，根据参照品种的移动位置和扩增片段大小，确定待测样品该位点的等位变异大小。

10.3 毛细管电泳荧光检测

使用DNA分析仪的片段分析软件，读出每个位点每个样品的等位变异大小数据。比较参照品种的等位变异大小数据与附录C中参照品种相应的数据，两者之间的差值为系统误差。从待测样品的等位变异数据中去除该系统误差，得到的数据即为待测样品该位点的等位变异大小。

示例1：参照品种"湘辣4号"、"二金条"在Es297位点上的等位变异大小分别为118 bp和124 bp，附录C中"湘辣4号"、"二金条"相应的数据分别为116 bp和122 bp，系统误差为2 bp。一个待测样品的等位变异大小原始数据为120 bp，则待测样品在该位点上的等位变异数据应为118 bp。

示例2：参照品种"冀研4号"、"苏椒13号"、"杭椒1号"在Epms697位点上的等位变异大小为106 bp、115 bp和118 bp，附录C中"冀研4号"、"苏椒13号"和"杭椒1号"相应的数据分别为106 bp、115 bp和118 bp，系统误差为0 bp。一个待测样品的等位变异大小原始数据为106 bp，则待测样品在该位点上的等位变异数据应为106 bp。

10.4 结果记录

纯合位点的等位变异记录为X/X，杂合位点的等位变异记录为X/Y。其中X、Y为该位点上2个不同的等位变异片段大小，小片段在前，大片段在后。无效等位变异的大小记录为0/0。

示例1：一个品种在Es297位点上有1个等位变异，大小为122 bp，则该品种在该位点上的等位变异数据记录为122/122。

示例2：一个品种在Epms697位点上有2个等位变异，大小分别为106 bp、115 bp，则该品种在该位点上的等位变异数据记录为106/115。

10.5 数据处理

一个位点2次重复检测数据相同时，该位点的等位变异数据即为该数据。2次重复不一致时，增加第三个重复，以其中2个重复相同的检测数据为该位点的等位变异数据。当3次重复结果都不相同时，该位点视为无效位点。

11 判定标准

依据22对引物的检测结果进行判定：

a） 品种间差异位点数≥3，判定为不同品种；

b） 品种间差异位点数<3，判定为近似品种。

附 录 A
(规范性附录)
仪器设备及试剂

A.1 主要仪器设备

A.1.1 PCR 扩增仪。

A.1.2 高压电泳仪。

A.1.3 电泳槽及配套的制胶附件。

A.1.4 水平电泳槽及配套的制胶附件。

A.1.5 DNA 分析仪:基于毛细管电泳,有片段分析功能和数据分析软件,能够分辨最少 1 个核苷酸的差异。

A.1.6 高速离心机。

A.1.7 水平摇床。

A.1.8 胶片观察灯。

A.1.9 电子天平。

A.1.10 微量移液器。

A.1.11 紫外分光光度计。

A.1.12 高压灭菌锅。

A.1.13 磁力搅拌器。

A.1.14 水浴锅。

A.1.15 冰箱。

A.1.16 凝胶成像系统或紫外透射仪。

A.2 试剂

除非另有说明,在分析中仅使用确认为分析纯的试剂。

A.2.1 十六烷基三乙基溴化铵(CTAB)。

A.2.2 聚乙烯吡咯烷酮(PVP)。

A.2.3 三氯甲烷(chloroform)。

A.2.4 异戊醇(iso-Propyl alcohol)。

A.2.5 乙二胺四乙酸二钠(EDTA · Na_2)。

A.2.6 三羟甲基氨基甲烷(Tris)。

A.2.7 浓盐酸(HCl)。

A.2.8 氢氧化钠(NaOH)。

A.2.9 *Taq* DNA 聚合酶。

A.2.10 10×PCR 缓冲液。

A.2.11 氯化钠(NaCl)。

A.2.12 4种脱氧核糖核苷酸。

A.2.13 SSR引物。

A.2.14 矿物油。

A.2.15 琼脂糖。

A.2.16 核酸染色剂。

A.2.17 去离子甲酰胺。

A.2.18 溴酚蓝。

A.2.19 二甲苯青。

A.2.20 甲叉双丙烯酰胺。

A.2.21 丙烯酰胺。

A.2.22 硼酸。

A.2.23 尿素。

A.2.24 亲和硅烷。

A.2.25 剥离硅烷。

A.2.26 无水乙醇。

A.2.27 四甲基乙二胺(TEMED)。

A.2.28 过硫酸铵(APS)。

A.2.29 冰醋酸。

A.2.30 硝酸银($AgNO_3$)。

A.2.31 甲醛。

A.2.32 DNA分析仪用聚丙烯酰胺胶液。

A.2.33 DNA分析仪用分子量内标:最大分子量500 bp,Liz标记。

A.2.34 DNA分析仪用光谱校准基质:包括6-FAM、TAMRA、HEX和ROX 4种荧光染料标记的DNA片段。

A.2.35 DNA分析仪用电泳缓冲液。

附 录 B
(规范性附录)
溶 液 配 制

B.1 DNA 提取溶液的配制

B.1.1 1 mol/L 氢氧化钠溶液

称取 40.0 g 氢氧化钠,溶于 800 mL 去离子水中,冷却至室温,定容至 1 000 mL。

B.1.2 0.5 mol/L 盐酸溶液

量取 25 mL 36%~38%浓盐酸,加去离子水定容至 500 mL。

B.1.3 0.5 mol/L 乙二胺四乙酸二钠盐(pH 8.0)溶液

称取 186.1 g 乙二胺四乙酸二钠盐,加入 800 mL 去离子水,再加入 20 g 氢氧化钠,搅拌。待乙二胺四乙酸二钠盐完全溶解后,冷却至室温。再用氢氧化钠溶液(B.1.1)准确调 pH 至 8.0,定容至 1 000 mL。在 103.4 kPa(121℃)条件下灭菌 20 min。

B.1.4 1 mol/L 三羟甲基氨基甲烷盐酸(pH 8.0)溶液

称取 60.55 g 三羟甲基氨基甲烷,溶于 400 mL 去离子水中,用盐酸溶液(B.1.2)调 pH 至 8.0,定容至 500 mL,在 103.4 kPa(121℃)条件下灭菌 20 min。

B.1.5 DNA 提取液

分别称取 20.0 g 十六烷基三乙基溴化铵和 81.82 g 氯化钠,分别加入 40 mL 乙二胺四乙酸二钠盐溶液(pH8.0)(B.1.3)、100 mL1 mol/L 三羟甲基氨基甲烷盐酸溶液(pH8.0)(B.1.4)和 10.0 g 聚乙烯吡咯烷酮(PVP),再加入 800 mL 去离子水,65℃水浴中加热溶解,冷却后定容至 1 000 mL。在 103.4 kPa(121℃)条件下灭菌 20 min。于 4℃保存。

B.1.6 三氯甲烷—异戊醇混合液

V(三氯甲烷):V(异戊醇)=24:1

B.1.7 TE 缓冲液

分别量取 5 mL 三羟甲基氨基甲烷盐酸溶液(pH 8.0)(B.1.4)和 1 mL 乙二胺四乙酸二钠盐溶液(pH 8.0)(B.1.3),定容至 500 mL,在 103.4 kPa(121℃)条件下灭菌 20 min。于 4℃下保存。

B.2 PCR 扩增溶液的配制

B.2.1 SSR 引物溶液

用超纯水分别配制正向引物和反向引物浓度为 10 μmol/L 的工作液。

B.3 变性聚丙烯酰胺凝胶电泳溶液的配制

B.3.1 10×TBE 缓冲液

分别称取 108.0 g 三羟甲基氨基甲烷和 55.0 g 硼酸,溶于 800 mL 去离子水中,加入 37 mL 乙二胺四乙酸二钠盐溶液(pH 8.0)(B.1.3),定容至 1 000 mL。

B.3.2 40%丙烯酰胺溶液

分别称取 190.0 g 丙烯酰胺和 10.0 g 甲叉双丙烯酰胺,溶于 400 mL 去离子水中,定容至 500 mL。

B.3.3 6%变性聚丙烯酰胺胶溶液

称取 420.0 g 尿素，用去离子水溶解，分别加入 100 mL10×TBE 缓冲液（B. 3. 1）和 150 mL 40％丙烯酰胺溶液（B. 3. 2），定容至 1 000 mL。

B. 3. 4 亲和硅烷缓冲液

分别量取 49. 75 mL 无水乙醇和 250 μL 冰醋酸，用去离子水定容至 50 mL。

B. 3. 5 亲和硅烷工作液

分别量取 5 μL 亲和硅烷和 1 mL 亲和硅烷缓冲液，混匀。

B. 3. 6 剥离硅烷工作液

分别量取 98 mL 三氯甲烷溶液和 2 mL 二甲基二氯硅烷溶液，混匀。

B. 3. 7 10％过硫酸铵溶液

称取 1. 0 g 过硫酸铵，溶于 10 mL 去离子水中，混匀。于－4℃保存。

B. 3. 8 1×TBE 缓冲液

量取 500 mL 10×TBE 缓冲液（B. 3. 1），用去离子水定容至 5 000 mL。

B. 3. 9 6×加样缓冲液

分别称取 0. 25 g 溴酚蓝和 0. 25 g 二甲苯青，分别加入 98 mL 去离子甲酰胺和 1 mL 乙二胺四乙酸二钠盐溶液（pH 8. 0），搅拌溶解。

B. 4 银染溶液的配制

B. 4. 1 固定液

量取 100 mL 冰醋酸，加入 1 000 mL 去离子水。

B. 4. 2 染色液

称取 1. 0 g 硝酸银，溶于 1 000 mL 去离子水中。

B. 4. 3 显影液

称取 10 g 氢氧化钠，溶于 1 000 mL 去离子水中，再加入 5 mL 甲醛。

附 录 C
(规范性附录)
核 心 引 物

基本核心引物见表 C.1。

表 C.1 基本核心引物

序号	位点	引物序列(5′→3′)	荧光	退火温度,℃	等位变异,bp	参照品种
1	Es330	F:GTAGCCATGGCAGAATTGGAAG R:TTCAGCAGGTTCTGGTTCTGGT	5′ROX	54	97 109 115 121	杭椒 1 号 京甜 1 号 湘研 16 号 热辣 2 号
2	Es105	F:CGCATCTACATCAAGAATCAACCA R:GATGTAGAACAAGGAAGCAGGGG	5′HEX	54	150 154	辛香 8 号 湘辣 1 号
3	Es363	F:GAGGAATTTTGGAGCCACACAC R:AGGTGAAATGGGCAGTGGTAGA	5′TAMAR	52	85 87 89 107 117	黄太子 热辣 2 号 湘妃 杭椒 1 号 茄门
4	Epms-923	F:CAAAACCAAATAGGTCCCCC R:CGCGCAATAATTCAATATCG	5′6-FAM	60	274 287 306 342	辛香 8 号 福湘 5 号 苏椒 13 号 黄太子
5	Hpms1-214	F:TGCGAGTACCGAGTTCTTTCTAG R:GGCAGTCCTGGGACAACTCG	5′TAMAR	58	81 84 87 90 92 95 98 101	茄门 辛香 8 号 热辣 2 号 黄太子 杭椒 1 号 热辣 2 号 中椒 108 号 国塔 104
6	Epms 697	F:ATGTCGCTCGCAATTTCACT R:CGTAGGGAGGAGCGATAGAG	5′ROX	60	106 115 118	冀研 4 号 苏椒 13 号 杭椒 1 号
7	Es201	F:CGGCCAAATTATTTTTCCCAGT R:TTCCCATAGTTGAAGAGCCTGC	5′TAMRA	54	136 139 142 145	热辣 2 号 国塔 109 中椒 4 号 杭椒 1 号
8	Es 110	F:TACGGTTCCTCATCCCAGAAGA R:AGGATGACCAATGTTTTGCCTC	5′HEX	53	138 144 150	热辣 2 号 黄太子 杭椒 1 号
9	Es 212	F:CCCTTCCCTTTTCTCCCTTCTT R:CCAGAAACAGCCATTGATGATG	5′TAMRA	54	142 145 157	苏椒 13 号 湘研 16 号 黄太子

表 C.1（续）

序号	位点	引物序列(5′→3′)	荧光	退火温度,℃	等位变异,bp	参照品种
10	Es 120	F:GCGGCCTTTTGATTCATACAAT R:CGTTTTACTGCCCTATCTGCTTG	5′ROX	56	155 157 159 163 165	望都椒 热辣 2 号 海丰 15 号 国塔 106 杭椒 1 号
11	Es285	F:GCACGAGGCAACAAAAGAGAAT R:CGCTGAGCGAGACAGAGAGAG	5′HEX	53	118 121	苏椒 12 号 中椒 108 号
12	Es292	F:TCCCATTTCGCAAGAAAGAAAA R:TCCGATACAGCTGCAGTAGAAAAA	5′TAMRA	54	119 121 125 127 135	京甜 1 号 中椒 6 号 国塔 106 热辣 2 号 益都红
13	Es297	F:TCAGCGATTAAGAATGCGATTG R:CCAAATTGCCCTCTCTCTTCCT	5′6 - FAM	52	116 122	湘辣 4 号 二金条
14	Es395	F:TGTAATTAATTGAGGTGCGCGA R:TCTCTGGTTGACAATTAGGCCC	5′ROX	53	84 87 93 102	中椒 26 号 热辣 2 号 苏椒 5 号 杭椒 1 号
15	Hpms1-106	F:TCCAAACTACAAGCCTGCCTAACC R:TTTTGCATTATTGAGTCCCACAGC	5′6-FAM	65	142 154 160	黄太子 国塔 109 海丰 15 号
16	Epms 712	F:CCACAAAGGGTTTAAGCAGC R:AAGGCAGGAGCAGAGTTCAA	5′6-FAM	60	126 140 143	正光皱皮辣 湘辣 1 号 中椒 4 号
17	Es417	F:AATGCGGAGGAAGAAGAGGAAG R:TAGTCCTTATCACCGACACGGC	5′TAMRA	54	73 76 79 82 88 94	望都椒 茄门 杭椒 1 号 二金条 热辣 2 号 精选丘北辣
18	Es321	F:ACGAGGTCCACTTCCCCATTAT R:TTAGAGAAGGAATAACCGGCAGC	5′HEX	55	106 116 120 122 124	国塔 109 海丰 15 号 热辣 7 号 热辣 2 号 遵义椒
19	Es167	F:CGCGATTCGATTGCTAAATCTC R:CTAATTTCCCAGTTGCGTCTGC	5′HEX	56	237 243 249 253 255	望都椒 苏椒 13 号 湘研 16 号 黄太子 热辣 2 号
20	Es64	F:TTCGGCTATTTGAACAGAAGCA R:TGATCCCTTCTTGTTTGATTTTTG	5′HEX	54	140 156 164 168	黄太子 湘辣 1 号 中椒 4 号 热辣 2 号
21	Es133	F:TTTTGGGGTTCAATAAAGCTGTG R:TTCAACAAGATCATCAATTCACCA	5′ROX	54	150 153	热辣 2 号 国塔 109

表 C.1（续）

序号	位点	引物序列(5′→3′)	荧光	退火温度,℃	等位变异,bp	参照品种
22	Hpms1-5	F:CCAAACGAACCGATGAACACTC R:GACAATGTTGAAAAAGGTGGAAGAC	5′6-FAM	58	289 291 293 299 301 303 305 307 309 314 318	新丰5号 辛香8号 中椒108号 苏椒11号 川腾6号 遵义椒 益都红 国塔109 热辣2号 海丰15号 黄太子

附 录 D
(资料性附录)
参照品种名单

参照品种名单见表 D.1。

表 D.1 参照品种名单

序号	名称	来源	类别	序号	名称	来源	类别
1	海丰 15 号	海花公司	早熟灯笼椒	18	望都椒	河北望都县	干椒
2	辛香 8 号	江西农望公司	中早熟线椒	19	益都红	河北望都县地方品种	干椒
3	苏椒 5 号	江苏农业科学院	微辣灯笼椒	20	冀研 4 号	河北省农业科学院	早熟甜椒
4	苏椒 11 号	江苏农业科学院	微辣灯笼椒	21	遵义椒	贵州遵义	干椒
5	苏椒 12 号	江苏农业科学院	早熟羊角椒	22	新丰 5 号	安徽萧新种业公司	早熟尖椒
6	苏椒 13 号	江苏农业科学院	尖椒	23	热辣 2 号	中国热带农业科学院	中熟灯笼椒
7	京甜 1 号	北京市农林科学院蔬菜研究中心	甜炮椒	24	热甜 7 号	中国热带农业科学院	甜椒
8	国塔 104	北京市农林科学院蔬菜研究中心	加工类辣椒	25	精选丘北辣	云南丘北地方品种	干椒
9	国塔 106	北京市农林科学院蔬菜研究中心	单生朝天椒	26	川腾 6 号	四川农业科学院	早中熟长羊角
10	国塔 109	北京市农林科学院蔬菜研究中心	干椒	27	黄太子	云南昆明市宏达辣椒专营店	小米辣
11	茄门	中国农业科学院	中晚熟甜椒	28	福湘 5 号	湖南省农业科学院	炮椒
12	中椒 4 号	中国农业科学院	中晚熟甜椒	29	正光皱皮辣	云南地方品种正光种业	早熟四棱灯笼形辣椒
13	中椒 6 号	中国农业科学院	微辣牛角椒	30	湘辣 1 号	湖南湘研种业	早熟线椒
14	中椒 26 号	中国农业科学院	锥形甜椒	31	湘辣 4 号	湖南湘研种业	中熟线椒
15	中椒 108 号	中国农业科学院	中熟甜椒	32	湘妃	湖南湘研种业	中熟线椒
16	杭椒 1 号	浙江农业科学院	细羊角尖椒	33	湘研 16 号	湖南湘研种业	晚熟尖椒
17	二金条	四川	线椒				

本标准起草单位：中国农业科学院蔬菜花卉研究所、云南省农业科学院质量标准与检测技术研究所、农业部科技发展中心。

本标准主要起草人：张建华、张宝玺、管俊娇、毛胜利、王立浩、杨晓洪、张惠、张正海、王江民、刘艳芳。

中华人民共和国农业行业标准

NY/T 2476—2013

大白菜品种鉴定技术规程　SSR分子标记法

Identification of heading Chinese cabbage varieties—SSR marker method

1　范围

本标准规定了利用简单重复序列(Simple sequence repeats,SSR)标记进行大白菜[*Brassica rapa* L. ssp. *Pekinensis*(Lour.)Olsson]品种鉴定的试验方法、数据记录格式和判定标准。

本标准适用于大白菜SSR标记分子数据的采集和品种鉴定。

2　规范性引用文件

下列文件对于本文件的应用是必不可少的。凡是注日期的引用文件,仅注日期的版本适用于本文件。凡是不注日期的引用文件,其最新版本(包括所有的修改单)适用于本文件。

GB/T 3543.2　农作物种子检验规程　扦样

3　术语和定义

下列术语和定义适用于本文件。

3.1

核心引物　core primer

多态性好、PCR扩增稳定的一套SSR引物。

3.2

参照品种　reference variety

对应于SSR位点上不同等位变异的一组品种。参照品种用于辅助确定待测样品等位变异的大小,校正仪器设备的系统误差。

4　原理

SSR广泛分布于大白菜基因组中,不同品种间每个SSR位点重复单位的数量可能不同。由于每个SSR位点两侧的序列一般是高度保守和单拷贝的,因而可根据其两侧的序列设计一对特异引物,利用PCR技术对两条引物间的DNA序列进行扩增。在电泳过程中,主要由于SSR位点重复单位的数量不同引起的不同长度的PCR扩增片段在电场作用下得到分离,经硝酸银染色或者荧光染料标记加以区分。因此,根据SSR位点的多态性,利用PCR扩增和电泳技术可以鉴定大白菜品种。

5　仪器设备及试剂

仪器设备及试剂见附录A。

中华人民共和国农业部 2013-12-13 发布　　2014-04-01 实施

6 溶液配制

溶液配制方法见附录 B。

7 引物

引物相关信息见附录 C。

8 参照品种及其使用

参照品种的名称见附录 C,参照品种名单参见附录 D。

在进行等位变异检测时,应同时包括相应参照品种。

注 1:多个品种在某一 SSR 位点上可能都具有相同的等位变异。在确认这些品种该位点等位变异大小与参照品种相同后,这些品种也可以代替附录 C 中的参照品种使用。

注 2:同一名称不同来源的参照品种的某一位点上的等位变异可能不相同,在使用其他来源的参照品种时,应与原参照品种核对,确认无误后使用。

注 3:对于附录 C 中未包括的等位变异,应按本标准方法,确定其大小和对应参照品种。

9 操作程序

9.1 重复设置

设置 2 次生物学重复。

9.2 样品准备

种子样品的扦样、分样和保存,应符合 GB/T 3543.2 的规定。

每个品种分取 2 个样品,每个样品 30 个个体(种子、叶片或其他器官组织),等量混合。

9.3 DNA 提取

采用 CTAB 法:取幼嫩组织混合样 0.2 g,放入 1.5 mL 离心管中,在液氮中研碎;或将种子研碎,放入 1.5 mL 离心管中。将 DNA 提取液预热到 65℃,每管加入 400 μL,混匀样品。将离心管置于 65℃金属浴或水浴锅中,保温 30 min 后取下。向离心管中加入 400 μL 24∶1 氯仿—异戊醇(V∶V),振荡混匀。10 000 *g* 离心 10 min。将上清液 200 μL 转入另一只 1.5 mL 离心管,加入 400 μL −20℃预冷无水乙醇沉淀 DNA。10 000 *g* 离心 1 min,弃上清液,加入 500 μL 乙醇—乙酸铵溶液,6 000 *g* 离心 5 min 收集沉淀。加入 100 μL TE(pH8.0)溶液溶解 DNA,检测 DNA 浓度。−20℃保存。

注:其他所获 DNA 质量能够满足 PCR 扩增需要的 DNA 提取方法都适用于本标准。

9.4 PCR 扩增

9.4.1 反应体系

25 μL 的反应体积,含每种 dNTP 0.25 mmol/L,正向引物、反向引物各 0.4 μmol/L,Taq DNA 聚合酶 1.0 U,1×PCR 缓冲液(不含 Mg^{2+}),$MgCl_2$ 1.5 mmol/L,样品 DNA10 - 40 ng。

利用毛细管电泳荧光检测时使用荧光标记的引物。引物的荧光染料种类见附录 C。

注:反应体系的体积可以根据具体情况进行调整。

9.4.2 反应程序

94℃预变性 4 min;94℃变性 45 s,65℃退火 45 s,72℃延伸 45 s,每循环降 1℃,共 15 个循环;94℃变性 45 s,50℃退火 30 s,72℃延伸 45 s,共 30 个循环;72℃延伸 10 min,4℃保存。

9.5 PCR 产物检测

9.5.1 变性聚丙烯酰胺凝胶电泳与银染检测

9.5.1.1 清洗玻璃板

将玻璃板清洗干净,用去离子水冲洗后晾干。用无水乙醇擦洗两遍,吸水纸擦干。在长板上涂上

0.5 mL 亲和硅烷工作液,带凹槽的短板上涂 0.5 mL 剥离硅烷工作液。操作过程中防止两块玻璃板互相污染。

9.5.1.2 组装玻璃板

玻璃板彻底干燥后,将其组装成电泳胶板,用水平仪调平。垫片厚度为 0.4 mm。

9.5.1.3 制胶

在 100 mL 6.0% PAGE 胶中分别加入 TEMED 50 μL 和新配制的 10%过硫酸铵溶液 500 μL,迅速混匀后灌胶。待胶液充满玻璃板夹层,将 0.4 mm 厚鲨鱼齿梳子平齐端向里轻轻插入胶液约 0.4 cm。灌胶过程中防止出现气泡。使胶液聚合至少 1 h 以上。胶聚合后,清理胶板表面溢出的胶液,轻轻拔出梳子,用水清洗干净备用。

9.5.1.4 预电泳

将胶板安装于电泳槽上,向上槽中加入约 800 mL 预热至 65℃的 0.25×TBE 缓冲液,使其超过凝胶顶部约 3 cm,向下槽中加入 800 mL 1×TBE 缓冲液。在 60 W 恒功率下,预电泳 10 min~20 min。

9.5.1.5 样品制备

在 25 μL PCR 样品中加入 10 μL 上样缓冲液,混匀。在水浴锅或 PCR 仪上 95℃变性 5 min,取出,迅速置于碎冰上。

9.5.1.6 电泳

用注射器吸取缓冲液冲洗凝胶顶端几次,清除气泡和聚丙烯酰胺碎片。将鲨鱼齿梳子梳齿端插入凝胶 1 mm~2 mm。每一个加样孔点入 2 μL~3 μL 样品。除待测样品外,还应同时加入参照品种扩增产物。在 50 W~80 W 恒功率下电泳,使凝胶温度保持在约 50℃。电泳 1.5 h~2.5 h(电泳时间取决于扩增片段的大小范围)。电泳结束后,小心分开两块玻璃板,取下凝胶附着的长玻璃板准备固定。

注:具体功率大小根据电泳槽的规格型号和实验室室温设定。

9.5.1.7 银染

a) 固定:将凝胶附着的长玻璃板置于塑料盒中,加入约 1 000 mL 银染固定液,使固定液没过凝胶,在摇床上轻轻晃动 20 min~30 min;
b) 漂洗:取出玻璃板,在去离子水中漂洗 1 次~2 次,每次 2 min;
c) 染色:将玻璃板置放入约 1 000 mL 染色液中,使染色液没过凝胶,在摇床上轻轻晃动 30 min;
d) 漂洗:在去离子水中快速漂洗,时间不超过 10 s;
e) 显影:将玻璃板在预冷的显影液中轻轻晃动至出现清晰带纹;
f) 定影:将凝胶在固定液中定影 5 min;
g) 漂洗:在去离子水中漂洗 1 min。

9.5.2 毛细管电泳荧光检测

9.5.2.1 PCR 产物样品准备

将 6-FAM 和 HEX 荧光标记的 PCR 产物用超纯水稀释 30 倍,TAMRA 和 ROX 荧光标记的 PCR 产物稀释 10 倍。分别取等体积的上述 4 种稀释后溶液混合,从混合液中吸取 1 μL 加入到 DNA 分析仪专用深孔板孔中。板中各孔分别加入 0.1 μL LIZ 500 分子量内标和 8.9 μL 去离子甲酰胺。将样品在 PCR 仪上 95℃变性 5 min,取出,立即置于碎冰上,冷却 10 min 以上。瞬时离心 10 s 后置放到 DNA 分析仪上。

除待测样品外,每个 SSR 位点还应同时包括 2 个~3 个参照品种的扩增产物。

注:不同荧光标记的扩增产物的最适稀释倍数最好通过毛细管电泳荧光检测预试验确定。

9.5.2.2 开机准备

打开 DNA 分析仪,检查仪器工作状态。更换缓冲液,灌胶。将装有样品的深孔板置放于样品架基座上。打开数据收集软件。

9.5.2.3 编板

按照仪器操作程序，创建电泳板，输入电泳板名称，选择适合的程序和电泳板类型，输入样品编号或名称。

9.5.2.4 运行程序

DNA 分析仪自动将毛细管电泳数据、运行参数等存放在仪器中。

10 等位变异数据采集

10.1 数据表示

样品每个 SSR 位点的等位变异采用扩增片段大小的形式表示。

10.2 变性聚丙烯凝胶电泳与银染检测

将某一位点待测样品和相应的参照品种扩增片段的带型和移动位置进行比较，根据参照品种的移动位置和扩增片段大小，确定待测样品该位点的等位变异大小。

10.3 毛细管电泳荧光检测

使用 DNA 分析仪的片段分析软件，读出每个位点每个样品的等位变异大小数据。比较参照品种的等位变异大小数据与附录 C 中参照品种相应的数据，两者之间的差值为系统误差。从待测样品的等位变异数据中去除该系统误差，得到的数据即为待测样品该位点的等位变异大小。

示例 1：参照品种“W3”、“W13－8”在 cnu_m139a 位点上的等位变异大小分别为 155 bp 和 159 bp，附录 C 中“W3”、“W13－8”相应的数据分别为 157 bp 和 161 bp，系统误差为 2 bp。一个待测样品的等位变异大小原始数据为 157 bp 则待测样品在该位点上的等位变异数据应为 159 bp。

示例 2：参照品种“W3”、“W13－8”在 cnu_m046a 位点上的等位变异大小为 185 bp 和 173 bp，附录 C 中“W3”、“W13－8”相应的数据分别为 185 bp 和 173 bp，系统误差为 0 bp。一个待测样品的等位变异大小原始数据为 183 bp，则待测样品在该位点上的等位变异数据应为 183 bp。

10.4 结果记录

纯合位点的等位变异记录为 X/X，杂合位点的等位变异记录为 X/Y。其中 X、Y 为该位点上两个不同的等位变异片段大小，小片段在前，大片段在后。无效等位变异记录为 0/0。

示例 1：一个品种在 cnu_m139a 位点上有 1 个等位变异，大小为 157 bp，则该品种在该位点上的等位变异数据记录为 157/157。

示例 2：一个品种在 cnu_m046a 位点上有 2 个等位变异，大小分别为 183 bp、187 bp，则该品种在该位点上的等位变异数据记录为 183/187。

10.5 数据处理

一个位点 2 次重复检测数据相同时，该数据即为该位点的等位变异数据。2 次重复不一致时，增加第三个重复，以其中 2 个重复相同的检测数据为该位点的等位变异数据。当 3 次重复结果都不相同时，该位点视为无效位点。

11 判定标准

依据 30 对引物的检测结果进行判定：

a） 品种间差异位点数≥3，判定为不同品种；

b） 品种间差异位点数＜3，判定为近似品种。

附　录　A
（规范性附录）
仪器设备及试剂

A.1　主要仪器设备

A.1.1　PCR扩增仪。

A.1.2　高压电泳仪。

A.1.3　电泳槽及配套的制胶附件。

A.1.4　水平电泳槽及配套的制胶附件。

A.1.5　DNA分析仪：基于毛细管电泳，有片段分析功能和数据分析软件，能够分辨最少1个核苷酸的差异。

A.1.6　高速离心机。

A.1.7　水平摇床。

A.1.8　胶片观察灯。

A.1.9　电子天平。

A.1.10　微量移液器。

A.1.11　紫外分光光度计。

A.1.12　高压灭菌锅。

A.1.13　酸度计。

A.1.14　水浴锅或金属浴。

A.1.15　制冰机。

A.1.16　凝胶成像系统或紫外透射仪。

A.2　试剂

除非另有说明，在分析中仅使用确认为分析纯的试剂。

A.2.1　十六烷基三乙基溴化铵。

A.2.2　聚乙烯吡咯烷酮。

A.2.3　三氯甲烷。

A.2.4　异戊醇。

A.2.5　乙二胺四乙酸二钠。

A.2.6　三羟甲基氨基甲烷。

A.2.7　浓盐酸。

A.2.8　氢氧化钠。

A.2.9　*Taq* DNA聚合酶。

A.2.10　10×PCR缓冲液。

A.2.11　氯化镁。

A.2.12 氯化钠。

A.2.13 4 种脱氧核糖核苷酸。

A.2.14 SSR 引物。

A.2.15 矿物油。

A.2.16 琼脂糖。

A.2.17 核酸染色剂。

A.2.18 去离子甲酰胺。

A.2.19 溴酚蓝。

A.2.20 二甲苯青。

A.2.21 甲叉双丙烯酰胺。

A.2.22 丙烯酰胺。

A.2.23 硼酸。

A.2.24 尿素。

A.2.25 亲和硅烷。

A.2.26 剥离硅烷。

A.2.27 无水乙醇。

A.2.28 四甲基乙二胺。

A.2.29 过硫酸铵。

A.2.30 冰醋酸。

A.2.31 乙酸铵。

A.2.32 硝酸银。

A.2.33 甲醛。

A.2.34 DNA 分析仪用聚丙烯酰胺胶液。

A.2.35 DNA 分析仪用分子量内标：最大分子量 500 bp，Liz 标记。

A.2.36 DNA 分析仪用光谱校准基质：包括 6-FAM、TAMRA、HEX 和 ROX 4 种荧光染料标记的 DNA 片段。

A.2.37 DNA 分析仪用电泳缓冲液。

附 录 B
(规范性附录)
溶 液 配 制

B.1 DNA 提取溶液的配制

B.1.1 1 mol/L 氢氧化钠溶液

称取 40.0 g 氢氧化钠,溶于 800 mL 去离子水中,冷却至室温,定容至 1 000 mL。

B.1.2 0.5 mol/L 盐酸溶液

量取 25 mL36%～38%浓盐酸,加去离子水定容至 500 mL。

B.1.3 0.5 mol/L 乙二胺四乙酸二钠盐(pH 8.0)溶液

称取 186.1 g 乙二胺四乙酸二钠盐,加入 800 mL 去离子水,再加入 20 g 氢氧化钠,搅拌。待乙二胺四乙酸二钠盐完全溶解后,冷却至室温。再用氢氧化钠溶液(B.1.1)准确调 pH 至 8.0,定容至 1 000 mL。在 103.4 kPa(121℃)条件下灭菌 20 min。

B.1.4 1 mol/L 三羟甲基氨基甲烷盐酸(pH 8.0)溶液

称取 60.55 g 三羟甲基氨基甲烷,溶于 400 mL 去离子水中,用盐酸溶液(B.1.2)调 pH 至 8.0,定容至 500 mL,在 103.4 kPa(121℃)条件下灭菌 20 min。

B.1.5 DNA 提取液

分别称取 20.0 g 十六烷基三乙基溴化铵和 81.82 g 氯化钠,分别加入 40 mL 乙二胺四乙酸二钠盐溶液(pH8.0)(B.1.3)、100 mL 1 mol/L 三羟甲基氨基甲烷盐酸溶液(pH8.0)(B.1.4)和 10.0 g 聚乙烯吡咯烷酮(PVP),再加入 800 mL 去离子水,65℃水浴中加热溶解,冷却后定容至 1 000 mL。在 103.4 kPa(121℃)条件下灭菌 20 min。于 4℃保存。

B.1.6 三氯甲烷—异戊醇混合液

V(三氯甲烷)∶V(异戊醇)=24∶1

B.1.7 乙醇—乙酸铵溶液

称取 154.6 mg 乙酸铵,加入 140 mL 无水乙醇,用去离子水定容至 200 mL。

B.1.8 TE 缓冲液

分别量取 5 mL 三羟甲基氨基甲烷盐酸溶液(pH8.0)(B.1.4)和 1 mL 乙二胺四乙酸二钠盐溶液(pH8.0)(B.1.3),定容至 500 mL,在 103.4 kPa(121℃)条件下灭菌 20 min。于 4℃下保存。

B.2 PCR 扩增溶液的配制

B.2.1 dNTP 溶液

用超纯水分别配制 dATP、dTTP、dGTP 和 dCTP 4 种脱氧核糖核苷酸终浓度为 100 mmol/L 的储存液。分别量取 4 种储存液 20 μL 混合,用 120 μL 超纯水定容,配制成每种核苷酸终浓度为 10 mmol/L 的工作液。在 103.4 kPa(121℃)条件下灭菌 20 min,于−20℃保存。

注:也可使用满足试验要求的商品 dNTP 溶液。

B.2.2 SSR 引物溶液

用超纯水分别配制正向引物和反向引物浓度为 5 μmol/L 的工作液。

B.2.3 氯化镁溶液

称取 1.190 g 氯化镁，用去离子水溶解，定容至 500 mL，配制成 25 mmol/L 的工作液。在 103.4 kPa(121℃)条件下灭菌 20 min，－20℃保存。

注：也可使用满足试验要求的商品氯化镁溶液。

B.3 变性聚丙烯酰胺凝胶电泳溶液的配制

B.3.1 10×TBE 缓冲液

分别称取 108.0 g 三羟甲基氨基甲烷和 55.0 g 硼酸，溶于 800 mL 去离子水中，加入 37 mL 乙二胺四乙酸二钠盐溶液(pH8.0)(B.1.3)，定容至 1 000 mL。

B.3.2 40%丙烯酰胺溶液

分别称取 190.0 g 丙烯酰胺和 10.0 g 甲叉双丙烯酰胺，溶于 400 mL 去离子水中，定容至 500 mL。

B.3.3 6%变性聚丙烯酰胺胶溶液

称取 420.0 g 尿素，用去离子水溶解，分别加入 100 mL 10×TBE 缓冲液(B.3.1)和 150 mL 40%丙烯酰胺溶液(B.3.2)，定容至 1 000 mL。

B.3.4 亲和硅烷缓冲液

分别量取 49.75 mL 无水乙醇和 250 μL 冰醋酸，用去离子水定容至 50 mL。

B.3.5 亲和硅烷工作液

分别量取 5 μL 亲和硅烷和 1 mL 亲和硅烷缓冲液，混匀。

B.3.6 剥离硅烷工作液

分别量取 98 mL 三氯甲烷溶液和 2 mL 二甲基二氯硅烷溶液，混匀。

B.3.7 10%过硫酸铵溶液

称取 1.0 g 过硫酸铵，溶于 10 mL 去离子水中，混匀。于－4℃保存。

B.3.8 1×TBE 缓冲液

量取 500 mL 10×TBE 缓冲液(B.3.1)，用去离子水定容至 5 000 mL。

B.3.9 6×加样缓冲液

分别称取 0.25 g 溴酚蓝和 0.25 g 二甲苯青，分别加入 98 mL 去离子甲酰胺和 1 mL 乙二胺四乙酸二钠盐溶液(pH8.0)，搅拌溶解。

B.4 银染溶液的配制

B.4.1 固定液

量取 100 mL 冰醋酸，加入 1 000 mL 去离子水。

B.4.2 染色液

称取 1.0 g 硝酸银，溶于 1 000 mL 去离子水中。

B.4.3 显影液

称取 10 g 氢氧化钠，溶于 1 000 mL 去离子水中，再加入 5 mL 甲醛。

附　录　C
（规范性附录）
核　心　引　物

核心引物见表 C.1。

表 C.1　核心引物

序号	标记	连锁群	引物序列（5′→3′）	荧光	等位变异 bp	参照品种
1	cnu_m139a	A1	F:TCAAGCGCAACAAACATTGG R:TGGTGTTAGGGTTTAAGGTTGTGG	5′HEX	157 161 163 165 167 174	W3 W13-8 W33-2 229-1 W37-1 726-2
2	nia_m086a	A1	F:AGCTTCCTTCTCCACCTTGT R:TGCTTGTGGTCAATCTCTCA	5′ROX	257 259	W13-8 W3
3	nia_m098a	A1	F:GAGTGCAGTCAACAGAAGCA R:TCTCCACTTCACAACAGCAA	5′TAMRA	238 250 252 254 258 260 262 264 266 268 270 272	金贝-2 695-7 734-11 福尔青 W3 229-1 中白 83 绿星大棵菜 W33-2 黄心娃 精选中白 81 精选中白 81
4	nia_m138a	A1	F:GTTTTAAATGCCGCGTTG R:GGGATCAAGAGATGTGGGA	5′ROX	247 249 251 253 255 257 259 261 263	北京大牛心 W46-6 金贝-2 267-1 津绿 津绿 3 西 388-1 229-1 W28-8
5	cnu_m046a	A2	F:GCTAAAGGTTTAGTCCAAATAGGATTC R:GCAAAATGATGCCCCATAAA	5′TAMRA	161 173 181 183 185 187	玉青 W13-8 267-1 中白 61 W3 229-1

表 C.1（续）

序号	标记	连锁群	引物序列(5′→3′)	荧光	等位变异 bp	参照品种
6	nia_m121a	A2	F:GGATCCTCCCATAGCTCG R:CAGTCGTTGCGGGATAGA	5′HEX	281 284 290 296	726-2 W28-8 267-1 W13-8
7	cnu_m073a	A3	F:TGGCATTGACAGAGCTAGTA R:TTTATTTAGTTTCATACCCT	5′ROX	292 294 296 298 305	695-7 267-1 西388-1 南路1号 127-1
8	cnu_m288a	A3	F:GCGTTTCGTCCTCTTCTCAC R:TTACCCACCTTGGCTTCATC	5′HEX	145 147 149 151 153	W28-8 W13-8 玉青 C76 W3
9	cnu_m316a	A3	F:TCAAGCATGTCCTTAAAACTCTGA R:GCGTTCACGTTTCCCATATC	5′ROX	200 203 211 219	W13-8 南路1号 267-1 W3
10	cnu_m327a	A3	F:TTCTTGACCAAAAGAATCATGG R:CTAACACGGGGAAAAGCAGA	5′6-FAM	193 205 209 211 213 215 217	W32-5 W28-8 W13-8 267-1 津秋78 科萌新青2号 Z61-2-3
11	nia_m101a	A3	F:ATCATGGCAACTAGCTCGAC R:AGGGTTGATTCTAACCGGAG	5′6-FAM	270 279	W13-8 W3
12	cnu_m252a	A4	F:TGAAAATCAACACGAACACACAGA R:CTCGTGGGGGAATGAGTGAG	5′TAMRA	238 241 251 254	W32-5 W3 W13-8 W28-8
13	Na10-D09	A4	F:AAGAACGTCAAGATCCTCTGC R:ACCACCACGGTAGTAGAGCG	5′HEX	276 282 284 290	W28-8 豫早1号 玉青 W32-5
14	cnu_m289a	A5	F:CCCCTGGACTCCGTTTATCT R:GATCTACGACGATCGGATGC	5′TAMRA	150 178 180 186 188 190 192 194	津绿2 W37-1 W28-8 W32-5 267-1 玉青 127-1 福山包头
15	cnu_m442a	A5	F:CGATTTGGACAATGACTAGTGG R:ACGCCATGGAAACAGAAAC	5′ROX	270 280 282 288	W28-8 京秋56 141-3 229-1

表 C.1（续）

序号	标记	连锁群	引物序列(5′→3′)	荧光	等位变异 bp	参照品种
16	cnu_m050a	A6	F:AGCCCAAGCTCGTATTCCTT R:AAAATCGGGACAACCACCTA	5′ROX	146 153 157 159 161 165 173	金贝-2 新二包头 119-1 W38-1 玉青2 津绿2 京夏王
17	cnu_m149a	A6	F:GGAAGCCTCTGTGCGAAAAA R:TGCCGACGATTTGATAGAGGA	5′HEX	157 171 173 177 181	W13-8 福山包头 W34-2 W28-8 豫新60
18	nia_m037a	A6	F:GCGGTTAATAGGTTCCGGTT R:CCAATTGCATCGATCTGTCA	5′6-FAM	297 305 309 311 313 315	267-1 南路1号 W28-8 W13-8 141-3 青绿王
19	nia_m049a	A6	F:GAGGAATTAACGGCGTCTTG R:CAGTCGCCACTACCTGGTTT	5′ROX	314 328 330 332 334 338 345	西388-1 267-1 Z61-2-3 726-2 玉青 W28-8 W13-8
20	cnu_m182a	A7	F:TTCATCACCGTCTTATGTTGTGC R:GGCAGGTGGAATATGTGGAAAT	5′6-FAM	271 274 277 280 283 286	W13-8 W3 229-1 黄心娃 W28-8 福山包头
21	cnu_m295a	A7	F:GCTGCCTAATAGGGTGCTTG R:AGAGCGCATTCAAGTCTGGT	5′TAMRA	192 194 196 200	W13-8 W3 秋绿55 Z61-2-3
22	cnu_m090a	A8	F:GCAAAGATCGGCGAAGAAGA R:TGCAGACACATTCGAACAAACA	5′6-FAM	184 193 199 202	W13-8 W3 W28-8 玉青2
23	cnu_m537a	A8	F:TACGCATTCCGATGTTTCAC R:GCATCGTTCAAACCACAGTT	5′ROX	187 189 191 193 195 197 199 201 203	W28-8 W46-6 W4-1 晋白二号 267-1 西388-1 W34-2 龙园红1号 W13-8

表 C.1（续）

序号	标记	连锁群	引物序列(5′→3′)	荧光	等位变异 bp	参照品种
24	cnu_m016a	A9	F:GGTGAATGGAATCTTGTCTTGA R:CCCAACAATCCCAGAAACAC	5′TAMRA	166	726-2
					168	W28-8
					170	W13-8
					172	福山包头
					174	267-1
25	cnu_m530a	A9	F:TGAGGTGGCTCCCTTGTTAT R:AGGGAATAAAGCGGAAAAGG	5′HEX	283	津绿2
					285	W13-8
					287	W28-8
					291	金贝-2
26	cnu_m534a	A9	F:TCAGTCTCAGCCTCTCGTCA R:GATCTGGTGCGGAAGAGTGT	5′HEX	201	金贝-2
					204	南路1号
					207	W13-8
27	nia_m022a	A9	F:CTCTCGTCTCGGAGGATCTAAA R:GTGAGAGTGGTTGCTGAGTGAG	5′6-FAM	309	659
					316	Z61-2-3
					318	734-11
					325	W13-8
28	nia_m038a	A9	F:GGGCCAAGTTACATGGAAAA R:GAAGGAGGATGAGAGCCGTT	5′ROX	321	W13-8
					324	734-11
					333	229-1
					336	W33-2
					342	福尔青
29	ENA2	A10	F:GATGGTGATGGTGATAGGTC R:GAAGAGAAGGAGTCAGAGATG	5′TAMRA	274	W13-8
					277	W37-1
					280	福山包头
					283	229-1
30	nia_m035a	A10	F:TGCATTAACTGTACGCCACAA R:GCAGTCCCATCCCTTAATGA	5′HEX	363	金贝-2
					366	福山包头
					369	W13-8

注：可以不采用本标准推荐的荧光。为保持检测数据的一致性，无论采用何种荧光，检测数据都需要用参照品种校正。

附　录　D
（资料性附录）
参照品种名单

参照品种名单见表 D.1。

表 D.1　参照品种名单

序号	名称	类型	培育单位
1	W4-1	自交系	山东省农业科学院蔬菜研究所
2	W13-8	自交系	山东省农业科学院蔬菜研究所
3	W28-8	自交系	山东省农业科学院蔬菜研究所
4	659	自交系	山东省农业科学院蔬菜研究所
5	695-7	自交系	山东省农业科学院蔬菜研究所
6	267-1	自交系	山东省农业科学院蔬菜研究所
7	金贝-2	自交系	山东省农业科学院蔬菜研究所
8	229-1	自交系	山东省农业科学院蔬菜研究所
9	W3	自交系	山东省农业科学院蔬菜研究所
10	福山包头	自交系	山东省农业科学院蔬菜研究所
11	西 388-1	自交系	山东省农业科学院蔬菜研究所
12	玉青	自交系	山东省农业科学院蔬菜研究所
13	Z61-2-3	自交系	山东省农业科学院蔬菜研究所
14	734-11	自交系	山东省农业科学院蔬菜研究所
15	726-2	自交系	山东省农业科学院蔬菜研究所
16	南路 1 号	自交系	山东省农业科学院蔬菜研究所
17	127-1	自交系	山东省农业科学院蔬菜研究所
18	W34-2	自交系	山东省农业科学院蔬菜研究所
19	W38-1	自交系	山东省农业科学院蔬菜研究所
20	W37-1	自交系	山东省农业科学院蔬菜研究所
21	W33-2	自交系	山东省农业科学院蔬菜研究所
22	W32-5	自交系	山东省农业科学院蔬菜研究所
23	141-3	自交系	山东省农业科学院蔬菜研究所
24	W46-6	自交系	山东省农业科学院蔬菜研究所
25	玉青 2	自交系	山东省农业科学院蔬菜研究所
26	黄心娃	自交系	山东省农业科学院蔬菜研究所
27	津绿 2	自交系	山东省农业科学院蔬菜研究所
28	津绿 3	自交系	山东省农业科学院蔬菜研究所
29	晋白二号	杂交种	山西省农业科学院蔬菜研究所
30	龙园红 1 号	杂交种	黑龙江省农业科学院园艺分院白菜研究室
31	福尔青	杂交种	沈阳市农业科学院
32	京秋 56	杂交种	国家蔬菜工程技术研究中心
33	新二包头	杂交种	山西省农业科学院蔬菜研究所
34	京夏王	杂交种	国家蔬菜工程技术研究中心
35	豫新 60	杂交种	河南省农业科学院园艺种苗研究所

表 D.1（续）

序号	名称	类型	培育单位
36	青绿王	杂交种	辽宁园艺种苗有限公司
37	秋绿 55	杂交种	天津科润蔬菜研究所
38	津秋 78	杂交种	天津科润蔬菜研究所
39	科萌新青 2 号	杂交种	山西省农业科学院蔬菜研究所
40	豫早 1 号	杂交种	河南省农业科学院园艺种苗研究所
41	绿星大棵菜	杂交种	沈阳市绿星大白菜研究所
42	精选中白 81	杂交种	中国农业科学院蔬菜花卉研究所

本标准起草单位：山东省农业科学院作物研究所、农业部科技发展中心。

本标准主要起草人：李汝玉、张晗、王东建、张新明、郑永胜、孙加梅、宋国安、姚凤霞、许金芳、段丽丽、李华、王雪梅。

中华人民共和国农业行业标准

NY/T 2477—2013

百合品种鉴定技术规程　SSR分子标记法

Identification of lily varieties—SSR marker method

1　范围

本标准规定了利用简单重复序列(Simple sequence repeats)分子标记进行百合属(*Lilium* L.)品种鉴定的试验方法、数据记录及判定标准。

本标准适用于百合品种DNA分子标记SSR数据采集和品种鉴定。

2　规范性引用文件

下列文件对于本文件的应用是必不可少的。凡是注日期的引用文件,仅注日期的版本适用于本文件。凡是不注日期的引用文件,其最新版本(包括所有的修改单)适用于本文件。

NY/T 1656.6—2008　花卉检验技术规范

GB/T 19557.1　植物新品种特异性、一致性和稳定性测试指南　总则

3　术语和定义

下列术语和定义适用于本文件。

3.1

核心引物　core primers

指人工合成的,多态性、稳定性、重复性等综合特性较好,作为DNA指纹鉴定必须选用的一组引物。

3.2

参照品种　reference samples

参照品种是指多样性好,核心引物位点扩增片段大小已知的一组品种。参照品种用于比对待测样品在某个SSR位点上等位变异扩增片段的大小,校正不同仪器设备和不同实验室间检测数据的系统误差。参照品种以无性繁殖方式进行繁殖,专人保管。

4　原理

SSR广泛分布于百合基因组中,不同品种间每个SSR位点重复单位的数量可能不同。针对两侧序列高度保守的特点,设计一对特异引物,利用PCR技术(聚合酶链反应,Polymerase chain reaction)对重复序列进行扩增。在电泳过程中,由于SSR位点重复单位的数量不同引起的不同长度的PCR扩增片段在电场作用下得到分离,经硝酸银染色或者荧光染料标记加以区分。因此,根据SSR位点的多态性,利用PCR扩增和电泳技术可以鉴定百合品种。

5　仪器设备及试剂

仪器设备及试剂见附录A。

中华人民共和国农业部 2013-12-13 发布　　2014-04-01 实施

6 溶液配制

溶液配制方法见附录 B。

7 引物

引物相关信息见附录 C。

8 参照品种及其使用

参照品种的名单参见附录 D。

在进行等位变异检测时，应同时包括相应参照品种的 PCR 扩增产物。

注 1：同一名称不同来源的参照品种的某一位点上的等位变异可能不相同，在使用其他来源的参照品种时，应与原参照品种核对，确认无误后使用。

注 2：对于附录 C 中未包括的等位变异，应按本标准方法，确定其大小和对应参照品种。

9 操作程序

9.1 样品准备

9.1.1 按照 NY/T 1656.6—2008 的规定进行样品的准备。

9.1.2 从每份样品中随机抽取 5 株以上的个体，混合分析。

9.2 DNA 提取

从幼叶提取 DNA 可采用以下方法：

a) 选取 0.2 g 植株幼叶置于 1.5 mL 离心管中，加液氮研磨至粉末；
b) 离心管中加入 700 μL 预热(65℃)2% CTAB 提取液，轻摇混匀；
c) 65℃水浴 1 h，每隔 15 min 轻摇 1 次；
d) 冷却后加入 700 μL 氯仿—异戊醇(24∶1)，混匀 5 min；
e) 10 000 *g* 离心 10 min；
f) 吸取上清液到 1.5 mL 的离心管中，加入 700 μL 预冷异丙醇，混匀后置于 4℃沉淀 1 h 或 −20℃30 min；
g) 10 000 *g* 离心 10 min；
h) 弃上清液，用 75%乙醇洗涤后晾干；
i) 加入 100 μL ddH_2O，1 μL RNAase，37℃水浴 1 h；
j) 待充分溶解后，用 1%琼脂糖凝胶电泳检测 DNA 的浓度和纯度；
k) 稀释成工作液或−20℃保存备用；

注：以上为推荐的一种 DNA 提取方法。所获 DNA 质量能够符合 PCR 扩增需要的 DNA 提取方法都适用于本标准。

9.3 PCR 扩增

9.3.1 反应体系

反应体系总体积为 20 μL，反应组分配制见表 1。DNA 分析仪检测时，使用荧光标记引物，引物的荧光染料种类见附录 C。

表 1 PCR 扩增反应体系

反应组分	原浓度	加样体积，μL	终浓度
ddH_2O	—	12	—
DNA	20 ng/μL	3.0	3 ng/μL
正向引物	10 μmol/L	0.6	0.3 μmol/L

表 1（续）

反应组分	原浓度	加样体积，μL	终浓度
反向引物	10 μmol/L	0.6	0.3 μmol/L
10×Taq Buffer(含 Mg^{2+})	10×	2	1×
dNTPs	2.5 mmol/L	1.6	0.2 mmol/L
Taq DNA 聚合酶	5.0 U/μL	0.2	1 U

9.3.2 反应程序

反应程序可根据引物不同选下列程序中的一种，退火温度可根据附录 C 推荐的引物退火温度设定。

程序 1：94℃预变性 4 min；94℃变性 30 s，推荐的退火温度退火 30 s，72℃延伸 30 s，35 个循环；72℃延伸 7 min；4℃保存。

程序 2：降落(Touch down)PCR 扩增程序：94℃预变性 4 min；94℃变性 30 s，65℃退火 30 s，72℃延伸 30 s，10 个循环，每个循环降低 1℃；94℃变性 30 s，55℃退火 30 s，72℃延伸 30 s，30 个循环；72℃延伸 7 min；4℃保存。

9.4 等位变异检测

9.4.1 变性聚丙烯酰胺凝胶电泳与银染检测

9.4.1.1 清洗玻璃板

将长、短玻璃板清洗干净，用去离子水冲洗后晾干。用无水乙醇擦洗两遍，吸水纸擦干。在长板上涂 0.5 mL 亲和硅烷工作液，带凹槽的短板上涂 0.5 mL 剥离硅烷工作液。操作过程中防止两块玻璃板互相污染。

9.4.1.2 组装电泳板

待玻璃板彻底干燥后组装电泳板，并用水平仪调平。

9.4.1.3 灌胶

取 60 mL 6%的变性聚丙烯酰胺胶(根据不同型号的电泳槽确定胶的用量和合适的灌胶方式)，300 μL APS 和 60 μL TEMED 轻轻混匀，把板的一边抬起将胶缓缓的灌入。当胶到底部后将板放置水平，将梳子平端插入适当的位置，聚合 1 h 后用于电泳。灌胶过程中应防止出现气泡。

9.4.1.4 预电泳

将梳子小心拔出，并把碎胶清理干净，然后擦干净玻璃板。将电泳槽装配好后，在电泳槽中加入1× TBE。在恒功率 80 W 条件下预电泳 30 min。

9.4.1.5 变性

在 PCR 产物中加入 10 μL 6×加样缓冲液，混匀后，在 PCR 仪上 95℃变性 5 min，取出，迅速置于碎冰上，冷却 10 min 以上。

9.4.1.6 电泳

预电泳结束后，清除胶面的气泡及杂质，将鲨鱼齿梳齿端插入凝胶 2 mm。每一个加样孔点入 5 μL 样品。80 W 恒功率电泳至上部的指示带(二甲苯青)到达胶板的中、下部。电泳结束后，小心分开两块玻璃板。

注：具体功率大小根据电泳槽的规格型号和实验室室温设定。

9.4.1.7 银染

a) 固定：带凝胶长板在固定液中轻轻晃动 6 min；
b) 染色：染色液中轻轻摇晃 6 min；
c) 漂洗：蒸馏水快速漂洗 30 s；
d) 显影：显影液中轻轻晃动至带纹出现；
e) 定影：固定液定影 2 min；
f) 漂洗：蒸馏水漂洗 1 min。

9.4.2 毛细管电泳荧光检测

9.4.2.1 样品准备

将带有荧光标记的PCR产物稀释到合适的检测浓度，6-FAM和HEX荧光标记的PCR产物用超纯水稀释30倍，TAMRA和ROX荧光标记的PCR产物稀释10倍。

分别取等体积的上述4种稀释液混合，从中吸取1 μL加入到DNA分析仪深孔板孔中。板中各孔分别加入0.1 μL LIZ 500分子量内标和8.9 μL去离子甲酰胺。除待测样品外，还应同时包括参照品种的扩增产物。将样品在PCR仪上95℃变性5 min，立即取出置于冰浴中，冷却10 min以上。瞬时离心后，上机电泳。

注：不同荧光标记的扩增产物的适宜稀释倍数通过预试验确定。

9.4.2.2 开机准备

打开DNA分析仪，检查仪器工作状态，更换缓冲液，灌胶。将装有样品的深孔板置放于样品架基座上。打开数据收集软件。

9.4.2.3 编板

按照仪器操作程序，创建电泳板，输入电泳板名称，选择适合的程序和电泳板类型，输入样品编号或名称。

9.4.2.4 运行程序

启动运行程序，DNA分析仪自动收集记录毛细管电泳数据。

10 等位变异数据采集

10.1 数据格式

样品每个SSR位点的等位变异采用扩增片段大小的形式表示。

10.2 变性聚丙烯凝胶电泳与银染检测方法

将待测样品和相应的参照品种某一位点扩增片段的带型和移动位置进行比较，根据参照品种的移动位置和扩增片段大小，确定待测样品该位点的等位变异大小。

10.3 毛细管电泳荧光检测

使用DNA分析仪的片段分析软件，读出待测品种与对应参照品种的等位变异数据。比较参照品种的等位变异大小数据与附录C中参照品种相应的数据，两者之间的差值为系统误差。从待测样品的等位变异数据中去除该系统误差，得到的数据即为待测样品该位点的等位变异大小。

10.4 结果记录

纯合位点的等位变异扩增片段数据记录为 X/X，其中 X 为该位点等位变异扩增片段大小；杂合位点的等位变异扩增片段数据记录为 X/Y，其中 X、Y 分别为该位点上2个不同的等位变异，小片段数据在前，大片段数据在后；无效位点的等位变异数据记录为0/0。

示例1：

一个品种的一个SSR位点为纯合位点，等位变异扩增片段大小为120 bp，则该品种在该位点上的等位变异扩增片段数据记录为120/120；

示例2：

一个品种的一个SSR位点为杂合位点，2个等位变异扩增片段大小分别为120 bp、126 bp，则该品种在该位点上的等位变异扩增片段数据记录为120/126。

11 判定标准

品种鉴定包括对2个或2个以上的品种同时进行检测（“直接比较”）和对待测品种进行检测后利用其检测数据和数据库中品种的数据进行比对（“数据库比较”）两种情况。后者也适用于新品种测试中利用SSR标记选择近似品种的情况。

11.1 直接比较

用附录 C 中 20 对核心引物检测，获得待测品种在这些引物位点的等位变异数据，利用这些数据进行品种间比较：

a) 品种间差异位点数≥3，判定为不同品种；

b) 品种间差异位点数=2 或 1，判定为相近品种；

c) 品种间差异位点数=0，判定为疑同品种。

对于 11.1 b)和 11.1 c) 的情况，应按照 GB/T 19557.1 给出的原则进行田间试验，确定品种间在形态性状上是否存在明显差异。

11.2 数据库比较

先用附录 C 中 20 对核心引物检测，获得待测品种在上述引物位点的等位变异数据，利用这些数据和数据库中品种进行比较：

a) 品种间差异位点数≥3，判定为不同品种；

b) 品种间差异位点数=2 或 1，判定为相近品种；

c) 品种间差异位点数=0，判定为疑同品种。

对于 11.2 b)和 11.2 c)的情况，应按照 GB/T 19557.1 的规定进行田间试验，确定品种间在形态性状上是否存在明显差异。

附　录　A
（规范性附录）
仪器设备及试剂

A.1　仪器设备

A.1.1　PCR 扩增仪。

A.1.2　测序电泳槽及配套的制胶附件。

A.1.3　高压电泳仪。

A.1.4　水平摇床。

A.1.5　胶片观察灯箱。

A.1.6　电子天平。

A.1.7　微量移液器。

A.1.8　磁力搅拌器。

A.1.9　电磁炉。

A.1.10　微波炉。

A.1.11　高压灭菌锅。

A.1.12　pH 酸度计。

A.1.13　台式高速离心机。

A.1.14　制冰机。

A.1.15　凝胶成像系统或紫外透射仪。

A.1.16　DNA 分析仪：基于毛细管电泳，有 DNA 片段分析功能和数据分析软件，能够分辨 1 个核苷酸的差异。

A.1.17　水浴锅或金属浴。

A.1.18　冰箱。

A.1.19　紫外分光光度计。

A.2　试剂

A.2.1　乙二胺四乙酸二钠。

A.2.2　Tris 碱。

A.2.3　浓盐酸。

A.2.4　氢氧化钠。

A.2.5　Taq DNA 聚合酶 Buffer：含 Mg^{2+}。

A.2.6　四种脱氧核苷酸（dNTPs）。

A.2.7　Taq DNA 聚合酶。

A.2.8　SSR 引物。

A.2.9　去离子甲酰胺。

A.2.10　溴酚蓝。

A.2.11　二甲苯青。

A.2.12　蔗糖。

A.2.13　甲叉双丙烯酰胺。

A.2.14　丙烯酰胺。

A.2.15　硼酸。

A.2.16　尿素。

A.2.17　亲和硅烷:97%。

A.2.18　剥离硅烷:2%二甲基二氯硅烷。

A.2.19　无水乙醇。

A.2.20　四甲基乙二胺(TEMED)。

A.2.21　过硫酸铵。

A.2.22　冰醋酸。

A.2.23　硝酸银。

A.2.24　甲醛溶液。

A.2.25　十六烷基三乙基溴化铵(CTAB)。

A.2.26　聚乙烯吡咯烷酮(PVP)。

A.2.27　氯仿。

A.2.28　异戊醇。

A.2.29　异丙醇。

A.2.30　RNA 酶。

A.2.31　琼脂糖。

A.2.32　液氮。

A.2.33　LIZ-500 分子量内标。

A.2.34　DNA 分析仪用丙烯酰胺胶液(POP-4 胶)。

A.2.35　DNA 分析仪用光谱校准基质,包括 6-FAM、TAMRA、HEX 和 ROX 4 种荧光标记的 DNA 片段。

A.2.36　DNA 分析仪专用电泳缓冲液。

附 录 B
(规范性附录)
溶 液 配 制

B.1 DNA 提取溶液的配制

B.1.1 0.5 mol/L EDTA 溶液

称取 186.1 g $Na_2EDTA \cdot 2H_2O$ 溶于 800 mL 水中,用固体 NaOH 调 pH 至 8.0,定容至 1 000 mL,高压灭菌。

B.1.2 1 mol/L Tris-HCl 溶液

称取 60.55 g Tris 碱溶于适量水中,加 HCl 调 pH 至 8.0,定容至 500 mL,高压灭菌。

B.1.3 0.5 mol/L HCl 溶液

量取 25 mL 浓盐酸,加水定容至 500 mL。

B.1.4 2%CTAB

分别称取 CTAB 20 g,NaCl 81.816 g,PVP 20 g,分别量取 1 mol/ L Tris-HCl 溶液(pH8.0) 100 mL,0.5 mol/ L EDTA 溶液(pH8.0) 40 mL,定容至 1 000 mL。

B.1.5 5 mol/L NaCl 溶液

称取 146 g 固体 NaCl 溶于水中,加水定容至 500 mL。

B.1.6 氯仿—异戊醇(24∶1)

分别量取 240 mL 氯仿和 10 mL 异戊醇,将两者混匀。

B.2 PCR 扩增溶液的配制

B.2.1 SSR 引物

用超纯水分别配制前引物和后引物终浓度均为 10 μmol/ L 的储存液,各量取 10 μL 混合。

注:干粉配制前应首先快速离心。

B.2.2 6×加样缓冲液

分别量取去离子甲酰胺 49 mL,0.5 mol/ L 的 EDTA 溶液(pH8.0)1 mL,分别称取溴酚蓝 0.125 g,二甲苯青 0.125 g,蔗糖 40 g,将各组分混匀。

B.3 变性聚丙烯酰胺凝胶电泳溶液的配制

B.3.1 40%PAGE 胶

分别称取 190 g 丙烯酰胺和 10 g 甲叉双丙烯酰胺,加水定容至 500 mL。

B.3.2 6.0% PAGE 胶

称取 420 g 尿素,分别量取 10×TBE 缓冲液 100 mL 和 40% PAGE 胶 150 mL,定容至 1 000 mL。

B.3.3 亲和硅烷缓冲液

分别量取 49.75 mL 无水乙醇和 250 μL 冰醋酸,加水定容至 50 mL。

B.3.4 亲和硅烷工作液

在 1 mL 亲和硅烷缓冲液中加入 5 μL Binding 原液,混匀。

B.3.5 剥离硅烷工作液

2%二甲基二氯硅烷。

B.3.6 10%过硫酸铵溶液

称取 10 g 过硫酸铵加水定容至 100 mL，分装到 2 mL 离心管中，在 4℃最多保存 2 周～3 周，若需长期保存应置于－20℃。

B.3.7 10×TBE 缓冲液

分别称取 Tris 碱 108 g，硼酸 55 g，量取 0.5 mol/L EDTA 溶液 37 mL，定容至 1 000 mL。

B.3.8 1×TBE 缓冲液

量取 10×TBE 缓冲液 500 mL，加水定容至 5 000 mL。

B.4 银染溶液的配制

B.4.1 固定液

量取 200 mL 无水乙醇，10 mL 冰醋酸，加水定容至 1 000 mL。

B.4.2 染色液

称取 3 g 硝酸银，量取 3 mL 甲醛，加水定容至 2 000 mL。

B.4.3 显影液

称取 30 g 氢氧化钠，量取 4 mL 甲醛，加水定容至 2 000 mL。

附 录 C
(规范性附录)
核 心 引 物

核心引物(20 对)见表 C.1。

表 C.1 核心引物(20 对)

引物名称	引物序列(5′→3′)	荧光标记	退火温度 ℃	SSR 扩增片段 bp	参照品种
ivflmre125	F:GCTTGTCTTTCTCTGCTGTCT R:GAGATCCGACGTTATTTATGC	5′6-FAM	55	172 199	'Siberia' 'Brunello'
ivflmre141	F:AAAACTCAACACGGATCACA R:GCCATCCAATTCTTCTCCTA	5′HEX	61	140 147 173	'Brunello' *Lilium davidi* var. *unicolor L. regale*
ivflmre407	F:GCATAAGTACCCACAACACA R:TCGTGTGAATCTTGCCAAT	5′TAMRA	59	140 142 145 215	'Red Latin' 'Ceb Dazzle' 'Brunello' 'Yelloween'
ivflmre422	F:GAAATAAATCCCACCCAA R:CTGACAACTCCAGCCAAC	5′ROX	56	112 118 124	*L. pumilum* 'Val di sole' 'White Heaven'
ivflmre79	F:CAAAGCCTATGATAAACGCA R:GCTCGTTCTCAAGTTATCCAT	5′6-FAM	51	379 423 471	'Siberia' 'Royal Sunset' 'Sorbonne'
ivflmre100	F:CTCCTTCCCCAGAAAACCA R:TGACTAAAATGAAGAGGACGG	5′HEX	56	178 184 190 195 201	'White Triumph' 'Serano' 'Sorbonne' *L. regale* 'White Heaven'
ivflmre136	F:TCTCTTCGTCTTCCATTGTG R:ATCCTTGCTCACCTCCTCTG	5′TAMRA	59	174 180 186 192	'Siberia' 'Serano' 'White Triumph' 'Royal Sunset'
ivflmre138	F:ATCCCTGGTCTTCTTCATTG R:GACTGTCTGGAGAGGGATGT	5′ROX	52	199 205 211	'Ceb Dazzle' 'Pink Perfection' 'Robina'
ivflmre179	F:GCGAGCGTGTCAATAATAAC R:CATCCCTACATCAAGACCGT	5′6-FAM	55	185 188 191	'White Heaven' *L. regale* *L. henryii*
ivflmre302	F:GATCCGAAGGACCCGTTAAG R:AACAACTACAGGGCGAGGGT	5′HEX	64	208 216 233	'Red Latin' 'Mombasa' 'Triumphator'
ivflmre342	F:GAAGAGCTCCGCCAGTTG R:TTCCGATCCCCATCATTGC	5′TAMRA	63	158 161	'Siberia' *L. regale*
ivflmre381	F:GCGGGATCTCGCAGTTCT R:GTCGCAGTCTTCAAAGTCGT	5′ROX	59	244 250 253	'Black Bird' *L. pumilum* *L. davidi* var. *unicolor*

表 C.1（续）

引物名称	引物序列（5′→3′）	荧光标记	退火温度 ℃	SSR 扩增片段 bp	参照品种
ivflmre486	F:GCCCAACCCACTCTTCCT R:GCTGCTGAATATGCCCTC	5′6-FAM	56	101 105 110	'Ceb Dazzle' 'Sorbonne' *L. henryii*
ivflmre588	F:GCTGCTCACCGCCTCTATC R:ATCCACAGCCACCGCAAC	5′HEX	59	108 111 116	'Mestre' 'Siberia' *L. concolor*
ivflmre725	F:TCTCCGGCATACCAAATC R:GCGTACCTGCTCCTGTTC	5′TAMRA	54	135 156 162 174	'Ceb Dazzle' 'Black Bird' 'Robina' *L. henryii*
ivflmre738	F:CATACATCCATCCGATTACA R:TGGTTTCATGACGTTCGT	5′ROX	51	195 197 206 209 214 216	'Brunello' 'Brunello' *L. davidi* var. *unicdor* *L. davidi* var. *unicdor* 'Siberia' 'Robina'
ivflmre768	F:CACTGGTGCTGTCAGAAACT R:ATCTAAGCCCATCTTGTTCA	5′6-FAM	52	168 174 180 185	'Pink Perfection' 'Black Bird' 'White Heaven' 'Val di sole'
ivflmre771	F:AAATGAACCACGCCTGCA R:CCATAGTTTCAACCACATCATC	5′HEX	52	227 230 233	'Yelloween' 'White Heaven' 'Yelloween'
ivflmre1014	F:CCAGTGACTCCCTGTTCG R:TTTGTGGCAGTGAGACCTT	5′TAMRA	64	218 239	'Pink Perfection' 'Triumphator'
ivflmre1024	F:AACAAACATCGGCAATCA R:ATGCGATGGGAGTAGGAG	5′ROX	56	261 264 273 280	*L. regale* 'Robina' 'Black Bird' 'Val di sole'

附 录 D
(资料性附录)
参 照 品 种 名 单

参照品种名单见表 D.1。

表 D.1 参照品种名单

序号	参照品种名称	序号	参照品种名称
1	'Ceb Dazzle'	13	'Mestre'
2	'Royal Sunset'	14	'Mombasa'
3	'Brunello	15	'Triumphator'
4	'Yelloween'	16	'White Triumph'
5	'Siberia'	17	'Gold City'
6	'Sorbonne'	18	'Serano'
7	'Robina'	19	*LiLium regale*
8	'White heaven'	20	*L. henryii*
9	'Black Bird'	21	*L. davidi* var *unicdor cotton*
10	'Navona'	22	*L. concolor*
11	'Red Latin'	23	*L. pumilum*
12	'Val di sole'	24	'Pink perfection'

本标准起草单位:中国农业科学院蔬菜花卉研究所、农业部科技发展中心。
本标准主要起草人:明军、葛亮、袁素霞、刘春、徐雷锋。

中华人民共和国农业行业标准

NY/T 2478—2013

苹果品种鉴定技术规程 SSR分子标记法

Identification of apple variety—SSR marker method

1 范围

本标准规定了利用简单重复序列(Simple sequence repeats,SSR)分子标记进行苹果(*Malus domestica* Borkh.)品种鉴定的试验方法、数据采集及判定方法。

本标准适用于基于SSR分子标记的苹果品种DNA分子数据采集和品种鉴定。

2 规范性引用文件

下列文件对于本文件的应用是必不可少的。凡是注日期的引用文件,仅注日期的版本适用于本文件。凡是不注日期的引用文件,其最新版本(包括所有的修改单)适用于本文件。

GB/T 19557.1 植物新品种特异性、一致性和稳定性测试指南 总则

GB/T 19557.4 植物新品种特异性、一致性和稳定性测试指南 苹果

3 术语和定义

下列术语和定义适用于本文件。

3.1

核心引物 core primer

指人工合成的,多态性、稳定性、重复性等综合特性较好,作为统一用于品种DNA指纹鉴定必须选用的一套SSR引物。

3.2

参照品种 reference variety

参照品种是指多样性好,核心引物位点扩增片段大小已知的一组品种。参照品种用于比对待测样品在某个SSR位点上等位变异扩增片段的大小,校正不同仪器设备和不同实验室间检测数据的系统误差。

4 原理

SSR广泛分布于苹果基因组中,不同品种间每个SSR位点重复单位的数量可能不同。针对两侧序列高度保守的特点,设计一对特异引物,利用PCR(聚合酶链反应,Polymerase chain reaction)技术对重复序列进行扩增。在电泳过程中,由于SSR位点重复单位的数量不同引起的不同长度的PCR扩增片段,在电场作用下得到分离,经硝酸银染色或者荧光染料标记加以区分。因此,根据SSR位点的多态性,利用PCR扩增和电泳技术可以鉴定苹果品种。

中华人民共和国农业部 2013-12-13 发布 2014-04-01 实施

5 仪器设备及试剂

仪器设备及试剂见附录 A。

6 溶液配制

溶液配制方法见附录 B。

7 引物

引物相关信息见附录 C。

8 参照品种及其使用

参照品种的名单及代码参见附录 D。在进行等位变异检测时，应同时包括相应参照品种的 PCR 扩增产物。

注 1：同一名称不同来源的参照品种的某一位点上的等位变异可能不相同，在使用其他来源的参照品种时，应与原参照品种核对，确认无误后使用。

注 2：对于附录 D 中未包括的等位变异，应按本标准方法，确定其大小和对应参照品种。

9 操作程序

9.1 样品准备

每份样品检测 3 个单株，进行混合分析。

9.2 DNA 提取

a) 称取苹果幼嫩叶片 0.25 g，放入−20℃预冷的研钵中，加入液氮迅速研磨多次，至粉末状后，立即装入 2 mL 离心管中，依次加入 1.5 mL 预热(70℃)的 2% CTAB 提取缓冲液、150 μL 经预热(70℃)的 CTAB / NaCl 溶液、45 μL β-巯基乙醇(V∶V)，充分摇匀；

b) 65℃恒温水浴 1 h，期间每隔 10 min 摇动 1 次。于 4℃12 000 *g* 离心 15 min；

c) 取上清液，加入等体积的氯仿—异戊醇(24∶1，V∶V)，轻轻颠倒混匀，静置 10 min，12 000 *g*，4℃离心 15 min；

d) 上清液转入另 1 个 2 mL 离心管中，加入 2 倍体积−20℃预冷的无水乙醇，颠倒混匀，在−20℃下静置 30 min；12 000 *g*，4℃离心 15 min，弃上清液；

e) 沉淀的 DNA 用 70%乙醇洗涤 2 次，再用 500 μL 无水乙醇浸泡清洗 1 次；弃乙醇，离心管置于超净工作台风干，溶于 200 μL 双蒸水中，加 10 g/L 的 Rnase 1 μL，37℃温浴 30 min；

f) 再加入等体积的氯仿—异戊醇(24∶1，V∶V)，轻轻混匀，12 000 *g* 常温离心 15 min；取上清液，加入 2 倍体积−20℃预冷的无水乙醇，颠倒混匀，−20℃静置 30 min；12 000 *g* 常温离心 15 min，弃去上清液；

g) 用 75 %乙醇浸泡清洗沉淀 2 次，风干，将沉淀物溶解于 200 μL 双蒸水中，−20℃保存备用。

注：其他所获 DNA 质量能够满足 PCR 扩增需要的 DNA 提取方法都适用于本标准。

9.3 PCR 扩增

9.3.1 反应体系

15 μL 的反应体系含每种 dNTP 0.20 mmol/L，正向引物 0.27 μmol/L，反向引物 0.27 μmol/L，Taq DNA 聚合酶 1.0 U，1×PCR 缓冲液(不含 Mg^{2+})，$MgCl_2$ 1.5 mmol/L，样品 DNA 6 ng/μL。

利用毛细管电泳荧光检测时使用荧光标记引物。引物的荧光染料种类见附录 C。

9.3.2 反应程序

94℃预变性 4 min；94℃变性 45 s，45℃～60℃(根据附录 C 推荐的引物退火温度设定)退火 45 s，

72℃延伸 50 s,共 35 个循环;72℃延伸 10 min;4℃保存。

9.4 PCR 产物检测

9.4.1 普通变性聚丙烯酰胺凝胶电泳(PAGE)检测。

9.4.1.1 清洗玻璃板

将玻璃板清洗干净,用去离子水冲洗后晾干。用无水乙醇擦洗 2 遍,吸水纸擦干。在长板上涂 0.5 mL亲和硅烷工作液,带凹槽的短板上涂 0.5 mL 剥离硅烷工作液。操作过程中防止 2 块玻璃板互相污染。

9.4.1.2 组装电泳板

待玻璃板彻底干燥后组装电泳板,并用水平仪调平。

9.4.1.3 灌胶

在 60 mL 6.0% PAGE 胶液中分别加入 600 μL 10 %的过硫酸铵和 60 μL TEMED,轻轻混匀后,灌胶。灌胶过程中防止出现气泡。待胶液充满玻璃板夹层,将 0.4 mm 厚鲨鱼齿梳齿平齐端向里轻轻插入胶液约 0.4 cm。胶液在室温下聚合 2 h 以上。胶聚合后,清理胶板表面溢出的胶液,轻轻拔出梳子,用水清洗干净备用。

9.4.1.4 预电泳

将玻璃板与电泳槽组装,在正极槽(下槽)中加入 1×TBE 缓冲液 800 mL,在负极槽(上槽)加入 1×TBE 缓冲液 1 000 mL(缓冲液具体用量视电泳槽型号而定)。80 W 恒功率预电泳 30 min。

9.4.1.5 变性

在 PCR 产物中加入 2 μL 6×加样缓冲液,混匀后,在 PCR 仪上 95℃变性 5 min,取出,迅速置于碎冰上,冷却 10 min。

9.4.1.6 电泳

清除凝胶顶端气泡。将鲨鱼齿梳齿端插入凝胶 2 mm。每一个加样孔点入 2 μL~4 μL 扩增产物,在胶板两侧点入 DNA Marker。除待测样品外,还应同时加入参照品种的扩增产物。在 60 W~80 W 恒功率下电泳,使凝胶温度保持在约 50℃。电泳 1.5 h~2.5 h(电泳时间取决于扩增片段的大小范围)。

注:具体功率大小根据电泳槽的规格型号和实验室室温设定。

9.4.1.7 银染

a) 固定:电泳结束后,小心分开 2 块玻璃板,将附着凝胶的玻璃板浸入固定液中,在摇床上 30 *g* 固定 20 min;
b) 漂洗:取出胶板,放入水洗框中,用蒸馏水漂洗 2 次,每次漂洗 30 s;
c) 染色:从水洗框中取出胶板,放入染色液中,在摇床上 30 *g* 染色 20 min;
d) 漂洗:取出胶板,放入水洗框中,用蒸馏水漂洗 1 次,时间不超过 10 s;
e) 显影:将胶板放入显影液中,在摇床上 30 *g* 显影;
f) 定影:待条带清晰后,将胶板放入固定液中定影 5 min;
g) 漂洗:用蒸馏水漂洗胶板 10 s。

9.4.2 毛细管电泳荧光检测

9.4.2.1 样品准备

将 5′FAM 荧光标记的 PCR 产物用超纯水稀释 30 倍,HEX 荧光标记的 PCR 产物稀释 15 倍,TAMRA 荧光标记的 PCR 产物稀释 10 倍,ROX 荧光标记的 PCR 产物稀释 5 倍。分别取等体积的上述 4 种稀释后 PCR 产物混合,从混合液中吸取 1 μL 加入到 DNA 分析仪专用深孔板孔中。在板中各孔分别加入 0.1 μL LIZ500 分子量内标和 8.9 μL 去离子甲酰胺。将样品在 PCR 仪上 95℃变性 5 min,迅速取出置于碎冰上,冷却 10 min。瞬时离心 10 s 后上机电泳。

除待测样品外,每个 SSR 位点还应同时包括 2 个~3 个参照品种的扩增产物。

注：不同荧光标记的扩增产物的最适稀释倍数最好通过毛细管电泳荧光检测预试验确定。

9.4.2.2 开机准备

打开 DNA 分析仪，检查仪器工作状态，更换缓冲液，灌胶。将装有样品的深孔板置放于样品架基座上。打开数据收集软件。

9.4.2.3 编板

按照仪器操作程序，创建电泳板，输入电泳板名称，选择适合的程序和电泳板类型，输入样品编号或名称。

9.4.2.4 运行程序

启动运行程序，DNA 分析仪自动收集记录毛细管电泳数据。

10 等位变异数据采集

10.1 数据表示

样品每个 SSR 位点的等位变异采用扩增片段大小的形式表示。

10.2 变性聚丙烯酰胺凝胶电泳与银染检测

将待测样品某一位点扩增片段的带型和移动位置与对应的参照品种进行比较，与待测样品扩增片段带型和移动位置相同的参照品种的片段大小即为待测样品该引物位点的等位变异大小。

10.3 毛细管电泳荧光检测

使用 DNA 分析仪的片段分析软件，读出每个位点每个样品的等位变异大小数据。通过使用参照品种，消除不同型号 DNA 分析仪间可能存在的系统误差。比较参照品种的等位变异大小数据与附录 C 中的相应数据。两者的差数为系统误差的大小。从待测样品的等位变异数据中去除该系统误差，获得的数据即为待测样品的等位变异大小。

10.4 结果记录

纯合位点的等位变异大小数据记录为 X/X，其中 X 为该位点等位变异的大小；杂合位点的等位变异数据记录为 X/Y，其中 X、Y 分别为该位点上两个不同的等位变异，小片段数据在前，大片段数据在后；无效等位变异的大小记录为 0/0。

示例 1：

一个品种的一个 SSR 位点为纯合位点，等位变异大小为 120 bp，则该品种在该位点上的等位变异数据记录为 120/120。

示例 2：

一个品种的一个 SSR 位点为杂合位点，两个等位变异大小分别为 120 bp 和 126 bp，则该品种在该位点上的等位变异数据记录为 120/126。

11 判定方法

用附录 C 中引物进行检测，将获得的待测品种等位变异数据进行品种间比较或与数据库中品种比较，判定方法如下：

a) 品种间相似度≤90%，判定为不同品种；
b) 品种间相似度为 90%＜S＜100%时，判定为近似品种；
c) 品种间相似度＝100%，判定为疑同品种。

品种相似度(S)按式(1)计算。

$$S=\frac{2N_{ij}}{N_i+N_j}\times 100 \qquad (1)$$

式中：

S ——相似度，单位为百分率(%)；

N_{ij}——品种 i 和 j 之间共同的等位变异数目；

N_i——品种 i 中出现的等位变异数目；

N_j——品种 j 中出现的等位变异数目。

对于 11 b)和 11 c)情况，按照 GB/T 19557.1 和 GB/T 19557.4 的规定进行田间鉴定。

附 录 A
(规范性附录)
仪器设备及试剂

A.1 主要仪器设备

A.1.1 高压灭菌锅。

A.1.2 PCR扩增仪。

A.1.3 电泳槽及配套的制胶附件。

A.1.4 高压电泳仪。

A.1.5 DNA分析仪。

A.1.6 台式高速离心机。

A.1.7 凝胶成像系统或紫外透射仪。

A.1.8 水浴锅。

A.1.9 制冰机。

A.1.10 紫外分光光度计。

A.1.11 微量移液器。

A.1.12 水平摇床。

A.1.13 胶片观察灯。

A.1.14 电子天平(精确到0.01 g)。

A.1.15 酸度计。

A.2 试剂

除非另有说明,在分析中均使用分析纯试剂。

A.2.1 乙二胺四乙酸二钠(EDTA)。

A.2.2 三羟甲基氨基甲烷(Tris)。

A.2.3 浓盐酸。

A.2.4 氢氧化钠。

A.2.5 去离子甲酰胺。

A.2.6 溴酚蓝。

A.2.7 二甲苯青。

A.2.8 氯仿。

A.2.9 异戊醇。

A.2.10 甲叉双丙烯酰胺。

A.2.11 丙烯酰胺。

A.2.12 硼酸。

A.2.13 尿素。

A.2.14　亲和硅烷。

A.2.15　剥离硅烷。

A.2.16　二甲基二氯硅烷。

A.2.17　无水乙醇。

A.2.18　四甲基乙二胺(TEMED)。

A.2.19　过硫酸铵(APS)。

A.2.20　冰醋酸。

A.2.21　硝酸银。

A.2.22　甲醛。

A.2.23　十六烷基三乙基溴化铵(CTAB)。

A.2.24　聚乙烯吡咯烷酮(PVP)。

A.2.25　缓冲液(不含 Mg^{2+})。

A.2.26　四种脱氧核苷酸(dNTPs)。

A.2.27　*Taq* DNA 聚合酶。

A.2.28　SSR 引物。

A.2.29　去离子水。

A.2.30　LIZ-500 分子量内标。

A.2.31　DNA 分析仪用丙烯酰胺胶液。

A.2.32　DNA 分析仪用光谱校准基质，包括 6-FAM、TAMRA、HEX 和 ROX 4 种荧光标记的 DNA 片段。

A.2.33　DNA 分析仪专用电泳缓冲液。

附 录 B
（规范性附录）
溶 液 配 制

B.1 DNA 提取溶液的配制

DNA 提取溶液的配置使用超纯水。

B.1.1 1 mol/L 氢氧化钠溶液

称取 40.0 g 氢氧化钠，溶于 800 mL 水中，冷却至室温，定容至 1 000 mL。

B.1.2 0.5 mol/L 乙二胺四乙酸二钠溶液（pH 8.0）

称取 186.1 g 乙二胺四乙酸二钠盐，加入 800 mL 水，再加入 20 g 氢氧化钠，搅拌。待乙二胺四乙酸二钠盐完全溶解后，冷却至室温。再用氢氧化钠溶液（1 mol/L）准确调 pH 至 8.0，定容至 1 000 mL。在 103.4 kPa（121℃）条件下灭菌 20 min。

B.1.3 0.5 mol/L 盐酸（HCl）溶液

量取 25 mL 浓盐酸置于容量瓶中，加水定容至 500 mL。

B.1.4 1 mol/L 三羟甲基氨基甲烷盐酸溶液（pH 8.0）

称取 60.55 g Tris 碱溶于约 400 mL 水中，加盐酸溶液（0.5 mol/L）调 pH 至 8.0，加水定容至 500 mL，在 103.4 kPa（121℃）条件下灭菌 20 min。

B.1.5 2%（W/V）十六烷基三甲基溴化铵（2×CTAB）溶液

分别称取 20 g 十六烷基三甲基溴化铵、81.816 g 氯化钠和 20 g 聚乙烯吡咯烷酮溶于约 700 mL 水中，加入 100 mL 三羟甲基氨基甲烷盐酸溶液（1 mol/L，pH 8.0）和 40 mL 乙二胺四乙酸二钠溶液（0.5 mol/L，pH 8.0），加水定容至 1 000 mL。

B.1.6 5 mol/L NaCl 溶液

称取 292.2 g 氯化钠，加入 750 mL 水中，在磁力搅拌器上搅拌溶解，加水定容至 1 000 mL，在 103.4 kPa 灭菌 20 min。

B.2 PCR 扩增溶液的配制

PCR 扩增相关溶液的配制使用超纯水。

B.2.1 SSR 引物稀释

开盖前瞬时离心 10 s，按说明书分别配制前引物和后引物终浓度均 100 μmol/L 的储存液，各取 10 μL 混合，加 80 μL 水定容至终浓度各 10 μmol/L 的工作液。

B.3 变性聚丙烯酰胺凝胶电泳相关溶液的配制

变性聚丙烯酰胺凝胶电泳相关溶液的配制使用超纯水。

B.3.1 40%（W/V）丙烯酰胺溶液

分别称取 190 g 丙烯酰胺和 10 g 甲叉双丙烯酰胺溶于约 400 mL 水中，加水定容至 500 mL，置于棕色瓶中 4℃储存。

B.3.2 6.0%变性 PAGE 胶

称取 42 g 尿素溶于约 60 mL 水中，分别加入 10 mL 10×TBE 缓冲液、15 mL 40%丙烯酰胺溶液、

150 μL 10%过硫酸铵(新鲜配制)和 50 μL 四甲基乙二胺,加水定容至 100 mL。

B.3.3 亲和硅烷工作液

吸取 1 mL 无水乙醇,加入 10 μL 亲和硅烷和 10 μL 冰醋酸,混匀。

B.3.4 剥离硅烷工作液

量取 2 mL 的二甲基二氯硅烷,加 8 mL 的三氯甲烷,混匀。

B.3.5 10%过硫酸铵溶液

称取 0.1 g 过硫酸铵溶于 1 mL 水中。

B.3.6 10×TBE 缓冲液

分别称取 108 g 三羟甲基氨基甲烷和 55 g 硼酸溶于约 800 mL 水中,加入 37 mL 乙二胺四乙酸二钠溶液(0.5 mol/L),加水定容至 1 000 mL。

B.3.7 1×TBE 缓冲液

量取 500 mL 的 10×TBE 缓冲液,加水定容至 5 000 mL。

B.3.8 6×加样缓冲液

分别称取 0.125 g 溴酚蓝和 0.125 g 二甲苯青,置于烧杯中,加入 49 mL 去离子甲酰胺和 1 mL 乙二胺四乙酸二钠溶液(0.5 mol/L,pH 8.0),搅拌混匀。

B.4 银染溶液的配制

银染溶液的配置使用蒸馏水。

B.4.1 固定液

量取 100 mL 冰醋酸,加水定容至 1 000 mL。

B.4.2 染色液

称取 1 g 硝酸银,溶于 1 000 mL 水中。

B.4.3 显影液

称取 10 g 氢氧化钠溶于 1 000 mL 水中,用前加 2 mL 甲醛。

附　录　C
（规范性附录）
核　心　引　物

核心引物(35对)见表C.1。

表C.1　核心引物(35对)

位点	连锁群	引物序列(5′→3′)	荧光	退火温度 ℃	等位变异 bp	参照品种代码
CH03d07	6	正向引物： CAAATCAATGCAAAACTGTCA 反向引物： GGCTTCTGGCCATGATTTTA	5′FAM	48	182	6
					184	32
					186	20
					188	3
					198	4
					202	12
					214	6
					220	25
					222	5
					224	35
NZ02b1	15	正向引物： CCGTGATGACAAAGTGCATGA 反向引物： ATGAGTTTGATGCCCTTGGA	5′FAM	53	137	17
					211	13
					215	37
					225	39
					227	20
					233	35
					235	40
CH05c04	13	正向引物： CCTTCGTTATCTTCCTTGCATT 反向引物： GAGCTTAAGAATAAGAGAAGGGG	5′HEX	53	168	17
					178	15
					182	4
					190	10
					196	2
					204	8
					206	36
					212	6
					214	14
					254	38
Hi12c02	1	正向引物： GCAATGGCGTTCTAGGATTC 反向引物： GTTTCACCAACAGCTGGGACAAG	5′TAMRA	57	154	31
					169	27
					178	38
					181	13
					190	8
					214	14

表 C.1（续）

位点	连锁群	引物序列(5′→3′)	荧光	退火温度 ℃	等位变异 bp	参照品种代码
CH05c07	9	正向引物： TGATGCATTAGGGCTTGTACTT 反向引物： GGGATGCATTGCTAAATAGGAT	5′ROX	52	112 122 126 134 138 140 148 150 168 178 190	9 5 34 5 3 9 8 5 9 15 15
CH04a12	11	正向引物： CAGCCTGCAACTGCACTTAT 反向引物： ATCCATGGTCCCATAAACCA	5′HEX	53	161 169 173 175 178 181 184 192 194 202	9 6 3 2 4 15 38 34 11 37
CH04c10	17	正向引物： GGGTTAGGTTGTCTTCTCTCCT 反向引物： GCTTCTCGGGTGAGTTTTTC	5′TAMRA	54	121 131 133 135 141 147 155 159 163 167 173 179 185 187	13 7 20 8 26 2 9 4 26 24 9 11 32 4
CH02g09	8	正向引物： TCAGACAGAAGAGGAACTGTATTTG 反向引物： CAAACAAACCAGTACCGCAA	5′ROX	53	108 112 120 136 138 154 168	5 6 6 20 5 14 10
CH01g05	14	正向引物： CATCAGTCTCTTGCACTGGAAA 反向引物： GACAGAGTAAGCTAGGGCTAGGG	5′HEX	58	134 136 140 142 148 154 164	13 12 27 7 13 20 6 7

表 C.1（续）

位点	连锁群	引物序列(5′→3′)	荧光	退火温度 ℃	等位变异 bp	参照品种代码
CH04e03	5	正向引物： TTGAAGATGTTTGGCTGTGC 反向引物： TGCATGTCTGTCTCCTCCAT	5′FAM	54	176	20
					186	1
					194	4
					196	7
					200	21
					202	26
					206	5
					208	6
					220	10
CH04d08	11	正向引物： AATTCCACATTCACGCATCT 反向引物： TTGAAAGACGGAAACGATCA	5′TAMRA	49	114	29
					116	10
					120	20
					124	10
					130	40
					132	26
					134	40
					136	23
					140	7
CH04f10	16	正向引物： GTAATGGAAATACAGTTTCACAA 反向引物： TTAAATGCTTGGTGTGTTTTGC	5′FAM	50	185	36
					191	32
					213	18
					221	4
					227	1
					237	20
					239	9
					241	28
					243	11
					245	13
					249	7
CH04g07	11	正向引物： CCCTAACCTCAATCCCCAAT 反向引物： ATGAGGCAGGTGAAGAAGGA	5′TAMRA	55	149	20
					151	39
					153	3
					159	13
					165	8
					171	3
					173	40
					175	15
					177	38
					181	9
CH01f03b	9	正向引物： GAGAAGCAAATGCAAAACCC 反向引物： CTCCCCGGCTCCTATTCTAC	5′HEX	56	136	8
					142	4
					150	30
					158	3
					162	26
					170	5
					176	17
					178	3
					182	26

表 C.1（续）

位点	连锁群	引物序列(5′→3′)	荧光	退火温度 ℃	等位变异 bp	参照品种代码
CH02d08	11	正向引物： TCCAAAATGGCGTACCTCTC 反向引物： GCAGACACTCACTCACTATCTCTC	5′FAM	57	193	24
					203	8
					209	1
					213	13
					215	2
					221	19
					223	1
					225	16
					227	19
					249	6
					251	36
					253	7
Hi03c05	17	正向引物： GAAGAGAGAGGCCATGATAC 反向引物： GTTTAACTGAAACTTCAATCTAGG	5′HEX	53	175	1
					187	13
					189	34
					191	7
					195	4
					197	36
					201	3
					205	29
					209	30
					215	26
					217	33
CH01f09	8	正向引物： ATGTACATCAAAGTGTGGATTG 反向引物： GGCGCTTTCCAACACATC	5′ROX	54	124	19
					130	14
					132	2
					136	20
					142	2
Hi02d04	10	正向引物： TGCTGAGTTGGCTAGAAGAGC 反向引物： GTTTAAGTTCGCCAACATCGTCTC	5′FAM	54	214	37
					220	34
					226	20
					228	26
					230	35
					236	36
					240	32
					242	6
					246	40
					262	13
					266	40
CH01d08	15	正向引物： CTCCGCCGCTATAACACTTC 反向引物： TACTCTGGAGGGTATGTCAAAG	5′FAM	53	226	7
					238	21
					248	12
					252	2
					270	12

表 C.1（续）

位点	连锁群	引物序列(5′→3′)	荧光	退火温度 ℃	等位变异 bp	参照品种代码
Hi04g05	13	正向引物： CTGAAACAGGAAACCAATGC 反向引物： GTTTCGTAGAAGCATCGTTGCAG	5′HEX	54	191	33
					221	14
					223	36
					225	37
					227	40
					233	4
					243	40
					247	20
					253	37
CH05g03	17	正向引物： GCTTTGAATGGATACAGGAACC 反向引物： CCTGTCTCATGGCATTGTTG	5′TAMRA	54	134	11
					160	7
					162	11
					166	12
					170	3
					184	26
					192	13
					194	38
					226	15
CH03d12	6	正向引物： GCCCAGAAGCAATAAGTAAACC 反向引物： ATTGCTCCATGCATAAAGGG	5′ROX	53	99	3
					113	40
					115	3
					119	7
					121	38
					129	13
					133	24
					135	32
					145	6
					151	26
Hi03e03	3	正向引物： ACGGGTGAGACTCCTTGTTG 反向引物： GTTTAACAGCGGGAGATCAAGAAC	5′HEX	56	169	4
					173	1
					175	3
					183	7
					185	5
					190	33
					192	9
					194	32
					196	33
Hi03d06	3	正向引物： TCATGGATCATTTCGGCTAA 反向引物： GTTTGCCAATTTTATCCAGGTTGC	5′ROX	53	114	26
					116	30
					132	30
					145	3
					147	9
					154	3
					169	33
					171	10

表 C.1（续）

位点	连锁群	引物序列(5′→3′)	荧光	退火温度 ℃	等位变异 bp	参照品种代码
CH04g12		正向引物： CACCGATGGTGTCAACTTGT 反向引物： CAACAAAATGTGATCGCCAC	5′TAMRA	54	141	28
					150	12
					152	15
					154	8
					156	15
					160	10
					162	11
					168	36
					170	26
					178	36
					190	32
					196	32
CH01f07a	10	正向引物： CCCTACACAGTTTCTCAACCC 反向引物： CGTTTTTGGAGCGTAGGAAC	5′HEX	56	169	33
					173	30
					175	3
					185	24
					187	8
					189	32
					192	21
					196	3
					200	24
CH02c02a	2	正向引物： CTTCAAGTTCAGCATCAAGACAA 反向引物： TAGGGCACACTTGCTGGTC	5′TAMRA	56	121	9
					123	14
					129	5
					131	34
					143	34
					146	36
					159	37
					166	3
					169	9
					173	10
					176	4
					178	7
					180	13
					186	30
CH05e06	5	正向引物： ACACGCACAGAGACAGAGACAT 反向引物： GTTGAATAGCATCCCAAATGGT	5′TAMRA	55	126	13
					134	20
					136	32
					143	21
					147	40
					149	35
					153	26
					165	6

表 C.1（续）

位点	连锁群	引物序列(5′→3′)	荧光	退火温度 ℃	等位变异 bp	参照品种代码
CH05d03	14	正向引物： TACCTGAAAGAGGAAGCCCT 反向引物： TCATTCCTTCTCACATCCACT	5′FAM	55	153 157 159 161 165 167 169 175 181	5 32 3 3 38 25 2 40 7
Hi22f06	16	正向引物： CAATGGCGTCTGTGTCACTC 反向引物： GTTTACGACGGGTAAGGTGATGTC	5′FAM	55	234 236 240	27 31 10
Hi02c07	1	正向引物： AGAGCTACGGGGATCCAAAT 反向引物： GTTTAAGCATCCCGATTGAAAGG	5′ROX	56	106 108 110 113 115 117 150	33 13 32 22 31 20 13
CH04e02	4	正向引物： GGCGATGACTACCAGGAAAA 反向引物： ATGTAGCCAAGCCAGCGTAT	5′TAMRA	54	142 146 151 153 155 159 167	20 32 6 21 20 5 14
CH04e05	7	正向引物： AGGCTAACAGAAATGTGGTTTG 反向引物： ATGGCTCCTATTGCCATCAT	5′HEX	54	173 196 200 202 206 208 214 220 228	4 11 20 11 14 13 21 26 6
CH02c09	15	正向引物： TTATGTACCAACTTTGCTAACCTC 反向引物： AGAAGCAGCAGAGGAGGATG	5′FAM	55	229 235 239 241 245 251 253 256	4 8 10 18 12 9 4 11
CH04d02	12	正向引物： CGTACGCTGCTTCTTTTGCT 反向引物： CTATCCACCACCCGTCAACT	5′ROX	56	112 120 122 133 148	2 13 4 13 22

附 录 D
(资料性附录)
参照品种名单

参照品种名单见表 D.1。

表 D.1 参照品种名单

品种代码	参照品种	品种代码	参照品种	品种代码	参照品种
1	乔纳金 Jonagold	15	甜黄魁 Tianhuangkui	29	卡米欧 Cameo
2	金冠 Golden Delicious	16	红盖露 Honggailu	30	红宝石 Hongbaoshi
3	澳洲青苹 Granny Smith	17	北斗 Hokudo	31	摩里士 Mollie's Deli
4	秦阳 Qinyang	18	新红星 Starkrinson	32	泰山早霞 Taishanzaoxia
5	国光 Ralls	19	陆奥 Mutsu	33	萌 Kizashi
6	珊夏 Sansa	20	自由 Liberty	34	秋锦 Qiujin
7	信浓红 Xinnonghong	21	华脆 Huacui	35	倭锦 Ben Davis
8	松本锦 Songbenjin	22	华硕 Huashuo	36	丹霞 Danxia
9	东光 Toko	23	千秋 Senshu	37	南方脆 GS330
10	甘露 Tallman's Sweet	24	夏艳 Xiayan	38	秦星 Qinxing
11	秦艳 Qinyan	25	世界一 Sekaiichi	39	早捷 Geneva Early
12	君袖 Northern Spy	26	迎秋 Yingqiu	40	长富 2 号 Fuji 2
13	华金 Huajin	27	锦红 Jinhong		
14	金世纪 Jinshiji	28	岱绿 Dailv		

本标准起草单位:西北农林科技大学、农业部科技发展中心。
本标准主要起草人:高华、李硕碧、王立新、杨江龙、赵政阳、陈企村、杜联盟、张丽。

中华人民共和国农业行业标准

NY/T 2595—2014

大豆品种鉴定技术规程　SSR 分子标记法

Identification of soybean varieties—SSR marker method

1　范围

本标准规定了利用简单重复序列(Simple sequence repeats,SSR)标记进行大豆[*Glycine max*(L.) Merr.]品种鉴定的试验方法、数据记录格式和判定标准。

本标准适用于大豆 SSR 标记分子数据的采集和品种鉴定。

2　规范性引用文件

下列文件对于本文件的应用是必不可少的。凡是注日期的引用文件,仅注日期的版本适用于本文件。凡是不注日期的引用文件,其最新版本(包括所有的修改单)适用于本文件。

GB/T 3543.2　农作物种子检验规程　扦样

NY/T 2594—2014　植物品种鉴定　DNA 指纹方法　总则

GB/T 19557.1　植物新品种特异性、一致性和稳定性测试指南　总则

GB/T 19557.4　植物新品种特异性、一致性和稳定性测试指南　大豆

3　术语和定义

NY/T 2594—2014 界定的以及下列术语和定义适用于本文件。

3.1

核心引物　core primer

多态性、稳定性、重复性等综合特性好,用于 DNA 指纹鉴定的一套引物。核心引物作为统一用于 DNA 指纹数据库构建和品种鉴定的引物,可保证不同实验室数据具有可比性。

3.2

参照品种　reference variety

参照品种指对应于 SSR 位点不同等位基因的一组品种。参照品种用于辅助确定待测样品等位基因的大小,校正仪器设备的系统误差。

4　原理

SSR 广泛分布于大豆基因组中,不同品种间每个 SSR 位点重复单位的数量可能不同。由于每个 SSR 位点两侧的序列一般是高度保守和单拷贝的,因而可根据其两侧的序列设计一对特异引物,利用 PCR 技术对两条引物间的 DNA 序列进行扩增。在电泳过程中,主要由于 SSR 位点重复单位的数量不同引起的不同长度的 PCR 扩增片段在电场作用下得到分离,经硝酸银染色或者荧光染料标记加以区分。因此,根据 SSR 位点的多态性,利用 PCR 扩增和电泳技术可以鉴定大豆品种。

中华人民共和国农业部 2014 - 03 - 24 发布　　　　2014 - 06 - 01 实施

5 仪器设备及试剂

仪器设备及试剂见附录 A。

6 溶液配制

溶液配制方法见附录 B。

7 引物

引物相关信息见附录 C。

8 操作步骤

8.1 样品准备

8.1.1 对于种子样品的分样和保存，按 GB/T 3543.2 的规定执行。

8.1.2 每份样品中至少随机抽取 5 个个体，混合分析，对一致性差的样品，应分别随机抽取 10 个以上的个体，每个个体单独分析。

8.2 DNA 提取

8.2.1 叶片 DNA 的提取

取 0.3 g 新鲜幼嫩叶片卷好放入 2 mL 离心管中，并置于液氮中 30 s 后，迅速取出，加液氮研磨至粉末，加 750 μL 预热(65 ℃)的 DNA 提取液，摇匀；将离心管置入 65℃恒温水浴锅 45 min～60 min，在此期间，每隔 10 min 颠倒混匀 1 次；取出离心管，冷却至室温；加入等体积的氯仿—异戊醇(24∶1)，轻缓颠倒混匀，12 000 *g* 离心 10 min；转移上清液至 1.5 mL 离心管中，加入 0.6 倍体积的异丙醇(－20℃)，轻缓颠倒混匀，置－20℃的冰箱中至少 1 h；12 000 *g* 离心 5 min，弃上清，加 500 μL 75％乙醇，洗涤沉淀 2 次，每次 10 min；室温风干，加 100 μL 超纯水溶解沉淀。检测 DNA 浓度，将 DNA 稀释到 200 ng/μL，－20℃条件下保存备用。

8.2.2 种子提取 DNA 方法

将研磨好的豆子装于 2 mL 离心管中，加入 200 μL 提取缓冲液(Extract buffer)、40 μL SDS(10％)，涡旋 5 s 混匀，60℃水浴 30 min，每隔 10 min 颠倒 1 次，水浴后加入 100 μL 醋酸钾(5 M/L)，涡旋 5 s，冰浴 30 min，冰浴后加入等体积的 Tris 平衡酚/氯仿(1∶1)，涡旋 20 s，12 000 *g* 离心 10 min，离心后取上清，加入等体积的氯仿，涡旋 20 s，12 000 *g* 离心 10 min，离心后取上清，加入等体积的异丙醇(－20℃预冷)，上下颠倒 20 次，12 000 *g* 离心 10 min，弃上清，加入 700 μL 70％乙醇，12 000 *g* 离心 1 min，冷风吹干，加入无菌水溶解，加入 2 μL RNA 酶(10 mg/mL)，37℃温浴 30 min，4℃短期保存，－20℃长期保存。

注：以上为推荐的一种 DNA 提取方法。所获 DNA 质量能够符合 PCR 扩增需要的 DNA 提取方法都适用于本标准。

8.3 PCR 扩增

8.3.1 参照品种的使用

在进行 PCR 扩增和等位基因检测时，不同位点的参照品种参见附录 C。同一名称不同来源的参照品种的某一位点上的等位基因可能不相同，在使用前，与原参照品种进行核对。对于附录 C 中未包括的等位基因，应按本标准的方法，通过使用 DNA 分析仪与参照品种同时进行检测确定其大小。

注：多个品种在某一位点上可能都具有相同的等位基因。在确认这些品种某一位点上等位基因大小后，这些品种也可以代替附录 C 中的参照品种使用。

8.3.2 反应体系

反应液体积为 20 μL，组分配制见表 1。

表 1　PCR 扩增反应体系

反应组分	终浓度	体积，μL
10×PCR 缓冲液	1×	2.0
氯化镁溶液	1.88 mmol/L	1.5
dNTPs 混合溶液	0.15 mmol/L	0.3
引物	0.3 μmol/L	3.0
Tag DNA 聚合酶	0.05 U/μL	0.2
DNA	20 ng/μL	2.0
双蒸水	—	11.0

8.3.3　反应程序

94℃预变性 5 min；94℃变性 45 s，47℃或 55℃退火 45 s，72℃延伸 45 s，共 38 个循环；72℃延伸 7 min，4℃条件下保存。

8.4　变性聚丙烯酰胺凝胶电泳与银染检测

8.4.1　玻璃板处理

将平、凹玻璃板反复擦洗干净，再用蒸馏水冲洗后晾干。用无水乙醇擦洗 2 遍，吸水纸擦干。在平板玻璃上涂上 0.5 mL 亲和硅烷工作液，凹板玻璃上涂 0.5 mL 剥离硅烷工作液。操作过程中防止两块玻璃板互相污染。待玻璃板彻底干燥后，将塑料隔条整齐放在平板两侧，盖上凹板，用夹子固定后，用水平仪调平。

8.4.2　灌胶

在 50 mL6.0% PAGE 胶中分别加入 400 μL 的 10%过硫酸铵和 50 μL TEMED(过硫酸铵和 TEMED 的用量视环境温度做适当调整)，轻轻混匀后，灌胶。待胶液充满玻璃板夹层，在上部凹面处轻轻地插入鲨鱼齿梳平端，使胶液在室温下聚合 2 h 以上。

8.4.3　预电泳

拔出样品梳，冲洗凹槽处残余的胶，将玻璃板与电泳槽组装，在正极槽(下槽)中加入 1×TBE 缓冲液 800 mL，在负极槽(上槽)加入 0.3×TBE 缓冲液 1 000 mL。85 W 恒功率预电泳 40 min～60 min。

8.4.4　PCR 扩增产物变性处理

在 PCR 产物中加入 8 μL 6×加样缓冲液，混匀后，在 PCR 仪上 95℃变性 5 min，取出后，立即置于碎冰上冷却。

8.4.5　电泳

用移液器吸取缓冲液冲洗凝胶顶端几次，清除气泡和杂质。将鲨鱼齿梳齿端插入凝胶 1 mm～2 mm。每一个加样孔点入 6 μL 样品扩增产物(上样量可根据加样孔的大小适当调整)。除待测样品外，还应同时加入标准品种的扩增产物。在 70 W 恒功率下电泳，使凝胶温度保持在 50℃左右。待上部的指示带(二甲苯青)到达胶板底部，结束电泳。

8.4.6　银染

a)　固定：电泳结束后，小心分开两块玻璃板。将附着凝胶的玻璃板放入固定液中，在摇床上轻轻晃动 20 min。
b)　漂洗：取出胶板，用蒸馏水快速漂洗 2 次，不超过 10 s；
c)　染色：将胶板放在染色液中，轻轻摇动染色 15 min；
d)　漂洗：蒸馏水快速漂洗，时间不超过 10 s；
e)　显影：将胶板放入显影液中轻轻晃动至带纹出现；
f)　定影：将胶板放入固定液中定影 5 min；
g)　漂洗：蒸馏水漂洗 5 min，取出晾干。

8.4.7 照相及结果记录

将胶板放在观片灯上，记录结果，拍照保存。

8.5 DNA 分析仪检测

8.5.1 样品制备

将 6-FAM 和 HEX 荧光标记的 PCR 产物用超纯水稀释 30 倍，TAMRA 和 ROX 荧光标记的 PCR 产物稀释 10 倍。分别取等体积的上述 4 种 PCR 产物稀释后混合，从混合液中吸取 1 μL 加入到 DNA 分析仪专用深孔板孔中。在板中各孔分别加入 0.1 μL LIZ500 分子量内标和 8.9 μL 去离子甲酰胺。除待测样品外，还应同时包括参照品种的扩增产物。将样品在 PCR 仪上 95℃变性 5 min，迅速取出置于碎冰上，冷却 10 min。瞬时离心 10 s 后上机电泳。

8.5.2 开机准备

打开 DNA 分析仪，检查仪器工作状态。更换缓冲液，灌胶。将装有样品的微孔板置放于样品架基座上。打开数据收集软件。

8.5.3 编辑电泳板

点击菜单中的"plate manager"按钮，然后在右侧窗口点击"New"按钮创建一个新的电泳板，在"Name"和"ID"栏中输入电泳板的名称，在"application"选项中，选"Genemapper - Genetic"，在"Plate Type"选项中选择"96 - well"，在"owner"和"operator"项中分别输入板所有者和操作者的名字，点击"OK"按钮。

8.5.4 电泳

在"Run scheduler"工具栏中，点击"Search"按钮，选中已编辑好的电泳板，点击样品板，使电泳板和样品板关联，然后点击工具条中左上角的绿色三角按钮，开始电泳。2 h 之后，结束电泳。

9 等位基因数据采集

9.1 数据格式

样品每个 SSR 位点的等位基因大小用扩增片段长度表示。

9.1.1 变性聚丙烯凝胶电泳银染检测

将待测样品扩增片段的带型和泳动位置与对应的参照品种进行比较，与待测样品相同的参照品种的片段大小即为待测样品该引物位点的等位基因大小。

9.1.2 DNA 分析仪检测

使用 DNA 分析仪的片段分析软件，读出每个位点每个样品的等位基因大小数据。通过使用参照品种，消除不同型号 DNA 分析仪间可能存在的系统误差。比较参照品种的等位基因大小数据与表 C.1 中的数据。如两者不一致，其差数即是系统误差的大小。从待测样品的等位基因数据中去除该系统误差，获得的数据即为待测样品的等位基因大小。

9.2 数据记录方法

纯合位点的等位基因扩增片段数据记录为 X/X，其中 X 为该位点等位基因扩增片段大小；杂合位点的等位基因扩增片段数据记录为 X/Y，其中 X、Y 分别为该位点上两个不同的等位基因，小片段数据在前，大片段数据在后；缺失位点的等位基因数据记录为 0/0。

示例 1：

一个品种的 1 个 SSR 位点为纯合位点，等位基因扩增片段大小为 120 bp，则该品种在该位点上的等位基因扩增片段数据记录为 120/120。

示例 2：

一个品种的 1 个 SSR 位点为杂合位点，2 个等位基因扩增片段大小分别为 120 bp、126 bp，则该品种在该位点上的等位基因扩增片段数据记录为 120/126。

10 判定方法

10.1 品种鉴定

品种鉴定包括对 2 个或 2 个以上的品种同时进行检测（“直接比较”）和对待测品种进行检测后利用其检测数据和数据库中品种的数据进行比对（“数据库比较”）两种情况。

10.1.1 直接比较

对待测品种和对照同时进行检测（“直接比较”）时，用附录 C 中核心引物检测，获得待测品种在这些引物位点的等位基因数据，利用这些数据进行品种间比较：

a） 品种间差异位点数≥2，判定为不同品种；

b） 品种间差异位点数＝1，判定为近似品种；

c） 品种间差异位点数＝0，判定为疑同品种。

对于 b）和 c）的两种情况，应按照 GB/T 19557.1 和 GB/T 19557.4 给出的原则进行田间测试，确定品种间在形态性状上是否存在明显差异。

10.1.2 数据库比较

对待测品种进行检测后利用其检测数据和数据库中品种的数据进行比对（“数据库比较”）时，用附录 C 中核心引物检测，获得待测品种在上述引物位点的等位基因数据，利用这些数据和数据库中品种进行比较：

a） 品种间差异位点数≥2，判定为不同品种；

b） 品种间差异位点数＝1，判定为近似品种；

c） 品种间差异位点数＝0，判定为疑同品种。

对 b）和 c）的情况，将这些相近品种或疑同品种与待测品种按照 10.1.1 的方法进行鉴定。

附 录 A
(规范性附录)
仪器设备及试剂

A.1 仪器设备

A.1.1 PCR仪。

A.1.2 全自动遗传分析仪。

A.1.3 微量加样器(10 μL、20 μL、100 μL、200 μL、1 000 μL、5 000 μL)。

A.1.4 电泳槽及配套的制胶配件。

A.1.5 高压电泳仪。

A.1.6 脱色槽。

A.1.7 胶片观察灯。

A.1.8 恒温水浴锅。

A.1.9 恒温培养箱。

A.1.10 水平摇床。

A.1.11 电子天平。

A.1.12 酸度计。

A.1.13 磁力搅拌器。

A.1.14 高压灭菌锅。

A.1.15 高速台式离心机。

A.1.16 冰箱。

A.1.17 数码相机。

A.1.18 紫外分光光度计。

A.2 试剂

A.2.1 乙二胺四乙酸二钠。

A.2.2 三羟甲基氨基甲烷。

A.2.3 浓盐酸。

A.2.4 氢氧化钠。

A.2.5 矿物油。

A.2.6 去离子甲酰胺。

A.2.7 溴酚蓝。

A.2.8 二甲苯青。

A.2.9 十二烷基磺酸钠。

A.2.10 三氯甲烷。

A.2.11 异戊醇。

A.2.12　异丙醇。

A.2.13　甲叉双丙烯酰胺。

A.2.14　丙烯酰胺。

A.2.15　硼酸。

A.2.16　尿素。

A.2.17　亲和硅烷。

A.2.18　剥离硅烷。

A.2.19　二甲基二氯硅烷。

A.2.20　无水乙醇。

A.2.21　四甲基乙二胺。

A.2.22　过硫酸铵。

A.2.23　冰醋酸。

A.2.24　硝酸银。

A.2.25　甲醛。

A.2.26　缓冲液(不含 Mg^{2+})。

A.2.27　四种脱氧核苷酸(dNTPs:dATP、dTTP、dGTP、dCTP)混合液。

A.2.28　Taq DNA 聚合酶。

A.2.29　SSR 引物。

A.2.30　去离子水。

A.2.31　分子量内标。

A.2.32　校准基质。

A.2.33　DNA 分子量标记。

附 录 B
(规范性附录)
溶 液 配 制

B.1 DNA 提取溶液

B.1.1 0.5 mol/L 乙二胺四乙酸二钠盐(EDTA·2Na)(pH8.0)溶液

称取 186.1 g 乙二胺四乙酸二钠(EDTA $Na_2 \cdot 2H_2O$),加 800 mL 去离子水溶解,用固体 NaOH 调 pH 至 8.0,再加去离子水定容至 1 000 mL,混匀,过滤,高压灭菌后在 4℃条件下保存。

B.1.2 1 mol/L 三羧甲基氨基甲烷盐酸(Tris-HCl)(pH8.0)溶液

称取 60.55 g Tris,倒入 500 mL 烧杯中,加 400 mL 去离子水溶解,加 HCl 调 pH 至 8.0,再加去离子水定容至 500 mL,混匀,高压灭菌后在 4℃条件下保存。

B.1.3 0.5 mol/L HCl 提取液

称取 25 mL 浓盐酸(36%~38%),加去离子水定容至 500 mL。

B.1.4 1 mol/L CTAB 溶液

称取 36.41 g CTAB,倒入 100 mL 烧杯中,加入 70 mL 去离子水加热溶解,再加去离子水定容至 100 mL。

B.1.5 5 mol/L NaCl 溶液

称取 292.2 g 氯化钠,加入 750 mL 水中,在磁力搅拌器上搅拌溶解,加水定容至 1 000 mL,在 103.4 kPa 灭菌 20 min。

B.1.6 三氯甲烷/异戊醇(24:1)

取 240 mL 三氯甲烷和 10 mL 异戊醇,混匀。

B.2 PCR 扩增溶液的配制

B.2.1 四种脱氧核苷酸(dNTPs)混合溶液配制

取浓度为 100 mmol/L 的 dATP、dCTP、dGTP 和 dTTP 储存液各 20 μL,用超纯水 120 μL,配成终浓度为 10.0 mmol/L 的工作液,也可采用相同浓度的四种脱氧核苷酸(dNTPs)商品混合溶液。−20℃条件下保存。

B.2.2 引物稀释

根据引物合成单,将引物加入适量的超纯水,分别配制成前引物和后引物终浓度均为 100 μmol/L 的储存液。各取 10 μL 混合,加入超纯水 480 μL 配成浓度为 2 μmol/L 的工作液。

B.2.3 6×加样缓冲液

称取溴酚蓝 0.125 g、二甲苯青 0.125 g,分别加入去离子甲酰胺 49 mL 和 0.5 mol/L 的 EDTA 溶液(pH8.0)1 mL,混匀备用。

B.3 变性聚丙烯酰胺凝胶电泳溶液的配制

B.3.1 6.0% (*W/V*)变性聚丙烯酰胺凝胶

分别称取丙烯酰胺 57 g 和甲叉双丙烯酰胺 3 g,放入 1 000 mL 烧杯中,加入 600 mL 去离子水,再加入 10×TBE 缓冲液 50 mL 和尿素 420 g,用去离子水定容至 1 000 mL,混匀,过滤。4℃条件下保存。

B.3.2 亲和硅烷工作液

在 1 mL 亲和硅烷缓冲液中加入 5 μL 亲和硅烷原液，混匀。

B.3.3 剥离硅烷工作液

取 10 mL 剥离硅烷原液，加到 490 mL 氯仿中，混匀，配制成 2%工作液。

B.3.4 10%(*W/V*)过硫酸铵溶液

将 0.1 g 过硫酸铵溶于 1 mL 去离子水中，混匀。4℃条件下保存(保存期 7 d)。

B.3.5 10 × TBE 缓冲液

分别称取 108 g Tris，55 g 硼酸，放入 1 000 mL 烧杯中，加入 800 mL 去离子水加热溶解，再加入 37 mL 0.5 mol/L EDTA 溶液，混匀，定容至 1 000 mL。银染溶液的配制。

B.3.6 1×TBE 缓冲液

10×TBE 缓冲液 50 mL，加去离子水定容至 500 mL。

B.4 银染、显影溶液配制

B.4.1 固定液

取 100 mL 冰醋酸，加去离子水定容至 1 000 mL。

B.4.2 染色液

称取 1 g 硝酸银，加去离子水定容至 1 000 mL。加入 1.5 mL 甲醛溶液(37%)，混匀。

B.4.3 显影液

称取 10 g 氢氧化钠和 2 mL 甲醛加入 1 000 mL 蒸馏水中，混匀。

附 录 C
（规范性附录）
核 心 引 物

核心引物见表C.1。

表C.1 核心引物及参照品种

连锁群	引物名称	引物序列(5′→3′)	荧光	退火温度 ℃	等位基因 bp	参照品种
A1	Satt300	F:GCGCCCACACAACCTTTAATCTT R:GCGGCGACTGTTAACGTGTC	5′TAMRA	47	238 241 251 254 260 262	浙春2号 绿领9804 徐豆10号 夏豆1号 湘春豆17 中豆34
A2	Satt429	F:GCGACCATCATCTAATCACAATCTACTA R:TCCCCATCATTTATCGAAAATAATAATT	5′ROX	47	243 246 249 261 263 266 269 275	齐黄1号 绿领9804 赣豆5号 贡豆5号 中黄10号 华夏102 商951099 桂夏3号
B1	Satt197	F:CACTGCTTTTTCCCCTCTCT R:AAGATACCCCCAACATTATTTGTAA	5′TAMRA	47	133 161 173 179 182 185 188 200 202	华夏3号 浙春2号 齐黄1号 中豆27 桂夏3号 绥农14 绿领9804 中豆8号 夏豆1号
B2	Satt556	F:GCGATAAAACCCGATAAATAA R:GCGTTGTGCACCTTGTTTTCT	5′TAMRA	55	160 163 166 172 196 208	豫豆18 绿领9804 日本晴3号 华夏102 晋豆31 2010-021A
C2	Satt100	F:ACCTCATTTTGGCATAAA R:TTGGAAAACAAGTAATAATAACA	5′HEX	55	110 128 131 134 137 140 147 166	黑农37 东辛2号 赣豆5号 贡豆5号 晋豆21 九丰10号 苏豆5号 徐豆10号

表 C.1（续）

连锁群	引物名称	引物序列(5′→3′)	荧光	退火温度 ℃	等位基因 bp	参照品种
D1a	Satt267	F:'CCGGTCTGACCTATTCTCAT R:'CACGGCGTATTTTTATTTTG	5′ROX	47	228 237 241 247	黑农 37 东辛 2 号 华夏 101 徐豆 12 号
D1b	Satt005	F:TATCCTAGAGAAGAACTAAAAAA R:GTCGATTAGGCTTGAAATA	5′ROX	55	132 139 149 152 155 158 161 164 167 170	徐豆 10 号 黑农 37 日本晴 3 号 赣豆 5 号 夏豆 1 号 华夏 102 中豆 34 南农 99－6 浙春 2 号 吉科豆 1 号
D2	Satt514	F:GCGCCAACAAATCAAGTCAAGTAGAAAT R:GCGGTCATCTAATTAATCCCTTTTTGAA	5′ROX	55	192 194 197 205 220 223 226 229 239 245	吉育 4 号 齐黄 1 号 日本晴 3 号 夏豆 1 号 浙春 2 号 中豆 34 华夏 101 荷豆 12 中豆 8 号 东辛 2 号
E	Satt268	F:TCAGGGGTGGACCTATATAAAATA R:CAGTGGTGGCAGATGTAGAA	5′ROX	47	187 190 198 217 236 249 252	中豆 8 号 华夏 101 苏旱 1 号 华夏 102 徐豆 10 号 豫豆 18 贡豆 5 号
F	Satt334	F:GCGTTAAGAATGCATTTATGTTTAGTC R:GCGAGTTTTTGGTTGGATTGAGTTG	5′TAMAR	47	179 196 200 204 205 209 212 215	桂夏 3 号 绥小粒豆 2 号 华夏 101 苏杂 1 号 苏豆 5 号 苏春 10－8 赣豆 5 号 华夏 102
G	Satt191	F:CGCGATCATGTCTCTG R:GGGAGTTGGTGTTTTCTTGTG	5′HEX	47	186 201 204 216 223	桂夏 3 号 九农 22 齐黄 28 绿领 9804 铁丰 33

表 C.1（续）

连锁群	引物名称	引物序列(5′→3′)	荧光	退火温度 ℃	等位基因 bp	参照品种
H	Sat_218	F:GCGCACGTTAAATGAACTGGTATGATA R:GCGGGCCAAAGAGGAAGATTGTAAT	5′ROX	47	278 280 282 284 287 295 297 307 316 318 320	晋豆 21 华夏 102 通豆 4 号 夏豆 1 号 冀无腥 1 号 绥农 14 绿领 9804 日本晴 3 号 晋遗 50 苏春 10 - 8 吉农 11 号
I	Satt239	F:GCGCCAAAAAATGAATCACAAT R:GCGAACACAATCAACATCCTTGAAC	5′HEX	47	172 175 178 181 187 193	豫豆 18 号 华夏 102 冀无腥 1 号 吉科豆 1 号 绿领 9804 铁豆 39 号
J	Satt380	F:GCGAGTAACGGTCTTCTAACAAGGAAAG R:GCGTGCCCTTACTCTCAAAAAAAAA	5′HEX	47	122 125 129 132 135	吉育 4 号 吉育 35 夏豆 1 号 冀无腥 1 号 科丰 5 号
K	Satt588	F:GCTGCATATCCACTCTCATTGACT R:GAGCCAAAACCAAAGTGAAGAAC	5′HEX	47	114 130 140 147 164 167 169	夏豆 1 号 绥小粒豆 2 号 通豆 7 号 荷豆 12 豫豆 18 浙春 2 号 齐黄 1 号
L	Satt462	F:GCGGTCACGAATACAAGATAAATAATGC R:GCGTGCATGTCAGAAAAAATCTCTATAA	5′6 - FAM	47	204 211 230 240 243 247 253	鲁豆 4 号 华夏 102 冀无腥 1 号 苏早 1 号 夏豆 1 号 绥农 14 吉科豆 1 号
M	Satt567	F:′GGCTAACCCGCTCTATGT R:GGGCCATGCACCTGCTACT	5′6 - FAM	47	103 106 109	中豆 27 苏早 1 号 南农 99 - 10
N	Satt022	F:GGGGGATCTGATTGTATTTTACCT R:CGGGTTTCAAAAAACCATCCTTAC	5′6 - FAM	47	196 199 202 205 208 215 218	华春 4 号 苏早 1 号 科丰 5 号 晋遗 50 日本晴 3 号 黑农 37 夏豆 1 号

表 C.1（续）

连锁群	引物名称	引物序列(5′→3′)	荧光	退火温度 ℃	等位基因 bp	参照品种
O	Satt487	F:ATCACGGACCAGTTCATTTGA R:TGAACCGCGTATTCTTTTAATCT	5′6-FAM	47	191 194 197 200 203	徐豆10号 湘春豆17 华夏102 荷豆12 豫豆18
A1	Satt236	F:GCGTGCTTCAAACCAACAAACAACTTA R:GCGGTTTGCAGTACGTACCTAAAATAGA	5′TAMRA	47	213 215 231 236	吉农11号 豫豆18 赣豆5号 东辛2号
B1	Satt453	F:GCGGAAAAAAAACAATAAACAACA R:′TAGTGGGGAAGGGAAGTTACC	5′TAMRA	47	230 243 247 252 256 261 267	苏豆5号 吉农17 晋豆31 濮海10号 科丰5号 赣豆5号 华夏101
B2	Satt168	F:CGCTTGCCCAAAAATTAATAGTA R:CCATTCTCCAACCTCAATCTTATAT	5′TAMRA	47	210 216 226 229 232 235	齐黄28 吉育4号 中豆27 绿领9804 华夏102 贡豆5号
C1	Satt180	F:TCGCGTTTGTCAGC R:TTGATTGAAACCCAACTA	5′6-FAM	47	195 211 214 248 257 262 270	苏春10-8 日本晴3号 中豆27 铁豆39号 科丰5号 华夏3号 临豆10
C2	Sat_130	F:GCGTAAATCCAGAAATCTAAGATGATATG R:GCGTAGAGGAAAGAAAAGACAC AATATCA	5′ROX	47	278 293 295 297 299 303 305 307 309 313 317 323 330	湘春豆17 晋遗50 徐豆12号 吉农17 齐黄1号 南农99-10 科丰5号 苏春10-8 荷豆12 中豆8号 新大粒1号 贡豆5号 赣豆5号

表 C.1（续）

连锁群	引物名称	引物序列(5′→3′)	荧光	退火温度 ℃	等位基因 bp	参照品种
D2	Sat_092	F:AATTGAGTGAAACTTATAAGAATTAGTC R:AAATAAGTAGGATGCTTGACAAA	5′ROX	47	212 225 227 229 235 239 241 245 249 276	绥农 14 晋豆 31 浙春 2 号 东农 92070 齐黄 1 号 贡豆 5 号 赣豆 5 号 科丰 5 号 通豆 7 号 苏早 1 号
E	Sat_112	F:TGTGACAGTATACCGACATAATA R:CTACAAATAACATGAAATATAAGAAATA	5′ROX	47	310 322 325 336 345	徐豆 12 号 齐黄 1 号 华夏 101 桂春豆 1 号 中品 661
F	Satt193	F:GCGTTTCGATAAAAATGTTACACCTC R:TGTTCGCATTATTGATCAAAAAT	5′HEX	47	226 229 232 235 238 241 248 251 254 262	夏豆 1 号 苏杂 1 号 桂夏 3 号 豫豆 18 日本晴 3 号 中豆 8 号 绥农 14 浙春 2 号 九农 22 中黄 10 号
G	Satt288	F:GCGGGGTGATTTAGTGTTTGACACCT R:GCGCTTATAATTAAGAGCAAAAGAAG	5′6 - FAM	47	219 231 243 245 255 260	东农 92070 冀无腥 1 号 冀豆 7 号 豫豆 18 号 绥农 14 苏春 10 - 8
H	Satt442	F:′CCTGGACTTGTTTGCTCATCAA R:GCGGTTCAAGGCTTCAAGTAGTCAC	5′HEX	47	238 244 250 253 256	浙春 2 号 铁豆 39 号 夏豆 1 号 中豆 8 号 豫豆 18
I	Satt330	F:GCGCCTCCATTCCACAACAAATA R:GCGGCATCCGTTTCTAAGATAGTTA	5′HEX	47	105 145 147 148	绿领 9804 豫豆 18 湘春豆 17 九农 22
J	Satt431	F:GCGTGGCACCCTTGATAAATAA R:GCGCACGAAAGTTTTTCTGTAACA	5′TAMAR - F	47	199 202 208 222 224 227 231	桂夏 3 号 中豆 8 号 中黄 10 号 华夏 101 齐黄 28 绿领 9804 吉农 17

表 C.1（续）

连锁群	引物名称	引物序列(5′→3′)	荧光	退火温度℃	等位基因bp	参照品种
K	Satt242	F:GCGTTGATCAGGTCGATTTTTATTTGT R:GCGAGTGCCAACTAACTACTTTTATGA	5′- FAM	47	179	华夏 101
					183	夏豆 1 号
					189	华夏 102
					191	豫豆 18
					194	铁丰 33
					197	绿领 9804
					200	冀豆 7 号
L	Satt373	F:TCCGCGAGATAAATTCGTAAAAT R:GGCCAGATACCCAAGTTGTACTTGT	5′6 - FAM	47	210	晋豆 21
					213	中黄 10 号
					223	华夏 101
					239	九丰 10 号
					248	徐豆 10 号
					251	黑农 37
					262	新大粒 1 号
					276	豫豆 18 号
M	Satt551	F:GAATATCACGCGAGAATTTTAC R:TATATGCGAACCCTCTTACAAT	5′6 - FAM	55	223	华夏 102
					229	齐黄 1 号
					235	徐豆 10 号
N	Sat_084	F:AAAAAAGTATCCATGAAACAA R:TTGGGACCTTAGAAGCTA	5′HEX	47	132	晋豆 31
					140	徐豆 10 号
					142	铁豆 39 号
					145	新大粒 1 号
					147	贡豆 5 号
					149	通豆 7 号
					151	徐豆 12 号
					153	吉科豆 1 号
O	Satt345	F:CCCCTATTTCAAGAGAATAAGGAA R:CCATGCTCTACATCTTCATCATC	5′6 - FAM	47	191	齐黄 1 号
					196	晋豆 21
					212	中黄 10 号
					225	九丰 10 号
					228	晋豆 31
					244	赣豆 5 号
					247	中豆 8 号
					250	豫豆 18
注:等位基因大小为在 ABI3130XL 测序仪使用推荐荧光标记扩增后获得。						

本标准起草单位:黑龙江省农业科学院作物育种研究所、农业部科技发展中心。

本标准主要起草人:李冬梅、刘平、陈立君、唐浩、孙连发、迟永芹、王翔宇、马楠 。

中华人民共和国农业行业标准

NY/T 2634—2014

棉花品种真实性鉴定　SSR 分子标记法

Identification genuineness of cotton varieties using SSR markers

1　范围

本标准规定了棉花品种真实性鉴定 SSR 分子标记法。

本标准适用于陆地棉品种真实性鉴定。

2　规范性引用文件

下列文件对于本文件的应用是必不可少的。凡是注日期的引用文件，仅注日期的版本适用于本文件。凡是不注日期的引用文件，其最新版本(包括所有的修改单)适用于本文件。

GB/T 3543.2　农作物种子检验规程　扦样

GB/T 3543.4　农作物种子检验规程　发芽试验

GB 4407.1　经济作物种子　纤维类

GB/T 6682　分析实验室用水规格和试验方法

3　术语和定义

下列术语和定义适用于本文件。

3.1

品种真实性　varietal genuineness

供检品种与文件记录(如标签等)是否相符。本标准中指品种间在 DNA 分子标记带型上的一致性。

3.2

SSR 分子标记　simple sequence repeat marker

是指由几个核苷酸(一般为 2 个～6 个)为重复单元的多达几十至几百次的串联重复；由于基本单元重复次数的不同，进而形成 SSR 座位的多态性；根据 SSR 座位两侧保守的单拷贝序列设计一对特异引物来扩增 SSR 序列，即可揭示其多态性。

3.3

标准样品　standard sample

经权威机构认定认证的代表已知品种特征特性的样品，对有性繁殖作物而言，一般为种子。

3.4

带型　patterns

某核心引物扩增特定单株 DNA 得到的条带类型。

4　原理

根据 SSR 序列两端保守的单拷贝序列设计特异引物，利用 PCR 技术扩增和电泳分析，获得样品各

中华人民共和国农业部 2014 - 10 - 17 发布　　2015 - 01 - 01 实施

单株的 SSR 电泳带型。将受检样品与标准样品就单株间的带型逐一进行差异比较和判读分析，进行棉花品种真实性鉴定。

5 试剂与溶液

除非另有说明，在分析中仅使用确认为分析纯的试剂和符合 GB/T 6682 规定的一级水。

5.1 β-巯基乙醇。

5.2 异丙醇。

5.3 剥离硅烷。

5.4 四甲基乙二胺(TEMED)。

5.5 Taq DNA 聚合酶。

5.6 PCR 反应缓冲液(10×Buffer)。

5.7 25 mmol/L 氯化镁溶液($MgCl_2$)。

5.8 1 mol/L 三羟甲基氨基甲烷—盐酸溶液(Tris-HCl)

称取 121.1 g 三羟甲基氨基甲烷(Tris)溶解于 800 mL 水中，用盐酸(HCl)调 pH 至 8.0，加水定容到 1 000 mL。在 103.4 kPa(121℃)条件下灭菌 20 min，4℃储存。

5.9 10 mol/L 氢氧化钠溶液(NaOH)

在 160 mL 水中加入 80.0 g 氢氧化钠，溶解后，冷却至室温，再加水定容到 200 mL。

5.10 0.5 mol/L 乙二铵四乙酸二钠溶液($EDTA—Na_2$)(pH 8.0)

称取 187.6 g 乙二铵四乙酸二钠($EDTA—Na_2$)加入 800 mL 水中，再加入适量氢氧化钠溶液，加热至完全溶解后，冷却至室温，用氢氧化钠溶液调 pH 至 8.0，加水定容到 1 000 mL。在 103.4 kPa(121℃)条件下灭菌 20 min，4℃储存。

5.11 DNA 抽提液

分别称取 69.3 g 葡萄糖，20.0 g 聚乙烯吡咯烷酮(PVP)，1.0 g 二乙基二硫代氨基甲酸(DIECA)溶于 500 mL 水中，然后分别加入 100 mL 1 mol/L 的 Tris-HCl 溶液、10 mL 0.5 mol/L 的 $EDTA—Na_2$ 溶液(pH 8.0)，定容到 1 000 mL。在 103.4 kPa(121℃)条件下灭菌 20 min，4℃储存。

5.12 DNA 裂解液

分别称取 81.7 g 氯化钠(NaCl)，20.0 g 聚乙烯吡咯烷酮(PVP)，20.0 g 十六烷基三甲基溴化铵(CTAB)，1.0 g 二乙基二硫代氨基甲酸(DIECA)溶于 500 mL 水中，然后分别加入 100 mL 1 mol/L 的 Tris-HCl 溶液，4 mL 0.5 mol/L 的 $EDTA—Na_2$ 溶液(pH 8.0)，定容到 1 000 mL。在 103.4 kPa(121℃)条件下灭菌 20 min，4℃储存。

5.13 苯酚＋氯仿＋异戊醇混合液

体积比为 25＋24＋1。

5.14 氯仿＋异戊醇混合液

体积比为 24＋1。

5.15 70%乙醇

量取 70 mL 无水乙醇，加水定容到 100 mL。

5.16 SSR 引物工作液

引物序列见附录 A，将引物配制成终浓度均为 10 μmol/L 的上、下游引物工作液。

5.17 dNTPs 混合溶液

浓度为 2.5 mmol/L 的 dNTPs 混合溶液。

5.18 5×三羟甲基氨基甲烷/硼酸电泳缓冲液(5×TBE)

分别称取 50.0 g Tris，27.5 g 硼酸溶于 500 mL 水中，加入 10 mL 0.5 mol/L 的 EDTA—Na_2 溶液（pH 8.0），定容到 1 000 mL，4℃储存。

5.19 加样缓冲液

在 98 mL 去离子甲酰胺中加入 250 mg 溴酚蓝，250 mg 二甲苯氰，2 mL 0.5 mol/L 的 EDTA—Na_2 溶液（pH 8.0），溶解混匀，常温保存。

5.20 亲和硅烷工作液

在 1 mL 无水乙醇中加入 5 μL 亲和硅烷原液，混匀。

5.21 6%变性聚丙烯酰胺溶液

称取 57.0 g 丙烯酰胺，3.0 g 甲叉双丙烯酰胺，420.0 g 尿素溶于 200 mL 水中，加入 200 mL 5×TBE，室温充分溶解后，定容到 1 000 mL，4℃储存。

注：丙烯酰胺具神经毒性，配制时应注意防护。

5.22 10%过硫酸铵溶液

称取 10.0 g 过硫酸铵溶于 100 mL 水中，4℃储存。

5.23 1% 硫代硫酸钠

称取 1.0 g 硫代硫酸钠，溶于 100 mL 水中，室温储存。

5.24 固定液

在 89.5 mL 水中加入 10 mL 无水乙醇，0.5 mL 冰醋酸，根据胶板数量调整固定液的量，现用现配。

5.25 染色液

在 100 mL 水中加入 0.2 g 硝酸银（$AgNO_3$），根据胶板数量调整染色液的量，现用现配。

5.26 显影液

在 100 mL 水中加入 1.5 g 氢氧化钠和 0.4 mL 甲醛（37%），根据胶板数量调整显影液的量，现用现配。

6 仪器和设备

6.1 PCR 扩增仪。

6.2 电子天平：感量 0.1 g 和 0.1 mg。

6.3 台式高速冷冻离心机：最大离心力≥10 000 *g*。

6.4 电泳检测系统：垂直电泳系统。

6.5 酸度计：精度±0.01 pH。

6.6 单道微量移液器：2.5 μL、10 μL、20 μL、100 μL、200 μL、1 000 μL。

6.7 多道微量移液器：8 道或 12 道，10 μL、100 μL。

6.8 冰箱：4℃、－20℃。

6.9 高压灭菌锅。

6.10 恒温水浴锅：温控精确度±1℃。

6.11 脱色摇床。

6.12 胶片观察灯。

7 操作步骤

7.1 试样的制备

受检样品和标准样品可为棉花的种子、幼苗、幼嫩叶片等。样品纯度应符合 GB 4407.1 的规定，种子扦样按 GB/T 3543.2 的规定执行，种子发芽按 GB/T 3543.4 的规定执行。

以受检样品所标注品种的标准样品作为对照，同时检测受检样品和标准样品。

7.2 DNA 提取

分别从受检样品和标准样品中随机抽取 12 粒种子或单株，利用 CTAB 法分单株（或单粒种子）提取基因组 DNA。

7.2.1 取单粒种子，剥壳并将种仁磨碎，移入 2.0 mL 离心管；或取棉花幼嫩叶片约 200 mg～300 mg，置于 2.0 mL 离心管中，加液氮充分研磨。

7.2.2 加入 1 mL 4℃预冷的 DNA 抽提液和 2 μL β-巯基乙醇，充分混匀，4℃静置 5 min，12 000 r/min 离心 10 min，弃上清。

7.2.3 加入 1 mL 65℃预热的 DNA 裂解液和 2 μL β-巯基乙醇，充分混匀，65℃水浴 30 min，12 000 r/min 离心 10 min。

7.2.4 将上清液转移至新离心管中，并加入等体积的苯酚＋氯仿＋异戊醇混合液，充分混匀，12 000 r/min，室温离心 10 min。

7.2.5 将上清液再次转移至新离心管中，并加入等体积的氯仿＋异戊醇混合液，充分混匀，12 000 r/min，室温离心 10 min。

7.2.6 吸取上清液至新离心管，并加入等体积的异丙醇，混匀，－20℃放置 30 min 以上，充分沉淀 DNA。

7.2.7 5 000 r/min，4℃离心 5 min，弃上清，沉淀经 70％乙醇洗涤后，室温晾干。

7.2.8 加入 100 μL 水，将 DNA 充分溶解后备用。

7.3 PCR 扩增

利用 39 对 SSR 核心引物（见附录 A）逐一对受检样品和标准样品各单株 DNA 进行扩增。

7.3.1 PCR 扩增反应体系

在 PCR 反应管中按表 1 依次加入反应试剂，混匀。

表 1　PCR 扩增反应体系

试剂	终浓度	体积
水		—*
10×Buffer	1×	2.0 μL
25 mmol/L $MgCl_2$ 溶液	2.5 mmol/L	2.0 μL
dNTPs 混合溶液（各 2.5 mmol/L）	各 0.25 mmol/L	2.0 μL
10 μmol/L 上游引物	0.2 μmol/L	0.4 μL
10 μmol/L 下游引物	0.2 μmol/L	0.4 μL
Taq DNA 聚合酶	1.0 U	—*
DNA 模板		2.0 μL
总体积		20.0 μL
"*"表示体积不确定。如果 PCR 缓冲液中含有 $MgCl_2$，则不加 $MgCl_2$ 溶液；根据 Taq 酶的浓度确定其体积，并相应调整水的体积，使反应体系总体积达到 20.0 μL。		

7.3.2 PCR 扩增反应程序

反应程序为：95℃变性 3 min；94℃变性 50 s，55℃退火 45 s，72℃延伸 50 s，共进行 35 次循环；在 72℃延伸 7 min，4℃保存。

7.4 PCR 产物的电泳检测

PCR 产物采用 6％变性聚丙烯酰胺凝胶电泳（参见附录 B）检测。

7.5 差异位点比较与判读

根据核心引物在受检样品和标准样品间所扩增带型的差异，比较受检样品和标准样品在每个位点的异同（参见附录 C）。

7.5.1 某核心引物在受检样品和标准样品间扩增出的条带类型完全一致，表现为无差异带型，记为相同位点。

7.5.2 某核心引物在受检样品和标准样品间扩增出的条带类型不完全一致，当表现异类带型的单株数≤2时，该差异带型为偶然差异带型，记为疑似相同位点。

7.5.3 某核心引物在受检样品和标准样品间扩增出的条带类型不完全一致，当表现异类带型的单株数>2时，该差异带型为异带型，记为差异位点。

8 结果判定

按7.5的方法分别统计受检样品和标准样品在39对SSR核心引物上表现出的相同位点数、疑似相同位点数和差异位点数，当差异位点数>2时，判定为不同品种；当差异位点数≤2时，判定为近似或极近似品种。

附　录　A
（规范性附录）
SSR 核心引物

核心引物名称、片段大小范围、引物序列和染色体定位见表 A.1。

表 A.1　核心引物名称、片段大小范围、引物序列和染色体定位

名称	片段大小范围(bp)	F—上游引物 R—下游引物	染色体定位
MUSS422	200～300	F—TGGTTTTGCCCATCTTTACG R—GAAAGGGAAGATGAGGAGGG	C1, C15
NAU2277	100～180	F—GAACTAGCCACATGATGCAC R—TTGTTGAGGCATTAGTTTGC	C2
MGHES40	200～300	F—CGCGTTCCCAACTTATTTGT R—GGTGCTCCCGGATTAGATTT	C3
MUCS101	120～200	F—AGCCTCTCTCTCCTTCAGGC R—GAGTCATATCGCTTGGGAGC	C4
NAU1269	120～200	F—TACCTGAAACCCAAAATGGT R—ACGCTGTTATAGGGCTCATC	C5, C19
NAU905	140～300	F—TGGCTGAACTTTGCAATTTA R—AAGCAAGGGAGGTAATCCTT	C6, C25
NAU1048	200～300	F—GGCCATATTATTGCAGAACC R—ACAGCCTTGAGTTGAGCTTT	C7
DPL0220	120～160	F—GTTGGCCTAAGCCTATAATGATGA R—AACAAGGTTCATAACTTCTGGTGG	C8
DPL0431	180～300	F—CTATCACCCTTCTCTAGTTGCGTT R—ATCGGGCTCACAAACATCA	C9
BNL2449	140～180	F—ATCTTTCAAACAACGGCAGC R—CGATTCCGGACTCTTGATGT	C10, C13
JESPR42	120～160	F—CGTTGCCGTCTTCGACTCCTT R—GTGGGTGGCTAATATGTAGTAGTCG	C11, C5,C9
BNL598	100～140	F—TATCTCCTTCACGATTCCATCAT R—AAAAGAAAACAGGGTCAAAAGAA	C12
TMB0312	160～300	F—AGCTTTTCCATTCCAGAGCA R—GGTTGTTGCAAGAGTTCACG	C13
JESPR156	80～100	F—GCCTTCAATCAATTCATACG R—GAAGGAGAAAGCAACGAATTAG	C14, C2
CIR105	80～120	F—GTCTCTTGTCTTTCTTTCTTAC R—AACCAAACTGAACCCA	C15
NAU5120	160～180	F—GCCACCAATAAAGCAACTCT R—TGCATCCTGAAGAAGAGACA	C16
DPL0354	100～160	F—TAGTGGTGGTTAAGAAGAAGGTGG R—CCGCTTCAGTCTTTGCTTTAACTA	C17
DPL0249	120～200	F—ACAGAGCTATGGGAAATCATGGTA R—TGTACTGCAAATTGCTGCTAAGAC	C18
NAU2274	100～120	F—TCCTCGGATTATCAAAACCT R—TGAAGAGGACATTGATGACG	C19, C5

表 A.1（续）

名称	片段大小范围(bp)	F—上游引物 R—下游引物	染色体定位
CM45	140～180	F—GATGCCAGTAAGTTCAGGAATG R—GCCAACTTATATTCGGTTCCT	C20
JESPR158	100～140	F—CACCATTCGGCAGCTATTTC R—CTGCAAACCCTAGCCTAGACG	C21
BNL4030	100～140	F—CCTCCCTCACTTAAGGTGCA R—ATGTTGTAAGGGTGCAAGGC	C22， C25
JESPR114	80～100	F—GATTTAAGGTCTTTGATCCG R—CAAGGGTTAGTAGGTGTGTATAC	C23
NAU1322	160～200	F—CTCCAATCGAATGATTTTT R—GGTAGGGTTTTGGAGGTTTT	C24
NAU2026	180～300	F—GAATCTCGAAAACCCCATCT R—ATTTGGAAGCGAAGTACCAG	C25， C12,C22
JESPR65	120～180	F—CCACCCAATTTAAGAAGAAATTG R—GGTTAGTTGTATTAGGGTCGTTG	C26， C5,C7
NAU895	180～300	F—CATGATGCACACTTCACACA R—CGGTTAAGCTTCCAGACATT	C2
CIR328	180～300	F—ATCCCTATGCTTGTCATC R—ATTACCATTCATTCACCAC	C5
JESPR197	60～100	F—CAATACCTGGAACATAGACAAATG R—CTTGAGGCTTGCAAAAAATG	C5
BNL1694	200～300	F—CGTTTGTTTTCGTGTAACAGG R—TGGTGGATTCACATCCAAAG	C7,C16
JESPR274	100～180	F—GCCCACTCTTTCTTCAACAC R—TGATGTCATGTGCCTTGC	C9,C23
NAU5064	180～300	F—TGTTTCCGACACACACCTAC R—TCTTGGGAGAGAACGAGAAC	C11
JESPR153	100～160	F—GATTACCTTCATAGGCCACTG R—GAAAACATGAGCATCCTGTG	C13,C18
NAU1070	140～180	F—CCCTCCATAACCAAAAGTTG R—ACCAACAATGGTGACCTCTT	C3,C14
CIR246	140～200	F—TTAGGGTTTAGTTGAATGG R—ATGAACACACGCACG	C14
BNL830	100～120	F—TTCCGGGTTTTCAATAAACG R—GTTAATACTTTTTTTCTTTTGTGTGTG	C15
BNL243	100～120	F—GGGTTTTCTGGGTATTTATACAACA R—TCATCCACTTCAGCAGCATC	C18
NAU1102	200～300	F—ATCTCTCTGTCTCCCCCTTC R—GCATATCTGGCGGGTATAAT	C19
DPL0071	160～300	F—GCAAACACCATCCTACCACAA R—GGTTCTATGATCAAGGCTTGGTTT	C19

附　录　B
（资料性附录）
6%变性聚丙烯酰胺凝胶电泳

B.1　电泳样品准备

在PCR产物中加入等体积加样缓冲液，充分混匀后在95℃变性5 min，4℃冷却10 min以上。

B.2　凝胶制备

B.2.1　玻璃板处理：取清洗干净的长短玻璃板，用去离子水冲洗干净后晾干，用无水乙醇分别擦洗两遍，晾干；在长板上涂亲和硅烷工作液，短板（带凹槽）涂剥离硅烷工作液。操作过程中防止两块玻璃板互相污染。

B.2.2　玻璃板组装：待玻璃板彻底干燥后使用0.4 mm均厚的垫片组装凝胶胶膜夹层，注意垫片与玻璃板的边、底压紧对齐。

B.2.3　灌胶：在60 mL 6%变性丙烯酰胺溶液中加入40 μL TEMED和400 μL 10%的过硫酸铵溶液，混匀后立即灌胶。待胶充满整个凝胶夹层，轻轻的插入梳子，梳齿朝外，使其聚合至少1 h。灌胶过程中防止出现气泡。

B.3　预电泳

待胶凝固后，将玻璃板安装到电泳槽上，在正极槽和负极槽中分别加入0.5×TBE缓冲液，使凝胶夹层能浸泡在缓冲液中，拔出梳子。80 W恒功率预电泳10 min～20 min。

B.4　电泳

用移液器吹吸加样槽，清除气泡和杂质，将梳齿朝内插入梳子形成加样孔。每孔加样5 μL，80 W恒功率电泳至指示带（二甲苯氰）到达胶板的中部，电泳结束，关闭电源。

B.5　卸胶

取下玻璃板，将两块玻璃板轻轻撬开，凝胶会紧贴在长板上，及时做记号以区别胶板。

B.6　银染

B.6.1　固定：将胶板浸入固定液，置于摇床上摇动固定5 min。

B.6.2　染色：将胶板移入染色液，摇动染色5 min。

B.6.3　漂洗：将胶板移入ddH_2O中摇动45 s，弃去ddH_2O；再加入含0.02%体积1%硫代硫酸钠的ddH_2O摇动1 min。

B.6.4　显影：将胶板移入显影液摇动至显出清晰的条带。

B.6.5　记录：用数码相机照相或在胶片观察灯上直接记录结果。

注：固定，染色，漂洗，显影时溶液的量可根据胶板数量调整，以没过胶面为准。

附　录　C
(资料性附录)
差异位点比较与判读示例

C.1　相同位点的统计

图 C.1(a)为 A、B 样品在引物 CM45 上的扩增结果,两样品表现出扩增一致的无差异带型,因此该引物在此记为相同位点;

图 C.1(b)为 A、B 样品在引物 NAU1269 上的扩增结果,A 样品共扩增出 2 种带型(图中箭头标示的Ⅰ、Ⅱ);B 样品也扩增出相同的 2 种带型(图中箭头标示),两样品也表现出扩增一致的无差异带型,因此该引物在此也记为相同位点。

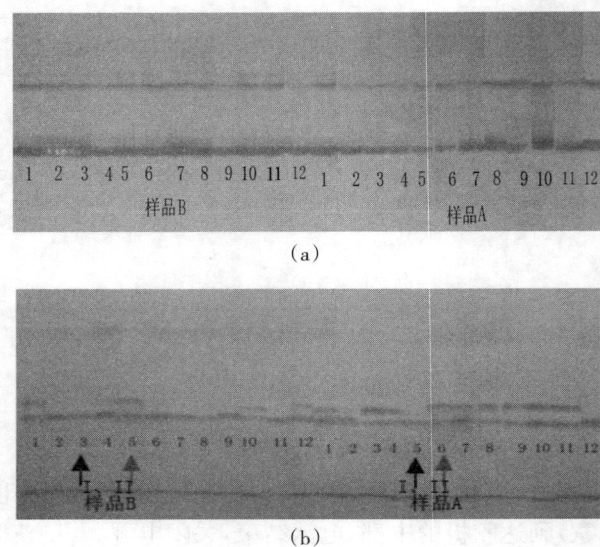

图 C.1　引物 CM45(a)、NAU1269(b)扩增标准样品与受检样品图谱

C.2　疑似相同位点的统计

图 C.2(a)为 A、B 样品在引物 BNL598 上的扩增结果,A 样品扩增出一种带型Ⅰ,B 样品除了扩增出与 A 样品相同的带型Ⅰ,还新出现了 1 株(1 号单株,异类带型单株数≤2)带型Ⅱ,将这种偶然的带型差异记为疑似相同位点;

图 C.2(b)为 A、B 样品在引物 DPL0431 上的扩增结果,A 样品扩增出一种带型Ⅰ,B 样品除了扩增出与 A 样品相同的带型Ⅰ,还新出现了 2 株(6 号、9 号单株,异类带型单株数≤2)带型Ⅱ,本标准中,也将这种差异看作偶然的带型差异,记为疑似相同位点。

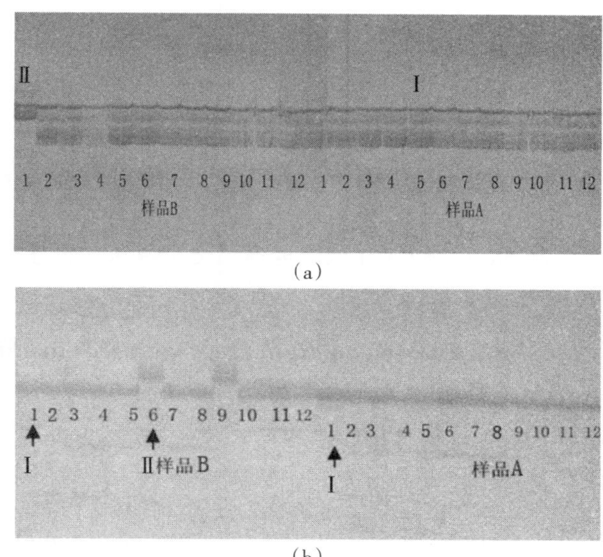

（a）

（b）

图 C.2 引物 BNL598(a)、DPL0431(b)扩增标准样品与受检样品图谱

C.3 差异位点的统计

图 C.3(a)为 A、B 样品在引物 JESPR156 上的扩增结果，A 样品扩增出带型Ⅰ，B 样品扩增出带型Ⅱ，两样品扩增出的条带类型不同，因此该引物在此表现为差异位点。

图 C.3(b)为 A、B 样品在引物 DPL0071 上的扩增结果，A 样品扩增出带型Ⅰ，B 样品除了扩增出与 A 样品相同的带型Ⅰ，还新出现了 5 株(1 号、4 号、5 号、11 号和 12 号单株，异类带型单株数>2)带型Ⅱ，该引物在此也表现为差异位点。

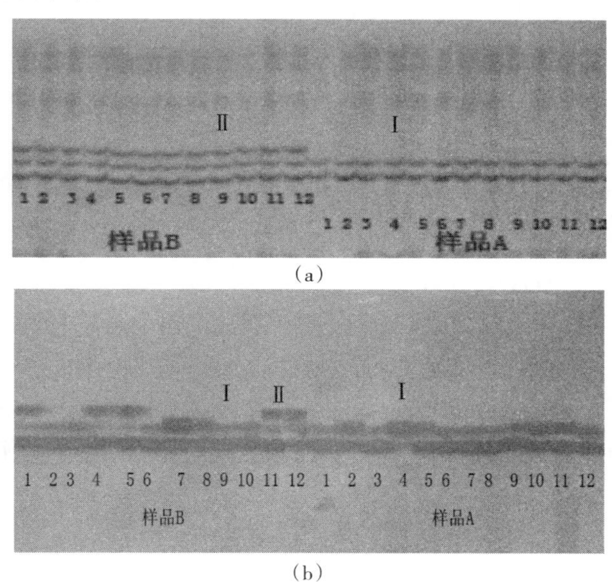

（a）

（b）

图 C.3 引物 JESPR156(a)、DPL0071(b)扩增标准样品与受检样品图谱

本标准起草单位：安徽省农业科学院、农业部转基因生物产品成分监督检验测试中心(合肥)。

本标准主要起草人：杨剑波、路曦结、何团结、陆徐忠、郑曙峰、张小娟、倪金龙。

中华人民共和国农业行业标准

NY/T 2859—2015

主要农作物品种真实性 SSR 分子标记检测 普通小麦

Variety genuineness testing of main crops with SSR markers—Wheat(*Triticum aestivum* L.)

1 范围

本标准规定了利用 SSR 分子标记法进行普通小麦(*Triticum aestivum* L.)常规品种真实性检测的原则、检测方案、检测程序和结果报告。

本标准适用于普通小麦常规品种真实性验证和品种真实性身份鉴定,不适用于实质性派生品种(EDV)和转基因品种的鉴定。

2 规范性引用文件

下列文件对于本文件的应用是必不可少的。凡是注日期的引用文件,仅注日期的版本适用于本文件。凡是不注日期的引用文件,其最新版本(包括所有的修改单)适用于本文件。

GB/T 3543.1 农作物种子检验规程 总则

GB/T 3543.2 农作物种子检验规程 扦样

GB/T 3543.5 农作物种子检验规程 真实性和品种纯度鉴定

GB/T 6682 分析实验室用水规格和试验方法

3 术语和定义

下列术语和定义适用于本文件。

3.1

品种真实性验证 variety verification

与其对应品种名称的标准样品比较,检测证实供检样品品种名称与标注是否相符。

3.2

品种真实性身份鉴定 variety identification

经 SSR 分子标记检测并通过审定品种 SSR 指纹数据比对平台(见 3.4)筛查比较,确定供检样品的真实品种名称。

3.3

标准样品 standard sample

国家指定机构保存的经认定代表品种特征特性的实物种子样品。

3.4

SSR 指纹数据比对平台 SSR fingerprint blast platform

采用 SSR 标记的标准化方法对品种标准样品的等位变异进行检测,并运用计算机数据库技术和网

中华人民共和国农业部 2015-10-09 发布　　2015-12-01 实施

络信息技术所构建的审定品种分子数据信息的检索比对载体。

3.5

参照样品 reference control sample

用于校准供检样品 SSR 等位变异已定义扩增产物片段大小的样品。

3.6

引物 primer

一条互补结合在模板 DNA 链上的短单链,能提供 3′-OH 末端作为 DNA 合成的起始点,延伸合成模板 DNA 的互补链。

3.7

组合引物 panel

具有不同荧光颜色或相同荧光颜色而扩增片段大小不同、能够组合在一起进行电泳的一组荧光标记引物。

3.8

核心引物 core primer

以最少数量的引物最大限度地区分普通小麦品种的一套引物。

3.9

扩展引物 extended primer

辅助真实性检测的一套引物。

4 缩略语

下列缩略语适用于本文件。

bp:base pair 碱基对

CTAB:cetyltrimethylammonium bromide 十六烷基三甲基溴化铵

DNA:deoxyribonucleic acid 脱氧核糖核酸

dNTPs:deoxy—ribonucleoside triphosphates 脱氧核苷三磷酸

PAGE:polyacrylamide gelelectrophoresis 聚丙烯酰胺凝胶电泳

PCR:polymerase chain reaction 聚合酶链式反应

SDS:sodium dodecyl sulfate 十二烷基磺酸钠

SSR:simple sequence repeat 简单序列重复

Taq 酶:*Taq*-DNA polymerase 耐热 DNA 聚合酶

5 总则

普通小麦的不同品种,其基因组存在着能够世代稳定遗传的简单重复序列(SSR)的重复次数差异。这种差异可以通过从抽取有代表性的供检样品中提取 DNA,用 SSR 引物进行扩增和电泳,从而利用扩增片段大小不同而加以区分品种。

依据 SSR 标记检测原理,采用固定数目的 SSR 引物,通过与标准样品比较或与 SSR 指纹数据比对平台比对的方式,对品种真实性进行验证或身份鉴定。真实性验证依据规定数目引物的 SSR 位点差异数目而判定,品种真实性身份鉴定依据被检 SSR 位点无差异原则进行筛查、鉴定。

6 检测方案

6.1 总则

对于真实性鉴定,引物、检测平台、样品状况不同,其检测结果的准确度、精确度可能有所不同。应依据“适于检测目的”的原则，统筹考虑检测规模和检测能力，择定适宜的引物、检测平台、样品状况，制订相应的检测方案。

在严格控制条件下，合成选择的引物，按照确定的检测平台对供检样品按 DNA 提取、PCR 扩增、电泳、数据分析的程序进行检测。

按规定要求填报检测结果，检验报告应注明检测方案所选择的影响检测结果的关键信息。

6.2 检测平台

6.2.1 电泳是检测的关键环节。对于品种真实性验证或身份鉴定，可选择采用变性 PAGE 垂直板电泳或毛细管电泳，如需要利用 SSR 指纹数据比对平台，则需要利用参照样品确定供检样品的指纹后再进行真实性身份鉴定。

6.2.2 对于供检样品量较大的，可将组织研磨仪、DNA 自动提取、自动移液工作站、高通量 PCR 扩增仪、多引物组合的毛细管电泳进行组合，以提高检测的综合效率。

6.2.3 DNA 提取、PCR 扩增和电泳的技术条件要求，在适于检测目的和不影响检测质量的前提下，按照检测平台的要求允许对本标准的规定做适宜的局部改进。

6.3 引物

6.3.1 经对我国审定小麦品种进行 SSR 标记测试后，本文件遴选了 42 对 SSR 引物作为品种真实性验证和身份鉴定的检测引物，具体见表 1 和表 2，并据此构建了已知品种的 SSR 指纹数据比对平台。表 1 为核心引物，编号为 PM01～PM21，表 2 为扩展引物，编号为 PM22～PM42，每组包含 21 对引物。

表 1 核心引物信息

编号	引物名称	染色体 （位置）	退火温度 ℃	引物序列（5′-3′）
PM01	cwm65	1A	65	F：TCATTGGTGTCATCCCTCGTGT R：GAATAATGCCTTGACCCTGGAC
PM02	barc80	1BL	65	F：GCGAATTAGCATCTGCATCTGTTTGAG R：CGGTCAACCAACTACTGCACAAC
PM03	cfd72	1DL	60	F：CTCCTTGGAATCTCACCGAA R：TCCTTGGGAATATGCCTCCT
PM04	gwm294	2AL	55	F：GGATTGGAGTTAAGAGAGAACCG R：GCAGAGTGATCAATGCCAGA
PM05	gwm429	2BS	55	F：TTGTACATTAAGTTCCCATTA R：TTTAAGGACCTACATGACAC
PM06	gwm261	2DS	55	F：CTCCCTGTACGCCTAAGGC R：CTCGCGCTACTAGCCATTG
PM07	gwm155	3AL	55	F：CAATCATTTCCCCCTCCC R：AATCATTGGAAATCCATATGCC
PM08	gwm285	3BS	65	F：ATGACCCTTCTGCCAAACAC R：ATCGACCGGGATCTAGCC
PM09	gdm72	3DS	55	F：TGGTTTTCTCGAGCATTCAA R：TGCAACGATGAAGACCAGAA
PM10	gwm610	4AS	65	F：CTGCCTTCTCCATGGTTTGT R：AATGGCCAAAGGTTATGAAGG
PM11	ksum62	4B	60	F：GGAGAGGATAGGCACAGGAC R：GAGAGCAGAGGGAGCTATGG
PM12	barc91	4DL	55	F：TTCCCATAACGCCGATAGTA R：GCGTTTAATATTAGCTTCAAGATCAT
PM13	gwm304	5AS	55	F：AGGAAACAGAAATATCGCGG R：AGGACTGTGGGGAATGAATG

表 1 （续）

编号	引物名称	染色体（位置）	退火温度 ℃	引物序列(5′-3′)
PM14	gwm67	5BL	60	F:ACCACACAAACAAGGTAAGCG R:CAACCCTCTTAATTTTGTTGGG
PM15	cfd29	5DL	65	F:GGTTGTCAGGCAGGATATTTG R:TATTGATAGATCAGGGCGCA
PM16	gwm459	6AS	55	F:AATTTCAAAAAGGAGAGAGA R:AACATGTGTTTTTAGCTATC
PM17	barc198	6BS	55	F:CGCTGAAAAGAAGTGCCGCATTATGA R:CGCTGCCTTTTCTGGATTGCTTGTCA
PM18	cfd76	6DL	65	F:GCAATTTCACACGCGACTTA R:CGCTCGACAACATGACACTT
PM19	cfa2028	7AS	55	F:TGGGTATGAAAGGCTGAAGG R:ATCGCGACTATTCAACGCTT
PM20	gwm333	7BS	60	F:GCCCGGTCATGTAAAACG R:TTTCAGTTTGCGTTAAGCTTTG
PM21	gwm437	7DL	55	F:GATCAAGACTTTTGTATCTCTC R:GATGTCCAACAGTTAGCTTA
注:表中 21 对引物主要参考美国农业部 GrainGenes 网站。				

表 2 扩展引物信息

编号	引物名称	染色体（位置）	退火温度 ℃	引物序列(5′-3′)
PM22	wmc312	1AS	55	F:TGTGCCCGCTGGTGCGAAG R:CCGACGCAGGTGAGCGAAG
PM23	barc240	1BL	55	F:AGAGGACGCTGAGAACTTTAGAGAA R:GCGATCTTTGTAATGCATGGTGAAC
PM24	gdm111	1DL	55	F:CACTCACCCCAAACCAAAGT R:GATGCAATCGGGTCGTTAGT
PM25	wmc522	2AS	55	F:AAAAATCTCACGAGTCGGGC R:CCCGAGCAGGAGCTACAAAT
PM26	cfd51	2DS	55	F:GGAGGCTTCTCTATGGGAGG R:TGCATCTTATCCTGTGCAGC
PM27	barc324	3AS	55	F:CCAATTCTGCCCATAGGTGA R:GAGGAAATAAGATTCAGCCAACTG
PM28	barc164	3BS	55	F:TGCAAACTAATCACCAGCGTAA R:CGCTTTCTAAAACTGTTCGGGATTTCTAA
PM29	cfd9	3DL	55	F:TTGCACGCACCTAAACTCTG R:CAAGTGTGAGCGTCGG
PM30	gwm161	3DS	55	F:GATCGAGTGATGGCAGATGG R:TGTGAATTACTTGGACGTGG
PM31	barc170	4AL	55	F:CGCTTGACTTTGAATGGCTGAACA R:CGCCCACTTTTTACCTAATCCTTTTGAA
PM32	gwm495	4BL	55	F:GAGAGCCTCGCGAAATATAGG R:TGCTTCTGGTGTTCCTTCG
PM33	wmc720	4DS	55	F:CACCATGGTTGGCAAGAGA R:CTGGTGATACTGCCGTGACA
PM34	gwm186	5AL	55	F:GCAGAGCCTGGTTCAAAAAG R:CGCCTCTAGCGAGAGCTATG

表 2 （续）

编号	引物名称	染色体（位置）	退火温度 ℃	引物序列(5′-3′)
PM35	cfa2155	5AL	55	F:TTTGTTACAACCCAGGGGG R:TTGTGTGGCGAAAGAAACAG
PM36	cfd8	5DS	60	F:ACCACCGTCATGTCACTGAG R:GTGAAGACGACAAGACGCAA
PM37	gwm169	6AL	55	F:ACCACTGCAGAGAACACATACG R:GTGCTCTGCTCTAAGTGTGGG
PM38	barc345	6BL	55	F:CGCCAGACTGCTAGGATAATACTTT R:GCGGCTAGTGCTCCCTCATAAT
PM39	barc1121	6DL	60	F:GCGAGCAAACTGATCCCAAAAAG R:TATCGGTGAGTACGCCAAAAACA
PM40	cfa2123	7AS	60	F:CGGTCTTTGTTTGCTCTAAACC R:ACCGGCCATCTATGATGAAG
PM41	wmc476	7BS	55	F:TACCAACCACACCTGCGAGT R:CTAGATGAACCTTCGTGCGG
PM42	gwm44	7DS	65	F:GTTGAGCTTTTCAGTTCGGC R:ACTGGCATCCACTGAGCTG
注:表中 21 对引物主要参考美国农业部 GrainGenes 网站。				

6.3.2 品种真实性验证允许采用序贯方式。先采用核心引物进行检测,若检测到可以判定不符结果的差异位点数的,可终止检测。若采用核心引物未达到可以判定不符结果的差异位点数的,则继续完成扩展引物的检测。

6.3.3 品种真实性身份鉴定是在已具备审定品种 SSR 指纹数据比对平台的前提下,通过构建供检样品的指纹,利用 SSR 指纹数据库比对平台能够筛查确定至具体品种。检测时可采用序贯方式,也可直接采用表 1 和表 2 的 42 对 SSR 引物进行检测,直至与 SSR 指纹数据比对平台比较后能够确定到具体品种为止。经比较后,仍与已知品种没有位点差异而无法得出结论的,允许采用其他能够区分的分子标记进行检测。

6.4 样品

6.4.1 供检样品为种子,重量应不低于 50 g 或不少于 1 000 粒。在种子生产基地取样,供检样品可为麦穗,数量应不低于 30 个麦穗(分别来自不同个体)。

注:在种子生产基地取样,供检样品可以为幼苗、叶片等组织或器官,这时注意其检测比对对象。幼苗、叶片的数量至少含有 30 个个体,采用混合样品检测的先单独提取 DNA,再取等量 DNA 混合。

6.4.2 从供检样品中分取有代表性的试样,应符合 GB/T 3543.2 的规定。采用混合样或单个个体进行检测,混合样试样来源应至少含有 30 个个体,单个个体试样应至少含有 30 个个体。

6.5 检测条件

真实性鉴定应在有利于检测正确实施的控制条件下进行,包括但不限于下列条件:

——种子检验员熟悉所使用检测技术的知识和技能;

——所有仪器与使用的技术相适应,并已经过定期维护、验证和校准;

——使用适当等级的试剂和灭菌处理的耗材;

——使用校准检测结果评定的适宜参照样品。

7 仪器设备、试剂和溶液配制

7.1 仪器设备

7.1.1 DNA 提取

高速冷冻离心机、水浴锅或干式恒温金属浴、紫外分光光度计或核酸浓度测定仪、组织研磨仪。

7.1.2 **PCR 扩增**

PCR 扩增仪或水浴 PCR 扩增装置。

7.1.3 **电泳**

7.1.3.1 **毛细管电泳**

遗传分析仪。

7.1.3.2 **变性 PAGE 垂直板电泳**

高压电泳仪、垂直板电泳槽及制胶附件、胶片观察灯、凝胶成像系统或数码相机。

7.1.4 **其他器具**

微量移液器、电子天平、高压灭菌锅、加热磁力搅拌器、冰箱、染色盒。

7.2 **试剂**

7.2.1 **DNA 提取**

CTAB、三氯甲烷、异戊醇、异丙醇、乙二胺四乙酸二钠（EDTA - $Na_2 \cdot 2H_2O$）、三羟甲基氨基甲烷（Tris-base）、盐酸、氢氧化钠、氯化钠，β-巯基乙醇（β - Mercaptoethanol）、乙醇（70%）。

7.2.2 **PCR 扩增**

dNTPs、*Taq* 酶、10×缓冲液、矿物油、ddH_2O、引物和 Mg^{2+}。

7.2.3 **电泳**

7.2.3.1 **毛细管电泳**

与使用的遗传分析仪型号相匹配的分离胶、分子量内标、去离子甲酰胺、电泳缓冲液。

7.2.3.2 **变性 PAGE 垂直板电泳**

去离子甲酰胺（Formamide）、溴酚蓝（Brph Blue）、二甲苯青（FF）、甲叉双丙烯酰胺（Bisacrylamide）、丙烯酰胺（Acrylamide）、硼酸（Boric Acid）、尿素、亲和硅烷（Binding Silane）、疏水硅烷（Repel Silane）、DNA 分子量标准、无水乙醇、四甲基乙二胺（TEMED）、过硫酸铵（APS）、冰醋酸、乙酸铵、硝酸银、甲醛、氢氧化钠、三羟甲基氨基甲烷（Tris-base）、乙二胺四乙酸二钠（EDTA - $Na_2 \cdot 2H_2O$）。

7.3 **溶液配制**

DNA 提取、PCR 扩增、电泳、银染的溶液按照附录 A 规定的要求进行配制，所用试剂均为分析纯。

试剂配制所用水应符合 GB/T 6682 规定的一级水的要求，其中银染溶液的配制可以使用符合三级要求的水。

8 真实性检测程序

8.1 **引物合成**

根据真实性验证或身份鉴定的要求，采用序贯式方法，选定表 1 和表 2 的引物。选用变性 PAGE 垂直板电泳，只需合成普通引物。选用荧光毛细管电泳，需要在上游或下游引物的 5′端或 3′端标记与毛细管电泳仪发射和吸收波长相匹配的荧光染料。具体引物分组信息可参见附录 B。

8.2 **DNA 提取**

8.2.1 **总则**

DNA 提取方法应保证提取的 DNA 数量和质量符合 PCR 扩增的要求，DNA 无降解，溶液的紫外光吸光度 OD_{260} 与 OD_{280} 的比值宜介于 1.8～2.0。

DNA 提取可选 8.2.2 至 8.2.4 所列的任何一种方法。

8.2.2 **CTAB 法**

取试样的胚、胚芽、幼苗或叶片 200 mg～300 mg 置于 2.0 mL 离心管，加液氮充分研磨，每管加入

700 μL 经 65℃预热的 CTAB 提取液，充分混匀，65℃水浴 60 min。期间多次轻缓颠倒混匀。每管加入等体积的三氯甲烷/异戊醇(24∶1)混合液，充分混合后静置 10 min，在 12 000 r/min 离心 10 min。吸取上清液转移至新的离心管中，加入等体积预冷的异丙醇，轻轻颠倒混匀，－20℃放置 30 min，4℃、12 000 r/min 离心 10 min。弃上清液，加入 70%乙醇溶液洗涤 2 遍，自然条件下干燥，加入 100 μL 1×TE 缓冲液充分溶解，检测浓度后 4℃备用。

8.2.3 试剂盒法

选用适宜 SSR 标记法的商业试剂盒，并经验证合格后使用。DNA 提取方法，按照试剂盒提供的使用说明进行操作。

8.2.4 SDS 法

取试样的胚、胚芽、幼苗或叶片置于 2.0 mL 离心管，加液氮充分研磨，每管加入 700 μL 的 SDS 提取液，混匀。65℃水浴 60 min，每管加入等体积的三氯甲烷/异戊醇(24∶1)混合液，12 000 r/min 离心 10 min。吸取上清液转移至一新管，加入 2 倍体积预冷的无水乙醇，颠倒混匀，12 000 r/min 离心 10 min，弃上清液，用 70%乙醇溶液洗涤 2 遍。自然条件下干燥后，加入 TE 缓冲液，充分溶解，检测浓度后 4℃备用。

8.3 PCR 扩增

8.3.1 反应体系

PCR 扩增反应体系的总体积和组分的终浓度参照表 3 进行配制，可以依据试验条件不同做相应调整。表 3 中的缓冲液若含有 $MgCl_2$，不再加 $MgCl_2$溶液，加等体积无菌水替代。

表 3　PCR 扩增反应体系

反应组分	原浓度	终浓度	推荐反应体积(10 μL)
ddH_2O	—	—	3.05
10×Buffer (Mg^{2+} free)	10×	1×	1.0
$MgCl_2$	25 mmol/L	1.25 mmol/L	0.5
dNTPs	10 mmol/L	0.2 mmol/L	0.2
Tag 酶	2 U/μL	0.05 U	0.25
primers	1.25 μmol/L	0.25 μmol/L	2.0
DNA	50ng	15ng/L	3.0

8.3.2 反应程序

反应程序中各反应参数可根据 PCR 扩增仪型号、酶、引物等不同而做适当的调整。通常采用下列反应程序：

a) 预变性：94℃ 5 min；

b) 扩增：94℃变性 30 s，55℃～65℃(依据引物的退火温度改变)退火 45 s，72℃延伸 60 s，进行 35 次循环；

c) 终延伸：72℃ 10 min。

扩增产物于 4℃保存。

8.4 扩增产物分离

8.4.1 荧光毛细管电泳

8.4.1.1 由于小麦的 SSR 扩增片段大小范围较广，可以依据不同仪器选择采用不多于 11 重组合引物进行电泳。按照预先确定的组合引物，等体积取同一组合引物的不同荧光标记的扩增产物，充分混匀。从混合液中吸取 1 μL，加入到遗传分析仪专用 96 孔上样板上。每孔再分别加入 0.1 μL 分子量内标和 8.9 μL 去离子甲酰胺，95℃变性 5 min，取出立即置于冰上，冷却 10 min 以上，瞬时离心 10 s 后备用。

8.4.1.2 打开遗传分析仪,检查仪器工作状态和试剂状态。

8.4.1.3 将装有样品的96孔上样板放置于样品架基座上,将装有电极缓冲液的buffer板放置于buffer板架基座上,打开数据收集软件,按照遗传分析仪的使用手册进行操作。遗传分析仪将自动运行参数,并保存电泳原始数据。

8.4.2 变性PAGE垂直板电泳

8.4.2.1 制胶

沾洗涤灵用清水将玻璃板反复擦洗干净,再用双蒸水、75%乙醇分别擦洗2遍。玻璃板干燥后,将1 mL亲和硅烷工作液均匀涂在长玻璃板上,将1 mL疏水硅烷工作液均匀涂在带凹槽的短玻璃板上,玻璃板干燥后,将0.4 mm厚的塑料隔条整齐放在长玻璃板两侧,盖上凹槽短玻璃板,用夹子固定,用水平仪检测玻璃胶室是否水平。取80 mL 6%的聚丙烯酰胺变性凝胶溶液,加入60 μL的TEMED、180 μL 10%的过硫酸铵(过硫酸铵的用量与温度成反比,需根据温度调整用量),轻轻摇匀(勿产生大量气泡),将胶灌满玻璃胶室,在凹槽处将鲨鱼齿梳的平齐端插入胶液5 mm~6 mm。胶聚合1.5 h后,轻轻拔出梳子,用清水洗干净备用。

注:为保证检测结果的准确性,建议玻璃板的规格为45 cm×35 cm。

8.4.2.2 变性

取10 μL扩增产物,加入2 μL的6×加样缓冲液,混匀。95℃变性5 min,取出立即置于冰上,冷却10 min以上备用。

8.4.2.3 电泳

8.4.2.3.1 将胶板安装于电泳槽上,在电泳正极槽(下槽)加入600 mL的0.5×TBE缓冲液,负极槽(上槽)加入600 mL的0.5×TBE缓冲液,拔出样品梳,在1 800 V恒压预电泳10 min~20 min,用塑料滴管清除加样槽孔内的气泡和杂质,将样品梳插入胶中1 mm~2 mm。每一个加样孔加入5 μL变性样品(见8.4.2.2),在1 800 V恒压下电泳。

8.4.2.3.2 电泳的适宜时间参考二甲苯青指示带移动的位置和扩增产物预期片段大小范围(见表C.1)加以确定。二甲苯青指示带在6%的变性聚丙烯酰胺凝胶电泳中移动的位置与230 bp扩增产物泳动的位置大致相当。扩增产物片段大小在(100±30) bp、(150±30) bp、(200±30) bp、(250±30) bp范围的,电泳参考时间分别为1.5 h、2.0 h、2.5 h、3.5 h。电泳结束后关闭电源,取下玻璃板并轻轻撬开,凝胶附着在长玻璃板上。

8.4.2.4 染色

将粘有凝胶的长玻璃板胶面向上浸入"固定/染色液"中,轻摇染色槽,使"固定/染色液"均匀覆盖胶板,染色5 min~10 min。将胶板移入水中漂洗30 s~60 s。再移入显影液中,轻摇显影槽,使显影液均匀覆盖胶板,待带型清晰,将胶板移入去离子水中漂洗5 min,晾干胶板,放在胶片观察灯上观察记录结果,用数码相机或凝胶成像系统拍照保存。

注:固定液/染色液、双蒸水和显影液的用量,可依据胶板数量和大小调整,以没过胶面为准。

8.5 数据分析

8.5.1 总则

8.5.1.1 电泳结果特别是毛细管电泳,需要通过规定程序进行数据分析降低误读率。在引物等位变异片段大小范围内(见表C.1),对于毛细管电泳,特异峰呈现为稳定的单峰型或连续峰型;对于变性PAGE垂直板电泳,特异谱带呈现稳定的单谱带或连续谱带。

注:当出现非纯合SSR位点时,毛细管电泳中会呈现2个单峰或2个连续峰,在变性PAGE垂直板电泳中会显示为稳定的2种单谱带或2种连续谱带。

8.5.1.2 对于毛细管电泳,由于不同引物扩增产物表现不同、引物不对称扩增、试验条件干扰等因素,可能出现不同状况的峰型,按照以峰高为主、兼顾峰型的原则依据下列规则进行甄别、过滤处置:

a) 对于连带(pull-up)峰,即因某一位置某一颜色荧光的峰值较高而引起同一位置其他颜色荧光峰值升高的,应预先将其干扰消除后再进行分析;
b) 对于(n+1)峰,即同一位置出现 2 个相距 1 bp 左右的峰,应视为单峰;
c) 对于连续多峰,即峰高递增或峰高接近的相差一个重复序列的连续多个峰,应视为单峰,取其最右边的峰,峰高值为连续多个峰的叠加值;
d) 对于高低峰,应通过设定一定阈值不予采集低于阈值的峰;
e) 对于有 2 个及以上特异峰,应考虑是由非纯合 SSR 位点或混入杂株所致。

注:当存在非纯合 SSR 位点时,将会有 2 个特异峰,此时需要采集 2 个峰值。

8.5.1.3 对于变性 PAGE 垂直板电泳,位于相应等位变异扩增片段大小范围之外的谱带需要甄别是非特异性扩增还是新增的稀有等位变异。采用单个个体扩增的产物,出现 3 种及 3 种以上的多带则为非特异性扩增;采用混合样提取的,某些位点出现 3 种及 3 种以上的谱带或上下有弱带等情况出现时,则需要通过单个个体进行甄别。

8.5.1.4 采取混合样检测的,无论是毛细管电泳还是变性 PAGE 垂直板电泳,结果表明在引物位点出现异质性而无法识别特异谱带或特异峰的,应采用单个个体独立检测,试样至少含有 30 个个体。若样品在 50%以上的 SSR 位点中呈现明显的异质性,可终止真实性检测。

8.5.2 数据分析和读取

8.5.2.1 毛细管电泳

导出电泳原始数据文件,采用数据分析软件对数据进行甄别。

a) 设置参数:在数据分析软件中预先设置好 panel、分子量内标、panel 的相应引物的 Bin(等位变异片段大小范围区间);
b) 导入原始数据文件:将电泳原始数据文件导入分析软件,选择 panel、分子量内标、Bin、质量控制参数等进行分析;
c) 甄别过滤处置数据:执行 8.5.1 的规定。

分析软件会对检测质量赋以颜色标志进行评分,绿色表示质量可靠无需干预,红色表示质量不过关或未落入 Bin 范围内,黄色表示有疑问需要查验原始图像进行确认。

数据比对采用 8.5.3.1、8.5.3.2 方式的,应分别通过同时进行试验的标准样品、参照样品(依据引物选择少量的对照),校准不同电泳板间的数据偏差后再读取扩增片段大小。甄别后的特异峰落入 Bin 范围内,直接读取扩增片段大小;若其峰大多不在 Bin 范围内,可将其整体平移尽量使峰落入 Bin 设置范围内后读取数据。

8.5.2.2 变性 PAGE 垂直板电泳

对甄别后的特异谱带(见 8.5.1)进行读取。扩增片段大小的读取,统一采用两段式数据记录方式。纯合位点数据记录为 X/X,非纯合位点数据记录为 X/Y(其中 X、Y 分别为该位点 2 个等位基因扩增片段),小片段数据在前,大片段数据在后,缺失位点数据记录为 0/0。

8.5.3 数据比对

8.5.3.1 采用与标准样品比较的,对甄别后的特异峰(见 8.5.2.1)或特异谱带(见 8.5.2.2),按照在同一电泳板上的供检样品与标准样品逐个位点进行两两比较,确定其位点差异。

8.5.3.2 采用毛细管电泳与 SSR 指纹数据比对平台比对的,按照数据导入模板的要求,将数据及其指纹截图上传到 SSR 指纹数据比对平台,进行逐个位点在线比对,核实确定相互间的指纹数据的异同。

8.5.3.3 采用 PAGE 垂直板电泳与 SSR 指纹数据比对平台比对的,按照数据导入模板的要求,将数据上传到 SSR 指纹数据比对平台,进行逐个位点的两两比对,核实确定相互间的指纹数据的异同。

注:采用 PAGE 垂直板电泳与 SSR 指纹数据比对平台比对较为困难,建议作为参考使用,比对前采取以下措施:

a) 读取扩增产物片段大小数据的,供检样品与参照样品(附录 C 和附录 D)同时在同一电泳板上电泳;

b) 电泳时间足够，符合 8.4.2.3.2 的要求；

c) 供检样品存在扩增片段为一个基序差异的，按片段大小顺序重新电泳进行复核确定后读取。

8.5.4 数据记录

数据比对后，按照位点存在差异或相同、数据缺失、无法判定等情形，记录每个引物的位点状况。

9 结果计算与表示

统计位点差异记录的结果，计算差异位点数，核实差异位点的引物编号。

检测结果用供检样品和标准样品比较的位点差异数表示，检测结果的容许差距不能大于 2 个位点。对于在容许差距范围内且提出有异议的样品，可以按照 GB/T 3543.5 的规定进行田间小区种植鉴定。

10 结果报告

10.1 按照 GB/T 3543.1 的检验报告要求，对品种真实性验证或身份鉴定的检测结果进行填报。

10.2 对于真实性验证，选择下列方式之一进行填报：

a) 通过____对引物，采用____电泳方法进行检测，与标准样品比较未能检测出位点差异。

b) 通过____对引物，采用____电泳方法进行检测，与标准样品比较检测出差异位点数____个，差异位点的引物编号为________。

10.3 对于品种身份鉴定，采用下列方式进行填报：

通过______对引物，采用______电泳方法进行检测，经与 SSR 指纹数据比对平台筛查，供检样品属于______品种，或与____ 、____品种未能检测出位点差异。

10.4 属于下列情形之一的，需在检验报告中注明：

——供检样品低于 6.4.1 规定数量的；

——与 SSR 指纹数据比对平台进行数据比对的；

——供检样品遗传不稳定严重的位点(引物编号)清单；

——检测采用了其他 SSR 引物的名称及序列。

附　录　A
（规范性附录）
溶　液　配　制

A.1　DNA 提取

A.1.1　0.5 mol/L EDTA 溶液

称取 186.1 g $Na_2EDTA \cdot 2H_2O$ 溶于 800 mL 水中，加固体 NaOH 调 pH 至 8.0，加水定容至 1 000 mL，121℃ 高压灭菌 20 min。

A.1.2　1 mol/L Tris-HCl 溶液

称取 60.55 g Tris 碱溶于适量水中，加 HCl 调 pH 至 8.0，加水定容至 500 mL，121℃ 高压灭菌 20 min。

A.1.3　5 mol/L NaCl 溶液

称取 146.1 g 固体 NaCl，加水定容至 500 mL，121℃ 高压灭菌 20 min。

A.1.4　CTAB 提取液

量取 280 mL 的 5 mol/L NaCl、20 mL 的β-巯基乙醇(C_2H_6OS)、20 g 的 CTAB、100 mL 的1 mol/L Tris-HCl 和 40 mL 的 0.5 mol/L EDTA，加水定容至 1 000 mL，4℃贮存。

A.1.5　SDS 提取液

量取 100 mL 的 1 mol/L Tris-HCl、25 mL 的 0.5 mol/L EDTA、25 mL 的 5 mol/L NaCl 和 2.5 g 的 SDS 混合，加水定容至 500 mL。

A.1.6　5 mol/L KAC

称取 49.67 g 的 KAC，用水溶解，冰乙酸调整 pH 至 5.2，定容至 100 mL，121℃ 高压灭菌 20 min。

A.1.7　1×TE 缓冲液

量取 5 mL 的 1 mol/L Tris-HCl 和 1 mL 的 0.5 mol/L EDTA，加 HCl 调 pH 至 8.0，加水定容至 500 mL，121℃ 高压灭菌 20 min。

A.2　PCR 扩增

A.2.1　dNTP

用超纯水分别配制 dATP、dGTP、dCTP、dTTP 终浓度为 100 mmol/L 的储存液，分别用 0.05 mol/L的 Tris 碱调整 pH 至 7.0。各取 80 μL 混合，用超纯水 480 μL 定容至终浓度 10 mmol/L each 的工作液。

A.2.2　SSR 引物

用 1×TE 分别配制上游引物、下游引物终浓度均为 100 μmol/L 的储存液，从 100 μmol/L 的储存液中吸取上下游引物各 12.5 μL 混合，再加入 975 μL 的 1×TE 混匀成 1.25 μmol/L 的工作液。

A.3　电泳

A.3.1　6×上样缓冲液

取 98 mL 去离子甲酰胺、2 mL 的 0.5 mol/L EDTA、0.25 g 的溴酚蓝和 0.25 g 的二甲苯青混合摇匀，4℃备用。

A.3.2 0.5 mol/L EDTA 溶液

称取 18.61 g 二水合乙二胺四乙酸二钠(EDTA - Na_2 · $2H_2O$)溶于水中,用 NaOH 颗粒将 pH 调至 8.0,加水定容至 100 mL。在 121℃灭菌 20 min。

A.3.3 10×TBE 缓冲液

称取 108 g 的 Tris 碱、55 g 的硼酸和 40 mL 的 0.5 mol/L EDTA,加水定容至 1 000 mL,121℃ 高压灭菌 20 min。

A.3.4 6%变性 PAGE 胶

称取 420 g 的尿素、50 mL 的 10×TBE 缓冲液、57 g 的丙烯酰胺(C_3H_5NO)、3 g 的甲叉双丙烯酰胺[$(H_2C{=}CHCONH)_2CH_2$],加水定容至 1 000 mL,过滤后备用。

A.3.5 亲和硅烷工作液

量取 93 mL 的 75%乙醇、5 mL 的冰醋酸和 2 mL 的亲和硅烷原液,混匀。

A.3.6 疏水硅烷工作液

量取 25 mL 的二甲基二氯硅烷(H_2Cl_2Si)、75 mL 的三氯甲烷($CHCl_3$)混匀。

A.3.7 10%过硫酸铵溶液

称取 10 g 的过硫酸铵[$(NH_4)_2S_2O_8$]溶于 100 mL 水中。分装后保存于冰箱冷冻室中备用。

A.3.8 0.5×TBE 工作液

量取 250 mL 的 10×TBE 缓冲液,加水定容至 5 000 mL。

A.4 银染

A.4.1 固定液/染色液

称取 2 g 的硝酸银($AgNO_3$)、133 mL 的 75%乙醇、6 mL 的 99%乙酸,加水定容至 1 000 mL。

A.4.2 NaOH 显影液

称取 20 g 的氢氧化钠(NaOH),溶于 1 000 mL 的蒸馏水中。使用前加入 6 mL 的甲醛(CH_2O)溶液。

附 录 B
（资料性附录）
引物分组信息

42 对 SSR 引物标记四色荧光的引物分组方案见表 B.1。

表 B.1 42 对 SSR 引物标记四色荧光的引物分组方案

引物级别	组别	荧光标记（PET）	荧光标记（FAM）	荧光标记（VIC）	荧光标记（NED）
核心引物	1	gwm67	gdm72	gwm437	gwm459
		barc91	cfd29	gwm610	gwm304
		cfd72	gwm429	gwm285	
	2	cfd76	barc198	gwm333	gwm294
		barc80	cfa2028	ksum62	gwm155
		cwm65			gwm261
扩展引物	3	cfd51	gwm161	wmc720	barc1121
		gdm111	wmc476	wmc522	gwm495
		barc324		cfa2123	cfd9
	4	barc345	barc170	gwm186	cfd8
		barc164	cfa2155	gwm44	gwm169
			barc240	wmc312	
注 1：每个组别的引物可以组合在一起电泳。 注 2：荧光染料 PET、FAM、VIC、NED 在此仅为示例。					

附 录 C
(规范性附录)
等位变异扩增片段信息

表C.1列出了42对引物在已知小麦品种中扩增片段长度范围、主要等位变异扩增片段大小以及参照样品对应的等位变异信息。其中参照样品只是列举,考虑到在某一SSR位点多个品种存在相同的扩增片段大小,确认某一品种在该位点扩增片段大小与参照样品是相同的,该品种也可替代相应的参照样品。

表C.1 已知品种主要等位变异扩增片段信息

引物		等位变异扩增片段大小		参照样品名称
编号	名称	范围,bp	扩增片段,bp	
PM01	cwm65	220～252	252	扬辐麦2号
			249	济麦3号
			246	西农988
			243	皖麦38
			234	泽优1号
			231	靖麦8号
			223	中优9507
			220	沧麦119
PM02	barc80	97～119	119	泽优1号
			110	中优9507
			107	周麦17
			104	扬辐麦2号
			101	中麦175
			97	济麦3号
PM03	cfd72	215～239	239	廊研43号
			237	西科麦4号
			235	农大3659
			233	泽优1号
			231	中优9507
			229	温麦10号
			227	农大3432
			223	沧麦119
			221	静麦2号
			215	川农17
PM04	gwm294	68～104	104	周麦17
			102	中优9507
			100	宝麦8号
			98	泽优1号
			96	靖麦8号
			94	中麦175
			90	豫麦48
			86	扬麦15
			84	济麦3号
			82	沧麦119
			68	扬辐麦2号

表 C.1 （续）

引物		等位变异扩增片段大小		参照样品名称
编号	名称	范围，bp	扩增片段，bp	
PM05	gwm429	198～223	223	长武 134
			221	洛麦 23
			219	扬辐麦 2 号
			217	宝麦 8 号
			212	川农 16
			210	农大 3659
			208	中优 9507
			206	中麦 175
			204	泽优 1 号
			202	西科麦 4 号
			200	农大 3488
			198	靖麦 8 号
PM06	gwm261	162～203	203	沧麦 119
			201	烟农 19
			195	扬麦 13
			193	衡 95 观 26
			191	石新 828
			189	中麦 175
			173	苏徐 2 号
			162	中优 9507
PM07	gwm155	127～152	152	中麦 175
			150	农大 3432
			148	廊研 43 号
			146	沧麦 119
			144	中优 9507
			142	泽优 1 号
			130	扬麦 18
			127	周麦 17
PM08	gwm285	218～258	258	中优 9507
			256	中麦 175
			253	农大 3432
			251	农大 211
			243	川农 17
			241	扬麦 18
			238	沧麦 119
			228	烟农 19 号
			224	丰优 3 号
			222	扬麦 15
			220	扬辐麦 2 号
			218	豫麦 48
PM09	gdm72	130～146	146	中麦 175
			142	宁麦 5 号
			140	烟农 19 号
			138	周麦 17
			136	邯优 3475
			134	中优 9507
			132	农大 211
			130	泽优 1 号

表 C.1 （续）

引物		等位变异扩增片段大小		参照样品名称
编号	名称	范围,bp	扩增片段,bp	
PM10	gwm610	166～176	176	云麦 53
			174	济麦 3 号
			172	泽优 1 号
			170	扬辐麦 2 号
			168	中优 9507
			166	云麦 42
PM11	ksum62	179～205	205	云麦 42
			203	扬辐麦 2 号
			201	宝麦 8 号
			189	中优 9507
			183	泽优 1 号
			181	周麦 17
			179	中麦 175
PM12	barc91	116～152	152	泽优 1 号
			149	苏徐 2 号
			140	长武 134
			137	晋麦 54
			134	沧麦 119
			131	扬麦 13 号
			128	中优 9507
			125	周麦 17
			122	中麦 175
			119	扬麦 15
			116	丰优 3 号
PM13	gwm304	197～225	225	烟农 19 号
			223	衡 95 观 26
			221	西农 988
			219	扬麦 20
			217	扬麦 18
			215	长武 134
			207	西科麦 4 号
			205	宝麦 8 号
			203	新麦 13 号
			201	泽优 1 号
			197	石家庄 11 号
PM14	gwm67	79～93	93	临旱 6 号
			89	沧麦 119
			87	中优 9507
			85	云麦 42
			83	豫麦 48
			81	中麦 175
			79	泽优 1 号
PM15	cfd29	159～191	191	邯优 3475
			187	农大 3488
			185	新麦 11 号
			183	山农优麦 2 号
			181	周麦 17
			179	泽优 1 号

表 C.1 (续)

引物		等位变异扩增片段大小		参照样品名称
编号	名称	范围,bp	扩增片段,bp	
PM15	cfd29	159～191	177	济麦 3 号
			175	苏徐 2 号
			173	中麦 175
			171	宁麦 5 号
			159	中优 9507
PM16	gwm459	124～152	152	温麦 10
			146	临旱 6 号
			142	农大 3432
			140	济麦 3 号
			138	扬麦 13 号
			130	云麦 42
			124	川农 17
PM17	barc198	109～161	161	宝麦 8 号
			155	长武 134
			152	新麦 13 号
			149	泽优 1 号
			146	靖麦 8 号
			130	晋麦 54
			127	扬麦 13 号
			124	扬麦 15
			121	中优 9507
			109	陇中 1 号
PM18	cfd76	145～167	167	长 4738
			163	济麦 3 号
			161	扬辐麦 2 号
			159	长武 134
			157	温麦 10 号
			155	烟农 19 号
			153	川农 17
			151	晋麦 54
			149	泽优 1 号
			147	豫麦 48
			145	西农 988
PM19	cfa2028	236～260	260	邯优 3475
			258	川农 16
			256	烟农 19 号
			254	中优 9507
			252	农大 211
			244	新麦 11 号
			236	泽优 1 号
PM20	gwm333	141～149	149	石新 828
			147	泽优 1 号
			145	农大 211
			143	中优 9507
			141	宁麦 5 号

表 C.1 (续)

引物		等位变异扩增片段大小		参照样品名称
编号	名称	范围,bp	扩增片段,bp	
PM21	gwm437	90~133	133	扬麦 15
			131	农大 3659
			125	皖麦 38
			121	川农 17
			119	温麦 10 号
			117	中麦 175
			115	宁麦 8 号
			111	凤麦 24
			109	中优 9507
			107	邯优 3475
			105	扬麦 18
			103	泽优 1 号
			101	农大 3488
			90	石新 828
PM22	wmc312	225~249	249	扬麦 18
			247	豫农 982
			243	邯优 3475
			241	农大 3659
			249	扬麦 18
			247	豫农 982
			243	邯优 3475
			241	农大 3659
			239	靖麦 8 号
			237	皖麦 38
			235	长 4738
			231	扬麦 13 号
			227	临旱 6 号
			225	淮麦 19 号
PM23	barc240	234~277	277	温麦 10 号
			268	农大 3659
			265	石新 828
			256	中育 6 号
			246	淮麦 20 号
			243	豫麦 48
			240	邯优 3475
			237	苏徐 2 号
			234	内麦 8 号
PM24	gdm111	197~207	207	云麦 42
			205	新原 958
			203	宁麦 5 号
			201	川农 17
			199	周麦 17
			197	廊研 43 号
PM25	wmc522	169~213	213	邯优 3475
			211	泽优 1 号
			207	豫农 982
			199	武农 148
			191	农大 211

表 C.1 (续)

引物		等位变异扩增片段大小		参照样品名称
编号	名称	范围,bp	扩增片段,bp	
PM25	wmc522	169～213	187	农大 3432
			183	临旱 6 号
			181	中麦 175
			177	中育 6 号
			171	济麦 2 号
			169	扬麦 15
PM26	cfd51	144～164	164	长武 134
			160	皖麦 38
			158	新麦 11 号
			156	豫农 982
			152	丰优 3 号
			150	京冬 20
			146	农大 3659
			144	扬麦 13 号
PM27	barc324	227～255	255	晋太 170
			251	云麦 42
			245	豫农 035
			242	中麦 175
			239	泽优 1 号
			236	临旱 6 号
			233	苏徐 2 号
			227	农大 211
PM28	barc164	175～211	211	川农 16
			205	安麦 1 号
			202	周麦 17
			190	靖麦 8 号
			187	烟农 19 号
			181	丰优 3 号
			178	农大 3488
			175	济麦 22 号
PM29	cfd9	194～240	240	中麦 175
			238	廊研 43 号
			236	石新 828
			232	周麦 17
			230	温麦 10 号
			228	扬辐麦 2 号
			226	同舟麦 916
			224	西农 988
			222	宁麦 8 号
			220	扬麦 15
			218	邯优 3475
			216	中优 9507
			212	豫农 48
			208	泽优 1 号
			204	扬麦 13 号
			194	农大 3488

表 C.1 （续）

引物		等位变异扩增片段大小		参照样品名称
编号	名称	范围，bp	扩增片段，bp	
PM30	gwm161	150～174	174	扬麦 13 号
			170	丰优 3 号
			168	扬麦 18
			166	凤麦 24
			154	豫农 48
			152	廊研 43 号
			150	济麦 3 号
PM31	barc170	145～196	196	苏徐 2 号
			190	晋麦 54
			187	周麦 19
			184	泽优 1 号
			181	西科麦 4 号
			175	豫农 982
			172	廊研 43 号
			169	山农优麦 2 号
			166	周麦 17
			163	沧麦 119
			157	农大 3659
			154	扬麦 18
			145	周麦 16
PM32	gwm495	151～179	179	烟农 19 号
			177	云麦 42
			175	豫农 982
			163	廊研 43 号
			161	中育 6 号
			159	农大 3488
			155	温麦 10 号
			151	新麦 13 号
PM33	wmc720	98～144	144	靖麦 8 号
			142	川农 16
			138	长武 134
			130	川农 17
			128	洛麦 23
			126	中麦 175
			124	安麦 1 号
			116	石新 828
			114	西农 928
			112	轮选 987
			110	豫农 48
			108	临旱 6 号
			98	藁优 9415
PM34	gwm186	112～145	145	太 10604
			140	徐州 24 号
			134	陇鉴 301
			130	新麦 18 号
			124	许农 5 号
			118	富麦 2008
			116	新麦 16 号
			112	济麦 19 号

表 C.1 （续）

引物		等位变异扩增片段大小		参照样品名称
编号	名称	范围,bp	扩增片段,bp	
PM35	cfa2155	208～216	216	农大 3432
			214	豫农 48
			212	丰优 3 号
			210	济麦 3 号
			208	静麦 2 号
PM36	cfd8	152～162	162	宁麦 5 号
			158	廊研 43 号
			156	农大 3659
			154	云麦 42
			152	扬麦 18
PM37	gwm169	176～221	221	靖麦 8 号
			219	西科麦 4 号
			204	新麦 11 号
			198	临旱 6 号
			196	扬麦 18
			194	温麦 10 号
			192	农大 3488
			190	石家庄 11 号
			186	豫农 982
			176	中育 10 号
PM38	barc345	120～154	154	中麦 175
			148	武农 148
			146	扬麦 18
			144	济麦 3 号
			140	山农优麦 2 号
			138	石新 828
			120	豫农 982
PM39	barc1121	102～130	130	豫农 982
			127	西科麦 4 号
			124	农大 3488
			121	山农优麦 2 号
			118	农大 3432
			109	长 6878
			102	运 9805
PM40	cfa2123	241～254	254	徐州 24 号
			249	农大 3659
			247	西科麦 4 号
			245	苏徐 2 号
			243	中育 6 号
			241	中麦 175
PM41	wmc476	178～215	215	太 10604
			213	济麦 3 号
			209	丰优 3 号
			205	农大 3432
			200	农大 3659
			198	川农 17
			190	豫农 48
			178	京 411

表 C.1 (续)

引物		等位变异扩增片段大小		参照样品名称
编号	名称	范围,bp	扩增片段,bp	
PM42	gwm44	163～189	189	济麦 3 号
			187	温麦 10 号
			183	烟农 19 号
			181	宁麦 5 号
			179	泽优 1 号
			177	农大 3488
			175	武农 148
			173	农大 3659
			171	邯优 3475
			163	陇中 1 号

附　录　D
（资料性附录）
参照样品名单

参照样品名单见表D.1。

表D.1　参照样品名单

序号	品种名称	序号	品种名称	序号	品种名称	序号	品种名称
1	太10604	21	晋太170	41	石新828	61	扬麦18
2	洛麦23	22	京411	42	苏徐2号	62	扬麦20
3	安麦1号	23	京冬20	43	太10604	63	豫麦48
4	宝麦8号	24	靖麦8号	44	同舟麦916	64	豫农035
5	沧麦119	25	静麦2号	45	皖麦38	65	豫农982
6	川农16	26	廊研43号	46	温麦10	66	云麦42
7	川农17	27	临旱6号	47	汶农6号	67	云麦53
8	丰优3号	28	陇鉴301	48	武农148	68	运9805
9	凤麦24	29	陇中1号	49	西科麦4号	69	泽优1号
10	富麦2008	30	轮选987	50	西农928	70	长4738
11	藁优9415	31	周麦19	51	新麦11号	71	长6878
12	邯优3475	32	内麦8号	52	新麦13号	72	长武134
13	衡95观26	33	宁麦5号	53	新麦16号	73	中麦175
14	淮麦19号	34	宁麦8号	54	新原958	74	中优9507
15	淮麦20号	35	农大211	55	徐州24号	75	中育10号
16	济麦19号	36	农大3432	56	许农5号	76	中育6号
17	济麦22号	37	农大3488	57	烟农19号	77	周麦16
18	济麦2号	38	农大3659	58	扬辐麦2号	78	周麦17
19	济麦3号	39	山农优麦2号	59	扬麦13号		
20	晋麦54	40	石家庄11号	60	扬麦15		
注：表中的参照样品均为审定小麦品种。							

本标准起草单位：北京市农林科学院北京杂交小麦工程技术研究中心、全国农业技术推广服务中心、北京市种子管理站。

本标准主要起草人：赵昌平、支巨振、邱军、庞斌双、刘丽华、王立新、谷铁城、刘丰泽、吴明生、刘阳娜、张立平、张风廷、李宏博、赵海艳。

中华人民共和国农业行业标准

NY/T 2745—2015

水稻品种鉴定　SNP标记法

Protocol for identification of rice varieties—SNP marker method

1 范围

本标准规定了利用单核苷酸多态性(single nucleotide polymorphism,SNP)标记进行水稻(*Oryza sativa* L.)品种鉴定的操作程序、数据记录与统计、判定方法。

本标准适用于水稻品种的SNP指纹数据采集及品种鉴定。

2 规范性引用文件

下列文件对于本文件的应用是必不可少的。凡是注日期的引用文件,仅注日期的版本适用于本文件。凡是不注日期的引用文件,其最新版本(包括所有的修改单)适用于本文件。

GB/T 3543.2　农作物种子检验规程　扦样

GB 4404.1　粮食作物种子　禾谷类

GB/T 6682　分析实验室用水规格和试验方法

GB/T 19557.7　植物新品种特异性、一致性和稳定性测试指南　水稻

NY/T 2594—2014　植物品种鉴定DNA指纹方法　总则

3 术语和定义

NY/T 2594—2014界定的术语和定义适用于本文件。

4 原理

不同水稻品种的基因组DNA存在核苷酸序列差异,其中单个核苷酸(A、C、G、T)的替换引起的这种多态性差异,分布密度高而均匀、通量高、数据整合易,可通过扩增及芯片扫描等技术进行检测,从而能够区分不同品种。

5 仪器设备及试剂

见附录A。

6 溶液配制

见附录B。所用试剂均为分析纯。试剂配制用水应符合GB/T 6682规定的一级水的要求。

7 标记

标记相关信息见附录C。

中华人民共和国农业部 2015-05-21 发布　　2015-08-01 实施

8 操作程序

8.1 样品准备

试验样品为种子时，其质量应符合 GB 4404.1 中对水稻种子纯度的要求。

种子样品的分样和保存，应符合 GB/T 3543.2 的规定。

每份样品检测至少 50 个个体(种子、叶片)的混合样。

8.2 DNA 提取与检测

取试样的幼苗或叶片 200 mg～300 mg 置于 2.0 mL 离心管，加液氮充分研磨，每管加入 700 μL 经 65℃预热的 CTAB 提取液；或直接将叶片剪碎放入 2.0 mL 离心管，每管加入 700 μL 经 65℃预热的 CTAB 提取液，研碎。65℃水浴 60 min 并多次颠倒混匀。每管加入等体积的氯仿/异戊醇(24∶1)混合液，充分混合后静置 10 min，12 000 r/min 离心 15 min。吸取上清液转移至一新管，加入 2 倍体积预冷的异丙醇，颠倒混匀，－20℃放置 30 min 后在 4℃、12 000 r/min 离心 10 min，弃上清液，用 70％乙醇溶液洗涤 2 遍，自然条件下干燥后，加入 TE 缓冲液充分溶解，检测浓度，－20℃保存留用。

注：以上为推荐的 DNA 提取方法。其他能够达到后续操作质量要求的 DNA 提取方法都适用于本标准。

8.3 SNP 指纹数据采集

如下操作程序仅为推荐方法，其他能达到同样效果的方法也可采用。

8.3.1 全基因组恒温扩增

取 4 μL 样品 DNA 进行 37℃全基因组恒温扩增。在样品板中加入反应液：包括样品 DNA、dNTP、六核苷酸随机标记、phi29 DNA 聚合酶以及酶缓冲液，置于杂交炉，37℃恒温孵育 22 h；然后再 65℃水浴 10 min 使剩下的酶灭活。

8.3.2 芯片杂交

8.3.2.1 杂交前准备

样品板加入 FMS 试剂后，置于加热器，37℃孵育 1 h 进行片段化处理。加入 PM1 试剂离心后再加入 100％异丙醇进行沉淀晾干；加入 RA1 试剂并且封口后放入杂交炉，48℃孵育 1 h 离心进行重悬。

8.3.2.2 杂交

样品板 95℃变性 20 min 后室温冷却 30 min，离心后各取 12 μL 样品加入芯片加样区，置于杂交炉，48℃孵育 16 h～24 h。

8.3.3 芯片扫描

杂交后，将芯片洗涤、扫描，进行数据分析处理；同时保存原始信号值文件。

9 数据记录

根据 SNP 位点的分型效果，剔除或留用该位点的数据。数据记录为 X/X 或 X/Y，其中 X、Y 为该位点的单核苷酸，如 A、T、C、G，按此顺序排列。无效数据记录为－/－。

一个样品的无效数据所占比例如高于 10％，不予采用。

10 判定方法

用附录 C 中 3 072 对标记检测，获得待测样品在各标记位点的 DNA 指纹数据，利用这些数据进行品种间的遗传相似度比较。

当样品间遗传相似度≤95％，则判定为“不同品种”；当样品间遗传相似度＞95％，判定为“近似品种或疑同品种”。

对于“近似品种或疑同品种”的样品，可按 GB/T 19557.7 的规定进行田间种植进一步鉴定。

注：遗传相似度的计算公式为：$GS=2N_{ij}/(N_i+N_j)$，其中 N_{ij} 为待测品种和对照样品共有的有效标记数，N_i 为待测品种的有效标记数，N_j 为对照品种的有效标记数。

附 录 A
（规范性附录）
仪器设备及试剂

A.1 仪器设备

A.1.1 高速冷冻离心机。

A.1.2 振荡器。

A.1.3 核酸浓度测定仪。

A.1.4 电子天平。

A.1.5 微量移液器。

A.1.6 磁力搅拌器。

A.1.7 加热器。

A.1.8 杂交炉。

A.1.9 普通冰箱。

A.1.10 酸度计。

A.1.11 高压灭菌锅。

A.1.12 恒温水浴锅。

A.2 试剂

A.2.1 十六烷基三甲基溴化铵。

A.2.2 氯仿。

A.2.3 异戊醇。

A.2.4 乙二胺四乙酸二钠。

A.2.5 三羟甲基氨基甲烷。

A.2.6 浓盐酸。

A.2.7 氢氧化钠。

A.2.8 氯化钠。

A.2.9 dNTP。

A.2.10 phi29 DNA 聚合酶以及酶缓冲液。

A.2.11 SNP 标记。标记序列见附录 C。

A.2.12 六核苷酸随机标记。

A.2.13 FMS 试剂。

A.2.14 PM1 试剂。

A.2.15 异丙醇。

A.2.16 RA1 试剂。

A.2.17 无水乙醇。

附 录 B
(规范性附录)
溶 液 配 制

B.1 DNA 提取溶液的配制

B.1.1 0.5 mol/L 乙二胺四乙酸二钠盐(EDTA-Na_2)(pH 8.0)溶液

称取 186.1 g 乙二胺四乙酸二钠盐($Na_2EDTA \cdot 2H_2O$),加入 800 mL 水,再加入 20 g 固体氢氧化钠(NaOH),搅拌。待 $Na_2EDTA \cdot 2H_2O$ 完全溶解后,冷却至室温。再用 NaOH 准确调 pH 至 8.0,定容至 1 000 mL。在 103.4 kPa(121℃)条件下灭菌 20 min。

B.1.2 0.5 mol/L 盐酸(HCl)溶液

量取 25 mL 浓盐酸(36%~38%),加水定容至 500 mL。

B.1.3 1 mol/L 三羟甲基氨基甲烷盐酸(Tris-HCl)(pH 8.0)溶液

量取 25 mL 浓盐酸(36%~38%),加水定容至 500 mL 称取 60.55 g 三羟甲基氨基甲烷(Tris 碱),溶于 400 mL 水中,用 0.5 mol/L 盐酸溶液(B.1.2)调 pH 至 8.0,定容至 500 mL,在 103.4 kPa(121℃)条件下灭菌 20 min。

B.1.4 5 mol/L 氯化钠溶液

称取 146 g 氯化钠(NaCl)溶于水中,搅拌,加水定容至 500 mL,在 103.4 kPa(121℃)条件下灭菌 20 min。

B.1.5 DNA 提取液

分别称取 20 g 十六烷基三甲基溴化铵(CTAB)和 81.7 g 氯化钠,放入烧杯中,分别加入 40 mL 乙二胺四乙酸二钠盐溶液(pH 8.0)(B.1.1)、100 mL 三羟甲基氨基甲烷盐酸溶液(pH 8.0)(B.1.3),再加入 800 mL 水,搅拌溶解,定容至 1 000 mL。在 103.4 kPa(121℃)条件下灭菌 20 min。于 4℃保存。

B.1.6 24:1 氯仿—异戊醇

按 24:1 的比例(V:V)配制混合液。

B.1.7 70%乙醇溶液

取 700 mL 无水乙醇,用水定容至 1 000 mL。

B.1.8 TE 缓冲液

分别量取 5 mL 三羟甲基氨基甲烷盐酸溶液(pH 8.0)(B.1.3)和 1 mL 乙二胺四乙酸二钠盐溶液(pH 8.0)(B.1.1),定容至 500 mL,在 103.4 kPa(121℃)条件下灭菌 20 min。于 4℃保存。

附　录　C
(规范性附录)
推　荐　标　记

推荐标记见表 C.1。

表 C.1　推荐标记

序号	染色体	序列
rs0001	1	TCACTGCGATGCTGGATGTTTGCACTCTGGATTCATCTCTGTTTTTCTTTAAGTTTTCAC[T/C]CTACATGCTTTGCAAATCTGAGCTGTTTGTTTTACTTGTAAAAGATGGCCAATATACACT
rs0002	1	GCAGCCTGCTATCTGTTTAGGTATCTCCTTCAAGTTTCTAAGTCAGTGTGGCAAGCCCAA[T/G]AAAATTTGTGAAGGCTCTACTCCACCTTCGCAAGGAAAACGGGGTTAAATAATCCCCACC
rs0003	1	ATTTTTCCTGAAACAATCAAGGGATAGAAAAGAAAAACATGTGATACAAATCTCCTCATT[T/C]CATTGCATTTCATGGCATTCTATCTTCAGATAAATCTGAACACTGAGCAACAAGGTGACT
rs0004	1	GAGCTGTGTACCCCGTATGCCATCTCAAAATGGTTGAGGGACGTAATGGTTTATATTCAT[T/C]ATTTGTTTTTCATATTCTATTTCTGTTGTGAAATATGCACATATCGGGGTAATTAGGCTA
rs0005	1	GGTGAAATTCTCATCTATCAGTTGGACCCATGATGGAAAAGGTTTTTTCTATGGTCGATA[T/C]CCTGCACCCCGGTAGGTTTACAAACTTCTGTATTTCTAATGTACTGTAATAGATTGCTTA
rs0006	1	GGAAGAAGCGCATTAGATTCCACTAATCTTCAGCAACTCCTTGTTGCCAAGTACTGTCAT[T/C]AGTGTTAGTTAGTAGTAGCTCGTAGCATACTAGTACGACAAAGGAGAAAGGATCATAGGT
rs0007	1	TGAAAGATGACCTGCTTTAGTGCATTACTGCGAAGGTCATTTTTGTTTTGGATCATAGCA[A/G]AAATCACCGAGTTGGATAATACCATAGCATATGCCATTAACATGGCCCCCGCATGTCATT
rs0008	1	TGTAAGAAGCATCGCATTTAAGTCGACATGGATGGAACAGGGATACAAGGGAGCCCTCCT[T/C]ACTGATTGCATGTTTGAAACTCAGGACACTCCAGCCCAGCAGGCTTACCTGTCAGGAGCC
rs0009	1	TAATTCAATCAAACTCTTGCAACAGGATAGTTGTGTAACTATGGTGATACTATGATTTAG[T/C]CTCTTCAAAGGTATCGACTCTAGTCTTGTCAGACAATGAGGTATCAACTGTAGATAGTAG
rs0010	1	AGTTCATTCTACTTCGTTCCTAATCCAAACGCACGCTAACTCTTCCAAGTTTTAGTCTTT[A/G]CAAAATAACCACCGTTCAATGCTACCATTGAGTTGCAATCATGACCACAACGCAGTAGAA
rs0011	1	TATGTGATCCATTATTGTTAGTAATCCAATCTTATTCTCTGTATATTTACATATTTTTAG[A/G]TTCCAGCAATTCTGTATGTGACCTTTTGAAAAGGTTACTGTAATACCCCCTATCTATCAA
rs0012	1	TCCTAGAATTTCTTCAGCATCTAGCTTTTCAGAACTTTCTGTCTTTCTTTTACACACACA[A/C]TTCTTAACTTTATCTGAAAAAACACACAACTCTTGTGATGAAATGGATCGCATTCACGGG
rs0013	1	AACCTACGAAATTAAATTAACGGTGTGTGTGTATGCCTGTATTCCTACATGTAGAGAGTT[T/C]GGTTTGCTTACCTAACAATCTACTACAGGCCTCTCTCTCTGTGGCCAAAGAATAGGCAGG
rs0014	1	AATCCTATATGGCAATCACGTGTCGGCCATGCAAATTAATCATCCCGCCTCTGGCCTTCC[A/C]TGCTGGCTGTGATGAGCACGTGGATAAATCATCAGGTAGAATTCACGGGCGATAATTGTC
rs0015	1	CCTCCTGCTGCTGCTTGCTCATCACTCCCATGGGCCCTGCAACTCTCCTCTGCGACATTG[T/C]TGTCTACTACCTTTGCAGCAGCTGGGATATATAGCTATCTAGAGCTTCTTCTTCTACTAC
rs0016	1	AAGTCTATTAGTACTACTAGAGATGAGAGAGATGATGTTGACCTACTGTGATGTGTCATA[A/G]TAGTTGGCATGCCTCACTTTCCTATAGCAATATTGATTTGTCCAATTTTACAATACGTCG
rs0017	1	GTGTAATAATAGCCCAACAAAGCCAATAATGGTCGTTAAGAGCAATAACGGCCATTAAGT[T/G]CTAAAATGCTATATTTGTTGTGCTACTTGTAGTGGTTGCAATAGAGGTTGCTATATACTC
rs0018	1	ACAACAAGAAAAGAAAACGCTTGGTTTTACATGCCAAAGTTAAACATGTCACCATATCAG[A/C]CATGAAACGTTTATTTATCTTTGAGCTTCTTGGAAGAATTGGTCACATTAATTTTGAGCC
rs0019	1	GTCCCTCTCCCTGCACATTTACTCGTATGCACAGCACAACACACACTCCTCTCCTCTCCT[A/C]TCTCCAGGCTCACAGATGAGCTGTGAGCTGTGTGTGTGACACAGTCTACTGCTCTCTCTG
rs0020	1	TCTTTCTTTACTTGTTCAAACGATCAAAGGTGGGTGGTTTATCAGAGAGCCATGAACCGG[T/C]TCAGGATGTGGTGAGAAAACGATGGTCTGAAGTGGGTGATTCTGTGGCTGATGCTGCCCA
rs0021	1	TGTTGGCTCCATTTCATGCATATTTCGATCAAATATCCCAAAATCATGCTCTCTAGACAG[T/C]AAGACAGAAACAAATATCAGAAAAGGTAGCCTCTCGCCCTCCTCTCTTTCCTTTTTTCTT
rs0022	1	GATGCAGCAACTTAAGTTTATAGTCATATGGATGAGTTTTATAGAAGTTTTCAGTTCTTG[T/C]TAGTCTGATGAATGCCGGTAGGTTGTTGTTGTGTGTGAATTGTGTTGGTTTTCATCCATC
rs0023	1	GTTTGTTGAACTAACTACCATATCTCAAATCTGAATGTATAATCTGCCAGTGTCAACTGC[T/G]TGCTTCCATTTCAACCCGAGGTGTAACATGTGCACACAAAAGCTCTTCTCTGAATTCCGC
rs0024	1	CAGTGGGTTTCGGGAATGCTTCAATTCACTGCTTTCACTGGGAGCAGTGAGTCTCTTGCG[A/G]AACATATTTTTAACGGCAACTTGTGAAAGAAAAACACATTTGAGTTTGAATTCACAACCA
rs0025	1	TTTTTTACTTCTTCTGTTCCTCGGGGAATATTATTGTCTGTTCCCGTAAAGTTAAGGGGA[T/C]ACGCTAAATAAACTCCAAACTTTAGATGTCTACATTTTGATAGCTAATTTGACCGGATTT
rs0026	1	GATCGATCGCTTTGATGCTCGAGGAGAGGGGAGAAGAGAGCATAGTCAGTTCTTGGATCA[T/G]GACAAATTAATGAAAGAGCAAATGTTTGACCTGTGTTAATTAATTAATCATGCATTTGAT
rs0027	1	TTCAGGTAGTTCGGTGCCAGCAGTGAGAAGATCACATCTTAATAGTGGTGACAGTGTCAA[T/C]CCTGTTCAAATGGGTAATAAGATGGTTGAGAGGGTAGTGAACATGAGAAGGCTAGTTCCT
rs0028	1	AATCAGATGGCAACCGGTGTTTCTCAGTGCATCACTGACCAGAAGAACATAGTGAATAGA[A/G]TTCTCCTCATCCACCTCACAAAAGCTGGATCCATGATTGAATACAAAGTCCACTTCATGC
rs0029	1	CTAGGCTCTAACCAAACCGAGTTGTAGCTACATGTCAGTGAATGGTTTGTTCTAATGCAA[A/C]TTGTGCAGGGGGTGACTGTAGCTGTGTGCCCAGCTAATTAATCAACAGCCATTAATTAAT
rs0030	1	TTGTCTGAAACTCTGTAGTCTGTACACATAAACATATGGAGTACTATATCTTTATGATGG[T/C]ACAACGCTTGCTAGCTTGAAGACTAAGCTGGTGGCAAACGTCAAGCCTATATATTTGCGA
rs0031	1	CATTGATATGAGGATAATAGAATAGTAAATTGAACATTGTTTGGAATTGCAGAATGCATG[A/C]TTGATTTCCAGGGCTTATATCAGCACGAAGCGTATCACAAGAACAAAAACTAAAAAGATG
rs0032	1	GAATGTTTGTTTTCTGATGGGTGATTTACAAATTCTATTTATCCCCCTTTTGATAGAGTA[T/C]TCAGATTTGTGACAGTTGACTCAAGCGAGTGTACTTTGTTTTACTGGTATACACAATCAA
rs0033	1	AATGGTGGCTAAGCCGAGCACCCACAGCGCCGCGTCCACGTTGGCCTCCGCTTCGTCCCG[T/C]CGAGTAACAGCCACCACCATATCTTGATTAATTTCGAAGACTAATTTGAGATCGAAGCTA
rs0034	1	CATCTAGATGCCCTTGGATTAATTTTTCAAGGCAGATTTTGCCTCTTGAGAACCATGATA[A/G]CTTTTAGATTTTCCTGCCAGAATTTCAAATTGTTGATGTTATGCAATATTTAATCTATCG
rs0035	1	AGCACGTGAATTCAATTCTCTCCTCCTGCTATCTAATTCAAGCTTCAAGTTTTCATTATC[T/C]TGGAAAACTCTTAAAGCATAATCACGAGCTCTCCGGTGTAGATTGCGCATTTCTGAAATG

表 C.1（续）

序号	染色体	序列
rs0036	1	CTATGCTATTAAGAGTTTTGCCAATTCTGGTTAAAATTTTGTTATGAAACCCATGGCCTT[A/G]TAATAATGGCGGCCTAAAAGTTTGTATACTGCTCAAGAGAATATATCATCGTACGAAAGT
rs0037	1	CGCACAGCACAGGTGTAGTTTGCTCGATGTGTTCGGAATATGTGGTTTATCTCAGTTCGT[A/G]ACAGCTTCGTGCTAATCACGTTTAGTTGAGTATGACCGAAAATGTGTGCACGTATTGGTG
rs0038	1	CAACAATATGAAGGATATTTTGATTGGGAGTAGTGAAAAATCATCACTATAGCCAGAGTT[T/G]CAAAACATGTACCACGGATAACAAACCATAGTACAAACAGATCCCGGAAAGGAAACCATT
rs0039	1	GCATGTCATTGCAAAGACGTATACAGAATGTCAATGTAATCATGCTGATCAAATAATACT[A/G]AAGAGCTGACCATATGGCTTCTTACACACGAAACCATGGTAGCAACTTCCAACAGAAACT
rs0040	1	CTAGAAACCACAAGACTACACTCTATTTACATTTTACACTGCAATAGCATCAAGCTAATC[T/C]AAAGCCCCTTTTCCTTCATAACAGTACAAGACACTGTCTTACTACCGTGCAGCAGATCAT
rs0041	1	TTACCTCTCAATCGAGTATTGCTTTATACTTGTCTCAGTTGTCTGATCTTATTGAGAATT[A/G]TAGGATCCAAGCTCGTGCATCTCGGAGCCAGCATTTGGCAACAGGAAAAATGGCTCTAAT
rs0042	1	GCCCTACAGACTAGCGTGTTTCGCGAATTTGGAAGAACACGGCGATCAGTGATCACGAAC[T/C]GCATCTATCGTAGACAGATAACGGATTTACCCAAAAACGGCATGAGTCGATCAGAGCCCC
rs0043	1	TCCTCAACATGCATAGCTAATTTGAATTAATTAGATTGGGCCATCATGTTCTGCACGTAT[T/C]AATACATGGTTTTTTTTCCTTCTGTTTTCAGAATAATAAGCTATAGTGCAAATGCATGAA
rs0044	1	CCTTCCAACCCTAGTACTATCTGCCTACTAAGCTGAACTCTGTATAGAACCATACACTAG[T/C]ATCATCAGAGCAGTTTCTTCATGCCTTTGAGTACTTGGAGCTCCACATAGGTACCTTCAG
rs0045	1	TGTCCATCTCTGCAGCCAAACATGAATGCACCCCAATTCAAGATCAGCTCAAAGCCTCAA[A/G]TCCAGTTTCAGTAATCTATAGCATGAACAATGAGTCCATGATGTATGAGGAGCATACGAA
rs0046	1	TCCTGATAGCTTCAGGTGCAGTGTTATTTGTTTCTGACAACCAGTAATCAATCATTCCTT[T/C]TTGCTCAGGGCCAAATGTTAACAGTTGTGGAATATTTTCTACTTCTGTACCGAGCATTAT
rs0047	1	AGAGATGCGCCAAAAGATTCCTGCATGCGGCGTGCAATGATATTGATCGATCTGTATTTT[T/C]ATATGTCCCATCAAGAACACTTTTTAGGGGGGACGTCCGATGATTATTGGGGCTAGCTAA
rs0048	1	AACTCAATTTGTGTGGTTAGTTCGACTGTTCATGTTGGAGAATTAGTTGGGCCTGGGCCT[T/C]CCAACCAGAATGGGCCTAATGTCGAGCGGCCCAAAGCTAGCCCAACAACCAGTTGCATCC
rs0049	1	ATAACCATGAAAATTCAACTTGGGATAATGTAAAAGAAATGCACAGCCCCGTTTTCAAAA[T/C]CCTAGCTATTGCGTTCAGCATCGAGTTCCATATTTTCGCAACCAAGCATATTTCTCTCTT
rs0050	1	AGAGTACATGATCAGGAATGTAGAAAAAACACACACCGAGACAGATAGTATGAGATCAAC[T/G]CCTCTATCTGGGTTCTGCTTGCACACATCACGTACTGATGCAGCTATACTTGTGAAAACT
rs0051	1	CGTGCAGTTTAAAAATTTGAGGAAAAATTAAAATTTTGGAAAAGTTGCAAATGTACTTGT[A/G]GCCAACACATTAGGGGTCTTGGAGGAGATTGAGGAGAGATTGCTTGGTTCAGTCCGGTTC
rs0052	1	TATCTGCATCTTTGGGCCTCCCCTTTTTCTTCTAGGAATTCTTCTTTGGCAGATGTGGGG[A/G]AAGCTCTGAGATCACATATGAACACAGATTTCACCTTTGCCCTTTGTTGCTGCTCATGCT
rs0053	1	TTGAAGAGAACAAAACCAAAGAATGCCTGAGAAGAGAGGACACGCTTAATTACAGTTCTC[A/G]CAGTTTTTGTTTTGATTTGGGATACATAGATTAGGCTTGTACATCGACGAAGAAAATGAG
rs0054	1	AAAAGTAACATACTTGTATGTTTCTTGAATAATATCCTCATGTTTGATTCGACATGCAAC[A/G]ATGTCGCTTTTGTTTGATCTGTATCTTAGATTTCGGAGTGAGGAGGAACTTGATCTAAAA
rs0055	1	TAATTGGGTACTCTCGTTCTCTTTTGTGCTGTGGCTTGCTGTGTCGAAATTGGTCGACAG[T/G]TATTGTTCTTACGTTGTCATATCTTTTGTTCCTTACTTTAGAAGCTGTTTAATGGGGATG
rs0056	1	TTCTTCTTGTTGGACCAAACCCTAGCTAGCAGCAGCAACCATGGCAAACCCTAGGCCTCC[T/C]TATGTGTTGCTGGAGAGAGTAGTGTTTTTCGGAGGACGCGAGTTACCCGACGGCACATGG
rs0057	1	TAGTGGCTCATGATGGAGTTCAACTCCTTCGGCATGTCTCAGTGGAGGAAAAAGTAATGT[T/C]GGTTGGGAGAGTATTCGGAAAAGTAAAGCAGCAGACGTATCAGCAGCGATACCAGCTCTC
rs0058	1	CGTAAAAAGCAATAAATGCTCCATAATCTTGCTTTACAAGTGTGTCCGTACAGTAGGACC[T/C]ATCCCCATTTGCTGCTGTAGTTGAGCTTCATGAATCTTTACAGCCAATGTAATATCAAAA
rs0059	1	ACCATACTTAGTGTGTCAGGCGACTGAAATTCTAGAAATTTCAATTAACTTAAACCTAGC[A/G]CTAGATTTTGAGAGAGAAGGAGGATGGTGAAACTCACCGGTAGACGGTGCACTGGTGTAT
rs0060	1	TATTTGTCAGGAATCATCTGTAATACACTCTAATGCTAATCTTGGAGTTCGTGGTCAAGG[T/C]CTGTTGAATTTATCTGGAGAAGGAGACATAATTGAAGCACAACGACTTATTTTATCTCTA
rs0061	1	GCTACCTCACTATCTTCTGGAATGACCTGTAGCACTCAAAAGAAAACGGATAAAAAGGAT[A/G]TACATTAGCAACACAGCATTCAGCAATGCGGATTCTTGATATTTCAGTTTGATTCAAACA
rs0062	1	AAATCAGTTCTCAGTGCACAAAATTATGGCCACTTATTCGTATGAAAAAAAAACTGCCAG[A/G]CCAACATTCTATAGTAGCACGATTCTCCTTATGAGTGCCTAAATTGGTGTTTTGCAGTAC
rs0063	1	TAAACTGCCTCACATCTACTAATCTCATCTCCCATCGCCTCAAAGCTCAATGCTCTGATA[A/G]CGTTCCCGTGGAGGCGGACGCCGATCGATCAAGGTCACCGAGGAGAGAGAGGAGGAGGGT
rs0064	1	TCTGAAGAAGTAGCTTCAATTAATTATCAACTGGAGAGAGTCCCCATCATTTGAATTTTT[T/G]AAGTGGCTATGTGATCCCCTGATCTTGATGCTACTTTTGTAGCTAAATTAAGCAGATTCT
rs0065	1	GCATGGGAATATGGACCATGGTTAATTTGCATGATCTGCATGACGTGCACTGATTAAGAT[A/G]CATGCAGAAAACGGCACAGAACCTAACCAGCAGTTTACTTGGAGAGAAACTGATTAGGAT
rs0066	1	TTGCAGTTCATCCCCACCCCCCATTTTCATTATTAGCTGTGAGCGAGATGATCGAACACG[T/G]CAAAACAAAGGTATTTGTAGACGTTTAGTACACCCTACATTGCAGATTTGCAACTTTAGC
rs0067	1	GCACTAGAAAATGGATGGCAGATTTCGGCAATGTTTGATGTCTCCTTGTTGCCATATATG[A/G]TTGCACTTTTGGGGGGGTAATTAAACATAACAAATTGTAGTTAGGTGCTCTGGTTAGTTT
rs0068	1	TACACTTCAGGTTTGAAACTAAACATGGTATTGTAGTACATCATTAACTTTATTCCTCAA[T/G]AAGGAGAGTACACTTGAGGTTGAATCTTGGACAAGTACTAGCAAAAGAAAGGAAGCACAT
rs0069	1	CATGTTTGATGATGTTCCATGCCTTGAGGACCTCATTGCAGGAGATACTGGATAAGGGGG[A/G]AAAGGGGAAAGACAAAGATAGGTCCTGACATGACGGACGCATTCACTAGAGTACTAACAG
rs0070	1	TCAGAGGAAAATGAAACAAATTGCTTGCTAAGCAAAGCACGAAGAGAGATAGAGAGGAAG[T/C]GAAGAAGATGCAGATAACTGAAAGGCCTAGTTTCCTGTCAAATTTATGTGCTTCAGTAAC
rs0071	1	GATTTGGGGGCGGCTTAAAACTGGATGGGCCCTTGACTTGGAGAAGACCTCCTCTGCTCC[T/C]CCTTGTCTGTGTGTGCGTGCCCTAATCAGATCCCAAGGAAAGGAATCGTCATGCTTTCTT
rs0072	1	TCCCCTACTATCATGGACATGTCTATTTATGACGACTCAAGATTATCATTTGTAACGGTT[T/C]GCTTTCACCCGTCACGGATAGCCTGTTACAACACGCTATGAGGTCTGAGGATCTGTGCTA
rs0073	1	TAAGATTCTTTTTTGGATGCATCGAAGATATCTTTTTTCGAAGGTGGATGCAGCGACGAT[A/G]TCATTCGATTCTTGACTATGACGCTCGCAGCCTTGGCTATCTATTCTATATAATGTGAGC
rs0074	1	TTCAAGAAAGTATTTAAACCTATTCCTTGCGTACGACCAATTGCAATCAACCCGGTATGC[A/G]TGCGTTTCATTCATTAATTCATCAACCCTGACTGGATGATCAGGTAATCAGCTACAGTAG
rs0075	1	ACTCCCATGTAAAAAAATATTCACAAACAGGTAGTATAGTACAAAAAGATGCGCTAGACT[A/C]TGACTAATTGCAACTGTTATTCCCCAGAAGACTATCAGAGCTCACGTGCAACTGCAGAAC
rs0076	1	TTATATAGAAAATTTAAGACTCACTGGATGATAGTGAAAACGCTGGGCTGACCCCACAAC[T/C]TACACATAAATCTGTCACTGATTAAAACGATTCAAAATCTACATTTGTCTCTTTACTTTT
rs0077	1	GCACGTATCGTATCTACGCTAGTGCTGGCTTAATTCGGTTTAAGTGATGCCTGTATGCTT[T/C]AATTAATACTGAAGGCCTGAACTACCTTGTATTTAGTGGTTGAATTTCCTTTATCTACAA
rs0078	1	CTGCGGATAGGGGCAACCATAAGTAGCGACGATAATTAGAAGGTGATTGATGGTTACGTT[T/G]CTAGGGAAGTGGGTAGATTTGTGCAAGAGGGCTCATCGGGCGACAAGACTCGTTTGTTTC

表 C. 1（续）

序号	染色体	序列
rs0079	1	CAACACATATTTTGACAAGTAGAGAAAAAAAGACTAGATCTCTATCCCTAATTATTAAAC[T/C]TAGCTGCTCTGTCCGATGCATGTGGAGAGTAAGGGGGAAACTGTTTTAATCACCCGGGTG
rs0080	1	AACGAGGCAATATATAGCCTAACTTAACAGCCTCAAGTACTCTGATCAGTTCATCAGTTG[T/C]GGGCATCTCAGACTTGGAACCAACTCCATCTGATGTGGAGACTTCAAAGGTAAGAGGGTC
rs0081	1	GTTGTTTGAGCTTTGTGTTCTTGCTCGGGGCTCTGATTTCTGAACGGTGTAGAGATTTCT[T/C]GCACTAAATTGATATATATTGCCTTGATGTTACGTTCGGAGCCTGAAATGTTACATCCAG
rs0082	1	AATTCAACTATAAAAATAGAGGGTTGCAAAACACATTAAAAAATATAAGAATAATCGTTT[A/G]ATTAAACCGTAGGAATCGAATGAGCGAGATAAGCTCAGGAATTTTTCTAAGAGATTGGAG
rs0083	1	TCACACTTATTTCTGAATTCCCACTCCATGGTAGTACAAAGTTTTGTTAAACAGTCATGG[T/C]ACTTTCAAATGCAGGACATAAATTGCACAGTAATACAATCCTAGATTATTTGGACGGCAT
rs0084	1	GCTCTCCTAAAAACCCCTCAAATAAAAGGACCATTTCATCCCTTGTCAAAGTGTGACACT[A/C]ATATGACTAAAGATTAGCAGCTAAAAACGGCTATCTGGTGATAGTGATGGGGGCAAGATA
rs0085	1	GTGGGAACACTTCCCACCTTCTGTAGATTTGTCGACTTTCCACCTTCTGTAGATCCGTCG[A/G]GACACGAATTATAGAGCAAATCAAAGGTCAGAATTCACGTGATTCTGTCCATCATCACTG
rs0086	1	TAGCACCCACTGCATCCAATCTAACCCACCATTCGATACCCACCACAGTGAATATCGAAA[A/C]TTAAAAGAACTAAAAGGACCTAGATATATTCAAGCAAAGCATCTGATATTTAACTATCTT
rs0087	1	CCATCCCACAATATAGCAAGGTAGTAGATATTATTGTGAGAAGGTTGAAAAATAGAAATG[A/G]TGAATGTTTGCTCGCCACTGCAACTTGACTGTTTTCTTCAAACAAATGACAACTAGCCCA
rs0088	1	AAAACGTCAAGTAGAAGTATTATAATAGCATCGACTAGCTAGGTACCACATCCCATATAC[A/G]TACGTATCTTCAGAAATTATGCACGCTTACATAACCAAAATGTCAGACAGGGCCTTATGG
rs0089	1	GTGTAGAGGATTCTGTTCTTTAAAAGAACCAATTTTTGCTTGGTAGTAATAATTGCGAAT[A/G]TGGTGTTATGGGTTTTGCTCTTTTCCATTAATGACTACTCCCTCTGGTCATAAATAGTTC
rs0090	1	AAATTTAGTTGGCATCATTCAGCAGTGAGGCTAGCTGGGTTAGTTTTGCTAATATTCGTG[A/G]TAATACAGTGCGGGACGGAGATGGTGGCCAGCCTGTTCGTCACGGAGATCTCCAGCCCGC
rs0091	1	CAGTTAGTTAAATCACAATTCATTCAAACGAACCAGATCTTTTGCAAACGAGAAAAGTAT[A/G]TAAGGATATCGACATTAAGAAGTACTCCCGTCATGCCGTTGTCTTTTAACATGACGTTTG
rs0092	1	TGTGTATGAAGATTTCGAGCAGCTGACACTCGAATTCCATCACAAGGGTGATCTTTATGG[A/G]CTCGAAAAATACTGGTAATTTGCATTTCTCTGTTACTTCCTGTCCCCTAGTAATCTAATT
rs0093	1	CCATAATACCATTATTATTATAGTCATTGGTATGTGGGTCCCATTCTTTTTATTGTCACA[T/C]ATGTTAGCGCCTATAATAGTGTAATGTGAACCCGTCGAAGAGAGAGTTCGTCGACCTGGC
rs0094	1	TAAAGGTCAGAAGAATAAGATCATTATCCTCGTATTTCTTGGAAGCAAAGACTACTGATA[A/C]TGTACAGAATTGCATGTTCACAAAATAAGTATATCCAAGTGTGCACCACAATCGAAGAGC
rs0095	1	GCAAATAGTGGATCTTTCTTTTATAACAAAGATATTATTATATCAAACAGGTGTTTCCAG[A/G]ATGTTGCTTTAGTTCATCTACTTCATCAAAGAGTGCGTGCTCGAACCTTCTATGAAAATG
rs0096	1	TTTTGGTTGAGGGACTTTGGTTGTGGGACGTGATTCAACCAAGGACAAGAGTTGAGGGAC[T/G]CAATGTAGACTTATTCTCTGCCCTGTTAAGGGAGAGGAATGTGGCCCATAATACAGTCCA
rs0097	1	TGCACACGGTCACACACAGATATCGATCAGAACGAACGAGAGAAGGGAAAGCGATCGTGC[T/G]ATGATAAAAATCACTGCAAGATCAGATCAGTTTTGATATGTGGAAGTTGATGTAAAATAA
rs0098	1	TTGTCAGTGTCAGCTATATGCAAAGACACTTGGCCATCAGGGCCGTGCATGCATGCACGC[T/C]TGTCATTTTCCCAGCTTATTTTCTGCCAAGTCACCAGTTGACAGCTAGCTATCTTTAGCT
rs0099	1	TGCCCTTATGTAGGAGTAGGTGGCACTATCATGCCAGCTACTGAATTATGATGCAATAAT[A/G]TGTACAGGAAACATGCTTGATCTGTACGATGGGTGCAAATAAATTAAACCACCGAACCAG
rs0100	1	AAGGAGAGGTTGACAACCGTGAGCCCGTGGCCACACCCTGTTTTCACAGGCCACGACAAC[T/G]TGAGATGAAATGTGATGATGCGAATTGAATCAGCAGGCGATGAGCCGATCGATGGATGAT
rs0101	1	AGCCTTTAAATCCAAGAACAAAGGAAGAACACCATATAAGTAGGGTATTATGTCTAGTAT[A/G]GCCCAAATGTGTATAACCAACATTGGCCTATTTACTACGACAACAACTAGGGATGCTCCC
rs0102	1	AATATCGGCGCAGAAAGTAGATTTCTAGCAAGCAAAAAAGGCTATAACTAAAAACCTCAT[T/G]CTCTCGACCTCGATCTGAAATTCAGGTGTTAGGCATGCCAATGAACGCGCAAGAGACGGT
rs0103	1	GCAGCACATTACTCAAAGGTCAACAACGCTACAAACACACTAAACGTATGCATACCATTT[T/C]TTCATCATTTGGTGTGTGCGGGATGGCGGTTCTCATTTTCTCAAGTGATAGAATCCAATA
rs0104	1	CCACTCTGTGGACTAAAAGAAGCTTCGCCTCAGGCTGCATTCTTTTCAGCTCCAAACAGT[A/G]AGTTTCCTCTTTTGTCGTTAGCACACTTTCCGAATTAGTAGACAGTGTAAATTTTTGAGA
rs0105	1	TTACATCGCAAGACTGGACCTTTCGTTTGGAAGCGACGCCGGAACGCGATTCTCCATCCG[T/C]TGGCTACTTGGCGTTGGCGCACCAAGTGTAGGAAAAGAAATCCGAATTACCCTCTCAATT
rs0106	1	TGTGATTTTATCTAAGGGAGATGAAGATTTTTAGAAGGTTTTGATGAATATTTAGCTAGT[A/G]ATAATACGGAGAAGCCATGTTAATCCGATCTTTTGACTAGTAGACTAGTAGTACAAGTTT
rs0107	1	TACTATAAATTCTTCATCACCGTGTGATAGTCCAACTTCTGATGACGAATCACCACTTTT[T/G]TGACGATCCTGTTTGTTGTCGTGAACTTTTTTTTTATGACCAAGACATCTAGTCGCTGTT
rs0108	1	GAAGGAACCATGGGAAGAACCCGAAACGACGAGATAAACCTAAAAACTACCAATGATTTA[T/C]AGATATGGGAGTAGGGTCGACCCCTCTCTGTAAAAGTTTATAGGAAAGGGAATGTAGAAG
rs0109	1	GCAAAGGTCGAGCATGCAGCATGAGAGATCATACTGCTTTCGAGCTATATATTTTTATGG[T/C]AAACTTAAATTTAGTAGATCGCCATGGCTAGCCCACAGCTCCAGCGGCCGTCCACCCAGC
rs0110	1	CCCTTATACATAAGGTTGGACTTCCTATGTATTCTGTTTTCTGCATGATTATCCGGTTAC[A/G]TTCAAATTCAATTGGATAATCGTATAAGATTTCAACTGCTTTATGTTGCATAATTGGATA
rs0111	1	AATAAGCGACGACAGGTAGTTGAAATTCTTAGAAAAGAAACAAGAAAATTTCCATGACCA[T/C]GTAGGCGAGTGGTAAACGCGCCATCATGTGTGGCGTGAGTATACACAGGTACATCTCGAT
rs0112	1	TGTGGTAATGTCACACAAGAACCTCACCCATGCCTGCTGACAAAACACTTATTTCAGGGG[T/C]CTCACTCTTGCGAAAGCTTGGAACTTACTGAAGAAAGTGCATCGTCGGGCACAACCGAAT
rs0113	1	AATAGTTAGCAAGTCAGTTAAGAAACGGCTGTACAAGTAGCGAGGGTGCATGTGTGTATA[T/G]ACGCGGAATGTTATGGGAGGACAGAAGAAGTGTAGCAGAGACGATGGATCGATCGATCAG
rs0114	1	CAGAGCCCAATTTTACCTTATTAGACATACAACATTTCTAAACTTTTGTAATTTGCATTT[T/C]GTTTTAGGACCCCTATTTCTGAGAGATAGGCCTGTATTTGAGCGTATGCATGTTAGGGTC
rs0115	1	ATGTCCTGGTTAACATCATGACTTGACATCATTTTCATACTATTTAGATATGAAGGCGTG[T/C]CCTCATTTTCCAAAATGAAATGTTTCATTCCTGCAAGATCCTCATCCCATTGAGCACTAC
rs0116	1	TGCAGACTAATTTTACTCAGATAATCTTTTGCTTGAACAAGCCTAGTTCTACTTGCATGT[A/G]TTTTGTTAAATTTAGAACTAATCATTTAAACACTACCCGCAAAACAAAAAACCTCCTAAT
rs0117	1	GACAGAAATTATCCATCAAAACTAGATGCATCCAAATATTGGTAAGTGTGATGTCCACAA[T/C]CATTTTTTTCCTCAGTTTTCATAACAACATAGCTGCGCATTTTATTTGAGGAATGCAGAT
rs0118	1	TCCTTTGTGGACCAAGATTATGAAAGTGGGATATAGTAGGAGTGTGTGAACCGAGATCTC[A/G]TTCATTTCTTGTTAGCTAGGGCCATCATATTATTGTGAGCATGTTAATTTCCCAAGCTTA
rs0119	1	CCGGAGCCATATTGCTGTTTGGGTTGAAGTATCCGGAAACGCATGCCATTTCCAATCACA[A/G]GAGTGATCATGCCGAGACAGAAAACAGCTATTGGCATCGCGGACCGTTTAGCCGTTTGCT
rs0120	1	TACTCCCTTTCCTCGGCCTCTGCCTCTCCACGGTGCTCGGAGAGAGGCTCGCGTGGCTCG[T/G]ATTGGCCTCGAAGCTGCTCATCCACCTATGTGTCATTCTCCTCATGGCTCTAGCCTTTGT
rs0121	1	GCTTCTTCCGGCCAGTGATCCCTCAGCTAATTAAGTTCATCATCATATCGATCTGTGTAG[T/C]ACTCCTTAATTATTCAGTGACCTTTCAATCGATGAGTGATGTGATGTGATCCGGCCACGT

表 C.1（续）

序号	染色体	序列
rs0122	1	AATCCGAATGGACGCGTCATTAATTAGTTTCGCTTCGGTAAAAACGCTTAAACCCCGGAA[T/G]AAGAGCGGTCTCATAGCATAGGGTAGCTCGCTAGCTTGTGTACTGGACGGGACTAGTGGT
rs0123	1	GCAATTTCACCAGAATAACATTGTTTTGGTGTTTTTTTCTTGTATATTCAATTGGTGCAG[A/G]TGGTGACGACAGAGTTGAGGAGTGTAGAAAGGAGAAGATTGTTACAGCCACAAGGAAAGG
rs0124	1	GACACAACGATAATTATTTTGATGTACATAGCAACGAAAAATCTGATGGGGACAGAGCGT[T/C]GAAAATTCTTACAACACAAAAGGGATGCACAATTGCACATGCCCTTACCATAAAATTGTG
rs0125	1	TCATTTACACGACATCCGTTTCATCCATCCACTTGACCATACCAAATCATTCCACCAAAA[A/G]AATTGAAAATTTCAAAAGGTTGAATCACATAATAATTATACAAGTGAAGAATTTGTTTCT
rs0126	1	ATGGAGAGGAAAAAAGGGGCACAAGCGACCACAAGTACGTTGAGATGATGAGCAATCGCT[A/G]TTCCGTTATCTAATCATCGGTTTAATCATGATTACTCAAATAGAATCCAGGCCGATGATC
rs0127	1	CTCAGCAAGCAAAAGATGGTAAACCCAGTTCAAACACTCAAATGTGGCGTAAACATACCT[A/G]TATCAGCCAAAGATGAACCAAAATGGAGATAAATGCAATGATTAAATTCTGGGAAAAGGC
rs0128	1	CAGATTAATATGGTCCTACTGTGTTCGAAAGAAAAAATTAACTGAGTTGGAGTAGTCTAC[A/G]TCTGCAACTGCAGCTGTGCCTAATAAACAAGAAAGGGTAATAGGAATAGTACACATGCAC
rs0129	1	ACGCTGACCATAGCCATTTTAAGAGGATCGCCTGTTCACACACCATCTTTAGATCAATTA[A/G]AAAAGATACAAAAGGAAGTGTTGAGTGTTAATTGTAAATATGCTGAGATAGAATCCTGGA
rs0130	1	AAGACGGCGTCGCAGCTGCCCAACGACGAGCTGCTCAGGTTGCTTCGGCTCTTCATTCAC[T/C]GGGGGATACGCTTCGGTAGAGGCGTAGAAAACATCAAATTCTTAACGCAAATAGGGAAAT
rs0131	1	CCACCAGCATTCCCGCTCTCGTTTAGGCGTGACATGAACCACCATTTTGACAGGTTATTC[T/C]GGTCATTTACCCCTGATTCAGTTGCTTTGACACCATCTGTAGCTGAATTATAGTCTGTTA
rs0132	1	AAGTAATCCAAAACAATACATATACGTAAAAAAATATGAAGTGGAGCACGCGCTTGAAGA[T/C]CGTGTTTGGAGATCTTATTTGCAAAAATTCTGCGATGCATACTTCTTCCCTCACTAATC
rs0133	1	GCCTTGACCGAGAAATAGAAGAAAGGGTAGAAAGGACGGTCACCAATAAAGGTGACCAG[A/G]GCTGCGCAACAGAAAAAGATTGTTAGCAAACATAAACCTGAAACAGAAGGCACCACAAAT
rs0134	1	CATAATTGTTCCTCACGTACATTGATCTTGCACATAAATCTCACAAAACTTTGGTTTTTA[A/G]TTTTCTTGGTGGTCTTCAGCATTCTTCGCAACAAAGGGAACTCATCAACAATGGAAAAA
rs0135	1	TCACCAAATAATACTAAAGATAATGTTCTTCACCTAGCATAACTTCCTCATGAAACTTTT[A/G]ACTTAATACTCCATCTGGTTGCAAAAACATGTTTCGGACATCTCTCAATTCAAACTTTGA
rs0136	1	TGTTTTAAAAAATCCATACAATGTTACAGATGATATGATACTACTCTTCCATCCCTAAAT[A/G]TCTTTTAGCTATGCATCTCGATGAGTGTGTGTCTAATGTTTAGCTTAAGCTTAGCTATAT
rs0137	1	GATTTCAGGACCCTCAGGAGGTACCCCAAGATGTCGGCCTACTGGTTCAGGGACCTTGTC[A/C]GCAGCAAAAACTGAGCTGGGCTTTCAACCTTGATATAACCACCTTTTCGTTTGCAAAAAT
rs0138	1	TATCTTTGGACCCTGTAACGATTAAATCATCCACATATACTCCAACTAGCAGTAGATCAT[T/C]ACCAGTCTTTCGCTTGTACACACCATGCTCCATGGGACATCGATCAAAACCAAGTGACAC
rs0139	1	CCAAAAGTAGTGAAGTTGGATGGTGAGGATTTCCTAAGTTCTATGGTGGCTAGTGCAAGT[T/G]TTCCAAAAGAAGATTCTTTATCTGGTGCTGTACGTGGTGTACTGTTGGGTAGAGATCTCA
rs0140	1	ACAAGTCATATCCATAACGATGGGACAGTTGCAAGGGATCAATTTGTTCGCTAGAGACTG[T/C]GTGCCACAATTTGACAAGAAAAGTGCAGTTGGTGTACCTACTAACCAAGCATGACATCTT
rs0141	1	CTCAGCAAGTCCAACATGTGCATCTTGAAGTGATGTAAGCTCCAAAAGCTCCATCACATT[A/C]TCAACAAACATCTACATCAAAAGTTGCCATTAAAGCAATTACTCCATTCGTCCCAGAATA
rs0142	1	ACTCCAAATTTATAAATTGGGTGGTGCTTACGATGTCAGGAGAGGAATTGTTTTGCCCAG[A/G]CAAAATGAGATATTTTTGTCATCCTGCATCCCATAGTTCCTGCATATATGATCTGATTTA
rs0143	1	ACACAAGTTGAGCATTGCCCAACTGTTAAACATCGCTGTTGATGTTGCCGATGCAATAGA[T/C]CATCTTCACAACAACAGTTGCCCGACAGTGATTCATTGTGATTTGAAGCCTAGCAACATC
rs0144	1	ATCGCAAGATACAGTTAATTAAGAAAGCATTCCATAAGCAATCCGCACAGGAGAGATTAG[T/C]CACTCATAACAGAATAACCTACTGACCCATATTTTCTGTAAAATGTTCAGAGCATGTAAC
rs0145	1	TTTGGAAATCAGGAGATTGTCTTCCGTTGCGATGACATCACAATTAAAGAGACAAAGCAA[T/C]GATGAGAATGGTCGTGAAAAGGTTGCATGAGGTGGACGGCGACACTAATAACTTCTAACA
rs0146	1	GAGATTTTGTGCTGGGGTCAAAATAACTTTTTTTTTCCACACACAAACGGGAGTGGACAT[A/G]TCAACAATGACCAATTACCACACAGTTGCAGATTTTACCACTACACCACATGCTTGTTTA
rs0147	1	CAAAATAACTATTCAATGATGGAACTGTTGCCCGAATAAAGCACTGCCCTTGCTCAAGAA[A/C]CCCAAGCTCATCAAGACAGCCCATCAACCACCTTCCCTTTGGCACAAATATCCTTGCTTT
rs0148	1	CCACAACTCGCATTGCCTGTATTGTTGTCGAATTAATAGGGATTTTGGGGCAAATATGTT[A/G]GGGATTTGAGGAAGGGAAGGACACGAAGGGCCGTTGGGCAAAGTAAAGGGTGACCGAAGT
rs0149	1	TGAAATTGACATATACATTCCTGCTTCATCTCTCGTGAAGTAATCCTGTAGTTCAATATG[T/C]TGTGCATGTTTGTTTTATTTTTTGTTGGTTAGGGACTTCTCGTTCTCGGTGTATTATTAG
rs0150	1	CACAGTGGCAATACTGCCACGGAACTAGCCCAGTGGGTTCTTTTTCTTCCTTTTATATTA[T/C]GTGGTACTATACTTTAGGGTGTAAAGTAGACGAACTGCTACATTTCACCTTCTAAGGATA
rs0151	1	GCTGCCGCCCGTCATCGCCAAACCTCGCGCGCCTGTCGCCTGCGCGATTCCTTTTTCTTC[T/C]TTTTCTTTTTCTTTTTAACTTTCTCGATCAAGCCGTCGTCCACGCGATTCAATTTTTCGC
rs0152	1	ATCGTTTACTCCTTCCATGCAGAAATATAGCCACATTTACTTATCTCAACTAATCGCAAT[T/C]ATCATTATTTAGTTTCTCCACTTATTTTCTCATTTCAACTAATTATAACCGTTCATCACT
rs0153	1	GCCAATAGGGAAACCTACAGTGATAGGCCCTACGAATTGGCAGTGTAGCTGGTTCTAGGA[T/C]GGTGAGAGGTGACATCATGGAGTTGAATATCGACCTGGAGTGGAGATCCAGGCAATGATA
rs0154	1	ATTTGTCTAATTACTATTACAAAGTATCACACCAAACTGACACAACAAGCTAGGTTAAAA[T/C]TAATGGCCTTCAGAATTGCACACCCCACACATGCAAGCTACTACCGTTTCTGACTCCCAG
rs0155	1	CATTTATTCTTCTAAATACTAGAGTTTCAAAAGGATCTTTCAATGAATTTTGTTTTTTTT[T/C]CCAAAGGTCGGGACGAATCAATTAGGACGGTAGTATATTATGGTCAATATTTTTTTTATA
rs0156	1	TAAGGCTACAAAGATAGCATATGTTGGCCATTTCATAGAAGGATCTTTAGAACATTCATT[A/C]TGGAAACAAGAAATGCATTCTGTGTTTTCTTTGAGAAGCTTCACCAATCATGTCAGGACC
rs0157	1	GAAACTTCAATTTTTTTACACAATAGATTGAAATATCTGAAGAAATCGAAGTATAACTCT[T/C]ACTTGCTCAAAACATGAAAACTAAATCAGTTGCTCATGGTCAGGACTTTATTTGCACAAA
rs0158	1	TCACTAGTGGGCATGAGATGAGAGGGCCCATGCATATGTACACAAACAGAATGCAGCTGC[T/C]GTAGTAGCTGAAGCTCCTGGAACATTCCCCACTAGAGAGGGGAAACCCCAACTTCAATTC
rs0159	1	TGCAATCTAAATTGTCCATGTACAATGACTCCTATTAGGTGGAACTTGTTTATATCGTGA[T/C]TATTTGTTTTTGCTTTGTTGGAAAAGCATTAGCCCCTCCGCCACACAATCTCTTGTCGTC
rs0160	1	GGGCCAGATCTCAAAACCCAGGAAGCAAACTGCTGAATATACTGAACTGGTCATACCTTC[A/G]CCTCATGGTCACAGAAGTTCTAAGAAGAAAAGCATGAGCTTTGTTAGTCAAAGAACACAA
rs0161	1	AAAGTTTGAAAACCCCCATCACATAGGTAGGTATTGCCTGCGCCACGAACTTGATAAGAA[T/C]ATCCTTCGCTCCCGACGACATGAACTTTTCTGCCCAGCTATTCAGTCTTTTGATCAAGCG
rs0162	1	AAGCAAGTAAATCCTTGTCACCTTAGACAAAAACTTAAGCAAACAACCAGCTGTAACATT[A/G]CTAGGAGATGTTAACAAACAAACAAGTGCTGTGCTGACGCACAAAAAGAGAGGACATATA
rs0163	1	CACTTGTGAGCAACTTGACATATTATTTTTTACCTACTTGTTACTACTAATTAATTAACT[A/G]CTCTGGCAGTGACTCGCGACATATATGTCGGCATGTTGAGCCCGACCAAAATTACCAAAA
rs0164	1	ATCCAAGATACTGATCCCTAAAATACTTAAAGTGGATAATATTCCTTCTTGTGGGCATTA[T/C]AAGTGTCCAGGTAGCTCGTATGTCGTACTCGAAATCTTGAAGTCTTTTTCCACCACTCTG

表 C.1（续）

序号	染色体	序列
rs0165	1	TTAGTTTGGTGTCTCCAGAGGAATGCTCTAATTCGATTTATGCAAAAAAGAACCCAACAC[T/G]TCGAGCAAGAACACCTGGAATCGGAGCATGTCATATATGCCATCGATCAGGACCTTAGTA
rs0166	1	TTTGGCGATTAATTATTGATTTGCCTTGGACTTAGCAAAGGAATAATTTCCTCTATTTTT[T/G]CTATGCCTCAATCATTGAATCCAAGAGAATGAATAGTGCCAAACCCTATAGTAATTGAAC
rs0167	1	TCTTTTGGATTTTATTCAGATGAAATCAAAATCCCGGTTTATTTTTCTCGAGGTCGTTCC[A/G]CTCGGGTATGAAACTATTTTAAAATTCATGTCAAACTTATTCTCACAGTATATTTCGTTC
rs0168	1	CTCTTTCTCTTCGTGCCGACCAAACATGCACTTCTCCCTGAACAGGTGAGTGTCGTATGG[T/C]CGCTGAGGCAAGCATGGGCAGCCTAGCAAGAACACAACAAACTCCTTCTTCGAGTCATCG
rs0169	1	ACGGGTTTTCACTTCCAAAGCAAAGTGTCCTGAAGAAATTCCAGAACTCATCTGAGCGCA[T/G]CCGTTTTAGCTTCAGTGCTCCTGTTGTCCCCGATGTTGAGACCTTCTGCACACAACTAAT
rs0170	1	GGATTGGTGCTGCAATTGGCCCAGCAGATTGGGCGTCCCAGTATGATAGAATGTGTGACT[T/C]GAACCGTTTAAGGCCATTTAACCAATTAATTCACAGAAATGATGTTGCCGCCAGGGATTG
rs0171	1	ATATAGGCTAAACATATGTAAGGCTGATCGAAGCCCAGTTCGTGCCGGAGTTGGATTGTT[A/C]ATTGACTTTTAAATTATTAATTAATCCGAAAACAACTTCCAAATTAACTTCCAACTACCT
rs0172	1	CGTCGTAAAAATTACACCCTTTCTTTTGGTCAGTCAGCCTTTTGATATCTGTCTTTTTAG[A/G]CTCGTCCACCCAATCCCCTCTGCCCTTCCACTCCAGGGTTCAATCCCATTTGCCATTTGA
rs0173	1	TCAACCGAGAAATCAAGAAATTAACAGTAAAAACCAACCAAGCCAACGTATAGATCACCA[T/C]TTCACCTCACCATTACACATGCATGTTGGAAGAACTAATTAAAACAGTTAGTAATTACCT
rs0174	1	GCTGTGGCATTGGTTGCAGCGGATGACAATTCCACTCACAGAAGAAGAATATTACGTTGT[A/G]CTAACATTGGATAACCAGATCCCTGAGGATCTATTGTTGCCACAAATCTGAATCCCGGGA
rs0175	1	CAAATCTTTCTGGAATTACTATATTGAGATGAAATCCGCTTCACCGATTAATCTTATCTT[A/G]GTACGGTACTAGTTTAGTAATTACCGTGGAAGATCTGGAGTATCATGAGGTAAAAAGAGA
rs0176	1	TAAGTTGTTTTGAATTTTCAAAGTCAACAAGGTGTCCCTTTTATGAAGGAAAAGCAAGAT[A/G]TCCCTTTAACCACTAAAGTTGACCATTGTCTATTCGAAAACTTTGTAAAATATCACGGTA
rs0177	1	GTAATTAAGCTAGTTTGTAAGAAAATTTATCACCTCAAAACTCGTATGTTTAATCTGTAA[T/C]TTTTGTTCAGGTTGGTACTCTGAAGCGTGGCATCAACCCGAGCTCGATATCACAGCTCAA
rs0178	1	ACTTGCTCGATTAGTTTATTAATTAATGCCCTAATCATCCAACTAACAAACGGCTAAATA[T/C]AGTTTCAAAAGCAGACGAACCTAATTACGAATCACAAAGAGAGATGCCTCACATATACAT
rs0179	1	AAGAAGATTCTTGTTGCCTCCGTGATGCGTTTGATTTTTCTATCGATGACCCCTTTGATC[T/G]CTACTTATAGGGAACTCAATGCTGCCTGTGTTTGATCGTCAAGTGGTTTCTGCATTGTGC
rs0180	1	GCCATTCGCACCACCACACTTTCTCATGACTAGTCAAGGATTCGACACTCAGTGCCACTC[A/G]TCCTCGAAAATTTTCAGATCTGGCGTGGAGAAGCCTAGAGGACGGTCATGCTGTGGTGGA
rs0181	1	GGCATCAAAAATTGTGAGCCAAACAGAGTTCTTCCCACTCTTCTTTTGCATAATCTCTAG[A/G]AGATCAGCTCTACACACATGCACTTTGTCCCAATTAAAAGCATCTCTCAGGCAACACCAC
rs0182	1	TTTTTAACAACATGTAAGAGACACTGAAGTTGATTTTAGCCAAAAAGGAGTGTTTCTTCC[A/G]ATAATGCTTTTTAATGATTTGCTATGGTTGTTCACTATTGACCATATACTCTGGTTATGG
rs0183	1	CGACCTGGTGCGGTCGAATTAGGAGGGAGAGACAACCAACTTTAATGACGATGTTGCCAA[T/C]CCCCCACGCACTATTTTTTTACCTCTGCGTCGTTCTTCGCCTATGAGGTTTAGATCTCCG
rs0184	1	ACGACGCTCTTAGGGCTGCCTGGGACAGGAATAAGCAGAGCGTCTCACACAGATATTAAA[A/G]CTCCTTTTCGAAAATCCTGCGAAGTTGAGCTATTCGACCATGTATAATTCCCTCACCCAT
rs0185	1	CAGTAGTTTCTGTTGTTGCCGTGCCAACTGCTGCCTCAGCTCACTGTTCTCCTTCTGCAG[T/C]TCCAACACCAGCTTAGCCTGATCAGTCTCAGAATCTGTGACTCTCAAAACCTCCTCATTT
rs0186	1	CCGTGCCTGTGCCGCCACAGGACCGGTCTGGATCGGAGACCTCAACTCCCAGCCGGAATT[T/C]CCTTGTGGTGTTGTTAGCCCTAACAGCAGCAGCAGCGGCAGATTTGATCCAGCTGTAGTT
rs0187	1	ATAGCGTATGCCATGAAGAGGGATACCAAACATGTACAATTAGATTTACACGCTTAGAGA[T/C]GGTCACCAGAAATTTGATCTATTTTACAATGCAGTTGGAATGTCAGTACACATTCGCCCA
rs0188	1	GCGAAACAGATTTCGGAGCGATTTCAGTCTCCCTATGTTGGGAATGTCCAAGCCTTTCCA[T/C]GTGTGCATATACCGCAAATTGACAAGGTTCCCCATTTTCGCCGGGGAGGAAAACTGCAAA
rs0189	1	TTTACACCGGTCAAATATTGTGTTCGCTAGGCTTCTCTGGCATGCATGTTTGTCTTTCTA[A/G]TATCTATCGATCAATCTCACCTGTCTGCGAAAAAAACTCCACTGACCGATACGATATCGA
rs0190	1	GGCACCACTTACACCCATCAATGCAGTAAGTACACCTGGCCTGAAAGAACCACTAACACC[T/C]TTTAGAAGCAACAAACGGTCTTCTGTTATGCCTTGTGCTTTCATTGCCTGTTAATATAAA
rs0191	1	TTGTTTTAACTGTAGTAGCTAGATGTTTTATCCTTTTTTCTCTTAGTTTAAGATTGTTCC[A/G]ATGGAGTAGGTATTGACACTGTCGTACCCCTGTGATGAGAGGGGCTTTTTAGTTTGGTCT
rs0192	1	ATCTTGACGAAATGCAAGGTTAAGAGTAAATCAGAAAAGAGATGATAAATCATGCATGAA[A/G]CCAAACATTAAGAGCTATTCCAGAGAAAGTACAAAAGGCGATCGGAAACATTAAGTTAAG
rs0193	1	TATTATCATGTAACACTTCACAAGTCTACATTAGTGAAGAATACACACAAGAATTACCTT[A/G]TTTTCATTTGCGCAGAGAAGTGTTGGAAGCCACCTACTTTCCCTTGTGTCGGTCAGCAAG
rs0194	1	TTGATTTCCTCTCAGTTCCCATGATAATACGATCTTTCGCAAATTCCAACTGTGCAGCAG[T/C]CAACTTGTCAGCACCTTCAACTGCAGCCTTAATTGCTGCAATGTTTACTAGGTTTGCAAG
rs0195	1	CTAGAGAATGTAATGCTCATTTGCAAGTTTTACAGCATAAAAATAGTCAGGTCTTAAACC[A/C]CTCATCAAGTTGTTTACCTTCATGCCAACATTATGCATAGCAAAATCAGAGCTGGCCAAG
rs0196	1	ACATGGATAATACACCACCAATGGTAGAAGTGAAGCCAAAATACAGGTAACCAGTTCATG[A/G]ATCCTTTAACACTGTGCTTCTTTTCCCAATACAGTTCTTTAGTCAAGTATCAAGTTATTC
rs0197	1	TTAATAAAACTCCAACACAGTTAAAAGCAAGAACCGGCTTTTAGTGTCCAATCAAGAAAA[A/C]AACAGGCTTGCCTCCAACTGCCTCCTTGATTGGTAAGCACACACAAACCATGGAAAATTT
rs0198	1	GGCTCACGAGGCTAAACTGATGACAAACACCTCCTGGGTCCTGTCCTAGACGAGAACTGC[A/G]TGCTCGGTCGGTCTATCTTTTTTCTAGTCTGAATGTACAGCATAATTGGTGCATGGACAA
rs0199	1	ATGTCGTACATATATAATTGTATATAGTTCTTGGCCGCGCCTTACCTTGCTCATATTTTT[A/G]GTTGGTGGATTAAAAAGTTCCCAAGTGAGTTGCTATTTTGTACACGTTTGATGTGATGGC
rs0200	1	ACTTTCGACCGTCGACTTTGGAGCTTCGAGCCTGGTCTCGCAATATGCGTTGGCATAGTC[T/C]ATACAGACTATTTATTCGTGTTCCAGAGCATAGTAATATAGTACTTTTTTATACATCACC
rs0201	1	AATCTTGATATTCCATACTACTTACCTGTATGTTATTTGGTGTACTGTGCCTCTAGTCTT[T/C]TGTCATACAATCTTTACCTACTCTACTGTATTCTACCTTCTCGAACGAATGAGCATAAGA
rs0202	1	TCCTTTTTCTATTCCTTTAATAATATAATAGATTATCTCATGTCTGATTTGGACTTGTAC[A/G]AACCTGAGGATATAAATATGAACACCCAGAGTCTTAGTCGTGAGATGAATACAATCATAT
rs0203	1	CGTGACCTACGTGTCCCGCCTAACATTTCTTAAGTTCAGACCAAGCATTTGCCTCGTACA[T/C]ACGTAATTACGTATTCCATAAAAAACTTCACCGCGTCCAAAGCAGATGCAGCCGCGTTGC
rs0204	1	ATCGCAATGGCGTCAGAGTTTCAGAGGGGGTGATGCTATTAGCGTTTACCCTTTTTCGTA[T/G]TTTGATTTTGGGATGATGGAAAGGCCACGTTTGGTCGTATTTGGCGAAGGATCTCCGGTT
rs0205	1	GAGGTAGAAGAAAAGCAGTAAGGAGAGCTCGAAAGTAAGGAGGCCGGTCCAAAGCTTCAC[A/G]CTCTTTGTGGTTCTCTCATGGTATGTGTGAAGGCCAATGTAGACATTTGTAATGCCAGTT
rs0206	1	GTTTGTTTCAATATACATATGATTTTACCTTGGCGTTGTTGTTCAGGCATATGCACGGAT[T/C]AAGATGGCAAAGGAAGCTGCAGAAGCAGCTTCACAGGTCAAAGATAGTGATGAGCTATTT
rs0207	1	TCAGAACCATAAACTTGCAGATGCAAGCATAGATATCATGCCAACCACATGACTATCTCA[A/G]TATTAGCCAGTTGAACCAGTTGAAATTTGTAGTCCTACAAACTAAACCTCCCTGATCAAA

表 C.1（续）

序号	染色体	序列
rs0208	1	TGGTATGGAGCACAGGCGATAAGCAGATAAGCTTGGATCATCAAACCGTGGGTACTGTAC[T/C]GAGCAGTACATTCAGATCAATAATAAAGTCAGAAAACACAGGTACTCTGCTCAATTTGGT
rs0209	1	CCTGGTTTCGAAAGTTATGCTAATACACCTCGGGCAGAGAAGAAGTCTATAGCTTATAAT[A/C]AGGAGACTTTTCTGTTGTCCTGCAAAACAATGTTGTATTCTCTTCGCAATCCACCAAAGG
rs0210	1	CTATTGGTCACGGTTTTGAGATCCATCAAGTTCATTGCTCAACATATGGTGAAGAAGAAT[A/G]TCAACCATGGTCCCCTTTGTCCTCACACTGCACAACATCAATGGTAAATTAATGTTGCAG
rs0211	1	TTCTTTTCCCCCAAAAAATAAGCTAGCTAGCTGCGAGCTAAGATCCAATATGTTAATTCA[A/G]CTGGATACCATCTAACAACCTTTGGTTGGACCTAATGACATGTGTCGGTAAGCAGGATCA
rs0212	1	TCACCTATCAACCTGTGGCATTCCAAGCCACTGCATGTCCACAAGAAAGGATGTATGTAG[T/C]AGTAGTAAATACTGGAGTGGTACAAAATGGCCACATTCACGTTCCACCAGCTTTTCTACA
rs0213	1	GTTCTTCCGCCTACCAGCCAGTAGTCCAATTACTGTAAAATTTTCAGCAAGCGTGTGACT[A/G]TTTTCCTTCCATGCGACAAGGACAGGCTTTCTTTCACTGATCGTTCAAACTAATGCAGTA
rs0214	1	TGTGCTTTGACGACATGTGAAATAGTATTTATTTATTGATGCATAATAAGATGTCGCCTG[T/C]TTGATGCATGACAACACATACTTAAGAGCAGACAAAGTAATCAACAGTTGACAAGTCATG
rs0215	1	CTTAATACAGTATCAAAACAAAAATGTCGATCTCTCTAATATTGATTTCTCAATCACCGA[T/C]ATGAACGTTGCTATCTATCTAAGGTTGATTTCTTCAGGAAGATGCCATCGATTACCGTGC
rs0216	1	ATCTCACATCTCAACTCTCAGCCTTTACCAACTTTTTCTTAGAAAAAGTGTTCCTAGTAC[A/G]TAATTTTAAACACAACCCAACCAATAAACAGACACTTAAGTCCGTGTGGAGACATTGGGG
rs0217	1	CTGACTGCCGACAATCTATCTAGACTCAAGCTAGCGATGCCAATTGTTCTTCTACACAGA[A/C]AATATGAGAGGTGGTTCAAGGTGCGTCTGCAACCTCTACTTCCACTTTGATTTAGGAGGC
rs0218	1	GCAGTTACAAATTGGCAATAGCACAGATCTACAAAAATAGTGTCGCTGACACAATCAAAG[T/C]ATGATGGCAAATGACAACAGACAAGTGACAGGTCGGCCTCACTCAAGATTGATATTAGCA
rs0219	1	ATAAAAAAGATCGTATATTTTGTGAAAGAAAACAAGCAGGAACCTGCATTGGGAACCATT[T/G]ATCTGATCACCTTTGAGTTCTGATGGTTTTCCTCCGGCCAGGAATTGCCCGCACCACCAG
rs0220	1	GCACAAATTCACCTGACCAACAGTCCAGGGACTAACATTGCTTCTTTAAGCTGCCATCTA[A/G]CGGCGGTGCAAGCATAAGATATGTATTTTATTCTTTTTAAAAAGAAAAAGAAAACAAC
rs0221	1	GAAAGATACCTATATGAACTATAGTCAGGCCCTTAGTTACACAAGCCAAGCACTGAGCCA[A/G]AATCTTGCAGGGCTAAGGAAGAAGAGTTCAATCCGCAAAATAAGCACCTCTTTAAGCTAC
rs0222	1	AGAAAAAATGATGTCCATTTAGGAACTGAAAAATTACATGATGTTGTTCCCTTCAGTTGG[T/G]TTTGATTTTGGTGCACCCATCCATCATCTTAAATCCACATTAGCCAAAGTGGTATAATAC
rs0223	1	TATATTTGTGCCATTGCTATTTGACCAGTCAGGTTGGGTTATGACATATGAGAACCTTCA[A/C]TGTCAGTGCAGCTCAGATCTCCATACATATACATGCTTTGTTTATGCTAGCTCTACGGAA
rs0224	1	TGAAGCACGCATTACTGGTAGAAAATTCACAATTTTAGGGGCAAGAAACCTAGAGCTCAT[A/G]CTGGATTTTTCTCCAAATTCACCACATATTAGACACTTGTATCGTAATTTCAATGTATTT
rs0225	1	AGCCCGTATGATTAACTGAGTACAGCAAGCACGAAAGATGCGGGCATCGATCGATCCATA[T/C]ACTAGTACTAGATTTTTTTGTGGTGGGCTACTGAGAAGTGGTCCCTGTATTGTGTGCGAG
rs0226	1	CTTGTAAATGCATGCGAAATGCGATTTCACAATGAAGACAAAACCCAACAACTTGAAGGA[A/G]GCAAGAATATAGGATTCTTCATAATTTCGTAGTATCCTAAAGTTGTCATGTTTGACTACG
rs0227	1	CTTCTGCTACAATATTCTACCCCAATTACCATGTTCATAAATACCAACAGGAACAAAATC[A/G]CACATTTTTGGACTACAGCGATTTTTACAAGCTCTAACATGTCATTTTCGGACGAACAAA
rs0228	1	GTCCCACACCCTCACTTCGATATCTGAATTTCACTGTCGGTTAGCAGCGTGTCATGGTGC[A/G]CACCCAAAAGTGAACGCTACTCGACTGCTCGAGCCCCTCAAAGACAAACACGATCAGTAC
rs0229	1	CACCGCTAAGGATCAGGGTGTCTGGAAAAACAAAGAAAATATCTTACAGCGTTTCTTTAC[T/G]ATGAAAGCAAGAATGAAATGATGAATAGTGAATGATTTCTGATAATTATTCGAAAGTAAT
rs0230	1	AAGCAATTCCTATTTGCAGACAATGCTGGCAAAGGCTGTTGCTACTGAGTGTAAAACTAC[A/C]TTCTTCAACATTTCAGCATCATCAATTGTTAGCAAATGGCGTGGTATGTTTCTTTGAACA
rs0231	1	TGCGTGAGAGTGGATGATTGAATGGTCCTCGACTGAGAGGGGTTTGTTCATCAAGAAGAC[A/G]ACAACTACTGTACTACCGTTGTTGGGTCAACTACGATGATCGATGTTCCTCGCATTTGGC
rs0232	1	ACAGAAACGCATTAAACTGCAGAACCAAATCATGTTCATGTACCGTGAATCAGATGAACC[A/G]CATTTCTAGTATACATCGTTTTGGATGCATATTGGAACTTAGATGGTAAAAGCCAGAGCC
rs0233	1	AACAGAGAAATCAGTAACAACATCAACACCATCATAGCAAAAGACGACATGGTGGAGTAG[T/C]CGAAATTCACCCGTGCAGACGTTGTGATACGCCTGTCGGACGTTCCGTTTCCCACACTTC
rs0234	1	AGCTGGAGATCGACGGCGAGGTCGGCTCCGTGCAGTGGTACCAGGTTCAGCTGGAGTAGA[A/G]TGGTTCTTGTGTGGAATGGAATGAACGCGCGATCGACGTGGAGTGATAGTTTATACACGT
rs0235	1	CTGATGTATTTCAGTGTGGTGCAGAGAGAAAATCTCGAGCTACTTTTATCTATCGCATCT[T/C]GCAGGGGAATAATGTTTACTGTTTGTTATTTCACTTTGCAGAGAGAGGTCTGTCGGCTAT
rs0236	1	CTGCCATTTCTCCACTTCCTCCTTAATAAGTGCAGAGGTGGCAGCATCATCAGAGTCATC[T/C]AGTACTTGTACTAAGAAGTTTGACCTTGGCCAATCCAGGTTGCAGACAGCACCAATGGAT
rs0237	1	TCTTGCCCATTTCCTTGAGCATCCAGTGCTTTCCAAGAGTCCTTTATTGTTTGAAAGCAG[A/C]TTAAACTTTCCCTCTAAAACACAGTGAATAAGTGTCATCTGTCATGTCACTCACGTATAT
rs0238	1	GTTCTCAAATTATTTCAGTGGATGCCCATTTATTCAAGTCCCAGGGTTTACCCATCCTGT[T/C]AGTAACACACTAATTTACATTTTGTTAAGAAAGATATTGAAGTAATTGATGGCAACATTG
rs0239	1	TTTGCAAAAAAAAAGAGACAATGGTGCGTATTTTGTCAAGAAATTTTAGTACTTTTGAGG[A/G]ATTCGATCACCATGGCTCTTGCATTTTTTTTCTTGCCTTAATGATGCGTGACTTGTCACC
rs0240	1	AAATCACACTGCTAATTTTGGTTTAGAAAGTTTTTTAGGCTGTGTTCGAAGTTACAAGT[T/C]GAGAACTCATCCTCTTAGCATGAAAAACAGAACGGCTCATTGTCATATGATTAATTAAGT
rs0241	1	GGAGGCTCACAGGGGAATTGTGCTGTCCTATTGCACTCTCTTTAGCTAAACTTGAAGTGT[A/C]TGCCACCATCATGGTATGTAGTGCTCACTTGTGCTTCCCTTATGTTTTAATAGCCTCTGT
rs0242	1	GCAAAGACTTGTGCGGGAGGCATTAGATGGGAGGGAAGGACTGGAAGGGACTCTGGAGCA[A/G]TGGCTGAAGAGTGTGTTTGGATCAGAGATTGAATCACCATGGGATCAGATCCGTGGCCTC
rs0243	1	GTATCTTTTCCCTTAAACCACAGATGTTTAGCGTTCCATTTTCTGTGCCTGTCTACATGG[T/G]AACCCCAAACTTCTTTCTGTACATCACACGGTTACTGATTCTGTGTACTGTACCTAATTG
rs0244	1	CACACGGGCCCGTGCGGGAGGAGAAACGCCTTCTTGCCGAAGGCACCCGCAAATCTGTGG[A/G]TTTCGCATTTCTGACGGTTGAAATCGTGAAAAAGAGATACTTTTTAGGGTAAAAAGGAG
rs0245	1	ATAAGCATGTGGTGTCTACCCTGTTTTGTAGCTGGGCTAAATGTCTTTCTGTAAAAAGAT[T/G]TTCAAAGCAACGCTAACAATACTTGGCATCTTGTAAAAAGAAGCACTATTTAGTGGACTG
rs0246	1	TTGTAGGTTATTTATTTCATATTAGTCTAGTCCGCTTGATATGTAGGATCTCACAACCAA[T/C]ACAATTTTGTTCAGGAAGCTGAAATTGAAGTGTGAAGACCAAGAAAAACAAGAGAAGAAT
rs0247	1	TTGTTCATATGAGGTGAGAAAGCTGACAATAGAGCCAAAAAGAAGATGGGAGTTTTATAC[A/C]CGCGTGAAGGAAAGGACATCAGCGTATTGTCGTATCAAACGACGCCAACAACCGCATGAC
rs0248	1	GCCTGCCCATACTTCTTAACATTTCTCTAATGAACTGAGAATAAACCACACCACCAACTC[A/G]AAGTGTCCATACACGTACCGATGCACATCGCCATGACAACCAATGGACCAAATATGGCAA
rs0249	1	TTCAACGGATAAATTATACGTCCGTCTGTCCGTCACTTATGGAGACGGAGGGAGTAGCTC[A/C]TTAACGCTCATTTTAATTTTCGTCTTTTGGTTTGCAAAACCGGGTGAAGCCCGTTTGTCC
rs0250	1	TGAAATTCCTGCGTTCTCCACTGTCAAGCGTGCTAATGACCTATCGTCAACGTCTCACAT[T/G]CATGAAGTATATATATATATGGTAACGGCACACACACATGCATGACAGCATGACTCAAAT

表 C.1（续）

序号	染色体	序列
rs0251	1	CGTTTATAGCATGATGGAAACTTTGACACAACAATACAACATAGGAACAATATATACCCC[T/G]AACAATTCAAAACCGGCCAAAACCACCACACAAGAAATAGTTGAACAGACACCATCTTAA
rs0252	1	GTCGCTGTTGAGAATTCAGTGGCACGATGTCCCAGTTTCCGTGGATTGGATTTCAAACGA[A/G]TCGGTTCGTGGATGAGAAAGTAACATGTGTTACAAGTGTCGAAATGGATGCCTGAAATAG
rs0253	1	AAGGCAGGGTCGATCTGGCAAATGCTCCGGGGGTCTAATCATGTGCTCTGGCGTAAGTAA[T/G]AGAAGCAGAGGGAGACAAGAGGCTAAGGATGTCTAAGCTACGCGTGATGCGCCACGCACT
rs0254	1	GTGCGCCTGGATCAATTATTTGTGAACTAGAGAGAGCTGTACCAAAGCTGAACCTAAGAA[T/C]CTGATTATTTGAGCGGGCGTCCACTGTCTAGCTTTACTAGTACTACTATTGATCGAGTCA
rs0255	1	GGACGAGGAGCAGCAGGAGGCTGACGACATGTAAGGTGGCTTTTGCTTGGTGGTTCTAGG[A/G]CAGGGTTTTGTGTGCTTGGTGTTTCCGTCTTACATTATCACCGTATTACCGCCTCGTACG
rs0256	1	GAAGGTCCAGAACTACAAGGCCTGGCTGTATATGACACCAACTGCTAGATGGAAACACGA[A/G]GAAAAGAATGGGTAGAAAGTAATGGGCGTAAAATGTTACCGAAAACCGGGTGATATAGAT
rs0257	1	ATTTGCAGAGCTTGACCCAGCTGATGGATAAATTGTGTAAGTTCAATTCAACTAGCGATA[T/C]TGAGTGTTTACTTTGCTCCACATAATCTTCCATGTGACCATTTTCATCGTTCTTTCAGTG
rs0258	1	GTCTTTGTGATTCGGGCGCAATGAGATCAGCCCACAGCCAATAGTCAATAGAATGCTGCA[T/G]ATGTGAGCAGATAACAAATCAGAGATTGGAAAAAAAGAAAAACATACTGCCGACAAGTGA
rs0259	1	TTTCTCGTTTTGCCACCGTGTATTCTACTCAACTCTCTACTGCTGTGATCTGAACACGCT[T/C]CGCCCGCGTTTGCAGATCGATTTCGTTTTACTCCTTTCCCACAGTGACAACCAGACGACA
rs0260	1	CATAAAATTCTTCTAAGCAATAAGAAGGGTAAGAAACAACTTAGGCTTCTATTCGAAACA[T/G]AATTTGAAGTGACTATAAGCCGTACACAAAACGAGGAAGGTTATTAGTTCATGCTTAATT
rs0261	1	CAACGTTGATTTTTACTAACACTTAAGAAAACTTGGATGAACTCAACAGGGCTGCAAATT[T/C]GAATGTACATAATGCACAGAGACTTCGAGCCAGGATTAACCTTCTTGGGTGTTGGACAGA
rs0262	1	CGGTTAAAACAAGGAAGTACCTTTCATTGACATCGAGATTCCAGTCCACACTAACATATG[T/C]TGTGACAAAAGGAATATGATTTTATTGACTACTTAACAAGAAATATATATTCCAATATAA
rs0263	1	TATCTCCCCGATTATGCCACGCTAGGTGAGGATTGCTGTTGCCCGAAGGAAAGCTTGACT[A/G]CCTGAGCAACTATCAATTTGACCACACATGGACAAGGCCTAGTCGGTTGCCGGTGTATAT
rs0264	1	TAGAGTATTACACACTGGTATATGGTTCTGAGGGTTTGTGGAAAATGCTTCATGTCGTG[T/C]GTCTGATCGGAAGACAAACATCGAACACCAACTTTCTCCTTTGTACTAGTCTCCTCTGGA
rs0265	1	CACTTGATTTGTTGAAGTAGGCTTCTAGGATTCCCAGCAATAACTGTGCTCAAGATGAAA[A/G]GGGGGAAGAAATCAAAGAATGCGCCAATTGGTACGCTGTTCTCTGGCTAGACGGTCAATA
rs0266	1	CAAGAAATGAAACAAGCATATAGTGATTGGAACATAGGCAACATACCCAAGTAAACCAGC[A/G]TTTCCAGGCTTTAACTGGATACCAGTAGCTTCGGCTGCGCTGTTGTCTCCCATAGTAAGC
rs0267	1	AGGAAAATTAGTAAAAAAGCAATAAAAAGGACATACCCCATCATTCATGTAGTTTGCAAT[A/G]TTTCCAAGAAGAATTGTAGTGTTTGTCCTGATCGCAGGTTCTTCATCAACCTGAACACAG
rs0268	1	CCTGGATCACAGGTTGACCAGGAAGAATAATTCAACCATTATGCAAGTGCTAATTCAATG[A/G]TCAGGTACTGCATCTGAACAAGCCACCTGGGAAGATCTGGAGGAGCTGAAGGCAAGGTTC
rs0269	1	AGGCCCGGACTTCATAATTTGGTCCGAAAGGATGCATTACTTTACATGGGCTTTCTCATG[T/G]ACTAGTAATGTAGCCCAATGTCATCGTCATGGTCTTGGTAGAGTCCCATCTATTAATTGT
rs0270	1	CCATTCTTGTTTTGCTTTTCAGAGGGAGAAAGATCGAATAAAATGCGACCGCGATGGCTT[T/C]GAATGTTTGACAAGTTGCCACTGCTTGCTTATTCGCTATCCTGCCGTCTGAAGATCCCGG
rs0271	1	GTTTTACTCGGGAGATAAAACATGGAAATAACTGAGAAACATAAAGCCTCCGCCGGCCAT[T/C]CCCGTTAACCATTTCCGCTCTTTCTTCTTAATCTGCCTGTGGGCAGGCACGATGTGGTGT
rs0272	1	CATGCCGACTGCACAAATCTTGAGGTTTAGCACGTGGTGGTGGCAGCAATACGCGACCTT[T/G]TCGATCGTACCACTGTCTGGTGACTGTGCCGGTGGAGAAAAATGACCGAGATTGAAAAA
rs0273	1	TCAGACAACTATTTCTGCTCAATCAGCAAATCCCCAAAATATCTAACAGAAGGCAGAGAA[T/C]TGATTCCAAACTTTGAAAGGATGAAATTCTTTCCTTCATCATAACCTTTCCCAAAACTTA
rs0274	1	CTGCAAGGGAAGCGATTCATTGGCTTTCCGCTATTTCTTGGCCGGCCAATGCAAGTAGTT[T/G]GTTGGACGACGACATCAGCAAAGTCGAGCCTCGCTAATTGGCCCGCCACTCCTTTGCTGA
rs0275	1	CAGGTATAAATCACTATTCTACCCAGACTCTATTCATGTGAACCCATAGTACCTATATGT[T/C]AGGACCAAAGTGATAAACTTCATAAACTTCAAGCTTCTCACTTTATATTGTCATATCTGA
rs0276	1	TTGCAAAACAATACTGATAATGCTGCTCTTGAAAAGTAACAGAAGTACTGTTCAACCATG[T/C]CATTTCGCAGACAGAAAGTCCCATGCTGGCCATTTATGCATTTCTGGTGGACAATAATGG
rs0277	1	ACGACGTAGGCCAAGGTCGACCAACGGTGGGGATGCTACCTCCGGTGACAACCTACAACA[T/C]GTAGATCTGGACGTCTATAGTGGAGTAAGGCAAGGAAGCTGGTCTCGAGACGACGATGGC
rs0278	1	ACTCTCTAGTTCCCCTTGTAGCAGCACATTCTTTTCCAACCATACCTGCAGATCAGTGCT[T/C]AAGCCACGCAACTTCTTTTCAAGCACAGCTGACTCTTGTTTTCTAGCTGACTGACAAGAA
rs0279	1	ACATCACGATCGAGATTGAATGATAGTTTGAAATCGAATGCTCGTAACGTCATGCAGATA[A/G]TAACGAGCTCGTGCTGGATGCAATGCAACGACCCTGCAAACTCCTAAAACGCTCTGTTTG
rs0280	1	TAAAACAATGTTCGATCTACAACTCACGGGCAACTCAATTACACATTGTCAGAGTTGAAT[A/C]GAGGTTGTCGTGTTACAACTGACGTCAGAAATATGCAACGGAGGAATGACAAGAAAAAAC
rs0281	1	CCCAAATCTAGTGACTTATAACACCCTGATGGATGGACTTTATGAAACTGGCTATATTGA[T/C]AAAGCAGCAACTCTCTGGACCTCCATAACAGAAGATGGGTTGGAACCAGACATAATTTCA
rs0282	1	GGTCGTTTTAACGATTTTAGCTAAAGATTAGAAGTGATAGTTTGCTTAAGATGATGCATA[T/C]AGATTAGAGGCGACAGATTGGAGGCAACCTGGATGTTCATCGATACAATGTTCATAGAAG
rs0283	1	CAATAAAAGGGGATCAAGTTCCTAAGCCGAAAGGATTCTACTAAAGCCTAGCATAAAATC[T/G]GGAAATATCATTCTGCGTCAAATCAATATTATTGCTTGCAGCCTAGCACAGTAGCACAAA
rs0284	1	CCGTCGAATTCCTTCGGTCTTTTTCGGTCCGAATCGGAGTGCTATTCCACACGTGAAATG[A/G]CGCATCTTGGCTTTATAAGCTAAATCATCCTATCTATACGCAAATCAAAGAAGGGTGCAT
rs0285	1	AACATCAAGAGAAAAAGTATCATACCAGTTTCTGAGTCCTCAGTTCTCCGATTCAATATC[A/C]TTTCAAGGAAATTCTGTGAAATTACCTCAAGAGGTGCAAAAACAATTCCAGCATATGAGT
rs0286	1	GAACAACGGAATCATACCCCATTTACACAAATGCTATTGTGACAGGCGGTTGATGCAGGG[T/C]GTTCATTGCATAAAATACTTCAGACTGATCCCTAACAATATTGTACACAATTTTATTAGC
rs0287	1	TAATTACCTGAATGTCGCGAATTAGAAGAAGTGTAGCTAAAGAACGTGAATCAGAATGTA[T/C]GATGGAATCCTCCACTGACTCATCTGCAAGAATTAAAATCTGTCGTTTCAAAGTTAGCAC
rs0288	1	TCCTCTTCGGTGGTCGGCCGTTTCCGAGCTCGGCACCGGAGCTCTTTCGCGCCACCAATG[A/G]CCTGTGGAACGTTGTCGACGTTGATAAAACCCTATCACAATCGAGGAAGGCATGGCTGAC
rs0289	1	CAAAACAAATTATTATGCATAATAACTAGTAAAAACAATCAACTATGAATTTGCCATTGC[A/G]AAAGCAAGAGTGACAATAATTCATGAAATGGTACAAAGGTGACTTGTGTGAGATAAACAT
rs0290	1	TGGTGTGTTTTCGGTAGGTAGGTACAAACTACTCCTGCTTGGGTTATCCGATAGCAAATA[A/G]AATCCATTAATGACTCATGGTGGTTAGGCACCGGAGAAAGTGAGACTGACAATGTTACAT
rs0291	1	TATCTTGAGATGCATCACGCATATGGTGGCATGATGGATTTGAGCTAGAGATCATATGGG[T/G]GGTGTCACTAGTTTAATCCGTGGGCTCTGCGAGCAACTGAATTGTTTTTCTAGCGCCCAG
rs0292	1	GCCTCCTAAGCGTGCTGATGAGGCAGTTGAAACCGTGCTTTGTCTCCCGTTCTATGACCA[A/G]CAACCGAGCTGATTGTTTTGGTGTATGCATTGATGAAATTTCAATCCTCCTAGGCGCTTG
rs0293	1	AGTACTCAGTAGTCACTCGAATAAAATTGACTAACCTCTTTGGCAAAAGTTTCAGGTTCA[T/C]TTGAATCTTTTGAAGCAAGAGTGCAATCAGGCACCTCAGCAGAATCCTGAGCAAATAACC

表 C.1（续）

序号	染色体	序列
rs0294	1	GCTCCCTCTTCAGAAACCCGAGGATCCAACCAATCTCAAGATTCCTTTCCTCCTGGTCTC[T/G]TGTTCCAAAGTCTCTCCAAGAATTGAGATGGTGATTTTGACCTTCCAATCTCTCCGAGAA
rs0295	1	CACACCATGCATGCTCCCGGACAATTTCAGAGAAATACCATCACGCATTCCCTGTTACTC[T/C]TAATAGCCCCATCGGCTATGCTTAAAAAAAGATAAGCTAAAGCCAAAATTTCAAATTTAA
rs0296	1	ACCTGAAGTTGCTCGACAGCAGAAACTGCACACAATGCATGGACCAATATGATTTAGCTT[A/G]GGCAGATGCATCAATGACCTTTTAGGCACAACAGCACATATTCCAATCAAAAAAGTTAAC
rs0297	1	GTTTATAGGACTGTGGTTGCATGTCCATGTTCGGAGGACTATCAAATGTTTCATCCAGTT[T/C]TATTTTTTTTATATTTAGAAATATATTATATGGGCGTGAGAATATTTTTAATAGGTCTTA
rs0298	1	GCTAGATATATAATTACACCACATCTTTCTATCATGGGGTTTATTAGAGCCCATGTTCCA[A/G]CTGGATATACATATATGTGTAGCTTTTTTTTTATCTCACTCTCGGTACAAAATTAATGTG
rs0299	1	GAAACCAAGGTAGAATCAAGATTAGTGGCTACCTCTTGGAACTTCCTCTATGCCTGTCTT[T/C]TTCCCAGCTGCCATCCTCTAAAACCCTTTTACTTCTGATATCAGGAACTTCAGTTTGACC
rs0300	1	TCAGTAAAAAATTGGTACTTCTGTGCTGGCTGAACTAACTAGGTATAGAAATTTACCTCC[A/C]CTTAATACTGGATTTTGATTAGCCCATACATTTACTCATGTATCCTATTTATTAGCCCAT
rs0301	1	CACCATGGTCTTCTTGATCTGTCATACAACCAATTGACTGGTCAGATCCCAACATCTATA[A/G]AGAACTGTGCAATGGTGATGGTGCTCAACCTCCAAGGCAATTTGCTGAATGGCACCATTC
rs0302	1	ATTTAGGAAATAAATAGATAAAAGGAAACGACAAAAGCTAACCAATTGGATAACTACTAG[A/G]CACAACTCTTGTGCCTTCCTATCTTGCGCACGCAGAGATAGGATCTATTTTGTTCGATTC
rs0303	1	AAGACGAATTATTTTGAAATATTTTGTGCGCTTTCATGAGCAAGGCCCACGTGATATCAT[T/C]TTGAGAGTTGTTGGCGAAAGCAACTGGCAATGGTTCAACGATGGCATGTAGCCATGTACT
rs0304	1	AATCTTATATCTTGTCTTTGCTTAAGCAGAAAAAATGTTTATTTATGAAGAGGAACCATA[A/G]GTACAATTTTTCGAACCATTAGATTTGCGCGGCAAAAGAAAGGCTTTCTTTAAGAAGGGA
rs0305	1	AAAAAAAATCATTATACTACGCATACACATTATTAGTCTGATGATTTATTTCCTATGTTT[T/C]AATTAGCTTTGGCGTTGTGTGGATTAGGATAATCTCATTTTGTGTTTGCTTTTGTCATGG
rs0306	1	AAAGTAGAAGTTTCTCCAGCATCTCATGTTTATGGCAGTGGCAGTCATCACATGTGTTGG[A/C]TAAGCCACAACAACAAAGCAATGCACTAGCTGGCCAGTATTGCCATGTCCGACCTTGTTA
rs0307	1	TAAGAGATAACTCACATCATTGTTCTTGAGATAGGGGTCCAGGTCATTGCTAGCATAGTA[T/C]AAGTCCCCTTGGCCGGAGCTGAAAATCTCGAGACCTGATGTGAATACATATCAAGTTGCC
rs0308	1	TGTTGGATGCACTCATCCAGTCGGTTTCTATTGGGTCACCAAATCACCAAGAAAATACCC[T/C]AAAAAATATCTTAGCCGCATTTCGATGTGTTTTTCTTTATAAGAAATGGAATGGAAAACA
rs0309	1	TGCCATCCAAACCTTCAGGTTCTGGAGGGTGTGCATTCCGAGGTATTATACCTGGATCCC[T/C]ACCAGAAGTGAGAAGTAGAAGGCTCAAGTCCTGAAATATGCCAGAAATTCCTAAAGTGGT
rs0310	1	GAATTCATGAGTATGAGAAACGAGACATGTGAGTTACAACTAAAAACTCTGCACAATTCC[A/G]CAGAATTCGAAGATGCACACGCAAGTAAGCAAGTGAACACTATGGATCCTTATATGAATC
rs0311	1	AGAAGAACAATGGGGTTCTGGAAAAGAATCGACTGATTCAGAAAATTACTGCTAGTAATC[T/C]ACTGGTCTGTGCACCTAATGGAACAATTAACATCCTAAGCAAAGGGAGGAGAACATCAAA
rs0312	1	AGATCAACCTAATATGTCAATTGGGCTTTGGGCAAGACCAAGCCTACTAATGAACAACTT[T/C]CCAATAATCTCTTATTGCAACCGAGAAAATAAGGAAGGGGATAACCAACCTATTGGTTGA
rs0313	1	CAACAAAAAAAAATGAAGCTGTGCCTTATATGTTCTGACAGGAGAGAGAAAAATATTCAG[A/G]CCCTCTATAAACTTGGATAGAGGGAGTACTCTGCATAGTTTTGATCTCCCTAGCTAGCTT
rs0314	1	TGGAGAGAAAAGGCAGAAATGCGAGAAGTTAATAACTCTTTGATATTGCATTAAAACCTA[T/G]AAAGTGACAGGGTGGCTAGTCCTTCACAGCAATTAAAAAATATATGCTAGCTATGAATCC
rs0315	1	GATTACGCTTTGAGCTACTGGAGGACCCCTTGAGAGAGATTTTGTATCAGATTGCTGTTA[A/G]TTTGTATCAATGCTGCTGCTATGTTTCTTCGAATTCGCTCATTGTCTATTAGGAAAGCCG
rs0316	1	TGTTACTCGCTCATTCTCGTGGCTGCAAACCCCATATGATGATACGACTGTGGAGACGTG[A/G]TCGTCACTCGTATCGGCTAGGCACGATGACATGATTGTACACAAGGTAATAAATAGCGTG
rs0317	1	CCGAGGACCCGACAAACGATTGGTCTGGTAGCCCAAGGCGGCCTAGACCCGAGCAAAAAT[A/G]TGCAACACGCCGCTTATGTGCATGGGCCATTTGGCGACATTACGCAAAGAAAGAAGTTCA
rs0318	1	CTGCAAGACGTAGTTGGAAACAGCAGGCCAGAGGTCCTTGGGGCCATTTGATGAATATGA[T/C]AATCCATTACGGATAACCTCACTTGTCATCAGTTCAAGTCGCGGTGTTCCTCGGAAGCTG
rs0319	1	GTAAAGATCAGTGATTTCTCCATAGGCTTCAAAATGCCTATCAATAAAATGTTCTGATTA[A/G]AGTCTTTATGCAAGCTCGGATATTCAACTGATAAGTGAACTGAGTGCTGAACAAAAGGAC
rs0320	1	GCTGGAGCACTACACTAGCCTGCTCAAATCATACAGAAAGAATGAGCACACTTTGCTATC[T/C]ACCAAAGTGAAGAAGATCTTACGGTCAAATAACTTTTGAGCCTCATGGTATTGCTTATAC
rs0321	1	CATTAACGTCATTAGCGTCGTGATTCAACATGACGACGCCAATAACATTAGCGACATCTC[T/C]CTAGTCTCTCTGTGGAAGCTAAGTCGATGATATGATGGGGTAGCGCCAATGTTTGTGGCG
rs0322	1	TGTGGATCTTAAAATCTTTATATTCTACATTTTCTTTGTGCAGTGTATTGGGTTTTCCTC[T/C]CAGCAGCTAGCTCTAGTGAGCCTGCAGCAATTGAATGGGTTCTAGAGTTGTTTTCAGAAA
rs0323	1	ATCCATTATAAAATTAACCTTGGTTAAATGTGTGGCTGAATGTGAAATTCACTCCAAGGT[A/G]GTGAAAAAACCACTTGCCCGTCCCATGCAAGTGATTCCCAACCGATCCCCAAAACAAAAG
rs0324	1	CGTACAATTTCTTTAAATTAAAAAAATATCTAGGGTATTTCCAACTGAGGAGGGAGGCAG[T/C]GAATTGAAGTGGGGCAGGAATTAAAAGAGCCATGAGTTGCACTGCAGGCAGATATGTTTG
rs0325	1	CTATTGTCATGAGACCTGAAAATATTAGGTGTGGCATGCTAACTTCACATGCTTGGCAA[T/G]CTCGACGCATCTGGAGGGATCAATACCAGATTTTGCTGAATAAATGAAAATATTTCCTTG
rs0326	1	TTGTTTTTCTTCGAATATCTACTGTCCATGTTCTTAAAAGATTCCATAGAAGACAATCTC[A/G]ACAGTTGGGTATTTGACCGTGTTTCCAGCTCCTCCTCATTAGTTTCACTGAATCCCTGTA
rs0327	1	ATCCTAAAATTATCCAGTTTAAGTCAAACCTGACCAGAACCTTCAAGTCTGAGAGTAGTA[T/C]AAACTGCGCCGAACGTGCAGTGTTTGACCTGCATCTATACAAATTATTGCAACTGTTCTG
rs0328	1	ACAATTAATTGACTGAAAATCTCAGCAACACCGATTCAAACAACCCCTAAGTTAGTGAGA[T/C]CACTGTCACCTGTGGCAGACGTAGCTTGGATGCACGCATGCAATTATTGGGGGCACCATC
rs0329	1	TGGAGTATGTTGTAACATTATTTTTTTTAATGCTCCGATTAACTCGGCGCTGCAATTAAA[T/G]ATCAGGAAGGACATTTCCAACGTCTTCTTTTTACTTTATGCCACTCTCCTGGATAGCGCA
rs0330	1	GACTCGATTGCTGGATCGATCAGCCGTTCGTTCAATCGAGACGCCCTTGAATTCGCCAGG[T/C]TAACAATATGTGCCCTGGTCCCTTCCACCACAGCCAAAGTCGTCTTCATATCGCGCGGGA
rs0331	1	TATCAAGTCTAGCTTATTTATTAGTATCCACTACTTGCAGTTATTGCTAATTGTTTGTAC[T/C]GATTTATCTTGATTGTTTCATGTTCCGACAATAACGCGCAGGGTGTTATCTAGTATCACA
rs0332	1	ACCATTACTCCAGTCCTTATTAAGGTAGCAATAATCCAATTATAACCGCAAGTCTGCAAT[T/G]ATAACTGCTGTGCATGTATCTTATTTGTTTAGTTATTTATTTTGTGCTGAATCTTTTCTC
rs0333	1	AACTAGAGAACTAAAAGCTCTGGGAATAACAATCAAGAAAGTGAGTACCTTGAAGAAGCT[T/C]CTTGATATTCATGGAAGTCACATGAGATTGCTTGGTCTATATAAATTGAGTGGCGAGACA
rs0334	1	CGGGTGCATCAGAAGCTCCATCAAATCACGGATACGATAATCCAAGGACATGAAATCATC[A/G]AGGACGGCAGCGTTGGTGATGACACCATACAAGAAACAGTAGGAACACACAATATGCATG
rs0335	1	AGTTTTGCTGAAGCATAAAGCTATTGAAGTAATCAAGGTGAGTAATGTTTCATTGTGTGC[T/C]TCTCTTAATTGTTTTCATATTATTGAGAGTTAAATCGGTTCAATCCTACATGTTTTAGGC
rs0336	1	CTTATGCAGCTTTCGTCTTGCCATTGATGTTCACTGTTTTACATATTTGCAGCTTTGATC[A/G]GCACGCGCTGGATCTTTTAGAGAAGATGTTAACTTTGGATCCATCACAGGTATGCTGCAT

表 C.1（续）

序号	染色体	序列
rs0337	1	CTCGATCGCCCTTGCCTTTTGAGATCGATCACCAGGTTACTGTAGAAGTACAGATCGGAG[A/C]GAGCGATCGATCGAGGAAGAAGAAGAGGTAGAGGTTGTAGATGGCTGTGTCGGCTGGCGG
rs0338	1	CATGCAAATAGTTAATCTAAACTATAAATTTCAGTTATTACTCCTAGCCCCTAGGCACAC[T/C]ACACTTTCTCCTGGATGTTGTCCTCTCTGTGCTTATTGCTATGCACTGGTTGTGCTGGAT
rs0339	1	CTAATGCAATATTAGTACTAGTATGTTTTTTTATGCACCTTCCTCGTAAGCTTCGATCCT[A/C]TTGGATAATTCGCTCTGAAGCAACCAACTAATCCACCAATCCACACTGTCGATCGAATCG
rs0340	1	TTGTAGTTGTCCTAACATGCCGACCGTCAGTTTGCAAATGTTGTACGAATTGAAAACAGA[A/G]TTCGTTCTATAAACTTTATACGCACTTAATTCCCCTTCCATTTACATTTCACAGGATAAC
rs0341	1	AGAATCAGAGCGTATGATCCAAGAGCTGAACGAGTTTGGTTTGGTGGAGAGCATCATTGA[A/C]GAAGAATTCCTCAATTACTTCTATCAGCTACCACGCCAGCCTCCTCGTTCTCATGATGAT
rs0342	1	TATTGGACAATTCTTCTAAAGCTGACATTCTCTCTTCTTTTTCAAATGTTCCATGAAATG[A/G]CAATCCTGGCAAATTTGTGGCAATTCAAAAGATCCAAACGGTACGCATCTTCTTCACATA
rs0343	1	TTAATTTGATATTTTGCTATTTTGCTATTCTTTTCCTGAAGGTGATTGTACGCTTGGTCC[A/G]CAGCCTGGACAAAATTAAGGAGCCTGCAGCACGATCCCTGATTATTTGGATATTTGGAGA
rs0344	1	AAGCACAAGTTTGATCACCAGATATGCAAAAGATACATCTCAGCTGTCTCCGTAAAACTT[T/C]CCTACATTTCTGCTTAATGCCTCTTGCCGTGGGCACATAAAGCAATATGTATGAACCTTT
rs0345	2	TAACAAGTTCATGTCTCGTCCTCAGCTCTACTTATCTGCATGATTATGAGACTATGGGCA[T/C]GTCCTAACTGGTTGATTGTATAGATTACGGATAGAAAAAAATGCTCATTTTTGGAAGTAG
rs0346	2	TTTAAATTATTGAACCTTTCTATGGAAGTATCAAAGAGTCCAAATTATTTCAAAGTTTCT[T/G]TTGCAGTTACGTTTGAGAAATTGTTGGTATGAAGGCCTAACTTGGAAGGTTGCTGATGAA
rs0347	2	GATCCCTAAGATTTAGGCCCATATTGATCGTCAGCCCACTGTAGGCCTATTGGAGGAAGC[A/G]GGAAGAAGCAATAGGCCGCGTGGAAGCCCATATTTTGCGGGCTGCCTTTCTGTATAGGC
rs0348	2	GCTTAATTACTCGCCTTCCCTTTCATGATATTGTTTGATTTATTGATGCTAACATCACAC[A/C]ATCAAATTTAAGCGATATTAATAAGGAAAAAAAGGGACGGCTAATTTAAAGTGACACTCT
rs0349	2	CCTACCCCACCCAACATCCTGAAAGAGTCCATATAGGCACTGATCGGCCTAGCAACGATG[A/G]GGGAGGATAGCAAGAATGCTAACTGGGAATGGTTATGTTTGAAATGTTTCTTAGGCTCTT
rs0350	2	TTCTTGATCTCGTTAAGCATTTTGTCGAGAACCAGTAGCTTGCCACTTGCATGCACCACC[A/G]TATCTATATTTTCAGTTACATTGCTATTGTTGCTAAGTGAGCTTCGCAGAAATTCATTAA
rs0351	2	CAGTAGATGTTGATACCCAACCATCTGTTGAAGTGCCATCTGTGTTGTTGGAGCACTTGT[A/C]GGCGATGAAGGTGCTGACTTGAGCCTGCCCTCCAATCAGATTGAGGCTGTAGATCTCCAT
rs0352	2	AAAATGAATATAAATTAACCCAAAGAGAGACAATAGGGTATGTTCTTGCCTCTTGGTGTT[T/G]TCCTGATGCAACTAGCACCCTAAGATCTGTACACATGTCCTGCATAAAAATTAAAGAAAG
rs0353	2	GAAAATTATAGTCGTAGTACTACAAATTTGCAGTTTGTGGCTGAGGGGAATCTATCCCAT[T/C]TGGTATATGCTGTCACTTTGTGCTAGTACTGTACTATGTACTAGCCTGTAGCCTCTACTT
rs0354	2	CCTTCTTGGCAACACTCCATGACATGAGATAGCTACTAGCTAGCTATCCATGTAGGGAAA[A/C]TAGATCATTTTCTCAGGTGTCAAAACTTTTGTACATATGTATCCACGTCATAGGGGCTTG
rs0355	2	TTGAACTCGAGCTAGGTGCGGCACTTGTCATGGTGCTATCGAATGAGCTCCTAGACAAGG[T/C]GCTCAGCTTCTCTATCTCCTCCTCATGTACATCTCCATCCTGCGAGAGCAGTGGAAGCCT
rs0356	2	CATCGTGTGGGCTTGCCATATGATGTGGTAACCTCACACGGTGATACATTTTCGGTTTTT[A/G]TCGGTAACTATACAATTAGGGCCTTCACTGTGCGAATACGTGGCGAGTTACTTCGATACG
rs0357	2	GATAGTGACAGTGACCTTCCATCTGCTGAAGCGAGGAACCAGCTTGCTGACAACAACACC[T/C]ACAGTGCTATCCATTCAGGTTCCTGTTCTCTATGGCTGTACAACTTCAATAATCAGTGCG
rs0358	2	TGCAAATGCCCATGATATAAGCTTCATTAATGATAGCTTGCAATAGCGCAGCACCCAGGA[A/C]AAAGAGCAAAGGTGCCAAATGATCACCTTGCCCAACTCCTCTTTTACAATGAAAATTCTT
rs0359	2	CAAGAACTGACTGAGCACATGCTCTATTTATCCAATCCAAAACAAGGCATTCAGAACTAC[T/C]ACATGTCACTATGTCAGAATCAGCCTATAGCACGATCACCATTAGAATCTTTTCCAATGA
rs0360	2	CTTTTTACCATTTTTATCACAATTTATCTTAGCGAGTTTCCTTCAATAAACTTCTCAAGG[T/C]TGTATTGTCATTCCATGGGTCTGGGGAGACTGGATCTGGTGGTGTGTCTCTCCCAAAGTG
rs0361	2	TGTCTGGTTAATTCAGAAGAAATCGACGGAATATGCAACTGGATTCATCAATAGATCATG[T/C]CGTTAGCACCGCACAAGTGTACATGGCTACTACTTGCAATGTGTTGAGTTAAGTGAAGCA
rs0362	2	ATCTTGTCTCACGACGTCATCGATCGCTGCAAATTTTGAGTTCGTATACAAAGACTTGGC[A/G]TGCGCGATCCGGTCATTTCTCGAATCACTAGCTTCTCTAGGACTAACCTAGTGTGTCGGT
rs0363	2	GATTTTGGTCTTAACTGGCAGCAGATTAATTAGGCACTGGTTCTGTACTAGTGGTAGTTT[T/C]GTACGTACGGTTCTTGCATTGCATTATAAGTGAATGGCCTAGCTGATGAGCCTGTTGTGC
rs0364	2	CTTGGTCTAATGCTTTTTAGAGAAAAACCACCTGGGCTAATGTTGGCTTTGGCAGGAGTC[A/G]TAGCTACGCGATCCAAAGGTTGGGCCAGAGACTGAACGTAATTATGTAACGTGATCGAAC
rs0365	2	TGAAGTTCTGAACATACAAATCATATCAATCATGGTGTGTGAAATGTGAATGCAGCAGGA[A/G]TTAGAATGTCATGCCATGTCCCTGTTGCCAAAGTGAAAGAATGTTATTTGCGATTTCTTT
rs0366	2	ATTCATGAAAAAAATCAAAGACGAGCGGTCAAGCGTTGGAGACAGAAATTTATAAATGAA[A/C]TTATTTTGGAAAGGGTGTACTGTACTAGCTAGTGCGTGTGCTTGAGTTAATCATGGGTAG
rs0367	2	ATAGCGAAACACAGTTTTGAAGATGGCCAAATGTCCGTTTTCTTGACATGTCCATTTTCA[T/C]TGGGCACTGCCATGAGCTGTGCAACTGTAAATCTGTAATTCTTGCATTTTTCTCATCTTT
rs0368	2	TCTCCCATCATACTTCTACATGAACAAATTGATGGTTCTTTTGTCAGTGCACAGTGTACA[T/C]CTTAAATATTGGAATTGACAAGTCTCCACTCCTCCTGTGCGTGTCCACCATAATGAGCTG
rs0369	2	TGTATGTTTTAAGTTATTGCTTCAGAATAATGTAATGTGGTGTGCTGTACCAAACATCAT[A/G]GTGTACCTTCTATTCTGATGATTATGCATCCATGTCACCTGCTGCAGTTGCTCCACCTGA
rs0370	2	TGTCAAAATCGCCCTGAAGGTTTTGGGCACTTGACCCTGCGTAGTTCAGTATAATTTGTG[T/C]GTAATTCGTCGATTATTACCGTGTTACCTTTTTCAAGCACGATGATCGCGTATTAAACAG
rs0371	2	ATAATATTTATTTTATAGGGTTTCATCCTTACAAAGAGATTGCCTTCTTTTGGGTCTCAT[T/C]ATCAAGAGTGATATCCTATCATTTGAATACCTCAAAGGTTCAAGAGTTGGGCATCTTATT
rs0372	2	GCTCTCCTTGGCCATGGTTTCCTCATCTTCCAATGGGTCATTGAGCTCAGCCAACACTGG[T/C]GGTATTCTTTGCTTAGCTTCCTTAAGCAAGTGCTTAAGGTCAAGAAGGGTAGTCTCCGTT
rs0373	2	AACACTATTTGTATGTATGTGGTCTAACGTGAAGCACGTGGAAACTTACGTTGAAATTGC[A/G]AGTTAGAAGGAGATCCACAAAACAGAGACTCCATGGTTTCTATTGCTCGAGCACAAAGTT
rs0374	2	AGGAGATGGTTCGTTGCATGAGAAACATTTTCCTCCGTCTATCTGAATCCTCGAAGATGT[T/C]ACCAAAGGAATCTTCTGATTGTTCATCTTCCTCAGCAGAACGTCTTTCTGGTTCTACACT
rs0375	2	ATTTTTGATGAGTCTGTTAGTCCTCAGATACTACCCTTGCATTCGGAGGTCTTTGTCAGA[A/G]TTTAGCTGAAATAAGCAATTGCACCGTAGTTTAATTGCTGCTCCTTAATTATTACCATTA
rs0376	2	CATATAGATAGGAAGGGAGTCAAAGCGAGCGAATTATTTGCATTGGCACGGACTATGGAT[A/G]AAGGCGTCGCGGGGTACACAAGGACGACGACGAACAAAAACGGATTGTGACGATCGGAAA
rs0377	2	CAATACTCCCCTCTTACAGGCAATGGACAGAGCACACCGTCTGGGTCAAAGGAAAGTGGT[A/G]AACGTGCACCGTCTCATCATGCGCGGTACCCTGGAAGAGAAGGTGATGAGTCTTCAAAGG
rs0378	2	CTCCTAGAGAGATATATATGTCTTGGTCTTAACCTTTCATGCATCAAAGGATGACCCCAC[A/C]TGTGGCAATATCATATTTGGGTGTTGTCCTTATCAGATATGCACTTGCTTGGTTAGCAAC
rs0379	2	AGAACCCATTTTATTAAATGCCAGCCAAGGAAATTGGCCATAATTAATTCAACCTTTTTG[A/G]GGGAGAATGATTAACTCATCCTTAATACTGTAGTGGTCACTGGTCAGTCAACATATTTTT

表 C.1（续）

序号	染色体	序列
rs0380	2	CTCTGTGGATGCTTCCATGAAATTTCTGAATCCAATGTTTTGTACCACCATATAAATAGA[A/G]ACTGTGGTTTAATTCATGTTTTGCAATAGAAGAAGCAGCATCCCCATGTGCAGAGAGATT
rs0381	2	ACAGTCTTACGCAGTGCGAATATGCTGTGCAAGAAGTTGCCAGAGCATGTTCAAATTTGC[A/G]AGAAGATCCAAACCTTGGAACTTGGCTGTCATGTCCATCCTTTATTCAAGGGCTTCTCGA
rs0382	2	AGGGCACAGATCGGCTAGTTCCAAGCCAATTGCACAGGTTTTAGCTCATTGACTGACAAA[T/C]CAATGTTTGGATAACTGAGATGGGAGATGGGAAAATACGGAATGAATTGTATTTCTAGTC
rs0383	2	ATGTATGTACCAATCATATTCTAATATGGTGCAGAATCCCTCCAAGATGAGAAAAGCACA[T/G]GCAGAGGTTGATTCTGTACTCAGCAATGAGACAATTAATGTGGACCAGCTCAAGAAATTG
rs0384	2	ATAGCGCACATATGCTATGTGGACACACTTTTTGTAAAGTGTGCACACCCCCTTATACAC[A/G]CTTTCTAACAGAGGAGAAGGCTTGAGATAAATCCATGGAAAATAAATAAATAAAACTAAC
rs0385	2	TTCAACTACTCCAGAAAATTGCAGAAATTGATGTGTACAATGGGGTATCCAGGTATATTG[T/G]TAAAATACAATAATCCTACATATCTGAAGTTATAAGTGAAACCATCCGCAATAAGTCAGC
rs0386	2	TAATTAGTAAAGGAATTTGATGTTATGTTCTCTTCTGAAATTTCAGTAAGAGAGAGTGTA[T/G]TACATATCAGGTGCATAATTGGCTCAGGTAAAAGTTTTATGGTCTAGACGACAGATTTGT
rs0387	2	GCAACTGCTCCAGAAGTTCAATGCAAGGCAGGGTTCTAGTTCTACTGTGTGCCTGCACTT[T/G]TTAGGATTAACGAAAGTTTAATCATCATGAGGCAAAACATCTCATTCACTACATGGACTT
rs0388	2	ACCAGCCACAAGCCATCAATTTTAGAAGCATCATCGTCGTCTAGTTAGTCACTGTAATCT[T/C]CTGAGTTGTGACTCTCGTTAGTAAGGCTCCTACCATTCGACCATTGCATCAATCGGTAAT
rs0389	2	TTTTCACAAAATTCATATGAAATTCGTCCGTTCCAAAGGAGGCCAGAACGACGGCGATGA[T/C]TGATATGAGGACGATTTGTGGTATGCACCGAATTTTCCGATCCTTTATTTAGAGAAGATT
rs0390	2	GGCAGCCTCAATTTTCCTTATGTGAAGTTGATGCCATGTGCTCATGCGTGATTGATTTGT[A/G]AGGGTTTGCATTTTTGAAATGGAGGAATAAAGCGAAAAACAGTAGTACTTTCTATATCTT
rs0391	2	ATGTGGGGAGGCTAATTCATGGGGCACTTGGCACTTGGCTGAGCTTTATATAGTTTCAGA[A/G]GCCTTAATAGTATATAATGGCTTTGTTTGGCCCAATTAAGGCCATTGTTGGGGTCAATAG
rs0392	2	ATTGTTTTTCTCCTTAACTGAAGAGAAAACCAGGTGAACTGGTGTTTCAGACCAGCAAGT[A/G]AAGTGTGTTTACTCTATTGTACTGTATTGGCTGCTATGTTCTTTGTTTTATGACCAATCA
rs0393	2	AGCCAAAGTGAAAAGGTTGAATTAATCCTAGGGGAAAAAGGAGAGGGTATATACCTGGAA[A/G]TTGAAATAAAGGGATGAAAAATGTTTGGATGGACAAAACATGGAAATAAATAGAAAAGAG
rs0394	2	TGAAAGAAACTGCATACTTTTGGTAGTTTAATTTTTTTTATGGGATCATGAAATAAAACT[T/G]ACCAATTTATTTGTACTGTATTAGTGTAACTGCTTGTCTGCTGCAGTAACAGCAGTGGCG
rs0395	2	TTGGAGTTGCTGGAATCTGTGAGTGATTATTTGCAAGGCATGGTTTTACGGATTCTAGAA[A/C]AAGAGCAGAATGTGTATTGCTAATATGATTGCGACACAATGCTCTATCAGAATCCCTATG
rs0396	2	CTTGGTCTGGAGCTGCTCAAGTTTTACTCTCTGAAAATACTGTGAGCTTTTGACCAGAAA[A/G]TTTGTGATAATCTGTTAGCATATCATGATTCTGCTGTTCTTAGTCCAGTCTTTAATTTCT
rs0397	2	TGTCAAATGCATAGGTTGTCATCTTGCCCATATTATTCACGGACACGAGCAGATAGGGGA[T/G]AAATAGCACGTAGGAGGTGACGAGGATGAGGGGCGGGGCGAGGTACCCAGCCGGGGAGAG
rs0398	2	CTACTTCCTTGGAAGGAAATTTGGCTGAATATCCTAGTATAATACAAAATTATCAAAGCA[A/G]ATAAATGACTGCTATCATCGCATGGGTCCCTCCAGGCTGAGTATTGCCAAGAGCAAGTAC
rs0399	2	GATGGGCAGTTGGGCACTAAGGCTTGTTTTCTCTAGCATATATCTTAAGCATAAAAAGAG[T/G]GGTGTCATAAGCCATGTTGATGCTTACTGTATTTGAAGCACAACAGTAATTTCTAACGGT
rs0400	2	AAGAAAAGCCCCCGCTACTTTGAAGTTGATGATAGAAATCGTGAGGATAGATCTGGAAAA[A/G]CAACTCCAGTTCAACGGTTTGAGGACCGCAGGCCTTCTGAACCACAGAGGCCAGATAATG
rs0401	2	GGGTAACGTACGGCTGGTTTAGCATGTTAGGGGTAGTAAACGGAAAACTCTCATTTCCTC[A/G]AGATTTTGATAATAATTGTAAACCGGTCTCACGATTTAAACATGGTGGTAGACTGGTAGT
rs0402	2	AGACCTCAGCTCCTGTCAGCTCGATGGCCTTATACCTCCGTGCATAGCCAACTTGAGCTC[T/C]ATTGAGAGGCTTGATCTGTCGAACAATAGCTTTCACGGGCGTATACCAGCTGAGCTTAGC
rs0403	2	AGTTGCAAGTGTCAACGGAAATCCTACAAGATTCCTACCTTGGAATGCCTACTGAAATCA[A/G]CAGGGCAGTTTCAAACTCCTTCCAATTTCTCCCTGGCAGAATTTGGAAAAGAGTCAATGG
rs0404	2	ATGCTGCTTGTTGTTACTCTCGATATCGTATGGATCATAAGATGATCGCTGGATCATGTC[A/G]CTGCCGATGCTTTGGATGGTTGGTCGGAACGGAGACGGTGTGAGGAAGACATCTGATCCG
rs0405	2	CGTTGTCTCATTTGCTCAGCCACGTCATTTTCTAGCCGATTGAGGGCACAGTGTGTGAAA[T/C]TTGGAATGAACTCAAACTAATGAAATAAAGAATTTTAACTAATTCGGATCTTTACAAAAG
rs0406	2	TAGTAGGTATCTGGTAAGGATGGTAAAAGAGGTAGCCCTGGCGGGGGCTTGGTAGTCAAC[T/C]ACATCCCTTGGTTTCACACCCCCTTGTTAGGGCAAACAAAGGGCAAAGTGACGAGCGCCA
rs0407	2	AGTTGCATTTTCGACACAACTATATCTCCCTAGACGTACGTAGTTAGAGCATATCCACCA[A/G]CATTGTCGACTGGTGAGCATCCTCTCAGCCGCTGTTGATCATGTGCAATTCTTTACTCAT
rs0408	2	TAGTGGCGCTCATTGGGGAGGCGAGCGTTCGATCTAGCGTTACCTCGAAATGGCCTTATC[A/G]TAGGTGGTCCTCCTGAAGGCCTCGCCTATAATTCTATAGGGAAGTCGTCTATGAAAAGGT
rs0409	2	CCTAAGGAGCTTGGACGCATGCCCTTCTTGAAATCTATGTGAGTTGTGGTTGCACGATGA[T/C]TACAAGCACCTGGAGCTTGCTGGGCTGAAAGTGTATACTAAAATATGGCAACATATCCTA
rs0410	2	ACCTCAAAGGGTTTGTGATGTTTGCGGGGTACGTCTAGAGAGTATTCAACCTTACTTGAT[A/G]AATCGGATCAGTCGTGCTTCACAACCTCCAACTCATGATGTCACTGATCTGAGTACATTG
rs0411	2	TGTATATTCGTGAATAACTTCTTTTGGTGGTGATGGTGATGGTTGGGAGAATATGTGTAA[A/C]AGGACAGTTCATGGTTACACAAAGAGTCAAATAAACATGTAATTCTGTCTTAGAATCTCT
rs0412	2	TGCATGGTTATTGTGCCATGGTTGCCAGCATGCAATTGCATAGACATAACTTGCCTTTGC[T/C]CCTCAACCTCCGGCTCAATGCTTGCTTTCCCTTTCTTCTTACCTATCCTAAGTTCGTCAG
rs0413	2	GGGGTCCAAACAAAAACAAAAGCTGGCCGTTTTTCGGCGACATGGCCAATGCATCATCTA[T/C]TAGCAGCTAATCTGAACAAACTTTCTTCCTGTAATAATCTAATCGTTGGAGATATAATCA
rs0414	2	GTAGAAAAATGAGAGGAAAACCACACATATCAATGGCGTGAGTAGCGACTTCAGTTGAGT[T/C]GAAAGATCAAACTGGGACATTTCAGTGGTTACCGCTGGCCAACATGCTTGGAACGCAGAA
rs0415	2	ATCATTTGAGCACCCAACTGACACGCTCCTTCTTGGGCAGTCACTGAGGCAAGGGAAGAG[A/G]CTTACTTCAGATTCCTTGGCAACAAACTGGACTCAAGGTCAGTTCTATCTCACTGTACTT
rs0416	2	TCCTTCAAACGGGCAGCAGCGCGCTGCACTGCACACACACAAAAACTGACAGGGTGCCCT[A/C]AAAAAGCGAGTAGAATTTGTAGGGGAGCGCTGCGGTGACATGATAACATCATGGGGGTAG
rs0417	2	CAATTATGTAAATCGCTCCTCCGTCCTCACCATTTCTTTTCCTAGGATCTGACTAAGCAT[A/C]GCCCTTAAAATTGAAATTTGATTATGAATGGCTCTAAATGCATACCGTATGATCTAAAAG
rs0418	2	TGATAATTTGTTATAATTTTAGCTTATACTATTTTATCTGATAATAAAATTGGTCAATAA[T/G]TTGCTTGTTTTTCATGGCTGACAAGGTGTGTCAAAATTTGGACACAGATATTTGCAACAA
rs0419	2	TTCCTAAAAACTTGCATACAAACCATAGTCTCTTTTGGGACTCATTGTGCAGCAATGTTC[T/C]TGCATTGTTTTTTAGACCAGTCCTAGAAAACTAGATGTACAAATCAATGGACCCCAAAAT
rs0420	2	AGACAACCAACTATGTGGTGTTCTAAATATTAGCCCTTTGGCTCCTTGATTATACTGTCT[A/G]TCCATTGATAGGATGCGCAACACATTGGCTGATATTTCCGTGGCACAATTTGTTATGTAC
rs0421	2	GGGATGGGAGAATTGATGTGGATGTATTGTTTGGACCCCAATTACATTTGTCCAGAAAAG[T/G]TGGTTGCTTTCAGCAGTTTTGTGTATTCTTGCAAAATGCAGCTAATCTAGTTTATGCTAA
rs0422	2	GTATCTCTCTAGGATCATCAATCGATGCTTAATTAATCAGAACTACCATGATGGCATGAT[A/G]TACGACAATCACTTCTCATGTCAGTTATTACGGAGTCACACCGGCGGCAACGTGTCAGCC

表 C.1（续）

序号	染色体	序列
rs0423	2	TATATTTATTCATATATAAGCCATCAGTCATCACTAATCGTTGCAAGTCTGTAATCCCTG[T/C]GAACGTGAAGATTTAAGTGCAATTCGTTTTATGGCTAATCACTCTAGGTAGAATTTAAAA
rs0424	2	TAGTGACCACAGGCTGTCTGACTGTCAGTTTTGCAAGGGGGAATCAGAAAAACTGACCTT[A/G]ACTGCATAGAGGGCCCATGATCGTTCTTGTGCTGGGATTAGATGGGCCAGCACTACCTGT
rs0425	2	AAAGGTCCTTTCTGTCTTTCTCGTGGTCAGGCTGTGGTTGTGCTGTGCATGAGTAGGAAC[T/G]AGGAAGCCAGCATTTTTCAAGTTATCAGGTCATAGGGAAGGATTTCGATGTTTTTTAAGT
rs0426	2	TAATTTAATATGCGACAAAATAGGCATTAATTCAACGGTATTTTAATCTTTCTGCCACCC[A/G]CGATTTAAGGAAATATGTTGCGTCTTATTTTTCTTGGATTGTTTCATAACTGTTACTTGC
rs0427	2	TGTGTGTGTGTATGGTGCGTGACAAGTGGATGGGCGTCCATGGCGACCATCACGTATGCT[A/G]GTTTGTTTATTTATATATGCGCGGATTACTTGCGGATCGAGTTGAAGGTATACCAACAAG
rs0428	2	AATCACACCACTGCAAATGCAAAGGAATAAATGTATGTTAAAAGTGAACTCCAAACATTG[T/C]GGCAAGCCAGTAATTACCACTTGAAAAACATCATCTAGGCGATTTATGCAGCTTAATGCT
rs0429	2	TGCAGGAAGAAGAATGCGCAGATGATTGATCGCAATGATATGATGGCTAGTACGAAAATC[A/G]CACGGATTTTTAATTCTGCCTTTCGTACCGCCATCTCACGTGGGAAGATGCTTCCCCCCA
rs0430	2	GTCGTTAACCTCTCGATCAGCATGCATGGATGCAGCTTGCATTGCATATATATAGCTCCA[A/G]TGCATTGCTGCAACTCTGCAACTCCAAGCTATCTAATCTACTAGCTAGCCCTTCTCTCTC
rs0431	2	AAATAAGTAAATTAAACGTAGGGATGCAAAGCTACTGCTACTACTACTACTAGTAGTACC[A/G]AACATGCTCTTGTACATGCATCGATTGCGTCAAACAATGCTAATCAAATCAAGCACACAA
rs0432	2	CTTGTTGATCACTAACTGAATTTAGAATCGATAGTAGTAGAATATTTCCAGAAAATAAGC[T/C]GCAATTTTGCCGCGATGGAATGACCTAACATAACGCGATGTGTTAAAGTGCTTTATCTCG
rs0433	2	AATTGGGAAATGGCCTTGGGATGACCGACGGTAACAACTTTCTCTTTCAACCTTAGGATC[A/G]AGATCCAATGTTCTAAAATAATTAGGGTGATATGGCTAAACGACGGAATAGAAAAATATT
rs0434	2	ACAAGACGATCTCTCTAAAACAAAAGGAGAATCCAACTTCTTCTTGCAAATATTGTGCGA[A/C]GATGGTATTGAAAGTGGTGCCAACAAACACAGAAAAGACAAGGAAGTCCACCTCAGCAAA
rs0435	2	CAGAACTGTCTAACCTACAGCTATCAAATATAACTATGGATCTCCCTAAAAAAATAACTA[T/C]GGATCAATAGCCGCCAGCCGCCAAAACAGTTAAATAGACATTTTTCCGTAGATGGTCAAG
rs0436	2	ACTATACCACATAAACTCTGTTCTTTGCATACACTCATGCAGAAAATAATGCATAATATC[T/C]GGTTTGTTGCCTAGAATATGGTTCTAAATGACCTGACAGAACAAGAAATCAAAAGATAAC
rs0437	2	GCCAGAACAACTGTAGTCTAAAAAAACATAAACAGCCAAACCACAATCCCACAATACTTG[A/G]TGCAAAACATCCAGACCTACCACTAAACTGTCTAAGCTCAACACTGAAGTAGGATAGGAC
rs0438	2	CATGTTTTCGTTCGTCAACATGCTAATTTTTCGTCCGTGCATATGAGCACATCCGATTTC[A/G]CAAAACAAAAAATCCTATCTGGATTGCCCCAGAGCCCCACCAACGCAAATAAAAAGGATA
rs0439	2	GAAGGCTAACATTCAGCATCATCGCAGAGTACACAAGGGTATCAACATCATACAAGATCC[A/C]GGAGGGTGCAGAATACCGTAATTAAATGTTAAATGTTATCTCTTTTAATTGTTCAAGAGT
rs0440	2	ATAAAAAATCTAAGGACACCCCTAAACAAATAAGGCTAAGTTCGAATGTGAGTTTTGGGG[T/C]GAGCTTTTTCTGGCATGGGAAACGAGGCAAGCAATTAGTGTACGATTAATTAAGTATTAA
rs0441	2	CACTAATAGATTCACACGTGTGTATCATGAGTCCTAGGGGTGAGTAACCGCATGCAAGAT[A/G]TGTACATACATGCATGCATGTGACAACATAACCGGCTTATTTCGATGACATTAAAAATTT
rs0442	2	ATTAATTAGTCATTTAGAAAGTACCTCCTTTTCCTCCTCCGTTTCCTTCTGGATCTTCAC[T/C]TCATCCATTAACATGTGTTCATAATGCCTGATCACATGAACCTTAGGTTGGTTGGAGTTC
rs0443	2	CAGGGAGATCGGCACCGGCGAAGTGGGAAACCAGCCATTGAAGGCAGAGAGGAAACAGGC[A/G]TCTCCCACGGTGATTAAAGGCTCGATCGAATGCAATTCAAGAGGGGAAATAATGCCCACA
rs0444	2	CGGGTTGGAATTTAAATTATTCATGGATTTCCTGCGGAGTCTCAGTATATTTGGGGATTC[T/C]GCTCCTCGAGAGTCGTTCCAGGAATTGATTGAAATCATTCAAGCACAAGCTGATCTTGAT
rs0445	2	CAGAGATAGTACTATTACTCTCTCTATAGTAAAATATAGCTATTTTTGGCTACCAAATTC[A/G]TAACAATAATAACTACATGCCTGTTCAACATCTAGGCTATGGCTACACGCTGCTGATTTT
rs0446	2	TTCTGACTATTGAATTAACTGTAGAATGATGGGACACTCGTGTTCTGAACCTTTCAAGAA[A/C]TACCAAATATTGGTGATAGAATATTAAGCAGCACTCTATTGTTGAACTAAATAAATGTTC
rs0447	2	ACCCGTTGCAACACACGGATACGATGCTAGTTAGCTCAAACAAATGAGTTGGTGTTGTGC[T/C]CTTGGTATACTAACACTCCAAACACTTGAACATTTCAGGTATCTAATGGCTGGGGTCATA
rs0448	2	ATCGGAATTGACAAATTAGGAGGCCTATAGGCAAAGTAGAACTGGTTAGTCGAAGCCAAA[A/G]CCATATTCCATGGCTATGATTATGAATGGTCGGTAGTTACCCACACTCTTCTATGGCAGT
rs0449	2	GCCCACATTTATCTTAGGGTATCTCTCCCCTTATTAAAAGAAGAGTGTAGAGACATAAAG[T/G]ATTAAATGACTCAAAACTCTAAGTATAAGGAGTCTGGGTCCCGGCCTATTATGAGACCCG
rs0450	2	CTGACCTCGATGGCCATGGTGACAGTAGGCTTGGGTGGGTCGGGTATATCGCTTATTAAC[A/G]GCAACCTATGGCCAAAAGGATAGAGGTGTCCTTCATTTTCTATTTTCTTTCCATGAACCA
rs0451	2	TTTGATCAAATAAAGATATCGTAAAAAGATCTTTTTCTTACATATGTTGGACAATGCCTT[A/C]TCCATTGAGAACAGGTAATCCCTGTTATTCCCATTGGGGCCATTGGCTGTAGCAATTTGC
rs0452	2	AGCTTTCTGATACGTGTCATAATTTGTGCACAGGTATGGGAGAATTGGACTAGGGGCACA[A/G]TAACAGAGATAGTGGATCCATCATTGCGCTGTAGAAGTGCCGAAAGCGAGATTCTCAAGT
rs0453	2	TCCTATACAGTCCCTCTGGTCACAGGTAAGTGATGTTTTGGACATCAAGAAGGTAAAATG[A/C]AACTTTGACTGCTAACTTATATTGTATACCCTCTGTTCCATATCATAAGGTGTTTAGTTT
rs0454	2	AACAGTTTTTCTTTCGATTTATCCGTATTTACAATTAAATCATTTTAATTTTAATAATTA[T/C]TTTGTTTGGGTTTGAATATACTCATTTCATCCAAACGACCCGCTCTTTTTCATGGTTGTT
rs0455	2	GCTTCCTTCAAAACAAGATGTTCCAATTCCATATTGTGGTTATGTTCAAACTTCAAACAC[A/G]ACTGTGCTCCTTGCAAATAACAAAGGCACTGATAATTATATTGCCGTGAAACTTTTCCTT
rs0456	2	AATAAAATCTGCCACCCTAGATAACATCATGCCTAGCTAGTAGATAGAATTGTCTATTGT[T/C]GTGAAATGAGATGTTTATTGTGCAAGATACTATTTGGTGGTTTTCCATATCAGTGAAATT
rs0457	2	AGTTTCCAGTTGCTCTCATCATGCCTTTTCCGTGCTGCTGCTTCTATACCTGCTCTGAGA[A/G]CTAAGACTTCATAGTGGAAAGCGTCCATGAGATGTGTGATTCTTCCGGCTCCAGATTCAA
rs0458	2	ATGGGAGTTAATGCAAAAGCAACCTGAGGTTGAACATCACTGTCTACAAGTTCAATATAT[A/G]AAATGTTTTCTTCATTAGACTATTTTGGATTGTAGGTATAGGTTCATAGGTTCTCATTCC
rs0459	2	TGGCGCGTGTAAGTGGTTTTTGTTTCTCTTGTCACATGCAGGAATCTCAGCTACTCCGTT[T/C]TTTTTGAAGCAGAATAAAATCATGAATTTATATGTTAATTAATGTGGATTGCACGATAGT
rs0460	2	GAAGTAGTTTTTGTATTGGTAATAAATAGCAGGAGACATAAATCTGTACCGATCAAGGAG[T/G]AGTTGAAAAACAGGGCTTTGATATTTGTGTGGTGACCACTGACCAACCACAATGTTTGGA
rs0461	2	ATGTGCAAATTTCCTTTACTGAGTTGCAACGGATTTAAGCTCATTGAACATCGAAGCTGA[T/C]GTGTGCTTTTGATGTTTGTAATCTACTCCCTCCACTTTATATTATAACTTTTTCCTAAGT
rs0462	2	TATTCTTCTTGTCCCTTGGTCAAACCCCTACCAGCAGACTGATTTGGAGTAAATTACCGA[T/C]AAATGGTGGTAGGGGAATCTTCGATCTGGTTGCCTCATCGTTATTTTCATTTTAAAGGAG
rs0463	2	TAGTCAAATAAGCGTGCATGTGTCTGTTATCTTTGGAGATAGAGAATCCCGGATATCGAT[A/C]TTATCGAGTTCAGAAGCGTACAGGGTGTGTGTTGTGTTGTTAACTTGGTACTAGTGGCCA
rs0464	2	GGCTGAATTAACCAGGAAAGGGAGCACAATGGACAAGGCTCAAATATATGAATGGAGGAG[T/C]TACCACTAGCTAGGTGAAAAAACATGCATGTACAACGAGTAATGCATGAGTCAAGCTACC
rs0465	2	ATATATTCGTCGCCGCTAAAGCATGAACTGCTGAAGCTAAGCTATAGCCCCTCATGCATC[T/C]GAGCGACCTTCACCAACCTCATACCCATCCATCCATGCATTGTACGTAATGTCCGGCCAT

表 C.1（续）

序号	染色体	序列
rs0466	2	TGTTTTTTGTGCCTAGCTTTGGTCGGAGGTGTTTGAATTGTTGGGGAATTTTGAGCTTTT[T/G]CTGTGATCTGAGCTTCAAATTTCGGTGGGGTTAACTTGGCCTGGGCACCTCGGAATTTC
rs0467	2	GAACATAAATCTCAATCAATACAAAGTAACTTACAATGATTTTGCAAATAAGACAGAACA[A/G]GATCCAATAGCACCAGATACAATAGCATAAGAAAATGGCAACAATGTCCGCCAATGTGAG
rs0468	2	TTGGAAGTTGCAATAGATATGAGATTTTGGAGTTTCATCTTCTTGCCCCCAAGAGACCAT[T/G]TGCGCAATCAGTAACTACTAATAGTGCTTCATTTGCTAAAGTAGTAGTACTAGATTTTAT
rs0469	2	ACTGATCAGCTTGTGAAGATCGATGTTGAAGGGTTTAGGCTTCAGAACCCCTGTGCCCTG[A/C]ATCATCAGGAATTCAGGATACTAGACTTTTAGACACTACTAATTAATTCTGATGAGATCC
rs0470	2	GTACGCAACGCCGGCTAGGCCAGAGACGCGAGTACGTGACCCAGAAACGCAAACTTCAAA[A/G]CGAAATCTTCAGTTATCGAATTGATCTGAACTCTTCAAAGCTTCAGCTAGCCTGCAATTT
rs0471	2	TCTTTTCTGTAGATAATTTTGCACTAGTAAACTAACTACTCTTTGTTGACCTACAGTTCC[T/C]GGAGTGATTGGCTGCCTGCAAGCTCTAGAGGCTATAAAGGTTGCTACTGATGTTGGTGAA
rs0472	2	TTATAACAATTCATTGGTAGTGAATCCTCTTGTGCTATTTTGCTTCAAACTGCATGCTCG[T/C]CAACCTTTAACATCTACTTCCTGTGTTCTCAAATAACACAGCACTGACTACTTCAGTTCA
rs0473	2	CAGGGTGAATGAATGGAAAACAAAAAGCATAACCATACTACTGCTGCTACTGCTACTTCT[T/G]AATGCCATAGTGCGCATATTCAGGAGTTAACAAGCCTCCTGAATATCAAATAACTATAGC
rs0474	2	GAAACTGAGAGCGTGGATTTGTTAAATGGAATTCGGGCGCCTAATCAAGCGGAGTTTGTC[A/G]ATTCTTTTGCTCCGCCGTGTACTTTGCCGGAAGTTACGTTTGCACGTACAGGGAGACCGT
rs0475	2	CTTATTATGCTAAAGTATTGCGAGCCACGCATTTTGCTAACAAATTGTTGATCACACTTT[A/G]GATAAGAGTTGTTAAAATTATAAGTATTACACACATGTGGTCTGAAGCTAAAAAATCGTG
rs0476	2	CAAAACGATGAAAACTCAGCTTCTCCCTTAAGATCCACCACTGGTGGCGAAGGAGGCTTG[T/C]ATTCTTATGGTTGCCTCACCTAAGATGAATATGACGGCCGGTGGAATCTCCTAAGAAGAA
rs0477	2	ATAATACTCCTAGTCAATTCTTTCTAGGAGAATATATGATTGTTTTAATATGCTGTCAAT[T/G]ACTTACTCATTCATTCTTTGAATTATCCATTCATGCTGTTCTTTCTGCCACTAGTGCATA
rs0478	2	GATTTAGACCGCCGTACATACATGTATTCTCCTCATCTAGGTAGACTGAGGAGTTGTGGA[A/C]TACTCTTCCATGCCCTACTGATCACCGTGCAACGTGCATGGCCAAGGAAATCGTAACAGT
rs0479	2	AGTATTGATTTCTTGTCATCCTGGAAAGTTTGAAATGGCTATAGTTTTCTGTATCGAGAG[T/C]GGACCACCAATTAAGCTTTCCCCAATGGTTAACCGCAAATGAAATGGAATTAATTTCTTT
rs0480	2	CCTTGCTCCTTTCTGTCTTTTTGGTATTCTTTTTTCTCCTTTCTTTGATGTGCTACCTTG[A/C]CAGTAAAAGAAGAGCAAATTAAAGGGGAAAGGGTTCATTTGGTCTCATAGTTAATTTGGT
rs0481	2	ATACAGTTTCGTTTTTTAATTTTAAGTTTCGTCCTTTGGTTCATGACCAAACCTATCGTC[A/G]GCACCAGCTGCTAATATAAGCGTGATGAATCATTCGACCTACCAAATGAGCATTTAGTAC
rs0482	2	CAGCTATAATATCAGAAAATGCTCTGAGTCTTCTTTAGATGTCTTAACTCTTAATGATTG[T/C]GAGTAGTGCTGTAATGCACTAGTTTGAGAGTTGAGTTATTTTTCCGTATCACTCTGTTGG
rs0483	2	CTCTAATTGAGCTACTACTCCATTATTGTGAGCTTAATTAAGCGTGGTTATCTATACCAC[A/G]TGAGTGACAGGAAAGCTCTGATAGTCGTGGTGCCTGTGCACACGCACGCCGGCGTGCGTG
rs0484	2	CCCCAAATCTTGTCTTATCTTAGTTCGGTGGACACCACAACCCAACCCAGAAGATCAACG[A/G]CAGTTTAGCTCTTCTTCGTCGGTCCTCTGCGCAGGTGACCACCGGAGCGAGGCGGCCAAG
rs0485	2	CTAGTCACAACAGTTGGGGCAAAGTTACAGGGCATCCAGCAAGTATAGTCCACACTAGTG[T/C]GGCATCCATCGTGTGAATATGCTCCTTAGGATCGAGAGGCGTCGGAAATTTACAGAAGAG
rs0486	2	GTCCCTGCTATACCGATGGAAATAATATCATTTTAGCTAATGGAGAAAGATTTCAGTAGC[A/G]AAACAAAGTAGGACGTACACCTTTGAAACTCAAAACGCGTTTAGTTGGTGGATCATGGGT
rs0487	2	GGAAGTCGCATAACAAAATGGCACAATAACTTAATGAAACGGCTCAAAATACTAATAACC[A/G]TAAGAGAGTGCGAAGAAGGAAGGTGAGATCTTAGACGCATAAGAGGAGCTATATATGTAA
rs0488	2	CACCGTAACGTTGTTTTCGATAAGAATATACATGCCACACGTGCTGCTAAGTGCTATGTC[T/G]AATAAGTCATCTCTCGACTAGGTCAGATAATTTGTTCGCTCAGAGGAGATCCAACCAATA
rs0489	2	GCAATCCCCGCATTCCAATTCTTGAAGAGCTGAGAGCCCTCAAAGACCATATACATACAT[T/G]CTGCACAGCCAGACCTCTTTTTTGTACCATCGATGTTGTAGATTTCTGTCCTTGCGGTTC
rs0490	2	GATATGAACCTTGGTTTCCACATTAATGACACAAAACATGATATGCAAAAAAATGGACTT[T/C]ACTTCTTGTACAGGGTAAAGTCCATTTTTTCCCTTAGACTTTGCTCAAAGTCCAATTTTC
rs0491	2	AAGATCCAGACACTGGTGTGGTGTTCAGTGCTTTCTTAGTTTCTGATAAATGCACTCCAG[T/C]GGATTGTCCCAGAGGATTAACCCCAGCGACTTCTGAAACATTATGAACTTGTTCAGTTGC
rs0492	2	ATAATATAGTTGGGTTTTCACCAGACTCTGTTTTGGATATAGCTTCTGTTACATGTGAAA[T/G]CAACACTTCTGCAACCCTTGATGTTATAGTGCATGAAAACCCATCTTGTCCTGGTGGATT
rs0493	2	ATGACTAATGCATGTACGAGGGGGAGTTGTTAATTTGCCCACTCATCACTTCAGATGCAT[A/G]TTATTACTTTTTAAAATAACTAAACAGTCATGATGAAGTTTAATATATATGTAAGTGAAT
rs0494	2	GAAACAGTGGCACCTACAAAGAAAAGGGACCGTGTGTTTATAAATACTGTAGCATCTCTT[T/C]AATTAGCTGCGGCCTGAATCCTGATCACACTACTACAGTTTTGCTTTTACCTAATTAACC
rs0495	2	TCTCAACATCCAAGCACAAATTTGCGGCGGTAATTGCACGAACAGTCTCTAGACGCAGCA[A/C]AAAACCGTACACAAGTATAGATAGGGGGAGGAAAGCAGTTTGACAGACAGGTGGCGTAGC
rs0496	2	GAAATTTGATCAGTACACGTCGTGATCAATTAATCAACATATAGCAACAAAGAGCAAAAT[A/G]GTGGTTTAATTTGAACCGTTCATTGGTTAACTCATGGTTGGTGCAAATTAGCTAGCTCAC
rs0497	2	TGTTGGATGTAGCACTGCACAGCCATCGAAGCAGTTAGTATTTATACGAAATTTAAAAAG[T/C]ATTTCAAGTTTCGATATACACATATATGGGAACATATGAAAACACGTGTTCTGCGGTGAT
rs0498	2	AAACGAAGCAGAGTTTTACCCTGGTTTCGACGGTTAGTTTGATGGTGTTAATTTAAGGGC[A/G]AAAAGATAGTTATACTTATACCCACACACCTAGCCGTGCCACTTTCTTCTTGGAGCTGTT
rs0499	2	GTCGCTTCTGCTGTCACGTACGCAGCGCAGCGCGGCGCACAGGCAATGCCAGAAAACAGC[A/G]GTAAAGCAGAGCGATTTTATAGCAGAGGGATTAGAAGGTTTCAGACTTTCAGTGCAGTGA
rs0500	2	TAATTGCCTCATAGTCGCAGAAACTGCTTGGGAGAATCTACACTGAGATAGCAACCAATA[A/C]AAAAACTGTACAGAACAGGCAAAGAAAATGAGCATATTTACATCCATCAAACGCTAGCAG
rs0501	2	TTCCAACAGCAAGGGCATAGCCGCATATAGCAATTCAGATAGTGAACCAACTTCTGGCTG[A/C]AGTGAAATACCAGCTCTGATAAATAATAAACTATATTTTGACGTTTATGATATGATTTGA
rs0502	2	CAAAGGAATTAGATGAAGAGATATACCTTGGCCGCCACCCTCCTCAGCAGTAACCTCAGA[A/C]GCGACGGCCCATGGAACACTGAACAACACCTGCAAAGATCATTGCAGCAAACAGTAATAA
rs0503	2	CATCTGTCACTGTAGTAACCGACGATGGGTTGCACCTGACGGTAGAAATAAATGAGCACA[T/C]TTATCTCATATACTACTTACCTATTTTTCATCAAATTTTGCATTTATTTTATGACTTGGA
rs0504	2	AAAAAAAAAGAAACAAACCATGCCTCGTGCCTACAACATGAACGACCACTGTTGGGGAAC[A/G]ACAAGGAGCATGACAACTCGATCGGCGCACTCAACTCTATTCATACCATTGGGTTGGAGA
rs0505	2	AAGTGCAGAAGATTGAAAGAACCATAAAGGGTTTACAAGCTAATACAACATAGTTACTGA[A/G]TAGATAATGTGGATTGTGGAGAACAAATAGCAGATTTCACAAGTCGACAACAAACACCCT
rs0506	2	GATCAATCAGGGCATCTGAAAATCTGATCTGATCGTTCCCTTGAGATAGAGAGAGACGGT[A/G]TAGAGTGCGGCAAGTTGCAATTTTTATCCAAAATCAAGGCAGAACCCATTTGGATTTGAT
rs0507	2	ACTGGCTCACTGCATGACAACACAATACAACGACCGCGAACATAGTTACACAATCCACAA[A/G]TACTCAGCAAATATGCAAAAGCAGGATATGGTGTTACACTATTGCCTTACGCCAGTAATC
rs0508	2	AATGCTGAAATTTTGCAACCTGCAAACCGCAATCAAATTGTGTGGCCAGTTCTTTACCAA[T/C]CAGCTTGTATACATTTGTACAGTGCAGAGTTCGGCCCGTACTAGTCATTAGTACATGTGT

表 C.1（续）

序号	染色体	序列
rs0509	2	CACCTCACTGCAGTCCACAGGGGGAGTCTTCCTCCTCTTTGAGTCAGCCCTGTCAACCTC[A/G]ACGTGCGCCTCTGTGGCAATGGAAGCCAGCTTCTTTTCAATTGTCCTCCATCTTGATTCA
rs0510	2	GAAATTGGCGTGCGTATTCGCGTAACTACATATCTACATGTGCTGTTTGATCAATCTCAC[A/G]TTTCGGTTATGTGCGGTGATGAACTGATGATGTAGCTTATCTGAATTCTCATAGCAATGG
rs0511	2	ACTATGCTAAAGCCTCTTGGGTACATGACTAAATTACTCCCAGTAAAGAACACTACATCA[T/G]TTGAATAACTCATCGGAACCATGAAAAGTAAGAACACACCATCTCTCCTAGCGGCGCACA
rs0512	2	ACTTTCATAAGACCTGACAAAAAATAGGAATCACCCTAACTAGCTAGCAAAGCATAACCA[T/C]GACAACAAAACTAACAGCCTTAAAACAAAACGCAGTTCACTGTACATTGGTAAAAACTCG
rs0513	2	TACGATTTTTTACATGTAATAATTTTTTTTGTTATTTCACTTAAAACTGGCTACATCCAT[T/G]TGTTGAAAATTCTGCAAAATTCGATGCTTCACCATGTTTTGTATCTGCTCTGTAATCCTG
rs0514	2	GATAATTTCTTGGCGGCCCTAGCATTTCTAGCCGCCATGGAAATTACTCATATTACACCC[T/C]AAATATATTCTTGATTGCCATGGTAGGTAGGGCCGCCAGGGAAAGACACAGTTTTGGACA
rs0515	2	AGTACATTCATTATTCAAAATTTCATTCTACCACTTCTGCAATAAAAATCGCATAAAACC[A/G]ATATCCCAACCATAATAACCACCAGTGCGTTAAACGCAAACATTATTCTGCAATAATTAA
rs0516	2	ATTCAACAAGGAAATGTCTCTAGACAAAGAAGATATTCGGAAAAATATGTGTTTGGCTTT[T/C]TGCATGGACCAAATTGGCTTCTGCCTAATTGTGTTTAATCAATGGAGTTTTTTAAATAAG
rs0517	2	AAGCGTAGTACGTGCTGACGAGTTGGAACTACTCCTATGGTAATGAACTACTCCTAGTTG[T/C]ATCCCCATCAACTTTGTTTGGACAAAGAGGGAGATAGCACTGTAACATCAAAACTCTCTG
rs0518	2	AGCTTATGGCTCCAATTCTGTAAAACAAGAACGTGACATAATAACTGCATCAGGTGTGAA[A/G]TGTAATGATGTACCACTTGGAACTCCAGATCATATCTTGGGAAAGAAAAATATGGACTTC
rs0519	2	TGGGAAAGAAGCTAACTACCAGATGTCAAAGATTATGCATGAAGATGCAAAACCCTTTTG[T/C]CTCCTTGGGCATAACTGAAAATATCCTGGTCCAAATTTTAAATTGGCCTTATGCAGTCGA
rs0520	2	AATTATGAGAGGTTTATGGTATTGACCACACATGTATCAATTTACATTGGAAGCTCCGTT[T/C]ACATAATCCTTTTCAGGGTGAAAATGTATTGTCGATGAAACAAAAAATGAACACAATGTG
rs0521	2	TCCTAACTAACAGGGAAAGAAGATATGCCATGCTAGTAAGCAAAGGGCAACGCTTGTGGT[T/G]TTTAATACCTTGTGCTTGTGATATGTCCTCTCTCTCTCTCTCTCTCTCTCTCTCTCTC
rs0522	2	CCGTCAAAACATCTTGCGTATTGGATTTGCATGGGAATCTGATTCGAGTCGATTGAGACT[T/G]CATTTGTTGCTATCAGGCAATGAATTGAGCACTTTGTACGCTGATTTGATTCTGTGTACG
rs0523	2	GCTCCACCCCTCGTTAGCTCACCAGCTCTCCCCCAAGAGCTGCTTACCTAACATACTTTT[A/G]CAACTCCACCATTGTCCATTGCCAAAGGCCTTCGATCTCGCCTCCCAGATCTGCCCCGCG
rs0524	2	CGGTGAAAAAAAATATATTTTGATCTAGGACTAGCAGTACGTATGTACTACTCTACGTAC[T/C]ACGATGACGCGACGGGGAACGGAGTGGACCATGCATGAAAAAAATCGATTTCGCGCGCGG
rs0525	2	ACGCCATCCGCGTCGTCCCCCACTTCCCCAAGCAAGGTCCGTCTCTCCCCTCTCGGTTCG[T/C]CAGTTTGCCATATGTGCAAATACCTAGTGGTATCTGAATATCTGCGCGCGCGGCGTGCAT
rs0526	2	GTGACACATCCAACTTCTGTTATTCTTCAGAAAGCTATCAATATCATATGATGTTATTCC[A/G]ATTGTAGGCGGTGCTGCTATTCTCATGCATGCTAGCTTTTCTGCTAAACTACACTATCTT
rs0527	2	CCGATTCATCGTCATCTACATCAGGGAGAAAAGAAGACTGCCCTCGGGTGCCAGGTAATG[T/C]TGATTCTGAAGTGGTGTCGTCCCATGATAAGGAACAAGCAACAGCCTCAATTGCTGAAGA
rs0528	2	GATTTTTTTTCTTAAAAGACATGATCCATTAGTCTCAATAAATGTGTGATATAGTACCAG[T/C]GATGAAACCAACAACATTTTTATCAGGACTACGTAGAAAAGCCTAAGCAACCGTCCACTG
rs0529	2	TACTGGTGTGTGGGGTAATCTTCACAGAACTAAGCTCCACAAGTGGATTTCCCTCTTGAG[T/C]GTCTTCCACAGAAGTTGAAATAACAGCACCACGTCCATCAGAAACAGCAAGACGACCAAA
rs0530	2	AAAGAGGGATCGATCTACCCAGCTACTACTCGAGCCACTGGCACTAGTGGACTAGTAGAG[T/C]GTGCATCTTGATCACAGTAAGGACAGGTAGAGAGTCAGCAGTGCTTCTCACGTCCGCGAG
rs0531	2	TCAAGGCAAAAACTCTACTCAACTTGCGGGTAAAAAAGCATTTGAAAAGAGCAAGACCCC[A/G]GATGAGAATTCACTTCACTTTGTAGGTAAAAGGGACAGCTCGTCTGAGAAAAGCAAGGCT
rs0532	2	GTCAAGGATTTGATTTCGAGCCTTTCGTGCAGGTTCCAAACTTTCACATATTATGTCCAA[T/C]GGTATTCCAGCAGGTTTTATATCCAGTTGAATAGCAGTAATACCTCTCCTTGTTCCTGCA
rs0533	2	TGTCAATGTCATAGAATAAAGGCGAATATATATGGGGACTTCCACTGTCAGAACAACTTA[T/C]TGCTGATAGTAGTAGCTTTGGGTGACTTTCAAGCCTGTATGCAGCACTACTCTAGCTAAT
rs0534	2	AATTGTATAAAACTCCGTTTTGTCAGGCGGGGAAACGCGGTTACTGGTATATATTGACGT[A/G]TCGTCGTTGCAGGCCGCCAAACCAGTAACGCTATCTCGGAGCGTGATCACGCACGGCGCC
rs0535	2	GTGCCAGAGAAATTTGGATTCCTCTATGGCTGAATTATTGAAGGTGTTTGAAAGCAAGGC[A/C]TTTCAAGACAATTTTCAAGGTATGACATTAGATTCAGTAGTTGTGTACAACAGGAGGAAG
rs0536	2	AAGCATCACTACATAATTAGCATTACTTGGATTCAAATCCAACAAGTTTCTTATAGCATG[T/C]TCGGCCAGTTCTAGGTGTCTGTGTATTCTACAGGCATTGAGTAATGACCCCCAAATGACT
rs0537	2	CTGCTCAAGTTGTCTAACTTTGCATGCACATGGAGAGATAATAATGCAGATTGGATGTCA[A/G]CTGCTCAAGTAGTATGAATTACTCATTTTCTGTTTTTCCTGTTGTTGCACTGCTGTGTCA
rs0538	2	AAGTCTTTTGGATTTTCTATTTTTCACGTTATGAAGATGCACGTAGGACTTCTGGTGCTC[A/G]CCATGATCAGAAGCATGAAGGTGTATCTGGTGCGCATGAAAGGAACAGGGCTGTTGCGTG
rs0539	2	ATTGGTGCCAACAGACCACCTCATGATGTCAATGATATCACAAAAGGTGAAGAACGTTTA[A/G]GGATTCCAATTATTAATGAATATGGCAATGGGATTCTTCCTCCTCCATTTCACTACATAC
rs0540	2	GTTGCCCGCAAAGCAGTATGCTTGGTTGCCCGTTCTTTGTTCCTTTTACCAATACCAAGT[A/G]ATGTAAAGAATTCTGGAATGTGAACTCTCTGCCATGATATAGCTCTAGCTCAATGCATTA
rs0541	2	TTGACTGAATCTTGTTCTAAACGCCAATCTCTTCATGCAGAAGATAATGCTACACCATAT[A/G]CTAGAAATACTTCACATAAGCAACATCGCCCTATGGTTAGAAAATTACTTCTAAAAAAAT
rs0542	2	TCAGGGAAAGCGGGGAAAGGGGATCCCGAAACCGAAAGGAGGGCAGGGCTGGATTGATTG[A/G]TTGATTTTGGCTTTTCAGTTAAAGGACAGAGCACGCAAAGCCACACAAGATGACTTGTGA
rs0543	2	GCCCCACCCCACGTCTGCAACGTGGAGGAATCTTGCTTGCACCAGAATCACGAGTTCACA[A/G]CGGATGGCGGAAGAGTAGGTGGTGATCAATGCATTTCTTTTTAATCACGCCGAACATACG
rs0544	2	GAGGACCTCTCACAGGATGGAAATTAAGTTCATATGGAAGACAGTGATGCCAAACTCGTC[A/G]CAGTCGACAGGGCCATAATCATGCACGATGGATATGCTCAGAGAGAGCAAACTAATTAGC
rs0545	2	ATGTGTGCTAGCTCAAGATTTGAGCTCTAGCTGAGATTAATTGCTGGTTGTAAAGTGATG[T/C]ACATTCAATGTCTAGCTATGAAAAGTCAAATGAGACACATATATTTCCTAGCTAGCCCCG
rs0546	2	GGGATGGGATTGTCTCTGGCAAAGAATATTTCTCTAAGATCTAAGTTGGCGTTATCCCTC[A/G]AAAACTAGCGGACCAATTCAACCTACTTTTCTCTCTATTGACATATGATCCATCCTTTAA
rs0547	2	ATAAGACGTGATCAAGCAGTGTATTGTGCAAGCTTCTTTTTTAGCCGAGACGCTTTCAAC[A/C]ACACTGTTATTTTACTGGTGTCATCATGCAAGTAAACTAGTTCTTGATCATCTCCAATAA
rs0548	2	CGGCCCAGGAGACTACTCCGTCGAAGTCGTAATGGGCCAATACTTGGTGGCCTTCTAATC[T/C]TCTCTCTCTCTCTTGGGCCTGATCTACGGGCCAGCGTCCACGTACGCGTCGGCCTGTGAG
rs0549	2	ATGGCGAGGTGGAGCTCGGTGAGGAGGTTGCCAAGAAGCTCATTGAGTTGGAGCCTCAGC[A/G]TGGCAGCCGGTACATCCTCCTGTCAAACATATATGCCACCTCGAACAGATGGGATGACAT
rs0550	2	TCAGCGAGAATTGCATTGTTCAGCTTGACGTCATACCTAAAACATTGGAGAAGCACGTCA[A/G]ATTGCCAACCGTGATGACACCATAATAAGCAACATAAATAATCATGTACTCCAGCATATC
rs0551	2	TTCCAGCTCCACACGACTGGTATGTTTTCAATTGGATCCGATGTAAGAAATTTATCATTG[A/G]CTTCCATTTGTTTAAGCATGTCTTGAGAGGACGTGCTCTTAAGTGTTCGAGTATGTAATT

表 C.1（续）

序号	染色体	序列
rs0552	2	AGCGACTCGGCAGAGGGATGAGTTGTGGTAACCGGAAGAGTGTTTTAGAGAGAAGGACGA[T/C]GACGCAGGCCACTTAATCATGTACAGGGAAGAGAAATGCATAATTATGTACAGCTAGCTA
rs0553	2	ATGGTCAAAAGTGGAAAACCCAATAGGTTTGTTACTACTACTAGTTTGGTCCTTGTTATG[T/C]CCAACGAACTAATTTGACAGCGACAACACAAACAAAGGGGTCAGCTAATCCACTATAGTT
rs0554	2	TCAAGACGAGCCTCCTGCATACAGCCAAAATTTAGGATCAGTGAGCAGAATTTCTGAAGT[A/C]ACGTCACTAGAAAGTGCAGACGACCAATTGTACAGGGTAGTTTACAAATTATCAATCTTC
rs0555	2	ATTATTTCTTACGGATCATCCAAATTTGTGGGCTAGCTGTCCATTTTATACCATGTTATG[T/C]TACTTTTATCTCTCTTAAGCCTTATTTGAGAAAAATAAAATAATGCATTATTGGCGTGGA
rs0556	2	AACATCTCCATTGCTCTCTTCATTGCTGCCCAGTAGTTCAGGCTTTATGATCTCAATTCT[T/C]TGTTGTGAATTCATATTCAGGTTTTTGGCATATCGCGAGAGATACAATGAGTTAGTATTG
rs0557	2	TACTTCGTGCTTGGGTTGTCAAAGTTTGTCGTCACTATCCATTCGCCTTGAGCTAAGAAC[A/G]TCAACTCGGGCTCCAGCACCCGCTCCTCCTCCATGAGCTTCACCTCTACATCAAGCTTGG
rs0558	2	TGGTGAGTACAAGGTCCATATGTGATGAAGAGCTCTTCCTGAACTACCGGTACAGCAACT[T/C]GAAGAAGCGACCAGAGTGGTATATCCCAGTTGATGAAGAAGAGGATAAGAGACGATGGAG
rs0559	2	AATACTCTGATAAAAAAAAGGGGTCAATTTTGGATGATCCAAACAGTATCTGAACTCGGA[T/C]TGCCATGCACGCAGCTGATGATGCTTACATCTTCCTGCTCAACTGGTTCAAGCGCTTCCC
rs0560	2	GCCTGCAACACAGCTCTTGAGTGACAGAATATAGAATAGCTCAAGTTACATCCAGAAAAT[T/C]AACCGTTCATGATGCCAGGCTGCCAGCTACTTATAGTGAAACATACCTCATTTGTTCCAT
rs0561	2	ATTTTCCAACACTCAAACATTGATCTCGGACTCCATTGGCTTGGTGTGACTTGTTGATAA[A/G]CTACAATTTTGTAACTAGTTCCCAAATTCTCCTAATGTATTTGTATTGAAGAACAGGTGA
rs0562	2	TGTACTCTCGCTATTGGTGGATCGCAGAAGTCCACAACCAACCCACATTTATGTATGTGA[A/C]CTGGCAATTTCAAAATCAGATGATAAGGGAGGATTCTTGCTTAATTGGCTGCAGGTATCA
rs0563	2	ACAACATCTTTTCAGTATGTGGATGTGTCAAACTCCCTCCAAGAAGTTATTATACACTCA[T/C]GCTTGATGCAAATAATTACCCCTGTTTTGTGCCTTTGTGGTTAGTAGTCCTGTACTCTAG
rs0564	2	TGTGAGGCGATGAGCTTTTAGGCGAGTATAAAATCTCCACGACATTCGTACGTGGCGTCA[A/G]TCAGATCAGTAATTTCAATAGGAGCACTTGGAAAGGCTTAAATTGCTTAATCATACTACC
rs0565	2	AGTCCTGGGGCTCCGGAAGAAGATGACAAGGTGAGAGCACTGGCAGAGTATGTAGTGGTG[A/G]GCTCCGGGACCACCTCGATCATTTTCCATCGCAGATTTGGAGCTCGGGCACTCCACGCTG
rs0566	2	CATTCCATTTCCATGTAGTTGAATTTGCAATGGTTTCATTTTCTCACCTGTGTTGCTAAC[A/G]CTTTTTCGGTTAAATCTATTATGTAAACTCTTAGCAGTGACACCGGTAACTTTAACAAAA
rs0567	2	TCCATGTTGTGGAAACAATCATTCCTGGATTATAGCTCTTTGGTTTGCTGGGTGAAATCA[A/G]CCTTCACAAGTTTGGTTTAGAACAATCCGAAATTCCTAAAAGTCAAACTTTCCAAATCTC
rs0568	2	CACAAATGGTTACAGTAACATGATCAGCGTTCGAGGTTATCGTAAGCATTGATTGAAAGC[T/G]GGAAAAAACGGGTACAGAGAAGAGAAAGAAAAGTGTACAGTTACAGGCTTACAGCTCAGA
rs0569	2	ATGCGGGTTCTCCATGTTTCTCGCATTACAACATTGGACGGGCCAAAAATTGGCGTTGGC[T/C]ATGTGGGCTACCAGCCTATGAATAAGTTCATTTGAGGTTACTTAACTTGACGACGAGTTC
rs0570	2	TAGCAAAATAGCATAAAGAGTCAAGAAAGGTGCAACGAAAAGATGTTGATGGCAGATGTT[A/G]GTTGAACCGTTGAACAAACCTGTTAATTTAATTAGTGAATGTACACTGACGGACTGACCT
rs0571	2	CCGTAATTCCGGTCACAACTCACAAAACATCGAAACAGGGAGAGGGGGTATTTTGCAAAA[T/C]CTATAGGGGGTATTCTGCAGAAATTTGGATCGCTGCCATTAATATCGATCGGAAGGAGGG
rs0572	2	GGGATAGCGAAAGATAGGCAGATAGCACGTGATAAAAATGTGTCCCGTATCAAACAAAAA[T/C]CAATTCCTATGGAAGAAAAAAGAGAGAGAGAAAACTCCCACGTTGAAAAAGACCTCAAGT
rs0573	2	AATGAAGGGTTCATCAGGCAATCAAAGTCCTACTACATCACTGTTAAAATACTGTCCTCC[A/G]AAGACTGTCATCCTGGGGTTCAGTAAGGGTGGAGTTGTTGTCAACCAGCTCGTGACAGAA
rs0574	2	TACCCATTGACCCACTTTAGTTCAACTGAATCAACTAAAAATGAACTCATCTGACTATTA[A/G]TTCAGCTAGCTTGGGTAAATGGATATCCATGTATTGACCTACTCCCTTCCTAAATTAAGA
rs0575	2	ACTAGCATTCAATTTCTTATTTGAAACGTGCCGCTGGTTGCATGGATTAAAAATAAATCT[T/C]AAAATTCAACTAGCAACCAATTGCCTGCCCCAGATTTACCGGAAAGGGATACCCACATGT
rs0576	2	GATCGAGTAGATTGCCTATGTCACATCTTATGATATCGACTGCTAGCCAGTACTTGTTGA[T/C]AAACAAAATTTGAACACGTCTGCCTTTTTTTCCCAGCTTCCGGAGTTTCAGAGAATACTC
rs0577	2	AGGATTTCCCTTCTCTCTCAGAGACTCGGATTGGTGATGGCCCGGCGCTGAATTGCTCTG[A/C]AATCTGCCGAAAGCATCGATCTTTGTCTCCGAAAGATCAGGGATTGGGCCCTCGTATCCC
rs0578	2	CAACCGTTAGCCCCATTGTGATCTCACCCAGTTGCTAGCCTCTTTTGTCACCTTGTCACA[A/G]CTCTCCTCCATTCATTACACAATGGCATCAGCCTTCTAATCCTCGTTGTGTAGCAATCTT
rs0579	2	CCAAACCGACAAAACCCTAACGATACACACTAGTGTGGCTAGAAAGGCAGGTGCGTTCCC[A/C]CTTGTGCAATACGCGTGCCTTCGCATGTGTGGAGAGACAAAAGTTGAGGGGGAAATGGGA
rs0580	2	GCACATGTACACAAGTATACACACAGCTGAAAAACCCATGCTGATCACACAAAGCACAAG[T/G]GTCAAGTAAGTTACACGGATCAATGTCTCAGCAACTGATGAACTGAATAGAGCACACGAC
rs0581	2	ATGCCCATGACATGAGGCCAGGATCGACTACACCAGAATCACATCATGTCATTAGCAGCG[A/G]AGTCTTCACGTGCTACGGTGCTAGGATGCTGCTATCTACTGGAGTCTGGAGTAGGATGGT
rs0582	2	CATGCTTATATGAACTAACTTAATCAAGTTGAAACTGAGCTTTTCTAGTGAAACAACGAT[T/G]AAGTTTGGATGATACCATAATTCTATCCCTATCGATTGGATTAGACTCCCCTAACTTTGT
rs0583	2	CATTTATGCCTTACGTATTGATCCTTCATCGACATTTTCTCATCCTGTCAATCTTACTGA[T/C]GTCAATAAGCACAGTATGCAACATCTGCTAGATCTTCACAAACATCCACCATACATAACG
rs0584	2	ATCTGATCCACTGATTCCAAACTCTTCCAGCTTCAAAGCCTACGTATGTACAGAAATACA[A/C]TATAAGCAGGCAAAATGAATCAAATACAACATGCTAGATTTTTGTTCACAGTGATTGAAA
rs0585	2	TCTCAGGCAAGCTGAAGCGAGGTGCAGGTCGCCAGGTCCTAGACTTCCTAGACTTTAGTC[T/C]AGCCAGTTTGTCTGGGCAGTAGCGACAACCAATCTAAAGAAGTGCAACGCCAGTGTACGA
rs0586	2	TTGCTCGCTTGTTTTTTCTCCATCTCCATCTCCAATTCATGCCGATGGAGCTGCAAATTT[T/C]GTTGAAGATCAGCACGCTCTCTCTTTAGCAATTCCTCATTTTCCAAACGCTGATGGTCTA
rs0587	2	TGATTTACGGTTCAAAATGAAATCACGAGGCACACTAATATTTTTTTTCACTCAATTTCA[T/C]TGCTTCCACTTCTCATCGACTGATAGCATGCCATGAAAAACCGCACATTGCATTTGGTGA
rs0588	2	TGTGGAAGAGCTCAACTTGATACATCGATCAATCATGTCTTCTGCATATTTACATGCCTC[A/G]GGTAACCTCTCATCCTTTAGCTTTGATACGAGCATGTTCCCACTCTCCTCCAATGGTGGA
rs0589	2	AAGTTTACAGTTTACACAGATCTATAATAACAGATGTGGGGGTAAGGAGAAAAGAGAAAG[A/G]AGAAAATGGAGCAAAAACAGCAGTGCTCCTGTAGAGAATGGCATGTCAATAAAAAGAACC
rs0590	2	AAAATAAAAATAAAAAATAATATTCAACGCCACCAAATCGTGAGCTTGAATTCAGACCAG[T/C]GAAAGTGACCATAAGACAGTTCTGGTGTTGCACATGTTTCAGAGGTTGAAAAAAGGGAAC
rs0591	2	TATGTTATGGGAACCAACCAAACAGTCTCGACATGGAGTCTTGTTATGGTGGTGCCTATA[A/C]TATTAGACTAGCTAGCTACCCTGTGTTTATTTTGTGGGTTTAGCGGAAAACTCATAGAAA
rs0592	2	GTATAGCACGATCCTTATCCTGTGGAATCTCTGGAGGCTTTCTGCTGAGCTGATTAAACA[T/C]TGTCTCAAGTCTTTCAAGACGCTCTAGACAAGGATTTACACGATCTTCCTTAATTATCTG
rs0593	2	CTTCCCCAAAACCTGTATGTTTCCAACTGGTACCATCTATTACTTTGGTTGGTCTTATTT[T/G]CCTTTCTGATGCATCTCTTGTATTTTCATTAGAGTTTACCTGCTCGGTGTTCACTTTTGC
rs0594	2	CGTCGAGCCGAGCTGTATTTGCTTCGGAGAACAAAATCTTGCGCACTTGGGACCCAGATT[A/G]GCTTCGAAAGTGATCGCAAAGTCCAATTCGAAGTCTTGTGATTGATCGCCAATGATTTAT

表 C.1（续）

序号	染色体	序列
rs0595	2	AATGGGAGCAGCTTCAAAAAGGACAGTGATTCATGACAAACCGAAGGAAGAGGACTACTT[T/C]TATGCTAACCCTCAAGAGTGCTTGCGAGATCCCAATCTTTTACGGACATCATGATATTTT
rs0596	2	TTTTGTTTTCCCTGATAATTAATAAAGTTTATCATTGTTTTTTCCCATTCTGTGGCTATT[A/G]TGTTGTACCTTTATGGTGTTTTGAATGATGTATAGTGCCTTTGCCTTTAGTTGCTGGGAA
rs0597	2	AGCTGATGCAGCCAATTGTAGAACCAAATGCAATTGCAACCTTGTGGCTTTTAGATTTTG[A/C]TGGCATCAGAGTACCTATTGATAGAAGGCCATTAGAGCAATTGCTATCTACATGGCCAAT
rs0598	2	TTGTTACCTCCAGATTCAGCGCGACCGTAATCAATGGCGCCCTCGGTACCAAGACCAGAC[A/C]TGTATGATCTGTCACATCTTTATATATGTTTCGTTTGGCGCATAATTCCCCTGGTTATGC
rs0599	2	GGCACGCTCCCATTTTGTCAAGGCAGTGCACGTTGTGGTTGTATAGGCTGGAGGACCTTG[T/C]CTTCTTCCCTTCTGTAATTTAGATAGTGTGTTTGCTTTTGCTTGTCAGGGTTGTGAATAT
rs0600	2	CACACTGCCATCGACCTGCACCATACTCACATATATGGGCAGAGACAAGCCTATGGCAGT[T/G]TAGACTCATAAACCCTAGGCTTACCTCCAATCATGTTTTAATTATCCTAAATCACCATGT
rs0601	2	TAGTTAATGTTTTGTTCAGAATTTGATGCGTTAAAAAGATAAACTTCCTGTTTTGTAATT[T/C]GAGCTGACTCAGTTGACCTGTGTCATAGTATCAGACATATTTTGGAACATTCACCTGCAA
rs0602	2	GACATCTGAAATCTAGCATGAAACCGCCACAAACAATTCAGGCTCGTGCTAATTGAACAC[A/G]AGCAATCACGCGTCAAAACCCCAGCACAGCCAAATTAAAGATGAAGCCACTAAGCTGGGA
rs0603	2	CAACTAAACAGGGCCTAAATTAAATGGCCGTGATTATTGTTTGTGACAGTTTTTAAGAAT[A/C]TTTAAGAATGCAATACTGAGAGAGAGGGAAAATACTCTCTCGCCACACACATCTCACAAA
rs0604	2	AGCTACAGGACGAGTAATGAATGGGGCAATCATTTTGGTCTCAGGTGGCATGTCTCTGTC[A/G]CGCGAATAAGATTGTATCCGCTAGCGAATAATGGAAGTATGAATGAGTGAGAGCACTCAG
rs0605	2	TTCCATTTCTTCTTGGTCTTGGCGTTCGATTCGATCCCCGCCGGGCTCCTCAAGCAAACA[A/C]ATTTGGTGGAAAACACCGCGTGATACTCCTAAGAATTTGTCCTTAATTTCCTACTGTTTT
rs0606	2	TGTTGTTGTTGCGAGCAGTGCTGGCTTGTATGTTTCCAGCTTGTTTAATATTCCACTTCC[A/G]GCTAAAGGAGAGAGAGAAAGAAAGGGCTATATGTCTGCGTCGTCTTTTTAATTTTCTCTC
rs0607	2	AATAGACTGGCCTAGCTGCTTACCATCTTCTTCATAGGGAAGACCTACATGCTGACCATG[T/C]CCTACACAAGTTTCAGACAAGCCTCCCTCTGCGGCGCACATCCAAGCTCTCTACATGCTT
rs0608	2	TATGACTATAACACCTTATATTTGGAAAGACAGTTTTCTTATATATCTGCTGAATTCCTT[A/G]GGACTAAGATAACTTTCCCGTATATTCGAGGGTATATCATATCTGTACACTGCACAACCC
rs0609	2	TTTATAGTCAATGATTATAACAGGGCAGGGTTGCACAGGACAGTGTTGGTAAACAAAAAA[T/G]AATGAGGCAAGCTAATTCAAGACATCAACAAATAAAGAAAGAAATGAATCTTGCTAACTG
rs0610	2	TTGCATGACATCAGTGTATATTCAGCGCCGCGGTCAGAGACTTCAGGGTTAAACTAATGG[T/C]GTTTTTGTTTAGCCTGACGAAACTATGTAGTAGTAGAAGCTGAAACACGCTTTAAATTGC
rs0611	2	GGGTGAGTGAAGTTCTCAAAGCTGAAGATCATGAACCTTCCGGTATTACCATTTTGACAA[T/G]GGTTCCTTCATGGAAAGCCATTAGAGCTCCCCGCGGTGAATTAAGCCTGACAACGTAAAT
rs0612	2	AGGAACAAAAGCTAATACTGACGTGTTTTTGGGTCAAAGGCAAATACATGTGTAAATGGG[T/C]CAACGGTTAATACTCATAAATTTATTGGGTCAAAGGCTTTTACTCATGATTTATTGGGCT
rs0613	2	CATGGGATTGTGGGTGAGACAATGAGGGGACAAGAATAGAGGTGGAATATGAAAGGTGCT[A/C]TGGGAATTTTAGCGAAGATTCACAATGTAATGGTGATGGCTTAGATAGGATATGTACAAA
rs0614	2	CTCCCCCGGATCAAGCACAATATACATATACCTAAGCATCATGTCCGTCCAAGGAACACG[A/G]CACTAGAGGCTTCCAATGAGATTATATATTCTACTGTGTTATGAACTTTATCAACATCGC
rs0615	2	ACCTTACATCTAAAGGTATGGCCTGATCGATGCATCTTTCCCTTGTTTGCTTAACAGTAT[A/C]TTCATTTTATTGTACTTTTCTGTTTTGGTCTCTGTTAAATGCTGTTTAGGGACAATTTAG
rs0616	2	TAGGGAGGTTTACACCTAATATACAAGAGATACATGCACAATTCTATATCAGGCAAAAAA[A/G]AACTGGGGAAAAAGAGGAGCACATCAACATATAGCTTCCACATAGCACGTGCACACTTAC
rs0617	2	CTCATAGGTATAACGACCTTTCCCCTGTCACATTATATAACAGATTTAAATAGTGTTCTT[T/C]TCATCCACAGAACTACTGATGTGCTGCATAACTAGTCCTTCATATTTTAGTTGGTTGATA
rs0618	2	TCTTACCATGAGCACCCGTGCTGTCCCGTTTCTTATAAACGGCTTTTAATTGCTCTCATC[A/G]CTAGCTAATCCCCACATCCGCTGCTTATCATAATAAATCACTAACACACACCAACTTTTT
rs0619	2	AAGAGAAGTGCATCAACACGAAATCATGGATCAATCCATGGTGACGAGCCTGTCAATGTT[T/C]TATTTATAGCGGCCTACAAACTGAGGACGCCAACGTCCTGAAACTGAAAACTTGTTGTAA
rs0620	2	GGTTGTGCTGGCACAGGTTCACTCTCCTCTGGTTGGTCATCTGATTGGTCACTGTCTTCT[A/G]TCGCAGTATCCTTTTTGTTCAGCTCATCCTGCTCTTTTTGTATAGCTATCTTATTGGGAA
rs0621	2	CCTTTCTTCTTGTTATGATGCTACTATGTTATCATGGAACTAGAGACCTCAGGAGTGATG[A/C]AGGTTTTGCAGCTTGGGTGTTCTTCAGATGTGTCATGTGTTTGTTTGATCACACTCGATT
rs0622	2	TTGAACATGCTGTTTTGAAATAAGAGCGCAGGAATTGCAGTTGTAAGGTCTTCTTCCTGT[T/C]CATAAATCCTAGCTACATCTTCACCCGTGACAATTGTTAAATGCTCGAATTTTGTTTTAA
rs0623	2	ACAAGGGGTAGAACAAAGAATAATAAAGTATAAACCAAGTTTACAAATATAGTATGTTTC[A/G]TGCTCACCTCACGTGTGCACGTCCTATCCTAACCAGCATCTAACTTGATAGAATTGGCCA
rs0624	2	ATACTGCTTCACGTATTGATGGTTCTCTTTCTTTTAGAAGCATTAGGCGCTTTATCTCCC[A/G]ACTTAGATTTCTTTGTTGCTTCTGATTCAAGAGACTCTTCCAATTTCTTTAGAGCTTTGA
rs0625	2	GCCTTTCTCAATGATGCAATACTCTTATAAGGTATGATTCGCTCTCGTTGGGCCTCTCTC[T/C]GTTTATTCTTTTGTTTTTCCAATATATTAAGCTAGGTATATCAGTACTGTGATAGAGCGC
rs0626	2	TCCCATGATCAGCGCAGAGCTTAATGTGACGATTACAAATCCACAAGGATGTCAATACCA[T/C]GATGTCGCTGATATAACTGGAATTGACTTCGTCAGTATGATTTTCGGCAACCGTTGTGCA
rs0627	2	TACGTTAAACTAAGTCATAGAAAGCTAGCAGAGTAGTGATCGCTAATCCTATCCTACCTG[A/G]CTTAAGAGAAATTTGACAAGGAACTGTTCCAAGTCTTTGTACCAATATTAAACTACACCA
rs0628	2	TTGTTTACATACCCTGACGAACTCCATTCTCAGGCGACCACTGTCCATGAAGCCATGTAG[A/G]TGTATTTTGGTCACATTTCCTTGTCAAGCATGACATGAGCTTCAACATGATGCCGGCGTA
rs0629	2	GTTATGCTGTGGTTTCTGTTGTTTCTACTGCCCGAACTCATGAGGTATTTGCCATTTGGA[A/G]GTTCTCTACACTACAGCTATTTCCATTGATCTTGTTTATCAACTACTCAGACACAATTTG
rs0630	2	TACCACCATTCGGTACACCAAACACCCTACGAACACTTGCCCTTGCCCTTCTGCTTGCCT[A/G]CGTCATTATGGGTTTTCGTTTTCATGCTCCATACCGAAAACTCATTAATCATTATATACT
rs0631	2	GACTGAATTAAGAACAATGAATCAGTATCAATCTGAATATTCTAATATGATGGAGCTCCA[T/G]TTTGACTAATCTCTCGCTATGGATTTTGGAGGCATACTAAATTGCGGCGACGAACTGACC
rs0632	2	GTGATGTAAACAACATTGCTGCGCTGCGTCTGTACAAAAATCTAGGATACAAATGCATCC[A/G]TGTACCAGAAGATGCTAAGTGGCCAGAACCTAAGATAGCAAAAGGAGTGCGATACAACTT
rs0633	2	GGAAAAATTGGATGGGATTATCAGGGTTCACACGTCGGTACTACTGCTATTATTCCAAGC[T/C]TTTTCAACCGCGTCCCCCTGATTTTGTAGTACTTTTTTTACAGTCTGGATTATCTGGAA
rs0634	2	ATCAACTGGGAGAATTTTTTTTCCTCATCAATACAACTTCATCTACCAACCGATTCCCAG[A/C]TGATGATTGTCCAAACTCCTGATGCTGAAGATGCCAACTGGATCATCCCTACCAGTTCCA
rs0635	2	TTTTCTTGATCCTTGGGGATTCTCTGCTCAGCTCTGGGCTCTGGCACTGCCTGCCGACAA[A/C]AAAACAAAAAACAAAAAGGGCCTGTCCACTTGGATGGGCCATTATTATTGAGGCCCATCC
rs0636	2	TTGAGGATGATGAGTAATGGCCACAGCAACAGCAGCAAGAGCCTTGAAAGGTTTATATCT[T/C]GGAGGGCTCTGCAGATGGGGAGCTCTGCTCCCTGCAAGACATGGGCACTGGGCTTCTTCT
rs0637	2	TGAATGACCATGAATTTGTGTATGGTGTCACCCTTGATGTTTTGGAGTTCCGCATTCTGA[T/C]GTTTCAGCCTTCTTCAAGGCAAGGTTGTTCTGCACTAGTGCTTGAGCAAAGTTGGAGCTA

表 C.1（续）

序号	染色体	序列
rs0638	2	TCTGTTCAGAGAAGGACAGGGGATCAACTCACAAATTTAAGATGCCTCCAGAAGTAGCAT[A/G]AACAATTCATTTATATATGCATATCTTGGCATTATATATAGGGCCTACTTAAGTGGAAAC
rs0639	2	TGATAAAGCTAGTTTAGTTTTATTATATGTTGAATCACCATAGGTGTGGTAGACTGATGA[A/G]CAGTGCCTTAATTGGATAGTAGTACCGAACTAGCACACTGACTACGTAACGTGATATGAT
rs0640	2	GCTGATCCTCTCCTGATAGTTCCTGTTGCACATATTTGAGTGTTTCTTTCCTTTTGTCTG[A/G]AGAGCAAAGACATGTTCCTTACAACTCTGATTTTGTAAACTGAGTAATACGCCACTTTAC
rs0641	2	AGCCAGATGGTTCAAAGCAAAGATATACAGCAAAGCACATATTGATAGCAACTGGTAGCC[A/G]AGCTCAACGTGTCAACATTCCTGGGAAGGTAACAAAATTCTCTGCCAGCCTTTGCAAACT
rs0642	2	CTATGCCTTGGCTTGGATATTACAGCATTCTGATGAGAGCCATGCCACAGTTCTTGTGGC[A/G]GAGAACTCAATGCCAAAAAATGAAATGCCACTGCATAACGTGGGATATGGCAAGAAATTG
rs0643	2	GGCTCCTGGCTGCAGACCGCTGCTGCTGCTGCTTGATGCAGCAGGTCTCTTGCTGTTTTC[A/G]TTGATGAAGTTTGATAGAATCTGCTCAGCTCCTCTGATATGTAGTTCTGACTACTTTGAT
rs0644	2	ACGCCATCCGTTACCTCCCTCCGACGCATTGCTGCTGGTCCTGCTGGATCGTCAGGCTTG[T/C]TGCGAGTCAGGCAAAAGGCGCTTATACCCTTCGTACAAATACTAGTACAAAATACTAGTA
rs0645	2	GGATGGTATATACCGAGCATTTTGGCAATCCTTTTTGGGTCCTCACTGCCTCCTCCACTG[T/C]TACACATGTCCATCAATGTCAGCTCATGAATTATCTCATTGTGATCGTCTGCTTGGTGGC
rs0646	2	ATCCAGCAACCTGAGAAAAAAAAGTATTCTTTTTAACTAGTTCCCTTTTCAGAATTTACA[A/C]CAGATGTCCTCTTCTCTACTTGAGATGCTTGATGATCCAGAGGAATCCACCAGAGAGCTT
rs0647	2	TGGCATGTGGGCTACTGTGGCTTCATGTGGGTGTGTCACTGGGACCCACATGTCAGTGAC[A/C]AGATACTACTACCTCACAACCACACCAACTGGCACAACTGGAGAGCTGTTGCACTTGCAG
rs0648	2	GCACATACCAGTGTCAGGAAATAATGCATGTTGTGACTGCAATGGCTAGAGGCATCCAAC[A/G]TTGTCCGTGTAACTTCAACTGAAAGCTTCTATGTGATTCACTTATGCACCATATTCTAGA
rs0649	2	TTATCCTCTAGATTCAGTTCAACAGGTTATACATACAACAATAATCGATTCCATTCAGAC[A/G]ACTGACTAGCATCAAATGTAATAGGTGGTAGAAAAGAATCTAACCAAGACCATTCGCATC
rs0650	2	ATGTGGGTAGCACACTTAACATAAGAACATAACAAAAATGTACCGGCGCCAATGTTGCGA[T/C]ACGTGGCTTAATGGGAGCACGATGGCCATGGGATCCATAGTCCAACCTCTTCTGCAACAC
rs0651	2	ACACACACATACATGATACATATCCCTCTCACTCACGCACATACTCAACAACAAAAATAA[T/G]TGCTGATCTATTGCTTCTTGTAACAGTCAAAGACGAAGATTGCAGAAGTGATGACCTCTC
rs0652	2	CTAACTCATATATTTTTTTCGAGAACGGTTGGATGATTAACTGGCATCTCTCTCTTACAA[T/C]ACAGACAATCTTTGATACGAATCTACGTGGTGACGACTCGGACTAGACGGTCTTTTTATT
rs0653	2	GCAACACCTTTTATCTCTGAAGAGACTCAGATGCACACTATTCTGCTGTAGGCTTTAGAA[A/G]TGGTTGAGGTGGAACAACAAACCCAAATGGCTTTGGAGCTTGATGGAAATATTATGAAAT
rs0654	2	GCACATGAACTACCCCAACCGCTGATATGGTAATGCTAAAACTTCACTATTAACACTATA[A/G]GATAACCATGTGCCAAAGCAGAGGGGGTAAAGGAAAGATATTTTTAGGGGAAAAATGGTT
rs0655	2	AAAACGACAATTATACCCCATGAGGAGTGTGTTTGGCTTCAACCAAGAAAAGGTAAGCAT[T/G]TGATTTGTGGGAATGTTGGGCCCTAGCACAATATGTTTAATTCCATAGCAATTAAACATC
rs0656	2	GCTAGACCGAATGGTATTTTATATTTATCCTTTTAACTTTTGCTTCCTTGAAAAATATCC[T/C]TCTAGAGTTCTATTATGTTGACATCTTGCCTGATCCAGGGCAATGATATGGATTCGTCAA
rs0657	2	CAACGACAATACCTTCATTATTAAAGAAGCAACTGCTTGTAGCTTCAAAATTTCATATTC[T/G]CTTGACATAATCTAAGTCGGCCATCCTTTTCTGAACTCTGATGCTAGTACACTCTTTAAT
rs0658	2	ATGCCTTTATATTAGAGTATAAATAAAATGCCCCTAAGTGTGAATTTAGTGATATAATAT[T/G]CACGTAGACAATTTAGCTGAGTTTGTTATATTGGTGAACAAGCTGATGAAGAGGCATGAG
rs0659	2	GACAGTACCTCCTTTTCGATATTGCAACTAGCGTCTCGGAACAGCTCTACTCTTTGAGAA[T/C]GGGAGATCCCTTCTAACTCATTTGGAAGGACTGCAGGGGCTGTCATGCATAAACCCACTA
rs0660	2	AACAAATTGAGAAATGTTGGAGATAAAAGGTTAGAACAGTTAGGGGTTGGTAAGTTTGCT[T/C]TTTTCCCAACTACCTCTTGTTCCATCTTCCATACATGATGCATGCTTCACCGCCAATATG
rs0661	2	AGCAAGGTAAGTTAATTAGAGAGTGCATGACACTCCTCTGGATAATAAAGCTTTAAGCAA[T/G]ATTTGTTACTAAAACCTTGTGTGCTTTTGCCCTGGCCAAAGTGCTTAGTAGCATATTTCA
rs0662	2	TTTGCCAGTGAGAAAAAAATCTGCCCGTCTCAACAGAATAGATTTTCAACAGCTTAGATG[A/G]CTAGGCGCGTGTTTTGAAGCAAAATTGCAGTGCAGAAGAGAAGTTGACGTTTGAGAGCAG
rs0663	2	GAACTGATAGCACCTCATACCAAGCACTGGGCATTGACGTATCCTACACAACACAAATAA[A/G]TAGACGATTAATCACAGTCGTATCACTCTTACTTGCCACAGAAAATCAAACAGTACGCAT
rs0664	2	GATGATTCGATGGAATTCGATAGGTTTTGATGGAATTTCTTTGAATTTTGTCGGTAACCG[A/C]TCAGTTTTACAAAAAGAAACGAAATTCAGCATGCCTGCACTTGCTCCCTTAATTTTGTTT
rs0665	2	CATCTTGCCTAATCATAGTAAAAATAGAAAAACTGGCATGATTGTTGGTGTCACCCCACT[A/G]GATCAGAAGATAAGTAAAATAGAAATGACTTGAAAATACACTTTTATTAAATATATGTCG
rs0666	2	TTGTAACCTCATCTAGAAAGATAGGATTATCTAAAAAAGCAGAAGTTTTTCCATCTTCAG[A/G]CTCAGAAAATCTGCCCTGAACAGAAGAGGGTGCATTGTCTTCTGCAGCACTGGCACGTAA
rs0667	2	TAAGCGGCAAACCCTTACAAAATCAAAACCCAATGCGCATACCTCAAGTATATCCTTAAC[A/G]TCATCCTTAGTCAGTTTGTTCTGTCTTAGAAGCAACTCTATTCTTGTTCTCATCTGTGAA
rs0668	2	GAGGTCGGTGGTAAGCAGAAGGTTTTGGTGCAACGTTGCTAGTGATGTTTCCTTTCACTG[A/C]GAGTGTTTGGTGAGATTGTAAGTGTCTGTAATCTGTAATGAATGAAGCTCCTTTACAAGA
rs0669	2	CATCTGATGTTTATGCAGTTTATTTATTCATATGTTACATATCAAGCATTTTTGCTAGTT[A/G]CAACTTACAAGTGGAGTTCTAACTTTATTCCGTCCATGACATAGGTACATTATTACAATT
rs0670	3	TGTGCAAATATTAGCTTCTGATTTATTAGTTTTGTTAGAATTGCCGTGTTTTGATTGCAG[A/C]CTTTGGTGTTGTACTTCATGGTTAACTAACCATGCCTGCCTTATTACAGAGAAGGTAAGG
rs0671	3	GCATTTCACGCTCATTCCATTGCCAACATCAGTTCTTAATTTAGATCAATATCCTGTCTT[A/G]TCTGGTTATATTCTGAAATTCTGCTTCGATCGAGGACCTTGCAACCCTGATTCTCAGCTT
rs0672	3	ATTTTGTCATGCTTTTTTTTTTAAGTTTATTGTTCCACAACTTGCATTAAGCTAAACTTT[T/C]CCGTGCATGTTTTCGAAGCAGTACCAAGTTCATATGTTGCATTTGGATTTTGGACGACTT
rs0673	3	CAGGAGCATCCATTGAAAAGACTTATAGTGACAGATCAGATTACAAAACTAACAGCGACA[T/G]ATCAGATTACAAAATTAACCACAGAGATGCCCATGCTGATGGTACATACTTTCCATTAGC
rs0674	3	ACCCATTACTATGTGGACCTCCACTGAACAATCTGTGTGGGGCTAGCCGGAGGGCGAAAC[A/G]ATTGGCTGTGTCTGTCATAATTGTCATAGTCGCAGCAGCGCTTATACTTATTGGAGTTTG
rs0675	3	AAGTTGCCAGCACTTGTTTCTTTCCCATGTAAAGCTATTACAACTCCTGTGGACAATTGG[T/C]GGGTGAGTATTCCAAGCAACATGATATATTGGATAAAATTGTTCGACAAATGCTACAATC
rs0676	3	ACAACATATGCATGGGCAAATTAATAGATTTTCTCATCGCAATCCAAATCAAAGACTGAC[A/G]AATTCTACTAAAAAAACCGTGCTTGACAACAGAGTGCCAGGTGGTTAATTAGCCACTCAC
rs0677	3	TAACCGCATGAGGTGCAGAAATTCGGGGCATCGAGATTCGTGCTTTCTCCAGGATTGGTG[A/G]ATAGCTAATCTGAATAAGAGGCCCATATGTGAAAGCAGCTCGCGGCCCAAGAGAAAAACT
rs0678	3	TGAGAGACTTGGAATTGTAGAGACTTAGCATACGTTTACGGGAGCTTTTAGCAAAAGCCA[A/C]TTTTCCCAGAATTTTCAGTCCACATCCTCAGTATCTGTAGCTATAGAATTTATAAAATAA
rs0679	3	CAGTAAACATCACAATGTGCTCAAATAACAACTCTATCGTGCACTAACAAACAAAAATTG[T/C]TGACACCGCCTTATAAATGGCATGGTTAAAGAGTGCAACATTTAGTAATTCAATAAGGAG
rs0680	3	CTAAAATGAATTAACCAACTCATATATAAGTGGAGGAGGGTGTGTTTAAAAACGGTGAGG[T/G]TATATTCCTCATTTTCCCCGAATAAGAGGGTATATTCTTTTTTATGATTACTTTTAAGTG

表 C.1（续）

序号	染色体	序列
rs0681	3	ACACCGAACTGAACCTAGTACAATTAGGATTGAAATACTCTGACTAAAATGTGAACCCTC[T/C]ACCGAGCAGAACCACATATCAATGACTTTGTCTTAAGGAAGTACTCCCTTCATTTTTTTA
rs0682	3	GTTCGTGATAGGGTGTCAATTATAAACGCCACGGATTGTCAGGCCGGCAGCTTGTAGGAT[A/C]TTTATAGTACGAATCAATCATAAAAATCTTTTCAAATTTCGACGTTTTAAAGGTGGCCGA
rs0683	3	TCACAGCCTTGACTCCCTGTATCACCAAATCGAAGTACACCCATTAGTAAGAAATTAATG[A/G]CCTTTGCTGAAGAAATTGTGATGGAATCGAAGTTACCTGTAGCATTGGACCCTTCGCAGC
rs0684	3	AAGGTCAATACACACTTGTTTAGTTATTTCTTATCTCTTTCACCTGAGCTTTTCATTGTA[A/C]CACTCTTGACCTTTTGTACAGTTACATAGGTAACTCTTTTGGCTTCTAGCTGAATTTGTT
rs0685	3	CTACCAGATTTGTCCGCTCCATCTCCAGGTGCTGTGGAACAAGAAGTTTCCAAGGACGCC[T/G]GATCTGCATCTGCATGCCCTCTCTCTATAGTTCCACGAGCATCATCTTGAGCATCCGTAG
rs0686	3	TCGAACTTTAAGGAGATTGACTGCGCTGATAAACAGTACTGTCAGAAATTTATAATCCTC[A/G]CGCTACTATGTGGATGACAGAGGAAAATTTCCTACATGGGACAACATTCCCATTCCTAGA
rs0687	3	GGTCACGAGCGGCGGCCAAGTAGGAAAAGAAAGGAGCTTTTCTTTTTGCATGTTGCGCCT[T/C]TGGAAATTCTGCTGACTAAAAACCAATGTTCCCTTTGGCATTTTTCTGTCTCATGGTTTT
rs0688	3	GAGATAGGTTAGAGAAATACAGGAACAAAGGCGAGAGCCGAGAGGGTCAGGCTGTGTGAA[A/C]TGTGAAGCTTAACGCACAAGTGCAGACCCACTCACCGAAATGGAACTAATGCCCATCAGT
rs0689	3	TGCTTGATCCTAATTTTTTTTTCAGAAGAACTTTGTGAAAGTATAGTCAACACGTGCAAA[T/C]CAATACATGTCGTTATGTCTCATCTTACTAACCACTTGATGTCTCGGGTATATTTAATGC
rs0690	3	CATTCCCTTTGCAACTTGAATGGATAGTTTAGTCTTCTAAGGCTTCAACCCAGAAGATAC[A/G]AATGATGCAGTTCGTGAGATCCAACCACACAAAAAATTGCATCTGGCAAAAGTTTTTCCA
rs0691	3	GTTGAGGATTGTTGTGGAGGATTGTTGTCAAGAAGAATGGAGGAAGCTGACAGATGAGTA[A/C]GAAATTAAGACCAGGGAAAGTCATTGAGAATAGCTCCTCAATTAGTTGTTAGAAGCTTCT
rs0692	3	ATCCAAGATGCATTTGCTCAATGTATGGGTGGCCTCCTTAGCGTTGTAGTTAAGGATATG[A/C]GGCTGTGCATCGAGTGTATAGATGAAGGCGTGTCTCTTACCTCCATCAAGTCAGGCAGCT
rs0693	3	ACAAAATCCAACTTGCACCACCTATATAGAAGGATTTTATGCATCCCAAATTCCAAAGTT[T/C]AATTCTACTACTTCAAGTTACAATTCTCTTGCAGCAGAATCAAAATCTGACAGCCACCTC
rs0694	3	ACCATTTCATTACTATTGTGAGTCCATAACTAGCATATCCTATCATGTTCAGGTTGTAAA[A/C]ATCACTCTACTGCCTCCTAGATTCATTGGCTGATTGGCTCATGTAGTTTATGGAGAACTC
rs0695	3	AGTCCAAGATAGTTCTACAGAGCATGAAAACATTGAATGACTGACTGAAACTTCACTTGG[A/G]AGACGATGAATTTCGTGCACTAGCGTGACAAGTTTGATGAGGAACTCGGAGAAAACAACA
rs0696	3	TTAGTAGATAAGCAGGAATCACTCGGTCGTGAGCTCGTTGATTGTTTAGGACTAGTGGTG[T/C]ACTTTAATTAATTGTTCTCCAACCAAGAATCAACCAAGTTGATCGGTTTTTAAAATCCAT
rs0697	3	CTCTCAATGATAGGATCCATTATCTGGTTGTGACTTATGTTGTTCTTATCATGCAGAAAA[T/C]GTCTTCAACCTTTTCAGCTTTCGGGAAGTAGTAGGCATGAAGTATGTGGATGTGAGGCGT
rs0698	3	CACACGGCCATCTTTGACCTTCATGATGAGCTAAGAGAAAAAAGGATTAGTAGTTCAGTA[T/C]GGGTTACACCTGCACAATCCCAATTAACTATTGGATTCAGTCACCTGGGTCTTTTTTCAC
rs0699	3	GCCAACTGATGTTCTCATTGGTTACTTACATTGAATATAACTCGCATGTGGCATTAAGGG[T/C]ATTGCCATAAAATATTATCCGTGGCAAACTATTTATTATTTTTGGATAGTATCATTCGCG
rs0700	3	TGATCATTGCAATCCCTTCTTGCAGAACCATCAACTTATGCTTATTTACAACCATACAGG[A/C]ATCGATGACAGCATCACTCTTTTGTCGCTCATGTAGCTTTTTTCACTTGCACAAACACAG
rs0701	3	GGTGTGACTTACATATTACTTAGTCACCTTGTCTGGTTTAAAGGTGGCTAGTACCCAAAC[T/C]GTTACCACTGGTCTTCCCAAAACTCTGTAGCTAACAGTTAATGATTATGGGGATGATCAT
rs0702	3	CGTTTTGAGCTAACTAGGAATTGACGTGTTCGCAGCCGAATTTAGCGAAAACGACCACAA[T/C]AATTTCTTAAACTGATTGGTAATTGTATCATGCCAGCTTCGTTTGGCCTGTAACAGCGAC
rs0703	3	ATGTAACAAAAAACTTAATTTCAAAGATGAAGGGGGCCAACAAGATATGTAGACAGAGCT[A/G]CCAAATTTAAATATTGCTGGTGTCCATGCTTTTCTGTTCTTTCTAAATGGCCTTGATTGC
rs0704	3	AGGTTCAGTGGTTCTTACAGCCAAGCATATCAACACACATCCTGTAAGAATATATGGCCT[T/C]CGTCTTCCCCATTTTGAGGTGCACCTATCACTGTATAGACCCACGCATGGTTGAACCTGC
rs0705	3	TTCTACCTCAAGATGTCACCGTCTGATCTCTCCCGGAGGAATATTCACTATCCTGATGCA[A/C]TAGCATTTCCTATTCATGACAAAATGGAACTAGACATCAACAAGAGGTCTAGTAGCCTAT
rs0706	3	TCAGGTATTTATTATGTTGCTCTATGGTCATGTGTGTTGCATATGAGTAATTCTTCTGTT[T/C]TTTCCGGAGTAGTACCTTACGTATTACATCCTTCTTAGTGTTTCTTGTCTCTGTTGTTTC
rs0707	3	AATTAGCAGAGAAGATACTTGGAAGTCCACTGAGCTTGTAGAAAAAGATGGAGAAAGATG[A/C]AGTTTTATGAGAAGATCCAACCAGAAGCAATAATGTAGATATGGTTATCTATATGTATAA
rs0708	3	CAGCAGTAAATGTGCAAACCAGTAGTTGTGTTCATCATAGCAGGAGAGTGCCACTCGATC[A/G]ATGAGCAGTACGCCCAGCAGCAACAGAATTCAATTGTTCTCCTGACAAACGATCCCCACC
rs0709	3	AGGTATTCCGTTATTTCTGCCCCTAGTGTTCATGCCTCGTAGACATAACTAATTCAGAAT[A/G]CTATTCCTTTTTGTTATGAAGTAAAATGGGCTCAATTCCATGCATGCCAGTATACCTGAT
rs0710	3	CAATAGGTCTAGATGTCAATCTTGTTTAATTTGGTTACAACTGAATTAGTAGCGCCACCG[T/C]GCCGCACCATAGCTTTGGAAGTAGCACGACGTCGGTGCCTTCAGGCTGCAGCGTGCAAAC
rs0711	3	TATCATGTTGGTGATCAGATGCTTCTTTTTTGAGGTTTTCTTTTCTGCTACAGATAGGAG[T/C]TATCTCTGTCGAAAACAGTAAGGTTGTTGCAGAGTGACCGATGATTTTTGCCTGCATATG
rs0712	3	CCCTACCACAAAGAACTGGCATGGAAGAAATGAAAGGCTCCGTAGACACGAACCCAAAAA[A/G]AGAAATTTGCTCGTACAGTACTAATGTACATCCGTCTACACGTACTCATACTACCTCTCC
rs0713	3	TATAAATTTGTGTTCTCATATTGCAGATCAAATATCATCAATATTTTGGCTAATACATTC[T/C]GATCTCCATGAACCCAAATTTTCCCGAGCCTTTGAATGTCTCTCTACCATGGTTGCTTCA
rs0714	3	AAGCACTTAGATACAATCAACTTTGCCAGAAATGCTACCAAATCCTAGTGCAAACTGCAT[A/G]AATAGCTAAAACAATAATAGATATAATCTCTTTTACCTGTCTTCTAAGAATAGCGAACAG
rs0715	3	CTGGGTACTAAGCCAGGACTAAAAGCGGTTAGTGCATACTAAGACGGTACTACTAAAAGT[A/G]ATTATTTTTGTACTAAAAAGTGCTTTAAGCGCGCACATGACGAGCAAATGCTAGTGGCCC
rs0716	3	AGAGAGCGATATGGAAGCGAGAAACGTCATCATTCCTGCACTAATCTCGGTGTAATCCTA[T/C]GGCCAAGAAAACATCAAATATGAGAGAAGAAATCACCCGACGGATGTTTAGCAAAATCGA
rs0717	3	CCACTAGATTGTTACAAGAGTAGTAGCATCTTGTTAGCTGTGAACTTGTCGCCTATAACA[A/G]CTGTTACAAAAGCTAGAATCAGTGATATAATTTAGAAGCTATGGTTGATAAGACCATTTT
rs0718	3	GGTGAATGTTTCTCCATGTGCAGATGTGCTTGGAAGCATGGGAGACTAGGACATCTCCAA[A/G]TCTGAAATATACTACTCCATGGGAGTAGCTCATATGATCCAGCAAAATATAGCACAGGCT
rs0719	3	AATGAGAATCTTGTAGCAGTATGCGTTTTGTTCATGCCAGTGTATGGAGTTATTTGTCCT[T/G]CTCCTGCCCCGAGTACAGCAATGGCCATCGTAGTAACTGGATGTGTTGCGATCAATTTTT
rs0720	3	ATGCATATATGCATTGCATGTACCTACGTACGTACTACACTCTCTTCTCAGAAATAAATC[T/C]GCACATGGATATTTTAGCGGATCAATTAATTATAATTAATATATGATGATGCAGGGAGGA
rs0721	3	GATGCTTCCAACATCATAACATCATATTTGTCGAATTGTCGATCAGGCCATTCAGGAAGC[T/C]TGTTTTCTAACTTCTTATCCTCTTCCTCCTGTCATCTTCTAACTAACACAAGCTTCTACC
rs0722	3	TAGAGGAACATTATGCTACTCAAATAGGTGAACTCCACATAAATGAGTTACAAGAGCAAC[A/G]CAAAAGAAAGATTGAAGAACTGCAAGTCATTGAAAGGACACACCATCGATTTCTCAGCAT
rs0723	3	CTAAGTGCCTGATCTGGTAATGCTATACTCCTAGTATCCTTGAATCCTGATAAGGGTAGT[A/G]CAGTACGGAGTATACTCGTATTTTTGTTACGAGACTCCACTTCATAAATTCATATACTAC

表 C.1（续）

序号	染色体	序列
rs0724	3	TACAGGACGCAATAAATTTTTTTGAAGTGGTGCGCAGATGAAGCCCCCCATCCCCACCCC[T/C]CAAAAAATAAATAACGGCAGCAGGCAAATAATTTAAAGACATTCAGGTCCTTAATTGCTA
rs0725	3	TTTTATATTTTGCTATATTTCAACAACTGCAATGTCAATGTTTCCTCTTTTGCATGCCAT[T/C]AATTACTGCTTCTCTGGATAGGTGCCTGACTATGCCATATCTTTCGTCAAGGGGAAGTCA
rs0726	3	GAGACAACGCTACAAGGGTAGCCCCATCCCTGCGTACATACTATAGATTCTGAAGCAGGG[A/G]TTGAGCCAGGTATGCGCTACTGTTTTTCGGCCAAAGGAAGAGAAAAAGAAACAGTATCCA
rs0727	3	GTACAGTACATGTTTAAGCCCACAAAACGTGGTTGGTACAGTAGAAATCCTTGGAGGAAT[T/G]TACGTTACATTGCCGCCGTATACTCTTGGATCCTTGCATTGTACTAGCAAACGCGTGTGT
rs0728	3	GTTCGCTTCGTAAGAAGCCGGCTACCTCTGCTCGATCCCGCCTTTGCCTGCGGATTCCCA[T/C]CCTGATTTTCGCCGTTTGTTTGTTTAGTTTCTTGGGGCAAATTCGAGACGAGGGGAGGAG
rs0729	3	GCCGTGTTGCCGTGTTGGTTCATAGGTTCTACTCCTACTTCTGTCTAACTAATCCCCTTC[A/G]TCAGCGACAGGCTCCGTCTCCACCCACCACACACATCAAGGCTGCTGCTGCTGCCTGCCG
rs0730	3	GCGACTTTTCTTTCCTCTTCGAGACCAGTATTTTGCAACATGTACACGCGCCAGTGGGCA[T/C]ATATTTGCATCACGTATATATACATATCCTACTACTTTTATCTCAGCAAGAACCTTCAGC
rs0731	3	CTTGACGTCGTTGTTCCTTTCCCAATCCATAAACATCAGATGTTGATTTCTCCTAATGTA[T/C]TTTCACGCACGCGTGAAGCAAGTAGCAGCAGGACAGCCGCAGCTAGCAGTTCACAGTGGC
rs0732	3	GGAAAAGCAAAGAATGATCAGGAAAGAAATGCATCAACGATGTACAGTACTCCAAGACAA[T/C]ACTAGAGATTAGCAGTAAAAGCTGCTGATTGATGTCTACTACTAACTTCTTTGGCAAATC
rs0733	3	AAATGAACTGGAGCTGGTTTCCTATGTTCATTGGTAGCATTGCCAATTGCAATCACAGTA[T/C]ATGTAGTTTCCTATTGCTATCTCACCTCACCTGCTCTTTCTACTAACAATTATTTACCTC
rs0734	3	TGAGTCTTGTTTGGAGATTTTGTGGCAGTTGCAGTTTCTCTCGGAATTATAAACTTTTTT[A/G]TTCAGATTTTAAAAAGTTGTAATTCATAAAATGAATTAAAAGCTATAAACCTATTTTTAA
rs0735	3	CCAACAATGATGACACCATGAACTTTAACACGCTATAATAGCTGCACGTAAGGTGATAAT[A/G]CCTGAAAGAAAATTTCTCCCTTCGATAAAACCCTGCGAGGGTTAATAATTAATACGTAGT
rs0736	3	CCCATTTTCAAACGCTTCGTAGTCGGATCAGGATTTCCGAGTAAAACTAACAAAGCCATT[T/G]TGTAAAATTAATTGGATCGGTTTGTGGCAGCAACGATCATGGCCCAAGACACAGCCCACG
rs0737	3	TTTGGATCATTTACTCTTGCTTCTTTTGCCGGTGGGCAATGTATAATCTGAGTATGGCCT[A/G]TAACTTTTTTTGTACTGCCTTCAGATATCATTGATCAGTACTAGCATTTGCTATCTCTAA
rs0738	3	TGAAATCTTACAAGGAAGACACAAAGGAGTTGATTTATTTCTTCTCATCTTCTGGCTTGT[T/C]TGATTTGTCTTCCTTCTTCTCTTGCTGTCAGGAAGAAGAGCGTACATAGTTTAGTGATAA
rs0739	3	AAGGTAACCTTGGTTATGATCAAGGGTGAAACATCATTAGGGTGGTAAGTATTGCCGCTG[T/C]TTTTGTCGTACTGAATGTAAGACAAAACTGCGGCAGTGTTGATCTGTCTTTTAACGTGGC
rs0740	3	GCTAAAGCTGTAATTGCGTGTTTTGAGAAGTTAGGTGTGTCATATGACATGAACCGGGTA[A/C]GCTATACACCTTTATGCTCGACACTTACTGAACCACATTAACCAGATATTGTTGGCACCC
rs0741	3	CCTTTTTTTTCCTCCTTTCGGTTTGGGAAGCGGTACCTGGTAAAGTGGCAGGTTAACCAC[A/G]GTTAACTCGTTGAATCAGTAGGTGGATCCCACCTGTTAGGGACTCTTCCGCTCCTCGCCA
rs0742	3	GGCGTCCCGCGCGCTCCCCATGGATCTGAACAAAGCGACACTCTACTTTCATGAGGCCAC[T/C]GGCCCTTCCGCCATGGCAGAATCATCGGAGCTCCGATGATAACTTGTTTTGTAAAACTAC
rs0743	3	GACTTCTTTGATCTGTGTCAAGCAATCCTAACGGGCCCAAATTGTAAACAGCAGGTGAGA[T/C]GGCCTCAGCACGGTTATGGATATCACTAGGGAGTAGTTGGTGGAAGATATCATCCCTGTG
rs0744	3	GGCAGGGTGAAAGGATAAGCATTGAAATGCCCACAAATACAAGTCGCTTCTTTAACACAG[A/C]TGGGCTTGTTAGAAAATCTTTCCGAACACAGAATTTACTGCAGAAGAAAATGATATTGGC
rs0745	3	CATACATGAATTTAATACTGTAATATGCACAGAAATATGGTAGGGAACACATACCTTGCC[A/G]ATCAATGCTGGTCCAATAATAGAGTTCACATTGTCAACAGCCTGTTGAAATAACAAACGG
rs0746	3	TTGAGTAAAGACAGTTTTTGTTTGGCACGAGCAACCTATGCAAATTGCCTTTTTTCCATT[A/G]CTATACAAAAGCGAGATCTCGCCTTTTTGTGGTTAACCTTGGACGTTACTCAACCTGTAG
rs0747	3	TGACCAAACAGATCAGAGATTTAAATAGTACTACTGCCACTACACCAGAAGCTTGATGAA[A/G]CAGACACTCAGACAGTCAGACTTCACAGTCATACTGTTGTGAGAGATTTTTTTCGCATGT
rs0748	3	GTCCAACAGATGAACTTGGGGAGAACCAATTATTTCCTGGACAGAAAACAGTGCAGGTCC[A/G]TATTCGTTATTGTTATGCAGAATTGCAGACTATGACATGAACTTGTGGATAAATACTAAA
rs0749	3	GCAGAAGAGCTCGAACGGCAGACAGATCAACAAACTAGGTTCAAACAAAGGCTTTTATTT[T/C]CTTTTTTGGAAGAAAATTTCCTGTGACAAATTCAGTTGAGCTCTAAAAACACTGCAAAAT
rs0750	3	ATCAATCAGTAGAAAGATTGTAATGCTTTCAATTTCGCCCTCATGGAAGCTACTGATCTG[T/C]ACATGGCCCATGGATGCAACCGATCTGGACGTATCCTCAATTGTATCACTTTTTGTAGAC
rs0751	3	GAGGTTGTGGAGACGGAACAGTGGAGGTTTAGTGGTACACCGATCAGTGGCAGTAGTAAT[T/G]GAGGTTTTGCACGGTGTTTGGTGCACCGCCTTTGTTGGATCAGGTCGTATTTTTTGGTGT
rs0752	3	ATCTCATGATTGATGGATGCTCTCCACTTGGCTTTTGTAATGAAGTTTCATGAATACGTC[T/C]TCAGTGATACAGGAGGCAGTCTCTTTCATAAATGGAGATTTTTATTGCTCAAAATAACCT
rs0753	3	CTCCTGCAGCCACCCTTCCAATGGTCTCTCTTGCTGATGATCTTCCACCTCCCTATCATT[T/C]GGTTGATAGAAGATGTTGGTTAGGCATTCAAGTAAGAGAAGTTTAGGTACCACAGTTTTA
rs0754	3	GTATATGCGGTCGTTGATCCATGGCGTTCTATCCTGGAATCGCCCACTGTCTATTTTTAA[T/C]GAGGTTGGAGAACCACGTTGGTTAGCCTACCCATGATTTTGCGGCTAGTAAAGCGTGCAC
rs0755	3	AGGGAAGCTGGAAAGGGAGGCATATGATGATTTGCGCTCCTATTACTCTAGGCTCACTTC[A/G]CTGTCGGGATTACCCTTTGAGGAACAACTCATGGAGCTCTACACAGTACCTATGTTCCAA
rs0756	3	GGTGCGGTGCGGTGCACGGGGGATGTCACGTGAAAGGCTGCGGCCTGCGGGCAGCGGGCG[T/C]GCATGGCACGGTGCGGACATCTTGTGATGATTGTCCTTTCTGCTGGAAAACGACCTGGGA
rs0757	3	CAATATGTCAAACCGACCTGCAAGCGATGTCAAACTGAGATGCCGCGGTGCAATTTATCC[A/G]TTGTTTCTTTTGTAAAAAGGCAGCCGTGGTATTCGATAAATTGCCAATCTGATCTTTGCG
rs0758	3	ATATATGCTATATGTGATGGAGGTCTAACAAATACAGTTAGTCAAAATGCCACATTCAAT[T/C]AAACACTTGCAAGCTAGACCAAAATATTATGATACGCCTTTAAACTTGGCTTAATTTGAA
rs0759	3	GTTTATCCAGCGTACATGATAGCATGAATAAATGAAAAGAATGTTAAACATGGGTCGCAA[A/C]TATATGGTCCTCACCGAAATCAACTGACCAAAGCAAGAGCAATTTCGCATGAAAGCAGCC
rs0760	3	AATTTGGCCCCTGCAGAGGACAGTTGCCCTTTGCTCTCCACATGGAGTCATGGACATAAA[A/G]GTCTACATTTTTCACCCAGGGAGGTCTTGCAATTTATCAAAATGTATACTAAATAGTCGG
rs0761	3	ATCTCCTCCTCTAGCGTGTGTATCAGGGAAAGGGAATAATTCGAGGTCAACCTCGTTTGG[T/C]CACCTTATTGTTCCCCTCAAGCCGAACGGAACCTCATCTTGAATTCAGGCGCCACTTAGA
rs0762	3	CTCGTCTGGTGGCGTATCTACAAAGCTCCTTCATCATTCTTCATGTACCACTCATCTCAT[A/G]TAGTATGCTCGAATTGTATCTTCCTGAACACTCAACTCGAACACTACTTGCCTAGTTTGC
rs0763	3	AAGAGCTTCCAATCACGTAGGCTACTATTGAATTCCAAAATTGCGAACATTGACAACCTG[T/C]TTATTTTGTTGATAAAATGTGTTATGAATTCTGATGCTCTGGCCCTGCTTATTTGTTCAA
rs0764	3	AAAGAATAAATTTATCTAAGGAGGAATCCACCCAAACAAATTAACACTAATCAGAGTGGA[A/C]AGAAAGCTGAAAAGGGCATCAAAAGCAGAATACAATGCCAGTTAAGTTTTGTGGACAGAA
rs0765	3	CGGCTAGTGCCATGACACCGAACTGACTGAAGAGGACGGCAGGGTGAAACACCGTATTTC[A/G]CTGCGGATTTTTGGACAGATTCTGGTTTGTCTTCGTTGTGCACGTACAAGTGATTATACG
rs0766	3	CCCTGCGCCACTACGACATGCGTCGCCGTCATGCACTGGATGGAAGAGAGATAAATCCCT[A/G]AGCGGGGAGGAAAGGGAGAGATAAGGGTGTGCGCATAACTGGGAGGATGACGCTGTTAAC

表 C.1（续）

序号	染色体	序列
rs0767	3	TTATTGCCCGCAACGTACCCACAACCTCATCGACTCTATAGAAATTAACCGATGGAGAGA[T/C]GATTTCCATCCCATCCTAAGTCCTTTAAAATCTTGAGAGCTAGTGTCTCCTAAGAATCAT
rs0768	3	TATACAAGTGTATTTTGTATATATATATAATATAATAAATTATTTGATGGGCAATATTTT[A/G]TAGCATCATGGTTGGTTAGTTTTAAGGTTCCGCTCGGTGTTTTAGGTTCTCATTGCAAAA
rs0769	3	ACAGAATAAGAAGGCAATGGATGGAGGGCCAAGAAATGAAGTCCAAAGCCTACATATGCT[T/G]TTAAGACTTGAATAACTATCAAATATCAATAGCAAATTTTAAATCAGAATTTGCACCTCG
rs0770	3	TTGTGTTATGCAGAAGAGATCAAAGCATTTTGTTTTACCGCGATGATGCAGTCTTCCAGG[T/C]GTTCACCCAAGCCCCAGATCGGAGCGTCCATGATCACCAGCTTGTACGTGGTCATGACGG
rs0771	3	GACACTGAAGATGTTGATGTGTCTAGAATAAAACGAGAAAGATACTTGAGTAGGAATGCC[A/G]TAGATTCACTGTTAGAAGGAAAGGAGTCATCATTTGATCATCATAACGTACCGGATACGA
rs0772	3	GGACCGTAGTATTGACACTCTGACGGTGCTCTATCAAATGCGGCCAACAGTAGGAAGATA[A/C]CGCGGCCCCCACGAAGTTGCACGGCCACCGGGCCAAAGGACTAGAACTGCACGGTGGACA
rs0773	3	ACTGTGTAAAAACTGAAACGTGTTATACTCTACAGAAACAGGACAACCGACTCTGAAAGA[T/C]GCACCGATTCTCTGATTTTTTTGCAAGGCTATTCTGTGACCTGAAATTTCAGTCACCTAT
rs0774	3	TCTTATGTATGTATGCTCTTAGTTCTCTCTAAGCTCTATGCAGGGGCATGTCCATGTAAC[T/C]TGGCAACGATCTGCTTCCAAATAAAGAGCAGGATAGGGAAGGATGCAAGAAATCAGACTT
rs0775	3	TACTCTCCCAATCTCTCCCCCAAAGTATTTCCTTTTTTTTTAATCGGATGTTCCTGAAGG[T/C]ACCCCAAATTATTTCTTGCTTGCTTGAATCGATACGTGTGGTGTGTCTCCTGATCTCTAT
rs0776	3	TATATGACCCTCCAGATAGCCTGTCAGATGTGGACGATGAATTCAAATTTTGATCAGTTA[T/C]ACATCCCTACCTTCATTTCTGAGGTCTTTCTGGTAATACCATGAAAAGGTACACACGAAG
rs0777	3	CGTCCGGGCGGCTCCTCGATTTCGCCAGTGATCAGGTGAGCTGCTATTGTGTACTAATTG[T/C]TTCACCCAAATACTTCTCATCAATCGATTAGACAAAGGAAAGGGGAGCATAAAGATGCAA
rs0778	3	TCTCCTGTCCAGATATTGATTTTATATCTACAAGCTCAGACCATGCCTCCTCTGGAATTA[T/C]TATAAGCTCAGATAACTGTGAAGTTTCAAGATTGTCGCCTTCTACTGAAGCAACACCTCC
rs0779	3	ATACCATTGAATTTTATGAGTTTCCTTTGGAATAGGTCCAAAGTTAGCATGAAGTTCAAC[A/C]TCTTGGAAAGTCTCTTTTCATCCAATTCGTATGTTTTCATTCGGTCCGTCCAAATGGTTT
rs0780	3	TTTCGCTTTCTTGAAAGCAACTTGCAGCTGACAATCTTATGCCCTTCTTTATGAGCATTG[A/G]CCGAATCAAAGAAACGGACGATACTGGTATACAGGATAGATATTGTTTTCTCTAGTAATC
rs0781	3	CTAACTAGAAGCAGGAAGCGGTTGAAGGGCTTTAAGGGGATTCATGATAACTCCATCAAT[T/C]AGACCATACTCCTTTGCCTCCTTCGCGCTCATGAAGTAATCACGGTCAGTATCTACGTTG
rs0782	3	CATTTATCAGGGTACGCATTGAAACCAAAGATATGGGTGCATTGAAACCAGGAAAGAATA[A/G]TGAAACGCAGAGGTGTGCAGCAGTGTTCACGTTCACCTATCCACCACATTGGTGAACGAA
rs0783	3	TAAAAATATTTAATTTAATTCATTCATACAATCAAGTAAATAATCCACTGTAGTAATCTC[T/C]GAATAATCCGTTTCAAACTAGATGGGTAGCTGAAGTAGCATCTAACATGGCATAAAAGCC
rs0784	3	TGTACAAAGTCCACAAAGGCAACTAAAAGCGGCGTAGGGATCCTCTGTAATTTAACAACG[A/C]AAGCAAGACCAGCACAAATTTCATCTTCTCTCTTTACAAGCTAGCGTGCCTCAATTAGAT
rs0785	3	GGTATTGCTTTTGACAATAGTGGTAACTGCAGTGCAGACTACAGAGGCTGAATCAGGCGT[A/G]TTTATTCGGCTACATTTATGATATTGTAGATCAAACGAGTTCGGTGAGCCGAAAATTAGA
rs0786	3	TCGCTATCCATAATACCAACAAAAATGTGTAGCTATTGTCATTTCAGTTTGACACCATTG[T/C]CATTCTAGTAGCTCGGGTGATTTGCAAGGAACGAACGAAACAATAGAGCGTTTAACAGCG
rs0787	3	TAATAATGTATCTCGTTTTACGTGCAAATAATAAGCCAAAATCAAACAGAAAGAACACGC[T/C]CTTACTAGTTTTCCTCCAAAATTATATCGAAACGGGTCATTCCATATAAGTTCTAAAGAA
rs0788	3	TTCATCAGCCCATTCTTTTCCCACTGGAAATTTTTTCAAATCTTGGTCAACTTCCGTGGA[T/C]CCAACATGGAGAGTTTTCTGCTATTCATCATCTGAATCGTTCAATCATATTTCTCCAGAA
rs0789	3	ATCCTGGCCGATCTAACGGCTGATATTAGTCGGGACTGACCGGTACTAACTCAGCCCTTG[A/G]TTTTGTACCGCACGGTGGAGAAGGGTGGAGGGGTAAGATTGTATTTTCGCGTGCCATGGT
rs0790	3	TGACTGCGAATCCAACCAACCACTCTCTCCGGTCACAAACACTTGATTTTTGGACAAGAT[T/C]CAGTTAAACCTTTGAAAGTTTGAATATTTAAAAACAAAGGGAGTAATTTGCACTACCATT
rs0791	3	GTTGGTAGTGTGGACATCAAGAAAGAATCCGAGGCCTTGCATGTAAAGTAGTAATGATTT[T/G]AGCACAATTCGATGACTTGGCTGAGGCATTTTTGTGGACTCTTATGGCATTCTTATCATC
rs0792	3	TAAAAAAGAGTCGATCTACGTAGTGATGCGACTCCACCTAGAACAACGAGTCTAAACAAT[A/G]AAGTAGATCTTTAGACTCCAAGAGAGGAAGCAAACTTAGCGGGAGAGTTGATCGACGACG
rs0793	3	AGATTAATTTTTGAAAATTTAAATTTTGATCATGACGGATAAACTACGTACCCACCGGAC[A/C]ATGAGTGTACAGTTTGTTTCATCATACACAAATACAACCAAGAAACTTCCGTCTCATAAT
rs0794	3	CAAAGACAAAGATCAACGAGAAGGATGGTGAGGAATTCTTGGTGTTAAGGAGGACAAAGG[T/C]GACGGACGGCGATGAATACTTGGTCGTAAAGAGGACAAGGGTAAAGGTTGGCACCGAACA
rs0795	3	TTAGACTAAATGGACTTGCAGGTTTAGAAAGCTAACTATGGTAATTACGAACAGGATCAA[T/C]AAACTAAATGTGTATGCAGAAGAAAAGCTGCACATGTGCATAACAACGCATTAAATAATT
rs0796	3	AGCTATGTTTCCTGGATTTGTCCACATGTACGCTTGAACACGTACAGTTAATTGTTGTGC[T/G]ATCCGTCGAGACCAGCCAAAGCAAGGCCTCGTGAAGTTTTGCTGCTGGGAAACTACTGTT
rs0797	3	TGTCATTCTTAGAAACATTTGTATCAAAGCATAGAAACCCATTCACCTTATGGCTAAATT[T/G]AAGTGCATGGGCACGACTTACTGGACTTTGCATTGTTGGTTCATCTTGTTGAACTTGTTG
rs0798	3	TGCTCCGTGCTGATGAGTGCGACTGCATTTGAATCCACGTATGGTGTCGCAGGGGTGATC[T/C]GGTGATGTACAACTATGTTCTTTTCGGCCAAAGTGTGTCATCGAGTTTCCAATGGCCATA
rs0799	3	CATTGGTTTCTGACCTAGTAAAAGATATGTTTTCTCCCAGTACCACGAATCTGAGCAAAT[A/G]ATTATCCGATTCGTTATACCGAAAGGGGTCAGTATAATCCTCAGCTCCTATGGAGACGGG
rs0800	3	GAAATTTTAGCAAAATTAGGTCACTAAACTGAGTACTGATTTATGTTCAAGCACCTCCAC[A/G]GACAAAATTGAAAAAGGAACAGCCATGTTTGATCAAGGTAAACAACAAGTCCTTAAGGGG
rs0801	3	GAAAATTAGACTACAAACACTAATGTGCAGAATGACAGGACTAGGCCATCTTGTAAACAA[T/C]TCTTCTAACTCGAACACCTCAACATAATTCAGGAAGAACACAAGAAATAGGGCAACCAAT
rs0802	3	GGCATACAAGTTTCATACAAGCATTGGGTTTTTCATGGTGAACAAGTGGACCTAGATATT[A/G]ATCCAGTTGATGAGCCTATCAATGATGAAGATGATGAGGATTTTGATGGTCTGGACATGA
rs0803	3	TCTAAACATGGCCATGCCGAAAACCATCGGTTTCAGACGGCCTTCTTATTTTTTTTGCTA[A/C]TTACATGTAAGACGAACACTTTGACGAACCACTACGCATACACACCGCAAGCACACGTAT
rs0804	3	CATGCAACCATATATGCATGAACACTCTCCATGCGAGACTCACCATTTTGAAGACATTGC[A/G]TAGGTCACCGAGCTTGTCATTCTCCCTACCCACGCCGCTGCCACCCCATCCCACCCTCCC
rs0805	3	GAACTGATGAATTTAATGAATGTACTAATATCTCAAGCCTTGCTCAGCTGACGGTTAAGA[T/C]TTAAGACCACTAAGCATAGAACATTAATTTCCATTGGTGCATCGTTTCATTGAGCTTCCA
rs0806	3	CCGAAATAGAATTGTTCGATGCATTCAAAGAAACCAGTTGAAGAGAGCCAATCTCTGATG[T/G]TAGGTGCCCAGAGAGGCGGTTGCCATCGAGAAGGAGCAAGCTGATGTTCTTCATGGCACC
rs0807	3	GCAAGATAGAACAATGCTTTCTTGCAATTAATGCGACGAGATGAGTAGGGATCAAGTCAA[A/C]ACGGTGCAATTAGGCTTGAAATTTACAAATCCAAATTGGCTAGAGGCAAAGTCGCTTTTC
rs0808	3	CAGTCTGAATATCTGGTACATGTGGATTATTGGTATTGAAAACAATTATATTATTCAAGC[T/C]GCAGACTTGCAGTCATTAGATGAAACAGTGATATTACATGCCATTCTATTCTTGTACCAC
rs0809	3	TCTCGCTTCCATCTTGCAAATCTGGTACATTGTCGTGTTGCATTGCCCAACAAATTCTTG[T/C]TGGGATGGTGCTGTTACTCTTAGTTTGTTTGTTGTGAGATGAGAAGTTAATAAGCTTTAG

表 C.1（续）

序号	染色体	序列
rs0810	3	ATTAAGACTTTGAGATCCTCATTGCCATCGGTCTCTGCAGCTGTTCTTAAAATGTTAAAG[A/G]CATGGACAGCATGGTGCAAGAATAGAAAGAAATCAAGAATTTGGTTATATGTTCTATGAA
rs0811	3	ACTCCCTCTATCCAATAAAAAACCAACGATTTAGTTCTTTTCGCGCAGGGAGTATATTTG[T/C]TCATGCGGTACAAACCAACATCATCTTTACTCGATTTCGGCTAGTCGGCAAAACATAGTG
rs0812	3	GGCCTCAAATGTTTGCCATTTTCTTTAGAAGAGCACAGCAACCAATACTGAAACGCCAAC[T/G]CCTAGGTTCAACAAAAGACCCGCAAAGAAGAGCGGTTTCAGATTTTTGAACAAACATGCA
rs0813	3	TGCTACCGGAGTAGTTAAGACTGGGATTCTGTGTTAATAATATTTTTGGGTCTCGGCACA[T/G]TTATGTATGCGCAGCAAAGCGACCGATTTTCCTCGCATTTGTTGATGTTGCGATTTTTTT
rs0814	3	TGTTTGCCATGAAGATCGAAACATTTAAGTATTAAATTATTCTTAAGAATGCAGCAACTC[A/G]GTATATCATCTGTGACTTGAGAATGCAGTTGTGAATCAGTACTCTTCCTACTAACATAAT
rs0815	3	AGACAGATGGTGGTTTTCTCGAGGTTTAGTAGATTGATTTCGGTTGACGTCAGCTAGCTC[T/C]GAACCAATCCGAATTCGAAGGTAGTCGATCCGGGCAGAGGCCTTGCGGTCGACAACATTA
rs0816	3	GTTGCTACCGCTGATCTGGCTTCGTGGACCTCGCCGTTGGGAAGAGGCACTAGTGTCCAC[T/C]TCACTCTGCCACTATCTGAAGGATGAGGATAAAACAAATAAAAAGAAGGAAAAAAGAAAA
rs0817	3	AATTGACTGATTGCTATTTTGCTAATAGCACGACGAGCAGAATGATGATGGTGCTGAAAA[A/G]TCGGATAATCAAGTTGTGGATTCTCTTAATGAACCCAACAGAAGTAATACAGGGAAGAAG
rs0818	3	GTAAATTTGGTCAGGCTCAGGGAATGAAAATGTTAGGAACCAATTGCAACTTCTCTCGAG[T/C]CAGTACTTATGTTGTTAGTTTCATAGTATCTTGTTTTTTGAACGACGTTGGTTTCATAGT
rs0819	3	ACTTTGAGATCATTAATCATCATTAATAAATTGTCAGTGATAAGCTGGCTTAGCCTAGAA[A/C]GGCAAGATAAAGATGCGTTATATGCCTGGCCATGCTGTCCAGAATGTGTATTCAGAGGAT
rs0820	3	TTTAAAACACGCATACAGAAGTTGTGAAAATATTTTAACTTAACCCAAGGTTTAAGAAAA[T/C]ATAGTGGTGAAAGTCTGTCTTGTTATGTCCCAAAACAGAAAGAAACCAATGGAACCTACA
rs0821	3	ACAATCCAAGGGCCCAGATCTTATCCCCAATCCCTATGCAAACCCTCCATATTCCATTCG[T/C]CGTCTCACATCTCATTATCTCATAGCCCATCACAGCTATTTATATCTTAACTAGTGAAAA
rs0822	3	CCGTCTTTGGTTAAGTACGACCAAATAGAGGGCAAATTGACAGAAACAAGGGGCGCCGCC[A/G]TGATGGAATCAGATTCGTTGAGCAGCTCGGAAGTAGTTGATCAGGCCGAAGTCCTCCGGT
rs0823	3	AAACGGGGCGTCCAGGCCGGCCGGTAATTTCTTTTCTACGTACACGGCAAAAACCAAGAC[T/C]CGTAGACTAGTACTCCTAAAAGAAAGGGAAAGAAAAAAAAATGCCAATAAACTAGGCTCG
rs0824	3	ACCATTATCAATATCTTCCTATCCCCAATTAATCTCTCTTTTAAATGCCAAAAATTGAAT[T/C]AAATTGACGAGATGAATTCATTTTTCAGTCACCTCTCCACCTTTCGCATCCCCACCTCTC
rs0825	3	CAAGTTTAAGAGTTTGAGAAAAGGACTAAAGAAGTGGAGCAAGACCATTTCAAAACTGAC[A/C]ACTCTGATTTCTAATTGCAACCTTGCAGTCTCTTTTATCGACAAGTTGGAGGAACTAAGA
rs0826	3	AATATATTTTATTTTCTAAATATTTTTTGTCTTATCATCGTTTCTAAATTCAAAATTTCT[T/C]GTCTCTTGCCTTGTTCTCACGTAAGAATTAGACTTTGAACCTTAGTAGACGTGTTGATTG
rs0827	3	TGCACTTCTTGTGAGGTGGACTTGTTAAGGTGAAATTTTAGAGTAATAGAAGCATTTGTA[A/G]TGTGAAAACAACAGTAAGCAAAAGAATCATACAGATAGGGCAGATGGAAGCGTTTCCAAT
rs0828	3	GTGATAGGAGATAAAAACGTCTGAAGAAAATGCACTAAAACTTAACACGTTTTCTGAAGG[T/C]TTTCAGCCTACAGGGTACATCGCTAGTCTGGTAGAGACGCTAATAAAAAGGGGTAGTACC
rs0829	3	GTCACACCTATTTGTGTTGAAAATTGTCCTTTTGTGATTCCTCGTTCTTTATCTAGTACC[T/C]GGTTGCAATTTGTTTGATATAGTGTGGTACTTGTTGTACAAGTATCAAAATTCCTTACAA
rs0830	3	TTTTAGATAATGGATAAAAATCCAACTTCTATATCCACTTGTGAATATATACAACCAAAA[A/C]ACCTGGGCAGCACTATTGGCGAGAATAGCATCTGTGCTCTGTGCACTATTGGTTCGCCCA
rs0831	3	TAAAAGTTTAACTAGGAAAAAATTTTAAATTGACTTATATGAAACGGATGGAGTATGATC[T/C]AAGTGGTTGGTTGGTTAGAATTGGTTTCCAAAGTGGTGTTTATAAATCTCACTGATGAGA
rs0832	3	AAACAACACAAGGTGGACAGGTACGAATTGATGTTGTTGTCACGGTAAGTCCCATTCTAT[T/G]GGGATGGCAATCGTCAGATGATTGCAGCTGTGGCATCTAGCTAGAAAACACCAGTGTACA
rs0833	3	GCAAAAAATGAAAAAAGAACCAATCACTTGTCAATGACAAAACATACAGGTCCCAGGAAA[A/C]GGCCGAAAGTATTTGTCAGATGACTATTGCTGTTTTGGTTTTGATACAAGGAACCAAAGG
rs0834	3	TAATACAAGATATGTTCATAGCTGAATTTTCGTGTCTCTCGAAGGATGTCCCCTATGCCT[A/G]TCCCCTACGTCATCGAAAAATTTAAAAAACAATTAATAAGGTTGATAAACATGTAATATA
rs0835	3	TCATGTGGGTATGAAACTATGATCGCACAACCATAGCTGCCACCTCAACCAGTCTGTCTC[A/G]GTTGCTATCTTCCTTGCCGGTTTCACAATGACGATAGAAAGCCCGATTTCCCCTTTCTTG
rs0836	3	CACACGGTTTCAAACCAATCGACGCTAGCTCTGGCCGGATCAACATAAAAACCTGTGGTG[T/C]TGTTAATGTATAGCGTGCAAAGCTAAAAAAGTTGTAAAAAGGATGAAAGGTCTAGCTAGA
rs0837	3	AATCTCTTTTTCGGTGGTAGTGCCACGTAATTGGCCCTCCCCTTCGTGCTATCGGTGGAT[T/G]GGGAGTGACTGCATGCTCTCGAGTTATGGAAAATAAAATGGATGTGGGGATATCAAATTT
rs0838	3	CTCCTCTAACTTTTGTCAAGATCAAGTCACTACTCACTACTACTAATATTACCTTTAATT[T/C]CCTCTCTCTCTATCTCTGTGTGTCAAGATTCTTTGGTTCTTGAAGCCGCCTGCTGCCAGT
rs0839	3	CTCTGAAAGAAATCAGGTAAAACCAGCCAGTTTCTGGTCAGATTACCGATCAATTATGCA[A/G]GTAGGCATTGGATGCCTATACTCCACTTGGATTTGAACTGTACAGTAACGAAACCTTGCA
rs0840	3	TCTGTTTTTCTCAATTGAATAGACAGATCTCCTGCCCTTCTTTTATTAAAAAAAATCACA[T/C]TCATGATTTCCAACAAAATCAGTAGCACAGTACCAATGGGCATCAGCAGAGTAGTTAATA
rs0841	3	TAACCATGACACCAGCAGATTAAAGCTTCAATTATGGCTGACCGGTTAACGTTACACTAG[A/G]AGTACCATCCGTGCGTTGCTATGGATCTAACAAGTAATTTATTTGGGAACAAAGAGAACA
rs0842	3	GAACTGAGGAGCTGTGTGTGTCATTATCTTCAGAAAGGGCGTGGATTTTAATTTCTCAAC[A/G]AGATGTCCCCCGTTGTTTACATGTCACTCAAATAGTTAATTTAATTTCTTTTTCCATTGC
rs0843	3	GTCCTCAATTGCACAAATGATCAACAGACAGGATTTTGCAGGCCATCAATAGTTACTGGG[A/C]TAGTTTGGGTTGAAGCCTATTTTTGCCCTACTGAAATTTTGACAACTTCAATAGTATGAA
rs0844	3	GAATCCTCGCCTACATAGCTGATATTTTCCCCGTGGACAAAAGAATTGAGGATGTTATAG[A/G]CTCTGTTCTATTCGTTTTTTTTCCAGATTTTTACCACAGATTATGTTGCTCCACGCTTAT
rs0845	3	GCTACTCATTGAGTTCAATGATACGCCACTCTCATGTCTCACTGACTAATGGCCCCAGGA[T/C]CCAAATGCTAAAGATAATGTTGAAGAAACAAGGATCTTCAACATTTTAAACTTTTCATTG
rs0846	3	ATCATCATCATCATCGGTCTGCATCACTGAGGTGTCCCAAAGTCCAACTTTCATCCATCT[T/G]CGCGTACGTGTGATGGAGGAATTAACACGAGTATGGTAGTAAGCCCATACGAAAATCTTC
rs0847	3	TCGGTATACTGACGTGCTTCTGTTTGCAGTGTGGGATGTGATTCAAGTTTTAGTTGTTCC[A/C]AATGGGAGAGCTGTCCTATTCAGGTTGTTGTAGTTAACTTTTATTTTTTGCCACATGCTT
rs0848	3	CCCCAGTCTGTGACGATGATTCCACCTCATACTGCTGACTTGAACAATCTGGTCTGTCGT[A/C]CATCATTACGCCTATTACTCTAGCTTCTTCAAATGCTTCAGTTGCCCGAAACTTGGCCTT
rs0849	3	CAAATGATAAATGTGCTTCTTTACATCCAGGCATTCGTAATCAGTATGAAAAGGATGCAG[A/C]ATACATTGACGCTACATTTTATAAATAAGGTTTTCTTTTCTAAGAGAAAGAAGGGTGCGA
rs0850	3	CCACATGCTTGTATAGGGGAACGATAGGGTTAGCTAACTAGCTTCAACTGGCCGGAATTA[A/C]TATAGGCCCTAGCTAGCCTGCCAGGGCAAAATTAGCTGCAGGAACATGCATGAATGAAAA
rs0851	3	TTTGAAAGAATTCTATAAAAACAACACACTTGAGATTAAATGAACTTTAGAAACAACACA[T/C]TTGCAGAGGGAGTACCCATTTCCTTTGATCAGAAAGAATAAATGGTTCAAACTCCAAAGC
rs0852	3	TCATATTCCTACGGTCTCAATATTATATAAATGGTCCAAGTGCATGGTTGGGCTAGATCA[A/G]GAATGAGTTGTGTTTAACATGCACTCTTTATCGTATTCCCTAGCCTAAGGTGAGAAACAC

表 C.1（续）

序号	染色体	序列
rs0853	3	ACCGGCTAGCTGCTGTCGTTCATTCATCTTGTACAAAGGAAGTCTATACTGTATCCCTCA[T/G]TTATAGCCTGCGTCCGATTTTTCTCTATCAATTGCAAAACCAGATATGGATACCCTTAAC
rs0854	3	AAATAGCTTAAGTGCAACCAACAAATATCGGTTCCAGTTACCATCAATGTTTGACCAGAT[T/G]GCTAGTGTTTGAGTTCATCAACATTTCTGTGACAACTATACAGTGAGGTGGAACTGACTG
rs0855	3	TAGATGTACCTAGTCCTTCTTCTTGGTTCAAACATAGCAGTAACTAGGTGACGCCTAGTG[T/C]GTTGGAAATATTATAAATGAATATATTAAATTATGGATAGAATTGGATTAAAATATTGCG
rs0856	3	CTTGGACCAATTCGGAGGGAAAATATCAAGAACAGTTGAACTAGAATCCCCCAAGGGCAA[T/C]GTGTATGTCGTCAAAGTTAGCAAGCACATGAATAAGACAGTCCTCCAGTGTGGATGGGAG
rs0857	3	GCGAGATGGTAATGGATTTTCATTTGTTGCAGTATATGAGCCACCTTTTGGAACTGTACT[A/G]TCTACATGGCTGTGCCTGCGCGATAAATTCCTAGATGGGATAGGTTCTATACTCTCCTAA
rs0858	3	TCGGTCCATTGGCTCCATTAATGGTTCCTACTCAAAGGACAGAGGCACACGGGCTGGGCC[T/G]TCACCATCTTCTTGATTTTTCAACTTTTTTGGAGGGAATTTGCAACAAGACTGCGAACCA
rs0859	3	TTTTAACTCTATACACTTTCTTCGATTAAGCTTTTTCTTATTCTCAGACTCGTTCTTTCT[A/G]ATTGGTGAGAATTGCATTGCCCTCTCGTACCTTTATAGTTGCACCCGAAAATTTTAATAA
rs0860	3	TGAATTACAGACTACAGGGAATAAGCTCAATACCAGCAAGGAAGTTGATTGAAGAGAATC[A/G]TCAAAGTGTAAGTGTATGCTGAAATTACATATTTTTGCACCAGGGACGCCTCATATATTA
rs0861	3	GTGAGTTGAATTGGTGACGCAAGCATATATGATTAGGTGTAGCAAATTAGTTACTCCATC[T/C]GTTTGCATAATTTTGTCAACTTTGACTAAAATTTTCTTCCACCTTTTCAAATGCACAATT
rs0862	3	AACAACCCAAACAACGACTCCAGTTAACGCCTCGTTAGTTGATTAGGTTTTCGAGAATAA[A/G]TAAAAGACGAGCAACAGCTACAGGTAGGAGTAGTACGTAACATACATGGCTGATCACTAC
rs0863	3	TTCTGTATGTTAAGGAAAGGATAAGTAAAAACCACAAATAATGCATGTATTTGGTTTCAA[A/G]AACATAGTCTAGGCTGATTTCTGAAACCAGTGCCACATGAAAAATCAAAATGCTGCATCA
rs0864	3	TAAATCACCTCTCAAGAAAAGAAAGTTTTTACTTTGGGATAGGTATAATTGTCTTTTATT[A/G]CACCTTGGATCACCTCCTCTCCATCTCCCACTATTTTCTCTTCCCATGATCTAGGAACAT
rs0865	3	CAAACCATGTCTCCCAGTGTTGACACATGTAACTACAACTACAAGCAATGAATCAGGCCA[A/C]TAAGCAGGCAAAGTTTCTTCCTAGAAACCGAGAACAACCCAGAAAGTGCCCTAGGCCTGT
rs0866	3	GGTTTGAGTGTACTAATCAAGCTTTGAACCATGATGCTTTGTTTTCTTCACTTCAGTTCT[T/C]GAGGGATTTTGGTCCCAAGTACAGTACAAGACCCAAAATTTAAGTAAATAAAAAAGGGGG
rs0867	3	GTTTCAGGCAGACAAATTGTAGTCATGGAGTGTACTGATTGCTGCTAAATTATTATTCAG[T/C]CCTCCTCTGATGGTGTAGGACTCTGTGTAGGCTTGTAGGGAAGTATTAGTACAAGTCGGG
rs0868	3	TTTAGTTTCTGAACTTTGCCTAACCTTGAGTCCTTGACTCCCTGTTTAGTTTGTCAACTT[T/C]ATGAGCTCATGCATGTTGATGACATTCGAGGGACAGTTACTTACGTTGTGAAAATTCTTG
rs0869	3	TGTGGAGTTGCGAGCGTATCTAATAATGTCCTCGTCACTACCCCCCACAGCATCCACTCC[A/G]TGGAAGAAAAGCCCTGATGCCAACATTGGAGCTCTAGATTGGCTAGCAGCGTAGAGTCCC
rs0870	3	CACACTTCCATCGTCCATGATTGTAAGGAGAGTGCCAAGTCACTAAAGGGAGGATTCTCT[A/G]GACAGAACCTAGAATTTAGCAAAGTAAATCCTGTCCAGTGAGCTGGACATACTTGGGAGA
rs0871	3	TTTGTTTTAATTTTATCTCAGTTCAAGGAGCTTGCACAAGCTTATGAGGTATTGAGTGAC[A/C]CGGAGAAACGTGAAATCTATGACCAATATGGTGAAGATGCCCTCAAGGAAGGAATGGGTG
rs0872	3	GCATGGTATTGCTGTTTCCAATCGAGTTCTCTATTAGCTGGGCTCAGTATGGCAGTAGTA[A/G]TACTAATTTCTAAGATGGTACCCTTCTTCGACTGTGTTTAACTTGCTTATACCGTTGCTT
rs0873	3	AACGGGTAGTTGCCATTTTTCCATGGCTGTATACTGGTTAGGGCAATCAGCTCATTAAAG[T/G]AACGAGTTCTTTTTCTAGTTTAGGTGACGAGTTTTTTTTTTTTTGAGAAACACAGCACA
rs0874	3	AAAGTCAAAATGGCATGAACGCACCTATTAGAGATGGATGTTATGATGGCATTGCACAAG[T/C]GATGACGCTGGGATATCGACTATATAGGGGCATTGGCAACGGGCCGATCGAGGCATGTCA
rs0875	3	CTGTATTGGAGGCTTTGACACTGTACCTAAGAGAATTAGAGAAAATTCAGTGCATGGAAA[A/C]TTATGTTGCCAGAATAATTCAACAAAATCAAAACAAACAATGAGCGAAAAGCTAATAATA
rs0876	3	TGCAGGACTAAGCCAGAAGCCAGGATGGTCAGGGGATCACTAATCGAAATTACTGTTACA[T/C]TACAACTTAAAAAGTTGCTAAAATTATAAGTGTTTCCTATTCAGTAGCCAAACTAGAGAA
rs0877	3	ATAGCACGGGGATCAACCAAAAAAAGGCAGTGCGGGGCCCAATCAATCTATAATTAACTC[A/G]CGCCCGCCTAATATATATTCCCTCCGTAGTCATAAAGGAAATCGTTTAAGACATCGACAC
rs0878	3	CTCCACTCTCTAACCCAGAACCCTAATCCGTAGGTCCTCAGCCAGAGTTAAGGGGTCACC[A/G]TCACTGAGTCTTGCCATCACTATCGTTGGTCAGTCTGCCATCTCCATCACTCTCCTCTCC
rs0879	3	CACAACACCACTATAGATCTATACGTTGCTGGATCTTGCATGTGCGCAAGCGTTTCGAGG[T/C]TTCGAGCAATAACCACAAGATCAGCTCGAACATCCAGAGAAAGGAATCAAAATCGACCAA
rs0880	3	TATCATGTATATCATGTCCGAGGGTGCTCACCTTTCACTATCAAATTATGCTTTCTGTAT[T/C]GAAGCGTCACGGCAGTTTGCTGAATCCAGGGTTGGTCTAATTGACAGATCCATTCGTGCC
rs0881	3	GCGGGTATATATATATCCGTATCATTCTCGATCGGCAGGTGAATTGTTAATTTTGTTCAT[A/G]TGTTGCATATATACTTGCATGGTTGATGTGTGTTAGCTAATCGATGGTGTTAGATCAAGC
rs0882	3	GGTTGAGGACAGCCTGAACTGAACTTGCTGCTAATCATTGTACATCTGTGGGCAAAGCAA[T/C]GGTGTCAATGTGGGGGTAGAAGGGTCATTTCCTCAAGACAAAAAATGAAATTAGGAGCAT
rs0883	3	ATTCATGAAGACATGATTTCCATCATTGGCTCATTGGGATTCTTTCTTTCACACATCTTG[T/G]GTCTATATATATACTCCACTTTTTGCGTGATTGCTGTAAGTACCATAATGATTGCCGGTT
rs0884	3	TTTGTATGTTAGTGATGTATAACTACGTATATATATGTACCTCTGAATTAATTTTCACTG[A/C]AGAGACGGAAATTAATTAAATCTCTGCTTCATAGGAGTATCTCCATAAGCTACTGTCAGC
rs0885	3	CAGTCCTCGATGAGAACACCTGCAGTAGGCTTTGTGATGGTGGCCATGGCATGCTCTTAA[T/C]CAGAGGATATAGCTCGTAGGATTTACTACGGATCCGTGGGATTTGGAAGATCTCGTAGTG
rs0886	3	ATCAGATGCATCAACATCTCATTTCTCATATCTTTGGCAGGTCCAAAAGAGCGCTGATCC[A/G]TGTACGACGCGACCATGTTAGGTTCCCGTGACGATGAATCTTGAGAGATCGCAGTTGGAT
rs0887	3	GGAAATTTGTCGGACTGATTGTTCGGACGGAGTATAACCGAATTATCATCTACCAGTGCT[T/C]AAATAATTGGAACTAAGCAATAACCATTCGTTAATATTGTCCCTCTCACATCCAGTGTGG
rs0888	3	TTTGTTGTACTCACCTTTCTAGCTTGCACAGTTCCTCCGTCCTTTCGCGCCGATTCCATC[A/G]TTAGCTCTCACTGCCCTGTTTAATAAGTGGTCCTCTCTTACTTGCAGGATGGGCAATTTT
rs0889	3	TCCAGAACCTCCAAATGTAGTGCACTGAGATTTGGCAAAGATCCTAGCTCTTCCAAGCTA[T/C]ACCAATCATGTGTACTGTCATCCAAATCGGTTGGGAACCCCAACATCTCAACCAAATTTT
rs0890	3	TTTTATGATGCTTGGATGGTACTAGAGGTAACTTATTCACTTAGAAGTGAGCAATGGATG[A/G]TGTTCCACTAATAAGTGGAATGTACCTGTAGAACCTTACCAGCAGAGAACATCTCAAAAG
rs0891	3	ATAGAGATAGTAAGAGACTAGCCTGTACTGTATCAGCCAGGACCTATATAGCTAGCAACA[T/C]ATATACTCCTACATACTCCATGCATGCCTCTCTCAGAAATACAGATGATTTATTCAATTA
rs0892	3	AACTCAAGCGGCACGAGCTTCACCGGAGTAGATGAGATGCTACTGTTTGTCTGAGAAAGA[A/G]GAGAAAACTATGGTGGCTCGAGGAGTGTACTTGATTTGACAACACGCCTGCCGGTACATT
rs0893	3	ACTGAGGCCATACCGTGAAGACGAGCTGAGGTACCTCAGAGGGGAGGACAGGCAAGGGCC[A/G]TATCAAGAGCATGACCGCATCTACCGGTACGATGTTTACAATGACCTCGGTGAACCAGAC
rs0894	3	GCTCCAAAGCTTTTGCCTCGGCGTGATTGGTTGGTTGGTTGATTCGTTTCCTGAACAGGA[T/G]AAACAGCCGCGTTTTCTCTGGCTGGGGTTTCCGTTTAATTGCTCTCGCTAATAGCTTAAT
rs0895	3	GTACCCTTGGACCGGTGCTCCTGATCTCGATGGGGTATATTGACCTTGGGAAGTGGGTGG[A/C]AACGATAGATGCCGGGTCTCGGTTTGGCTATGATCTCGTAATACTGGTGTTGCTTTTCAA

表 C.1（续）

序号	染色体	序列
rs0896	3	CAACAGACATACAACAAGCGTCAGAAAATGAGGGCAGCTGAAGGATATCAAATGTGGAAC[T/G]CCTAGATGCCTACCTCGCAACAATACAAAACAAATTACCTATTGCACTTCCTCAGACACC
rs0897	3	TGGATGCGACAATGGTTGATGGTTCATCGAATGGGTCATCGGGGCCAAGGTAGTACATCT[T/C]GGTTGCAGGCCCTTCGCATAGATCCTGTGATGTTGGGAGAAACGGTGCAAATGGATGTTT
rs0898	3	AATTTATCAGTTTGGTCACGTCAGTAGAATGCAGTGCTAGAAGAATCTGAAGCTGGAGAA[T/G]GATACAACTGATTACTGCATACCTGTGGTCCAATTGGTTTGCCGTTTTTCGCAACTGCAG
rs0899	3	ACAAGCAGTTTGCTAGTTGAGTTATGGGTGAAAGACTCCACGGACCACTGTATAAATCCT[A/G]ACGCCCACAAACATCACACACACATGGGCATCATTCGTGTAAGGATTGAAAGACGTTTAA
rs0900	3	GATAAAATAGAAGTTAAGGGTTAAAATAGACAGATCAGCTACTTCAGACAGTAAACTGGG[T/C]ATTTGTTTCATCCTATTTATCTCAAACAGACATCCTAGCGCAGATGATGCTCTGGCTGCG
rs0901	3	CCAGCATTAGTCCGGCATGAGTTTTGGCTGATTACCAAAACCACTAGCATAGAGAATCCT[A/G]TTGTGTTTTATTATTATCTTTGCCTTTATCGTAGCAGTAGAAAAAAGTATAGTACAATAA
rs0902	3	TCTGTTTCCAAAAGTTCCCTTGTAATACTGGAGGATCTTTGGCCCATTCTGCAGTAGATG[T/C]TTCAGTGAGTTGCATAGACTGTGTCATTTCGTCTTGGAGGTCTATCAGGAACTGAGCCTG
rs0903	3	ACGTGGCCGGTTTCACATCAGAAAGCATCTCTATAAACACATAAATTTCAGGAGTCCAAG[T/C]GACAGTGGTGCAAAAGAACATGCCTGGGAACAAGTGCTGACGACGAGAGGTTTCAAAGGG
rs0904	3	AGACGGGACCGAGGGCGGTGGCGGCGGCGGTGGTGGCCGCGGCGAGGAGAAGCACAAGGC[T/C]GTAAGTTCGCTTGCCTCTAAATCTCGCGGGCTCATTGGTTCTCAATGCCTACTGATCAAC
rs0905	3	TCTACTTCAGGCTGATGCTGATGACGTCCGCAGTTCTGCGGCAAAGGCAATTGGTACATT[A/G]TGTCAGGTATGGTTACTTTTGCCCTTCTTTTATCCATATAAACTTTTCCCTTGTGATGCA
rs0906	3	GATATGATGCTGAAAATGGCCCAATCACAAGTCCACACAACAGAGCAAGAGGGGATGGCA[T/C]CATGGCAACAATGTTATCTTTGACACAAGAGACAAAAGGCTAGAAGAGTTCGATAGCTGG
rs0907	3	TACTAAGTACATTGCTTAGGAGGGGTGTTTGTAGTCTAAGATGATATGGGAAATGACATC[A/G]TAGATTATTGAATCGTGAGTCAGACAGGTGTATGATTCCCATTTTACAATGGTTTTGATT
rs0908	3	GGAAGGGAAGGATGTGGTCGCTAAGGCCAAGACTGGCTCCGGAAAGACCTTTGCTTACCT[T/C]CTCCCTATGCTGCATGAGCTATTGAAGTTGTCTGCAGAAGGGCGTATCCGAAAATCTGCT
rs0909	3	AAATACAATTCTCCAGACTGGTATGCTCTCCTGTGTATAGTGTGGATGTGCAAGTGCAAT[A/C]CTTTAAAAACCAACCAACGAATAGAACTTTTATTGTCGTGAACTTGAAACATCACCAATG
rs0910	3	GTCATCTCATGGGTCTCGTCGTCGTCGTCCTTCCCAGATCACATCAGCTACCCGTCGTCC[T/C]AGCTATCATATGCATGCCTTTCCGGCTCACCGACATGGCACGATGATTGCAATCCTAACT
rs0911	3	TTTTCCGAGATTATTTTACGGTGGAAAAACCAAAAATTTATTTTCAAAAGTTAGTCTTTT[A/C]GAGCAGAGGGAGTACTCCTAAACATCTTTAGGGAAGACGTAATGTGATCGAGAAAGATAC
rs0912	3	TCTTAATTGTATCTGGCTTTGTACTTATAGGGCAACGATCATATGAACGGATCGGAGAGG[T/G]TTTTTGCAATGTGGCTTGGCAGAATTGATAGGATTTATTACTTAAACGAAGATTTGCTAT
rs0913	3	ATAATATCGGAAGCTCAGAGTGCTTTTATTCCAGGGCGACTCATTACTGATAATGCTCTA[A/G]TAGCTTTTGAATGCTTTCATTCTATTAAGAATTGTAAACGGGAGAACCAAAACTTTTGTG
rs0914	3	ACTGCGTTAATTCTCTCCCGACAAAAATGCCCTTTTCAACCGGTTGTTTTCTGAATCCTC[A/G]CTATCACCACACGTGAAGAAATCAAGAAAAGTGAGAAGAGTCACGTCCGAATTTCCTGTA
rs0915	3	GTTACTGGTTAGTACTCCATCGGTAAAAAAATCCCTCCTTTTCATATCTTTTTTTCGCTT[T/C]CAATCTTGCGCAATTCGGGACCTTTCCTGCCATTTCGTTCTGTCCAAATTCAGAACATTG
rs0916	3	AACCCTTACGTACATAAGTACATTGTATACGTATATGTATGGTCTGTATCAGTATCACTG[T/C]CCACGTCTTCTTTTCTACTAAAATGATAGTTGCCAAGTCTTCGAATGATCCTTTTAACAG
rs0917	3	GTCATCAACAGCAACAGGCCCTTATGTAAGCTATGTATTTCTTTTAGTTTGCACTTGAAA[T/G]TGCAATTCAGCTACTGGTTCAACAAGGTTTTGAATTCAAGGAAGTGATTTACCGTGCCTT
rs0918	3	AGTTGTGTGTGAATTAGATTGCGAATAGGCCCTTGGTAAAAATGAAAAAAAATATGGGGG[T/G]TTTCAGTTTTTACAAGCCCATTTGGTCAATACTGGGCTAGCCGTTGTTGGCCCGACCGCC
rs0919	3	ATGAAACCAGTCTGTAATCAGGCTAGCTAGAAGCATGGATGTTTCTTCAGAAACCATGTA[T/C]ATCTCAAAAAGAACCTTATAGGAAAGGTAGAACCCAGCAACTAATGAACCATTAGATTGA
rs0920	3	TTCGAGAATGATCTCAAGCAGTTATCCATGGCTTTCATGTGAGTTCCCTTCACGTATTTA[T/C]TTTATGCATTGTTTAACCACTAGGAAATACTACTCGAATTTCAAATCTAGAGGAACATGC
rs0921	3	TTTTCTTCCCAATGTTTGACCGATTATTTTATTCAATTTTTTTAATGGTTAGTGTTATAG[A/C]AGGGGTAAAACACCCTCCTCTTTTGATCAAAACACTAAGTAAAAGGAGGTCTTGAGATTT
rs0922	3	GAATTACATGATCTATAGCTACCAGTTATGCGCCACAAATCACAAATGTTTATTCAGAAT[T/C]GGAAATGCAGTTGCCTTGTTCATGAGTTTCAGTTCAGCGGAGCATATGGGTGGCTGATGA
rs0923	3	TTCTGTTCCGTGTCGTCTTCTTCCCCCGCGACAGCTGCCGCCAATTAATTATTCTACCAC[T/C]CCATTAAACCACCTCCACCCTTCTTCTTGTTCTTCCTTCCACTTCCCCCACTCGTCGTCT
rs0924	3	GTTGACAAATTTCATGGTTTTTTCTCCCCAAGCCCACCTTAGTACTCCTATGGGCTCTT[T/C]TTATTCCTCGTTAAACCGAAGGCCTTGGACCAAATACACAGCCCATTAACACAAGATTAA
rs0925	3	ATTGAAGTCGTACGTAATTAAGCCCTTGAATTTTGTCAAATTGAGTGGTTAGTTAGGACA[A/G]GCAGCTAGCCAAATCGATCAACAGGACGCCTTTTTCAGCTTCATATCCCAAGTGGGATTG
rs0926	3	GAGGAAGGAATTTGAGGCTGAAGGCAGGACTTTGGTTGCGAAGGAGAAGTCGGAAGCGAT[T/C]GACTCAAATGTCATAACTCCTGGGACACCATTCATGTTTGTACTCTCTTCGGCGCTTCAA
rs0927	3	TGTTCTTCTTTGCATGTGGAATTGACTGGTGCTCCACATGATCTTCATTAACTGATGGTT[T/C]AATCTAGTGGTCAAAGATCTAGGTAGCTGTTTGGGCCTTCCAGGGCTTCATTTAATTAAC
rs0928	3	TGGCTTTTGCTGACATGGCTCGTTGACTTGGTCCAAATAACCCAGTTAGTGGGTTGGGTC[T/C]ACATGTCAGTGTCTCCTCTTATTCCAAGATTGGCAGTAACTCGGCCCATTTATTTATGGG
rs0929	3	AAGATGAGCATAGTAGGCCGGTGGGACTGCACAGGAAAGAAAAAGAGCAATACATCAGTG[A/G]ACAAATGCAACAGATTTGAAAAGGAGCACCACGTAGAAAAGAATCTCTGTAGTTCAATTG
rs0930	3	CCTAACTCCTAACCTGATTATTCTTGCTGGTACACTGAGAATTTAGTTGTTCATCGCCAC[A/G]CGAAAGACGGAAAGAGTGAGCAAGTGCAGCGTTGTTCTATCCTCATGTTACTTAATCACT
rs0931	3	GTATCTATTTATGAATGGAGGGAGTATTGTAGCTCTAACGTGCATAATTTGTATTTGTTG[T/G]TTCACATAGCCATTGACCTTATACACAATAAGTTAGCGTGCACATATGACATTGTTGTTC
rs0932	3	ACAATGAACTAAATGGCATAAAAAATACAATTAAAATTTACCAACTATGTATCTGTTTTG[A/G]AAGTTCGCAAGGATAAGTCGGCTATCACAACTTTTGAAAAGCTCACGATGTGGTGGGGTG
rs0933	3	TTGTTTATCTGTAAATAACTTATGCATTTTTCTTACTGAAGGTGAGAGGAGAGGCTATTG[A/C]TAAAGAGTTGAACCTTCGCCACAGAGGTGTTACGTACTCCGTTCTCTTCTATGCTGCTTG
rs0934	3	AAGAGAAGATGTCTTTTCTGTGGCTCTTTGTGGTTGATCTTGGGGGAATTCACTTTCTCT[A/C]TTTACCATTCGTTCAAAACCTTTACCTTCCTTTTGGCTACATTGGGTGAAAAATATGCAA
rs0935	3	CATTTCGTATTCAAATATATATTCAATTCAATTTATAATTTAGTCAATTGTGATGGCCAC[A/G]GATCTCTCTAACCTAGTTCATTTTTCCTCTGTACTTTTCAGCCATGCAAGGGAGCTCCAA
rs0936	3	TTACTGTACTTTGAGCCTTAACATGTTTCTGAATTAAACAGCTATTACATTGAGTTCCGT[T/C]GAATTATTCTGCTTTGGGTGGTCCTCCGTCTCTCTCATCTGCCGTATCAGACTATGTATA
rs0937	3	CATAAATAGGGGTGGCGCCAAAAGAAATATTTTAGCCTACGTGAACTTAGAAATTCCATC[T/G]TCAGTCTATTCTACAATGATAATTTTATAATGGAGTGTTTGACAACGAGTCTGAACAACC
rs0938	3	ATGTTCCGGTGTTAAAAGGCTCCAGCTATATACTTGCTTTTTGCATGAGTTGAATTGGCT[A/C]TCTGCCGCTCTGCGTCACTGATTTGGGGTAGCTTTTCCTCACACTGGAGCCATGTCATAA

表 C.1（续）

序号	染色体	序列
rs0939	3	TGGAAAAAAGTGCTAACGATAAGCATTACGTGAACATCTACAAGCCTGATTGTGTCCCAA[T/G]ATTCATATGGAGACTCTGTATTCGATTGACAGATAGTACATAACATTGTAGATCTGGTAA
rs0940	3	CACACAAAAATTTGCACCTTTTATGTGCATCAGCACACAGTAGTATACTATATTCAACCC[T/C]CACAAATCAGAAAGGTGGTGCTTAGGAGATCACTACTACAGAGTTCCCCTGAACCCTGAA
rs0941	3	ACCTACGTGTCACTCGTCGTCAAGCTCTCCACGATTTTGCAACGTTTTTTTGAGCTCAAA[A/G]GATTGGTTGATTGATTGCTTTGGTTGTTGGTTGGGTAGAGTCGTCGCCGGAGTTCATGGG
rs0942	3	CATTTTTTAATTTCACGTTGTTTCACAGAAGGAAAAATAATGATGTGAGAAATTACAAAG[T/C]TAGTATTTTAATCCTCAAAGTCTGAGCAACTCCGGGATCTGTCCTGTTGGGATTGTGTGG
rs0943	3	TATAATCCATGTTTAATTTACCAGTCTTTATATGATCTTAGTTCTGTTGCATGAAGTTTG[T/G]TTAGGTGCATCTGGCCTGAGACCAATGATGGTGTATCCATTGTCAAATTATGAATTCCCC
rs0944	3	TGATTTGATCATGATGAATTTTGGGACAGGATTATATGGCCGAAGCAGATCTCTGCATGC[T/C]GCATAGAACACCGCAAGAGCATATAGTGCCATTGAGTATGAGACTGTATATATGATAGTA
rs0945	3	CACTGCTTATGACTCGCTCGATTAATTAATTAAGGCTGAGCACAATAATTAGCCGTCGAA[T/C]AGAAGTGGGATAAGGGAGAGGATCAGAGGAAATTCTATATCGGTTTTTTGTACCGATCTA
rs0946	3	ACTATGTAATGGGTAGTCATTTGGCATGCTACTTCAGTGTCCCATAAGAAAAGGTATGGA[T/G]TCAACATAAAATAATAGTCTCAGAGAAAAAAAAATATAACCTACCTTTGCACTTCCATGC
rs0947	3	ATTCTTTGATTGCTGCTTAGTACTTTCCTTGTCTTGTTGAAGAAATGATATGGATTGGTG[T/C]CACTAATACTAATAACAGTGGTGCTGATTATGTTTTTGTGAGCATCTTTGTGATCCTGGT
rs0948	3	GACCTGTGGTTTCTTTCAGGTCGAAGAGTATATGCACCTGGATTACAATATATATTTGTT[T/C]CTAAGGAACCAGGACAAGAGTTTTGTGCACCTCTTGATCCAAAGCTGCGTGGAAGTGATT
rs0949	3	CCATTTATCCAATGATGAGAAAGCTCACAAACCTATTCAAGGGCATCGCCTTCATTTCAC[A/G]AGAGGGTTTATATAACTTGAAGAAATAGCATCATACTATCATGCAGAATCAGGCTAAATC
rs0950	3	GAATAATGCAAGCAGATTGAATTATTAGCATGATCGCTTTACTAACCTGAAGAAATGTGG[A/C]ACCGGTCCTTTCACTATAGTACAATCCATAACCTTCAGGCATTTTTCCCTTTTTAGTCGT
rs0951	3	CGAGCCAAAGCAAGTACCATGATGTTTGGTGAAACCTCGACTTTTTCAAGTCCAATTAAT[T/G]GGAAAAAAAGAGAGGAAAATACACACTGCCGCAGCTTGACCCAAGCCCAACTCAGCCCAA
rs0952	3	TCACCATCTCCTTCAGCAGACAGACTGGCAGAATCATCGTGTTTCCGACTCGCAGTTGAA[T/C]GGCTAGAATCACCGCTACTCCTGCCTGAATGATCATTTCTTGGGGGCAAAATACAGTACA
rs0953	3	TCAGGCCATCATAACAACCAAAATCTCATGTGGCCTTACAGCGGTGCACCGAAGATTTGG[T/C]GAGTATTGCAGAAACCTGCTTACAAGGTCCACTGCTTCAGGTGGAAGCCTTTTTTGGAAA
rs0954	3	CCCTATCGTGGCGCCTATCCCGATCACGATCATGGTCTCTTCTGCTTTCTCGAGGTTCAA[T/C]TCTGTCCTTTCTTTCTGAATCTCTATCCCTGGATGCCTGACCATTGCGGTCCTTGCTGTA
rs0955	3	TCTGGATCAGGAATAAGTAGAAGTACCTACCAGTAATTGTAGACTGATGGTACAATCGCA[A/G]GCAGTGTCATTAGTGCACGCCGTGTGCCGTGTGGGGATTCAATCCAACATGAGACTGACA
rs0956	3	ACAATTTGTCACACGTACAATTTCTCGGCTTATTCTTCACTAGACATAATGCAGAAAACA[A/C]TCTCTCAACACTTGTTGTTGCCACCGGTAGGATCAATACCAATTTAAGGAGCAAATAGGC
rs0957	3	GGCAGCTAAAATCTGCCCAGGCAAGAGAGATGAGGGGAAACAAAGTCATGGTCAGTAGGT[T/C]GAGATAGATTTTTTGGCCTTTTGGTTCAAGAATCCTGTACTGTGCCGGCCAAGTTTTATT
rs0958	3	TACTCCGTACTACCATAATTTTTATTATAGTGAAATCTGTAGGGTTTTACCTTAGATGTG[T/C]TGATGATTGAAATATGGCAGTGATACAACGTATGGCTTGGCACTTGGCAGGTGGAGAAGC
rs0959	3	TGATGTGGCAAAATGGGTTACGTGGATCACTGGTAAGCCTGATTCACCAAAATACTTAAA[T/C]GGGCTATGCAATAGTCCTAAGTGGACGGTTACTCTGCTGATATTTTTATCCAAATGAAAG
rs0960	3	GATAGTTTCATACAACAGCCAAAGTGATCCAGCATTTACACCGCATGTTGGCCCAACGAT[A/C]AAAAAAATTACAATGTACATAAATCGGTAAATGTAAGCTAGCAAGATTAATACAGACTAG
rs0961	3	TATTTTCTTCTCTTTGTTTATTAACCGAGCGTACCCCTCACATTATTGGATCTCCAACAA[T/C]AATTGGTACTACTGACATTCATATATATGCTAATATATAAAGCTATTTGCATTTAATTTA
rs0962	3	GAAGAATTAGTCAGACACTGCCTGCAGCAGAATGAAAAAAAAGGACAAAAGGCTTAATAA[A/G]GTGCATACAGAAAGAAACCAACAAGATCAAGGGACAAATGGTGTACAGCGACTAGTATTT
rs0963	3	GAACATACGAACTTTATTACAGATATAAGATTCAAACCGAATTCAACTCAGTTAGCTACA[T/C]CATCTTCTGATGGAACTGTTCGACTATGGAATGCAATCGAAGTAATTTCTTTTTAGTCTT
rs0964	4	TATTAGCTAGCTAGCTAGCTATATATATTCGGCCGGCCTATCTTTCCTGGTATATACGAT[T/C]GAGTATCTCATTCTCTTTATTATATGGATCATGCGGTGCATGCATGGTAGCTAGCTAGGC
rs0965	4	AAAATCAATCAATTTCTTTCAATAATGTCCCTGGAACGCAATTACCATCTTGCATCGCGT[T/C]TTTTGTGTACACGTGTATCATAAAAAACAGTTTGGTCAATTGGTACTATATAAGGTTTGT
rs0966	4	TTGTCCCTGATTTCATACCCAATTTCTATTTTCATGCCCATTCGTATTAATAATTTGCAA[A/G]TTTTGCTCATATACACTACACAGCGCCATGAATCGGGTTCAACATCCATACTTTTATCTA
rs0967	4	GAAGGTTGGAGGCCTTGCAAACTGTATAAATTTATTTCAAACTAGGAAGTTAAGTTAATA[A/G]GTAGGCATGGAGTTGATTTTTTTGCTCAGGATCGATGCATGGATGCATGTCAATTTTATA
rs0968	4	AAGTAGGTTAGGCAGGAATTCCCTACCTATAGTACAAATAAATACGAATGGTCATGGTCT[A/C]ACCTTATTAGCTAGCACAAGGTCTCTAGGATGACGACTCCTCTCAATTTCTCAACCACGC
rs0969	4	AAGGGATTAGAAAGTATCATCTAGTTAATTGGAACACTATTTGCTCCCCTAGAGAAATAG[A/G]GGGTTTGGGCATTCTAGATTTAGAGGCTATGAATATTGCTTTATTGGGAAAATGGATATG
rs0970	4	GACTGACTCTTACATTCTAGCTTTTCTTTCTGTGATGCCACAACAGTTGCATTCTTACTG[A/G]TACCATATTTTAGAAAAGGAGAGCACTAACATCTTTTTTCCACTGTAAAGAATTCGATAT
rs0971	4	ATTTTGGAATGGGACCATCTAAAAATATTTGGGCCCAAAAATTACAGGTCCTTCAAATAT[A/G]TCATTATATTCCAAACTCTTCATAAAATTTGCCATGTCATCCTAGATGGGTCATCCTTCA
rs0972	4	TCTACAACTTGACCATAAAATATGTAGTTATGTGAAATTTACTTAAATTTACTTGTTTAT[A/C]TTTTATGCATAGATTGGTCTATTCACCTGATTACGGGGTAATTACTGCTTTTGAATCTGG
rs0973	4	ATCACCGTGGACAGAGTCCCGGACTCGGGCATCGCTGCGAGCAAGAGCAAAAACAAACCA[T/C]TCGAGACCGGATTCACGACAGTGATCGTGGTCTTCTCATTCTTCTCTGTTTCTCTGATTG
rs0974	4	GTAATATTATAGTTCGCCCTAATTGCTCAAGAACAAAGATTATTTCATGATACAAGAAGT[T/G]AAAGACAGTGTATTGTATTATATCTGAGAAATGCAACCACGATTCAATAAGCAATAGTTG
rs0975	4	CTACCTTTACTCCTCACATCTCCACAAGTTAATGCACAGATCTGCTGCTGCTCTGCGCCA[A/G]CATTTGCAGAGCAAGTCAGTGCGTGCAGTGCAAGCATGTCAGATGCTGATCAGATGCAAA
rs0976	4	CAAGCACCATGGATAAAGATGCTATCCTCCATCATTGTGTTATTTTGGCCTATGCATACA[A/G]CAGTGATGTCTGGTAGTCAAAAGACATGTTCTTCCATGTGTTACATAGTACCCCAAGTGC
rs0977	4	CAAAAGGTGGTAACGCGCGCGTATATGGTGGAATGAATGTGAACCAGGAGTGGAGCGAGT[T/G]AACGTCTCCTATTTTTAGGGCCCTGCCGTTTTTGTTTGCAGATATGGCTCCGGTTCATTT
rs0978	4	ATTACTCTTTGTATTAGTGTACTTCGATTAGATAAAAACTAATTTTAATCAGGTAGTAAA[T/C]GAATTACTCCCGCATGATAATCTGTATTGGTATACTTCGGTCAGCTTATTTTTTAACATG
rs0979	4	ATTGAAAACAAATGAACAATCGCTAGAAAACGGAGCAATAGGAGATTAAAATGTTCATCA[T/C]GGAAACATGCCATACCATGTGCTCAAATGTCGAAACAAAAGCGGGTCGCGGAACATATCA
rs0980	4	CACAGCTGAGATCGCTGAAGCTGTCAGACGTTAAAAGTACTCACTATGCCAAGCTATTTG[T/C]ATCCATCAGCAAGATGCGTCTTCTACAGAGCCTGCTAATTGAGACTGCCAATAGGGATGA
rs0981	4	CCTGATGGAATCTGGAAATGCAAAGTTTAAAGGGAAGGATCCGTCCTTGCAATTTCAGAA[T/C]TGGAGAATGTTGCCTCACTTCTTGAAATGCAGCTTGCAATTTTGTAGCCACTGTGGTGCT

表 C.1（续）

序号	染色体	序列
rs0982	4	GGGTAATCGGATAATCCGGCCCAATTCATCTGTTTCGAACGAGATGCACTGGCAATAATT[T/C]GTTTGTAAATAAAAAGTTAACGAGACAAAAAGATGATATTTTGTATCCTCTATGGTACTC
rs0983	4	CCTAACATGAACTATATGTTGTAGAGGACAAAATTAATTAGTGGGGTGGTATAAAGGCTA[A/C]TCACTGCACAAAGGACTCTGCAAAGACTCAAAGAGCATATTTTGCTAGAATCTAGGGCAA
rs0984	4	GTAAACCACTTGACATTAATTAGTCGATTTCGCTGGACCCTTGTGTCCCTTTTTAACTCG[A/G]AAACTTCAAAAACACAATTTTTTGGTGCTTTTTTAGATGTATGTTGGGAGACAATATCCT
rs0985	4	GAAGTAGCTAGCTGGCCTAACTGAGAAACTGTTCAGAACTCAAGCCTAAGTTGGCACAAC[A/G]GTGGATATCAAATAGCAATTAGTTTTCCTAGACATAATATAAAAATACACTTTTTATCCA
rs0986	4	ATTTCAGCAAAATTGAGAAATTTACCCCCCAACGATGCATATGTTGTACTACCAAGAAAC[A/C]TTAATCCCTATGACCCTAAAAGAACTGATGCGAGAGACATGAAATCGATCCAGCTCCAGG
rs0987	4	TCAATGTGTACTGAATATTTGAATTTCCGATAGAGAGTACATCGGCACACAGATATTTGT[T/C]TATTCTGCTGACCATTTCTCTAGCTCTAGCAACATATGTATCCTACAATAAAAGATGAAT
rs0988	4	ATGCATTGTTTCTACTTGTTGGATCAGATAATAATTTTCTTTGTCCATCTCTCTCCTTTG[A/G]TTTTATGTTGTCGATACTGCCCTCCCCTCCAATGCTCTTTTACTTGCATGATAATGTCAG
rs0989	4	ATTGGTTCAAAGTTTAGGTTCTTCATAACATGGCCATACACCTCAGCTGCTATGGATGCT[A/G]ATGTAATATTACGGTAGTACTTCTCCACTCCTTATAAGTGGCACACATGCTTCGTAACAA
rs0990	4	TGATCTTCCTTAGCGATGCATAGATGGAGAACATGGACTGATTTGGCCAAATGAACCTGG[A/C]AAAGTCATCTAACAATCACAACTGTATTTTGTGCAAGCTTTTTCATTTTTGGACAAAGTC
rs0991	4	ACCGTGTACTGCTTGTATTTCGATATATCAGTCACACGGTCCATCTTGGGAAAAACGTCC[T/G]CGATCTTCATCTCCTTTTTTTCCCTATCTTCCTATCCAAACTAGTGTGTACCCCTTGACA
rs0992	4	CTGGATAAACTTCGATATCATCGTTTGACCATGTTCAAACATACAAGGTTACAGACTAGT[A/G]CTAGTTAATTATGAAAGCATTATAGGTTGTGTACATCCTTTGTGTGTAGAGGCCGGTTTA
rs0993	4	GTCGATTTTAAGCGAAGGGTTTCCTTATTTTCTCCAATCATGGATTTGGGATCAAACATC[A/G]TCAAATTCAAGAAAATTGTGTGGTTCAGAGATGTCAAGATGCGATAAGCCTACCTAGGAC
rs0994	4	GTGTTTCAGTAGTGTCAGCACATGGTTCCCGGCTAGGATTTGTACCCGCAGCTTGATCTT[A/C]ATCTTCATCAGATTCTTCAATGCGGAGTTACCTAACTTTCTTCCCAACTTTATCGGTTGG
rs0995	4	ACCGATCACTTGCTGTTGTTCATTCACGACTGGTATCCTGTGAACCTTCTCCTTGAGCAT[A/C]AGAGCAGCAGCTTCTGCTCATATAGTCAGTCAACAGGAAGAAAATTAGCAAAGGGTCAGA
rs0996	4	TATAGGGAACCCCATGCTGATTTGATTTTGTGACTTCACTGCGATGTTTTTCCTCGTTTG[A/G]GATTAGCCTGTTGTTTCTGTGTGAGGGTGAGAATAAGCCATTTTAGGTAGCAGCTGTGAT
rs0997	4	ATGACCAGTCATCTGCCGAAGCTTCTCATGATAATTAACAACTAAAAGTATGCAAATGAA[T/C]TCACTCTGACCTGTCACTTAGCTTGAGCCATCCAAATCACAAGTGAAGTCAACAACGGAA
rs0998	4	CAATTTGCAGCAATGAGTTTATTCCACCAAGCTGGTTAGTAACAGGGGAAGAGCAAGTCC[A/G]TAAGCTTACATAAATGGATAATGCAGTAAGAAAAGACAAGGTTACGTTAAATACCTTGGC
rs0999	4	TGGGCGATGGAGAGAAGGAGAGGATCAGAGTTGAGATGGCAGCTGTATGTGGGAATGGAT[T/G]AGAATGGGAAAGTGTGGTCCCCTACTTTGCCCATGGAGGGTATTTTTTATTCATACGCAA
rs1000	4	CTTGTATACTTCATCAACTGGCCCTAATCTCTGAAGCATGCATACACATGCTAACCTACT[T/G]CATGCTCTAGTGGCATTATACTCTAATACAATTGAGCAACACTCCATTAATTAGGACTAG
rs1001	4	TCACCTCCTCCTCCAATTCAGCAATTCTAGAATGATGAAGTGAGTATTCTCTCCTTATAA[T/C]CCTCTAGTTCTTGCTGTATTCATCTTGTCCTGTGATAAGTTAGGAATTGATCTCTATCAT
rs1002	4	GGTCCCTCTCTCTATATATACTACTCCTACATAGCAACAAAAATCAAAGAAACATTGCAT[A/C]TGAGACCCAACCATCAGGTAGGTGAGTTGGCAGATGACAAATGCATGGATGGATAGACAA
rs1003	4	GTCATGGTCATTGGGAATTTCATTCCTAATGGCACTGAAGTTGATTCTCCTTCCAGAGTT[T/C]GTTGCAGAATGCATGGTTAGAAGTTTTGCTTCTTGCAGCCCTTAGATATGAACGATGCAA
rs1004	4	GATGGGGAGGCGAGACGTGGTTCACGAGCGAATGGGGCAGACAGAGAATGGGAAGGAGTC[A/G]AGGAGATGGTGTTGAGGTGTACTCCTGGGTATTTTGGTCATTTTAACCAAGGCCTTGTTT
rs1005	4	AAAAGAGAGAAAGACCGAGACCGACACAGGAAGGCTGAAACACTGGAATTAATTAAGAAG[A/C]CAAAGGTAATATATGTTCTTGGTTGCTTATTAGTTCTGATTCTGATCGTATTGATTAATG
rs1006	4	CATGAGTGAGGTGACAATAGGGACTCTGAAGAGAATGCGTTTGTATTGTACTATGTACCA[T/G]GATGAGATGAACTCGTTGGGCTCCACAAAACCATGGGTGAATTGGACCAGGAGTACCCGG
rs1007	4	TTTTATTTGGCAACGATTAGCTGGTATTTCATTTGGTTTGCTATGGATTTGCCGTGTTGG[T/C]CACTTCTCTCCATCATGGCAGTAATTAAACAGAGAAAAAAAGGATAGATTTTACCAAAAT
rs1008	4	TTTAAATACTTATGACAATGTTGGAAAGAAAACAGATAACTCTAGTATAATGCATGTTTA[T/C]TGTCTCATTCTGAACTTAACCCATGCGCGTGCATCGAGAAACGAAGAGATAAATCAAAAC
rs1009	4	GTCCTATCAGCGCAGCCAATAGCTATACACAAACCGATATATATTAATCACTGGGCATGA[T/C]GATGAAGAGGAAGACGAAGATGATACCAACATGAGAGATACGGAAGTTAATGAAATAGTA
rs1010	4	GCAAAAACTGTTTCTCACAAGTTCTAGCTGTCCTGTTGGCGCCCTTGCATCGATTGCCCT[A/G]TCCAAAATGATTTGCGATGTGCAATCAAACACCCCCAAACTTTGTACCAGATCAATTCTC
rs1011	4	CAAAAAAGCGAAAAAAACTAGACAGCCGAAAACTGGGCAGCCAAAAAAAACAGCATGCGC[T/G]TGCGGGAAACTGGCAAACCGGACAAGAAAAAAACTGCGTGTGAAAAAAACTAGGGCAAAA
rs1012	4	ACCTAGAAATTTTGTAACATTTCCTCGATATTTTCGGCAACCCACTGTAGTTCTATCTAG[T/C]TTAAAACACTAGTTACTTGGGGGATGATTACGAATTGAAGAGTTGAACATTGTGTGGTTC
rs1013	4	AAATGTACAAATATGACACTAGGATCTAATTGCAAGATAACGTGCCATTCCGATCCTTAG[T/C]AGCAATTGTGTACTCTCCGGATATCTGACTGCTTCACAGATGTGGAACATAAACATTGTC
rs1014	4	CACCCATTTTTGTGATCCCTTCTAACAAACTGCGATATAAAGATGATGTCTAACCTGCCA[A/G]TTTTCCAGGCATGTTGTTTGACATTTGGTTTTTTCTTGTCTTGTAGTAGGCTGTAGCTAG
rs1015	4	TTGGTTGAGTTCACTAAAAGCCTCTATTACTTAAAAGTTATGAAATTCGTAATTAGAGGA[T/C]CACACATGAAACTCACCGATTCAACATTGTATTTTGTAACGTCGCGGTTCTGTACTGCGG
rs1016	4	TTGGCTTTTAGCGTTTTGTCTATAATGAGTGCTTACCACTTCATGATTTAATTGTTGTGT[T/C]CAACCTTAGCATGTGCAGAACCTGTCATATTCTCACTTCTCTCTTCTAGTAAAGAGTCAT
rs1017	4	CCTCCCTGATTGTCTCATCTGTTATGAGATCCAAGGGAAAAGAATTCATCCGGATTGGAA[A/C]CAACCAAAAGAAATTGAAACTGGGGGTAGGACTTAGGACCACAATCATTCACAAGAACAC
rs1018	4	TTATGACATGCCGGTTGAATTTTATTGGGTACATGAGTCCATCCAACAAAGGGCGGTGCC[T/C]CTCCATGACGCGCGCACACCGTCCAGTGTGCGTGCGTGTCCAGTGTGGGTGCGTGTCTGC
rs1019	4	CTGATGGGGCTAGTGATATTCGGCCAATTGGCACTGGTAGCAGCTTCTATCGTACTCGGT[T/G]TACTGATTCTCAAAATTTAAGGAGTCCTACCAAATATAACGAGTTCTACACTGATTTCTA
rs1020	4	AATCTGTTTGCCAGAATCCATTTAATATTAATCAGATCTGGCACAATCAGGTCCTGCATT[T/G]CTGATTGAAACATTGTGTTTCATGTTCCCTGTTTTCCAGTTAGCAATGAACACTGTTCTG
rs1021	4	GGGGGTTTCAAGACACGCATGTCAGTAAGAAAGTCTGTGTGTAGAAATTTGAGAGGAAAC[T/C]AAGAAATTGCCATAAAAGACATTCTTTTTTTAGCGTATCTGGAACGTTGATCTGGAAATT
rs1022	4	TATATAGCCCTGATATGAATTCTCATCTAGACCACCTCAAACAAGTTCTGCAGTTGTTAG[A/C]CACTCATCAGTGGAAGGTTAAACTGAGTAAGTGTGACTTTGCTCAAACTCAGATTTCTTA
rs1023	4	ATTACTTTTTCTGCCTGTACACTTTCCATTTTGGCCAGACAATGATAATCTTCCACCTCT[T/C]CCCTCACGTGCTGGTGGTAATGTCCATGTCCCTTTGCTTTTCTTAGAAAAAAAAATTCAC
rs1024	4	GCCATTCAACGAATTGATCTCTCTGAGAACAACTTATCCAGTGAAGTTCCTGTGTTCTTC[A/G]AGAACTTTATCAGCCTAGCCCACCTAAATTTATCATACAACTATTTTGAAGGGCCAATTC

表 C.1（续）

序号	染色体	序列
rs1025	4	CAATGTCCTGGTTAGTCAGTCTGTTGGCTTCTTTGGAAGGTTCTGAATGACAAACAAACC[A/G]TGTTGTCGTTCCTCCAAATTTGTACCGTTTTCCCTCTTCTTAACAAAAAATTGGGTGTTC
rs1026	4	TGGCAATCCAAGAGAGTTTCGTTCTCGTTTGGTGAAGATTCCGAAGATGCTTCACGCCTT[T/G]AGCCATGAAGTTTCCAATGCACATGGATGTGTTTGGTGGTGAAATTATGGGTTTATTTAA
rs1027	4	CACCCTCTCTCACACACACTCCCTCACATGCAAACGATATGACCAAGTCCAACCAGGCCA[T/G]CAGCAGCAGAGCAGCCATGGCCATCTAAGCTCAGTTGCTGGGGTTGCTCCGGAAGGAGCC
rs1028	4	AAAGAGAATCTTTTAAAGGAAAAAATATCTATTATATGATGGTGTTGCAGGTTGTTTGGG[A/G]TGATGTAGCATCCTATGTCATGCGTGCACTGATGTCAATAATGATTCACAAAAAGAAAAC
rs1029	4	ATGGTGTTTCCTTCCATAAGATATCAGATAAGTCTTGCCTTTCGTCTATTTGTTCTCCTT[A/C]AGTTCCTATAACTGTCTGAACCACCGATTGTACCCCTCTTTCTGTTGTTGTTCTCCTTTC
rs1030	4	TTATTGGCTTTTGGCTTTGAAAAGTCGACACTTATTTGTGACTGGAGGGAGTACAGTTTA[T/G]TCTTCCACAAATATGTTATTGCGAGATTTACTGTTGAAGGTGCATCCCTGGAATCATGAA
rs1031	4	TGGCACGAACAGATTACAGATTGTGTCCGGGCCTGCTAGTTGCAGCAGAAGAGGTATCAA[T/C]TTCCCAGTGAAACTTCACACAGTTCTCTAGCTTAGCTACACAAATGAAGCAAACAAAGGA
rs1032	4	GCTGCGCCGTCGCCCCGTGCGCGTCCGGCCAGACGCTCACGATCTGCGCCTTCTCCCCTG[T/C]GTAAATTAATAAGAAAGCGTGCGGGTTTGATTTCGCACTAATAATGTTCCGGAAATTGAA
rs1033	4	GAGAAGGGTGTTAGAGCAACAGCTGAGTTTTATGATTATGGAAGAAAAGCTGAAATGGTA[A/C]CAAAGAAGCAAAGTTAAAGAAATATTAGAGCGGGATTGTAACACAAAATATTACCATGCA
rs1034	4	ATCTGTACGTAGTGTGTTAGTATCATATTTGATGATGAAGGCCAAATTAGTAAATAATTA[A/G]CCATTCTTCTTGCTGAGTGTGCCTCATATTATCAAGCCGGGTGGATGGAATAGCACTGCC
rs1035	4	CAAATAGTGGTCTCTTTGCCACCGAGAACCATGCTAGTTGCATGGAAAAATTTAAATTTT[A/C]GGTTGAGCAAACGGGGAGTTGAAATCCAGAATTAACACATGCTCGTGGCGCTGCATGCCT
rs1036	4	CATTGAAGCCAAAATTAACAGAAGTCAATAGAATCAAGGTAATTCTACCCTGCTGAAATA[A/G]TGTGTTTTTCATGAGTAATTAGCCTAACGATGCTCATCCTAATTTGTGGTAATGGTAGCT
rs1037	4	GTAAGAGAGATTGTAGCTTGAAACGATATTTTTAGGTATTTCTCCAATGCCCACCTTAAC[A/G]CGTGGGGTATCATCTTGTATAGGAAATACACAATGGCAATCAGACCTGCTGTGCTGCCTC
rs1038	4	CCTAAGGTCCACATATCATCCTCTCATGTTTTATAGATCACATCCAAGCAATGATTATCG[T/C]GTAAAACCCTTCGACACCCACGTACAAGATTCCAATCACATAGTGGATTACCAAGTCATT
rs1039	4	CAGTTCTATACTCTTGCTAGCTGTAGATCTACAAAAGATGCGGAGGACTCCCAAACACAA[T/C]ACCCACCCAAATGCTGATGAAATCCTCTATCAATCTCCAAGCATAGAAATATCCACTGAC
rs1040	4	CTTTTCGTTGGGAATTCGTTGTAAAGTAAATGTGAAAATTAGCATTCTGTGCTCACTCTT[T/G]GTATGCATGTCCTCTCCGACGCTCTGTGCGGCAAGCAACATGTTGTCTACAGCATTAGCT
rs1041	4	GCCAAACATTGAGGGATGTAGGTAGAATGCAATATTCGAGGTGTTACCATGTATTTTTGG[T/C]ACACAGTAGCTTTGTGGTCTCCGGTTGGGGGTAGGGATCATGACTTGGATAATGAAGGTA
rs1042	4	CAGAAAACGATTCACACGACCGCTTGATGTTCATCCACCACGGCTCGTCACTCATCGTTC[A/G]AGTGCTACATGATGTCGACAATGCCCAGTACCATGTATTGTTCCTGATGTGCAGCTGAAC
rs1043	4	TTCCTTGAATAAATTATTCACAATGATCAGGGCGAACTCTGGTTGGAAGGTTTAGATTAG[T/C]GAGAATGGAAAAGATGTTGATTTGATAGCTGCGGGCAAACCGGGACCGATGAACAAATTA
rs1044	4	TGAACGGTCAAAGTCAAACTTGGAAGGTCAAACCTAAGGAAAGGAAGAGGAGCTCAGTGA[T/C]CGTGCGTGACGTCAGCAATGGAGATGGAGATTGTATTATACCTCGACGAAGAGGGTGTGC
rs1045	4	TTAAAAAGTATTTATCACCTCCACCCATGGTGCTTGCGCCTAAAGTTGGAACTCTGTTTC[A/G]GCTCTACATTGCCAACTGAGGACAATGTCATTGGTGTTGTGTTAACACAAGAAGTGGATT
rs1046	4	GTGAGGTAAGTTCAAATTTTAACAACGCCTTATAAGCTTTTGCACTTGCGATTACAGTGT[A/G]CATCATTTTGCGGTACTCCCTCCGTTTGATTTCTTTTTCAAACTGTTTTTAGGTTTGGAC
rs1047	4	CATATAAACTATTACAGGTGTTGTCATTGGACTTAGCTGTGGCTTCAGCATCCTACTTCT[T/C]AGCTTAGGAATAATGCTTCTCATTCATAGATGGAAAAAAGACATACAAAAGCAACTACGA
rs1048	4	TATGATTATGATTTTTTATAATTGATCTACGTTTTCATATACTATCACATACCAACTTAA[A/G]TTGGGTCAACGTGCCACATGGTCACTGCTCAAAAAGCCTTTTTAACGTCTATTTGAACAG
rs1049	4	CTTAAACCATTTATTAGTTTGCAAACCCTTTGGTGGAGTTGTTTCTGGGTTAGTGTTTGA[T/C]AAAAATTTATATTAAAATTTATCGAATAAATATTTCAAATAACAAACATCAATGTGTATT
rs1050	4	CCTTCTTTTCGCCTGTATCAAACATATGTGACGGAAGCTTTAGTGCAGTACCACCAACAT[T/C]AATTGACTTGAGGTTTACATTGTAGTGTGGCCTGAGTAGTAGAATCATGGATAGGTATTA
rs1051	4	TTAAGGTGGTATTCTAAATAGTTTAAATAGCTTTCTTGTTTTTAATCAAATGGTGAATTT[T/G]TAAGTCGCAGTCATTCGTCCTATAGCCTATGCAATAATTGGTTATAGCCTTTTAATTAAA
rs1052	4	TGCATGAAATTATAGCATAGATCCATCGAATTAGCTAGCTATTAGCTAGTTAGCATGGCA[T/C]TAATTAAAATTAGAAGGGCAGATGTACACATAGGAATGAGTAGTGGTGATGCCTGCAATG
rs1053	4	ATGGTTGGGATAAGTCCATTTTGTGTTCCTCATTTTCTTAGGTTTGTGTCTTGTATATGG[T/C]TGGAGTAAGGCTCCGTTCGTATGCGCGAGTCCTGATCCCGGGTCATGTTCCGTGCACCGG
rs1054	4	TTTCAGGAATCTTGCAAGCATATGAAAGTTCAATAACCCCACGTTCATATTTCGTTTTAC[T/G]TAGGCAATTTTAGCACCGCACACCACTGTTATTATCCTTCCGGCTTCAGCAAGGTGGTAA
rs1055	4	AGTTACCTCAACCCCCGGGCCATGATATTGGAGGACCAACGGGTCACACGACAAGTGGAC[A/G]ATCGATTTTTGTATGATCCATATCCTTCGGCTCTTCGCCTGTAGGTGGCTTGGCGTGCAG
rs1056	4	TGGAAATTCTAAGTTCTAACCCTTCCATAAACTTTACAAATACAATTAAGAAAAACCTTT[T/C]GCGAAAATAGACCCAAAACTCGGCACAAAATTCCTAGCTTTGTTATCCAGGTTAAATGTC
rs1057	4	ATGGTTCCATATGTATTTCTATATTCAAAGCTCACTCATGTTTTCTCTGATTGGTTATGT[A/G]CTTATGGTTCATTCATGATTCACCCACTGTACAGAACAGACAAGTCATGCTTCCATATGG
rs1058	4	TACAGTAAATTAATGTTACCTGCATAAATATTCAATCTTTCATTGCGTAAATAATTTTGC[A/G]TTCCTTTTGGTAACAACTTGGCTCCAGTAATTATGCGCACTCTTTGACAGCAGTATCTTG
rs1059	4	CATCTTCCATTAGACCTTGTTCAGTTAATCTCTAAGAAAGATAGGTATGAAATTAATTCC[A/C]TTTTGATGGGATTAACCAAACAAAGTCTTCACAAACACACCTCGATCCTATTCTCACTCT
rs1060	4	TAGATGTCACCTTGCGAGGCTACTTATTGGGAAATTGCATGTGATCAGTCATCCGACAAA[A/G]ATGAAAAAATTGGAAATTGAGCTGAAGCCTCCTACCCTGCATGTGCATATGAGACTTTCT
rs1061	4	AATCGATCGAACATTCGAACCTGATCTGTATGAGGACTTTGGATGATGCTACAGTGATGA[T/C]GATCGAACTAGTGTTCAGGGTTCTTGGTACTGATATCTACCCAAGGCGTCCTTGAAGGAG
rs1062	4	CTCCAAACCCACGATCATTGGAGATGACCACGTCACGCCATGCCATCATCGCTGCTCCTC[A/G]ATGTTTGTTGTCTGTAGAAGTCGTTGCCGAGCCGAAACTGGCACAGGAAAGTGCTGGATG
rs1063	4	GAAGTATGAGGAATGCATTGACAGATACATGAGGTTTGCGTATTTGAACCTGCAGATGTA[T/C]GAGATGGTGTACGAGAGATTCTCTGCCAAGTGCTTCCACAGGGCTAGGGATTTGGTTATT
rs1064	4	AATGGCATTGATCCCTCCTGTTCCTTTCCCTTTTTTTTCTCCTGTGCTTCATCCATGGCT[T/C]CTCCACAGCCTACCATCGACTGTGTTCCCCCTCCTCCTTACCTTACCTAGGACACAGTGG
rs1065	4	CAAGCCTCTGAACACAACCAAGTTGTCACTGCCTGTACTTCATACCTTAGGAAACTTAAG[A/G]GACTGCAAATTAGCGATCCATTTGTCTTGCAATGGGCCCCACTGAGAAGCGTCACCTCAG
rs1066	4	TACCTAGAAACTGTGCTTTGCTGCAAGAGGGTAATGTTTTATGGCAGAGTGCACGGTTTC[T/G]TTTTAGACAATTATGTTTAGATAGGTAATATAGAAAGTTTTAGCACTAAAAAGGTCAAAT
rs1067	4	GATTGATCTTGCCCGCTCTCATGTGCGAAAGCTTATCAAGGAACAAAAATCAGAGGGCAT[T/C]GAGAGCTTAAAGAAGCAGCTTGTGCAAGAGATGGAATCCTGGAAGAGCAAGCAGAAGGAG

表 C.1（续）

序号	染色体	序列
rs1068	4	CGTCGCTCAATCGAGTACAATGCTGCTGTAGTTAAGACGACAACTTTAGCAGCGGAACCC[A/C]ACTGTCGGATCAGAAATCAATGGCTCACACAGTTTCGAAAACACTATAAAAAACGATTTT
rs1069	4	CCTCTTGCATAATGCAGGTTAATTTCCTCAAAAATAATGCCATAGTACTATTTTCTGTTT[T/C]AGAGACGGTTTTTATGTGGGTTCATTTGCTACAAAATCTAACCATTTTGCTGAGAGGTTA
rs1070	4	AACGGTTCTAGATTGTTTTAGCCATCTCTAACTGCTACCAAGTATGCCCGTTACAAATAC[T/G]TGAATTTGCAACAACTCATTTGGACCTCTTATAGATGTAAGGATTTATGCTAGTGCCTAT
rs1071	4	CGATGGCTATGTCGAGAATGGCTAGTTTTGTGCATACTTTGATCCTGTTCGACACGCGTC[A/G]ACGAGGTTCACAGCATAAGTAAACTACTAGAGTAGCCATAAAATTTTCCAGAGCCCGAAC
rs1072	4	CACCTTTTGGTAGAGAAAAGCTCCTAGGGATACTTGTCATGATGGTGTGGTTGAAGTTTG[T/C]TGGCATACAATCGTCATATTTGCGCGCAGTGGGAAGCATGACTATGATGATAAAAATGAC
rs1073	4	TGCACACCTATTTCCATTCAGAAAACAAAAACAAAAACCAAAAACTTGAGATGCCAGAAA[A/G]GTCCTTTGGTTTATGGCTTGAGCCTGTACAGTTGAGGAGAATTTAATTTGAGGGGCACCA
rs1074	4	TGGCTAAACTCGGTTCGTCGTTACCACATGAATGGAGAACGAAAAAAATCTGGCAGGTAG[T/C]CTACTGAGAGTGCTTGTTGCAGCAATTGTGGACAAACTAGCCTAACTTAGCATTGAAAGC
rs1075	4	GCACTCCAGGTCCGGCCAGCCGGTGGCTTGCACTGCTATCGCCCTTATGGCTGAGCAACT[A/G]GCTTCGAAAATGATGACCATTTTCGTAGGTATACTTACCTCTAGGTGGTTAGCTTAGTCG
rs1076	4	CTGTTTTCAGTTCTCAGCAAGAGGGAAGAAGATAGAGCACTGTTGTGATATGATATGCAT[A/C]ACTTTTTCTACCCCCTTGATGTGCTTGTTAATTCTAAATAAGGAGGGGAATAGGAATATT
rs1077	4	AGGAGGGCCAACGTTCGCTTGAGGATGGCCTAGCTTGACCAGGGCCATCAACATATATTA[A/G]CCGCAGAACCAATCATCGATAATTACAAGCAACCTAGCAAGCAATATATAAGTGCCATTT
rs1078	4	AAACACGTCTTTAGTTGTATACTTGTATGACAATGACTGCAGTGAAGTGGTAACTGGTAA[A/G]TACTCCCTTTTGTTTGAATTCACACTGCACCATCTGATTACCCTTTCTCACTAGACACGT
rs1079	4	AGCCTTATCTCTGTCTACGCCTGCCTACTCTCCTCTGCATTACTCGATCTACTAACCTTT[T/C]TCTGCCGTCGCTTAAGCCAAGCCCTGGCGTTTTCGGAGAAAGTTACGTGTACTGATCGCA
rs1080	4	CTATCATGACCGTACATGTTGATCTTAGCCTCTCAACATATATGCGAGGGGAAAGGGCAA[A/C]ATATAATGAGAGACGGCGAGGCGATCGACGATTTCTCCATACGCATGAACTGTCCTCGCC
rs1081	4	CCTATGTAAAAGTCAGGCATGTATCCGTTATGAAACAAAATCATGTAGCAATTGCTTATG[T/C]TATGTATGCCATGAATTAGCTGTTGGCAGTCCATCACATGCACTGCCATCATGCACACAC
rs1082	4	GCCTACATACAGATACCCACGGAAGAAAACTAAATTATAACTTGATCAAGGATCTCTATT[T/C]GAAGACTAGATCGCCATCCGTGTACGAGGTAGAAAAACTCTCTGGCCACCTACTTTAAAT
rs1083	4	CTGAAATGGTACAGAAGCATATGGACAAGAGGGAAAAAACGCTTCTGGATTGACCACCTC[A/G]TTTCGACAAGCACCACAAGTTCAGATTCTGAATTCGCAGTACAAAAAAAATAAGATCCTC
rs1084	4	TTCCATTCACTTGGCTATCATTGATGGTGATTAGTCTATCAATTGGATCATGATTCCATC[A/G]CTCACCAGGCACTTAAGATGGCACGCGACCTATACGTTTGCAACTTGAAGGAACACAAGT
rs1085	4	GTACCCAAAGATTCGGCCATTGCATCCATGTTCTCCATGCATGGCTGCACCTGAACTTGT[A/C]CTGCACTCCTGCTGCTCCACCATCGCTCGCACGTGCCCCAGGATCAATGAGCCTCTCGTG
rs1086	4	TAGAGGCATCTAGTGTGGCGTGTGCCATAAAATACAGCACTCCAGTTCTACCTAGTGTGG[T/G]GTGTGTGTGTGTGCAGGTAGTAGCTACTTCGAGCTGCATGCCACAATGGCTAAGCTTTTT
rs1087	4	CACTGGGACATACTCCCAATCATATTTAGGCTTCATCCTCGTATTGGAGTATGGGAAGCA[T/C]CTAAAATTAGGAAATAACCAACAGACGAAGAGAATGAATACTAATATAATGATCAACTAT
rs1088	4	AGCCCCACCTATCAATCATCAACAGCAACGATAAACCGCCTGCTACACCAGACCAGAAAA[A/G]AGTTCACTTCCTAAAACAATTTGTATATTCTATGGGATATAATACTAGTAGCAATTAGCA
rs1089	4	TTGTTCCACCAGGCACGTACAGAGAGCCCACATTCCATGTACTCCACGAAGTTGTATGTA[T/C]TATAGGTCAAGAATAGTGCTAATGTGATGTTGAAACAATTTTCTGATGCCTATAGGAACA
rs1090	4	GTTCATTTTTGCGTCAGTTATATGACTATCTTCCAAATATACATTGACCGTCTGAATGTG[T/C]ACACATGGGTATTAGTGGGTTTGGTACTAGTTGTTACTCAAGACAAGCTTTAATACTCAA
rs1091	4	CTAGTCTCTAACATTTGTCCCAAAATAAGTTCATATCTATCCCTCTTCATACCCTCGGTC[T/C]GCAAATCGAGTTTTATCTCCTCCATACCCTCTTACTTGCCCACCCACTAATGCTACTTTC
rs1092	4	CTGAATGTGACCTGAACTTTTTGTCCACTCCTTGGAGAAAGAGGATGGAAATATACGTTC[A/C]TTACATTGACCTGAAAAACTCTGAATTCTGAGAGATTGCAGAACAAGTAATTAAGCAGAG
rs1093	4	TCGTGGAGGGGAATCGATCCTAGACCTTGCTCTTACATAGGGCAGCATTCCAACCACTAA[T/G]CCAGCCCAACCGTAGGTATTCATATGCTTTAATCTACTTACATAGCATTTACATCCTAGT
rs1094	4	GTGCAGTTCCATGTGAACACGTTCCGTTCCGACATTTCATCGAATACTCGGCGTGCGGTG[A/G]CAACTTTGCCCGTGCGGTACTCTTTGATGGTGGTATTCAATCGGAAAACTTTGCTGGCAT
rs1095	4	GCTAAACCCATAACGTTGGACGTCAAACAAAAATGAAAAAGAAATGGAGGGAGTATTTTT[T/G]ACTCTTTTTCTATGAATCACCAGCCTTTTATTGCATCTTCCCCTTCGTACAACATGTGAC
rs1096	4	GGCACAAGGCCAAAACGTCCCACAGAATTAGCCTCGAAAAATCACCCAAAAAACAAAAAA[A/C]CCCAGCCATCAAGGGCGCGCCGCGACTGGACCAGAGACTAGGGAATCACCTGAGAGACCG
rs1097	4	TGTCGTCAAACTTGCATTTATGCCGCGATGATGCCTTTTGCCGTTTGACATCTTTTTTGG[T/G]AGTTTTTTCTGGCACAATCTTTTCTGCTGACCCAATGCGTACTCTGGCTTGATCATTGTC
rs1098	4	AGGCTCACTCCAATCCCTTGGTCCTTTCAGAGACCGTCCTGTGCCAACCACAACCTGGAA[T/C]GTAGCGAGTTTCTAAAGAACGCATGTATCAAATGTTCAAATCCTTCATGGTGCAAGCCAA
rs1099	4	TAATGCAACGTAGGGTAATTGCGTGAGCACGCATCGTGCAATGCAGTAGAAATTGATGCG[T/C]TGGTATTGTGTGGATTGGAGCTGTGAATTTTGAGGTTTCTGTGGCGTGATTTGGTGAAGG
rs1100	4	CCCCGAGATGAACATATACTAATTAACTCATCGTAGATGCCATTGATCTCATGGTCATAT[A/G]CATTCTTCATACCTGAGAGTCGCCAGCAAATGATGGACCAGCTTAGACTGAACACCTGTG
rs1101	4	CATGTCCACGAGAGCATTGTTCAACACCATGTCCTCCCTAAACCTATCAGACTTCACCAT[A/G]CGGGTATGGACCTGGCGGCCTTCTCTACCCGCAGCAAGGCCTGCACATGCGCTCATGACG
rs1102	4	CTTTTTCATATCGTAGGAAACAATAAACAATATGTAGTACACACAGCATCAAATACACAG[A/C]AATAGGCATGTATCTGCAAAATACACTCTCCGTCCCCGAATCAAATCTTAGCTATAAATT
rs1103	4	TAAGTGGCATGTCATGTCCAAAAGTTAACAGTATTATATATTGTGTTATATATTTACAAA[T/C]ATGGGAGTAGCACAAATCCCTCCTAGGGAATGAGAGGAGTTCCGAAGAAAAGAAACATCC
rs1104	4	GGGAGTAAGAATCTTTACCTCTTCACATTTGTATATTTGATGCAAGTTTTTGGCATCAAA[A/G]TTCTAATCTGATGGTAATGCATGTTGTTGCAGTGAATTTTGTAGCATGGTGAAACGGATT
rs1105	4	GTAGTTATTTAGTCATCCTGATGATTAGCGTGGTAGTATTATTTGGCCACACCACCTTCG[T/C]TGACGTGACAAGACAAAACTATCATGCCTGCTATGTGTGGCGAGTCGGTGTTGTTTTATC
rs1106	4	AATCCGCTGATCCTCCGTACGCGATTGAATGAGATGACAGAGGTAATGCAAAAATACACA[T/C]GTGCATAGGTCGGGAGGACGAGTTAGGGTCTGCTTGGTACAGCTCCAGCTCCTGGAGGTG
rs1107	4	GCTAAGCTTTTGCTTGTGGCCGGAGCACGGGCCGCGTCACGCGCCCATACCGACCGATCG[A/G]ATTTGACCCGGGGGGAATTTAACTGGTCGATCTATCGATCGATCTCGGTCGTACTACTTG
rs1108	4	ACCACATGAATGGAGTTTCTTTTTTGAGGCTATTCATCCGCAGTGATCTAGCAGCTCATA[A/C]GGAAATCGGACTCACATAACAAAAGGTCATTTCTATGACATCATAGGTTACAGGAACTTA
rs1109	4	GACGATATCGCACACAATGTGGTTGGCAATTAATATGACAACCGGTAATTGCAATAATCT[T/C]TGTAGTTTGTTTTGAGTTTGAGCTATGTAGATTTCCTGATTTTTACTCTGGCTCTTATTT
rs1110	4	AATCGACGAATTAATCGATCTTAGTTACTTACCGCGAACACTTCTTCTTTTTTACCCGCA[A/G]ATTAATTAACGTGTTCGTGTGAGATCGTGTCAGGAACCTGCAGATGGAGTACGTCGACCT

表 C. 1（续）

序号	染色体	序列
rs1111	4	ATTTTTTTAATACGGGTGACCGTAAACGTATTTTACTCTTTTGTTTACTCGAGTCTCCAG[T/C]ATGTTACTTGTGCAGTTGCTAGGCGCGCCGCTGATCTCACGAACACACGTGGTGCGACGC
rs1112	4	GCAGCAATGGCAACTCGAGCAAAGTTACTGGTCCAGTAATGACCAATGACCGAAGATTCA[A/G]ATAATTGAGAAGTGAAATCAGCATCAGGTGCAATGTGCAATGGAGCAACAACTTCCTAAC
rs1113	4	CATAGAATATGAATCAATGGAAGGCCTTTTTTTGGTTGCTAAAGAACTAAACAGTCCACT[A/G]TGCTTCAAAGTTCAAAGGTTTGGTTTGTATCATTTTGCTTTGAACTTTTGATCTCTATCT
rs1114	4	AAGGAAATGGAAAACAAATGCAATGAAAAGATTTCAGAAAACAGGCAAGATTCTGAGAGG[T/C]ATTTGATGTGTCTAAAGGAGGAGCATGGCTCAATGGTAGGTGGTACTGGTTGGATCTGTC
rs1115	4	ATTTGGGGCCCATGTAACTTTGAGTTGTTTGTGGCATCTGCTTACTGTATCCTTTATTCA[A/G]ATTTGCTATGTTGCCATATATGTTGTGTAAAATTGAAGTACCTATTGATTGGAACTATAT
rs1116	4	GATTGTATCAAGGGGCATCAAAGTGTTACAGGTTTTATTCATGTAGCACTTTGTAAGTTG[T/C]GGATTGTTCGAACGGAACACTCTGTAAATACATATGTTACTGAGTGCTTGTCCGTTATAC
rs1117	4	GAGAAATTCTACGTTTTACGATTGACAAGCGACATGTCCTATAAATTGGCATCGACGAAC[A/G]TGAGTTCTACGAAATACAAAATACCTTGGTACAAGCATTTCTGTCCCTTTTTATCATCGC
rs1118	4	TTTTACATGAATTGGTTCATTGCCTTCGAAATTCCCGTGAAATTTCTCCGTTCTAAAGGG[A/G]GCTTGATAACCGCTATCACTATATGCTATCCATGTCATATGTATATAACCCAAAGGTAAT
rs1119	4	TAAACTAGTGGCAAATTTCTAGTCTCACTTAAATTCTATTAAAAACGTTATTGTGTCATT[T/C]TAACCTCGCTTTGGTGACCTTCTTGAATTGAAAAGACCTTTTGTTTTGAAAGGGTAAGGC
rs1120	4	AGAAATCTACCAAAATTTGTCGTCTCCAGTTTCTCTTGTTCGTTTCAAGCGTTTCAGATG[T/G]CATAGTCACTCGCAACACAGAAAACACTTCTACTAATATACGCCTTTACTGAATAGCTGC
rs1121	4	AACACCAAGAGCTAGAGACAGCAACTCACCAACCACTAGCTATAAGCTTATTGCCCTAGA[T/C]TAACATAGCTAATTTCAACTAATCTCAATCAGTGACAACTTTTATTAAGTAGCTTAATTA
rs1122	4	TAGTAATTTAATTTTTTTAAAATTGTACACGGTTTCTTACGGTTTAACACGATTACCCGT[T/C]CGTGACATACTTCGTCCTCATATACTACACCAACCGTCGTACGTCATGACACATAGCGAT
rs1123	4	ATGGGTGACCGGCTTCACTGACGTGGCATACTAGTTAAAAATAAATAAAACTTATAGGAT[A/C]CATATGTAAATAGTTACCTCACCTTCTTCCTTCTTCCTGTGCTTCCCCTCCTGTCCTCCA
rs1124	4	TTTTTCAGCGGGTGAAATTATTCAAACATCGTGAAAAAATCTGAACGCTTTTCAGGGTGA[T/C]CTACTAGTTAGAAATCAGGTGACGTTGGTAAAAGAATTCTGAACTTTAACCCGAGTTTCA
rs1125	4	AGATCTGGTACAAGTTGCCCTCACACAGCACAATGTTCTTGGCATTGGTAAAAGCAGACA[T/C]GGTGTTGTATGGCGGAGCGAAACTGGTGGCAGGATCAAACGGGAGGTTCCCCTCTGGCAA
rs1126	4	CATTGCCTTTCTGTGTGAATCTGTACCAACGTATTCTCGGTGGAGAAAAGTTGCACAAAT[A/C]TGTTTGTAGTTTTGCTCCTTTTCCTTTTTGTTCATGAGAGAACTGAATTTCTTCTGCACA
rs1127	4	AGATGGCATATCCCAGCAAAATATCTCTGCCCAATGACGGCAGCCAGTACAACATGTAGC[A/G]GACCTGAATGTAGTTATCCCAACGAACATCCGTTACTTTGTCATGACTAGACAATCAAAG
rs1128	4	AAAATTGGGTTCTACAGTTAGGCCTTGAGAACTTCTACAGAAAAGGAACAAACTTGACAC[A/G]CGTGGTATTTCAAATACTTAGTAAAATAACCTAAGTAGCTATGCACAGAGCAAAATTGAG
rs1129	4	AGGGATATCTCTTTGTACACGGTAAACTCGTGTCCAAGGTGGTACCATGGATAGAATTCT[T/C]GCAACAATATCCACCAGAAGTTCAGGTGGATAGTTTCGGTATCTGAAACACAACAAACAT
rs1130	4	ATGTCGAAACAAATACCTTCAAGATATAAGAAAAAAAAGGAGCACGCACAGCAAATCGCA[A/G]AGAAAAAGAAGGAAAACCCAACGAGGGGAACAAACGTTACATAAGTACATAACCTTTTGC
rs1131	4	CAAGGTATGCCACAGGCTTCTCCAGTGATCTGGACCTTTTTTGATTTGCGTGTCAAGATG[A/C]TCAGTTGACGATCTTCTTGTCTGTCATGTAACAATGAGTGATCTTAATTGTTCACCGCCT
rs1132	4	AGTTATTCTGGCAGTTGACTTCAGCTCTATCAACTTAACACCTGTCACATGCTCTCTGTG[A/G]ATGTAAGTGCATGTTCTCTGATACCTGGTACTTTATACCCGTGTTAAGCTTTATTAAAGT
rs1133	4	AGGAATGGGATGAAGCTTTGATTCGGCACATAATTTTCACTCTCGATGCTGATGAAATCC[A/G]AAAAATCAAGCTTACCCTAAATGTCTGAAGATTTTGTTGCCTGACACTATGAGAAAAATG
rs1134	4	ATAAAGCTCATGCCGTTTTTTGCTTCATCTGTGCTACTGCTTAGCTCCAGGATGCAGGAG[T/C]TTTTCTTGCTTCTAGCAGAAACTGAGCACTTCTTACAAAAACTACAGCAGGGCTGATGTA
rs1135	4	GGTGCAACTTCATCTCACTCACCTTGGTCGTTGCATGCACATAAAGAACAAAGAAAAATA[T/C]AGAACAAAATAGCGAGGAGGGTGGCTCTCAGGCTCTGTGCCGAAGTTCTATGAGCAAGCT
rs1136	4	GAGATTTGGTACTTAAGAACTGCAAACATGTAGAGAAGAGTATGTGGAGGAGAAAAGAGA[A/G]TCATCTATAGGTGGGAGAAAGGCAGTGCATGATGAAAGGGTGGGTGTGAGGAAGGTGATG
rs1137	4	CGTGGTCGCCGGTAAGCTCATCCCCGTGGTCATGGTGCCGATGAGGTTGAGCTCCTTCCC[A/G]TGGTTGCCAGCTAAAAAAACTCCCTTCTCTCTTGCCCCAATAGCTTACGAGCTAAACGAG
rs1138	4	ATGGCATGGGTGCATTCAACTGTGGGCCATTCGGCGATTAACTTTTATCCAGGCCTCTCT[A/C]TCCTTATATCGATGATCTATGCATAATTTTTCACCATTTCACATCAAATATTTAGACACA
rs1139	4	GCTTGCACCACCGCTAGCAAAAAACCACAACTAAAGATAAGCGCAAAGGTGATGACATTG[T/C]GACATCACCTCCAAGCATATCTGTGGCAACCACAAATGTCACTAATATCGGGCGAACGTT
rs1140	4	TGTGATAAAAAAGTTTGAAGTTTTTTTAAAAAAGGTTTAGAACTAAACGAGGGCTTTATT[A/G]GCCCACCGAGTTTAAGATGGACTGCTCACTTTGTCGTTTAGATGGCATTTTAGTCCACGG
rs1141	4	TGGAAGATTGTTAACACTCACCAAGTCACCAGGCTGATCGGTCAAAGGCTACCTTGTATG[T/C]ATGTGAAAAAAAAATCTGATATTGGTTTACTCAGGCAGAAGTTTGAAATGTATCTTTACC
rs1142	4	CAACCCACCCTGAATAGATACAGAAGAGAAGAGAGGATATTTCGAGGAGACACATAGCGA[A/G]TGTGCATGAAGGAGCTGAATGCAAATTTGCATCCAAGGTGAACATCCATGTGGGAAACGT
rs1143	4	TTCAGTAACTAAACACACCCTATATCTTAGATATAAAGTTGGAGCTTTTGTGCCACATTA[T/C]AACAAGCTCATTATCGATGTCTGCTTTAGTTGATAAAGTTGGAACTTGGGTTCCGTCGTT
rs1144	4	TGAGTTGTTTATAGGAATAGTAAGTGGGCATTTCTTGATGCTGTGAAGTCTTCTGGTGCA[T/C]CCCCACCCAGGATTGTAATGGTGCAACAATGCATCCGTGATAAGGCTGTACTGGAGACCA
rs1145	4	CAAGATCACCATCTCATACAAACCTGACCAGACAGGTCCTCGAGACCTCATTGAAGTCAT[T/C]GAGTCAGCTGCCTCTGGTGATCTTACTGTATCGATATACCCAGAAGCAGATGGAAGGCAG
rs1146	4	AGGGCACCGCGACAACGGCCACGGATTCCACCGAGCCAATCGCCATTGAGCGCTTATGTC[A/G]TCACTGATATATGGTTGTTTATGCTTGTCTACCTTCCAGAATTCTAGTGCCCAGTAGCCT
rs1147	4	GCAAAATAAGGAAAGAAGATGACAAACATATGGTGATGATACTGTCATGTACGCAGGGGC[T/C]TATGCAGGTCTAAAGTAGTCTTATCTCTAAAATTAAGTTTATATCTCTTTAAATCATAAT
rs1148	4	GACTGTAACTGTGGAAGTTAGCAGAACCGTGTAACTCATCGGTATATACTCCGAAAAAGT[A/G]AGCATGTAGTCGTGACTCATGAGCATAAATATTTGGCGTTTAATTAGTTCGAAATTCAAT
rs1149	4	GGCATATCCTTTCCCATCTCTTTTCATCACCCTTTTTTCTTAACAGAAACAGCCACCAAA[T/G]AATCATAGTACTATTCTGTGCAACTAGTATATGATTGATCGAGACGCAAGAACAAATTCC
rs1150	4	TTAAGAGTGGAACTGGTTGTTAGGGTGTTAGCGTTGCAGGCTTGGCTGACTTGCAGTATG[T/C]AAGTCCAAACCGACCCCATGCAACTGCCAATCTCCTTTCACAAGTCAAGAGCACGCAGCA
rs1151	4	AGGTGAGTCTGTGTATTGTACAGTGTACATAACACTCTTGGAGCAGAGTATTACTACCTG[A/G]CAAGTACTGCAGCTGGCAAATACTGCCTCAACTTCAGAATATTCAGACCCATTATAGGGG
rs1152	4	AAGGATCTTTTGCAACTCCAGCCCCACTGATAATATGGCCCAAATAGGATATATGTTCCT[A/G]GGCAAATGCACATTTACTGAGTTTAACCTTCCACTGATGATTAGATAACAGCTGCAGGAC
rs1153	4	CGATTTTCGCTGATGCGGCGTGGTGGGGTCCACATGTCAGTGCCTTTTCTTCTTCTTCGC[T/C]CTTCCTTTTTCTTTTCTCCGTTTTCCTAAGCACACCGGCATGCAGGGCGGCCCTCCACGA

表 C.1（续）

序号	染色体	序列
rs1154	4	TAGTTAGTTTTGAAGTCATCAATAGTGAACAACAAAAATATACCACAAAAATTAAGGCAT[A/G]TGCTTCACATGTGACATATCGCAACAAACCAATTGTTAAAGTTAATGACTGCAGTAAAAC
rs1155	4	TCACTTCAGCCTTAAAAAATAACAAACTGTCATCCGCAAATAACAGGTGCGACACACCAG[A/G]AGCAGAGCGACAGACCTTTAGAGGCTGAATCTGTCTTTCATCCCTCCTTCTTTGCAGAAT
rs1156	4	GTTCAGTTCTCTTTAGTGAGATCCTTGTGTTTAATTTGCAGAGAAAAGGGTATTGTTAGT[T/C]AGTAAGTAAAAGGGTGGATCTTGTTCGAAGATTCAAGAGTCATGTTGGATTCTGGTTCTT
rs1157	4	CTTGAAATCTCCCGAAACAATCTGATTTGTTCAAGTAAATGGAGACAATGATTACTAGCA[T/C]TATTTGACAGCTTTCGTCATACTTATCCATTTCCAGCACTAATACTATTGCTGTGCCCAC
rs1158	4	GTCTGTTCTTAGGCACATAGCAAACTTTTTGTATGATGGAATTACCTGTGGACCTGAGGC[A/G]AAGCGAAGAGATGCCATATAGCTATGCCATGCCTGCATTTAGGCCAATGTTAGTAAAATT
rs1159	4	CACCCAACACTGTCGAACAATCGAGATGCAGATTTTGAGAAGAATTCGCTCTGAAATAAT[T/C]CTATAATTCGTGGTAGTATTGCAGCATGTACAGGCTACTATTAAGTTGGAGTGGTAGTAG
rs1160	4	GATAAGTGCCCTGCGTGCACATTTTAATCCCGCTGGACCGTTCATGCTTGTACAGAAATT[T/C]CCTCTCTCTTTTTTTAACAAAGGGAGGGAATTCCGACCTTGCAGGTAGCCACCTTAAAGA
rs1161	4	GGTACCACTATATTTACAAGTTTAATCAGGACTGACTGGTGTCTGGTCACGATATGTGCC[T/C]TGTGCCCACACATTAGTGTGGAAATTTCATATGTGTGGGGTGTTGGAGGGGAGGGATGG
rs1162	4	AGTACTTATTATGGCTCTACTGCCTTTGTGTTGACATCACGGTTGCTGTTCAGCTCTTAT[A/G]CCATTTATACAATGCTTAGCCTGAACATGTCCCAACTACCAATGTTTATATACTAGTTCG
rs1163	4	GAAACATACAATCAGCAAACAATTGTAGGCTACTGTAGTACCTTCAGGCTATAGCACTGT[A/G]CTTGTGGCCTTGTGAGTGTACTCGATGAACTCCATACCACAAATTGCATGAGATTTCAGC
rs1164	4	CGTCGACCTCGTCGTTGAGCCGGGAAGACTCAGCAGTCCAGACTCGTCTATCAATGGCCA[A/G]TTGCTCTCCTCCGTGCCTTCACCTTTCAAGACCTCATGTACAATGAGTTCTGCAAACTAT
rs1165	4	ACTTTACACCCCGTGAAGACATATCTTCCAGCAACCTTCTGGACTTGAGGGCTGTAGGAT[A/G]TTGCAGTAGTGAAAACCAGGCATCAGAAATGACCATGCAACACTACAACTAGAAATACAA
rs1166	4	GATTTTTTGTAAACATATAGACATATTACAAATTAGATATACCACTAGAATAGAAAAGGA[A/G]CATACATGATGAGATTGGTTTCTTGCAGTGTGCAGGTCTTCCATTTTCCTCTTATTTTGT
rs1167	4	AAGCCCAAGGACTTGTTCCCCCTGATTGCTTCTTCGAGGTGCGTTTCTCTTAACAGTTTC[A/C]GCAAACTTCTTCTAATTAATTCAGCCCTGATCTGATATTGTCAGTTTCATATTATTTGGT
rs1168	4	ACAAAGCAGAAGTACATTGTTAAAGGTTTGACTGATAAACCTGCAAGTCAGATAACTTTT[A/G]TAGATTCTGAATCAGGACAGACCAAGAAGCTTCTTGATTACTATTCGCAGCAGTATGGCA
rs1169	4	GAGCAAATTCCGTGTGAAGGACAGTTCACGGACCTACATTGTATCAGTGAAGTTGAAGAA[A/G]CCGCTGCCTTTAAGCCAACTCTTGGAGCAGCGGCCTGGGCCTAGAGATGTCATGCAGGGC
rs1170	4	ACTTGTAAGCTTGGAGAAAGATTGACTAGATGCATGCATGCACAGCACCTGTGCTAGTTG[A/G]TGACTGTCATCATGCTGATGGCAAAAACATCTCCATAATTGTATAATTTGTGTTTAATTT
rs1171	4	TATATGTCTTTATGCAGAAAGCCCTCACTACTCTGAACTCTGAAGAAACAATCTATGCAT[A/C]GTACTGTACCTTGACGAACTCTTTCTTTGCAAGTCAAGTTAGAGCCATCACCTATAGCAA
rs1172	4	CATGGTTGAACCATGTTGATTACTATAGTACTTCGGTGAGGCATAGAAACATTATGTCTG[T/C]TCTTGACATATCAGAGTCTGGTCACTCCGGTACAAAACTGCCTTACCATCAAGTGTCATC
rs1173	4	AAGAGCATCCTAGGAGTCTGACGCCCATGCTATGGGCCAAAAAGGTGGCTATGATATTCC[A/C]TGTTCCATTACGCAATTACTTTACATTTGGTAATGTGTGCCTCGTACAGATATACTCCAA
rs1174	4	ATAGTAAATTCGGATCAAAACAAGCCGAATAAGCTAAGGGTGGCTCCAATAAGATCAAAG[A/C]AACCTCCACAACACGTCAACCTAGAACCTTCGCACCGCACAATAATCAAATCACCAAATC
rs1175	4	ACACAATACAAAAAGTACACGACACCGCCTAGCCTCATGGCAGTCCACGTTCTTAGTATC[A/G]TACACCATCAATTCGTCCGATATGCGTCAGAAAGAAATTGATAAATTAAATCGAATCCAA
rs1176	4	TCTGGAAAACACATGGTCCAGGCACACAAGAATGCTTATCCTGCCTTTTCAGCATAAAAA[T/G]AAAAGGAAAAAAGCACACAAGAAATTCTACCTAGAAGCCCTTTTCCTGCTGAAAATGTTA
rs1177	4	AAAAAAATAGATATACATATTTGATCAAAAGGTCAGATTGATAGGGTTAGATTTGAATAC[T/C]AAAGAGATCATGACAATGGCATGTGGAGGACATGCTTTTGTCAAGTGTTAGTATGTTTGT
rs1178	4	GCTAGATTTACCAGCTCCTGTTCTGCCAACTATTCCTACCTTTTCGCTGCCATTAATGAT[A/G]AAAGATATGCCATGAAGAACAGGAGGAAGTTCTGGTCGGTACCGAAGCACGACGTCTTCA
rs1179	4	GGATTTTATCTTCCCAAGAGAATCAGCACCCCGCATGGTCCAAACTCCAAACCCCAACTA[T/C]TCTTCCCAAAGTTTGAAGCTTTTTAACAATGAAAGGCCTGAAAAAAGGGCACCTTTCTGC
rs1180	4	TTTTCAACGAATAATACCATATTTTTTCTGTTTGAATTCTTCTTTATTTCTGCCTGTTGT[T/C]TCCTTATGAACCACTTTGACTGTGCTGTGCTGAAGGTAAAAGATAAAAACCACATAATTC
rs1181	4	CCTCGCCGATATCGGAGCAACTTCTGTTCTGTCTCCATCTTTGCGGGCTCCAGAAGCATT[A/G]AGCTTGGCTGCTAGATGGGAAGAAAGGTGAAGCCAATATGGACTATGGTGATTCGTAGCA
rs1182	4	TAGAAGTACTGAAAATTACAAAATGCAGAAAATTGACCAGTTTTCAAGTCTTGCAAGTTT[T/C]ACCACCCCACTGTGAGGAGAAGACATGGCTTCCAAACATGAATAAACTCAAAGTGCACAG
rs1183	4	CTTTATTTAGCGCACCGCAAGCTGCACCAGCACACTCCTCATGCCAAGGAGAAGCAAATA[A/G]GATAATTGCTCCAATGCTGCCTTCCTCGAGCAATCAGGGGAATGGCTTAGTGCGCTCGCC
rs1184	4	ACCATCATATGTTCTTTATATGACTGTCAACACAGGAAGCAACCTGAAAGTTTCACATGT[T/C]TGATGTAGTTGGATGGATGCTTGTGTTTCATGAATCTAAAGGTTTTGCACCTTAAGGCTA
rs1185	4	AAAGCAGTACATACGGGAACTTCCAGAAAAGAATAATATGTTCGCTTTTCGACAAACAAT[A/G]CAATGTCATATAAAAACCTCAAGAACGGTCAGCAAATTCCAAGAACTACGGATTTGCTAA
rs1186	4	ACAATGAATCAGAAACTGGGATACTGTCCTGGTTCTTCTGGCACTTCTCTGTGGCAATGA[A/G]ATGCTGATGCTACTGATGCACAATGCAGGACGTGAAGTGGCTACAGACAATCACCTCGTT
rs1187	4	GGGATACCCCTCAAAAGGCTAATAAAGACACTTTCCCCAAATATACATCCCGTCTCGTCT[T/G]GTTCGTGTACGGGCATCCAGCTATATGTGCTGATGTGGCTGTGATTCTCTGCATGCACTG
rs1188	4	TGTCTCCCAGCTGCTGCCATCTTCAGTGTCACTCTCATTCTGAGGGCTTTTACTTGAGTA[T/C]ACCTTGGTTGGCTTTTCCAGGAATATATCAGTCATTGGGCTAGCCTCTTGGATTTCTGAT
rs1189	4	CTGGTGGGAAATTTAATCATGTTGTTTATGTACACCCATTTTCTCAGGTGAGTAATGCAA[T/C]AGTGTTATTTCTATTAATAGCTCAAGTGGAACTCTGCGAGAGTAAGATGATGAATTAATG
rs1190	4	TTCCTGGAAATAGAATTTTAAATGGTAGAGCCGGAAACAGAAACATGCTTTGCATCATAA[A/G]GAAATCGGCAATTCATGTTGGAAACATGCGGTATCATTTGGAAACTGTGACACCGTATGT
rs1191	4	AAACACATCCTTTTCACAGAAAGTAGCGAAATCACTAAATTTCGGCGATATACTGCTACA[T/C]AACCAATTTTATCTCACAGTTTCTCCTTCCCAAAAAGACGGTATCTTGAGATCTACCGTT
rs1192	4	AAAACCAAGTCGTTCCACTTCATTTCACCTCAACGTATATTCTTGTAAAGCAAACAAGCG[A/G]ACGACCCATCATGTCGTTCGTCGATCCTAAATACATCATCTGAGCATTACCGATAGACGG
rs1193	4	CTTCCCCAAGAACATCTGAGGCCTATATTTATGAACACAACAGGTTAGAATCTTTTACAG[A/C]AGGAATGAGTGAATGAGAGTATAAAACAACACAACACTATTGCACATCATTACACCCATG
rs1194	4	CCGGAAGAGACAAGCAGAGACTATAGCTAGGCTGGGGCTTGGAACATAACTGCATATTAA[T/C]CATGTGTATAAATTAAAACAGTGGAGCTGATATAAAAACTGTCCACCATTGGTAGGAATC
rs1195	4	ATCATAGAAGGCAACTCTTTCATCATAGGCAGTGGTTCCACAGTAGTCATGCACAACATG[T/C]CTTACAGACTCCTCTTCGGATTTGTCCTTTCTCTTGTCCTACAGTTCTCCTTAGTATTAT
rs1196	4	AAGGAAATAAAATGTTGCGTAATGCCTTCGGTGTTACATGTTTGATAAGTACTGTGATGT[A/G]ATGTACCGCTATCCAGCAACTGTATGATTTTGGGTGTTAAGTGTTACTGATTGAAATGGA

表 C.1（续）

序号	染色体	序列
rs1197	4	TGCCTAAATTACTTGTATATTAGCCATATCATTGGCATAATGCTGTCAACCTCTTAGTTA[A/G]TTGGATTGCAAATTAAATGGGACATGGCACGAGCAGGTAACTATACAAAATTTTCATCGT
rs1198	4	TCAAATCAAATCAAAATCAACCAAATTTCTTTTTGAGGGGAACTGCGTGGAGATTTTATC[T/G]GGTTCGTGACGGCCGCGCGGCGGCCGAATCGGAAAAACTCTCTCTCGCAAAGACGAGTGG
rs1199	4	TGTAAATCAGCACTGACAAAATATTATTTCTAACCTTCAGTTTATTTGTTGCAACTGCAA[T/G]TTGTTTCTGCAAAGTTTGAATCTGTTCTTGTTGCATACTACATGTTTCCTGAGCAGAAGC
rs1200	4	TGAAGAAATAGAGCATATGTATCCAATTATCAGATGCATACTAGATGATTTCCCATAGTC[T/G]TAGAGCATGGTTGGACCGAAGAAAGCAAACATACGGCCAAGACATTTCTGTCCTTCCAGA
rs1201	4	AGAAAACCCTTAAAATCGTGTATTAGAGAACTCGATTGAGAAATATGGTATATACTTTCA[T/C]GTTATATGTTAGTACTAGAGAGATGGTAACAAAGTGGCCTCGAAAAGAATCTAATATGAT
rs1202	4	GCCTGTCTGCTGGGCCGGCCGTACCCTGCAAAGTGCAAGCAGCTAGCATCCCATCCATCC[A/G]TCCATCCATGCAGGACTCACACGGGTGCATGATCGATGCAGCTAAAATGAAATGTCAAAA
rs1203	4	ACTTTAAAGGAAAATCAACGGTTTGATCTCGTCAGAGGTTAGACCATCGAATCCTGCAAC[T/C]GCATATTGTCTGTACTACATGGGAATGCATATAGTTAAGAGGTGGTTGTGACTAAGGAAT
rs1204	4	GGGAGAAATTTACTATGGTTATTGTTACGGCGCTTCTTTTAACCTGGAAGTAGCTTGGCA[A/G]CAAGCAGCAGCGTAAATGCGCGGTCTGCGACGGCGAAAGGAAACCAAGCGGAATGGTATA
rs1205	4	TCTTCTTATGTTTCATGCCTATCTTGTACTATGATGTAAACTGACTTGAAGAAAAAAATA[T/C]TTACAGAAATCCATCCTACTGGGGAAAATTGTGTTTTATGTCCACTCCTGATGGTGAAAA
rs1206	4	GTATCCGCAAGTTTCTATAGTGGTGAGTCACAACAGTTCATTGAGTGCTGTGATTGTGGC[A/G]AATATCTCAAGAAAGCTGAGAGACGGCTTGCTGAAGAGTTGGAGCGTGTTTCTCAGTATA
rs1207	4	CTGAGCAGTGGATGCATCATCGTTCACTGCCTCCTCAAATAAGAGAGCGAGTAAGGAGAT[A/C]TGAACGCTATAGGTGGTTGGAGACCAGAGGAGTAGATGAAGAAAATTTGGTTCAAACCCT
rs1208	4	TGCCTGATCAGCTTGAGATTGAGGCAAACTGAAATTAGCTACGATTTGAATCATCTCTCT[T/C]TGACAAGAACGGGGGAAAGATGAATGTGTTTTTTGCCTTTGGAAAAAGGAAAAGAGGATG
rs1209	4	ATGCTATAAAAGTCGATTTCAATTAAGCGTCTGCTTCTGTTAATTTGGAGATTGGATCGA[T/C]TTACACGCGTATGCACAAGAACAGTTTGGTCGATCGAGTTGACGATAGCAATGGATGAGA
rs1210	4	CTTGCCGCGTTGAAGTACTGGGGTCCTAGCACCACAACCAACTTTCCGGTAATTAACTCT[T/C]ATGCATATATATAAAGATGGATTTATTACATATTTACAATGCATGCATGATCAAAATATA
rs1211	4	CCCTTTCCCTTCGTCGTCTGGCTCGTGCTTATTCCCTCAGAGCCAAGGAGCTGTCTCGAG[T/C]ACTGACACATCAAATATAGCTCAAGTGCAAGAACCAAGCTTAGCCTTCCATCAGCAGCAT
rs1212	4	GCCTCCATGAACCTCTTGCTTAATTTGTTGCAAATTGAGCAAGATGTAGTACTTGTTAAT[T/C]TGACCCTCTCAGAAAACAACTATGGAAGCACACAACAGTTAACACTAGTTAACAGGATAG
rs1213	4	ATTATGGCTAGCTCTCGATCGCTAACTTGGCATGTTGATCGACATGCATGCATGATGAGG[T/G]GATCGAATTGATCGGTCGATCGATGCGTACGTACGTGTGCGTTTGCGTTCTGGCCGGTAC
rs1214	4	GGATTATTTTATTCGAATTTCGTGTAAACTCTAGCTTCATTCAGTTCGATTTTTCTCCCT[A/C]GGGAACGCGAGGATATTCTGTCATGATTGGTTCATGGACACAATAGACTGCTGGTAGGCG
rs1215	4	CAAGCAAAGAACAAGTACCTTTGTGTCACCGGCACTGGCAGCCGATAAGTGAGCTCTTGC[T/C]ATGTCATCATCCTTCTCAAGAAACACAGCACGCTGTAAAAGCATGGCATATGATAATAAT
rs1216	4	ATACCTTTGTGATTGGAAGGGAGGGGCATTTCGGGGATATGAGTGAGTTGAGTGGCATGG[T/C]ATCTACTCTGTCCGGTCAAGGGGGTTTGACTACGGCTCTGAGCGGGGATGACAGCTAGGG
rs1217	4	ATCTACTGATCTACTCCCCTACTGGCTACTCCCCAGTGTCGTGACCACACCATATTTTGC[A/G]CACACAGACAAATGTTCACCTTTACAATGGAGGTCAAATCTAACATGTTTTATGCGTGGT
rs1218	5	TCTACAAATAGCATGAGAAATGAAATTCTAACTTCCTAAATTAACCGTTGCTTACTTTTA[T/C]TGAAGACTCCCTCCAGAAAGGCATCTACAGAGTAAAGGAATTCTTTAGGAATCAAAAATG
rs1219	5	CATTGAGCTGATTCATCACTCACCTTCTCCTCCAACAACCTGGAAACCAAGGAACTTGCT[A/G]TACCAGATTACAGCTTCTTCTATTTCTTCATCCGTGTTTCATCCTCAATAAACTTTGCT
rs1220	5	GGAGCGATTGACAACCTTTTACTGGACCCAAAGGGGCAAAGTGATCTTGCCCCTAATGCT[A/G]GTTTCACCGATCCGGTAGGCGGTCACGGTGCGCCTACATCTAGCAATGCCTATGCCATGA
rs1221	5	CTGCTAAAAGTCCACATATAAGTGTGATATTTTAGGTACTAGGATTTAAACCCAGGCTTT[T/C]CAGGTATATGTTCTTTTCGAGCAAATATAATACTGGATTATTGAACGTCTGAAACATGCT
rs1222	5	TTAGACCATTTCTACGCAAACAACCACAGCAAATCAGCATGTCATGCTATATTTTCACAA[A/G]AACAATTTATTATTAATAACTGTAATTAACACCACTCCTATTAGACTGTTTGCATGCTCA
rs1223	5	CTTTAATCCCCTGATTTTTCTCCTCCTCTCCCACAACCTCTTGCTACTAATCTTCTTCTT[A/C]TTCTTCTTCACAAAAACCTCCTCCTGTGATTAGTAAACAAAACAAACCAAGAGAGACCAT
rs1224	5	ACATGCATGATGGATGGATGGGTCGATCCATTATTATATATTAATTAACCATTTCTCTGT[T/C]TCCACAAATTTCTGCTTAATTCAGAATTCAGAGTTACTCCTAGCTAGCTATAACTTCTTT
rs1225	5	TTTGCAACAAAAGGGGCTCTACACATGGCAGGACCTTTGTGAACTTGTTCAGGCCAGTGA[T/C]GGTGAGCTGACAGAACAACTGAGTTCCATATCAGCTGTTGAGATTGATGGGTTCTGGAGG
rs1226	5	CTTACTGTAACTTGTTTCTGCAACCTGCATGACCCATGACTGAACCTGCTGGAATGCAGT[A/G]CAATGCAATGCAATGCTATGATCTGTTCTATTTGTATTTTAATTGATTTTAGTCCTTGAT
rs1227	5	TTCAAGATGTGTGGCTTTTACCTTGTTGTTTCTCAATTTCATATCTCATTAATGAAATTA[A/G]TTTTGATCTTCTGATTTCACACAGTTTAATAATGTATCACCTCCTCTGTGCATGAGATTA
rs1228	5	CTCTTCGTCCCAAAATAAATTAATTTACTTTACACGTGATGTTCAGATTCATGTAAAGGT[A/G]AACATATTTTGAAACCAAAGATGTACACTCCAGCAAGCACCGTGGCCATTGTACCATGGG
rs1229	5	TAACAACAAACTAATTAGTGCCAATGTGGCTCAGTGGTTGACAAAAAAGCAAATATGCAG[A/G]ACCTATAATCCAACATAAACTTGCCCATGGTTTTGTGACTTTGACTACCAGGTTCAGAAA
rs1230	5	TGATGGCAGTGTCCCCAAGAGAAGGTAGTGTTAGCTAGCACCTATATCCTTTGCTTCTGC[T/C]TCTGCAAATTCTCTTGTGATTGTGTTGTCACTGCAGCTGTCTATCTTTGTTACTGTTGCA
rs1231	5	GGCATTGGATGGTGGATGAAGGATGGGCTCCATCAACAATCTCTTACAATGTTCTCATCC[A/G]TGGCCTTTGCTGCATTGGTGATTTGAAAGGAGCATTAGATTTCTTCAACAGTATGAAAAG
rs1232	5	GAAGGGAACATTTCACCGATCCAGAGACCACCAAATTTTGCATCAACCAAACTAAACCAT[A/C]TTTCCCCCATCAACTCATCTCCCTCCAATCACACGCATCATCCAAATAGAAGAAAGCCAC
rs1233	5	TGTGCAATGGCTGAAATAAGCTGGTGTAAACCTGTATAGTCTTTTCATATATAAGGTCAC[T/C]AAACGAGCACTTGAGTTTAATTAATGTGCCTAAATCGAAACCAGCACATATACACGGGTC
rs1234	5	AGCGTGGTGTAGTTGAGGAATGGAGTGGATTATTATTAGACGCTGATGTTGAGATAAGGA[A/G]TATATATATGTTTTTACACCATAGTTATAGAATGCAACCAAATCATCGGATGATTTGTAG
rs1235	5	ACTCTCTCTTCTTCTTGGGAGGCTGGGAGCTACCAGCACAACACACCAAGGAAGCTGAGG[T/C]GAGAACGATTGATTACTTTGCTGGCTGCTCTTAGCTACTACTACAACTGTTTTGTCTTAA
rs1236	5	ATTCCTGGAAGAAGCCGGAATGCATCACCATCAGAGTACCGAGTGCCACCAATGCCATGA[T/C]AGGATGAACCCAAGACGTGTAGTACTAGTTGCACCGTAGCAGCAGCACATAGCAAGGCCG
rs1237	5	CATATAGTCAACTCTTTAAGTTTGACTGACTGTAGCGACTAGTGATGGTTATGCTATGAG[T/C]TATATTTACTCCTAACTAAGCTCATAAACTTCTTCAAAGGTTAGAGATTAGTTCAACAGG
rs1238	5	ACAGTACTCAAAGTCCTCATCCAACTCCCTCGGTCTTGCAAGCTGCTTCTCACGGCAAAT[A/G]GTGGAAGCACCATCTTGTTCACAGCCCTCTGGCCGAGATTCAACAGCAGGTGGTTCAGCT
rs1239	5	ATAGCTTACATTGTAAATAGCCTGATAAGTAGTACTTGAGGTTAAACTGTGGCACTAGAG[T/C]CGAACACGCTCACCGGTATACTGTATCGGGACTGACCAGAGAAACTGTAGTGAGTGAATT

表 C.1（续）

序号	染色体	序列
rs1240	5	AGCTCTCCAGATGTTAATACCAGGTATATCACAGCATTATTGAGTACAGTTACCTGCAAT[A/G]TATGTTGCTTCTGCGTTGTTAGCAAGATCGAATCCATCTTCAAGTACAGAAAATGAGAAT
rs1241	5	CGTCACCCAGATCGAAGAAGCCAATCAAGAAAACAAACCCCAAGCACAGCGAGAGGTTAG[T/C]AAAACCAACCTTGCTTGCTTCTTGATTCGTCTTCTTCCTCCTCGATCCCTATCCTTCAAG
rs1242	5	CTTCTGATTCTTCAGAACTGCAAAAGTGAGCTTTGAACAGTTCATCACCTCTCAGCTGCA[T/C]TCTGAAGATTGAGTATTATGGTCATAAAACTCATTGTATGGATCTTCTTGACAGAGAGAA
rs1243	5	GATACCATGTAACTAATTAAGATGTCCCTGTAGCTACCATGGCTTTGGATAGTGGCAGTA[T/C]ACGGTACAGGGTGTATTAAATTAAATCAGCATAACATCCTAGGAGTAGGATTATCCCCCA
rs1244	5	AGGTATTGGGATGCCAAATCACTCCCCATAGGAACAACAATGTGTACCATGTGGTCAATC[T/C]GCTGAACTGAAGAAGATTTACAGTTTCTAATAGCAAAATTTTTGTAACCTGATGCAAGGG
rs1245	5	TCTAGGAATCAAAGATAAATAAATTATCATTGTTCTATACTTGTATTTGCATATATGTAT[A/C]TTTCAACAAACTTTGTAATGTATATCTATGTTTGGTACCGGTCAGGATGCACCTAAATTA
rs1246	5	TAATCAGGTCTGTGAAATGTTTCAAGCCTTCAAGACCATTCTGGTCTCCAATATACTTCT[A/C]TGTTTTTCTTTTACTGAGAGCTAGTATTTACTAGTTGGTGTGGCTTATCAGAATTTGCTT
rs1247	5	GATGGTTATTGCATTGCATCTTATTTGTTTTCTTTTATCATTTCAGGCTCTCCTGCATTC[A/G]TCGCATATGTACCATGAGGCCAAGGCTTCTTTTGCACACCATGGTATCAAATTCTCAAAT
rs1248	5	ATGGATTAACAACCTTGCAGCTACAAGGTTCCTATCAATTTTTAGTTGATTTGGCATTAC[A/G]CTCTAGTTAGCATAAGCACATCAGTTACTGACCAATGTCGTCTTGTGCAATCTTCCTAGT
rs1249	5	GGAAAGAAGACATTGTGGGCTTCATATCGTTTCAAATTTGGGCTTGGGCTAGAGTGTGCA[T/C]ATCCCAACTTCCCAAGGCCCATTTACCTCTCTAAAATCAAAATCAAATTTCAGCCCACAT
rs1250	5	GTTGAAAGGAAAATGTTGAAAAGAGAACATGAAGCAAAGAAGCTGAGGAGGTCCTTGTCC[T/C]ACTTCTTGTTGAGAGAAGGATGGCGCTTCAATGATTGGTCTATCCAACTATTCAACCTAG
rs1251	5	AGTTATTAGAGGAGCACACCAGGATGACTCCCACCTTCATACTTCTTTGAATGATATTCA[A/C]CATTCTGAACAACTACATGATGGCCGTGTACTATGCCAATCCGCATACCTTTAATCGGCT
rs1252	5	TTTAGTTACGTATGAACTCATTCTTACTACGAGTTGTGTAAACGGTCACGACAAAATTCA[A/G]TATGCCCTACTACGTCAACTTCACAAACCTGTAATGCTATAAAATCAATCTACATGTCCC
rs1253	5	CAATGACAAAATTCTGACAGCATTTCACATAACAATGTGAAAAACAGATTCGCTGTGACA[T/C]TGATGTTGTGAATTTGTTTTTTAGATAACAACTGATGCAGTGATGTGGGAAAACTGACA
rs1254	5	GCCGAAAATAACTCAGCTTAGGTCGTGTTCTATAGTCCCCTCTCCCAATTTTCACTTCCT[T/C]GTTTTTCGTGCGCACATTTTCCGAACCATTAAATGGTGTATTTTTTTATAAAAAATATAG
rs1255	5	TCACACCGAGCACGGGAGGAAGAAACTAAGAATAAACAAAGAGCAGCAGAGAAAACAAGG[A/C]TCAACATGGGAGCAAATAATCAAAGAAACGATAAAAAAGATAAGATAATGAGAAAGAACC
rs1256	5	AATGCCATCTATTTAAAAATGGTGTTTTGCAAACCAGGAGTCCAGGCCAAGTTGATCTAA[T/G]GCTACTACTGTATTTTGAAACAGGAGAACAGGAGACGAAGCATCAGAAATTCAGATGTAC
rs1257	5	TCTCAGGACAGAAGCCCGGTTTCTCAGAAGACAAGGGCTTTGTTCTTCTGAAACCGACTA[T/C]TCGTCCTATTTATCTTCCACCTTGCGCTTCAACGGCCTCGCTACACCCAAGCAGGGGCAC
rs1258	5	GGCATCTCGTCCGCGTGGGACGGCGTTTTTGGTTTTCGTGGAAGTTCTGAGAAATTGATC[T/C]CGTGATGATAGAGTTCTTAGAAATTGGATACATCCAGCCTTTACTTAGAAAAAAAAAGCT
rs1259	5	AAACCAGAGGTCGCTGGGCGTCGATGTTGCGCGAGAGAGAAGAGAGAGTGAGGAAAAGCA[T/G]TACTCGGGATTTGGGAGAAAACAATTTAGTGCTTGCAACCATTTGCAAGAAAGTAGAAGA
rs1260	5	ACCATTCACTGATACAACAAAAGGCGATTATGCTAGTTAGGAACTGGCTATACGTGCTGG[A/G]TTTCCTAACCGGCACCTTTGAGGATTTAAGGGTGCCGATTTAGGAGCAGACACCTTTAAG
rs1261	5	GTGAGCAAAAACAATATACTCCATAACATGCATCCTCCAAAAGGATAAATGGAAGCACCA[T/G]AGGAAACTTACATTGATAGCCACAATTCCAGTCCACCTTCAAGGAGGTTTTCCGCACGTA
rs1262	5	GATCTTTTCGTTAGTGTTTATACAATGCTTCTAACTGCCAACTGAGACAACAATCAATCC[T/C]CTCATTTGAACGGAAACAAAACATGAGACAAAAATAATATTCTGAAACTGCCAACTGTAT
rs1263	5	TATTCCATCCCATAGTGTAAAGGGCTCCTCTCACTTTTCATCACTATGTCCAATCCCCTT[A/G]TACTATAGTTGCATGCCTGAATGGCCCCCTTGAACGTCACGCACGCTGGGGTAGTAGCTA
rs1264	5	TGCAAAAACTTCTCGATTTACAATGTTGTTCTTCTTCGATGATTGAATTGAACTTCCAAC[A/G]AAGCATTTGCATATCATCATCTGAGGAATCATATTTTCTATTCTTCTTGTTTTGCGGGGA
rs1265	5	CGTATGATTGTCGCCTAAGAAAGTAAGAAACGTATGGCTGTCGTATAATACACATACGGT[A/G]TTCCAAGAGTTCGACATTAATTAATTAATTTGTACGAAAGTGCATGGTAGGCAACTAGGC
rs1266	5	CCCTTGGGTCCCCAAATGGTCCAGCAGAACACTCCATCAGCAACCTCCAATTAAAATGTG[A/C]CATCCAAATTTTGTTTCCATCTTACACAAGATGCCAAGTCATACAGTAGAGTAGAAAGAA
rs1267	5	GAAGAGGTTTCAAATATTTATGAAACTTATGCACATACGGACCATGTCACGTAGCTGTCC[A/G]CTCAGCTATTTCATTCAAACAAATAGCGTGCAGCTATAACATCAGAAGAAGAAAGTTATT
rs1268	5	AAATGGGAATTTGTGGCTAGTTATTGCGTTGCGCTAGCTTTACCTTCGCAATTGAGTGAA[A/C]AGAATTCATAGGAAAAGGGATAGCTATCTCATCTGTTATGTATTTAAATTGGGTCAGGAT
rs1269	5	TTAAAAATTGGGTTGGATTGCACTTAAGTGTTTTAACCGGTTTTGATAGACGAGGGGCGT[A/G]AATGTCTCATTTAATAGTTCAGGGTTGATTTCTACACTCAGGCAATAGTTGTTGGGTGTC
rs1270	5	CGATCATGAAATAGACACCTGCATAAGTAAGCAAGGTGGCGGTTCCATATGATTTATGTT[A/G]GCTTGCATTTAGGTTACACCGTGTTACTTGCAAGAGTTTCTCCATCGGCTAGCGTGGTGG
rs1271	5	TTTAGATCTAAAAGTAGCGAACGGTTTTAAACTAGCTAATCTCTTGCCGACGTCAGTTAC[A/G]TTATGGATCTGGTGAGACGTAGTGTATTGTTCTGATAAAGTTCTTCACAAGGGTTGCAAA
rs1272	5	GGACCTAGTTGAAGCTTGAACTAAAGTTTGGGTACCAATAGTTAGACTTGCTCATTGGAT[A/G]ATTCTCAATATGGTTGGTGAATGCATAGATGCTACTCTTCCAGCAAAAAGCATATGGTGT
rs1273	5	AAACATTTGCATATTTAAATAGTTCAAACTTTTGTTCGGCATCAAATAATTATGTCATTT[T/C]ATGAGGCTCAGTTCTTTCGTAGAACCAATCGACGACGAAACTCCCCAAGAGCCCAAATGG
rs1274	5	AAACGGTGAGTTTATATCACCGAGCTAAGTTAAACATTGCTTGCATTCTCCTTCCGCTCA[T/C]TAGCATGTTACTGGATCGTAGTCTCATCTCATGTCACAATCGTAGAAGTTTTTCCTCCGA
rs1275	5	AAATACAACCTGAACCATATGCATAGTTTTATGTACCGCGTCGTCTATTTGCCATCAGAG[A/G]GTTTGCAATTAAATCCCGAAAGGTGCACATGTCACCATCATCTGGTGCTGTGCTAACATA
rs1276	5	CTTGAGTACATACTACGAAAGTGTAGTTACTACCAATGGGTACTTGGGCTTTTAGTTGCT[A/G]ACACAACCCAAGTCGTACCTGAGAGGTTGAGCCCAATCTGGCCATCTTACACAAAGCTCA
rs1277	5	AAAAAATATTAGGGTAGATTTTCAGACTTCTATATAAGTAAAAAGCTAAAAGGTCTAGGG[A/G]AGGGGAGAGGGGAGAGTCAATGGGTGAATAGTATCTAGTTTGAAAGAAATAGTTAGGGCT
rs1278	5	ATTGTTTAAACTTTAGTAAAGACCTACAACCTATTTAATCTGGCGATAAAAATCTGCCTG[A/G]ACGACTCCCTGGTATTCATTATCAAGCATGCATTTTATTTATTACTGTACTGCAGCACTT
rs1279	5	GTACAATTCAAGCAATTTATTCTCTTCATTGTGTTTCAAATAATAACATAACACTACAGC[A/G]TTTTTATTTTTTGGCAACTCAACCCATCATGCTGCTATGTTTGCAGGGATCTATCTTACA
rs1280	5	TCAAGTAAATATTTATTATCAGTGCCCACTCATGCATGGTCAGCAGTAGGGTTTGAAATT[T/C]CGGAACCCCGGGCAAATATCTCGTCCGCAATTTTTTGTTTTTTACAATTTTTTGAATTC
rs1281	5	TTGGATGAAAGAATATTTGATTGGCATATTGGACACGAATATTCTTGATGTTTTCATTTG[A/G]AAGCACAGTGGATAATATAATCCTAGGTGACCAAAGTTCGGTGAATTTCATCACATAAAT
rs1282	5	TACCCATGTATTGTATTTATTGAGATGATTCAAACAAGAGTGGTAATAATTCTTTTAAGT[A/C]TTTGACTATACTAATGGTGGTTATGTCGAGAAAATAATTGGAATGGCACCTCTATTGTAC

表 C.1（续）

序号	染色体	序列
rs1283	5	ATAATTTCGATGAACCATGTAACTCTTGACACCCTGAAGAACTACTATGGCTAACACTAA[T/C]ACTTTTAAGCTAGATTTTCAAAACTGCAACTCAACTAGCAGAATTTAAAGTAGTTAATAC
rs1284	5	TTCGCCGTAACGTTAGTACAGACACATTAGTAGCTATCTCTAATATATCGGTACAACTTG[A/G]AGAGAGCTACACATTAGACGTCCGACGGGAATGAAAAATCAGATCTCACGGTAATGCTTG
rs1285	5	CTGAATTTCCATGGTTTGAGCAGAAGTCAAGCCGAACCATGTTGATGACTCGTGAATCTG[T/C]GGTTCTCTCCAGTTGGAAGGTCTGTGCATTGTTCTTCTCAAGGTCATAAGAAAACTCTCC
rs1286	5	TACTCTTTGAGAGTACATAAAAGATCAGCAGAGTGTTTTGAGAGCATAAAAGATTCGGTT[A/C]ATCGGTAAGTAGCAAGAACATATGAACACATCGCAAAGGAATGACAGCAAGTAGACATAC
rs1287	5	GTAGGAACGTACAAGTGTACATCCCCTCCTTTAGAGTTCAAAGCGGTCGATACATGCAGT[A/G]CGTGGGTGTACTGTACGCCATGGATGCGCTACAGTTCGTGTGCATACTAGATATATTGAC
rs1288	5	CGTGCCTCTTTGGTTATTGACCTTGGTCCTTGGATCAATGCCCATGGCATTACACTTTAG[T/C]TATTTATTACTTTGTCAGAAAGTTTAATAGCCCTTTCCATTCATTAATATTAGTGTGTTT
rs1289	5	TAAAAAAAGGATGAGGAAATTCAAGACCATAAAGGAGCGTAAAAGAGTTTCCTATTAGCC[A/G]GCATTAGTACTATACACATGGTTCAGCCCTTCACCTTTCAAGGGGGAATAAGAGCCAAAA
rs1290	5	TTCAAATCAAATCACAGATCAGCAGACCTGGAAATACTTAATTCATGTGCTACTTCTAAC[T/C]ATGTACTGCATCAACAGAAAGGGCAGGCAGAAGTGTTTACCGAAGGTGGCATAGTTACAG
rs1291	5	GTCTCACCACTGCACACTGACACCACATTCACACATATGTGAGTTCACTCCAAACACAAA[T/G]ATTAAAGAAGGTTATATAAATTCCTATTGAAACCCCATACGTGTAAATTGAAATCACATA
rs1292	5	AGCACTAAATTCCATGTGTTGCAGCAGAAACTATTTGCTTTGCACATGAGCTTTTAAAAT[A/G]TAAGTTTAGAATGGAGGAATCCTTTTCCAATTCCCATGGGACTCACGACAATTTGGAACA
rs1293	5	ACTGTTTCACGTGTACTACCTGCTGTTGAGAAATACGCCTATAGACTCCTTGATTTTCAA[T/C]AACCCATTTTGGCTGCCAATTAGGCTATACAACTCCCTTAGATGAAAACATGGTTAATTT
rs1294	5	CTGACAACAACATTATTGACAAAGGTGATAACCAATCAAATTTCTATTGCTTGTTGAAGT[T/C]ATGAATGAAGCAACAGAAAGAAACGAGAGAATATCCATGAGAACATTGCCACAGAGGTGG
rs1295	5	CTAGACATGCATTCACTTTCTTTACCCTGTCCATAGAGCTAGTTTTAGGTGCTTATTTTT[A/C]CCCGTTGGTTCAGCATGGTCTATCTGGCAAAAAAATTGGGTATTGCCCCCTTTCATGTCT
rs1296	5	CCTCTCCGTATGGTATTCACTACACTAAGCCATTGCGCATGTTTCTCTTGGTTTATCTCC[A/G]GGTGTGTGCCTCTTCCTTGTTAGTTTCGATAACATTGGCTCTTTGCCAGGTTTTTTTGTG
rs1297	5	GGGAGCAAAACCAAACCGCATTGTTGGTTGAGATGTAAGTGCAACTGCTATTGATCCCAC[T/C]ATGTGTCTGTACTATACCTTTAATGTTAGTCTCACCACCTTTCCCTTAATTTTTCTTTCT
rs1298	5	TAATACTTCTTGTAAACTTGTTTGGCTTGCACCAGGAGGTCATGTATATCAGCGAGGGAA[T/C]TGTCCCTGGCACAGACCATATTGTCAACTGCGGCCACCTTGGCCGTGCTCGACTTATAGG
rs1299	5	CAGCACAGCTAAGCCTGCCGTGGCCGGGTCCCGGGGAGCCGTACTATATATGACTAGTGC[A/G]TCTATGACTTCTCTTGCGATATGTGACAAGGAAAGATGAGCTGCCGACAATTAATCGATC
rs1300	5	TTCTTCCAAGAGAGTGCAGGAAAACAGAAATAAAACAAAAACATCAGGCGCCATCCTTAC[T/C]GAGTTATAAATCAGAACATCTGGCTCCAAGGAAGGATCCCAATCTTTGCGACGCATCTTC
rs1301	5	TCATCTTCTCCCATCATATATTTTTTATCCCTCCCCACAATCTCTCTCTTATCTCCTTCC[T/C]ACACCTATCCCCTTTTCTTGCCCTCACCTTTGATGATGTTTGCTGCCTCCGCCGATGCCC
rs1302	5	ATCTAGCTTAATTGTTAATACTGCATGATGGCAAAGTTTTGTAGTTGTGGAGACATACTT[A/C]AGGAATTAGGATGCTGCTTACTCAACTTCGAGATTGCATTGCGAAATTCTGCAGCACTTC
rs1303	5	TTAGGTAATGGTTACTCTGATTAAGACGTGGCTACTACTTCTTACCCAAAGAACTGGTCC[T/C]CAAGACCAAGAACATGGCAACCTGATCATATAAAAGCTCGTATTTAATGAAGCCATACTT
rs1304	5	TCTGTTCTATTTAGCTGTTCTTCCCTTTGCTCTGAATCTGATTACCTCCAAAACCTGAAA[T/C]GAAAGGAGAAAATAAACAAGAAGCATACAAGATGAATTAGCACACTCAATTGCTCAAATC
rs1305	5	ACTGAATGTACTCTTTTGCACCTTTAATGCATTTTGGACGGCCTTGAAATAGAAATAAGA[T/C]GAAAAACCGTGGTTATTCGTTTGGATGCATGAGAGGGGTTGCTTTGGGAAATTTCAGGAT
rs1306	5	GTCCAGGCCTACTTAGGGAGGGGGAGAGAAGAAAACTCGGCGAGAGAGAAGAAAACTCAA[A/C]GAGAGAGGAGGAAACTCCAGAGAAAACTCATGCTTAGGTCTCGCAACCTCAAGCACCTGT
rs1307	5	CCGGACTACGACAAATTTTCTTTCTTGCTACTAGGATCGTGTGGTACACCTATACTTAGT[A/G]GTTTGGTGGAACAGTTCCAAGGTGACAATGATTGGAGCTATCCCATATAAACTATCAACT
rs1308	5	ATCATCAGATGACCATGCATTCATGGATTAAAGTGGGGTTGGAGAACGGATGACTGAATT[A/G]ATTGCATCACTAGTTAAAGCAATTGCTAATAATTTTCAGTTTATCTTATAACTACCACCT
rs1309	5	TTTCCACCGTCATATATATTCGTTGTTCTCTCCCTATTGGACACAATCCGAGGAGGATCA[T/C]GAATACTAACATGGGACATGTGCCCCCTCCCAAAATTTTTTTTCAAGATTTCTAAGTGA
rs1310	5	TTTAGACTCTTGCTCGAAAGAGATTACTGGATAGATTGTTGCTACAGATATCTACTTATT[A/G]TAGAGGAAAATTAAATTAAATATGTTAATAAATAAATCTAACCAATAATATATTAAAAAC
rs1311	5	GGTTACATACCTACATGCAAGAACAGAATTTTAGAATAGGAAGGATATATTCTGATCTCC[T/G]TGGATAACCACAAGGAAAACCACCAGGAACATCAATCCAAAGAAATAATTAGCAGAGTAA
rs1312	5	GCTGAAAGTGTCGAGCTTGTACTCGGTGTTGTTGCGCTCCTTTGGGTCCAGGAAGATCTG[T/C]AGCACAAGTTCATACAAGGTCAGCGTTGTTTGAATTCAGCGAGACAGCATAAAAATCATT
rs1313	5	CAAGTTCGGCCTACATAAAAGAGTGAAGAGCAATCACCGTTATGATTGAGAAAGTGTTTC[T/C]GTGAACATGAAAAACAACAGATCTAAAGGGAAGGCACAGAATACATTCAAATCAGGCTCC
rs1314	5	CCATGAAAAGAATAATAACAATTTAAATACAAGAGGAATGGAGGATTTCAACTACTGGTA[A/C]ATGAAGTTGGGTTATTAGACATTGACATTCCAAATAGAAAGTTCACCTGGTCCAATAAAA
rs1315	5	CGCGAGTGTATTAGCGCTCTTTTGGCGGTGCTGGGTAGTAGAATGTAGAATCGTTTCTTG[T/C]TGATTCCCTGAACTGATCCAGATCAAACATCTTCTAAAGGTTCTGCGATGCAATGCTAGC
rs1316	5	TGAATAAATGCTCTGTTCTGTGAACCTACTTGTTTGCGATCTTTTGTGGAGCAAAACAGG[A/C]ACGGTGCAAACCAGAGCTGAAATCGAAGGAAAATAGACGCGAGTAAATTGTGTTCGTTTT
rs1317	5	CTTCTGACAAAAGACTATGTGTCTAATATTTCTCTATTGGCATGTAGTTTGACTGTTTTG[T/C]ATCAATCTTTAGGTTTGTGATACACCATCCACGAGCTGCAGTAATCAGGCAAACAGTGCT
rs1318	5	GAAGTTCTAAGCTTCGACGGGAGCATCCTCAGGTATGTTCTATACATAAAAAGAACTGCA[T/C]CGCATAGTGTAGCGGTAAAGTGAATTAACCGTCCTTCCTCATCGGTTTAAACTTTTGGGT
rs1319	5	CATCATCAAGCTCCAACCACCTAGGTTGGCACAATGTTTCTTTTGCCTCAGTTTGTTACG[T/C]ACAAAGCCATGAGCTTAATTATGCGCTAACTAGATTCATTAGGAATAATGCCGAAAAATG
rs1320	5	TTAAAAGAGAATGAAGTAGAGCCAATGCTAAAGAAAGTAAGAAACCTTAGAAGAATTTGA[T/C]GATAAACCAAGTGGGGCCAAATACAAGCCAAAGAAGTAAAATTTGGCAAGGCAGACACTG
rs1321	5	TCCCTAACCAGATAAACCTCATTCCTCCTTAGTTCTCTCTTATTCGTTCTCACGCCTCTC[A/G]TGCCAATGAATGCCAATACTCGAGAGCATCATAGTGAGGTCATGAGCAGCGGTGGCCAGC
rs1322	5	CCTCACTTTATAGTTGAGACTGGAGAGACGCAAATGAAACACTACCTGTATTGGAGGGAT[T/G]TAAGGTGGACTTTTCCTACATTTGGGGACAGTAATAATCAGGCCTCTGGAGCAAGCATCG
rs1323	5	TGCAATGATTCCCATGTTATGGAGCCTGAAAAAGTGAAGCTAAGGATTATTACCTGAGAA[A/G]GGGTCTAGCCAAAGATAAACAACAGTACTTAATTTAACAATATCAATTTGGAAGGAAAGT
rs1324	5	TGCACATGAGGCATTGCATATGCATAATTTATTCAGGCAACAATCTGCAATGCAGGCCCT[A/G]GGATGCAGCATGCAAGTTGCTAAAAATACTAGACATAGGAATATATATACTAGGATGAAG
rs1325	5	ATAGCAGAATTGTTATAAACATAGATTGATGATTCTCAAAGTTCACTGCAAAAGTTCGTT[A/G]TCTCCGAATATTAACAAGCTTTTGTGAGGCAACTATAATAGAATGGTGTCATACTGTCTG

表 C.1（续）

序号	染色体	序列
rs1326	5	CGAATCATCTATATTTTAATGAGACGAAGCAAATTAATAATCTCTTATTATGTGGAGATA[A/G]CTTAATTAGTTGTTTCTCTTCTCTCCTGCCCCCTCTTTTGCAGGGGAATTGAACCATCTT
rs1327	5	CACTATAACCCAACAACGATAAAAACTTCCCCCATTTGTTTGGCTGCTAGATAATTCTCA[T/G]TGTTTTAAAAACTGCACGTGCCTTGCCATATTGAACAGAAAATGCAGGTATGCAAGTATA
rs1328	5	TTTAAGAAATTCATGTAGAATCGTTAAAACCAGCTTGGGAAGTGTACTGTTGCATCGATC[T/C]ATAATATTTTTTATGGATAAGAACACACCCTAAGAATAAACATTAACTAGTCAGAATCGC
rs1329	5	GGAATTTTTTAGGAGTTTTTGTATTGATCGGAGCCGTTAGCTTTTGCTGTGCTAGCCTCA[A/G]CTTCGTGTCCTTTGTGAGCCCGCTTGGATTTGTTAATTTTGGTTTTAAAACCTTGAGTGA
rs1330	5	GCACATGATGCTGAGTTAGCCCCGGGGGTTGGGGTGGGGTGTGTTCAATTGAAGTGATTG[A/G]TTGATTGGTGAATTGGAGTCGTGGAACACGGGGTAATCTGAGAATTAAGATTATGTCTGC
rs1331	5	GGGGTAGATTTGATTGATTGCTTAATGTTGAGTGATGATCTAGAGTTTACGCAATAGTGT[T/C]GCCATCGGTGGTTCCGTGACACGTTCTTAGATTTGATCGAAGTAAACCTGTAACCAGCGT
rs1332	5	AACCCGTCATCGTCAGACTATATGCCTAAACTAAACGTGTTGAACATTATGCATTTAACT[A/C]TTTTCTAATTAATTGGCACGTACGCAGTTATACTACGCAACACTACCAAACTACTTTTGG
rs1333	5	TCCAAAAACCCTTCCTTTCAGTGCACCGGCAGGTTGCCCAATAATTTGTGGAGTGTCCTA[T/C]CCATAGGAGAGCGAGAGGACCATCGCTTAGCTGCGCCGATGTTGCAGGTTGGCAAGAAGA
rs1334	5	TAGAAACTGCACGAATCACTCATGCAGTTTTCATATTTAGAGAATTTCTACCGCACATTC[A/G]TTTTCTGAGTATGCAACTTGTGATATAGTAGTTTGTTCATCCGAGATCAGTTTCAGTGCA
rs1335	5	CGGTGCTGGATTCAGCTCAACGCTCGTTGGACACATGCGAAGCACAAGCACAAAAGGTTA[A/G]GGCGATTGTTTACCTTGTGTTAAAAGGTGCTAAGTTGACATCATTAGGGGTAGATATATT
rs1336	5	TCAATCGACCCACGTTGCATTTAGGTCCTATTGTACTGAAGCCTTCCATAAAGCCATACT[T/G]CAGCAGCACTATTGGGCCTGCTTGCTTTTGTCCCTTTTCCAACTATTGGCTTTAACGATT
rs1337	5	ATAATAACTTGGTCCTGACATACAATGGAAATTGAATAATGTTCGAAGGAAATAGGAGCA[A/G]TGACAAAACAAAATGAATGCATGGATTTTAAGTTATTGCACCATAATTACAGACCTGGAA
rs1338	5	TTCAGAATCGTCGAGCTGATCAGTTTACGGTGAGAGATCTTTCCCGTAACACTCAGATCA[A/G]CGAATTTAAACTTCTTTACTAGATTATTTCAACTTTGCAACTTATTATATAGTTATGCTT
rs1339	5	AAAATCCCGGCCTCCACGTGGATGGGCTGAGATTTTTTGAAGCATATATCCAGAGTTCAA[T/G]CACTAACTTCACCTTTAGTTCTTTACAAATACATAAAGCCTAGTATAGGTTTGAATCAAT
rs1340	5	GGAGCTGTTGCTGATGTCTTGGCCTTCCTTTGGCTGCTGGTGTATTGGTTCTTAATCACA[T/C]GCATGAACCCACACGGATTTTTTTTCGCATGAACAGCTGCTTTCAGCATCAATCGATTAC
rs1341	5	CCTGGATTTGCAGGTGCTCACTTTCTGGACTTAATTTGTTTTTGTCATAGATCACGAACA[T/C]ACTGAGAGATATAAATACGAGGGTTCGTATGTAAGTTGTATCTTACCAACTATTTACCAG
rs1342	5	AATTCTTACTAGCTTTAAATGTCATACCCAATTGGTGTCTAGTTATAGCACCAAAGGATC[A/G]GAAAACGAGCATGAAGTTCTCCTAAGTCGAAGTGGCACATATGCTGACTATTGAGTTACT
rs1343	5	GAACGAACCCTCTGCCGAAGCAACGGATCTGAATCTACGTACCGAGCTTGTCAAGCAAGT[A/C]CCCCTTTGGCACGGCCAGGCAAGCAAGCAAACGCCGCGGCTACCAATACCATGTTAGCCC
rs1344	5	TTCCCTAGGATTATCACAGGAATTTGTTCAATTCCAGCAAAATTCATAGAAGTCCTATAC[T/C]CCCCTAGAAGGTCTAAAAGATGACAGCTTTTCACGGTTGCTTGAGTACGTTAAACAGAGT
rs1345	5	AGCTTGAGCGAGTTTCAACAAGTTAGTGTTGGGGGTTGAGATAGGGGTGGAAGGAGGGAG[A/G]GATGGTGGTTCCCTAGCCCTAGGTAGATGGGGGATGCGTGGGTGACAAGGCAATGGTGGC
rs1346	5	GCAACAGAATACAAGAGGATGTACAATGCATTGAGGTTCGTATGTAAAAAGTTCCCTTTG[A/C]CAAAGGGAAAGGCCAGAACAGCAGCTGGGGGTGCACAGGACAGCGAAGCTGTTGGGGGTG
rs1347	5	GGCAGATACATCATAGAACATGCGAATTCTTCAGCGAATCAGCGGGATCAACCGATCAAC[T/C]GGACTGGCACAGGGACCATCTGATGATGGTCAACTGGCCACTGGCACAGTGAAACAAAAC
rs1348	5	GCTTGGAAAAAAATCATGCTGTCACCCACATTTCTTTATGGAGAACATATGAAATTTGCAG[T/C]AATTGGATGAGAGGCTGATATCTAATAATCTATGTGCTTCTTCTATAATTGAGCCATGTT
rs1349	5	ATTATGTAAGAATCATATTCCTTTATTCTTTCATATTGGTGAAGCCGTACCGTGTCAGTA[T/C]AGGCTGATTTTTTTACATTAAAGCAAAAAAAAATGTCTATGTTCACAAGGTAGAGGGTGA
rs1350	5	CTGTTATCTCCACCAGCCTGACAGTCGTCGATGTTTGACGCAAGGGAGAGTAGAATGAAG[A/G]ACATCAGAATACATAATGGCAGTGGGCATAAAGTAGGCATAACAATGTAGAATGTACCTG
rs1351	5	AGACCAATATAGAACAAAACTCCCAATGACATTATAAGCAAGACTGGAAAGATTGCATTC[A/G]TGATGTGAATAAAATGGAGGAAGATACCGGATTCCCATGTTGTAAATAGAGGCCCAACAT
rs1352	5	GAACTAATCCGGAACAAGACTTTGCTCGAATAAACCTTTTGTGCCTTTTTAGTAATATGC[T/C]CATGCTGAACGCTACGAAGCAATTGCATTCTCTTTAATAACTTTGAAACTTCCATGTCAG
rs1353	5	ACTGGATTTCTACCATATGAATCAGTCTCCCCATGTGGCTAAGCATCATTCCAGGATAAG[T/C]AAGCGAGTGAGATCCAGACATCCATGGACTGTTGGAGCAAGTTCATCTCTGTGCAGGCCA
rs1354	5	GTCATCCTATTGCTTATTGATGTCTTCCACCAAATGGATCTTTTGGCAAGTCTATCTCCT[T/C]GTGTTGTATCCATCTACTCTGCTCTATCGACAAATATTACTAAGCTTCTACTCGTGTGTC
rs1355	5	ATTAAGAGAACACCTAATGGGCAAGATGTTTTCTCAAGAACTAAATCATCAGCAACCTGG[A/C]AAAGGGGAAATCTTTTTGTTAAAATCACTATGGATATATCATCTAGAATCTAGAATTTCT
rs1356	5	AAACTAGTTGATAGACGACAAGTGACCCACTAGCGAAAACTATTCGCTAGCTGCTTGTTG[A/G]CACGTGGCCCGTCCGCGAATATGTTTATATATTTTCTTTTTTACAAAATTTGAAACAGTA
rs1357	5	TGCTGAAATGAGCGATGAACTGATCGATCATTCTGCTGCCCAATTGTTATTTCTAACCCA[T/C]TATCTAACAAAAAAAATTGTTATTTCTAACACATCAAACAAGAACAGAACTTGCAGAAAA
rs1358	5	ATGGGAGATGTAATATTATGCTTCCTTTTTCCACACGATGACTGAATGAATCACTAAAAT[T/G]TGTGAACTCTACATGTTTCTGGAGATCTTAGGATGATTACGCAATCGCAGGAACTGCAAG
rs1359	5	CAACTTCCAACTTCCGACCTCCTAGTAGTTGAGCACCAACTTTCGTTCGAAGGGTAGCTT[T/C]GTGGCATGCTTCATCCACAACAACCAGAACCTATGGTTTGATTTTGTATACTACTTCCTC
rs1360	5	CCCACACAAATGATTTGTACTCTGTGTTGTCTACAAGCGAAAAAAAAAGAGGAAAAAAAA[A/C]AAACAAACTAGAAACCAAACGCTGATCAATCTACACCCAAAGAGCCAAACACGAGAAGAA
rs1361	5	CAAGAATCGCCTGCTCGGTGTTAACTTGCGCAAACTCACTACGTCAAGACGTCAACAACT[T/C]AGCTCTAACTCTGGAGATGAAGCCTAACCAAACAGTTTTACTTTATTAAAAATGGGAGCA
rs1362	5	GTATTTGCAGTAGTGAAGGGGAGCAAGAGGATATGCATATATATGCGATCAATGATGTGT[A/G]GTATGCGATATACGCTTTCTGATGAGATGATGTGATCGAAAGCGAGCGTGAGCCGACCTG
rs1363	5	GCTGATCTTGGAACACTGTATTGCATGTATGCTCGTTGGTGAGGGTGACCCTGAACTCTG[A/G]GGGATGTTTGTTGTTTTCTTGCTGCACATATTTCTTTGCTTGACACTTTCGCTCATCACT
rs1364	5	CCCGGCGATGGCGGCGAGACTAACCATAGTGAGCGCCATTGTTAATTCTCAGCTGGACAG[T/C]TGGTAGCTTAGCTTCAGTCTTAGCTTGTCACAGTTTTGGATTGGCGACTGCGGTACTTAT
rs1365	5	AAGGACTAGTACTACTTCCTAGTTCTTACGAGGAACGTAAAACACCAATGACATAACCAG[A/G]CTGTTTAATCAGTCAAAATTTTTTGAAAATTTTTAATCAGTCAAAATAGAGTTTCCAAGT
rs1366	5	ACCGTTACCAAGAGTGCCATGTCATCTAAAAAGGTCTATACAAATGAAATAAGATCTCCA[A/G]TGTACAGTTTCATTTTGCGGTTTCACGGGTTTGTCATAGCATTTAATAGTGATACATGTG
rs1367	5	TATGGCTTTTGGAATAAAGACAAACATACATGAAAACCCTGGTCCACACAGCACGACATG[T/C]TGGGGAGGCCAACTTACAATATGCCTTATGCAATTTTAAAATACTACTACCTCTGTTTTA
rs1368	5	TCAGAAATCGTTTTATCGTTGTTGTTGTTATCCTTTTCCTTTTTCTTACATAAAAAGAAT[T/C]GGCATAGGCAATTTGGCTTTACACTTGTGCCTAGCGATCTTGTACTTGTAGGACTATTAT

表 C.1（续）

序号	染色体	序列
rs1369	5	CAAAAAGATCATCTTGAATTAGTCAGGGTATCAGAGAAAGCCAGGTTACGGATGGCTATA[T/C]AGGACAAATTAACACGGCGATAATTACATAGTGCGACGCATGCTTTTGCACATGATTCTC
rs1370	5	TTGCGCAGCACAGAAGCTTTCAGTAGCTTTCACAGAATATATGCTGCCTGAGCGTGCAAA[T/C]AAACTATCGTAGCGACGACTATCTTGCGCTTAGTGATAGTTACTGTTCAGGGATGCTTTC
rs1371	5	AACCCCCATTTCAATATATTTTTCTGTGTTGTAGGCTGAAAAGGAGGCCTTCGAGGAGGC[T/G]GAAAAGCGGAGGAAGGCTAGAGAAGACGAGGTTTGTGATTGCTTTTAGTTCACTGGTTAC
rs1372	5	TATATGAAGTCCACGTGATCCAATTTTCAAGCAAATCGATGATAATAAGCTGTTGGTAAA[T/C]AAATGAAGCAATAATATAGGTAAAAGTATATCTCTGTGCTTAACAATTGAAAAGATAATG
rs1373	5	ACCAAAATGTCAACTCCGCATATCCAATAGCCACATGCTGTCAATTTTTAAATCTCACAT[T/C]GATGTTTGTTAAGAGGTGGTGAGGCTAGCCGGTAAGACCCTAGGTCTTTCTCCGTGCTGT
rs1374	5	ATGTTTTTCATGGCAGGTGTTTGATTTGTTTGATCTGAAGAGAAATGGGGTAATCGAATT[T/C]GGGGAGTTTGTACGGTCGCTCAGTGTGTTCCACCCAAAAGCGCCTAAATCAGAGAAGACT
rs1375	5	GTTAATGATCCAGTCATTAACCTTGAATCATCTTGGAGTTCGTTGGATGATACCTCACAT[T/C]CGGCATTGATTGAAGGCATTGAACAAGACACGGGGGATTCTAAATCTTCAAGAAATAGCA
rs1376	5	ACAGCAGAAGCCGAAGCACTAGGTTCACTGCCAGCCCTCCCTCTGCATCTGGATGATTGT[A/G]TTTTGTGAAGCAACAGCAGCTGTGGGATTGACCATCATGTTTTGTGACCTGAATACATGT
rs1377	5	ATTATTGCAGTCCTGAAGGACGGTGCAATTGTTGAGAAGGGGAGGCACGAGGCACTCATG[A/G]GGATTGCCAGTGGAGCTTATGCTTCACTTGTGGAACTTCGCCATAATGTGACATAATACA
rs1378	5	TATGGATGCTCACATGAGCACTTTAAAACTGGAAAGAGAAAGCGTGCAGAATCTAGTTAT[A/G]GTCAGCTTGTTATGCATCCAATAGATGAGATTTTGTGTTGGCACAATGCTATCCGAAAAG
rs1379	5	TATTAGCCCTTTCATTTATTTATCCTAGTACTATTTGTTTTAGGATAGCAGCAATTTTGC[A/C]TTTGACCAGACGAGTTAGCCATGCTTTCACACACGAAGAAGCCTCAACGTGTATTGATGA
rs1380	5	ATGAGTTGTCAAGGCTCAACAATAGGCTGACATGGAAAGGGATCATCTAACTTAATTATT[A/G]TGCTGTTAAGTCACTGCCATGTGAGCCGTAAAAAAGTGAAACCCACATGTTAATTATTGG
rs1381	5	AATAATTGATCCTATACAGGAAATCGTGGTGGCTGAAAAAGCCAGAAACGTCACGGCAAT[A/G]CTGAGTTCATAGAATAAAAACTGACATGGTTACTACTAATTATTCATCTTTATATTTGGC
rs1382	5	GCTCCTGCCACTTGTGTGAAGTGAAACGATGTGTGCCTAACTGCAGCAGTAATTTAAGAC[A/C]GTGAATTAGTGGTCAAGTTAATGGAACTAAAGATGCTGCACCATTGTGGCGTTATTTTCC
rs1383	5	AGCGGAGATACTTCAGGTAAAACACTGCACCCCTCAGCGGAAACTTGCTACAGCAAACTT[A/G]GTCCACACATTTGCTGTCCAGATGATGAAAGCTCGGGCAACTATTTGTTCTGACCTGTCT
rs1384	5	TAAAGAAACAAAAGACTATACTAAAAGCAGCTAAACTTGAAGATGAACAGAACAGGAGAC[A/G]TAATCAAATATAAGGACGGTGAAGTATTTAAAAGTGGATGTGAATGGTCATGGGTTTAGG
rs1385	5	GACTGCGGTGGCGTCACTGAGCTAGGCGCCACTGCTTCATTGATAAGTCCCCTACCACAG[A/C]GCTAGGTCCATTGACGTTGAGGTTGGGAGTTTAGTGTCAGATATTTTGGTACTAATCTCT
rs1386	5	TAAGAAGCAGCCGAAGAGAATTCAGCTTGTGAGAATGGAGAAAACGAAAACCATCTTATG[A/G]CTTCTCATGTATTTTTTGAGTTCTACAACTACAATTTCTCATAATCTCGACGAAAAGCTG
rs1387	5	CCCATGTTGATAGTGATTCCACTGTGTGCCCTCATCCCAACTCTTTTCCGCATTGTCTTT[T/C]GCAGGGTGTATGTAGCATGTGCCAAGTCAATACATCATGCATTTCTGAAAAATCAGTTGT
rs1388	5	CACCTCAGCGACCATTGCGACGATGTCGTTAAGTTTGTTGACAGCAGAACCAACTCCCTG[A/C]AATCACAAGAAAAGCCAACTATAATCAAATGTTTGAAACATGAAATAACACATGAACTAG
rs1389	5	ATATGGCCATTTCCAGCGGTTTCTTTCTGTATCGGTGCTTAGTGCGATAGCACGCTATTT[T/G]TTGGTACTTTCCCTTGTACCATCATGCCTGGTCTGAGTTGAGTGGACCAGCCATGGTTGC
rs1390	5	ATTAATTATGTTCTAGTAATGAGCAATCTCGTTTTTGTGTGAAAAACTTCCCAACCACCC[A/G]CAGCGTGAGTGAATCAGTGAATCCTGCGGCTGCGATGCGTCGAGGCGTGTGGGGCCACAG
rs1391	5	AGAACAAACACCACACAGGGATTAGTCTCTGCGTATAGTAAACAAAGTTAAACAGGATAA[T/C]ATATGTACTGCAACTCTGCTAGTTCTAGAACAACAAAATGATTCAGATTTCTTTCAGCTT
rs1392	5	GCAAGATGGTTGGGGAAGCAAGGTGTTTGTTTGACCTGACGATGAAGTACAAGTATAGCC[A/G]AACAAAGTTCACATACAGCACGCCACGGTAATGAACTCTTCCCGAAGTACAAAACGCAGC
rs1393	5	GGCTCTGCAATCTGTGCCATCGGTTGCCTCGGGATGACAAATAAAATGCGACTAGCCATT[A/G]CGTGCCTAGCCTACCTCCTCCCCTCTCGTCTTCCCCACAAGCCCACAAGAGAGGGACCGC
rs1394	5	AGACTATCAGTCATGTTTGTGATTATTATCATGTGAAACAACGGAAGTATATGCACGATG[T/C]GTTTATACGTGCAAAACGACCATAGTTGACCTACGGACGCATATCCTAGCAGCGTTTGCG
rs1395	5	CAGTCGAAGTGTCATATAAGAATGGAAGTAGAAATGGCAACCACGGCGACTTACAGATCA[T/C]TCATACAGACACAAGAATTCTATTCCCCTTCACAACATTCACTAAGTCATAACTTTTTTA
rs1396	5	GTCACTAATTCTATGTAATTATACATGTTAGTCAGGACAGGACTGCAGCAAACTCACTTG[A/G]TTCTTTGCCTGCCTCAAGTCTTCCATCGTCAGTGGCCTGAGGTCAATTGTCCCTTCAGTT
rs1397	5	TTATATGTTTCGCCTGTGGATTACCATTGATCAGTTTACTCCATCACAAGAAATATCAAC[A/G]GGATCTTGAAGAAGCTAGTGGTACAGCTAGGAACAATATCATACTTATTGCTAATTTTGT
rs1398	5	ACAAGCATGCATGTCCAAGTAGTAGTAGTATTAGTTTGAACTAGAGAAAGAGCAAGCAAA[T/G]CGCCGTCGGGGCGGGGCATCGTGTTCGCAGTTGCAAATGTTCAGTGAGATGGGGAGGTAT
rs1399	5	TAGGTCGTTCTTTTTTGTTTGTTAGACTACTTCAGTAATTATTATTTTTGACTCAGCCTT[T/G]CACTTTTGAACATTTCTTGCATGTGCACTTGTCTATATGCAAATACCTGTGATTCTTAAC
rs1400	5	CCAGGTGTTGTCGTTAAGCTCTGTTTTGACTCTTCTATTTTTCCTGATTGCCATGTTGAA[T/G]AGGTTGGGTGAAATATCTTGGAGCATAGACCATGGAGCCAGTTATCTTTCCAAAACATAG
rs1401	5	TTACTAGCTAGTACTTACCTGGAGGGTGAAGGCTGTCACTAATATTGCTAGAAACAGAGA[A/G]CCAGTCTCCAGCAGGTTGAAATCAAGATCCATTGGGATTCCCATAGTCCAGGCTACAATC
rs1402	6	GAAGAGGTTTTGATCCTGCAAAAATAAATAAGGTATACCTCTGAGAACAGTTATCCACAT[T/C]AACTGATTCACCATTGCTTAATTGGATAAGGATCACACATATCACCTGTACATGCTGATC
rs1403	6	CAAAACACTCATTAAGGGAGAACCCTTTCTGAAAAAGCTGATCATATGCACAAAAAAAAA[A/C]CCCATGTTTTTCTCTGTTAACTGAATCTCACCTGTTGTTGCTCAGAAGCGTCAAGGAGAA
rs1404	6	AGAATTGACACTGTGCCACATGGATTTCCCTTAAATTGCAGCAATAAAGTTTTTCAGTCA[T/C]GATGACATTGCAAAGAAGAGAAGTACAAATAAAAATTCTAATCGTACCTGATTCCCACTA
rs1405	6	TCTCTTGGAGACGGTTTGCGATGCGAGTATAATTATGCAGAAAGGACCCTGGGGCTAGGA[A/G]GCAGGGAGTGGAAGGGGCAGGAGAACGGGCGGCGCCGACGAGGGCAGCAGCGGCGAGCGG
rs1406	6	GTTATGCCATGACTAGTTATTAGTTCTGTTGGATTTTGTTCCAACAAGTTCAGTATGGCT[T/C]TGATGCTGAACTTTCGAAAAACAATATGCTATTATTCTCCTGGTCACTATCACCTCACAG
rs1407	6	TACTGGAAATTAATCATTGTGAAGATAGTACACTTTAAATTAGATAAGTTTTTATATGAC[T/C]GTTTGGCTTTGGCATATAATCTACTACCGGCCAGCTCGTGATTAATGGTCGTTTGCCTAT
rs1408	6	GCTAAGCATATATATGCATGTTCCACAAAGTTCAGAGAGTTTGCACGCGTCATGGGTGCA[A/G]ATATTGCCTATTGGCCATAAAGGATGCATGGAATCAAGGGATATCCCAACATATAGTGCA
rs1409	6	ACACTAAGCCTTGGATCTAGAACCTTCATTAGAAACTACTAACATCAACACAAAACAATG[T/G]CTGTATGTGTAAGAACTGAAGGGTGAACACAAAAGTAACTGCACAGTCCACACTGCTATA
rs1410	6	AGCAGCTGGCTTTCCTAATCAGCAACATGAAATTGCTCAAGAACATTTTCCTACTGACAA[T/C]CTGATTCCGCAGAATTTGGCAGTTCATTCAGAGTTTACAATGAACCATAACCAGCAACAA
rs1411	6	TGAGACGGCAAAAGTGTCATTTCAGGACTGGAAGCGCGACCATATCCTCCAATCTGTCTT[T/G]ACAGTTTTCAGATTTTTCTGACACCATGCTAGTAGGTATAGATAACATATAGTATGTGAT

表 C.1（续）

序号	染色体	序列
rs1412	6	CGCTGTTATCACTGTATTATCTAAATTGGTATGCTGTTATAATCTAGTATCCAGCAACAA[T/C]AATAATAATTTACCAGGTAATCCTTCCATACGGCAACCACACACCACCATAGCTAGTTCA
rs1413	6	ACTAAAACTTACTCGTGTGGAGACTATGGTTATACGATATTCTGCATCAGCAATTGCAAA[T/C]CATGGTGGCAAAAAACATATTTCAGATGAAGAACATCTATTTGTAACAAGCAAAACTTGA
rs1414	6	CCACTTCACTTCATTGTCACGAGCGTTGTGGCTCTATCTGATTGGGATGCAGAAACGAAA[A/G]AAGTCTGTTGATTGGAACTGGCAAATCTGACAAACTGCATCTGCGTGACGTCGCAGCTGT
rs1415	6	GTTCCTGATATACACTGTCGTCCTGACTTTCTGTTTAGAAGATGTCTTCGTCAGAGTTCC[T/C]GAGTTCTGATAAACCAACCAATCGTCAGAATCAAATTAATGGAGATGTAAACAGAAGTTA
rs1416	6	CGTTTTGAGAATGGTTTTCGCTGGCATGTCACGTTGACGTTGTCCACCATGCTAATGTGG[A/C]AATTACGTGGCATTCTATTAAGAAAATTTTAGAAAGCGTTGGGGCCCCCATCTATTTTGC
rs1417	6	AGTTCAAGTACGCATGATGCAACCCTTCTGTTTGGCTAAAAAGCTTGGTCAGTTAGGTGA[A/G]CCTGTCTGAACCCTGAATTTTCTGATTGCTTGTTTGGTATCTGCATTGACTGCACCTGCT
rs1418	6	CAGCTACTAACTCTTTGTTCTCCAGTCGATGATTGCAGAACGAAGCGAGTGATTTGGTAT[A/C]AGGCTCTTGTGAGGCAATCTCAGATTTGTCATAGGGGACTTGTCATTCATACTTAGCCAC
rs1419	6	ATTATGCATCCCTGCACTCGTTTTTGTAACAATTATGCACACACATTTGTTGTGTTTGTC[A/G]ATATATATCTTTCAGTAGAAAGCGTGCATTCTTTCAAGAAATAAATAAAATTTAATTTTG
rs1420	6	GTCAGAGCAAATAAGTGAAGAACATGGACTAGATAGGGACTTGTACTGCACAAGATTAGT[A/G]CTAGTGTTTCGGGTGGCTATAGAAGCTCAAGATAACCACAGAAATTTCACTATACCCAGC
rs1421	6	TTGAAAGCCAGAAACCCCCAACAATGAAGTATTTGGGATAAGCACGTGGTTGCAGTTCAT[A/C]AAGACATTTGCTGCCTACAAGTTAGATCCTACTGACTTAATAAATGGTGATCCTTTTGTC
rs1422	6	TGAGCTTCCTCACAACACTGAGACCATTGATATCATCATTATGATGACTGGTACTACAGG[T/C]GAGGAGTTTCCCTTTTTTATTTTCATGTTCTCCTCGTATTTTTGGTGAAAGAGGCTCGCT
rs1423	6	CAGTGGCTGCTTATTCCACCCAGTAACTGAAGATTGCACCTGAAGGATGGTACATTTTGA[T/G]GTAACCTATCCCTTCTTATATTGCACAAAATATTGACTTAAGAAAAACAAACGCAGAGAT
rs1424	6	AGCACCTGGTCTGGACTCACAATTTGATGCGCCCTTTTCACTCCCTGTAATTGCACCACG[A/G]CCACTTCTCCTCCTGAATGGTAAGCCAATCACTTCTGACTGAATGCAAAATCAGTATGAC
rs1425	6	AAATGTAGATTGCCTAGTCTCATAGCAGAAAATCAAAAAATTTCAAGGCAACATTTCACA[T/G]ATTATAATAGTTACTTCGTTCAATCATTAATTATTTGATGTTTATAACAATATTTGGTTA
rs1426	6	TGCCTGTCTACTCGTCTGGCTTGGAATATCTACTTCAATATCTGATTTATCATCACTAAC[T/C]ATGTAATTTTAATGTCCAAACAATAGTAAGAGGCCTTCAGGGGCACGAGAAGATGACAAT
rs1427	6	TTCAAAGGAAGGAGGAGGGATTTGGCGGTCGTGTAGGAAGACTTGCCATCCGATGTGTCC[A/G]CACACAACACCAAACACCGTTTGCTTCGGCCAATGGATGGTGTTCTTGTTTGTTTTGTCA
rs1428	6	CGCAGCCGTTGTCTTCAAAGTTGACGACACCATCAACCATCTATGTCACCGACGACCACC[A/G]TTCTACTATCTGGCTTGGCTACAGTCAGATCTGGTGCTGGAGCTCGCCTAGTTGCCGCCA
rs1429	6	GGGAACTTAAGAACACAGCTGAAAAAAAAACCCACCTTACTCTATTTCTATCTGTTCGTT[A/G]TTAACCTCTAAAAATAGGGTAGGATTGCCCTCTTGTGGTCCACCTGATTCTATTTCAACA
rs1430	6	TGTGCGTGTTCAGGGAATGTATCTGCCTGTTCAAGTGCATGTTTAGTCAAAGGCTCAAGC[A/G]TGCAGCGTGATCCTTGCCTTGTGAATAGTTAGCTAGTAAATCATAGACTGTATGGACCAA
rs1431	6	TCGAAGGTAATTGAAATATTGCTCCTATTCTGAATGTCTAAGAGTTGCCTCTAATTGGTA[A/G]CATAATACTTTCATTGTTAAAGCCACATATTATTTTTTTAATGAAAAAACACTTAATAAA
rs1432	6	AACATGGAAGAAGAGGCGGCTAGCAGATGCATCCTTCTCCCAAGAGGAGTATCTGAGTGG[T/C]GGTGTGTTGGTTCCTAAAGGCACCGAAGATATGGATATGCTAGCGATATCTGATGGAAAC
rs1433	6	ATGTTTAGGCAATGGTCGTTATTTCTAAGCAATAAAGCAATTGGCAATCAAGTGTACAGC[A/C]CTGAAACGAAACACTGTCTGCGAGCTGTCCTGCACATTCTTCAGTTCTGAACTTTCCTTC
rs1434	6	AGCCATCCATCTTACTACTAGTACTACTACTATATCCTTGCTCCTACTATGGTGGATCTA[A/G]CTGTAGTGCAGGAGAGAGATCTGAATTCTGATGGAGCAGAGAGTGATTACATACTGATTT
rs1435	6	GGCCACCAAACTTCGCAGCTAACAAATGCAGAAAACTTAACTCCTCCACACACACGATCA[A/G]TCTAGGCACAATCAGTACTAGCTAGCAGTAATAATTAAACAAGAAAAAAGAATCACAATC
rs1436	6	CAAAGCTTCATCCACCATTTGATTTCATCAATGAAATGGAGGAGTCTGCACCTGAGCACA[A/C]ACGGCCACACAGCATATGTAGCTGGGTAGACCTTCACTCTACCAGAGTAAGCGATCCAGG
rs1437	6	AAAACCTTGGCACTTCGATTCAACTGGGTCCTCAAATATAGAGCATCTGGGTTCAAAAAC[A/G]GGAGAGTCCAATATGATGTCTGGTTGCTGACTCAATTGGTTTAGCCGCTGATCACACTGG
rs1438	6	GTAACCACGTTAATTTTCTTTTCTTCTTGGTGATTGTGTTGCTGTAGGCTTAGCTTAGTG[A/G]TTATTGTTTACCCTTTGGTCATGCTGTTAATCCAGTTGTAAACTTGTAATTGTGTTGGAT
rs1439	6	AACCCCCGACAAACATGTTGCCTTGTGCTTACCGGCCCTCAGTAACAGCAGCAACGTAGC[A/G]TCCACCACATCTCCAGGAACATCCAAACAATACCAAAACAAACAAATATATTGAATATAT
rs1440	6	GCACGATTAGGATGTCAGTACAGGAGAAAATGGGGGAAGTTTCTTGGATGCAAGTAAAGT[A/C]CTCGGCTGGAGTCAGAGACGGTTGAATGCGAGAAGAAACAGGGGAAGGAGGAATTTCTGA
rs1441	6	CCATACGCTGTTCGAGCTGCGGCGAGAGCCATGAATAATTCAGGGATTCCGACAAAGGAT[T/C]TCGCATTCCAAAGACACAACATTTGGACCAACCAAAATATATTATTACTCCCTCCTTGGG
rs1442	6	AGAGTTCTCTGTCATGACTCATAATTATGTTAGCATGTGTTTGACTTCTTGGTGTTTTTG[T/C]CCATCTTAGTTACAACTTGCACTTGCTTACCTTCGGACATGCCTAGACCCCAGCCTAAAA
rs1443	6	TGATGGCGTGCTGCGAAGGCCTCAAACTTGCTTGTGCTCTAGTGGCAAATAGGCTAGCAA[T/G]CAATACTCAGGAAAGCTCTCTTTCCCTTGGAAAAAAAAAAGAAAGAAGACCGACACATTT
rs1444	6	GGATTCATCAGCAGGGCCCTGATCGAATTTGTTGTAGAGCCGACTATTTTCCACGCAGAG[T/G]GCAAGAGTCCCACAAAACTAATGTATCGATACATCATAGCTAATCTGGTCATGCGTCCAA
rs1445	6	ATGGGTAGTATGGCAGATTTTGCCACAAATTTTGAGTTAGTTGATAAGTCCTTGCCGTTG[T/C]GCAGTTAGCTTTCCAGCCAGCAATCGAGGATGTCGTCGGTGCAGCTCTCCGGTGCCGGAG
rs1446	6	GGATTGGCGTCGCTGCCCAATCCTGCCGAAACCGCATGCCACCACCTGGCAAAAAGGATG[T/G]CGCTGCCACCACCCCACCTCTAAATTTTTACATGCATATGGACTTTTACTCCTACGCGAG
rs1447	6	GCTTATAAATTTGAGGAGGACTATAGACTAGTATACCGTTGCAACGCAATAGTTAATGTG[T/C]TGACACCATCACAATATCGTAGGGTACAAATCTGGTACCATTGGATACCATGTTGATGGT
rs1448	6	TGTGGGTCCCTCAAATATAGCTCTAATCTAATAGGGAATAGTATTGAATCATTGATGGCT[A/G]TTTTTACTGGCATAGCGTCTATTTGTCCTACATAACAGTTACATCTACATGGCATTTACG
rs1449	6	CAGATACCCTCTATATCCAAACAGACCCAAATTGGGGCAAAACAACAAGCTAACTCTATC[A/G]AACCAATTCGTTTTTCTTGCTGTGAGCCTTTCCTAAAACTGGCAGACGCCTTAGAATCTC
rs1450	6	ATAAGACGTCCTATAATTCTGAGATGCCTGTTTTTCTTGCGATTTTGGATCCGAGTGCTC[A/G]TAGCCTGATCACTTATCAGAGTGCTTTGCTGTTTTGATTTCTGAAGTGCACTGATGCTAC
rs1451	6	ATATATTATAAATATAAGCATCTATGATAAGTCTAGAGCTTAATCCGAATAGATAGGTTG[T/C]ACCATAAAAAACTACCAGCTACGCTCACTTCGCAATGTTACTCAACCATTACTCTGTTTC
rs1452	6	CTCTTGCAATTATAATATACGATGAACCTCTTAGGAAGAATGATAATAATTTTGCAAAAT[A/G]CTGATGATAACTGGTTAGGGCTAAATAGCTGGCTCCTAGGAGCCAGTGGGGTAGGGAGCC
rs1453	6	ACCCTACTTGGCGTGCCTTGCAACCAAAAGGAAATGTCAAGAGTGAGTGACAATGAAAAG[T/C]CTATAATATAATTTGCCATAATATAAAGTAGAGAACCTTTTTACTCCCTCCGTCTCATAA
rs1454	6	ATAAAAATTCTCAGTGCTATCCAGCCAACTACAATTGGAACTTTTAGCTACTTATTATTA[T/G]GTTATGGTCTGCGGAAGTAACATTTGCTGAAGCCAACAAAACAATTTCTAAGTGTTGAAC

表 C.1（续）

序号	染色体	序列
rs1455	6	ACTACTACTACTCAACTTTGCTGTAGGATGCTGGACCAGCCAGATCAATCAACGACTCTC[T/C]TTTACCGTTAACAAAGAACACACCCAAGGGGACCAATTGAAAAGAACTTCCTACAAACAA
rs1456	6	ATGCAATGCAACGACAAATAAATAAGGATTCCACACTGGATAATGATATACACTGAGCAC[A/C]TTACTGATGCTATATATCTATTGTATATCATATATATTTGAGCGGATGGTGAAATTATAA
rs1457	6	CCATACTGACCCAGCAAGTTTGACCACGGTTCACTTATCACGTCATCTGAAACCAATTTC[T/C]AAGCCACGTAAGAAGTTGATTTACACCCGTATTTAAAGTTGATAAGAAGGCGTTATACCC
rs1458	6	ACCAACAAGCAAGCGTTTTGCATCAGAATCTGCAAGTGTCCTGCAGAGAACTGGATTACT[A/G]TACAAGCTGGCCAAAGCTTCAATCACACGTTCCTGTACAAGGAATGGTGCCTTAGGCTTA
rs1459	6	TACCATCGCAAAATCTTGCTTACAGATGCAACCTTGGCTTCAGGATCAACAACAATTCCT[A/C]CATTTCTTAGGAAATCACGTGCAGCTTCCACCAGTTCTTTATCGATGTTTCCTGGCGAGT
rs1460	6	GTACAGTACTAGCTACAGTACCAGCTTTGCATGTTCATTGGAGGAGAAATTGAGGCGATG[T/C]CAGATATAGCTAAGTCCGGAAGTGACTGTTATTTGGACATGTCAACAAGCAAGGAAGTGG
rs1461	6	CTTGTAGTAGAGTGTACCATGTGCACCATTAATGCAATCAACATCAAACATTTCATTCGC[T/C]AATTACCATTAATGGGCATGCTTCTTCTTGTTTGACAGGACGTAAAGCACATTCCTATTT
rs1462	6	CTTTGTATATACATACTGGGCCACTAGTCACTAAAGAGAATGTTTTTCTAATTTCGTGCC[A/G]GTTTTGTCCAAGTGGCATAACACAGTAGCATGCGAATGTGGATGAAGGATGCTTAAAAGT
rs1463	6	TTATTTACCGTCGTAGTAGCGCATCTGGTTGCAAAGAGATGGCTGTAGTCCGATTGATAA[T/C]GTGAACATTGCAGCGACATCACAGTGCACACCCATTTTTCCAGATATAACATAACAGAAA
rs1464	6	ATTGAACAAACGGCATGTGAATTTCATTTTCTTCATAAATTATGCCCACAGCTTTGCTCT[T/C]AGTGGTTTTGATCATTGAACACATATATAATACTAGCTTTGTTTGATAGAAGAACAATTC
rs1465	6	TTGTGCCAAACAAAACTTAATTCATGGAGAAAAAAAATTCACGCTGACCATTGATCAATC[A/C]TTGTGGTACCAAATTATAATGGCATAGATTGCTCGGATTAATAGATGTAGCCATGTAGGT
rs1466	6	TTGTATGGTTATCGCGCGGTTACTATTACTGTACTCCAACGGTAAATCTAGTTGCATTAT[T/C]AGTTTCAATTGCGCCTATTAAGGGCGACAGAAACACATTAAGGTTGATGGCAGCTCATCA
rs1467	6	GGATCACACCATAGTTGTAACCAAGTTCTGCACGCTTGCAGACAATGTCGGTAATGTAGT[T/C]GGTGACACTTTTAAGAGTTTCCTTCTTTGCAGCAACCTACAGTACAAAAAAGAAGTGTTC
rs1468	6	AATGCCTGAGAAGTAATAGCAAATACAATTGTATGGTATTTTACATCTCCTTTGTAACTA[A/G]TTGTTAATGTTGTTCATTACCTGTCATTGATATAGTTACCCAGCTGACCATTCACCCCTT
rs1469	6	TTTGTCGGGGTCTCCATGGTGATTGGTCAATAGCCACTGGAGAGTGGAGACTATTTGACT[A/G]TTTGTGCGAAGAGTTACAATTTACAAAATGAACTAGGAAGTTGTCTTGCACTAATAACCT
rs1470	6	TAGGAGTATCATGTTTCCTGTAGCTTCCCTGTCCAATGGTTTAGTATTGACTTTGCATGG[A/C]TCGACTGATTAGCAACACACATTACCATCATGCTAATCACACACGGTACAACGGCATAGT
rs1471	6	TGCAATGTGAAGGTACTACTGTTGATGTGTCTGGTTCTAAGGAAGATATTATGGAAGTTG[A/C]GGAGAAGCTGATTGATGATATTTCCGGAAGCCCTTCTAGTCATTTGCCTGTTGCTTTAAA
rs1472	6	AACCGTGCAGCAACTACAGTTCCTTCAATTCCGTGGCACTGCCGTATACAAGGTAAAATA[A/G]CTAAATAAGGTGACTAGTACGTTGCTACCGAAGTGAAGTTGTGTTTAGCTATGCTTGCAG
rs1473	6	AGAAGCTTTATGTCATCAAAGGAGGATGTGGAGCTGCAAGGTGATACACACATTTTATGG[T/C]TATGTGCTTTGCTTATTGCAAATCTTTGCCTTTCACTATTTCTCCATCGCGACTATTTTT
rs1474	6	GTCGTACACGCACGCCCCGCCGGTGTCGCGCGTGGGTGCGTGCCAATTAAGTTGCCAACT[T/G]CCAAACTTCCTCTTCTCCAAGTTTCCACGATTTCGGAATCATCAACAGTAAAACTTCAAC
rs1475	6	CAGGGCTCAGGACAATATTAAATAGGAAAGCACCATTTCTGGAACACATGCAGTGATTAT[A/C]CACTAGGTGCTGCCAGGATGTAAGTGATATACTCTCCTTATTTTATCCTTTGAACAAACT
rs1476	6	AATGGGCCAATTGGAGCCAAGAACGCAAGATCTCAACTGGTCTTCCATGAGGACCGCCCT[T/G]ATAGAAATGTCTAGTTTTAATGACCCCATTCACATAATCAGGGATTCGCAAGGCGATAAA
rs1477	6	TTTCTGGCTAAATTATCAGAACATTTATATATTGCATCACTTTGTTACTTATTTTTCCTT[T/C]TCATTTCCTAACAGAACCGCCGATAGAGAAAACCTTGCGGGCTTCCATTGCTGAGATATC
rs1478	6	GTGTCCATATACCTTTCCTATGGAGTATGGAGTGAGCTTAGCAAACTATTAGTGAAATGA[T/C]TGGTTGGGGATGCTAGAAGAAAAAATAACTATAACCGATTTTATCTGGTTTCTTTGAAAC
rs1479	6	CCAGCCCGGAAACCGCTGAGAACACTGCAAAAGAGAGTAACATAGAACATCAGATTATAC[T/C]AAAATCAACGCAATTTGCCATTTGCATAGCCAAAATTCACTCAAATTGAAAAAATTGAAA
rs1480	6	GATCATGCTGATGATGCTAGTTCTTGTTTAAGAGTAGAACTAGAAGATCGTCGTACCTCC[T/C]GATTAATTAATCTTCAGAAATTCAGCGTATTATCATATCTCTGTACTAGCTTGTCTGTCG
rs1481	6	CTCAACCCAAAGCACCATCTAAACTATTACCATTTCCAACAAGTCAAGTTATTTAATACT[A/G]ATATCAATCGTGGTGAAATTCGATCAGCCATCCATAACCGTAGATATGGTTGTTTGAATA
rs1482	6	TACCATCTGCTCAAGTAAATCTCGCACGTTGTAACCAGAATCCTAAACAATCAGAATTCA[A/C]ATGGTGAATAATAAAATGCCATAAATCCTATCAATGTGTTTTCTCAATATGTAAGTATGT
rs1483	6	CTCAACTGTCTATATCACAACAAGTTTCTTTGGATATCTCCTCTTTGGTGAATCTACGCT[A/G]TCTGATGTGCTCGCCAACTTCGACTCCAATCTTGGTATTCCATACAGTCAGATGCTAAAT
rs1484	6	ACAATCGGAGCAGCAAACTAACACTTCAGTGGATGCCTACATATATCATGTTCCACTCTG[A/G]AGTTGCTCTCGGACTCCACCTGTCACTTTTATCAACACTACACCAGGGATTTCATCGACT
rs1485	6	CTCGTAGCAAATTTTGCCTTAAAAAAATAGGCAGCCGATTTTAGTGTGCGAAAGCACTTC[A/G]CAAAACACTGGAACGGATTACAAGAAAAGACAAACCAAGTAAAATAATAAAAAATTCAGA
rs1486	6	TTAAGCAAGCTAAACTGAACACTAGGCACAGAGTTCTTAATAGAAACGTAAGTACTGATC[A/G]TTAGATCTCCAAAGGTAACATATTTTCTTAATAGAATATTAAACATAATGATAATCAGGA
rs1487	6	TAGTGCCTCAGCCACAAATGCCGCCAGATCATAATAAAGCAGGGCCATCAAGGTGGTGAC[A/G]AGCTTCGCCGCCAGGTCAGAATGAAGCAAGGAGCAGTCCATTGGATTCAGATGAAGGTGG
rs1488	6	CAAGTTCACAAAGAAGAGCGATGTTTATAGTTTCGGCATAATACTTTTCGAACTCATTAC[T/C]GCCATAAATCCACAACAAGGTCTCATGGAGTACATTGATCTAGTAAGTGAATTTTAACAT
rs1489	6	AAATGATGTCTTATCCAACTCTGGCACAACCAAAGTGACATTCAAATATCTCGCAATTAC[A/C]ACCATGTCGCATATCTGATGAAAGAGAATGAGCAGAAGACCATGTTAAGAGTCAGAACTT
rs1490	6	TGTGTGCAATCCGCTAGAGAAGTTAACAGATAGGAAGTTGGAAACACCTTGCCACAACTC[A/G]TCAAAGAGAGGATGTGTGTGTTGGGGAGAGATGGAGGAAGGGAGAGTATGGTTAATCTAG
rs1491	6	GGGGGGAACAGTGGGGAAGGGCAGTGGATTGCATCACGGTGAGCAGAAGCGGTGGCGGTG[A/C]TCTTGGATTCTCTATCCGTGTTCTTCTTTTTTCTGAGTTCTGATATCCTCTATGTGTTAC
rs1492	6	GATAAAAGCAAAAACTACAAGTTTGTAGCACAGCCAATCCACTAAGGCATATAATGCCAT[T/C]TCTAATGTTTTAAGTGTTAGAATTAACTAGAAAGATACCTGCGCATTCTTGTGGGTATGT
rs1493	6	TACCACCCATGTTGATTTCTCTTAAATTGGATTGTTCAATAATTGCATTAAAAATGAAGC[T/C]CCACTTGTTTGTCCCTCCTCTTTTGTTTTTTCCATCCTCTTAGCTAGTAATGTTGAAGTC
rs1494	6	CCTGGTGACGCTGATTGATTTCAGTGCGCTTTAATTTGCATGTTTCAATTGTTGGTTTAA[A/C]TACTCGCGTGGATTGTGAGTTGTGATTACGCTTTTCCGAATGACGTCCATATTACATGTG
rs1495	6	ATTGGATTCATGATATTGCTTTTCCGAAGATTAACAACAGAGGTAGTCGCATAATAATAA[A/C]AACGCGAGATGCTGGCTTAGCTGGAAGGTGTACCTCTGAATCACTTATTTACCACCTTGA
rs1496	6	TACACCACACCATAAATAGAGCACGGTACCAAGCTAATGAGTACTGAGCAGTCGAGCTAG[T/C]GCCCAGCCTTGCGTTGAACATCACATTACGTACGTTTCAGCAAGCAGGTGCTCGATCGAT
rs1497	6	TCCGTCCAAAATCCCCCTGGTGGACTCAGTCCAGCATTGTATGTGACACTAACAGCTAGC[A/G]CAGCAAGAAGTAGCAAATACTTTCGCAACCTCCACAAGAACACAAAATCAGTCTTGATCC

表 C.1（续）

序号	染色体	序列
rs1498	6	AACGTATTATCAACCTATCCCAGCACTGAAGTTTGAGACTATGAGAGGCGTGCAGTGGAA[T/C]AATATACCTTCACACGAGAAACATCAGACATCGCCGTGCTCAAGTACAGTTCAGTCTGTA
rs1499	6	TCAGCCTACATGCATATAGGACATGAAATGCTTCATGCCCAAAAGAATTGAGAGACATAC[A/G]TAGTGTTGAGTAATTAATCAATCGATCAACAAGAACAGCATACATCACACTCGTAAAATG
rs1500	6	GTGACATTCGTGGGGTAGTAACAATCACGTAATCGGCTTAATTACCGTGAGCAGTTGTTG[A/G]GATATTTCGGCACAATCGATCGAATCGACCATACAATTTACCTCCTGTAAAGAAAACGCA
rs1501	6	TTTGCAATTTAGATCTTACTTTAGTTACATATATTATTATCTATAGAATAATACTCAAAT[T/G]ACAATTAGATCTTACTTTAGTTGTATCCAGTGCTTCCTTCATCAGTGAGGCCTTTGTTCT
rs1502	6	GTTTTCGTCTTTTTAAGCATGTGTTAGTGAACGTATTTACAGTGTGCGAGTGTGGTATTA[T/C]GTGTGTAGTGGTGTTTGTGTGTTCCACGTGTAAACGGAAAAAAAAGGCTTCTCAAGTATT
rs1503	6	TCAAGGGTAAGCTGGCTCAAGCATGTCAGTCAAAATTGCATTTGAGAATTATCTTGAATA[A/G]TTCAAGGGGTACTGAAGTCATGAAGGACTACCTAGACAAAATGGAGAAAGAGGTTGGCAA
rs1504	6	GGCACATAGCATTTCTACTTATCTGTCCACTCTTTTCCAGATTAGATCTGCCAACGTCCA[A/G]TGGTGTAGAACCCATTAGGTTTTTCACCTACACGCATGATATGATTAAAATGATTCAATA
rs1505	6	CACAAACAGTAGATATCACACTGCATCAATGCCCACTGCTGCTGCGCCCTTTGATGAGCC[A/C]TCCCCATCTTTGTCATCAAACTTGCTTCCAGGAGCAGAAGCAGCATCAGCCTCGATTTTG
rs1506	6	TCTGCATATAGATATTCGATGACATGTAAATCAACCATTTTTTCCTTTTTGATAATCCTA[T/C]GGTCTGCTCTTTTCCCTGGGGTGCTGGATATGTTCTTCATTGCTTCCGACAGCAATATTT
rs1507	6	AGTTACCCTGTATTTATTTGTACATCTATATTTGTTTATGACATGTAAAACTAGGTCCTA[A/G]AGCCACACTCGTAACTTCCTGGCACATGTATATGCATTTACATGTGATGAATGAATTTGC
rs1508	6	GGGGCTCGTAATTTGGCCTCACGTTGTAGTTTCATATTTTGATGCCCAGACAATCTAAAG[A/G]AAACAAAAACATGCCTCATATCTAGCGACATATATAGATGTAACACTTGGAATAAGCTGG
rs1509	6	TCGTGAGCAATTTTTCCTACAAAAGCAACAAAACTAGCAGCATTTGCAGCAAATGCACCA[T/C]AATCTAATTTTCTACCATGATGCCCAAACCAAATCTAGCCCAATCCACATCGAATTGAAT
rs1510	6	AGTAGTTAAATCCCATGCACATGTGCGCTAATCCCATCGATTAGTTTACAGAAAGAGCCA[A/G]GACTAATTTTGTACGCCAGGACTTTAGCCTTTAGACTACATCATGAGCTAAGCTGATCTT
rs1511	6	GGTTCTTATTTCAATGATTCAATTCATTTATAATCTGCTACTGTCAGTTCCTTCAGATGA[A/C]GAATTAGTACAAGGCATGTAATACTCAGAAATGAGGCAACGCCCTCAACTTTCGACAATC
rs1512	6	GGAATGTAGTTATGCTAGTCTTGAAACTCCAGATGCAATGAAATGGCATTACTGCTTTCT[T/C]ACAAGTTCATATATAGTATTATTATTACATCATTGATTCCCTATCAGTAAATGCATATGT
rs1513	6	CGATAGTAACAAGCAAAGCACTGTCAAGAAGTAATGCGTCTAATTCTACACTTCCACAGG[A/C]CTATCTAGTCCCTCCCAAAAAAGAAACTATCTGATTTTGACCTCGATTCTTCTCCTCCTA
rs1514	6	TAGACTAGCTAGTTAAGCTGTTGATCTCACTATAAGCTGTAAAAAAGATACTATTCTAAT[A/G]ACAAAGAATGAACTAAAGTGACAAAGTAGAGCTAAGCTTGCAGATAGACACGCATGAATG
rs1515	6	CCTTTGATGAGAATCTCATTGAGGGTATACTCCCTGATTCCATTGGCAACTTGTCAAGTT[T/C]TCTCACAAGGCTATATGTTGGTGGCAACAGAATAACTGGGTACATACCAGCTTCCATTGG
rs1516	6	GAGAACTTCTCTGCATCAAGAGTGGCGGAAGTGACTATTAACTTGAGATCAGTTCTACGC[T/C]TAATTAGCTTCTTGAGTAAGGCAAAGAGAATGTCTGTATATATAGTCCTCTCATGTGCCT
rs1517	6	GACTTTACGAGCAAGTACCAACTATAATTGCTAGCTGAAAATCTGCCACATTGGTTTTAA[A/C]AGTAAGCTAGAGATGGGACTTGAGGAGAGACAACACAGACCAGCGACTAAGAGCATATGC
rs1518	6	TCAAAAGGATCACAATTAACACATGACACATCCAAGCAAGCAAAGTCACAGCCTCACAGT[A/C]TTAATAGGCTATTACACTGCCAACATAACAAAATATATAGGTAGATAGATAGTTTGCAAT
rs1519	6	CCACCGGTGCCAGGAGTTGTCCCGTGTCCAATGTATAGGCCATTGACTCCACCAGCACTG[A/G]CGAGCAAGAATCAGCAGGACGCACAGCTTCAACTCCAGGTTCAACCAGTAAGTATATATC
rs1520	6	CCAAAATGAACTCATGATGGATCTACTATTCTTAAGCATTGCTTTTCTAACATCATGGTG[T/C]GAATGTGCTTGTAGCATGATGGGACATACCATCCAGTGGGGAGCTACCCACGAAGGATCA
rs1521	6	TCTGTCATAGTATAGAAATGACGTGTTAACTTTTATAGCCCGTTTATGCAGGACTAATGT[A/G]CCCGCTTTAAGTGCATCTTCACTTTCCTCGTAAAGGTAACCTTAAACAATAAATTAATAT
rs1522	6	TAGACTCACTAGAGGCCAATAAATTTGCCAATTTTTAGATTTCTATGCAGCCACTTCTCG[T/C]CTCCAGCCACGCGTGGTCCTTCACCTCCCTGTGCGAGGGCGCCAGGATAGGAAGGAGAAG
rs1523	6	TCGGTCACGTTTTGCATGTAATGAACTCCGTTGGATGGAAGAGAATAAATAGAGAAAAAC[T/C]GAAAAGCAGAAGAAGGTTGCACTGCACAAATTTCTTGCTTTGTTCCTCTGTTTTTTCTCT
rs1524	6	TTGCCTTGCTATGATATCATTGATAATGGGCAGGAGTTTGACATTTTCAATGTTGCAACC[A/G]ATCGAGTGTCATTTGAAAAATTTCAAGGAAAATCACCACCTCTTGCTTACTGGGTTGAAA
rs1525	6	ACAAATGCATTTAGCACGAATGGGAAATTTAACTTGGACAAAAGAACCTGGGTGACGAAC[A/C]ACAGAACGACAGAAGGCCACAAAAACAATTGGATTTCTACTACATTTTATTTATGCAACA
rs1526	6	TACACGTATCCCAACACCTGCATGTTGCCTCACAGCGGAAAATGCATGCTGATCAATAGA[T/C]GTATGCATGTGTGATGGAACTTGCAGAGCCGCTGTTGCCTCACACGGTGAGCAGCCAACG
rs1527	6	GCACAACAATTATTGACGGCAATGGGCATGGTTGTTAGGGCGTATTTCGTTGGAGATCTC[A/G]TCAACAGAAGGAGTAGCATTAGTCCCGGCGACTTACCGGTGGTGGTGGTCAAACTTCGTC
rs1528	6	ATCTAGATCCAAATGTCACTTCGAGAAGGGGTAGAAGTCGCAAGGTGATTGTATGCCGGC[A/G]TCCTATCGAGGAGGCCACGCGAAGGAGTTTTTGTTGAAGATTCCCCCGAGCGATTTGAAG
rs1529	6	GCAATATATTCAGATGCTGATGAATCTTCACAAAGATAGTCACTTCCAGATGGTCTGATA[T/C]CCATGGTTTCAGTTGAGCATTCCTTTGTAAACAAACCATATAGAAATGCATTTAGTGCTT
rs1530	6	GAAGTACTATTCAAGAACAACTAGCATACAAGAAACATCAAAGATCATGCACACATGACA[T/C]ATCATATCCTGTCTGCAGAATGCCAAGTTTCATGATTCACTTGCTTATGTATATACTCCT
rs1531	6	TCTGGTTAACCTCCCTTGACTATTAGTCGAGTCTCAGTCGTGTTCTCAACCGAAAGACCA[A/G]GTGCAGAGCTACCTATCAAATCCAAACGCAGTTTCATTACACGTGAGGTGCGTTGACATG
rs1532	6	GTCCACGCGATCCCGCACACTTACGCCCTTGTCTCCGTGTGATCACGCTCAGGCGATCAG[A/G]AACGAAAAGAAAGCCTCCTCGTGACCGTTTACATGAGGATAAAAACACATGTAGCTAGTT
rs1533	6	GAACATCCATGGGCCAGGCTACAGCGATGGATGCTCTCCCAGGCAAAACAGCGATATCCA[T/G]CTCCCAACTTTTTGCACATGAAACACCAGCTAAAAGAATCTTTTCAAGGGGGGTTTAGGA
rs1534	6	TAGTTAACTAAAGTAGTCAGAACAACAATGAAAGGTTAATGATGTGAAGACATACTGTCT[T/C]CTAATCAAAGCATTTTGTAGGATTATAAGATGATATTCTAATTAAGCAAATGCCACACCA
rs1535	6	CAGTTGAAGTCCTTCCATTTTACTTCCTAGGACTTCAGGCGATTTGGTGGCTTTGTGATA[T/C]GGCATTTCCTGCTTTCTTACCCTTATATTTATAGATCAAGTGGACATGGATATGTCCATC
rs1536	6	ACTACATTGAAATCACATGTTTTTCCCCTGTCTGTATTTGGGGTTAAGAAGTGTTGCTTC[A/C]ATAGTTCCACTAATGGGAACCAATCCAAAATCAATAGCAACAGTAAGTATGTAGTGTAAA
rs1537	6	CGGGTATTGGCTCCTCCTAATGAGTCGTTACATAGGTGTATATCAGTGACGAATGTTGGT[T/C]ATCTTGGTTATCTCTAATGGCCGTCAAATCCATCCATTGCAATTACAAACATTTGTAACA
rs1538	6	CTTTTTATCATCACCATTCTTTTGACCACTACTTTCACCCTTCTCAGAGTCCTCTTCATC[A/G]CTTAGCTCCTTAGAGCACTGATGCTTGGCCTGATTGTGAATATTGTGTGATTCCTCCATC
rs1539	6	TGAGTTGGCTGATCAAATCCGTTGTCCAACCTACGTTTGTGGGCAGATCCAGGTCAAGTA[A/G]CCATTGGTTTGCAGTCGAGGCATGTTGCAGTGTGTTGTTCTTTTTCTTGGAGGCCAAGTA
rs1540	6	TCAGAAACACCTCGGACCTTATTTTGCTCGAAATTTAACATCGCCGAGGCGAATCTCATT[A/G]GAAACGCATAGAGCCGCGGGATCATTGTGCCGATATATATAGTACACATAGGTTTAGGAC

表 C.1（续）

序号	染色体	序列
rs1541	6	CGATTATCCTCCCCATTGCTGACGATGCCAATCGCCGAACAGGGCGACGAGCCCCAAGGA[A/C]AAGCAAGGATTGGAGAGCATCCTCACATTTCCTTTGCCAAAGCTGTATGGTCTCCTGAAT
rs1542	6	CACCCTAAAAGCCAACCACCAAAAACCGTTTTCCATAGTATAGAGGTCTCAAAAACCATT[T/C]GAAATTTTGTTCGAATCTACTTTTTGTCATGTCGAAACCTCCAATTTTTATGATTTTTTT
rs1543	6	GTAAAGGATCAGTTAGAACTCCACTTTGAGACTGAAATTAACAGGACATTTTATCCCTAG[T/C]TATGAATGCTTAGAGCAGAGCCCTAACAGCAAATATCTTGTAATCAGTTACTCAAGGGCC
rs1544	6	CATAAATGTTTGTGCCAGCAAATATTACGAAAAATAACAGCCCAAACAATTAGAGAAGGG[A/G]AATTAATATACATTAGTTTGCTTGGGTGAATGTAACAAAGAAGTAGTATAGTAGTAGACA
rs1545	6	TCAGGAAAAACCTCCTACCATTGTGTTGTGACAAAAAGCCTGTTAAGTTTCACCAAGGTT[A/G]GTCTTTATTGTTCATTGCTTCATGTGTACCTTCTTTCAAACAAGTACATCTTCTTGAGTT
rs1546	6	TACATGCTTATATTCAAGTTTTCTTTTTGTTCTTGAAATCTGATGCCACGATCTATTTTT[T/C]TTCTAAGCACAAAGTAGTGTTGGTAGTTAATACAATGTGCGTGGTGCATTTTGACATATT
rs1547	6	CCATTTCGAATGCAAGGATTTCATTTGTTTGCAATACTGCCTCCGATTAAAATAGCTCCC[A/C]TGGTATAATGCTCATTATCTTTTAAAAAAAGATCATTTCCTAAAAAAAATTCCAATGAAA
rs1548	6	TGAGTTGCCCAGTTGAGAAGCCATATATCGGGGAATATGTACGTACTAATTGCACCCTCT[T/G]AAGAACCTAGCTAAGATTGCACCATCAAGATTCCTACCTTAAAATAGTGCACAAATCAAT
rs1549	6	TGTACAGTAGTACCCTCTTAGCCTTAAAAGGATGCTCAGATGATGCCGGTTGCTGGATTA[T/C]CATTAATTATGCTCTTCACCGAAATGTTTCTGTGGATTACTTGGCTTGGACTTGAACTCC
rs1550	6	GTTTTTCAAATGGTTTCTATGAAACCGGAAAACCAATTTTTGGCTCGGTATCCGTTTCGT[A/G]AATCCTTCTGTTCATTAAGTACTCTGTACTATACCAAGCAGCAAGAAGTAACTCTAAGCT
rs1551	6	TAAGGTGGTATCTGCTTTTGAAGTTTACATATTGAAGTTCTAGCGGTGGTTTCCTAGTAA[A/G]ACTAGAAGTGCATCATGAACACTATCCTAAAAAAGAGAAAGAAATATAGTAAGAAAACAC
rs1552	6	GCTACGATATTGGTTTTGTCCTACTAAGTAATTATCTGTTGACTTTGAAGGATAACAAAT[A/C]TTTTTTTATTGATATTGTGGTTGTGCACACTCTAAACCAGGGCTCCCTGAGATGATACTA
rs1553	6	ACATTCAATACAAGTGATGAAACTTCAGTCATGAAAACCATTACGTTTTTATATTTTAAA[T/C]GAGTTGAAACCACATGCTGGCATGCTGCATTCATTACAATGCCACCTGCCAATTAGAGGT
rs1554	6	TTTTATCCTACGTCCACCCCTAGTCACTGCACTCTCAAAAGTCATTACCCTGGAAATGCG[T/C]CTATGTACAACTTGAGCTGGCCAAGGGCCAAGGCATAATCGGTATTCGGTCATGAAATAG
rs1555	6	GTAGAATTGTAGCTGCACCTTGCATAAGTATATGAAATATGCTTAGGTCCCCTTTGTTTC[T/C]GCTTAGGTTTTTAAGCTGACTTTTCATTTTCAGCTTTTATGGTTAATAAGCCAGTAGTTT
rs1556	6	GTGCCGCTACTTGCACTATAATTATAACGTGATATTCTGGAGCCTAGTAGCTCTGGATGG[A/G]GGAGATCTGGAGATGTTATCTTTGCCCGCGCGCTGATATTTCTGTTCCCAGGGACGGATC
rs1557	6	TGGCAAGGGGGTGCCTGGGTTTTGAGTTTCAGGAGACACCTCAATGAAGAGAAAAGAGCT[T/C]AGCTTGCAGAATTGCTTTCTAAAGTTCAGCGGGTGGTGATGTCTTCTGAGCATGATAAAG
rs1558	6	ATGTGAATTTCTACCCTTTTCCTTTTCAACCCATACTAATGGCGATTAATTTCTATTTTC[A/G]GTGCCTCTTTCACATGAACCCTTTCCTTTTCTGCCCCTTTCAATTTGTTCGATTTTGTGG
rs1559	6	GCATCTTTCTGCGTGTTTCAGGGCCACAAAACGAGAATAATATCTTGCAATTTCCTTTCC[T/G]TTTCTTCAGTTGCTTTGGCATCATCGATCGAGTCGATATGTTTTATGCTGTGTAGGTCAG
rs1560	6	CAATAGCACCAAGTTGAGAGGTTTTGACAAGGAGCACATCACCTAGTAGTGCTCAAGGAC[T/C]AAACAGATCACAGGTAAATCATCATCTCCAAGCTAAACACTGTCAGGCAGAATGCAATAG
rs1561	6	TGAGGTGGTCGCTCCATCTGGTTCGACCGCCGTCTTTCCAGGGTCACCTGTTCCGTTTTG[T/C]TTTTGTTTTTGTTGTTTTTTGGCCAAAGTTCGCACGTAGATTCAGAACGAGGAAAACAAG
rs1562	6	TGGTAACTACCGAAGGGTAGGTCATACTGAGTTGTTGACAAATTACAGGGCACCAGTTCA[T/G]AAAAATGTATAGTAAAAGATCCAATTTATCATTTAGAAGCAAGGGCCATCTATAAACTGT
rs1563	6	AGAGAGAGATATGTATATATACGTGAAATATATGGTTACGTACCCCTCCTTTGGACCTCC[T/G]TGAGGTGCAGCCCATGATCACCTCCTCCAGTCCAGAACCAGAGGTCGACCTCCCATCAAA
rs1564	6	GATATGGCTTTAACTGAAGGAAGGGAAGAGATAGAAAGGAAAAGGTTCTCCAGGCACACA[A/C]GAAACACCTTTGGACATACGCCAGACCGAGCTGTCCCTCTATCTAGCCTTCCCCTCTCTC
rs1565	6	GGAGAACACCTGCGGACAAAGCGTTTCTATTCCTTCGTCTTCCTTCTGGGTCAAGTACTT[T/C]CTCATTCAATGTGCGAATTAAACCATCTGTCACCGATCGAGCTACCAGCTGCTCCCTCTA
rs1566	6	CCATCCATAAACAAAACCAATTTGACTTGCTAAAAAAAAGTCTAGTTACAAATGCGACTG[A/G]AAGTACAACCTGCACCTTCTATCGTCATCGTTGTTTTGAGATTTGTGCGTACAACGCAAA
rs1567	6	TTCTAGGGGTCTTCTTCCAAATGGTGGATGTTCAGACAAGTCCAGTTTCTTGAACAGTGA[T/C]ATTTTGTTTCCACCTGGAGGCTACCCGTCATTACGTTTGCCTGTGGTAGTTGTACTTAAC
rs1568	6	GTGGATCACCTCACCTCATCCGGAACGAGGCTGGACCGATGGCCCATCACAACCTGGTTC[A/G]ACAAACCAAACATCATGTTGTTACCTGGGCTGTCTAGTTTTCAAGCAACTAAAAACCCTT
rs1569	6	TCTCCGTTCTTGATTTCTTCCCCCATCTCAACCCAGCTGCTGCAGAAAGCGGCATTTATC[T/C]TGTGGAATTCGGTGATATCTTCTTCCGTCGCCTTCTTCGCCAGCGCCGGCCGTACGAGCT
rs1570	6	GACTAAGCCTTACAATACACAATTAATTAGAAAAACTAAGCAAAAAACCACAACTACAAC[A/G]TACTGTGAATAAAAGGAGTAGGTTTTCGAAGGGAATACCTGTCCACTTATAATGTGCCTC
rs1571	6	ATGAAGTTTGAGCTGATGCTTAAAATCCTCAAAATAGTGAAAGGAAGGAAGGATCTATGT[A/G]AATTTCTCTAACCAAATTCTACAAACCAACTGTCTACCTAGGAAATAATTCTAAAGGATT
rs1572	6	CCACCTCTGTCCTAAGCCGGTCTCTTCCTCCCCTTGCCAGCCATCACATCAGCGGCGCAG[T/G]AACTTGAGCGCACAACTGTCGTTCCCAACTTGCTAGATTTGGTTCAAGGAGAACATCAGT
rs1573	6	TGTGCGGTCATGGTTACACTTTATTTGTCGAACGAGAGGTTGGCCCACTATTGAATTTAA[A/C]CCAGGTATTTCTCGCTGAAATGTTTAGCCTACAAGTGAATTCTACCCACTTAATTCCCAT
rs1574	6	CTCGAAATTCAAAGACCAGTTTCATCAGTTCTTCTTTCTGCTGCATTGGATCTCTGCAAG[T/C]GCCACCCAGCTGCTGCACTGGAGGCTATCCTTTTACCGCTGGTTCTTAGAAAGGAAGGGC
rs1575	6	ACTCAAAGCTGAAAGGGACCCAATCACAAACTCACAATGCATGAAGTACCACATGTAAAT[A/C]AAAATTAGCATGGCCAATTGCCATTATTTTTGTGTTCAAATGTTCAAAGCCTGAGCTTCC
rs1576	6	TAGTTAATTCATTTCTTCGATCTCGTCGCATTTTTTACGCGTCAGTTCTTTCTTTATCTG[T/G]GTGTTCAGTTCCATCAGCTGTTGGGATATATATGACCGGAGAGGCAAAAAGTTAATTTGG
rs1577	6	GTGTTTTCATCTGCCTTCGTCATATTGTACAACTAAGTAATATTCTGTAGGTAAGCTTTC[A/G]ACATCTACTTCGTTAAGTTAATTAAGCAATACTATGAAGGGAGTGGCTGGTAGCAAGCAA
rs1578	6	ATTGTCCTGATCTTGCATGAGAAAGCAACTTTTACAAGTGTAAGATGTTTTTACTCTATA[T/G]TCTAAAGGTTTGGTTGCAGGGAGTTAGCAATAATGTCAGTTTTTTCCCAAACACAACCAG
rs1579	6	TCCGCATGCAAAAATCGATTAATAAACGATATGTAGTAGTGTCTGAAACGGAAGGACCAG[T/C]GTACACAACAGAAGTAGGAAGCTGTGTTATTCCATAATTGGTAGCATTTAATCTTAATCA
rs1580	6	GCTAGCAAGTGTGACTGTCGATTGGGCTATGGCCTGTGAAAGTCTATTATTACTCTCTTC[T/C]AATTAGATCGAGAGTGAAAACACTGCCAACTACTCTCAATAGAAGAGAGAAACGAAATCA
rs1581	6	AAAATAAAGCTGGACGTACTCGCACAAAAATTAAATGAGTGCTGCACGTCACATTTATAT[T/C]GGGTCACTCTTTGTTGAGAGCTCCTTGTCCTTGCATGCAGGTCACTTTGCAAAGTACTAG
rs1582	6	ATGTTAGTGCGAGAAAAGGTAAATTGGGAAACTTAACTCCATTCGTTGATGGAGTGTAAC[A/G]GTAGCTGAAAATTTAGCATCACGTGTCCACCTAACGAGCCCAAGTAATTGCCCGGGTCAC
rs1583	6	CCTTTTGCTCCAGGTACAAAGAGAAGTCATTACTTTGCTCAAAGCAGACTTAATGCCTCC[T/C]AGGGTACTCTTATCTCCAGCACTTTCCCATGAGTCCTTAATAATTTCCGATATAGCCAGT

表 C.1（续）

序号	染色体	序列
rs1584	6	TGATGGTTTCATGGATCCTGACAAGAAACAAGTAATTCAGATAGGTACCCCTGAACTTAC[A/G]AATATCATCATTAGCAATTAAGTGTGGAAATCATGAGATGAGCACGTGCTAAACCAAGAA
rs1585	6	GTACAGAAAAAATAAAGCAAAGGTACACAGTCCTGTTATCTGGTCCAGGAAATTGCACTG[A/C]AGAATTTATGTCATGGATCTGTCACTTATTTTCTTGCTACATTTATCTAAGTAATTTGCA
rs1586	6	ATCCCTATGAAAGTCATGCCACCATTTGGTTCTGAAGAGCTCATCGATAACAATTTAGGC[A/G]ATCCATTCACTGAATCGACTTCATCTGTCGTTGAACAATCTTCCCAATCCAAATGGCAGC
rs1587	6	ATGACCTATTGTGGAATGTGCTTGCAGATATACAACTTAATGTGATGCACATTCTAGAAA[A/G]GCCTATAGACACTTTTCTCTTTTCTGTTTGTAGTTCTAACAATTTTCATGCGATCAGGTG
rs1588	6	CTGATTGAAGAATTAAAGCCATGAAAAAGGCTGGTAGATGAGAGATAGAGAGATACCATA[T/C]TATGCAGACAGTGGTGCATGATGATGAGTTCAATTCTTTCAGAGAAGTGTAATGTGGGCA
rs1589	6	CTTTGGCAACATCTTTGCCCTGTCCTAAAATACTAGAGATACCAATCATGTAGAATAACT[T/G]ATCAGTATCAACAATATACATACGCCTATGAACAACAATAATAATAATAATTTGATCACC
rs1590	6	TGGGCCACTATCACAAATCTCCTCTCTCAAATATGACTTTGGATTCATCGAGCCAGATTG[A/G]AAATCACTTCTGTATGACCTTTTTAAAGCATCTGTCATAGCAATATTCATGTGTCATTCT
rs1591	6	CTCTTTGAATTGCACAAGCAGAATGCAGCAGGAACACTGGTTCTTATCTGGGGGAAACTG[A/C]GTGTATAATAAAATTTAAACACCAATGCATTTTGTCAAGAGTAGTGTTGTATTTTAAATC
rs1592	6	AGTTAGACGCTTTTGGTTCAGTTATCATTTACCAAGCACTCCTCTGTCATAAGTTGGCAA[T/C]GTGTCCTATGCACACAAGTTCCGGTTGCACTAACTGTGCACACCAACTGAGAGATGCCCT
rs1593	6	CAACACCTACAAGATAGTTAATTAGTGACACACATGGTATATGCTTGCTTTTATATTTAG[T/C]GAGTATGAGGCCTTCAATATAAGGACTACTGGGCCATAGTGTAACTGCAACGGTATGCAA
rs1594	6	CAAAGCTGAACAAACAACAAGCCATGAAATTAGCCAGTAATTTCCTTGTATATGCATGGC[T/C]TCTGATGTCTTTAGCATCCTGACACGTGATCCTGGTGTGATGATGACTGAAAGCTAACTC
rs1595	6	ATACTGCTCTACACCAGGTAGATAGCTCACAACAAGCAAGAGATACCATAAGTAACCAAC[A/G]TACCTCAGGCTCTGGGTAAATAGGTTCCTCAAGACCCGCCTTGATGGAATCAGTTATTTC
rs1596	6	CTAATCTTAACCATATGCACATAAACGATAACTAATCCCCTCGCCCCAATATTTAGTCTC[A/C]CGCACAGTATAAGTTTTCTCGTCACTTGTTTCTTGTTAGTAGCACAACCAATACCATAAC
rs1597	6	ACTCCGATGGAAATGCCATTATTGGTGATGGGAACCCCTCAGTACCATCACTTGCATGTC[A/G]TAATGGTTTAGAAAATGTACCTGTGACGGAGGAGTCTTCTGCTAACAATGATGCAAAAAG
rs1598	6	CATTTTGACTTTGCAATGTTTGCACCAGGCCTACACCTTCAAAGCCTTTGCACATACCAA[A/G]GGAGAAATTTAATGAAGTTGACCCAAGTTGAGAGAAGGGCAAGGGAGACATGAGCAAGGA
rs1599	6	ACTGTCTTTAAGATCACATTAAGAACTAATAGACCTGTAAACCCTTTCATCTAGCAGGAT[A/G]ATGCTTTGGGTGATGAGCTGGTTGTTGAGATGTGAAGTTGTTTGCCATTAAAAATGCTCC
rs1600	6	TCAACAGGTGATCAGATCATTCTTTCTTTTCTTCTCTTCTCTTTTCATTTGTGCAGGAA[A/C]AAGTGATCTGATCCATAGCTTTGGAGATACTGGGATGTTGCCACAGTCCCAGCTTGCTTT
rs1601	6	TCATCAAGGTTCCCTAGAAAAATGCAAGTAGCAATTTTTTTTACAGCATCACTGAAAAGG[T/C]AGAAGTGTCTAGTAATTGACATTTTCAAGTGGCACATATGAGCTCACCAGGGAGTGACCG
rs1602	6	TGCTTTTCCATTTTTCTTTATGAATGCCACTTTGCTGTTTGGCCCCATTTGACTGTGATG[A/G]TTTTTTTTTTGTCAATCTCAAAACAGCTAGATTATGACTAATACAGTGCTAATAATTTAA
rs1603	6	TTCCTTCTTGCCTATTGTTTTCGCTTACATGGTTTCTCTGATCTGATCAGCATCTTTGTA[T/C]ATCATTGTGTAGAGAAGGCTGGACGTGAGCAAGAATCGATACCAACCGAGGAAAAAAGGC
rs1604	6	GAAATGGTGTACCGCATGGTCCGCATCCGCATGTATTACAAATTTTACATTTACGCATAA[A/G]ATTAAACATTTGTTGAAAAGAGTACGGATGAGTCAACCACCAGACATTATTTTGGTTTCC
rs1605	6	CGAACACAGACAACATCTAATGAGCCCTTTCTCTTATACGTAGAAAGGCATGTGCATGCA[A/G]CACCCTTTATTTTGTTATATCACCTACACTTGCATCGATACATCATTTATATTCATTTCA
rs1606	6	GCGAGGGAGAGGGTGCCACCAGTGCTCGCTGGTGGCGAGGGGAAAATGAGAGAACAGTGG[A/G]TTAGAGGACTCAGCGTGAATGGATAAGAATGAGAGGCTCAACTTAGCTTGGTTTTTACGG
rs1607	6	ACGCACGCCATTAGTTATACAGTTATACTACTACTACTAGCACTCATCATCACACACCCA[A/G]CGAATACTGTACTGGAAGTAGCTAGTAACGCGCTGCTGGTAGGATCAAACAACACAACAC
rs1608	6	TGAGCCAGCATTCGAGGGAACCCATCGGAAAAGATCTGAAAGGTGGGGGTTCTAGGAGGG[T/G]TTCTTGGTGTTCTTGTATTGGTTTTGGTGGGTTCTTGCTGGGGGTGCGGAGGGGGAGGGA
rs1609	6	GATCAGGCTGCCCTCCTTTCATTGGCCCATCTTTGAGTTACGAAGGAGCCGATCACCTAA[A/G]CCAATCTCGTCGGAAGTCTCTCTCAAGATATTCTCTTAATTAGGATTTGGGTAATCTACA
rs1610	6	TTTTTTTGGGGTGTCTCCTTATTGATTGCTTTAGTAAGACAAGGGCATGCTTTGACTATT[T/C]ATTCTCTGATGAAGGTAACTTTGGATGCATTAGGACAAATGTTCCAGTCTGCCCGTGGTA
rs1611	6	GGTAATTAATAATAGTAGTAGTAGTAACTTTTTTTTTACCTCCCTCTACTTAGTTGATTA[T/C]TGTTCTCGTTTGGCTTTTTGTGATCGGGTCATGGTTATGCGCTATCTAAAAGGTACCGTA
rs1612	6	CTCACCATCATTGTATCGTTGTTGTCGGATCTCCTCTAGTGGACGAAGAGAGTTCAACTT[A/G]TCTACGATGGTTGAATGCCACTTCCATGCTCTTATTATCTCAAAAAATATATATGTAAAT
rs1613	6	CACATATCTCCAAACTCCTATAAATACATCCCTTTCCCCCCTCTCACCATTGCACACACA[T/C]CACCCCAACACACACAACACAAAACACACTAACTACAAGACTACTTGTACTACTACTCTT
rs1614	6	GCAAGAATGAGACAATCTAATGTAACTGATATGCAAGAGAGCGGTGGGCCGATTCCGTTG[T/C]GTCGAGATGGGCCGAATTGGTTCGGTCACGGCCCACAGGGAGGGAGAGCCCTTTGCTGCA
rs1615	6	CACAAATCAGCTGCGAAACGAATTGCAAAGCCAGCAAAGAGATACAGTAGTACTTTATCA[A/G]CTAATCTAGAGCTCTGTTCTGCTTGGCAAGTCAAACATGGCCAACAGTATGTGTGATTAA
rs1616	6	TCAGGTTAGTTGATGCCTTGATGGCACTGTTAAACTTAACTAAACTACCTACCTAATCCA[A/G]CTTGCCTCTTCTGCATGCCATATTGCCATGCATGCATCGTTGCCATCGTCAGCCGTCAGA
rs1617	6	GGTAACAAACATATAACAAGAAAAAGTGTATTGATGTAAGCATACCAGTGAATCTTGACA[T/G]AGAGAAAAATGGGCATGGACGTGTAACAGCGTAAGAACATCTTCAACAGCCTTTCTATTT
rs1618	6	TACTAGTACTACTAGGGGTAGTATGCTGTTCCTGCAACATGCAATGCCTAGTCTTGTCAT[A/C]ACAGCTCCTCTCCTAGAGGGACCCACTGGTTCGTTATTTTGCATGTCTGCACGGCTGCCC
rs1619	6	TTTATTGAACGGCCGGATTTCGTTTGGTACCTGTGGTACCAGTACCTGGAGGTACCAACT[T/G]CTGGACCAGAACAAAGCTCGTTCCTGCAGCAGCAATCACAAGTTCACAATCCAGTGGATG
rs1620	6	TAGATTTCGTAGGCATTCATCATCCAGTTATTCAGTTGTGTTGTACATCAGCCTCTTAGA[T/G]CTGTTATCCTAACAGGGCTCCAACTGAATTACCTATGCAATAACTGTTGGTGTTTATTGA
rs1621	6	CAAATGGTATGAATTCATAGTTTGTGCCTCCAAAATCAACTGTGATTTCCTCAAAACGCT[T/C]TGGCAAAAATACTTCCGCATCATCCCAATATCTGTGGTCTCTACCGATGGCCCATACATT
rs1622	6	TTTTGCAACGAACTGTCTCAAAAACCTAAGACCTACAATTTAATTCATACAATGGAACTT[T/G]TGGGTTTATGGATTTTACTCTATGGTGTTCCTTCGAGCCTGTCATATTAAACCCGGCTAC
rs1623	6	TGCTTATAGCTCATGTGATACGTTGTTTCTGAGGCTCCATTCCAGTAATTTCGTTTTCTA[T/G]ATATTTTTCAATGTTCAGTAGTACCGACATTGCTATTATTTTTTAATATACCGTTCCACT
rs1624	6	GGGAGCATCGCTAGCAGATGGCCCATCCTATTTTCTTTTGTGGGCAGAGCTAATCTAACA[A/G]TAAGTCAGGGGTTATCCAATAATACTTGGGTTAGGAGACTGCAGGGCTCCTTGTCAGGAA
rs1625	6	ATAACTAAAGCCATAGTTTCCATGTGAAACTGTTATTTATTGTATAATGCTAAATGGTAA[A/G]ATTTCGTATTGATAGGAAGCATGAAGGTTGATGATGGTCCTGGCGTCAATGGCAGTAGG
rs1626	6	AGAAAGGATGTGAGCACATATTGCATGAAAAAATATCATTGGTTTGTTGCATAGCTCACA[T/C]TGTCATCAGAAAAATTGTTTGAACTGATTCCGAGCTCTTCAAGACGAGGGGGTGGTGCTG

表 C.1（续）

序号	染色体	序列
rs1627	6	GGGAAGTGTTTACAATTGCAAATGTGGCATCTTGAGCAGTATAGAGTATCAAACAGACAT[A/G]TTCCACTTGTAATTTTAAAAACTCTAGCACTTCTGTGAGATGGAATTTCTGTGTCACTGC
rs1628	6	AGGCATGGGGGATTTGTTTCTGAATCTGGACTGGAAACACGAGAAATGAAATCATAGGGA[A/G]GCTGTACATAGTGCAAATAACAGAATCTGAAGTTTCATTCTCTGAATGTCATGATATCCA
rs1629	6	GTTAGCCATATCTATGCTTCTCAAATTGACCACAGGCCAACTCCTTATCCCCATTGTTTT[T/C]CTTGCTGATACGAGTTTAGTCATTGCAATATTTCACCCTTTAAAGGCCTTGACATCACAG
rs1630	6	GCCTCGCTATATCACATTACACACGGTATGATCTGATGACATCGTTCCTAACAGTATCAG[A/C]AACACAGTAATTAATTCAGTAATCATCGTAGTCGTCGTCGTTCCTGTTGAGAAACCGCCT
rs1631	6	GTACTGTATAGAGGTTACAAACTAGTTCTCAGTTTGGTCCCTTGGCTATCTAGAGTGAAA[T/C]AGGGAACCACAAGTCAATAATAAGCAAACAAGAAAAATAATGGTGATAAAAACGTGACTC
rs1632	6	GTAGGAAAAAAAAAAGGGGCACTTGAAACTATTTTATTGTAGAATTATTCTGTATCTATTG[A/C]TGTATGTGTTATTGTCGTGTAAAAAGTAGTAGAGAGATGGGAAAAGGATACGAGGAAGAT
rs1633	6	CACCAGGCAGTAAATGTACTGATCTGGTCAACTTCCTCATTTCAGTCCATAGAAGGTTTC[T/C]AATCCAAATTGTGTGAAACATGAAGGCATGTAGACCAAGTAGTTTCCAAAATGCTTTCAC
rs1634	6	GCTGAAATCAATGATATTCATACTTCTGGAAAAGGTTTAATGGGTGTCAAATGTACAGAT[A/G]CCTGGGTCAATGGAGTACCATTGGAATAACAATTATGAATGCTGTACAATTTGGTGGTAT
rs1635	6	GCTAGCTCATCTGCTTGGCTCTAGCTTCGACAGTAACGCTTGCTTGGGCATTGGAAGGGA[T/C]AATCCGACAATGGACAAGAGACATGGCCACTTGGGACAATTGATCGATCATTGCTGAGTT
rs1636	6	ACCCACGCCCTCCTCGCTTTCCACGCTGCTGCTTCTCTCTTCATTTTCCACCTATTTTTG[T/C]CTGAATTGCTGTGGAATGCAGTATCATGAGACGGCCGTGGTGCCCCGCGAGTCGATTTTG
rs1637	6	ATTTATTTTTCAGGTTATTCTCGAGTCTTTGACTTCACCACATGTTATTTTTCAGGTTTA[A/C]GATGGTGCAGGGTTGACCCCATCGGTTTATAGTTGCAGCCTCGCAGTGAAACTCAATTAC
rs1638	6	ATGCTGAATTGTCCCTAAGAAGACGGATGACATCCAAGTATGGCAATCCAGGTTTTACCT[T/G]TCAAACGGGGATCGTACTTTTAGAACCAACATGTAAATAAGCTATCTTGGTAATACGGCA
rs1639	6	ATGGTGCGATGTAATAGTAATGTACGTGTCTCGGATGGCGTCGAGATGCAACGAACGAAT[A/C]AAATGGAGGAATTGGAATCAATGGCGATCGGCTATGGCGACCTGGAGGTGCAGGTGTTGC
rs1640	6	TTGAACTAGGAAGCACTATTACATCAAGCGTGAATATGTTTAGCTGTGTGCATCCTAACT[A/C]TGCATAAGTTGTTGAAGATCATGTAATTTCGCTCCTTCTTGTGGCACAATAATTTAACAC
rs1641	6	TTCAAAAAATCTAACCACTTGTTTAGGTGATGATTACTCGCTTGGCGTTTGGATGAATAT[A/G]CTCTTGGGAATTCATACCAATCGCCAAATTGCGACCCTACCTCAGCTAAAAACTATGTCT
rs1642	6	TTTAGTGACATATGCGAATTCTGCATAGTGCCACGGCACTGGAGATTATTCCAAAAGATG[T/G]AGTGTGACTGCAAGAAAAGAGCAAAGTCAAGGGCCCATCCTGACATGAGCTCACCACCAT
rs1643	6	AATATTCTTATCATTTCACCTGAGAAAAAATAGACCACCTCCATATGCACTTAAAAGGGC[T/C]CTAGAGTTGCTACTTACTTGATGCTAACAGGACATTTTCTTCACCAAAGCCATCTTCAAC
rs1644	6	TAGCAGCAATATTGTCCATTTCCAACATCAAGAAAAAAACGGAGGGAAAGCTAAGCAAAC[T/G]AGAGGACATACTGATAGCTTCATAGCTAACGAACTTAAATCGCCTCAGGCACTGTGGAAG
rs1645	6	CAATTTTCCCTTTATCATTCCTTAGTCCTAGCATTAACTGTGGGGCAAAGAAAAGTTGAA[A/C]CTTTATGTTTCCTGTAATCCATACACAGCTCAACATAATAGACATCTCCACGTAAATAAC
rs1646	6	TGTTTTCTGATGATTTTTTTTTTACTTGGGGAGTTTATAGGTGATTTCATTCGTGGTGGC[T/C]GCTCTGCTGTGTACATAACACATGCATGCATTCGAGATGATTTTTATTCAGAAAGCGTAG
rs1647	6	ATAATATTTCTTGCACAGTGAATAAGGTAGCTTACTTTGTTACGGAGGATCTAGACCTCC[A/G]TAGGTCGGCTTTTAGACCTCCTTAATTTTGTTTGGTGAACTCTCATCCCATTTCCTGGGA
rs1648	6	TTAGAAGTTGATTTTTTATGATCCGAAATCTCTAGAGTTGAATTTTTATAGGACGACGAG[T/C]GTAGAACGGTAGGCTGGTTGTTAATTAGCCTTGTTTGTTTGCCATGGGCGGCCGGTGGTG
rs1649	6	AAGACAGCTTCTTCAGACTACTAGTATTTGTTCAAAGCAGCTCACAGAATTGTTGTTCTG[T/C]TATGCATCTGTAAATTTACTAGTTATGGAATATGTAAATAGAAGTCAGAAAACTGTAGGC
rs1650	7	GAGGAGGATGGGGGTCATGCAGCGACGGAGATGACGCTAACGCGACGGCTCAAGCGACAA[A/C]AAAGTGGGCGATTATGGTTACATAGATAAGGAGGGTAGAATAGAGGAGGAAAAGACTACA
rs1651	7	ACCAACTCTCATACAAATCCTTAGTCCTCGCTCAGGTTAGCAAACTTTGTCATCGCCATA[A/C]GGCCACCCAATCTATCACATAAAGGGAGGGTATGCTAGGGCGATGAGATGAGGTCAAGTG
rs1652	7	TTATCGGTTCGCTAGTCCGATGGTCTTACTGACCCTCTAGACGGTCCAGTTGCAGTTTGT[T/C]AAGTTATATGAACTGTCTGTTTGATTACAACCACAAATGCGCGGGCTAGTGGGATGGTTA
rs1653	7	GGAAATTAAGCCGACATATCTAGCTATAGCTGCTTGCCGGATCGAGTGGCTGAGAAGGCA[T/C]CAAGTGTGAAGCCCATAATAACGACTGCAGCACTCGCGCATGCCCGCTCAACTCTACGGG
rs1654	7	AACGTGTCACCACATTTCCCTTGGTTCTACTCCATGGTTGGACTTGGACATGCATGAATT[A/C]ATAATAATGCACGGGTTTGCTAGCTACTCCTAACTTAATTGAAATTATTATTGTTGTTTG
rs1655	7	CAAAGCTTCCCCATAGGCAAAACCACCATGAAAAAAAGAACCCATTTTAAGGGGTTATAT[A/G]GATGGACTTGTATGTGGCCATCTTTTTCCTTTTTCTCTTGTATGTGGCCATCCGATGCTA
rs1656	7	ACTGGATGTTGGTGATCCAGACAAAGTACTTGTGCTGCAATACCCTCCCCTGTTCTGGCA[T/C]GCGTTAAGCTTATCCCTTCTCCTAACTAACTTTGCATTGTTCTTTGGATTTCTCAGAAAG
rs1657	7	TAAAACCGAACCGATTTAACAGAAAAAACCGAATGCCCACACCTAGGTTTGACGAGGTAT[A/G]GTTTCTCCTGGTTGATGGAGTACAGGTGTGTACAGCTAGGTTCGGACAAGATCCAGAAGC
rs1658	7	CTCAGCTGGAGACTCTCCACTGGGAGGATGCTTTCGATCCAAGCTCCGTCCGGTTTGGCA[A/G]CATGGCAAATGTCAAGTGTCTGGGAACTCACTTTTATCTTGCATTTGGACAAGAGGACTT
rs1659	7	GTATGAAAATGATCAATCAGTTTTAAGGCGAGACAGGAGAATGAGTATTTCACTGCTAAT[A/G]GTTCATGTAACTCATAAGCAACATGAAATTAGGCCCAGAAAAGTAGGGCTAAAGGTATAC
rs1660	7	CATCCAACGTTACCAAAATCTGGTAACGTCAAAGTGTGCCAAAATTTAGCAAGGCTAATT[T/G]TGGCGAAAAACCCTGCATTACATTTAGGGATGCAAGCGGTGCAACCCACGAACCTACTTA
rs1661	7	CAATCATTGAAGTGTATTTGGAGCGTCAAATCACACAATTTAGATGCAACAGTCAGAGGG[T/C]AGCTATACAAGGAAAAAACAATAAACAGAGAGCAGCTGTACGAGGAAAAAGATGTTATCC
rs1662	7	TCCGGTTTTTTCAGTATTTAGTAATTGGGCTTAACGAATACTCCCTCAATAAAAAAACAA[T/C]CTAGAATATGATGTGACCTAGGATTATCCACGGTTGGTCCTCTCCTACCCTGGTAAGATA
rs1663	7	ATCGATGGGCATACCATGCATGCATGACGGATTTGCAGTTTTAATTATATACCAATACTA[T/G]TATTGGTAGATCGAAGAGGAAGCGACTGATTGATTGATTGATTATTGATTGATCGATAAG
rs1664	7	TTTTCCAGAAGAACTTTGATTAATTAATTCTGATCAGAATGAATAGTTGCAACATTATTG[T/C]GTAATTTCAAGGCAGTACTCCTCTCTATATATATTGCTAGCGACTAGCAGCTGTCTGCAG
rs1665	7	AAAAGTTCAAAAATTAAGTGCCGGACGGTGCATATATTATATCAAGCTGAGTTATACTAA[A/C]CCATTTTTTCTTAAAAGTTACACTTTGGGGGTTAAATTTAAGTTAACCCTTTTGACGAAA
rs1666	7	CCCCTCATACATCTCCACTAAGCTATTTGCAAACATAGCAATTTCCATTCTCCACTGGAG[T/C]ATGGTTTTCTCAAAATAGGTCTCCAACAAGCTATAATCGATTAGTAGTTCCCATCCTCCA
rs1667	7	TATGAAATCTAGGAGATAACTAAAAAGGGAAAAACCATGTTCACACTGTGTAATGGCCGT[A/G]TTTTGGGTTTTCTACCACAAACCAGATCATTTGAAATATAATGATCTGAGTTCTAATTCT
rs1668	7	AATCGTCGCGAAGACATGCCTGAATTCAAAGCCATCAAGGCGGCCTTCTGCTCGGTACGT[T/C]CTGAGAGCCCTGGAGAACCCGCTAAAGATTCTGCGAATGGCGTCCCGCTCCAATTCAGCA
rs1669	7	GCATAACTGCTAAGAAAACAATGGGCAGCACTAAAGAAGGAAACAGATGAGGGTCTATTT[A/G]TAAGATAAAAAATCTTCAGGGGCTGAAGTGCAGACAACTTAACTATGCCTTCATACACGA

表 C.1（续）

序号	染色体	序列
rs1670	7	GACGATGCTTGATGCTTCCTCGACTCGAGGGGGGTTCACTTCTCCGTTGGATCCCTTTCT[A/G]TTTATTTATTGGAATTACGGGAAGGAACACGACTGTGGGCTGGGCCGGTCGTCAGAACGG
rs1671	7	GCTTCTTCTCCGGTGACGAGTTTGGGTTCCTAGACATCGTGCTCATACCTTTCTCAAGCA[T/G]GTTCCATGGTTACAAGCAGCATATGGTGGGTTTGATCTAAAGTCGAAGTGTCCATTCCTG
rs1672	7	CCAATCTCATATGATGTCACTGTGCCACAATTTGGGAGTCTTAATGATCTTGTTCAGGCT[T/G]TAAGTTCTGCTTGTTCACTGGGAGATGATGAAATCCTGCTGATTACAGAGGTATGCTTTT
rs1673	7	AGTAGGAACAAATACTTGCTCTATAAGCATGATGCATGTCAGCCACCTTTTCATTACATA[T/C]TTGTATGCTTCTTGGATGGCTTGTTGCTACTTCTATGTTTATTATTTGCTGAACAAAACG
rs1674	7	TATAGGTCGAAGGCTTTCACGTATGATGAAGTAGTGGAAAAGGTGGCTCAAAAACTTGGT[T/G]TTGATGACCCAACTAAAATTCGGCTTACATCGCATAACTGTTATTCTCAACAACCTAAAC
rs1675	7	TCTCTCCAACAGTTCTTGCCTTCTATCAGTCCAAAGCTGTCCAAGACCGAACGCTGCCAT[T/C]TGCTTCACTTTTGTCCAAAGCCCTTGGCCAAGTTCAATGCCTCCAACTTCAACAGCAACG
rs1676	7	GGGATGGGATGCTCTTATCCGTCCTCAACAAAATTCGTGGTGGCTGGCCGGCCTTTTCAT[T/G]CTACTCAGAAACGTTGTTACTGTGGTGCTACAGCTGCGACTGCTTACCTTGCTCTGTTAG
rs1677	7	AAATATCACCAAGCAACGAGCTTATGGTTGGATTTTCTTCGGAAGCTTCTTTTGTGCTTC[A/G]ACTGCTATGCCTGTACAAAGTTCACAGATAATAAACTAGAAATAAAATAACCTGGTCCCT
rs1678	7	GGGCGTGAATTATACTGCCAGCATTATGAAGGCCGCCATGATGGCACCAGTAAGTGAAGC[A/G]GTAACAATGTACCCTATTCCAGATAGCTGAGAGGCCACGGCAAATGTCATGGCAGCAATA
rs1679	7	CCAAATGATAAACTATAGTAATTAAGGCAATTTCGGTGTCATTCAAGAGGGAGTGGATGA[T/C]ATGTGATAGCGAGAGGAAAGAGTTATTAGGTGTATGATATTATTCCCTGTCAAATTTATT
rs1680	7	GTCATTCTCTAATATTTGTGTCTTTTAAATGGTTTATAAGATACGGTTAATTTATCAATA[T/G]TGTTTTTATTTTCAGATACATCAGCTCAGATTCCAGCTGCAGGAGTACCCGTTGCAGTTT
rs1681	7	GCCCCTTATAGCGAGGATTGGTCTTCTTGGGCCGTCTGGACTTCTTCAGTGCATCAGCTT[A/C]TTGGTTTGAATTACCTCCTCTCGCCAGCTCCGTCTCCTTACGAACAGGTTCACCCTTGTC
rs1682	7	TTTTCACCATTATCTGAAGAAGAGAGGGGACGATGGAAGTAGGAAGCCACGTACTACTGC[T/C]GGACACCTATGACTTTATTGGCTCCGTGAATGTCACCACCGTGCAGAGAAAAGATGGAAG
rs1683	7	TATTATGAACAATTGTCCACGGTGCCCTTATTGCACTTAAACACGATTCATCAGTTTTTA[T/G]TGGCCACATGCTTTAACTCCATTCAATCTTCAGTAAAGAGAACTATGAAATAGAAGTAAG
rs1684	7	TCTTTTTAGGTCTTCGGAAACTTTGGTTTTGCCAATGAGTACCAGTCATCGAAGCTGTGC[A/G]AAGCAAAGTTTTCAGAGTGTGAAGATAAAATGGAACACCTTCAATCCTTGAAGCTTCCTT
rs1685	7	CCACAATCGTGCAACATACATACATGCACCTAAAAGTTGACAAAAACTCCTAACCATCCA[T/C]TGTTGCTAAATTAGATCGTGCAGACAACATTCTCCTTCTTTTGACACATGAGCAGGGAAA
rs1686	7	AGCCAAACTGACGATAACGATGACTAACGCTAATACCTACTACAACACCAGGTGCTGGCC[T/C]TTATTTGATAACTTGCGCCTGCGAGAATTCTTAGGCAGAAGCAGATGCAGCAGTGGCACC
rs1687	7	TTTTAATTGCAATTTACGATCGCCAATAGTTTGGATTCATATGTTGCTAATCCCAGTTAG[T/C]ATTATGATCATTGTGGTGCTTATAGTCGTGCTGTAATTCTTGTAGCTTAACCCCTCGAAA
rs1688	7	TCATTAGTTAGTTGGTGCATTCCACAAATAAGTATCGTACCAAGCTAGAGTGCTCAAAAT[A/G]TGTAGTTAAACATTATCCACAAATAAGTAGTCTAGCATGTGTACTAGACATTTTCCAAAA
rs1689	7	CCAGTACACTGTAATCTAATACTGCTAGAAGTATACGAATCGCTTGATCGATTCGTGAAT[A/C]GCATCGCAACGAATTTATTCTACTAGTCTACGAGGGATGAAAGCGATTTACTAGAGATAT
rs1690	7	TCTAGCTCAACTCTCACAGAAAGAATATGAATTCCTCACAAGCCCTCCAGGTTCAAGAGT[A/G]TCTGAAATCAGTGCAGCTGAGATAGAAAAGCAACCAGCTCTTTCATCCATGCATGGTCGA
rs1691	7	AGCAACTACCAAACTAACTCACAAGATTGTGAATTGTGAATTTGTGAATCAGTATTTTTA[A/C]ACGCAGTTTATTTTTGCGGCGATTTTCAAGCTACAAATATAAGATACCAAGTTTATCTAG
rs1692	7	CGTGCAAAATCTTGTTTTTCTCCCTGGCTCACGTGCAAGTGCATATCAGGTCTCACGTAG[T/C]TCCCTGCACTTCTACTATACTTCAGCTGTGTACAACCTCCTCCTCTACAGTTTTCACTCG
rs1693	7	AAGGTTATTCAACACTTGCAAAAAAAACTAGCTTTCAGTATGGCAGTTTAATTATCTTAC[T/C]GGGATACCACGGCGACGAAACTCTGCATGATCATTTCCTAAGAGTGGAGCAGTCAATGGG
rs1694	7	ATGGATCTCTGAAACCACAATTACCCAATCAGTTTCCTTTCCCCTCTTTCTACCACAATA[T/C]CTCATTATCTCGGAATGGGATGCATTTGGAGAAGATAAAAGGGTAGTTCTCCCCATTCAT
rs1695	7	AAAATGAGTGCAAATGTGCAACGTAGCAGGATGTGGCTACTGGTACGTGATTAGCGATCT[T/C]GCGTGACATTTGAAAGCTGTTTTCACGTTTCATGAAATTTGGAAGCTGTTTTCATATTTC
rs1696	7	TATTCAGCCAGATCCACACGGAAGATTGCTGACTCCAAAATGGTTCCTTTACGTGCAACC[T/C]GAGGTAATGCTTTTCTTGGGTGAGCTAAATTGTTTTCAAACATTACAGTTACTAGATAAA
rs1697	7	AGTACACATATACCACATTCAAATTAGGCTGGGATGTCATACAACCCACCCTTCTAACCC[T/C]AGAGAATTCTACGTCCCCGTCAATCTAACCACACAAGCATATAAGCAAATTTCCAGAAAC
rs1698	7	CTGATTCAGCTAAATGAACTAATTTATACGATTGGAGTTTTGAAAATAAATTTAGTTCAT[A/G]TAGCTAAACTAGGATGGTTAAGGAGTATTCGTGGGTCGGCCCACTCTAACCCCTAGCTAC
rs1699	7	GAGGGACCAGCTTTTCAAGGGTATCGGTTTTTGCCTCGTTCCGAAGATGGATTCTCTGCG[T/C]AATACTATGTTCACCTCAACAAATTCAATGGATGACGAAATATGACTGGGGCAGTATACT
rs1700	7	GACAATCTCATAAGTATAGCTGATCTCATGTTGCTAATTTTCTTGTCCAAAGATATCAGC[A/G]GTGTTCTGGTTGTCTACTTACTGAATTGGCATGATATGTGCTGTTCACCTACAGCGAACC
rs1701	7	ACAGGAAATGAATGAAGTAAAAGCTATAGCAAATTAAAGGTAGCGAACAACATCCATTCT[A/G]TCCATCCATGATCCACTTGTCCATGGCCATCATATTTGTAGTCTTACCGGTTTGATCATA
rs1702	7	AACTCTAAATCTAGTGATGATCGGCACATTATTGTGTCTATGCATGCTACCTTTTTCCCT[T/G]CTAGGATTATACACTTATCAATGTTATTTCCATAACAGTGAGATCAAGGAGCGCATCAAG
rs1703	7	CCCTGCAAGTGTGCAAGAACCAGTTCAATGGTTGTTGTAAGCTGTCACTGCAGAACGAGC[T/C]AAACAATACGCAGCAGATCATCACTCAGCATCTCTTAATGTTTCCAGAGGCATTGATTTC
rs1704	7	TGACTGAAGCTGCAATTTTGCTGTATGCAGGTTTTTGACAGTCTTGATTGCTTACAGTTG[A/G]CTATATGAGAGTTTCCAACGAAATATAAATATGCATGCTACTGAGAAAAACTAGCATCAG
rs1705	7	AACCGGTATGCTAGTTTGTGACGAATAATCTTACATTTAATCAAAACAAAAGTTGGCCAG[A/G]TCATTCTCGCTAGTAACTTATCCACCTTAGGCTCCTGCAGAATCAGTAACAAATCGTCAA
rs1706	7	TCTTCATAGATGGTCAATTTTCACGAGATCTAATGGAGGAAAAGCGTGTGGCTGGTACCT[T/C]TCGTTGCCGTTGAGGCGCGCGCCGAAGAAGAAGGCGACGGAGAGCAGCCACGAGTCGGAG
rs1707	7	TACGCTATGTAGGAGACCAATTCATCACCTATAAATGTACCATCACCGCCAACTCCCTCC[T/C]TTAAAACTAAGACCAAGTAAGAAGAGCCATGGAAAATAGATATGACATTGATAGGGATAG
rs1708	7	GCGGCGCACGGCGAAGGACAGCGCCATGGCTTTTGGTTGTTTGGCTTTGCACCTAGTTAT[A/G]TCAAAGCTATTGAACGTAAGTTCAAATGTTGGCCTTCAAGCTAGCCTAGACAATTAATGG
rs1709	7	TACAGATAATATGTTTCCAGTCAAGGACCAGGAAACCCTCCAAACAGGGGACCCGAAGTC[A/G]TGCATGACCTTTCCCTCCCACTTATCACCAACTTTCCCTCTACTCCAAATGACAACCTTC
rs1710	7	CAAAATCTCTAAAGCATACCAAGACCACAGATGCTACTGATAAAATGACGCTGTAAATTA[T/C]ATGAATCTGAAGTATAAGAGATATACCATGCAACAGACATCCAGCTAGTTGGCAGAAGAT
rs1711	7	TGAAGGTTGCATTAGTTCTAATATATGATTGCTTGTATTCTGGAAGTGCATACCACCCAC[A/G]TGTTTTATATTGTCAGGCTAACTTATCTCTTTCAATTAGTACGGTTGATATTTTTATGAT
rs1712	7	TAGTAGTGGCAGCTTGAATTGGGTGTAATGTATCCTTGAGCTGAAAGAGATGATGACTAG[T/C]AGCTTTCTTGTGTGCAGGATTTTTATGAAGAAAACTCTCAACTCTGTACAGCGCTGAAAG

表 C.1（续）

序号	染色体	序列
rs1713	7	GAGGGCTCCTTCGATTTCTGTAGTCCATATCTATGAATTTCTAAATCCTGTGCGACAGTA[T/C]GGTTTTTAATAACCTTTTTATATGAACCAAATTGATAAGATTAGGGGCCACCTCTGTTAT
rs1714	7	ATGTCGGAGGAGGCTTTCGAGCTCGGCGGAGCGATGTGCTCAACCGCATCCTCTCCAGCT[T/C]AGTCGTACTGTGCTCAGTCCGCAAGCTCTGCTGAAATGTTTTAACTTGCTCCTCGAAGCT
rs1715	7	CTAGATCCGCCACTATTGGTAAGTGGAGCTAGCTCTCGGGCAGGTCAGGCTACCGCCAAA[T/C]TCTGTCTTTGCCGTCTTCACTATCGATAGCTATCTAGTATATTATCGAAAAACGTTATTA
rs1716	7	TGTATTGTGAGTGATCCCATATACCTGCACAATCTTGTTGAAGTAGCCGCTGAAGATATG[T/C]CCCATCTGAGAGCTGGTAGTGGCCGCAGAACGACGAGGCAATTCGCACGGCAAACTCCTC
rs1717	7	ATCAGTCTTTGAAGCTCTGTCATAGTTTTGAAGGATCAAAAGTCGCTATATAGGGGATGA[A/C]TACATGGTTTCACAAGTTTGGCAGCTGATCATGTTAGAATTTCATGAACTTAATCAGGAG
rs1718	7	AAACCACCAGCAGTTGTCACTTGTCAGTTGTGCATGGTGTCGATCGTATTTGGTTAGATG[A/G]GTCAATCAGATATGTCAGCAGCCATAAGTTATATAAATAGGATTTGGGTTATGTAACAGT
rs1719	7	ATAAGGGATATGAGTTGGAAAAGTTGGGTAAAGAACTCAACCTTTAAAGGGTATTGTTCT[T/G]CCATGTCAGTCTTGCAGTTGATGTTTGATCTAACGGCCGGTAAGGTGAGCCAGAGATATA
rs1720	7	TCTTACTGCTTCTTCGATTCCCGATGCTTCCCAGGCCATAGCAGGCCATACCCAACTTGT[A/G]CAAAGGAATGTCGATACCCACACACATGCCCTTGTGAGCTGGAAGTATAAAACCTTCGTC
rs1721	7	TGCATCACATGGTATATGGTCTGAGTTGTAGACCTCGCAGAATTAGCAGGCTATGTATGT[A/G]GTCTTTCATTTTAAATGGCCCTGCTATGCATGTATATGATCATTTTATTGCCTCCATCAA
rs1722	7	TAATAAAATCGTAAATTCCGTACCCTTTTGAACATCCAAAGTTCGGCAGGGTGCAAATCC[A/G]AGACTGAAGATTAGTTAGAGATGTACCATGTTAGATAGCCTATAAAAAATGTTGTTCCAT
rs1723	7	TTTGATTGGTTAGCCAGAAACGGGAGGGGATCGATTGATCAAGCAATTAGAAATGGAAAT[T/C]AATCCTCCATCCATGACGCGATGCCCTAGCTAGATCGATCCGGGCGGGAGAGAGAGAGAG
rs1724	7	GACTGCAAACACGCCATGTCGCCATCGAAAGTTCGAAACTCCAGGCATATAGGATTGTTC[T/C]ACTAAACTGAACCTAATATATATGCATACAACCAAAAACAAATATTTCAGTGAATTTAAA
rs1725	7	TGTCAGCTTTCCTTTCGGTCACTTTTGGGCTATCCGAAGATGACATGCTGTGATACAGAT[T/C]GAAGAGTTAACATATCAGATTTCACAAACAATTTCCTGTCGAAAATGTTCAGAGGTGAAA
rs1726	7	AATTCTAGTGTTTTTGGTTAGGTTATAGTCCATTCGACTCGTGCTTAATTAGTAGTTGTT[A/G]ATCTTAGTTGTTCCTTAGTGTGAACTTTGTGCCTACTTTCAACCCATGATTTATAGCGAT
rs1727	7	AGCCACAAAGCATGAAAAGAGCATTATGTGAAGACAACATGTGAAACAAGATTCCTGTGC[A/C]GGTGAAGCCATTTTCCCATGCAGCATCCACATAGCATCTGTTTCCATTGGGAATGTTTTT
rs1728	7	CGCGCGTGATCGCGGACGAGGAAAACGGATTTTTGTTGTTACTTTAAAGGAGTGCCCATT[T/G]TTAGTTATAGGAAATCAAATTTAGGCTCTCTCTTGGAGATATTAGTTTTTTCAATTCCCA
rs1729	7	ATCAGCCTCTTGGCTGTCGGTATACTTGATCTCTGTGAGAGCCGCAAGAGGAGATCAGTC[T/G]GTTATGGAAAATTACTTGCCGATTATGTAGACATCAGTTACTCGGGCCTAGCTAACTACC
rs1730	7	TATAATGTAATACACAAACTCTAAATCCCGTGAGTGTTTGCAATATGGGGCTGTGCCAAA[T/C]ATAGCCTCAAATAATTGAGAGTAGGTCTGAAGTATTTCTGTCGACGGGATGTACCCGACA
rs1731	7	TTTGTAAAAAGCAATGATGTGTTCCTTTAACTCCCCTTCTTCAGAGATCAACTCACCCTC[A/C]TGCTCCAAGCTAAAGATCTATTCTGCAAATTCCTCACCACCTAAAGTAAACTGAGGGTTA
rs1732	7	ATGCGTAGTACCCCCTTTCTTATTTCATTTGGTGAGGGGTAGATGGACTTTGTGAAGATA[A/C]CAAGGTTTTGTATTTAATCATTTGCATATTTATCTATCTAGTACCTTTGTATAAGCATTA
rs1733	7	TTCATAGGAAAACATTGCTGATTTTTTCTCAAATTTATTCATAAAGTATTTCTTGTGGTG[T/C]AGCAAGGTAATATCTGGAGGTTCCAAGAACAGGGACCAATGTAAGTTCAGTTAAATTCTA
rs1734	7	ATTCTTGTTTGACAGTTTGTTGTTATATTAAGAGATTGCCAATTCTTTTGATTAGACAGC[A/G]CTAGAAGGTTTTGAAGCAACACTGCGGACATCACCTAATGATCCTACTGCTCTTGAGGTG
rs1735	7	CTGCTGCTGCTGGACTTAATTGGCTTTGTAACTGATGGATGCTGAGCCACGTCCCCCTCC[T/C]CTTCACTGCATAACTGGACAACTGCCACGGCAATGGTAGATGGCTGACTTTGGAGGTTTC
rs1736	7	TGAAAAATAGAGAAATTTATTAATTTCAGTAATATAGGATTAATAATATGAAAAGACGTA[T/C]TTAATTTTCACTTGGTCGATCTCTATGACACGAGTACACGACTGCGCTCATATGCCTATA
rs1737	7	TTCCAATCTGTCTGTCTGCTGATGGCACTTGGTGGTTTGTTTTGCTGTTTGATGAGAGCG[A/G]CTTGAAATGTTGCTCTTAATATAGGGAAGATGCTGGTAGCATGGAACTGTTTGCTCGCTG
rs1738	7	ATTGGTTCGAGTCAACACAAACTTGCTACTACTAGCAAGTTAGTAGCTTAGTAAGCAATC[A/G]ATCATATAAAAACCTGAAACCACCATTATATATTCTAAACATGTTGACCAGCAGATCTAG
rs1739	7	GACCACCTACCATCAAGTTGGTACTTCATTTAATTATGCTTTTTTTCTTGTCAAAGATC[A/G]ATGATGGGTGATCAATTCAACAACTTGGGGGTGTACAGTTCAGAAACGAAGTCGCTTAAC
rs1740	7	AAGAGTCAATCAGTGTAAGATAGCATGGTTACTTTGGTGATTGTTTGTTCCAATGTTTCC[A/G]ACTAATGCTACAGATAAAACGCCCAAGAAGCATCGACATGGAAATGAAGAATGTTAGAAA
rs1741	7	CTTCTCTGTGTCTAGAGTTGCTCAATCGAGACCAAAAGCTCACTATAATTCATGCCAAAG[A/C]AGAGGCAAATAATATATTTCAACTATTTGACTGATGGATATGACACATGCAGGTTGTGCA
rs1742	7	ATTCACCAGGAAAGGTCAAAGCTTGCTGAAGAATATATGGGGACGTACCAGTGCGCTGTC[A/G]CCTTCCTATATTAATTGCGAGGTACAATTTATAAATACAATATCTGCTCCTCAAAATAAT
rs1743	7	AGTTACATACAAAAGGCACGGAACACATCAACTATAAAACAATATCTGATATTACTAAGA[A/G]AAATAGTAGTGTGTAGAAAGCTTTTGGAGGGCTCATGCCTATATGTATTGTTGAATGCTA
rs1744	7	TGTCGTAGTTTATGCCAATCTGATTGATGGGTTTATGAGGGAGGGCAATGCAGATGAGGC[A/G]TTTAAGATGATAAAGGAGATGGTTGCTGCTGGTGTGCAGCCAAACAAAATTACCTATGAC
rs1745	7	GTAATAGCTTAGTTCATAATTCTTTTTTGCAATTTTCTGATGAGCAATTAACTAGTAAGG[T/C]CACTAAATTGGGAATTATGTTGGGGGTGATGATACTTGTGTTAGGACTATACTACATGAT
rs1746	7	TTAGATATGTGTTATTTTTCATTTTCGTGATCACATCAATTGTTTGTCTGCATAAGCCAG[A/G]ACATCACATAAGCGATGTGGCAACCAATCAAGGGTAGAGTTTTGCTTGTGGAATGGAAGT
rs1747	7	CCTCTGGTTCCCCATCCTCTGCTGGTAAAGAGAGGAAGGGGATTCACCCTGCCAATAGAT[A/C]TAGTAGTTTGGTTAGATTTTTCTCTAAATAAAGTTTTAATTTTTTGTTTTGCCTCATCGA
rs1748	7	GTTGAAAAATAGAAAACAATGAAAGAACACCTAGATTAATTTGAAAAAAAGTTTCCCATG[T/C]CATGATTGGTTGAAAACATGAGTCTCATGGACTAAATGATGCGAACATGTAAAAGAATGT
rs1749	7	ACTTTGATGGTGCAGCTGTGGTCATCAGGATGCTTTCCTTAATGAACAAAAGAGCTTTAT[T/C]GCACATCTTTCACTAGGGAGAGTAACAAATAGTAGTTATAATCTCTAGCACTTAACAGAA
rs1750	7	TCATCAGAGTAACAGCCCTCTCAGACTCTGCAATCCTTCCTAGGTGATCAAGAATCCCTG[A/G]TGTACTCCCCGCGGCAATGCCGGACGGAAGCACCCTACGCAGATCAACCCCCATCGCTTC
rs1751	7	TCCTGATCTTGAGGGCAATCAAAAAGTGGAAACACACTGCTCCTTACCTCGACATTGAAC[A/G]AACCCATGTGGAATCCGGTCACGCCCTCCTTAACCGTGTCGACAAGTCCTCCAGTAGATG
rs1752	7	TATGGTTCTGATACGCAGGGACACCATAGGTTCTTTTCTGTACCCTATTCCCTGTGGCCT[A/G]CATCATGTTGCATATAATGCCCAAGCTTTTGCACTGGAATTCCAAGTGACCAGAAAGCCT
rs1753	7	TAGTACTGGAAGGAACTTGAATTCTTAGAAAGACGGTGTAGTCATGACGTATACATGTAT[A/G]TTTCGGAGCATCTCTCAAGTTTCGATCATTATTTGGAACCTTCCATGGGAATAAAATGAA
rs1754	7	CTTGGTTATTAGCATTATTGACATGTCTTCCTAGTCTTGGGCTTTGTAAATGTCTGGGAA[T/C]CATACTATAGTGAGAGCTTCGTTCAACAGTTCTGTTATTGGAGTTTGAAATCACCGAAGT
rs1755	7	TCATTAAGGATATTTGACCTGGTCTTGTGCGCAACCTTAGCCTATCAATCCACATTAATT[A/G]CGGTGTATTTCAATTTCTATGGACAAATCACAGGCGATGCGGGGGTGTCGCTGTGCATGC

表 C.1（续）

序号	染色体	序列
rs1756	7	ACACAGCACAAATAGGATCAATGGGTATGAGGAATATAATGCGGCTGAAGATACTGCTGG[T/C]TGCACAGAAGAGTACAAAGTCATTAGGTAGGAGAAATGCAGAGTACTTCATTACTTATTC
rs1757	7	GGACAAACAATTAAAAGATCCAGTTAGAATTGAACTGAATCCTGATATGCCAGGAGACAA[T/C]GCACATGGTATATGTGCAACAGACCATTTGCGAAGCACCGTGAAGAATGAAGATGAAGGT
rs1758	7	AAGAGAACAATAATAATTGCCATGCTGTGAAGCGCTTGTGCTTTATGTGATTTCTCCCAC[T/C]ACAAGGTGGCATATTTGCTATGTGATTCATCGTTTCTTCAACCTATTCATCTTCACAGGA
rs1759	7	ACTGTAGTAGACTTTAGAGAGGGATGGGGACCAATTCCAATTCCAAGTAATTAAGTGCGT[A/G]CACGAACTAATCTTTGATTTGTTTATATAGCTGTTTGGTTGGCGATTCCAGTGGTGTATC
rs1760	7	CCGAGTGCGATGGTGACGGGGGATCGATTACCAGACTTGTCTGGTTGTTGCCTGTCACAA[A/G]ACCAAATTGTGGCAAGGGCGAGACATCAGTCAAAGGGAACACTGGTGGCAAGACCTACAT
rs1761	7	GATAGATGCTGGAGAATGATCATGAAGTAATGAGGCTTCTTCAGTGTAGACTGCTCCAGT[A/G]ATCTTGACAAATGGACATTCGAAAAACCTTATGTGAGACAACAAACACCAGCAAATGGAA
rs1762	7	TCTCCTTCGCACACAATGTACTCTTACGTGGCGTTGTGGATTAGTGGTCCACACTAGAGC[A/G]TTGTAAATGCTCACATGATGAGTCTTTATCATAGCTAGATCCCAAGGGTTTATAGACACA
rs1763	7	TTCCATTCAAGAAGGCCTGAAATCTTCTCTTCAACCAAGTGACAGTGCAAAGAGCCTAGA[A/G]ACTTATACAGCATCAAAAGCTATGTCTGCTGCTCAAGATTCAGAGTGTAATGAAGATGAT
rs1764	7	TGATGAACTGATCAGTAAACTTTATGTCGGCTGCAGTAGAATCTTCTCCATCTCTCGCTA[T/G]TAGTAAAATCTTCCCGATGGTCTTCACATGTTCATCATATTATACTACACACGTAATTAA
rs1765	7	AATGTTAGCAGATCCATCCCAACAGTGATCTATGTTAGCAGAATCAGGGCTAATGCATGA[A/C]GATCTGATGATGATCACTGCCCCTCTTTGACAAGGTCAAGGAACATGGCCAGAGCCGATT
rs1766	7	CCTCAAAAGTTTTTTTCCTCCAGAGATGTAGCTCCATGATTTGAAACGTCAATTCCATT[T/G]TCATTCTGCATCCCAGTATTCAAATTGTTAATTCCAGTGCCATTTCCATTAGCTGGTTTC
rs1767	7	TGTAATAACTGCCTTCCGGTCAAAGCAGCATTTACCTTTTTCAGCTTTTCACTTCACTCA[T/G]AGCCCGAAGCAACAGGTTGGTAGTAGTACTCAACAATCACTGTCTAGTGTTAGTTTTTTT
rs1768	7	AATATAATTAACTACTCATCCTGATTCAATGCTCTCACGTCCAGTAATAATAACCGCGTG[T/C]TGCTAATTAACTTGCTATAGCTCTTCAAAGGGAGTAGTCAGCACGTGTTGTGATAAGTTT
rs1769	7	GCACTGTTCCATAATTTGGTACAGCACCCAGATTGGCAAATGTCACAAGCTTGCAGCGAT[T/G]CGTACAGTAAAACTCTCAAGAAATGGCACGGATGGCTGGCGAGTTCAAGCTTTTCGGTAG
rs1770	7	TGCAGGTTTTGCATCACCTTCGTTCTCTGCAGGTTTTGCAGAGCTTACCGCTGTACCACC[A/G]TCAGCAGAAGGCATGGTTACGTCGACTGGCGTGGAATCTATTGACGGATACTGAATAGGA
rs1771	7	TAATGCTCAAGGGGAGAATTCAAGTGGCAAACAACATAAAAAAATGAAATGGCTTGGTAG[T/C]CCATTTTGTAAGTTGTGTGAGTCTAAGGAAGATGTGGACCATCTGATTTTTAAATGCTCA
rs1772	7	CTCGAAATTTCTCTCCAGCTTCCTTTCAATAACATAGCACAGCTGACTATAATACCCCTG[T/G]GTGTCCCAGACGGCGTTGCTGGAGGCACGAGAAACAAGATTTGCAGTGGAGCTACTCGTT
rs1773	7	CCACCTTAGTTTTCTAGCTAGCGGTAGTTGAAGATAACTCCCTTGCAGTTTCACTTGATC[A/G]AGGGCAAAACTGATATATATATTTTATACTTATTTAAGTGATTTAAGTTAATTGAAATTT
rs1774	7	TGTAGGTTGACAATATGTTTTATTGTTGGAAACATGGAATTCCATCTCTTGAACGTGCGT[T/C]GAAAGGATGCATTTGCAAGTTTACAAGTGTAATGTGTGCGTGTGTATTGTGTGATATGGT
rs1775	7	ACACCGCCTGCATCATCCATCCAAGAAGAGTTTCAGAGCAGGAGACATGCCAACATAAAT[A/C]TTTTGTCAGTTTTGATGTAGCAAGAGCAGCTAATGCTGGATTTCAGAGCAGGACAAATGC
rs1776	7	AATTTAATGCATTATTACAATAGGCTCAATCAGAGCATGTCATCAGATAGGTACATTCGG[A/C]AAATTCATTTCCCTGAAAGACAATTTTTTTCATAACATACAGTAGTACTCCCTCCGTTGT
rs1777	7	TCCATGAATGTGAATTTCTATTCCAGCTATGAATGTGTAATTGAAATACAACCTTACAAG[T/C]CGTACAGCAATGGCCTTAAGGAAGGACCAAGGTACAGTGCAACCATTGCAATTCTGCTTT
rs1778	7	TTAATTTTAGAAATAGAAAGGGAATAGACATATCTCTACGCAATAAATAGTTCTCACCTA[T/C]GAAGCGAGGGGATCCTCACCCTTATTCTAGCAAATAGTCCATTCCCCATATACATTTTAT
rs1779	7	CCGGCCCTTACCTTGTGATACCTGCTTTAGTTTTCTGCTTTTATTTGCCAACATGAAAAA[T/C]TTCTGGTACATCTAATAGAATTCTTGGATGCCCCTGATTGTTAGACCAAAAGCCTGAAAT
rs1780	7	ACCCTTTTTGGGTTTGGGAGGCTTGGGGAAGTGAGGTGCTACTATCTTGCATTTCTTGCT[T/C]AGCTGCTGCGAAGATTTCAGCTGCATCATTTGCTCAGCTGGTGTGAAGATTCCTGCTCAC
rs1781	7	CCCACAGAGAGTTAACTGAGGTGATCGCAAGTTCCCCAAGTTAAGCAACCACTGCAAGCC[T/C]TCTGCAGCCTTGTTCCTCCCTCATATACCTTAAACACCTTTTTTGGATAAACATGACAGC
rs1782	7	TTTTTAAAGAACGCCCTTTCGTTTAGCCAGAAATAAAACAGAATTTGTGAAGCTTTACTT[T/C]GACCAGAAACTGTGATACATAGTCATATAACTCAATGTGTGCGTTAAGTCAACTAATAAC
rs1783	7	TTCTCTTAAATAGTTCCTATATACTATGGTAATACTCCTGTAGCTAGTGATCCTGATCCC[A/G]GCGCACTGAATCAACTCGAATTAGCGAATTTCTCTCAACATACTCGAAAGAGAGAGAGAT
rs1784	7	GCTGCCCGGCGTCTGCGGCGTCGTCTCGCCCTGGACGTTCGCCGCGGGGAACACCAATAG[T/C]AATCGTCCCTACTGCAGAAGGTATGGAAGAAATCAGGTTGATTTTAAATGGATTCGTTCA
rs1785	7	CTAGCTAGCCGAAGGAAGGGAAACCTTATATCACATCTTAGAAAACACTTCCTTCGTTGC[T/C]ATATATGAGCCCCTCCAAGAGGTAAGCACGTCCAGCAATGAGGTGTCCAAGCCTATACAA
rs1786	7	ACAAACTTCCAATCTATCCCTAATTATATAAGCTTGACCCGTTACAACGCATGAACATGT[A/G]ACTAGTAAAAATGAAAGTAGGAGGTTTGGTGATAATTGGCTTCGTCATCCTCTGCAGCTG
rs1787	7	ATTTCGTGTTTAGATGTTAATTTTGGGTGTTCACACTAGGATTTCGGGCCGAGTTGACAC[T/C]GTTTCTGAGTCAGTGATGAAAGCGGATTGATTGATAATATCGCTCATCAGACGTGTGGGC
rs1788	7	CTGTACAGTTTCTCGGCTTAGCAAACCGTCCGTGTGAAACTATTTACATAACTGGTTATC[T/C]TGACTGAACCGTTTGTAAAAACTACAGGGTTGTTGACTTTATTGTCCTAATTAACCATAG
rs1789	7	GGGACATAAAAGATAGATGAATGAAAAACGAACCAAGCACCCTCATGCATATGTCCTAAT[A/G]TGGTATTTTGATCACTTCGAAGTTACTACCCATCTTGAGAGTACGTCAAAACTAGAAATA
rs1790	7	CTTATATTTTTTTATTAACCATCTTGGTTGGTTTGTAATTGTTTTCTGTGTATTTGAGC[A/G]ATTCTGATTCTTTCGCTGTTAGCTCATACTTAAGGCCTCATTTGATTTGCATGAAAATTA
rs1791	7	TGGGTCAAGTGGTTTGTTAAATTTTTGTGTGAAAAACATTAGTGAAGCCAGAGTAGTATA[T/C]TCCATAAAATTCTTGAACTTTCCCTATCTCCACTTGATGCAGATACTACTCTACATTATC
rs1792	7	CAATTTGGACAAATACTTCAGCACGGATATTGTGAATCTTTTGTGTCTCAAATGATGAGC[A/C]CTTAATAGCCATTGTGTCCACCTATTAGCTGCTCATCACTCCACATGCTATATTAAGTGT
rs1793	7	TAGTTTGTGATGATTTTGATTCTACAGTCTTATCTTCCTCACAAGGGTGGGCACTACTGC[T/G]GACCTCCTCCTAGGAGTTAGGATATATCTCTGCCTTTTCGGTTTTCTGGAGAATATTAAA
rs1794	7	TTTTTTGTTTTTCAGTAGCAATGAATTGTGGGCCCCTACTAGCATTCCTCCACAGGTAAC[T/C]CACACGTGGCACGGATCTAAAAATTGTGAATTGAAATATAAACTCAAAATTGGAAGCAAC
rs1795	7	CAATTCACACGCTAATCAATCAATTAACAAGAAATGCAGGTAGCTAGGAGGTGCCATCAC[A/G]AACTTAACAAATGCAAGCACTTGCAACATTAATTCACACTCACACACATCATGCATATAC
rs1796	7	ACGATGGGGCTTATTGTGTTTTAAGTTAGTGACATGTTTCAATAGCTGGCCCCTACAAGA[A/C]TTTTGATCAAGCTCTGTCACCAGGGGCCTGTTTGACATAGCTCCAGCTCCTCAGCCAGGG
rs1797	7	CAAACTGGTCTCTAAAGTTTCTATTGGGGATTCCGGATTCATCGGCGGCAACAACAACAA[T/G]AGGCGAAGGGGAGATGGAAATCAGTCGCCTCCTAGTCCAATCTAGGTTTGTGTCAGAGAA
rs1798	7	GAGAAGTAGAAAGTATCGTCTGGCAGATAGGCAAAGACATGATCGGCATGTTGAATGGCG[A/G]ACCAATATGTGCTACTGGCAGAGGAGCATTTATCTAGTAGCTCTTCAGTCCCAATTATAT

表 C.1（续）

序号	染色体	序列
rs1799	7	AATCCTTCCGCGTTCACTCGGACGACACCTTGTTTCCATTGAAGGCAAGGTGTTTGAGGA[T/C]GGCGTGGTAACTCTCTTTGTCCTGGCCATTTCATGCTCTCCAGATTATCCGAATGCATCC
rs1800	7	AGGAGGAGGAAGATGAGGACAACTGGCCACACGGAGGAGCAGCCGGAGAAAACCCCAACG[T/C]ATGGTAGGGAAATGAAAACGGCAGGTAGCTAGCGAGAGGAGGAAGAAGAAGACGACGACC
rs1801	7	TGAAACGGAGGGAGTATTATCTTATTAAACCCTGAAACGGTACATCTGTATCGGTTGGTA[T/C]GAGAACTTCCTTTCTAAGAGCCAAATTGGAATGGCCTCTCGAATGAAATTGACAATCTTG
rs1802	7	ACTGGGGCCTCTGTGTTAGTGGAAGGAGTTATAGCAAGCAGCCAAGGTGGTAAACAAAAA[T/G]TGGAGTTGAAGGTTTCAAAGATCAGTGTGGTAATGGTTTCATTCTGCCTATAGTTTCCTC
rs1803	7	CTTTTTTCAAATGTAAGATTGTTCGAAAATGATGGTGTCAACTAGATCTTGAGCAGGAAA[A/G]ATCAAAACTAATGTTGTGCAATTCACCCAAAGAGGTGATGGAGGAGATTTGGAAGTTTTC
rs1804	7	AAATTAGGCTAGATTAGCTTTTGCCGATGCAATTCTGTAATTCTTCTTAACGGGAAAAAA[T/G]GATACTTCAGTACCATTTTATCCTTATCATTTCCCCTACTCTGTCAAACCGCTAGGTGCC
rs1805	7	ATCTTTATCTTTTTAATCAAGTGACCATATGCATATCTTCCTATTTTATTTTCCTTGCAC[T/C]TGCATGTTGCGGGGCATTTAATTATTCCCATGGCAGGCGGTTCTGTTCTATATACTCCGA
rs1806	7	AGTTTCATTCCGTACCACCATAGGCCTTTCAACTGATGTATCTCCTTCAGGTTGATCAAA[T/C]GGAATGTTCACCGGCTGTTCAGGAGTTCTTCTCACAGTTCCCTCACCCTTCACATTATTG
rs1807	7	TTTTCTGGATCTAAGCTCGAAATGCCTAGAACTAGTACATTTCCGGCAAAGATTGCTGGT[T/C]TTGGAACAACAAAGCTCCTTTCCTTGGACAAGGCTCAGTATGCAAGATTTCTAACAGAGA
rs1808	7	TCCCATGCATAATACTCAGCAAATATATAACTGTCAAATTATAGCTGCATGTTATAGAAA[A/G]TTATGCCTCACGAATTTCTTGTGTCTTATATGCAAAAAAGGAAAATGAACCCCCCATGGC
rs1809	7	AGATGCCATGGAATTTAGAGAACACGGTCATCAGTCCATGTATCAGCTCCTACATTTGCT[A/G]ATACGGATCCTACAGGAGAATATCTTCACGGCACATCTACAAAGTTAATCTCCGCGTTTG
rs1810	7	TAGACCCTTGATAATTTCCGTTCTCGGTTCGTCACTACTTCAGTGCTTCTTCCTTCAAGA[T/C]ATCAAGTGTTTCATTACAAGTTGGGAAAATATGTAGTGCAAAATGTAACGTAAACCTGAA
rs1811	7	GTACTAGATCTACACCGACCGAATATAGATCTTGTCAAGTTTCTCTGATCAGATCATGCA[T/G]GACCCACAGGCCTTCAGAAGTTCATGTCCCTCTAGAAAGTTGGCAAGAGTGAATGATTAA
rs1812	7	ATACGTACATGGTGCAGTACACGTATGCATGCATACACTGGCGACAGGTAGGAGTGAACA[A/G]TGCCTTGAACGGCGATCGATCGAGGGACTTTCGATCGTACGTTTGGAAAGAATCCGGCCC
rs1813	7	GCCTGGAAGTGTTGCAAAGACCAAAAGGGCACCCAGTGAACAAACAAGGAAAGGGAGCTC[A/G]TCCTCCAGTTCTCGCCCTCTTCAAAAGCAACCACAGAGGCCTGAAATTTCAAAAGGAGCT
rs1814	7	CCACTAACCATGGATCACCCAAGTTACATTGGGTCTGTTCCACCATGGATTCAATCAGAG[T/C]CATAACTTTAGATCGTGGACTTACACAATCCAAAAGACAGTCTCATGGATAAGAACTACT
rs1815	7	TAAGTTTTCACTCATAACGCCTCAATGTCATTATGTCATGTGTGCAAAGACGAGATTAAT[A/G]TTAATTGCCCTCATCTCTTTCAGCGTCTTATGCATGGTCTTGTATTCTCGTTGTTTCTCT
rs1816	7	GTCATTTCGTAAAAATCCTCTCTCTAGAACAAACAAAAATCATAAAATATTGCATGTGGT[A/G]TCCTTCAATAAAAAACTAAAATTTTAGGGCGTTCATGGGCAAAGCCACATTCTTGCGATG
rs1817	7	ACTTGTTTGTCATAATAAAAAGAGAAAAAAATGCAATGGATCTTGGAGCGGTTTTGTCTT[T/C]TCGCACAGGCATGTTGGAGCTTGCAAGATCCTCGAAGATGCAAATATTCAGCTACCACTA
rs1818	7	GCTGCCATAATTTATGATCCAGCATTAGATCTGAGCTAGGAGGTAATATCTGAACATCAC[T/C]TCTGCTATTTGATGAACATCATATTTTCATCATATATACTTTCTTTTTCCAGATTTCCTG
rs1819	7	AAACTAATGGTTTCTTCAGGTAATCGGTGACAGTTCACTGGAATATGCGGAAAATATATA[T/C]CCCAAATGCTAGCTATAGCATCTTTGGATCAAAGGAAACGGCATGAAATCAAAATCAAAT
rs1820	7	TTTCTTATTTGCAGAGATAAAATAGTCCTATCTTGTTGTTAGCTGTTTATCTTATTTGTT[T/G]CTTCATTTCAGGCAGGAAAAACATTGAGTGTCCGGAAATGGCAGGCTGCATTTAGCACTG
rs1821	7	AATCTCAATGGGCGGTCCTTTCAAGTTACTGAAGTTGATGAAAGATACAAAATGAGAAGT[A/G]TGAACTAGTGCCGTTTTCGTGCCGCGTCATGCCGCATATCCTCTCAATGTACGTCCACTG
rs1822	7	AATATAGTTGGGGGGTCTAACTTTACCACGACTTAGTTTGTTAAGAATGTGACGACAATT[T/C]ATTGGTCCCACACAAGTATGGGATCATATTTAAGTTAGAAATGAAGTGTATGATGACAAT
rs1823	7	TTGCCGAGGCCGAGGAATTGGTCTGTGGCAGGGTCGTGGTCTTTTTAATGAATTAGTCCA[T/C]ACCACAGTAGCACAGTACATTTGCAAGTAGCAATAGCTCGCAAGCCAGTTGCATCACTGC
rs1824	7	GCTTCATGGGCCTTACGGGCCCAAAGTAAAAGTATACGTCGCGGGTGCATATGCTCGAAG[A/G]TGTAGGCGGCCGGGGTGAAACGGTGGACACGGCTAGCCGCCCATGGATTTGTTTGCTGAA
rs1825	7	ATTATGGGCTTGAGGATTTCTTCCAGGAGGTATCATAACAATTTTATCCACACCAAGATT[T/C]TGATGCACTATTGTCTATGATTTTGTAGCCATGAGTGCTAATTTCACAAAATGATGATGA
rs1826	7	CATGGAAGTACTTTATTTACTTTATACGTCTCGTCCATTCTACATATTATATGGTAGATG[A/G]TAGTGATTAGCTCCTCCAAGAACTCAATTGCATATATCTTGTTTGGAGCATGATTTGTAG
rs1827	7	TCTATCCACCAACCATCTCCGATTAATGAGGAACTTAGTCATTTTCCCTCCTTACTAAAA[T/C]CTTCTTGGGATGAGGAATTATTTTATTTTGGGACACTGGGAGTAGACCTAAGCCTAGTTA
rs1828	7	GGGACAGCAAGTGAACTTATCTCTTGTTTTAATCATCTCCACATGGACAAATCCAGCCCA[T/C]TCATGAGCAAAATCGGCCCACCTCTTATTTCACGTGAACAAAGTCTGCCCACCTCTTTCA
rs1829	7	TCCATACAGTTATACAAGCAGAACTGCAAACCAAATAAGTAATCACTGTTCTAACAACGA[A/C]GTTGCAAAAAGGACCATAGCTAAGACTGAAAAATTCAGTAAACATTTTCTCAGGATTTCT
rs1830	7	GGTATTCCATACTAAGAATATTTTAAATATCACTAGGGTATTTTAAATGGGATATATTTT[T/C]TTTACCTATTAAAAGTGAGTCATCTCAAACGAATCACATTAACGCTCGTTGAGGGTAGTA
rs1831	7	ATGGAATCCGTACAAAGCCCACACTTCTTGTGGGGCTACAGGGCAAAATCAATGATGGAA[T/C]CAAACAAAGTACATCAATCTAGTGACAGGGCAAAGACCACTACACATGCAAGATTAATGA
rs1832	7	ATGACCAGAACCTGAATGAAAGAAAACCATTTGCCTACAAGTAGCATGTGTATTTTTTCA[A/G]GGAATTTTCCACAGATTCTGACAATAAAACTTGACAGAAACGCACAAAGAGCCAGATTGC
rs1833	7	GGAGTAGTTACTTAATTATGTGCTACTCATCTCATTTTTCCTGCCAGGAAAAACTCAGCC[A/G]CATCCTCTGTTTCGAACGCAGCTCTGATTGGCCGCATGCAAAACAAAAAAGCCCATCTAG
rs1834	7	CAATCCGGACGGAGGCCATCGCGCGGCTCGCCGGTCCACGTGGCGCTTCCCCACTGGCCC[T/C]CAACTTATCCAGTCAGATAAGGTTGCACACCAACACGTCCTCCTCAATATATTTTTTTCC
rs1835	7	GGTGGCCAAAATTCACTTGCGGGTTATATTTTTGGTTGGGTTTGAACTTCACTTGCTTAG[T/C]CTCACTTGTTCGCAGTGTTATTAGATCTCGGGGCCTATGCCGTGGGAGTTTCTGGGTTGG
rs1836	7	CCTCTGTACCGTGAGTCTGAGCTTATACAGGAAAACTACCTTGGTATGTGCCAAAAAAAA[A/G]GCTAGTTGAGGCCAACTATTCTTCCGTTTCTGCTCTGTTTCAATGATGTTAGTAACATAT
rs1837	7	GCCACTTTTTTCGTACCTTGGATGGCAATTCAATAGTTCTCAATTTCTCGTCATTATCAT[T/C]GTTACTTACTGCAAACAAAACCCATTCTTTCTAATAAATTACTCTAACATAAACATGAAA
rs1838	7	ATATGTAACATTGTCAAACTTACTAATATATACCAAGTTGCCTCCATTTATTTTTACATT[A/G]GTGGCTCTGATCCCTGTTCTCGATTTCTGAAGAAGCTGCTTATCATATCAAAACCAATTA
rs1839	7	CAAAGTGCATTCGTGCCAGGTCGCCTAATTACAGATAATGCCTTGCTGGCTTTTGAATGC[T/C]TCCACACCATTCAAACTAACAGAAGACAGAATAGAGCAATGTGTGCCTACAAGCTAGACT
rs1840	7	CCATTGCTCGCCACTTTCTTTCAGGTTCATACAGAAAAGTCTACAGATGTTAACAAGAGA[A/G]CTAGTATCCTTTGTAAATTACATCAAAATATAATATTACTATGATTGCGAGACGGATTTA
rs1841	7	ACTGTATATATAAACATGCACAGGTAAGTTCACTGATAACTTCTCCATCTACACATCACA[A/G]GTTCACAGCAATTGCCAAGTACTCTCTGAGCTCTCAAGCTACAAGTTCTTAATTACATAG

表 C.1（续）

序号	染色体	序列
rs1842	7	AACCCTCTCTGACGAGAAGAGATCAGAGACGAGTGTATCTAGAGACACAGAAGCGAATGG[A/G]TGGTGAGTTTGGAGAGGCGGAGCGGCGGGAAATATATAGGCGGGGAGGGGTCCGGACTA
rs1843	7	CGTTTTCGAAGTGAAAACATAAAGAAATTTAGGTGGGTAACTTCTTACTTTTTTCTTATC[T/C]ACATGATATGCCATTGCCTTGTCAACCAACATATTAACTAGGTGATACCCCGCGCTTTGC
rs1844	7	ATTTTGCAGGGGGCCAGTGCTGGATACAACGGAGGAAACAAACAAAGGGAAGAGATGGCA[A/G]GAGGTAGTAGTAGCAAGGATCCTCTGTAACAACCATATCTACAACGATCGTTGCAGATTC
rs1845	7	GGAATCTTTGCAGTTACAAGGTTCTGAAACTACCCAGCCGAGGAATCCCTGGTCGGCAAT[A/C]TGAATTGCTGAGCTATCATCTTCTGATCGATGATATATATGCAGATGCAGGAGTAACTGT
rs1846	7	GACTCTGGTCTGATGCTGCAATAATCGATCCATTTGGTTGGAGAACCTTTGGGGAAAAAA[T/G]AAGAAAGCGGTAGGTTGGAGTTGGACGGGGTCAGGGAAGGAGGAGAAGAATAATCGAGGT
rs1847	7	ATTAGATACAGTCCAACGAATTGTGCAGTGTGTACTGGTGCGGAGGCTATTTAAACCGAG[A/C]CCCCATGTGTTCAAGTACTTGTTGGCTTTGTTGCCTCCTCCATGAATGGTGAAACTCTCT
rs1848	7	CGTTTACTGTATAAACACTAAAAGGTGGGGGAGACCACTTGTTAACAGTCTAATGATCTA[A/C]AAGAACATAGATCACAATCAAAATATTTTCTAGGGCTCACTCTGTATAATAAATCTGCAA
rs1849	7	GGAACTAAACGGCCCTATGTCACTGTGTGTGCGCTACGTCAGGAATCTCATGCAGGTCTA[T/C]GTGAAATACAACAGAAAAACCTCCTGTCTCTGAAAGCACCAGCCAGTCGGAATTTCAGCT
rs1850	7	GCTTAAATGTGAGGCACAAATATGTGACTGTTGTGTGTTTCGTTGCTAGTTGCTACAAAC[A/C]TGCAAACACACCTCTTATTTGTTTATAAATTCAAAAAGACAATGTAAGCTAATGTGCATG
rs1851	7	GAAAGCAAAGGAAACCAACATGGTAGTTGTGTTAACTGACCTCGAAGGTTCATACTTTTC[A/G]TAAATATTGGTGGACTGGATAATGAATTGACAATGTTGAAGTTCATCGCGCCATCAGGTC
rs1852	7	TACGTCAGTGACAATGTTTATCTCACTTTACATCCGAGGATCCGAATCCTCTATCAAATG[T/G]AGAGTATTCTAATTTAGCATGAGCGAGTTGGAATTTGCTTCATCAGAAGATCCAGGACAA
rs1853	7	ATGGGACTATCGCTACTTGAAGGCAAACTAGAATAGTTACCCTACCCCCTGCTTCTCTGC[A/G]AACTTCCGTGTACCTCCTGTCTTCCTCCTGCACAATGGTGCCCAAGCGCCATGGTCCAGG
rs1854	7	AGATGACGTGCGCCAGGGCGACCATGGAGGAGAAGGCTCTGATACAGTCCACCTTGAAAT[T/C]TGAGGATTTCTGGAAGACTTCTTGCTACCACCTGGAGGAGGATGTCCCCAAGAAAAGTAC
rs1855	7	GAACAAGGCCATAGGGAGAGCGATCGGGGGAGAGGTGGGTGAATTCATGCGAATGGAGTC[A/G]GAAAAGGATGGCACTGCTGTGGGGCAGTTCCTTCGTATAAAGGTTCGTCTGGATATTCGT
rs1856	7	TCCGCCGCCTTCTTGATCGCCTCCTGCAACTCCTGCAACCAAGAAGGCAAGAACCCATTT[T/C]GCCATCAGAAAACTTATCTAAATTCACAAACGAATTGAAGCGAATTGGTGTACGTGCCCT
rs1857	7	TTTGGAGGGGCTGACACCCGACAGAATTATGTACACTTCTCTCATTGCATGCTATTGTAA[T/G]CGTTCAAACATGAAAAAAGCTATGGAAATTTTCAGAGAGATGAAAAATGGGGTATATCG
rs1858	7	ATGATACTCTTAGCCCTGCTGTTGGAACGAAGGGCTGCAGTTCATTGTTCTTAATACGAT[A/G]GGCTTCAGTATGAATATATGATGAGTTGTGCTGTTCTTTTTTAATCTTGTTCAGAAGACG
rs1859	7	GTTTTTATTTGTTTTTTCTTTTCTTTTTCTTGTCTCTTTGACCATTACTGTGTGCAGTGT[A/G]CCATGCTAAGCTCAACTCCTACCAATTGTGTCGGTTTCTTTGTTTTATTAATCAATCAGT
rs1860	7	GAGGGAGTACTATCCAGTAGCAGTACCCAGTGGACGGCCTACTACTCTACCAGAACCCTC[T/C]CTGGCAGTTAACTGACCACAACAACACACCAGTAGCAATGTACGGCGAAACTGCTGTTCG
rs1861	7	AAGTAGCCTCCTCCATGTGCAATGCACGTTTGCTTACCGTGCATCACAAGAGAACTTAGC[A/G]CTGACAAGTTGTTCATCAAAGTAGACAAACTTGCATACTCCTATATGGGTTAAGAGCACG
rs1862	7	AGACTTATTAAAATACTTACTATTGACAGTTCTCACTCTGCCAATTCATTTTTTTTCTAA[A/G]AAGAAAATATTCGATTGCACTCGGCAATCAATTGGCCTTCATGATATCTAATCCTATGCA
rs1863	7	TACTTTCGTTAAAGAAGGCCATTGCCAGAGGCAAATTCACTTGTTGGCTGTCACCTAAAC[T/G]TGTTGCCTGTTAGCTGCATCCTGTGGCTTTCTTCTGGCTTAGATGTGCCATGTGAATTGC
rs1864	7	GGGAATGGCTTCACTCCTAGAGGATCTTGACGATTTAATTGTAGACCCCTATGAGAATGA[A/G]GAGGAAGAAGACCAGGATTTAAGGTAATAATCATCATCTGGTCATCATTTTGGTTAAATC
rs1865	7	ATTCAACTTAAGTCAAGGTGATGGTCTCGCCTGACGTTAATAGTCCAACTGAAAGCCATG[A/G]ATTCTGTCCTTGCTGCTGGTACGGGTCCGCGTGGCCGGATTAATTTGGGATTTGATCGGT
rs1866	7	AAGTCAAATTGATTTGATGATCATTTGATGGGTGAGATTGGATTCTTTTCACTGATTAAA[T/C]AGTGTGTACACTTGGCTGAAAGATGATGGTTCCGTTTCAGATTGCAACCAACTGTTGCCT
rs1867	7	CATGCATTTCAATGGGAATAATATGGTACAAGAGCAACCAACGAACTCAAACTACGGAGG[T/C]AAGTGCGCATCTAATATAGCAACTCTAATGAGTACTCACTTTGAACTTTACTTACCAACT
rs1868	7	ACTTAATTGTTCATAGCACATCAAAAGATTCTACTTTTTGTATCAGGACAAAGGTATGGG[A/G]GTATGCACCTTTCTTTCACCAATTCTTGCAATAGCACTAAAGATGACCGAATTTGGCACA
rs1869	7	ATGCAAGGATCCTAGATGGATCACTGGACTTATGTTACAGTGCTTGCAAAAGGTTACCGG[A/G]CAACAAGTTATCTTAGCTCTTGTACGTCCCAGGAAGAGGAGCTTGTGTTAACTGATTAAT
rs1870	7	GTAACCAAAGAATGAGAACAAATGATTAAAATAATAATAAAACAGCGTACACGAAAAAGA[A/G]AAAAAAAAGGACGAAGAGATTTTAGTGAGACGTACGCGCAAAATTCTCAGTCGAATCCGG
rs1871	7	ATCTTGAAGGCTTAAGGCTATTCTTTAAGAGCTAGCATTCTTACCAAGCAAGAGGACTTG[T/C]GGTGCGGTTTATGAGGAATGCCTTTGAGTAAAGTGTGTTTTCTTTGAGTTCTTGTCTGCT
rs1872	7	ATTATTTTTTTATACTATAACTGCTACAGTGAGTACATGCTTTTCATTACTATGAATCTG[T/C]TAATTCAGTTGTGTTGGACTTTTGCACAAGTCATGAGGATCTAGCAGTAGAATGCTGTCA
rs1873	7	TCCAGTATGCATAGAAGAACGCTAGGATCTGTGCCTTTTTCTGAAAGGAGTGCTTGAAGT[A/G]TTTGGCCCATAGATCGCCTGAACTCAGAAGAGGCCATCACCCTCTCACTTATGAGTTTTA
rs1874	7	CCGACTACTCCCAAGTCCAATCCCAATGCATGCAGATGCATTGCATTGCCTCTTTGCTTC[T/C]TTTCAGCATCGCATAGAGACCAGGTCACAGCAGAAATGTGTACTCCAGCTCACTTCTGCA
rs1875	7	CCATTCAAAGAAAAACTTTCATGATTGGAACTCACTTGGGGCCATGAAGAACAGTTCATT[A/G]CGATTTGCAAAGGTGATTTGGTCATCCTTTCCTGGCACTCAAAACTTGAGGAATTAAAAA
rs1876	7	TAGCATATAAAGCAGTATGAGTTCTTTCTGTATTGAATTTGGAATGTAGGGAAGCAAAAT[A/G]TACAGAAATTTGCCTGTCATTCCTGTATGATACAATATCGGCATATGGCTGTTTCCAGAC
rs1877	7	TTGCAGGGAGAAGGTTACCATCCCGAGTCAGAAACAATTCATAGTGCTGGAAGGGGATGG[A/G]TCTTGGAATACCGAGATCACCTTTGCCGGTCACGCTCACGCCAGCATCGACGAGCTGTTG
rs1878	7	TCGTTGATGGTCCGCTTCATGTACTCGATCCCCATCTCGTTCAGCCTCTTCTCCATCATC[T/C]CCATGTCCTCGCACTGCATGCAAAAATAGGTTTTGGCATTAATTAATTCGTAGTGATGCA
rs1879	7	TTTTAATAGTCTGGTGAATAAGCTGAAAATAACGTGACAATGTGCCACACCAGGGCTGGT[T/C]AGTTGGCTGGGTTATGGGCTTCGCCGAGACGCTTATATGACCGTGATTAATTAGTTTGGT
rs1880	7	AGTGTGACGGGATCGATCGGCGCAGTTTGATTCATGAGTCATGACCAAACTGGGCTGATC[T/C]TTTGCCCGACTTTTGTCAGGAGTGGCTCTAAGGCATAAAGGCATAATGCGAACGTACGTA
rs1881	7	CTGTTAAGACCATATAAAAAAGTTATGGACGTTTGTGATGGAAATACTGATTTTATGCTT[T/C]CTCTGAATGTGAACCAAAAGATTAAACATTGCTGGTTGTCCATCATTTATCAGAATGACG
rs1882	7	AGCTGCAGTTCTCACGAGTGTTCCTGCTAAAAATGTCAGCAGCCCAGCACCACTTTCAGT[T/G]CCAGAGGTGGACCATGATGGGATCGAACGCAATCAAAACAGCAGTTTAGTCCCAGAAATA
rs1883	7	TTTCAGAAATGTTTAACCCAACATCCAGTAACTTCAGAAATGTTTAATAAAGGGTTCCTC[A/G]ATAATGTCCTTGAGCCAATTTGGTGCAAACAATGATCATTTGAGCCAATCACATTCCCCA
rs1884	7	TTGAGTCATTGCTACTTTGATGTCAACGAAAGAGAGAGAGAACTAATACAAGCAATAGTG[T/G]TGCATGTGTCTTACGTGTCACCGCCATGTATGAAAATTGACGAAAGGTTCTTCGGAGTAA

表 C.1（续）

序号	染色体	序列
rs1885	7	TTCTCTTCTACATCTAAAAATATTGAGAGCAGGCATGTAGATCAAACAGCCTTTTTCCAT[T/G]ATTGCACTCCCGGTTCATTTACTGCACTTGGATCGCCGGTTTTTAACGAGCGAAGTGAGC
rs1886	7	TGATTTTCGTTGACGTGGCTTGTTGACAAGGTCCAACCGGCTGAGTCATCATGTGGGGCT[T/C]ACATACTAGTGATTCATTCCTTCCCTACTCCTCCCTCTCCCCCATATTTCCTCTCGCGGG
rs1887	7	GTCACAGTCTCTCTGTGGGAGTCCATAACCATGTTGCTTGGTTAACCAATCAATTTAAGT[T/C]GCAACGACAGCTAAGTACAGTATACCATACGGCCGGCCGTAGGCTGAAGCAGCAGTGGTA
rs1888	7	CACCTGTTTCCTATAGCATGTTTGTTCTTCTAAAAGGGCGCTCTAGGGAAGAAGCATTTC[A/G]AATAGGAAAGGAGATCGCCTCTTCAATAACTGCAATGAATCCGGATCCAGTCACATTGAA
rs1889	7	TAGCACTGTTAATTCCTCTTGTTTGTTTAACTTTGGAGCATCTAGAAAAGGCTTTTCTTG[A/G]AGTGTACAAAGCCTTGACTTCCATCCCTCATGAGAACAATGAGAATTTGGATTCTTATGG
rs1890	7	AGCAGATTCTGGTAATAGTTATATAATCCTTAAAACTGGCTTCCCTAGATTCACACTAGC[T/C]GCTCTGGAAAACACTGCCTCCCCCAAATAACATCATAATCTAGTTTGCTAATTGAAAAGG
rs1891	7	AGATATGGGACTAAGGAGCAACAAAAGCAGTGGCTTGTTCCTTTGTTGGAAGGGAAAATT[T/C]GTTCTGGATTTGCAATGACAGAACCACAAGTTGCATCTTCAGATGCAACAAACATCGAGT
rs1892	7	AGCGATCAACTGGAATCGTCAAAACTTGTGGATGTCACAAAACTACTGATCAACGAAATG[A/G]CACACTTAGCTACTGATGAATAGTGAGCGAATACAACGCTAGAGTAGATGCCACGAATTT
rs1893	7	GAAAGGCAGACACAAAAGTAATGGATGAACATCCTGTCCCCACGGTATCAATCTAGCAAG[A/C]AGTAATGTGTGAAGTACCTGATATTGGCTCGCTTTTGTTGGCATCATCTCTGATACGTCT
rs1894	7	TGTGGTAGGATCATTTGATCGTCCTAACCTTTTCTATGGCGTGAAATCATGCAACCGGTC[T/C]ATGGCCTTTATCAATGAACTTGTGAAGGATGTCTCAAAGAACTGTACTGTGGGTGGCTCA
rs1895	7	TGCATATGATCCGGTTGGAATTGGAATTATGCAGGGGTGGTGTGGGTTGAGGGGGGAGGA[A/G]TTGCAAAAAATGCAATGGCTGCGTCTGATTTCCCTGTCAAACAAACACGGTCGCTTTCGG
rs1896	7	TTGTTCGTCGTATAATCATCTACTATCTATACGCCTAAAATAGACAAACAACATAATGTC[T/C]GCCTATAAATGGTACCTCATGCATTAGAGGAGAGAATATGCTCTTCGGTAGACATGTTAG
rs1897	7	CTTCGTCAGGATCATCGATCCGAAGCGTTTTCGGAATCCACAAGTTTTTCTCTGCCTTGT[T/C]ATCTCCTTGCGGTTTGGAGTCCCTGGAGTGCTTTCCTAGGACAGGAGAGCCGTTGTCTGA
rs1898	7	AGCTCAATCGAAGTTTTAAATATTTTTACTTCATTATTTCTTCATGCTCATTCAGGCTTG[T/G]TTTCAGCCCAGGAATGCAACTATTTTGAATCGACCCAAATTCCTTCAATTCGTAAATTCC
rs1899	7	CAATAAACAACAAAATCCAAAATCAGAGCGGCATGTATACGAGATGAAGAACAGACTCAC[T/C]CACACTGTCGATCAAGAACAAGAAGAACACGAACACAACAGCAAGAAGAAGAACAACAAG
rs1900	7	GAAGTTGTGAAGGCATGTTCAGGAAAATTCCATCCTCTCTACCAGGTTTGTGTTATGACT[T/C]ATCTGTTGCTTTTATGATAATCCATTGACCCTGTCTGATAGAACTCAATTTTATGTAGTT
rs1901	7	CCTCCTATCTAACAAATTGATGTTAACCAAGTCCAGCAGCAACGTGCGGGGCATCCTCTA[T/G]TAGTTATTGATGTCATGGCCATATATTGTTGACATGGCAGATGATCTTTACCATCCATTG
rs1902	7	GTTCTTTGGAAGACCATCTTCACGGTATGCCACTGAAAAACCTTAATTGGATCACTGCTT[A/G]CTTTGCTACTGGATGATTCATGATGTGTGTGCTCACAACTAGATTTTGTTTTACCCAGAT
rs1903	7	CTCATTTGAAATCAAGGACCGCTCCATTGAGTTCGATGAAAACCGCAATGTCAACCGTGC[T/C]GAGTTTCTCGTTCGAGCATCGATGCAGTTAGTATGCTTTATCTTTCTTACAGAATTATCA
rs1904	8	ATATGTACACAGCTCATCTTTTTTCACTGGAATGTATAGTAGCAAAGCCATTTGGGTTAG[T/C]TTCCTGAGTACTTCTCATCCACAACTTAATACTCAGCTAAACTGTCTTATATTCAATGCA
rs1905	8	ACTAGAAAATTAACTAGTATTAAGCAAGTTTTTTATATGTATAGCATGACTATCCCCATA[A/C]ACCCCTATGTTATAACCATGCATGATGGTACTAAATAGCAGTATCGTGGTTTTTATATTA
rs1906	8	ACTGATTCAATGGAAGGCTCTAGTAATAAGGATATGAATAGCTCAAAGTGGAAGTTGAAC[A/G]GTAATCAGGCGGCGGAGGGTAATTCTAAGGAGAAGAGGAAAATGAAGAAGAGGATGTTCA
rs1907	8	TATCCACAGATGACAATTTCTCCTCTAGTGCTTTGCAGAGCAAACATGAACATATGAACC[A/G]TGATGCTCTTTCTATAGATGACCGCTCGGTTAAGTCTGGTGATGAATCCGATGGGGCTGA
rs1908	8	TTTCCTTTCCTATAGATACCTTTTTAGCTTGAAGATAACACATACATGATGCATATGGTC[A/G]GGAAGTATATTTGTCCCTCGAGCGGATATGTCGCTCATTCTTGTGTGTTATCTTAATGTC
rs1909	8	GGCCTTCAATCTTAAGAACACCATATCAAGGAAATGCAAGTTTGAAGAGGCGAACAGCGC[T/C]TACGAGGATCTTGACCGTGGCAAGATCGTTGGGCGAGCCGTAGTTGAGATCATGTCGTAG
rs1910	8	GAGGCTCCAACTGCTTACCAAACCAAGGGGAGAGAACTCATCAAACAAAACCATATTTTA[T/C]CAAACCCCTTAAAATCAGTTTGTTGAAATGCCTATGTGAGAAATGGTCTCCCCCTGTAGA
rs1911	8	TAAAACAATCCAACAACTAGCCATCTGAAATTGAGGACTCCAGATCTCAAGAATTCCAAT[A/C]AATTAGAGTATAATTAATTAAAGAGGGAATTACTAGTACAAAGAATCTATAGATCACTGC
rs1912	8	TGGTTATTCTGCAGTTTTTATGCTCGTATCATCAAGTTCATCCAGGGAACATTCAGATAT[T/C]CAGTCACTTCTTGTACCATGGTCCCGTTTGATTTAAATTATTGATAGAATTATTACCATA
rs1913	8	TTCTCAACCGATTGTTCACCACTGAGCTTTAGGCTCTTTCTCCACTGCAATAAAACATCA[A/G]GGTTAAAAACTCAAGTTGCCGGTAATTATGGAGATGCAGCTAGATGCCAGGTGCCATATG
rs1914	8	ACTAAACTTCCGAAGTGAAGTGGACAATTTGCAAACATGCTTTCCTCGTGTCCACATCCC[A/G]ACACTCTAACATCACAAAGGTAAATTTTGTACAACATATATAATATTCCTCTACACATGA
rs1915	8	TGCTCGGTGACGCAGGCGCAGTTTGAGTGAATTGAAATCCATGGCGGCTGGCTATACCTT[T/C]CTGCACTACATTTGCAATGCGCTGCATACGTAGAACTGTAATGCAGAGATTACTGAATTT
rs1916	8	ACATTCGAGAAATTTCACTCGTAATATACTTTTTCCCACACCGAAACCACAAAATTGCGT[A/G]GTTTTCGACCGGTTTTCATTGAAAACTTATCAGCGTGGATCGAGCAGCCTGTCTCGCTCG
rs1917	8	TTCTTACTGCCTAGTGATCATAGTTCGATACTCACGGACAAGAAGTTGGGTGTAATATAC[T/C]GTATGTTTGTGTAAGTTCATTCTCCAAGTTGCGTTAAATATTTTTACTACAAGACTGCCT
rs1918	8	TTGCTTTTGGTCTTAGCCATTGGCGATTAGATGATGGCTGCTATGCTACGCGGGTGGTGA[T/C]TATCAATCATAAGGATCAGAAGATTGGTCGGTGACAACTGAAGTTGGTTCGACAGTAAAG
rs1919	8	AGTAATAATGTACCACAGGGTGAAGATGTACGGGAACAAATGGAGCTAGCTGTCAGTTTA[T/C]CAGAGTTTGTCTCTTCTCTCTTAGTCTTACTATCATTTACTTTCAGATCTAACCACCAGC
rs1920	8	ATTAATTATTTTAATTTTAGAAATGGATTTGTGTAATTTTTAAAGTAGTTCAGAAAAAAT[T/G]TGTGTGGAAAACCAGGGATTTCTTCTCTCCCAGTCATCCAGACGAACATAACTTAAGATA
rs1921	8	CCCGGGCTCTCTGAGCGTTTTGCACATGACAAATGTCTCCTCCCTCAGTCTACCACCATC[A/G]GCTTGGAAAAGCAGTGAAATCCCAATTGCTTCTTCCCAGGAGTAAGGGAACAACGGACGA
rs1922	8	TGACTACAGCTTCGGAAAATATTCTGTGTTGCCACTTCACAAGTTCTCATGCCGTGCATG[A/G]AACTACAGATGGCAGGATAAGTGGCTTATTTCTTGTGAGCTTTAACAAGTATGCTTATAA
rs1923	8	AATAGATGCCAGGTTAGGTTTGGCCACAAACCAAATTAGCCATAAATATCGATTACTCCT[T/C]TGGACCGCATGATTTCATATATATCAGTTCAATTCCAGTGAAAATCTTCTAAATACTTGT
rs1924	8	CTCTACAAGCTTATCAGTAAGAAATAAAAACAGTTTTAACATTCTTTTGGTAGACTGACA[A/G]ACATAGTTTGTGTTCGCTTCTAGTTTCTCTCCCTCGATTTGACAGCCTTTGTATGTTCCG
rs1925	8	ACCCCGTGATATCCTCGAGCTTGGATGTGCATGAACATGTTGGGTTTTGGTTTGATTAGC[A/G]TCCCCAACAGCGGAAGCCTAAAAAGGGTGAACGTGTCATGGACTTAGCAACATCCTAAAG
rs1926	8	GGCAGGGGATACCGCTCAGTGATGTATGTTACTGAAACATACATGTGAAGGATTCCTAGA[A/C]AAGTGTAGTTACGTGTGTTGGTGGGCGCAGAACTGCACAAGTTATCCTTAAGTTAGTAGT
rs1927	8	CATTGACTGGATGACATTAAACTAGGTAGCATTGAGCACCTTGTTTTAAAGAATGCAGAA[A/G]CATGAATGGTATGATCATTACCAAAAGGAGAGAAAAATCAACCAAAATCTTGGTTTCAGA

表 C.1（续）

序号	染色体	序列
rs1928	8	CTAACAACACTTTGGCAATTTTTACTATGATGATGAAAATGTCAAAAACTTAGCACCAGA[A/G]AATGAACAGGTAACAGCTCTTTCACTAGATTCTCCTCCTGCTGGATGGATGGATGGATGT
rs1929	8	TAAACCAATGAATTGCAGCTATATATATAGTGCATCCGAAATTGATCATCATATCATCAC[A/C]TCATTAATCAAGCGCGCGATTGATCATTCATGCATACTAGCTACTGACTGTTTCACCTAC
rs1930	8	TCGTTCGCCATCATTGCCAGAGGTCCTGCAGCTCCCGAAGCCGGCAGCACCAGCTCCGCC[A/G]CCACTGATGTCCCAAGCACTAGATCCGTTGTCGCTGAGGTTTCGAGCACTAGATCCACCA
rs1931	8	TGGACCGCATCATCATAGTGGAAGAACTACAAACTACAGGCCTGACGCTGGTTGTCTCCA[A/C]AAACACTAAAATCGTCAACGCGAATGCAAAGATGCCATATCTTTCACTCGCAAATCGGAA
rs1932	8	CTTCACTTTTGCCTATAAACCTAGACAGGCCTTCGTCCAGATTCATAATGTTTCTTTTTA[T/C]GTAGGTGGTATGTAGGATTTATTTCGATTATTTAAAAGTAGAATTTATTTCCATTCATGA
rs1933	8	ATGGACAGAGACATATCGGGAATAAAACTTCACCCTTGATCATGTGATGAGGCCTTCAAG[A/G]GTGACTTTCTGACTTGCATAAGGTAGTTAAAGACTTAAGCACAGATTATTGAGCAAATTA
rs1934	8	TGTAAATCATCTATATGTAACAAATTGGCTACACAAGTAGATGTATATTTCGAAATATCT[A/C]TATTCCATGTTCTAGAGGTCTCACTAGCTATATACCAATTTGACAAGGTGGAGATATTGT
rs1935	8	GCTTATAAATAATCACATGAGTGAAAATGCCATCCAGCTTATAAATCAGCGATCTTGTAG[T/C]CAATTAACCTGACCTTCCCATCATAAATTTCATCCTTGTGGTTGACATCAATGGCTCCAG
rs1936	8	ACATCAGGGTGCATTAAGGCAGTTGAAGGCCTCCTAGTATTTGCATTGTCACATCCCTAA[T/C]GAAGGACAAGCTGTTGATATGTTGGACTTTGTTCTGAATATTGTAAAAGTATAGGATGGA
rs1937	8	AATGGTTTCTCGGGTCTTGCTGCTGGATGTGGAGATTATCCGATGAAGCTCGATGAAGTG[A/G]TGCAGGATCCATGCGACAAGCCTGGGCCATCACCTGAAGCTAAAAATGACCTGAATATAA
rs1938	8	GTTTAGCAAAATAGAGCATCCAACCAAGCATGCCCTTTGTGACTAAAATTCCTTGTCAGT[A/C]ATTCCAGGGTGTGCATCCAAAAATATTTTCGCAGATTGATCGTTCTGATGATTACCAGAT
rs1939	8	ACCCTTAACATAGTCTAATTGTGTTATTCTTGTTTGTAGTTAATTCCTTATATGTGGGCA[T/C]TGGCAATTATTACACTTCCTGGTGGAATGATTGGTGAGTGCATTCTTCTAAATTTTCTAT
rs1940	8	ACGAAAAGAAAAACATCATGTCAAATGTGAAGAAGACACTGTCAAAGGAGACAAATAGAC[A/G]ATGGATGAACTGGGACACAACAATGATTTTGTAGGTTAATGAAAAGCACGCAATTTTTTC
rs1941	8	GTACTGTGAATGCTTAATTTTATTTTGGGAACATCAAGGTGTATGGCCCTCATTTGTTGG[T/C]TTTAGCCTTTTAATTTGCTAATCCTATATATTAGCATAAATTCAGCAATAAATATAATAT
rs1942	8	GCTAAAATAGATAGTACACCTCCCCATATATTTACAGTAAATTAATATTTTCGAGAGAAT[T/G]ATAGGCAAGATGTTGGATGTGTTTAGTCTGAAAACAAATGTGGTGGAGATCGATTAGAAA
rs1943	8	TAAATTTGAGATTTAATTGCACAGAACTTAAATGTACGGTAGATTAAAGTCAAAATGATC[A/G]ATAGCGTGGTTTTGTCAAAATCCTCGTGGATTTGTGTAACTGAGACTATGGTTATATGAA
rs1944	8	TTTGTCTAGACGCACTACCTACTAACCAACCTACATGCCATTGCAATCTTGCCACTAAAA[A/G]GGTACAGCTTGCTTGGGCTTTGCACAGGATGTTCTGAATAATAACTACTGTACTCTTTTT
rs1945	8	TCATTGATGAATTTCTTCTGTGCCAAGACCAACCTAGAAGCAAAGTGGCAATCTTGTACC[A/G]TTGTATTCTTTTTCATCGTGGAACTCACCCATATTACAGTGAGATGGTGCAGTTTATTTT
rs1946	8	TTCTTGTGTGGCCCACCTGTCAGGCTAGTTGTAGCTCACGTTTGAGATGTGTGGGAAATA[A/G]TGGCTCAGGAGATGCCACGCGCACACCAGACAAGTCACGGGGCTCGTACAAAAAACGCTG
rs1947	8	TCTTTTTCCCCAGGGCTAAATGCATCTGCTAGCTGACCCGTGATGACAATGCAATCCCAT[A/G]TATTTCCATTGTAGTGTTGCAATGCATGAGCTGGTTCTTGCCTGGGGGTACTAGTTACAA
rs1948	8	AGGTCTGATTCAGAGTCTAGGAGTTTCAGAATTGAAGCTTGCTCCAATGGAACGATTCTC[T/C]AGAATTAACTGGACTAGCTAGTTAATGAGTTATTAAGAACAGTTAACTACCGAAGGAAGA
rs1949	8	TAAGCTAAGCCAAAGAAGCAGTTTTTCATATATACTAAGCCAGGCTCGGTCGTTCTTATT[T/G]GACAAAAGAACAATTAATGGTACTTCCCAAGAAAATTTGCACTTCTAGACATTTACTTGG
rs1950	8	CTCAAGAGGCCCCTAGCTACCTTCTGTCAAAGGGACTCGTCATTCATCGCTAAGCAATGA[A/G]TCTGTAGCCGGAGCTGCTCCACTCCGGCGATTGAGCAGCGGCGACGGCGGCGCATCGGAA
rs1951	8	TTAAGAATTAAAGTGATCCAGAAGAGGGTAAATTTTGATGGGCAGTGCAAAACTCTGCAG[A/C]TGAAAATTCCTTTGACAAGACTACAAAGTATAATTCCAAAGTGAATTACTAAAATAGGTT
rs1952	8	ACCTAACATATCGTATGGTGACTGTATGTCTGTAGCATAAGCGAGGTATGACACACTGAT[T/C]GATAGCCTAGCCAATCGATGATCGTAGACAACCTGATACGCTATAATTATGTTGAATCTA
rs1953	8	TTTTACTATTTTACTATCATATAATGGATGGATGAAGAAGATGAACCGCTGCATCTAATA[A/G]TTCGCATGAAAGAGAAATACAACTAAGTAACCTTGTTCAGCTAGATGCATTGCAACCAAA
rs1954	8	CAGCAATTCCAATTTAATTGCGATTGTGTTGGTTTCAGAAATTTTGATGGATTTTTGGGA[T/C]GTCAGTTTCAGCTGGGTGACGGGTGCATGATGAAACCTCAGGTTTAAAAACTCAACTACT
rs1955	8	CTGAACCTGTGACCGTTGTGCAGGATGAAAGCAGGGCAGGATGGCACCCACGCGGCGCCG[A/G]CCATGGAATCTTTAGTGTTTGACAGCATGTGGTTTAAGTCCAACAACATAGATTAGTAAA
rs1956	8	AGAACAGCTTAACTTCCCTTTTGTTCCTTGGTTCTGGCTTTTAAGGCAACTTGACCCTTT[A/G]ATTGCTTCTATATCCCATTAGCATCCATGGTTGCATAACCCATTTCATTACAAGCAGGGC
rs1957	8	ATTATTACTTTGTACTCAAATATACGCATGCATACTCACCGCTACAAACGCACATCGTAC[T/C]TTTATAAACACATCCAAGAAACCGTTAACGAATACATAGCCCACTACTTAAAAAAATTAA
rs1958	8	CCTATAGGCATCACAAAATACCTTCTGCAACCTAGCGGCAAAATGCCCTACATATTCTCG[T/C]CCTATGTTCTTCACAATACTGTCTAGCAGATACAAAGATGGTAATTTCTGGTCGGCAGAC
rs1959	8	GCTCAACAATAATGCTCCAGACCTATCCAGCCGCGCGAACAAATATGAACTATTTTTTAA[T/G]CAACAATTTTAGTGCATGGAGGACACAATATGTCTAGAGAAACAATGTTGAACTTTGCCT
rs1960	8	AAGTCATCCCCTCTGAAAAACTGCGAAATCTTCAAGATAGATGTCGTGGAGATGATGAAC[A/G]GGAGATCATCGAACGAAAGGCTGTCAAATGGCATGCATTCTTCGAACGAAGGCGCCAATC
rs1961	8	ATCACTCTGATCAGATCAATTGAATTTAGCGACCACTTGTTCTCTATTTTCACGACGAAC[A/G]CTGCCTGGATGGACTAATCTGTATATACGATGAAACAACCATCCAGCCGATGCAAAACAA
rs1962	8	CTCTAGAGTTCCTCCTTCAGAGTGGATCTTCTCCAGTAAGTATTTCTCTAATTGAAAACT[T/C]CCAAGTCCAAAATCAGTGATAAAAGAGAATTTTTTACTTTTGGTAATAAATATATTGTTT
rs1963	8	CCTCTGATCTCCAGCAAGATCTTGCTAATATGCTTGACAGCAACATGCTGCATGCACCCT[T/G]CCTCTTCGATCCTGGTTGGGGCATGATCCTACCCATCACTGATCATCTCAACTGTTTGCG
rs1964	8	GGACATGGCTGACCCAATTGTTGGTTCAAAGAATGAGATTCGTGAGAGATATATGCGTCT[T/C]GCTGAGATAACTGAACTGATTCATGTATAAGTCCAACCTAGCTGTTTCATTTAACTTTTT
rs1965	8	CAGAGTTTGCAGCTTCTGTAATTTGCCTAGATCCTTTGGAAGCTCTTCGATGAACGTAGA[T/G]CGTATCCCAAGGTATCGCAAATTGCGAAGATTGGTCACTGTGCTGGGCAGCTTATTGATC
rs1966	8	TGATATGATTCGACGAAATTGATCCTCCAAAGCAAACTAAGTCATAATATATTTTTCTTC[A/G]AGGTCCTTTTCTCTCCCTATTTCTCAGGGATCATTCTGTAATTTCTCTATGGCTGTGTTT
rs1967	8	AGATTTACCATTCATGTCTATTTCCTATTGGAATGGAGTCATGTAGTAATAATGTCCAGT[T/C]GAAGCCACTGTCATCTTTACCTCTATTTGCTCCTTTGCACCCATATCAGCTTTACCTGTA
rs1968	8	TGCTTTCAAGTGACTTTTGAGGTGAGACGGCATTGAGACACGTGCGGAGCATTTGAGACA[A/G]GTGTGAAGGGCAACAACGTGCCAACGTGAGGGAAGCGGAGGCTCACACCGTGACGGAGGA
rs1969	8	ACAAGAAACTACCTCCCCATATTTGGTTTCTTCTGGTTGAATTAAGCTTCTATTGATCAG[T/C]TCATTGAAATAACTCTTAGCAACTTCCTCTGAACTCCCCCCATGGAAATGATGGACAAAG
rs1970	8	TGACAAGCGAAGAAAGAAGGGATAGAGTAATCCATCAAGCCCAGATGTGGAGCAATTTTA[T/C]GGTCCTCTCAGATATATCATCCCTAGGCAAAATACAGAGAGCCTCCTTCCAACGGCCAGT

表 C.1（续）

序号	染色体	序列
rs1971	8	TTAGCACTAATATAAGGGGTGCACCCCTAGCACCTATATTGTCACATATGTCCAATGATC[T/C]AAGTTATTGGTGTTGAATAATAGCTGTTGGCACCGAAACAGATACCTATGGATTATAACA
rs1972	8	GCATCGTACAAACACACCATCTATATATTTAACAAGCTTCCGTGTTGTTTCGGCAGCAGA[A/G]AGAGAGAGAGAGATGGGTGGTGTTAGTGGTAAGCTGGTGTGGGTGTTGCTCGTGATGTGC
rs1973	8	TGGCAGTTCAGGGGTGGGAATACCAGCTATGTTACCAGCCACTCAGGATCAACTACCCCT[A/G]AGCTCAGCAGGCAGAAAGAGATTGATCCTCTCACTCAATCACCAACAATCACCGGAGTTA
rs1974	8	AACCAACACAGATGAAGCTCCCAGGCATGTGATTATCATTGTTTGGCACGATGATGGCCA[T/G]AACAGAAATGAAGGCCTGGTCAGGTTACATTAAACGTAGCCTTAAGATTACATTAGCTAG
rs1975	8	ATATGCTTTGTTCTGTGCAATTGTAATTCAACAGGCATATTTAATAACCTGCACATATGC[A/C]TCTTGAGTTCTTAACACTACAATATATGCAGAGAAGGTGATGGAATAACTGTTCAACCTA
rs1976	8	AATCAGGGGACATCTATAAATGCATTGTAAGGCCAAGAAAGAGAACTATCCAAGATCCTT[A/G]TACTATTGAAAACCAATCTCATGTGAGTTCCTTGCAGTTCTTCTTGGTTTGAGTTACTGG
rs1977	8	TGCAACCAGCTTTTGTAGAATCTCCATCAACCAGAATTGGAGAAAAAGATGGCCTGAATA[T/C]GACCGAAAGTTTAGAGTTTACTGACATGAGTACACAAGTCAAAAGTTCAGGACAAATCTG
rs1978	8	ATTTCCTAAACAACATGTAAAATAATACAAAGGCACATTAGCTAGTATGCATATGTTGTC[A/G]ACAGGTTATACCAGAGTAAGTATTTGAGGATGCAATGTTCAGGTAGTACCAAGGTATACA
rs1979	8	CTTCCTCTGTCCCATAAAACAATTCATTTTGGCTATTCATTTGCATAGCCAAAATCCCTC[A/G]TATCATAGGTCGGAAAGAGTATGTTCATGAAAGATGAAATTCATCTGTTTTAGTGGTTTA
rs1980	8	CTTTATTTTTGATTTAAATGAATGGCCTGCAGCTAATTTTCATAGAGTGGCTCATATCCT[A/G]GTAACCCATGTGTCATTAGTTTATGTCTTAAATTTTGTGCACCCTTTTGTCGAACGGTTA
rs1981	8	TGCGCGCCGCCGCATGCCTCCTTTGCCTCGCTCGCTGGAGTTGGGTGGCGCGGGGATTAG[A/C]GTTGGATTCAATCAGTACAAAAACGCACGTGCTCACCCTATGAACACTTACTTTGAAATG
rs1982	8	TCTTTCGAAGAGTTATATTGAATTTTAAGATTTAATGGGTTGTAACTTGATAGTAAGATA[T/G]AATTTCTCAGCTTCGATGGTACATGACAGGGAGCTTCCTGAGATCCTTCCCTTTATTTCG
rs1983	8	CCAATTACTACACCACGTAGGAGTACTCACCAACTAACACCAATAATTAGCACCCAATTA[A/G]TAATCGTCCCTTCTTTTCACAAAACTTTATTATTGTAGCACTTACATTTTTATCAAAATA
rs1984	8	TCTTGCTGTTGCTATTCGATTTCGAGCGGAATTGTATTTATAATAACCAATCGAGAACAG[A/G]TTGATCATCGAGAAGATGATAGAATTTGCAGGAACATGCGAGGCATGTTCGTGGGGAATG
rs1985	8	CCACCCTATGCCCTCTTCAAAAATTTCGCCATGGATGATAGAGTAGGAGGTGCGCTAGGT[A/C]TCTGGATAGCTAGAGGTTGAAAAAGCGTGAAATTGGGCCGATGAATGCATTTGGGCCAGG
rs1986	8	CAGGCAGCGGGAACTGGGTGTGACATTAAACAAGAAACTGAGGGCAATGTGCTACCTAAC[A/C]TAAGGCTAAAGGCCATAAACAAACTACAAATGCCCCAGCAACTATCGATTCGATGCCTCA
rs1987	8	GGTGGGTGTGCTCGACTTCTTCCTTGTTGTCGAGCTCCTAATACTGACAGCCAACGCCAT[T/G]GCTCACATCGCCATCTATGAGTGAAACATGTGGGTGGACAACAGGCAAGGCTCCGTGAAG
rs1988	8	AGATCGACTTGTTAGATGTTCATATCTCTCACTGGCAATGCGAATGGCAGAACAAATAGT[T/C]TTATTCATTCGAGAATTAAGCACGCAGAAGAAGAAGAAGAAAAACTGAGAACCCTAGCCC
rs1989	8	GCAAAGGCCCTAAGTACTGATGCATATGGAACATGATATGATATAAACACGATAAAGTGT[A/C]AATGTTGCTCAATATCATTGGAAGATCACAAATTGGGATATACCGTCTGTCATGAGCATT
rs1990	8	AAAGCACAAAAAAGGTTCAAGAACACACCAAGCTATGGAGATTCTTTTTATTGAAAGGAA[T/G]TATGTCGTAGTTCGCTGCCACAAAATAGTAGGCAGCAAGAATGCTCATAGTTTTGCTTGT
rs1991	8	AATACTTTTGAGCTCACTTGAGAAGAGAAGATCAATTCGGTTTGAATTGATGATTACTAC[A/C]CAGTCGGCTTCAGCAGTTGCCTTTGTCAAAGCAAAAGGAAAGTGGTGACAAAAAGAAGAA
rs1992	8	TTTGCACCCTTGAAAACCTCATTCCAGAACAAATTTTCAGAATCATCCTTTTGAAGACAT[T/G]GCATTTTGTACACCCAACTGCCATAAGCACATGTAGTAGCGATGGACAGAATACTTGTAG
rs1993	8	GACAATAGTTGGGACAGAGACAGAAATGTGTTTGAGAGCATCGACCTTTCATTGCTACGG[T/C]CTTTGACTGTGTTTGGTAAGTGGGAAACATTCATCATCTCTGACAACATGAAGTTGCTCC
rs1994	8	CAAAAATTATAATCTTTAAATCAAACTAATTAGTTAATGTAGATTATCTATAACAAAGAT[A/G]ACCCAAAACAATGATTATTTTGCAGAGAACAGTTAGGAGACAGAAATCCATGTCCCAGAG
rs1995	8	ATCAAATGATCGAGACTTGAATCGAGCGGCGCTCTGTGGTAGACCATCCCTTCCAACTGC[A/G]ATCACTGAACAGTTTCTTGGAGCATTCATGTAGCAGTAGTTTGCAACCTCAAAATGATTC
rs1996	8	AGAGGAAAAATTGGGGTTGCTTGGGACTGAAGATGCGTGAAGGTACAGAGATAGGTAGAG[T/C]TTGCATGGGAGTTGTAGAGTAGTGCCAACCTAGGAAATGTGGCTGCTTCTGATTGGATCT
rs1997	8	TTACAGCTCTCGTCCTCCGCTGTGAAAGCTGAATCTGTCGACAGATCTAGTGGAAAAACA[T/G]AGTTGAATTACTCTGTCCATTTTAAGTTAGAAATTAGTCCTATTCAACTCGTTTAGCAAT
rs1998	8	ACACAAAAAGTTCTTTACCACAAGCCTTAACATACAACAAAGTATCATCAGCATATTGCA[T/C]TATTGGAAAGTTATGGTCATCCCCCATGGGAATTGGCTTAGATAACAAGCCCTTTTGATG
rs1999	8	CTCATCCCCAACCATCGCAGATCACAGATTAACAACAATAATCCTCATCCCTATCCATCA[T/C]AGGTCAACACTAGTAAGATGAAGAACTACACAAGATGAAGAACTACCCAAGCAGTCGCGG
rs2000	8	AATCTATGAGCATATAAAAACCTGGATACGGTTCCACTTGTGCACTATATTTTCTTGTCA[T/G]AACCAATGGTCAAGTTCCATTAGGAGTTGAATTGAGTTAAAAACATTTAGCTTCATACCT
rs2001	8	ATGGACCTAGAAATCAAATCATATCTTGTTGAAAGGCAAAGGAACACACTACTAACCCTT[A/G]CAATTTTTCATGCTCCTAGGCTCATCAGAAAGTAGGCAAACCACAAGGTATTTAATTACT
rs2002	8	AACACATGTGCATATCATATTTCTTTAAGATGTATCTCGCCAAGCATAATTTTTCAGTGG[T/C]AACTTGCAATTGAGTTCTTGTTGAGTTGACCTATTAATTTATTATCGCGCCATATAGGCA
rs2003	8	CGTGCAATAAATATTCCAGGAGGGGAGTTCTCCAATCTCCTGCCTCTATTTCGTGAACAT[T/C]GGTTATCATAGCTGCCGATGGAATTTCTTCCTCCTTTTCAATGAGTACCGGTAATACTCT
rs2004	8	ACATATATCTCACCTTGAAATCCACATCATAAGTAAATATTATGTCTTTGCCAACTTCAA[T/C]CTCCTGGGGAGAATCAGATGATGTAATTATATGTTTTGCATGAGGATCACAAGTGGTCAG
rs2005	8	TCCATAAGACAAATTTCACCCTCATAGCAACAGCTGTAAATCTGCAACGCAAATTTATCA[A/C]AGAAAATCAATAAAAATAACAGTAGAATAGGAAGAAAAATTAACAAGACATGAGAATAAG
rs2006	8	TGGTTATTAAAGACAAATCATGGCAAACACAACAACATAACCTTCTCAAATGTATCATCA[A/G]AGCGTGTAACAAGACGAGCAGAAACTTCATCATTCTCCGGAGGGAAGTTCTTTATGTGGT
rs2007	8	ATTTCTGCTTGCACACTGCATTTACTTAGCTGGTCATGGTGCAATGGTGTTAAGTGATCA[T/G]ATCCATTACATTCAGTCATTGGCTTAATTGTATGAAATAGATCATTGATGAAAAGATCGC
rs2008	8	TGTTTCTAATTGAATGCTCCAAAAGAGGTAAGATGTTGTATCATGCATTTATATGTAGAG[A/G]TATCTATGGTCCTTTCTCATTGATTTTTTTCTTAATTTGAGCTTTATTGATCTGTTCTTA
rs2009	8	TTGTTTTCTGGATTTTTTTTTATTCACCTGAGGTCCTGGTTGTTTTGTTCCCCAATCCTC[T/C]TATGTACTTGTACTACAAATCGAAGGCAAATTACTGCATATTTCAACCATCACAATCCCA
rs2010	8	ACAACTTACCCCTTTTTTCTGTAAATGGGCTGAGGCCAATCTTCTTTACAGCCCTTTTGA[A/G]CAACTTCCAAGCCCACTTATTGAGCAAACAGATGGTCACAATTTCGTTATTAAGGATTCC
rs2011	8	ACAATAAGGTTGGATAAGGGTTGGCTGGCTGTAGGGAAGAAAGGTCATGAAATCATCTGT[A/C]TTTGTTGTGTGTTTGTATTTGTATATGGACTATCACGGATGAAGCCGGAACGAAATAGAG
rs2012	8	GGTTTTTGAAACATGGATTGGACTCGAGTTTATGGAGTTTGCTTTTTTGGAGGGATGAAC[T/G]GCATAACATGAGATTATTTGACACAGCTTATGAGATGACAGTGGAAAAGCAAAAAAAAAG
rs2013	8	CCCTTCTATCACTCCACAGACATATGGCCTTCTAGTGGAATTATTTTAACTTTATTTGGA[A/G]ACCCAACATCACATCAGCTGCCATGTGGCGAAAACCACCATTAAACAATCTCAGAGGGGT

表 C.1（续）

序号	染色体	序列
rs2014	8	CTTCAGTTGATGATTTCTGTTCAAGAAGCTCTCCAACAGTAATATGGTTCTCTGCCAAGC[A/G]AAAGCACTTTTTCATTCTTGCATAGTCCACAAGATTTAGTTTTGTAAGTGTCACCCAAGT
rs2015	8	ATCGAGATTATATTGATGACGTCTAGTCGTCTACCAGTGGAAAGAGATACTAAATTGCAT[A/G]AGCTAGAACATTGTCAATGAAGTTATCCAGAGTAGATTATATTCATTGGAGAGATGTAAC
rs2016	8	GAATTCAGTATTTGTTATACGGGATTTCGGATACATGATATTGTTATAATGATGTTTGAC[A/G]TCCCAACATCTCATATTATTCAGTGTCCCAACAGACTTTCTCACGAGTCGCGAGAATTGT
rs2017	8	TAGGCTCTGAATCTTTTAAGATAAAAACCTTCGATCACAGGGGGTGGTTACAATGCAGCT[A/C]GTCCTTGGCCCTTAGGCAGCTTCTTAGTCCCAGCTGTGAGAGGAAAAAATGGCTTTAGTA
rs2018	8	ACAGGACTTCTAAAGAAAAAGTTTGAATGAATAGAAGAATGTGAGAAGAGTTTCTCAGAA[T/C]TGAAGAAAAGGTTGATCACCGGCCTCCCTAGTTTAATCGTCCTAGATATATAAGAAATGA
rs2019	8	ATTCCCTTTTAAACATCCCCTATTATTTCTCTCTAGCAACTAAATAAGGAATTGACAGCA[T/C]GTTTGGTTAGGGGGAATTGTTAACAGGGATGGAACTTTGAGAGGTACAACCTACTGTTTG
rs2020	8	ATGCAAGGAGTAGATCAGGATACCCATCAAAAAGGATCTTCACACGTTCAATAACAGTAT[A/G]AGTGTTAATCCTGCATAACCAAAGTTTCAATAAAACTTGTTATCCACATACAACTAGTAA
rs2021	8	CAGCTGGTTGAGTTGTCTATAAAAATTTAAAAATGCTTTCAGAATATTATAACTTGGTTG[T/G]GATGTACAAAATATGTTCGAACACAAATCAGCTCAAGGCTGCATGTTAGAAGCCTTAACA
rs2022	8	CCGGCAATAATCAATCGGAAAGCCACAAGAAAAAAAAAAGGGAACCGTCCTAATCCACAA[T/C]GCCCAGCACACCGCAACGCTCGCCGCTCCGCTCGCCTGTACGCCGCTCTGCCTGCCCATT
rs2023	8	CCTATGGGGCGGAGGCTTCACATTGGCAAACTTGATAAAGAGGGATGGAAAAGGGAAGGG[T/C]AGGTAAGGAGGTTGGTTCAACGGGCCTTACCGATCTTGTTCACATATTTAGGTTAGCCAG
rs2024	8	GATGTTTGCTTTTGCAGGACTCATATTCTACTATGGACACACATACACCAAACTGTAGTG[A/C]AAGAGATCACCATAGCATTAGACAAACATCTTTCAGGGAACTTGCTGCTAGTTGCAAGTG
rs2025	8	ACTGCCTGTTGTTTGTCCACCACGGCTTGTCTTCCTCTTCCACTCGGGTGTTGCGCTCAA[T/C]GCCTGGTACCGTCTATTGTTTCTGCTGTGCAACCGAACATCCACAACCCTCGGTACGCTT
rs2026	8	CAATATTGATTTGTAGTGCTGCTGGTAATTTAATCAAATGGCACATTTGTTCCTAATTTG[A/G]CAGGTGCTTGGTGGTTCCAATTTGGAGAAGTTCCTACTTTACAAAAGTATGCACCGCGTA
rs2027	8	TGGACTACTACTAGGAAAGATTGTTAACCAGATCAGCCTTTTGACAAAAACCAGGGCCAG[A/C]AGGCCATCACTTTAACTGAAAGTGTGTTTACATTTAACAACTCAATGAGTACCCAACTTC
rs2028	8	TTTTTTAGCAATTCCCTTTCCCATGTATTAGGCCTCGATTTATTAGTCATTTTCAATGGA[T/G]AAATAATTAATGATTATTTTTCATGTGTGAGACGTTGGATTCAAATTAAGTTATTCACTT
rs2029	8	TTTATATTTGCTCATTAAGGCAAGAAGGGTCGCATGTTCTTTCATAAAACAAAAGGGTCT[A/G]GCCCGAAGTGTTCCATTGCAGCGTGCCATGATCGACTTGCTACTTTGATTCTACTATATG
rs2030	8	ACCTTCTAACTAGTAAGTGAAGTCCATTGCCACATGCTACTGAAACATAATACTATTGTG[T/G]GACTAATTGTAGTAATTCTCAACAGTTTTCTCCATTGGTGGGTTGTCTATTTACATTATG
rs2031	8	ATGATCTGTTTAAACATACTCCATTCTTTTTACGTACTGGTGACTATCACGGAGATTAAC[T/C]TTTTCTGATTAGTGAATTCACCTCGGCAAGTGAGCAGGATGGAAGAATACTGTCGTCGTG
rs2032	8	TGCATGCTTGATACCACTGCATATACTATACCTTCACCTTTGGGTTGCAGAGACATCCAA[T/C]GTAAATATATACTACTTCCGTCCGAAAATAAGTGCAGGTGTGGGTTTCTATGTTTAACAT
rs2033	8	CCCTGCTGCCGATTCGTAGTCTCGTAGATGCCGATTGTCGAGTCCAGCCGTAAGGAACAA[T/C]CTCGCTGGTGATAATCAAATTTAGCATGTCATTGTGATTTAGGTCGAAATTATAGAAGTA
rs2034	8	CAGATATAAACCTAATCGTTGGAGGTTGACAAGTGAGCCAATCCATCTTGGAACCCTAGA[T/C]ATTGGCGCCTGATTGATGACAAGTTCTTGAAGACTCAATGGAGGAGGGCACCATGGTTCC
rs2035	8	TCGGGCTCCGCCAGATAATCGGGTTGAACCCGTTTTGTTTCTTAGGCTGAATCCAAAAGA[T/G]AGTCCACGTGGCTGTGTCCACTAATCAACCGAAAATTTAATTACGCGTCATTTTTAATGT
rs2036	8	TTGACATTAGTGACATAAACCATGGCATAATAATAGGATGGTGGCCTGACAGTTGTTTGT[A/C]ATGATATACGCGAAATGGACCACATTTGTTTTCTGATGCTGGTTTCACATATTTTAGTTA
rs2037	8	GGATTCTTCTATGGTGTTCTCTTATATGGGAAGTGTGAACTGTGATGTTACTGAGCGTAT[T/G]GAGCCATAGTGAACTGATGCACGATTTAGGTATGGGGCTGTTTATGTTTCCCCAAGGGGA
rs2038	8	CTCGAATATATATAAGCCAGTTGGGATCAATCAGGCTAGCAAACAGAGGAAGCCAAATCA[A/G]CCAAGCCTGAATTCTGAATGTGACCACGAATCACCGTATCGTCCTGTTTTTGGATGTGAA
rs2039	8	CATTAGGGAAGTTGTGGCCGGTCTGATTTGCTCCAGCCATTAATTCCATGATTCATTATT[A/G]GAACAAGCTCTTCTAGCTCCAGCTCCGGCATGATCCAAGGAGCCCTCCAAGTTGGTGTTT
rs2040	8	ATGATTGTGATAACCAGAAGCTGAAAGTGGAAATCAAGCAATGCCATTAGATTATCAGAA[T/G]TCCACTGGAAGCTGTACTTTTGAATCCTCTTTGATGATTATCAGAAATGCTACTCTAAAG
rs2041	8	CCTACCTCTCCTCCTTCTGACTGCTTGATTTGGCAGTGTGTGAATTGTGATGGAAGAAAT[A/C]AAAAAACAAGTGGGAGAGAGGCATGGGTTTATTCAAGGATTTCGACTGCCATTTCTCCTG
rs2042	8	CAGATTATCTAGTTTTGTTAGTGGAGCGATGCTGCCAAGTTTGCAACGATGCAATGCAAG[T/C]GCGCTCGTTCAAAATCCTGTTAATTTAGTTACTTACGAGATTCAAGCGCACGAACTCGCA
rs2043	8	TTAGGGACCGACCATACAGTTTACTCTTCCAAAATTGCAGGCCTAGCAGTCACTGATAGG[A/G]TATCATGTTGGCTGAAATATTCAATTTTTTAATTAAATTTTTTTATTAAAATTTAACCAT
rs2044	8	ACCCTGTTTGATGCAGTATCACCAGCATACAGTGAATCCAAAAGGACATGGCTCAAATCA[T/C]TGTATATCACCTTGTATGCAAATGTCTCACAGAGCTGTCGGATGCCTTCTTGGCAGGCTG
rs2045	8	CTCCCCATCTTCGTTGTCTCCACGCACTCCAACTCCCTGATCGAGCCCCCATGCATCCAC[T/G]GTCTCTTTTGTTGAGCGTGGTTGCCTCGTCGAGCTCTGGTCATCGTAGATGTGCATGCTC
rs2046	8	GAACTTACATCAGAAAAAGGAATTTTCTGTTCATTCAAATATCAAGCCTTATTTTCTGGT[A/G]CTTACAACGTGGGTTTGTATATAGCACAGGATTAGCTTTGCTAAGAGAAATTAACGACAC
rs2047	8	TCGTTTAGCAATTTGGAAAACATGCGCATGAGAAACGAGAAAAGTGAGTCGAGAACTTTG[A/G]CTAAAGAACACAACAGTTTGTTGCTTGGTGTTGAGAACTCATTCCTTGTGAACATAAAAC
rs2048	8	TACTCATGCGTTGTATAGCTGAATTTTGCTAGACTGACACGAGTGTCAATGACAAGTAGG[T/C]CCAAAATAATTATATTTCTTAGCAAAATAATGAAATAAATACTTAGCAAGAGTTTTAAAT
rs2049	8	TGGGCCTCGCTTAGTTATTGCCCATGAATTCAATATATATTTCCCGGCTGTTGCAAGTGC[T/C]CCCTACACCAAAATATTTTTCATGTCAAATCCCTAAGACAGTCCCCTACGCATTCCCTAA
rs2050	8	AATAATGTCATAATATTATATTATCACATAATATGATACTAGATAATTATAAGTTCCATT[A/G]ATATAACCAAAGATGCAAGCTAGCAAGATAGACTCGTACGCTCATCTGTAACCAGCCCAC
rs2051	8	ACATTGTGTCGACATTTCTCTCCTGGGTGCCGTATTTGCACAGTAATTTTGAGGTGTGCC[T/C]CTGAGTGGATGGTTTGTCTCCTAACAGTAGACTAGAATCCAGAGTTGTTGGAGTTGATCG
rs2052	8	ATGTTGGTGTCACCGGATGTAGGTATCATCAAAGGAGAGATTCCGTGAGAAACTGTAATG[A/G]TCAAATTTCTCGTTTTAGCGACTATTGGATGTGATCTCTCTGCATTTGATATTTCGATGT
rs2053	8	ATCATATCACTCTCTCCTCTCCTGTGCGTCCATGCTGATGATGCTACTAGCATTTCCAAT[A/C]CTCATGTCATGTGAGGGGTGACCTCTCAGTCTCAATTGCCTATGGTAGGAGTATATGGCA
rs2054	8	GGCGTTGGCAGTTCCAGCTGCCGTTTCTGATGGATAGTTTGCAGCTCGTAGTTTGCTAAT[T/C]AGTAGAGGAAATTAACTTTTAGGTTGAGTTATTAGTATTATTTATTTATTTTGGATCGAG
rs2055	8	TATAATGAGATCTAGCATGATATCATGCACTCGGCAAGCCTTTGCTCTACCAGTATAGTC[A/G]ATGTCCACTGGTTGCACCATATTTCTATTGACCAACTCATTGAAGTACTTTTCTCCTACT
rs2056	8	AATTGACGGACAAAAATAGATCAGTTTGCCATCTCTCCTAATGTCTAGAGGCTAGGAATG[A/C]AGAGTAAACAATACAAATGTGTGCAACTGGTAAAAATATGCTCGTACTTGACAGGAATAT

表 C.1（续）

序号	染色体	序列
rs2057	8	ATGGTTGCTTGCAATGCTGACCTACTGTTTTCTGAAGATTCAGGCCAGTATTTGAAAATA[A/G]TCTGTTTGTATAGGTAAAAAATACGATGTGTAATTAAAAGTACAAAATTGGACAAAGGCC
rs2058	8	ATCTATGCTACCATATTAGTAACAGTACAGAAAACAACATGCTTGGTGAAAACAATGATC[T/C]TTTCTAAGAATGTGGAGTCAAAAGCAACGGCAGTACGGAAAGTAATAGGTTACCATAAGA
rs2059	8	GGAGATTATTTCAAGAAGACTTGCTCTTTTTGCTTTTATTGCTGGGTGGAGCATTGTAAC[A/G]TCCGCTGAGACTGGGCCTACTTTCCAGGTATTTTTGAATTACTTGCTTTTAGAACAACCC
rs2060	8	TCAGTGAACTAATTAAAATGGTTCAGAATTTATCATAAGCATAAGGCAATTTATGATACT[A/G]TACTTGATGCAATGCATTGACATCATTCGACAGTTTTACTCCTGTCCTGTCTAGAAAAGC
rs2061	8	CACATCTATTTATCTTCAGTGAAGCTTTGGTGTGATCTCTAAGGTTATTTATTATGTCTG[T/C]TGAATGCTTGCTTCTCTTTCTTTTCCCGTTGGTTGGGCTGCTGCTACATACTTGATCAAC
rs2062	8	ACCCTCAAAACTCGACACCAACTACATTTGACGTCTCAGTGAGTGTTTATTGAAACAAAT[A/G]TCATCTAATAAAATTGAAACAAATAAGAGGGAATGGAGGTGCATTGCTTTGTCAATTTTA
rs2063	8	GGTTACTGATGTTCATCATTTTGGCATGGCAGTTCAATGACATGATAAATGTACCCTTCG[T/C]GTCAAAGCCGTTCGTCGCAGGGCTCATTGCGTACTTCCTAGACAACACTATCCAGAGGCG
rs2064	8	GCCTGAAAAGACAGTGTTCATAGCTAGTGTGTTTTTGATGAAAGTAAAGTTAGAGCAATG[A/C]ATCATGGTTGTGGAAAGGCTGAACTTTTCTGACCAGCAAAATCTATATAATGCAGGAATT
rs2065	8	GTTTCTTCTCTATTCTACTTGCAGGCCTCCGATCCCATCCTCTTACCTCTTCTCTCTACT[A/G]CATTTCTTTCTTCTCTCCTCTCTAAAAGTTTTTGGGGAACTTTTCATGTTCAGTTTAGTA
rs2066	8	GCTTCTCGGCGGCCACGAGCGTGAGGCCCCATCTAAACATGGATCATTTCATGCGAAAAT[A/C]AGCTCAAAAAATCTCATCTCGCGCTCTAATTTGATGCAGGAGCGACGCCCAAATCGGTGC
rs2067	8	GGAAAATGTTGGTTGGGAGAACACAATCTTTGGACCACTAACAGTCTCTCCATCATGTAT[T/G]GTGATCTGATCATCTCTTCCTTTGTGTGGAATTGAAGTGGATTCAGAAAGGGGAAAAAAA
rs2068	8	TGTTGGTAGTTTTTTTCTTTTCAATTTTATAGTGGGAATTTTGCCATAACGATTTAGAA[T/C]GGGGTAAATTCGCAATTGCTCCTATTTATCATGGTTCTTTTTAGTATGAGGTAGTATTTG
rs2069	8	ACGTAGTGCTGATCTATCAGTTAGGAATATTTGTACAATCATATAGGAAGCCACATGGAA[T/C]TCAAGTATGTCCAGCTAGCCACTCTTAATTAGGTGGATTAGTACATATATATTAGCTTTC
rs2070	8	TGACCTAATTTGACCCGGTTTTAAGATTTCCGGTATTGACGTTACATAAAGTTTGAGGGA[A/C]GTGAACTAGACTTATTTCTTATGTGAATGGGCTATATCGTTTCGTTTGTAAGCCTTCCGG
rs2071	8	GTTCACATAAATAAAGTGAATAAATGGGAGTCCGTGAAGATTCAAGACCTTTGGGAGGTC[T/C]AGATGGACTCTACGGGGTACAACTTGCAGGCCGGTCAATGTACAGTGATGATGAAGCCGT
rs2072	8	TCCGGTTTGTATATTAGCACTTCACCTGCTTCATTGTTTGTATTGACAAATTTCAAGTTT[T/C]ATGTTATCCATATGATCCATATGCTACTGAACTCGTTATCTTGTGTCTAGTTGTTACGAG
rs2073	8	CAGGGAGAGGTACGGTGGTCACGTATTATATATGATTGGCCGAATAGAACCAAGAGGAAA[T/C]CATCGTATTTATATGCGACTGACGAGAGCCCCCAGCTGCCTGCCTGCGTGCATACGAGCG
rs2074	8	CAAAACTATCGATATCCTACGATATTTGGATAGTGATAACTTGCTAGTTCTTGTGGGAAT[A/C]AAGCAATCCATGGTATGAAAATTTTGCTTGAACCATCAAGCAATTAGGAAAAACTGGGGC
rs2075	8	AAAAGGAAGGGTGCTTGGGATGAAAGAGTGCGCTTGGGACTCTCTTTATTGGATTGATTC[T/C]GGTTTCTTTCCATCAACCATAAAACTTTAGATCCAATATCTCGTGTGTATGAGCAAAGGG
rs2076	8	ACTTGATCGGTACATCGTGTGCTAGTTGTGTTTGTAAAAGCAATGAAAACAACACGGGTT[A/C]AGCGGTTATTGATGGGTGCAAACCGGTAAAATATGACAGAATTTGTGAGATAAACGCAAT
rs2077	8	GCTTGGCCTCTCCGGACGGCATTTCTTCGTTTTCTTTTTTGAGGCGACGATTGAAGTTCG[A/C]AATTGAGCGCCAAGAGAAAGCCCTCGTCCAAAATTTGGGCGCCAAAAGCCAGTCCAGACT
rs2078	8	TCCGTGCTGCTCGCCTTCACCGTCCTCCTCAACAGCGTGCAGCCCGTCCTCTCAGGCAAG[T/C]CCAAAGCCTCGTTGCCACAAGTTTCGCATTGCATTCATGGATGGAAGTTTGGCGAGCCAT
rs2079	8	GGTATGGCACATGTATATAACTCAACAAAATTTAGCAGTGAGCATTCATAAGTGAATGCC[A/G]AGTAGTTCCACTGGGACTATTGTCGTTTTTTATCGCATAACACCAGGAGGCACCCCACAA
rs2080	8	GTTGGGAACCAATCGTATCGTCTATAGGATGGATCGTTGCTGATGAATCATCAAATGCTT[A/G]TATCATTTGATAGCTCTGGCGCACCGTGGACTGTGGCTAATGAAGTACCACTACTCCATT
rs2081	8	GACCGGCCTTTCATTTCTCCTCATTGCCATAACACTAATCACAATCCACACGCATACAGC[A/G]TTAGGGACTAGGGAGGAGGAGACCACAAAATATGATGCAATGCATTTTCTTAATAGGCGG
rs2082	8	ATTCTCAATTGTTTTTCTTTTGTAGAAATACTTGCGCCGTATGAGCAGCAGAGATACAAC[T/C]ATCAAGAGAATCAAAGCAACGATACTCGGCTGAGCTGCTTTCCCTATCCTAAAATAAAAT
rs2083	8	GTGGTGCCTAAGGTGTCACGACCTTCATAGTGGCGTTGCCTAGCAAGTTTTCGCTCCCCA[T/C]CTTTTCTGTCTCCTCTCAATTTGGTTTTCTCGATGGTCGTGATCAGATTGTTGTGAGAGA
rs2084	8	CAGACCCAATACCACTTTGCGGCAGGTCTGCCCTAGGACACTGCCAGTGCATGTCATTTC[A/G]TAGTATATATCAGCGGGTTTATGATAACCATGAATGATTGTATAGCAGGCTAAATTAGAC
rs2085	8	ACAATGCAGATGCATCATGCTAGTAGGCTAGTACTCCTACTAGCTAAGCTTGAGTTCAGA[A/G]TAGAAAGCATCCCTACTTAGTGTAATTGTATATCCATTCCACATAGCATGTGATCCTGAA
rs2086	8	GGATTACCGAGAGAATTACATGTTTTTCCCACAACCCAAGAGAGGAGATGTTTTTTTTT[T/G]ACAGCAGCAACTGCTCTAATTAACAATTCAGGGTGACCCTATGGCAATAATCAGTACATC
rs2087	8	CCTCGAGGCAGAACAATCACGACGAGCTGAGCACCAAGAACCACTCCCTCATTAAATCAA[T/C]GATATGTTCAGCTTATTTATTCATGCATTTGATCGATTGAGTTGTGTTGCGTTTAGATCT
rs2088	8	CAACAATAACTCATGACAACCCATTATGTTTGTAACCAAGAGTAAATAGAAGAGTAGACA[T/C]TAAAGAATACCGTAAGTAATAAATTTTCAGCAATACATCACATATAAAGGCTTGGGAGGA
rs2089	8	AAATCAATTATTTCTCCTTATTTTCTGTAGTTCATTGTACAGGAATTAAAAACCAAGGTT[T/G]CCAGTAAAGTGGCCAAATCCATAGCACAAGAATAACTAGTAAGTGGCAACATATAGGTAT
rs2090	8	GTTGAAGCCTGTCGACAGCGAACCCATTTCTCCTGCTGAAACTGATGTTAACCAGCTTCC[A/G]ATTATCTTGTCTGATGCTCTTGCGAGCTTTTTTGGGACTGGAGAGAAAGAGATGCCCTCG
rs2091	8	CAGTGAAGATTTTATCTTTGCTTCTCTCACTGTCTTAGTACACTTCCACTGATCTCATCA[T/G]ATTACATATACTCCTTTCTGGAGGTGTAGTTTCTACTTGTACTAGTACTAGTACTACACT
rs2092	8	TAAATGTGTTATACAACTATACATGATAAATGTGTCCTCAAGGACCACATGTCAGTATGT[T/C]ACACAGCATTGCTTAAACTCTGTACGACTGTTTGGCATCATTACTGGTGATTGGACATAC
rs2093	8	TAGAAGGCTGCACGCAGCTGGACAATCTGTTCTTGCGTGGCCTGCCCAACTTGGTGGAGC[T/G]GGACCTTTCAGGCTGTGCAATCAAGGTGCTCGACTTTGGAACTATGGTGACGGATGTCCC
rs2094	8	TGTTGGTCCACCACCTATTGGTTTTACTACTAATTCTTCGTCAGGTGGTAATCATTCTTT[T/G]CCCATGAAACAATCACTACCAAAATCTATAGATGATCATGTGCCTATTACGGAGACAGGG
rs2095	8	CCGCTTAACCTGCTGCAACCAGTGAAGGATGCGTCGTGCCAATGATCTGTAATTTGTACC[T/C]ATCGCTTTTAATTAGCCTGTTCTGGATTATTTAGCCTGGCTGTAAAAAAGCTCATAGAAA
rs2096	8	TTTCTATCTTCCAACCGTCCTATGGGTGTCTTAAAAAATAGAGCAATTTTCACAAAACCC[T/C]ATATCTTAGGGCATCCGTAACGCACAACCCCAAGTTTTACAGGTTGTTTCATGAAATCTT
rs2097	8	GTATAAAAAAGATAGTAATATGCCTTTTGACTCTACCTATTCCCGCTCATTATTGTCAAA[T/G]AAACACATCTTTTTGGTGGAGACAACTGCATACTCATTTTTCCATTGAGATGTGGAAGTG
rs2098	8	GTGACATCGTCATGGCTGCTGATGCTGATACAAACAGTTCTTGTTCCGAGGTTTGTGCTA[T/C]TTATTTCTTGATGTTTGGTGGTATTGGCCGGTCTGCTGCTGAGTCATGAAACCGGTCGTT
rs2099	8	CCATGCAACATTTATACATAAAGTTAATGATACTTAGGACATGTTTGGTGACTGTTATCT[T/G]CATGAGAAAAAGTAATGCCTGAAGGTAGCCTGACAGTGGTGAAGCCAGGATTTAGGCATG

表 C.1（续）

序号	染色体	序列
rs2100	8	ATATAGCTGCTTGTCAGTGTCATAGGGATGCATATGGGCAATCATGCTACCACATAAAAA[T/C]TCATCTCCATAGTTTGTTTTCTACAGTTAACAGTATAAACAAAACAGACGAGAATTATAA
rs2101	8	TCATTATGCGAAGGATGCTGCTCTCGAGTTGCCTGACTTGGTTGAGATGGCATGTGAGAT[A/C]ATGCCTGAAGCTCAACAAAAGGAAATCAGACAATGTCTTCGGAGAAGAATAGACAAGTGT
rs2102	8	GGCGAACTCCCAGGCTGCCTTCTCTGCAAGTGTCTTGGCAATGGCGTACCATATCTATGT[A/G]CAAAGATAGATGTTCAGAGCAGCTGAAACAATGCCAAAAACCTGCAAATGTATATATCGG
rs2103	8	ATAAAAATATAAAGCAGCAGGAACTATATATCCCCTCCCTCCTTCTTGCATTGAGGTCTT[T/C]CTTAAAAAATGAATTTATTCCAAAGAAATCATGGATTTGACAACATAAATATGAGTATTG
rs2104	8	AACACAGTTTCTCACCTCCTCCTTCTTCTCCTTCCATAATTCCATTTGCCCGTGACATGA[T/C]AGTGTCACAATGACAGCCAAACTTGGCTCATCTATCTATCACCTGTCAATTGTGTGGTTA
rs2105	8	CCTAAAATAAAAGAAATTAAAGAAAAATCTTGATCATATCTGTACTTACAGCATGAAAAT[T/C]CGTTTTAGTTCAAATCTACCACAACCAAGGAGCATGACAAAAAGTAAGAACACCATGTAT
rs2106	8	AAAATAGAGGATATATATGGTTTGCTAGGAAGTTACTGATTCAATTCTCGAGAATCAAGC[T/C]ACTATTCACATGAACACTGGTATTGTAGAATCCCAAGTAATCCCAATAAAATGGACTAAT
rs2107	8	ACAAAGCAACAACATCACCACCACATCATCCCTCTACCCTACCTCCCCACATCTCATCCA[T/C]GCATTATGTTCCCTTCACAACCTAACACAAAACAAAACCATTCAATTTCTATAGAAACCA
rs2108	8	GGTCTTGAGCCTCCCAATCTGCATAAGCCGAGTTCGGCTTCTTCACCTCTTTTCCACCTT[T/C]GGTGACGGTGATCTCCTCATCTGGTTTTGGAGTCACGCCGGTCAGATGACCGTAGAGGCG
rs2109	8	CATTAACAGAAAATTCACGTAATTAAGTGATCAGTCAAATTGCTTGGTTAAAAGAAGTTT[A/G]AAGGTTGACAATCTCAGCAAGAGAGTGTGAAGGGTCTGATTTCCATACCTGCAACCCTAA
rs2110	8	TTAATAGAAAAGTTATCCGAAATCATCTCATTGCGACTTAACCATATAGCCTAGCATATT[T/C]CAGATGTCCCGGCTAATATTGTCTCTAATGATGGTGATATCTAAGGTAGGATTACAGTGT
rs2111	8	GACTAAGTGGCTTGTTTATTGAAATCTTTACAACTTTTTATCGCTTTTCTTGTCCTTGAT[A/G]GCAGCCACCCCTCTCATAGTCTCATTTTCCATGCGAACAAAATATTTTCTCTATCGAATG
rs2112	8	AGGGAAAATATATTATAATAATTCGCACGAACAGTGCTCGTCGATGCTTTTGGCGATGTT[A/G]TCGCCGACGTCGAAGCTCTGCGTCTCCTGGTAATCTAGGTTGAAGACGAAACTGGAGGTT
rs2113	8	GGATGTTAAAATCACCCAAAATTCAAATTATTTGATTACCCAAATCACAATTAAATTCCC[T/C]AAATGTAGCAGAATCATTCACGTTGTCACCTTGTTTCGTTGTAATCATTTCATAATATCA
rs2114	8	TCAAAGAACAACCGAAATCTGGAACGTATATGTTGCGGCCAAATTGAAGTCCTGCAATGA[T/C]TCAGCCAAAGCAACAGAAATCATCTTGATCGCAAGCCAACAGTCAGTATGTACAAATTTG
rs2115	8	CAGTGTTTCTATTCAGTACAAGCTTATGATCATTTCTGCTTTTATAGCTTTATGAACACA[A/G]CCATAACAAGAAAATGAGCTGCCCTGCGATGGCGCAATTACTGTCCAACACGCTCTACTA
rs2116	8	GACTTAGAACCCTCATCTTTTTGTTTAACATTTCCATTACATTATACTATATGACAATGC[A/G]TGAAAAGACCATACCTGCTCAACTTCTTGAAACTATAGGGGCTAATAATGAAAAGATAAA
rs2117	8	AAGATGTGCACCACGTACATACTGTACATGGGAGTATCGAGTACGTATACATTTCCGGTG[T/C]AGTACGTACGTACGTATAGTGCAGTGCAGGTCGAGCGAATCGAGCGCACCAGGCAGGGGC
rs2118	8	CAAGCTCTACGAGTTCTGCAGCACCCAGAGGTTCATTTCATTTCCTAGCTACTCTAATCC[A/G]TCCATCAAACCCACATCACATCACACTTCAATTTCGCAAGCTTAATTAGCCACCCTTTCG
rs2119	8	GAGAAAAATCTTAGCTCAATGCTAGGCTTATTAACTCATGCGCCGCACGACATGGATGAT[A/G]GATTGCTTTTCGTAGGAGCTCAACATCTTTGCGCGTCGCGCGCACGATTTCCCGGCTTGA
rs2120	8	GGTGAATCAATCACCCACATGACCAAAAATACACCGAGACGGAGCCCTAAAATTCAGTAA[T/C]AGAGTAGTACACGCCCCCACGGCACCACACGAGATCATAAGCCGCGGCAAGGAGCACTCA
rs2121	8	GCCCGTTTTGTAACACATTACTCCAATGTTTTCTTGCGGTTTGCAATTTGCTAAGCTTAC[T/C]TGTTCGGCAGAGCTTAGCTCATGGGCAGTTGATCTTCCTGACCATCAATCGAGTACTCCA
rs2122	8	GTCACTAAGAGATGGAGAGAGATTAGCAGTGGGCAGCCACTAATGCGACAGTGATTATGA[A/C]GCCGGCAACCTATCTACCATATCCACACACATATATATATTCTCCTATTATGAAACAAAC
rs2123	8	TGCAGACGTTTTCGATGTTGATTACTTCATTGAGCAAACCAGAGGTTATGTGGAAGTTGT[A/G]AAGGACATGCCTGAAGAGATAGCATCAAAAGAGCCCTTTAAGGTTGATTGCAGCAAACGA
rs2124	8	AATCAGGTGAGTCATCTCTTCAAATCAGAGAGATGTTCATATTCTTTTACATCCTTGTCC[A/G]AGTTGCACCAGCTGGAGTCTCTTACTTTAGGAGCTTGGACTTTGGACAGCACAAAGAATA
rs2125	8	CTCCTAATCTTGATTATTACATCCCAAAATTACTGAATCCCCTCCTCTTATTGCTTCACA[A/G]TTCCCAAAAGTGTACCACACTGGTATATAAAAAACACCCCATCCTGTGTGCCTGCCGACT
rs2126	8	AAATCATGGGAGGAAGAGAAGAAAAGAAGGGACATTTCTGACGAACTCCATCAACATCAC[A/G]GATACAAGAGACAAATCTAGAAGCAGCATAAAGAATACAGTAAGATGGAGAAGAAGAAGA
rs2127	8	CATTGTCTGACCTTTATTACAAAGCAGGTGATATTGACTCTATGAGGATGCCTTTGGACC[T/C]TTGTTGGGCTTCTCCCGTGAGCTTAGATGTTAGCTCACCAGCGAACATGATGGTGCCTCT
rs2128	8	AAGGTTTGGAGGCAGTGGTACGACCAAATTCTGGCAACTTTGAATAAACAATTCCTCGAG[T/C]GATGCAGGCAACTTCGGGATCTCCACTATTCCGGAACAACTAGTTATATTTAATTCCTCT
rs2129	8	ATATCACAACATGGCAAAACCAACAAGCTAGAATGCATTGTGTATACGATATTCAAACAA[A/G]ATCCTAAATCTTAGGGACCTAAACAGAGGAATGAAAATAAAAAGCATGCCCACTAAATGT
rs2130	8	CTACCGCCAAAGCCAGATAGCAAGTAGATGATTCCAATACGCACTAGTAAGTAAGGAAAC[T/C]GTTGTCAGTGTGCAGGAACATTACCAGATTCAAACTCAAAATGAGAAATGGGTACACATT
rs2131	8	TTACAGGCCAGAGAGATTGCTGGAGGGGGTGCAAAAGGTGTAAATGACAGACTAGACACA[T/G]TACTCGATCGTAGCTCGCAAACACACCGCATCTTTTGGATGCAGGCAGTCATGTGGAGAA
rs2132	8	TGCCACTGAAACCAATAGGCCAGTTGTTGGTGGTATGGGTGGAATGGGTGGAATGGGAGG[A/C]TATCCTGTTGATGATCGTCGGATGATTGGTGTTGGCATGGACAGCAGAGGTATGGGCTAT
rs2133	8	TCCAACAGCATCAGCTTGCTGAAGCTGAATCGATCTATGGTCTATCTGAATTCTATCTGC[A/C]ATCCTTCTCCCGATTTGAATCTTTCTCAGTTCTCACTTCTTCAACTATACCTACCAGCTT
rs2134	8	TGATACTAGACTGTTCATGGCCAAAGAACAAAAGTATTACTTAATTTGTTCAAACTTTTG[T/G]ATTGACAGTACCTTTCATGTTCAGGATTTACCACGATTTAGCCATTAAATCTGAATTTTA
rs2135	8	TTTTATTCAGTTTAATTTATTTATGGTTCCAATAAAAGATCCTTTATGCATTGTAGACAA[T/C]AGCAGAAGATGAATTTGGTATCCGTTTGTGGGATCTCAGAATGCTTAAGTATCCTCTGAA
rs2136	8	TGCATGACGTATGCACTCCAGTCGTCTCTTGCACGGGACGTGCCAGATTATTACTTTTCA[T/C]ATTTTACTAATGTACGGTATATTTATATTTATAATATGCTCAGATATCCATATATCTGTA
rs2137	8	TAAAGTTTCTTGAGTGGTACTGATGGAACTATCAGTCTCCAGTGCTGAAATCAAGAAAAA[A/G]GGTCTGCTGTTGTAACCAATCTGCCTCTTGTTGTTAGCTAATCCAGCTGCTGCTCGCAAG
rs2138	8	CAACTATGTTCACACAAGTAAACTGGTTTTGCTTTAACCTCCAATCTGTACCATGTTGTA[T/C]AGACTCGTACTTAGACAATTTTGGCTACTATTATTTCCACCAAAAAATGGTGATATCTCA
rs2139	8	TCTGCTTTTCAAAGTAAGTGCCTTACTGAAATGCGTAGGCTGGAAAGTTCCACAGATGAA[T/G]CAAATTTCCTATAGCAATGCTGACCATTTCTTTATTGTGAACGTTTGCAGCTTGCCTCTG
rs2140	8	CACTAATATAAAAGGGCACAGATTCCTGTAGCTAGCCTCCTAATGTAATGGTGGTCCGGG[A/G]ACACAAGTTGCATGCAAGGCTTCATTGCCATGAACTTTGTTTTGTTAATTACGACAGGTC
rs2141	8	Tatggccagcctcaagaaataccaataagtactactgtgtacataagaaaacataacaaa[A/C]acagggagggagggaagagggattttgggcgaagggttgagctagttattatagttggag
rs2142	9	ACAGTTCAACTAGATATGTCGCTATCTTTCACTAGATGCGATGTCTTGTATATGGAATTT[A/C]TGTGTATTTCGTATTCTTTAAAAATCATGTGCCACCACGTGTGCTGCTTGGAGCAGCAGA

表 C.1（续）

序号	染色体	序列
rs2143	9	CCATATGCATACAGTCACCAACCTTACTTTCCAACTACAATGTCCAAACGGCTACTTTAT[T/C]CTGAACATGTTCCCTTCTGCCCTTGCATTGCTCAGCACCTTATTTTGACTGTAAAGTACC
rs2144	9	TTCTCTCTCAGCTGATTCTAGGTCAGACTTTTGAGAGCTTAAATAAGAACTAGAAGATAA[A/G]GCAACTTGTTCAGGTGAATCTGCAACAAATTCACCTAAATTGTCGTCAACCAAAGTATGT
rs2145	9	TGTATGGCTCCACAAGTGCTTTTGTTCTTCGTGTTAACATGTTCCATGTGTGGCTGTCTC[A/G]CATTCTATGGATTTGAATGTAATATCATAGCAAATGATGTATGTGAAATCACCTATGTGA
rs2146	9	CTACAAATTATTATGGTCCTACAAGAGCAGGGGACCTGAGAAAGTGATTAGTGCGAGTAC[A/G]TGGCCACTTAATAATTAAGGTAGTCCGGCTGGCTGGCAGGATGCGGCGTGCACGCGGTTT
rs2147	9	ATGGATGGATGTGTTTGCATTGCAACAGTGCATGAACAAGATCTTTTCCCGTCTAGCAGA[A/G]CAAGAACGAGAGCAGAGCAGAGCTGACGGCTGCATCATTTTGTTGTTCCGGCCGTTGGCC
rs2148	9	AAGATGTTATTAGTTGTGACTTGACTAGAGCTTGGTTTATGGTGTGCAAAAACATATGCT[A/G]CTATGATTGCAGGTAATTGAGTATTTTGATTTGCTTGGTGTTACAATAATCAGTCCAGAT
rs2149	9	GTTGCTGGTAATACTCAGCCAATTGCAACAAAATAGTTTCTACTGTGGATCATGCCATGA[T/C]TGTAGGTTTGTAACTATCACTAGCAAACGAAGTGGAAACCAGCACCATATGTGTGGGGCT
rs2150	9	TTCTTGAGAGCAAAAAAGTTCAATTGGATGACATCAGGAAGACTTCTGCTGACATTAATC[A/G]TGTTACATCGTCGGATACCAGTGAACTAGAGGCAGAAATGATGGTTTGTTCCCATTTCTC
rs2151	9	GGGATATTCGACTTTTTCTGTTCATCAATAGCTTTAGATGGAAAATATCGGTTAAACATC[A/G]TGATACCTTTTACTTTGTAGGGCATGAACCCTCCTCCCATGGCACAAGGCCATCATCTGG
rs2152	9	GATTAAAATCTTGACAATAGAAAACTTGTTTACCTAGGTTCTATTTGTCTGTGTTACCTT[A/C]TGAGGTCCAGTCAGACAAGAGATGATTTATATAAAGGTTCGAGCCCTCAGGCCTCCCTAG
rs2153	9	AAGAAGCATCAGTGCTTCACAATTTCGCTGCCAAATCATACACAAACCAATAGGCTAAAC[A/G]TTCAAGCTTTGTTCATCCTTTTAGTAAAACTTGAAACAAAATCAACATATTTTCAACCTT
rs2154	9	CAAAGACTTGTTATGTTCATTTGGGCTGATCAAAACAAGCCCAATCCCTAAAATCAATAT[A/G]ACAACGATTCTTTATTCAAATAAAGTGGCAACAATTGCCTCGGGTGGTAGATATGCCAAC
rs2155	9	CTTTCTTTGCTTTCTCCCAGTCTCTCTTCTGATTCTTCAAAAAAATTGTGTTATGTTTTG[T/C]AGTGATGATGTTGCATGCTTCTTTTCGAAAATTGACTCCTTCAAGTCTACCTGATCCTGG
rs2156	9	ACAGGTGGCACTTGGTGGTTCATACAACTATGGCTAAACTTGCACACTGTTAAGGTTTTC[A/C]AAAGATCAGCATTGAATCAAGCAAGTTTCCCATCTATTGACAAGCCGATTGAAGATGATG
rs2157	9	ATTTTTGGTGCTCATCCTTTATGGATTCAAGAGGTGCTCAATTCTTATGCTGTTGATACT[T/C]AGGCTCAGCAATTGCTCACTGAACTGGCTATTACAGGTTCCAATACTCAAGGTTTTGAGC
rs2158	9	CAAAGCTTAATTAGTCTCCAAACAATAACCTAGCAAAAATTTTGCTACTATCGAATCTTG[T/C]CACTACCAAAAACACCCCGGAATCATGCCATTACCGAAAACATATATGGCGGCAGAAATG
rs2159	9	AAGCTAGTACCATTTTGACAAGGAAGCGCACTTGACAAAATTTGGGCTTATCTGTCTTTA[A/G]AAACAATTTTGTAGTCTGAAACTTGCGTGGAATTGACAGCCATCACACCGTGCAGTCGCG
rs2160	9	TGGCCAATTGGGGGCGTGATATTGGGAAATCAAAGAAGGGCTCCATCAAACTTTCACCAA[T/G]AGCCATGATAGCGCTCAAGTCTACCGTTGTGGATTTTAATCATCAACAGGAACACCCAAG
rs2161	9	CAAACCCAAAGCTTCTAGAGCAGACTTGTCAAAGTAGATTTCAGCATGAGCTGGAGTCAC[A/G]TCAATCAATTGAGGGAACAAACTACTAGTTGAAGCATACTCCTTGACAGTATCAGCAAAA
rs2162	9	AGTAACTTGCTTTGTGCAACTCATCTGCGGCTTCTCAAGTAGAGGCATTGATTTTACTCC[T/C]TCTTCATGGAGGAAAAAGATGAGATGTACCAAATCATCCAACCATTGCTCTTCTGAAGGG
rs2163	9	AAGGGTGGTCAGTTACCTGAGCATGGGAATTTCACCGGAATCAAGAGAGTTTGAACAATC[T/C]TATCCCAAACTTGTTGCTAGCATCGCTATCAATGTTGCACCCTAGCAATTTATGACCCGA
rs2164	9	ATTGGTAGAAGAAATATTTTTACTAACCTCTGGTTTGGTGTAGAGGGTGAGCAAAATCCT[A/G]TGTTTGTGTGTGTGAGATCTTGATCATGAATGTATGAAAAGAATCTAACAAGGGTCACAA
rs2165	9	CAACCTTGCAATTTTAGGTTCACTAATTTTATAGCAGGGTAGAACAGACTAATCCACGAT[T/C]CGTTGCTCCACTCAACGTTCACAAGGGTCAGCACAACAGATGGCCCTAAACTGACCAAAG
rs2166	9	AATTGAGGATTTTGTTGGGCAACTTGAGTCCGGTGATCTGAAACTTAGAGTCAGAGTACT[T/C]GAGGTAAGATTATTCTGGTAACAAGTTCTTTTACTATCTAGCATCTTGTTAAGGTTGTTG
rs2167	9	AACTGATTACAGCTGGTAAAGAAAAGTCAGCGCTTTCGTAACCGATCTTTTTATGCGCTA[A/G]TTAGTGCAAATATCTTGACGCGTGGGTCAATCTTTTTTAATTATGAATCCACTGGTGTCA
rs2168	9	TCCTTATTCTCCTTGCTGTACCATCCAGATTGAAGTTCCTGTTGGGAGAGGGAAACCACC[A/G]GTACTTGTTGACAAAGATGAGGGCCTGGACAAGGTACAATCTATATAGCAAATATGGCAC
rs2169	9	ACACGGCTGATAATCATCCAAATGAACTGCACTTTTATTCTGCCTTTATGCCCATGAATG[A/C]AGGACAACCAACGTAACCAAACACCCATAAAGTAATGTAAATGTGCTCCAAGAAATTTAA
rs2170	9	GCCCAGTGCATTTTCGAGTATGGGTTTACCTGTGAAAATATGGAGGGTATTACTGAAAGT[A/G]CATGGTTTTTAACTAGCTCCAACAATGCGAGTTGTTGCGTTACTTGCTGAACAATTTAA
rs2171	9	GTGTATTGTAGTTTAGGACAGAGTTCCTCCGTAGTTTTGTAGTTCGGGTTTATCCCATTT[T/G]TTGGTTTCACTGGTGTAGCTTCATGGTGACTGGAGTCTGGAGAAGATGATGGTGATGACG
rs2172	9	GACTGTTTTTTGGAAGGATGATTGGAATGGGACTGGAAATTCACTGGCAGAGAGGTTCAC[T/C]ACCCTGTTCTCTTTCTCTAGAAATGAAGACATCTCGGTTTTTGGATTCTTAAATGATCAA
rs2173	9	TTCATGCTGGAATGCATTTCGGCTGGTACAACTTACACTGCTGCCCAACAGAAGTTAGTT[T/C]GTTCATGATTCCTTTTTTTCTTTATTCCGAGTGAAGACTCCCTACAAGTTCACCCCTCTC
rs2174	9	AGGTAGCTTGCTGAAACCTAGACGTGTTGGTGCTAACTCTGGCTGTGGCAAGTCCTTGTC[A/G]AGGTATTGCATTACCTGCCGCATATTTGGCCTTGAAGCAGGAAATGGATGCAAACACACA
rs2175	9	ATCCGATCCGATGAAGACACCACAAGGATATCACAATAATAGGGAACCTCCAATACAACG[T/C]CTTCAAGAAGGCTGCGACATCTTGAATATCACTATCTCTAGGTTTTCAATGAGAGAGTCC
rs2176	9	CGCTTGATGCTCTCAAACGCCCTTGCATGTAAAGCTATTACGGAATAATTGCAAAAGTAA[T/C]TTATACTCGATGAATTGTTCGGGCTAACTAGTTCCCAGCAGAACACTCTCTCAAGTGATA
rs2177	9	AGTGACTGGGTTGGGCCGTTGGGGTATGATCACTCAAGCCAGACACATGAAGTGTAGAAG[T/C]GTTCTACTGGGCAATGGCTTTGCTCCCTTGCAATTTAGTGACCATTCAAGCCAAGGAAGT
rs2178	9	AAATCAATTAATTCCTTTGTTTCTGCATACATTATGATCGACCCAGGTGCAAAAGGGATG[T/C]ATAGATAAAGGTAAAACATTGACTGTAGCTCATAAAGATAGGAAGACAACATATAATCAA
rs2179	9	AAGAATCACTGAACGATTGAACTGGACCAGCTCTTCCAACTATTTGTTCCAAAACTACGG[A/C]AAGGTCAGCATAGTACTTTCCCAATTAATTAGTGTTTCATTGTTTTAATCTGAACGGTAC
rs2180	9	AAGAGATTTGATTTGAGCTCATCTGAAATCATTCTTAGAGACAAAGTTATTCCAGTCACA[A/G]AGCATAGTGTTACTGTCGTGCTTGGTTTGCCAACTGGACGAAGAGATTTTGGGAAGAATT
rs2181	9	GATCCAATTTACCGAGTACCATAGAATGACAACTGAGATGAAAGGTTGTGAACTTGTGAT[A/G]TTGGTGCAAAATAACACTACCCCAAGTCACATGAGTCAGTAAATTATTTGATACATCATG
rs2182	9	TATATTCTAGCTTCCTATCAGCATAAATTAATGTAGAGCGAAGAGAGCTACCTGAATAGA[A/C]CTCCGATAAGAGATTGGGAATAATAACTTGTATAGTCACCCTAGTTGTGATCAATGGATT
rs2183	9	CGATTGGACCTAAAGCAGTTATAAACCTCAACCGAGCCAAGAGGAAACACAAATCAAGCC[A/C]AATGTGTCATCCAGATGGTAACACAATTATGAATGTACATGTGCAAATAGTATCTATACC
rs2184	9	AATTCAATGTTTCATCTTTTGTAAAATCTAGTGCAATAATCTCTTAATCTGACGAGAGGA[T/C]GACTACAAACTCATAATGCTGAAGTAAAAGGCTATGATGCATAGTGTAGGATTTATTCAA
rs2185	9	TATGTTATGTTAAAGAACGACTCTGTTGGCTAGAACTTGTGACAGCCCTTATGAAGGGGC[T/C]GGTCAACCAATAGCAAACCTTTTCTATGTCCTCGTAGCTCGCAAAATTAATTAGGACTCG

表 C.1（续）

序号	染色体	序列
rs2186	9	AAATTGAACAGCAGAGGTAACCGACGTGTACAACATACTGAAACTGGCATGTATCACTTA[A/G]TGTCATAACTCATGACAACGATGATTGTACTGATGTGTGGAATATCATAAGAGGTAAATA
rs2187	9	CTGCTCACTACCGAACCATCTACTTTAGCAAGCATGCATTAATATTGTATTCACGATCGA[A/G]GTACACTCTCTAACACATAAATGATAAATAGTTTTAAAAAGACGATATAAATTCGTAAAA
rs2188	9	CCTGATCACCGCCTTCACTGGTATCTCGTCGAGAATCCAGAATGCAGAGCTTCTTATCAT[T/G]CATGTTGAAAGCATATAGAGTCCAGTGGCCATCAGATGATACAGGGATTAATACCTATAT
rs2189	9	TTGATAGCCTCTGGGGTGTATGTCATCATCTGGCACACCATAGAAGGGCCTCCTTGGGTA[A/G]GCAGAGCCAACCTTCCCTCGATCAAATTCAGAGAAAGGGTATTCAGGAAGTTCAGAGTCA
rs2190	9	AGAAATAATATTGAAGATTTGAACAGGCATAAATAGTCATAGAGAGCACAGCACAATTGG[A/G]TTCATCAAGCAGGCATGCAACAGCTAATAACAAATACAAATAAGGTAAGGACAGAAGAAG
rs2191	9	TATCTAGTAGTGTACTGACCCTCCAGGATGGTTAAGACATATATGCAAGAAAGCATATAT[T/C]AGTGATCCTGTGTCAGAGGGCGATGTGACGGCTTGCGACACAAAGTGTTTTGTGTTGTTA
rs2192	9	AGGCACAGAATTAATATTTACCCGAAATCCGTATAAATTTCTTTGGGTGGGATTAGACTG[A/G]CCTTAGAGCTATCATTAGTTATGCAATTCAAAACAAGCAGCAGACGGAAAACGCTTGGAC
rs2193	9	ACCACTTGTCGAGGTGTTTAGCGCTTGGGTCTATTATTACTTGTGCATCTCATGTGGCCA[A/G]TATTACTTGACATATTTGACTTACAAGCATATGGGACATCCCTTCACAATCATGTTAGGT
rs2194	9	TTAGGGTTAGCTCCATATATTTTGGTGTGTTAGTCAATCTATACCGCTGTAGATCTGTTG[T/G]ACGAAAAATTCAGCCAAGGTACAAACTAAAGGATTTTCTTGCAAAAGATATATAAGGCAG
rs2195	9	ATGAGTCATCTATGATGGGTGTGTAAGTTATGTGACATGTAGTAGCTTCCATCCATCACC[A/G]ATGACTCATCTCTGACAAGTTGTAACTCACGAACTGTTATTGAAGACAAATTAATAATCA
rs2196	9	TTATGGTTAACTTCAGCGAAGTATAAGTTTCAGAGTCCATGGCAAATTCTCAACTCTCAG[T/C]ATGAGAGAGAATAAGACATATAAAGAATGTGAGCTTTGTCTCCTAAGTTGCATTCAACTT
rs2197	9	TGCATTGGCATTGTGCTGGCTCTATAAATAGGTGCAACTATTGGTTGCTTAAGTGTGATC[A/C]TATCATTCCTCACCTGCATTCATTCAGAGAATTCTCTGAAGACTGTTGGAATCTGAATAC
rs2198	9	TGATCATGTATATTAGTATATATATTATCTGATGGGCTAATAAGTGTCTAACCAATTAAT[T/C]GTCCTATTAATCATGGCCCATGTATGGCCCAAGATGTTTTCATAAACAACATATTATTAC
rs2199	9	CAAAAGATCATTTGTTGTCCCGGTTAAACGAGTACGTGTACTTCTTCCCTTCTATAAATA[T/C]CAAATCTAATACAAAATATGATACATTTTTCTGTTCATATTTATAATACTATCATATTTT
rs2200	9	TAATTTTTGAAAGCTGGGTGATGATCATGATGATATATGGAGTAGCAAACAATATTATAT[A/G]GTTTATGCTTGAAAAAGTGGCGAGGTGTGCTCGTAGAAAAGGCCGACAAGGTTCATCATT
rs2201	9	CATGGGAGCAAATGCCGCACAAATTTAGAGTGTACTGGTGTAATTTTGCCAAAACAGTTT[A/G]CCCATATTCCTGAGCACTTCCTTTCTAAAAGTTTCATAAAATCGCCATCTGCAGAACGAA
rs2202	9	TACTCCCTCCATCTCAAAAATCTCAAAATATAGCAACCTAATTTACTGGATTAGTCATAC[T/C]ATAGTGCAACGAATCTGAACAAAGAACCTATTCAAATCCGTTGTTAGGTTGTATCTAATC
rs2203	9	CTGTCTAACAGGCCTTGTGTAGAAAGGACTTCCATTAATTATTTGGTCTCCCTAGCTAA[T/C]TTGTGCTTTACATAGAGTCAAAGATTGCAATTCAAGTAAACATCATTCTAAGCAAGATAA
rs2204	9	AGAACAACTACGGCATCTCGTTAACATCCAAGATAAATACGGACGAACTGCTCTGCATCT[T/C]GCAGCAGAGAAGCTTAATTCGAGGATAATTTCTGCTTTATTGCTTCACCAAGGCATAGAC
rs2205	9	AGGTCCAACTCACTTAAGATAGAAACAGGAAGATTCGATGGAGGATGGGGAATAGAACA[T/G]AAAACTATTAAATTTCTGTTGTCAACTTTTAGGCTAAAACCTAAAATGCCCTTGTTTATA
rs2206	9	TGGTTCCATTTGCCCTTTGGGCTTGCTTAACTGATGGTATCACCTGCTGCAGCACTGTCT[A/G]TACTGTTAGAGAAGTGCAAGAATGTCGAGGTCAATGTACAGCAAGAAGACCAACAAAGGA
rs2207	9	TGCAACCGCACAAGGTGTAGGACTAGCAGCAGCAGATAGGCTCGGGTCCAATTTTGGATG[A/C]TTTGACATATGTCCTAATGGTTCGGGTCCAGTTGTGGGTAACCTAGGTGGCGAATAGGCT
rs2208	9	CTGGATTGCTGGTACGGCGACATCTGAAATTTTATACGACGTCGTGGTCTTAAATTTTGT[A/C]CGAATTCAAACTGAATTTCATAGATGTGGTCACAACCAACCGTGCCATTCACAGTACGAA
rs2209	9	ACCCACTAGTTAAGGGAGCAAAAGTGGACCTGGTGTTGGCCCAGTGAATTTTATGTCTTG[T/C]GGATGGCCCATTAAATCCCGTCCATTCGTTCGTTTTGATCCTACGGCTGGATGATGTGAA
rs2210	9	ATCGACAAATCCTGGAAAAGTCACCTCTTCCCTGTATCATATGAAGTGGCTGAGAAGTAT[A/G]TCTAATATTTACGTTGTGTTCAACATATTACACAATTAAAAGGAGTGCACATTTGTTCCC
rs2211	9	CTTATATGTTTCCTTCGTAACTCTTTGGTAATCTACTAAAAGCTTAAAATGCCGAGCATC[A/C]AAAGTTGTTCACATCGTTCTATACGTACTACCACTCCGCCTCGCCACCTCCTATTATATC
rs2212	9	TAAATTGGTAAGGACATGACTTTTATATTCCTGTGGCGGCAGACGATTTATTTTAAACCA[T/C]TTATTATAGTACATCTATGATGAGTAACAACAACCCTAATACCATAAAAAAATGATGGCC
rs2213	9	TTCACTGTGCGGTAAGATGGTTCAGTGATGTTTGCTCGCATGGAGAAGTCATTCAGAACA[A/G]TGCTACACTTGAATGCCTCCTATGAAGAAACACATAAATAGCATATCAGAAGCAAATTCT
rs2214	9	TGGTAGGCATATCACATATCCGAGGTTGTTGTTAGATGGAAACTCATTATGTTAAATCAT[A/G]TTTAGACAGCTAAATACAAAAGCGAACAGTACTTGTGTTGGTGGTAATTCGTCCTCTCGA
rs2215	9	CCTACATACCATAAAACTATTGCAGGTACCTCCTATAGTAACATTTCTGCTAACCAGGCT[T/C]TGTTAAAACTCTGAAACTCAGGTATGCCTTTGTTAGTTATCGCTTTTGGAAATTGAATAG
rs2216	9	GCCCTCTTGAGACCTGCTTCTTTGCTGGTACTTTGTTTCCAATCTACTTACACAATTTGT[T/C]TGTATAGCTGTATAATTGATCATTCTTTCGTACACCCTGCATACTTACGTACATATGTTA
rs2217	9	AAGGAGGTGGACACTCCCTGCTTCAGAACTGATTGGGGCTTCCTACGGTCTCTGAAAACT[A/G]ACCTTGCGTATTCTCTTGTTTCCAAAAGGGTAGGTTACAAAAATTAGCATCCACTATTTT
rs2218	9	TTCCTGTATGCTAAGAAAGTGGCGATATCATACCTGCATAGCACAGAAAATCATGTGATG[A/G]CTATGGCATTAGTGTTGGCTTGCCAAAGTTAAGAAACAAAACAAGATAAGAAAACTTGAA
rs2219	9	TATTCCTTATTATTCACTCAGTTACGGTCCTGATCAAGGAGATGCATCCATTTGAATGGA[A/G]CAGAAGCAAATTAACCCAAATATTGAAATGCTAAAACAGGAACATTCCAGAAATCAGACA
rs2220	9	GTTTACCTTCCTAACCATTGTCAAGGATTCGTCAGTTGTGCAAATGGTTCTACCTGACCT[A/G]TTACGGATGAAGGGTTCTGTAGTTGTATGTGTTGGTTAGGAACAGGGATGACTGATGATA
rs2221	9	CTTCCACATGGAGCTGACATTGTAGCCACCATTGAGCCGCTCATCGGCAATGGAGCTTAT[A/G]TCTCCTGAGGCAACTTTCTCTTTGACATGTTGAATAATGTGACCATTGCCTTGTAAGATT
rs2222	9	GCAATATCATAAACATAGAATATTGTTCTCCTTGATTATTTCGTAAACTCGTTCGCATCT[T/C]AGATCTACACACCTCAGGGAATTGAAAAATAATATACTGCCTCCATCATAAATGGAGTTA
rs2223	9	GCGCCGCGCCGCCACGTCGGTCACCAGCGCCGCCGCGCTGCCCACCCGGAAGATGCAGTT[T/C]GTCACCAGCATGTGCTTGTTCTCGCCGAAGTACCAGTTCAGGCTCATGTTCTCCGTCACC
rs2224	9	ACATTATCCTGTAATACGAACGACTAGGTCATCACAAAATACATCCTTGGATACATCATG[T/C]TTTCCTTAAATACAAGTATATGCATCAATCTGAAATAATGTCATAGAACCGTGGAAACAA
rs2225	9	TTGTCCAATTGGTCAATTGGGCTCGCTCTCAAGTTTGCATTCAATTCAAAATGTAGCACT[T/C]GGCAACATCCAAAGGTGCTACTTGGCCAGCCAGCCAGCCAACTTCCCAAATGCTTAATCA
rs2226	9	TACTAGGCTGTCCTCTTTTCGTTCCCCTGCAACCATGGAGCTTGTGAGTAAAGAAAAATA[A/G]AACACTGAGCGTTCGTCAACTACACTATGATGCTTTTCTTTTCCTGCATCCCTGGAACTC
rs2227	9	GAGAAAAATGACCCTGGATGTCACTTATTAAATCCCTAGATTATTGGAAGTGGAAGGGTC[A/G]TTGGGATAAGACGGGGAGAAATTTGAATAGTGATTGATGTGATAAATAATACAAAGAGCA
rs2228	9	CATGATATGTACTACTCCTATATATGGTATCTACCACCGGACCAATTTATCTCTAATGTG[T/C]GAACCATAATTTGTACTATGGGTCCGTATAAACTAACATGTAACATACATCATAATTAAA

表 C.1（续）

序号	染色体	序列
rs2229	9	TTAGTATCTGCCTTATTATGTAACGCACAGTCCAATTTGGCAAAATAGCATGCATAACTA[T/C]TTTTAAGGATTAAATAATTATAATCATTCTATGTATTTACTAATGTAAAAAAATGTGAAA
rs2230	9	AATGCATGTTCCAAGTAGAAGAGTCCTTGTCCAAGCAAGTTTTAGACAAATTGCTCGACC[A/G]TTCTTCACAGAAATCTACAAAACAGAAAAATGGAACAGTTATATTAACTTGAAGACATGA
rs2231	9	CAGAATAGGAGATAGAGTTAGGTTTGGATTGTAACCGAAATCTCTAAATACCTAAATATC[T/C]GTAAGCCACGTTGGAGGCTGTTTCTAACTCATATCAATATACGTGCAGCCTCGAACAGAT
rs2232	9	CAGATGCTGTATTGCAGTTGCTATTTTACTGCCTTCAGTTGGATCCCCAGCAACAATTGC[A/G]TGATGCTGCTGAGAGAAGTTTAAGTGCTCATTGGCAATATGAACCAATTAAGCAAAGCAT
rs2233	9	GCCCGAGCTCTCCTCTGCCAAACCGTGGCAATAATGCCACCCCTATTCCTCTTTGCTCTA[T/C]ATACCTAATCTTCTTCTAAGTTCTTCGCTTTTACTTACTACTATTATTATCATTTTCACG
rs2234	9	GAATTTATCCATATAATCGAGAGTAGATAATCCGCGATAATAATCTGATGAATAACAAGT[T/C]TGAATTTTGATATGTTGTTGTTGCTGCAATGCATCTGATCAAGCCACTGTCCTTTTTCCC
rs2235	9	CGCTGGTGTATTTTACTCTTAGATTAATGCAGATAATAGGCAACTCGAAATCAGGTACTC[A/G]ATTTTAAATTATCTCATGCTGGTGTTCGAAACAATCAGTACGCCACATTAATGTGAAGAT
rs2236	9	CAACAAAAGTTCGTATATATGCTTCCAAATTTCAACGTGAGAACCACCGCTCAATTATAA[T/C]CTCCTCACCTTGTCGTTGACTGTCATTTTCTCCTTTTCTGAGGCTGATCTCTCCATCCAA
rs2237	9	GAGTTAGAATTCTGCACTAGTGTCGCTGTTACTGTGCAGCTGGGATGATCTCAGTGGCTA[A/G]CAGTAGTGCCGATTTGACCTTGATGAGCAATTGAGCATTTCTATAGATATCTGTGTGAAT
rs2238	9	TGGAGATCTTGCTGTATCACTATCCCAAGCAGGCCCTCAGTTTACCCAAGTAAGCTTAAT[T/C]TGTGCTCATAATCATCCTTTTGTTCTCTTTTGCTTGATCTAATACTTTCTTCCATATTGT
rs2239	9	TTGCTGTTTCGTGCAAGCCAACTTCAGGTTAAGGGTCAGTCTTTGAATGAAAGGATTTAT[A/G]TAGTAATTTCCTAAGATTCAAATCAAATCCTATATATGAAAAAATGTTCTATTTGCCCCT
rs2240	9	ATTCTGATTGAAAAAACAATTTGCAGGCAGGATTGGGTGAAGTGTGCACATATAAATAAA[A/C]AACAGGAACATTCTATAAGGCTGTTTAGCACAATGAATCAGTAAAAAGGTGTTTAAATGA
rs2241	9	AACTAACAATCGCACAACCATCTCCGATCAGAACCTAAATAGAGTAACCCCTGCATAGCT[A/G]CGCATCATCGTAGGGGGGATGATGGATAGTATGGGTACGGACCGCGAGGTAGTCAGCGGC
rs2242	9	GTTACATGAACACAGTTCATCTTCAGATGTAGTAGAAATCTGTGCATTCTGAGGTAGATG[T/C]TTCCTCTTGAGAGGAAATGCTGATTTATTACACTCTGATTTTCTAGCTAGGGTACTGTAA
rs2243	9	TTCCTGATTGTAATTAATTAAGCCTTCCATAACTTATTGCCACGTGCCACAGGAGTTACA[A/G]TACACATTGGCGCCATGGACACAAACATTACATAGGGCAAAGCAAATCACGAGTGGTCTG
rs2244	9	AGGCCAAAACACCCTGCCTTCTTGGACATCTAGGCTGGCATCCATGCAAATGCTTTGATA[T/C]GATACCCTTTTACATCAAAGTTTCAAAGTGACCCTACTCCTTTGGGATTCTTAGGATTCA
rs2245	9	GGCAGGGGGTGGTATTATTTGTTAGGGTTTTGCCATCACATGATCCCCACCAACCCAGCA[A/G]AGAAATCTATCAAGACCTTGCAAGCCCATCACTAGAACAGGATAAAGCATGATCATCAGG
rs2246	9	TCATTGGAGAAGACAACAACTTCTGTGTGGCTTTGTTCAACGAACATGTCCCGTGTCTTA[T/C]CTTGCTAGCTCGCTAGCGGCCTAGCGCTGTACGCCGTGGCCCCCGTGGATTTTGGAGCCA
rs2247	9	CCCTCTTGCATCATACTCGTACTACCATACTACTGTGATATCATACAAAAGTCAAGAAGT[A/C]GTTTGGTACTCAAAGGACCAAGAAGCATCTTCAATTGCCAAGTCATGACAATTAATCATT
rs2248	9	AACTCTGATTGAGTCGAAGAAGTTACTTAAGTTTCGTACTGTTAAAAATGGTCAATTACT[A/G]TCATTAACCTAGTTTCTACTTATTAGCCCGTGCCGTACTTAGCATTAATTAGCTCGTATA
rs2249	9	CACAAAAGCCGGTTTGTTTGAGATAAATGAGCAAATGTTTCTCTGAATTTTGCTTGGTTT[A/G]TACAAATTGATCCCATTTTGGATTGAAAGTTACGGCAGACAAAGAGGTTGGTAAGGCCGC
rs2250	9	GTCTGGTACACTCTACTATACGATAGTTTCTGGTCAATGGTCATGTGCTCGAGCTCGTCG[T/C]AAATCTGCATCACTCAAAAGATAAACCTGCCCCTTCCGTACAAGCATACCTGGAACACTG
rs2251	9	GTTGGATATTACCATCATTGCTGTTCAATTTTTTAAAATAAGTTTTTAGTGTGGACTATT[T/C]TTGAAATAAATTTTCCCAAAGGGCCAAACTGTCAAAATTTTCGGAGCTCACAAAGTCGCA
rs2252	9	AAGAATTTCATAGGATTTTGATGGGTACAATGATAGGAAATTTTTTATAGCATTTGAGTC[A/G]TACAAAATTCCTCCACAAAGCCCTGATTCAAAAGGAGGCCTGAACAAGGAATTCGACCGT
rs2253	9	TGTGAAAAGCAAACTTGGCTGCAAGTGTCGCTTGCATCTGACGTTGATGACGTTGCCAAG[T/G]TGGCTGCGTGTGTGGGGACGTTTGTCCAGGTAAGGTGGTGGTCTAGAAATTTCTGTTCCT
rs2254	9	TAGCAAGTAGATAGTATTGAGCATGATTTTTAGTACATACTGGTGATCTGGAAAAATGCC[A/C]GATATGTTTGTTTCCTTGCTGAATGTTGAAAAGCCTGCAGTTTTGACACACCTGGATAAT
rs2255	9	CTACTAGATTAAGAAACAATTTAAATGGTGGGCAGCCCTGCTAGTGCAAGAGAATGGATA[A/C]GGGTTACTTATTTGCTAAGTTGCATCTATGGTAGGCCCTAAAACAGAGAAGGTCCATGGG
rs2256	9	GTCTGGCGCCCGTCGGCAGGGCCGGGTGCCCTGAAGGCCTGAACACATACTGTGGCTTAT[A/G]TTATCAGTGGCAGCTAGACATGCTCATCTGATGAACAAGCTGTTTTCTGCATGCTCCTAT
rs2257	9	CTGTGCCGACTGCCGAAATCCATCACGGCGCAAAACTCGCAAAGCTCGCGCCGCGCATAG[T/C]CCAAACCGCGAAAATTTCGCTCTCCCACCACGAAATCCCCAAATTTCCCCGCGCGGTCTC
rs2258	9	ACCAGCAGAAAAAATTAACATGCATAATTGGGTTGCATGTTTTGTTTAAGTCATAGCAGA[A/G]TAATCCAACTGTATCTCTTCAAGAGTTGACAAACATCAACATGCACAGTTAAGTTATAGA
rs2259	9	CAGCTCGTCGATCCAGAGCATGAAATGTTCAGTGTTCAGCTATCTGCACTACTACAGACT[A/G]CCGATTTTGTAGCCAAGGATGTATAAACGTATGCATGCTTGTACTACCACCGTATAATAT
rs2260	9	AGAAGATAAACTCCACCCGTTCTTGGAAGCAATGGGACCTGGCCTTATTAGTGACAGACT[A/G]TCCTCTCGATCAAAGTTTTCGCTTGCATCATAGGTAAACCTAAAATGGGTAGCCAAAGAA
rs2261	9	CTCTCCCTGCGCCCAAATTGACAAAAGAAAAGAATATATACGAGATCGTCTCTGTCCTTG[A/C]AGCAGTTTTCCGGCTCGATTTGCACGCGCCGCTGGTTGCGATCGGGGGCGTGACAGCATG
rs2262	9	AGAGTTTTTCTTTGTATGATTACTGTCCAATTATACCCTGAATTGTGAGTTCGAATGCTA[T/C]TACTAGGATGTGAACCACGCTGTTCTGGCCGTTGGCTATGGTGTCGAAAATGGCGTTCCC
rs2263	9	TAGCACCGATCGATATGGGCAGAGAACAGTTCCATGTCCGATCGTGCCCATGCATGCCTT[T/G]GCAACGCAGCTGTGCCTGCAATTTTTAAAGAGAGCGCAACGATTGAGCAACACAGTTGCA
rs2264	9	GGAGCCAGCAGTGTAAACCTTGTAGTCTGCAACTGCCTTTATTCCGCCCCATCCTAATTC[A/G]TGATACTCTGTCCATATATCCCGGCATGATGTATTTGAGTGGGCAATATTATTGCCTTTG
rs2265	9	ACTACACTACAGTGCCTGCAGATGGTGTGGACTGATGATGGCACCCCGCCAAAATTCAGA[T/C]TGATCAAAATTAATTCCTGTCCCAGAATTGGGGCACAATCGCCTATAACGATTAACGTAC
rs2266	9	AACACGGCAGTCCGTGCAGCCGGTGAGTTCTCTGATAATTTTAGGTCCAAACTTTAAATG[T/C]ATGCTTTTTCTTTGGTAATTTTGGGTTAATTTCGTGTCTGCCTCAACATGATTTATTTAA
rs2267	9	GGGATCGTAATCGTTGTTCGAATGCCTTCTTGTCAACATGGATCAGTACATTAACCAAAA[T/C]TGGTCAGAGATGAAGCCGGTGAGAGAGCATGGGAGAGAATGCACTACGGACTGAACACTT
rs2268	9	ATGGCGCTCCTAAAAAAAACAACGTGATGTTCCAGTCAAAATCAACCGTTCAGCGAAAGC[A/G]ACGAAGCTTAATCAGGGACCGAAAATGTCACGGAAGAGCGACACATGCGGATATCTGTTT
rs2269	9	TGAATATGGATAAACTCGTTGTTCAATTTTATTTTATATTTTGAGATAGAGGGATTAGTA[T/C]AGGAGTACATGCCGTACGCATCAGTATTCTTCATGACAGTGATCATATATTCAGACCACT
rs2270	9	TTGCCACACAATGCAGACGCAAACATGTAACTGACCGGAGAAATGAAGTGGATTTTGGCA[A/C]AAAAGTCAGGTTTCTACCACGCACCCATCGGTCAGCAGGAACTCCCTCTTAGACGGCCTC
rs2271	9	CTTCTACATGATCTGTATTCCTGCATGTTTCTTCAGTATAACGTGTCTACATGCATCACC[A/G]CATGATAAAAAACGGGATCATTTATGATCGGTTTCTATCTCAAATAATTTCTGAAAGAAC

表 C.1（续）

序号	染色体	序列
rs2272	9	TGCTCGACCCCATGCTCCAAACCCAATCACATGGACCCATTAAAAAGTCCACATTCTATT[T/C]CATTTTCAGTCGCATAGGTCTATAAATAAAATTTAATCTCTATACACTTTAATCTTCGTT
rs2273	9	GACACGATGCATACAACAGGTTTCCCTTGACCCGAAGAAATTCGTGGGTGTAGCTTCTGC[T/G]CCTGATGCGGTAGAATATCTTCATTCTGGCAAGAGTGTTGGCAAGGTACCATCGCTTATA
rs2274	9	GCGACAATAAATGTGGGTGGGCGCACGCACAGCGCCATGTCGATCGAGCATTTCATCCTG[A/C]GGCTGCCCTACAGCGTGAAGCATGTAAGGCGTTACAGTATAGTTTTGTCATGGTGGATAC
rs2275	9	CAGCATGACCCATGACATTCAAAGATTGTATGCAAGAAAGCATGACTTCGCAGCCCCTAC[T/C]ATTAATTTCAACGGGAGCAAAGAAGAGGTGATAACTAATTATTCAGAACCAGCACTAAAG
rs2276	9	GTCGACGTTGGCTGCATCACAAGCTAAAACATGTACTCCATGCCGACCGCCTTCTTGGAC[T/C]AGACCTACGCCATCTTTGCCTGATGGCAAACACGAGTTGTCGATCCACCTCGCTAGCGAA
rs2277	9	GTATGTTATCATCCAGCTAAATTTTGTGTCATTTGTCAGTTTTCTCACTGTGTTGGTGAA[T/C]AAGAAAGTTTCCATGCCATATTGTAGATTCGTGCGAGGATTCTTGAGGATGCAGGTATAT
rs2278	9	TACTTATGCTGCTATTAGTATTACTGTTTTCACACGTGCCACGCTGTGGTCTACCTTGTA[T/C]CTCTTCTCCCTTTTGCCATTTGTGGATACAAAAATGATACATTCCACAAACCAGTGACAC
rs2279	9	TAATCAAAATGTTAAAAGGGGATCTTGGGGTAGAAAACGAGTAGATTAAGACAACCATAA[A/C]TCAGCTCCTTAGTTTGAAAGACCATCATCAACAAACAACAAGACATTTACAAACTTTCAT
rs2280	9	CAATCCCAGCTCGCTCGGTTCAATTCGTTATCTGCATGCATAAGCATAACCAGTTAAACC[A/C]CATGGGATGCAAAGACCATAATTAATCAATCGTGTTGAGATGTGCTTTGCTTTGCTCCGA
rs2281	9	CTTTTGCATCAGCAACGCGAACCAGCATTTGTAATTTTTAGAGCAAATTCCAGGAAACCT[T/C]GCATTTTATTACAAGCAAATATAACTCACATGTCCAAAATAGTTTTATGAGAACTCATTT
rs2282	9	CTGCTGACAAATTCAATTGCACACATGGAAAACAAGTGAGCAAAACGAGCTTTGCAGCTC[A/C]CACGACAGACAGCAGTGTTTCTTCGGCTGCATAAATAGCTGTGCCTGCAAAAATACCGTT
rs2283	9	GTTGCCTGCACGCAACCTCTCCCATTGGTTTCTCCTGCTTTTTCCCTTTTTCTTTTACGT[A/G]CCATTTTGGTTGGCTACAAAACAAACAATGAGGGGGTGTAGTGTACCCACTGGTATGTGC
rs2284	9	AAAATCCCGACCTAAGATGCAAACTTTATCCCCAAAAATCGCCGTTACCACAAAAAAAAA[A/C]CTGGTCAAAAAGATGTACCTCAAGTAGTAAGAGATAAGCACAAACCAGCAAAAACAAAAG
rs2285	9	GCAAAAACAGAACCCGCTCCATGATGAGATGAATGTGTTACATGAAGCTCTGCACAATTA[A/G]AAGTCATATGGCAAACTTTGTAAAAGTACTGCTGACATTGACAGTAACAAAAATTAGTAT
rs2286	9	ACCACAGAAATACTATTGGAAGTTTGGAACAACCTAACACAAAGGCAAGAACCATGTGAA[T/C]AGACTCATTCATGTCCTGTAATCTTCTATCCACTGTCTAGAACTTCAATCCAAAGTCATA
rs2287	9	ACACTGCGTGACCAAGGCAAGCACATCAGGAAGGAAGAAGCCAACTTCAGATTTCAGAGG[T/C]ATCATTTCAGACCTCCGACATGTCAGCAACAGGGTTAACAATTTCGGAACGAAAATGTCC
rs2288	9	TGATGACAACCTCAACTTCAGCCCATCCCTCTCTCGATTTGGCTAGATTTCTCGTTCTGA[T/C]CAATCACCATCATCGACCTACTTCGTCCACTACCTCTCCAAGCTCGACTTCTTCATCAAC
rs2289	9	GAGATGATAATAAGCATGTAGTACATGTTCTTGCATCCGACATGGCTAGGATAGTACTAA[A/C]GATAATAGGATGTCTGCTGCTAATGCTAATCTGGTGCTAACTAGTACATCATGTTTGGCT
rs2290	9	GTCATGGCAGTTACGCACTAGCATTGCTTTTTTCTTTTCCAAAACATCGTTAAGGGACTA[A/C]GCTAATTAAATTAAACTCTATAATCCATTTCTTTCAAATACGCCTTATATCTAGCAGTCA
rs2291	9	TTTTCACACAAGCTGCTCGGCACCATGCTGCTCAGGTGCACATTCTGTCATTTGGAAATA[T/C]CCCACTTCCTTTTTTTTTTCTGTGGCAATCTGTACAAAAGCTAATTTTGTGTAAATTTGT
rs2292	9	CCGCTAATGAACGCGTTGATTTACAACAACTCCAACATTTCGAATCAAAGGTGGGGGTAG[T/C]TTAGCAATGGTAGCATGATGGGCCGCAGGAAATGGCGGGAAAGATAACGAGGAACATATC
rs2293	9	CAGACACATGCATGTCGATGAGTCGATCGATCGAGCGAGTGTGTGGCCTTTAACGACAGC[T/C]TTTTGCATAAATGCCTCTGAATTTATTCAGCTAGCGCTACTGTACTGCATGCTGCGTTCG
rs2294	9	TGCTTATGCGGAATTGGTGATTGACCAGTGGTACTGACAGGTGCTTGACGAAGACAAAGA[A/G]AAACGTCATTAGTCTTATTAGCAATATATGTAGATGTAGTGCTAACGAAAACGGGGTAGC
rs2295	9	TCGATCACACACACTGACAAAATCTCCAAAAGTTAGCCCGGCGTGTTAAGCTTGTCAGTT[A/C]TCACACTTGATAATAATAGCACGTGCACGCGGAGCACGTGCTCAGTCCACAATATAATTC
rs2296	9	GGTATGGGATTCTGGTGTAGTGGATTTTGCAGAGTAGATTTTGGTAACTAGGAGTACTTC[A/C]GAACACCATGGCTTTTGCATTTGCAAGTACGGTGACTTGGGTGCCGCACTGAATCTATGA
rs2297	9	TTGTGATGTTGGAACTTGGATGTGATGTTTCTTGGCTCTATAGTTTTAGCTGTTGACAAC[A/G]GGTCTTTGGGCCGTTTCTTGTGGCATTTGGCATTTCAATGGGGGTTTAGCTCATTGCGAT
rs2298	9	TTTTTTTCAAAAGTCCCAACATAATAGGTGGTAAGCAATCATATAATTCTCATTCCGCAT[A/C]CATTCAAGGGATGTGCGCATGGCTGCATGGCCTATCAATGTCTATAGAACTCAACATGCA
rs2299	9	ATAGTCACAAAGGTCATGTATCCTATTATCTTGTTTAGATGGAAACCGCTGGTAAAATCA[A/G]CAGAACATTCAAAATAACTGAATGATTTCTGATAAACATAATATAAAAATGAAGTGAAAT
rs2300	9	ATCGATCGGCACACGATTCTGGAGGAGAGATACACGCGACGCACGAGTGTGTCCGTTTCC[T/C]CGTGGCATCATGTGACGCAGAAGGGGCGTGTAAAACGGGGAAACTATTTTGAATCCTCAA
rs2301	9	CTGCATATATAATTTTTGTCACTTTGACAAGGTGAAGTTAGCCCGACAAATTAAGAAACA[A/G]TGGCACACTTCCTGACGAGTTGTGCAGGTAGTATTAGCAAACTGTTTTGGAATTTCATCA
rs2302	9	ACACTCCCAATGTTAAATAATGATTTCCTATAGGCTCTAGCTTAATAACACTTGAAACTC[A/C]TGAGTTGTTCAAGATGTCAATATCATGAGTTGGCTGACCACCCATAATAAACAGGCTAAG
rs2303	9	ATTAGACCATAGCAAATTCCATGGTAGCTCAGTAGCTCACCATCATAGTATCCACGTCAC[T/C]TTAGGAGAAATCACCAAACGATTTAAGTACCTGAATTAATTGCATTCATGTGATAAACTG
rs2304	9	TTGTCCATGAAGTTTAGCAGGAGATGATTCAGAGCATATTCCCTCTTCCTGCAAAGAGGG[T/C]TCGTACAGGCTCGTCTCCTTCGCAAACTCCTCCTCGTTACTGACTTTGATTTACTGGTCG
rs2305	9	GAAAATTATGGTTTAAATACCTAATGAAACTGATGGCATTACCTGCAGATGCAAGGAACC[A/G]GTTACAAACTGATGCTTCCAACTCGGTAAAGCCATCTCAGCTGATATCAACACCATCTGC
rs2306	9	TTAAAACTTATTATATTTTGGGACGGAGATAATATTATTTTATTTTCTTAATTTTGCATC[A/G]ATCTCAAGGCATGTTGGATGGTAGATCAATCGTTTACCTCTGCTTCAATAAGCTGCTGCA
rs2307	9	AATGTCGCAATTTGCCAATGGGATCAAATAAACGGCAGCTGGAATAAAAAGAGAGCCAAA[T/C]TGGTGGACACAATACACTGAAAACAAAACATTTATTCAACTATAATCTTATTCGTGAGCC
rs2308	9	ATAAAGACAAACTGGAAAGGGCATGGACATTGAACTTGCAACAAATGTGTTGATTTAAAC[T/C]GATTTAAACGTATCAAGCCGAAAACGAAGTACCTCCTAACTATTAGGTGTCCAGATCACG
rs2309	9	GCCATTTAGGGTTAGCTGACTGCCAATTTCAAGAACATACCGGTCACTCTTGCCATAACT[T/G]ATCACTTTCCTGCATATCCAGCATATATATACATATAACAGTAACGCACATTTGAATTGG
rs2310	9	CGCAGCAACAATATTTGAAACGCTAGATTACTTGTACCGTGCTACTCTTCGAGCCAAATG[T/C]CGACGTATTTGCTGGACCATGGTTGGCGAGACAAAGTCCTCGACAACTAGGAGGTTGTCT
rs2311	9	GCATTCTCCTGCACTAAAATTAGTGTCTTAGAGTATTTATATTGTGTATAAATTTAAATC[T/C]TAGAAAACCTTATATTTGGGAGGGGAGAAAACAGTAGTTCCTTGTCTCATGCTTTTTGTT
rs2312	9	CTGTGGGGTTGGCGCTTTAATCTTTGCTTTTGGGGTGGGTTTCGTATTAGAGCAAATCCG[T/C]TGTACACCAAACTGAAGATTTCAACAAAATATAGTGGTGGGATCTGCTTGTGAAAAAAAA
rs2313	9	CAATACAACACCAATGTCTCAAAAGGATGTTTTCACTTTTCACTCTATGCAGGTATCATA[A/C]TTAGCAATATAAACATTTCAAAACTAGACAATAATTATTGTCTGACTATTGTTAGCTGCT
rs2314	9	TGGTTACAAATAGAATTCCTAACATGGTGTGCTTAGATTTGAAATTTCAGAGTTGCATGT[T/G]CTTAGAAAAAATTCGGTGTAAAATCTATTGTAGACAAGAGGTAGTAATCAGTTTGTCAAA

表 C.1（续）

序号	染色体	序列
rs2315	9	ATGCAGCAACCAGGTCTCGCGTTTCATTTCCAAACGCAAGCAAACGGCCCGTTCAACCGA[A/G]CGTACGCCGCGTCGGATCGACCGGTGCAGAGACCGCGTCCCGCCCAGGAAAAACCCAACG
rs2316	9	CCTGGAGTATTTGAGGTTTTCTTCTGAAATCTCTATCCACGATGAGGTGCTGTTCAGATG[T/C]CACCACATATATAATGAGACAGTGGTAGATCCATACGAGTTAATTCTGAATATCTAACTG
rs2317	9	ACGTAGTATGTTTTTTCTGTAGTAGTTTGTTCTTGAAAGATAGATAGCATAGATTTTTTC[T/C]GAATGCCCATTTTGTGTGTGGCTAATAGTAAGGTACTAAAGATCCACATTTGGATGAAAG
rs2318	9	CATCAGTATTCTCAAGCCAAAGTACTACTCATAAATCTATAGCTTCCCCAAGCAAAAAAA[A/C]TACCTCATCTACCCCAAGCTTGGGTAACTTCCCTAGCACAGCTGATAAACCTCCAAGAAT
rs2319	9	TTAAATTTAGTACCTTTGTCATGCAAGCCAGCTATCTTGGTCTTGTTTACAACCTGGAGA[A/G]ATAAAAATAAGGAATCCATAAGTTGCCACAAAGGATGAGGGAGTCTCAAGAATGTTTTTC
rs2320	9	TTTCTTTAAAAATAAATCAATTTATCTGGCATCTGGCGCTTTTTACTCATTTAAGATTTG[T/C]TGTTCATCGCTTGATTCTGATCTGTGGTCTACAAGACCATATATTTTTCCTGCAATCCTG
rs2321	9	TGCTTGCGGCACTATTGGCTAGCAGTTGATTAGCCTCTATGTTTTTCCTGTGGCTATACT[T/C]TACGAACCCAAGTATTTAAAAATTAACACATGCCTGCCCGCAGCTATGAGTAATCACATT
rs2322	9	CTACTCCAAATGCATGAGACAAATCTGTAGTCTAGCTTACTGGCCTGTGAAAAACACAAA[A/G]CCAGGCCAGGTCTAAGGAGCACTAGTAATGCTGCGTTCTTTGGTGAGTTACAACTAATCC
rs2323	9	TTGTTCATCTGGCGAGCCACGTCGATTGTTACATAACAGCCACTAATTATTTCTGAAATA[T/G]TTGCTCGCTGTAATGCAACATAGAAAATCCAACTATCCGTTTGGATTAATCCATACCAAG
rs2324	9	GTCATAGATAAAACATCAAGCTGGGCAGCACATAAAACAATTATATTGCACAGAGAATTC[A/G]ATAGCAGCACAATATTGTCAATCAGGTGCAACTGTTCGTAACTGCATATATGTGATAACA
rs2325	9	CATATTCTAACATTTTCTTCACAAATAAAACCAGAGATATAGAGGTCTGACTGACGTACT[T/C]GACCCTTCCTTGAGAGCACACACCGGGAATCACCAGCATTTGCAACAATGAGTTCATCAT
rs2326	9	TGCCCAAATCTTATATATCAGTTGTGTCTTCAGGGATTTGTCATTCAATAGCTTCTCAGG[T/C]AACCTGCCTCCGAGTTTTCAATACCTCAAGAACCTCAAAACACTGTAAGAAACTGAATTT
rs2327	9	TTGTCCTCATATCACAAGATAGTTTATACTTTAGGTATGACACCACCAGGCAACATGCGG[T/C]CGCAAACTAAACAAAATCCTTACTGAACTACCCATGCTCAAAAGATAATATCTCGAAGCC
rs2328	9	GTAACCAGGATAAAATAATCACCAATGATGTTTGTGAACAGTTGGTCAGTGAGCAAGTAA[T/C]GGATACACCCTATCCTCTTGCTGAGTTGAACCAGCAAAGCGGCTTAATTGAAGAAGAAAT
rs2329	9	CCGAGTGAGTATGGAGCATGTTCACAGGTAGGTATGGGCTCTTAATTAGTCCTTTAGACG[A/G]CAAAAATCCTCTAACCATCAATATACTTTTTATTATCTTTCAATCAGTTTTTCTCCATCC
rs2330	9	GTGTTTTGAGGAGCCTGGACATTTCATTAAGAATTGTATGCCCTCTTTTGGCTAAAAATC[A/G]ATCTCTCTTTTAACTATTTCAATTTTTGAACTTTTAGTGCACTGTCCGTGCTACAGTCAT
rs2331	9	ATGAGCACGCACACATAGAAAGGGATAGGATGTAAGAGAGAGAGAAATTCAGTCCATAGC[A/G]AAACACTCATTACCCTGATATTTGCATACATCAACATAGGCGAAATGCGGGTGGTTTAAA
rs2332	9	GCCCAGTAGTGCTCTAGCTCTAAGTGACAGCATTCTTAATATAGATCATCTATTTTATTT[A/G]ATCTGATGGACTATAATGAACTTCCTCCCTCTGCTTTTTATATTATAGGCCGTTTAGAAT
rs2333	9	GTTCAGTTTTGAGATTCAGGAGGGGCACATTGCCCCCTTGAAGTCAAGCACTCAGCGCGG[A/G]TGATGAGAAGAGAATCGGCACAACATCTAATATGTGGATATTTATTCAGGACGTGGTTAG
rs2334	9	GCAAGATGGTGTCTACTTCCGGTTCCGGGTCGAGATTATGCACACATCACTTTGACCAGT[T/C]ACCAGGACTACATGTACAGTTGAGTCGGGGACACAGAAAAAGGGAGAGGAATCAGATGGG
rs2335	10	CATCGACATTGAGGCTAGCCAAACCAGCTTGTGGTGGGCTACATTTCTGAACTTGTTTAG[T/G]AAATTTTTGTCTTTTGACGACTACCTTGGCTTCAAACAGTCCATAACAATTATATCCACA
rs2336	10	AGAAGGGATTGTGTTAGAGAATTTGTTGAGCAACTAAAGGCAACTATAAGATCCCAAGTG[A/C]TCTTTATTTTTTTCTATATGGTAAGCGCCACGTAAATACCATGTAAAATAAAAACTAAGT
rs2337	10	AATCCAAGTCGACACACTTCGGGCAGCATTGACATTGCTTTCCTGGAGCACACTCGTCAG[A/G]TACCTGACTAAGTTCTTCACGACCGCAGAGAAGCACAGGCATTGAGTGAATTCAGCACCT
rs2338	10	CCTGTAGGCAACATGTTCTCATCTCCTCCCACCCTCGAGGTTCAATTTCATTTTGATACT[A/G]GATTTCCTATTAGAATGGTAAATTTAAAGATATTTGGTTCATTTTATTATACTATAGATG
rs2339	10	AGTAGTGACAGTTTTGTGTCGCAGTCGCAACCGCAATCACATTGTGTTATCTTGTCTCCG[A/G]CCAGCTCCCAATCATATACCTGTCGCGATGCATGTATGCTACTACTAAATTCGCTGAACT
rs2340	10	AGTTCTGTGATTACCAATAGGCGGCATTGGCGATATGGCTGAGCGAAGTGCAGCGAGAAG[T/G]GCTGCTGCTGACAGTTTTGGTGTAAATACAGTAGTTACTAGGATATAGTTGTATTACCTG
rs2341	10	AGAATCTTCTTGTTTCAGCATGAATCATTACACAAGAGTTACACACAGACAAGTGCATGC[A/G]AGCTACACGTGTCAACTACAGTTATGATCGCCTCTCCGGCTTGCCGGTGAACCACCGGTG
rs2342	10	GTTTCGTCAGCGAAATTCAATAATCGAGTTCTCCAGTGAATTCAGTCCTTGCGAGATGAC[A/G]AATTTGGAGCGAAATTCATGAAATTTGATGAATTTTGTTCAAAATTCATTGAAAAACGGA
rs2343	10	AAGCTAGGAAAAGCCTCATCAGTACTTTGTGGATGAGTGCAAGTGCAAATGCAAGTTATG[A/G]TAGCCAAGAATTTCCTAAAAATACTGAACATAGATCACAAGTAGCAGCTACATTAGTACT
rs2344	10	GAGCCAAGCGCAAACTAGACCGGATCGATGATTTTTCTTCTCCTCCGCATCTTGGATGAC[A/G]TCGAGGATGGCTGGAAGCAAGCGCTCCAGAGTCTCACGCTGGTCCTCCATGCCATCCATC
rs2345	10	TTTCACCTGAAGAAAACCAACATGAAGGATAGGAAAAGATCACACAACAATGCCCCAAAG[A/G]GAGAGCAACGCCAGTAGGTGTCGCCGTTGCCGGACCGAATGGGCTAGGCTCCCTCGTGTG
rs2346	10	TGGATTGTGGAAAACGATAGAAAGAATACTGATATCAAAGAAGAAAAAACCAAAAGAAAG[T/G]GCCATGTTTTGCACATTAAAAGGGTTCAAGCCAGTTCAATCCTTCTGACCCATTAACATT
rs2347	10	AAACAACGATTGGTTGTCTCATGTCTAGCCTAGATCTGTACTTATGAATTTTATGGCTAT[T/C]TATGGGTTGGTGAGCGATGCCTAACCTCGGTTCATATTATTTGCCCCTTTGAATTTTTTT
rs2348	10	GGCATCGCAAGTTCGCAACATGGCATGATTAATTAAATCTATATTAAGATTAAATCAACA[T/C]TCTCTCGCATTATGTTGCAGTAAAATATACCTTAAGTAACGAAATGGGCGTAGTTCAACT
rs2349	10	ATGGTGGAGGCAAGGATGCTGTTTGATGAGATGTTGCAGGCTGGAGTTGAAGTGAATACA[A/G]TCACGTTCAATGTTTTGATTGATGGTTATGCAAAGGCTGGACAGATGGAGAACGCTAACA
rs2350	10	AGTGCATCACGGTCATCTTTGCTTGCCTGATCAGGAAACGTAGACAGGGATGTTACTCCA[T/C]TAGAAGTCTTGAACATACCTTATAGGTGTTGAGCTCAGCAGAAAATTTATATGTTGAACT
rs2351	10	TGCCAATTATTTTGGTGTGGCATTAATTGATCATTGCCAAACAAAAAATTTAAGAGTCGG[A/C]TGGGATTTTCGGCCCCATCATTTTATGCTTATTATCCGTACCACATATTATTAACTAAAA
rs2352	10	TTGAGTAAATAAAATTCGGAGACCAAAAATTCCTCCAGAAATTTTTTTGCGAAAACTTGC[A/G]TCATGCTGGCTCTCTTTGGTTTTACACTCTTTTATGCCAGTGCCAAAATCTTTATATTTG
rs2353	10	TTTTATTAGATTGGTTTGTTCTCAAATTAGTTCAGTTTGTATTAGTTCAGCGTAAGCCAA[T/C]GACCTCTCATTTGGATTAAGCAAGAATTATCTCCTTTCCAATATCTCGATCTCGTCTCTG
rs2354	10	TCTGTGCCCTTGTGCTGTGGAGTGTCGAGCCAACATTTCTAGCTTCTATTTTGTTCTTTT[T/C]TGCTTGATGTAGTGTGGTCGGCTGGTTTTAAGAAAGTGCCAAAGGAAGCCGCCGCCGCCG
rs2355	10	CGAGTACTTCATCTCTGCTGACTGCTGCTTCAGCTTCGTTTTCTAGCTTCAGGTGATGCA[A/G]CGATATATACTGTATAATTGATGAAGAGCATGATGTTAGAGAGCACTTGATGGCCTCGGT
rs2356	10	TCATATCAATGGACAAAGAAAAAAATCTTGCATTCGAAAGGGGATCTTCCTAGGATTATT[T/C]CTAGTTACTATATTTATATCAATATCAATGGAAACATAGAGAGGAACAAGGTTGAGCAGA
rs2357	10	TGCTCACAATCACAATGCCATCATCCTCATCAGGACAGCCACACATGCTGCTACAGCTGC[T/C]TGTGTCCACCATGTCCACCAACCCTAGCAAGCACAAGCACAAGCAAAACAAAAGGGAACA

表 C.1（续）

序号	染色体	序列
rs2358	10	AAGAACTCCACTAATAGCTTGCAACGAATTCTGTAGCTTCCCCAGTTCTTGATGCACACT[T/C]CTGTCTGATTTAATCCCCATCAAACCGTGTTCACTAACAAACAAAATTATTTTTCCAATA
rs2359	10	CGCACGTACACACTCAAATGATATTTGAATTGAAAATGAACTATTATCTATGTCAATTTT[T/G]TTTTGTATGTTTGTAGGCACATATATTGTGACTGTTAGCACTCAGCAAAGATATCCTTTT
rs2360	10	AAAGTGCACATGTAATAGGTTGGCAAGGAAGAAATGATCTCAATTAACCAAAGCGAGTCT[A/G]TCACCATAGGATGAAAGAGCTGAATTAGCATATAGTCTTCTCTCGATTCTATCAACAATG
rs2361	10	AGGACATGCAAAACTAATAAAAAAATTCAGTTAACCAACCGGCCGTATGCAAAATCTTGT[A/G]CCAGCTACGTGCTAATCCTAGCCAAAATTTGTCGTTTCATGTATACATGCCATTACTATA
rs2362	10	TTGAGAGGGAACAGTTGAGTCAAAAGGGCTGTAATGCTGTATGGTGTGAAAACAGCTGCT[T/C]GCTAATTTATCTTTGCCCAATATCAACATTTTGTCAGCCTGTTACACAAGGTTGGTTTCC
rs2363	10	CGTTAGCTTGTGTCGAAGGAATAAGCAAGGCCAAGATCAATGATAGGGAAGTTAAGGTAT[T/G]TTATATCTTTACTCATACCACTGTTGAATCCAATCCAAGTACCACTTTTGCTTTCTTTGT
rs2364	10	CATATTGATATTGTATTGCTCTGCGCCCCATCGATCATTACTCCAATAGAACATATTCTC[A/G]TGAACATACTAGCCGACTAAGGCTCAAACATAATAATCAATAAGCATTAGCCAGGATCCC
rs2365	10	CTTAATTAGATGCCTACTGCCTCCAAGTTATGTTACTCTGTTTGTTACTGCATCCTATGT[T/G]TTTTTTCTAGATGATTTTGTTGAAGCAATCAATCCCAACCTGATGTATACTGCTCATTGT
rs2366	10	ACGTGGAAGCTAGCTGAAGTACGAATTTAACGCAAACATATCATCCATAGTTCTATACAG[T/C]CATCCATGTACACACCCGACATCACTACACCACATACGATGGAAGGGAAAGGAATTATAG
rs2367	10	CCAGCACTGACATTTGCTGCTACTGCTAGGATGTCTAGAGTGGATTATTAGTGATATACT[T/C]CTACTAGATACTCAGTTTCAAGTTATGGAGAAACTAAATATGACCTCTCTGTTATATTAA
rs2368	10	GTAGAGCTCATGAACAGACACCTCTCTGGAAGAAAATCCAGTAAACCATTATTTTTGTCA[T/C]TGTCAAGAGTAAGCAAGAGAACATGTGTCAAAAGGAACTAATATTTATCTAAGAAATCGT
rs2369	10	GATTCGCTTGCCCAACATATATACAGATGCCCTGCAATATTTACATCTTCTAGGTCTAGG[A/C]ATATTAGCAAATTAGCAAAACAGGTGGAAGAAACACTACTTAAGGAAGCAGGTTCAAAGC
rs2370	10	CCCATCCAAACTTTTGCATTTCATACTGTTCCTGTTTTGCGTTTTGCCAAATCCTTTGCA[T/C]AAATGTAATAAATGCCTATTACTTTAGTTGACCGTCGATCATCGATATTTAACCGTTAAT
rs2371	10	AATTCGAATCGGAGAAGAAGAGACAATTCTTCCTCCCTATAAATTTGGCGCCAACCATTC[T/C]CAATTCCACCAAAAGCTGCATTGCTCCAATCTGAGCGATCTCGCGTGCTTTGCCATGGCC
rs2372	10	TTTATTTTACATGATATATGGAGCACAATACTCTCTCTTCCAGTGCAATGGAGTTTGCAT[T/G]TGCCTTAGTACATTGCGGTATTTATCTTCCAGTGTAAGTAGTTTGTATCATAAATGAGGG
rs2373	10	AAGCACCCTCAGCTCATGAGCTACTCGCAAGCCAGCTCAAGATGGCTCGAGCAAACAAAC[T/C]ATGAGTTTTTCATCCAGCCCTAGGGCCGAGGTGAAATAACTTCTAAGTTAGGGGTCCTTG
rs2374	10	AACACCCTTGGGGCCATTGCCTGGAAACATAGAATGGTCACACGATATATATGATGCATC[T/G]ATTTGTTGCAGCTGGTCCAAGATCATACTCCTACGAGGAATTGTACACTGCAACAAATGG
rs2375	10	CTTAAAAAAGACGAGAACCCTAATTGGTTGACGATGACAAACATGGATGATGATAAAGTC[A/G]ATGCATGGATGGCAAAGAAGACAATGAGCACGATGTTTTTGGGGCCCAAGGGCAATACGA
rs2376	10	AAGGAGAAAACTGGAGAAGAAGGTGTAACAGAGGAGAAACATTTCCTTTCCCATTTTTCC[A/G]CATATATCATACACTTTCCAGCCAAAAATGTACAATCCTTGATTCGAGAGTACGATAAAT
rs2377	10	ACAGTGTGAGGGCAGATGATATACATCTCTCTGGGAAAGGATCGCGAGCTGCGGAATAGT[A/G]ATTAATTATTGGAGCATCTGATTGTTCTATATGTACAATTTTGAAGTTAACCAAACACAC
rs2378	10	GTAAAAGAGTTTATTTGATTATATATCGAATAACGTGTCAGTAATTCTTTGGAGTTAAGG[A/G]CCTCTTATTTATGGAAAAGTCGTGTCAATAGTACAGTTAGTGGTGTAGCAACTCAAAATC
rs2379	10	GATCATAGAATTGTTCTCACATGAAAGTGAAGCCTGATCCATCGAATTTTTCGGAGAGAA[A/G]TTTATCTAGACTCTCAGCCATCTCTGGTGTGACGTGGTTCACCCAATCTCCAATAGCACC
rs2380	10	AAAGGCAAGACGAGGTGGCGCCGTGGCCGCCGCTCGAAGCTCGCACGCACAATGGAACAT[T/C]TGTACCCTTTTTATTCCACGACACAGCTTGAGACGTCTAACTCAGTAACTCAGTGTTCCA
rs2381	10	TGCATGCAGTACCAAACCTGAATGCAAGAAGTTGAGGAAATCAGGGAAGGAGTGATTGAG[A/G]ATTGAGCAGTTGAGTACTCTTGAAGAATACCTTTCTTGCCTCTTGACAGAGCTGAGCCGT
rs2382	10	AGAGAAGGTCAATGCCTGCCTACAAACATGCATTATCGCAGGTGGGCCGTTAAGAAGGCT[A/G]GCTCCGATAATGTACGGTATATTGCAGGCGGGCCTCTTAACTGCATTATCGTAGGCAAGC
rs2383	10	ATATATATTATTAAAACTTGCCATCCAATCTATGTATGCCATTGTAACTATCCAATTCTC[T/C]ACCAACAAATAAATATATCGATCTTGGACTATCATGAGCACGATCCTATCTTTCTTCTTG
rs2384	10	AATAAGTTGTATTGAGTATGTCTGGCATTAGGGAAATCACTTGTAATGGATCCAATGGAG[A/G]TGACCCAAAATTTCCAGATTTCAATCATGATTTTTTTTGGCCAAAATCCAGAAAGTGTGG
rs2385	10	GTGCATTTGTTTACGCGCGCGTGTGTATATATAGATATGTGTACTCCTGATCTCATCCAC[A/C]GTTCATCCGCAACTAGCAGATCGATCCACGCTACCGGATCCAGATACAGAACCCGTTTCG
rs2386	10	TGGTGGAGGCCATTAATCCACTATGGAGGTGGTTCCCGCTTTCGGTGAGTAACTACCCTA[T/G]CCTGCCATAATGGGATGTCCACCCTTGGCAATGCCTTATAGTCTAGTTTTGATACTTTAG
rs2387	10	TTAACTAATAGTCCTGGAGTTATAATATGATTTTGAAGGAATAATGAATTTTCATGAAAC[A/G]CAATAGGCCTAATTGTTCTACGGATATTGACATCAAAACCACTTTGGTGTAGGGTGCACT
rs2388	10	GGCAAAGATTATCAATAATCACAATTACTTGTGTTTAGTATGTTTCTTGAAGTATGATTT[A/C]AGAGATAAATCGATGTAAACCAGCATTATGTTGGCTTAGGCTAAAATGGCTTAAATGTCT
rs2389	10	AAATGATGCAATATTTAGGTTCGTATCATTTTTTGAAATATGTTGCCATTATAGTATGAA[A/G]CAAAAGCATATAAAAATAGGACGAAATGTCAACTTCCTTTGGCCATTCTCGAGAAAAAAA
rs2390	10	CCTAGTAGTTCAGTTGGAGGTCGAGGACATTTTTAAATTCCCTAAGACATGTAATAATGG[T/C]AGTATTGAATGTTGTGCATTGAAATGTGCACGAGTATGCCATGCATGGTGCAAAACACTT
rs2391	10	CCATCTATCTGGTCAAAACATACAAGGTACTCTTATGGGAGATATCAGCATTTGATTCAA[T/C]AAATAAACAACATAATTGCATCACAAACGTTCGAAGAATAAATGTAACCTTCAAATCAGA
rs2392	10	CCTTTCCATTCTTCAAAAAACTAACACGTACTAAACACCCTTTTCAACTTTTAGTGGAAA[T/C]GATTTCTCTCATCTCTTCTGGCCCAGTTCAGTTCAGTGCCAACCCACTGAATTCAGCGAG
rs2393	10	ATTACCTTACTCCTATCACCTAGCTCATTTGTAGTTTGAATTTAATTTGAGTCGGTAACT[T/C]CCCCTGTATCAGTTTCTTGCAACCCTACCACCATTTGGAGTAATCAGTTTAATTTCAGTC
rs2394	10	CTCTCTGCTTCGTCCGTTGTCTGTGCAGAAGTAGGATAGAACACGATGATCGATGGGTGC[A/G]TGGATCCATGCTAGAGTAGGAGAGAAACACGCCCGCACGGAAGGTCCGCGTCTACATCGG
rs2395	10	CAATGAACCAAATGTGTTTAATAGCAATATTGCCCAACCAAGCAGTGACACTTTCTCTGG[A/G]AGTCAAACCAACGGAACAATTGGAAATGTATGTACTTCTCTGTTAATGACTGCTTGCAAC
rs2396	10	GGTGAGGACATAGAAGCCCTCGCCAAGCGGACCGATGTAGTATGTGACGTCCTCGATTGG[A/G]CCATTGCATGTCAGCTTCTGCCAATCTTCTAACTTCGCGCCCCAATTCTCCGTCGGTGGC
rs2397	10	TGATAGGCAGTGTATTGTTTGAGTGGAAATCATTGGAGGCATGATTAGGCAAACATCGTT[T/G]AGACCACGCATGATTTGCTGGTAATCATTGGTAGATCTATGGGAGGAAGAGTGGCTGGCA
rs2398	10	AGAACAGAACAATATTTTACATGGAGTCGACGCGTATGTGTACAGGATATGATATTTATA[A/C]GGAGGACATTAGGTACGATGCGTACTGCAGAACGCGATATCTCTACAACATTAGCATTAA
rs2399	10	GCCATATTTATTGAAATCCCATGGGGTAGCAATTCTGGTTATGGTCAAGACGGTAAATCG[A/C]GCCACCCTGTTTTCAAAACTTTCCGACACACAAATATGCTTCAACTTTCCATCCGGCACA
rs2400	10	ACATATTAAATTTTCTGTAGCTAGGTGATGCATATGCTCAACCTGGTACCAAAGCAGAAA[T/C]CTTTGGTGTAAAGTGTTAACGGATTTCTCTTGATGCCTTACAAAAAGAAATCAACACATC

表 C.1（续）

序号	染色体	序列
rs2401	10	CCAACACAACATAACACTATATGAAATGGTTCGGGCACGGACATCTCAGATACAACATCA[T/C]ACCTCATCTGTCAACAACATTGACGACATGTGTATTGTCATCCTGTTGATGCTGCTCCTC
rs2402	10	TGTTTGTTTTCTCTACTCTCCGTCTACTTCTTTCTTTCTGATATGGGCAAAATGCTGCTA[T/C]ACCAGGAGGATATATATAGTGATGACTCAGTAGTCTTTTTATGGGAAAGACAACAGTCCA
rs2403	10	TCTCCAACTCTGATATTCAATTGACCATATTTGTTTCCGTGGGCCACCAGAAACCATTGC[A/G]AGTTCCAACCTGCGAAGCTCTCATATGCATGGGCATATGCTCAATGACTTCCTGTAGGTT
rs2404	10	TTTCTCTCAATGCTACGGACAAGTGTGCACTATGCACAACTTATTTGAACAGGGTTCTAC[T/C]ATAGCAAGGCCCGTCTTGGGTTGTCAAGGAGTCCATCTAGCTACCCACAAGTAGCCATTA
rs2405	10	CTTGTGCAGATTTATGGATATTCTAGCACTATGCTGGATCAGGTCATATGTGATGGGCTC[A/G]TACCCTTACCTATGACAGGTTAAGCCATCGTCACAGATAAATGGTCACCGATGACTTTGA
rs2406	10	CGAGGGTGGAGCATGGGATGGCATCAATGGCGGCAACAATAGTTTTCAACGTTTGTGGCC[A/G]CGGGAGGACGAGGATGGTTGCAGAAGAAGAAGAAGAAGCCTGCGTATTGACTAATATTCG
rs2407	10	CTCATAGTAAATCTATGAACATAAATCTTCAAATGCTAAACTATATAAGTTTAACTCATG[T/C]CATCTTAGGTGGGACTTGGCCTTAGGCCCCAACCTATGAAAGGCTATGCTCTCAAAGCAC
rs2408	10	ACTGAGTCTGAACTCTGAAGAAAGTAGTGTTGCGTTGGCAAACCCTTCTTCGCTTCTCCC[T/G]TGAAATCCAGCTGAAACGCAGCTGAAATCCGCGCCACTACCACCACCGGCAGTGCGCCAC
rs2409	10	TAGCGCTGAGACATAATAGCATCAGCACCTTTTGGGTGACTTCTGCATGTCTTACCTCCT[A/G]ATTTCTCCATAAAGCATTCATTTTTCTTTACTACTCATTTCCATTGGCACCTGCTTGTTT
rs2410	10	CCTTCTTACTGTTTTATCAGACGGCCAAAATATAATTTGATTTTAGACCAGAAACGATAG[A/G]GAATAGCCCTAAAAAAATTAATCAGCATGGCCTGAAACATCCTGGATGTAGAGGCTGGGT
rs2411	10	TTTGACTTTCCTGCTTGAGTTGTTGGATCGCAACTCGTGGGTGAATCGAGATGGTATGTT[T/G]TATAATAACCCACACTTAGAACTTTCAAAAGTGTTTAAAATAAATGAATTGCCAAACAAA
rs2412	10	CGTCCAGGAGTATTGTCCAGCAACGGATAGTAGAAACATGAAAGACCAACCTTTTCCCAC[T/C]GCTTATGGGGAATCCTTAAATAGCTATAGTTGCAGCTCATTTTTTTGAGAGCCACACAAT
rs2413	10	GCTATTAACCTCAATTCAGTCTGCATAATGATTAGTGTTTTGGCTATCTAAGAGACAGCG[T/G]ACACTTGTACGTTAGAAATATCATGTTAACCCAGAGATGATTTGGTCCAAGATACCATTA
rs2414	10	TAAGGAGGAAAGAAGTGAAGGGAAAGTTCCGGCCACGGCGATTGATCCCACCAACGAGAA[A/G]AAAAAGAGGACTAAGATGGTGCGCTACACTCAAGACCAAATTCAGTACTGCTTTGCGAAC
rs2415	10	AAATATGTATGTTAATCAGAAAAGAGCGGGGCAAATAAGCTGGGAAGATCCAACTCCAAT[A/G]CAAATCACTTCATTAAGATTCATCTCTTACGTCCTGCTTGTCTTAGTACTCGGCTCCTGC
rs2416	10	ACAGGGTTTTTGATCGGAGGATCATGTTGATAATGTAGAGGGAGGCGCATCAGCAACAAT[T/C]CCACGAGGGTTGCGACATCCGAACGTAACTTTGTCTCTAACAGCCATTAATCCATTAGGA
rs2417	10	CTTCCTCATCTTTGAAAACCGGTGCAAATCGATTTATCGATTTCTATAATGGTTTGGGAT[A/G]CGGTTTCTGTAAGCGCCGCACACATATCAGTCAGATATGACAAAACATATATTGTGGGTC
rs2418	10	ATTTTCTTAATTTTTTTTACTGTATTTCAACGATTTTGTTTTTTCTAAACACCACACGAC[A/G]CCAGAATGACATTGTTAGCTAGTAGTCGTTTCCTACAAATGCAACAGTAGTAGTATCAGG
rs2419	10	GAGACCAAAACAAAGTACGTGTAACGTGTACTCTCTATCATGTTGGTGTGGATATAAATA[T/C]ATTATACCAGTCACACAATAATAGGTCTGGTGTCTATTCATTTATTCTTGTATTATACTA
rs2420	10	AACAAATCAGCAGCAGACAGGTTCGAGTCTCCATTCCAGAAAGAAAGAGCATATAGAGAT[T/G]TGGATTGGATTGCTCATGGCAGTCTGAGCAAACTGTTATTAGTACTAATAAGATTAAACC
rs2421	10	CACTAATGATGGTATGCTAAGACATCCTGCAGATGTTGTACAATAGAGAAATATCGATCG[A/G]ATATTTTCTGAATTTACAAAGGATCCAAGAAGCATTAGATTTGGGCTGAGCACGTATGGC
rs2422	10	AAAGCAACATGAGAGTGCTGAAGCATATAACTCAGCAACACAAAGCCATATTTTGGAATA[T/C]AGCCTGACCCTGGAAGTGCATTCCACCATGTAACATGAGTATAATCGGGAAAAAAGTTAT
rs2423	10	TTAATTTCTTTTCACACTTTGGACCACACCAATTCTCTTGCTAATCATGTCTAACCATGC[T/G]TCCGCCAAAGAGAGATATGATTTGCCCACGGGTGATGGAGTTCATCGGCATATAGAGTCA
rs2424	10	GTGGAAAATGAAGAACTGGTTTATGTGAAATTAATGTAAAACTGCTGTGTCTAGTGACCT[T/C]ATGCTTGAGAAAGACATGAAAATGTTTCAGTTTGTCTAGACCCACCAAAAACAATAATAT
rs2425	10	CAAACAAGGCCCACAATCCAAGTGGGATATAGATCCTATCAACTTATACCATGTAAGAAG[T/G]AAGAAATAAGGATGGAGTGCTAAGTGCTCCAAGGAGGCAGGGACTTCATTTTGCAACTCT
rs2426	10	TACAATAGCAATATTATAAGCTAAGGATGGCCTAACTTTCTCCATAAGGTCAAATTAGAT[T/G]TCCAAAAGCCAAAAATAAAGTAGTTTGTGCCTCTACATGGGCTTCTACAATATTTACAAT
rs2427	10	CATTCATCTAAACCGATGTGCATGTCAACAACAAAATCAAGTCGATATCTGTTACTGCAA[A/C]AGATTTACATCATGGCCTAATCGATTTGATATTGCAAAGCAATTCAGTCCAACATGCTAA
rs2428	10	TGACAAAATTATTAAAGCTGTTTTTGGAGGTCCAGGTTTAAAAGCATAAAGACAGGAAAA[A/G]CCATAAGATATGTTTGCATGAAAAAGTTGCCTAACTAAATGAAGACAAAATACAGGTCAT
rs2429	10	ATGGCCTTGGAGCCCATCCAGCTTGGAACTTAGCACTATTTCTTTCCACAAAATTTGTAC[A/G]GGTCTACGGGAAACCTAGAAAGTAAAATCCATGTCCGGCTGGGCCCTTCATGTTACAGAT
rs2430	10	AACCTAAAATTGTTGGTGCAGGCGGCCAGACGTCGGCGGCAGCGCACTGCACACAAGAAG[A/G]CAGATTTCCGTGAGTATGTGACTCTATTTTTCAGTTTTACTCGGCTCGACGACGGCTCCT
rs2431	10	CGGCCGTGTCATCGGCCTCGACCTCGCCAATCGCGAGTTCGATGGTAGGACGGGCGTGCT[T/C]GATGACCAGGTGTCTCTTGTTGGTGACATAAGCCGCTCTTTGCTCTCTCTGGAGCACCTG
rs2432	10	AGTGGAGAGGAACCGATTGAATAGAAAAATAGAGGTTGGTATATAGATATTTTCGTCGGA[A/G]ACCTCCTACGCTCACCCAGCTAGCTCAGCTTATATATAGGCACCTTTTTCTTAAGAAAAC
rs2433	10	GGCTATTAAAATGTTAGCTACACATTAGACAAGCTAAGGCAAGAAACTGTGGCCTTGAAA[T/C]GTAGGACCATGCAAGCAGGCCACGCCTCGCCATCAGGGGTCAGTTTGTTGACAACTTAAC
rs2434	10	CCATCCCCACATTGAAGTGCGCTTGCGATGTCCCCGCCGCGGCGCTCATTTTGAACACCC[T/C]GAGGAATCCTCGACGGTGATGGCTCCAGTGCGGCAAATCGGTAAGAAATGTTAAATTCTT
rs2435	10	AGTGAGATGATAATTAAGGCCTCGAGGTCATTTGCATTTCAAGAGTAAATTACATCTATG[A/G]CACATGATCATGGTACGCCATAGCTGTATAAATAGATACAACAAAATTTACAAATTGTAT
rs2436	10	GTCACTCGTTCTTGATGCGTTTTCAGTTTCTTGTACAGTGTTTTTCCCCAGCAACAGTGA[A/G]GTAGTATTCAGTTATTCACTGTTCAGTCATGAGTTCATCGCAAAATATGATGTAAGTATG
rs2437	10	GCTGTTCTCAGAACGAAGTGGACATTAAATTGGCTAAGCTTGATGACCCACTTGGCAATG[T/C]GTCCTACAACATCTTTGTTCCTGACCACCTCGCATAGGGGGAAAGAAGAGATGACCGTGA
rs2438	10	TATTGTCCGTTCTACCTAACCACCAATCGGGGAGGTTGCTTTGGTAATGAATATTGGTTA[A/G]TTAGGGCTGGTGTAGCTTGGTGAAGGTTTCATTCCACACAGCATGGACAACATAGGCATT
rs2439	10	GGCTAGGATTGCACGGTGAGATGCCGCCATGCGCGTCATCAGCTGCAAGTGCAAAGAGAA[A/G]AAAGAGAGGAGCACTACCACAGGAAAGGCAAGTTAAGTTAAGGGGTTGTGTGTTCTTGCA
rs2440	10	GCTGTAACTTGAGCGGGACATTTTAGCAAGTGCAACTTAATTTATGGACAAAGTCTATCA[A/G]GCATATTGGACCCACACATTTGACACGCAACAATTGCTGAGGCCAATCTCATATGAAAAA
rs2441	10	ATGCATGTGTGGCTACAGCAACTTGCTAATTAACTGGTATATGTGTCTCATTCACAAATG[T/G]GTAGCTTCCGTATCTAACAGTGCCGGCAACGATCCTGACTTTGAAATTTCATATTTACAA
rs2442	10	ATTAGTTTACACAATCTTTTACTCCCAATCCCAGATGGACCCACAGCACAACATGCCACA[A/G]CTACAGGAAACCATCATCGTCGTCTACCCTTCCTTAAGATACGAGCTGGAAGTGACAAAG
rs2443	10	GTAGGAGCTATCAGACTGTCATGGTTGATTCTTGGAAGTTGGAAGATGGAAACTTCTTCA[A/C]TTTAAACTGTTTTACAGGTATCTGAACATTCTCTGTTCTTGCAATACTCATTTTATTTCT

表 C.1（续）

序号	染色体	序列
rs2444	10	GGAGGACAAACACACTATGTTCATGAATAAGTGATGGCTCTCCAGTTTTGAATGTTTCGT[T/C]TAGTTCATAAAGCATTTGGGAAATTGGTTTCTTCTTTATCTGAACTACTGATGTACAAAT
rs2445	10	GATAATTTTTGGATTGTTTCTTGAATGAGTTTTGTCTCCAAGGGGGTCAATAATGCTGGC[A/G]TCCCTTGTGTCACTGCCTTAATTACTGATTAAGCTTTTCCTCTTCCTGAAAACCAAAATT
rs2446	10	TTCTAATGTCGATCCACGAGGGCCATATCAGGCAGGTCAAGCTTGTCCAGCGTGGTTATG[T/C]GATGAGTCCAACTAGAACTTGTCATCACCTAAGAATGATGTTGCTTACAACTCATAGCAA
rs2447	10	TAATACGATTTATAATCTGATTTTATTGTTTTGAGGCTTCTAACTTGCTGAATTTTGTTG[A/G]TCCTAAGTTGTTTCCTCCTGCACTCAGTCTGGTCCTCTTGATTATTGCTGTAGTTCCAGA
rs2448	10	GTTAAACATATTTAGTACGCTGTCAGTGTCAGAAGTATTTTCCTGTCTTGGATACTCCAT[A/C]CTGTCAGGCTTAACATGGTCTTTTACCTGTTCTAGAACATGGTTTCGTACATAAAATCAC
rs2449	10	TTAGACTGCACTGTCACCGAAGTTAACACTAAGTTGTTTCGTAATAAAGTAGTCAACTCA[T/C]GTTAGGCTCCCATCAAGTATTTCCAAGAACTCTACCACCCCATTTCCTCACCGCTCACTC
rs2450	10	ACCCTGACATTGGCATACTTCCCACAACGGGGTGCAAAGGAGGCTTGTTTGATGTTGCCC[A/G]AGCTCTGGACCTGAACTTCATCAAGGACGACAATCCGGTAACCAGGGTTCTTCTTACTCT
rs2451	10	CATAATGGCTTAAAGGAGATTATTGTTTAGAGAAATCTTTTGACAAGTGTGGATGGCCAT[T/G]TTTCCATTCCACGATGTCCCATAAGTCTCAGATGTTCTACGGGAGCATCGCTTATCTATG
rs2452	10	AAATACTGCATTCTTTTCTCCAACTTAGCTGTAGTGCTTTGTCATGAAGAATTATGGATC[A/G]AAATGCACCTGCTTTTGATCAAATGGTAAATGCAATTTGAACTACATGAAAAGAGGACGC
rs2453	10	AGCATTCTATTATATTAGTTCCCATCTAATTCCCTTTTCCTCAACATAAAACCTCCACCA[T/C]CACCAGCGCCCTAAGCGATTCCAGCATTCTAGCACCACACAGCAGTAGAGGAGCCATGAA
rs2454	10	GTAGTAGATATCTTGGTTGTTTCACAGTATCCAATTCCCTTTTATTGACTGCATTCTTTC[T/C]GACCGAAGTTTAACAAAGAGTCGATTCTCAACCCAAATGAGGTCCTCGACATGGACTTGG
rs2455	10	TTACTCCCGTTGTAAGAGAGACAATATACCTATAAGATACTTTCACCTAGGAGTATTTCT[A/G]GATTGGTACATACACAAGGAACTTACTACTGAAAGTGCACCTAGATCCCCAGTAGGTTTT
rs2456	10	CCCTCCACAGCAACCTGATTACCTAACCAAATTATAGTCACCAAGAAACCATTAGCAATG[A/C]AAGCAAGTTACGGATGGACATCGGGTGGCAAGCAGCAGCCTCCTGTCCTGTTCATCCTGG
rs2457	10	ATCAAAGATAAACGAGAAATAGCAAATACTTCTGTGGACTATGGAAGTGCTATGCACATT[T/G]ATGTTAATTATATTGGTCAGCACATTCTGTAGAGAACACAACTAGCAACCACCATGTACG
rs2458	10	CATATTGCTTCTAACTTTATTTTTAAATTACCTTATAGCTAGTTTTTAGTTCTGCCCTAA[T/C]CACATCATCCTGCTGACAATTCCTCACAGAATTTAAGCACTTTTAGTCCTTCACTTCATC
rs2459	10	CAGATCCTTAGTCAAGTCTGGAACCAGTTTCCAAAAGCTCATCATATACAATGTTTGGTT[T/C]GCAGAAATTGCAAGCAAACAAAACATGAAAAAATATCTGGGAAAAAAAAGGCTCTTTGAA
rs2460	10	TGTATATATATGCTGTTATTGTCCGATATTATACTTGTTGAATATTTTGGATCACCCTAT[A/G]TGTGAGCGGAATTAATGTACCGTCCTTTTACCTCCACTGTTACACGTTTAAGTTAAAATT
rs2461	10	CTCAAGAGGGATGGGAATGGAAGCTAGGGTTTTGGCCAAATTTGGTTTTTGAAATTTTTT[T/C]GCTAAAATTATTTTCACAGACAGTCAGCATAGGTGACCACAGGCATGCAAAAATCCCGTT
rs2462	10	TAGTACTACATAATTACAAAGTCTACTTCACAGGGGAAAAAGAGTGCAGCCGAATTAGAT[A/G]GACTATGACTTTTATGCCTGGTTATACATACTTTCTTATTAGTTGGCCTGAATAAAGATA
rs2463	10	GAGCATTAATTGAGATCATGTATGTGCCCACGATTTACTGTGCGGGGACAGGCACATTAT[T/C]GTGACTTCAAGTGCAGAAAATTTTAAAGCTGATTTCTAGCCATTAAGTGCGGATACTTTG
rs2464	10	CCAGTTACCTGCTGGATCTGCATTTTGTTCCTTTTCAAGCTGCCCAAGGCCACCCTTGAT[T/C]TTCCACGATTAGCCATTTTGTTCATCGGTTAGCTAGAGTTCGATTTGCATGCCCACCATG
rs2465	10	GCTTCAGTATCTCGTATCTGATAATTTGTTTTGCTTGACACTTTCCAGACCTGACTTGAA[T/C]GATATTGGATCCGGTTCTCATGTGCATCTGAGTTTATGGGAATTCGATCAGAATGTGTTC
rs2466	10	ATGGGTAGAATCGTCGCGGAATTATACTAGGATGAACAGCTAGTGTACGTTGTGGTGGTA[A/G]GCTACGACGGCGATCGGTGGGCTGCATCTGTCCGGGAGTGATGTGGGGGGCACGTACGT
rs2467	10	TCCTGCTGTGGTCCATCTGAAGCATCTTCAGTTGTATCATCTGTGGAACCAAAGCCTTCC[A/G]CAAATAGATGAATCAAAAGATCCCCAAGTGCATGAGTCATTTCAGATGTCTGAAACCATC
rs2468	10	ATTTTTTGGGTTCACAAGATAAGCTGTATCAGTTTGCAACTGGAATCTTCACATGATTAG[T/C]AAATTATGATGCCAGAAGATGCACTTTACTTCCTGCCCCTTTGTCTTATTAATTACCTTA
rs2469	10	TTACTTTCCTGTATTGCCATATGATCCTTTGTTTCCCTGTGTACAATTGGCAATCTGGTG[T/C]ATTGATCAAAGCGATGTGATGTATAAAAACTACAAAAATGGATCAAATATAAAAATCAAG
rs2470	10	TGTTAGTTTACTGATGCTGAATCACGCAGTGGCGCAGTATTAAGTTTTGGGTGTTCATGG[T/C]ACTTATAACACAAATCTACATAATGTTTTATATTGATCATAAAAATGTTATAAGTGCCAT
rs2471	10	TGTGCACTAGGCAAATGTGCAACCTGCATGTTGCGTGTTGAGATCATACTAGTACAGAAA[A/G]CCCGGTGACAATTTTGGTGATTTGAGTGCATCGTTGGTTCCTACTCTGTGTAATGAATGG
rs2472	10	TTCTTTACATTAAATTGTTGATCAAACATGGGTGATACACTGAAGCACCCACCTCATCCC[T/C]TGTGCTTATTTCGGTTTTTGATCTGAAATTTTTCACCCATTTAACGTTACTTTTGGCTCT
rs2473	10	CACGCGGACACAACTTTGTTGAATTGGAACAAAGAAGTGTTTCTTCATGCAGAAAATTCA[T/C]CCAATAAAGCAGGGAGGCCTTTAGGATCTCAAGGATATATGGGGCTTTTAATGTTTTCAA
rs2474	10	AAAGCTAAGCTAAGCTAAGCTGGAAGATAAGCCCTCATGGGGGTGACAAGAGGGGGAGGA[A/G]GCTGCTTTTGGGGGACTGATGGGCATTAGTTCTGTCTGGTAGGCTAAGGTATAGCTTTAT
rs2475	10	TCATCAATTTGGCCGTACTAGTGATCGAAGGAGGGTCAGCCGCTAAGCCAAATTGGCAAG[A/C]AGTGACATAGTTTCCAGAAGTAAGGAGCTAAAGCTAGGCTGCTAAAACAGAGCAACGAAT
rs2476	10	AATTTATTATAATTTATTTACGGGTTGCATTTGTTATGGCATTTCCCTTGCCTAGATATC[T/C]TTTTTTTCTTTTCTTTTCTTTTTTTGAAGTTATGTATAGGTTAGAGTTGAAATGTTTGCT
rs2477	10	AGGAGTGATGCCATAAATCTGAAGAAATTTGAGCGTTCGCTGGTGAAGGTACAGTTATTT[T/G]AGCTATTAACATCTTTTACTGTGTTCATATGATAAATGGTTTACATTTTCTATTGTAGCC
rs2478	10	ACACAAATACGAAGGTAACGATGGTCAATTAGAAGTACTAGCTCCGCCCATGTTGTTTGA[T/C]ATACTATTTTTAAGTTGAGTATTACAGGTTATGTGGTGCGCTTGCATAGAACAAGCGTTG
rs2479	10	TTTGGTTGTGAATTTAAGGCTTTAAAATTTAAATAGCACCCATAAGCCATGCTGTTATTT[T/C]CTGATATGTTGTGTTGTGATTGGACTTAATGCACAGTTTTAGTAGCAACTGGAGTAACGT
rs2480	10	TCGCTATGAGAACCCTACCCCCAATCCTCATCAGCCAGCAAGGCTTTCCACTAGATGTCT[T/C]AATAACTCTTGATGTCCCTTTAACTTGACCCTCCAGAATAAAATCTCTAACTTCCAAACA
rs2481	10	TGAAGGTATATAAGAAGTTTTCACCTGATATGAAGTAGATTGGTTTTGTTGAGCAGTTTC[T/C]CTTAGCCATTTGATTGCCAATGGAAGAGATTCAAAAACAGAACTAGCTGTACTGGAGTTT
rs2482	10	CACTGAATACAAAAGGACGAGAAGGTTGCAGCGGCTTGGAGGTTGGAAGAAAAATGGCAG[T/G]GCTGTTCGCCTCTCAAGTCTCAACGTTGGTTGGTAGTGGGGCAGTGAGGCTCAGGAGCAT
rs2483	10	CAACTGAACAATCATTCCAAATTCCAGAAACAGCATCACATAGCACTTTCCGGTTACCAA[T/G]CTGCAACACGATGAAGCAGAAAGAAGGGAATAGGAAAATTTAATGATTGTTTTTTTATGA
rs2484	10	AAGTAGGTGATATAGGCCCTCTACGTTCAAAAACACAACTGCTGTTTGAAACATGTAAAA[A/G]AGCATGAGGTCTCTTGGAAACGGAACGGAGGAATATAAGATTTTATCGGGTTTGAAGGCC
rs2485	10	CCTTAAAAATCATATAAATTCCTGAGTTCCAAAAAACCTTACGCAAAAATATATAGAAAA[A/C]ATACCAGAGAAATCCACAAATACACTAAAAGGAACGCCATAAAAATCCCCAAAATATCCA
rs2486	10	TTGTTGATGAGCAGCATTCCATACAAAATTATTGTGTAGGAGCATGACAACTAGTGGTAT[T/C]AATGCTACCACGGTATCACAATGTCATGATCTAGTATGATATGTGGAACTCTGAACTCAT

表 C.1（续）

序号	染色体	序列
rs2487	10	CGTTGTTAGAAATTTAGAATGCCACAATTACTAATTAAGAAAAGACCGATCGATCGAACT[A/G]TTGCTTTAGCATTTGTCAAATGTATGACAGTGACGAATCGATCGGCCCGATTAATCTAGA
rs2488	10	TTGTGACATCAAAGATCCAAAGCAAAACATCGAATGGACCGTTCCAGAAGGTGGAGGCGG[T/C]CCAGGGTACACAGTAATGTAGACGATAGCAAAATACTGCCTGATACCATGAAAACATTAA
rs2489	10	GTTTTAATGTAGCTGCAGTGACTTGTGAAAACCTTAGCTGATTAAGTTTTATGATAATAA[T/C]AAGAATCTGTCTTCTTGTCTTATTAAATGTCTCAGTATGGTTTAGCTGAGGATACAATGA
rs2490	10	CACATGTTTTGTAGATAACTAGCACCTTTAAGATATCTAATATGACTTGACCTTTCTGCA[T/C]GTCTTTACTTATGACGAGGAACAGTAGTACTTCTGTTTCTTCCATTGTCACGGCGCATGT
rs2491	10	TGAGACCAACGCAAGAACGCCAACATCGTCAGGTTGCAATTCAAGGATATTGTCTGCTAT[A/G]CTTTCTCCAAGCTCCAGCTTCTTGTTATTCAGACAGCCTGAAAGTAGAGCAACCCAAATG
rs2492	10	CAAGGTGTCGAGGCTAACATTTCCCCGCATGCCTGCATTTTATTTCATTGGCATTTGCCA[T/C]ATTACTTAACAAAAAGGTGAAAAAAAATGCATTTGTAAGAATTTAATTATCAAATGCTCA
rs2493	10	AGCAACGGCCTAACTTGTTCTTTAATCAGCTGGATGCCAAATAAAGAGCTATAAGAGGGG[A/G]AAAATGATCTGTACATACAATATTTGACTATCCGGTTCCTTATTAGCTCTTACACTGACA
rs2494	10	AGAGCCTTTAGTACAGTCAGGGGACATCATTTAGTTCTGCACTTGCTTGCAATTATTCAG[T/C]TTCTTGCAATTTGTAGCCGCCAAATTGATTTCATTCTTCCTGAAAATTACACAACCGTGT
rs2495	10	CAGCACGTGCTCACAATTCAATTCTACAGCATGTCATGGCTATGTTCTATATTGCCTGAA[A/C]TCGAAAAGATACTTACAGCAAGTATAATAACACATGAGCCAGATTATGAATCATCATGAA
rs2496	10	TATGATCATATTAATCCAAGGAAGCTAGTATGATGATTAAGTTTGTGATCAAGCCGTACT[A/G]TGTGCATGCCAATGCATGCATGTGTTCAAGTGTACACTATGCTTGGTCTCAAGTGGATCA
rs2497	10	TCACAATCTTAATGAAGCTATGGACGAAAGTACAATACCTGTGACAATTCGACGTGGGCC[T/C]AGTTCCTTTACACCATCCAAAAGCCTCGAAAGAGACTCTGGAGTCCTTGCATGATCAACG
rs2498	10	TTGTGTTCTTCCTCTTAAACTTGTCTTGCCTACTAGGCTACTAATATGGAGTTTATAGTA[A/G]TTGCCTTTTATGGTTCTAAGATTAGGGATGACGCCACTGCGCCCACCTTTTCCTTTACTG
rs2499	10	AATATATGGCCGGAAGTGTTTGTATCTGCTGACTAATACTTGTTCTGATCGAGCATTTCT[A/G]ACATAGTTGCATGCCTTGGAGAGTTTTTATTTTTGCCTAAATGTGCATCGATATCGTAGT
rs2500	10	TTCAGAACCTATTTGAGCCAAGTGAGCAATATTATACATCAAGACATGGAAGTAGTAATT[A/G]ATATTTTGCAGGTAAGAGCAAGCAGACCAGTTTATGGCTTACCTTGAATGCATCCTCATC
rs2501	10	CGACCATACGTCGTTGGGACTGGGCTACTTATTAGGCTTCCTAAAAATAACTTGATTTGA[T/C]CTACCTTAATGGTTTAGATATCTAGTAGTGCTGGTCCAAGTATATACACACCTACAGGCT
rs2502	10	CACTCTATCTCTTGGGCTGTGGCACAGATGGCCCATTGGGTTGTCCATGTATTCTAAACA[T/G]GCCCATTTTTAACTACTCTATATATACTGCAAGTGCAATAGTAGTGGCTGACGGTCTAGA
rs2503	10	GTTATATAAGTTTAGGGATGCCATATATCTGATTTTCGGTTCAAAGACGATTTTTTAACT[T/C]CGTGACAAGATGGGAGATCTTAGGTGAACTTTTTTCCTTTGCGAATACATCAATGTTTGC
rs2504	10	CGTAAACCGTCGGATCTCAACACCCACCGTGCTTGGATTGTTAACACGTGTATATATCCC[T/C]CCTCTCGCTCATATAGGTAGCTAACGTACGTGACAGTACTGCCCTAACATTCTTACCGTG
rs2505	10	GCATTTACAATTATGCAACAGCACATCACCCAATGATAGCTGAAAAATAATAGAAAGATA[T/C]TGCAACCTTTATAATTAGAGGGCAAGATTCTCGGCAAATATCCAAAATCATCACTTGAGG
rs2506	10	TACCACCCCCGTTACTGTTACTGCTGCCTGCTGCTACTACTAGTAGCACTGAATAATGTA[A/C]TATTGTAATCATGCATGCATGTTCTCTTCTCTTCTCCGGTGTGCTCGATGCAAAGTCAGA
rs2507	10	TGGGAATGCACCGTTCCATTACGCCGTGTGCAATCCTGTGACCAAGAAGTGGGTGATGTT[A/G]CCAAAGGCCAACTGGGCTTCTGACTCATCTTATCTTGAAGACCACCCCATTGCCTGCTTG
rs2508	10	CCTGTAAACAAATGCATGCGTGTACATCTATCTCTATGAGTATCTCTCAAGATAGAATCT[A/G]CATGTTATAAGAGTTATGAAGTCACAACAGATTTATACCGACATTGTTAAAAGGATAATT
rs2509	10	TTTCTGATTTGTTTCTCAGAATGCTACAGTAACTCAAGATCGCAGCACTGATGCTTGGAC[T/C]GATATATCACATCCTTCAATTGTTTCTGCACAAATAAACCAACCACCTCCTGTGGTTGAT
rs2510	10	AGTAGCGTTTTCTAGATCGAGACTCCACAAGAAATTTGTGTGGTCTCCGCTTGTTGCTGG[T/G]TTTGGTCCGTCGGAATTTGGAGTTGGACAAAAATGCAGTAAAAATGCGAGGAATTTAATT
rs2511	10	CACAAAATTTAGCTTATAAACATATATAGGCATGAGCGAAACAATAGGGCTCCAGGTCTC[A/G]TAGAAGGCGAGACCTATGTGCAAATGGGCCAAGGACAGCTACGCAAATATATAGACCACT
rs2512	10	TGACATGTTGATAATTGAGTTGGAATATATTAATATGTATATGTCAACACCCTTGATTTT[A/G]TAGTTTGTAAAATGGAACTGAATCAATCATCGGTGTGGTCCAGAGCAGATGATGCATGTG
rs2513	10	TTCTTTAAGACAGCATTCTTCGCATAACCATTCACCATCTGGAACTTTCTCTAACTTCAC[T/C]CGCATGCAATAACTAGTCAACAATAAACAGAAATTCAAAAGCTAGCATATTGCAGCATAT
rs2514	10	TTAAAGCTCTCTGGAATCTAGTTGCTTCTCAAGCGCAAGCAGTGAGCTGCCATCTTTCCT[T/C]TTTGCACAAAGTTTATTAGAGGATGAACTAGCTAGTTGGTAGTATACTAGTATGTGCAAT
rs2515	10	ATTTGTAGGCGATGTTCTTCCTCCTCCTGTCTCCCCCATCTTCCCCAGTTATCACTAGGT[T/C]TCCGAGCAGTGACAAGAGGTGATGAGTGGTAGGGAGAAGGGCGACGGCCTATGGTGCGAG
rs2516	10	AGCTACAGATAAATCTACTGGAAATCCCGTATCTACCCCTCCCGTCCCCACCTATAGCCA[T/C]AAAAAACACGTAAATGCCACAAAATCCAAGGGGCAAAAGAGACCATCCAAATAAAAAAAA
rs2517	10	CTGCGGCGAGCGATGTGCACTACATCTCTCTCCACCTTGGGCTCAGAATTGGCAAGAACC[T/C]GGAGGGCGAGAGCAGCCCTGACGGCGACTGCGGGAACCAGAGGCCAGGCGACGGCGGAGC
rs2518	11	CCATGTCAAGGTAGGCTACGTCGTCAGAGGTGATGTGTTGCAAGTACAAGAGTCGACGCC[T/C]TGCCTTGAGGAGTTTAAATGCAAATTTTAACGTAAAGCTTGCCAACTTGTATTTTTATAA
rs2519	11	CTCTTCTCTCAATGGAAGTAGATGAGCCACTACCGTAATGGTGGCCTAAGATATATATAT[T/G]TTTTGAATAGTTGACGGTACCAGTTCTACCGAATATATTATAAGAGGAGAGTTGATCCTA
rs2520	11	TTAAGGTTGTTGCAGAAAAGGTTTGCAGAATGAGAAGCAAAAGCAGTATACCCTAAAGTT[T/C]GTGGTCATGCCTACTTTTGCATGGATCTCATATATGAATACTCTTTGCTCGTTGATGGCT
rs2521	11	AACAACTGATGGGTGCAGCACTGCACAAGATAGTAATCTTTTTATGACTTCATCCATTCA[T/G]GTATATACGCATATATCCATTCAGGTATATATGCGTAAGAACAACTGATGAGGCAGATTT
rs2522	11	CTTAGCCTTTGCCGCCGATATCGATCGGATCTCCGACTCGGGACACAAGTATGTCTTAAA[A/C]TCGCATCATTAATCTTAATTTAGATATAAGTTAATGATCTTGTGTGCTTCCATAGTTCCA
rs2523	11	AGATCTCCCCTCTGGCCTGAACTCATGAACTCGTAAAATGAAGGTACAGAAGAATCCACA[A/G]GAACATGCCAGACCAGTACAAGCCAATTCAGTGTGAAGGGCTGTATGCATCAGCTGCCAA
rs2524	11	ATAATTGAGTACATGTGTTTAAGTTTCAAAGTAAGAAAGAAGTGCATGCATCGGAAGAAG[A/G]AGTGAATGCATTCATGTACCGAATGTATATATCATCATCTGATCCGTTCCTCTAGTAGAT
rs2525	11	GCAGACAGTTAGCTACGTCCAGAATTCCAGAAATTCTAGTATACATCGTGTATAAGTACT[A/G]AATAAAACTGAATCACATGTCAAGGTAACAATACTTTTTTGTAAGCCAGAGTATCCAATC
rs2526	11	ACACACTATCGTGTTGCAAATGCTTGGCTAATCATTTTCCTCAAAATAACAATTAAAAAT[A/G]AAAAGAAGAAGAAAAAAGTGCTGGCGAATTAAGCGTCGACAACCTCGCAGCCGCACAAAA
rs2527	11	CACAACATTTCATATTTGATACTTCACAGTAGAATTCATCTTGACAAGAATCAGGAATGC[T/C]ACCATTCACCATATATCTTCACATGCATAGGATTTAGAAACAAACTCACCATATACAAAA
rs2528	11	TTAGTATTGTATACCTCTGTCATGCACTTGTTCTACTGTTTTACCTGACCTATACCACTT[T/G]GTATTTACTACTTGACTTGACAATCTGGAAAAAAAGTTGACCTGATCCATGATAATGTCA
rs2529	11	CTAGTCTAATAGTATTTGGTTTGGCAATATGTGACATGTAACCAGACAGATCCATAGGCT[A/C]TTTTATGATCCTGTGTTCAACAGGTTTAAGGTTTTCGTGAAGAAGTGTAGTTAAGGTTAA

表 C.1（续）

序号	染色体	序列
rs2530	11	CGGCTTCCAGCTGCTGCTTTAGCTCATAAATATGGTTCTGGAGCTCAGACTTGTGAGAAT[T/C]CAATTCTTGAGTCTTCTTAGCAACTGCATCACGAATTTTCTCCTCTTGTTCTTCCCTAGC
rs2531	11	GATCAGGAGACAGATGGCTGCAGAAGACATATTCACCACTAATTTGACAAGTCTATGCCA[A/G]GAGTGCCTTCAAACAATTCCAGCCATGTAGTAGTCTTGCAGATCATCTGTGGTAGCACTT
rs2532	11	AAACTTTGGACTTTGCTGATAATTCATTGGGTTCTTGTCTATGGATCCTCCTTTTTGAAG[T/C]GCATTCTACAGACAGCGAATTATCCACCCTTGGTCCAAGAACCTTCCTACCAATGATGGG
rs2533	11	ACCTGAACACTAGACTTAATCATTCTTTCATTTGTTAAGGATATGCAACATCAACAGATG[A/G]CCGATAATTGGCATTATCAATGCACGTGTCATTATGTGGTTTGATTAAGCTTTGGATGTT
rs2534	11	TAGATGACTCCCGCGACGAGGAAGATCGCAATGAATTACTACTGACGATACAACTTACTG[T/C]CGGCTTGTCAGTGACAATCAGCGGCCTCTTTGCAACATTGCTACAAGCTCCAATGGAAGT
rs2535	11	CTCCATCATCACTGTGCGTGAATATAGCACTAATTATATGTAACCGGCCGGGCTGAAATA[A/G]TTACCTTTGATGAACAATATGCAACCGTACCATATTAATTATATGTAACTAGTCATCAAC
rs2536	11	TTTGTCTTCAAAAACTATCGATCGGCTTTTATCTGAGTGCAGAGCCTCCCAACCACAAAA[T/C]CGGATAGAGAGTATCCCCCATCTATTAAACCAGAGTAAATCGGATCTCTCAGTGGTTTCG
rs2537	11	AACTATTGCTTTTTACTTGTTGCAGGAGTGGACAATTGACTTGAAGGGGAATCTAAGCCC[T/C]TCAAAGCGATCATGCTTTTGGAAGTCTAAAAGAGTGTTCTTTGTCACTCCACAAGTTCTA
rs2538	11	TGTCCAGTCTGCCTCAGCTCTTTTTCAAGGTGACTTACAGGATGATTATTTGAGAAAAAA[A/G]TATCTACCTTGCAGGAGCATCTGAAGGTGCTCGTCCAAGTACCATAAACTTTCCAAAGTC
rs2539	11	CCTGTCACCCTGTCTTGCCACTAGAGTACAAATTCAATATTGGAACCCAGAATTACGAAA[A/G]TTAAAAACAAAATAATAAAAATGAAATGGAAAAACAGAATGTACACAAGACAGAGAGAAG
rs2540	11	TAACTGGATAATAATTAATAAAATGTATGTGTGCGTTCCTGGTGAAGCTAATATATATAG[A/C]TAGGAACGAGATGTAATGTCATGCACTGGTGATCCTTATATGTACCATGAGAAAGCATTA
rs2541	11	CTTGTCCGATTCTCACATCCTGATCGAATCGAGCATCATCCATATATCGATGGGTTAATC[T/C]CCCTGATCCGAGCCATATATAGCTAGCTCTAATTGAGTTGCACTTCTAATTAACCTAGCT
rs2542	11	AACACAGCTGGGACTTTGGCAGGAATAGTTGGTGTTGGTCTCACAGGAAGAATTCTGGAG[A/G]CAGCGAAGGCATCTAACATGGACCTGACAAGCTCGGAAAGTTGGAGGACAGTCTTCTTTG
rs2543	11	TGCTGCAACTACAACATCTATAAGACAAATTGCAACTAAAGCTGCTCTTACGGCTCCATC[A/G]AACACACATCAGTATATCATCATGCATCTTCCACAAAAGCTCGATTAATTAGGTACTGTA
rs2544	11	TATGGCTTCTCTATTTCAGTGCAGCTGTCGCCTAAACTCTGTCAAGCTTAAAAGAATTGA[A/G]AAATGGGCCTACCTTCATGATTCCATCCACTAAATATCCAAACAGAAAAGGTGGATTTAT
rs2545	11	ACCTCTATCACCAAGTACGATGAGGAGGCCGGTGAAGATGAGCATAAGGAGAGGGTCGGG[A/G]AAAAGGAGGAGGACTACTCTCGTTGACAGCTGAGGAGATAAAGGTCATTACCACCAATGA
rs2546	11	ATTAGTAGAAAATCTTAACTTACTTTGGCATTGATGCTTTGTAATTCTCCAACAGAAGTC[A/C]AAAAGACCAAAAAAGGAACTCTAGAGAACGAAAATGTATATTACTGCATGATATAATAAG
rs2547	11	AGTCATCATTTCTAGGATCCTTAACTTCTAATGCAGATTTTTGCACCCGATGATTCTGTT[A/C]TTAATCAAGATCAGGAAAATACACACTCTTTTGGCATTTCAAGGCACTGGTTGAACATGT
rs2548	11	AGATCTGTGATTCCATGAGATGGTTACTACAATCGTGTGCTGTTGCCTGTTAGAACTGTA[A/G]CTCCATTTGATGAATGGCTTCTTCAAAAGGGGGAAAACCATCCATACATTTGTCCCTAGC
rs2549	11	TGAGACGATGTAGTACTGATCGAAATCACTGGAGAAATTATTTCCCTGAAACAAGAGAGG[A/G]TCCCGATCCATAATTCCACTTGGGTACTCTAATTCAGTGGTAGTTGAACATATTATTATA
rs2550	11	GTTCCACCACCTTCAGCCGCCAGTACATCATTATGCAGTTATTCATGCTCCACCGGTCCA[T/C]GGACGGAGCAGCACAGATTGACAACTACACCTTCTAACTCACTGGTCACCATAGTGTTCA
rs2551	11	AGTAGCCACAAGCCCAGTAAAAAGGGACAAAGGCTAAGCCAGTGCTGGTGTCAAATGTGA[T/C]GCCGACGGCCACAACATCCTGAATGGATCCATCTGCCAGGTGAAATCAGTGCAAGTCACA
rs2552	11	ACGTGACACGAATAATCCGTTTAGAACAAGGCCTTGCCACTTTGTGCAACTGTACAATCA[A/G]CCATCATGTCCTTCCAAAATTTTTATCGGTGTTGCATCCTACATATATAGATTCTGCTCG
rs2553	11	TCCTGTGATTCCATTATTTTCCTTCAGGGCGGGAGCCATTTTCTCTGTTGTGATAGCTGC[A/G]GTGACCATGCCCCCTTCATCACTTTCTGTTTTAATGATCACATTTTTGGAAGGGTGAGCA
rs2554	11	GTTCCTCATAATTGGACGCAATCTAGTTGCCATTGTTTTAATGAGTGCATCCAATAGGTG[T/C]GAAATGTGCAAGACAAACTAGACAATAAGATTTGGGTATCATATTTTGATTGGTTTCTAG
rs2555	11	TCATTCCCTCAGTTGGAACCGATTTAAGAATATCCCCATTGGTTTGAAGCAGCAATACCA[A/G]ATGGCAAATTAAGGAGAATTTAGATACATCGACAGCCCGGGTCTTCCGCAACTCTGTCTT
rs2556	11	AAGTACTATGTTACATATATCTAAATCAAATACATTTGGCTTGACAAAGTTTGTAAACCA[A/G]ACAGTCCTTAACATCACAAGTGTGTGTTGGCGAATGGCGATCACTGATTAATTAAGAAAA
rs2557	11	AGGTGGAGACTCCCATTATCCTCGCTTCAAACTTCAGTAGTAGAGACTTGAGTCCTCGTC[A/G]CTCCTATGATACATCCGCTCCTACCTTTAAAAATATATCTTCAAAGAAAATTGTCTTGTA
rs2558	11	GCACCCATCTTCTGCCTCTAGCTCAAGTGCTTAATTATTTTCCCCTCCCCTCTCCCCCAT[A/C]CTTTCTCTGCTTCTCATCGACTAGGGCAGGGGAGCACTATCTCTAGCTTGGAATACGTTC
rs2559	11	AAAATTCGTAGGGAACAAACAACTGGAGGGCCCACCATGCTCTACCCTTTTCTTTGTTAG[A/C]AGGGAGAAAGATCCTAGGTGGCAATGTTTCCCTACAACAAGATTGAAAACCATAAGGAAC
rs2560	11	GATCTGTGACAAGAGAGCAGGGCTAAGATACCTCTCCAAGGAAGAATACTTGGCACAGCA[A/G]CCTGAGTGGTGTGATCAAATGGCTTGGGATGCAATGGCTACTGTTTGGGTTGATCCTGAA
rs2561	11	CTGTGTAAAAATAGTGGAAACAACTGATATTGTTTAATGAGAAGCTATCATTTAAAAGGG[T/C]TCGTCTCTCTGTGTGGAGAAGGTGAACTATATGCATGGTTTTGAAACACCGAACAATACC
rs2562	11	GGGAAACAGAACAAATATTTGATTGTGCAAGTCTGTGACTTTGGCAGGCACACGGCAACT[T/C]GAGATTATTGTCTATTACGACGATACAGGAGTACGGGACCATATATAGCCACTTTGTACC
rs2563	11	TAAAGGCACCACCGCACCATGCTAATGTATGTGTGCTACTACTCAGATAATTCAAGAAGG[T/G]TGTTAAACGCACAATTAATAGACATATAGAGAGAAGCATTGCTTCATTAGCTGTTCACAT
rs2564	11	GTATGGATAAAATGCCAAGAACTTATTGTAAACGAGGGAGAATTTATAGTCAATTTGCAG[T/C]CCAACCTTTTGGTGATAGCTAATTTGATCATCATCTCATAAGTACTTGTATCCCTTTCCA
rs2565	11	CCTAGAACGAGCCTTGGATTCGTGGATTATGAGATGGCACAAGAAAAAAGTCGACAACAG[T/C]GGCAGAGCTGGCGATGTTATCGAGCCTGTGCAGCTAATAGTGTTTTTCGATGATCAACTA
rs2566	11	TAGTCATAGTTGAGTTTGTTTGTATGTACTACCAAAGTAGCGTGGCTAACACACAAGTTT[A/G]ATCTCATTTAAAGCCGATACTGGGTTTATGGGGCAGCCTGTCTCTGCAAGTTGCATCCTG
rs2567	11	TGTTTCCTGTGGACAAATATGTGGACCAACCTTAGTCCCAGAACATCCAACACCATTCAG[T/C]TTGCTAATTATAAGCATGGAGAAACTTACAATGAATTTCACTCGCATAGGCAAACATTAC
rs2568	11	GCACTAACCTGGAGATTAACTGAAGACCCTTCTCGAGAAGCCGGAGAGAGGACATCAACC[A/C]GAGGATGGATGGAGCTCAATCACTGGAGATTATAAACGGGATTTACGACGATGGCGCCAT
rs2569	11	GTCACTCAATAGTTTAACTGGTGGAATACCGGATGAGATCACTTCTCTTAAAAGATTGCT[A/C]AGTTTAAATTTATCATGGAATCAATTGAGCGGAGAAATCGTAGAGAAGATTGGGGCGATG
rs2570	11	ATTAGTCTTAGCTAAGAGCGAATGGCGTTCATGTGCGCCATATGCAGTCCGTTTTTTCCG[T/C]ATGCGGTTTTTAGATGGGCCAGAATAGATTCACATAGATGGGCTGGACCAAAGGGATGGG
rs2571	11	TTCACACATACTTCTTTTGAATAGGGTGATACATATGCACGTACATAAAGTCAGTAAACA[T/C]GTGCCAACAGACAACACAATTCAGGTGAAAACCGGTAGAGTATGATCTTGGTCCTCCATT
rs2572	11	ATGTATTTCAGGCTTGATGCAACCTGGTAACTTGGTAAGATTTCTAGCTGAACACATTGT[T/G]CTATCTTTGGGAGTGCCTTAATTTTATGATTAAATGCTGTGGTGCCTTGTGCAATGTGAA

表 C.1（续）

序号	染色体	序列
rs2573	11	TTATCCCAAAGCTATATCTCAGTTGGATTGTGAAGCTTTATTAATTCATAAACTCGCCTG[T/C]GTCTTTACATCTCATAATGTAGTGATATGCCCATTTTGGTTCGTTTGTCTCGTTTATTAA
rs2574	11	TTGAAATAAAACGAAATCCTCTCAAAAAGAGAAAAGAATGAAATGGACAGGAACGATGCA[A/G]GCAAGCATGGTAGCAATGTTTTGACGACATTTGGCCACAAAACGAAGATATATAGCACGG
rs2575	11	AAATACAAATCCAGCAGATAGGTACATAACAAGTTAGCACAGCTGCACTGGTATATATTT[A/G]CCATACAAGAAAAAAAGAACATGAGTACCAACAGTATGAGATGGTTGAGTCAGAATGAAT
rs2576	11	CGGTCGGGAACGCGCATTCCGACGAACACTTGGCGGGCGCCGCAAAGGGGGGGACACTGG[A/G]TGTTCATCCCAAAGGGGGAGATGATCAATCCTTGCAAAGTCAACTCGCGTACCAATCCGT
rs2577	11	AGATGGACCAAAAAATGCAGCATCTTCAAGAGCTGATTTTGTAGGAGACTAGGAGTGCTA[A/G]TTACCTTCTCCCTACATTAGCAATCTTGTTTGATGCCTCTGCATTTGTCAAGTCCATTGA
rs2578	11	TTCCATCACATATTTTCTATACACTGATGTACAAACTGGATTGAAAAAACAAGAACCACT[A/G]AAAACTAGGATCAAATGGACACAAAGGGGTTTTTTCCCTTGAAATGAGCAAACTTGAAAA
rs2579	11	CAGTTAAGGTGAGTGAGAGTTCATCATTTGACATGACTGAAGGTTTTGGAAGATTCTACA[T/C]AATGCCTACTACTAGTGGTGCTATTTCCTGGTGGTTCAGTACATGGAATTTCCATAATGG
rs2580	11	GGCCAGTGAGCTGGGGCTTCCTTGCACATTAGACCCACCCGTTGAAATTGCCAAATAGAG[T/G]TTCATTCTTAGCTCACCTCCTCACCACCGTGAGAAGTGAGAAAAAGAAGGCTGCTAAAAC
rs2581	11	CCAGGGTGCAACCGTCTCCGTACATTCTCAAGGGTGTATATTAAGAGTAAGCAATTCTCG[T/C]AAGGAGTAGCATTTAGGTTGCTAGAATCCTCCAATACAAAAATTGGTTTCGATTCTTCGT
rs2582	11	GTACAAGTAGGAAATCAGGGGGTGGTTTTCATATTCAGCCTCTTTGTAGAACTATAAATG[T/C]GATCAGAGAGAAACAAACCGATGTTCCGGTCTGTTGATTAATTCGATATTATCTTTTAGC
rs2583	11	TGGCAGTGACAGTTGAGTTAGTTGGTGGGTTTACCTGATGAGCACGATGTAGAGGTTCCG[T/G]TCGGTGGTGACCTCCTCCTCCTCGTCGGAGACGATCCGGGGGTCGGAGTTGATCCGGGCG
rs2584	11	ATCAATGGCGATCAAGATGTGTGGCCTTTGATGTCCACGATCCATCAATATCCATTAGCG[T/C]CTTATATACCATCAATCTTGCCATGATTTGGCCTTCTTTGGATGGTTGTGGACGCCCAAA
rs2585	11	TCCCTTTATTTCGATCCTCTTCTGCAAAAAGGAGTATACTGGTGATCTGTTTCTTGCTTA[T/C]ATTTTGTTTCATTTACTTTAATTTAGTAAAAGGGAAGGGATATTTTCTCTTCATCTAGGG
rs2586	11	TGTGGCCGCCGGCGGCGGCGGCAAATGGTTAATTACAGCGAGGTGGCCATTAACTGCTAT[A/C]TACTTCTACTGACCAGCTATATGGCGCATATGGGGAGAGTTAATGGGAGCAACTACTGGT
rs2587	11	AAGTTTGTTTACCAAATTGTTATATTCTCTCTTTGTTGTCTAGTCTTCTTAAGCCATGTT[A/G]GTAGAACAAAGGACATCCTCCATTGATGTCCATAACACTTGCTTTAATTGCGATTATGGT
rs2588	11	GGCGAAACAGAAACACAAGACTAGTGAATAATCACCGTGTTTCCAAAGTTATACACTGAC[A/G]ACAGATTATTCCAATCAATTTCGGAAAACCAGGACATCTCAGGTACTGGGCTTGCGGAAA
rs2589	11	AAACTGTGAGTTATGTAAAGTAATAAAAAGAAAAAAACATAGAATTTTAATACAGATGTA[T/G]GGGCTTAGTTAATCCTTGGGCCAAGACTACATGGCCAACTTTAGTCCTTTTTATCTTTTC
rs2590	11	GAATTCCTTTTTAAATTTCTCTCTCTTTCTTTCATGTCTGTACTCCAACAAGAACGATTT[A/G]TATCTAGCTTAGGTATCTTTTGCAGAATCTTGGCCAGCTAAGCACGGCGATCTCAAAGAT
rs2591	11	GAATCGTGACCATATTTTGGCCTTTCCATACTCAATGGTTACAAACGCTCAACAATGTGC[A/G]TACCAGACTACACTCTTTTGGGCAATGCTGTTTTTCTAAGACTATTTATTGAGCCTTTGT
rs2592	11	AATTTGTACAGATCTTATGATCATCAATCCAATGGGCATGACAAGCATGCCACTGAACCT[T/G]TTTCCTATACCTCGACATGACATCATACAAAATATTCAGATTATACTTGCTAATTGCTAC
rs2593	11	TTACATATGTGACAGTGTATTTAATACTATGGACACTAACTGAGGTAGGGGGTTGGGATT[A/G]CCCTTATTCCACCTTCTCGATCTTAGTCTTAGACATGATGATGAATTGGGAGAGAGATCT
rs2594	11	GCTTAGTAGTGATCAATTGCCTCTGATAGCGTTCATCGACCGAATCTGCAGCTACATGTT[T/C]TTTTAGGACAGAAGTTTCTTCTAAAATGTGTGCTTTCTTAGGCTTCAATTTTCACATGGA
rs2595	11	TTCTATAACTTTTCAATTACCCTCTTCAATATGACAATGGATTCACTTGTCAATCTCTGC[T/G]ATTCTTCTTCTTCTCTCCCTCAACATCTTTCCTTACCCCACCCATAGTGCCCCAGACGAT
rs2596	11	ATAATCATGACATGATTAAGGCATGCATTGAGTTTTGCATTATTTGGCATGACATGATAG[A/C]TGAGATTGCCTTTTGAAGCAGTGTTATTACCATATGAAGTATAAAGTGCCAAACCAATTC
rs2597	11	ACATTAAGTGACATCCAATGCCTAAAGAGACTGAAGGAATCAGTTGACCCAAACAATAAA[T/C]TGGAATGGACATTTACTAACACTACTGAGGGATCTATATGCGGATTCAATGGCGTGGAGT
rs2598	11	ACACAAAAAGGTAAAAACACATGAAAGACTTGATAGAACGGGAGAACCCCGACAGCTAGT[T/G]CTTTTTCTACTACTAATTGAGCGCGAGGTCTGACCCCTCCTCCACCCTCTGCCGGTGGTG
rs2599	11	GAAAATGCAAAAGGCTCTAAACAAACCTGAATTCATAAACACCATGGAAAGAAAACCTAA[A/C]CTGACTTATTATATTGATTTCTAAACACTTTATTAAAATGCTAAAAATATATTGCAAACG
rs2600	11	CAGGTCATACATAGAGCTGGTGACTCACATCTTTTGTTTGGCCGAATGAAAATCAAAGAA[T/C]TTTTTTTGAAATATTTTAAAACAATAAGTGGGTTTACGAATTGTTCAGCCTAAAATTTGT
rs2601	11	AGGTCCTAACTGCATCCGGAGCTTCAGGATGGGCCATTCACCAAGCACCTTGGTAAAAAT[A/G]GGCATTGAAACTGACAAGATGCAAATTCCCACAGCTAACCATGTAAGCCGAGGGGCGAGC
rs2602	11	AAAGTGCAATGCAGCCACTCTAGATCATTGGATCTTGCACTGGCATGCAAAATTTACCGC[A/G]TTTAAGAGGCGTTGCTTAACATACTTGTGTGTATTTTCTGAGTTCTGAATTGATTCTGCT
rs2603	11	TGTATTGTAAGTTCAGGTGTGAGATCGGAAACTAATGTTTTGGAGCTTTTCTGATGGCAG[T/C]TTACTGACATGGAATCGAGGAGATTGGAGCAGTTAGTGTTCCTGCTTTGCTGCTTTGCAG
rs2604	11	TTACCGTTCCTTGCCGCGTGATACTAAAGGTTTCCGGATACATTTTCTGAAACTCCTGAA[T/C]GAGTTGCTCCATCTGTGCCCTCTGCTCATTAGATAGTTTGTCAACTGTGATTGGGATGAT
rs2605	11	TTATTTGTGTGCAATCACTGGGAATGACACTGTAAATTTATGCAACTTATATGACCTCTA[A/C]CTCCTAAACTGTTTATGCAATTCGCCAGCAATTGTACCACATGTCCCAAAGAGATAGATG
rs2606	11	AGGATCTGCTGTCTCGGGCTCTTTTTTTTAGGGTTTAGGGTACAGTGCTCGATCCTGTAA[T/C]AATTCTGAAAAAAGGCAGTGCTTTTCGTGTCTCTGAATGCCACATCACAATGCCCAAATG
rs2607	11	CTGCTTCCCTGCATCGCAACTTATAACCCTCTGTCCCGACAGGGTCTTCAACAGAAATCG[T/C]AAGATCTCTCAGTTTGGTCAGACATTTAAGATCCTCAACGAATCTTATTGAGTTGCTTGA
rs2608	11	CATAACCTTGATTTGGACCTCAGAAGACAAGAAGCTAGCTAGAGCTGTACCTGCTTTGTT[A/G]ATTGTACTGTTATAGTTTCTTGCTGGAAATTACTCAGCTCAGCCTTTGACATCATACTGG
rs2609	11	CTCCTATTTCTGTGTGGAACAGCACGCAATATTCTAATTTCTACACACAACAAACCTTTC[A/G]CATGTCTTGTATTTCTATGTGGACAACACGCAATATTCTACACACAGCATCTCTTTTTGC
rs2610	11	TTGCATTGGGCATCTGTGAGTTGCGACCAAACCTTACTGTGCTCAAATTGAATAGTGTCA[A/G]TAAGGAGCTCGAGGAGTTCATAGAGAAAATTAGGCCCCACCTTACAGTATATGAATGTCC
rs2611	11	AGACGTGTGCAGTAAAAATGGACTACACTATTAGACCAATAACACAGAAGGCAATAACTA[A/G]ATAACATATATCCAGGCATAGATATATAGATAGGAACAATGACCTCGGCGTGATACATAG
rs2612	11	CTTACACAGTCCTACAAGTAAGATATGTCAAAACAAACATAAGCTGACAAATTTGAATAC[T/C]ATCGTAAGTACTTAGGGCAAGATGGCATGATCTCCATATAGGAGATTAGACAAATAGATG
rs2613	11	TGATGAGTTTGATCCGTTTTTCCTATCACTACTGCTCCTCCAACTCCTCGCTGCTCAGCT[A/C]CCTGTCCTCCCCTATGAAAAGCGTCAGTAGTACTCTCCTCATTCTCTCTTTTCACTGAAT
rs2614	11	CGTCCACATATCGCCAGCGACATTATTCCTGATCCCAATCATTTTCCAGCTGGTCATCCT[T/C]ATTCTCTATGACCGCGTCATCGTGCCACCTCTCCGTAGGCTCACCGGCTATGTCGGTGGT
rs2615	11	CATGTCAGATGTCAGATTTTGTAAGCATTAATACTGCTGTAAATTGTACTGGTGCATAGT[A/G]CATACATATATTTGGCCTCTCAGATGTGCCTCACGTCAAATATATAAGCACATACATGAA

表 C.1（续）

序号	染色体	序列
rs2616	11	GTAGATGTAGCGGCATATCTCACGTATATGCTCAGATGATAAGACATCGTTTAGTGACTT[A/C]GTCACATGTAAGGCAAATATCTGTGGAGATATTAAAAACATGTAATATATACTGCGGAAA
rs2617	11	CGTCGGACAATGGTACCCTAACGAGCATCCAACTAGCAAGGGCTATCCCTTGCTAGAGGG[T/C]ACCCTATCTATAATTTAAAGATCCGTTCGCCTTGTTGTTGCTGCGTTTCACTTTAACATT
rs2618	11	ATTAAGTTACATGAAAACTCAAACGACTTGAGAAAGAGATGCTAAATTTTGAGCCCCAAA[T/G]TATGGTTGGTGTAGTAATGCACCAAGTACTCTACCATCATTTCTGTATATTGGTGCACGA
rs2619	11	AACCAACCAAGGATTTATATCGAAGGTCGCGACATGAGGACGCTCTACACGCTTGTAAGT[A/G]TGATACATAGTTCGGTTGAAGTTGTTGCTACAATAGGTTCATCTTTCTTGAAATCATTGG
rs2620	11	ACCTTATCCATGCCATGCCTGATAAAGGGCCTTTTGGAGGTTCTAGCAGCCGTAGCTACT[T/C]CTAGAATCAAAAAGCTTTTCTAAACAATTTAGTTTTTCATCTAGATTTTGAGAAGTTGTT
rs2621	11	CGTTAATTTCAAGATATGTTAGCCCTCTCATTGTGTGCTCATTAGAGTGATTAAACAATG[A/G]GATCATTAGCATATGCACCATGTTAATCGAGACCATTTGTCAAGGACCTGACTGGCAATG
rs2622	11	TTCAAATGATAATATTTATTATTTTCGCTTATATTAGCGGTCAAAGTTTAAAAGGCTGCG[T/C]AGTCCTTTTAGGAAGTAGCAGCGCACAATAAAATATGGAAAAGGCTGAAGTGTGGAAATG
rs2623	11	CAAGATGGGGATTGGCGGAGAAATGTTGTTCCTCGCCTATCCGTATCAGAGAATAAACTA[T/C]AGGTATACAAAATTATCTACCATCACAGTTTTAAGAAAATGATAATCTATTTAGCTATAT
rs2624	11	TAATGGTTAATAGCTTTGTCAAATTCCTTACTCCAATACCATCTATTTACACCAACTGGG[T/G]ACATGGCCACTAAGTGAATAAAATTCTAGAATAATGCATTAGCACACTTGTCCCTTGAAA
rs2625	11	CCGCTTTCACAAACATAAATCAAACAGTTCGTGATTCATTTTCAGTGAATTTTAACAGTG[A/G]CACGTACTACGACCTGTTGTGCTAGACGCTATGAAATTTAATTTGGACAATTAAACTTCA
rs2626	11	CAAACTCCAAAGAGAAGATAAGCCGTACCACCATTCGTGGATTGAAAATTTTGAACAAAA[A/G]TTAAGTTATTTATAAACACTAATTATCGCATGAAATTCAAATATCTGCCTTTCCCAATTT
rs2627	11	TTCTCAAATACTAGACACCACAAAGTACAACAGTAGCATTTGCACAATGAAAGCAAAATA[A/G]TTGACACCATCAATGGAGAATAGAGGCAGCATGTTCAGTGACTCAGAAGCCTCCAGCAGG
rs2628	11	TGATGGTCCTTAGATGAATTGGGTCAGTAACAGGGGGAGGAAAGGTAGAGGATGGTGGAA[T/G]GTGAGGGGAAAGTTTAAGCTTCCCAAGAGAGGGGAGTGGAGGGAGCAAGAATAGACTTTC
rs2629	11	TTCTGTCCTAACTAGGCTAGGCAAAACAACAAAAACCAATTTATAATCTCTTGGTTGTTG[A/C]ACATCCCAATTTACTCCTAAGTTGGCAGATGCTACCGTACGTTTCGTACGTTCTGCTCTT
rs2630	11	TCATCGATCAGGTCATAGGGATATAGGGGAGGAACTTCTTTAGCGGCAAGAAAAGTCTCC[T/C]ATGTGTGCAAGTTCTCATCTGCCTACGGAGAAAGATATCATAGATTGATCGGTGATTTCC
rs2631	11	GCACAAATTTCATGATTTTTCACCCATCATCATAGTGCATTGTCAATTTTGTTGTCCTTC[T/C]ATGAAAAGGATTTGGAATTGAATTCCTTGTTTGTATCGTATTAAACGACAACTTGGTTTC
rs2632	11	GCCCACATGTCAGCCTCTAGGAGAAAATTGGTGGAGAGAGGTGGTGGCTTTGTTTCTGCC[A/G]AACTAGGGTTCGGCTTGTCAAACCAAACACGGCCCCTCTCATCTCCACCATCCATGTGAC
rs2633	11	AGATTCAGTTTTTACTGCCAAAATGGTTTTCAAAACTCTTCTATGAAGACCTCGCAGAGA[T/C]GTTACATATTTGATAAGTCCGCATTGTTGACCACACATGTTTAAATATATTGGATCTATG
rs2634	11	TTCTTGTTCATATGCTAAATTTATTTTATTTTCTGGTTGTACAACCTTCTGATTATAATT[A/G]TAACTTAAATTTTTCAGTCTTTTGCAGTGAACTATGATTTTGGTGTTGCGGCCTACTCAG
rs2635	11	TCTGCTTGACTTTGGTGCCTTGTTGGCATGCCCAACTAGTCCAGGGTCATCGAACATCTA[T/C]TGTCCATCTTCTTTTCCAAGATGAGCACAACATTCGGCTGCAACACCATGACTTGTGATG
rs2636	11	TGGAAGCATGATCATGATCAAGTGTTTGTTCTTGTCACCTCTTAGTTTTTTCCTTCTTTT[T/C]TTTCTCCCAAACTATGTTTAAGCTTTTGAGCGGTCTGGTTTGGAGTTTGCTTCTGTTTAA
rs2637	11	TCTGTCTAGCTTTCTTTTGCTTAAATGCTGCCAATCTGCAGGTCACTGGAAGAGTGTAGG[T/C]AGCACCAGTTCACTCTGGTTTCAGCCTTGATCGGACGAAGATAAGCGGGTAGAAGCCAAA
rs2638	11	GGGCTATTAACACAGGATGAAATGGGCCGCGCGTGTTTTATCAGTTGTGCTTGTCTCCAG[T/C]GTTGGGCAACAAGTATCACCGGAACCCGGATGCAATCATGCAAAAAGTGCGTGACGCGAA
rs2639	11	GCACCATGGTTGGATGAACCGATCGAAGTTGTTGCTTTCGCATTGATCCTGGAAATAATT[A/G]GATGTCCAGAACCCTCCAGCCTCTCCTTAACGATCTTGTCCAGCCTCGCTGCCATCTCTG
rs2640	11	TCCTTTTCTCTCAAATATTTAGTTTTTGTAACATTGGTTAATTACAATGATTTGGTCATG[T/C]ATATTTCTGCCAAAGTTGGCGGATGACAGCATTAAACAATTGCACTTTGAAGGATGTTGA
rs2641	11	TCCTGCTGCAAGTATCAGCATGCTAGAAATACTGACCAAGTGCTGGGAATATATACAAGC[A/G]CAGCCATTTGTGCTTCTGTTATGATTCTAGACAGATCGACCATTACCTACTTGGTTTGAT
rs2642	11	TGAAATTGGTATGCAGCTCAGAGCAGCCGCTAGCACACATAGCACACACTGAATGCAGCT[T/C]TTTTTTTAGGTGAACTGAATGCAGCATTTTTAGTGGTACACTGGTACTTCTATATATTCA
rs2643	11	CTTGATTTATGTATATTCGAATACAAATAAGGCATACTTTGCACATTCCACTACGTATGC[A/G]ACATACCCACGAGTGCACCTTATGACACACGATGTAATAGATCGAGCAAGATCTAAATCA
rs2644	11	TAAAACATCAGGAGCCACTGTCTCATCAGCTTGATTATGATCCTTTTGATTGATTATACG[A/G]TTTCTCCGTTTCTTCAGTCAACCACTGTTATCCTCATTGGGCTTCCCACTAGAAACCTCA
rs2645	11	AGTTCATCTGAACCATCTGAACCCTAATTTGTTTACCAAGAGACCCCAATAAATCACCGA[A/G]AAAATGGACTAAATACAACTTTGTTCGTTGGGTTTTTGACAAAATGCCACCCTATACGAT
rs2646	11	TACTGTGGCAATTGGGTGGTTTCTGGGTGGAACTTTGCTTCCTGTTTGATTTGATTGGAT[A/C]ATACGAATGACTGCTTCTGGTTTCAGGTGAAAAATGAAAAAGGTTAATGGACACGGTTTT
rs2647	11	GCATGTCCATTGTCTAAAGTAGTTTAATTTCACAAATTCATGAAATATGTCAAATTAGTT[T/C]TGGTGACATGCCAACCTGATATTTGACCATGCTCTTAATGTTCCGTTGAAGACATCAACA
rs2648	11	GGACACCAACAGTTGCTTGCTTTGGAGAATACATGCTGATGATGATGGACGCACATGCAT[A/G]CACCAGAATCAACTCCTTGGGATCCAGAAGAATTCAAGAGTCAATGCATATACAATACTA
rs2649	11	ATTTCAGCTGTTTGTATATACACTCGTTTACTGTAGTATATGGTATTGGCACATATACCT[T/C]ATTAATTGCCCAGGGGTGTTTAAGTCTAATTTCTACCCAGTTGAAAGTGTAGGACGTTTT
rs2650	11	CTATGAATCATGTGTACCTTGGTAGAAACATAATGGCTGCCACAAGGGTGGCCACTGTTG[T/G]CTTGGATCCAGATGGTGTTGAAGGCGGATGATGTAGGCACTCAAGTTCTTATTTTTACCG
rs2651	11	CTTTTTACATTGACCTGCTACAATTTAAAGTGCGATCAGTGCATATGGGAAATAGGAGGA[A/G]GTCACGATGCCCTGGAGGCTGAAACTGGACCGTACCCCACGAAGACGACGAGCCAGACCA
rs2652	11	TCAGTACAGTTCCTATACGGTATATATCCTCTCATTGTGTCAGCCGAATTTGAAAAACTC[A/C]ATGGAATTATTTCTTGCCAGCTAGTTCCAAGTGTATTGCAAATCCGATTGATTGGCTCAA
rs2653	11	ACGTTAATTTAGAGTGCCTAATTGGTTACTACTTGTTTCAAGGTTTGCGAACGCAACACT[A/G]CGTGGTATTATTTTTCTTCTTTTCATAATTATTATACTATCGTCTGTTGGGGAGTTGACC
rs2654	11	TAACTACAGCTAACATCAACATTCAACAGAACGAAAATCAAGAAACATGATAAAGAATAC[A/G]GATTCCAGATCCTGTTTTAGTGGAAGGATGGAACTTAAGAATTCAAGTCAAGTATTAGAC
rs2655	11	TGTGCTTATACACATCATATAAATATGTCTAAATAAAAGTTTAGCTTCCTTGATTATAGC[T/C]GACCAGTCTCTCGGTCAGCCATCAATGACAGCTAAACTAGTTTGTTCTGTGTGAAATTAA
rs2656	11	TCAGTTTAAATTCATGATGTTTGAGACAAAACAAAACTCGAAAAATCCAACAATTTCTCT[T/G]AAACAGATACAAAAAGCTAGCAAGATATAATCAGATGGAAACGCCCTCAATGCTACCTCC
rs2657	11	GCTGGTAAGTTGTCTAAGTCTTAGTCTTCCAGTTTGGGCATTTGTGAATGTCTGATACTT[A/G]ATAATGCTAAGATACGAATAGAGAGAATAATGTTTCATTTATTAGCATTTTGTTGAGGAA
rs2658	11	TAGACAAACATTTATATGTTATACTCAACCATCATTTTTCATTGTGTTTCAACTGTTTC[T/G]AAGATTAATTTGAAGGTTACCACTCATCTAGTTTGCCAGAGTACTCCAAATTCTTTCGAA

表 C.1（续）

序号	染色体	序列
rs2659	11	GATGTTATCTTGTCTATAGCAACTCCAACATGTAATTTTGCAGCTCTAACAATCTTAGAG[T/C]AATTTTACACCAGGAAAATCTCATATGACCGATTGTTCAAATTCAGTGCGATATTTATTT
rs2660	11	CACTCTGTACAATGTCTCGATTGTTGAGATTTTTAATTTTTGGAAAAAAAGAAGTCTTTG[A/G]TCAGATTTTATTAGGTGGGCATTGCTTAGTAGTGCTGTTGTGCTAACTACCTTTTGGATG
rs2661	11	AGGTAATTAACATATGTCTCTACACTAGCCAAACGATTGTTTGCAAACATATAGAAAAAT[A/C]TAGATGCAAACATCAGTTATGTTTATGTCCTTTCTCATCCCCTTGTAGACAAGAGTATGA
rs2662	11	ACTAAACTATTCTCCATAGATAGATCCGGTCACCGTCTCACCGACCATACTTGGTTACAC[A/G]TTCCCAGTGCTCAGGTGGCTGCATTGCATGTCTGTATCCACCCAAGAGCCAGCACCGACT
rs2663	11	ATGGAGAAGAATAAATCTCCAAGTGTTCGAGTGGCGAGTTGAAGCTCAGCCAACTATCAA[A/C]CACCTCAGTTTTAAATGGACCAGACAGTTTCAGTACACTGAGTTCTGGGAAAAGACCAAC
rs2664	11	GCAGCCGTTTGAACTTTAGGAATATGTCATCTGGGATTACAATTTCGTCAAGTCCATGAC[A/C]AATCACAATGATAGCTTTGAGTGAATCTGAAGAATCTGAAATATTGATAGTACTAATTTC
rs2665	11	AGAGGGGCAGAGGGTGCTCATGGCTGCTGCATCTCAGCATGACACGCTTACACGGGCTGG[T/C]TGGATTCACATGCATTAAATTGTATATATGCAGATCTGCTTGGCTACTGCCAATTAGTGT
rs2666	11	TGGATCGGATCACCAACAAACAAGCTAAAAAGACGTAGTAGCTAGTACGAACCATCCATA[T/C]ATATGCATGCATGGTAGCATTAGTTGTGTGTGTTTGTGTGTTCTACTAGCTAGCTAGGGC
rs2667	11	ACCAAGAATGCATGAGGTGGAGCTAGGTAGATTAATGTACTAAAAGATATTCCACATTCA[T/G]TAGTATCATGGAGAGACAAACTGGGGTACCTAGGCACATGTTGCACATATAGGCCAGGAC
rs2668	11	AGTGGTAGCAAGTATACACCGTATACTCCGTGGACATGGTACCGGAGATAGAGGTGGATG[A/G]TATGATATTAATGTTAATTTCATGGGATTTAATTACTGGTAAGACATGCTGATAATGACC
rs2669	11	TTTGGTCTACTCAAGGTGTGTTCCAAAGTCTTCGTGACGTCTGGGACCATCATGGTCACT[A/C]CAGGATTACAAAATGTAAGAGCAAGTCGATGTCGATTGTAGTTCTATTATGTTGGGCCTG
rs2670	11	TTGAACGGATCATGGCCGATTAGCTCAGATACCCTGCCCTGATGTGAAAAGTGTAGATGA[A/C]CTGTGCTTTTACTCAACAAGTCCCCTATACTCCACTGTTTTTTAGGTGTCTGATGTTTT
rs2671	11	CAACAATCCTGAATGTGCTGTTTCCTGTACCTGGACATTCACCGAATCCACTAATATACA[T/C]TCTTGTAGTTGTATCACGAGATATGTCTTCTAGCTGGTTATCCTTGCTTATGGATGTACT
rs2672	11	GGTGAAACACGACGACAATTGCAAAACAAAAATGTGTGTATTAAATCTCATACCAAGATA[T/G]AGGGATAAATTCTCTCACCATGCTGGAGATCTACAGAATGCGAGTAATCACTTAGCGCAA
rs2673	11	TTAATTGAGTAAAAGTGACTTTTTCCAAAATTCAAACCTGAACCATTTGGCTACATGTTG[A/G]GTTGGTCTACAAAACCTTCTGGACCCAAATATAAAGGGACGGACCGAAGGTCTAATGCGG
rs2674	11	GATCTTCTACTCTCTAGCCCTGGCTCAGGGTACTCTCTACATGCTATGGTTCATTCTCAA[T/C]GCAGGGAATGCGATGATGGTTAGGGTTGTGGCCAGTAAATGCGATTTTGAAAAGAGTTGG
rs2675	11	CACACGGGCACACGCAATCAAGGAAAGAAAGAAAGAAAGAAAGCAGCCATGTTTGTTAAT[A/G]TTCTTGTTAACCAGTAGCTGGGTTTGGCCAACGATCCCCAACAAACATAGCTTGATAGCT
rs2676	11	TTGCTTTCTCCATGTATGCTGCTACTGATAATTCCCCTAGCTAGCTTGGACTGCTTTATT[T/C]GCTTCAATTAACAGTCCTGCATTTAGGGAGAGAGAACATAATTGTTCTTCCTTTTTTTCA
rs2677	11	TGTAGTTTTGTAATAGTTTAATCTACGTGTTTGAAATTTTCTCTTTTTAAGTTGGCCTTG[T/C]TTGGGACTCACATGTAAATAACCAGTTTTCATTCTGCTAGACGATCATATACTTAAGTTC
rs2678	11	ATTCCATGTGTTTTACTGAGATCTAATTACAATGAAGGATCTCATTAGTATTGTCGCGAA[A/G]TGATCTAACTGTTGTGACATCTATAAGAGATTTGCATTTGTCGAAATGCAGAAAGGGTGG
rs2679	11	TCTGAAGATTATATTTATCTTTAAACCCAACAAGATCAACCAATTCGAGCTCTAGTTCAT[A/G]AGAAAGGATGGCCTTGACAAAGAACTTGAAATTAAGGAATGGCTACTTACCGATACATGA
rs2680	11	ACTTGTTAATTAATCAGTTGCTGCATTTTCTGAAGCAAGCATGCATGCATCCATTCCACA[A/G]AGGAATGTAGGTTCCCAAGCCGTTCTTGCATCGATCGGCTTAATAGCGTGATATCACTGC
rs2681	11	ATTGCCTCGTACTGATGCATGCCTGCAAGAAGCGCGCTGTCACCAAAAGGACTGTCCCTG[A/G]TTTCCAGCTTCTTGAGATTTTTGCAGCCATTGAGCACGTAGGTCATGCCATCGTCGGTAT
rs2682	11	GAGCTGGAACCGTGTCAAATAAACCCTAAAAATAGAAGAACTGTATCTTGGAAATGCTCG[A/G]CTGGCTAAAAAAGATTAGGTTGAAATTCAGTATATTTTTGAGCCAAAAATATTTATTGGC
rs2683	11	GAAAAGCCGGCTTCAGTTTGTCACTTCAGGCGACAATGAGACTGAGGATGACTTCTCACC[A/G]AAAGAAATAAATCAAAGGCATATCCTTCATGAAGCAAATCTAGCACCCTCGGTCACCTCC
rs2684	11	GTACAGATTGAATCACGAGTAATCTCACAAACCATGCACGCCGTACGTACGCATTGTCGT[T/C]GCCAAACTAATTAGCTCGTCTAATCGTGGTTTAGTCGTGCATGGTCAGCAATAGCTTGCC
rs2685	11	ACCACTCTAATCAAGAAAAGAAGCAAATCTACAGAAACAATTTGTAAATAAAAACCTACA[A/G]ATCGGAAAAGATATCTACTGTAGTAAAGAACAGCAGCAGAAATAACTCTGTAACAACTAA
rs2686	11	CATCCATCGCCGCCTCTTCCTCATTCAGCTGGGTTGGTTGGGGAGGGCCACCGGCTGGAT[A/G]GGGAAGGGGAAAGATGTGGATGGAGAGAAGGAAGAAAAAGTGTAGAGATTGATATGTGGG
rs2687	11	TCCTTGACCCAATTTTTTACCCATTTCTCTGTAAATTTTGATGGTTTCTTAAAATTGCTC[T/C]GATCCAAAATGTTTATTTGCAGGTCCTGGCTGTTCTTCACTTGGTGTTGGAGCTTTCTCA
rs2688	11	ATAGGTCAACCTTCTTCCATTCGCCCAATGGAGACGAATAGAAGAGATCATATCTTCATC[A/G]ACAATGGATGCTCTTTGGTAATGTTTGGTCTTAGAATTGGCGATTAGACGGTGTATGGCC
rs2689	11	ACTAGAGTTATTTGGTGTCTTTAATTTAAACACCATAGCTAAACTGAACTTAATTTCAAT[T/G]ATATGGTTTCTGCCTGCCTAGAGTGTATTGATGTTGGATATGACAACATTATCACTAGTC
rs2690	11	CTAGAGGTCATTTATTCAAGGGAGTTTCGCTGTAAGTAGAATCATCTGTGTGAGCAATAT[T/C]ACTGTAGCTTGAATTGGATGGATATCATAGGTCAGCCGCTTGGCTCAAATTATGGGTGAC
rs2691	11	CTTCAAGTTATTAGAAGTAAGTACAAATACCAGAATATTTTTGACTTTTTGATGAAGAGG[A/C]GCAACAGCCCAGCTGTTTATATGCCAATGCCATTTGAAATTTTTTGTGGTTCACCTACAC
rs2692	11	TGAATATATGCAGGCTTAGTGGCTTACAGAATTCTCAAACTCGTCTTCTTCAACAACTCA[T/C]CATGATTCGATATTGGGAAGGTACACATAGTACATAATGTGTTTTGCATACATATGCAAA
rs2693	11	TCAAACAGTGCAAATGCAGGTATATCTGCCTTAAACTTGGAAGAACAGCCTGAAACATGG[A/G]TTGGTCTTGTCAAATTTGATCATGTTAACATTGTGATGCAATGGACAAAGAGTACATGTA
rs2694	11	GATCGGGAGCTCGAGGTTCGTTGGGAGCTGAGTCCCGGGGGCATGGATATGCTGAGATCC[A/G]CGGCGGACTACTACCTCAATCTCGACCTCCTCTACGAGTTCATGGACCTTATGCGGCTGG
rs2695	11	TTCCTAAAGCTCTTGACCTACCAGATGGTCTGTTCGATGGATAAGAGTCTATCCTAACCG[T/C]TGTGTTAAATTAATCATTGCGAAATAGAAAAAAGGATAAGCTTTCAATCTGGCGAATACT
rs2696	11	GAAGTCCGATGTAACTCATGTCTTGTTGTCTCTCATCGCTCTCTAGAATCCTCCCAAAAT[T/C]TTGTGTCGTTTTCATGTGAGCTATCCAGATACATCATCTGTCGAAATCCTGTGTTTGCAA
rs2697	11	AGCCTCTTTACTGGACCTTCAGGATTCATTTGGCAAGATTTCTGACTTAAGTGAACAGGA[T/C]CTATCCCTTTGCAAGTTGCATGCTGTTGTACATATACTCCTAGCTTAATGGTTTGTTTGC
rs2698	11	CTTTAGGGACCTATTACTTAGTGCTACTTTGTATTGGTGGACAAGCCTTTGGCTTCTCTA[A/G]TGTCCAAAGGGTCACTTGTACCTGTAATGTGATGATCGATTGATCTCCCAGATTCCGTTG
rs2699	11	TGGGTTTTGTGATCTATGGGCCTGTACACATCAGTTTATGGCTTTGTGCTATCACAAATG[A/G]TTAGATGGGTTTCAGCTTATCCAATTTCCTGGTAAAACAGCTTCTACTCTTATTGGCAAA
rs2700	11	TATGGAGTAGGAAGGATAAATGCTTTCACTTCGATTCATCACGTCGAAAGAGAGTGCAAT[T/G]AAACAGTACTGCATCAGTTAGAACGAGGCATTGTGTGGTCTGACATGAGCATGTTCCCAT
rs2701	11	AATTGGGTTACACATTACGTTACGATGAATTGGAGTAATATCTGGCTTCCCAACTTGAGA[A/C]CTCGAGGATGTGGATAACAATGGGAGGATCCTCGAACGGGATAGTCATCCCCAACAGGGC

表 C.1（续）

序号	染色体	序列
rs2702	11	ATTCATTCCTAGCCGTACTTAGCTATATTTATAGCAGGATTCCAGCATATATGTCATCAA[T/C]TTGAAAATGTGAGGCACAATATTCTTTTGTGATTTGCTTTTTATCAGGGGTTTTCTAAGG
rs2703	11	TAGTGATGGTGGCATTGAGACTATCTCCACCACTTCCATCTAACATGTGGGACCCAATAG[T/C]AGTGGCAAGAGGAGATGTCTACTAGGCCAAAGGGTGTCTAAGTTATGGGCATGCAGTCGG
rs2704	11	ACCTCCTTTCTCATTCCTTATCTTTTTCCTCACCATCACTTCAACCACCCGCTTGCCTTT[T/C]TTTTATTGATATTATTCACCCTACTGGAAGGACCTATGCCAAATTGGATTGTTAGTGAGA
rs2705	11	AATAACTGCACTGATTACATCATCTTTTGAGTCAAATTGGTCAACCAGTAAGCCCCTAGG[T/C]CTCCAGGACAGCTGAGTAATAGCAACTGATGAGAAGAAGTTAAGTGTTCTTAATTATTAA
rs2706	11	TTTCATGGCTCGTGCTCTATAAACAGACCTGGCAGCTGGGTACGTAAAATATTAATTTGA[A/G]ATAGAGACATAGAGTTGCCTCTAGTAGATCTATAATCAAAACAATTAATGTCTACAGTAA
rs2707	11	TTTTCATAATAGAATTCAATCCAGACCACTCTGCATCAAAGATACATCAATCCAGCCACA[T/C]ATTATTGATCGGCATAGCAGAGAAATAGTATAATATAACAAACCCTCATCACAAAACAAC
rs2708	11	TGCAAGCAAGACACCAGTATCGCCTCCACCATACATTGATCCATATGAGCTACTGGAAGA[T/C]GAACGACTCTCTCGACCCTCCCCAGATGTCTTCTAAGCTTAAGGACACACGAATATGGGA
rs2709	11	GCCATGACCTCAGGTGTATATGCATTATATATCCTGCTGCCATATCTTGAGATTTGCATC[T/C]TCCGATCTACCGCTGAATTTCTCTTGGTTTGTCTTGAGCAGCGAGGGCCTTGGGGAACAA
rs2710	11	GAGAGCTCATTTCGCTCACACCGTCACATGCAGTGGAGAGCTGGGTGCATCCTGTTCCAC[T/C]GCTTGGAACGGGATGGCATGTTTTAGCATTCCAGCAAATAAAACGTCCCAAGTACCCCGA
rs2711	11	AGTATGTTATATAACACAGTTAACAACCAAACAGTACACACTATGTTTCTGATGATACTC[T/C]GTAAACGATCTCTCAGGTGAAAGACTGAAAGGGAACAATCAGTTGTGGCCCATCAGTTGG
rs2712	11	CTGGCTTGATGTGAATCTGCAGCTCAACATACCTGATAAGACCTTTGATGACACTAACGT[T/C]ACGAGTATTTCTTGGGCAGCCTCGCAGCTTCCTGGTTGCCATGAGGGGGGGTGGGAGCGA
rs2713	11	TAGTAGTTGTTTATATTAGACACATGGAAAACACGTGTGTTATATGTATGTCTTGTCTAA[T/C]CTGCATCCGTGGCATTAATTTCAAACATACTCCCTCTCTGCTAAAATATAAACATTTTTA
rs2714	11	ACCTGACCAGGGTGGCCTGAGTATATCTCTCTACCACAAAACCTAGAAAGGAAGAAGAAA[A/G]GTAAAATACAATAAGCTGTATTGATATGTTATATCTAAAAAGGAAGGAAAAAAAGATGTA
rs2715	11	TTGGGTATGTGTTATTTATAACCCTGATAGTATGTATCTGATAAAATAGTAATAGCATAG[T/C]CCACTTGATACTTCCGGCTACTCCGGCAAATGCCTAGGCTTGTAGGCAAACACACAATAA
rs2716	11	CATATAGTTTTGATGTACCCCTCTAGGCATAAATGTTTGACGCATAGGACAAGTTTCGAT[T/C]AAAAACTTTTGAAACTTAATTTGACTACCAGTTTTATGTTAAAATGAGTTTATAAAATAT
rs2717	11	TTGTTAGGAGGTTGGCCAGCTCTGTACAATCGAGCTATTTAAAGTTAGGGATTCAATTTG[A/G]TTTTGGGAATCTGATAGATATTTCCCATCTTCTTTGTTCTCTCATCCCCTTTCTCTGATT
rs2718	11	CATTTTTATGTTGGATTTATCAAATAATTTTCTTGAGGGAGAACTTCCCCGCTGTTTTAC[A/G]ATGCCAAACTTATTTTTCTTACTCCTAAGTAACAACAGATTTTCTGGAGAGTTTCCATTA
rs2719	11	AACAAATTGTTTCCAACAACAAGTCACCATGAAAAATAAATGCATAGAACTGAATCTAGA[A/G]AGGAGGTAGAAGTTTGTAATTCATACCTGAGAAGATGCTTTAATTCCAAGAAATAGCTCC
rs2720	11	AATGGCTCACCCATCTAACATCGCTACGGTACCTAGGCTTATCAAATGTAGATCTCAGCA[T/G]AATATCTTATTGGCCTCGTGTCATGAACATGAATGCTTATCTAAGGGCACTCTATCTTTC
rs2721	11	TAAATTACCAAAATTGCAATCCCTGACCTCACCAACACCCATGTCCTCACACAGTACCAT[A/G]TCAAATGCACAGATTTTCGGAGAGAATCAACAGGGAGTGTGTTTTGGTAGGTGTATAGCG
rs2722	11	GGATTTCTGTTTGGATCTTCTTGTGCCAAGCAAAAAGTATGTATAGCAATGAGAGGACGG[A/C]TAGTGTTGCAACAAGAGAAATAACAATAGGAATTACTACAGGTTTATGTTTATTCTTTGG
rs2723	11	TGGTGGGAGACTACGGATGGATGAGAGAATTGATTTGAGCATGAGCGATCCTGATTTAGT[T/C]CCTCTGATTATCCAGGTAGGGGACACTGATGGTGCAAATCTGTTTTTGTTTATTTTTCTG
rs2724	11	CCATCAGTGATAGATTTATCCCATACAAATCACTGAAATCCGCAGACCAACGTAAAGTAG[A/G]TCTACTCAGCATCATTTGATCAAGTAGCAGTATGCCTCCTTAACTAGCTAAGAGAACTCA
rs2725	11	CGGCCTCCAGATAGAATCATGAACATTCTTGAATGTCTGATCCTGCCATATGATTTATAT[T/C]TTTTACCTCTACTATTAATAGAGTGGAGCCAGCAATAGAGTCTGCTTATTAATGTTGTAT
rs2726	11	TAGTTAACAGAACATGAGCCCATTGCTGAGGTAAAACAATGTTTGAAGCCTCAACATAGA[A/G]CCAAAGGTAAGCTGAACTAACTGAGATCTAAATAGCGCCCAACCTTGGCAGCAGTATCAA
rs2727	11	CCGTCAGTTTCAGCATGTTGCAGCCTTGCAGGACAGGAAATTATCAGAATCAACAGAGAT[T/C]ATGCAACATCTTATGTCTGCTGCTAGCCCCAATTAATAATACTGTACAGTGATGTTGTCA
rs2728	11	TAGTGCTACGCATCATATCTGCTTGTGCTAGTGTGTGCCCTTGCTAACTGTAGATGGACC[A/C]ATTCCTTAACTGAGAATTAGGGCCTGCATAAGATATTATCCATTGGCTAAACCTTATGCT
rs2729	11	ACAAGTGAGACCACTGCTATGTAAGCACCACCTAAGCCCAAAAGACCATGTAAACCGCCA[A/G]AGAATGTATATATCAATGTGGTTTTAAAAGTTCGAGGTTTTATATCTTGTATTGTGGTTG
rs2730	11	ATCCAAGTTATGTGCAGTTTGAGCTTGGGTGATTTGGTCAGGAGACATATCATGAACTAG[T/C]ATTGCAGGATTCTAGGCTAGGCTAGCTAACATGTTAAAGTCTTGAAGAACTGTTACAATC
rs2731	11	TTACAAATGCCTATTTGACAAATATTTGGAGTCATGAGTTCATTCTTCACCATTAAAGTT[T/C]GCTTCTGTCATTTTTTGGTAGCTCTTGGTCTTTGATGACCTCGAAGTTCCTAGCCACAAG
rs2732	11	AGAATCGTATAAGTAAATTAATAACCATGACGAAATGAATTTATTTGCATGGACATATAT[A/G]GAAGAATCTTGCAAATAAACAAACAAGTCGGATGAAATGGCACAGCGAGTGTGACCTGTT
rs2733	11	GATAGCAAACCACCAGTTTCAAAGCAGGTTGAAACTTGGATATAAAATCGTGGTCACAGT[A/G]GTTTAATTTGTTAGTAGATGTAGCTCATCGGTGTCCAACTCCCAGAGGTTTGTGCTATTA
rs2734	11	TTCATTTGCAATTTGATCTGATCTATCCTGCCAAAAAACACAGAGCATATGAGGATTAAA[A/G]AGGTGGACGTCGGAGTGGTTGCAGTATTTGATGGTCATAATGGGGCTGAGGCTAGTGAGA
rs2735	11	GATTGGTCTAGGTTGAACATTTGCTATTGGCACCAGTGAAATAAGCATGTGCCATGTTCT[T/C]TTGTGCTGAGTGGAGCATAATTGTTCAAGCTAGGTATGTGATGCCAATGGAGATCTCTAA
rs2736	11	TGAGGTAGGTGAGAGTTACTTCACCGAGCTTATAAATAAAGGCATGATCCAGCCGATGGG[T/C]TATGACATTTACAGTGACACGTTTGATGGTTGTCGTGTCCATGACATGGTCCTAGACCTC
rs2737	11	TACATTCAATATAATATATATACACAGATATGCATGCGATGGTCGATCAAGATCAAGCGA[T/C]CATGCATAGCATAGAATAGCTGCAATTGGTCAAAGGAGGATCATCTCTCCAACCTAACAT
rs2738	11	ACAAAAATGATTTTTTAGATTGTATTTTAACTACAGCCGATAAGATAACAAAACTCGTTG[T/G]CTCTCCAGAGCTTCTCGATGCACACCTGCAGCTGAACCAGTCAACATCTCTGCACGCTGC
rs2739	11	GCTTTCCATAGTCTCCGCCTTTTGCCCTGCAAATTGGCAATTGAGATGTTGAGAAACAAT[A/G]TTCACATAGAATGCTTTCTGTAAAAGCTTCTGGTTCTCTTATTAAGAAAAAACTTCTGGT
rs2740	11	ACTGATGCTATCAGCAAAGCATTCAAGGCCACTGAAGAAGGGTTCATTGAGCTTGTGTCT[T/C]GCCAATGGAAAACTGATCCACAAATTGCAACTGTTGGGGCATGCTGCCTTGTTGGTGCTG
rs2741	11	TAATGCTGAAAAGGGAGATGTGATGCAGCAGAGTGATGAGAACAATGGTGATAAACAGGA[A/G]AATCAGGATCTGTTGTCTCCAATGGCAGAAACAGCAGGAAGTGACAGTACCTCAGTCACA
rs2742	11	GCTCAACCTATCAAAAGTAAGTCCCGAATCAGGTCATGTTGTAGTTTGTTGGCGTGGCGT[T/G]AGGTGCCATATAATTGATTGAATGTGGTGGTGTAGTGTGGTTATGCTTCCTAAGAAATGG
rs2743	11	CTCCCAGTTTTTACCAGGTTCTAATTCCTCAACTTCAGAAGTGTCGTTATAACTGTTTAC[A/G]TTCTGACCAAGAAGCATTACTTCCTTCACGCCTGCTTTCCAGAGCTCCCCAACTTCTCGG
rs2744	11	AAACATCATTTGGCGAGGTTGAAGATGAATATTTCAACTTTGCAACACAATTTGAAAGGC[A/G]TGCAGAGAATTTTACTTTGCTAGTTAAGTAATTTTTCTATGGATAACAGAAGCTATGTAA

表 C.1（续）

序号	染色体	序列
rs2745	11	CAAGTCCAAAACAGCATCGCTACTTTTGTTCCTGACCTAATTGCTTTGCTACATCCTAAG[T/C]GGATAAACTCTTGCAGAAAGAGCAATTAAATTACTTCTAGAATGAGGATCTTAGCATAAA
rs2746	11	TAGATCCTGCTATTGAGTTGTTTTACCAACCTTTCGGCCGGTGCACTAAAAAGTAAAGTG[T/C]TGTTAGTCTGCTTGTATCTTCAGTGTTCAGGAATATTTTGGGCCGGGCTTTTCCATTCTG
rs2747	11	CACACCTCATGTCCCCATCATTTCGCACAATGATCCGATCATTATTGCCATTTGGCGATC[T/G]ATCCAGGGCCACACACATTATTTGTCCCATTTTTAGTTTTAGAGATACACTATTATAATA
rs2748	11	CACAGAGACAGTGTATAGTGGCGGCTTCGATAGGCATGCAATGCATGATTAGTTTGGATC[A/G]GTCAAGCTAGGCGGATTGTCGATTAATTATTGGGGGGATCAGGGATGGACTCGGGAAC
rs2749	11	CTTCTATGTAGCTCCGCCCCTGCCGGCTGCCGTGGAGCCAATCTGGAGCTTGCATCTTCA[T/G]AGATGAGATGAAGGTGAGGGCCAGAACCTTCTTAGCTTAACTTCCTCAAATACAAAGGAC
rs2750	11	CTGGTTGCTACAAGGTAGTCTTATCTCGCAGATGTCCATTATGGAGAGTCTTGAGGACTT[T/C]CAAGCACACACAAGATTCCTAGTTAGGAATAGTTTTTCCGGGGACTGAAATTCCTAGTTA
rs2751	11	AAGCTTATCAGATAATCAGGAAGTTCCCCGCAAAAAGAAAAAATTAGGAAGCATATAGAT[T/C]AATATTTTCCTCATAAGTCACTAGTAGTCACCTTCCACATTTGGCAAAATCCTTCCTGAT
rs2752	11	AACGTTATGATCAATATTAATGGCTGCGATATAAGATAGGGTCCTCTCTGCAAAAGTGTC[A/G]TCAGGGTGGTTCCACGCAACAGACTGGGCTTCACTTGACCAGGTGGTGGGTTTGGACACT
rs2753	11	GGGGTCACGTCGCGTCGCTCTCAATCCCGAGATCGCGGCGGGTTCGGCTTGGCGATTGGA[A/G]AAGAAGAAAAGAAATGGCGCCGGGTGCGTGGAATATTTACGGCTGAGTCCCTGGTTTGTT
rs2754	11	AAATGGAAATGAATCCCAAGCGAAACCTAACTGTCATATGCTAGTAGGAATTCAGACAAT[A/G]TTATCATCTAACTGTAGATTGACCATGCTATGAGTCTAACTCTGAGCAGAATAATTGTAC
rs2755	11	GTGTTTGGTCAGTAATTCCCCATACACAAATCTTAATGAACACAAAGAAATTTGGATTTG[A/G]TGTGTACTGTAGTATGTAAACAGATGTGCTTTCCTAGCGATAGTAGCTAGTATACTGATC
rs2756	11	GTAATCAACCTCTATTTATTGTGACCAAATTACTTGAAGGCATGGCAATTGTGGAAAGAA[T/G]AAAGATGGGTTGAACTCTTGGATGCTTCGTTGTCTACTGAATTGCATGCATTTCAGATGA
rs2757	11	TGTTACAGGAAAACTACATTACTATATGCAACTTAGGTTCTACTTATAAAACACACCAAT[T/G]TCATTAAAACAACTCACGTATTGACGCTCAGTTAGAAGAGCGGACTGTTCCTTTCTGAGA
rs2758	11	TTTTGGCCGATAGATGTAGAAATGATCCTGAAGATTCGCACCTCAGCTTCACTTGAATCC[A/G]ATTTTTTGGCTTGGCATCCTGATAGATTGGGAAAATTCTCGGTCAGGAGTGTGTACCACT
rs2759	11	GAGAGGTTCCAGGTGTCGAGGTTGGTGATATGTTCTACTTCAGAATAGAGATGTGTCTGG[T/C]TGGACTGAATAGTCAGAGCATGTCTGGGATTGATTACATGTCTGCTAAGTTTGGTAATGA
rs2760	11	GAGAAGAGAGGTTCAACACAACTCATTTGAGTGTGTATCAGGCTTTGCCAATAGAACAAA[T/C]ATATCTACGAGAGTTACAGCTTCTCCAATGTTGTTTGATTAACCGATGAAACTAACCACT
rs2761	11	CACGGTACTGAATGCACATTTGAATAATCTGTTTGTCCGTCCAACACAGCAAAATAGCCA[T/C]CCAACATGCTATTATCCAGAAAATTAGACAACCGGTGGTTATGTGGTCTGAAGGATTGTA
rs2762	11	CGTAGACACGGAAACGGATATCCGGTCTAGCAATAACCTAAAAAGAACTCAATTGGCCCA[A/C]CATAGCAGCGGGTGCCATGCGTAGTGAGCTAGTGGCCAGATCATCATGTGGTTCGAGCCC
rs2763	11	TAACGGAAACCGAGGGATAATCTGCCCCTTTCATCACAAACGAACGGAGAATTGGGCAAG[T/C]TAGGATATTCATCTGTATCATAGCCAAGTATGTAAAGAAGTGGATATATGATATGCATGT
rs2764	11	CTCTTTTATAAAACAAAGAAATGAAATTCGATAAGATTAACAAAAGGGCAAAATCTTCTG[A/G]ATGAAGCTCAAAATGCGTGTCACACACCTCAAAGATTCAAGCTTAGCAACCTAATCACCA
rs2765	11	TACATCCTGGTTAATAGATGAATTCAGCTTTTAGAGCTGGTTGTGTTAGGAGGATCTTAT[A/G]CCCATAATTTCAAGAAAAAGGTGAGTAACTTTCTCTAGGATATGCTTTTGTGCTGTATGA
rs2766	11	CACTAGTACTTAACACATGTTTAAGAAAAGTCAAAAGCACACATCATCAGTTGGTTGTTG[A/G]GGGCATAATTGCATCAAGCAAAAAGAAAACCCCCAAAGGCAGCAAAATTACAAAGGAGAT
rs2767	11	TCAAGAACCAACTGTACGGAACATTCCACCTTATGATCCTGCAGCAGATACATCAGAAAG[A/G]GCATATCTTTTTGATGAGATTATTCCAAAGAGTATAAGGCCGCACCTTGTGGATATTATA
rs2768	11	GCTGTATTTCCTCAAAACACCAGCGCTCACTGAAAGAAGTGCAAAATGGACGTTTAAGAA[T/C]TGTTTTCCTTGCTAGGTCTCTGGCTCTCACCGCTCCTCATGCTGACTGTTCCAATGTCAA
rs2769	11	TCTAAGCCTATGATTAGGAGGGGTCCCTGGTCTGAATCCTACTTAATGACAGTCATTACA[A/G]CACTTTGTTACACTAAATATATACAGCAAGTAGGTCCTTCTCTAGGATCTTTTTAAAAGG
rs2770	11	CCCTATAGTAAATCTGGTCTCTATTAGCAGTACCCTACCCCAGTAATTAAGAATTCCAGT[A/G]CACTCAGAATCAAAATCCCAGGGAGTAAATCTGTGTATCAGATCCAGTGTCAGTACTGGG
rs2771	11	GCACTGTGAACTATGGCTAGATCAACAAATTTGAAGATCTACTGTCTATGTTTCCATTTG[T/G]AGAACTGATAGTAGATACCGATGTAAATTCAATTCGAGGTTCCAAACGCCTCCCATGCCT
rs2772	11	CTACAACTCGACCTCATGCTGCTGTCTGGAGAGAAATCCTGGCAGTCAACGTATACAACC[T/C]GTGAAATTTCATCGTCAGGTCAGATCGAAGAAAACGAAAAGGAAAAGATTTCGGTGCCTT
rs2773	11	TCCAGATCAAATGTAAAGGTGATATTCCACGATGTGAATTTTCTGCATCACATACTGAAT[A/G]AACACATAAATAAACAGATAACACAAATAGAGCCCGCACATTGCCGTAGATTTTTTAAGA
rs2774	11	TGTCGTATCATGTTTCCTAGTGTCTCCAACTCCTACTATATATGCAGCACTAGTCGACAT[T/C]ATGTGTACAAGCCTAGCTTGTGAAGCAGGAGATCAAATGCCTCAAGTGCACTACTCTTAT
rs2775	11	TGGTCCAATCTTGGTAACTGCTATTGCTCCCTCAATCCTTAGATATTTCAAGTTGTGCAA[T/C]TGCCCAATTGTTGGAAGACATACACATGATTTGCACCATCTTAGAGTCAGATATTCTAGT
rs2776	11	CTCTGCTGCACAGCTACTATGAAATGTTCGCACGCGTTTTTAACTAAGCTTTGGAATGAA[A/C]ATCGCAGAATGTATCATAGTATCATTCGTTTGGAAATTAATTAAAGATCTGCTCAAATGT
rs2777	11	GAGTTAAAGCTCTACCAAATAGTCCCGAAATCATACGTAAAAGGCGTATGATGGAGTGAT[T/G]GATGGAAATGGAATCGATCGCCAGCTAGTTCAGTACAATCACACAAGATCCATCGCAATT
rs2778	11	AAAGTAAATAATTACTCCTGTACCCACTGGCAATTAGATGTCCTGGTGTTCTCTCACGCA[T/G]GATCTAGTATTACCCCTTCGTTATTATAGTGTAGTAATCCCTTCGTTATTATAGTGAAGT
rs2779	11	AGGTCCACACCTGAAGCTGGAATATACGATGGATTGATCGAACTTTGTAGTACTATTTGT[A/G]TTTGGTGGATGCGTTTGTTCGACGATTACTGACCTGATTTTGCTGCAACTGACAGATATT
rs2780	11	TTTCGAGAAAAAAACCACAACATATTTCGAGAAAAAAACAATGAGCATATACAATCATGT[A/G]TGGGTGAATAGTTGAGAAGTTATCTAGGTTATACTGAAGCTCATCAGTTTTCCTTATTCA
rs2781	11	ATAAGATTAGAATTGAAAGCTCCACCTTGAAAGCAGCCAGCTTCTGATGAATATTATATG[T/C]GATAACTTGCCCATCTATCTCGTAGATTTTTTTCAGAAGATCTTTTTTTTGGCACCCTTA
rs2782	11	TAGAAGTGCCATTCCCAAACTTTACCCTAACTGAAATATTGACAGAAGAAATAACTATCA[T/C]TGTATCACATGTCAATGACTTGAACCTTTTCCCTCAAGCAGCACTACTCACTGCTTTATG
rs2783	11	TTAAGTCGCCTGTCTTCCCTCAACACCGCGTGATTCCAGTTCTTCGAATGATGCTTCACG[T/G]ATGCACTGGATTATATATCCTGGCAGAACTAATGGAGAAATTGCTGATGAATTCATAGCA
rs2784	11	ATCAAAAAGAGTGGGCAGTGTGCATCGGCTCCATGGCAGAGTGATCCATGGTCTCTTCTA[A/C]CTCCCTTTCTGAAACGCGAGACTAAGGCTGAAGTTGCATCACTTCAGCGCGTCTCTCTTG
rs2785	11	GCGAAACGATGGCTCCGATGATTATTCCTAAAAGTTGTGCTAGAAGTAGTAGTCAGCAAC[T/C]AGTAGCTAGCAATAAAAAGTGGACAGAAGACGGTAGAGGACTTCAATAATTGTGTTAGAT
rs2786	11	CACCTGCCGAAGCCGAATGTTCATGCAAGCACTGTAGTCGTGTCTTGTACTATATTTTGA[A/G]TTTGTGTCCAGGGGATCCGGCCGGAGCAGATTAAGTGATCACTTTTGCCATATTTGTTTT
rs2787	11	GTGCCATGGTATTTTCTTTCCCTAACCCACCAAGACAACCACTCATATACACACTAGGAC[T/G]GTAAGCACCTTCGAGTAACTGGATCGGTATATTATGAATTTAATAGTCACACTTTGTTGT

表 C.1（续）

序号	染色体	序列
rs2788	11	ATTGACAAGCTGATGTGCGTGGAGCTTAATTTGTACATTGTCTTTTTCTCATATTGCTAC[A/C]AGTACTTATACTATACTATAGTGTAGCCACAGCTTGATTATATTATACCATAGTTACATT
rs2789	11	CCAGATCCCTAACATAATTGCTTATCTTACTGTCATCCTAAGTCAAACATATCAGCTAGC[T/G]TCGCATGAAAAATTAAAGCTGCCGGACGATTGGGACATCTCCTCCAACTAATTTATTTAT
rs2790	11	CTGAGTACGCTCTTGAAGATGGCAAGAGCTTTGTAGAGGCCTAGCTTACGGGAAAGATTG[A/G]AATCAGATATATCTCTCCCCACTGAAAATTGACACAATTATTGCCAGGTGATCACAATTA
rs2791	11	GTTGGTGATCATGTTTTCCTAAGAACCTAAGTAATTCTTTTTTTTTCTTCAAGTTACTCA[A/G]ACCAAGTTTATAAAGTTTTCTCACCAGGTGAGCAAATTAAAGTCAATTGGCTCTTGAATG
rs2792	11	CGAAGTAGTTGCAAGAGAGAAATCTAAGGATCAACGGGAGGACATGATGATTGACAAAAA[T/G]GATATGGTGATAATTTGCAATGGAATCAGAGAGTAAATATGAAGTAGCAAATATAACTCA
rs2793	11	AAGTATGATGGTATCACCTATATATGAGAAACTGAATGTATGTATTTGTGAACTTTCTGG[T/C]ACTCCTGAATGCTTTATGAAGATGGTCGATTGGATGAATATTCCATTACTTCCTGCGTAA
rs2794	11	GTTACCATTCATGCATGGATGGATGGATGGATCGAGCTAGCAATGGATCTGGATCACTGA[T/C]CACACACATGTGAGGTGACAAACATGTTCGTCGGATGATCATTTCGTCATCGTCTTCGTC
rs2795	11	TTGTGACTACATGGTGCTAGTATAAGTTCTGTATCCTTGGATGTCTAGGATGACCAGCAA[T/G]TTGCCACGTTTGGTGTTCTGACATTTGCTTGTGCCTTGGACGAATACTGAATAGTACTCT
rs2796	11	AGGCCCCAGGCATCACCATACTGGTTAGCACCTAATATTTGTTTAGCCTGACTAGTCAGT[A/G]TAGGAACTAGACACCACCCTGCTGCATGTATATGCCTAACGCCTTTTAGAACAGTGCTAT
rs2797	11	TAGGAGATATACCTGGGTAACCAAATTTTGAGCTACAACCTATGCAAGTTACGAGTTAAG[T/C]CCATGTGGATTGTGTTAGGATGATACAACTATCTTTTCTAGCTCATACAAAGAAGGCTTT
rs2798	11	ATATGAATGAATTCTGCAAAATTACATGAAAACCCATTCATCTATGGGCCTTCTGTTGCT[A/C]TCTTCAACAACTGTATGGGCCCAAGCCCAAAACTGCCCATGGGCTACAAACGAAGGCCCA
rs2799	11	ACTCCCGTTATCCCAGTTCAATTTGATTTTTGATTCCTGATGCCAATGCATGGAACGGAT[A/G]GATCAGAAAGTTGTCCTTTCACAGTGTAAAGGAAATTGAGACGCTGGCATATAACGAGTT
rs2800	11	GGTTCTCCAACCATTCTGGCAAAATCTCCAATTTGTTGCAGTTATCAATTTTCAAGCTGG[T/C]GAGAGAGGAAAGATGCTGCAAACCCTGTGGGAGGCATGACAATTCATGACAACCACATAT
rs2801	11	TGGCCGATATGAGATGGCAGTATATGCTTTACAATGCAGTAACTTAAAGCGTATCTTGCC[A/G]ATCTGTACTGACTGGGAGGTATACTGTTTATTCAGCTCATGCAAACGTTTTGAGTTTGAT
rs2802	11	GAGAACCCTAGATTTTACAATACATGGGAGCACTTATTTGGGAAAAGACGATCCACATCA[T/C]TTGGTCCCACCCATCAAGAACACCGGAGACCTCCTTCACATTACTACACAAATAGTTTTC
rs2803	11	GACAATGTTTACCAGATAGCGTGCCTTGTTTGATTTTTCGTTCTTTACTACGGTAATACA[T/C]AGCAAGGATTGAAATTGACGTGCGTATTCGTCTTGAGCAATAGATTTAACGAGTTAACCA
rs2804	11	TGCAGATATTGAGAAACAAGGTAAACATAAAGTACTGAATCCATAAATGTAACTGAAAGT[T/C]TGAAACACGTAATTTATCTGACAATGAAACTAGATACTTGGGCTGTTTACCTGTAAGGAA
rs2805	11	CAAGAAAAGAATGATCATAGCTGAAAGGAATCGATTCCAAACACTTTGCAATGATTAGCC[A/G]CATGCAGAGCAGGGAGACATCAATGGTGTGTACTTCAAAATGGAATCTGAACAGGTAATC
rs2806	11	GCTGGCACACTCATATCTTCATCTGATATAGGTGGGTCAATGAACGTCTCAAAACTCTCC[T/C]AGTGCCATCAAATCCAAACCTCTTGCCTTCGCTGTTCTGGATGACGACATGTCGGCGCAC
rs2807	11	CTTCATCTTGACAGTGAAGTTGAAGTGATGAAAAATCTTGTAATAATGTTCCACGTTAAA[A/G]CACTGATGTAGCAGCTCATCAAATTGGTAATCATATTCCTAGAAACAACGTTAGCTGATG
rs2808	11	GGACTGGAAATTCTTTTAGGAGCTTATTGTAGTCATCAGACTTGACTGTTGAGTCATCCT[T/C]CAATCTACCCTCATAGAAATTTTCACTCACGAATTGACTAATCGAAGGATCCATCATATA
rs2809	11	GTGTATCTTTTAACTCACGTCGTCAAAGATCATGAATAATAATTGCATATGCCTCTTGGA[T/C]TTAGAAATTAGTATCGGCAGATCTCTGAAACATGATCACGTCCATACGGAAAATTAAACT
rs2810	11	ACAATCAACAAAGACAAATGTCTCAGGTAATCTTGTTACTTTCTTGGTACTAGTTTGTTC[A/G]CTTGTATTGGTAATATGATTACACATGTTGGATCCCTTGGATTTGAATGAAAAACATAGA
rs2811	11	CTCTTGACCTTTCCTGCAGCGGTAACATCCCCTGGATAAACAAGCCACCGATCGATGAGC[A/G]CGTCAAAACATCTCTCAGCATTACGCACCGCACAGTCTGCACTAGGCCAATCGTCCTTCC
rs2812	11	CATGGCACAAGTACAACAACACCACCAATGAAATGAATGAATGTACCGTTTAGACCCTAA[A/G]CTAATCTAGTCAAGTGTTATGAGATTTGGTAAGCCAACTAGATAATTATGTATCTGTCAA
rs2813	11	ATTTTTTTAGGTTATGGGAACAGGATTAGCAAACCTATATTTTTGTTAAATGCAACAGAG[T/C]TGTTTACATTTTGTTTCCTAATGCAGAACTCAGGATGAAGCATTCTGATGGTGGCTATTC
rs2814	11	AAAAAGCGTAAGTTTAAACATTATGTACTAATTCATGTACTAGTCTATAATATGACAGAT[A/G]AATGGTTCAGTCAGTCCTAAAAAAAAGATGGCTCAGTTCTGTTTCTGACCCAGAAGTATG
rs2815	11	ACTGTTCTGCTGGTATTAGTTTGGTGATGGAAGGAGCTTCCTCAGTGTAATTGAAGTTCT[T/G]ATCTGCTGCTCAAGCTCCCTGCCACCCCATTGCTGAGCACCTGGCTTGCGGTTTATCTCA
rs2816	11	AGATCGATTTGTGTAATATGCAGCTGACATGAACAATTTAAGTGTCATGTAAAATTGATG[T/C]ACAGATTCCTTGTTGACCTGGATCTTAACTATGGTCATGATATGGTTATATTAGGCATTG
rs2817	11	AGATACATGCATGTGGTGCTTCTTGCCTGGAGTATGAGTGTAGCAGTAGCATAGGGATGT[A/G]TTTGGTGACTCATGTAGCAGGCAACATGTCTTGAAACCGTGGGCATGAGAGGCAACAGGG
rs2818	11	GTTTATTGCGTAATCGATGGTGATCTATCGATTACGCATGCTCTTGTCCGATGTTCTTCC[A/G]ATTCCGAATTGAATGGTGTATATAATTAATTACTAGAAATTTGGATATGAGAAGGTACTT
rs2819	11	GCATGGCATCTTAGCACTTTGGAAGTGTAGTTTGGAGAAATGACATATCGCAGAGACACA[T/G]ATGGTTAACTGTTATCTTAATAGAAGCCAAGAGAATAGTACTCATGCACACATATCAACA
rs2820	11	AATATACCTATTGATACTTGTTCCAGTTCTGGAGGACACCCATTATCATGCTTAAATATC[A/C]TTTTGTAGAATAGCCTTTTGGAGGCATCATCAGAAAGAGGCTTCATCCTATAAATTGCAT
rs2821	11	ATATAATTTTAAAAGCTTTTTAAGCTATTACTTAAATAATCATGTGTTAATTTATCGCTC[A/C]TTTTTCTGTATCGAGTTTGTAGGTTCCCAACCATTATCTTAGGTGTGGAATGCATAATCA
rs2822	11	CTTTTCTCGGAAAAACAAGAAGCAACCAAAACCCATCACAGAAAAAACAGATGAAATCGT[A/C]GCAGCATATTACCAGTCTTCTCTTCATCAAGTCCCCCTCTCCCCTCCTCGCGGCAAGAGA
rs2823	11	CAACATTTACTGCATAGTCGCTTAGACTCTGAGAATAATGTTGAATCCTACCTTTTCGAT[T/C]CTCTTTCAGACTCAGTAAATTAAGCGACAATTAATTGTGTATCCAAACTCATTGGACATA
rs2824	11	TGTCAACCTGTGAGAGGTTCAACTCCCGTTGTTGCCTAATGAATATCTTTTATATTTATT[T/C]GGATGGATGAGGAAGGTTCATCCTAATTATTGTTTCTACCAAAGCTTACGATGAATAATA
rs2825	11	GTGTACTTAACAAGCGATAAATGATAAGGATTAAAAATTAAAACAAAGATTGCATGCAAA[T/C]GAACACCCAAGTGTCAAAGAGACAGAACCAACCAATTAGAACTGAATACCCAATGCCACC
rs2826	11	TTACTTTTAATTAAAAGGCCGGTAACTCTTAAACAGCCATACTCAAAAGAGAAACCCGCA[A/G]CATCCAGCATCATTTAGTAATGAGGCCCTAAACTAGAAAAGTGGAGGCTTCTCTATCATT
rs2827	11	ATGAAAGTTCAAATCTTCGCGTGGTTTCTTAGCAGAGAGCGGTTATCAACAAAACAAAAT[A/C]TCTTCAAGAAGAACATTGTCAGCTCGGCGGTTTTCGCCATTTGTGAAAGCTCGGCTGAAA
rs2828	11	GCTAATCCCAGCTCTATGTGTCCTCGAGCTTCTTGTCCTAGACTTCAGCTGCTCTGCTAA[T/C]ATGATCCAACAGTCCTACCTCCTCAGCGTGTCCTAATATCTTCCGCTGCAAAAGGTGAGA
rs2829	11	TAGTAGCCGCTTCTTGCATTCTTCTTCTTCTCCTAGGACAGTGCCATCCAAGTATCCAAC[T/G]AACGCAAGATGGCTCTGGTTGCTCAGGCCTCCACCATCGCGCAGTTCGCCGGAGTGGACG
rs2830	11	TGCAAGACTGATGAATTGAAATACCGATTCATTCTGGTTTGCAGTACGACGCTCAAATTC[A/G]TGAATAACTCTGCTCAACAGTGATTCTACAAGCTGCAAATCACCAGAGTCAAAAAAAAAT

表 C.1（续）

序号	染色体	序列
rs2831	11	TTTTTCAGTCAAAAGAAGATCCATAGCATTTCGAGCCTTCGAGGGATCCCAAAACTAAAA[A/C]AATCCCCAACTCAAAACCCCAATTAACTACCGAGAAATCCTCCTGCATTATCGGTAGAGG
rs2832	11	GGCCTGCTACAGTACAGATCCGCCATTAATGACGACTCTAATCACATCCCACCATCGAAT[A/C]AACGTGCTGTTAAAGTGTTAATTAAGACGATGGGTGAGCTTCTGCAAACAATGCTGCTAG
rs2833	11	CATCACAATCTTCTCCAAAGCCTTTTGTAGTATCAAATGAGTTCTTTTTGTAGGAACCAA[T/G]AAAGCTAACAAAGGTGAGTTTCTAGGGGTAAGATGTCGACTCTGAAAACCAAACCAAACA
rs2834	11	AGGAATTCCATTATGTCCTTCCTTTTTGGACTTGGACACACTAGCAAGGTGTGCATCACT[A/C]TTGGGTCCTAAAGTTTTGTCCATTGATGATAATGAACTTCTAAACTAAATTTAAGTGCAT
rs2835	11	CTTCTTCTTCTTCTTGGCACCGTCGTTGTCTTCATCGGAGCTCTTCTTTTTCGATTTCTT[T/C]TTGTCATCTTCATCGTCGTCCGGGTTCTTGGGTTTCTTCTTGGATTTCTTCTTGTCATCT
rs2836	11	TGTAACTATATCAGATCTCATGCACAATCTTATCATTAACCTGCCTCAGCAGGCATGTTT[T/G]CTCTAAATTTCATTTTACCACAGTTTGATGCAACAAGTACAACATTCCTTACCAGATATT
rs2837	11	TCAAGTCGTTAATCTGGTCCGATTCCAATTGCTGCCGTATATATAGCGTCTATTTGTTGT[T/C]AAATTCATCTACATTATTGAGAGTTTCAGACTTTCAGTGTGTCCTCGATTCACACTATGT
rs2838	11	GAAATATGCAATCTATCATGGGTCCATTCCATGAAGATGACATAATAGAGAAGCAACAAT[A/G]CAATCCACATGCCACTATCTCATTTAATAAAACATTTATACTAGAATATGTAAACCAGCA
rs2839	11	CACGCGTAAGCGTAAGGTTTCTCTGAATCTCTTGCATTCCAAAGACAGGGTCGCATGTTA[A/C]GCAGATCGAGGCAGCGACGACCTGTGTGGACAAGTCACTGCTATCACTTTCATGGAGCGG
rs2840	11	TTTTGTTTGAAGCAGTTCAATCCCCTTGTTATCCAGCCGCAAGCAATGACGCAACAGGTA[T/C]GAGTTGTTGTGACATCTACTGCATCTATTATTGATAAGGATGTCAACAAAATAATGTGTT
rs2841	11	CCTTTCCATCCAGGTTTTCTTGGAGTATGCAGATGTGGACGGCGCCACCAAAGCAAAGAC[T/G]GCAATGCATGGAAGGAAGTTCGGTGGAAATCCAGTTGTTGCAGTGTTCTACCCTGAGAAC
rs2842	11	CTGCAAATAATACATTATGTAGAACCAACCTTTTCGAATGTATGTAGTCATAGGCTTCAG[A/C]ATGTGCAATAGCCATCCAATGCAAAGCCTGATTGTATACACCAGTTGGCAGAGTAGATGT
rs2843	11	CTTCTTGCTCCCCAGAGTCCTGAATAATTTCGTCATATTCTTCGTCAGAGTCATCCTCCA[A/G]GATCTCCTGTTGTTTCAATTTCCTTTGTTCTTCATGTGTCAGGCTACTCTTATCTTCGTT
rs2844	11	ACCTATATATTCTTGTAGAGATAACTATTTTATTAGAGAGATCAGATAGCTATAAGATTG[T/G]TTGCAAGAAAGGTGTACCTTTACCTAGTTCTACCTCTAGCTATTCAGATAATTTTCCTTC
rs2845	11	GCAAGAACCCGCAAGCATAGCCTGATATAGAGACTATTGCCAATGCCAACAGCTAGCCCA[A/G]TGTGGTTGGATATCAAAGTTGATTTTAATTACCTCTAGATAACTATAATGTATGGCTTTA
rs2846	11	TCAGTGAGCAAGTAGCATTTTGGTCTTCCTAGCAAGTAGCAACATATCATCACAAAATCA[A/G]ATCTTATGATCTTGTGGTGTTTTTAATTTCTTCTCCTAATTTGTTTAGGAGTCATAAATG
rs2847	11	TTGATATTCTTTGATCTTTCTTATTGTTGTGAACGATTTGTGAAAATCTGTCGTGCATGT[T/C]CATGCTACTTATAGTGTGTTAAGTGAGCTACTGTCGATCGATTTTTCAGCTCGATTAATT
rs2848	11	ATCATAGCATATATTTATAGAGAGATCTATCGATGGATCGAATATATAATAATGCATGTG[T/C]AGTGTTAATCAGTGTGTGACATGCATATATGCAAGGGTGTCACGCAAGAAACTACTCGTA
rs2849	11	ATGCGTTAATTAATTAGCTCATATGTTGATCGACGACGACAAGCTGATCAGTAGTACCAT[A/G]TACTGCTAGCTACTTGGCATTGTACTGTACTAGCAACGAACGTAATCTACATTGACCTTG
rs2850	11	TCAGAGTAACTGCAACGGCAAACTGAAACAAGTGTGAAAGTTTTCAGTTGTCAATTTGGG[T/G]TTCAGTTTTGTTTATTGGAGAGAATCCTGGAGTCAAGTGGAGATTCCAACAATCAAAATT
rs2851	11	CCTTCCGCCCATTCTTCCGGACATTAACGTCTTGCTTACATTAATTGGCCTTGTTCCATA[A/G]AATTATGTTTTAAAGTCGAGCATCTGCCCAGTAAAGGCCTGTGCAGACGCCTATTTGAGC
rs2852	11	CATCCCGAACAGGACCAAACTTTTGAAATGGAACTTGGACATCCTCAGGTCTGGAAGAGA[A/G]CCCAAGTGAACAACCAGGAGCAAGTGAAATGATGCAGAAATTGGTATTGTATTGTATTGT
rs2853	11	TGTAGTCTAGTTTCTTCCATGATTCCATGATTGCGGGTGTATGTGTTGACATGTACTACT[A/G]CTCTACTTGCGATATACTATAAGGTTGAGTTATACCCAAACCGATTTTACCGTATGGTGA
rs2854	11	TTACAACACAACACAACAGTTACAATCCTCTAATGTTTACATCACTCAAATGGGGATGCA[A/C]ACCAAGGGATTGCTTCCTTATCAACAACAAAAAAAACCTGCTAAAACACTTCCACCTCAT
rs2855	12	TGCAGGACGAGAAGGTTAAGTAAGGAAAGAAAAGCTACTACTCTCCTAACAATTACTATG[T/C]GTTTAATTATTACATATATATATACTCGACTCACGCTGCTACAGCGTTGGGATCCTCTGC
rs2856	12	TCCATGGGACCCTTCCCTCAGCACACGGAAGCCTAAAAGCAACAATGAAGTCACCACCTA[A/G]CCACAATGATAGAATCTTGGTTGTGCCGAGGCAGTTGTTTGGCTTGCAAGATGGCGTTGT
rs2857	12	GTTGATGTCATCCTTCCAGAATTCGATGTCGGCGATCTTGGCTGCGTTGTCCTCGGTGAG[A/G]TAGATGGATGATGAGCTCAAATTTGTTGGGAGAAGAGGAGGAGGATCTAGCTGGCTCATG
rs2858	12	CGTTGGATAATAATGGAGATCGATATCAATCGATTTCTCTAGCTGTAGCTGCTTGATTTG[T/C]TAGCTTTAAATTTGGCTGGAATATTTCTGATAATAGTACTTATTTTGGTTTGAATTTCTA
rs2859	12	TTTTGGTACTACTACTTATTAGTTATTACTGCTACAAATTAGCTCACCTCACTCTCTTCA[T/G]ACTGCATACAACTCGCAGCATCTCTTGCCTGCTCTTCTTCGTTGTGATCAGTCTGTGCTT
rs2860	12	ATCAGCCAGACAATTTTAATAGTTGACGGGTATTGGGTATCCTGGTTTTAAAGTTGAGGG[A/G]CGTTATTTAGAATAATAGTTGAGGTGTGTAAAGTTTTCGGCCTCAATTTGATTTTTTTCC
rs2861	12	TTGGCCACGTCATCGGCTCCATTAACTGAAACAGAGTACTCTCCAATGGAATGTGTCCCA[A/G]CATCAACACCACTAAAACCACTGCAATGTCGTCGTGCTCGTCACGACATCACCATGTCCG
rs2862	12	GTGCATCAGAATCGGTTGCTTGATCAGTAGAGAGAGCTGCTCTCTGATGAGCTCGTGAGA[A/G]AGCATGGAAATTTTTGGCTGCTGGAACGGCTGAGCTTGATGGAGGAGAGGAGGCGACAGG
rs2863	12	ACGTACATTGATTTTGCTGCTGTCCTTAGTGCCCAGCCGTCTAATTCCACATGTTGCCTT[A/G]TCGTACACCCTAAGAAAGCTTGATGCGCAAGGCAATATTGTTTGATCCCACAGCAGAAAA
rs2864	12	TCACTAGTGGTCAGGACAGGCGTGCAAGGTCAGCTGTGAGTTATCATTGTATTTCTTAGA[T/C]GAATATTTCTTCAGCTGTTTTGTAACAGGTAATTCTCCACTAGTCACAGAAGATTAAAAT
rs2865	12	TACAGGCATTGATACAAACTTCTACACAGTAGCTAGTGTTGCTGAATATAGCTTGGTCGT[A/G]TACTCCCTCCGTCCCAAATTAAGTACAATAAATTTTGGTTAGATGGAACATAACTATAAA
rs2866	12	TCCCATTTTTCTGATCTGTCGTCGTAGAGTACTGTTCACCATACGCACGGAGGAAAAATG[A/G]GGCTCGTCGCGTCGTTCTGTTTGGATTCTTTTGAGTAGCCTTGATCGAGATTTTTCAGTA
rs2867	12	GATGGTCGCGTTGGAGAAGGAGTTCTTGAGGAAGTGACGATTATCGCATGCCATGATGCA[A/G]GGCTTGAACACGTCCATGTGCATCAGCCACCCGTCGTTGTGGGAAGAGATGCACCAGAGC
rs2868	12	TATATAAGGATCTATCTTCTTCTGTAAAATTGTGCTGTACAGGGTCCTCAGGAATTTGCC[T/G]TGGTGATCCTCTTTCAGCTGTCAATCACTCGCGTTCGCCAAACCAACCAGCTTCAGCATG
rs2869	12	ATTTCCCTCCTTCTCCTCTCTTGCATCTCCCTATCTAGAGGTTAAATATGACTAGAATTT[A/G]TCACAGTTCTAGTCAATCGAAGCCTAGCGATTCTCAATTTTTATGGTACTATCATTCAGC
rs2870	12	CAAACATGCTGCTACATTACATACCGCTCTTTGATCATAGCTCTTGAAACTCCGCTGCTA[T/C]TAAGTTCAGCTGGTGATGAACCAGTAGCTTGAACAGAGAGTGTCTGAAGAATCTGAAATA
rs2871	12	TTTTTAAAAAAATCTGCATTTGGCAGGGAGAGGAACATGAGGCGGCCTGGCTGCTGTTGC[T/G]GCATGGTTGCTTGGTACAGTAGGCATCATTAATTGCGTCGTCACTGTCTGTCTGTCTCAC
rs2872	12	CTGCATATGAAGACCGCATAAGGGGATTGCCATGGTGTTGGATTTTTTTGAAGAGTAACA[A/G]ATGAAGCAAACAAATGCTCACCTAGAAGGTCTATTTGTTCCCCCCAAAATTTTGACATCA
rs2873	12	TAAAAAAATGCAACACTTGCTTCTCATGGAGTATAGTAAATAGCAAAACAAGAAAGAGTG[T/G]CTTATGAACAAGCAGAAGGAAGATACCTCTTGCTTCTCAATGAAACCTTGTTGTTTGAGA

表 C.1（续）

序号	染色体	序列
rs2874	12	GTGATTTTGATTCTAGTTAATTGTCCGGCAAATTTGGGTTTTAACCCATGTGTTTACTCA[A/G]GCGATCGATCGACCTCTTGGAATTTGTCCATATCTCCTTGTCAAATTAAGTTGTTTTTTT
rs2875	12	GATTAACAGAACAGTGTTTTGAGAAGTATCACAATTCAGTTACCCTCAAATGAACTTTGG[T/C]AAGCATTGGGAGTTTTTTTTAATGACAGATTAATATGTCCTCATTTAAGTTGCAATTTCC
rs2876	12	CCTTACTCAAACATCTTCTCATCCTGATCTTGCCATTAACTACCCTCTCAGCAGTCAACC[A/C]TAACCATCTCTAATTCAATAAGGGCATCGAAGTTTTTTTAATCAACCCTAAATCTTTGCT
rs2877	12	TTGGAGCTCTGCAGAAAATGTTTTCTCCTTTACCACCTCATGCTCAAGTGCAGTCACCAT[A/G]CCGCGCAGCTCCACAACTTCTGAGTTCACTGACTGGAGTTCTGACTGAAATGATTCTTTA
rs2878	12	ACCATTCAGCACAAAAGTTTAAACTGATCAACCGCCACTAACATGGTGTCACAGTATCAG[T/C]CAGTTCGATCTAAAAGCTTAAAGCTCAAGCTGATCGATTGTTGCTCGCATTGCATCAGAA
rs2879	12	TCAAGAGCCTCCCTACGTTTTCTTAGGCTGAGTTCGCTTCAGTGCTTATAATTTTCGCCG[T/G]CACGTGAAACGAGGCAAACCATTAGCCTATAATTAATCGACTATTAATTATTACTATTTA
rs2880	12	TCGACTTCAAGTATATATATCTTGTGTATATTTGTTGATTTGATCAATTCAATTTGGTAT[A/G]GTACTTGCATTATTGCACATTTGCATGGCACTACTTAGACAAAGCCTTTTTCAGGCGGTC
rs2881	12	GGGAGCTGCATCTCATGTCTGCTCCATTGAAATCAATTGATGGTTTAATTTTGTTTGATC[A/G]ACCAAAATGCAGTGTCCGGGCAGAGGATATTGCTTCTGGGGCATCACTTTCATCTTCTCC
rs2882	12	ATTCTAGGTTTAATGAATAAGGAGAAAGTAGAATTTGCGAAATGAAGCTGCAAGAAGATG[A/G]CCAATTGTAATAGCAACTTGGGATCAGTGTGACATGACACTAAAGGTACAGCATTATATT
rs2883	12	ATGTTTTGGCGAAGCATAGCATAGAAGCCAAGGAATTGGAGGTTGCACTGTTGCAGCTCC[T/C]GGCCTCAAGGTTGCATCTGATAGCACTGCATTGGGACTGAAGAAAGATAACATAAACCAT
rs2884	12	GCGTGTATTCTCCACTTTATTACCCCTGCAATTTGTTTGTGAAAATCATCCTCCTTCCCC[T/C]CTTCTCTTTCCCAAGCTTACCTAGCAGTTTTGGTTAAGAGGTGAGTGGAAGTGAGGGAAA
rs2885	12	ATACAACTCTAAGCAAGTTACCAAGTTCTATGTGGAGGCTGCTAACTTTTAAAAACCTTA[A/C]CAAAAAATTTGTATGGAATGGAATAGTTTTGATCCAACAAATAAAATTAAGGACACAACT
rs2886	12	CAACAGTATCATTTCAAACTATGATAAAACAATAGTCGTCAAAATGTGTTTAATGCAATC[A/G]ATTTGGTCAAGTAAAAGTGAACAAAAGAGGGGATAACTTTAGCTTTCAGCCGTTTAGATG
rs2887	12	TTGGAATCAACATCAGCTAGCTAGAGATGCTCAGTAATTTAGGGAAAGAAAATTAACGAC[A/G]AGAACACAATTAAGTGATGTTCAATGATAACCTCGATCATTAGGAGATAATTCCATGACT
rs2888	12	TCATCACTCGTCACTCAGGAGTAAGGTTATAAGTGGATTGACCCGCGAACTCACTTATTT[T/C]GATCTATAAGTGGGATCTATAAGTGGGTTCACATACCAACTCACTTACACTATGCCAAAC
rs2889	12	GAAGTTCAAAAATGCTTTTCAACAGCTTGTGCCTTTTTCGAGTCTCAAAATTTTTCTCAG[A/C]TGCCTTAGAATCAAAGTCACCACTGGTATCATCAACCATATCATCATCAGAATCATCGTC
rs2890	12	AGTCGTCTCAGTCTCAAGAACCACTCCTGTAATAAAGACGCTTGTTGAGACGTTTTCAAT[A/G]TTGTCGTAGGCCCAAAATTATTTTTCATATTTTTTGGTTAAAAATCCTAGAAAGTCCTCC
rs2891	12	GAATCCCTAAAGAAAATGTCTGCAGTGGTAGATAATTTTGACCCTGGAATTTTTTTAAAA[A/G]AAGATTCTGTGCTCTGCTAGCTGATTTGAAGTATTGACATGGCAAATAATTTATCCATAG
rs2892	12	TGATGTCCTTTTATTTATTGGTTTGCAACACTAGAGATATATAACCAACCTCCTCCCTTC[T/G]TTTTACTTGCATTTAGAGCATAGATATAGACTCTAATGTACTACATATTTTGTCATTGTG
rs2893	12	TGGTGTTTCGTAGAGACCATTTGTTCACTGAACCAGCGTGATACTGACCCAATTCCCTGG[A/G]CATGTTTTGATTCGTCCAACCAGGAAAATATTTCTTCATGGTCCGCATACCTGTTAATAA
rs2894	12	TTTATCTTCTTGAACACAAGATGTTTTCCCTAAGTTTTGGATTGACCTTCCAACTGTCAA[A/G]TACTATGGTTGGGTTTTTAGACTTTTGCAATTTATGTTATACTCACTCCTAATCGAGTGG
rs2895	12	GTACGATATGCGTAGTAGTACTGTTTGTTTTTGCCAAGAAAGGGAGAAAAACAAATAATA[A/C]GTAGTAACGTATTTACGCCACCGGAAAAAAAGAATAGAACGTAAATACCCTGCCTGATTT
rs2896	12	TTCTCGCCTACTTGACTAAATCACGTGGAGTATCTACTATAGGGTTTATGAAATTTGAAC[A/G]GATCGAACTGGGTCAAATTGATGATAAACGCTCAAAATTCAAGGTAATGACTCAAATTTT
rs2897	12	GATACATTTCTGAAGGAAACAACAAAATACAATATCCAAAAGCAGACGTTAGGTTTCAGC[A/G]GCCAGAAATTTGCATTTCACCGATAAACATATTCATGCATGGTCAACTCGTACAAGTGCA
rs2898	12	GAGTACTATTTGTTTAGATAATGGAGAAATTTATTAAAGCACAAAATATAGGGGGTACTA[T/C]AATTATACCTAATATGTGACCTCTGTCCCTGGTTATACTAATGGTTTAGTGTCATGTCTC
rs2899	12	TGGAAGAATAAGTTCCACAAAAGTACTTTGAACTAATTAACTTATTCAGATTCCATTCAG[T/G]GCATGCATCTTCGCAACACCATACGTTGGACTTTCATTTCACCTATGATGCATATATGTG
rs2900	12	CTCCCAAACTACTACGTGACCCATACTTGGCACGTTCACCTAGCTTTTATGGCAGCTAAA[T/C]GGCGTTTACGTGGAATAAAAACTCAATAGGACCCACGTGTGATTAGCAGTTCTACTAGAT
rs2901	12	TGGCCCTCCTGTTCATCTTGTTGGATCTCAAGTAGGAGTAGCTAGGAAGAATCTGATGTG[A/C]CACAGCTGCCTGCTCTCCAGATGCAGCCAGCCATGGTGCCCTCCTCATGAATGATGATGA
rs2902	12	ATGGCCGGTATTTTTTTATTCTTGTGTTCTAAAGGAGTACTTGCTAAGAAACCCACAACC[A/G]GAATAGAAACCAGACATATTTAAGGTCCACCCCACATGGCAGACACACCTTTTATCTTAT
rs2903	12	TGAAGAAAAACACAGAGAATCATACCTGATTAGATGGCTGAAAGAGGTTGCTTCTCAAAA[T/C]GAGCTCTCCATTTGCTTGGCTGTATTTGAAAATGGTTGTGGAGACTCACCAATTCATGGG
rs2904	12	TAGAGTGTTGCGTCTTCAATGCACAAATGAGTAGGGTTCGTTGTATAGATGGAGCTTCTT[T/C]GATGAAGAAGCAGGGTTCAATTTATCATTTTCGGTACTGTATCGGATATTTCCGAAATTT
rs2905	12	CATGCAGTGTTGCCTGCAGGTAGGCACTGAATACTTTCCGAGTTGTATTAGCGTTCGAAA[A/G]CTTAACTGCCATCTCAATTCGATTACAACTTTCGTGAAGTGTTGCATGATCATGTAATGA
rs2906	12	ATAAATAGATACATCGACATGTTTTTGTAGCAGGAGATTGTATATTGTTTCTATTGCTTC[T/C]ATTAAAAGCATATTCTTCTTTAGCAATGATTTCATGTGGGACATATTTGTGCTGCTATTA
rs2907	12	TGCATTTAGCAGAACATCAGCTCGACACAGCTCACCAGCACAAGCTATAAATGTTCTTCT[A/G]TCAATCTGGATGGATCAACATGAACATGATAAAAGAAAGCATTACAGAACTTGGTCAGGC
rs2908	12	GGCACTGATGCGTATCAGCTGCAATTTAGTTGATGGATTGGATGGGATAGATGAGCTGCT[A/G]AGAATGCTCTAATAAGATAATGTTGTGGTCTAAAAATGGTGAGGTATTGGATTCGGTTTT
rs2909	12	TCTAGCCATTCAAAGTATAGAGTAGTAGACTCACTCGAGAGCCAACTGTTATCTACCTGG[T/C]GAAAGACCTGCAGCAAGCAACACTAAGGTTGCCCCATGTAGTTCCAATTTGCAAAGGGCT
rs2910	12	GAGTGTTTTTTTCATTGTGCCAATGAATTTCACTAGATTTTTACAAGGGTGTGGTTGATA[A/G]TTACCTGAAAATATTGAATGACCTTGCACGAATGTTGTCCAAGTGGCCCGGCATAAATCA
rs2911	12	AATATCATTAGTTCCCTGTGCATTTTACCTGCTAGAAACTAAAATTAGCGCGTGGAACAT[A/G]TTGTCCTTTTTTATTTTGTGTGACTTCCTGCATTTCAAATAGAATGAGAAAGGTTGGAAA
rs2912	12	TTTTTCGTTTGTGTTCAACCAGAGATGCGGCATTGGCTGGACTTCGTGTGGCAGAGCGTG[T/C]CTATTGGAAGGAATTTGTGGACAGAGTATTGAAAGATACCAGCAGCATTGATATAACTGC
rs2913	12	TTTTTTTTTGAATGCTATTTCGTTCCCTCTCTTGCCGGCAGTAGCTTCCAAATGGAATTC[A/G]AATTAAAGCCAATCCGTTAACGATGGCAGATGCGTAATATCGTTCGTGACCCAAGGGCAA
rs2914	12	CTGCTGATATTGGTGTTGAATGCTGGTGAGTAGTCCTTACAATTACAATAATTGCAGTAA[A/G]GGTACCCACCAGTCGACCACAGCAACTGTAAGTTCATTGATCTGATAAATTGGCAAAACA
rs2915	12	TCAAAATCAGTCGTGCAAATCGATCGATCGAGAGTGAAATAAAAAATCATGGATACCCAC[A/G]GTTATCTTTATATTTGCTGCAGAAACCTTGGGATATAAAACTAGCTAGTTTTTGCTAGAT
rs2916	12	TGGTAACACAGGCAGTGGGAGCTTCCTTAAGAAGGCAAGCGCGCAGCCAGAAAAAAAAAT[T/C]CTCAAAATAAAACTGGTCCACAAAATTATGAAAAACTATTCTGTTCTATCAATATTTGAG

表 C.1（续）

序号	染色体	序列
rs2917	12	ATTAATAATCTCATCTCATGATGAATGACCGCGCGGAGAGTAGAGGTTGATGGAGGAGAC[A/G]CCGAGGTAGGCGGCGAGTAGGTCCTCGTCATCGTCCTCCTGCCTCGCCAGCGCCTCCTTC
rs2918	12	GTCATGCCATGCCGTGCTTGGGCCGGGCCGTCAGACCACGAGCGTTGTGGCCATCTATAA[A/C]AAAGGTCCTTCTAATTTGGCATATCAAATCAGAGAAGTCCCGATCTCACCTACTAGGTAG
rs2919	12	ATTAATGAAAATTTCATGCCGTCAAAATTTAGACGCTTCCGTATAAATTTTCTGAGCGGA[A/C]AGATATATGCACACGTACGTGCACACATATCTAATATTGACACAAATAGACAATAGATAA
rs2920	12	TGTGTGAAAATACATACATAGAACCGTCTTCCAAAATAATCGACCATCTACCCACTTTAT[T/G]CAGATCGATCAATTAAAAGGTGTGAAGAATCAAATAATTTCAAACTAAGAGTTCCTGTTA
rs2921	12	GGGCGTTTCTGGCACGTTATTGACTTCTTGCCTTCTTGGGATCTTGGCAGCTACAAGGAA[A/G]AAGATTTGGGAATTTGGAATCGGTTGGTGTTGACGTCCGGTCTGTTCTATAATTTGTTAT
rs2922	12	GGGCGTCTATATTTGTAATTTACTACCCGTGTTTCTAACGAATAGCTCAGTCCCGCTCCA[A/C]ACAGTTTGTAATATGTACCCAGGCTAGGTGACCCCGACAGAGTCTTCTCACAAACCTCAC
rs2923	12	GTGTACAAGGTCCTGTATTCGAAGACGAGGATAATGGCCGGCGGTTGTAGCTGACCCATG[T/C]CCACCATAGAGGAGATACTTGGGGGGATCCTAAGAGCAGTCCAGAAGGTTCTTGCAAATG
rs2924	12	TATGCAGGAACGTAGTTCCGCCACTTCTGACAACTGATAATTTTTAAGGTCTGTCTGAGG[A/G]AAATGGAAAATGTTGATGCAAAGCTGTGTACACGATCTCCAGCCTGGGGGAAGAGCTGCG
rs2925	12	AAGGGGAGAAGAACAAACAACAATAGAAGGGTTGCACTTTCCTACTTTGCAAGCCACTAG[A/G]AAAACCGAATAATACAAGCTTCAAACAAAGGTTGGGTTTATTTTGCAAATATTTTATTTC
rs2926	12	AACTAAGAGGAAATGGAATGCAATTTACAAGAGAAGCATCTCATGAACGAATCTTTGCAT[T/G]ATGTTTGTCTGTGGTCAAATAAAGCTAGGACTTGCACTATATAGTCGATGAATAGGTGAA
rs2927	12	CCCATCCACGTGAACAGGCTGGGAGTTACACTAAAATCATGGTTTATGATTAGAGTTTTT[A/G]TCCACCAAAACAAGAATAAAGGGCTTAATAATCTTATAATAGACCAAATCTGCCGACATA
rs2928	12	GATGATGAATAGAGCTTTCAAGAGGTGTCTCATAAGAAGAAAAGTAGGGGGAGAAAAACT[A/G]AACCTACAATTACATCCAGGATGAGCTTAAGGAATAGGGAGTTGGCTGATGTTCCTGTCA
rs2929	12	CAACCCTGTCTCCTTAGAGTCATACTGCTTGAACTCGTTGGCATTGAACCTTAGATTTAA[T/C]CTTTGCACACTCGGCATTGCTCCTTCCACAAAAGTCATGCATGGTGCTGTACAGACAAAC
rs2930	12	AATATATGCCTTTGTTTTCTTCTGAAATTATTCTGATGATTTATTCCTGATGGGGAACCC[A/G]CCTAAAAATTATCCGTGCTCTGTGGATTTTTCAACCTCACAGAATGTCGCCAGTCTGATT
rs2931	12	TCCCATTGGCTGAGCATTTTGCTCTGGTTCTTGGTAGAAAGCCAAACCATTCGCGTAGTG[T/C]TGGCATTGGTGCAGTCAACCAAGGGGCTAAAGAAAGGTATAGGATTCATGCACGAGCTGA
rs2932	12	TAGTCACTAGTCAGTCAATTATCAAGCAAGTGTTGGTAAAAAAGATGATTCGCATGGGTT[T/C]GAGGATATGAACTGAGTAATTACCCGTTAGTCCTAATCCAGACGGGATGGATGGATTAGT
rs2933	12	CTCCAGTTTTTTACTCTCAAACAGCAATGAACTTCGTGCTTTGCTGACTGTTACCATAAC[A/C]TGTGGAACCATGCAATGCTTGGTGCTGCAATAAGAAATTCCATATCTCTTCTGCTCTAGT
rs2934	12	CTGATGAGGAAAGTAAAACAGTGCCAAATCTTGAGAAGGTATAATATCTTATGCTGTGAT[A/G]TAGAACTCATGCTTGGTTTCCTCTTTAAATGTTTTCATGGCAATCTCTTTCAACCTTAAC
rs2935	12	TTTATCTTTTACATGGTAAAATGTAAATGCATGGCCTTTTGTTACACATAAAGACCTTCC[T/C]GAATGCAACTTTTATATCTGGTAAATTCTAATAGTCTACTCAATCTTGTGCAATTAAGTT
rs2936	12	GATTATTGCACTATCCAGAATATAGACTACAATGAGCAACCAATGAAAGCATGCATGTCT[T/C]TGTGGATGGAAGCTGCAGACGATATGTATGAGCAAGCCCTTGAGCATATGGACATGCAGC
rs2937	12	GTAAATATATCAAAAGTAGCTTTCAGAAACGGCACCATCATAAGTAAAAGGAAATGAGTG[T/C]AGTAAGACTAACTTGACGAGCTCTAACACCAAGATGTGAAAGGTGAGGTAGTTCCTGAAG
rs2938	12	GCAGGACCTCCGCACCGACGGCCGCAGGCGGCTGCAGTTCCGGGCCATCTCGGTCGAGAC[T/C]GGAGTCATACCTCAGGTCTTTGGATTTATTTCCCCATGTGTCTTTTCGATTGGGCGTGCA
rs2939	12	AGGCCAGTGAGAACAAGCCTGTGATGAATGAATGAAGGCTTTCTGATGTGTTTGGTCCTT[A/G]CAAGGAATAGGCTTCAATCATGTGATTCCTAGTATGTTTCTGTACTGGTTCTGTTTAAGT
rs2940	12	TAATGTCGAGAGAAAGAAAGACGAACGAGAAAAAAGTTGAGCATTTCACCCATTGTAGCA[T/C]TAATTACGTACATGATTATGCAGGCGCTAAACCTGATTAGAGTAAGTTCAATAGTATAGC
rs2941	12	TAATCGTGTCCCACTCCTCTTCAAACTCTAATGGTTGCTGCCGAGGTGAATAACTGAACA[T/C]GCAGCCAAGTCAAACATGGCAAACAATCTAGATAGCTCAGCTAAGCTATAGCTCATCTTA
rs2942	12	ATTACCATGACTTGCTCAAGAAAAAGTTCAGATATCTCACAGTTGATGAATTCAGCTCTG[A/G]GCATTCTTGGGTTGATTTAGGTGGAGTGCTTGTAACACGCTACCCCAAGACCCAAGCATG
rs2943	12	GGAAGAATGCGATACCTGGTCTCTCATATGTCAAGGAGAAGAAGGTCCGCAAGGAAGTTC[A/G]CAAACTGGAACTTCCTGTCTTACCCAGTGACCACTTTGGACTTGTTTTGAGCATTACTCT
rs2944	12	GTTGTTAGGTCTGCTAGCAGCAGTACGCTATTACTTCAAGTTAATCACTGCATGAATTTC[T/C]GTTTATGGGAATCTTGAGATTTACAATACATTTGAATGCTTACATTATATGTAGCTAAAT
rs2945	12	GGTGACAACCCAGCTCTGCTTGACCACTTGTTTAGACTGGCTAGCTTCCTTGGTGTAAAG[T/C]GGCATTCCCAGTCATGCAAATCCTCCATGCCGAAGCGGCTTAGCGTATATAATTCCTCTG
rs2946	12	GATGGACAAGAACAAAAGAAAAATGTTGCTCCAAGTAAAAGAAAATCTCAGAAGGACAAG[A/C]CAATGGGAGGCAAAAGCTGCAATGATGAAGTACAAAATTCAAGCAAGAAGATGAAAAAGA
rs2947	12	CAGGTAAATTGGCTTCTGGTGAACAGTACAACTCAATTTCATGCTATAGGGCTTACAAGG[T/C]TTGCTGCTTGTACGGTCCAACTGAAGTAATTGAAAGTTTAATCTACTAGATTTGTTGGGA
rs2948	12	GGACACCTTTTATCTCGCCACCGCAAAACCACAATATGCGGAAGATAACAATCGAACCAT[T/C]AATGTCAGTTGAAAGCAAACAGGATCTTCATAGGATCATCCTCTTTCCCTTTTATGTGAT
rs2949	12	TATATGTACCCGTTTGTTTTACTACCACTTGTTTACCGTTTGATTAAGTCGTCATTGACC[A/G]ATTGGCACCGGGATCGATAAGGTTGGTTGGCTTTTGTACACAGGAAATGTCAGGCAGCGG
rs2950	12	TGAATTTACGTTGAATGTTTTCAGGTTTGTGTAACTCTACTGCACTCATGAATTCTCTTC[A/G]AATGTTTGAATCATTGAAGCATGATCAATCTTATTGGGGACACCGACTGCATTCTAACTA
rs2951	12	AGCTCTTGCAATGTCTTTAGGCAATTCTGATACGTCTGCACAAGAGGAAGATGGCAAATC[A/G]AATGATCTTGAACTTGAAGAAGAAACTGTTCAGCTGCCTCCCATAGATGAAGTATTGTCT
rs2952	12	AGTTTTGAAGGTGCTGAGGCAACAGGTAACAGGATATATACTACCTTTAGTACACACGGA[T/C]TAATTAATAACACTTTTACGACTACCATCACACATGAACATGCTTGCATCATATCTTTTG
rs2953	12	GGGAAGAAGAAAACAATGGCGCTTCCAAAGAGACCCAGCCCAAGTCAAACGACGCGGGCC[A/G]CAATCCTGGAAATTGCACCTATTGTGGAAAGCGGGGTCACTGGGCCAAGGACTGCCGCAG
rs2954	12	ATGTACTGAAGGAGCTAGAGGGATGCCTTATTGTTGTGATGGCTACAAGTTATAACTTGA[T/C]ACTGATGATATGATCTCAGCTCTACACCATTTTTTCTTACTAACTTTCTCGCCAATCCGT
rs2955	12	CGCCCGTGTAGCCGAGCCCGCGCAAGTTGAGGCATACGACAAGTCAACAAAACATGCGCC[T/G]GAATGGAAACGTGTGCTTCCATCCCTGCTTGTTTCTTTTTTTTCCACTTCGTTTGACTTT
rs2956	12	TGAGCTGCTATACTAGGTTACAATTATGGGTGCAAAAATACTGCAAGATTAACCTTTATA[A/G]TAATGCTTGTTTGGGTGGCTTCCCCCCTCCCCCACCCTATTTTTTTGCACTCCGTCGATT
rs2957	12	CTGAAATCACCATCCTAATTTTCATTAGTGACAAACAAATGAAATAGGAAGATGGAAAGA[T/C]AGGGGATCATAAACTTGTTCGCCATTAGCGAAAATATGTGCCATGAAAATCCAAAGAAAA
rs2958	12	GGAAACCATGATGTTACTTGGACATATGACGTTGATATGCAGGCAAGATGTATGGCTAAC[T/C]TGCTCAAAATATGACAATAATGTAACTATTTTTACCAGTTTTTTAGTCACTTAATTTGGA
rs2959	12	AATCCCTGTCCAATGTTAAGAAAACATTTAACAGATCGCTCAAAACACCCAAGCAAATAG[A/G]ATGTTAAGCGCAACAAGAACTCAGTGGTCAATGCTCAGATGATGACGATTCAAAGTTTTA

表 C.1（续）

序号	染色体	序列
rs2960	12	GGTTCAGATACGAGTTGTGGAGACCGTGACGGTGTTCTGATCACATACCCCGATATCTCT[A/G]TATTTCATCATCATTTATAGTCTATTTCACTCGTCGGCGTGCACTGGTAATCAGGAGATC
rs2961	12	TTGCGGGAAATTTTACTGTTGTTGAGAAGTAATGGGAGGTACCACATAGTGTAAAACTTG[A/G]AACCTTCAGGTACCAAATTTTTTTTAGCGTAAAAACTAAAAAGTATTCTCAACACTGTAA
rs2962	12	CCAACACTTTGGATAAGATTTTGACGAAGGCTTATTGGTCTATAGTCTCCAATTTCCTCC[A/G]CTCCATCTTTATTTGGAATAAGGACCACATTTGTAGAGTTGAGAAGATTTAGATGCACGT
rs2963	12	AAAGAAAACCCGGAACAAATAACGGAGTTGGACGGTAGTGATAGAAAAGGGAACACGGCA[A/C]ATTCGAGTGGTATTTAAGTGTACCATGGAATTTCATGAAATTTTAGTTCCAGGTATATAA
rs2964	12	TGCTCAGGTCAAGCAAGAAAAATCTTTTGAGTGTTCAGACTTCGGGCTGAAAAGGGAATC[A/G]TTACAAATAGTTTTTGCTAGCTTCATTTCATGAAGGTTTGTCAACATGCTCAAATGACAG
rs2965	12	AAATTCAAAACAAATTTGAGAAAACAAATAAAACGTACGTTTAGCCGTGATACTCCCACC[A/G]CTCAGATTCAGCCTGTGCTATAAAAGAATAAGTCCACTTGATAACTGTAAAATCATTGTC
rs2966	12	GATACTAAAGGAAGGGATGGTTTTTAATGTTTCCCTTGGTTTCCAGAATCTCCCAGAGAA[A/G]ACTGGCGATTACAAGAACAAAGAATTCTCTCTATTGCTGGCTGACAGTGTTCTTGTTTGC
rs2967	12	ACCAAGCAGATGAAGAGAAGTATTTGATTTGAAAATGCATTTAAAAACAAAGATCAAATA[T/C]CTCGAAAATATGTTCACATGTGGGTGCTAACCTAATTACACAGGCATTTGACAACCACCT
rs2968	12	GCTCTAGAATTACTGCTGTAGCTACTCTGAACAATATGATGTTGTCACGGTCTAGGAGAA[T/C]TTTTACGAGATTATCAACAGAGTTATTGTTTGCTTTCATGATGATCATGGCACTACCTTC
rs2969	12	GTCCTGCCATGCATAGCTAGCCACTGGCAGAATTTAGAACATTATGTTGTTGGATTGTGT[T/C]GACACTTGACCTAATTTTATTTCATCGTGCTGAACCATATGTCGAACTGCTACATGTGAT
rs2970	12	GAAACAGTTTGGAAAGGCAGAATTAAGGGGGAGTACCACAGTTTGTTCCTGAAAATCATA[A/G]CATTTCTTGTAAGCCACAAGCTCCAACAAACTGCAGCCATCAAACTCAAAGTGATTTTAG
rs2971	12	TACGTCCATCGCTTGCTTCTCTATCTGCTCCTCTGTTCTGCTTCCACTGATGCAGACTTG[A/C]AGTAGCTAGTAGGAGTTGCATGCTTAAAACTTCAGAATTTTCGACTGGTACTGAAGTGAA
rs2972	12	TGGAAATCTACTGCGAGCGAGAGAATCAGGCAAGGTTGTTCTAACTGCTCCTTTCCAGCT[T/G]CTCAATAAACGCATCGGAGTGGTCCTGACGTACGCAGTGTACAAGTCTGAGCTTCCCCTG
rs2973	12	TGCCCTCAAGTGTGCAATGGCTGCCTCCACCTATGATCCGTCATTTGCCAAGATCTAGTG[A/C]CATTCATTCTCTAGTCATCGATGCCACCACTTTAGTTCTCTGTCTCACTCGATTTTCTTG
rs2974	12	TTTCTTTTGCTTCAGAAAATTTTTTTACATCTTTTTAAAAGTATGAATAGAATTGCCTTG[T/C]TTTGTCACAGAGTACGCGTGAAGAAATCCATTGTATGTACTCGATCAATTGGCCACTTAA
rs2975	12	CTTGAGAATCATATCATCAGGTCTTGAGAGTTGGAATCCTATATATGGAGACTAGCAGGG[T/C]AGCATTTAAAAATCCTCTAGTGGTTTTTGAAATGCAGTGGGTAGAAATCTGGGGTATTTT
rs2976	12	AAGGAGCGCCCGCTATATAGTTTCTGCGGCATGCGTGACGCGTCCCAACACGATCGGGAT[T/C]TCTATAAATATTCATCGGTAGAATCAGCCCAAATCACAGGCACCCAACAGTACACATACG
rs2977	12	TATTACTAATTAAGGTGATGGGTCGATGCTTTGCTAACAACATGAATGGATAGAATGAAA[T/C]ACTTACTTAAAGCAAAATTCGAAAAGAAAATAAAATAGAATAGGAACTTCAGATCTTAGA
rs2978	12	CCCCTACGTTTGTACTCAACTCCTCAATATCATTGCCTGTCAGGGTCCATGGTTTTTCCT[A/G]TAAGAGTTTTTCACATAAAAATTTGTATCTTTGTTATGCATCTATTTTTTCTAACAATTA
rs2979	12	CGAACCAAATCTACCAACAAAAACCGATGACATATCTCACATCTAACACTGGTCATGTCC[A/G]GACTATTTGTGAAAAGGGTGTTGAGGACAATCTCTTCACGAAAGTTGTCAGCTTGATCAT
rs2980	12	TTAAAAAATACCTGTTCAAATTCGAAAGAACAATATCAAACGGCTAGCTAGGCTAGCTTG[T/C]AAATAATGCATCTATTTTTTGAAATAATTAAAGGGACATGCATGTGTCATAAATTAACCC
rs2981	12	GCTGTTGATCAGAGGGGATCACGATATCTGGGAACTCGGAACTCAACGTTTTTTAAACAT[T/C]TAAGTTGATCCTGTTTGAGATGGCTGAAATTGAGCGGTTGATTGGATAATTTTGTTTTGT
rs2982	12	ATTTTGTACTGTTGGAGGAAGTACCCAATGAAGGTGGTTCTTCTTTCAGTTTCTTCTTAC[T/C]GATGGTCTTGCATCGGAAGACTGGCTTAACAAGCCGTGAGGTAGTGATCGGTTTGCTCAA
rs2983	12	TGTAAGTGTAGTGTGTGTATACTGTATAGATGGTGCATGTACCAATGGATCATCCACGTA[A/G]TCGAAAGAAATGGCTTCATGGATCTTATAAACTGGAGTACATAGCAGGAGAGAGGATAGC
rs2984	12	CCAGGCAATGATTTCCACTGGGATGCTTTAATGAATGGTCTGTAATTGTCTCTGCAGGAA[A/G]TATATGATCAACAAAAAGAACTTATTTTACTTGCGGAGCGAGTTGTACTTGCAACTCTTG
rs2985	12	TGGATGACGTACCACCTGCTCATTCTCCCTTCACCCGACCATGCCACTAGTTCTGTATTT[T/C]TGCCACCTTCCTCCCTTCCATTCAACCCGACCATAGGAAATGCCACATCCAGCCAGCATG
rs2986	12	GAGGGGATCAGGGGAGTTGTGATCTACCGAAATAATTCCCTTTCTAGATAAGGGATTTGG[A/G]TCAACAGTTTTATGTCAGTGATGGGATGGATGGTACAGAAATAATGGGACTATAGGGTTT
rs2987	12	GGATCTGCGCAGGGTGTTCTTGTAGGCCCTGCCTCTGGGCAGTAGAAGTGATAAAATTAC[A/G]TTGTTCCTTATAAACTGAAATTTCTCCCTTTTGAGTCCAGTTTTATAGGGACACGCATGA
rs2988	12	GCCAGAATTATCTAAAGAAAATCAGAATGCCTTGAAAAAAAAAGAGAGGTACACGAGGGT[A/G]GGAATGAGATGTATTCAGGAAACAGGTGACAAGAACAAGATTCATTGTGGATCAAGTAGG
rs2989	12	TACACCCATCAAACTCTTCACCCCTAGACGATTCATCCTTGTCCTATAAAAGTGAAACAA[A/G]AAAGATTGGATAACGATGGGATGGAAGGATTAGTAGAGTAACTGTGCAACCATCATAGTG
rs2990	12	TCTTGTTGTTTCCCGGAAACGATTTTTGTAAGTAGGATATAGCAGTACAATCTCTGAGTG[T/G]GCACATACTTTGCCACATTGGCAAGATATGCTCATGTTGTGGGATCCGGGAACGGCGAAA
rs2991	12	AGTTGTAATAAGTTGTACTTCTTGTCTTAGTTTATAGTGTTAGCTACTAGACGTCTGTTT[A/C]ATGTTATTGTTATAAGCTATTTTAATTTTCTTTCTAACTAAATTTTAAGTTTAATCAAGT
rs2992	12	AAGTCTACATATTCGTAATGGGGATGCAAAGACAGTATAAGAATTATACACCAACCAAAA[A/G]CCTGTGGTGTTGCTTTTACGCATACATTGTTGGAGCACGATTAATCATGTGATTTAAGGG
rs2993	12	AATCAGAATAAAACCACATTGATTTGTAGTTAATCATACATGCCAACCTCCTGAATCCTA[A/G]TTTTAATCTAGACTAAGATCTTACTTAACCTACATGGCAAAGCCATTGGTTCACATTAAA
rs2994	12	ACCAAATAGCCCATTAGTTCGTCAAAATCAAAGATCAACCAATCGGCTTTTGATGCAACC[A/G]CTTCCCTCATCTGCACACCAGCATAGCAGATAAACAAGTCTGCTCCATTAGGTTGCCGAG
rs2995	12	GATAGTCGAGATAGCAACCATCGGGAGTTCTCCAGCATCCAGAATATGATGCACTACAAG[T/C]GAGCTATCTGCTGCTTTAAAACAAAATGCTTGTTGCACTTTGCTAGAGACCTAAATGATT
rs2996	12	CTCCCATGTTGGCCTTTCACAGCAAGAAGTTCCCTCAGCTCTTATAACAGGATGGGTGTA[T/C]GAAGATAATCTCATAGCTGCATCCGTTGAAATTAGACTATGACAATGATGTTAAATACAA
rs2997	12	GTAGGAGAGGAGACGATCGGGTCAAGAGAGGCAAATATTTTCTTTCTTTTTCTAGAAATT[A/C]AATTTGGCGGGAGGAATTGTGGAGAAAGCTTCTTCGGAGAAGGGCGGTCAAATGCGGCGG
rs2998	12	TGCACAGCCGGTCGGCAGGCTGGAAGGATAGAATTTTCTCATTGTCCTGGCTCTCCATCA[A/C]TGAATGCAATGGCGACCTTGATGGTTAGCGGATGTAGTATCATATTTTGGATGGACAAGT
rs2999	12	CTTCATACATACAGAATCTGTAGCTGTTCAGAGCAACTATTGAGCTTTCTGACCCCACCA[T/C]TATATGAGGTACAGTACCTTTTCCTCAACTTTGGCACTTCTGTTTGTTTCTATCCCAAAG
rs3000	12	CCTAATTATTGGAAATTAAATTTTCGAGCTATAAAAAGACAATATGAATGCTTCTTCACT[A/G]GAAATACTATAGTTGAGTCCTATAACCAACCGCTGCAATTTCCTATCTACCCTAAACAAC
rs3001	12	TCCATAAGAAGGATGTGCATACTGTACATCTGTTCACTAAAAAGAGGATGCATAAACAGC[A/G]TGTTTTTCCTTAGGATAGACAAAAGAATTCAAATGCCACAAACTATATATTTTATGCATT
rs3002	12	TAGAAGGGATCAGAGAAAGTTATGTTATTCTACTGAGTACTTCAAGGCAATGCTTTGTGG[T/C]GAAGCACCGTACCCAAAGTTAACAAAATAATGTGCAATGTTGTGGATAAGAGAGTAGTGG

表 C.1（续）

序号	染色体	序列
rs3003	12	ATGGGCAATGAATGCATTCAATAAAGCCCAGAATCCAATAGCAAAATATAATTAAGAAAT[A/G]TGATCATGTGTCTGCAAACATGGTAAGCTATTCACAGTACATACCTCGTACTCTTTTTCA
rs3004	12	TCTGTGTTCAAACATAATGGTCAGAGACTCAGAGTTAATCTTAGCTTTACCCAAATTGGA[A/C]CGTTTCGGACTCTCCTATGTTAGCTCGCCATTGTAATCCTGTTCTACGCAAGGAAAACTG
rs3005	12	TCAATTTATTCTTGGAGTCGAGATTCAGATCTGTCCAGCTAAGCATGTCCATTTGTTAAA[A/C]AGACCCTTGATGGTAAATTATACAGCAATAACAAGAACACATATTTGCTCCATGCATGCG
rs3006	12	CGGAGATGATCAAGGAGCTCAGGAGGTACACCATCCCTGACCTGGTCACCTACAACATAT[T/G]GCTGACATACTGCTCGAAGAAGAACAGCGTGAAAGCCGCGGAGAAGGTCTACGATCTGAT
rs3007	12	TTGAAATTCAGCGGTTGTGGCATGAAGTTACACCAATTCTTTGTGTTTTCCGAACTTGCA[A/C]ACTGCTTATATTGGTTCTGTTTTCTCCCTAATGGAATGACGCGCAAATATGTACTGTTTT
rs3008	12	TAGATGACAAGGATTCAATCACCCGTGATGATTTATGTTTCTTATGTATGGGAAATTACA[T/C]CTTCATTACAGTCCAACTGTGCACTAATAATCTGTGTGTAGAAGTAGCAACTATTCTAAC
rs3009	12	CGCTCGTCCAAATCCAAAACCACAGCAATACACATCATTCTTCCTAATGAGCTTCTGATT[A/C]ACTGAAGTACGTACTACTGCTCCTGATCCATTGTAGTACAGCTAAAAACAGCAGATAAAC
rs3010	12	TGGCTGACTTCCTTGGTTTGTGCCATGTCATTCATGATTTGCCTGAGACAGTAAATTAAC[T/G]AACTATAGGCTTTGGTCCCACTATCATGTATGAAAGATTAATTTGCCATTGTTTATGGAA
rs3011	12	TGTGTTTATAGGATGCGCTTGTGTGTATGCATAAGTGGGTTGTGTAAGTGTGGTCTGTGT[T/C]GAGTGTCTGCATCCCAGTGTACATTCGCCAAGACGAAAAGAAGAATGAGCACACCAAATT
rs3012	12	ATGATGCCTATGAATATTGTTGCCTCCCAAGTTTCATTGTTGTCCTCATGTTCACTCAAA[T/C]CGTCAATGACATATCATGTAGGCTTGGTAAGCATTAGGAACACCAAATCTAAGGTAACTC
rs3013	12	GGTGGCCAAGCATCCCTTGACGGGGAAGCAAGAGGGACATAAGACTGGAATCAAAGTACA[A/C]AAATAATTAAGGCCCGTTCAACCTAGAATTTTAGAAATAATGGGAGCTCAAATAATGTTT
rs3014	12	AATCAAGCTAGTTGCTTTGCAATTTCTAACAGCTTCCCCACTACAAAAAGAGGCAGTATT[T/C]AGGTAGCTAAATCTTGCTGGTTTACTACATTTTAGGCTGGTTTCTATCTCAACTGGCTAG
rs3015	12	ATGGATGATTTACGTGCTGATCGATGTCATGCTCACATCGTACTAACATCGTCCCAAAAT[A/G]TTGCTACCCTAGTTCTCGATAGGACATTTCAAATCCAGTCTTATTATAAAGTTATAATCC
rs3016	12	TGCACACAAGATTACGTTAATAGTAAATTTCAACCATAATAGGTTAATCCGCACCGCACC[A/G]CAGTTCGATCTCCCTCACTTTTGTTTTCCTCTTATTTTCTCCATCGCGCGCCTGATTCGT
rs3017	12	ACAGCCGATAGCAAGGAGAAAATCACCAAGCTGCTGGTCGACATCTTCTTCACTAAAGAA[A/C]ACAAGGACGCCTCCACGAGACAATTGGCAGGTGAAGCACTGGCAATGCTTTCCGTCGACC
rs3018	12	TACGTGCTGAATTGCACGCACTCCCAAGTCCTCGATAAAACTACAGATTTCAATCATGGA[A/G]TGGACGATGATTTATGAAAGACTCATCGTCGGTCGGCTCGGTCAGTCAATCTTTGATATT
rs3019	12	AGGGTTAGGCCCAGATCGATCTCGTGATCTGTGAGGTAGGGGATACGGCGATGTTGGTGG[T/C]GGATTACATCCAGATCAACGGTTTGACGGGATTCGATGGGTGGATTAGCATCGGTGAATG
rs3020	12	TTATATGTAGTAGTCCTTATGGTAGAATTTGTCACTACTGTAATTTATCAACAACTGATG[A/G]AATGAAGAGGCATCATCATCTGTTGAAAATATTGCCTGGCAGCTTAAATGGAGCTTTGAC
rs3021	12	GACGGAGGAAGTAATTATTTCAGAATAAAAATTGTCAAAAAATAAAGATTGGCAAAACAG[T/C]AGTACCTGCACTTTTCAGAGCAGTTGACCACTGTAGTACAATGTGATGAGGGAAACAGTA
rs3022	12	CTATGCACATCGTCGAGCAGCCTGTAGCTGCTGCTCATGGAAGAAGATTAGTTCTACGGC[A/C]TGTAGCTAGCTTAATTTATTATGGGCATGGTTCGTGGTTTTGATTTTATGCGATTAATGT
rs3023	12	TGAGCTAGTGAAACTTGCCTGCAACGACGAAGCTGCTTGCTAGCCATGCATCCAGCAAGC[T/C]AACCAAATTAACGCCAAGATATTCGCTGCCTACTTAATTAATTTGGCGAGGCAAAGGGCT
rs3024	12	CCCGGCCCAAAAAGTTCCAGGTTCAAAACAAGGCTTGGGCCCTTTTTTGGCAAAATCACA[T/C]AAATTTTTGTAACCATGCAATTTGCTATGTGATTCATTCTCGTCTTTATCTCTGGCAAAC
rs3025	12	GCATACTGTGTGGCCTGCATTTGGTTGACACAGATTTGAACTGATGCACCTCAGAAGATA[T/C]ATGTGTTTGTTACTGTGTAGAATGTAATTATCCAGTACTTGCAGTTATTTTTTTGTTCAA
rs3026	12	TGTGATGAAACATTGAAACTGCAACTAACTCTTGAACAATCTCAAGCTTTGATGAACACA[A/G]TACAGTTCCCGGCTGCTGTGGTTACGTCCACGTCAAGAGTCCCTAAAACGGCACGGCAAA
rs3027	12	TGCCCATAAAGTGAGCTTTATTATTTCCAAATTGATGTATAGTTGATGTCACCACTGGAG[A/C]GATGTCATCTTATTCTTTGTTTGCACCACATGCCTAGTGCTTTGCACAAATTGGGGAAGA
rs3028	12	TCCTTGAAGTCATTGGATGCAGCTGATCTAAAAGACCAATGCACTAAATTTGCACAAACT[T/C]TCTCTTTGGATGGTTCCTCGGATGTTGATATAAATGACCTAATTTCTGAATTAGGTGTTA
rs3029	12	AATTCAAAGCTATAGACAATATCCACTACAAACAACACACAAGAAAGTGAAAGACATGAT[T/C]ATATGGTTGTCCCAACTAATCCACAACAAATCTTGCTTTTACCATGGAGAAAGACATGAT
rs3030	12	AATTTCAGATTACAACAAAATATACTACAAATATCAGGTGCATTCATGTGTAATTTGAAA[T/C]TGATTTGTGTTTTTCGCAGGCGCGTCGAAGTGTCTGAGAAGGCTGAAGAATCCGGTGAGA
rs3031	12	GCCGAATGCATGTGTGTACTCATGTTTACAGGTAGAGAGATGGGGCCAAAAGCTAGGATG[T/G]TGTAGTTGTGTACGTGTGGTCACCAACCGGGAGATATGCAAAGAACCATCGAGTGTGCCT
rs3032	12	ACTTTCTCTGTGCTGTGCATCAATGTTGCCCCCATGTCAGTGTTCTGTTTTATTTTCATC[T/C]TTTTGCCCTTAATATCTGTTTCACTCAGAGTGTTTCATGAAACGCCATATTTTCAATTTG
rs3033	12	CTATGTTCATATATCTGAAGACACATCTACCAAGCATGCCCAGTTAACATGTTCTTAATT[T/G]CCAGGGTTGTGGCAAGCAAGTTTCACTAACAAGAATGTGACACCTATTTATACAATAATG
rs3034	12	TCCTACTACTGCGGTAAATTCGACGATCAATCGAGACTGCTGAGATGATGAACTGGTCAT[A/G]AACTCTCTGTAATGTTAGTGAATAATGGATGTGAAGATCGAATGAACATTTGGATATCTG
rs3035	12	TTTACATTTAAGTGCAGTAATTCAGCTTTCCTTTGTCATATTTTGTTGCGCCAAACTTAG[T/C]TATGCCTTTTTATCATTATTTTCTTAATTCCAAGTTTACTTATAGTTTACCAAACCCTTG
rs3036	12	AATCTTGGAATGGATCGCTTCGTTTTATTGATTACTGAGCGAGATTTATTATGTTTTGAG[A/G]ACTGGATTTATCATGCCATTCACTCATTAATTATCTGATTAACTTGCATGTCCTGCTGAT
rs3037	12	TTCTCTTGTTAACCAATCAAATTGGTGAACACCTTTCACCTCAACAATGGCAGGAGAAAG[A/G]GTATTCAAAGCAAACCATGAGTGCATAGCAGGATAGGTCTTCTTGTCAGTGATGACATGG
rs3038	12	ATGAATATTGGTATCAGCCTTCATGTTTTGCTGTTTCATCTCAACAAGGTCCCTGAGATC[A/G]GCAACGCTAAGATCAGGCTTCCTTTTTTGCTTTTGAATCACATCAGACTCATCAACACAA
rs3039	12	GTGAGTGTGCTTGTTGCACCTATTTGTGCTTGCGATGTTCAATGTAAGTTTAATAACATT[A/G]TTGTTCTCTTTATCTTTAATTTTATTCCGGGCCGTCGATAAGGGTGTTCAAGCTGGAACA
rs3040	12	CTCTGGAAGTTGAGTAGAGGAAGAGAGGAACAGACAACAGAAACAAGCAAGCATCTTGGT[T/G]GTTGTTTTGGATACATATACAAGGTTAGTTAGTTGGTTAGTTACTTGTTCTTTGTGGTAG
rs3041	12	AAAAGGGTAGCTTAGGTAGCTGTGCTTTTTGTAAGGCCCAAAGTACAGTGTGAGTTTCCT[A/G]GCCCATGTAGGATAGGCCTTTGCACTTTGGAAGCCCAATGTTGCACTTCTTGCTTCAAGA
rs3042	12	TTTTGGAGCGGCTTTCAAATTAAATTAGTAAGACAAGATATCTCCAAACCCCCTGGAGCA[T/C]CACAAGTGCTATATGCGACATGACCATTAATTTGGAATACATTTTGAGATGCCATCGATC
rs3043	12	CAAATCTTGGTCTAAACGTCAAATATCTATAACCGGAGGGGAGTAGTTCAAAAATTTTGA[T/G]CTTTTCGAAGCATGTGTCATGTCGTCAATGGGGGGATGTGGTGAAACATACCTTGAGAT
rs3044	12	TTTTTCTCTAGGTCTTGTCTTGCAAACTAGGATAAAGATACAAGTTAGTAGTACAAGAAA[A/C]AGTAAAGGTGAAAGTCTTGTGTTCTTTTCCCTGCGATTTCTTCTGAAAAAGGTCGCCATT
rs3045	12	TGGGTGCTGTACTTGTTTCTGCTTTTGAGGTAAGACCAAGGCCCAAAAATGTAATCAGAT[A/C]TCTTTTGTTATGTTTTATCTTTTGTTGTTTCTAATGTGTGTTATCTCATGTAGTCCACTG

表 C.1（续）

序号	染色体	序列
rs3046	12	AACATCAGCATGAACACGCAATGATGATAGCATCTAGTAACACTGATCATCAGGTTTCAA[T/C]TTTCACCTGTAAGAACAAAACAAGAACCATGAACAATAACTTCTCAAGGAAATTATTAAA
rs3047	12	TCCTTGGCTCAAAAGGGAGAGCAAGCGAAAGGAAGCACAAACCTTAAACACCCCAAAATT[A/G]AAACTTTAGTTTGAACAAGAGGTCGAAAGAGTAATGACAATTGACTATAGTAACAAACAA
rs3048	12	GTTCCAAGATATGTTTTTTCAAATGAGTCTGCTACTGCAGTTGCTGTTCGCCAATGTTTC[A/G]TTGAGGTGCTTCGCTTTTGCTCTGATCTTCTGACATGTTTAATATTTTACAATTACACTC
rs3049	12	GTTTTTGAAATGCCTACAGACCCTGAGAGAAGAGGTGTTACCAGTTTCACTGTCAAGTAT[T/G]CTATTACACATAACATTGTGTTTTGACTGATCGCTGAAACATCTTTGTCTGCAGGGTTCA
rs3050	12	CTTCGATTGCACCAAGCAGTTGATTAATTAATCGTGGGAGGGTAGCTTGTGTACGTAGAG[A/G]CGGTATGCTTTGCTACCTATCGAACTATAAGTCCGCATAGGTGCACGTTTTCATTAAGTG
rs3051	12	ATCCAAATCTTTTTACATACGGATGTTCTTTTAGTCCGCCTACAATTAAATAGACGGTCC[A/G]TAAAATTCGTTTTTGTACGTAGTTGGGTGGGCTAGCATGTACCAATTGTACTATAGACAT
rs3052	12	CGGTGGCGGCTCGGTCCGATTGGACGCAAGAGATTATCAAATTGGTTCCTGAGTTCATCC[T/G]GTTCTTGAGAGTGTTCTTGAGCTGTTCTTGAGAGTGTTCTTGAGTTGGGAGTTGTAGAGC
rs3053	12	AAACCCGGTGAAGACAGTAGAGCAGCAGCAGCAGCAAAAGAGGAGCCAAAGATGTTGGCA[A/G]CAGCAGCAGAAGGATATGGTGGACCAAAACAAGAAGCCGACACGAAGAATATGAGGGGCA
rs3054	12	ATAACAATTTTGAACAAACAGTTGATTTCATTAACTGACAGTGACAGGAGCATGTACATC[A/G]TTTAGATTACTTTTTACATCATTATCAAAAAGAAGATTACCTTTTACATTGTCTAACTCA
rs3055	12	GTTAGACAGTGCCAGGAAATCATTGATCTTGGCTCATGGCAAATCATTGCCTTACCAAGA[A/G]CTCCCTGTGACCCTATTCCTGCATAATCAGGTTATCAATAAAGTTTGATGTTATTTTGTG
rs3056	12	CTGCAAAAGTTTTTATCCAATGTATTTACTGAATGCAAGAAAAACTGTAGGTGTGACGTG[A/C]CTTCTATTTTTTAATTGGTTTCAGAATTTGTTTAAGAAATGCCAATATAAAAATGTAGAA
rs3057	12	AAAGTTGAGCTCTTCGACCTTTTCGTGACTACCATGAGAAGAAAACACACCAGATTCTGA[A/G]GCTGATACAACACTGTAAATAGTACTGAGTTCATCTCGCAGTGCGGCAATCTTAGATATC
rs3058	12	ATATTCTTCTTGGTAATGGCTGCTAATTTCCATCTTCTCGAGAAAAGCATATGCTCATGT[A/G]ATGGCAACATGATGGAGAAGACATGCCTGGATTGTAATAGGCCTATCAAAATCAGGTTCA
rs3059	12	GTGATGTTGGTGGTTTCTATCTTGGCTAATGGAAGCTTGCCAAGTGACAAGAGAAATGAA[T/G]CAACAAGAAGCTACTATAGAACAAAACCCCTAACTTTGAGATGAGGTAACAGTACTTTAA
rs3060	12	AGTGTTTTACATACGTATTATCTCTATTATCTCTCATAATTAAACAGTTTATGGTACCAA[T/C]AGTTTCCTTCAGTAAACAAGCACTACTCCTAGGTAGTTAGTATAGGTACATGAGGAATTA
rs3061	12	CAAATTTTAAAGCAAGACGAAAGGGATAAACTTCAGGGCATGACACACGTGCACCATAAC[T/C]AATAGATTCTAGTTGAGAAGATGGATTTTTTTTTCTAAAAATATACGTTTTTTGACCGA
rs3062	12	CCGGAAACAACCACAAATAACCGATTTTTCAGACATAATCCACCACCCTAACATGACAAG[A/G]TGATAAATTTCAGTAGAGCTTCACCTATCCTTGACGCTGGAGCATGGCTCCATGGACTCG
rs3063	12	CCAAGACATGCCAAGCACTCAACTAGGAATTAAACAGGAGGCAAAGGGATGATACTCAAC[T/C]GAGTTGTCTTCATCAAGTTGAGAGCATGTGATGCGCTGTTATTCACAAGTTCCGGGTGTC
rs3064	12	TAGCAGAACAATGCATGGTCCATCATGAGAAATATTTTGAGACTATACAGCCATGAGAAT[T/C]GAGATTCTTAACTAAATACAATCAACCCTAATTCAAGATAGTCTGCCTATGGGTAATCAT
rs3065	12	AGCTGGCTGGCCTCCTCTCTCATGTCGATTCATCCGTGACATCCATGTATCCTCCTCGAT[T/C]TCAAATTCTCAAATCAGATTCTTTGTTCGCTGTCTCGTCCATATGATTGATGTCTTTGCC
rs3066	12	ACCACCATTAGCATTAGAACTAGAATTAGCATTAGCAAGCACAGGATTAGGATTAGATTT[A/G]GTTGGGAGTAAATTGGTTACTGCGTGGAGCAATCGAAGCCGAGGAAGAGGGAGTCGTCGG
rs3067	12	AACCAACCAACCAACCAGCCAACAAAAAGTCTCATCAAAAAAATGAAAACAAGCAGAAAC[A/G]CTGTAGACAGTAAGCTTGTGATTGTAACCACAGCTGCTGCTTTTCTTTCCTGCCACTGCC
rs3068	12	GCTTGTTCATCCTGCACACCACACTAGCAGTGGAGTAAAACTGTAAAAAGTATTTCAGAT[A/C]TTTGATTTTTGCTTGGTGGTGAGAGATAAATAAAAGACAAGTCGTCTGCAACCCTGCATC
rs3069	12	TGATCTTGTTGTTCATTTACTTTTCCAGTGCACAAAATTTGGTTGGTTATCTCATTATAC[T/C]ATCACACATCTCCTTGCATATTAGAGCATAAGCTGAACAGTGTGGACTGGAAACTTTTGT
rs3070	12	TCATTTGTTGGTTTATTACTTGTGTGATTGGAAATGTATCCAGCACTCCAGCATGCATGC[A/G]TTCTATAATTTATGCTAACAGAAGGTCTATTGTGCTTCTGGTGAACAACTTTGAAGAGAA
rs3071	12	TGAAGGCAAGCTTTTGTATTTCTAAGACATACAGAACTTAATTTCATCAAATTTGGTAAA[A/G]TTGTCAAGATATGTGACCACTATGTGCACTTTGCATGCAGTACATCATTTGCATTTTTGA
rs3072	12	TGTGCCTGCACCCCTCTTTGGTCCAGCTGCTTGATCACTCCCATGGATTTCATTTCTTTC[T/C]TTCCCTGATTTTAATAAATCTATTAACCAGCCATTCACTCGATCAGTTCTTAGTCTAAAC

本标准起草单位：中国水稻研究所、中国科学院国家基因研究中心、农业部科技发展中心。

本标准主要起草人：魏兴华、韩斌、徐群、黄学辉、张新明、龚浩、冯跃、堵苑苑、余汉勇。

图书在版编目（CIP）数据

农作物种子标准汇编．第一卷，2015版/农业部种子管理局，全国农业技术推广服务中心，农业部科技发展中心编．—北京：中国农业出版社，2016.6
ISBN 978－7－109－21579－5

Ⅰ.①农…　Ⅱ.①农…②全…③农…　Ⅲ.①作物－种子－标准－汇编－中国　Ⅳ.①S330－65

中国版本图书馆CIP数据核字（2016）第077069号

中国农业出版社出版
（北京市朝阳区麦子店街18号楼）
（邮政编码 100125）
责任编辑　刘　伟　杨晓改

中国农业出版社印刷厂印刷　　新华书店北京发行所发行
2016年7月第1版　　2016年7月北京第1次印刷

开本：880mm×1230mm　1/16　　印张：60.75
字数：2 150千字
定价：360.00元